展示中国焊接创新成果
促进世界科技快速发展

清华大学教授潘际銮
二零一七丁酉年

焊接 学会

中国焊接 1994—2016

中国机械工程学会焊接学会 编

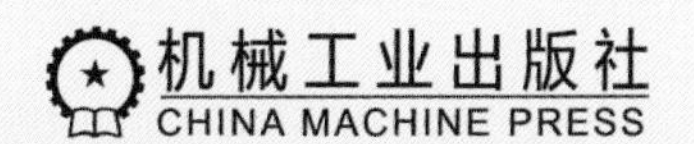

《中国焊接 1994—2016》系统地总结了我国 20 余年来焊接技术的发展及在各行业的应用，全书由技术篇、应用篇及综合篇三大部分组成。技术篇（第 1 章到第 11 章）主要介绍了焊接基础理论及焊接技术发展方面的科研成果，包括钎焊与特种连接、焊接性及焊接材料、压力焊方法及设备、高能束及特种焊接、焊接检验与质量保证、焊接结构、熔化焊、计算机辅助焊接工程、机器人焊接、微纳连接、焊接环境及健康与安全等内容。应用篇（第 12 章到第 23 章）主要介绍了焊接技术在各行业的应用及取得的成就，包括发电设备、重型机械、油田与管道、汽车、机车车辆、造船与海洋工程、建筑工程、航空航天、压力容器、桥梁及再制造等领域。综合篇（第 24 章到第 32 章）主要介绍了我国在焊接专业教育、焊接人员培训与认证、焊接设备及装备、焊接材料、焊接标准化、国内外学术交流、焊接专利与科技成果等方面取得的成就。

本书丰富的焊接技术理论及各行业典型的焊接技术应用成果，可为从事焊接工作的科研与工程技术人员，高等院校的本科生、研究生开阔视野、拓展思路、创新思维提供非常有价值的参考。

图书在版编目（CIP）数据

中国焊接：1994—2016/中国机械工程学会焊接学会编. —北京：机械工业出版社，2017.5

ISBN 978-7-111-56759-2

Ⅰ. ①中… Ⅱ. ①中… Ⅲ. ①焊接—技术史—概况—中国—1994—2016 Ⅳ. ①TG4-092

中国版本图书馆 CIP 数据核字（2017）第 078119 号

机械工业出版社（北京市百万庄大街 22 号 邮政编码 100037）
策划编辑：何月秋 吕德齐 责任编辑：雷云辉 王彦青
责任校对：张晓蓉 封面设计：鞠 杨
责任印制：李 昂
北京中科印刷有限公司印刷
2017 年 6 月第 1 版第 1 次印刷
184mm×260mm · 34 印张 · 938 千字
0001—2800 册
标准书号：ISBN 978-7-111-56759-2
定价：159.00 元

凡购本书，如有缺页、倒页、脱页，由本社发行部调换

电话服务
服务咨询热线：010-88361066
读者购书热线：010-68326294
010-88379203

网络服务
机 工 官 网：www.cmpbook.com
机 工 官 博：weibo.com/cmp1952
金 书 网：www.golden-book.com
教育服务网：www.cmpedu.com

《中国焊接 1994—2016》编委会名单

前言
Perface

在国际焊接学会（IIW）第70届年会及国际会议召开之际，中国机械工程学会焊接学会以中文和英文两种语言编辑出版了《中国焊接1994—2016》，谨以此书祝贺国际焊接年会第70届年会的隆重开幕。

自1994年中国首次承办IIW焊接年会以来，这是第二次在我国召开的焊接界规模最大的"奥林匹克"盛会。为了迎接本次会议，中国机械工程学会焊接学会执委会经过几次讨论，决定组织编写《中国焊接1994—2016》一书，其目的是梳理我国20余年来的焊接技术发展状况，向世界上的焊接同行介绍我国的焊接技术成果，展示改革开放以来取得的成就，扩大我国在国际焊接领域的影响，推动中国的焊接技术走向世界。

在四位焊接界院士及焊接学会执委会的领导下，《中国焊接1994—2016》组成了强有力的编委会，撰写人员以焊接学会的各专业委员主任及焊接协会的部分专业委员会主任为主体，在全国范围内遴选专家，组织我国各行业的龙头企业参与，历时两年完成了这一宏大的编写及出版工作。

本书分三篇共32章，系统地介绍了1994—2016年间我国焊接技术的发展及在各行业的应用成果。技术篇主要介绍了焊接基础理论及焊接技术发展方面的成果，不仅包括传统焊接方法的新理论及新技术进展，也涵盖了搅拌摩擦焊、增材制造、各类复合热源焊接、节能环保焊接、特种环境下的焊接、新型焊接材料等方面的内容。应用篇主要介绍了焊接技术的应用，我国诸多行业的焊接成果已经跻身世界前列，在国际上产生了巨大影响，展现出了焊接技术在造福人类、促进社会发展中起到的不可替代的作用。综合篇展示了我国在焊接人才培养、国际学术交流、焊接技术发明等方面取得的成就，收集并汇总了宝贵的数据资料。全书图文并茂、内容翔实、数据可靠、技术实用，将对我国焊接乃至世界焊接技术的发展起到很好的推动作用。

本书编委会有幸邀请到了各行各业70余位专家参与编写、30余位专家参与翻译、100余位专家参与讨论，许多企业把多年珍藏的照片、技术资料无偿奉献给本书。为了得到准确的数据，各专业委员会分别组织人员调研、访谈及召开编写讨论会，通过各种渠道收集资料。焊接学会秘书处为出版此书精心组织，出版社人员在较短时间内精心编辑，总之本书凝聚着所有编、审、校人员的心血与汗水，是焊接工作者无私奉献、辛勤努力的结晶。我谨代表焊接学会向所有参与编写的专家、向提供宝贵资料的个人及单位、向精心组织及出版的焊接学会秘书处及机械工业出版社的编辑们表示衷心的感谢。

鉴于资料收集及撰写方面的限制，书中难免有不足之处，敬请各位专家、学者及读者批评指正。

冯吉才

前言

技术篇 Technology

第18章 建筑工程建设中的焊接结构与技术 / 312

第19章 航天器制造中的焊接技术及应用 / 325

第20章 航空制造工程中的焊接技术 / 346

技术篇

Technology

Technology

第 1 章　钎焊与特种连接

李晓红　何鹏　马鑫　熊华平　乔培新　龙伟民　毛建英
闫久春　薛松柏　邹贵生　顾立勇　张亮　叶雷

1.1　钎焊及特种连接技术发展概况

1.1.1　技术发展

1. 钎料技术

目前中国能生产 50 种铜基钎料、80 种银基钎料、10 种镍基钎料、10 种铝基钎料、3 种锰基钎料、10 种贵金属基钎料六大类 160 多种硬钎料，不仅满足了国内航空、航天、汽车、电子、制冷工业等领域的需求，部分品种钎料还实现了大批量出口。中国钎料品种与美国、日本基本相当，部分钎料产品甚至在工艺制造水平上达到了国际领先（见图 1-1）。以铜磷钎料最为典型，在制造成本与产品质量控制方面，走到了世界前列。同样，在无缝药芯铝焊丝、药芯银钎料、药芯铜钎料、药皮钎料、三明治复合钎料、非晶带钎料、粉末合成钎料等新型钎料产品推出上，中国企业也达到了一定的技术水平。

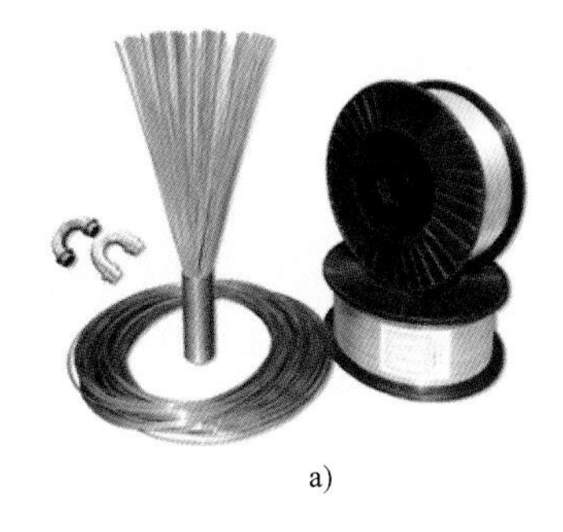

a)

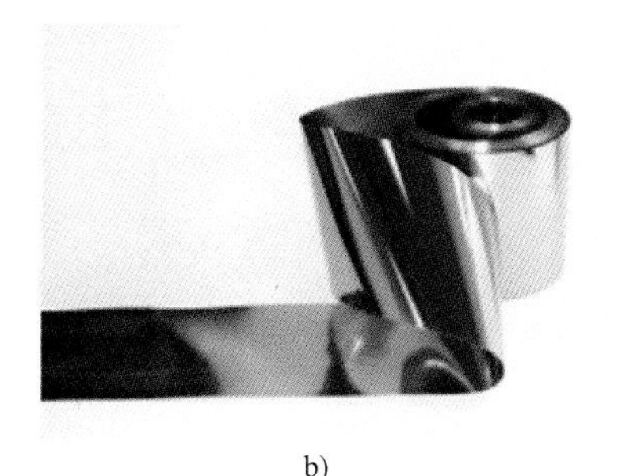

b)

c)

图 1-1　部分典型钎料产品
a）药芯焊丝　b）活性钎料　c）粉状钎料

中国的软钎料技术基础研究覆盖面比较宽，从基础理论研究、材料替代研究、钎剂研究到低成本钎料和工艺的研究，基本上覆盖了国际上主要的研究方向。在稀土掺杂、低银合金的研究和产业化方面，中国已处于国际领先水平。中国有软钎料企业 300 多家。绝大部分锡条、锡线产品已达到国际先进水平。为满足欧盟《电气、电子设备中限制使用某些有害物质》指令和《电气和电子产品废弃物》指令的要求，许多电子产品的生产早已向无铅化钎料和相关工艺转化。

2. 钎焊、扩散焊技术

研究了航空发动机叶片制造用焊接材料及相关钎焊和 TLP 扩散焊工艺（见图 1-2a），采用真空钎焊技术解决了中小型铝合金平板缝阵天线的精密钎焊问题。采用无腐蚀钎剂和氮气保护炉中钎焊实现了铝合金雷达构件机壳、散热冷板、箱体的焊接（见图 1-2b），解决了蜂窝封严结构等结构的钎焊问题（见图 1-2c）等。

异种材料钎焊技术解决了航天发动机外部铝/不锈钢（见图 1-2d）、钛/不锈钢及钛/铝之间不同材料管路等一系列连接问题，满足了工业领域实际应用的需求。

陶瓷及陶瓷基复合材料的连接技术是研究热点，部分研究成果已经获得了实际应用，已实现航天领域轨姿控发动机 C_f/SiC 复合材料推力室与钛合金过渡环的活性金属钎焊连接（见图 1-2e）。

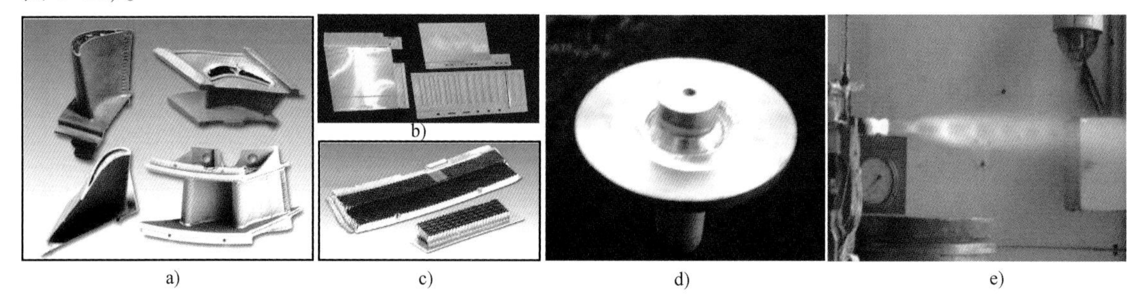

a)　b)　c)　d)　e)

图 1-2　部分典型钎焊、扩散焊产品

软钎焊技术方面的研究主要包括连接界面反应过程的研究，电子组装中涉及的焊接方法如波峰焊、回流焊技术的研究，采用纳米焊接材料的微连接/纳连接技术的研究以及焊点的可靠性研究等。

扩散焊技术方面，主要针对难焊材料、异种材料之间的连接开展了相应研究，研究内容主要集中于扩散连接机理及扩散连接过程、各种原子对扩散连接的影响以及原子扩散规律、扩散焊用中间层合金材料的研究等。相关技术已应用于航天发动机燃烧室头部喷注器的瞬态液相扩散焊接（TLP）和电磁活门轭铁端面与黄铜片的扩散焊接、航空航天仪表中重要部件铝铜双金属片的制造、多个领域中异种材料管材之间的连接等。

3. 特种连接技术

特种连接技术是指区别于传统钎焊方法的一些特殊钎焊技术，如外加辅助超声波、振动或搅拌等能量的超声波辅助钎焊、半固态钎焊，还有新热源或传统热源与钎焊复合的一些焊接技术，如电弧熔-钎焊、激光钎焊等。

中国研究者主要针对铝合金、陶瓷增强铝基复合材料等开展了超声波辅助钎焊研究工作（见图 1-3）。复合热源钎焊研究方面，主要开展了异种材料的连接研究，如利用自蔓延反应钎焊技术开展了陶瓷材料的连接研究（见图 1-4）。

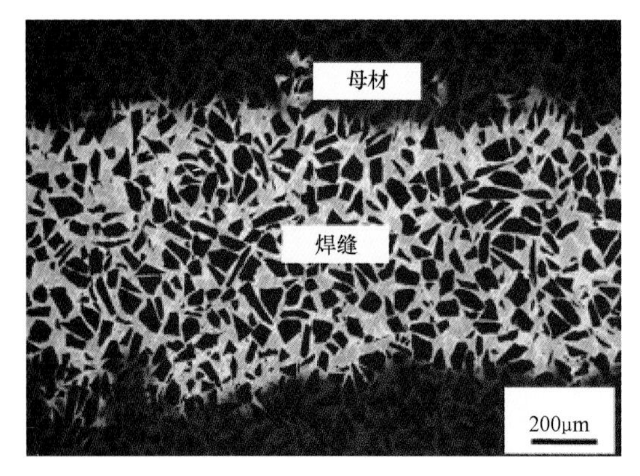

图 1-3　超声波钎焊 55% SiC_p/A356 焊缝

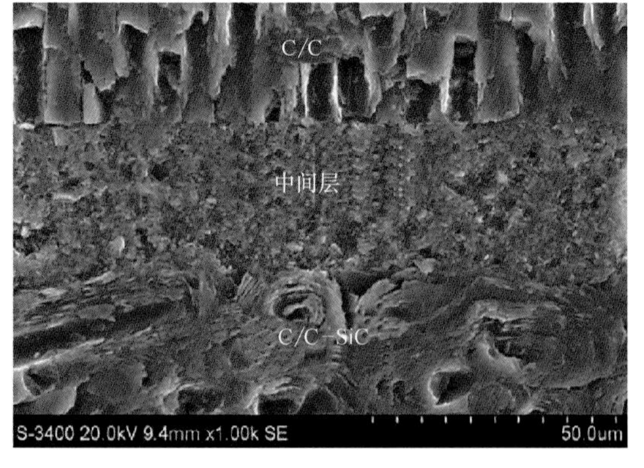

图 1-4　自蔓延反应连接 C/C 与 C/C-SiC

1.1.2　钎焊及特种连接专业委员会学术活动

中国焊接学会钎焊及特种连接专委会（以下简称专委会）的主要职能是促进行业学术交流，推动行业技术进步，促进产业发展。随着中国钎焊及特种连接技术的发展，越来越多的单位积极参与到学会工作中，专委会成员逐届递增，从最初的不到 10 人发展到目前第 9 届专委会 54 名委员。

专委会注重学术交流和技术研讨，自 1981 年举办第 1 届全国钎焊、扩散焊技术交流会以来，至今已成功组织了 21 届全国年会（见表 1-1）。

表 1-1　历届全国钎焊年会时间、地点

届数	时间	地点	届数	时间	地点
1	1981	广西壮族自治区桂林市	12	2002	山东省青岛市
2	1983	云南省昆明市	13	2005	浙江省天台县
3	1984	浙江省温州市	14	2006	上海市
4	1987	安徽省黄山市	15	2007	安徽省合肥市
5	1988	河南省开封市	16	2008	广西壮族自治区南宁市
6	1991	湖北省宜昌市	17	2009	河南省郑州市
7	1994	浙江省金华市	18	2010	广东省深圳市
8	1995	湖南省大张家界市	19	2012	湖南省长沙市
9	1996	江苏省扬中市	20	2013	陕西省西安市
10	1998	江苏省无锡市	21	2015	江苏省常熟市
11	2001	天津市			

图 1-5 所示为第 1~21 届年会参会人数和会议论文数，可以看出，参会人数和会议论文数总体呈递增趋势，第 16 届年会（2008 年）及以后，每届年会的参会人数和会议论文数基本都在 100 以上，2015 年第 21 届年会参会人数更是达到 218 人。

1994 年至今，部分年会照片如图 1-6~图 1-8 所示。全国年会活动除开展学术研讨外，更重视国民经济和企业生产实际的技术交流。2002 年青岛年会由中国焊接学会钎焊及特种连接专委会与中国电子学会焊接专委会联合主办，重点提出在我国积极推广“绿色钎焊”—无铅钎料及其软钎焊技术。委员们与电子行业的厂所代表进行了认真座谈，对电子整机组装实现无铅化钎焊提出了重要建议。

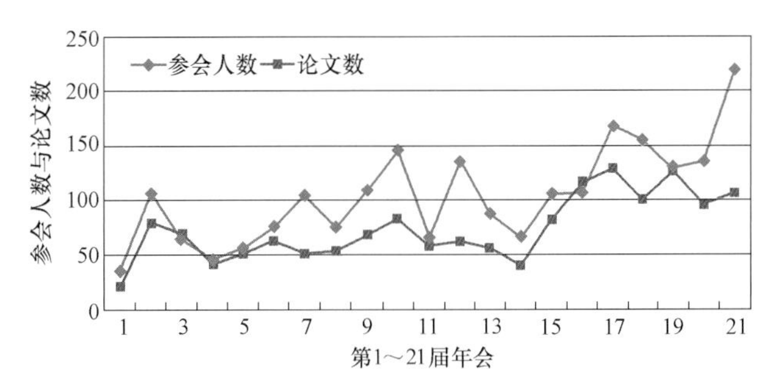

图 1-5　第 1~21 届年会参会人数和会议论文数

2008 年在第 16 届全国年会召开的同时，还举办了专委会成立 30 周年纪念活动。

图 1-6　第 7 届全国年会（1994 年，浙江金华）

图 1-7　第 12 届全国年会（2002 年，山东青岛）

图 1-8　第 16 届全国钎焊年会暨专委会成立 30 周年纪念大会（2008 年，广西南宁）

专委会积极参加了全国焊接标准化技术委员会钎焊分技术委员会的有关国家钎焊行业标准的制定（见图 1-9），从 1985 年起先后制定七大类上百个品种钎料标准及钎焊工艺标准，极大地推动了中国钎焊材料行业的发展。

图 1-9　专委会与全国焊接标准化技术委员会钎焊分委员会联席会议（1997 年，福建厦门）

1.2　国家级研发平台

1.2.1　先进焊接与连接国家重点实验室

先进焊接与连接国家重点实验室依托于哈尔滨工业大学焊接专业（中国第一个焊接专业）于 1989 年开始筹建，1995 年初正式对外开放。实验室在钎焊及特种连接领域有多项国际、国内“第一”：ESI 文献检索表明，实验室在钎焊及扩散焊方向名列第一，是“微连接”研究方向的提出者和开拓者，在国内最早建立了电子封装技术专业。

近年来在陶瓷与金属异种材料连接、微纳连接、超声波辅助连接等技术领域取得了显著成果，为中国航天、电子等工业的发展做出了重大贡献。

1.2.2　新型钎焊材料与技术国家重点实验室

新型钎焊材料与技术国家重点实验室依托机械科学研究总院郑州机械研究所，于 2010 年 12 月开始筹建，2013 年 12 月通过科技部验收。实验室主要从事钎焊材料、技术与装备的基础研究和应用基础研究，主要研究方向包括：①新型绿色钎焊材料；②钎焊材料先进成形技术；③高效钎焊工艺与装备。

实验室逐步形成了一些以实验室研究成果为基础的产业化基地；面向国家高尖端领域和重大科学技术需求，成功解决了电子对撞机、热核聚变、载人航天、蛟龙探海等重大工程中的焊接技术难题；作为行业技术平台服务于国内外3000多家企业，涉及航空航天、交通运输、汽车制造、超硬工具和硬质合金工具制造、矿山机械、石油、煤炭、电力、电子、轻工业、家电、仪器、仪表、新能源、木材加工等行业。

1.3 应用基础研究成果

1.3.1 部分代表性的研究成果

1. 提出了金属纳米线互连结构的透明导电薄膜特种连接制备新方法

透明导电薄膜应用范围涵盖了显示器、太阳能电池、发光二极管及各类传感器等诸多领域。随着柔性电子技术浪潮的到来，具有出色的可弯折、可伸缩等柔性特点的新一代纳米线透明导电薄膜研究逐渐兴起。然而，目前关于纳米线透明导电薄膜互连制备方法的基础理论研究尚较缺乏。

哈尔滨工业大学先进焊接与连接国家重点实验室何鹏教授团队紧跟纳米连接制造领域的前沿，在银纳米线透明导电薄膜基础理论研究领域取得了重要进展。针对纳米线互连结构长期服役可靠性差的瓶颈问题，创新性地提出纳米线网络自模板反面光刻原理，首次得到原位封装保护层网络，实现了透明导电薄膜可靠性的大幅提高，同时保持高导电性和高光透性（见图1-10）。

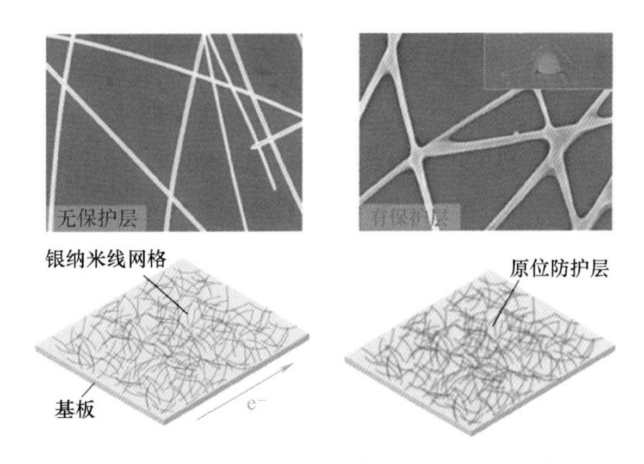

图1-10 基于纳米线自模板反面光刻原理的原位封装透明导电薄膜

相比而言，传统的核壳结构保护或大面积涂覆保护方式在提高可靠性的同时牺牲了高导电性或高光透性，该研究从原理上有效地避免了这一问题。研究成果于2015年发表在《ACS Applied Materials & Interfaces》和《Nanoscale》上。

2. 阐述了飞秒激光辐照下纳米线异质接头的连接及性能修饰机理

随着纳米技术的发展，纳米材料在微纳尺度光电子、催化及传感等领域展现了极为优异的性能。针对金属氧化物纳米线材料由于其自身的结构及电学特性，将在微纳电子器件领域有着极为重要的应用。然而由于纳米线材料本身与金属电极之间存在材料的不兼容，使得氧化物纳米线在使用过程中严重受限于局部的接触状态。同时，接触过程会产生较高的肖脱基势垒，从而会带来初始阶段使用较高预处理偏压的问题，对微纳器件本身存在较大的损伤风险。

针对上述问题，清华大学邹贵生教授团队提出了在超快激光激励作用下，金属与金属氧化物之间的局域等离子激元效应，使得金属及氧化物接触界面处产生较为强烈的能量输入效应，对连接结构的界面进行修饰。同时激光辐照改善金属与氧化物之间的润湿特性获得了机械强度优异的异质接头，解决了平衡条件下金属与金属氧化物润湿性能差，难以有效互连的问题（见图1-11）。使飞秒激光在功能性异质界面的电学调控方面成为除电子束、离子束等手段之外的另一选择。相关工作于2016年在《Applied Physics Letters》（Editor′s Pick，网站首页报道）和《Advanced Functional Materials》上发表。

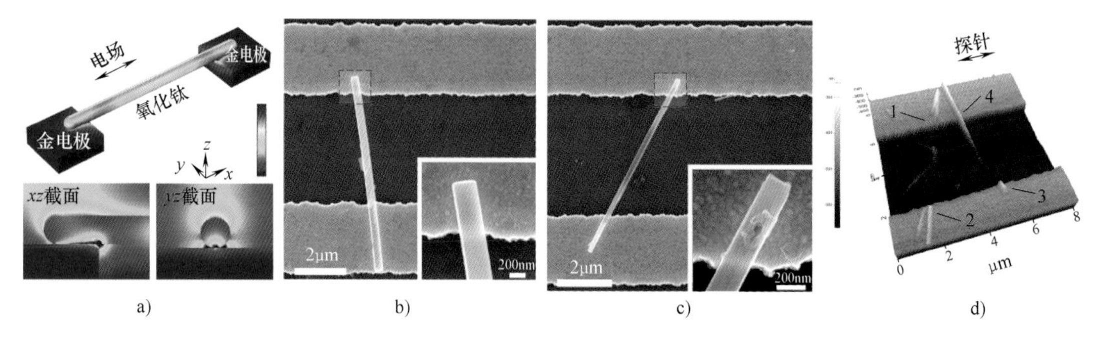

a)　　b)　　c)　　d)

图 1-11　飞秒激光辐照下纳米线异质接头的连接

3. 系统研究了无铅钎料焊点可靠性问题，阐明了锡须的生长机制

在微电子封装技术中，钎料合金在整个封装工艺过程中起着非常重要的作用。南京航空航天大学薛松柏教授团队系统研究了 Sn-Ag、Sn-Cu、Sn-Ag-Cu、Sn-Cu-Ni 等无铅钎料及其焊点的组织、性能和可靠性，探讨了稀土元素的添加对钎料润湿性能、微观组织的影响与作用机理，测定了稀土相的基本力学性能，分析了无铅焊点在焊后和高温存储条件下的连接强度和界面组织演化，并研究了无铅微焊点的热循环可靠性，建立了焊点的本构方程和寿命方程，阐明了无铅钎料表面锡须的生长行为、锡须生长驱动力的来源、氧化和温度循环载荷对锡须生长的影响机制（见图 1-12）。相关论文发表在 2011 年《Journal of Alloys and Compounds》和 2014 年《Materials and Design》上。

江苏师范大学张亮教授团队近年来针对高密度封装互连焊点可靠性的问题，选择掺杂稀土元素、纳米 Al 颗粒、纳米 La_2O_3、纳米 CeO_2 和纳米 TiO_2 等，增强无铅互连焊点，显著改善了无铅互连焊点的润湿性、力学性能、抗蠕变性能，证明了纳米颗粒易于富集在界面层扇贝状 Cu_6Sn_5 表面（见图 1-13），减小了 Cu/Sn 元素扩散速率，抑制了 Cu_3Sn 和 Cu_6Sn_5 的过快生长，减小因为 Cu_3Sn 和 Cu_6Sn_5 区域萌生裂纹的几率。

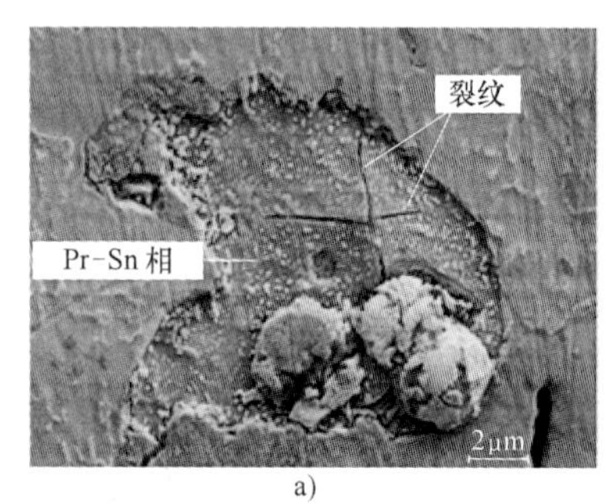

a)

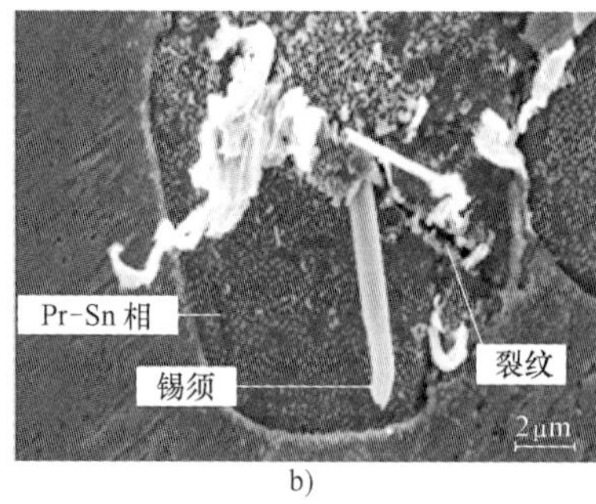

b)

图 1-12　无锡须生长时和锡须生长时稀土相形貌图

a）无锡须生长　b）锡须生长

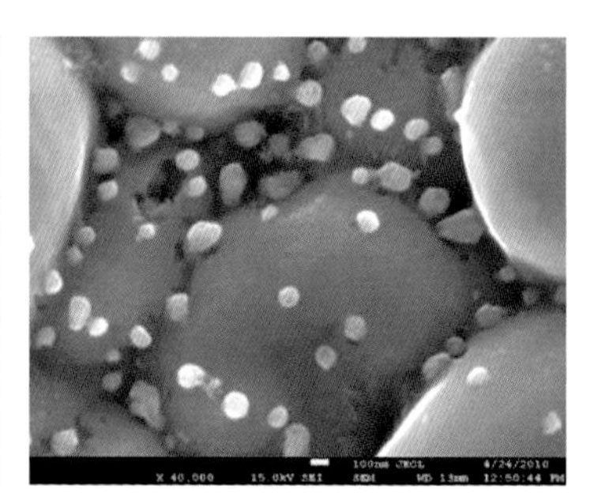

图 1-13　Cu_6Sn_5 相表面纳米颗粒的富集现象

另外，纳米颗粒易于沉积在晶界区域，对晶界具有明显的增强作用。实现了纳米颗粒增强无铅互连焊点在服役期间疲劳寿命的提高。发现了纳米颗粒在无铅互连焊点 Sn 晶粒晶界区域的均匀分布与钉扎作用，揭示了含纳米颗粒无铅互连焊点的改性机制，实现了焊点抗热疲劳特性的显著提高。研究成果于 2014 年发表在《Materials Science & Engineering：R：Reports》和《Solar Energy Materials and Solar Cells》等期刊上。

4. 阐明了多场作用下 3D 封装立体互连芯片金属间化合物低温键合机理

集成电路（IC）制造进入后摩尔时代，电子封装作为一种特种连接技术已成为我国半导体行业的先行军。哈尔滨工业大学先进焊接与连接国家重点实验室王春青、田艳红教授团队近年来面向 3D 封装立体互连，开展了三维封装芯片垂直互连技术的基础研究，突破了 3D 硅通孔（TSV）芯片封装技术瓶颈。在多层堆叠芯片立体互连新方法、新原理方面取得了创新性的进展。提出采用 Cu-Sn 全金属间化合物（IMC）实现 TSV 叠层芯片互连的新方法，实现了“低温连接、高温服役”的目标。突破了固液互扩散低温键合、超声瞬态键合和电流外延生长 IMC 室温键合等新方法，阐述了热场、声场和电场作用下 Cu-Sn 金属间化合物生长机理、晶粒定向生长机制，采用电场加热实现了对 IMC 的定向调控，为 3D 封装多层 TSV 芯片高可靠互连奠定了理论基础。其中超声驱动产生均质 IMC 的论文于 2014 年发表在《Ultrasonics Sonochemistry》和《Applied Physics Letter》上。

1.3.2 专著

近年来我国的钎焊及特种连接领域的专家学者，对研究成果进行总结，编著及参与编著了一系列有代表性的专著，对推动行业技术发展发挥了积极的作用。其中，北京大学张启运教授和北京航空航天大学庄鸿寿教授主编的《钎焊手册》（见图 1-14a），对中国的钎焊领域发展影响很大，目前正在出版第 3 版。

针对陶瓷及陶瓷基复合材料良好的应用前景，北京航空材料研究院熊华平研究员、陈波高工等人近年来对多种陶瓷材料开展了钎焊研究，设计了多种新型钎料，并将相关研究成果撰写专著《陶瓷用高温活性钎焊材料及界面冶金》（见图 1-14b），该书由国防科技图书出版基金资助出版。

优秀青年学者、郑州机械研究所新型钎焊材料与技术国家重点实验室张青科博士的博士论文《Investigations on Microstructure and Mechanical Properties of the Cu/Pb-free Solder Joint Interfaces》（见图 1-14c）入选 Springer Theses 丛书并已正式出版。

此外，我国学者还参与编著了一些具有行业影响力的技术书籍。清华大学邹贵生教授团队参与编著了由国际微纳连接领域的知名专家、国际焊接学会微纳连接特别委员会主席（IIW-SC-MICRO）周运鸿教授主编的《Microjoining and nanojoining》（见图 1-14d）。该书由 Woodhead Publishing Limited 于 2008 年出版，全书 810 页，清华大学团队参与编写其中第 5 章、19 章、26 章，共 103 页。

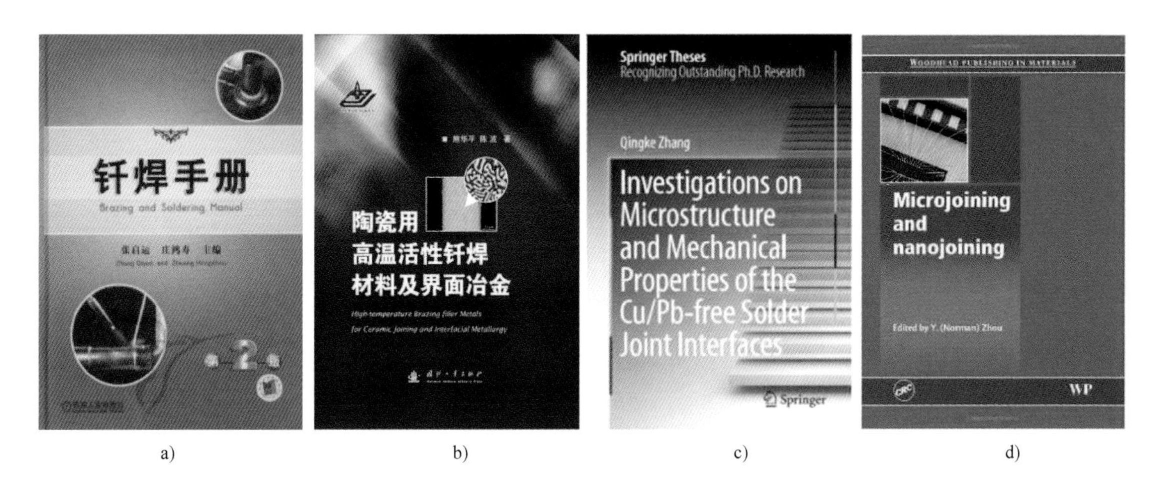

a) b) c) d)

图 1-14 钎焊及特种连接领域编写的部分代表性书籍

1.4 重大技术成果

1.4.1 专利

自加入 WTO 以来，中国对知识产权的重视程度越来越高。据不完全统计，1996～2016 年，中国在钎焊及特种连接技术领域申请各类专利大约 400 项，主要集中在无铅钎料、无镉银钎料、铜基钎料、陶瓷材料钎焊、异种材料连接、超声波辅助钎焊等方向，其中部分还申请了国际专利。

1）美国专利：Cadmium free silver brazing filler metal（专利号：US7985374 B2）。常熟市华银焊料公司研制的该钎料已在超超临界发电机组及制冷行业得到应用，累计销售量为 30 多吨，该产品荣获 2015 年教育部技术发明奖二等奖。

2）美国专利：Ultrasonic brazing of aluminum alloy and aluminum matrix composite（专利号：US7624906 B2）。哈尔滨工业大学闫久春教授团队研究的该专利技术已应用于高体积分数铝基复合材料轻量化复杂结构件焊接，如光学扫描平台、相机支架等构件。

1.4.2 成果获奖

1. 异种材料连接技术

哈尔滨工业大学先进焊接与连接国家重点实验室冯吉才教授带领的“新材料及异种材料连接”研究团队的“异种材料先进连接技术及其在航空航天发动机中的应用”项目获得 2014 年度国家技术发明二等奖。

该项目发明了连接陶瓷或陶瓷基复合材料和金属的多种钎焊材料及复合反应扩散连接新技术。利用该发明，确定了碳化硅陶瓷和多种金属连接的界面结构，给出了碳化硅和钛、铬、铌、钽、钛铝连接时的界面反应数据，解决了碳化硅和钛连接界面化合物生成种类、生成顺序及形成机理的国际争论，得到了国际同行的认可。

此外，该项目通过在 SiO_2/SiO_{2f}复合材料与金属钎缝内原位形成具有分布可控的晶须化合物，在强化焊缝的同时，使接头呈现热膨胀、模量以及硬度等性能的梯度过渡，有效缓解了接头残余应力。特别是该项目利用自行设计的 Ti-Ni-Nb 三元合金与 C/SiC 复合材料的多级液固界面共晶反应，保证界面形成了化合物微结构层（约 10μm），进而调控了连接界面热膨胀错配，提高了接头强度（见图 1-15）。

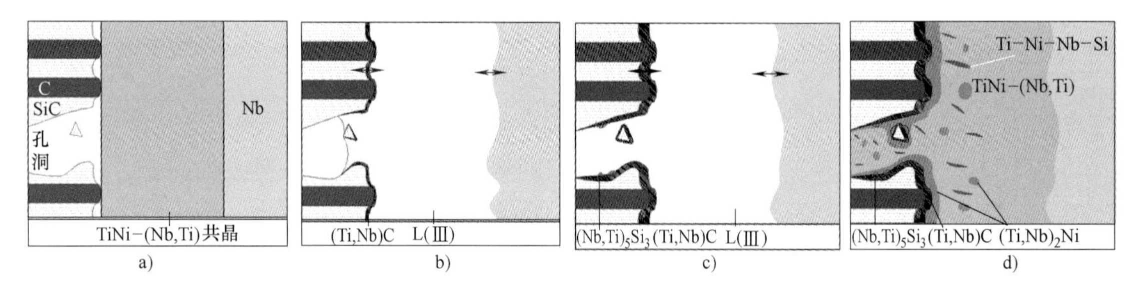

图 1-15　Ti-Ni-Nb 合金钎焊 C/SiC 复合材料与 Nb 的界面反应机理

2. 无害化钎料与高效钎焊技术

郑州机械研究所新型钎焊材料与技术国家重点实验室围绕无害化钎料与高效钎焊技术开展了大量研发和应用推广工作（见图 1-16），取得了系列研究成果；并于 2012 年、2015 年获中国机械工程学会绿色制造奖，被评为 2016 年度国家科学技术进步二等奖。

1）研究了常用元素对钎料性能的主导作用和协同效应，发现了相关元素与镉的效用关系，探明了无镉钎料组织性能演变规律，创建了镉当量公式，发明了系列高性能无镉钎料。

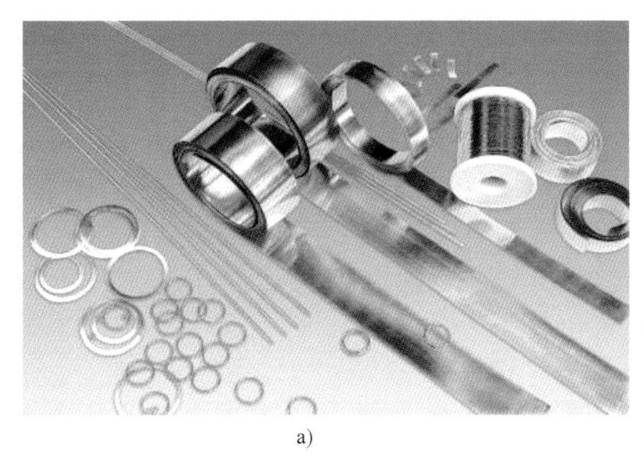
a)

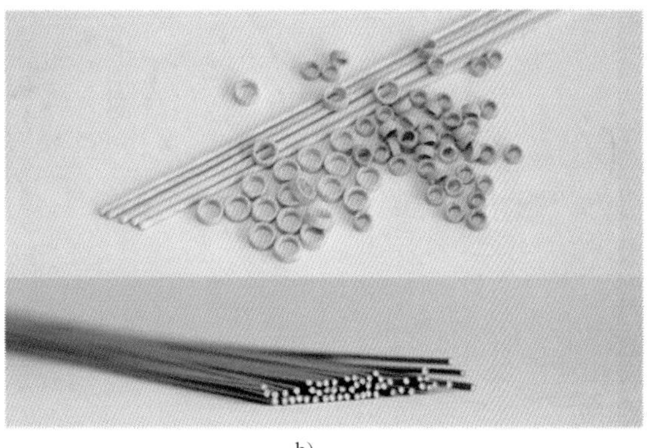
b)

图 1-16 系列无害化钎料及高效钎焊技术产品
a）高性能无镉钎料 b）减排型复合钎料

2）针对传统钎焊中钎料钎剂独立添加导致钎剂无序散乱、大量废弃的问题，创新钎料/钎剂定比复合方式，创制了无缝药芯钎料、自粘结药皮钎料等减排型复合钎料，减排有害物50%以上。

3）提出了原位合成钎料的方法，解决了高锡银钎料难加工、铜磷钎缝接头易脆断的难题，以及盾构机大型刀具强冲击、变间隙、大面积异种材料连接难题。

4）针对钎焊高效生产、极端服役环境的苛刻要求，开发了能量物质流重构钎焊技术；开发了“低溶蚀与高分散”协同控制形态及提升性能的高可靠真空钎焊技术。

3. 铝合金复杂构件精密钎焊技术

北京航空材料研究院针对铝合金多层结构平板缝阵天线、精密波导器件、高效冷却铝合金冷板、机箱等结构进行了精密钎焊技术研究，其中天线精密真空钎焊技术突破了包括钎料添加与定位技术、焊着率控制、钎焊圆角控制技术、天线的尺寸精度和变形控制技术，一次钎焊同时完成了多层数百条钎缝的精密钎焊连接，焊合率接近100%，可以满足厘米、毫米波多层天线的制造精度要求（见图1-17）。典型技术特征如下：

天线结构一般为2~7层，结构厚度为0.5~2mm，最薄处为0.3mm，尺寸为ϕ100mm与700mm×700mm不等，需钎焊钎缝数百条至上千条不等；钎焊后波导钎缝焊合率接近100%，钎焊圆角控制在R0.1~R0.3mm水平。

该技术已被中国多个装备所采用，分别被用于航空、航天行业的雷达及微波装备的制造，电性能测试合格、工艺成熟、产品焊接合格率达到90%以上。

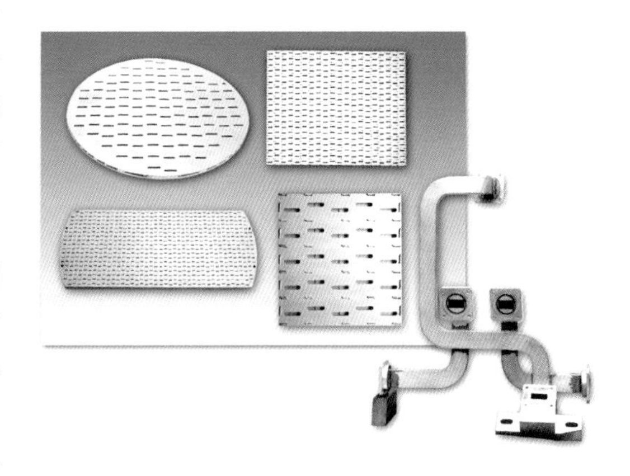
图 1-17 铝合金天线精密钎焊

该技术也可用于航空、航天、电子行业的高效冷却和电磁兼容机箱，高功率密度电子冷板等铝合金结构的精密钎焊制造，400mm尺度的机箱焊接后典型变形量可以控制在0.2mm水平，满足高精度要求。冷板焊接后复合流道典型耐压2MPa，满足大多数高功率密度电子设备高效冷却的要求。

该项目分别获得中国航空工业集团公司科学技术进步二等奖、国防科学技术进步三等奖和机械工程学会绿色制造技术进步奖。

4. 超声波辅助连接技术

哈尔滨工业大学先进焊接与连接国家重点实验室闫久春教授团队提出声能与铝复合活化连接的思想，在钎焊过程中，利用声空化效应改变固态母材表面状态，在界面处形成铝与氧沉积反应过渡层（Al_2O_3），使液固材料之间发生受迫润湿，并形成连接。同美国 EWI 研究所和德国亚琛大学的超声与 Ti 活化方法不同，该方法活化温度低，液态钎料抗氧化能力强，界面化合物有利于连接。

该研究提出了低温连接热敏感铝合金中 Al/Sn 弱连接界面的强化思路，在钎料合金中掺杂元素 O 和 Zn 实现了 Al_2O_3 过渡层的铝低温钎焊高强度接头；揭示了超声与 Al 复合化学反应活化机理，利用声空化效应创造了界面处局部高温环境，在较低温度下（250℃）使 Al 与其中溶解的 O 发生化学反应生成非晶和 γ-纳米晶 Al_2O_3，实现了陶瓷的低温连接。突破了高体积分数铝基复合材料陶瓷与铝合金双相材料同时连接和陶瓷材料低温低应力连接的关键技术。

该研究已形成了基础理论、专利技术及装备一体化的核心技术体系。已获得授权发明专利 20 余项（其中美国专利 1 项），实现了卫星光学扫描平台高体积分数铝基复合材料三维立体复杂构件高质量的可靠连接（见图 1-18）。

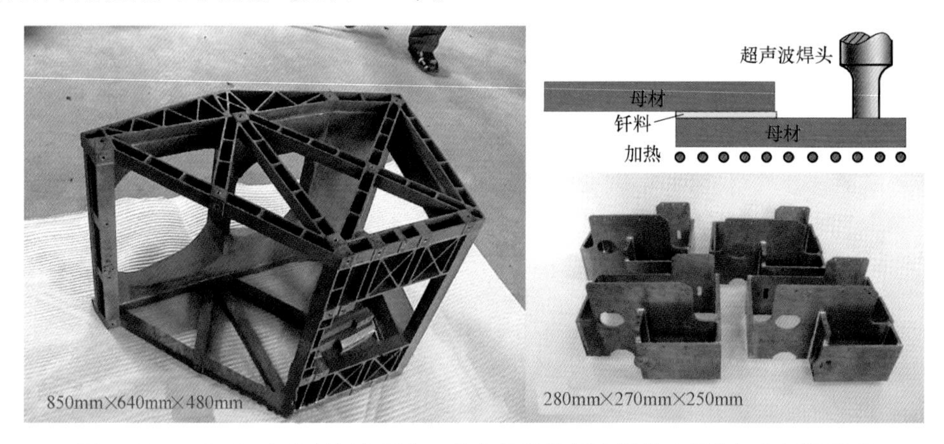

图 1-18　SiC_p/Al 复合材料轻量化三维立体结构焊接样件及超声复合钎焊原理

5. 空气舵钛合金舵芯骨架与蒙皮钎焊技术

空气舵钛合金舵芯骨架与蒙皮的连接是某装备的关键制造技术之一。由于舵芯结构复杂，骨架与蒙皮的连接面积大，要求连接强度高和焊接变形小，因此焊接技术难度极大（见图 1-19）。

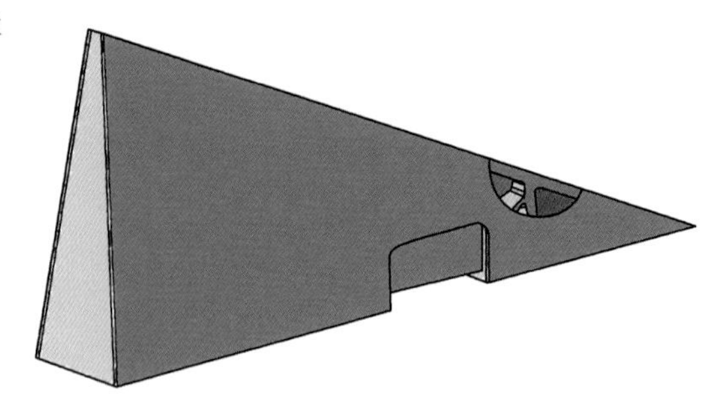

图 1-19　骨架蒙皮结构示意图

航天材料及工艺研究所针对产品结构特点，采用了真空钎焊连接技术，研制成功高强钛基非晶态箔状钎料，使钎焊接头强度在 400℃达到与母材等强的效果；通过研制可在 950℃以下重复使用的高温钎焊工装，突破了钛合金大面积骨架蒙皮结构焊接变形控制技术和大面积钎焊的技术难题；而且采用高温钎焊和扩散处理的复合工艺，有效地保证了钎缝良好的冶金结合和产品质量的稳定性。

利用该项技术，钎焊的空气舵成功地通过了飞行试验和批生产考核，并于 2004 年获得国防科学技术奖三等奖。该钎焊技术目前已成功用于多种类型空气舵的批量生产。

6. 陶瓷高温钎焊技术

北京航空材料研究院持续开展了陶瓷高温钎焊技术的研究，在高温钎料的成分设计、陶瓷连接工艺和连接界面的冶金与力学控制等方面取得了多项研究成果，并有两大贡献：

1）研制出一系列含活性元素V的Au基、Cu基钎料，可以实现对Si_3N_4陶瓷的有效连接（见图1-20），钎料中的合金元素Pd可明显提高接头的高温性能，而且这类钎料至少还适用于对C/C复合材料、AlN陶瓷、C_f/SiC陶瓷复合材料等的连接，钎焊接头的耐热温度比传统的Ag-Cu-Ti活性钎料提高大约300℃，相关成果获得试用。

2）SiO_{2f}/SiO_2复合陶瓷与普通金属热胀系数相差十几倍，常规钎焊连接极易开裂，北京航空材料研究院在国内率先提出在被焊的复合陶瓷表层构造梯度过渡结构缓解连接接头残余热应力的新方法，成功焊接了SiO_{2f}/SiO_2与金属环形完整结构，钎焊缝的直径近200 mm。

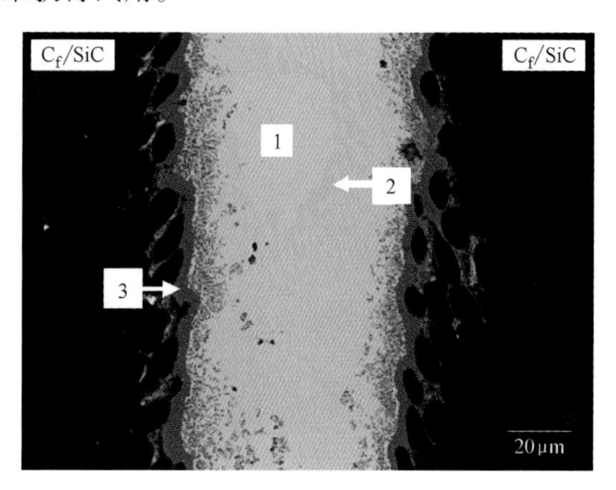

图1-20 使用研制的Cu-Au-Pd-V钎料获得的C_f/SiC陶瓷复合材料接头

1—Cu-Pd固溶体 2—共晶物 3—界面反应层

在陶瓷高温钎焊技术领域，共发表论文60篇，申报专利16项，其中11项获得专利授权。国际焊接专家在论文“Joining of engineering ceramics”［International Materials Reviews 2009，54（5），p283-331］中高度评价了关于陶瓷连接研究的系列进展。

陶瓷高温钎焊项目获得2013年度中国航空学会科学技术一等奖。

1.5 钎焊及特种连接专业委员会国际交流

我国钎焊及特种连接技术领域的人员除了在国内开展学术交流活动以外，还十分重视开展国际学术交流与合作。部分论文获得大会优秀论文奖：1995年，北京航空航天大学庄鸿寿教授的论文“An Investigation on Ni-Cr-Co-B Brazing Filler Metal”被评为第4届高温钎焊、扩散焊国际会议大会优秀论文。2000年，哈尔滨工业大学马鑫博士的论文“Finite Element Analysis of Temperature History Effect on the Stress Field Characteristic in the Surface Mount Solder Joints Under Temperature Cycling”获第1届国际钎焊会议（IBSC）大会唯一“最佳论文奖”。

自2009年IIW钎焊扩散焊专委会（IIW-C-XVII）在新加坡召开第一次工作会议以来，中国代表提交论文数总体呈递增趋势（见图1-21）。在2013年9月第66届IIW年会钎焊扩散焊专委会会议上，北京航空材料研究院熊华平研究员当选为IIW钎焊扩散焊专委会副主席，北京工业大学李红副教授被任命为IIW钎焊扩散焊专委会软钎焊分专委会副主席。

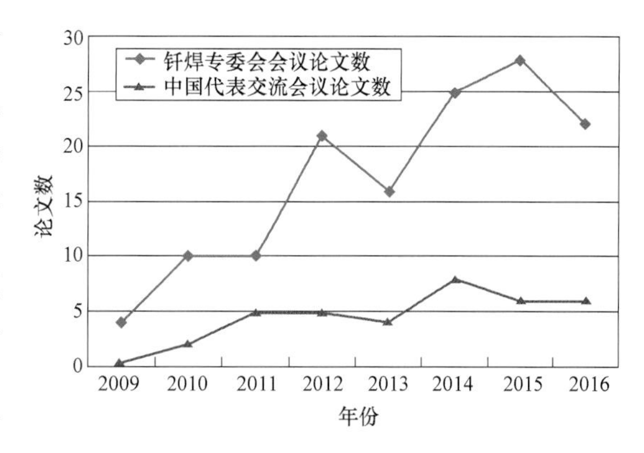

图1-21 2009—2016年历届IIW年会中国代表会议论文数与论文总数对比

部分国际交流活动照片如图1-22～图1-29所示。

图 1-22 钱乙余参加第 1 届 IBSC 年会（2000 年，美国）

图 1-23 庄鸿寿、唐福庆、乔培新参加第 6 届高温钎焊扩散焊国际会议（2001 年，德国）

图 1-24 专委会首次组团参加 2002 年大阪国际焊接会议

图 1-25 第 64 届 IIW 年会钎焊扩散焊会议（2011 年，印度）

图 1-26 第 5 届 IBSC 年会（2012 年，美国）

图 1-27 第 67 届 IIW 年会钎焊扩散焊会议（2014 年，韩国）

图 1-28 第 6 届 IBSC 年会（2015 年，美国）

图 1-29 第 11 届高温钎焊扩散焊国际会议（2016 年，德国）

除了积极参与国际学术会议与国外同行开展交流外，专委会还积极邀请国外专家来中国开展交流，先后于 2001 年、2014 年成功组织了两次国际会议。

2001 年 10 月专委会在江苏扬中市首次举办国际专业学术会议，也是中国焊接学会下属专委会首次召开大型国际学术会议（见图 1-30）。中国、日本、韩国、美国、乌克兰等国 130 多位专家参加会议，包括日本大阪大学、东京工业大学、广岛大学，韩国中央大学、汉城大学、釜山大学、韩国产业技术协会、韩国现代 MOBIS，美国肯塔基大学，乌克兰巴顿焊接研究所和乌克兰材料科学问题研究所都有著名学者到会进行报告交流。会议论文 48 篇，并出版英文论文集。

图 1-30　专委会首次举办国际钎焊会议（2001 年，江苏扬中）

2014 年 6 月 9~13 日，时隔 13 年之后专委会在北京再次成功组织举办国际会议。共有来自海内外 10 个国家 188 位代表及参展商参加了这次会议（见图 1-31 ~ 图 1-33）。会议邀请德国、美国、波兰、日本、韩国等国家的著名学者进行了 7 个大会特邀报告。同时分“钎焊材料及应用”“钎焊工艺及其他”两个分会场进行了 36 个论文报告。期间，还召开了 IIW 钎焊扩散焊专委会中间会议，会上有 9 篇论文报告进行交流。会议还安排了 26 篇论文海报展示。会议共收到 99 篇论文并出版纸质论文集。会议期间还安排了桌面式展览，共有 5 家外国企业和 3 家中国企业参展。

本次会议的成功组织得到了国内外专家的一致认可和赞赏，通过组织本次国际会议，加强了中国钎焊及特种连接界人士与国际同行的交流，有力地宣传和展示了我国钎焊及特种连接技术，提高了中国在国际焊接界的影响。

图 1-31　大会主席、中国焊接学会钎焊及特种连接专委会主任李晓红致词

图 1-32　大会联合主席、国际焊接学会钎焊扩散焊委员会主任 Warren 博士主持特邀报告

图 1-33　会议代表合影

参考文献

[1] 钱乙余，薛松柏. 第十次全国焊接技术会议论文集（第 1 册）［C］. 哈尔滨：黑龙江人民出版社，2001.

[2] 龙伟民，张青科，何鹏，等. 中国有色金属焊接材料市场需求与产业发展［J］. 焊接，2015（2）：1-6.

[3] 马鑫，何鹏. 电子组装中的无铅软钎焊技术［M］. 哈尔滨：哈尔滨工业大学出版社，2006.

[4] Li X H, Mao W, Cheng Y Y. Microstructures and properties of transient liquid phase diffusion bonded joints of Ni_3Al-base superalloy［J］. Transactions of Nonferrous Metals Society of China, 2001, 11（3）: 405-408.

[5] 李晓红，毛唯，熊华平. 先进航空材料和复杂构件的焊接技术［J］. 航空材料学报，2006，26（3）：276-282.

[6] 邱惠中. 先进钎焊技术在航天器上的应用［J］. 宇航材料工艺，2000（3）：11-13.

[7] 毕建勋，李海刚，毛建英，等. Ag-Cu-Ti-Si 钎料钎焊 C/SiC 与 TC4 接头分析［J］. 材料科学与工艺，2009，17：40-43.

[8] He P, Jiao Z, Wang J, et al. Research and application of joining technology at nanometer scale［J］. Transactions of the China Welding Institution, 2013, 34（2）: 109-112.

[9] Xu Z W, Yan J C, Kong X L, Yang S Q. Interface structure and strength of ultrasonic vibration liquid phase bonded joints of Al_2O_{3p}/6061Al composites［J］. Scripta Materialia, 2005, 53（7）: 835-839.

[10] Zhang H T, Feng J C, He P. Interfacial phenomena of cold metal transfer（CMT）welding of zinc coated steel and wrought aluminium［J］. Materials Science and Technology, 2008, 24（11）: 1346-1349.

[11] Long W M, Zhang G X, Zhang Q K. In situ synthesis of high strength Ag brazing filler metals during induction brazing process［J］. Scripta Materialia, 2016, 110: 41-43.

[12] Wang J, Jiu J, Nogi M, et al. A highly sensitive and flexible pressure sensor with electrodes and elastomeric interlayer containing silver nanowires［J］. Nanoscale, 2015, 7（7）: 2926-2932.

[13] Lin L C, Zou G S, Liu L, et al. Plasmonic engineering of metal-oxide nanowire heterojunctions in integrated nanowire rectification units［J］. Applied Physics Letters, 2016, 108（20）: 203107.

[14] Lin L C, Liu L, Musselman K, et al. Plasmonic-Radiation-Enhanced Metal Oxide Nanowire Heterojunctions for Controllable Multilevel Memory［J］. Advanced Functional Materials, 2016, 26

(33): 5979-5986.

[15] Zhang L, Tu K N. Structure and properties of lead-free solders bearing micro and nano particles [J]. Materials Science & Engineering R Reports, 2014, 82 (1): 1-32.

[16] Xue P, Xue S B, Shen Y F, et al. Interfacial microstructures and mechanical properties of Sn-9Zn-0.5Ga-xNd on Cu substrate with aging treatment [J]. Materials and Design, 2014, 60: 1-6.

[17] Gu W H, Gu L Y, Xue S B, et al. Cadmium-free silver brazing filler metal: America, 79853474B2 [P]. 2011-07-26.

[18] Yan J C, Zhao W W, Xu H B, et al. Ultrasonic brazing of aluminum alloy and aluminum matrix composite: America, 7624906B2 [P]. 2009-12-01.

[19] 程耀永，吴欣，毛唯，等. 采用复合钎料的铝合金中温真空钎焊技术 [J]. 焊接, 2009 (4): 32-35.

[20] 熊华平，陈波. 陶瓷用高温活性钎焊材料及界面冶金 [M]. 北京：国防工业出版社, 2014.

第2章　焊接性及焊接材料

邸新杰　王颖　陈翠欣

2.1　中国钢铁工业的发展

钢产量是衡量一个国家综合经济实力的重要指标之一。自改革开放以来，由于中国经济持续高速增长，拉动了钢铁工业的快速发展（见图2-1），目前钢铁工业已成为中国工业化进程中的支柱产业。自1996年起，中国钢产量一直稳居世界第一的位置。特别是2001年以后，中国的钢产量出现了跳跃式发展，每年都以4000~6000万t的速度递增。钢铁材料的数量和品种规格已基本上可以满足国内经济发展和国防需求。据统计，至2014年中国的粗钢产量为8.23亿t，约占全世界钢产量的49.6%。2015年，受全球经济增速放缓的影响，全球和中国粗钢产量均出现同比下滑。

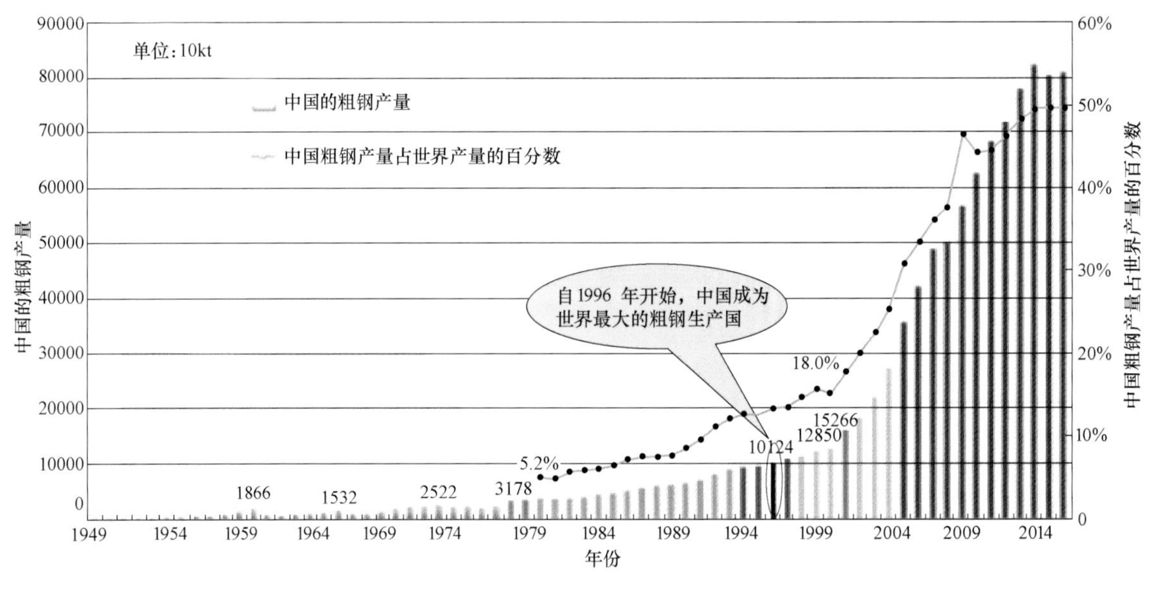

图2-1　1949—2016年中国的粗钢产量

目前，中国的钢产量虽然增速很快，但钢铁材料的总体技术水平和生产质量仍处于中等水平，距世界先进水平尚有一定的差距。随着中国经济发展形势的转变，钢铁企业将向着调整结构、提高品种和品质方面转化，预计钢产量增速将放慢。

钢铁工业属于流程工业。从20世纪90年代以来，中国钢铁工业的装备水平和工艺技术有了长足的进步。在国家“973”和“863”等科技计划的支持下（见图2-2），从整体上推进了流程的优化进程，为提高钢材品质和发展钢材品种，打下了坚实基础，使钢铁生产技术发生了翻天覆地的变化，例如：

（1）建立了现代化的生产流程　大、中型钢铁生产企业已实现了包括铁水脱硫预处理、转炉复合吹炼、炉外精炼、连铸连轧等现代化的钢铁生产流程。钢材的成分组织均匀性控制更好。

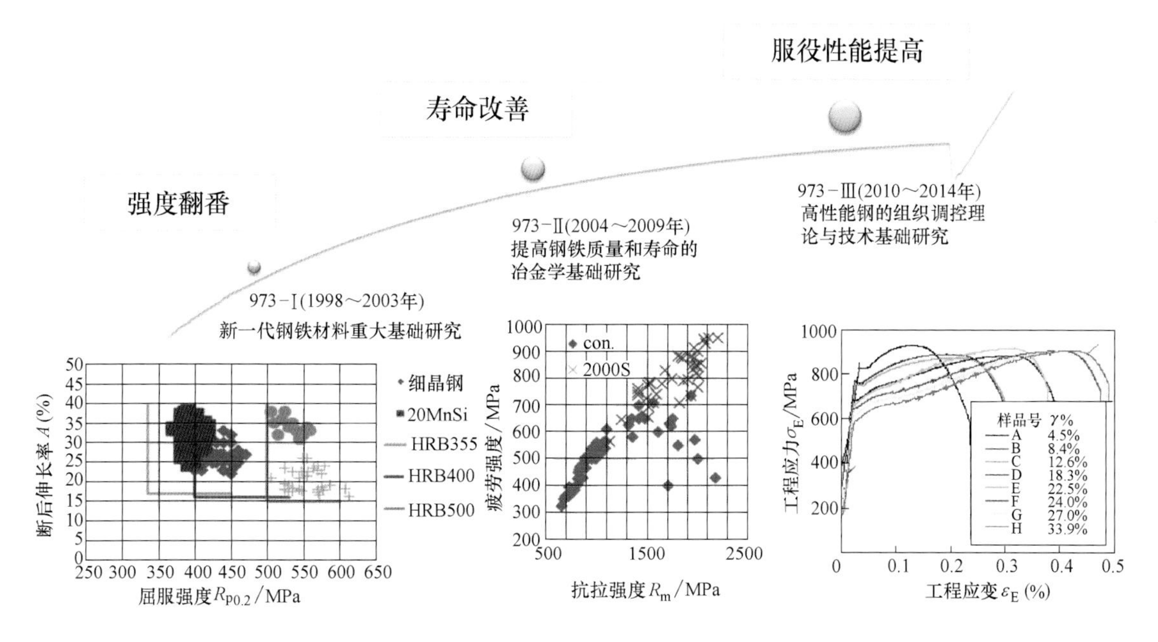

图 2-2 “973” 项目新一代钢铁材料

（2）大幅度提高了钢的洁净度　目前，中国所有 120t 以上的转炉都配备了钢包炉，真空脱气或钢液真空循环脱气等二次精炼措施，一些骨干企业采用了铁液预处理（脱 S、脱 P、脱 Si）技术，钢材的冶金质量不断提高。钢中杂质元素质量分数的总量∑（S+P+T. O+N+H）从传统流程的 $300\times10^{-6}\sim350\times10^{-6}$降到 $200\times10^{-6}\sim250\times10^{-6}$以下，中国宝武钢铁集团和鞍山钢铁集团有限公司等先进企业钢的洁净度已小于 100×10^{-6}，达到国际先进水平。

（3）控轧、控冷工艺已成为大、中型钢铁企业轧制技术的主流　控轧、控冷（TMCP）是将现代物理冶金技术和轧钢工艺技术相结合的创新典范，通过 TMCP 轧制工艺，可提高钢的强韧性，改善焊接性。TMCP 是实现合金设计与微观组织控制新理念的有效手段，使钢材的强化手段从传统的固溶强化、析出强化转向位错强化和细晶强化。采用 TMCP 工艺时，相变主要发生在轧制变形的连续冷却过程中，属于变形诱导相变（DIFT）轧制技术。DIFT 轧制技术是形核控制相变，在连续热变形、连续应变能积累和释放过程中，晶核在高畸变区不断反复形核，具有形核位置不饱和机制。正是由于 DIFT 动态相变过程，导致相变产物铁素体的超细化，突破了原来的晶粒细化极限。采用 DIFT 轧制技术，已在微合金钢中获得了尺寸为 2μm 的铁素体晶粒，强度由原来的 400MPa 级提高到 800MPa 级。传统的细晶粒钢晶粒直径小于 100μm，而 TMCP 钢的晶粒一般可达到 10~50μm，超细晶粒钢的晶粒可达 1~10μm。可见 TMCP 技术可显著细化晶粒、改善钢的强韧性和焊接性。从而获得了高强度、高韧度和优良焊接性的良好匹配。

TMCP 工艺在日本轧钢中应用率达 70%以上。中国过去由于轧制装备工艺水平落后，没有真正达到控轧、控冷水平的钢材。近年来，陆续投产的中厚板轧机，其性能已达到或超过日本和德国现有的轧机，成为全球新一代现代化中厚板轧机，为实现 TMCP 工艺，生产大批量高性能的中厚板奠定了装备基础。

（4）低合金和微合金高强度钢的发展　目前管线钢等高性能钢铁材料都在向“纯净化、低碳、超低碳、微合金化和 TMCP”方向发展，低合金（合金质量分数<5%）和微合金（微合金元素总质量分数<0. 2%）高强度钢是世界钢铁工业的发展方向。它打破了传统的 C、Mn、

Si 系钢的设计思想，采用降碳、多种微量元素（如 Ti、V、Nb、Re 等）合金化，并通过 TMCP 工艺细化晶粒、提高强韧性，保证综合的力学性能。该类钢种具有如下特征：

1）降碳。碳是最主要的强化元素，但会强烈地恶化钢材的韧塑性和焊接性，降碳可以改善塑性、韧度和焊接性，因此，新钢种中都严格控制碳含量，如 X70、X80 钢中碳的质量分数仅为 0.03%～0.04%，有的甚至达到超低碳水平。

2）微合金化技术。通过向钢中加入少量合金元素，如 Ti、V、Nb、Re 等，提高强度、改变组织、细化晶粒、净化基体，使钢实现强韧化。

3）高洁净化。通过精炼，清除杂质，净化基体，控制 S、P、O、N、H 的质量分数，将钢中杂质元素 S、P、O、N、H 的总质量分数从普通钢的 w（S+P+O+N+H）<0.025%降到经济洁净钢的 w（S+P+O+N+H）<0.012%，并开始研究 w（S+P+O+N+H）<0.005%的超洁净钢。

图 2-3　高韧度的第三代低合金钢

在微合金 TMCP 钢的基础上，正在发展新型高洁净化、高强度针状铁素体钢、超低碳高强贝氏体钢等，另一方面启动了以“超细晶粒、超洁净度、超均匀性”为特征，以强度、寿命双翻番为目标的“21 世纪超级钢”的开发研究及应用。图 2-3 所示为高韧度的第三代低合金钢，多尺度组织特征的超低碳马氏体钢，显示了优异强韧度：$R_m \geqslant$ 1000MPa，$R_{p0.2} \geqslant$ 900MPa，A_{KV}（-40℃）≥200J，较目前相同强度低合金钢的韧度翻番。

2.2　材料的焊接性

材料的焊接性所涉及的因素很多，可分为工艺焊接性、冶金焊接性和热焊接性，国际标准 ISO/TR581 对焊接性内涵的界定中还包含结构焊接性。其中，冶金焊接性主要涉及化学冶金过程，热焊接性所涉及的则是物理冶金问题。影响工艺焊接性的因素更多，包括材料因素、工艺因素、结构因素、使用条件等，焊接性的综合影响因素如图 2-4 所示。

由图 2-4 可以看出，影响焊接性的因素十分复杂，为了确保焊接质量和焊接结构运行时的可靠性，对每一种钢，在一定的工艺和冶金条件下，都应对其焊接性进行评定。

2.2.1　合金结构钢的焊接性

传统合金结构钢是靠调整钢中碳及合金元素的含量并配以适当的热处理来实现各种优良使用性能的，总的趋势是随着碳及合金元素的含量增加，强度提高，钢的焊接性变差。由于过去受冶炼技术和焊接技术水平的限制，传统合金结构钢的焊接性问题层出不穷。在合金结构钢中，随着碳及合金元素含量增多，势必会引起接头的脆化、软化，使得冷裂纹、热裂纹、层状撕裂和再热裂纹等裂纹倾向增大。

为了解决传统合金结构钢出现的焊接性问题，在“六五”“七五”期间，国家科委和原冶金工业部组织了全国各有关科研院所、院校、设计、生产、使用等部门，对国产常用低合金钢的焊接性、焊接材料和焊接工艺进行了联合攻关。通过系统的试验研究，完善了各常用钢号焊接的基本数据，取得了众多研究成果，并在生产中得到了应用，有效地解决了传统合金结构钢出现的焊接性问题。张文钺教授主编的《焊接冶金学（基本原理）》和周振丰教授

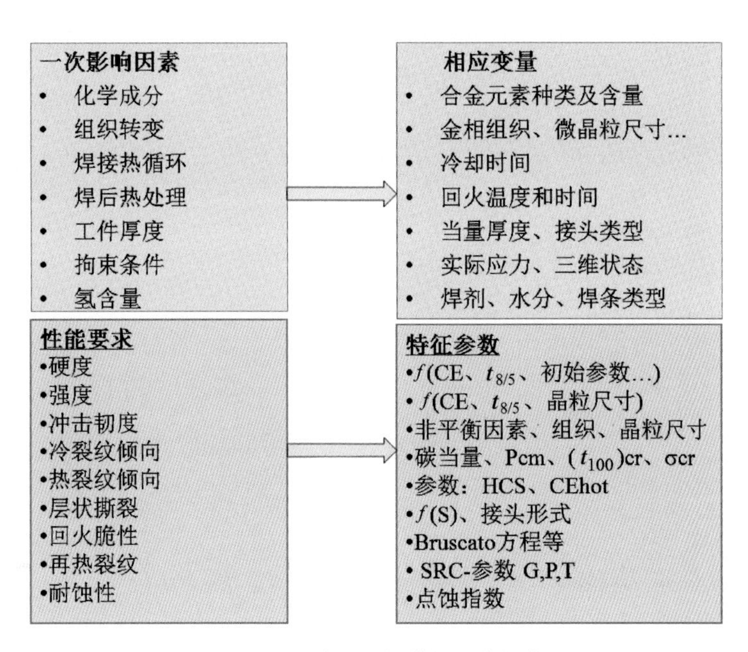

图 2-4　影响钢焊接性的因素概览

主编的《焊接冶金学（金属焊接性）》两本教科书是解决传统合金结构钢焊接性问题的理论基础，在焊接教学、科研和工程实践中发挥了不可替代的指导作用，为焊接冶金及金属焊接性的发展做出了重大贡献。

2.2.2　微合金钢的焊接性

微合金 TMCP 钢的主要特点是高强度、高韧度、易焊。该钢种由于含碳量低、洁净度高、晶粒细化、成分组织均匀，因此具有较高的强韧性。所谓易焊是指焊接时不预热或仅采用低温预热而不产生裂纹，采用大或较大热输入焊接时热影响区不产生脆化。但由于每种钢的成分、组织、性能存在较大差异，故其焊接性也各不相同。但总体来看，依然在不同程度上存在有焊接裂纹问题、脆化问题和焊缝金属的合金化问题。

（1）焊接裂纹　TMCP 钢中碳及杂质元素含量低，S、P 等元素得到有效控制，因此焊接时液化裂纹和结晶裂纹倾向很小。但在采用多丝大热输入埋弧焊制管时，由于焊缝晶粒过分长大，出现 C、S、P 局部偏析时也容易引起结晶裂纹。

由于这类钢的含碳量低，合金元素少，淬硬倾向小，因而冷裂纹倾向小。但随着强度级别的提高和板厚的增大，仍然具有一定的冷裂纹倾向。如管线钢现场敷设安装进行环缝焊接时，由于常采用含氢量高的纤维素焊条打底，热输入小，冷却速度较快，熔敷金属含氢量高，装配应力较大，因而会增加冷裂纹的敏感性。强度越高，冷裂问题将越突出（如 X100 及 X120 等管线钢）。因此，对于 X80 以上钢种不推荐使用纤维素焊条进行打底焊。

强度级别低于 700MPa 时（如 X80 以下钢种），裂纹一般在 HAZ 起裂，也可能向焊缝扩展；强度级别高于 700MPa 时（如 X100、X120），裂纹倾向增大，裂纹既可能出现在 HAZ，又可能在焊缝中。具体起裂位置取决于氢的扩散及母材和焊缝的 M_s 点。裂纹位置可用焊缝及 HAZ 的马氏体转变点作判据。

热影响区：

$$M_{s\,HAZ}=521-350C-143Cr-175Ni-289Mn-37.6Si-295Mo-1.19Cr\cdot Ni+23.1(Cr+Mo)\cdot C$$

焊缝：

$$M_{s\,weld}=521-350C-13.6Cr-16.6Ni-25.1Mn-30.1Si-20.4Mo-40Al-1.07Cr\cdot Ni+219(Cr+0.3Mo)\cdot C$$

判据：

$$\Delta M_s = M_{s\,weld} - M_{sHAZ}$$

式中，$\Delta M_s>0$，裂纹出现在热影响区中；$\Delta M_s<0$，裂纹出现在焊缝中；$\Delta M_s\approx0$，热影响区及焊缝均可能产生裂纹（见图 2-5）。

（2）热影响区的脆化　高强微合金 TMCP 钢热影响区的脆化是十分重要的焊接性问题，一般热输入越大，脆化倾向越严重。

为防止热影响区的脆化，常采用如下措施：

1）控制成分：降碳、控制杂质含量，加入少量 Ni 韧化基体。

2）抑制热影响区的晶粒长大。向钢中加入 Ti、V、Nb 等细化晶粒的元素，通过形成 TiN、TiO、（Nb、Ti）N、VN 等氮氧化物抑制 HAZ 晶粒长大（见图 2-6）。

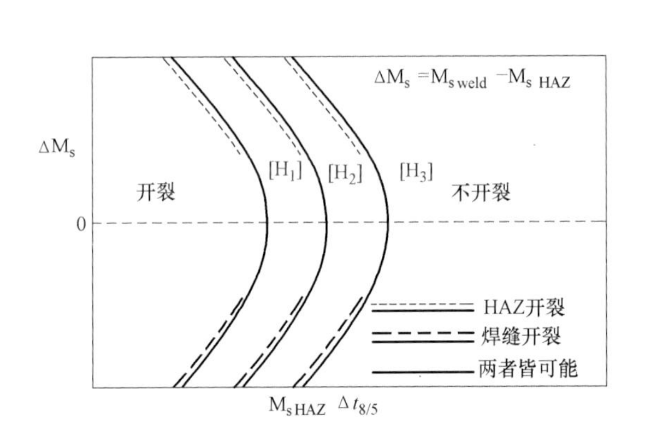

图 2-5　焊缝金属和 HAZ 马氏体转变点 M_s 与裂纹发生位置的关系

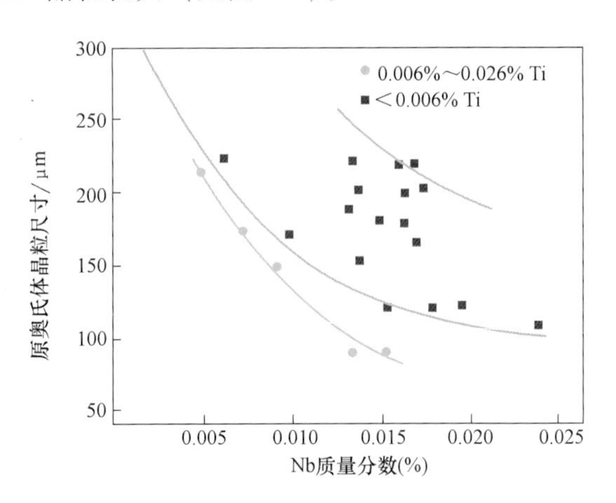

图 2-6　Nb、Ti 元素质量分数对 HAZ 晶粒尺寸的影响

3）改善热影响区的组织。可以通过向钢中加入变质剂，提高相变形核率来细化组织。如向钢中加入细小、均匀弥散分布的 TiO 微粒，可避免形成 GBF+FSP+Bu 等韧度低的混合组织，而在奥氏体晶内形成细小的细晶铁素体或针状铁素体，显著提高韧度。

2.2.3　耐热钢的焊接性

利用先进的冶炼技术、微合金化技术以及控轧控冷等先进技术，显著地提高了钢的高温性能，但由于焊接自身的特点，使得耐热钢在焊接和应用过程中将遇到新的问题和挑战。

1. 奥氏体耐热钢

1998 年开始，钢铁研究总院系统研究了 S30432 钢主要化学成分变化对组织和性能的影响，尤其是关于 Cu 元素在钢中的作用。2003—2005 年，在国家科技部“863”计划的支持下，钢铁研究总院、宝钢股份公司和哈尔滨锅炉厂开始系统研究了 S30432 的化学成分、热加工工艺和热处理对组织和性能的影响，并工业试制了 S30432 钢管。长城特殊钢股份、浙江久立、常数华新等单位也研制出了符合技术标准的 S30432 钢管。

研究表明，奥氏体耐热钢在焊接过程中焊缝可能出现结晶裂纹和高温液化裂纹，而焊接热影响区则可能出现高温液化裂纹和高温脆性裂纹。

2. 铁素体耐热钢

铁素体耐热钢主要用于火电机组锅炉管道，其焊接接头的组织性能及变化，已成为该系列钢种需要研究的关键技术之一。铁素体耐热钢焊接接头存在的主要性能问题是焊接冷裂纹、焊缝韧度低、热影响区软化及第Ⅳ类裂纹，试验及实际安装使用都证实该类耐热钢的热裂纹和再热裂纹敏感性低。由于第Ⅳ类裂纹对材料的致命危害性，相关学者对该类裂纹形成的影响因素及防止对策进行了大量的研究，一般认为Ⅳ型断裂是由细晶粒 HAZ 蠕变孔洞与裂纹的生成和长大造成的。

焊接热影响区的细晶区在服役过程中碳化物组织的粗化、板条状马氏体组织的消失也是第Ⅳ类裂纹形成的重要原因。总的来说，第Ⅳ类裂纹的产生除与焊接工艺有关外，更主要的是受材料本身组织变化的影响。研究表明，要避免铁素体耐热钢焊接接头中第Ⅳ类裂纹的产生，从材料本身考虑主要可从以下几方面入手：

1）增加钢中固溶强化合金组元 Mo、W、Re 的含量，同时尽可能降低消耗该类组元 Laves 相的生成，以降低第Ⅳ类裂纹的产生；相关试验已经证实在 9Cr 钢中添加 W 可以降低第Ⅳ类裂纹。

2）通过尽可能降低 $M_{23}C_6$ 相颗粒的粗化来减缓位错亚结构的回复。在微合金钢中加入 B 组元可以部分取代 $M_{23}C_6$ 相中的 C 组元，而降低 $M_{23}C_6$ 相的粗化，抑制第Ⅳ类裂纹的产生。同样，组元 W 的添加也可以降低 P92 钢中 $M_{23}C_6$ 相颗粒的粗化。

3）保证晶内沉淀相的稳定性，降低焊接接头各部位间的强度差异，从而使得铁素体钢蠕变过程中对第Ⅳ类裂纹的抗性增强。相比 T23 钢中的 Mo_2C 相，T91 中的 MX 相更加稳定，并且添加的 B 组元也可以提高 MX 相的稳定性，而降低第Ⅳ类裂纹的产生。有研究表明，通过降低 T91 钢中 C、N 和 Nb 组元的含量到合适的水平，而使得焊接接头的强度差异减小，也可以有效减少第Ⅳ类裂纹。此外，Z 相的生成消耗 MX 相，随着 Cr、Nb、V、N 组元含量的升高，铁素体钢中更易形成 Z 相，从而促进第Ⅳ类裂纹的产生，这也使得质量分数为 12%的 Cr 铁素体钢比质量分数为 9%的 Cr 铁素体钢中更易形成第Ⅳ类裂纹。

2.2.4 镍基合金

虽然镍基合金成本较高，但其在实际生产应用中具有不可替代的作用。因此，近年来国内较多研究者从镍基合金的焊接性、合金元素对焊接接头性能的影响、焊缝热裂纹产生机理、焊接方法以及焊接工艺等方面做了大量的研究。同时随着计算机模拟技术的快速发展及广泛应用，一些学者还对熔池凝固过程进行了模拟研究。

在镍基合金焊接过程中，容易出现气孔、裂纹、夹渣、咬边等缺陷。其中焊接热裂纹和气孔是高温耐蚀镍基合金焊接过程中的主要问题，也是研究者研究的重要方面。尤其在焊接过程中产生的热裂纹，已经成为大部分镍基合金焊接构件失效的主要原因。

镍基合金焊接接头容易产生热裂纹，主要包括高温失塑裂纹（DDC）、结晶裂纹和液化裂纹。目前，对 DDC 的研究表明，DDC 主要出现在固相线温度以下一个狭窄的温度区间，在这一温度区间材料表现出较低的塑性，当在一定的应变量下，容易出现沿晶开裂，这种裂纹的形成与晶界处液膜的出现无任何联系。上海交通大学通过对核电设备用 690 合金焊接材料发展过程的跟踪，发现在焊接凝固结束阶段的枝晶区域形成骨架分布的 MC 类碳化物，有效钉扎晶界，阻碍晶界的迁移，使晶界呈扭曲状。由此认为改变晶界形貌能够有效提高镍基合金焊缝的抗 DDC 能力。

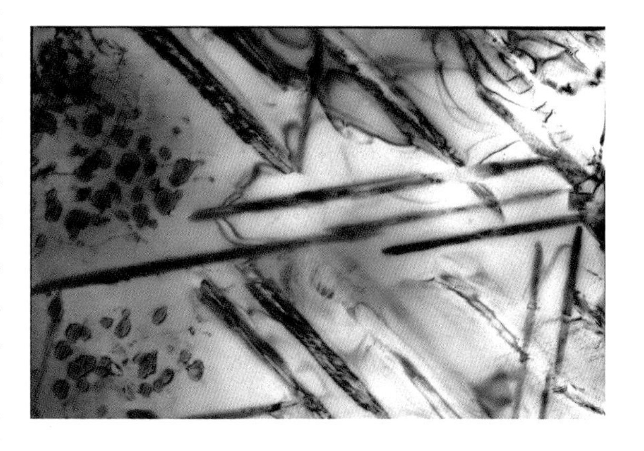

图 2-7 Inconel 625 合金中的析出相

结晶裂纹是镍基耐蚀材料最严重的问题之一。为了研究镍基耐蚀合金焊接结晶裂纹，国内外常采用可调拘束试验（Varestraint Test）、PVR 试验（Programmierter Verformungsristest）和 SIGMAJIG 等试验方法。哈尔滨焊接研究所对当前镍基耐蚀材料的焊接结晶裂纹的试验方法、形成机理和影响因素进行了总结，认为近缝区的液化裂纹主要是因为晶界上形成有低熔点的共晶物组成的液态薄膜造成的，而液态薄膜则是由于晶界上的碳化物和 γ′相在焊接热循环的作用下趋向分解并向基体扩散溶解时，因为加热速度快，扩散不充分，造成原碳化物和 γ′相周围有高浓度的 MC 或 γ′相形成元素存在形成的。图 2-7 所示为 Inconel 625 合金中的析出相。

2.3 焊接材料

2.3.1 国内焊接材料发展现状

近 20 年来，钢铁生产技术有了巨大进步，建立了现代化的炼钢生产流程和现代化的轧钢生产流程，使各类重要焊接结构用钢向洁净化、低碳、超低碳和微合金化、组织细晶化的方向发展，各种强度级别钢材的韧度都有显著提升。因此现在相对于各类重要焊接结构所用的钢材，不但在我国，也包括国外发达国家，焊缝金属的洁净度和韧度已较为普遍落后于钢材的性能。表 2-1 列出了近年来国内一些钢材与配用焊接材料中 S、P 含量及 A_{KV} 例值，从表中的例值对比可见，包括 Q345D 常用焊接结构钢、D36 船板钢、X70 和 X80 管线钢，以及 Q460-Z35 和 WDL610D 等高强度钢的焊缝金属 S、P 含量均高于钢材，冲击韧度均低于钢材。

表 2-1 一些钢材与相应焊接材料中的 S、P 含量（质量分数）及 A_{KV} 例值的对比

钢材品种	钢材性能例值			匹配焊接材料品种	焊缝性能例值		
	S(%)	P(%)	A_{KV}/J		S(%)	P(%)	A_{KV}/J
Q345D 结构钢	0.012	0.018	150(-20℃)	J507 焊条	0.014	0.021	130(-20℃)
Q345D 结构钢	0.013	0.016	145(-20℃)	ER50-6 实心焊丝 CO_2 焊	0.015	0.020	78(-20℃)
D36 船板钢	0.009	0.011	184(-20℃)	E501T-1 药芯焊丝 CO_2	0.011	0.014	98(-20℃)
X70 管线钢	0.003	0.012	225(-20℃)	JM68 实心焊丝 CO_2 焊	0.011	0.013	130(-20℃)
X80 管线钢	0.0025	0.011	260(-20℃)	THG-80 实心焊丝气保	0.009	0.010	140(-20℃)
Q460-Z35	0.004	0.008	189(-40℃)	CHE557 焊条	0.010	0.012	120(-20℃)
Q460-Z35	0.003	0.008	177(-40℃)	TWE-81K2	0.009	0.014	90(-20℃)
WDL610D	0.006	0.013	150(-40℃)	J607RH	0.008	0.013	110(-40℃)

微合金控轧控冷钢可通过细晶化、洁净化、均匀化实现钢的强韧化。而焊缝金属由于在冶金条件上的差异，很难实现细晶化、洁净化、均匀化。主要原因为：

1）原材料洁净度差。焊缝金属洁净度在相当程度上取决于制造焊接材料的各种原材料洁净度。特别是用于加工焊丝和焊条钢心的线材 S、P、O、N、H 等杂质含量，对焊缝金属的洁净度影响极大。我国这方面差距较大，因为不少钢厂从炼钢开始的线材生产流程落后于板材生产流程，线材的洁净度明显低于板材。

2）微合金控轧控冷钢可通过控轧控冷实现细晶化，而焊缝通常会产生粗大的柱状晶。而且焊缝的成分、组织也不易实现均匀化。

3）焊接冶金理论落后。焊条、焊剂和药芯焊丝的配方设计与调整，以及焊丝化学成分的设计，都是在焊接冶金理论的指导下进行的。因此焊接冶金理论的落后，必然会导致焊接材料性能的落后。

在国务院颁布的《钢铁产业调整和振兴规划》中，明确提出要加大钢铁产业的技术改造力度，建立“高效低成本洁净钢生产技术”。产品洁净度是保障钢铁产品性能的基本要素，因此建立洁净钢生产平台的基本目标是保证钢厂生产的全部钢材洁净度能达到洁净钢的基本要求，并对典型钢种的洁净度控制水平提出了建议。其中与焊接相关的典型钢种洁净度的建议

控制水平列于表 2-2。由表中所列数据可见，要使焊缝金属 S、P 等杂质含量基本上与匹配的钢材相当，相应焊接材料必须升级换代，并进行较大的改进和提高。包括焊普通碳钢的 J422 焊条和 ER50-6 气体保护焊丝的含硫量也需降低。

表 2-2　典型钢种洁净度的建议控制水平

钢材类型	杂质元素控制(质量分数,%)			
	S	P	N	T.O
普通碳钢热轧板	≤0.008	≤0.020	≤0.008	≤0.0030
低合金钢热轧板	≤0.005	≤0.015	≤0.008	≤0.0030
高强度管线钢	≤0.002	≤0.015	≤0.005	≤0.0020
高强度厚壁管线钢	≤0.002	≤0.012	≤0.005	≤0.0020
低温管线钢	≤0.002	≤0.012	≤0.005	≤0.0020
造船板	≤0.005	≤0.015	≤0.007	≤0.0025
桥梁板	≤0.005	≤0.015	≤0.007	≤0.0025
海洋平台钢	≤0.002	≤0.005	≤0.005	≤0.0020

注：T. O 为全氧。

国内绝大多数焊接材料企业以前只有常规的化学分析和力学性能等检测手段，缺乏在连续生产过程中，对各种原材料和成品快速检测的先进仪器，难以科学地保证焊接材料品质的稳定性。近年来，国内各大焊接材料生产企业已在检测手段方面有了很大的进步，这对于稳定监控和快速再生产过程监测焊缝金属的洁净度，有很大的推动意义。下列仪器已成为国内大型焊接材料企业必备的先进检测手段。

1）直读光谱分析仪，只需对样品的金属表面作简单的洁净处理，就可以立即测出其化学成分。可以对进厂的钢盘条、钢丝和钢带逐捆取样快速确定化学成分，防止混料，剔除不合格品，可以在生产线上随机抽取焊接材料产品，随焊随检测熔敷金属的化学成分。

2）X 荧光分析仪，可分析各种矿物原材料成分，分析焊条药皮、焊剂和药芯焊丝焊芯的成分。国外知名焊接材料企业，在生产中用 X 荧光分析仪直接监测配方的稳定性。

3）金相显微镜，针对不同类型的高品质焊接材料，监测在正常焊接参数下，熔敷金属的金相组织是否符合要求。

2.3.2　焊接冶金理论的完善和发展

传统焊接教科书上的焊接冶金理论，基本上是 20 世纪 40 年代到 80 年代期间所形成的理论，实际上都借鉴了 20 世纪 50 年代到 60 年代的钢铁冶金理论，其进展已落后于现代钢铁冶金理论的进展，难以指导新型焊接材料的研究与开发。

因此，现在应借鉴 21 世纪钢铁冶金理论，结合焊接冶金的特点，融合相关学科的先进理念，通过试验研究、创新和应用，完善发展新的焊接冶金理论。这样才能使得焊缝的洁净化水平和强韧化水平与配套的钢种相当。借鉴现代钢铁冶金理论，在以下几方面对焊接冶金理论进行完善和发展。

在焊条、药芯焊丝和埋弧焊等电弧焊过程中，焊接化学冶金主要是在焊接区域内气体、熔渣和液态金属三相间进行的。熔渣的物化性能和作用将直接影响焊缝金属的内在质量和焊接工艺性能。焊接熔渣相对于炼钢中的钢渣、炉外处理中的渣洗精炼及连铸中的保护渣，既各有特点，又有一些共同的性能和作用机理。近年来对钢铁冶金过程中熔渣的性能和作用进行了大量研究工作，值得借鉴。

（1）氧化脱磷的局限性　脱磷反应是在液态金属和熔渣界面上进行的。按照传统冶金理论，首先是渣中 FeO 将液态金属中的磷氧化成 P_2O_5，然后与 CaO 等碱性氧化物结合成为磷酸盐而固定在渣中。大多数钢铁冶炼过程均是采用以上氧化脱磷机理来对钢液脱磷。但对大多数焊接材料，碱性渣中不允许含有较多的 FeO，酸性渣中又不可能使 CaO 具有较大的活度，因此脱磷都比较困难。同时，在冶炼含较多合金元素的钢时，钢液中一些易氧化的元素会比磷优先氧化，从而保护钢液中的磷不被氧化，而难以进行氧化脱磷的反应。因此近年来，在电炉炼钢中探讨了还原脱磷的技术途径。

（2）还原脱磷　研究表明，要实现还原脱磷，必须加入比铝更强的脱氧剂，使钢液达到深度还原。表 2-3 列出了各种磷化物的性质。从表中可见，磷能同碱土金属 Ca、Mg、Ba 等生成比 Fe_3P、Fe_2P 更稳定且密度小的化合物，这说明它们在还原条件下是可以脱磷的。

表 2-3　各种磷化物的性质

磷化物	P_2O_5	Ca_3P_2	Mg_3P_2	Ba_3P_2	AlP	Fe_3P	Fe_2P	Mn_3P
磷的价态	+5	−3	−3	−3	−3	—	—	—
$-\Delta_f H_m^{\ominus}$(298K)/(kJ/mol)	1492	506	464	494	164.4	164	160	130
密度/(g/cm^3)	2.39	2.51	2.06	3.18	2.42	6.80	—	6.77
熔点/℃	580	1320	—	3080	—	1220	1370	1327

已在电炉炼钢中，对脱氧良好的钢液，采用硅钙合金及钡系合金成功地进行还原脱磷。还原脱磷是通过生成磷化物而进入渣中被去除的，磷在渣中以负三价形态存在。

在超低氢高韧度焊条配方中加入质量分数为 3%的硅钙合金，与不加硅钙合金的配方作对比，将焊缝金属含磷的质量分数从 0.015%降到 0.008%，证明起了还原脱磷的作用。但在焊条配方中采用硅钙合金存在障碍，硅钙合金极易与水玻璃起反应，导致焊条药皮发泡和开裂，使焊条难以连续正常生产。而在强脱氧的药芯焊丝配方中，采用硅钙合金或硅钡合金进行还原脱磷，则是可行的。

（3）BaO 渣系可提高低氧化气氛下的脱磷率　近年来已在铁液炉外脱磷处理中，采用 BaO 脱磷剂，提高了低氧化气氛下的脱磷率。研究确认，在 CaO 系渣中加入质量分数为10%~20%的碳酸钡，碳酸钡高温分解后，BaO 进入熔渣中，可以大大降低熔渣中 P_2O_5 的活度，显著提高了脱磷效果。

在高强度高韧度焊条、自保护药芯焊丝和烧结焊剂的配方中，采用 $BaCO_3$ 取代或部分取代 $CaCO_3$，不但降低了焊缝金属的硫磷含量，而且改善了焊接工艺性能。

近年来在钢铁冶炼中，为了提高脱硫作用，对钢液进行深脱硫，进行了各种探索和研究工作：一是在采用金属元素脱硫的技术途径中，除过去常用的锰铁外，启用了金属镁基脱硫剂、金属钙和金属钡合金等，在对钢液深脱硫的同时，也降低了磷含量，并降低了钢液的氧含量；二是在采用碱性熔渣脱硫的技术途径中，除过去常采用的 CaO、MgO 和 MnO 等碱性氧化物外，在炉外精炼深脱硫处理中，重点研究了在精炼渣内添加 Li_2O 及 BaO 对脱硫作用的影响。

在 CaO-SiO_2-Al_2O_3-CaF_2 系传统脱硫精炼中加入 Li_2O 可以有效提高精炼渣的脱硫率。当 Li_2O 加入质量分数为 7.5%以上时其脱硫率稳定在 90%以上，当加入 Li_2O 的质量分数达 20%时脱硫率可达 95%以上，使钢液最终硫的质量分数可降到 0.002%以下。在 CaO-Al_2O_3 精炼渣系中，当 CaO 与 Al_2O_3 比值为 2.5~3.0 时，添加质量分数为 10%~13%的 BaO，可得到最佳的脱硫效果，使钢液从精炼前含硫质量分数 0.011%降至精炼后质量分数 0.0028%。上述提高脱硫作用的技术途径，可用于焊接冶金和焊接材料配方研究中。

为了降低钢材中 S、P、O、N、H 等各种杂质，提高钢材的洁净度和性能，适应钢铁冶炼的要求，研制了各种新型铁合金。其中除洁净铁合金外，特别是适应冶金理论的进展，发展了碱土金属的复合铁合金。

（1）洁净铁合金　我国的一些重点铁合金厂已可按钢厂要求，提供 w(S)≤0.005%、w(P)≤0.02%的高洁净度锰铁和硅锰合金。而且近年来在新修订的铁合金标准中，也纳入了洁净铁合金的牌号。例如在 GB/T 3795—2006《锰铁》标准中规定了 w(P)≤0.10%、w(S)≤0.02%的低碳锰铁牌号。在 GB/T 2774—2006《金属锰》标准中规定了 w(P)≤0.03%、w(S)

≤0.002%的金属锰牌号等。

（2）碱土金属的复合铁合金　钙和钡等碱土金属对冶金过程中脱氧、脱磷、脱硫都有显著作用。从热力学计算可知，钙和钡的脱氧能力远大于铝，但在实际应用中，由于钙和钡在钢液中的溶解度受各种因素影响，以及其蒸气压较高等原因，实际脱氧能力很难达到热力学的计算值。为解决此问题，采用复合铁合金的方式，将钙和钡加入钢液中，就可减少损耗，增加钙和钡在钢液中的溶解度，提高其冶金作用能力。因此近年来，发展了各种包含钙或钡等碱土金属的复合合金。如 Ba-Al-Fe、Si-Ca-Fe、Ca-Ba-Mg-Al、Si-Ca-Ba-Re、Si-Ca-Ba-Al、Si-Ba-Al、Si-Ca-Ba-Mg-Sr 等复合合金。这些碱土金属的复合合金已列入冶金行业有关标准中。

在炼钢中，一般先采用硅铁、锰铁和硅锰合金进行钢液的脱氧和合金化，而终炼阶段或炉外精炼，则由过去采用铝基合金，已发展到现在采用洁净铁合金与各种复合合金。在钢铁冶金的研究中已确认，向钢液中加入多种元素的复合合金时，各元素的反应不是孤立的，而存在相互影响和相互促进的作用，比单个元素的冶金反应能力更强。例如，Ba 可降低 Ca、Mg 的蒸气压，提高 Ca、Mg 的脱氧和脱硫能力。在含钡的多元合金中，硅的脱氧能力可达到铝的水平，而钡的脱氧、脱硫、脱磷能力可充分发挥出来。

因此，为提高焊缝金属的洁净度和包括韧度在内的各项性能，应在焊条、药芯焊丝及烧结焊剂的配方中，探讨如何合理应用碱土金属复合合金，并进行相应的焊接冶金理论研究。

由上可知，焊缝金属属于非平衡结晶，不能像炼钢那样可精确控制其冶金过程，实现焊缝金属的洁净化，又不能通过控轧、控冷实现细晶化，而且通常还会产生粗大的柱状晶。这就给焊缝金属的强韧化带来很大困难。致使焊接材料的发展滞后于钢材的发展，已经成为制约这些高品质钢材推广应用的瓶颈。基本解决途径也应该使焊缝金属向着洁净化、均匀化、细晶化方向发展。相信，只要严格控制原辅材料的杂质含量，使其实现洁净化，有针对性地吸收现代钢铁冶金理论，完善并发展焊接冶金，就可以开发出与新钢种配套的高品质焊接材料。

参考文献

[1] 宋天虎. 发展高端转型升级［R］. 北京：第十六届北京·埃森展会技术报告，2011.

[2] 李午申，唐伯钢，田志凌. 中国钢材焊接性与焊接材料的发展［C］. 哈尔滨：中国焊接学会成立 60 周年纪念文集，2012.

[3] 田志凌. 我国钢材焊接性及焊接材料进展［R］. 长沙：中国机械工程学会焊接学会第十七次全国焊接学会大会报告，2012.

[4] 李午申，邸新杰，唐伯钢，等. 中国钢材焊接性及焊接材料的进展［J］. 焊接，2013（3）：1-7.

[5] 唐伯钢. 现代钢材进展对焊接材料的挑战及若干建议［J］. 焊接，2009（12）：20-25.

[6] 唐伯钢. 相对钢材进展的焊接“三落后”问题及对策［J］. 焊接技术，2009（9）：1-10.

[7] 李世俊. 中国“十一五”期间钢材需求预测［J］. 中国钢铁业，2006（8）：15-21.

[8] 李午申. 我国新型钢铁材料及焊接性与焊接材料的发展［J］. 机械工人（热加工），2005（8）：20-25.

[9] 李午申，唐伯钢. 中国钢材、焊接性与焊接材料发展及需关注的问题［J］. 焊接，2008（3）：1-12.

[10] 中国焊接学会金属焊接性及焊接材料专业委员会.“十二五”时期焊接材料的发展走向和问题［J］. 金属加工，2011（2）：14-17.

第 3 章　压力焊方法及设备

王敏　曹彪　刘会杰　周军

3.1　概　　述

压力焊是指在焊接过程中必须对焊件施加压力（加热或不加热），以完成焊接的方法，主要由电阻焊和固相焊（摩擦焊、扩散焊、超声波焊、爆炸焊、冷压焊、旋弧焊、磁力脉冲焊和螺柱焊等）组成。压力焊是焊接科学技术的重要组成之一，并被广泛应用于航空、航天、能源、电子、轨道交通、汽车、船舶及轻工等行业制造领域，其中电阻焊和摩擦焊应用最为广泛。1994—2016 年，随着我国的改革开放，汽车、航空航天等制造业得到了飞速的发展，例如：在这 22 年间汽车产量翻了 20 倍左右，航天技术也从最初的“神舟一号”无人飞船，到“神舟五号”首次载人，再到即将发射的“神舟十一号”。作为这些行业重要的支撑技术：压力焊技术和应用也得到了飞速的发展，具有代表性的汽车工业快速发展直接推动了逆变电阻焊技术、电阻焊自适应控制技术的发展；而航空航天及高速列车的发展也大大推动了搅拌摩擦焊新技术在我国的崛起和迅速发展。

3.2　电阻焊机理及工艺研究进展

在电阻焊基础及应用研究领域的第 1 项国家自然科学基金是 1993 年获批的由吉林大学承担的“点焊熔核形成机理及最佳质量控制研究”项目，此后，围绕着电阻点焊熔核形成机理、质量控制、新材料及异种材料点焊机理、点焊电极表面处理以及电阻焊复合焊接等方面开展了一系列基础及应用基础研究，据不完全统计，在 1994—2015 年我国焊接工作者在电阻焊机理及工艺研究方面获批的国家自然科学基金资助项目有 20 多项。此外，在电阻焊工艺和机理研究方面，我国的研究人员通过总结和提升，出版和发表了一系列的专著和教材。

3.2.1　电阻焊新工艺

1. 点焊熔核孕育处理

吉林大学在国家自然科学基金和美国 GM 基金资助下开展了“点焊熔核孕育处理理论与方法”的研究，获得了全部凝固组织为等轴晶的点焊熔核，使全部为柱状晶的点焊熔核贴合面处出现等轴晶区，扩大熔核等轴晶区，缩小熔核柱状晶区，使凝固组织晶粒显著细化。研究结果表明，孕育处理可显著提高点焊接头力学性能，尤其是疲劳强度。这就为点焊质量监控技术开辟了一条新路，从“质”的方面根本改善了点焊接头质量。

2. 中频逆变电阻焊技术

从 20 世纪 90 年代开始，我国焊接工作者就开始研制电阻焊逆变电源，但由于功率器件性能限制，逆变电阻焊技术一直未得到推广应用。进入 21 世纪后，随着电力电子技术的发展，逆变电阻焊技术逐渐趋于成熟并得到推广应用，特别是近年来由于我国汽车制造业的飞速发展，逆变电阻焊以其变压器体积小、控制精度高且焊接电流稳定、节能高效等优点在机器人轿车焊装生产线上得到了广泛的应用，研究工作者也通过试验研究证明：该项技术在镀锌钢板、高强度钢、铝合金以及异种金属或多层板焊接中具有明显的优势。

3. 电阻复合焊接技术

随着有色金属及轻质材料的工业应用越来越广，用传统单一的电阻焊方法难以满足产品的连接质量要求，我国焊接工作者又开始探索将另一种焊接方法与电阻焊结合的复合焊接技术，如由吉林大学提出的“激光束-电阻缝焊”复合焊接方法，研究表明：该方法用于铝合金焊接时，比单一激光焊方法表面成形更好，焊缝组织更细，接头熔深和强度更高；华南理工大学提出了一种针对有色金属焊接的“超声-电阻”复合焊接技术，利用机械能和电能结合的方法，提高焊接热量，解决了导电、导热性极好的铜片焊接；哈尔滨工业大学、上海交通大学及天津大学先后开展了在电阻点焊过程中，外加永磁体磁场，以改善低合金高强度钢、双相钢及铝合金点焊熔核尺寸、微观组织及接头性能的研究。

3.2.2 新型工业材料电阻焊机理及工艺

随着航空航天技术和汽车轻量化工程的发展，新型的高强度、轻质材料的电阻焊技术已成为新材料推广应用及产品可靠性的关键，因此，系统研究工业所需的高强度及超高强度钢、铝合金、镁合金等新材料的电阻焊焊接性及接头形成机理已成为各国焊接工作者的工作重点之一，我国焊接工作者在近 20 年左右，对新型工业材料的电阻焊工艺和机理开展了较为深入的研究。

1. 高强度及超高强度钢的电阻点焊

上海交通大学、北京工业大学等单位相关学者对汽车用双相钢、TRIP 钢、超高强度热成形钢板，以及低碳钢与高强度钢异种材料的电阻点焊机理研究及工艺优化开展了较系统的研究，研究中采用接头显微组织表征、力学性能测试与数值模拟相结合的方法，分析点焊接头形成机理，特别是软化区形成机理等，并提出了相应的焊接工艺优化方案。

上海交通大学对高强度双相钢 DP 590 电阻点焊接头形成机理，以及母材化学成分和电阻焊工艺等对接头韧度的影响机理进行了深入的探讨，研究表明：母材碳含量越高，接头抗拉强度及韧度越差，其主要机理是，在电阻点焊不平衡的急速冷却条件下，随着母材碳含量的增加，在点焊熔核及熔合区形成了板条状或片状的孪晶马氏体亚结构，从而降低了接头的韧度；同时，通过采用带回火脉冲的双脉冲工艺，使熔核中马氏体板条中形成针状铁素体，提高了接头的韧度；此外，通过对超高强度热成形钢 B1500HS 电阻点焊温度场分布、接头硬度及微观组织分布的研究发现：该材料点焊接头热影响区接近母材处存在明显的软化区，该区域残存了大量铁素体、贝氏体组织以及碳化物，硬度低，出现明显软化，软化区是造成接头抗拉强度显著降低的主要原因。

2. 铝合金、镁合金电阻点焊

由于铝合金本身电阻率低、导热性好的物理特性以及与铜电极易形成铝-铜合金等特点决定，其电阻点焊存在着熔核直径及熔深较小、容易形成气孔、裂纹等焊接缺陷、电极寿命短等难点，近年来，国内天津大学、吉林大学、上海交通大学等就铝合金的电阻焊焊接性及工艺优化、铝合金点焊形核特点及形核过程的高速摄影观察和声发射检测、铝合金点焊电极延寿技术，以及铝合金焊接接头裂纹产生机理及抑制措施等方面做了大量的研究工作，吉林大学与上海交通大学等对铝合金与钢的异种材料焊接进行了探索性的研究，包括采用电极板辅助点焊进行了 H220YD 高强度钢与 6008-T66 铝合金异种金属的连接；通过数值模拟与试验结合的方式，揭示了钢/铝电阻点焊的非对称温度场分布特点及由此产生的熔核偏移和双熔核特征等方面的研究，均取得了一定的成果。

镁合金的电阻点焊工艺及机理研究国内刚刚启动，由于镁合金热胀系数大，表面易形成氧化物、易与铜电极形成合金等特点，给电阻焊带来较大的难度，焊后会产生大变形、电极寿命短等。国内哈尔滨工业大学、北京航空制造研究所等单位就镁合金电阻点焊接头组织控制、喷溅及裂纹缺陷控制等开展了相关的研究工作。

3.2.3 电阻焊过程数值模拟

电阻点焊数值模拟也是近年来国内学者研究的热点。1995 年，哈尔滨工业大学用有限元方法模拟了低碳钢点焊过程的热膨胀变形，分析了热膨胀对电极的作用和各种机械约束对热膨胀行为的影响。2000 年，吉林工业大学建立了三维有限差分模型用于分析异质材料点焊的热电耦合行为，首次提出了利用传热学理论研究电阻点焊熔核形成过程中传热和传质过程，确立了异质材料点焊熔核形成过程中电磁场、热场、流场和浓度场的控制方程。2000 年吉林大学在充分考虑接触电阻、液态熔核温度、相变潜热等因素对点焊温度场影响的条件下，建立了 65Mn 弹簧钢点焊熔核温度场的有限元模型，利用该模型可以系统地研究弹簧钢的点焊热过程，为正确选择点焊焊接参数提供了理论依据，并可进一步实现弹簧钢点焊接头组织及性能的数值预测。2005—2012 年，上海交通大学分别用 ANSYS 和 SORPAS 软件对镀锌钢板、高强度双相钢板及热成形板电阻点焊动态过程的计算机模拟做了较多的工作，建立了相应材料的电阻点焊热电分析模型，通过数值模拟定量揭示了点焊熔核产生及长大、焊接热输入对熔核形成的影响，进而预测了典型点焊规范参数下的熔核尺寸，并通过试验验证了所建模型和计算结果的可靠性。2013 年，华中科技大学等考虑相变对线胀系数的影响，采用 ANSYS 建立了考虑相变影响的电阻点焊二维轴对称有限元数值分析模型，研究了 DP600 电阻点焊应力场及工件焊接变形。

3.3 电阻焊设备及控制技术进展

3.3.1 电阻焊电源与设备

电阻焊设备由供电系统和加压机构组成。按电能提供方式分类，电阻焊设备主要包括工频交流、电容储能、次级整流、逆变和晶体管等几类电阻焊机。

1. 中频逆变电阻焊电源

中频逆变电阻焊基于 AC-DC-AC-DC 变换技术，显著改变了电阻焊变压器的结构和电源输出控制响应，焊机的性能有明显的改善，从 20 世纪 90 年代开始，是电阻焊设备领域研究的热点。

1997 年，华南理工大学研发了基于 8098 单片机的逆变电阻点焊控制系统，用于 25kVA 的逆变电源主电路的控制，具有 3 脉冲加热和电流递增等功能，脉宽控制分辨率达到 0.5%。随后不断研发与完善，形成产品并获得了较好的应用。此外，还研究基于 DSP 的逆变交流电阻焊控制系统，具有多种反馈控制模式和可调频率输出，比较了逆变交流波形与普通交流的差别，逆变交流输出具有波形平稳、控制响应快速等优势。哈尔滨工业大学、西北工业大学等采用移相控制技术实现了逆变电阻焊的零电压开通，改善了 IGBT 的工作条件。吉林大学采用辅助网络和双闭环反馈控制解决全桥逆变电路变压器偏磁问题，适合电阻焊大电流输出。

在这一领域，国内还有学者就参数测量、电路拓扑结构、控制系统、通信与人机交互等做过有益的探索。逆变电阻焊电源的关键技术包括逆变控制、大功率中频变压器及次级整流、信息检测与反馈控制、可靠性与稳定性技术等。在输出方面，一般都具有多次加热、输出递增递减控制功能。在参数控制方面，采取脉宽、恒流、恒功率、恒压等方式。国内大量的相关工作推动了该技术的发展与成熟，自主研发的设备在包括汽车、航空航天等工业领域获得了越来越广泛的应用。

2. 传统的电阻焊电源

工频交流电阻焊电源由主电路和控制器构成。控制器用于控制焊接过程和焊接电流，保证电流和时间的准确性。华南理工大学研究了电流有效值与电流峰值、功率因数角、峰值角及可控硅导通角之间的关系，采用神经网络计算电流半波有效值。南昌航空大学研究了基于

ARM 的电流有效值检测系统，采用逐点积分的方式检测有效值。上海交通大学依据电流过零导数信息检测焊接过程动态功率因数，该校的另一研究是基于 16 位单片机和模糊逻辑研究交流电阻焊机恒流控制系统，结果表明模糊控制在超调量和稳态误差方面较传统的 PID 控制有优势。西北工业大学采用快速傅里叶变换方法分析电阻焊机功率因数，并采用 DSP 建立了焊接电流实时信号采集、处理与显示系统。在这一领域，高性能单片机、DSP、ARM 得到了普遍应用，大电流检测的实时性与准确性、控制响应、控制系统功能完整性都得到了显著改善。

电容储能电阻焊机将电容中储存的能量通过焊接变压器释放给工件来完成焊接，呈短时间高电流脉冲的放电形式，特别适合于有色金属焊接。上海交通大学等单位研究了大功率电容储能焊机。国内储能焊机的容量越来越大，电容充电控制的不断完善提高了充电效率和电容寿命。大功率电容储能电阻焊机用于家电制造等行业，实现了提高效率和改善表面压痕。

在变压器的次级对交流进行整流构成次级整流电阻焊机，依据电网输入不同分为单相次级整流和三相次级整流。南昌航空大学在三相次级整流电阻焊机方面做了较为系统的研究开发工作，探讨了功率因素对焊接电流的影响，确定电流有效值与控制角的关系，作为焊机控制的依据。还进一步研究了三相电阻焊控制系统的质量监测，电流曲线在显示器上直观显示。这些工作解决了航空制造等领域一些零件焊接亟待解决的问题。

3. 精密电阻焊

随着小尺寸零件、微型零件制造需求的增加，要求电阻焊设备的电流、时间、压力控制更加精确，提出了精密电阻焊技术的概念。小尺寸零件的焊接需要能量精确，施加压力小而且柔顺，有自身的技术特点。

华南理工大学研究基于 4kHz 逆变频率的小功率电阻点焊、电阻缝焊和热压回流焊电源，具有多种反馈控制模式，电源控制响应快、能量调节精密，适用于电子元器件、传感器等行业的微小零件焊接，获得了较广泛的应用。为进一步提高电源的精密性，还研究了 25kHz 逆变频率的电源和晶体管工作在阻焊变压器初级的 100kHz 的开关式晶体管电源，具有更高的控制响应速度和时间调节精度，电流输出的平稳性更好。北京工业大学也研究了 20kHz 逆变频率的电源。重庆大学研究的开关式晶体管电源，用大容量的储能电容和晶体管组配合，直接控制焊接电流输出，实现较复杂的波形控制，该电源回路电感小、电流上升快、控制响应速度快，更适合需要电流快速上升的应用。

广州微点焊设备有限公司针对直接焊接漆包线的需求，基于一种精密储能电源和 SW（Stripping Welding）焊头研制微点焊设备，电源采用工作在线性状态的晶体管置于变压器初级控制输出，具有电流/电压两种控制模式，采用两阶段加热适应脱漆和焊接过程需求，在漆包线焊接中得到了广泛应用。该技术申请了多项专利，获得国家发明专利金奖。

4. 电阻焊加压系统

影响电阻焊机稳定性的因素包括控制器的稳定性、主电路的可靠性和焊接压力的稳定性。压力不稳定或导向机构滑动性不良时，电极不能跟随焊接变形，会带来质量问题。内蒙古农业大学建立模拟电阻焊机加压系统的模型，分析机械参数（质量、阻尼和弹性）对加压过程的影响，对随动性要求较高的凸焊过程进行了分析，指导焊机机构设计。吉林大学研究电磁加压及其控制方法，获得变压力的电阻焊加压。上海交通大学研究了机器人伺服焊枪在焊接过程中的行为，表明伺服加压可以提高效率、实现软接触改善电极寿命、压力控制准确和便于施加锻压力等，并设计了伺服焊枪控制系统。华南理工大学研究了伺服电动机驱动的电阻焊加压装置，对加压机械系统进行建模分析，考察机械参数对系统动态性能的作用。伺服加压的研究有利于为电阻焊提供一种更好的加压方式，适应焊接区域的物理与冶金变化过程。

3.3.2 电阻焊质量实时控制

电阻焊过程受电极磨损、分流、工件表面质量波动、边距变化、结构与装配等因素的影响，焊接质量问题较多，是长期困扰制造业的难题。电阻点焊质量难以控制的原因包括熔核不易观察、焊接过程迅速、信息检测困难、干扰因素复杂等。随着检测技术和信息处理技术的进步，近年来我国在这方面的研究较为活跃。

1. 基于动态电阻的焊接质量监测与控制

动态电阻是材料温度升高、导电通道动态变化、接触电阻变化等因素共同作用的体现。动态电阻与焊接区加热相关，可以用于焊接质量实时控制。

碳钢的电阻率随温度升高增加较大。动态电阻在初期随接触电阻迅速下降后，由于温升作用较大有一个升高的过程，达到峰值后随接触面的扩展而下降。吉林大学基于动态电阻的谷点、上升段和结束段分段控制，保证焊接质量；为了简化信息检测，还研究了基于动态功率因素角的控制方法。上海交通大学也研究了基于初级动态功率因数快速检测动态电阻的方法。哈尔滨工业大学以动态电阻为例，研究基于回归分析的焊点质量监测。针对不锈钢动态电阻呈单调下降的特性，吉林大学的研究表明，不锈钢动态电阻的下降拐点对应熔核产生的时间，其后的下降量与最终熔核尺寸有很强的相关性。南昌航空大学采用第 3 周波后的电阻相对变化量（下降比率）监控点焊质量。

2. 基于焊点热膨胀的焊接质量监测与控制

焊接过程中金属的热膨胀受工件约束，主要表现在电极轴线方向，当机构的滑动性好时主要推动电极移动，当加压机构不能滑动时则导致机臂变形（位移）和电极压力增加，热膨胀方法包括电极位移法和动态压力法。准确检测热膨胀和研究合理的控制方式是实时质量控制的关键。

南昌航空大学研究采用光栅传感器检测电极位移。兰州理工大学采用激光传感器测量电极位移，给出了多种条件下的位移测量结果。南车株洲电力机车有限公司考虑 C 型焊钳下臂变形对电极位移测量的影响，提出基于梯形关系测量电极位移的方法。

兰州理工大学的研究提取位移曲线的 12 个特征参量，建立多种模型分析焊点质量，结果表明径向基函数神经网络模型监测精度较高。天津工业大学将位移曲线离散化，以沿时间序列离散的电极位移值作为 PNN 的输入，建模评估焊点质量，简化对特征信息提取和复杂算法的依赖。上海交通大学的研究包括：采用跟踪最优位移曲线的方式控制焊点质量；采用电极位移最大值、平均速度、速度偏差、位移下降量、焊点残余高度作为输入量，建立评估焊点质量的神经网络模型，在线监测焊点质量。这些研究体现了热膨胀法质量实时控制的多种思路。由于热膨胀信息还受到机械约束变化的影响，仍然有值得研究的空间。

3. 其他实时监测与控制方法

华中科技大学利用电极间电压曲线的 4 种特征量，建立人工神经网络模型计算熔核直径；另一种方法是测量焊接过程的电极间电压（U）和焊接电流（I），绘制 UI 图并提取其特征信息，建模评估焊点质量。天津大学测量焊点周围的磁场分布，逆向求解获得焊点区域电流密度分布，根据电流密度分布的变化规律判断熔核形成过程。重庆理工大学检测电阻焊过程的声发射信息，根据信息特征推断飞溅和开裂。上海交通大学测量上下电极的振动，依据振动幅值曲线判别无熔核、粘着、小熔核、良好熔核和飞溅等状态。西北工业大学研究点距分流的补偿，为机器人点焊解决点距分流问题提供解决方案。这些研究提供了电阻焊质量实时控制不同的方式与思路。

4. 基于多参数的质量实时控制

在单参数控制不能很好解决问题的背景下，基于多参数的电阻焊质量实时控制被认为是一种有效的途径。华南理工大学于 2000 年发表的论文采用电阻变化率、电极位移速率、焊接电流等多信息融合调节焊接热量，采用电阻下降量、最大位移的偏差和时间偏差融合调节焊接时间以控制焊点质量；该校另一研究针对电极位移方法，采用多动态参数检测，在焊接初期识别机械因素的影响，提出依据机械因素变化调整反馈控制给定的方案。南昌航空大学利用焊接电流、电极位移和动态电极力，建立基于模糊逻辑的铝合金电阻点焊质量评估模型，较好地评价焊点质量。河北工业大学用电极电压“塌陷”状突变信号、电极压力高频噪动突变信号、线膨胀上升量和锻压力下降量作为特征向量，建立支持向量机的焊点缺陷识别模型。天津大学依据焊接电流、电极电压、电极位移和声音信息，采用模糊推理评判焊点质量。

多参数的研究取得了许多有意义的结果。工作的进一步突破有赖于对各种信息与质量映射的深入分析及特征信息提取，建立起能够补偿各种影响因素的信息融合方法与控制规则。

3.4 摩擦焊机理及工艺研究进展

经过半个多世纪的发展，特别是近二十年的突飞猛进，摩擦焊方法以其优质、高效、低耗、环保等优点受到我国政府和工业部门的高度重视，并在摩擦焊机理研究和工艺开发等方面取得了长足的进展，揭示了焊接过程的微观本质，丰富和发展了摩擦焊的基础理论，为摩擦焊的质量控制提供了技术依据。

3.4.1 常规摩擦焊机理及工艺

所谓常规摩擦焊，这里主要是指除了搅拌摩擦焊之外的所有摩擦焊方法。因此，线性摩擦焊和旋转摩擦焊均被划分到了常规摩擦焊的范畴。

1. 常规摩擦焊机理研究

在摩擦焊机理研究方面，许多高校和研究所进行了较为深入的研究，已经形成了一套比较完整的体系。通过试验分析、模拟计算等方式，研究了焊缝区的力学模型、接头的形成机理及外加电场的作用机制。自 1994—2016 年，获批了涉及常规摩擦焊的 13 项国家自然科学基金项目，其中与接头形成机理相关的项目有 7 项；在公开发表的文献中，研究摩擦焊接头形成机理的文献逐年增多，说明我国在摩擦焊领域的研究正在从现象观察向本质揭示方向发展。

西北工业大学考虑到旋转摩擦焊焊缝区范围很窄，具有高温、大变形、高应变率等特征，在分析连续动态再结晶过程中热变形参数之间的物理关系基础上，通过测量 GH2132 合金管件摩擦焊接准稳态阶段的变形参数，并结合数学统计方法，确立了焊缝区金属的流动方程，为分析该区金属的塑性流动行为提供了理论依据。

北京航空制造工程研究所通过对异质钛合金线性摩擦焊接头的截面观察发现，摩擦界面始终存在，界面两侧的高温粘塑性金属没有发生机械混合，但界面两侧原子发生了扩散迁移，形成了扩散过渡区。由于高温塑性金属经历了严重变形，发生完全再结晶，形成再结晶的焊缝区。而热影响区因变形温度不高，低于基体材料的相变点，主要形成变形组织。这充分说明，线性摩擦焊接头是通过扩散与再结晶共同作用形成的。

西北工业大学研究发现，外加电场能够影响焊缝区金属的价电子密度，从而增强金属的塑性变形能力、塑性流动能力和原子扩散能力，导致焊接温度和变形载荷降低，金属应变速率提高，从而影响原子的扩散和结合，最终改变焊缝区的组织特征和扩散区的宽度。因此，在传统的摩擦焊接过程中施加外电场，会增强焊缝两侧异种金属的扩散能力，改善焊缝金属的变形能力，从而提高接头的强度系数。

2. 常规摩擦焊工艺研究

在 1994—2016 年，摩擦焊越来越广泛地被应用于航空发动机、燃气轮机、建筑机械用轴类、专用螺栓、液压凿岩机等制造领域。近年来，随着我国航空航天事业的迅猛发展，钛合金的摩擦焊接已经成为研究的一大热点。

大连交通大学采用不同的焊接参数对 Ti17 合金进行了惯性摩擦焊研究，结果表明，在所研究的焊接参数下，无论是接头的室温性能，还是接头的高温性能，二者均与母材相当，接头的断裂部位出现在距焊缝中心较远的母材上。因此，采用惯性摩擦焊方法焊接 Ti17 合金，可以获得优质的焊接接头，而且焊接参数的选择范围较宽，具有较好的工艺适应性。

西北工业大学对 Ti_2AlNb 合金进行了线性摩擦焊研究，发现在较低的摩擦力和顶锻力以及较短的摩擦时间等条件下，由于摩擦界面产热较低，不能形成有效结合；而在较高的摩擦力和顶锻力以及较长的摩擦时间等条件下，摩擦界面产热充足，虽然焊接飞边加大，但此时界面结合良好，接头性能较高。因此，只有合理控制焊接参数，才能获得高质量的线性摩擦焊接头。

为了进一步提高接头的性能，中航工业沈阳飞机设计研究所对 TA15 合金线性摩擦焊接头进行了焊后热处理。结果表明，热处理温度为 600℃时，接头的抗拉强度和屈服强度相比于未热处理接头均有明显提高，而接头的断后伸长率基本未变；而当热处理温度为 800℃时，接头的抗拉强度和屈服强度相比于未热处理接头均有一定程度的降低，而接头的断后伸长率提高较大。因此，进行焊后热处理时，要针对不同的性能要求，采取不同的热处理工艺。

西北工业大学研究了低碳贝氏体钢的旋转摩擦焊，在摩擦变形量选择适当的情况下，可有效避免未焊合缺陷的产生，但焊缝区组织由低碳马氏体、准贝氏体和残留奥氏体组成。此种接头承载时，焊缝区三相混合组织变形不协调，会产生严重的应力集中，导致接头强度降低。通过对接头进行焊后热处理和微观组织分析，发现焊缝区已经转变为粒状贝氏体和准贝氏体组成的混合组织，使得接头抗拉强度提高 10%左右。

3.4.2 搅拌摩擦焊机理及工艺

目前，我国已成为全球搅拌摩擦焊领域研究和应用的重要基地，哈尔滨工业大学、北京搅拌摩擦焊中心、中科院沈阳金属所、清华大学、上海交通大学、西北工业大学、南昌航空工业学院、中国航天科技集团公司、中国中车长春轨道客车股份有限公司等一大批高校、研究院所及知名企业相继开展了大量的搅拌摩擦焊技术研究，在搅拌摩擦焊机理及工艺方面取得了大量的研究成果，并将搅拌摩擦焊技术成功推广用于航空航天、轨道交通、电力电子以及船舶等行业，推动了中国搅拌摩擦焊的产业化发展。

1. 搅拌摩擦焊机理研究

自 1991 年发明搅拌摩擦焊至今，中国搅拌摩擦焊技术取得了举世瞩目的快速发展，在注重技术应用的同时，更注重基础理论的研究，内容包括搅拌摩擦焊接温度场分布特征、材料流动行为以及微观组织演变规律等。在摩擦焊方向获批的 66 项国家自然科学基金项目中，搅拌摩擦焊项目多达 53 项，约占获批项目的 80%，以绝对优势领军摩擦焊领域的发展，我国研发人员对搅拌摩擦焊机理的认知更加深刻。

热源模型是研究搅拌摩擦焊机理的关键所在，最早提出的是基于搅拌头轴肩与工件摩擦产热的简易热源模型，随后提出的是考虑了轴肩和搅拌针共同与工件摩擦产热的热源模型，最后提出的是考虑了塑性变形产热和摩擦产热共同作用的热源模型。在此基础上，将搅拌头与焊接工件之间的接触分为滑移接触、黏性接触以及部分滑移-部分黏性接触等三种情况，同时考虑载荷、温度及滑动速度等因素对摩擦因数的影响，提出了不同接触状态下接触剪应力的计算方法及修正的库仑接触模型。

哈尔滨工业大学的研究表明，材料流动行为与被焊材料的种类与厚度、搅拌头的形状与尺寸以及焊接参数的选择有关。在搅拌摩擦焊过程中，轴肩与被焊材料摩擦产热占总产热的绝大部分，因而在板材厚度方向上距离搅拌头轴肩越近的金属温度越高。当搅拌头沿着焊接方向前行时，其前方金属将受到搅拌针的挤压作用而形成流动。在焊缝高度方向上，处在轴肩附近的下方金属由于屈服应力低且流动性好而受到远离轴肩的下方金属的向上挤压作用，造成远离轴肩的下方金属向上流动，而轴肩附近的下方金属优先从搅拌针的前方向后方流动。

当然，在焊缝宽度方向上，处在搅拌针前方的金属将发生由前进侧向后退侧的流动，而处在搅拌针后方的金属则发生由后退侧向前进侧的流动。

大量研究表明，搅拌摩擦焊接头具有与母材明显不同的微观组织特征，主要包括焊核区、热机影响区和热影响区。以2219铝合金搅拌摩擦焊接头为例进行研究发现，接头各区所经历的焊接热机循环不同是导致沉淀相发生不同转变的本质原因；焊核区经历了高温和严重的塑性变形，亚稳相一部分发生分解而固溶，另一部分则发生长大并成为稳定相；热机影响区发生了与焊核区相似的沉淀相转变，只是由于所受的热机作用程度较低而使亚稳相分解和固溶的程度降低；热影响区的温度恰好处在亚稳相发生粗化的温度区间，粗化后的亚稳相与基体的共格关系减弱，从而导致热影响区发生软化。

2. 搅拌摩擦焊工艺研究

搅拌摩擦焊接头的力学性能除了与母材本身的性能有关外，主要取决于搅拌头的结构尺寸和焊接参数。综合国内各单位的研究结果发现，包括所有的铝合金在内，搅拌摩擦焊接头的抗拉强度可以达到母材的70%以上，断后伸长率可以达到母材的60%以上。为了进一步提高接头的力学性能，还可采取焊后热处理等工艺措施。

搅拌头是用于搅拌摩擦焊的具有特定几何形状和尺寸的焊接工具，一般由针部和肩部组成。目前，在已公开发表的文献中，采用的搅拌头轴肩形貌主要有平轴肩、凹轴肩、同心圆轴肩和阿基米德螺旋线轴肩。在相同的焊接参数下，由于平轴肩对塑性金属的容纳能力较差，因此所得焊缝产生的飞边最大；而当轴肩加工有阿基米德螺旋线时，塑性金属在阿基米德螺旋线的引导下向搅拌针中心流动，因此所得焊缝几乎无飞边产生；凹轴肩和同心圆轴肩搅拌头所得焊缝介于以上两者之间。搅拌针侧面的螺纹可以促进搅拌针边缘塑性材料在垂直方向的流动，有效降低缺陷的产生。焊接参数相同时，柱状针比锥状针更容易引起沟槽等缺陷的产生。

当搅拌头结构尺寸一定时，搅拌头转速、焊接速度、轴肩压入深度和搅拌头倾角等焊接参数将是影响接头力学性能的重要因素。对于不同类型的材料而言，最佳的搅拌摩擦焊参数会有很大差异，一般应根据被焊材料种类、接头类型、搅拌头结构尺寸等因素综合确定焊接参数。从应用的角度来看，焊接参数的确定需要进行工艺评定，以实现焊接参数的优化选择。只有经过优化确定的焊接参数，才能用于产品焊接。例如，对于2219-T6铝合金，其优化焊接参数为：搅拌头转速=900r/min，焊接速度=200mm/min，轴肩压入深度=0.2mm，搅拌头倾角=2.5°；在此焊接参数下，接头的抗拉强度系数达到82%。

哈尔滨工业大学的研究表明，焊后热处理是提高搅拌摩擦焊接头力学性能的一个有效途径，但不能直接照搬母材本身的热处理工艺。为获得高强度的接头，必须考虑焊接参数和热处理参数的综合影响，进行包括焊接和焊后热处理在内的全程工艺优化。当焊后采用单一的时效热处理工艺时，可选择与母材相同的时效热处理参数，此时对接头力学性能的恢复起到了一定的作用，但恢复的程度有限。为从本质上解决焊态接头的软化问题，焊后需要进行固溶+时效热处理，通过合理匹配焊接工艺与热处理工艺，可以有效提高接头的性能。

3.4.3 复合搅拌摩擦焊技术的创新发展

为进一步提高搅拌摩擦焊接头的强度系数，避免焊缝根部形成未焊合缺陷，降低搅拌头的磨损程度，适应中空部件的焊接需求，提高焊接生产效率，一系列新型复合搅拌摩擦焊技术相继得到了开发及应用，其中包括运动复合搅拌摩擦焊、超声复合搅拌摩擦焊和热场复合搅拌摩擦焊。

1. 运动复合搅拌摩擦焊

运动复合搅拌摩擦焊是指搅拌针和轴肩在焊接过程中可独立运动的搅拌摩擦焊方法。其中，搅拌头采用分体结构形式，搅拌针和轴肩单独设计加工，通过组装形成完整的搅拌头。

这种方法主要包括静止轴肩搅拌摩擦焊、逆向差速搅拌摩擦焊以及双轴肩搅拌摩擦焊等。

哈尔滨工业大学开发了静止轴肩搅拌摩擦焊用搅拌头，内部的搅拌针在焊接过程中不断旋转而产生摩擦热，并对被焊金属及其对接界面进行搅拌破碎；而外部的轴肩不发生转动，其只沿焊接方向移动而实现塑性化金属的挤压成形，最终获得完整的搅拌摩擦焊缝。正是由于轴肩在焊接过程中处于不转动状态，因而搅拌针在摩擦产热和材料塑性化过程中起到了十分重要的作用。由于静止轴肩的存在，抑制了塑性化材料在搅拌针两侧的挤出，这不但能减少焊缝飞边，而且有利于防止孔洞等缺陷的形成。

针对空间焊接以及提高接头性能的目的，哈尔滨工业大学开展了搅拌针与轴肩逆向差速旋转的搅拌摩擦焊研究。研制了逆向差速搅拌摩擦焊系统，分析了接头各区晶粒形态和沉淀相的演变规律，研究了接头的力学性能，优化了焊接工艺过程，获得了高强度的搅拌摩擦焊接头，揭示了逆向差速旋转条件下接头微观组织的形成机理，实现了接头组织与性能的调控，为逆向差速搅拌摩擦焊方法的工程应用提供了理论依据，并奠定了技术基础。

北京赛福斯特技术有限公司等单位开展了双轴肩搅拌摩擦焊技术研究，获得了焊缝成形良好的搅拌摩擦焊接头。由于轴肩上下基本对称，降低了对工件支撑的要求，有利于中空部件的焊接。同时，由于搅拌针在焊接过程中完全穿透工件，能有效消除焊缝根部产生未焊合缺陷的可能性。但由于双轴肩搅拌摩擦焊只能进行零倾角焊接，因而会造成锻压作用不足使得接头容易产生孔洞等缺陷。此外，由于下轴肩在焊接过程中所受到的所有载荷都会施加到搅拌针上，很容易造成搅拌针的断裂问题，对此应引起足够重视。

2. 超声复合搅拌摩擦焊

超声复合搅拌摩擦焊是在常规搅拌摩擦焊的基础上，通过引入超声振动降低材料的流变应力，降低焊接过程的热输入，提高接头的力学性能。超声振动的施加途径主要有两种形式：一种是施加在搅拌头上，再通过搅拌头传到焊接区；二是施加在工件上，再通过工件传到焊接区。

中南大学采用在搅拌头上施加超声振动的方式，设计制造了包括换能器、变幅杆、搅拌头和超声电源在内的超声复合搅拌摩擦焊系统，实现了不同型号铝合金的超声搅拌摩擦焊；建立了超声作用下搅拌摩擦焊的热-力-流耦合模型，给出了温度场、流场及应力场的分布规律，阐明了超声振动的作用机理，揭示了超声在搅拌摩擦焊中的有益作用及其成因；确定了超声振动对搅拌摩擦焊接头微观组织及焊接缺陷的影响特征，证实了超声振动对改善焊接质量的有益效果，获得了高强度的搅拌摩擦焊接头。

山东大学采用了在工件上直接施加超声振动的方式，并将超声振动输出端子置于搅拌头前方的待焊部位，焊接过程中超声振动输出端子与搅拌头保持固定的距离。试验研究和理论分析结果表明，通过施加超声振动，能够增强材料的塑性流动能力，减少焊接缺陷的形成，细化焊缝的微观组织，提高接头的抗拉强度；但对不同类型的铝合金，超声振动的作用效果存在较大差异。

3. 热场复合搅拌摩擦焊

热场复合搅拌摩擦焊是在常规搅拌摩擦焊的基础上，通过引入外加热源对工件进行辅助加热，以达到提高焊接效率、改善接头质量或提高搅拌头寿命等目的。采用的外加热源包括激光加热、电弧加热以及感应加热等。此外，从广义的角度来讲，外加的“热源”也可以是“冷源”，通过加强热的耗散而降低焊接热循环对接头组织和性能的影响，从而达到提高接头性能的目的。

在激光复合搅拌摩擦焊中，通过搅拌头前方的激光产热与搅拌头摩擦产热的共同作用来实现焊接。这种方法适合于高熔点材料的搅拌摩擦焊，但对于铝合金之类的材料来讲，由于工件表面对激光的反射作用较强使得激光的利用率较低。为提高激光的利用率，可预先在工件上开设坡口，但这增加了焊前准备的工作量，而且坡口的存在减少了焊接区域的金属量，会增加焊缝表面的凹陷。

在电弧复合搅拌摩擦焊中，通过在搅拌头前方施加钨极氩弧或等离子弧，利用电弧热和摩擦热的共同作用来实现搅拌摩擦焊。特别是采用等离子弧进行辅助加热时，由于能量集中，其热作用仅仅局限于焊核区所在的位置，能有效降低摩擦产热及其对焊接热影响区的影响，从而提高整个接头的力学性能，非常有利于高强度铝合金的搅拌摩擦焊。这种焊接方法既能保证焊接质量，又能提高焊接效率，而且工艺简单，易于实现。

在感应复合搅拌摩擦焊中，通过在搅拌头前方安装感应线圈，利用感应热和摩擦热的共同作用使被焊材料有效塑性化。这种方法的特点是加热速度快，加热深度大，适合于铁磁材料的焊接，但不能用于非导磁材料。

哈尔滨工业大学研究了铝合金的水冷复合搅拌摩擦焊，理论分析和试验结果表明，水冷复合搅拌摩擦焊的热流密度虽然比常规搅拌摩擦焊高，但水冷环境能明显减小焊接峰值温度和高温停留时间，导致焊核区晶粒发生细化和均匀化，有效降低热影响区和热机影响区内亚稳相的粗化和转化程度，从而提高了搅拌摩擦焊接头的力学性能。

3.5 摩擦焊设备发展进程

我国的摩擦焊设备随着基础装备制造业的发展有了长足的进步，总的来说喜忧参半。由原来只能生产轴向摩擦焊设备（连续驱动摩擦焊机、惯性摩擦焊机、混合型摩擦焊机），到目前为止既可生产轴向摩擦焊设备，又能够生产径向摩擦焊设备、线性摩擦焊设备、搅拌摩擦焊设备。摩擦焊设备的标准也经历了3次修订，即JB/T 8086—1995、JB/T 8086—1999和JB/T 8086—2015。标准原来只涵盖轴向连续驱动摩擦焊设备，最大顶锻力也只有1000kN，到目前虽然标准的水平仍然很低，但是已经粗略地涵盖了其他摩擦焊方法，轴向摩擦焊设备也由原来的最大顶锻力1000kN扩大到大于2000kN。摩擦焊设备的生产单位由原来的2家发展到现在的近20家，产能由原来的年产50台套，发展到今天的年产近500台套，工业年产值由原来的1000万元增加到目前近3亿元。我国虽然已经成为摩擦焊设备制造大国，但还不是摩擦焊设备制造强国，关键零部件的摩擦焊设备仍然依赖进口，并且存在产能严重过剩，质量良莠不齐的问题。

摩擦焊设备的机械化、自动化程度较高，焊接接头质量对设备的依赖性很大，要求设备要有适当的主轴转速，有足够大的主轴电动机功率、轴向压力和夹紧力，还要求设备同轴度好、刚度大。根据生产需要，还需配备自动送料、卸料、切除飞边等装置。

我国目前生产的摩擦焊机还基本都是连续驱动型摩擦焊机，随着实际生产的需要，国内对于其他形式的摩擦焊机的研制也加快了步伐，如长春数控机床有限公司研制了小吨位和中型吨位的惯性摩擦焊机、相位摩擦焊机；哈尔滨焊接研究所研制了具有形变热处理功能以及自动去飞边装置的混合式摩擦焊机；哈尔滨量具刃具厂研制了顶锻力为200kN的双头摩擦焊机；中国兵器工业第五十九研究所研制了径向摩擦焊机；北京航空制造工程研究所在英国焊接研究所专利许可下率先研制了搅拌摩擦焊机。

3.5.1 连续驱动摩擦焊设备的发展及应用

连续驱动摩擦焊设备主要由主轴系统、加压系统、机身、夹头、检测与控制系统以及辅助装置等部分组成。

（1）主轴系统　主轴系统主要由主轴电动机、传动皮带、离合器、制动器、轴承和主轴等组成，作用是传送焊接所需要的功率，承受摩擦扭矩。

（2）加压系统　加压系统主要包括加压机构和受力机构。加压机构的核心是液压系统，液压系统包括夹紧油路、滑台快进油路、滑台工进油路、顶锻保压油路以及滑台快退油路等部分。夹紧油路主要通过对离合器的压紧与松开来实现主轴的启动、制动以及工件的夹紧、松开等功能。受力机构的作用是平衡轴向力（摩擦压力、顶锻压力）和摩擦扭矩以及防止焊机变形，保持主轴与加压系统的同轴度。扭矩的平衡常利用装在机身上的导轨来实现。轴向力的平衡可采用单拉杆或双拉杆结构，即在机身中心位置设置单拉杆或以工件为中心对称设置双拉杆。

（3）机身　机身一般为卧式，少数为立式。为防止变形和振动，应有足够的强度和刚度。主轴箱、导轨、拉杆、夹头都装在机身上。

（4）夹头　夹头分为旋转夹头和固定夹头两种。旋转夹头又有自定心弹簧夹头和多卡爪夹头之分。弹簧夹头适宜于直径变化不大的工件；多卡爪夹头适宜于直径变化较大的工件。为了使工件夹持牢靠，不出现打滑旋转、后退、振动等问题，夹头与工件的接触部分硬度要高、耐磨性要好。

（5）焊接过程控制与参数检测　焊接过程控制包括程序控制和参数控制。程序控制用来完成上料、夹紧、滑台快进、滑台工进、主轴旋转、摩擦加热、离合器松开、刹车、顶锻保压、切除飞边、滑台后退、工件退出等顺序动作及相应的联锁保护等。焊接参数控制，则根据方案进行相应的诸如时间控制、功率峰值控制、变形量控制、温度控制、变参数复合控制等。

参数检测主要涉及时间（摩擦时间、刹车时间、顶锻上升时间、顶锻维持时间）、加热功率、摩擦压力（一级摩擦压力和二级摩擦压力）、顶锻压力、变形量、扭矩、转速、温度、特征信号（如摩擦开始时刻、功率峰值及所对应的时刻）等。

（6）辅助装置　辅助装置主要包括自动送料、卸料以及自动切除飞边装置等。

连续驱动摩擦焊设备，主要应用在汽车排气阀、气门推杆、半轴、传动轴、扭力管、增压器、内燃机燃油喷嘴、汽车扳手、安全气囊的增压泵、后桥、刀具、双金属轴瓦、阀门、梭芯、石油钻杆、抽油杆、油管、木工刀轴、泥瓦工具、地质钻杆、采煤液压支柱、液压缸、活塞杆、履带支重轮、建筑脚手架、航空发动机转子部件（盘+盘，盘+轴）、双金属铆钉、飞机钩头螺栓等产品的生产中。目前生产的主要典型设备技术参数见表 3-1 和表 3-2，连续驱动摩擦焊机典型设备如图 3-1 所示。

3.5.2　惯性摩擦焊设备的发展及应用

随着我国石油钻杆的生产需求，需要吨位更大的摩擦焊机，然而大吨位的连续驱动摩擦焊机研制具有局限性，迫使我国摩擦焊机生产企业研制惯性摩擦焊机，长春数控机床有限公司率先研制了 2500kN 顶锻力的惯性摩擦焊机。

惯性摩擦焊设备由电动机、主轴、飞轮、夹盘、移动夹具、液压缸等组成。惯性摩擦焊设备均可配备自动装卸装置、去飞边装置和质量控制检测器，转速均可由 0 调节到最大。目前主要生产的典型设备技术参数和生产企业见表 3-3 和表 3-4，典型的惯性摩擦焊机如图 3-2 所示。

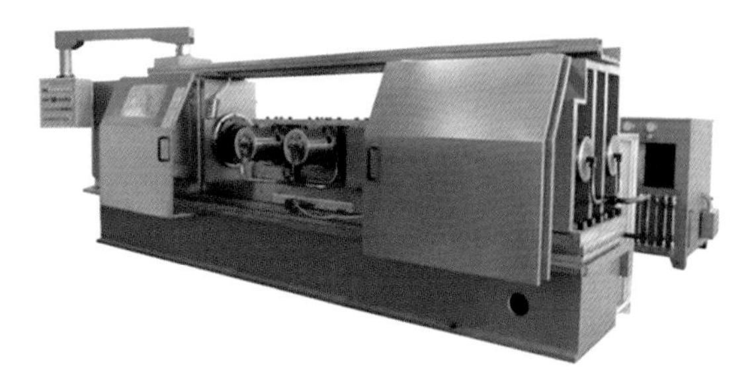

图 3-1　连续驱动摩擦焊机

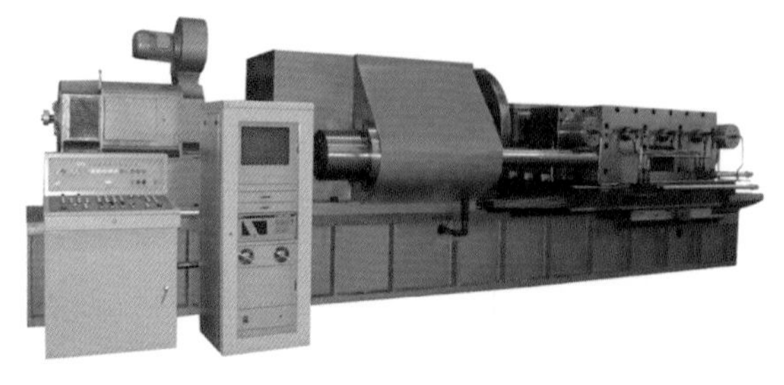

图 3-2　惯性摩擦焊机

表 3-1 连续驱动摩擦焊设备型号及技术指标

产品型号	主要技术参数			
	顶锻力 F/kN	焊接直径 D/mm	转速 n/(r/min)	功率 P/kW
C-0.5	5	4~6.5	6000	1.5
C-1	10	4.5~8	5000	1.5
C-2.5	25	6.5~10	3000	3
C-4	40	8~14	2500	7.5
C-12	120	10~30	2000	15
C-20	200	12~35	1500	22.5
C-25	250	18~40	1000	30
C-40	400	25~55	900	45
C-63	630	25~65	800	75
C-80	800	30~85	700	90
C-125	1250	45~115	560	132

表 3-2 混合型摩擦焊设备型号及技术指标

产品型号	主要技术参数			
	顶锻力 F/kN	焊接直径 D/mm	转速 n/(r/min)	功率 P/kW
HSMZ-0.5	5	4~6.5	6000	1.5
HSMZ -1	10	4.5~8	5000	1.5
HSMZ -2.5	25	6.5~10	3000	3
HSMZ -4	40	8~14	2500	7.5
HSMZ -12	120	10~35	2000	15
HSMZ -20	200	12~40	1500	22.5
HSMZ -30	300	18~45	1000	30
HSMZ -40	400	25~60	900	45
HSMZ -63	630	25~70	800	75
HSMZ -80	800	30~90	700	90
HSMZ -130	1300	45~120	560	132
HSMZ -165	1650	45~130	530	165
HSMZ -200	2000	45~150	530	280

表 3-3 惯性摩擦焊设备型号及技术指标

产品型号	主要技术参数				
	最高转速 n/(r/min)	最大转动惯量 J/kg · m^2	最大顶锻力 F/kN	最大焊接面积 S/mm^2	备注
CG-6. 3	5000	0. 15	63	400	长春数控机床有限公司
CG-130	1500	388	1300	9000	长春数控机床有限公司
CG-200	1000	622	2000	15000	长春数控机床有限公司
CG-250	1000	635	2500	18000	长春数控机床有限公司
CG-400	1000	10600	4000	22000	长春数控机床有限公司
HSMZ-130	1500	388	1300	9000	哈尔滨焊接研究所
HSMZ-200	1000	560	2000	15000	哈尔滨焊接研究所
HSMZ-268	1000	640	2680	20000	哈尔滨焊接研究所

表 3-4 轴向摩擦焊设备生产企业

序号	企业名称	成立时间	产品系列	产品规格
1	机械科学研究院哈尔滨焊接研究所	1956 年	连续驱动摩擦焊机、惯性摩擦焊机、混合型摩擦焊机	连续驱动摩擦焊机为 5～2000kN、惯性摩擦焊机最大 6000kN、混合型摩擦焊机为 5～2000kN
2	长春数控机床有限公司	1979 年	连续驱动摩擦焊机、惯性摩擦焊机	连续驱动摩擦焊机为 5～1250kN、惯性摩擦焊机最大 4000kN
3	汉中双戟摩擦焊接制造技术有限责任公司	1997 年	连续驱动摩擦焊机	连续驱动摩擦焊机为 5～1320kN

3.5.3 径向摩擦焊设备的发展及应用

炮弹无槽弹体与弹带径向摩擦焊工艺装备是一项新的装备及技术，这一技术除应用于军工弹体与弹带的异种材料之间焊接外，还可应用于石油及天然气长输管线的现场装配焊接。与传统的熔焊、钎焊及机械连接等诸多工艺方法相比，径向摩擦焊具有优质、高效、节能、无污染、接头性能高等优点，对焊接接头质量的提高是一次突破性的进步。从新弹种的研发和径向摩擦焊机的研制两个方面看，该项目填补国内空白，打破国外的技术垄断。

径向摩擦焊技术及装备研究起源于 20 世纪 90 年代，首先由中国兵器工业第五十九研究所和长春数控机床有限公司联合研制了最大焊接力为 250kN 的特种摩擦焊机，目前径向摩擦焊设备主要生产厂家见表 3-5，典型的径向摩擦焊机如图 3-3 所示。

表 3-5 径向摩擦焊设备生产企业

序号	企业名称	生产年份	产品系列	产品规格
1	机械科学研究院哈尔滨焊接研究所	2010 年	惯性轴—径向摩擦焊机	最大焊接力 1300kN
2	长春数控机床有限公司	2009 年	惯性轴—径向摩擦焊机	最大焊接力 1300kN

图 3-3 径向摩擦焊机

3.5.4 线性摩擦焊设备的发展及应用

线性摩擦焊是20世纪80年代末实现的一种摩擦焊技术。线性摩擦焊过程中，振动工件在动力源驱动下相对于移动工件作高频、小振幅的往复摩擦运动，摩擦界面的材料受热发生塑性流变而挤出飞边，当摩擦界面的温度和焊件变形量达到一定程度后，焊件对齐并施加顶锻压力而最终形成接头。与传统的焊接方法相比，线性摩擦焊不仅具有摩擦焊技术的高可靠性、绿色节能、接头焊接缺陷少等优点，而且线性摩擦焊技术能克服传统轴向摩擦焊对焊件形状的限制。

线性摩擦焊技术主要用来焊接非圆截面的异种及同种材料构件，已成功用于航空发动机整体叶盘的制造，并成为其核心制造技术，特别是成为异质空心宽弦叶盘制造中的关键技术。另外，线性摩擦焊还可以用于叶盘的修理，在装备制造领域具有广阔的应用前景。

近些年来，我国的研究人员对线性摩擦焊工艺及装备，开展了大量的工艺开发和基础理论研究工作，对线性摩擦焊工艺的生产应用与发展提供了很有价值的理论指导和技术支持，促进了摩擦焊技术在航空航天工业中的应用。开展装备研究的单位有北京机械工业自动化研究所、北京航空制造工程研究所、西北工业大学、机械科学研究院哈尔滨焊接研究所等单位。目前线性摩擦焊设备主要生产厂家见表3-6，典型线性摩擦焊机如图3-4所示。

表3-6 线性摩擦焊设备生产企业

序号	企业名称	生产年份	产品系列	产品规格
1	机械科学研究院哈尔滨焊接研究所	2014年	液压振动	最大焊接力300kN
2	北京机械工业自动化研究所	2002年 2012年	液压振动	最大焊接力250kN 最大焊接力700kN
3	西北工业大学材料学院	2015年	机械凸轮连杆振动	最大焊接力500kN

图3-4 线性摩擦焊机

3.5.5 搅拌摩擦焊设备的发展及应用

从2003年3月生产出第一台龙门式搅拌摩擦焊设备至今，我国已经开发了台式、静龙门、动龙门、悬臂、机器人、多轴联动等系列搅拌摩擦焊设备。突破了压力控制、焊缝跟踪等关键技术，集轻触式对刀、激光焊缝跟踪、柔性工艺控制技术、无匙孔回填式技术和全数控空间三维焊接技术等先进的工业技术于一体的先进、智能的焊接设备。在航天、航空、列车、轨道车辆、兵器等领域得到应用。

搅拌摩擦焊设备的部件很多，从设备功能结构上可以把搅拌摩擦焊机分为搅拌头、机械转动部分、行走部分、控制部分等。目前搅拌摩擦焊设备主要生产厂家见表3-7，典型的搅拌摩擦焊机如图3-5所示。

表 3-7　搅拌摩擦焊设备生产企业

序号	企业名称	生产年份	产品系列	产品规格
1	北京赛福斯特技术有限公司	2003 年	台式、静龙门、动龙门、悬臂、机器人搅拌摩擦焊设备以及搅拌摩擦点焊设备	铝合金单面焊接厚度为 80mm，双面焊接厚度为 150mm
2	上海航天设备制造总厂	2009 年	台式、静龙门、五轴联动以及搅拌摩擦点焊设备	铝合金单面焊接厚度为 80mm，双面焊接厚度为 150mm
3	机械科学研究院哈尔滨焊接研究所	2012 年	台式搅拌摩擦焊机、静龙门搅拌摩擦焊机	铝合金单面焊接厚度为 40mm，双面焊接厚度为 80mm

a)

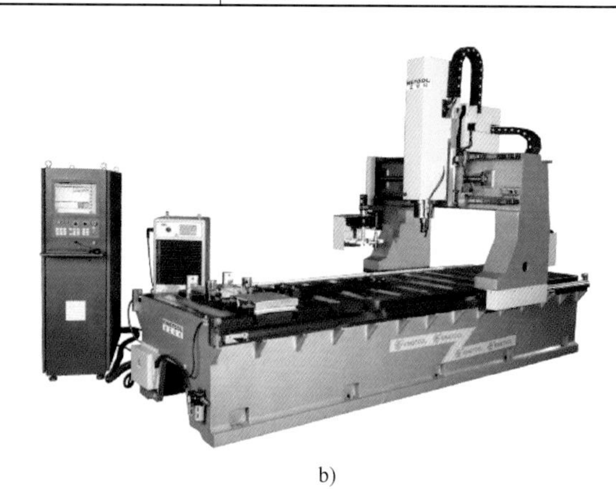
b)

c)

d)

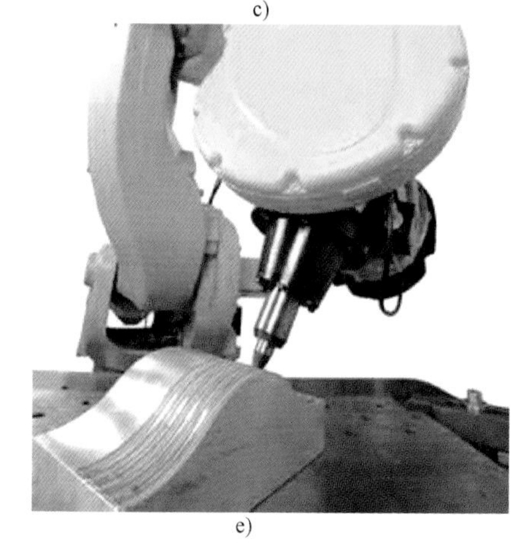
e)

f)

图 3-5　搅拌摩擦焊机

a）台式搅拌摩擦焊机　b）静龙门搅拌摩擦焊机　c）立式搅拌摩擦焊机　d）动龙门搅拌摩擦焊机　e）机器人搅拌摩擦焊　f）特种搅拌摩擦焊机

参考文献

[1] 赵熹华，冯吉才. 压焊方法及设备 [M]. 北京：机械工业出版社，2005.

[2] 李永强，赵贺，赵熹华. 铝合金 5754 的激光束/电阻缝焊特性 [J]. 上海交通大学学报，2009，43 (9)：1489-1493.

[3] Yang Jingwei，Cao Biao. Investigation of resistance heat assisted ultrasonic welding of 6061 aluminum alloys to pure copper [J]，Materials and Design，2015，74：19-24.

[4] 姚杞，李洋，罗震，等. 永磁体磁场对铝合金电阻点焊力学性能及微观组织的影响 [J]. 焊接学报，2016，37 (4)：52-56.

[5] Liao X S，Wang X D，Wang M. Microstructures in a Resistance Spot Welded high Strength Dual phase Steel [J]. Materials Characterization，2010，61 (3)：341-346.

[6] 李洋，罗震，白杨，等. 铝合金电阻点焊的熔核形成过程 [J]. 焊接学报，2014，35 (2)：51-54.

[7] 张伟华，孙大千，李志东. 电极板辅助点焊钢/铝异质接头的组织与性能 [J]. 焊接学报，2011，32 (9)：85-88.

[8] 曹彪. 点焊熔核形成过程的有限元模拟及热膨胀法实时控制 [D]. 哈尔滨：哈尔滨工业大学，1991.

[9] 郑文，王敏，孔谅，等. 超高强度热成形钢电阻点焊的数值模拟 [J]. 上海交通大学学报（理工版），2012，46 (7)：1074-1078.

[10] 易荣涛，赵大伟，王元勋，等. 考虑相变影响的电阻点焊数字模拟 [J]. 焊接学报，2013，34 (10)：71-74.

[11] 杜随更，刘小文，吴诗惇. 准稳定摩擦阶段焊合区金属的塑性流动方程 [J]. 焊接学报，1999 (04)：219-224.

[12] 刘小文，周鹿宾. 低碳贝氏体钢的摩擦焊接性 [J]. 特殊钢，1996 (05)：17-19.

[13] Zhang H J，Liu H J. Mathematical model and optimization for underwater friction stir welding of a heat-treatable aluminum alloy [J]. Materials & Design，2013，45：206-211.

[14] Liu H J，Chen Y C，Feng J C. Effect of heat treatment on tensile properties of friction stir welded joints of 2219-T6 aluminum alloy [J]. Materials Science and Technology，2006，22 (2)：237-241.

[15] Li J Q，Liu H J. Effects of tool rotation speed on microstructures and mechanical properties of AA2219-T6 welded by the external non-rotational shoulder assisted friction stir welding [J]. Materials & Design，2013，43：299-306.

[16] 贺地求，李剑，李东辉. 铝合金超声搅拌复合焊接 [J]. 焊接学报，2011 (12)：70-72.

[17] Zhang H J，Liu H J，Yu L. Effect of water cooling on the performances of friction stir welding heat-affected zone [J]. Journal of Materials Engineering and Performance，2011，21 (7)：1182-1187.

[18] 赵熹华. 焊接方法与机电一体化 [M]. 北京：机械工业出版社，2003.

[19] 周君. 摩擦焊技术发展与展望 [J]. 机械工人，2006 (2)：27-30.

第 4 章 高能束及特种焊接

巩水利 王加友 吴毅雄 刘金合 段爱琴 芦笙 刘黎明 陈俐 王春明
刘昕 李平仓 刘大双 陈根余 马旭颐 赵惠

4.1 高能束流焊接

4.1.1 概述

高能束流焊接是以高能量密度束流为热源的熔化焊方法，热源功率密度比常规电弧高一个数量级，尤其是可聚焦调控电子束焊和激光焊，热源功率密度甚至可达 $10^9 W/cm^2$。高能束流焊接通过束流热作用强度、作用时间和作用轨迹的协调匹配，不仅可实现常规电弧焊接的热导焊接模式，还可实现具有小孔效应的深熔焊接模式，焊接接头质量高，焊缝深宽比大，焊接结构变形小，易于实现自动化、智能化焊接，被誉为 21 世纪先进焊接技术之一，已经应用到航空、航天、船舶、兵器、交通、医疗、能源等诸多领域。

现代高能束流焊接技术的研发更加关注的是大功率电子束焊和激光焊，中国从 20 世纪 60 年代就开展了电子束焊技术的研究，70 年代开始自主研发激光焊设备和工艺技术，主要研究团队有北京航空制造工程研究所、哈尔滨焊接研究所、西北工业大学、上海交通大学、华中科技大学、北京工业大学、哈尔滨工业大学、清华大学、大连理工大学、湖南大学、西安交通大学等。1993 年依托北京航空制造工程研究所组建了高能束流加工技术国防科技重点试验室，其核心研究的重点之一就是高能束流焊接技术研究。中国高能束流焊接技术的发展可分为三个阶段：第一阶段（1994—2002 年）是设备引进与工艺技术应用研究，重点针对典型金属材料开展了焊接工艺基础研究以及焊接接头性能测试评价，电子束焊在发动机部件上实现了成功应用，激光焊在汽车车身结构部件和板坯拼焊上得到了应用。第二阶段（2002—2010 年），高能束流焊接技术研究走上了设备自主研发和工艺创新之路，更加重视基础理论研究，基于“飞行器关键构件高能束流焊接制造基础研究”“大厚度钛合金结构电子束焊接制造基础研究”“高强度钢三明治板激光焊接制造基础研究”等国家重大项目针对高能束流焊接工艺机理及接头力学行为开展了系统研究，揭示了小孔效应条件下的束流与材料的相互作用机理，并将激光焊技术首次应用于飞机薄壁结构焊接，电子束焊技术应用于飞机框梁结构，使高能束流焊接技术在中国的应用有了新的突破，同时以大功率 CO_2 激光和 YAG 激光为主体开展新型铝锂合金、金属间化合物的焊接性研究，也开展了光纤激光焊技术研究，电子束焊开发出多束流焊、束流搅拌新工艺，突破了厚度为 100mm 的钛合金焊接。第三阶段（2010—2015 年），为了充分发挥高能束流焊接在结构制造轻量化制造中的优势，一方面更加强化新结构、新材料高能束焊接应用、高能束流复合加工新工艺研发，如结合 3D 打印技术的发展，北京航空制造工程研究所率先开展了电子束熔丝成形技术研究，已有初步应用；另一方面关注高能束焊接关键工艺装备研发，突出高能束流束源性能及加工过程控制和质量监控技术研究，将高能束流焊接与智能化制造相结合，如华中科技大学牵头承担的国家重大项目“激光-电弧-磁场复合作用下大型厚壁构件成形原理”。

近 20 年来，中国的高能束流焊接技术研究已取得了重大进步，电子束加工技术已广泛应用到各工业部门尤其是航空航天、能源动力以及核工业等高科技部门，其中电子束焊技术在批量生产、大厚度结构焊接、大型零件制造以及复杂、精密零件的加工方面都显示出其独特的优越性，电子束熔丝成形技术在某些用传统方法制造成本高、周期长的大型复杂金属结构的制造中显示出巨大的应用前景，可预计电子束加工技术在今后很长时期里将会得到更为广泛的应用。激光焊方面，由小功率薄板焊接向大功率厚板焊接、由单工作台单工件焊接向多工作台多工件同时焊接，以及由简单形状焊接向可控制的复杂形状焊接的发展历程，经过几个五年计划的攻关，完成了一些较高水平的研究项目，其中“基于能源节约型低能耗激光增强电弧高效焊接集成技术”获国家技术发明二等奖，“汽车制造中的高质高效激光焊接、切割关键工艺及成套装备”获国家科学技术进步一等奖，激光焊在航空航天、汽车工业、高速铁路机车车辆、造船工业等多个领域的应用日趋广泛，成为运载工具结构的先进制造技术之一。

4.1.2 高能束流焊接基础研究

高能束流焊接基础研究涉及束流与材料间的热力耦合作用下的焊接熔池行为、非平衡高梯度热作用下的焊缝组织演变、焊接接头应力应变场特征以及焊接接头力学行为，通过数值模拟和试验测试相结合，已初步形成了基于小孔效应的金属高能束流焊接过程微观-介观-宏观多尺度动态行为的理论体系框架，如图 4-1 所示。

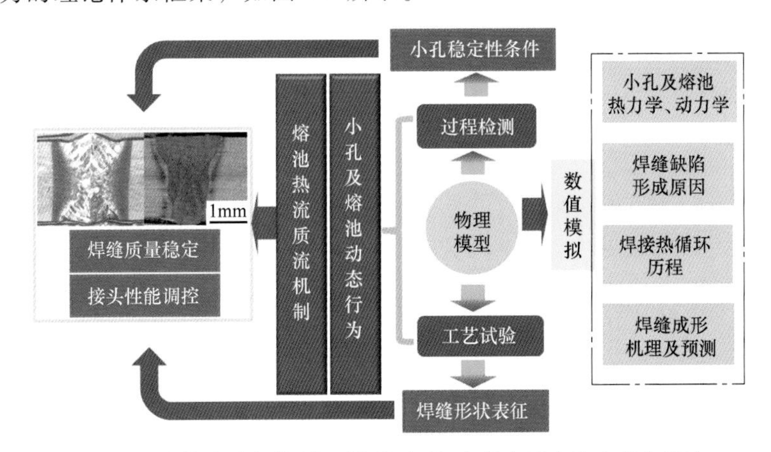

图 4-1　高能束流焊接过程微观-介观-宏观多尺度动态行为研究

典型研究成果：

1. 电子束焊过程行为研究

北京航空制造工程研究所针对钛合金厚板，研发了电子束束源品质测试设备，实现了连续变聚焦焊接过程对焊接束流品质特征的认识，为聚焦电流、焊接速度等参数优化提供了理论基础，也为钛合金电子束焊热过程模拟提供了验证。对大厚度钛合金电子束焊的焊缝形状特征随焊接参数变化的分析提炼，对大厚度钛合金电子束焊的晶粒尺寸、组织形态的研究，提出焊缝形状特征参量、焊缝组织特征的参量以及钛合金电子束焊力学性能因子，建立了焊缝形状参量、组织参量与力学性能因子的相关性数学模型，表征了大厚度钛合金电子束焊力学行为（见图 4-2）。

在上述基础理论研究的基础上，分析了电子束焊参数、束流品质、材料特性、环境参数等对钛合金电子束焊缝形状尺寸特征及接头性能的影响，获得了接头形状、焊缝组织及接头性能的相关性规律，提出了扫描搅拌法、活性剂法及嵌入过渡金属法等电子束焊的接头性能调控方法。这些技术成果，既为研制高性能、高可靠性的电子束焊设备提供了方向和目标，又为提高焊接质量，减少焊接缺陷，扩大电子束焊的应用创造了条件。目前，国内大厚度电子束焊技术水平已经达到国际先进水平。

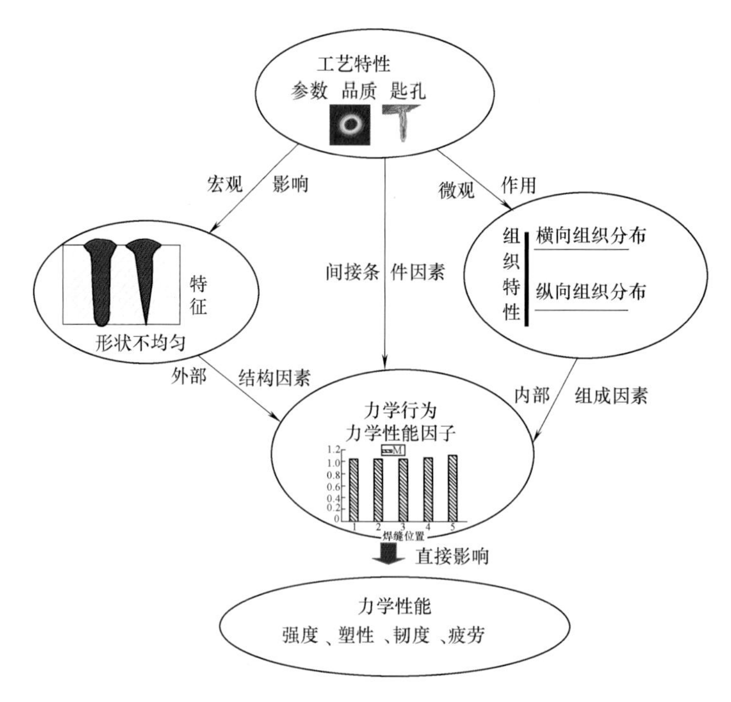

图 4-2 力学行为分析

清华大学和北京航空制造工程研究所也在大厚度电子束焊接头残余应力方面开展了大量的研究。针对钛合金厚板电子束焊，发展了厚板电子束焊残余应力的快速计算方法、残余应力初算、X 射线测量工作以及大厚度钛合金电子束焊残余应力生成机理等相关研究工作。通过对大厚度钛合金电子束焊的接头应力与变形的数值模拟和试验测量研究，提出大厚度钛合金电子束焊的接头残余应力形成的机理并表征其分布规律，为我国轻质合金结构的焊接制造提供理论依据（见图 4-3 和图 4-4）。

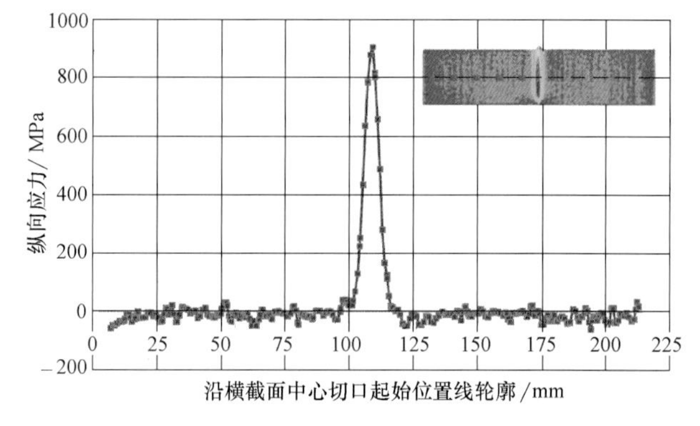

图 4-3 沿横截面中心纵向残余应力分布结果（焊态）

北京航空制造工程研究所和北京航空航天大学提出并研究了电子束焊的工件传导电流，从复杂的动态过程中剥离并定量检测出包涵焊接信息的工件传导电流的动态行为（见图 4-5~图 4-7）。发明了一种可以在实际工程应用中测定电子束焊接束流参数的方法；首次揭示了电子束焊接过程的焦点所反映的动态特性和规律，提出了动态焦点概念，基于工件传导电流特性，发明了测量动态焦点的“临界穿透束流极值法”，系统地研究了动态

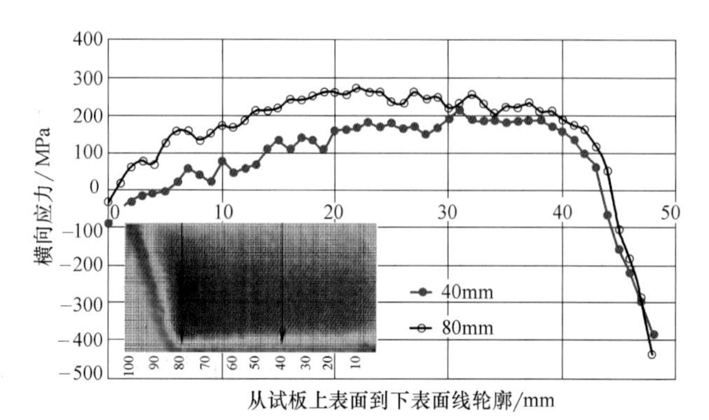

图 4-4 从试板上表面到下表面横向残余应力分布结果（焊态）

焦点特性与板厚、焊接速度和加速电压等参数之间的关系；分析了动态焦点与静态焦点的本质区别，在电子束焊工程应用中澄清了焦点概念及其物理本质，拓宽了焦点定义范围，建立了电子束焦点分类体系，将电子束流焦点分成静态焦点、准动态焦点和动态焦点三种类型。南京理工大学针对电子束焊接金属材料过程中产生的等离子体，利用光谱分析手段采集了一定频段范围的光谱谱线和谱线强度。与此同时探索了多种动态试验方法在电子束深穿透行为中应用的可行性，如超声相控阵成像技术、光谱分析技术、高速摄像、红外测温技术等。

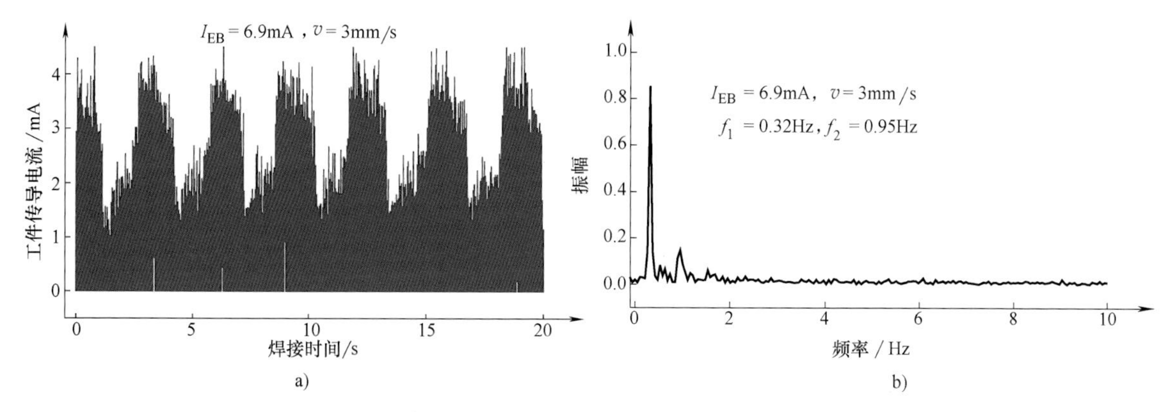

图 4-5　熔池周期波动的工件传导电流时域图和局部频域图

a）工件传导电流时域图　b）低于 10Hz 的局部传导电流频域图

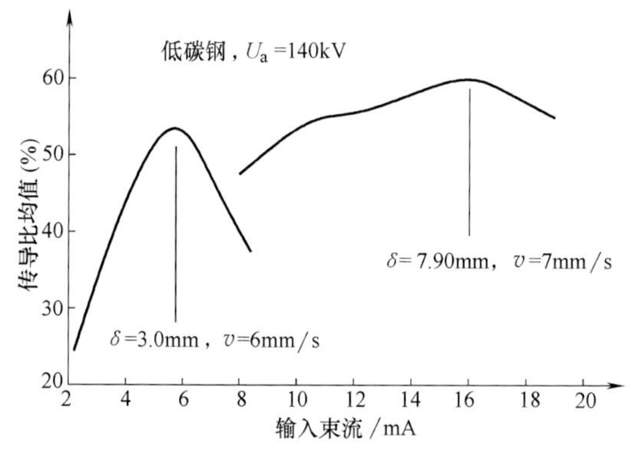

图 4-6　传导比均值与输入束流函数关系

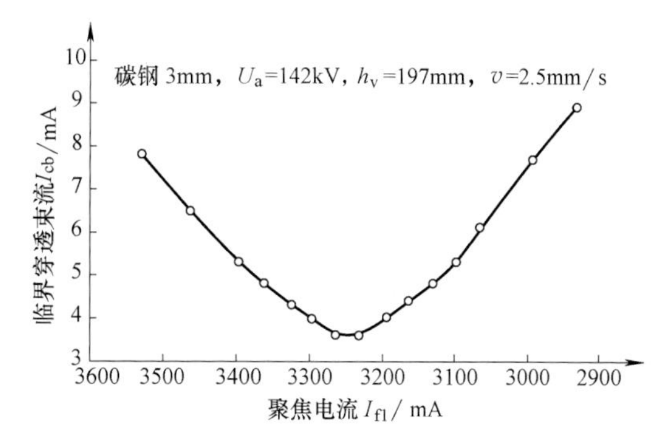

图 4-7　聚焦电流与临界穿透束流的函数关系

电子束熔丝成形技术及熔池行为方面，北京航空制造工程研究所等单位目前在熔池演变数值模拟、熔池温度场特征、熔池流场分布等方面进行了研究。通过分析热循环、加热速度、熔池表面垂直加工方向的温度梯度、高温区停留时间以及冷却速度等特征参量，研究熔池的温度场特征。

在变形控制基础研究方面，对钛合金电子束熔丝成形过程中的变形情况进行了数值模拟。依据数值模拟结果，有针对性地采用分块成形、分区成形，结合热处理等手段及零件温度场控制技术控制变形，试验结果如图 4-8 所示。变形情况得到了大幅改善，对于实现堆积过程的尺寸精度控制以及零件整体化堆积制造具有重要意义。

内部质量与缺陷控制技术研究方面，由于电子束熔丝成形是在高真空环境（10^{-3}Pa）下进行，因此不会混入 O、H、N 等杂质元素。其成形缺陷形式有气孔和未熔合。通过数值模拟研究，建立了电子束熔丝成形过程的数学模型，模拟了熔池形貌变化以及缺陷的形成过程，详细分析了其温度场以及相应流动场的特点，对缺陷的形成进行详细分析与讨论。依据气孔

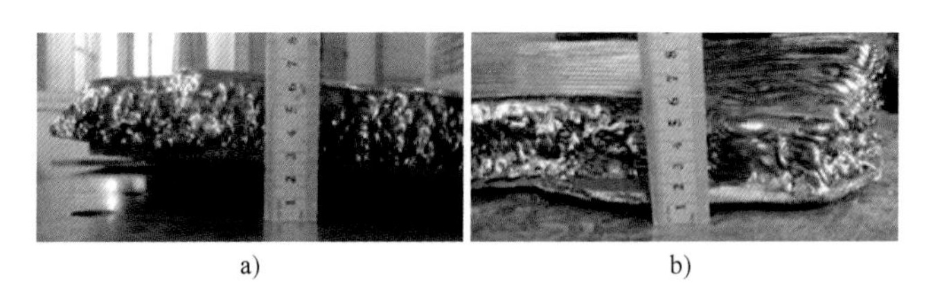

a)　　b)

图 4-8　变形控制

a）原工艺变形量 25mm/1000mm　b）改进工艺变形量 5mm/1000mm

与未融合缺陷研究结果，提出了缺陷控制方法；对缺陷控制技术进行试验验证，结果如图 4-9 所示。经改进工艺处理后，钛合金具有较好的内部质量，超声波检测可以稳定达到 AA 级。

2. 激光焊接过程行为研究

近年来，激光焊接过程行为研究多集中在焊接过程熔池模拟，焊接过程金属蒸气/等离子体、熔池等的信号及图像监测等方面。

图 4-9　电子束熔丝成形钛合金超声波检测结果

2000 年以前，激光焊接过程行为研究主要以数值模拟方法为主，如北京有色金属研究总院在深入分析钛合金激光焊接过程不稳定性产生机理的基础上，结合激光焊接过程能量传输的特点，提出钛合金激光焊稳定性临界条件的计算模型。焊接过程监测研究主要集中在激光焊时金属蒸气/等离子体的作用和对熔深的影响方面，如兰州理工大学研究不同铝合金在激光焊时的熔化和蒸发特性，并对主要合金元素 Mg 的蒸发以及由金属蒸气引起的高温等离子体反作用力对熔深的影响开展了试验研究。

2001—2005 年，北京工业大学基于金属材料熔化、汽化界面二维扩展机制建立了脉冲激光的焊接模型，北京航空航天大学深入分析了激光焊接小孔传热模型的特点，在此基础上选取合适的热源形式，研究了移动线热源和高斯分布热源作用下，准稳态与瞬态激光焊接温度场。华中科技大学较早开展焊接过程监测研究工作，通过试验的方法开展“钛合金激光焊接过程中等离子体光信号的检测与分析”，探讨了钛合金激光焊接过程中的等离子体光信号与焊接质量的关系；清华大学建立了一套 CO_2 激光深熔焊熔透状态的同轴检测系统，研究了焊接参数和熔透状态发生变化时等离子体同轴光信号的变化规律；北京航空制造工程研究所利用高速摄像及光信号监测两种手段对等离子体的动态变化过程及其对焊接稳定性的影响进行了深入的研究（见图 4-10），获得了等离子体的周期性变化规律，发现了影响焊接稳定性的根本原因是等离子体在穿透与未穿透之间波动的主要原因。

2006—2010 年，在建模及数值模拟方面，北京航空制造工程研究所进行了“激光焊接瞬态小孔与运动熔池行为模拟”研究，提出了一种三维瞬态小孔与瞬态熔池相结合的激光小孔焊接耦合数学模型。吉林大学开展“热压条件下激光深熔焊接温度场的数值模拟”研究，对铝合金 LF3Y2 搭接板进行了热压条件下激光深熔焊接，建立了该条件下的焊接热源模型。上海交通大学针对铝合金激光焊接过程的实际情况建立了有限元模型，试图通过有限元模拟的方法揭示激光焊接过程的特点。北京工业大学深入开展“激光深熔焊接抛物面小孔模型”研究，采用数值迭代方法求解出小孔的深度和宽度。清华大学利用有限元分析软件 MARC 对“沟槽蒙皮”结构的激光焊接过程进行三维数值模拟，开展了“激光等离子弧复合焊接熔池流

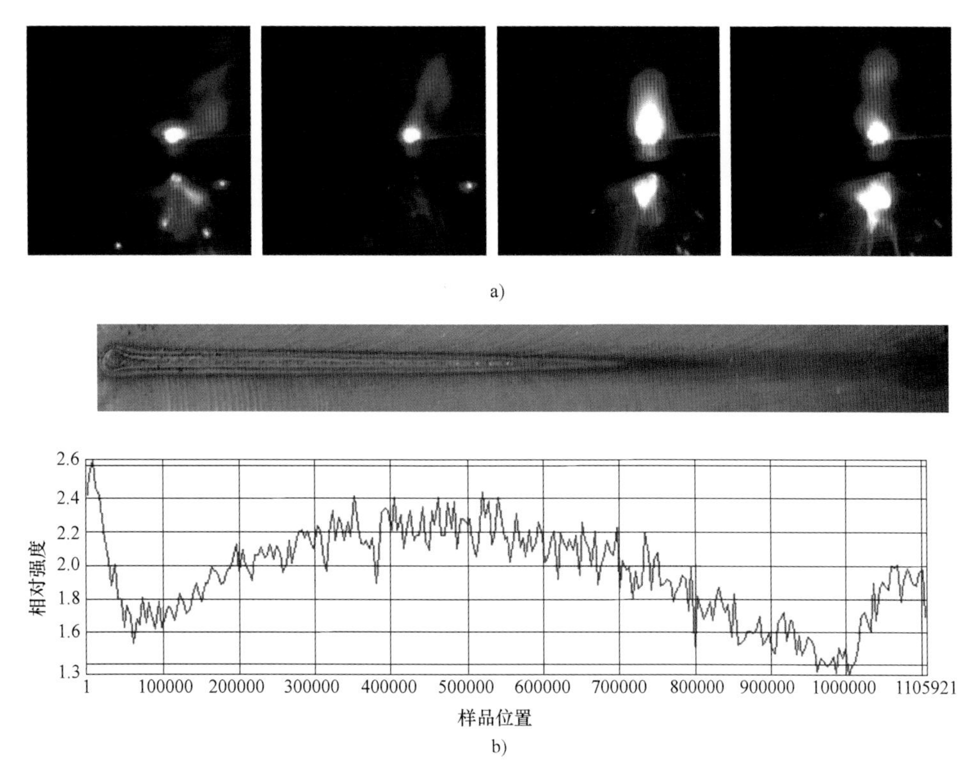

图 4-10　高速摄像及光信号监测两种手段对等离子体的动态变化过程
a）高速摄像图谱　b）光信号图谱

动和传热的数值分析”的研究，重点研究了电磁力对熔池流动和传热的影响。湖南大学进行了“基于实测小孔的激光深熔焊接三维传热模型”的研究，考虑了熔池的对流和材料热物性参数的温度依存性。南京航空航天大学在分析激光填丝熔钎焊传热行为的基础上，建立了以 5A06 铝合金和 TC4 钛合金为母材，以 AlSi12 焊丝为填充材料的激光加热模式的热源模型。

焊接过程监测的研究从之前的等离子体监测，逐步发展为以声光信号、光谱、图像三类技术为手段的焊接过程全特征研究。西安交通大学与北京航空制造工程研究所开展了“侧吹辅助气流对激光深熔焊接光致等离子体的影响”研究，利用 CCD 高速摄影研究了不同侧吹条件下激光深熔焊过程中光致等离子体形态的变化，建立了模拟激光深熔焊过程气体流场的二维可压缩模型。北京工业大学开展了“焊接参数对铝合金 CO_2 激光焊光致等离子体温度的影响”研究，利用瞬态光谱仪对 6061 铝合金 CO_2 激光焊光致等离子体的发光谱进行了测量，利用玻尔兹曼图法计算得到光致等离子体的平均温度。上海交通大学基于多角度图像投影构建了光致等离子体的非对称三维模型，揭示了光致等离子体的生成及三维形态分布规律，提出了球形分层模型的光线跟踪算法，计算了入射激光穿越等离子体的吸收损耗和折射损耗。大连交通大学以变形镁合金 AZ31B 为研究对象开展了“镁合金激光-TIG 焊接温度场的红外测量与数值模拟”研究工作，采用红外热像仪拍摄镁合金激光-TIG 复合热源焊接过程中的焊接温度场，提出一种基于红外辐射测温原理，并针对红外热像仪的焊接温度场校正方法，采用热电偶验证该校正方法的准确性，利用数值模拟方法模拟整体温度场。华中科技大学“激光焊接典型熔透状态信号特征分析及其识别”，应用自行研制的多通道信号传感系统，实时采集可听声、蓝紫光以及红外辐射等三路信号。哈尔滨焊接研究所较系统地开展了“Nd：YAG 激光深熔焊接过程中小孔的形态特征”研究，通过图像处理研究了小孔形态随焊接参数变化的规律。哈尔滨工业大学利用 CMOS 同轴视觉传感系统，通过分析匙孔和熔池区域光辐射的特征，对 Nd：YAG 激光深熔焊的焊缝形态进行了检测。北京航空制造工程研究所深入研究了激光及其复合焊接过程的熔池和等离子体的特征（见图 4-11）。

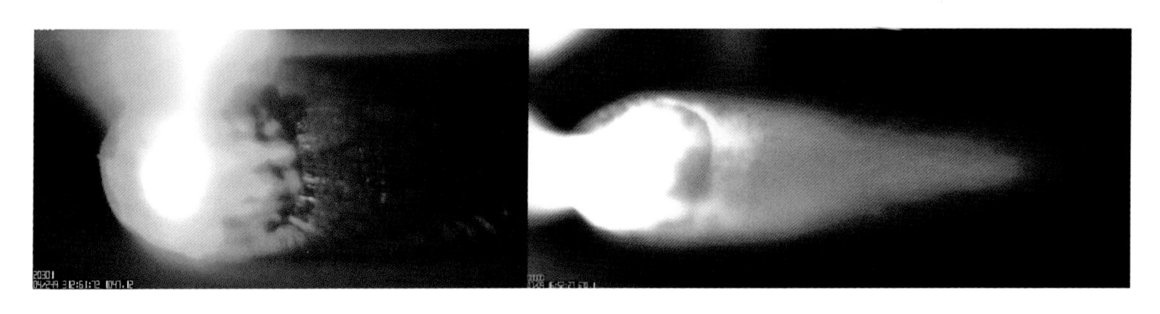

图 4-11　激光焊接 TA15 实测熔池

2011—2016 年，焊接过程监测的研究，主要集中在依靠图像结果进行的研究上，武汉理工大学与北京航空制造工程研究所利用高速摄像系统对焊接过程中的熔池进行实时监测，可获得熔池在任意时刻的热图像。天津大学采用独特的非接触数字图像相关技术全场测量法对激光焊接变形进行精确的测量，使用三维云图再现了变形量；广东工业大学研究了一种基于红外热像的大功率光纤激光深熔焊熔池形态分析及焊缝质量稳定性评价的方法，对大功率光纤激光焊熔池形态及焊接稳定性进行了分析研究。华中科技大学开展了“三维拼缝激光焊接的变形动态补偿”研究，在五轴联动数控焊接机床上，利用激光视觉传感器实现三维拼缝焊接过程的实时测量，获取拼缝轨迹的偏差信息，将偏差信息从测量坐标系转化到工件坐标系，实时补偿各运动轴的进给量，从而实现三维拼缝曲线焊接过程的动态补偿。上海交通大学通过构建集“蒸发-流动-凝固”于一体的多相多自由界面激光深熔熔池三维动态模型，并结合微聚焦 X 射线透视成像试验原位观察，揭示了高功率激光焊气孔、夹杂等缺陷形成的时空演化机制。

4.1.3　材料焊接性研究

1. 材料电子束焊的焊接性

进入 21 世纪以来，北京航空制造工程研究所和哈尔滨工业大学一直关注新型材料电子束焊接工艺的研究工作。北京航空制造工程研究所主要开发出了高强度/高温/高韧度钛合金、高温合金、铝合金及铝锂合金、不锈钢、高强度及超高强度钢、无氧铜及铜合金、金属间化合物等材料的电子束焊接工艺，并且对于涉及铸造、锻造、轧制、超塑成形、粉末冶金、快速成形等不同热加工工艺状态下的材料及其异种材料（质）焊接工艺与组织特性进行了深入研究，较为系统地进行了焊接接头性能测试与评价。图 4-12 和图 4-13 为北京航空制造工程研究所与空客公司针对 A350 客机舱门梁焊接结构研究开发的变截面 ZTC4 材料焊接工艺示意及其焊接结构图。在航空发动机焊接结构完整性评价方面，北京航空制造工程研究所在焊接接头基本力学性能评价与分析的基础上，设计了适用于焊接部件载荷特性的典型结构单元件，建立了异材

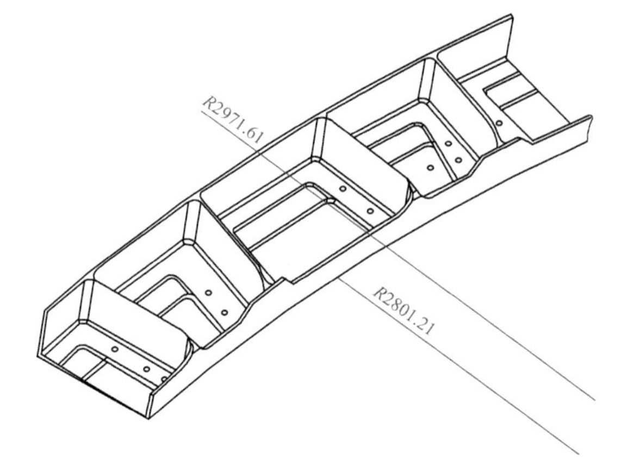

图 4-12　ZTC4 材料典型结构单元件

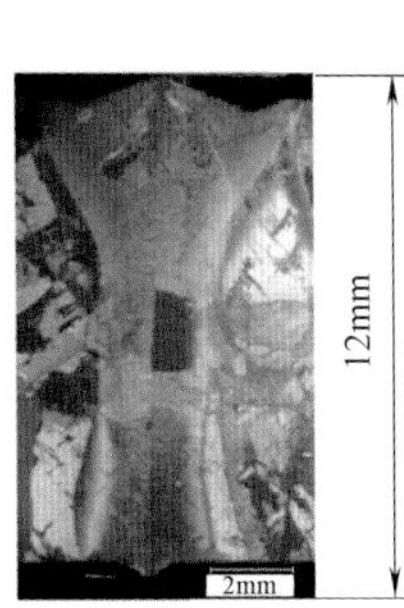

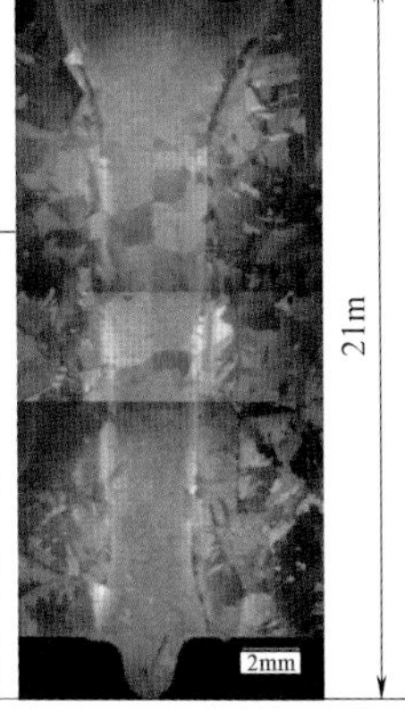

图 4-13　变截面 ZTC4 材料焊接工艺示意

钛合金焊接接头多轴疲劳模型，完成了钛合金焊接接头多轴疲劳失效机制的成因分析，提高了焊接结构寿命的预测精确性。哈尔滨工业大学的研究重点以钛合金、铝合金及异种材料焊接工艺为主，结合数值模拟对于电子束焊接温度场、熔池流动行为，揭示了铝合金焊接缺陷与非穿透焊接根部缺陷的形成原因，并提出解决工艺措施，为航天结构应用提供技术基础。

2. 材料激光焊的焊接性

中国激光焊研究的材料热点主要是针对铝合金、钛合金及高温合金等有色金属材料及塑料、陶瓷、玻璃等非金属材料。北京航空制造工程研究所、北京工业大学、华中科技大学、上海交通大学、大连理工大学等单位在材料激光焊的焊接性方面开展了大量工作。北京航空制造工程研究所针对激光焊 TC4、TA15 等钛合金进行了接头脆化、焊接裂纹、焊缝咬边和焊接气孔等方面的研究，认识到钛合金激光焊的热物理性能特点以及焊接过程的非平衡加热等因素有关。图 4-14 和图 4-15 所示分别为钛合金熔透状况对焊接气孔的影响以及钛合金激光焊

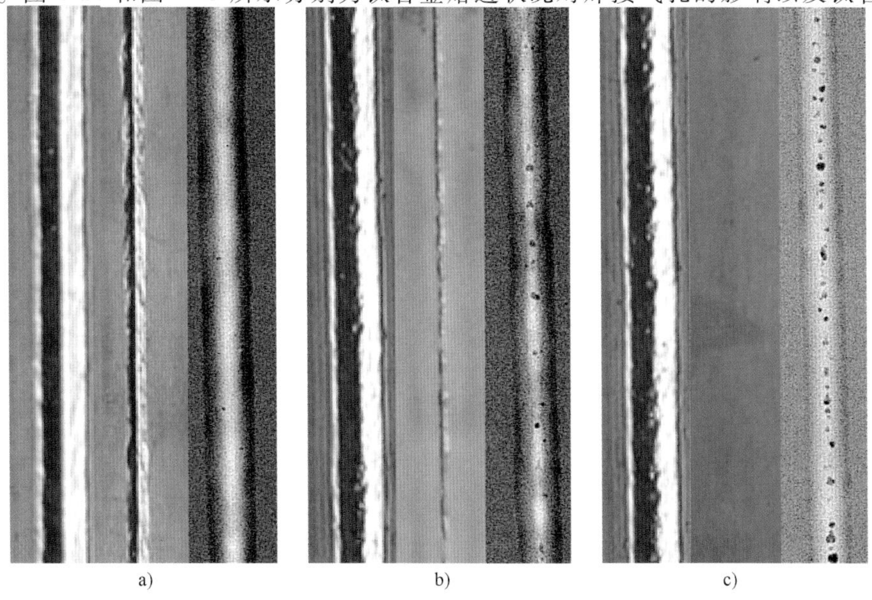

图 4-14　钛合金熔透状况对焊接气孔的影响

a）完全焊透　b）临界焊透　c）未焊透

接参数对焊接气孔的影响。

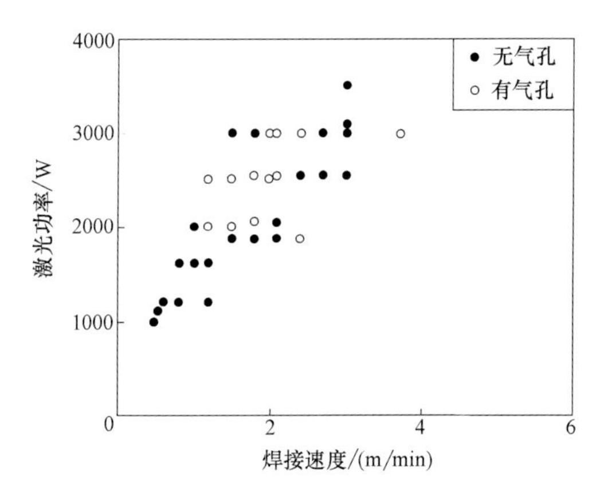

图 4-15 钛合金激光焊接参数对焊接气孔的影响

铝合金焊接性方面，主要关注焊缝气孔、焊接热裂纹、接头软化等方面的问题。为了减少和去除焊缝中的气孔，焊前的表面处理极为重要，图 4-16 所示为焊前表面处理对气孔的影响。解决热裂纹的主要办法是通过填充材料改变焊缝的合金成分，细化晶粒，控制低熔点共晶体的含量及其分布形态，以及从焊接工艺出发控制焊接时的热输入等，图 4-17 所示为不同工艺方法调控铝锂合金激光焊接接头组织。对于接头软化而言，选择合适的填充焊丝或者焊后的固溶、时效处理解决焊接接头的软化。

上海交通大学系统地研究了船用钢板、船用铝合金（5083）和船用钛合金材料（Ti70 和 TA5）的高功率激光焊接性，完成了多种国产船用材料的激光焊接工艺规程的制定；发现 10MnSiNiCr 微合金钢焊接接头的低温冲击吸收能量高于母材，如图 4-18 所示，较传统 CO_2 气体保护焊具有明显提升。

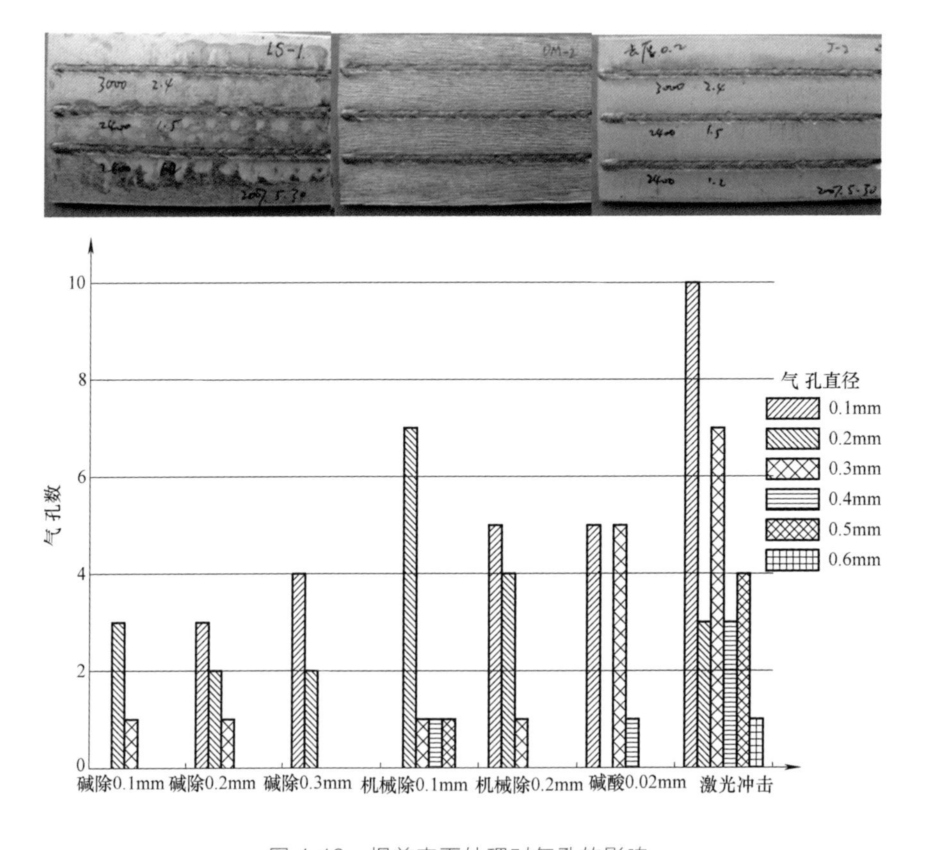

图 4-16 焊前表面处理对气孔的影响

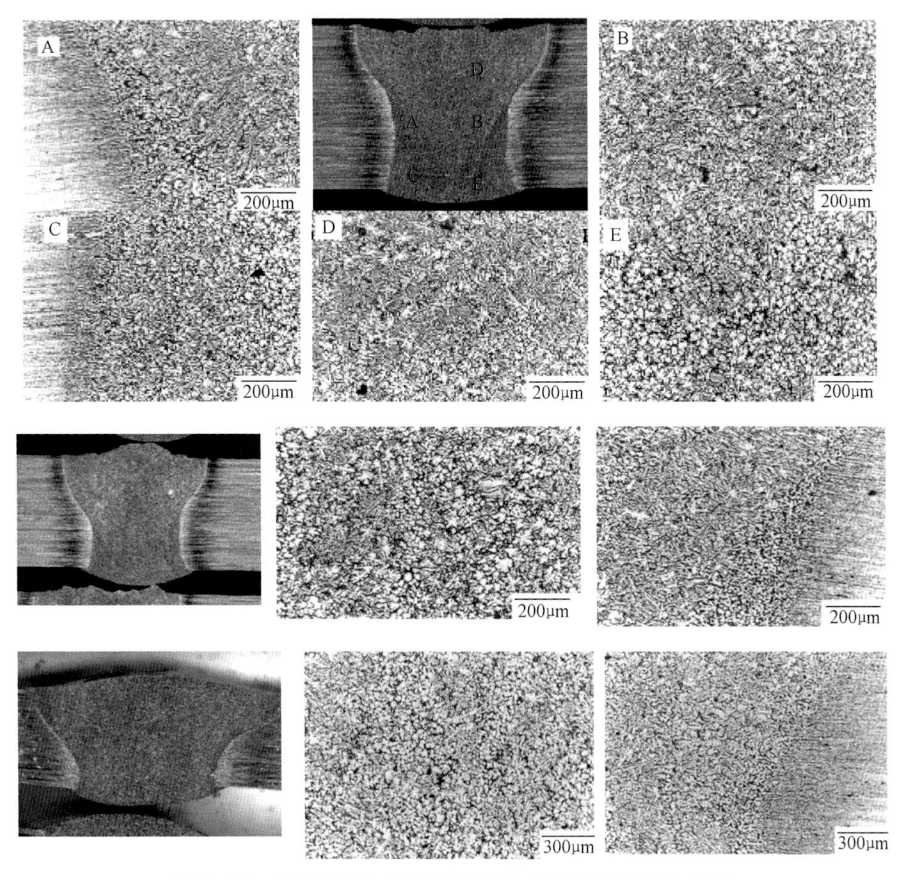

图 4-17　不同工艺方法调控铝锂合金激光焊接接头组织

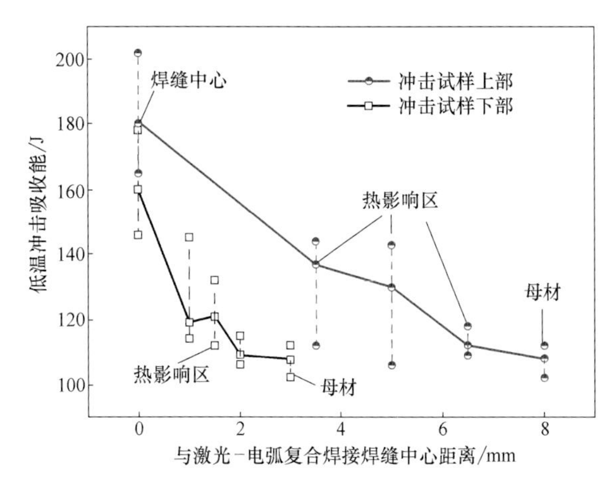

图 4-18　16mm 厚 10MnSiNiCr 微合金钢激光-电弧复合焊接接头冲击吸收能量

4.1.4　高能束流焊接工艺技术进展

1. 电子束焊技术

电子束焊技术是一种非接触加工的高能束流加工技术，由于它具有能量密度极高、热效率高、精密易控等特点。近年来，随着工业领域各行业应用需求的拓展增加，电子束焊技术正在快速朝向超大厚度结构焊接、填充材料焊接、精密焊接、多功能复合焊接等方向发展。

（1）大厚度及超大厚度结构电子束焊技术　大厚度及超大厚度结构电子束焊是自 20 世纪

90年代以来重点开发的新型工艺技术。以北京航空制造工程研究所为主体的研发团队重点突破了大厚度金属结构焊接工艺成形优化控制技术，掌握了大厚度钛合金结构焊接质量稳定性控制方法，起草并制定了相关技术行业标准，并且在航空飞行器结构、大型燃气轮机转子与静子结构、深海探测装备等制造领域得到实际应用（见图4-19）。

图4-19 采用大厚度电子束焊接球体

（2）填充材料电子束焊技术　近十年来，国内开展了填充材料电子束焊技术的研发，并对于结构修复制造技术进行了探索性研究。北京航空制造工程研究所将此类技术归于两类技术方法：薄壁及中厚壁结构采用电子束填丝焊方法；大厚度及超大厚度结构采用嵌料式电子束焊方法。此类技术可以实现调控焊接接头强度与塑韧性匹配问题、异种材料及其结构的焊接性问题、结构修复再制造问题等，从而扩大电子束焊技术的适用范围。

北京航空制造工程研究所对于电子束填丝焊工艺开展了较为深入的试验研究，针对碳钢基材填充不锈钢焊丝工艺研究了焊缝成形与熔合比的相关性研究、焊接工艺稳定性方法研究等；并通过填充专用焊丝对高温钛合金进行了电子束焊缝塑韧性调控研究。针对大厚度钛合金结构采用嵌料式电子束焊工艺方法开展试验研究，根据嵌入板材的合金成分调整焊缝中主要合金元素的成分比例，并匹配电子束焊缝马氏体相组织的性能特征，通过束流偏摆扫描控制嵌入法焊缝成分的均匀性和抑制焊缝缺陷的形成，解决了大厚度钛合金焊缝高强度、低塑韧性等问题。上海交通大学对角焊缝低真空电子束填丝焊开展了深入研究，详细讨论了束流形态、送丝量、焦点位置等焊接参数对焊缝成形的影响规律，并将该技术应用到年产10万套轿车液力变矩器的总成焊接。

（3）精密焊接技术　电子束流所具备的高能量密度分布与精确控制偏摆扫描特性是其实现结构精密化焊接的技术基础。北京航空制造工程研究所和上海交通大学采用了基于偏摆扫描的分时控制原理，实现电子束的自由无惯性运动，在几微秒内完成束流扫描方向的改变，形成多点扫描的电子束束斑，完成电子束焊加工。这种技术既可实现多缝、分段的多熔池同步焊接，也可实现焊接同步辅助加热，有利于构件的气孔、裂纹缺陷控制以及焊接应力变形的控制（见图4-20）。

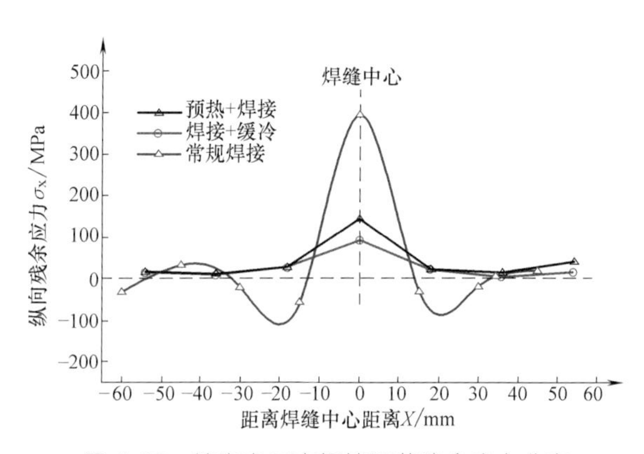

图4-20 精密电子束焊接工艺残余应力分布

（4）多功能复合焊接技术　电子束与其他焊接热源复合或与其他工艺方法的组合也是目前国内研究方向之一。如北京航空制造工程研究所研究了电子束焊与钎焊的复合加工技术，对于T形带筋壁板结构焊接进行了系统的试验与测试。哈尔滨工业大学采用电子束熔钎焊方法对磷青铜等材料进行焊接试验，解决了异种材料焊接的技术问题。

（5）电子束钎焊技术　电子束流的散焦方式与精密偏摆扫描控制催生了新的焊接方法——电子束钎焊技术。采用高速扫描的电子束对工件需要钎焊的部位进行表面局部加热，是一种综合电子束加工与真空钎焊优点的新型焊接技术。目前应用较广泛的是不锈钢、钛合金等。通常除了基本的对接、搭接、T形、十字形等之外，散热器芯体的管板结构是电子束钎焊应用的典型结构。随着真空电子束技术的成熟，真空电子束钎焊技术已经在国内航空、航天等构件的制造中得到应用。图4-21所示为北京航空制造工程研究所采用真空电子束钎焊生产的典型构件。

图4-21 真空电子束钎焊构件

2. 电子束熔丝成形技术

（1）大型复杂框梁整体结构电子束熔丝成形技术　由于电子束熔丝成形技术无需模具便可自由成形，而且成形速度较快，特别适用于大型复杂金属结构的高效整体化成形。例如飞机加强框、梁以及起落架等高负载的大型复杂结构件（见图4-22）。通过前期研究，北京航空制造工程研究所与沈阳飞机设计研究所、沈阳飞机工业（集团）有限公司等单位联合，共同研制出更高结构效率、高质量、高可靠性的复杂框梁整体结构，并取得相关应用。

（2）薄壁结构电子束熔丝成形技术　与其他增材制造技术相比，电子束熔丝成形技术的特点是成形速度快，因而导致成形精度较差。在前期研究中，成形单边余量为10~15mm。不仅降低成形效率，成本相对高。北京航空制造工程研究所通过研究，在成形精度工艺上获得重要突破。在不改变现有成形速率的条件下，可成形出壁厚为2mm的薄壁结构，成形精度可达单边1mm以下（见图4-23）。

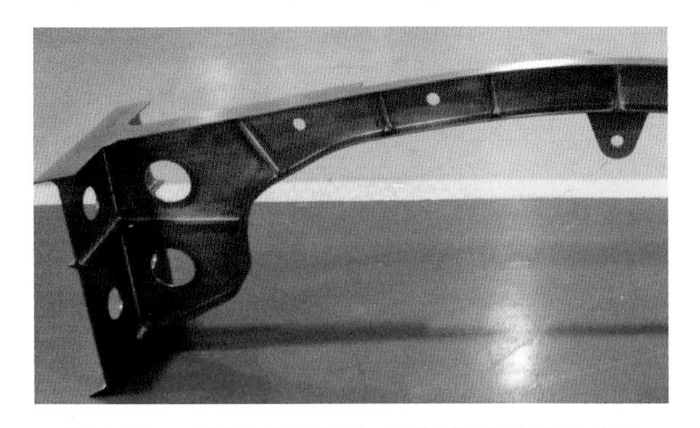

图4-22 大型电子束熔丝成形框梁整体结构样件

图4-23 电子束熔丝成形薄壁结构

（3）电子束熔丝成形混合制造技术　电子束熔丝成形混合制造技术，以熔丝增材制造技术为核心，以多种工艺组合的方法，在满足使用功能的前提下，最大限度提高效率、降低成本。北京航空制造工程研究所与成都飞机设计研究所联合开发了电子束熔丝成形混合制造技术，瞄准新一代厚度变化极大的锻件，开展电子束熔丝混合制造技术，在平板结构上堆积筋条或耳片，突破高梯度结构/超大型结构的性能控制整体制造难题。针对厚度变化十分剧烈的结构，模锻难以保证组织性能的均匀性；通过混合制造技术，在形状简单的锻件上成形局部凸起的耳片及筋条，可以大幅度降低成本。目前，该所攻破TC4DT钛合金熔丝成形混合制造技术，获得了良好的内部质量和力学性能，并成功研制出尺寸为2200mm×400mm×300mm的大型混合制造框梁结构。

3. 激光焊技术

随着激光焊研究的深入，其技术形式变得丰富多样，如最初的主要形式为脉冲点焊和连续热导焊，现在则以高功率的深熔焊为主，出现了激光-电弧复合热源焊接，双光束、多光束激光焊以及厚板窄间隙焊接等技术。

（1）激光深熔焊技术　当激光功率密度高于 10^6W/cm^2，激光使金属瞬间熔化、汽化，如热输入足够，金属蒸气的冲力在熔化金属中产生微细小孔，焊接过程以具有小孔效应的深熔焊接模式形成焊缝。包括湖南大学、哈尔滨工业大学、华中科技大学、北京工业大学、北京航空制造工程研究所、上海交通大学等在内的国内众多高校及研究机构对激光深熔焊技术进行了深入的研究，在深熔焊理论及工艺方面取得了大量的研究成果。图 4-24 及图 4-25 所示为湖南大学研究团队采用激光单道焊透核电堆芯罩 16mm 厚的异形大型构件（ϕ3.5m×4m）和 ITER（国际热核聚变）手指 18mm 厚不锈钢腔体。

图 4-24　核电堆芯罩激光焊接

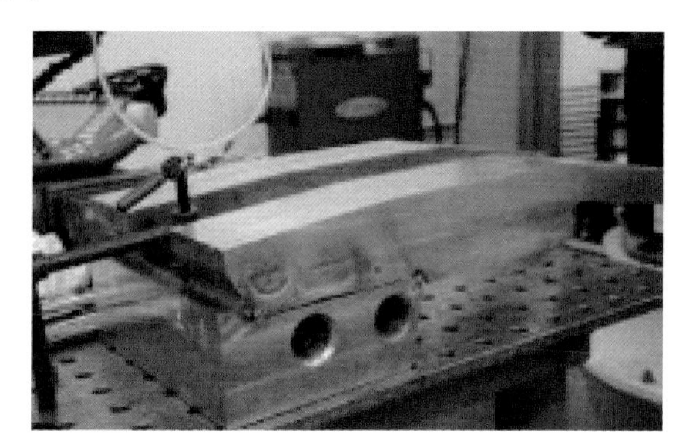
图 4-25　ITER 手指 18mm 厚不锈钢腔体

图 4-26～图 4-28 所示为北京航空制造工程研究所在激光深熔焊铝合金、钛合金缺陷形成机理与控制技术，激光焊接接头形状、组织与性能相关性，激光焊接工艺优化与过程稳定性控制技术等方面进行的研究工作。

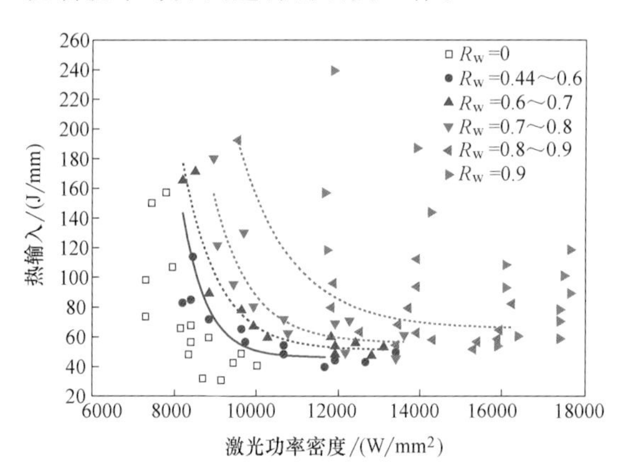

图 4-26　铝锂合金不同焊缝背宽比激光功率密度-焊接热输入工艺窗口

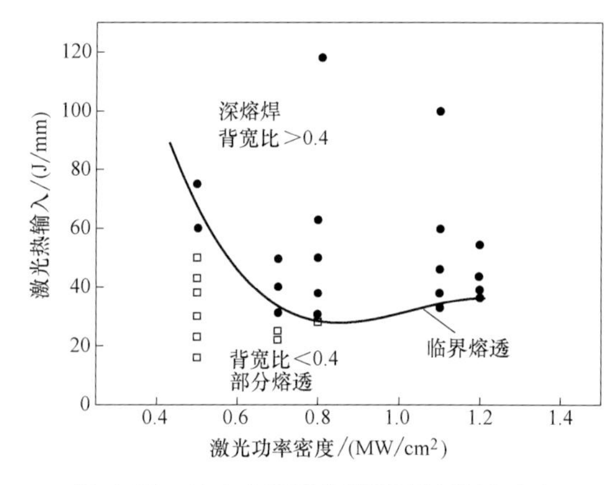

图 4-27　钛合金不同焊缝背宽比激光功率密度-焊接热输入工艺窗口

图 4-29 所示为上海交通大学采用高功率激光焊接汽车镀锌板导电辊，提出了分段变参数全穿透激光连续焊技术，突破了大型厚壁镍基合金部件激光精准对接焊接工艺方法。

图 4-30 所示为上海交通大学采用高功率激光焊接高强度钢三明治板。性能测试证明了三明治板替代实心板作为承载构件的优势，重量相同时，三明治板的弯曲刚度约提高 50 倍。

（2）激光-电弧复合焊技术　激光焊与另一种焊接方法相结合的焊接技术称为“激光复合焊”，其中，激光束和电弧同时作用于同一熔池，互相影响和作用称为“激光-电弧复合焊”。通过激光与电弧的相互作用，可克服两种焊接方法各自的不足，产生良好的复合效应，从而

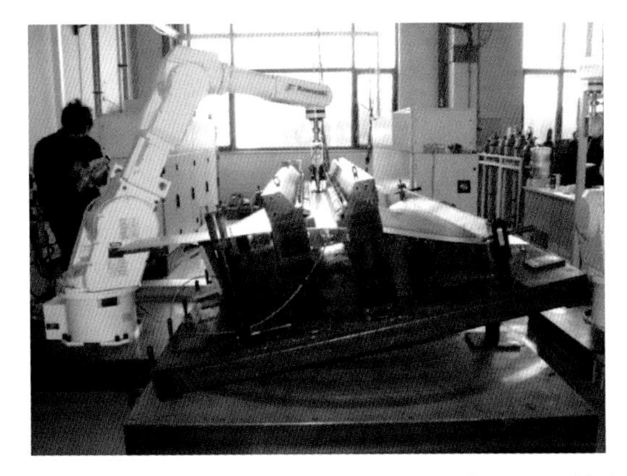

图 4-28　钛合金零件激光深熔焊

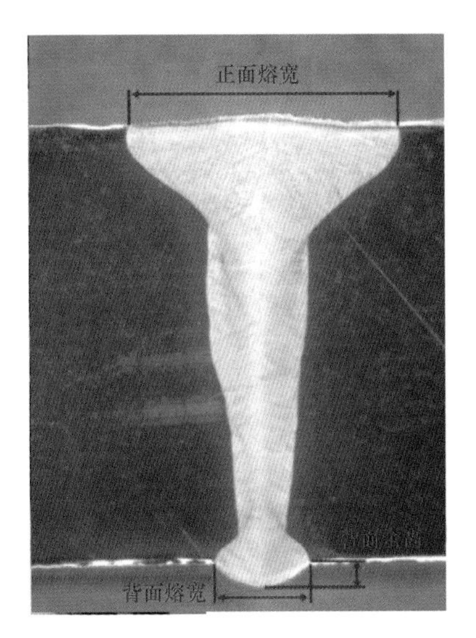

图 4-29　导电辊激光深熔焊

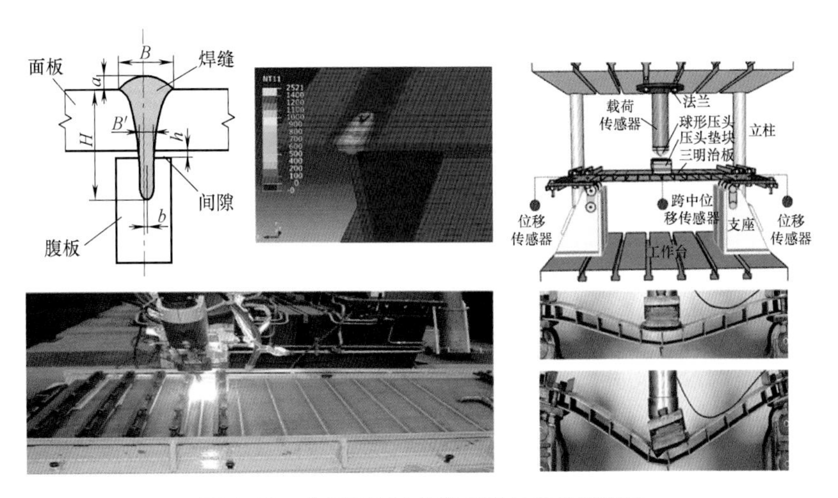

图 4-30　金属三明治板激光焊接及性能测试

获得优良的综合性能，在改善焊接质量和生产工艺性的同时，提高效率/成本比。另外激光电弧复合焊还具有更好的间隙容忍性、高的焊接速度以及良好的力学性能，因此对航空航天制造业来说具有极大的吸引力和经济效益。在激光-电弧复合焊技术研究方面，大连理工大学、北京航空制造工程研究所、华中科技大学、北京工业大学、哈尔滨工业大学、清华大学、上海交通大学等单位在焊接熔池行为、焊接工艺与性能等方面开展了大量的研究工作。大连理工大学原创提出了低功率激光诱导增强电弧复合焊技术，该技术是采用低功率脉冲激光对电弧进行诱导增强，使电弧能量密度显著提高，获得兼顾低能耗和高能量密度特征全新热源的一种复合焊接方法。北京航空制造工程研究所率先开展激光-等离子弧复合焊技术研究并成功应用于铝合金、铝锂合金的焊接，图 4-31 所示为焊接铝合金旋压筒设备及焊缝形貌。

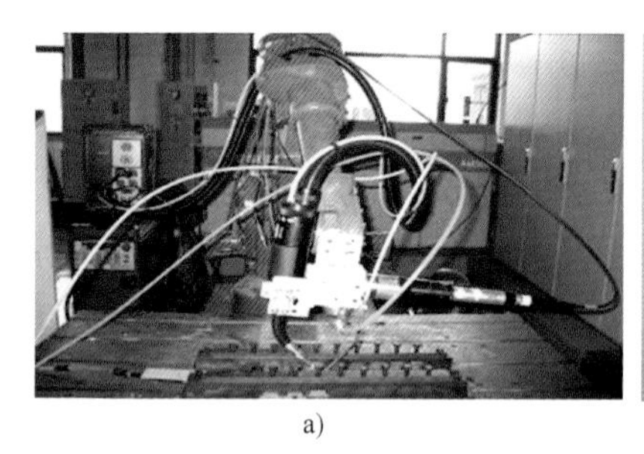
a)

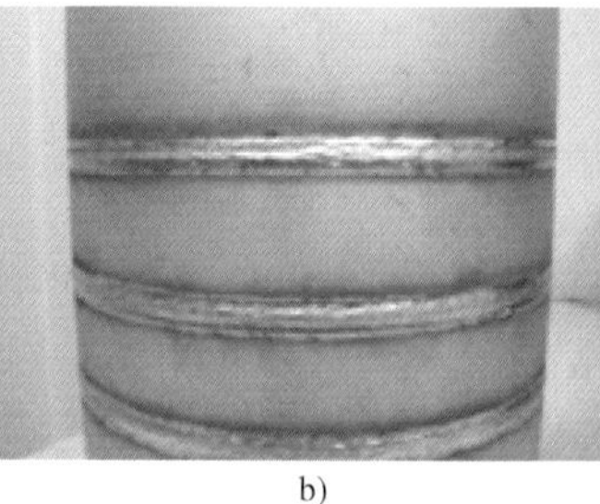
b)

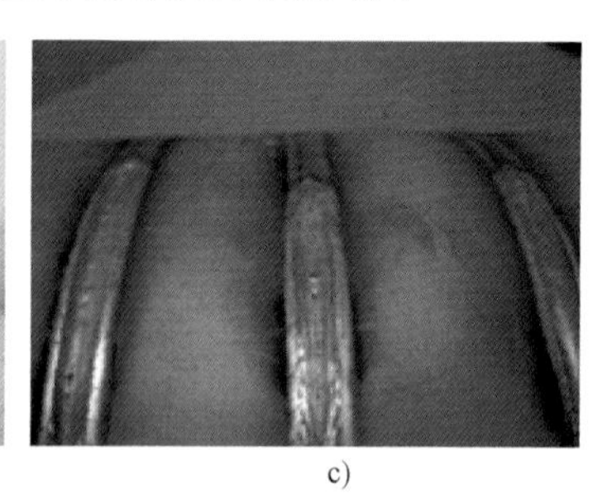
c)

图 4-31　旋压筒激光电弧复合焊焊接设备及焊缝形貌
a）焊接设备　b）焊缝　c）收弧处

（3）双光束激光焊技术　该技术的主要目的是为了降低激光焊接装配间隙要求，同时可以消除焊接缺陷，改善接头性能，提高焊接质量，另外可实现 T 形接头一次性焊接。近年来，伴随着大功率 YAG 激光器及光纤传输技术的发展，双光束及多光束的激光焊技术得到了一定的应用。北京航空制造工程研究所、北京工业大学等单位在钛合金、铝合金双光束激光焊接工艺方面进行了大量的研究工作并加以应用。图 4-32 ~ 图 4-34 所示为北京航空制造工程研究所双光束激光焊接系统及铝合金、钛合金大尺寸壁板双光束激光焊接模拟件。

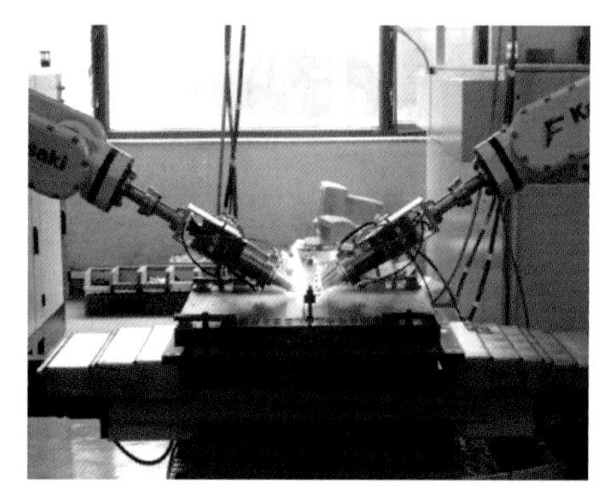

图 4-32　双光束激光焊接系统

图 4-33　铝合金双光束激光焊接大尺寸壁板模拟件

中国商用飞机制造公司与哈尔滨工业大学针对国内首款大型客机 C919 机身铝合金壁板的双侧激光焊进行立项研究并应用（见图 4-35）。

（4）厚板窄间隙激光焊技术　该技术是在母材厚度相同的情况下，采用焊接坡口间隙小于传统坡口间隙的一种焊接技术，是对传统焊接技术的继承与发展（见图 4-36）。窄间隙焊接作为一种先进的连接技术广泛地应用于现代工业生产中的各个领域。而以激光作为热源的激光窄间隙焊技术也得到了广泛关注。北京航空制造工程研究所、华中科技大学、北京工业大学、哈尔滨工业大学、湖南大学、上海交通大学等单位针对不锈钢、铝合金、钛合金等不同材料开展了焊接理论、工艺及性能等方面的研究，对其在厚板结构中的工程应用具有重要的意义。

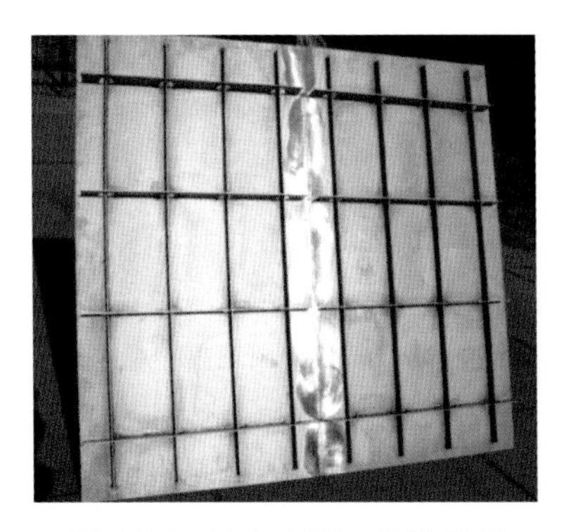

图 4-34 钛合金双光束激光焊接大尺寸壁板模拟件

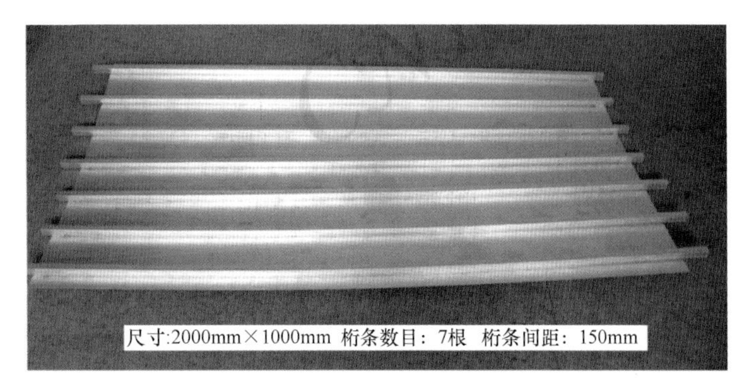

图 4-35 铝合金双光束激光焊接大尺寸模拟焊接件

4.1.5 高能束流焊接装备技术

1. 电子束焊设备

图 4-36 激光窄间隙焊接样件

经过数十年的发展，国内现有的中压电子束焊设备研发技术已达到了国外先进技术水平，在硬件方面已具备了一定的技术储备。北京航空制造工程研究所、广西桂林电器科学研究所及中国科学院电工所等单位已具备生产低压、中压电子束焊设备的能力，可提供 20~60kV、最大功率达 10kW 的各种类型零件电子束焊设备，并在工业领域中得到应用。我国的中小功率电子束焊机已接近或赶上国外同类产品的先进水平，而价格仅为国外同类产品的 1/4 左右，有明显的性能价格比优势。

进入 21 世纪以来，国内电子束焊设备的主要研究方向为：大功率高压高稳定性电源、逆变电源、脉冲电源、精密偏摆控制系统的研发。在大功率高压电子束焊机研制方面，北京航空制造工程研究所已突破关键部件的研制瓶颈技术，先后为中航工业起落架公司、沈阳飞机工业（集团）有限公司、成都飞机工业（集团）有限责任公司、北京航空材料研究院和东方汽轮机厂等单位研制开发了多种型号规格的焊接设备，如图 4-37 所示。目前国内北京航空制造工程研究所 ZD 150-60C85M 型焊机为国内最大真空室容积（60kW，85m^3）的大功率高压电子束焊机如图 4-38 所示。

图 4-37 高压真空电子束焊机（150kV、30kW、65m^3）

图 4-38 大型高压真空电子束焊机（真空室容积 85m^3）

国内现有的电子束熔丝成形设备研发技术已达到了国内先进技术水平，在硬件方面已具备了一定的技术储备。北京航空制造工程研究所已具备生产电子束熔丝成形设备能力，可提供60kV、最大功率达60kW的各种类型零件电子束熔丝成形设备，并在航空工业领域中得到应用。

（1）60kV、10kW、$1m^3$定枪中压电子束成形设备　该设备为国内第一台电子束熔丝沉积成形设备，全套设备完全由北京航空制造工程研究所设计研发，为国内首台拥有自主知识产权的成形专用设备，获部级科学技术进步二等奖。该设备为定枪，成形空间为$1m^3$（见图4-39）。

（2）60kV、60kW、$16m^3$动枪中压电子束成形设备　该设备为动枪模式，电子枪在成形仓中，适用于大平面类结构成形，具有背散射观察系统。功率为60kW，成形空间为$16m^3$，工作范围为2.1m×0.6m×0.85m。该设备在国内处于领先地位，已完成多个型号的任务（见图4-40）。

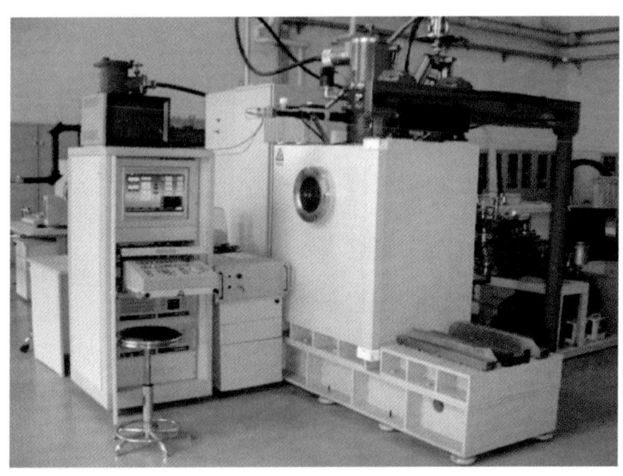
图4-39　电子束熔丝成形设备（一）

图4-40　电子束熔丝成形设备（二）

（3）60kV、15kW、$40m^3$动枪中压电子束成形设备　该设备是北京航空制造工程研究所研制的国内最大的电子束熔丝成形设备，额定功率为15kW，工作范围为1.5m×0.8m×3m，成形仓容积为$40m^3$；该设备突破了系统集成技术，具有高品质电子束源、精密多轴送丝装置及控制系统，达到国际先进水平（见图4-41）。

图4-41　电子束熔丝成形设备（三）

2. 激光切割/焊接设备

湖南大学和大族激光团队研制出中空式360°无限旋转三维激光加工头（见图4-42），开发了三维激光切割数控系统与专家工艺数据库（见图4-43）。研制出具有完全自主知识产权高功率高端激光切割、焊接装备58类186种装备和97种功能部件，包括高功率轴快流CO_2激光器（见图4-44），三维五轴联动激光切割、焊接机床（见图4-45），自动化激光切割生产线及光纤激光切割机（见图 4-46）以及激光三维切割、焊接生产线等（见图 4-47）。

图 4-42　无限旋转三维激光加工头和三维激光加工机床

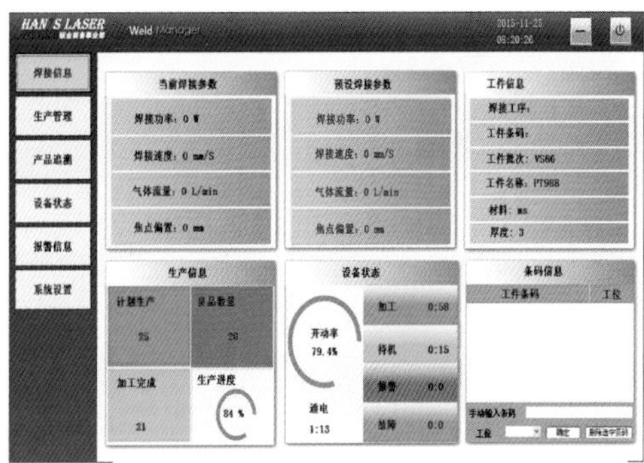

图 4-43　HPA 型三维激光切割数控系统与专家工艺数据库

图 4-44　轴快流 CO_2 激光器

图 4-45　三维五轴联动激光加工机床与三维激光头

图 4-46　激光切割机及生产线

图 4-47　激光切割、 焊接生产线

北京航空制造工程研究所在国内率先研发了大功率 CO_2 激光多功能加工设备（见图 4-48），在一台机床上可同时满足切割、焊接、熔覆及增材制造等多项工艺的研究与应用需求，并具备激光焊接、切割与增材制造较大型飞机、发动机结构件的应用条件。

图 4-48　四轴数控大功率 CO_2 激光多功能加工机

针对航空领域急需的新型飞机壁板、蒙皮类薄壁三维零件激光切割成形需求，北京航空制造工程研究所在国内首次研制具有高精度、自动化、柔性化集成于一体的大型高速五轴联动光纤激光切割设备（见图 4-49），可实现大型三维空间薄壁结构高效精确切割。

图 4-49　大型高速五轴联动光纤激光切割设备

北京航空制造工程研究所和华中科技大学研发了拥有自主知识产权的大型数控 7 轴 6 联动大功率光纤激光双光束焊接设备，具备激光单、双光束填丝焊、复合焊以及焊缝跟踪、焊接质量自动检测等功能，使我国掌握了大型多轴数控大功率激光柔性焊接加工机床的制造技术，填补了国内空白（见图 4-50）。该成果可直接为我国大飞机、新型战机等研发、制造服务。而且可作为舰船、战车、高速列车等新型焊接结构制造工艺研究平台。

图 4-50　大功率光纤激光双光束焊接设备

大连理工大学基于激光诱导增强电弧耦合放电理论，通过解决激光与电弧相位匹配控制系统、激光与电弧相互作用等离子体信息诊断系统、激光与电弧多维复合焊枪系统、激光与电弧能量匹配特征等系列关键技术瓶颈难题，开发出系列脉冲激光诱导增强电弧复合柔性焊接集成装备，如图 4-51 所示。

上海交通大学研发了大型构件激光焊装备，如图 4-52 所示，具备高分辨率焊缝跟踪、焊接规范自适应、变形预测与控制、焊接起始点寻位、单面焊双面成形等功能。

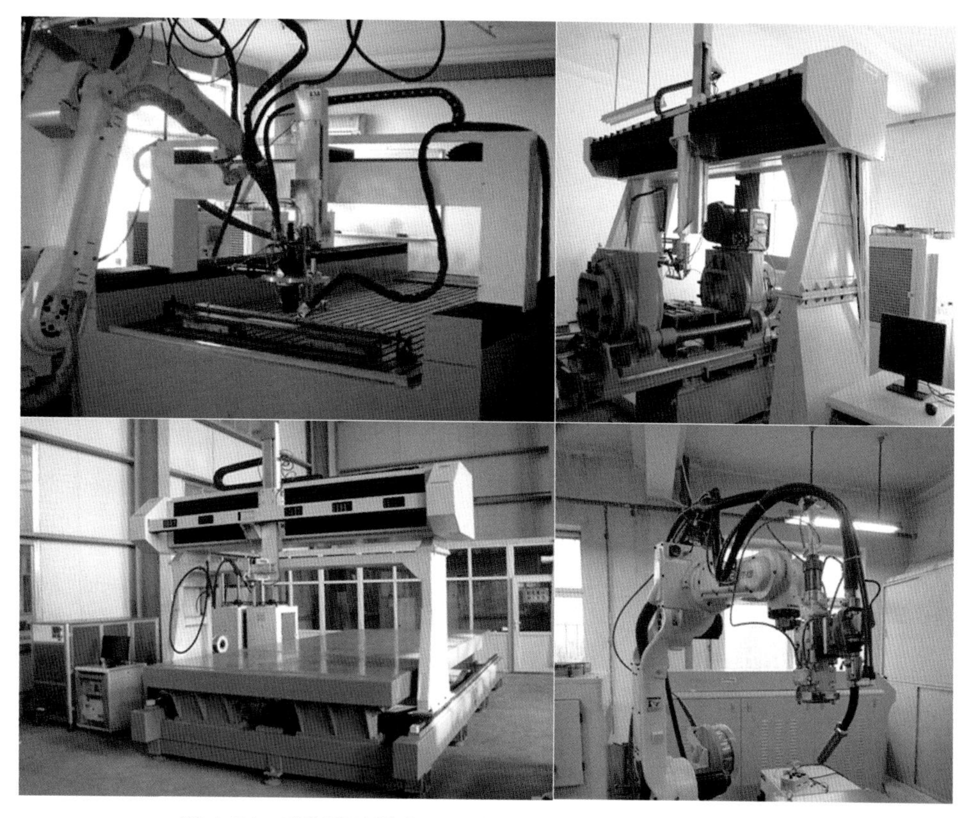

图 4-51　系列脉冲激光诱导增强电弧复合柔性焊接集成装备

图 4-52　大型构件激光焊装备

4.2 特 种 焊

4.2.1 爆炸焊

我国爆炸焊技术始于 1965 年，以西北有色金属研究院为代表，经历了基础研究（1965—1988 年）、中试（1971—1988 年）、产业化（1988 年至今）三个阶段。产业化过程又可分为两个阶段，1988—2000 年为初级阶段，设备配套不完善，应用量少，小批量生产；2000 年至今，在国家大项目和经济快速发展带动的需求量猛增的环境下，成套化生产线建立，进入种类更全、要求更高的批量生产阶段，主要应用于水电工程、制盐、制碱、环保、核电和能源等国家重大项目。

1. 总体研究工作概况

（1）理论研究

1）数值模拟技术在爆炸焊中的应用。爆炸焊的传统研究方法以试验为主，目前已进入数值模拟技术阶段。国内爆炸焊领域的数值模拟技术发展主要分为三个阶段。

① 第一阶段：动态参数的数值模拟。20 世纪 90 年代后期开发出爆炸焊计算机辅助设计系统（EWCAD1.0）软件，可模拟爆炸焊动态参数的“可焊窗口”（见图 4-53a）。

② 第二阶段：焊接参数与爆炸焊过程关系的数值模拟。2000 年开始利用非线性有限元 ANSYS/LSDYNA、AUTODYE 等模拟软件，研究焊接参数与爆炸焊过程之间的关系，可模拟复层的应力与应变、碰撞角、碰撞压力以及运动位移等（见图 4-53b），重现了爆炸焊宏观过程，可在实际生产中用于选择焊接参数范围。

③ 第三阶段：焊接参数与界面波形参数关系的数值模拟。2012 年实现该方面的技术突破，采用 SPH（光滑粒子动力学）方法模拟出焊接参数与界面波形参数的对应关系，重现界面成波过程（见图 4-53c），使科研人员更直观看到焊接参数对爆炸焊结果的影响，更接近生产实际。

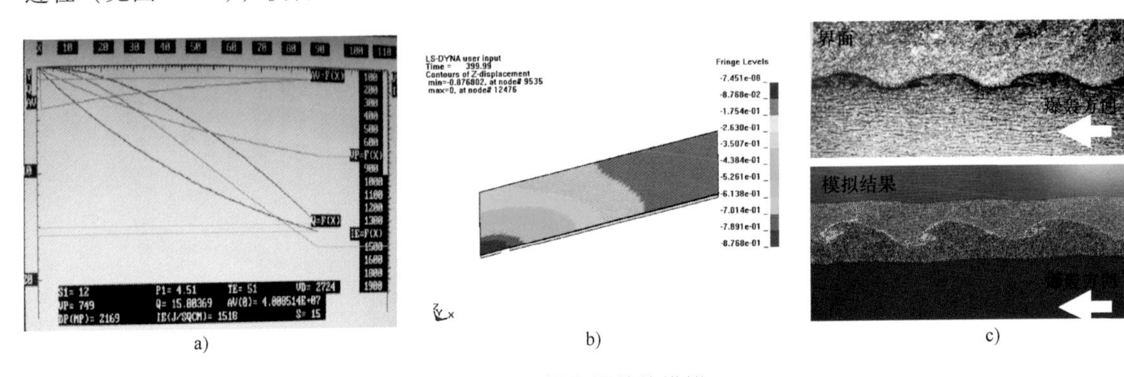

图 4-53　爆炸焊数值模拟

a）数值模拟可焊窗口　b）爆炸焊过程数值模拟　c）数值模拟界面成波过程

2）残余应力检测技术在爆炸焊中的应用。国内于 2014 年开发出适合大生产条件下的复合材料残余应力检测技术，该技术可量化残余应力值并标定应力状态（见图 4-54），确保复合材料的质量可靠性，使复合材料可以被更科学地加工使用。

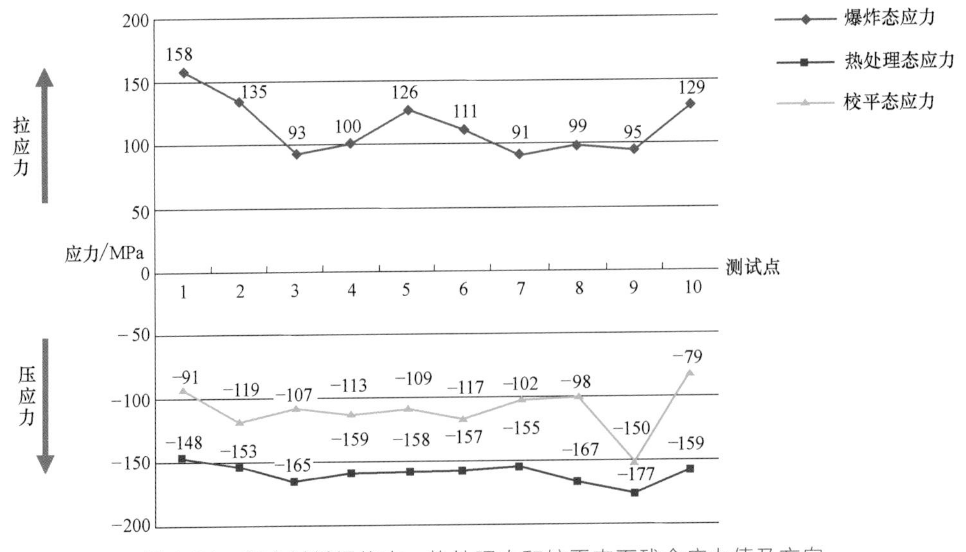

图 4-54　复合材料爆炸态、热处理态和校平态下残余应力值及方向

3）界面超声波成像技术在爆炸焊中的应用。国内于2013年开展复合材料界面超声波成像技术开发，能够清晰显示界面形态，使检验人员直观看到结合状态（见图4-55），并标定传统方法无法确定的弱结合区或假性结合区，2015年通过中试，并在生产中得到应用。

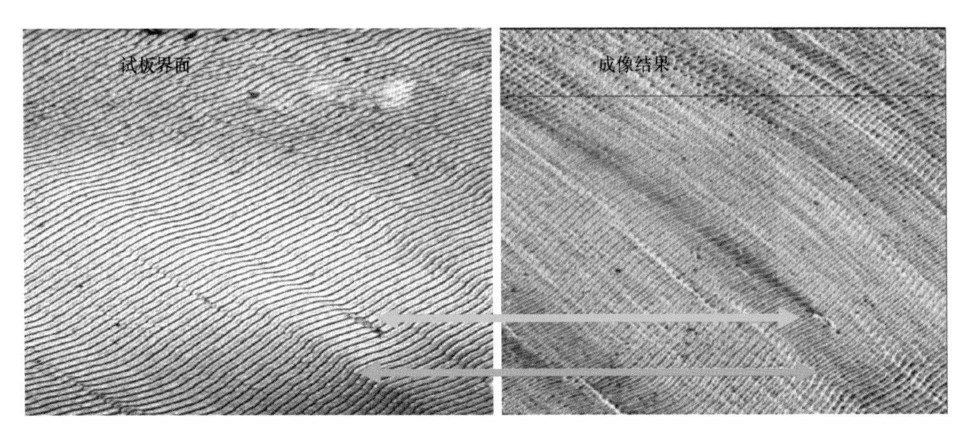

图4-55　界面状态与成像结果对比图

4）爆炸焊对复合材料冲击性能的影响。2008年国内科研人员在对材料微观组织的深入研究时发现：爆炸焊过程引起材料内部产生亚结构上的缺陷，如位错、滑移等，这些缺陷将影响材料的冲击性能。图4-56所示为复合材料爆炸焊前后的基层组织透射电镜（TEM）分析结果，可以看出爆炸焊后材料内部产生高密度位错，这将引起冲击性能下降。因此爆炸焊后的材料必须进行热处理，使材料内部位错密度降低，冲击性能得到回复（与原材料接近），满足工程使用需求。

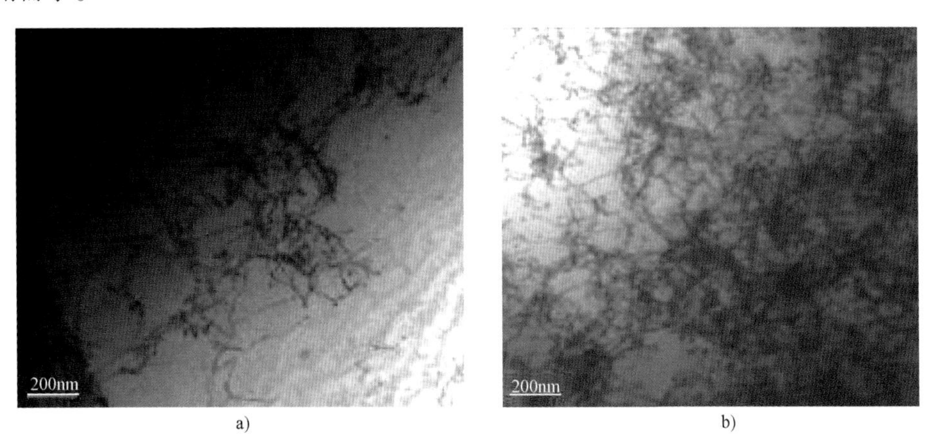

图4-56　爆炸焊前后基层内部TEM形貌

a）爆炸前　b）爆炸后

（2）工艺技术研究

1）热处理工艺优化技术。爆炸焊过程的特殊性使复合材料界面及其附近出现加工硬化，引起复合材料加工性能降低，如不锈钢复合管板，不锈钢原始硬度≤220HV，爆炸焊后界面硬度高达470HV（见图4-57），影响后续加工使用，如钻孔困难。传统的热处理工艺对界面硬度有所改善，但仍高达420HV（见图4-58），不利于后续加工使用。采用优化的热处理工艺后，界面硬度降低至310HV（见图4-59），且整体均匀性提高，利于后续加工使用，如易于钻孔等。

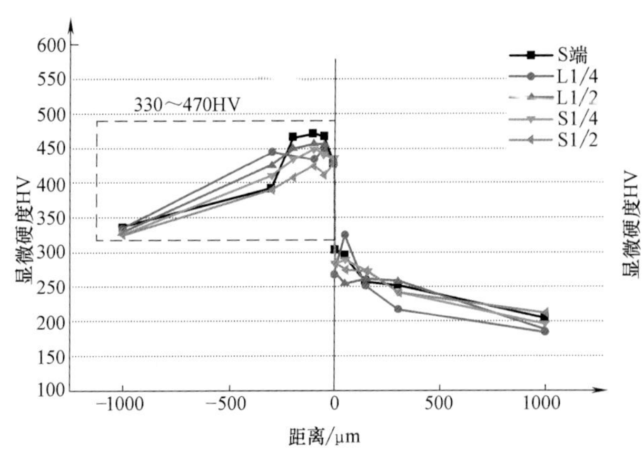

图 4-57 爆炸态复合材料界面区域硬度（材质：304/Gr70）

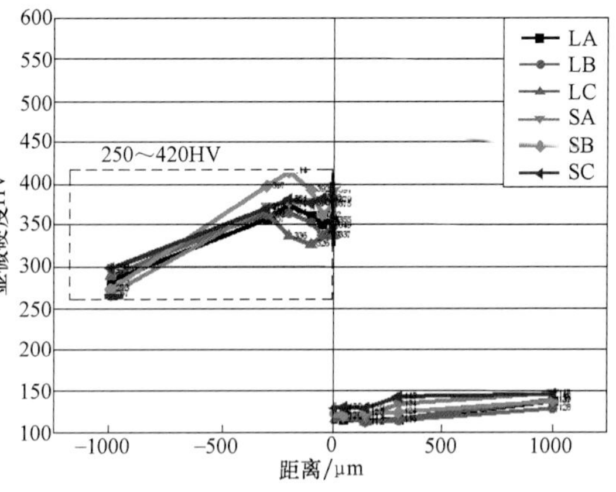

图 4-58 传统热处理工艺后复合材料界面区域硬度（材质：304/Gr70）

2）自动化表面处理技术。2000 年以后，国内不断开发自动化表面处理技术，其优势是：工作效率提高 1.5 倍以上、表面一致性好（见图 4-60）、表面粗糙度低、平整度好，配备的除尘装置避免金属粉尘溢出。同时，自动化处理的表面平、光、净程度高，更有利于提高结合质量。

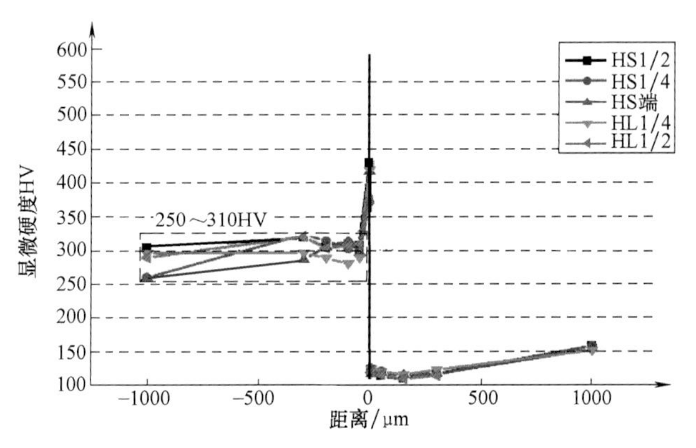

图 4-59 工艺优化热处理复合材料界面区域硬度（材质：304/Gr70）

3）自动化炸药混配技术。过去主要靠人工翻铲混配，混配后炸药常出现混配不均匀的现象（见图 4-61a），影响复合材料结合质量，且人工混配效率低。2000 年以后国内企业陆续开发自动化炸药混配技术，基本解决炸药混配不均匀的现象（见图 4-61b），提升了结合质量、提高了劳动效率。

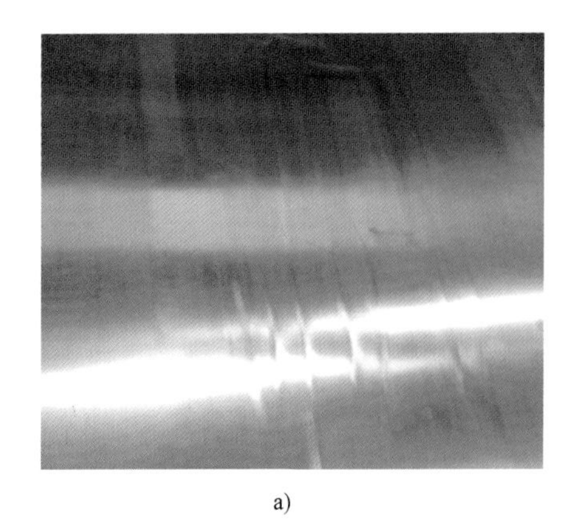

a)

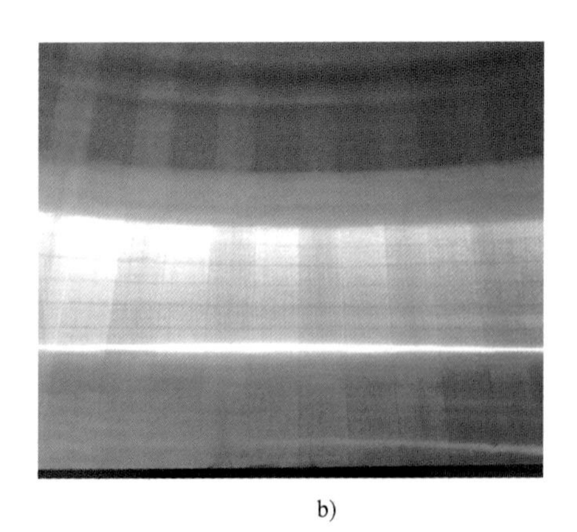

b)

图 4-60 不同方法打磨后复合材料的表面状态

a）人工打磨 b）自动化打磨

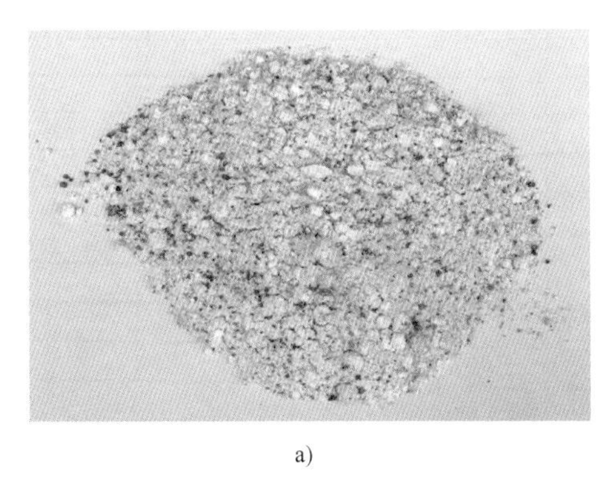

a)

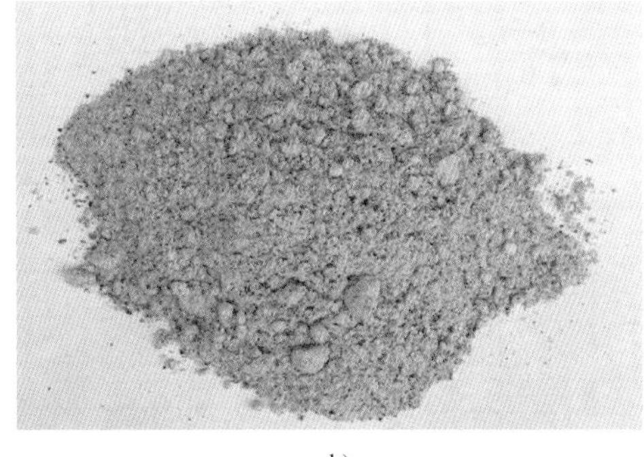

b)

图 4-61　不同方法混配后的炸药状态

a）人工混配后炸药的不均匀现象　b）自动化混配后的炸药

2. 总体应用概况

爆炸焊复合材料在 20 世纪 90 年代后期实现产业化发展，最初国内单个公司产量为 100t/年，到 2016 年，产量增长了 300 倍。目前已经在制盐、制碱、食品机械、石油化工、水电工程、环保工程、冶金、核电、火电、航空航天、油气管道、海洋工程、电子等领域获得了广泛应用。

（1）真空制盐　钛/钢复合材料兼具钛材的耐海水腐蚀性，又有钢材的高强度，被应用在真空制盐项目中（见图 4-62）。

图 4-62　制盐设备用复合材料（钛/钢 10/100 × ϕ4000mm）

（2）氯碱工程　钛/钢复合材料在氯离子气氛中表现出优异的耐蚀性，被应用在氯碱工程项目的关键设备中，如离子膜交换器，如图 4-63 所示。

图 4-63　离子膜交换器用复合材料（钛/钢 1/3 ×1000mm ×1500mm）

（3）食品机械　复合材料已用于制备炊具，如铝/钢复合锅、铜/钢复合锅等，具有优良的导热性（见图 4-64）。

（4）石油化工　国内于 2005 年采用国产钛/钢复合材料制备出第一台 PTA 项目结晶器，PTA 项目基本使用国产钛/钢复合材料（见图 4-65）。另外其他化工项目也用过锆/钢复合材料（见图 4-66）、镍基合金复合材料、不锈钢/钢复合材料等。

图 4-64　铝/钢复合锅（铝/钢 1/1×1000mm×1000mm）

图 4-65　PTA 项目用钛/钢复合材料（钛/钢 3/20×2000mm×6000mm）

图 4-66　醋酸工程用复合材料（锆/钢 3/40×2000mm×2000mm）

（5）水电工程　在水电工程领域如三峡工程的泄洪孔和闸门，采用 2205 双相钢复合材料（见图 4-67）。

图 4-67　泄洪孔用复合材料（不锈钢/钢 3/12×3000mm×10000mm）

（6）环保工程　我国 80%的电依靠火力发电，2003 年以后国内电厂烟道气体脱硫装置陆续大量使用钛/钢复合材料（见图 4-68）。

图 4-68　脱硫烟囱用复合材料（钛/钢 1/10×2000mm×11000mm）

（7）冶金　湿法冶金关键设备用复合材料在 2007 年以前一直采用国外进口，之后国内生产厂家在 MCC 等项目中提供大份额钛/钢复合材料（见图 4-69），填补了国内空白，为重大技术装备国产化做出贡献，为国内湿法冶金大型设备制造提供了保障。

图 4-69　湿法冶金用复合材料（钛/钢 8/112×3000mm×6000mm）

（8）火电、核电项目　2000 年以后，国产化复合材料开始逐渐替代进口，如三大动力的火电项目凝汽器用复合材料均采用国产材料，核电项目凝汽器用复合材料也陆续实现国产化（见图 4-70）。

图 4-70　核电用复合材料（钛/钢 5/35×4000mm×5000mm）

（9）油气管道　现已有部分油气管道使用了复合材料，如不锈钢/钢复合材料、镍基合金/钢复合材料等（见图 4-71），如国家 863 项目“双金属层状结构复合管材技术研究”中的复合材料，复合材料未来在油气管道领域大有用武之地。

图 4-71　输油管道用复合材料

（10）海洋工程　海洋平台用不锈钢/钢复合材料、海水淡化装置用铜/钢复合材料、舰船关键设备用铝/钢复合材料等（见图 4-72），海洋工程领域仅使用了复合材料的部分功能，未

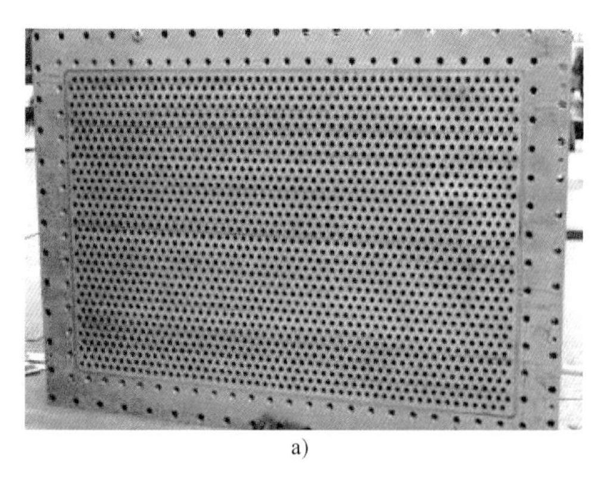
a)

b)

图 4-72 舰船用复合材料
a）某舰船海水淡化设备用复合材料（钛/钢 14/110× 1200mm× 2000mm）
b）某舰船关键部件用复合材料（铝/钢 8/20× 20mm× 2000mm）

来在该领域复合材料将有更大的发展空间。

（11）电子　国内的多晶硅生产设备用材是奥氏体不锈钢复合材料，银/钢复合材料作为替代材料，可降低生产能耗。国内于 2015 年开发出银/钢复合材料，2016 年该类产品实现批量化生产（见图 4-73）。

图 4-73 多晶硅提纯设备用复合材料（银/钢 2/25×2000mm×6000mm）

（12）其他　爆炸焊复合材料的基复层组配自由灵活，除上述应用外，还有很多新兴的应用领域，如高尔夫球头用钛/不锈钢复合材料等（见图 4-74）。

图 4-74 高尔夫球头用钛/不锈钢复合材料

4.2.2 超声波焊接

由于超声波焊接具有快速、高强度、焊接性好、无需焊接材料、易于自动化等优点，中国逐渐加大其生产应用，并在超声波焊接工艺及设备开发等方面取得了令人瞩目的进展。

1. 超声波焊接工艺研究现状

哈尔滨工业大学提出了一种超声波嵌插连接工艺，对损坏的汽车配件成功进行了焊接修复。还研究了一种基于 TIG 电弧预热辅助的超声波电阻缝焊工艺，将 TIG 电弧的预热作用与超声波功率相结合，成功应用于镁/铝异种金属的连接，如图 4-75 所示。

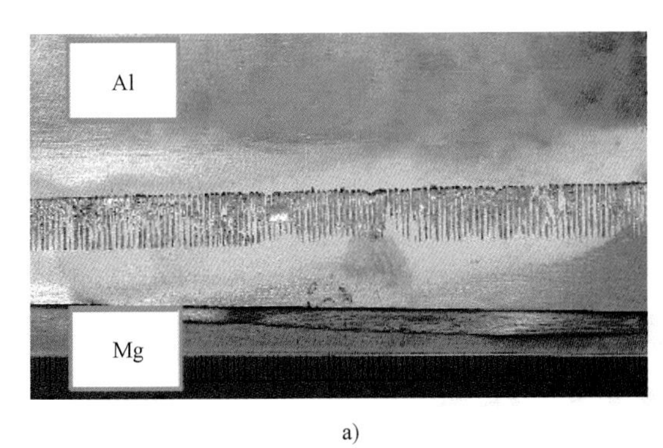

a)

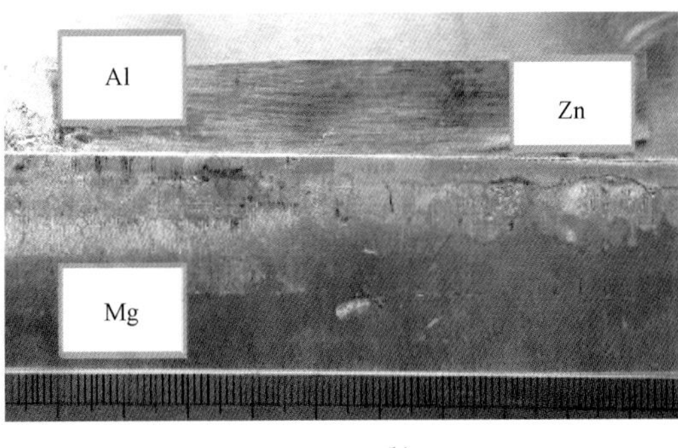

b)

图 4-75 镁/铝异种金属超声波焊接头成形特点

a）接头正面 b）接头背面

装甲兵学院研究了焊接参数对 2A12/2A11 铝合金超声波焊接界面结合状况的影响，图 4-76 表明，焊接界面上箔材和母材铝合金完全结合在一起，并形成了由大量细小晶粒以及部分位错缠结、位错胞、亚晶构成的晶粒细化结合区。

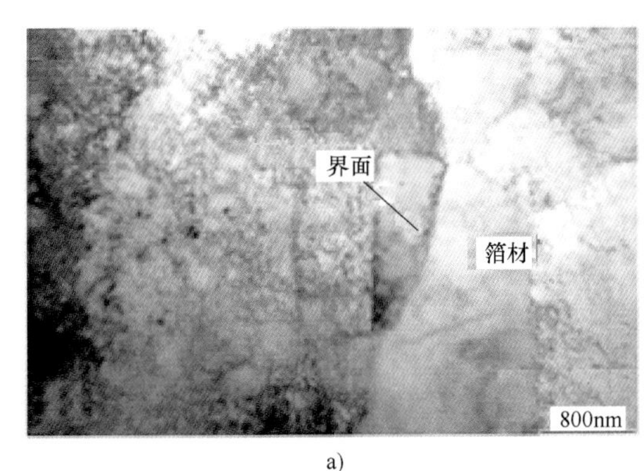

a)

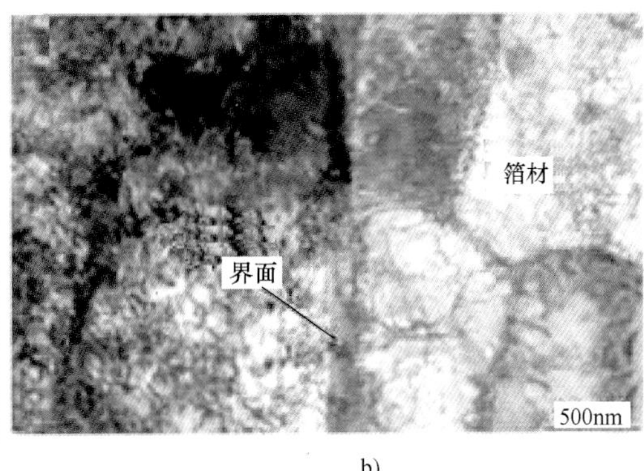

b)

图 4-76 2A12 与 2A11 铝合金超声波焊接界面 TEM 形貌

a）焊接界面 b）箔材与母材之间的结合晶界

南昌大学采用超声波点焊工艺连接铝合金/镀锌钢异种材料，并利用超声波金属焊接快速成型方法埋入光纤布拉格光栅（FBG）传感器至 6061 铝基体中来制造金属基智能复合材料。如图 4-77 所示，埋入光纤传感器之后的铝箔片择优取向最为明显，形成类似纤维排布的织构，使强度减弱。因为超声能量一部分用来改变晶粒方向，一部分用来埋入光纤传感器。

哈尔滨工业大学提出了非晶合金超声波焊接机理：金属在超过冷温度区间发生的一种超塑性变形，非晶合金保持其原有性质不变。南昌大学利用超声波焊接方法实现晶体材料与非晶合金的超声波可靠连接，如图 4-78 所示，焊接接头成形良好。

上海海洋大学研究了一种超声纳米焊接技术（见图 4-79），连接碳纳米管场发射阴极纳电子器件。还通过施加纳米幅度的超声水平振动将金刚石颗粒牢固地焊接于硅基底表面（见图

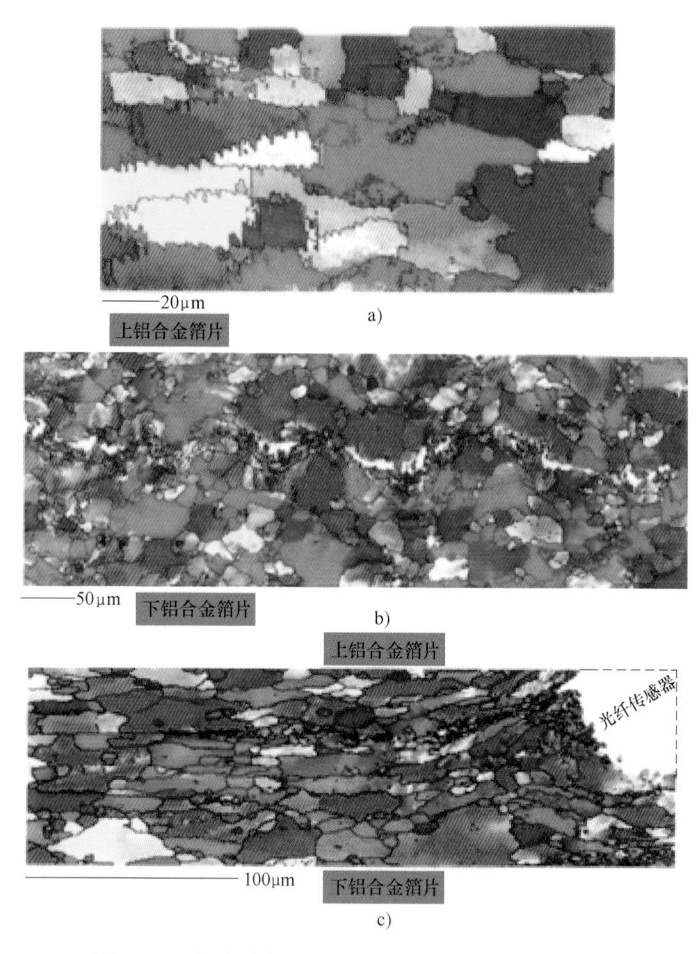

图 4-77　超声波焊接金属基智能复合材料的反极图

a）原始铝合金箔片　b）焊接后铝合金箔片　c）埋入光纤的铝合金箔片

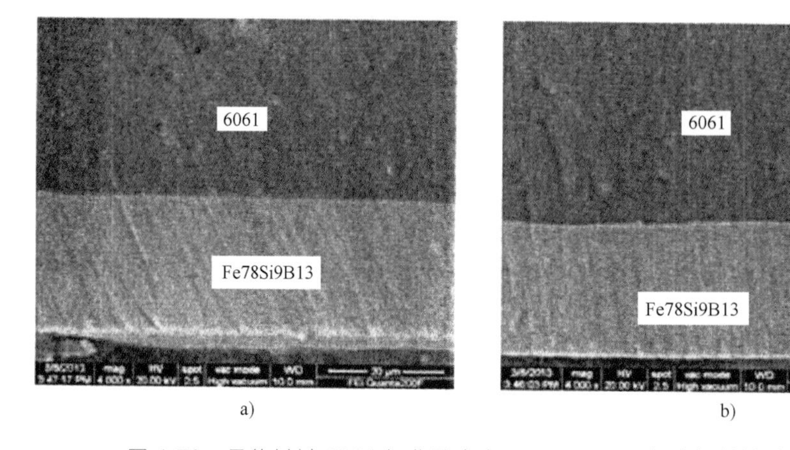

图 4-78　晶体材料 6061 与非晶合金 Fe78Si9B13 超声焊接接头形貌

a）接头边缘　b）接头中心

4-80)，焊接界面硅与金刚石颗粒之间的连接不仅仅是机械嵌合，还包括原子之间的键合。

上海交通大学为研究焊接参数对铝/铜超声波焊接金属工件温度的影响，对三个最主要因素（焊头面积 x_1、焊头齿深 x_2、焊接时间 x_5）进行综合分析。如图 4-81 所示，无论 x_5 取何

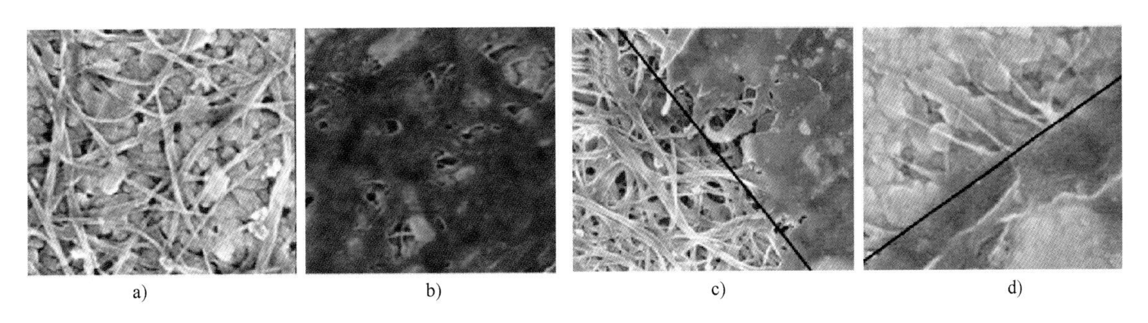

图 4-79 焊接前/后表面 SEM 形貌
a）未焊 b）焊后 c）大量碳管焊后 d）少量碳管焊后

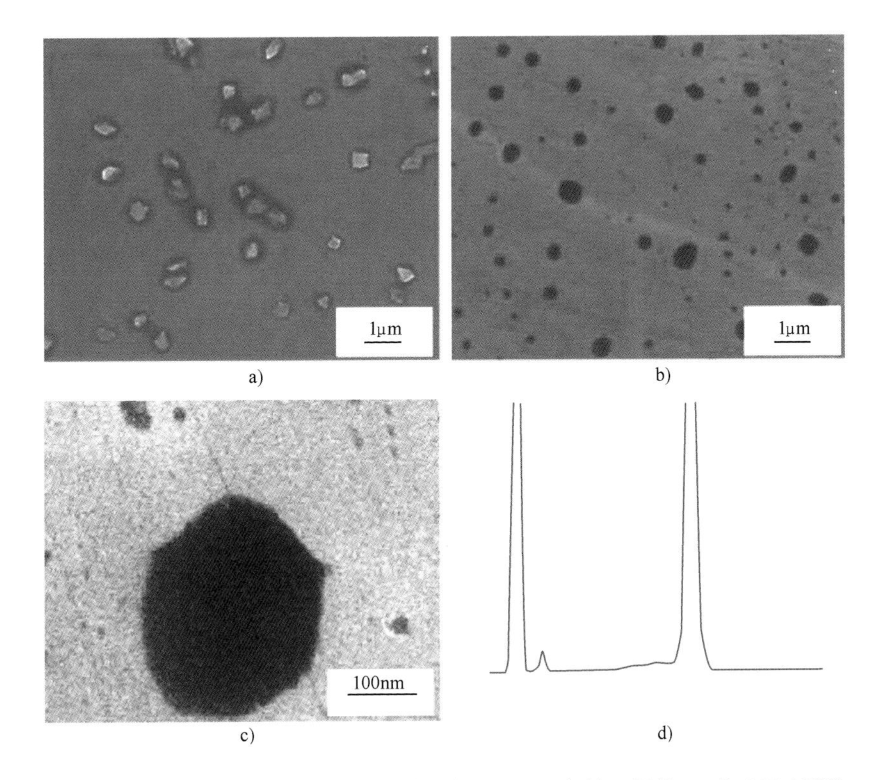

图 4-80 金刚石颗粒与硅基底样品在振幅 200nm 条件下焊接 5s 的 SEM 形貌
a）焊缝典型形貌 b）移除金刚石颗粒后硅基体上断口形貌 c）断口形貌放大图 d）断口区域 EDS 分析

值，x_2、焊接时间 x_5 取较大值（近+1）均能提高工件温度；而当 x_2、x_5 取较大值（近+1）时，x_1 取值越大，则工件温度越高，进而提出了基于响应面法的超声波焊接参数优化方法。

南昌大学模拟了铝钛异种合金超声波焊接的应力场，如图 4-82 所示，结果表明随着焊接压力的增大，铝合金产生越来越大的塑性变形，且铝合金伸出一侧翘起越高。

此外，哈尔滨工业大学对热塑性复合材料超声波焊接导能筋温度场进行有限元分析；华南理工大学结合理论温度、实测温度及焊缝微观组织探讨了铝片-铜管太阳能集热板超声波金属焊接机理，即声波焊接接头的形成是材料自身塑性、施加压力以及摩擦升温共同作用的结果；大连理工大学通过自主设计的温度测量系统，对聚合物多层微流控芯片超声波键合界面温度展开研究，并探索了聚合物微流控器件的超声波多层键合方法；香港科技大学基于材料应变率和塑性应变硬化特性，对 Au 线与 Au/Ni/Cu 焊盘的超声波点焊进行 2D 及 3D 仿真。

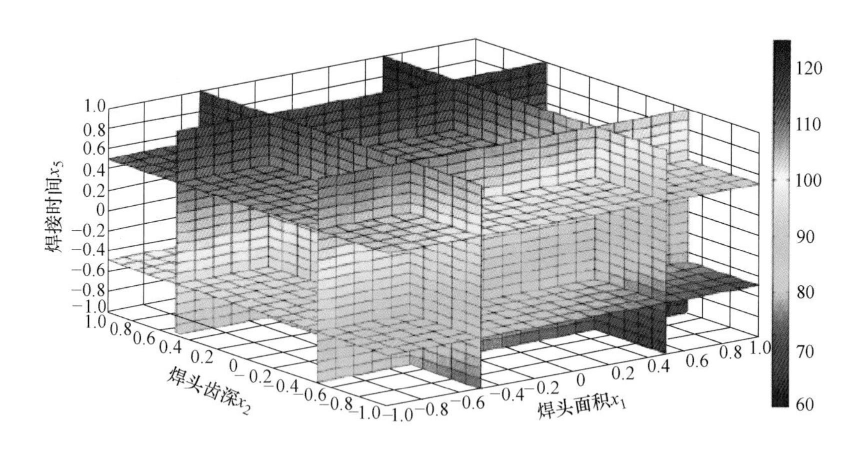

图 4-81　焊头面积 x_1、焊头齿深 x_2、焊接时间 x_5 对温度T 的影响四维图

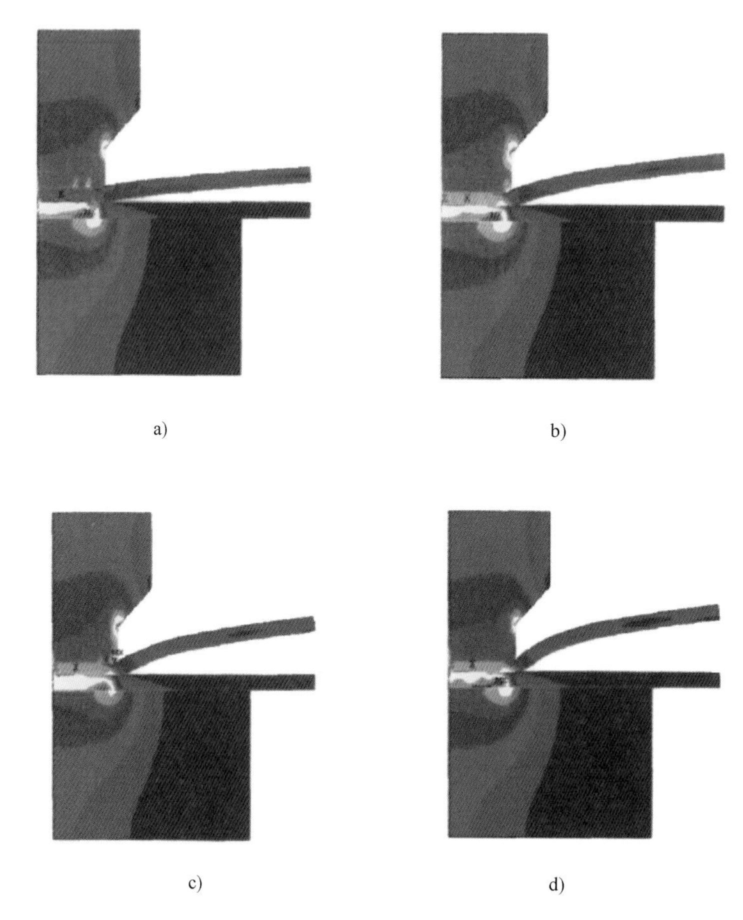

图 4-82　不同焊接压力下超声波焊接等效分布

a）60MPa　b）80MPa　c）100MPa　d）120MPa

2. 超声波焊接设备技术开发

我国超声波焊接设备的开发主要依靠企业的创新，主要包括以下几方面。

1）焊机器件不断优化。超声焊头是整机设备的核心部件，海尔曼超声波技术有限公司公布了一种具有处理通道的超声焊极和具有转动耦合器的超声焊接装置；东莞市长江超声波机有限公司发明了一种超声焊头的稳固型万向移动机构，改善了超声焊头的立体式万向便捷移动能力。此外，为了解决电子产品壳体因局部焊接不牢所产生漏水的问题，研究人员设计了一种超声焊接防水壳体结构。

2）超声焊软件系统进一步开发。广东工业大学设计了一种金丝球焊线机数字控制超声波发生器；合肥工业大学探讨了一个智能化、系统化、小型化和多功能化的焊压测控系统的研发，使其具备了高精度、多参数设置、高灵敏度、用户界面友好等功能，完成 C1 封装设备超声波铝线焊线机焊接过程的控制。

3）专用性强的新型超声焊机不断推出。中国电子科技集团公司第二研究所研制了一种热声焊机；中国科学院沈阳自动化研究所研发了一种基于固高 GT400 卡的全自动超声波焊线机；国光电器股份有限公司制造了一种音箱超声焊接结构。

3. 超声复合焊接研究现状

超声复合焊接研究正处于快速发展时期。我国学者在超声-电弧复合焊、超声-钎焊复合焊及其他新型超声复合焊的研究方面取得了较大成果。

（1）超声-电弧复合焊　在电弧焊中引入超声波的方式可分为以下三种：通过母材引入、通过焊丝引入和通过电弧引入。中国台湾逢甲大学在 7075-T6 铝合金的 GTAW 焊接过程中，将超声直接作用于待焊母材的上表面，研究发现，超声场能够显著改变焊接热影响区和焊缝区的微观组织，焊接熔深增加了约 45%。清华大学利用超声频电流激励电弧，针对 Q345DR、07Cr19Ni11Ti、TC4 等合金通过高频脉冲电流，在电弧中激励出超声并传递到熔池中，细化接头熔合区组织，降低脆硬倾向，改善接头的抗弯性能和冲击韧度。南昌大学设计了一套 MIG-超声复合焊接系统，由焊接移动装置、焊接实验平台和控制系统三部分组成。

哈尔滨工业大学以驻波场方式向电弧及焊接熔池施加超声，在焊接区形成一个声辐射场，通过电弧等离子体的传导后作用于焊接熔池金属，并系统开展了铝合金超声-TIG 复合焊装置、焊接工艺、焊缝成形及组织特征方面的研究，采用图 4-83 所示的超声-TIG 复合焊接系统，利用换能器将电信号转换成同频率的机械振动，通过空腔变幅杆将机械振动的振幅放大到所需要的数值，然后与电弧复合在一起。最佳焊接参数获得的焊缝成形如图 4-84 所示，加入超声波后，焊缝熔宽基本保持不变，焊缝光滑，呈细长形，阴极清理区明显减小，余高均匀，焊接过程更加稳定。

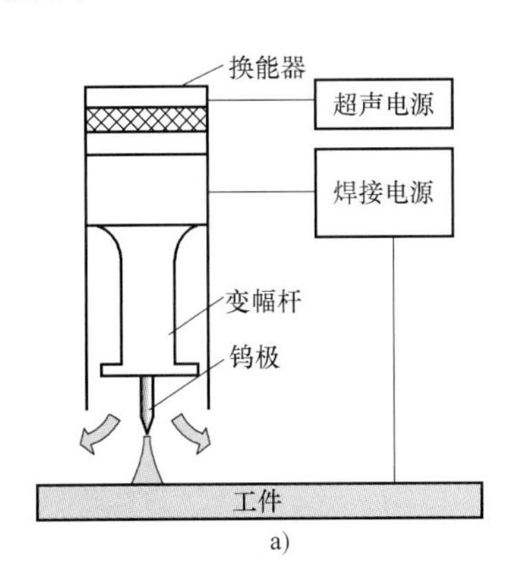

a)

b)

图 4-83　超声-TIG 复合焊接系统

a）原理图　b）实物图

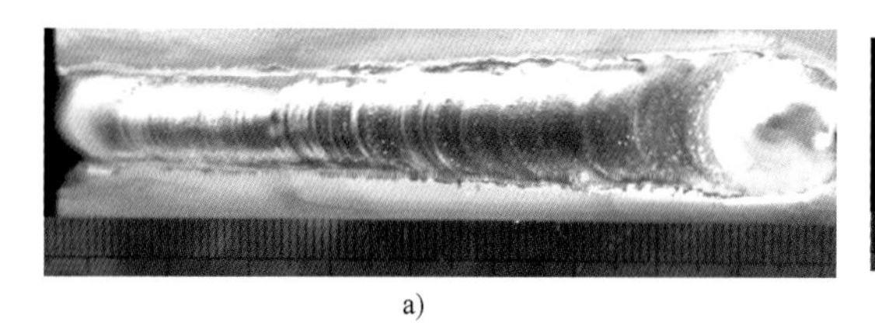

a)

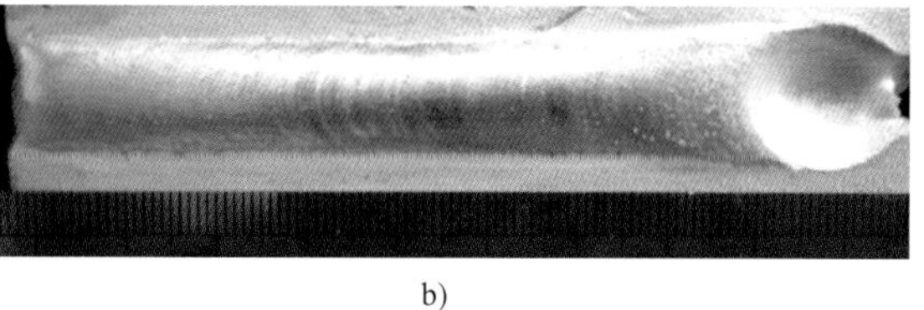

b)

图 4-84　铝合金焊缝成形

a）TIG　b）U-TIG

哈尔滨工业大学研究了超声-MIG 及超声-MAG 复合焊促进熔滴过渡行为，超声波使熔滴由球状被拉长至椭球状（见图 4-85），这是熔滴所受合力做功的结果。

（2）超声-钎焊复合焊　超声波辅助钎焊因可以在非真空的条件下不采用钎剂就可实现钎焊，被广泛应用于各种结构件和电子元器件的连接中。北京工业大学研究了 AZ31 镁合金超声振动辅助钎焊接头的微观结构及力学性能，提出：超声振动时间主要通过对镁及镁合金表面氧化膜的破坏程度及对界面反应，从而影响接头抗剪强度。

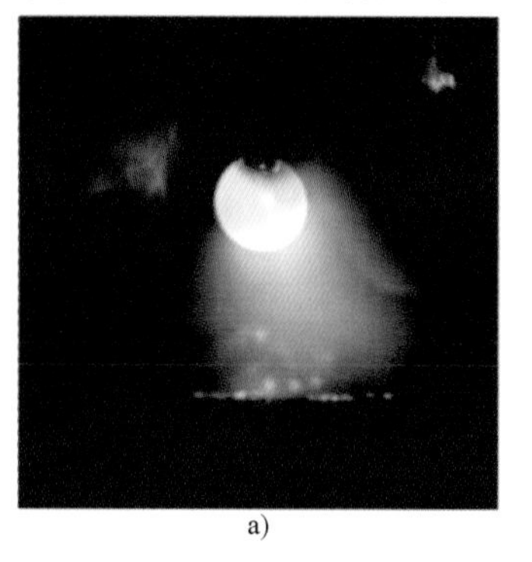

a)

b)

图 4-85　熔滴形态高速摄影图

a）MAG　b）U-MAG

哈尔滨工业大学进行了铝合金超声-钎焊接头微观组织及力学性能研究，获得焊缝宽度均匀，接头焊合率及强度优良的接头。通过对焊缝凝固组织进行间断超声处理，也可获得细小均匀的焊缝组织。发现：接头中的界面润湿行为及微观组织衍变均源自超声振动在液相中形成的空化作用。利用含 Al 的 Sn 基钎料超声钎焊蓝宝石，在界面处生成氧化铝薄层，能实现从蓝宝石到钎料的平滑过渡。其焊缝形成的物理模型如图 4-86 所示，分为三个阶段：氧化膜的破除阶段、界面处氧化物生成阶段和蓝宝石对接形成焊缝阶段。

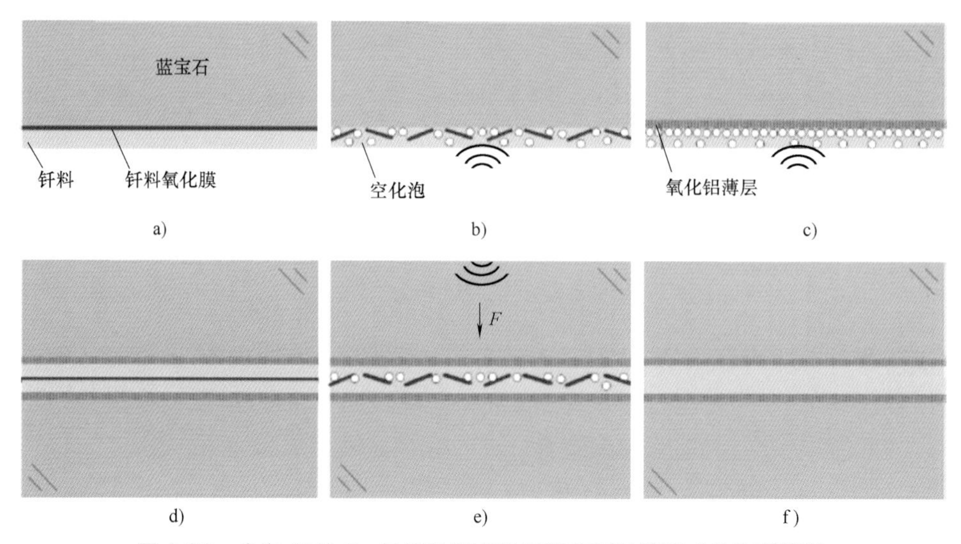

图 4-86　含有 Al 的 Sn 基钎料超声钎焊蓝宝石焊缝形成的物理模型

（3）超声波-扩散焊复合焊　南京航空航天大学研究了超声波-扩散焊在钛合金焊接中的应用，发现在钛合金同种金属的焊接中，超声波载荷有效促使界面孔洞的闭合，在最难焊合的边界处也取得高焊合质量。

4. 超声波技术的应用

近年来，超声波金属焊接在中国得到广泛应用，包括汽车电器的多股导线高强度、高可靠度焊接，大功率整流管引出线连接，蓄电池电极的焊接，汽车气囊的内部电路焊接，太阳能热水器热水管焊接，以及铝塑复合管、微电子制造等方面得到应用。

1995 年，佛山市日丰企业有限公司从德国引进金属超声焊接机全套生产线，大批量生产铝塑复合管。目前，国产 2.2kW 超声连续焊机以其良好的性价比在中小企业中占有较大比例。

在中国制造的 50 万伏超高压变压器的屏蔽构件中，成功应用超声波胶点焊，以“先胶后焊”为特征使接头兼容了高导电性、高可靠性及耐蚀性的优点，取代了国际上通用的钎焊及铆接工艺。图 4-87 所示为 ODFPS2-25000/500 型超高压变压器的屏蔽构件，采用了 500 个组件，计 50000 个焊点，选用的屏蔽铝箔厚度为 0.06mm，每个焊点的接地电阻值小于 0.7Ω。

图 4-87　超高压变压器铁芯的屏蔽构件超声波胶点焊

汽车导线超声波焊接如图 4-88 所示，超声波焊接可使汽车导线间牢靠连接，焊点具有更好的抗拉及抗撕裂能力，因而成为中国汽车制造业广泛使用的技术，用于汽车发动机罩盖与隔音棉的连接，传感器封装以及各种制动灯、信号灯、后雾灯等灯体以及其他反光器的粘合。

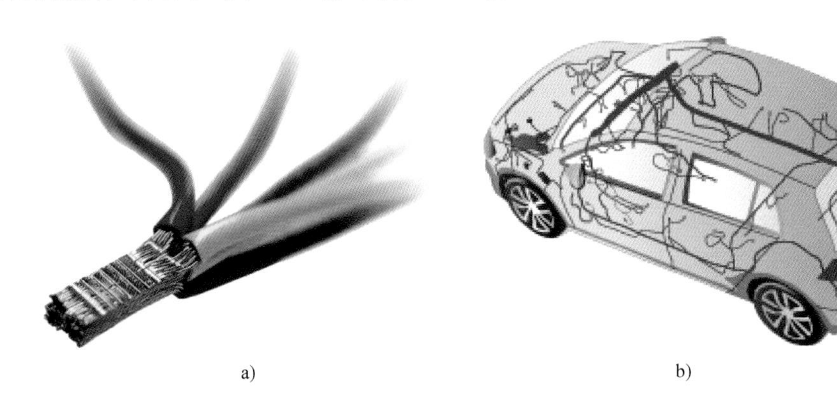

a)　　b)

图 4-88　汽车导线超声波焊接

a）电子线束+电线接头　b）汽车线束图

参考文献

［1］ 关桥. 高能束流加工技术——先进制造技术发展的重要方向［J］. 航空制造技术，1995（1）：6-10.

［2］ 邓树森. 我国激光加工产业现状及市场展望［J］. 光机电信息，2007（2）：9-22.

［3］ Gong S H. Power Beam and Modern Manufacturing［J］. Rare Metal Materials and Engineering,

2011，404：14-20.

[4] 毛智勇．电子束焊接技术在大飞机中的应用分析［J］．航空制造技术，2009（2）：92-94.

[5] Liu X，Gong S L，Lei Y P. Investigation on the Effect of Electron Beam Weld Shape on Fatigue Performance of Thickness Titanium Alloy［J］. Rare Metal Materials and Engineering，2011，404：125-129.

[6] Wu B，Li J W，Gong S L，et al. Fatigue Crack Growth Properties and Fatigue Crack Growth Life of the EB-joints of TC17 Titanium Alloy［J］. Rare Metal Materials and Engineering，2009，38：170-174.

[7] 李晓延，巩水利，陈俐．TC4 钛合金薄板高能束焊接接头疲劳性能研究［J］．航空材料学报，2005（04）：26-29.

[8] Chen G，Chen X，Zhou C，et al. Numerical Simulation and Experimental Research of Slender Keyholes during Deep Penetration Laser Welding［J］. Laser Technology，2015，39（2）：170-175.

[9] 肖荣诗，吴世凯．激光-电弧复合焊接的研究进展［J］．中国激光，2008（11）：1680-1685.

[10] 陈俐．航空钛合金激光焊接全熔透稳定性及其焊接物理冶金研究［D］．武汉：华中科技大学，2005.

[11] Duan A Q，Chen L. The Influence of Parameters On Characteristic of the Molten Pool During Laser Welding of TA15［C］. 28th International Congress on Applications of Lasers and Electro-Optics，ICALEO 2009，Orlando，2009：329-335.

[12] Wang H，Shi Y W，Gong S L，et al. Effect of assist gas flow on the gas shielding during laser deep penetration welding［J］. Journal of Materials Processing Technology，2007，184（1-3）：379-385.

[13] 王春明，胡伦骥，胡席远，等．钛合金激光焊接过程中等离子体光信号的检测与分析［J］．焊接学报，2004，25（1）：83-86.

[14] 陈彦宾，杨志斌，陶汪，等．铝合金 T 型接头双侧激光同步焊接组织的特征及力学性能［J］．中国激光，2013（5）：106-112.

[15] Wang J，Zhu J，Zhang C，et al. Development of Swing Arc Narrow Gap Vertical Welding Process［J］. Transactions of the Iron & Steel Institute of Japan，2015，55（5）：1076-1082.

[16] 李铸国，吴毅雄，林涛，等．复杂汽车零部件精度焊接成形质量保证系统［J］．焊接学报，2001，22（5）：65-68.

[17] Liu J. Effect of activating flux on plasma during CO_2 laser welding［J］. The International Society for Optical Engineering，2005，5629：202-208.

[18] Liu L，Fang D，Song G. Experimental Investigation of Wire Arrangements for Narrow-Gap Triple-Wire Gas Indirect Arc Welding［J］. Materials and Manufacturing Processes，2016，31（16）：2136-2142.

[19] 李平仓，赵惠，黄张洪，等．聚能效应在爆炸焊接工艺中的应用［J］．四川兵工学报，2010，31（3）：68-70.

[20] Liu D，Liu R，Wei Y. Effects of titanium additive on microstructure and wear performance of iron-based slag-free self-shielded flux-cored wire［J］. Surface & Coatings Technology，2012，207：579−586.

第5章　焊接检验与质量保证

解应龙

5.1　焊接检验技术研究与应用

5.1.1　技术研究与开发

无损检测技术在中国的应用范围十分广泛，在机械制造、石油化工、造船、汽车、航空、建筑、桥梁、核能和食品等工业生产中普遍采用。无损检测技术在产品质量控制中不可缺少，随着产品的复杂程度增加和对安全性的严格要求，无损检测技术发挥着越来越重要的作用。

随着现代物理学、材料、微电子、计算机技术的不断发展，无损检测技术也迅猛发展，目前已有70多种无损检测方法。焊缝结构的特殊性决定了焊缝无损检测方法的局限性，迄今为止，每种无损检测方法都存在各自的不足和优点。一些看上去非常传统的无损检测方法，实际上也已经发展出了许多新技术。检测方法更加多样化，以适应不同部件、不同材料的检测需求。工业的发展对焊缝检测的要求日益提高，无损检测已不再仅仅限于超声检测、射线检测、磁粉检测、渗透检测、目视检测等传统方法。超声（包括相控和TOFD）、射线（包括数字射线成像、CT）、涡流（包括脉冲涡流、远场涡流）、磁学方法（磁粉、漏磁场、磁记忆）和渗透这五大常规检测方法都有进一步发展并已派生出许多新的检测方法和新的检测理念。声发射技术、红外热成像、微波检测和激光干涉技术的应用也日趋成熟并成为新的常规检测方法。

哈尔滨焊接研究所、哈尔滨工业大学、清华大学等科研及学术机构在无损检测工艺应用方面做了大量研究，并进行了大量的实际应用。各类工业企业、检验机构也积极针对各类自身产品的质量要求及检测效率，积极应用检测新技术。

在标准化领域，积极推进相关检验标准的制订和统一，并逐步重视检验人员的培养，推进检测人员的国际化培训及认证。根据国际标准ISO 9712/EN473，按照各种检验方法进行各类人员的培训、考试，越来越多的检验人员具备了国际无损检测资质。同时，目视检测的人员培养在企业也愈发得到重视，持证人员的数量逐年增长。

5.1.2　焊接检验技术在典型焊接产品检验中的应用

无损检测技术主要应用在压力容器和特种设备、石油化工、铁路、核电、冶金、航空航天、矿山机械等领域，目前无损检测技术在一些过去甚少应用的工业部门或新工业领域也能顺势前进，诸如在海底石油勘探和海洋石油平台、高速铁路、高速公路、超超临界发电锅炉、特高压输电线路和变压器、核反应堆部件等领域也有很好的应用势头。

正如之前提到的，人工智能、计算机技术及信息科学的飞速发展推动了无损检测的新技术、新应用的逐步应用。

1. 超声TOFD技术

超声TOFD技术的原理是超声波衍射现象，检验时使用一对或多对宽声束探头，每对探头相对于焊缝对称分布，声束覆盖检测区域，遇到缺陷时产生反射波和衍射波，探头同时接收反射波和衍射波，通过测量衍射波传播时间，并利用三角方程，来确定出缺陷的尺寸和位置。

TOFD技术检测焊缝的优点有：实时成像，快速分析，检测效率高，缺陷高度测量准确，安全，方便。但对横向缺陷不敏感，且信号较弱。TOFD技术与超声反射法相比，一次检测范围大，对带有尖端的缺陷（如裂纹）定位、定量很精准，但对圆形缺陷（如气孔、夹渣）没有发射波检测的准确，缺陷性质的精确判别需要经验丰富的分析人员。试验证明，在厚板平板焊缝检测中，TOFD技术在缺陷测长和定高精度方面对于RD检测有明显优势，但在表面缺陷检测有扫描盲区，可结合常规UT法检测。利用超声TOFD技术和脉冲回波法结合，可以弥补超声TOFD法在焊缝近表面和底面的检测盲区。TOFD技术既能弥补射线检测的不足，又能保存扫描图像，已成为现场制造厚壁大型容器无损检测方法的首选。

TOFD检测方法特别适合于大型承压设备、输油和油气管道的检测（见图5-1），能够大大降低生产成本，中国正深入应用TOFD技术，无损检测人员培训工作不断加强，随着特种设备行业标准化进程的加快，TOFD技术在中国将得到更广泛的应用。

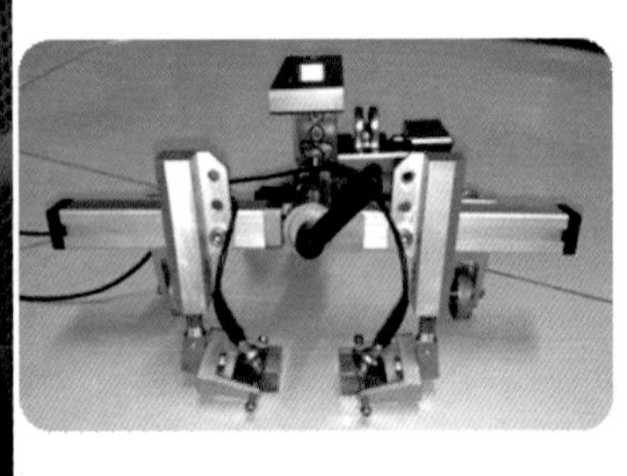

图5-1　压力容器TOFD检测及探头扫查装置

2. 相控阵聚焦技术

常规的超声波检测技术由压电晶片产生一个固定的声束，其波束的传递是预先设计选定的，且不能变更。超声相控阵换能器有多个独立的压电晶片组成阵列，按一定的规则和时序用电子系统控制激发各个晶片单元，来调节控制点的位置和聚焦的方向。相控技术已经发展了二十多年，最初用于医疗领域，随着电子技术和计算机技术的发展，已经逐渐应用于工业无损检测领域，特别是核工业及航空等领域。如核电站主泵隔热板的检测，核废料罐电子束环焊缝的全自动检测及薄铝板摩擦焊缝热疲劳裂纹的检测（见图5-2）。由于数字电子和DSP技术的发展，使得精确延时越来越方便，因此近几年超声相控阵技术发展的尤为迅速。

图5-2　管路焊缝相控阵检测应用

3. 超声波自动检测

超声波自动检测能够对碳素结构钢、低合金高强度结构钢、造船板、压力容器板、锅炉板、管线钢、机械工程用钢板、汽车大梁板、桥梁板等钢种的钢板进行轧制或热处理状态、未切周边或周边已切状态的在线检测，实现长焊缝以及大量重复性的焊接检测（见图 5-3）。其特点是自动检测，打印检测报告，提高检测效率；可进行缺陷和接头质量自动判定，减少人为因素的影响。目前的新型设备已做到小型轻量化，高速扫描，并能显示缺陷图像，自动生成检测报告。

图 5-3 超声波自动检测应用

4. 数字射线检测

射线检测技术作为产品质量检测的重要手段，经过百年的历史，已由简单的胶片和荧屏射线照相发展到了数字成像检测。X 射线数字成像检测正逐渐应用。数字图像便于储存，检索、统计快速方便，易于实现远程图像传输、专家评审，结合 GPS 系统可对每道焊口进行精确定位，便于工程质量监督。同时，由于没有了底片暗室处理环节，消除了化学药剂对环境以及人员健康的影响。

目前工业中使用的射线数字成像检测技术主要包括射线数字直接成像检测技术（DR）（见图 5-4）和射线数字重建成像检测技术，如工业 CT。

目前已经开始运用射线实时检测系统检测压力容器筒体的纵、环焊缝，并利用计算机控制筒体的位移，实现图像实时处理，大大降低了压力容器焊缝检测的检测成本，同时在高速铁路制造也得到了一定的应用。

5. 管道机器人

管道内部机器人（即管道机器人）在输油和油气管道检测中也得到了较为广泛的运用，如“西气东输”全长 4200km 的输气管道建设中采用了管道机器人检测技术。一个完整的管道检测机器人包括移动载体、视觉系统、信号传送系统、动力系统和控制系统等。管道机器人的主要工作方式为在视觉、位置等传感器的引导下，对管道环境进行识别，接近检测目标，利用超声波、漏磁通和涡流传感器等进行信息检测和识别，自动完成检测任务（见图 5-5）。

随着无损检测技术的研究与开发，越来越多的新技术、新工艺得到广泛应用，并向着自动化、智能化、图像化发展。可以说无损检测方法对于保证焊接结构产品的安全性、完整性具有十分重要的作用。针对不同类型的缺陷选择适当的无损检测方法能够提高检测的准确性，提高检测效率，具有很好的现实意义。

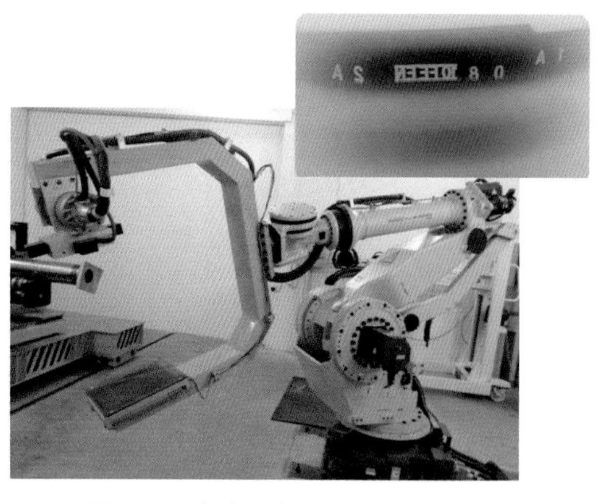

图 5-4　高速列车产品 DR 检测应用

图 5-5　管道机器人内部检测

5.2　焊接生产的质量保证

5.2.1　质量保证体系的建立与发展

随着我国在政治、经济、科技等方面的实力不断增强，使我国焊接生产企业及其产品参与国际市场竞争的机遇不断增加，尤其在我国成功加入 WTO 之后，市场的开放，贸易壁垒的逐渐消除，使得欧、美等发达国家的大批企业及其产品更多地涌入中国这个大市场，在机遇增加的同时，给国内焊接生产制造企业带来更多的是竞争与挑战，尤其是在大型钢结构、轨道交通、石化设备等制造领域。国际市场尚存的贸易壁垒尤其是技术壁垒的巨大差异影响了我国焊接生产制造企业的市场竞争力，其中很重要的一个原因就是我国焊接生产制造企业在参与国际竞争中，在国际资质方面准备不足，甚至缺乏对其重要性的认识。而企业是否具有国际公认的相应企业资质认证，既是相关监督机构与标准法规的要求，也是客户与市场对企业及产品的选择条件，更是企业自身提高管理水平和产品质量以及参与国际市场竞争的需要。

为保证生产与运行安全，促进相关产品制造技术发展，各国与各行业均对焊接生产企业认证提出了明确要求，制定了相应的标准与规范，并对认证机构与生产企业进行监督与管理，例如：德国联邦铁路（DB）对 EN 15085（DIN 6700）标准认证及企业生产进行监督，德国钢结构技术学会（DIB）对钢结构 EN 1090（DIN 18800）标准认证及企业生产进行监督，德国压力容器工作协会（AD）对特种设备压力容器 AD-2000 规范认证及企业生产进行监督等。被授权可以进行以上认证的机构有德国焊接培训与研究所（SLV）、德国技术监督协会（TüV）。

采取国际合作的方式，在引进的基础上，建立我国的焊接生产制造企业质量认证体系，并尽早获得国际认可与国际授权是企业认证实现国际接轨的有效途径。哈尔滨焊接技术培训中心自 1999 年起，继与德国 SLV Duisburg 成功地进行了焊接人员培训合作项目后，又于同年开始将中德合作的重点转向企业认证领域，通过双方共同努力，陆续在中国开展了 ISO 3834（EN 729）、EN 15085（DIN 6700）、DIN 18800、DIN 4113 等各类焊接企业认证，为包括上海振华港机集团（见图 5-6）、纳西姆工业（中国）有限公司、长春轨道客车有限公司、株洲电力机车股份有限公司以及唐山轨道客车有限公司等数百家中国企业进行了资格认证。

通过取得国际资格认证，中国企业增加了参与国际市场的竞争能力，给企业带来了巨大的经济效益，成为企业自身发展的重要手段与途径，已被越来越多的企业实践所证实。企业国际认证为中国制造走向世界作出重要贡献，不仅为企业参与国际竞争提供了资质保障，并为我国培养了国际企业认证专家队伍和大批活跃在企业一线的高水平国际化焊接监督人才，为我国国际授权焊接企业认证委员会（ANBCC）争取国际及下一步在国内开展国际企业认证提供了良好的运行环境与基础。

国际焊接学会（IIW）于 2006 年 8 月在加拿大魁北克 IAB 会议上引入欧洲认证体系，并于 2007 年启动企业认证体系，同时制定了 IIW 企业认证体系推进计划。CANB、WTI Harbin 紧跟国际发展动态，组织行业内专家和学者，以中国焊接学会焊接生产制造与质量保证委员会成员为主，同时吸纳已认证企业焊接主管人员，成立了 CANB 企业认证委员会（CANBCC）（见图 5-7），构建企业认证组织框架，翻译和研讨国际企业认证体系文件。通过全行业的共同努力，国际授权（中国）焊接企业认证委员会（CANBCC）在哈尔滨焊接研究所林尚扬院士等专家的关怀指导下，2011 年获得国际焊接学会（IIW）正式授权（见图 5-8、图 5-9），获得了在中国实施 ISO 3834 企业认证的资格，至 2015 年年底已认证 ISO 3834 企业近 400 家（见图 5-10）。

图 5-6　上海振华港机集团 1999 年通过 DIN 18800-7 认证

图 5-7　2010 年 5 月 CANBCC 在北京召开委员会，为获得国际授权进行积极准备

图 5-8　2010 年国际焊接学会对 CANBCC 进行现场审核

图 5-9　IIW 评审员对 ISO 3834 认证企业进行认证过程审核

5.2.2　质量体系标准的应用

ISO 3834 系列标准是“金属材料熔化焊的质量要求”的国际标准，是一种焊接体系认证，它提供了一种方法，供制造商展示其制造特定质量产品的能力。

ISO 3834 系列标准是根据 ISO 9000 系列标准的质量保证原则，结合焊接实际应用条件，描述了保证焊接质量体系应包括的焊接质量要求。焊接作为特殊的加工工艺，必须通过整个过程来共同控制，只有将设计、工艺、生产、质量保证结合起来，共同形成成熟的体系才能保证最终的质量需求。同时 ISO 3834 规定了金属材料熔化焊焊接方法的质量要求，标准中所包含的这些质量要求可能适用于其他焊接方法，这些质量要求仅涉及产品质量中受熔化焊影响的这些方面，而且不受产品种类限制。

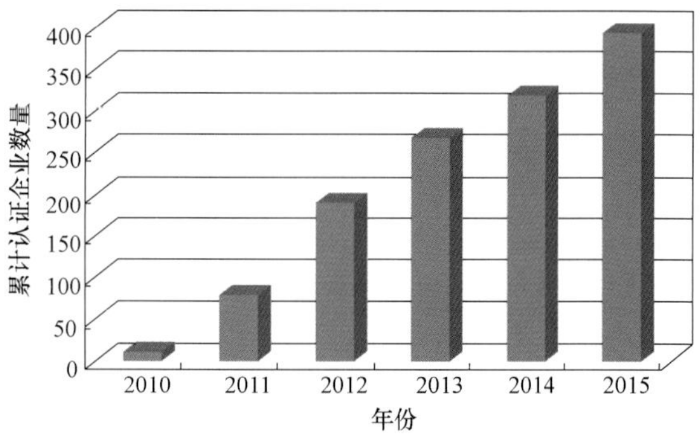

图 5-10 CANBCC ISO 3834 各年度累计认证企业数量

ISO 3834 系列标准共五部分：

- ISO 3834-1：相应质量要求等级的选择准则。
- ISO 3834-2：完整的质量要求。
- ISO 3834-3：一般的质量要求。
- ISO 3834-4：基本的质量要求。
- ISO 3834-5：符合各部分质量要求所需要的文件。

质量要求相应等级的选择，应按照产品标准、规范、规则或合同，针对质量要求的等级，选择 ISO 3834 的相应部分 ISO 3834-2、ISO 3834-3、ISO 3834-4。当某个制造商满足了某个特定的质量等级时，则可视其也满足了所有更低的质量等级要求而不需做进一步的验证。

类似 ISO 9000，ISO 3834 并不是强制性认证，但一个制造企业如果严格按照 ISO 3834 进行焊接质量控制，那它的产品质量可以得到保证；获得 ISO 3834 的认证，可以提高企业的焊接质量管理水平，提高质量控制体系，提升焊接管理人员、焊接技工的水平，让企业在国际市场上更具竞争力，更易取得海外优质的订单。

EN 15085 系列标准是“轨道应用-轨道车辆及其部件的焊接”的欧洲标准（见表 5-1），EN 1090（DIN 18800-7）系列标准“钢结构和铝结构的施工”的欧洲标准。这些标准限制了产品的生产领域，但基本的质量体系还是建立在 ISO 3834 之上，但有了很多具体的要求。例如，焊接人员资质和数量的要求、无损检测人员的资质要求等。这些标准均要求认证企业满足 ISO 3834 标准质量体系，即 ISO 3834 标准质量体系成为大量焊接生产制造资格认证标准的基础和必要条件，适用于所用熔化焊的生产企业。

表 5-1 EN 15085-2 中明确提出对焊接企业的质量要求需满足 ISO 3834 标准对焊接企业的要求

认证项目	认证等级			
	CL1	CL2	CL3	CL4
生产商认证	需要	需要	不需要	需要
焊缝质量等级	CPA 至 CPD	(CPC1),CPC2 至 CPD	CPD	CPA 至 CPD
质量要求	EN ISO 3834-2	EN ISO 3834-3	EN ISO 3834-4	EN ISO 3834-3
主管的焊接监督人	等级 A	等级 B 或者 C	不需要	对于焊接结构 CL2;等级 A 对于焊接结构 CL2;等级 B 或者 C
焊接监督代表人	代表人:等级 A 其他代表人:等级 B 或者 C	代表人:等级 C	不需要	不需要

（续）

认证项目	认证等级			
	CL1	CL2	CL3	CL4
焊工和操作人员	根据焊接过程和材料组,经过考试的焊工或者操作人员需要根据 EN 287-1(对于钢),EN ISO 9602-2(对于铝)或者 EN 1418(对于操作人员)			不重要
检测人员	—焊接技术质量检测的检测人员 —焊接技术质量检测的检测监督人员:焊接监督人(仅对于 CL3) —无损试验—检测人员:等级 1 根据 EN 473 —无损试验—检测人员:等级 2 根据 EN 473			不重要

5.2.3　质量认证助推焊接企业走向世界

从 1999 年开始哈尔滨焊接技术培训中心和德国杜伊斯堡焊接培训研究所在中国开展的联合认证来看，证明了企业开展国际认证是市场与用户的要求。在所开展的 EN 729（ISO 3834）、DIN 6700、DIN 18800 的 50 多家企业认证中，据统计分析，90%以上的认证企业是因合作方的要求而进行认证，其余认证企业也是因为市场要求而选择进行认证。通过认证，企业提高了自身管理水平，提高了从业人员素质，获取了大量订单，促进了企业的发展。

以上海振华港机集团公司为例：1999 年该公司通过了由德国杜伊斯堡焊接培训研究所（SLV Duisburg）主持、哈尔滨焊接技术培训中心（WTI Harbin）共同参加的 DIN 18800-7“钢结构——焊接生产制造和企业资格认证”，并成功取得了德国不来梅港、荷兰阿姆斯特丹港岸边集装箱起重机制造任务（合同额近 1 亿美金），进入了亚洲企业从未进入过的、以要求严格著称的欧洲市场，保持连续几年欧洲市场销售额超亿美金。仅此一例，足见企业的国际资格认证对企业在国际市场竞争中的重要作用。

纳西姆工业（中国）有限公司，原西门子公司，为了进入欧洲市场，取得了 ISO 3834（EN 729）焊接体系质量保证证书，几年来，公司业务得到长足发展，销售额增长几倍，从 2005 年开始，公司的机组产品开始出口欧洲。

长春轨道客车有限公司当初为了获得广州地铁 2 号线订单，进行 EN 15085（DIN 6700）认证，通过认证后，公司先后签订了广州地铁、深圳地铁、上海地铁、天津地铁、重庆单轨、武汉城轨、北京地铁 5 号线和 10 号线、200 公里铝合金高速车等订单，为中国城市轨道交通事业的发展做出了巨大贡献。

株洲电力机车股份有限公司，为了参与国际竞争，与德国西门子公司合作，通过了 EN 15085（DIN 6700）认证。通过认证后，公司与西门子携手，一举赢得 73 亿元的大功率交传机车订单，在上海轨道交通明珠线二期工程、广州轨道交通三号线车辆招标中先后中标，获得 200 多辆城轨机车订单。

图 5-11　唐山轨道客车有限责任公司 ISO 3834-2 认证现场

唐山轨道客车有限责任公司通过 EN 15085（DIN 6700）认证后（见图 5-11），成为我国 CRH3 铝合金时速 350km 高速列车首家和最大制造企业，创造了中国速度并代表着世界动车组技术的先进水平，为中国高速铁路事业的发展做出了巨大贡献。

国际授权中国焊接培训与资格认证委员会和焊接培训研究所通过各种形式积极宣传和推动焊接企业资格认证工作在中国的发展，目前通过包括 ISO 3834、EN 15085、EN 1090、DIN 4113 认证的企业累计已经超过 800 家(见图 5-12)。

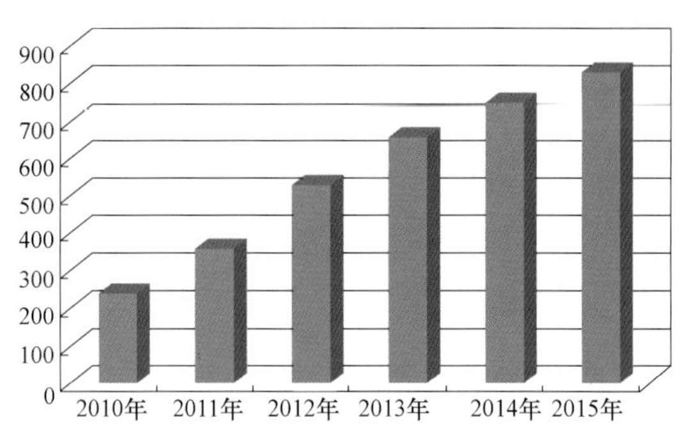

图 5-12　2010~2015 年获得国际认证的企业累计数量

ISO 3834 体系认证满足了中国企业自身国际化发展与产品质量提升的要求。通过对认证企业的调查了解，在 ISO 3834 认证刚刚获得国际授权的推广初期，80%的企业是为了满足客户的要求而进行认证，而目前这个百分比已经降到了 31%。此外，在推广初期仅有 20%的认证企业是由于自身的质量要求进行认证，但目前这个数字已经上升到了 41%。企业已经开始认识到 ISO 3834 认证能够给企业带来更多的效益和发展机会。

经过认证后企业的国际国内市场订单的持续增加与产品质量的稳步提高都增强了焊接生产制造企业对国际认证的极大兴趣。实践证明企业国际认证为中国制造走向世界，直接参与国际竞争提供了资质保障，为我国焊接生产制造企业争取到参与国际竞争的通行证，消除国际上尚存的技术壁垒的阻碍，从而有利于认证企业在国际市场中争取更大的份额。为我国从焊接生产制造大国成为焊接制造强国提供体系上和国际资质上的有力支撑。

参考文献

[1]　解应龙. 焊接培训、国际认证、联接世界、共创未来 [J]. 焊接，2010 (1)：2-4.

[2]　解应龙，钱强，刘大伟，等. 国际合作与中国焊接培训国际认证体系的建立与发展 [J]. 电焊机，2009，39 (3)：1-5.

[3]　解应龙，钱强，刘大伟，等. 焊接培训、国际认证、服务行业、走向世界 [J]. 电焊机，2009，39 (3)：27-30.

[4]　宋天虎，张彦敏，解应龙，等. 中德合作 20 年与中国焊接培训国际认证事业的发展 [J]. 焊接，2004 (9)：6-9.

[5]　解应龙. 积极推进焊接生产企业资格认证的国际接轨 [J]. 焊接，2004 (9)：15-16.

第6章 焊接结构

徐连勇　方洪渊　张建勋

6.1 概述

焊接结构是指采用焊接工艺实现各零部件之间连接的结构，如船舶、桥梁、车辆、压力容器、管道、飞行器、工程机械等，均采用了大量的焊接结构。随着现代工业科技的发展，焊接结构正在向大型化、高参数、新材料化发展，如高效洁净超超临界火电机组、核电机组、海上油气钻采平台和海底管道等海洋石油工程装备、陆地长输管线、轻量化汽车、大吨位轮船、深海装备、大火箭、大飞机、大型石化反应装备、风电装备等，面临高温、疲劳、腐蚀、严寒等复杂恶劣的服役条件，而焊接结构由于其焊接接头中特有的材料、组织、性能不均匀性使其成为薄弱环节。焊接接头中不可避免的焊接残余应力和焊接缺陷也加剧了焊接接头的薄弱性。焊接结构包括两个阶段：一是设计制造安装阶段；二是服役阶段。在设计制造安装阶段主要考虑焊接接头的承载能力和焊接残余应力与变形以及对结构完整性的影响，在服役阶段主要考虑焊接接头的完整性，即材料老化损伤产生裂纹导致失效，缺陷长大导致失效等。因此，结构完整性贯穿着焊接结构设计、制造、安装、服役等全寿命周期，如何保证焊接结构全寿命周期完整性成为焊接结构学术界和工业界共同面临的命题。

本章重点介绍了中国焊接结构学术界及工业界在焊接残余应力与变形、焊接结构设计、焊接结构失效与完整性评估理论与技术的研究进展情况，希望为我国从制造大国向制造强国的转变提供助力。

6.2 焊接残余应力与变形

6.2.1 焊接应力与变形的基本理论

围绕焊接应力变形的基本理论，关于焊接应力变形的产生机理及其影响因素的研究一直是焊接工作者的研究热点。经典的焊接应力变形形成理论是基于材料力学的平截面假设和简化的温度变化过程假设，借助于有限元数值分析技术，对经典理论进行深入分析，对于理解焊接应力变形具有重要的意义。

上海交通大学针对目前存在的一些对焊接残余应力形成机制和消除原理传统理论的质疑和不同观点，采用两端拘束杆件和长板条焊接的一维简化模型，分析比较了经受加热与冷却热循环以及直接从高温冷却下来时的应变历史和残余应力产生的机制。结果表明，前者存在残余压缩塑性应变，后者存在残余热收缩应变。两者对产生残余应力的作用完全是等价的。为了统一概念，提出引入固有应变概念，固有应变包括焊接过程中产生的塑性应变、热应变和相变应变。残余应力是在固有应变源作用下构件自动平衡的结果，消除焊接残余应力必须去除固有应变源。

三峡大学分析了关于焊接残余应力形成过程描述的传统观点的局限性和不足，指出材料力学的“截面法”不能用于分析横向残余应力分量。认为在不考虑材料相变的前提下，焊缝金属冷却时收缩受制也是导致焊接残余应力产生的重要原因。虽然残余压缩应变和残余收缩应变在导致焊接残余应力产生的作用方面是等价的，但其机理却有本质的不同 ，区别二者有利于研究和开发新的焊接残余应力调控技术。

西安交通大学提出了焊接接头存在组织性能与残余应力梯度及尺度效应的科学问题。研究发现焊接接头的塑性损伤过程受到组织梯度的重要影响，焊缝、焊接热影响区和母材的塑性损伤与载荷相关，晶粒尺寸陡降梯度具有延缓塑性损伤的作用；提出了“最大梯度特征值”概念，以表示晶粒尺寸变化率的最大值及其出现的位置。

6.2.2 厚壁结构焊接残余应力测试

西安交通大学发明了焊接残余应力测定新方法——局部逐层去除盲孔法，适合测量厚壁焊接件内部残余应力，局部去除材料能保证原始焊接残余应力的完整性，且可以进行多点测量，以便研究去除材料后不同深度应力分布状态。基本原理是通过控制机械加工过程中材料去除量与材料去除位置的方法，以保证工件在加工过程中残余应力场的不变性，并结合盲孔法测量工件内部的残余应力。采用局部逐层去除盲孔法对核电厚壁管道窄间隙 TIG 焊接接头的内部残余应力进行了测试，并采用有限元法对整个测试过程进行了数值模拟，计算结果与测试结果比较一致。该方法已成功应用于测试汽轮机焊接转子的残余应力，并采用有限元计算了转子焊接过程残余应力的演变过程，对比分析了轮盘对接与试验件焊接应力分布的差异，如图 6-1~图 6-3 所示。

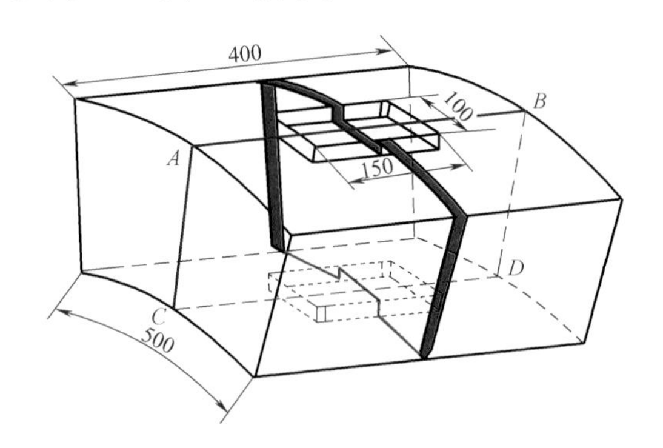

图 6-1 转子内外表面铣削示意图

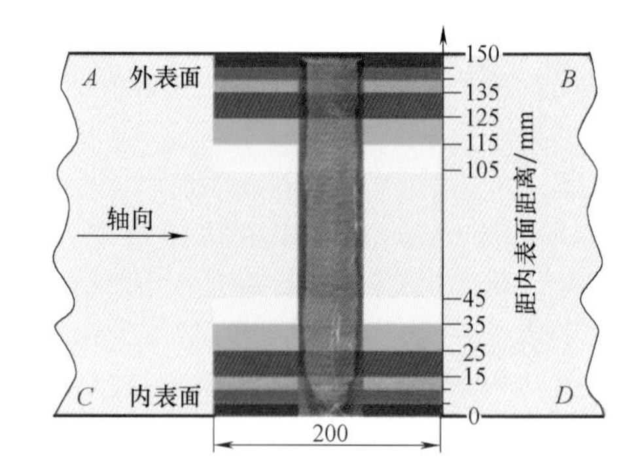

图 6-2 铣削顺序和深度示意图

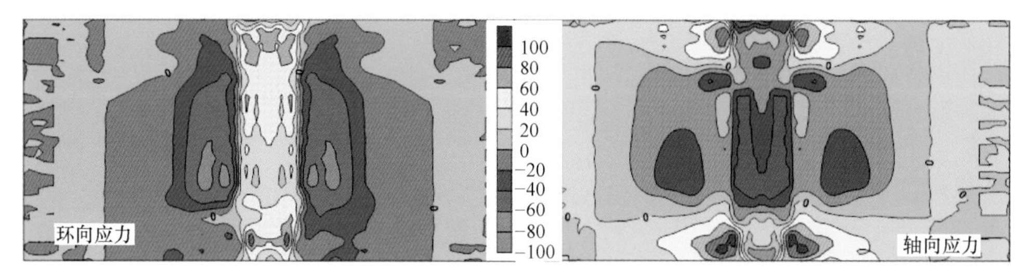

图 6-3 焊接转子经热处理后的残余应力分布

6.2.3 焊接应力变形高效有限元计算

随着计算机技术的高速发展，基于热弹塑性有限元的焊接计算也逐步成为焊接科学与工程研究的重要手段，并围绕如何提高计算效率而形成了多种高效计算方法。

天津大学概括介绍了数值模拟技术的概念及分析方法和焊接数值模拟的主要内容及意义，综述了国内外焊接数值模拟在热过程分析、冶金分析、应力应变分析、构件使用性能分析、氢扩散分析、特种焊接过程分析方面的研究现状及发展趋势，对我国焊接数值模拟技术的发展提出了建议。

固有应变方法正在向利用小结构的固有变形来计算大型焊接结构的焊接变形的方向发展，上海交通大学对固有应变理论及其工程应用进行了大量的研究工作，其发展的大型复杂结构焊接变形预测技术，提出了考虑焊缝几何参数和力学性能的界面单元模型，可以真实反映焊接过程接头性能的特性，提升了固有应变法焊接变形预测精度，在北京奥运“鸟巢”体育馆钢结构焊接变形预测和控制、卡特彼勒挖掘机机架焊接变形预测和控制、铝合金机车车辆车顶结构焊接变形预测上得到了应用，该模型也可以应用到三明治结构激光焊变形的预测。重庆大学利用固有应变法，先采用弹塑性有限元计算不同焊接接头的固有变形，形成固有变形数据库，再基于得到的固有变形采用弹性有限元法计算大型焊接结构的变形。

西安交通大学采用数值模拟方法研究了外拘束对焊接变形的影响。由图 6-4 可以看出，不管拘束力大小和拘束位置变化，只要拘束弯矩相同则拘束释放前的焊接变形一致，拘束释放后的变形也基本一致。随着初始拘束弯矩增加，焊接变形迅速减小，当拘束弯矩增加到一定阈值 W_{RT} 时焊接变形不再减小，拘束释放前角变形为零，拘束释放后由于反弹角变形保持在一很小的值。因此，当初始拘束弯矩大于 W_{RT} 时，如果不释放夹具则焊接角变形能被完全抑制，夹具释放后角变形反弹至一很小恒定值。

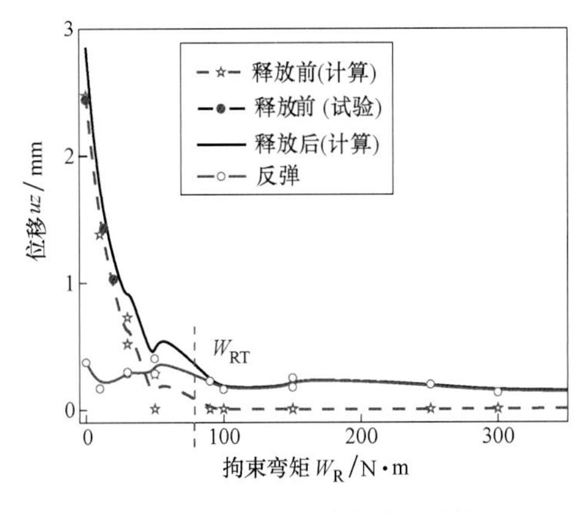

图 6-4 拘束弯矩和残余变形的关系

6.2.4 随焊冲击碾压法

哈尔滨工业大学发明了随焊冲击碾压法（WTIR），是为了解决大面积高强铝合金薄壁板的拼焊变形问题。它把随焊锤击法冲击能量大的优点和随焊碾压法可以钝化应力集中的特点结合起来。这种方法是将随焊锤击的锤头换成可以转动的小尺寸碾压轮，碾压轮在冲击载荷作用的间隙内向前滚动，它保持了随焊锤击的优点，并克服了焊缝表面质量不佳的问题。图 6-5 所示为随焊冲击碾压装置简图，该装置主要由动力源（气锤）、冲击传力杆、冲击碾压轮后座和冲击碾压轮等部分组成。

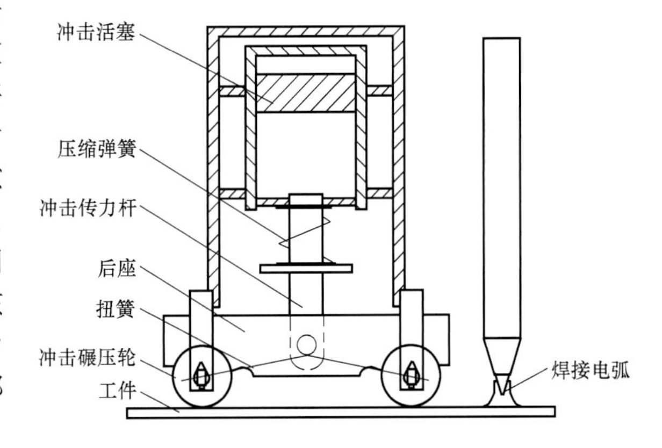

图 6-5 随焊冲击碾压装置简图

为防止焊接热裂纹的产生，前冲击轮需要根据焊缝的尺寸制成凹面轮，使施力点作用于熔合线附近，并向内施加一挤压力，迫使焊缝金属由焊趾处向焊缝中心流动。后冲击轮设计成凸面轮，直接作用在焊缝上，通过对尚处于较高温度的焊缝金属施加冲击碾压作用，达到控制焊接残余应力和变形的目的。随焊冲击碾压后焊缝区的晶粒得到明显细化，组织更加致密，气孔、缩松等缺陷大大减少，接头的抗拉强度、塑性及疲劳寿命等力学性能都得到不同程度的提高。

6.2.5 随焊旋转挤压法

哈尔滨工业大学发明了随焊旋转挤压法（WTRE），是针对随焊锤击和随焊冲击碾压工作时噪声大而开发的一种随焊控制新方法，该方法既能有效地降低铝合金薄板焊接结构的应力和变形，又能改善接头组织和力学性能。图 6-6 所示为其工作原理图，通过一圆柱状的挤压头对冷却过程中的焊缝区金属进行旋转挤压，其所产生的纵向拉伸塑性应变能够减小焊缝及其邻近区域的纵向残余拉应力水平，从而起到降低薄板焊件失稳变形的作用。

图 6-7 所示为 2A12T4 铝合金随焊旋转挤压焊件与常规焊件的残余变形对比。图中焊件尺寸为 270mm×130mm×2mm，焊接方法采用不填丝的表面熔敷方式。经测量常规焊件的最大纵向挠度为 6.12mm，而随焊旋转挤压焊件的最大纵向挠度为 0.24mm，只有常规焊件变形量的 3.92 %。

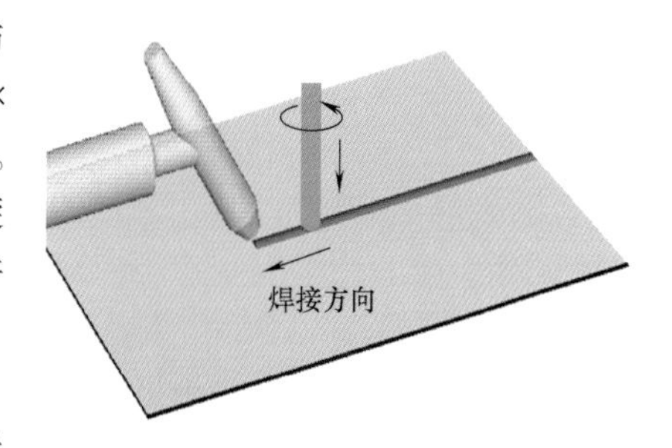

图 6-6　随焊旋转挤压工作原理图

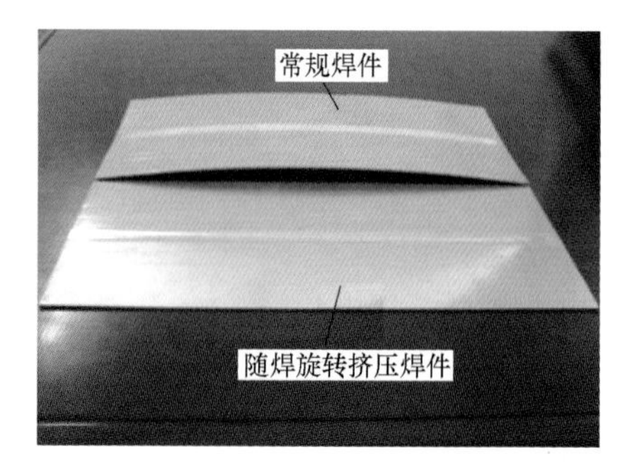

图 6-7　随焊旋转挤压焊件与常规焊件的残余变形对比

6.2.6　随焊电磁冲击法

哈尔滨工业大学提出了随焊电磁冲击法（WTIEF），其原理如图 6-8 所示，脉冲电容放电时会在线圈周围产生强脉冲磁场，该磁场诱发工件产生涡流，涡流与原磁场相互作用产生电磁力。该法是把电磁锤法的矫形机理和随焊控制的优点相结合的一种新技术。该电磁力可分解为垂直工件的轴向力和平行于工件的径向力。在焊接过程中，利用轴向力锤击高温焊缝的焊趾和焊道，通过控制、调整焊缝和近缝区应变场的产生和演变过程来影响残余塑性应变的大小和分布，达到减少焊接残余应力变形的目的；而径向力可使凝固过程中的焊缝金属产生额外的压缩应变，减少甚至抵消焊缝及其邻近区域金属冷却收缩过程中产生的拉伸应变，达到控制热裂纹的目的。

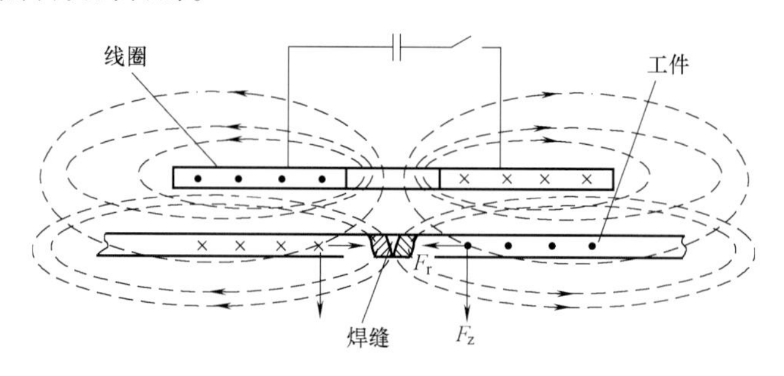

图 6-8　随焊电磁冲击原理图

随焊电磁冲击法在铝合金焊接热裂纹的控制上已经获得显著的效果。图 6-9 所示为 2A12T4 铝合金常规焊件和随焊电磁冲击焊件热裂纹长度的比较。图中显示，常规焊件的热裂纹长度为 57mm，而随焊电磁冲击焊件的热裂纹长度只有 11mm，充分说明随焊电磁冲击法在焊接热裂纹控制上的有效性。

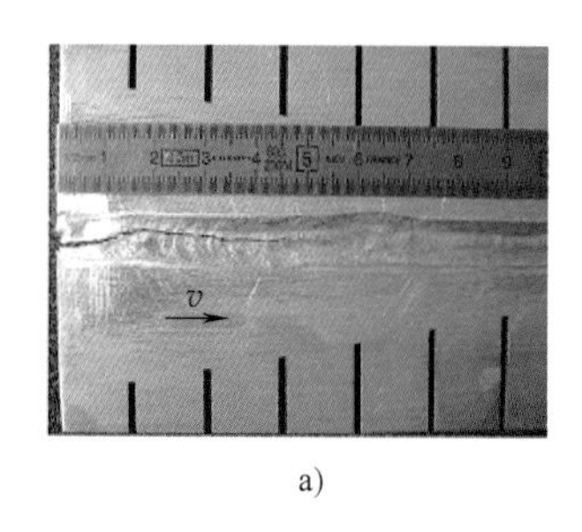

a)

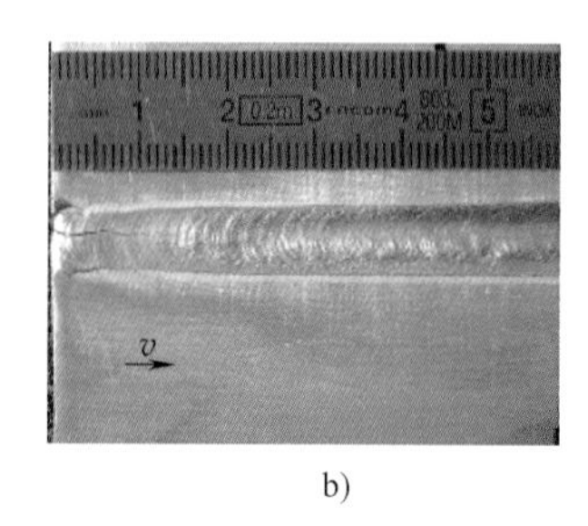

b)

图 6-9　2A12T4 铝合金常规焊件和随焊电磁冲击焊件热裂纹长度对比

a）常规焊件　b）随焊电磁冲击焊件

6.2.7 搅拌摩擦焊应力与变形分析

搅拌摩擦焊是一种固相连接技术，已在航空航天、汽车等领域得到广泛应用，主要用于铝合金，可以得到小变形、低成本和高质量的焊接接头。

清华大学采用小孔法对3mm厚2024-T4铝合金板搅拌摩擦焊对接接头的残余应力分布规律进行研究。在试验条件下得到焊接接头的残余应力以纵向应力为主，横向应力相对很小；纵向高应力区集中在轴肩作用区域，呈不对称分布，前进侧应力高于返回侧，在轴肩作用区域之外应力值迅速降低，在距焊缝中心较远的区域转变为压应力；分析认为，机械搅拌和焊接温度场的叠加作用造成焊缝两侧纵向残余应力的不对称分布。

北京航空制造工程研究所对不同搅拌头、不同焊接参数条件下的搅拌摩擦焊焊接结构的宏观变形进行了测量和分析，研究了动态控制低应力无变形焊接技术搅拌摩擦焊焊接结构宏观变形及残余应力的影响。研究表明，减小搅拌头轴肩直径、降低焊接热输入有助于减小结构宏观变形；动态控制低应力无变形焊接技术有助于减小接头残余应力，但是对结构宏观变形的作用不是很明显。

上海交通大学提出了一个基于三维热弹塑性有限元分析的传热和力学计算模型，可以计算搅拌摩擦焊过程中的温度分布，并预测焊后的残余应力和变形。通过对6061-T6铝合金搅拌摩擦焊的实例分析表明，铝合金搅拌摩擦焊时的最高温度不超过材料熔点的80%，搅拌摩擦焊的残余应力变形要比传统的熔化焊接方法小得多，最大残余应力大约为母材屈服极限的25%~30%。

6.3 焊接接头的等承载设计

焊接过程所固有的加热局部性和瞬时性，使得焊接接头成为具有冶金不完善性、力学性能不均匀性和几何不连续性的不均匀体，因而成为焊接结构中的薄弱环节。理论分析和工程实践均表明焊接接头是影响结构可靠性和安全性的关键部位。大量的研究工作均围绕着如何提高焊接接头的性能来展开，并追求焊缝金属具有与母材相同的强度，即实现等匹配焊接。

哈尔滨工业大学通过对焊接接头的力学行为进行深入分析，摒弃了单纯追求焊缝强度的观念，提出了实现焊接接头与母材“等承载”的思想，并仅将母材和熔敷金属的性能参量作为焊接接头设计的初始参量，给出了保证具有与母材相同承载能力的焊接接头设计方法和设计准则，使得焊接接头的设计可以脱离具体的产品结构而独立进行，并有望逐渐发展成为一个标准化的焊接结构设计环节。

6.3.1 焊接接头“等承载”思想的提出

对于中心开有长度为 a 的缺口的试件（见图6-10），在承受外载荷而发生断裂时，依据各部位应变的大小关系，可以将断裂区分为：线弹性断裂 $\varepsilon'\varepsilon''\varepsilon$，弹塑性断裂 $\varepsilon'\gg\varepsilon''>\varepsilon$，韧带屈服断裂 $\varepsilon'>\varepsilon''\gg\varepsilon$ 和（韧带）全面屈服断裂 $\varepsilon'>\varepsilon''\gg\varepsilon$。只有当断裂以全面屈服模式发生时，才能发挥出材料的全部效能。

如果能保证焊接接头不先于母材发生断裂，并且断裂只能以全面屈服模式发生，这样就保证了焊接接头可承受的载荷不低于母材，并且断裂时母材已经达到了其极限承载能力。

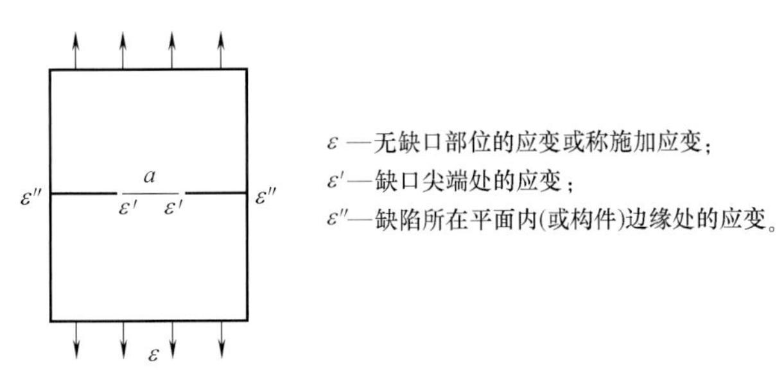

图6-10 断裂模式与各点应变的关系

应当指出，强度和承载能力是两个不同的概念。强度是指单位截面所能承受的极限载荷，而承载能力是指整个截面所能承受的最大载荷。对于焊接接头来说，在服役过程中所关注的是其承载能力而非其强度。承载能力不仅与构成接头的材料性能有关，而且与接头的几何参量有关。这就使得在给定材料性能的前提下，通过接头形状的设计来保证接头可以承受的最大载荷不低于母材的极限载荷。因此，提出了接头所能承受的极限载荷不低于母材所能承受的极限载荷，即“等承载”设计思想，按这种思想设计的焊接接头可以保证结构失效时破坏部位不发生在焊接接头。

6.3.2　承受静拉伸载荷时对接接头的等承载设计

对接接头的焊趾和焊根部位是两个可能的应力集中区域。对于焊趾部位，可以通过 Matthech 拉伸三角形作为过渡曲线来使焊趾处圆滑过渡，从而降低其应力集中程度。对于焊根部位的应力集中系数可按表 6-1 给出的公式计算。通过改变焊接接头的几何形状，增大焊缝余高，可以使焊缝所在截面上的应力值降低，即可满足等承载条件。依据上述等承载原则按照图 6-11 所示的流程设计对接接头。

表 6-1　对接接头应力集中系数计算公式

位置	焊趾	焊根
计算公式	$K_{toe}=1+\alpha r^{\left(0.403\frac{t}{h+t}-1.031\right)}$	$K_{root}=\frac{t}{l_l+l}+\alpha r+\beta$
按最大主应力计算	$\alpha=3.285-2.541\left(\frac{t}{h+t}\right)^2$	$\alpha=0.023\frac{h}{w}-0.002$ $\beta=0.788\left(\frac{h+t}{w}\right)^2-0.654\left(\frac{h+t}{w}\right)+0.133$
按 Von Mises 等效应力计算	$\alpha=3.030-2.300\left(\frac{t}{h+t}\right)^2$	$\alpha=0.041\frac{h}{w}-0.0025$ $\beta=0.963\left(\frac{h+t}{w}\right)^2-0.516\left(\frac{h+t}{w}\right)+0.05$
可能的误差	当 $(h+t)/w\leqslant1$ 时，误差均在 1.5%以内；$(h+t)/w>1$ 时，误差在 5%以内	当 $(h+t)/w\leqslant1$ 时，误差在 1.5%以内，$(h+t)/w>1$ 时，误差在 4%以内

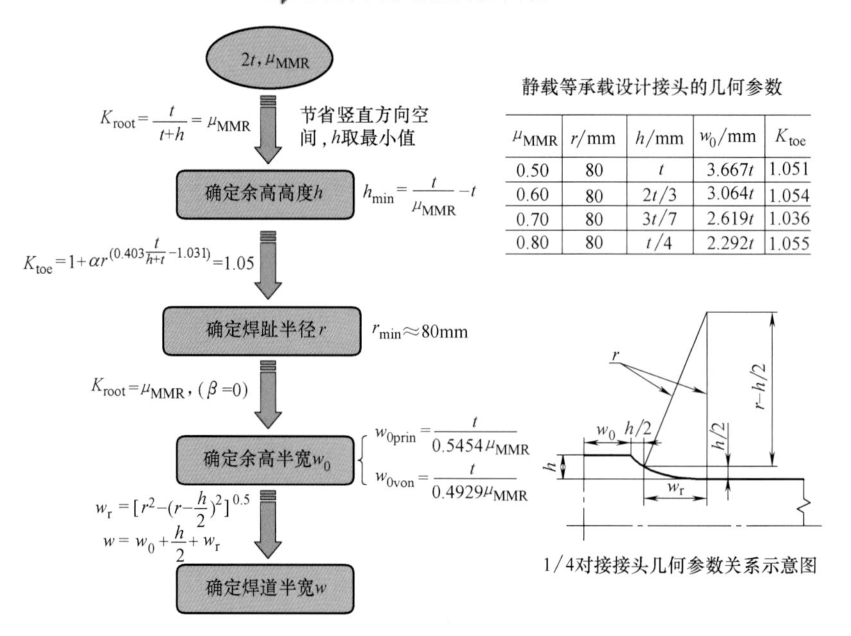

图 6-11　静载等承载对接接头设计流程

6.3.3 承受静弯曲载荷时的对接接头等承载设计

在弯曲载荷作用下，焊接接头与母材等承载的条件可分为：弹性阶段和塑性阶段。弹性阶段，在相同弯曲载荷作用下焊接接头的最大挠度不大于母材的最大挠度，即 $w_w^e = w_B^e$；塑性阶段，在相同弯曲载荷作用下焊接接头的冷弯角不小于母材的冷弯角，即 $\alpha_w = \alpha_B$。通过增加焊缝余高，可以降低焊缝处的应力值，如果能够保证焊接接头在承受母材所能够承受的最大弯曲载荷时，焊缝处的峰值应力仍然小于焊缝金属的屈服强度，就可以保证焊接接头的抗弯曲能力不低于母材。图 6-12 给出了抗静弯曲等承载对接接头的设计准则和设计流程。试验结果表明，依据该准则所设计的对接接头可以满足静弯曲等承载的要求。

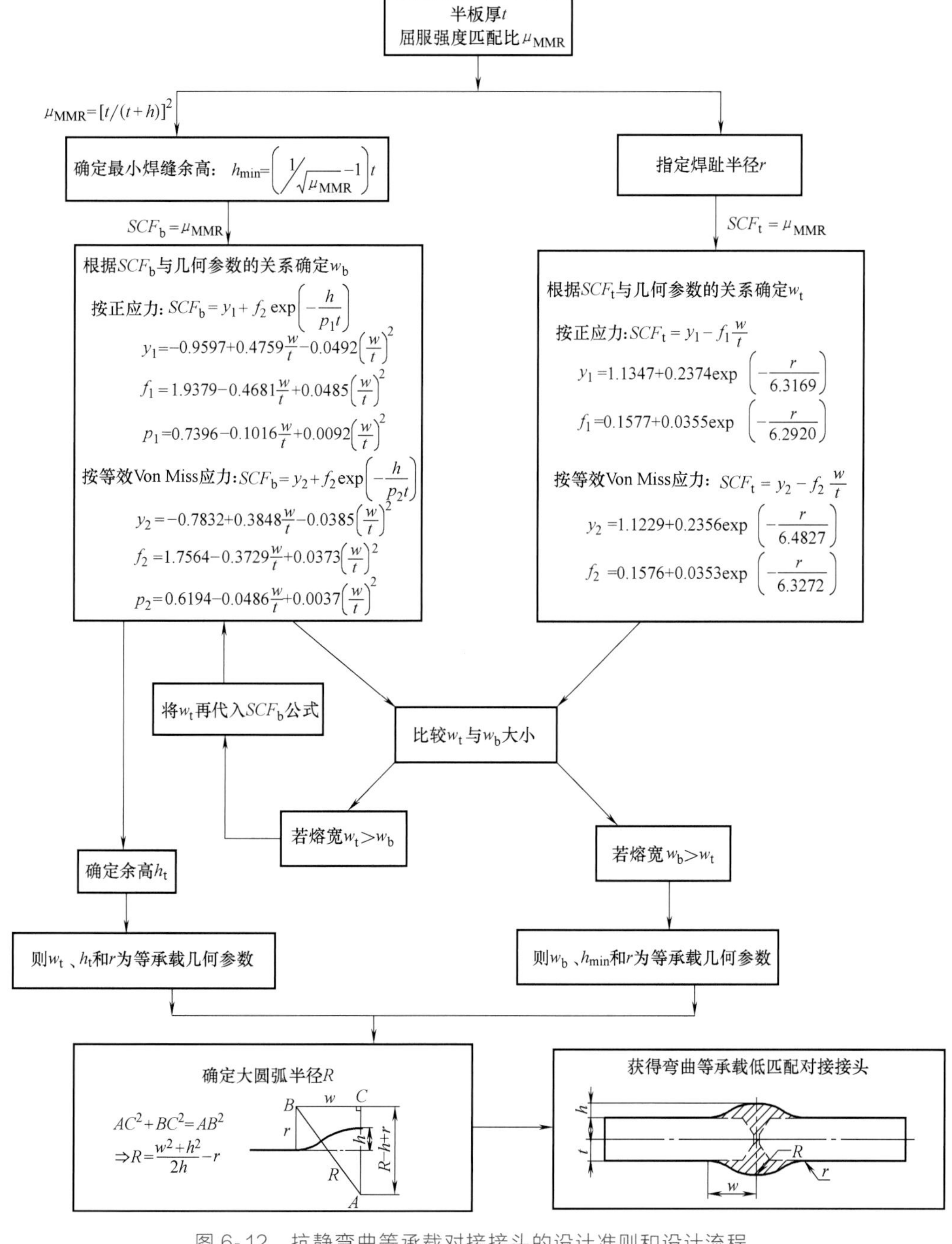

图 6-12 抗静弯曲等承载对接接头的设计准则和设计流程

6.3.4 基于断裂参量K因子的焊接接头等承载设计

对于存在低应力脆断危险的情况，需要以断裂参量K（应力强度因子）来考虑焊接接头的等承载问题。以含有相同尺度的I形裂纹的母材和焊接接头为对象，其等承载的条件可表述为（其中上角标W表示焊缝，B表示母材）

$$\frac{K_I^W}{K_{IC}^W}=\frac{K_I^B}{K_{IC}^B}$$

对于焊缝中裂纹失稳扩展的临界应力可表述为（其中a为裂纹长度，Y_w为焊缝区的形状因子）

$$\sigma_c^W=\frac{K_{IC}^W}{Y_w\sqrt{a}}$$

通过调整形状因子Y_w，可以使临界应力降低。当降低到小于母材的裂纹失稳扩展临界应力时，就保证了相同尺度的裂纹在焊缝中不会先于在母材中扩展。

假定焊缝区的形状因子Y_w是无限大平板的形状因子Y_0与表征焊缝形状的几何参量（w—焊道宽度，h—余高，r—过渡圆角半径，t—母材板厚）的函数f（w，h，r，t），即$Y_w=f$（w，h，r，t）Y_0。采用复变函数法结合有限元计算可以获得焊缝形状因子的解析表达式。假定焊缝的形状曲线金属为三圆相切（见图6-13），则对于焊缝中心含有I形裂纹的形状因子表达式为

$$Y_w=f(w,h,r,t)\cdot Y_0$$

$$c=1.77633\frac{h}{h+t}$$

$$f(h,w,r,t)=1+c\exp\left(-\frac{\dfrac{w_0^2}{h+t}}{d}\right)=1+c\exp\left[-\frac{\dfrac{w}{h+t}-\dfrac{2hwr}{(w^2+h^2)(h+t)}}{d}\right]$$

其中，待定系数c和d分别为：$c=1.77633\dfrac{h}{h+t}$，

$$d=-0.49536\left(\frac{h}{t}\right)^2+0.66789\frac{h}{t}+0.75115$$

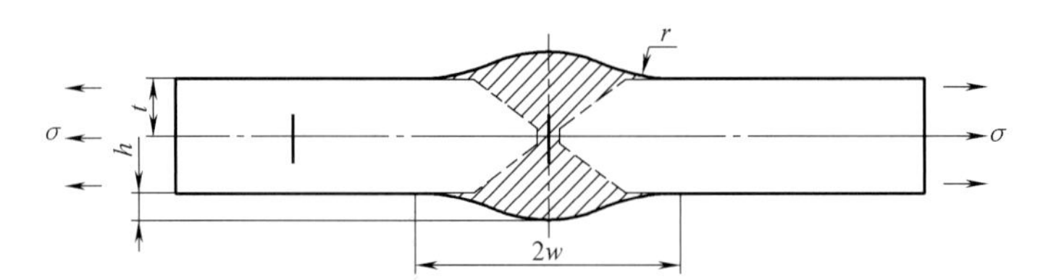

图6-13 焊缝和母材都含中心裂纹的三圆相切对接接头

如果假定在焊缝中心处含有裂纹，而母材上没有裂纹，依据同样的思路和处理方法，可设计出此条件下的等承载焊接接头。试验结果表明等承载所设计的接头确实可以保证焊接接头不会先于母材发生破坏，图6-14给出了相应的试验结果。

6.3.5 关于动载荷条件下的等承载焊接接头设计问题

当焊接接头承受动载荷时，其情况要比承受静载荷时复杂得多，但仍然可以利用等承载的思想来进行焊接接头的设计。

对于承受疲劳载荷的焊接接头，可以利用母材的疲劳强度和焊缝金属的疲劳强度来确定其疲劳匹配比，建立其等承载关系，从而完成焊接接头抗疲劳等承载设计。如果需要考虑疲

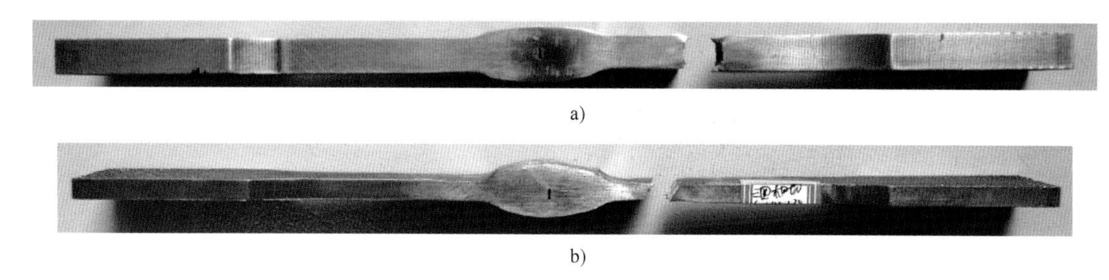

a)

b)

图 6-14　等承载焊接接头的拉伸试验结果

a）焊缝中心与母材含有相同尺度裂纹时的等承载接头　b）只有焊缝中心含有裂纹时的等承载焊接接头

劳寿命问题时，可以利用母材和焊缝金属的应力强度因子变化幅值及其断裂韧度指标来建立等承载关系，同样也可以完成以疲劳寿命为表征参量的焊接接头的等承载设计。

对于承受冲击载荷的焊接接头，要建立其等承载关系，需要寻求可以表征材料抗冲击能力的纯性能参量。遗憾的是，冲击吸收能量是与试件几何形状有关的参量，不能直接用于等承载设计。初步研究结果表明，在低速冲击条件下，极限抗冲击能量与试件的抗弯截面系数成正比，这样，只要知道材料的冲击吸收能量，就可以换算出任意形状截面的极限冲击能量值。以极限冲击能量为媒介，可以建立母材和焊接接头之间的抗冲击等承载关系，进而可以进行低速冲击条件下的抗冲击焊接接头的等承载设计。对于高速冲击条件，要考虑其冲击断裂的方式是拉伸塑性变形破坏，还是剪切破坏，并确定其破坏时的极限冲击载荷，利用母材和焊缝金属的动态断裂韧度来建立其等承载关系。此时，应将材料的应变速率效应考虑在内。这样，仍然可以进行抗冲击等承载焊接接头的设计。

对于具有角焊缝的 T 形接头和十字接头，由于角焊缝应力状态的复杂性和这类接头承受载荷的多样性，需要进行更深入的研究工作来考虑可能出现的各种情况。一种简单的做法是，将 T 形接头看成是余高为无限大的单面焊道对接接头，将十字接头看成是余高为无限大的双面对称焊道的对接接头，并按照对接接头的设计思路来进行近似处理，只是相应的应力集中系数的计算公式需要重新确定。

因此，以结构母材所能承受的极限载荷为约束条件，以焊接接头所能承受的极限载荷不低于母材所能承受的最大载荷为目标，通过合理的接头设计可以使焊接接头具有与母材相同的承载能力，从而使焊接接头可以不再是结构中的最薄弱环节。

在进行焊接接头的等承载设计过程中，要充分考虑载荷特性。在承受复杂载荷或载荷特征不确定的情况下，需要考虑使焊接接头全面等承载。

在焊接接头可以满足等承载要求的前提下，结构设计人员在焊接结构的设计中可以不必考虑因焊接接头的存在而增加母材的厚度。在结构设计完成后，有焊接设计人员将具有等承载能力的焊接接头设计结构“镶嵌”到结构的相应位置即可完成最终设计。

6.4　焊接结构的失效与评估

6.4.1　焊接结构断裂评定

1. 断裂参量测试技术

基于“合于使用”原则，对焊接结构的断裂行为进行预测和评定是国内外工程界广泛关注的课题，它具有一定的理论意义和实用价值。目前含缺陷焊接结构的脆性断裂评定准则通常应用断裂力学的方法，即以 J 积分临界值 J_{IC} 或临界裂纹尖端张开位移 CTOD 值 δ_C 作为断裂控制参量。目前，国际上广泛采用的焊接接头韧度测试规范为 BS7448：Part 2。

天津大学在海洋工程大厚壁高强度钢焊接接头 CTOD 测试技术方面积累了大量经验，测试程序得到 DNV 等第三方的认可，通过与 ECA 评估相结合，为中海油多个海洋油田平台建设的导管架免除热处理提供了科学依据。Pop-in 效应断口形貌如图 6-15 所示。

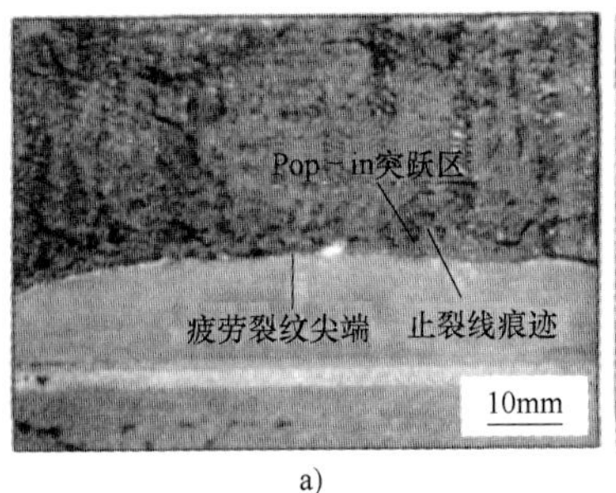

a)

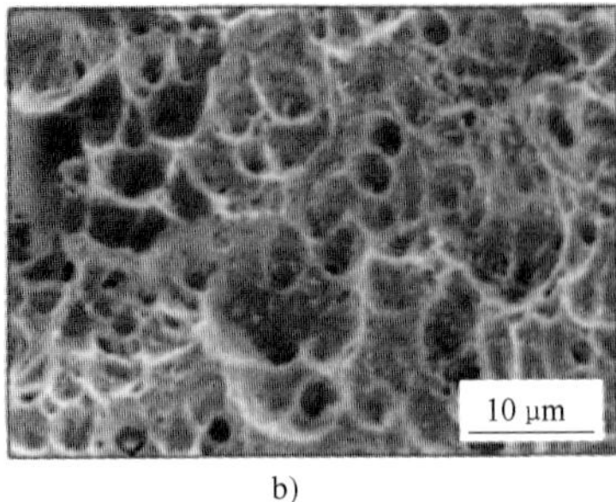

b)

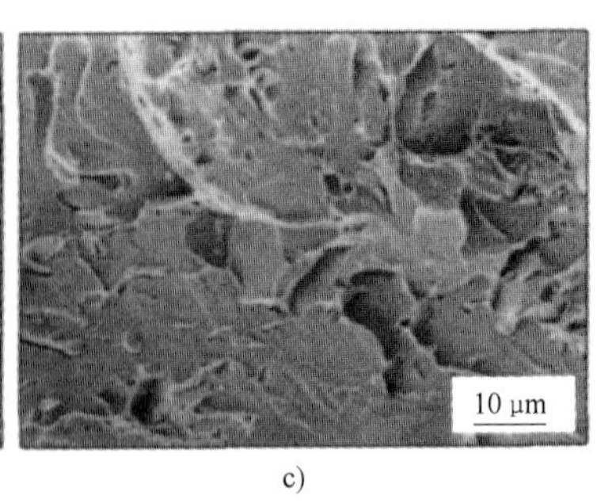

c)

图 6-15　Pop-in 效应断口形貌

a）含 Pop-in 效应的 CTOD 断口宏观形貌　b）无 Pop-in 效应起裂区微观形貌　c）Pop-in 效应起裂区微观形貌

2. 断裂评定规范及评估软件

当实际结构不能满足规范的严格要求，如缺陷尺寸超过质量控制标准，可基于合用使用原则，通过相应的评估可以延长“不合格”结构的使用寿命，或降低质量控制标准，从而带来一定的经济效益，这就是工程临界评估（ECA）。ECA 在一定程度上可以代替规范参与设计评估，并且对于规范有严格要求的地方可以制定出一套替代的标准。这种替代的标准在特定的环境条件下，在特定的时间内是十分经济合理的。英国中央电力局（CEGB）首先提出的失效评定图（Failure Assessment Diagram，FAD）法是进行 ECA 评估非常有效的方法。BS 7910：2013 基本上涵盖了含缺陷结构的所有失效模式；尽管该规范最初的目的是针对含缺陷焊接结构而制定的，但实质上也适用于非焊接结构的评定。当采用失效评定图对结构进行可靠性评定时，可将评定点（FAP）绘制在 FAD 图上。每一评定点的位置是施加载荷条件、缺陷尺寸、材料性能等的函数。如果评定点位于由失效评定图的坐标轴和失效评定曲线所构成的区域之内，可认为结构安全；反之，则可能不安全。评定点变化轨迹与失效评定曲线交点所对应的缺陷尺寸即为结构的极限缺陷尺寸。

天津大学针对含缺陷压力容器，采用 Visual Basic 6.0 程序设计语言为主体开发语言，采用面向对象的程序设计思想编译了安全评定专家系统，可以实现含缺陷压力容器不同焊缝的安全评估，指导工程实际应用，如图 6-16 所示。

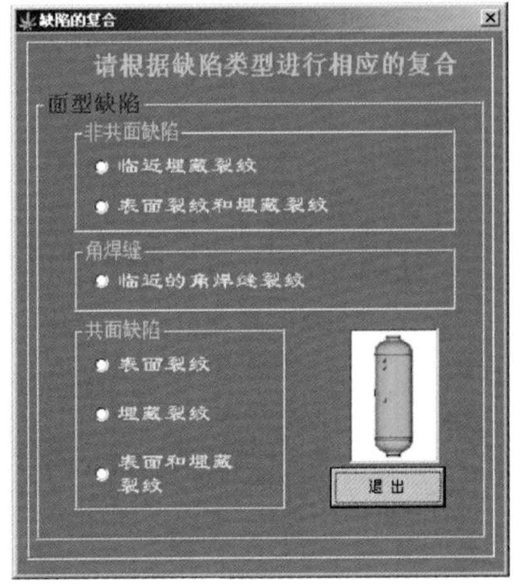

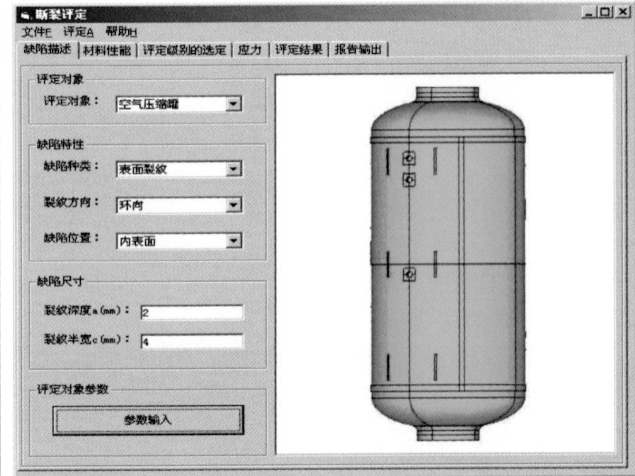

图 6-16　压力容器安全评估专家系统界面

3. 断裂中的拘束效应

材料的断裂韧度并不像屈服强度那样为材料的常数，它受试样加载形式、厚度、裂纹深度等因素的影响。对于采用传统断裂力学方法描述由于材料塑性损伤带来的延性裂纹扩展行为的 J_R 或 δ_R 阻力曲线受试样形式影响更为严重，这表明采用传统断裂参量不足以描述不同裂纹体的断裂行为。目前国际上有两种方法从不同角度对该问题进行研究：一种是用 T 应力或 Q 参量来定量的描述裂纹尖端应力场的 J-T 和 J-Q 双参量理论。该方法的优点和传统的单参量准则保持紧密联系，但它不能反映材料断裂的微观机制；另一种是局部法，该方法从概率断裂力学的角度出发，对焊接接头脆性断裂进行评定研究，被认为是弥补上述不足的重要手段。天津大学对局部法进行了长期研究，获得一系列的成果。图 6-17～图 6-20 为基于局部法对结构钢和管线钢预应变材料的断裂行为研究，根据预应变对钢材断裂韧度结果的影响，提出了一个简单的评定方法。该方法采用了一个参考温度 ΔT_P 概念：在服役温度 T 下的预应变材料试样的临界 $CTOD$ 值可以由较低温度 $T-\Delta T_P$ 下的原材料试样的临界 $CTOD$ 值所代替。由该评定方法得出的 $\Delta\sigma_f^P-\Delta T_P$ 评定曲线与试验直接得到的结果基本一致。

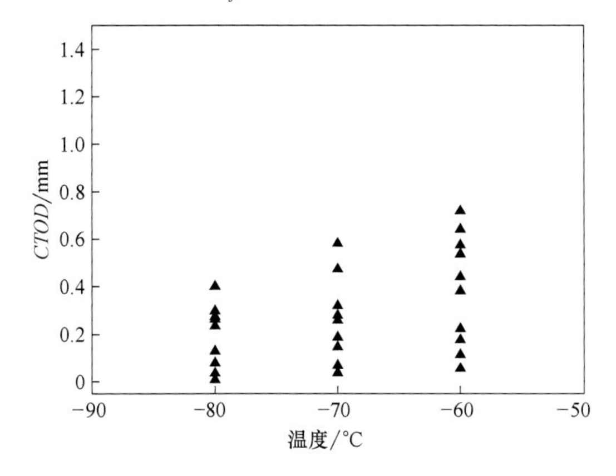

图 6-17 拉预应变对 X80 钢断裂韧度的影响

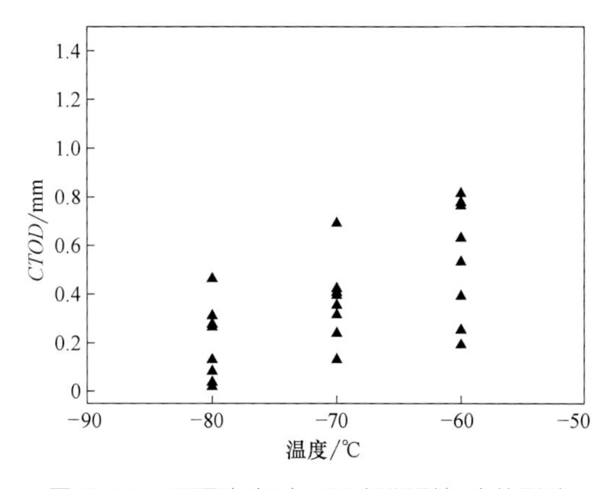

图 6-18 压预应变对 X80 钢断裂韧度的影响

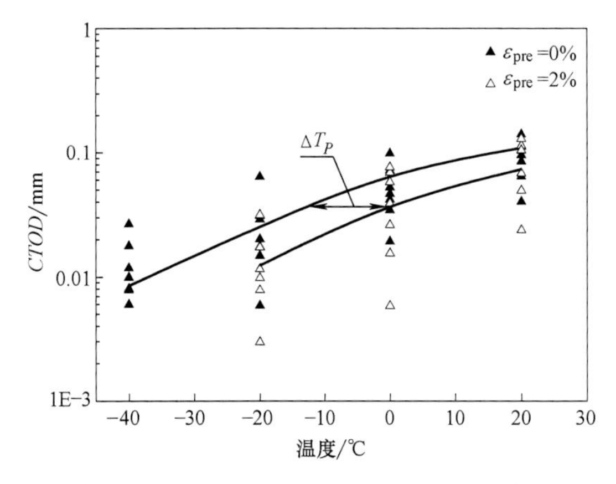

图 6-19 预应变对断裂临界 $CTOD$ 的影响

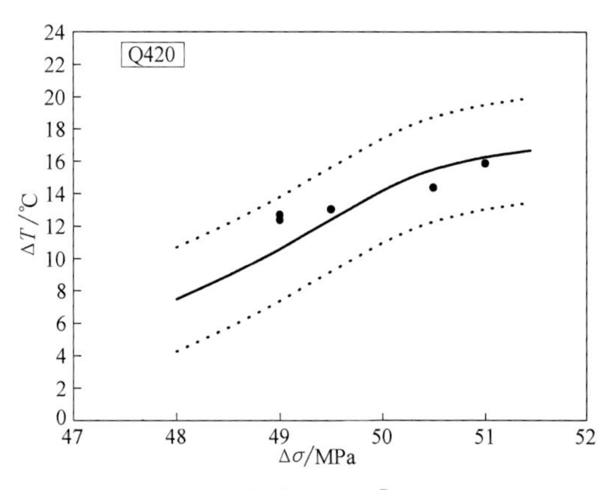

图 6-20 基于局部法的 $\Delta\sigma_f^P-\Delta T_P$ 评定关系

6.4.2 焊接接头疲劳评估与延寿

焊接处由于应力集中现象以及焊接部位可能会有夹渣、未熔合等焊接缺陷，疲劳裂纹容易从此处萌生和扩展，另外，焊接热量的输入导致焊肉和周围母材处材料组织发生变化，都有可能引起强度下降。因此焊接连接会大大降低整个结构的抗疲劳破坏性能，这使得焊接结构在工作期间常常在焊接处发生失效破坏，进而造成事故的发生。焊接结构中的疲劳断裂是焊接结构最主要的破坏形式之一，由于疲劳裂纹引起的结构失效断裂事故占总断裂事故的70%~80%。因此，对焊接接头进行疲劳评估，并以此来优化焊接结构与工艺，从而提高接头寿命的研究变得非常有意义。

1. 超高周疲劳

许多焊接结构在其设计寿命内高频低幅的应力循环可达到 10^7~10^{10}周次，按照传统理论，在这个区间焊接结构已经具备无限长的寿命，是不应该失效的，而实际上这些焊接结构却在不断地发生失效。现在各种焊接结构的疲劳规范都是基于 10^7周次以下的数据建立的。在超高周疲劳范围内，疲劳失效的主要原因是材料内部的非金属夹杂，特别是对夹杂物敏感的高强度钢。目前，国内外在超高周疲劳区域（10^7~10^9）的焊接接头疲劳性能的研究较少。天津大学在此领域进行了深入研究，自行研制了 TJU-HJ-I 型超声疲劳试验系统，通过对 Q235B 的母材和焊接接头的疲劳性能测试，发现 Q235B 母材和焊接接头在超高周次内仍然会发生断裂，其 *S-N* 曲线都是连续下降的，该结果对今后的焊接接头疲劳寿命设计具有重要意义。通过对 5A06 铝合金 TIG 焊焊接接头的疲劳性能研究，表明加载频率对 5A06 铝合金 TIG 焊接头的疲劳性能影响不大，如图 6-21 所示。

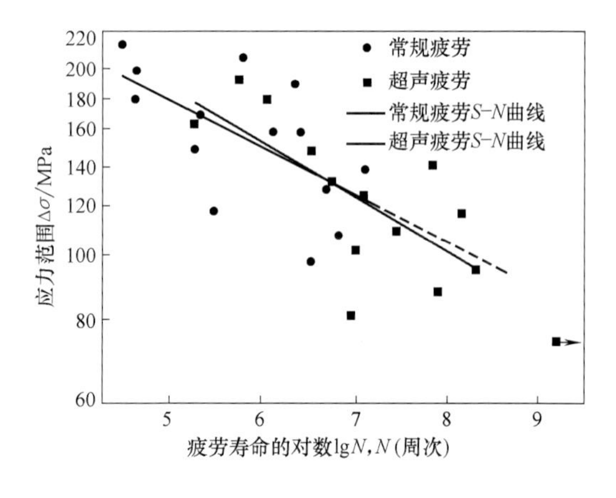

图 6-21 超声疲劳与常规疲劳的*S-N* 曲线对比

2. 超声冲击延寿

超声波冲击法提高焊接接头及结构疲劳强度的机理与锤击法和喷丸法基本一致。其成本低、方便灵活、噪声小、效率高且应用范围广，是一种理想的改善焊接接头疲劳性能的措施。天津大学在国内率先开展了大量研究工作，于 2000 年成功地自行研制了超声波冲击试验装置，对典型焊接结构钢进行了大量试验研究，结果发现经过超声处理后的焊接接头疲劳强度与寿命均比未超声处理下的性能有大幅提高，对于 X65 管线钢，疲劳强度相对提高 37.9%，疲劳寿命是未冲击试样的 1.85~11 倍，如图 6-22所示。对于 2A12 铝合金焊接接头超声冲击提高疲劳强度的研究表明，超声冲击处理使 2A12 铝合金焊接接头疲劳强度提高了 38.5%，如图 6-23 所示。

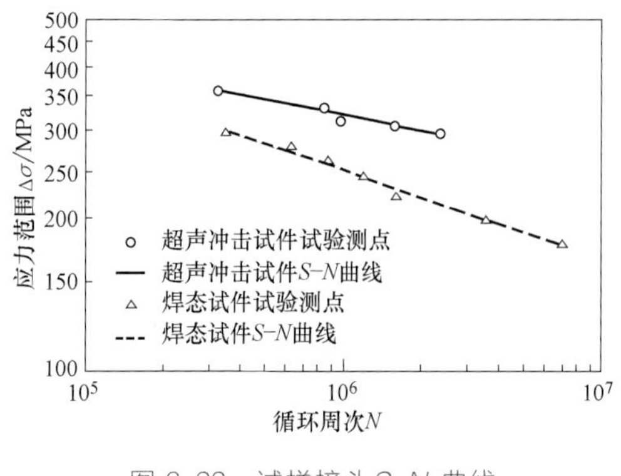

图 6-22 试样接头*S-N* 曲线

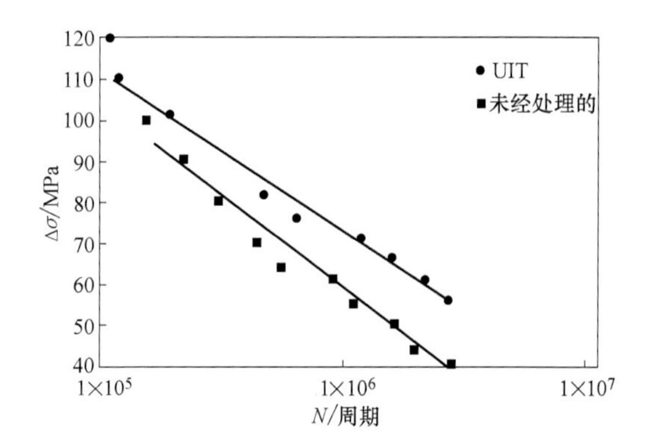

图 6-23 超声冲击对 2A12 铝合金焊接接头疲劳曲线的影响

3. LTTE 延寿

采用低相变点的焊条（Low Transformation Temperature Electrode），简称 LTTE，可以有效地提高焊接接头的疲劳强度和疲劳寿命。主要原理是通过焊缝金属马氏体相变体积膨胀使得焊缝金属及其邻近部分（主要是焊趾部位）获得残余压缩应力来达到这一效果。与其他提高焊接接头疲劳强度的工艺方法相比具有自身独特的优点和应用场合。天津大学对此进行了大量研究，2002 年在国内首先研制出低相变点焊条，并优化其熔敷金属的合金成分，其相变开始温度为 190℃，具有最大相变膨胀应变的合金成分为 9Cr-8.5Ni-1Mn，并在此基础上加入 Ti、V、Nb 和 Re 等合金元素提高其力学性能。疲劳试验结果表明，使用低相变点焊条的试样疲劳强度提高程度达 12%~60%不等，疲劳寿命提高 2~50 倍，进一步研究发现低相变焊条方法更适合具有高值残余拉应力纵向焊缝焊接接头疲劳强度的改善。2004 年在国内首先提出了用于提高焊接接头疲劳性能的低相变点焊条焊趾熔修技术，发现相比于 E5015 普通焊条，LTTE 焊条焊趾熔修技术可以有效地提高焊接接头的疲劳性能，结果如图 6-24 所示。2010 年研制出适用于不锈钢的低相变点药芯焊丝（LTTW），结果表明焊趾经 LTTW 熔修后，疲劳寿命可提高 8~23 倍，如图 6-25、图 6-26 所示。

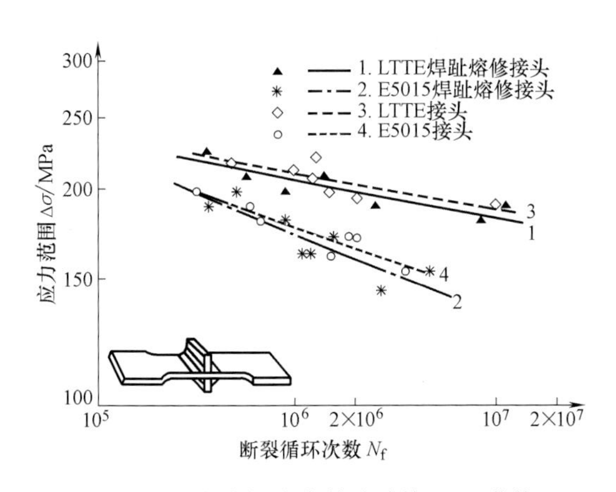

图 6-24　十字接头疲劳试验的 S-N 曲线

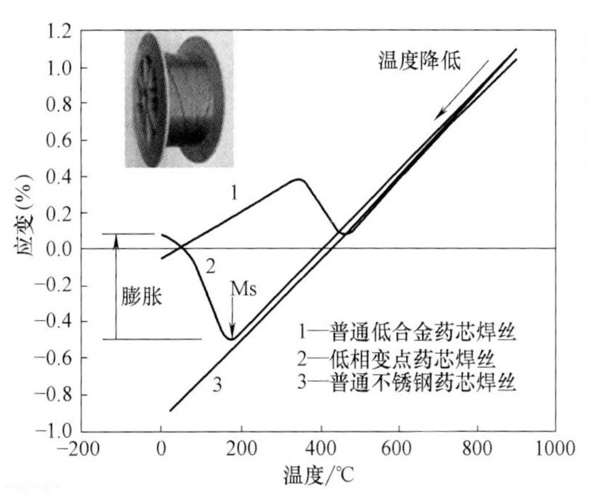

图 6-25　不锈钢低相变点药芯焊丝

6.4.3　焊接结构蠕变失效与断裂评估

1. 焊接接头蠕变失效

超超临界机组采用了大量新型的高等级耐热钢，焊接接头的可靠性是保证机组安全稳定运行的关键。

P92 钢在高温、高压长期服役下容易在焊接接头的细晶区发生典型Ⅳ形开裂，如图 6-27 所示。天津大学对此进行了长期研究，提出急热缓冷的焊接热循环导致细晶区中碳化物未能完全溶解，并在蠕变过程中长大，与新析出的碳化物一起造成细晶区蠕变性能下降，与细晶区中的高应力三轴度一起，成为焊接细晶区早期Ⅳ形蠕变开裂的推动力。P92 钢Ⅳ形蠕变开裂微观机制，

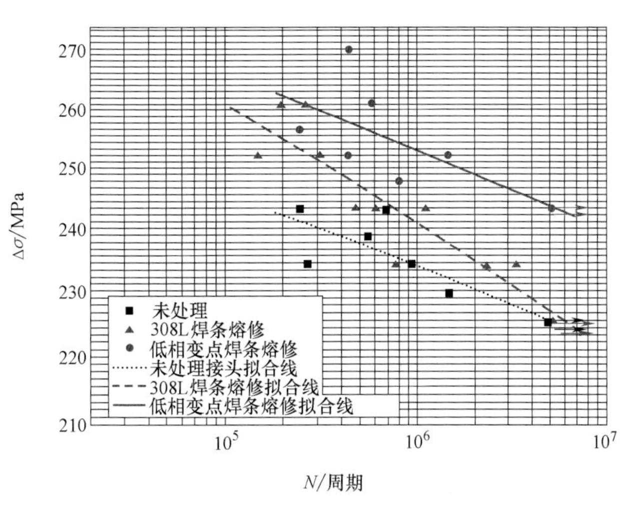

图 6-26　LTTW 焊趾熔修的 S-N 曲线

如图 6-28 所示。根据失效机理，天津大学提出了焊前多次短时正火处理、小坡口角度、小焊接热输入等有效降低早期失效倾向、延长服役寿命的焊接工艺方法，对超超临界机组建设具有重要意义和实用价值。

2. 蠕变断裂中的拘束效应

焊接接头中不可避免地存在气孔、夹渣、未熔合、未焊透、裂纹等焊接缺陷，在随后的长期使用过程中，缺陷在高温蠕变变形的作用下，经过一定的孕育期后，会不断长大，最终导致构件失效破坏。高温下材料会发生弱化，内部也会产生缺陷甚至形成微裂纹等，这些裂纹在高温长期服役情况下也会发生扩展，加速蠕变失效、降低构件的设计寿命。电力、化工、石油和冶金行业的设备均比较大，设备的更换会导致巨大的经济损失。因此，无法立即对所有含有缺陷的构件进行替换或维修，需要对含缺陷结构的剩余寿命进行预测评估，然后合理地安排构件更替。预测含缺陷构件的蠕变裂纹扩展寿命不仅可以为合理安排构件的维修策略提供理论依据，同时也是保证其高温结构完整性的重要手段。目前，对于含缺陷构件蠕变寿命的预测，大都采用加速试验条件下获得材料的蠕变裂纹扩展数据，依据常用的高温断裂力学理论进行预测。由于高温构件如超超临界发电机组的主蒸汽管道、联箱等，均具有比较大的壁厚，处于不同位置的缺陷，即使在相同条件下，裂纹扩展的难易程度也是不同的。而在试验条件下，标准试样的裂纹尖端具有固定的拘束程度，和实际构件存在一定的差异性。

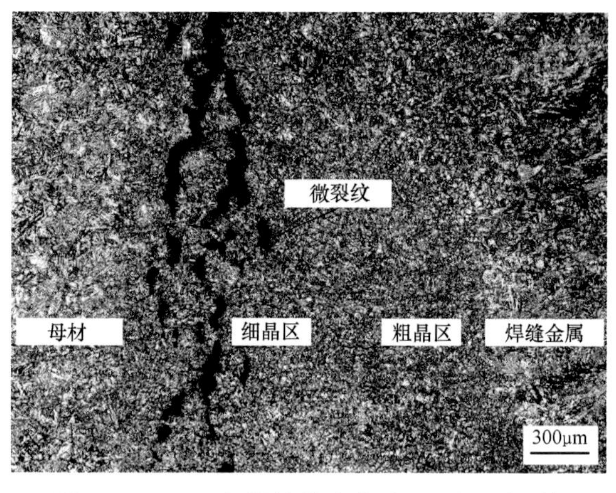

图 6-27　P92 钢焊接接头典型 IV 形开裂形貌

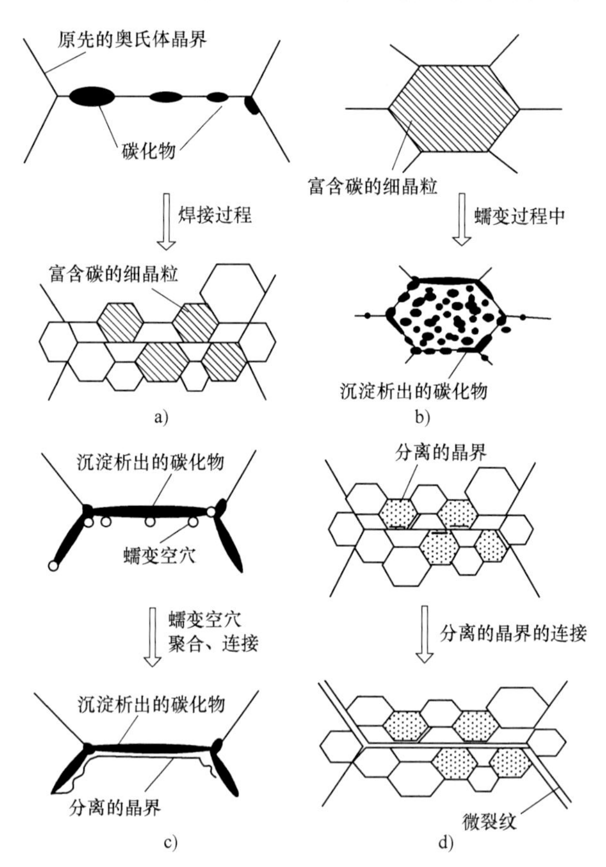

图 6-28　P92 钢 IV 形蠕变开裂微观机制

a）焊接热循环中原先奥氏体晶粒边界上碳化物的溶解与高碳马氏体细晶粒的形成　b）蠕变中高碳马氏体细晶粒中碳化物的沉淀析出　c）蠕变空穴的形成、聚合及晶界的分离　d）微裂纹的形成

目前常用的标准和规范对于蠕变裂纹扩展行为的预测中，均没有考虑拘束的影响，仍是采用单一的参量 C^* 对缺陷结构进行评定，导致评估结果不准确，从而导致不必要的维修或者重大的安全隐患。因此，考虑拘束状态对材料高温断裂韧性以及蠕变裂纹扩展能力的影响，完善现有的含缺陷结构的高温完整性评定方法，以实现更为准确的缺陷安全评定，减少过多的保守性和危险性，是非常必要的。

为了实现上述目标，就需要对高温下的“拘束效应”进行定量化研究，弄清楚拘束程度对裂纹尖端的应力场和应变场的影响规律。天津大学系统性研究了裂纹深度变化、试样厚度和试样几何形式变化下蠕变裂纹扩展行为，利用不同深度的 CT 试样、不同厚度的 CT 试样以及 CT、CST、MT、SENT、SEN B 和 DENT 不同的试样形式，发现裂纹深度、试样厚度和试样几何形式变化将引起焊接接头蠕变裂纹扩展行为发生变化，同样的 C^* 水平下，不同试样表现出不同的蠕变裂纹扩展行为。基于详细的试验和有限元数值模拟分析，使用 Q 参量表征裂纹尖端的拘束效应，并提出了基于 C^*-Q 双参量的蠕变裂纹扩展速率预测模型，与标准现行方法相比，预测精度可以提高 6 倍，如图 6-29 和图 6-30 所示。

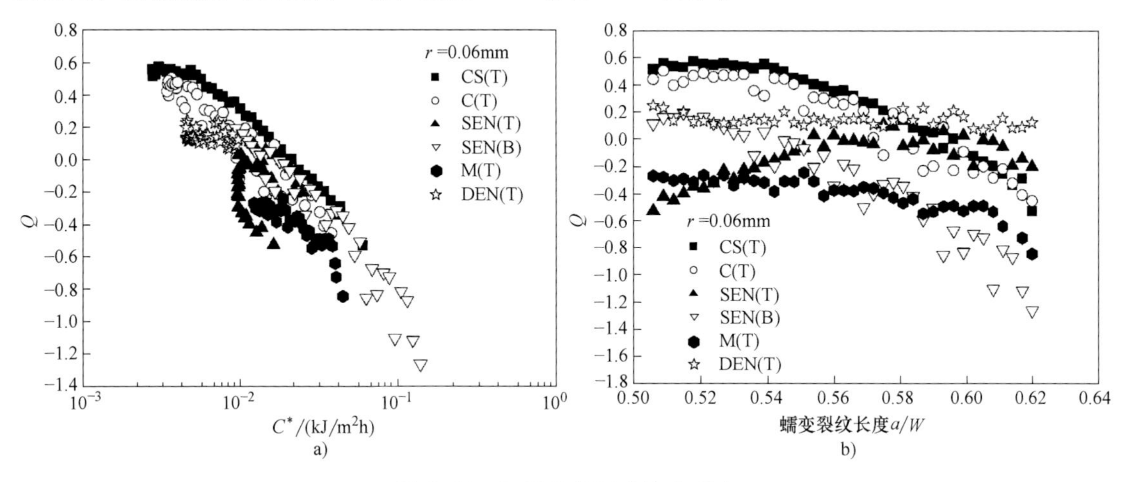

图 6-29　不同几何形式的 Q 分布

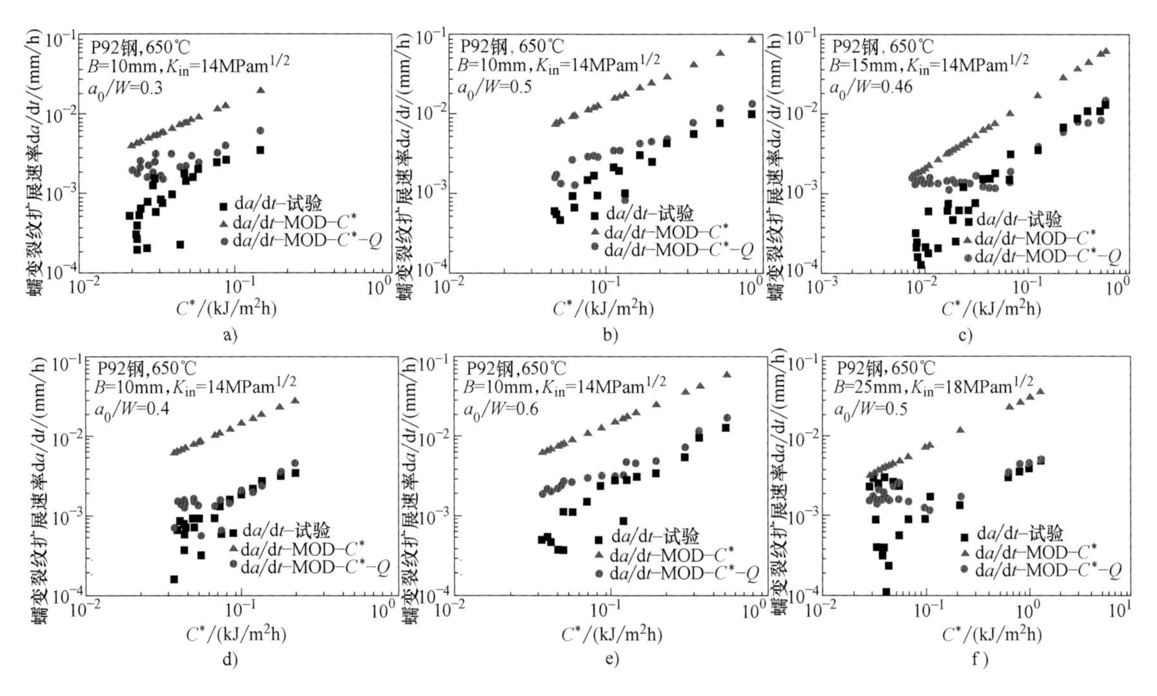

图 6-30　基于 C^* -Q 双参量的蠕变裂纹寿命预测

a) $B=10\text{mm}$，$a_0/W=0.3$　b) $B=10\text{mm}$，$a_0/W=0.4$　c) $B=10\text{mm}$，$a_0/W=0.5$

d) $B=10\text{mm}$，$a_0/W=0.6$　e) $B=15\text{mm}$，$a_0/W=0.46$　f) $B=25\text{mm}$，$a_0/W=0.5$

3. 蠕变断裂中的残余应力效应

实际高温管道承受应力主要分为主应力和二次应力。主应力主要是管道的内压、自重或者其他部件导致的拘束应力；二次应力主要是材料内部不匹配产生的自平衡内应力，如热应力和残余应力。其中，管道焊接接头中的残余应力具有较大影响，会影响裂纹扩展的驱动力和裂纹尖端的拘束程度，进而影响管道寿命，并且由于残余应力在蠕变变形和裂纹扩展中发生释放和再分布，使得残余应力效应更加复杂。天津大学利用面外压缩法在 P92 钢 CT 试样裂纹尖端制备了拉伸残余应力场，通过蠕变裂纹扩展试验证明引入残余应力后，蠕变裂纹扩展速率明显提高，又发现在残余应力与拉伸载荷的共同作用下，试样缺口尖端蠕变变形相比于两者单独作用时有了明显的提高，但并不是两者单独作用时的简单叠加。通过改进初始应力强度因子计算方法，从而提高了基于参考应力的 C^* 计算方法的精度，预测精度提高了 3 倍，如图 6-31 所示。

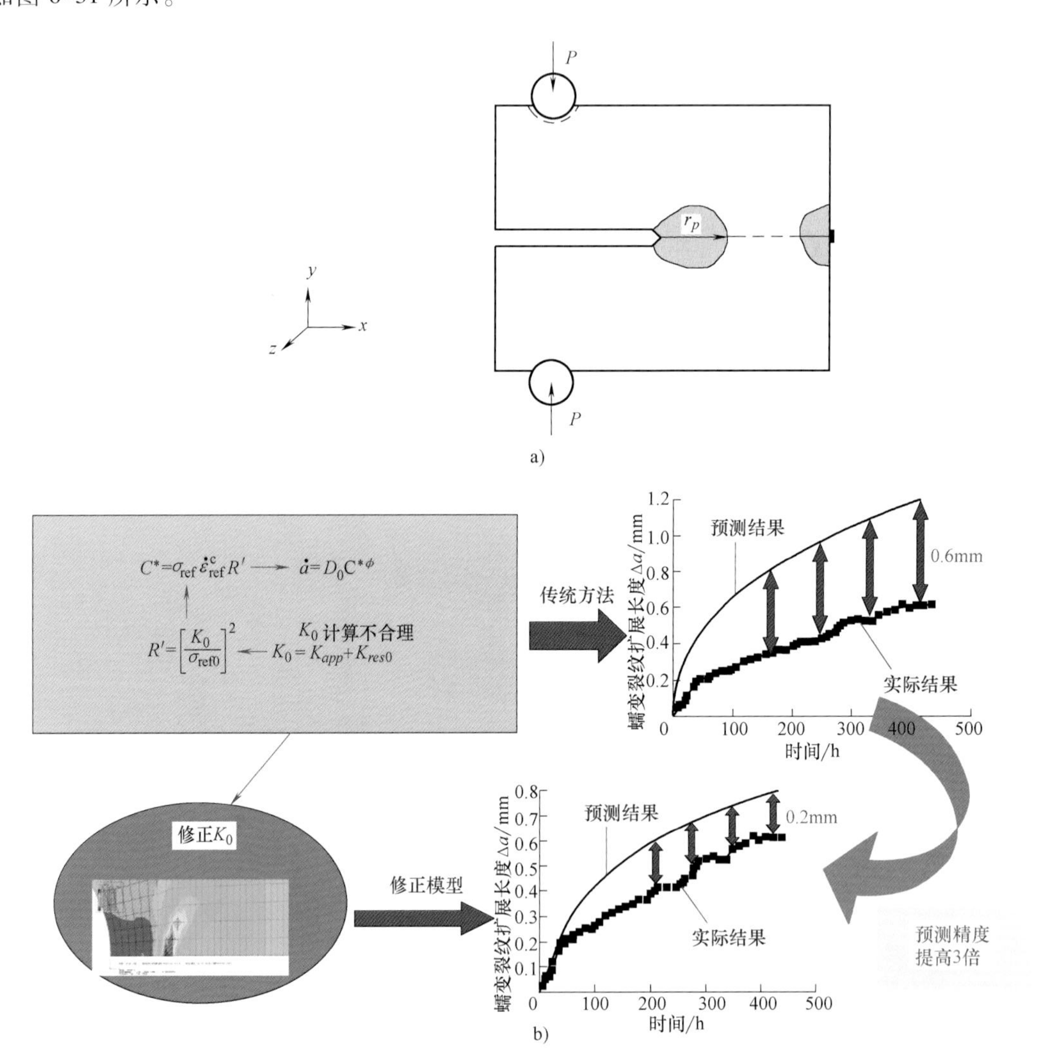

图 6-31　蠕变断裂的残余应力效应研究

a）拉伸残余应力制备方法　b）改进的残余应力下蠕变裂纹扩展速率预测方法

4. 体积缺陷的蠕变裂纹萌生寿命

目前国内外高温下缺陷评定标准没有专门针对体积缺陷的评定方法。若参照基于弹塑性安定分析提出的免评条件，不能考虑体积缺陷附近的蠕变损伤累积，可能导致偏于危险的评估结果；若按照现有断裂评估标准表征为裂纹，评估结果可能过于保守，导致不必要的返修或更换。因此，体积缺陷的高温寿命评估一直是困扰电厂运行管理部门的难题。天津大学对此提出了体积缺陷蠕变裂纹萌生孕育期内平均等效应力的物理参量，该参量与蠕变裂纹萌生时间成对数线性关系，从而建立管道内体积缺陷的蠕变裂纹萌生寿命的预测模型，形成基于蠕变损伤累积原理的体积缺陷等效裂纹化方法。图 6-32 所示为 P92 管道内球形缺陷蠕变裂纹萌生寿命与表征管道尺寸、缺陷尺寸和位置的中间参量 X 的关系；图 6-33 所示为 P92 管道焊缝中球形缺陷蠕变裂纹萌生寿命与管道径厚比的关系；图 6-34 所示为 P92 管道焊缝中长条形缺陷蠕变裂纹萌生寿命与表征管道尺寸、缺陷尺寸和位置的中间参量 X 的关系。

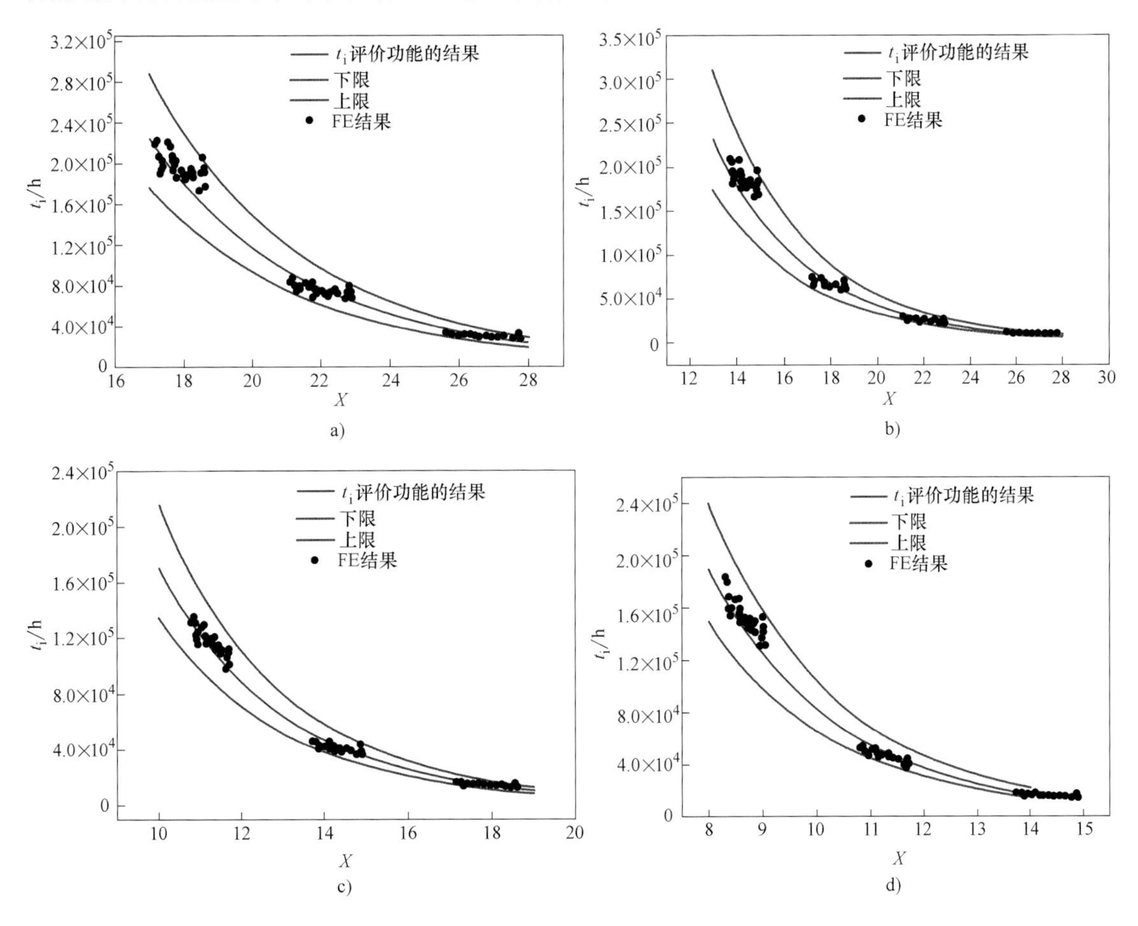

图 6-32　P92 管道内球形缺陷蠕变裂纹萌生时间与X 的关系

a）管道内压为 28MPa　b）管道内压为 30MPa　c）管道内压为 33MPa　d）管道内压为 35MPa

5. 在役设备焊接接头蠕变性能微损伤检测技术

焊接接头在高温、高压下长期服役，受到拘束应力、热应力、腐蚀、化学等因素的作用，材料会发生劣化，性能下降，缩短设备的使用寿命。因此，为了保证在役结构的安全、稳定运行，在金属部件监督或寿命评估过程中，需要对服役材料进行性能分析和微观组织结构分析。

目前常规的评估在役设备材料性能的方式主要有：传统无损检测方法和取样试验方法。这两种方法都一直在在役设备评估中发挥着作用，但两者各自有其局限性。传统无损检测方法如覆膜金相和里氏硬度计，虽然操作简单、无损，但是所知的信息量有限，也不足够精确，

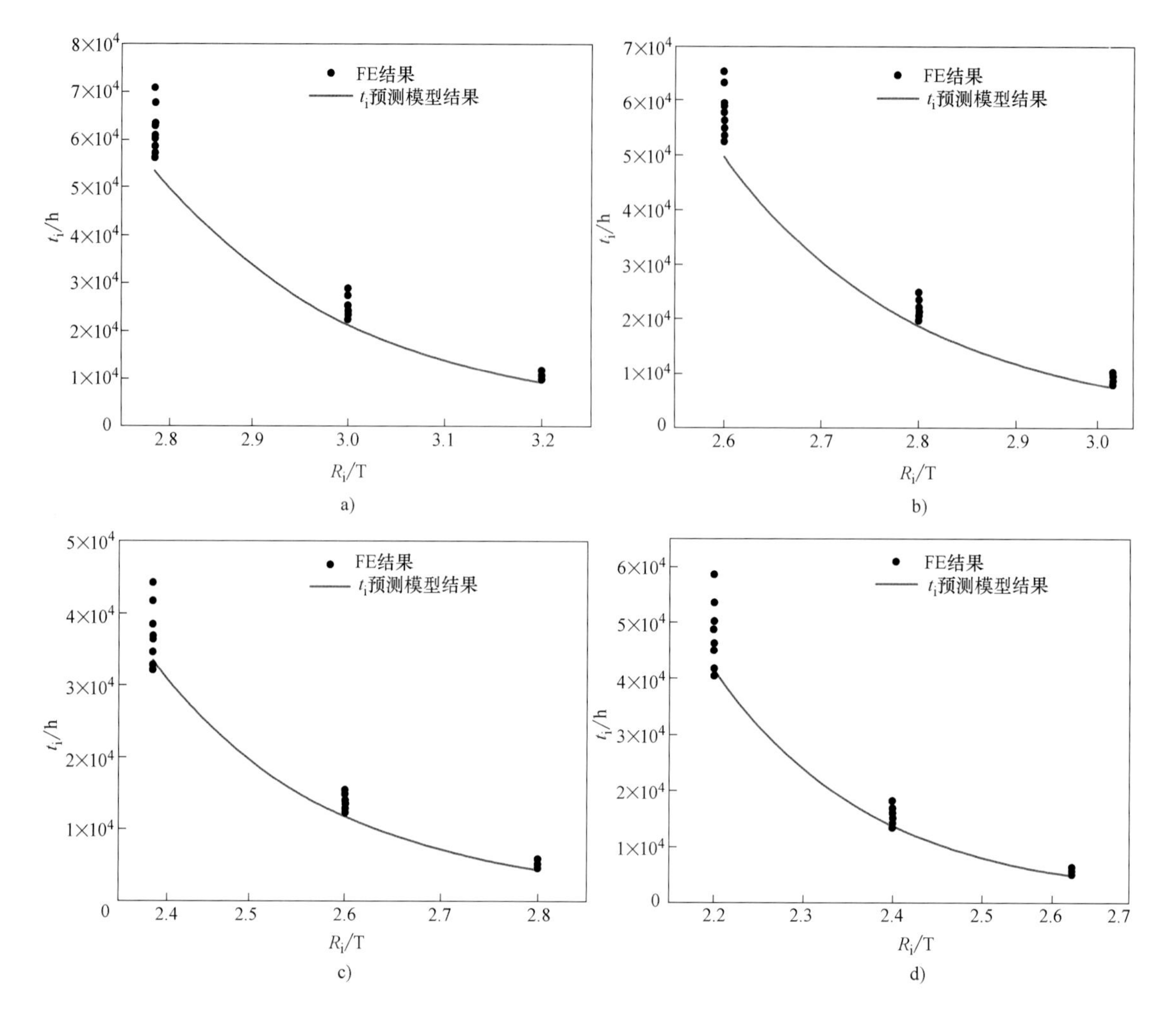

图 6-33　P92 管道焊缝中球形缺陷蠕变裂纹萌生寿命与管道径厚比的关系

a）管道内压为 28MPa　b）管道内压为 30MPa　c）管道内压为 33MPa　d）管道内压为 35MPa

尤其是近年来随着工艺装置向高温、高压趋势发展，带来大量新型材料的应用，这些新材料使用时间短，对其材料性能把握不是很充分，传统的金相分析在老化评估方面已不能满足要求，需要 TEM、SEM 等更深一步的微观组织分析。传统取样试验法为了评估在役设备服役后的材料性能，往往采用破坏性试验，即要获得材料性能在长期高温、高压运行后的材料劣化状况，就需要从在役设备上截取足以完成性能试验的一块试验段。这种方法虽然可以获得材料服役后各种性能参数，但对大多数设备来说，这种做法是不允许的；此外破坏取样后还需要采用焊接方法修复，容易引起附加的二次危害，严重制约了在役设备材料性能评估技术的应用。为了评估在役设备材料性能演变，需开发只对结构造成微损伤而比降低结构服役安全的取样、性能检测技术装备体系，如图 6-35 所示。

天津大学自行研制了便携式微创取样机和微损伤小冲孔蠕变试验机，可以针对在役部件，制备微小尺寸试样，对设备损伤小，实现了在役部件的材料性能测试，如图 6-36~图 6-38 所示。图 6-39、图 6-40 是天津大学基于微创蠕变试验技术，针对 P92 钢焊接接头不同微区（包括母材、焊缝、细晶区、粗晶区）蠕变性能进行了测量，获得了焊接接头各微区的蠕变性能，并建立了微试样结果与标准蠕变试样结果之间的转化关系。

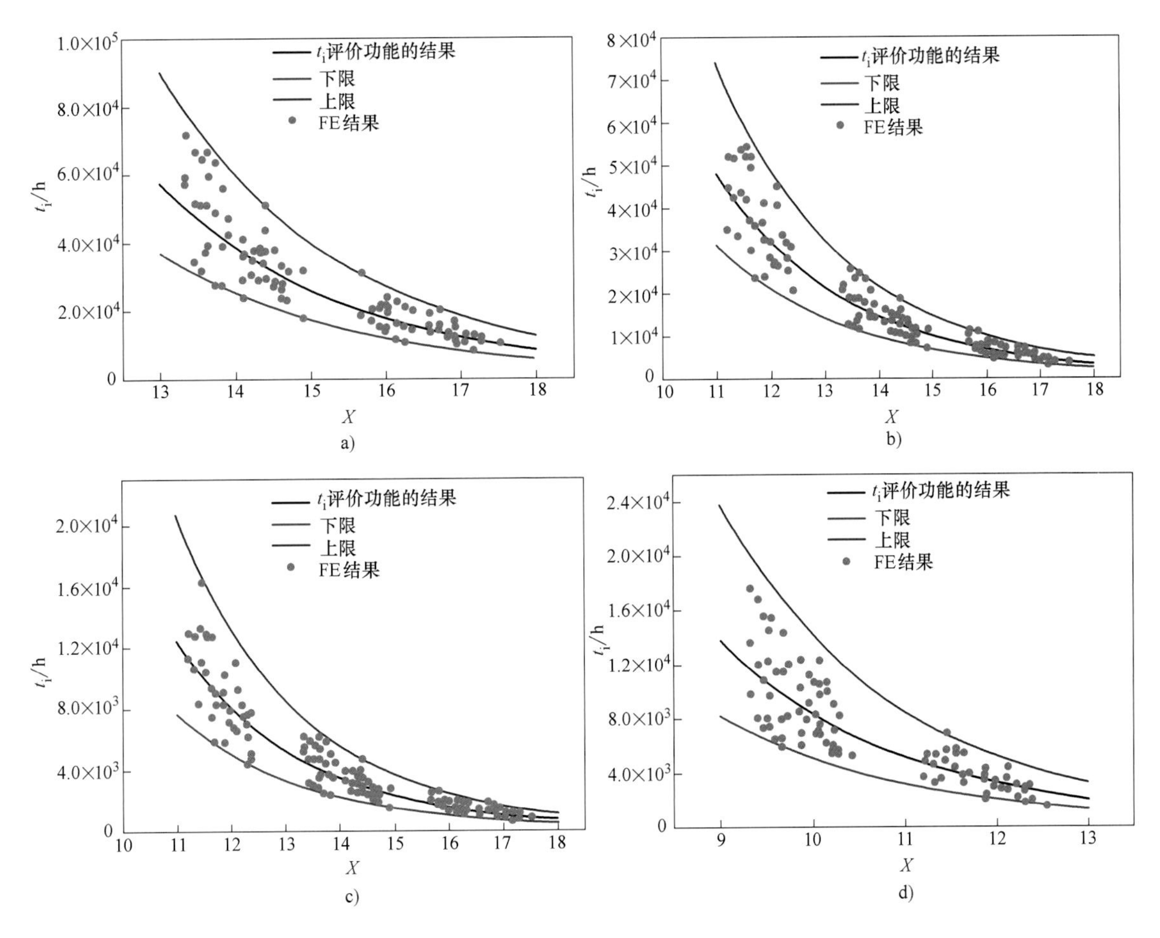

图 6-34　P92 管道焊缝中长条形缺陷蠕变裂纹萌生寿命与X 的关系

a）管道内压为 28MPa　b）管道内压为 30MPa　c）管道内压为 33MPa　d）管道内压为 35MPa

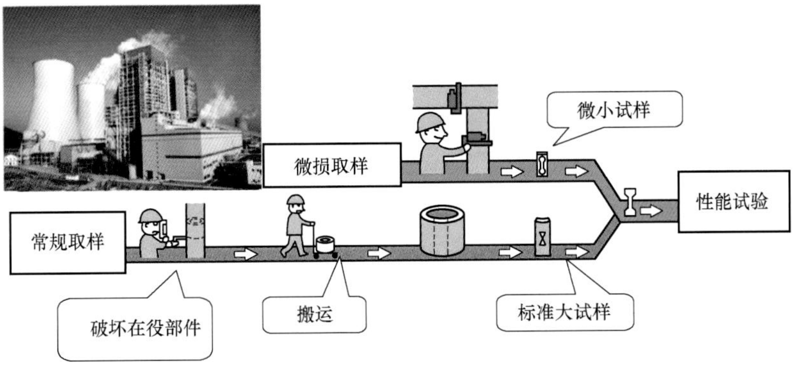

图 6-35　在役部件性能测试示意图

6. 高温下含缺陷结构寿命评估软件及应用

天津大学参考 R5、BS7910 等国际主流标准和相关研究成果，针对超超临界火电机组高温管道，开发了寿命评估软件，便于电厂技术人员的快速便捷使用，目前已经在国内 3 个电厂全面应用，利用该评估程序为国内二十余家电厂进行了缺陷评估。图 6-41 所示为神华国华徐州发电公司开发的寿命评估软件。

图 6-36　便携式微创取样机工作图

图 6-37　微创取样机取样图

图 6-38　微损伤小冲孔蠕变试验机及微试样

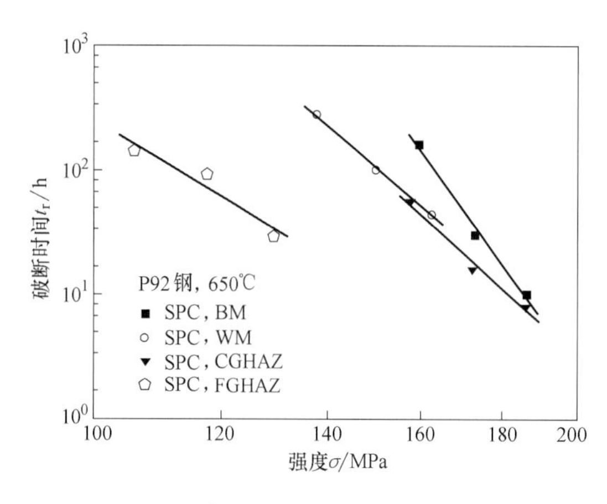

图 6-39　小冲孔蠕变试验获得 P92 焊接接头各微区的应力和破断时间的关系

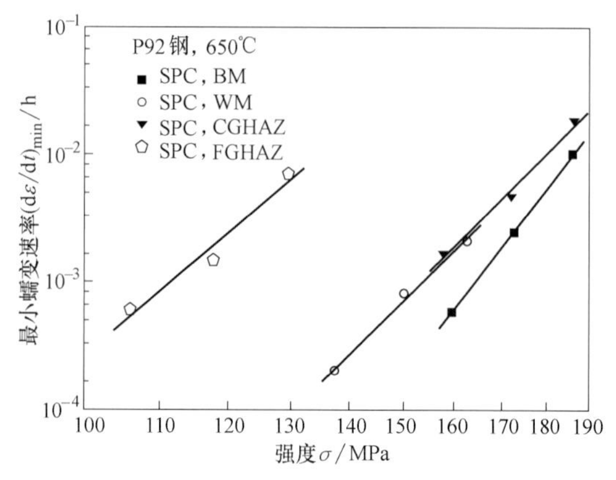

图 6-40　P92 钢焊接接头各微区的最小蠕变速率和应力的关系

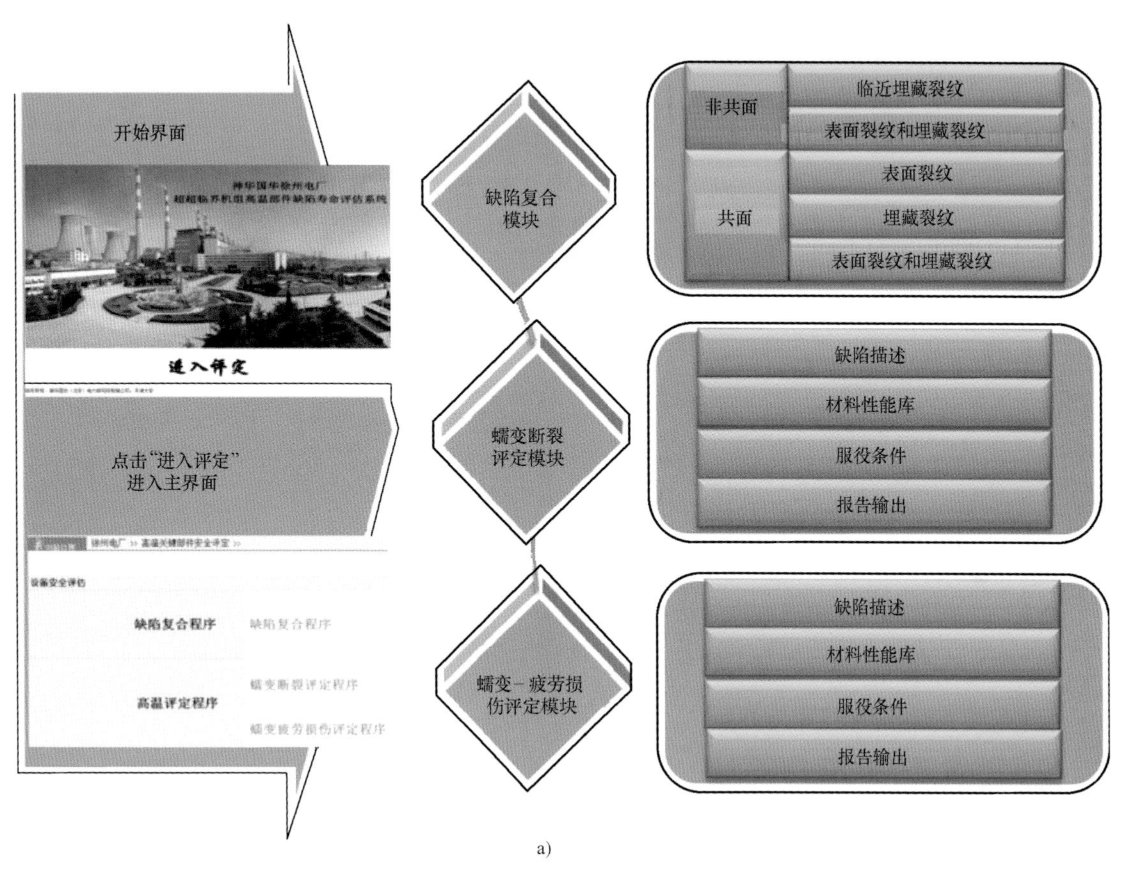

a)

选择材料类型

◉ 母材

○ 焊缝（需要考虑残余应力）

材料名称 [▾] 新增 保存 删除

材料数据库

温度/℃	力学性能参数			温度/℃	蠕变断裂扩展速率参数		
▾	屈服强度	弹性模量	泊松比	▾	Do	Φ	$\dot{a}=D_0(C^*)^\phi$
新增 保存 删除				新增 保存 删除			

温度/℃	应力与断裂时间关系参数			温度/℃	Norton方程参数		
▾	l	m	$\sigma=At^B$ 取对数得：$\lg\sigma=\lg A+B\lg t$ 标准变为：$y=l+mx$	▾	B	n	$\dot{\varepsilon}^c=B\sigma^n$
新增 保存 删除				新增 保存 删除			

提示：若误删数据源 点 数据源

b)

图 6-41　寿命评估专家系统

a）主界面　b）材料性能界面

报告输出	构件尺寸	[illegible]
	运行参数	运行温度：610℃；　内压：28.84MPa
		累计运行时间：20000h；　继续运行时间：50000h
	焊接因素	焊接方法：手工焊(角度<40)
		混合热影响区微观组织因子(α)：1.5；　焊接重分布因子(K)：1.0
	材料性能数据	应力与断裂时间关系参数:l=2.36749；　m=-0.06988
		蠕变本构关系参数:B=3.1648E-64；　n=22.5
		蠕变裂纹扩展速率参数:Do=0.01904；　Φ=0.5251
	评定结果	参考应力：103.701MPa
		剩余寿命：87891.468h
		累计运行时间超过孕育期，缺陷进行高温蠕变扩展，但在继续服役时间内裂纹的扩展量是可接受的，结构安全
	备注	

进行评定　　重置

c)

图 6-41　寿命评估专家系统（续）

c）评估结果界面

参考文献

[1] Zhang Jianxun, Song Xu, Zheng Li. Investigation into plastic damage behavior of the CO_2 laser deep penetration welded joint for Ti-6Al-4V alloy [J]. Engineering Fracture Mechanics, 2012, 83: 1-7.

[2] Liu C, Zhang J X, Xue C B. Numerical investigation on residual stress distribution and evolution during multipass narrow gap welding of thick-walled stainless steel pipes [J]. Fusion Engineering and Design, 2011, 86 (4-5): 288-295.

[3] Deng D, Murakawa H, Liang W. Numerical simulation of welding distortion in large structures [J]. Computer Methods in Applied Mechanics and Engineering, 2007, 196 (45-48): 4613-4627.

[4] Liu C, Zhang J X. Numerical simulation of transient welding angular distortion with external restraints [J]. Science and Technology of Welding & Joining, 2009, 14 (1): 26-31.

[5] 赵智力. 基于等承载能力原则的高强钢低匹配焊接接头设计 [D]. 哈尔滨：哈尔滨工业大学, 2009.

[6] 王佳杰. 低匹配焊接接头弯曲等承载设计及随焊整形 [D]. 哈尔滨：哈尔滨工业大学, 2015.

[7] 王涛. 基于断裂参量 K 因子的焊接接头等承载设计 [D]. 哈尔滨：哈尔滨工业大学, 2012.

[8] 相婧宇. 冲击载荷下高强钢等承载焊接接头设计 [D]. 哈尔滨：哈尔滨工业大学, 2012.

[9] Zhao Lei, Xu Lianyong, Jing Hongyang, Han Yongdian, et al. Investigation on mechanism of type IV cracking in P92 steel at 650℃ [J]. Journal of Materials Research, 2011, 26 (07): 934-943.

[10] Zhao Lei, Xu Lianyong, Jing Hongyang, Han Yongdian, et al. Evaluation of constraint effects on creep crack growth by experimental investigation and numerical simulation [J]. Engineering Fracture Mechanics, 2012, 96: 251-266.

[11] Zhao Lei, Xu Lianyong, Jing Hongyang, Han Yongdian, et al. Effect of residual stress on creep crack growth behavior in ASME P92 steel [J]. Engineering Fracture Mechanics, 2013.

[12] Zhang W. Xu Lianyong, Jing Hongyang, Zhao Lei, et al. Numerical investigation of creep crack initiation in P92 steel pipes with embedded spherical defects under internal pressure at 650℃ [J]. Engineering Fracture Mechanics, 2015, 139: 40-55.

[13] Zhao Lei, Xu Lianyong, Jing Hongyang, Han Yongdian, et al. Evaluating of creep property of distinct zones in P92 steel welded joint by small punch creep test [J]. Materials & Design, 2013.

第7章　熔　化　焊

都东　常保华　蔡志鹏　齐铂金　唐新华　华学明
焦向东　薛龙　王威　杨战利　陈树君　冯吉才

近20年来，在中国的高等学校和研究院所中持续开展着熔化焊（以弧焊为主）技术的研发。这些工作为国内众多焊接设备制造企业提供了技术支撑，同时有些研发工作还直接面向国民经济建设领域（航天工程、海洋工程、石化设施建设、电站装备制造等），以下只是熔化焊技术和装备研发工作及其工程应用的若干范例。

7.1　大功率固体激光-熔化极双电弧复合焊接技术及装备

哈尔滨焊接研究所针对高强度钢结构开展了大功率固体激光-熔化极双电弧复合焊接技术研究。图7-1所示为国内首台用于工程机械领域全地面起重机伸臂（屈服强度为960~1300MPa级高强度钢，厚度为6~14mm，长度为8~14m）焊接的固体激光-双丝熔化极气体保护电弧复合焊接专用装备。与常规的GMA焊接方法相比，单面焊双面成形良好，不再需要手工背面封底或补焊；焊接效率可提高1~2倍；焊接变形降低40%~60%。图7-2所示为用于履带式起重机转台（屈服强度为550~960MPa级高强度钢，厚度为30~60mm，长度为9~13m，质量为12~51t）焊接的机器人大功率固体激光-双丝熔化极气体保护电弧复合焊接专用装备。图7-3所示为用于煤机行业刮板输送机中部槽（抗拉强度为1400MPa级高强度钢，厚度为40~55mm）焊接的大功率固体激光-熔化极气体保护电弧复合焊接专用装备。该新技术提高了厚大构件焊接质量的稳定性，显著降低了劳动强度。

图7-1　全地面起重机伸臂固体激光-双丝熔化极电弧复合焊接装备及焊枪

图7-2　履带式起重机转台机器人大功率固体激光-双丝熔化极电弧复合焊接专用装备

图7-3　刮板输送机中部槽大功率固体激光-熔化极电弧复合焊接专用装备

7.2 超声复合电弧方法及物理特性研究

哈尔滨工业大学针对目前超声振动与焊接复合过程中的问题：焊接电弧声学属性未知和熔池金属晶粒细化不明显，提出变振动频率的双脉冲复合焊接技术，如图 7-4 所示。通过峰值载热、基值载声，实现超声能量有效传递，解决钛合金、铝合金等焊接过程中晶粒粗大及气孔问题，同时该方法可以有效提高常规钨极氩弧焊的焊接熔深，如图 7-5 所示。

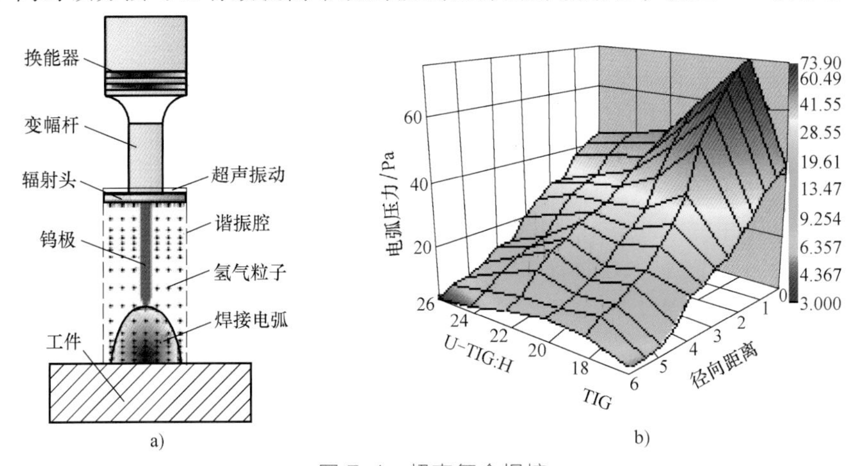

图 7-4 超声复合焊接

a）超声复合电弧示意图 b）复合电弧空间压力分布

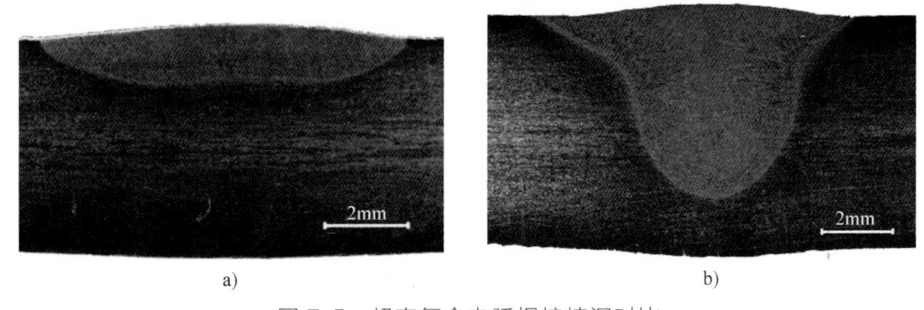

图 7-5 超声复合电弧焊接熔深对比

a）常规 TIG b）超声 TIG

将该超声与电弧的耦合作用引入到水下焊接中，对水下焊接的电弧气囊实现了“反悬浮”，抑制了气囊破裂，解决了水下湿法焊接电弧稳定性差、焊接不连续等质量问题。在超声作用下（$H=30\sim100$mm）电弧稳定燃烧，焊缝成形连续，如图 7-6 所示。

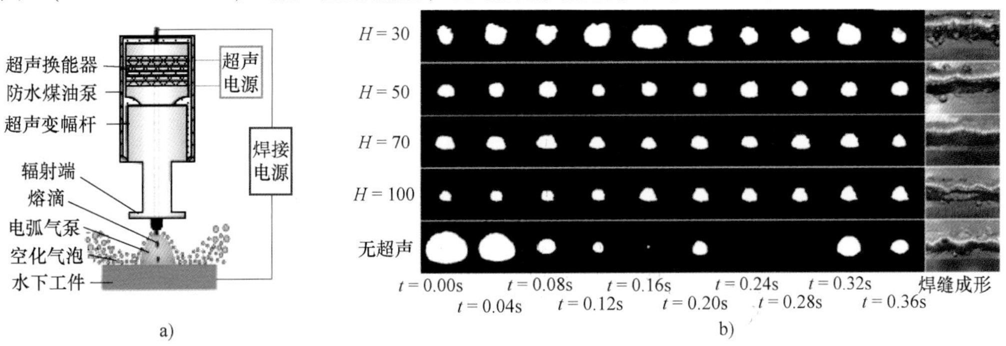

图 7-6 超声复合电弧水下湿法焊接

a）超声复合水下湿法焊接原理图 b）超声作用下电弧稳定燃烧及焊缝成形

7.3 超音频方波大功率脉冲焊接电源技术及装备

北京航空航天大学发明了高频脉冲切换电路、恒流源电路串并联复合主电路拓扑，实现了超音频方波大功率脉冲电流的快速变化与控制。创新性地研发了一种新型的变极性全桥逆变电路及其驱动控制技术，实现了变极性电流快速极性变换（$di/dt \geq 50\ A/\mu s$），提高了变极性电弧的稳定性。基于上述研究工作，在世界上首次实现了超音频方波大功率直流脉冲 TIG 焊接、超快变换方波复合超音频大功率脉冲电流变极性 TIG 焊接新技术，其原理框图如图 7-7 所示，超音频方波大功率脉冲焊接电源及焊接系统如图 7-8 所示。将该技术应用于高强度铝合金、钛合金，高强度钢及高温合金等材料的焊接中，其独特的电弧超声及高频效应可有效清除焊缝气孔等缺陷，细化晶粒，有效提高了接头的力学性能。

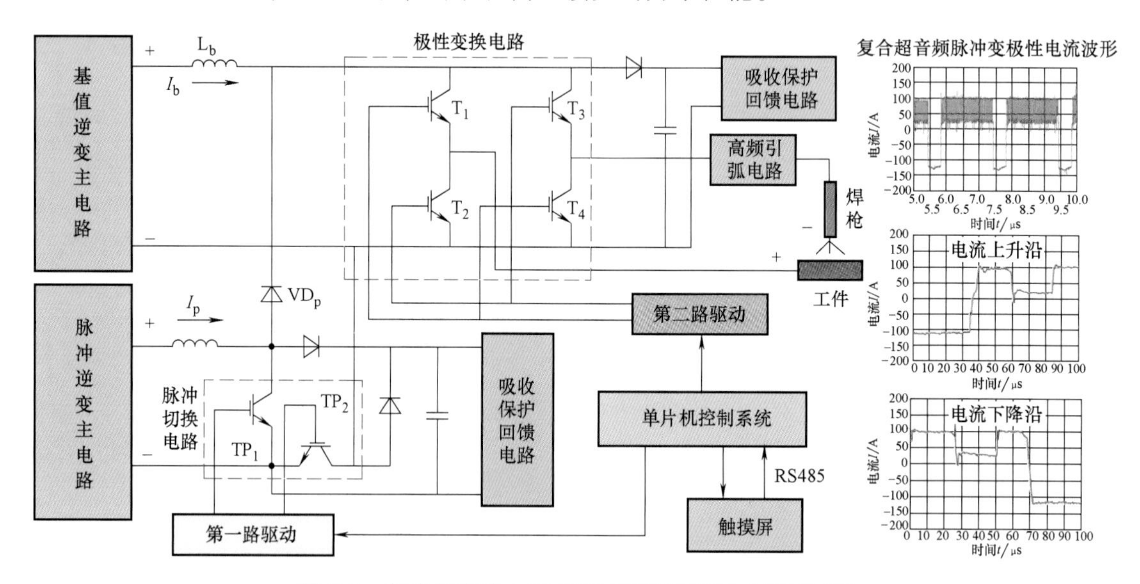

图 7-7 超音频方波大功率脉冲焊接电源技术原理框图

图 7-8 超音频方波大功率脉冲焊接电源及焊接系统

超音频方波大功率脉冲弧焊技术已成功应用于滑油箱、航空器钛合金构件等航空航天关键结构部件的焊接制造中，焊缝质量达航标 I 级焊缝要求。“超音频方波大功率脉冲焊接电源技术”获国防技术发明奖（2014 年），相关研究累计发表 SCI/EI 论文 60 余篇，获国家发明专利 6 项，超音频方波大功率脉冲焊接电源已投入批量生产。超音频方波大功率脉冲弧焊技术的典型应用如图 7-9 所示。

a) b) c)

图 7-9 超音频方波大功率脉冲弧焊技术典型应用
a）航空器钛合金构件 b）滑油箱 c）铝合金增材制造

7.4 变极性等离子弧穿孔焊接工艺及装备

变极性等离子弧（VPPA）穿孔立焊技术综合了“变极性焊接”“等离子弧焊接”和“穿孔焊接”的优点，利用铝为负极的“阴极破碎”作用清理氧化膜，同时为解决液相铝合金黏性小、熔池不易保持的问题，采用垂直向上立焊方式，用先凝固的焊缝“托住”熔池。这样，等离子射流直接穿透被焊工件，形成一个贯穿工件厚度方向的小孔。随着小孔的垂直向上移动，熔融金属沿孔壁向下流淌形成焊缝。中等厚度的铝合金在不开坡口、不需背面强制成形保护条件下，可以实现单面一次焊双面良好成形。铝合金的 VPPA 穿孔立焊工艺使熔融金属向下流淌，扩大了熔池液相金属表面积，大幅增加了气泡的溢出机会，焊缝气孔率极低，被称为“无缺陷焊接工艺”。变极性等离子弧焊过程如图 7-10 所示。

图 7-10 变极性等离子弧焊过程

VPPA 穿孔立焊技术一直受到国外的重重封锁，北京工业大学从 1998 年起就自主立项开展 VPPA 穿孔焊接电源及工艺的研究工作，攻克了大功率逆变焊接电源的可靠性设计和 VPPA 焊接过程的过零稳弧和双弧抑制、穿孔熔池稳定控制、闭合曲线焊缝的起弧收孔等关键技术，开发完成自主知识产权的大型薄壁壳体结构变极性等离子穿孔立焊专用焊接机床系统，2009 年成功用于“天宫一号”主体结构的焊接，如图 7-11 所示，为我国载人航天工程空间交会对接试验顺利实施做出了贡献，该成果获 2015 年度国家科学技术进步二等奖。

图 7-11　大型航天器舱体结构焊接现场

7.5　摆动电弧窄间隙横焊技术

上海交通大学针对大厚板生产制造过程中采用双层板叠合封边焊接再加热轧合工艺的需要（见图 7-12），开展了摆动电弧窄间隙横焊技术的研究。自主设计研发了扁平结构的摆动电弧窄间隙 GMAW 焊枪，采用内外双重气体保护，电弧摆动频率和幅度无级可调，充分保证了焊接过程的稳定，焊枪结构示意图如图 7-13 所示。

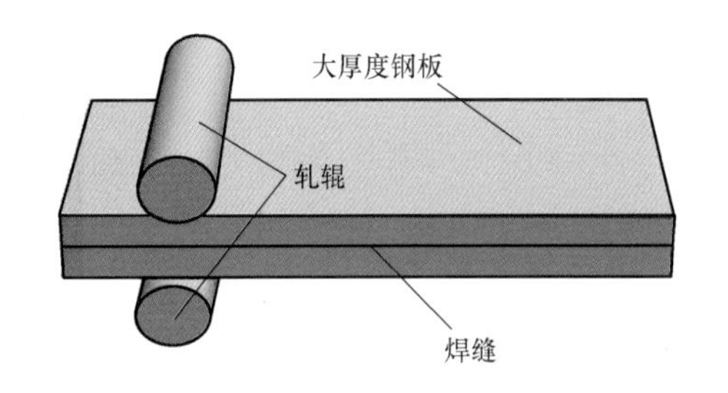

图 7-12　大厚板封边焊接轧合示意图

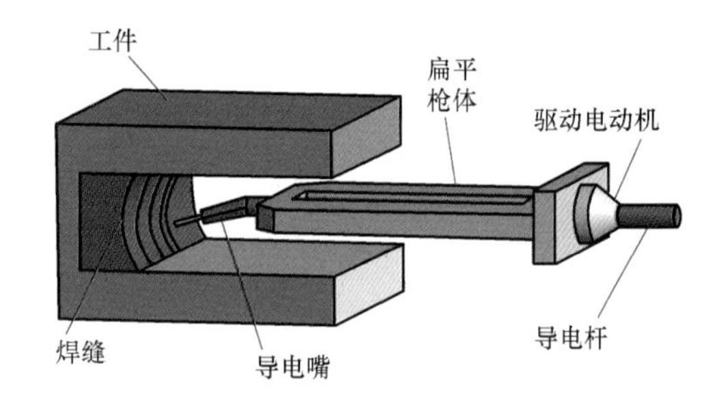

图 7-13　摆动电弧窄间隙横焊示意图

该焊枪结构在焊接过程中可以通过调节电弧的摆动频率和摆动幅度，配合脉冲焊接参数，控制窄间隙横焊的熔滴过渡和焊接熔池形状，具有良好的焊缝成形与侧壁熔合，可靠的缺陷控制以及良好的接头组织和性能，可有效提高焊接效率和质量。图 7-14 所示为电弧在摆动过程中不同位置的熔滴过渡和熔池形态。图 7-15 所示为窄间隙横焊首道焊缝的截面形貌。

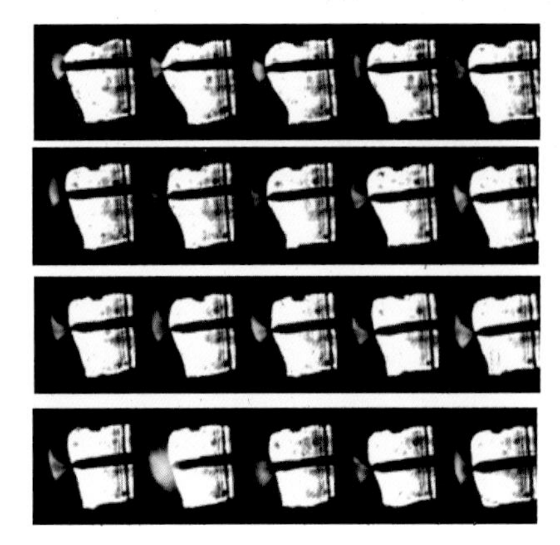

图 7-14　横焊时熔滴过渡和熔池形态

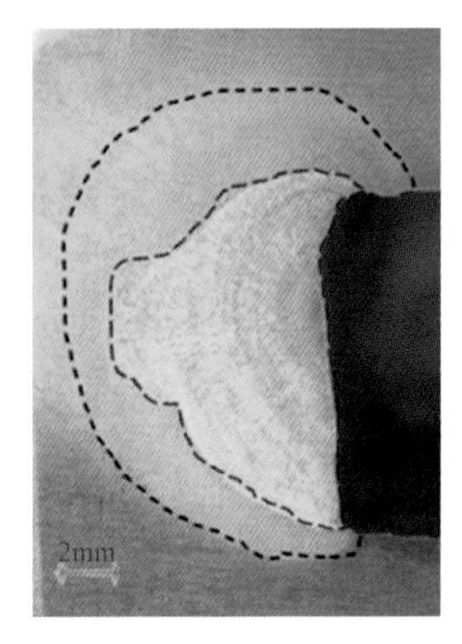

图 7-15　第一道焊缝形貌

该系统可以根据材料对焊接热输入的要求，既可以通过摆动电弧每层一道进行焊接，也可以采用电弧不摆动每层双道完成焊接，两种工艺都能保证上下侧壁的良好熔合和良好的焊缝成形，图 7-16 所示为单道和双道焊缝形貌。该工艺对大厚度材料横焊具有较好的应用前景。

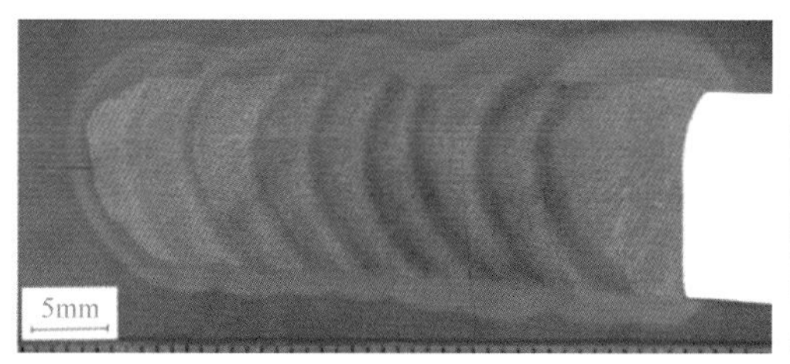

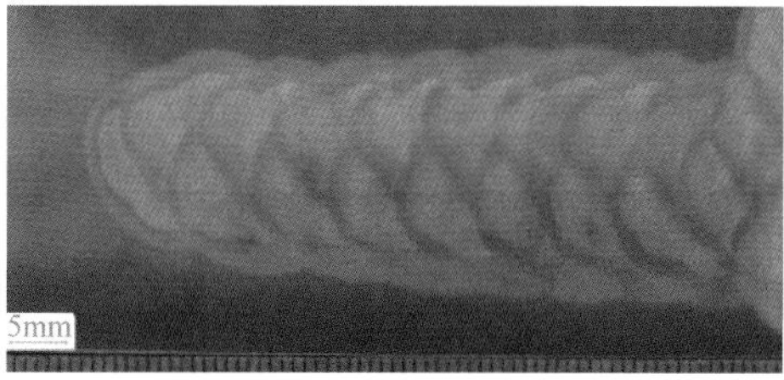

图 7-16　单道和双道焊缝形貌

7.6　磁控电弧窄间隙焊接方法及装备

哈尔滨工业大学针对厚板钛合金（20~110mm）开展了磁控电弧窄间隙焊接设备及磁控电弧特性研究（见图 7-17），利用外加可控磁场，使焊接电弧在磁场的作用下规则运动，从而使熔化的金属填满间隙两侧，从根本上解决了窄间隙焊接侧壁未熔透的问题，如图 7-18 所示。

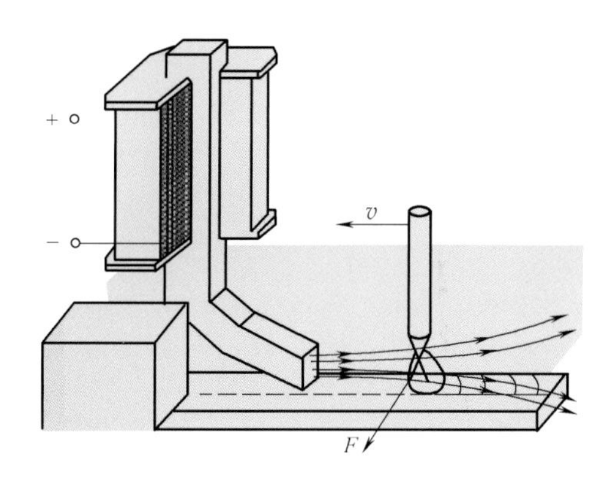

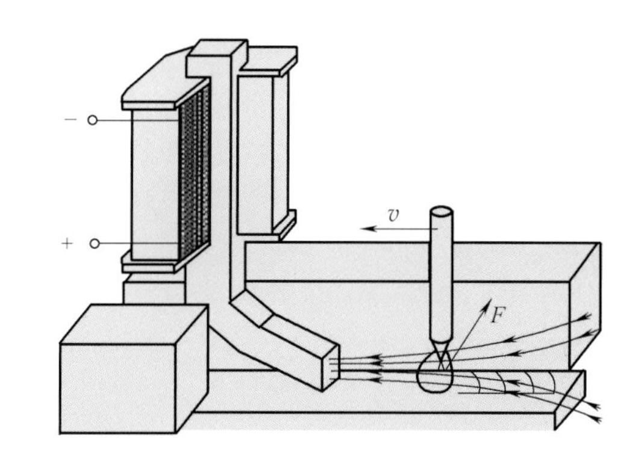

图 7-17　磁控电弧窄间隙焊接工作原理图

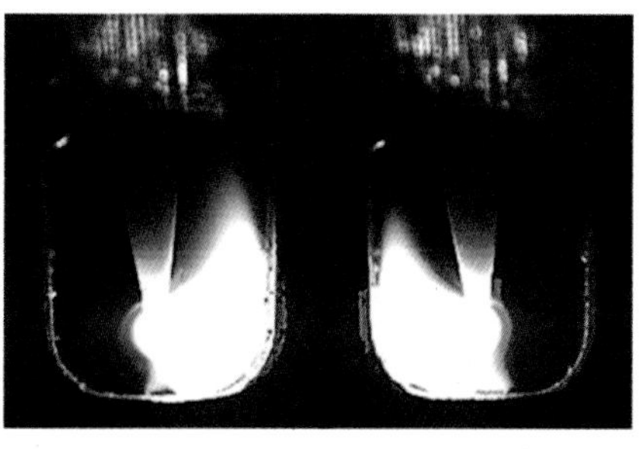

a)　　　　b)

图 7-18　磁控电弧窄间隙焊接

a）磁控窄间隙电弧摆动　b）磁控电弧窄间隙焊接装备

利用该电弧磁控技术，可以有效改善焊缝结晶组织，使焊接接头的机械强度达到母材的90%以上。将该技术的思想应用到4500m深水潜器载人舱的焊接工作中，取得了良好的焊接效果，如图7-19所示。

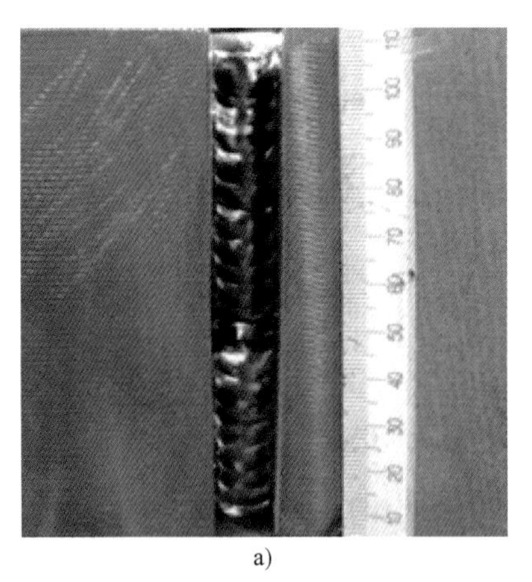

a)

b)

图7-19 磁控电弧窄间隙焊接

a）磁控电弧窄间隙焊缝端面形貌 b）4500m深水潜器载人舱窄间隙焊接

7.7 特厚结构双丝窄间隙自动埋弧焊技术

双丝窄间隙自动埋弧焊技术采用特定的焊丝布局，形成非对称的温度场和宽而薄的焊道，比单丝焊更有效地减小HAZ的宽度，并充分利用后续焊道的热量细化约2/3的原CGHAZ组织，解决特厚结构焊接的质量与效率的矛盾。该焊接装置（见图7-20）已广泛应用于我国重型机械、化工机械、电站锅炉等大型骨干企业。先后在一重焊接了世界最大的加氢反应器（质量为2050t，长度为62m，直径为5.5m，厚度为337mm，两台共28条环焊缝）（见图7-21），在二重焊接了世界最厚的已服役结构，8万t水压机主工作缸（外径为2.9m，壁厚为580mm）如图7-22所示，全部一次检测合格。图7-23所示为双丝、单丝窄间隙埋弧焊温度场的差异。

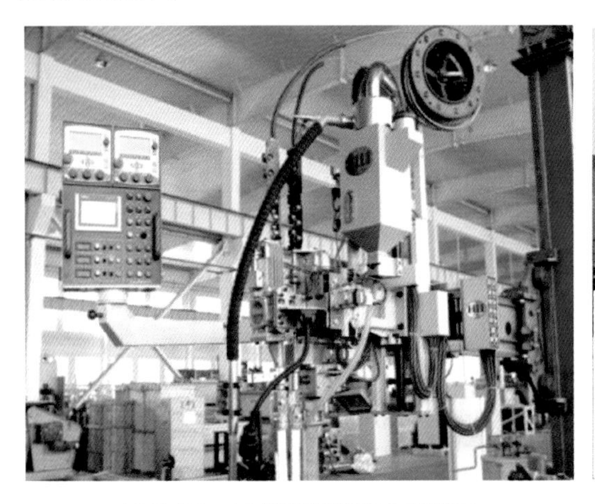

图7-20 双丝窄间隙自动埋弧焊（TANGSA）设备

图7-21 加氢反应器及焊接龙门架

图 7-22 8 万 t 水压机主工作缸的焊接

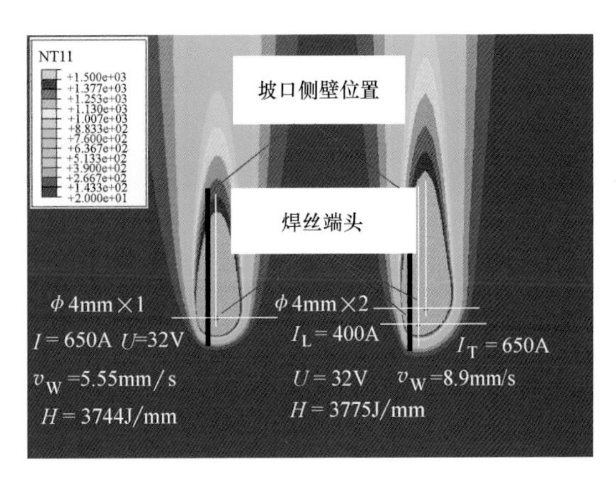

图 7-23 双丝、单丝窄间隙埋弧焊温度场的差异

7.8 百万千瓦级先进电站汽轮机转子的焊接制造

采用焊接方法制造汽轮机转子可以满足热电领域日益增长的大容量、高参数、高效率发电装备的需求。采用焊接转子，可以解决百万级核电低压转子超大锻件整体制造困难的难题，可以解决高超超临界火电汽轮机高温转子锻件供货及制造质量难题，可通过异种材料连接提高联合循环机组的效率，节约成本。与转子焊接相关的技术已成为世界范围内能源装备制造行业研究的重点。

汽轮机转子接头要满足高强韧性、高温疲劳-蠕变性能，要具有长寿命与高的可靠性，要求苛刻的综合力学性能仅可通过焊接参数及焊接材料调整；另外，焊接变形、制造过程稳定性又对制造设备提出了很高的要求，目前世界范围内仅有少数汽轮机制造商可提供焊接转子。

在我国，各大电站装备制造集团都开展了焊接转子的研发与应用工作，其中，上海汽轮机厂具有突出业绩。上海汽轮机厂从 1959 年至今，联合清华大学、哈尔滨焊接研究所、上海交通大学、上海发电设备成套设计研究院等单位持续进行汽轮机焊接转子技术开发与产业化应用，至今已经生产各类焊接转子共计 420 多根，覆盖了火电汽轮机 125MW、300MW、600MW、1000MW 机型及百万核电汽轮机的低压转子；重型燃气轮机联合循环中低压转子、超超临界 10%Cr 钢焊接转子。图 7-24 所示为焊接转子用氩弧焊与埋弧焊设备。

图 7-24 焊接转子用氩弧焊与埋弧焊设备

典型业绩有：

我国第一根拥有完全自主知识产权的百万千瓦超超临界火电低压转子，已于 2014 年 2 月在江苏南通电厂投入运行，如图 7-25 所示。

图 7-25　超超临界 1000MW 低压焊接转子

拥有完全自主知识产权的百万级核电 1710mm/1905mm 长叶片也采用了焊接转子，目前模拟产品的试验转子连同长叶片都通过了一系列动频、动平衡测试，如图 7-26 所示，长叶片及焊接转子将用于“华龙一号”，出口巴基斯卡的 K2、K3 机组。

图 7-26　1710mm/1905mm 长叶片试验焊接转子

我国第一根联合循环中低压异种金属转子于 2009 年投入运行，如图 7-27 所示。

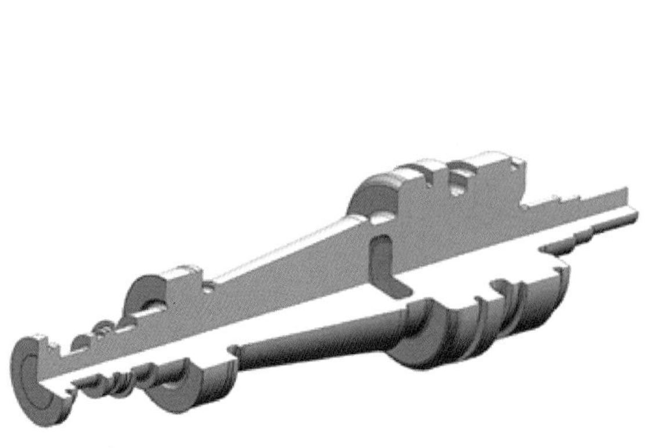

图 7-27　联合循环汽轮机中低压焊接转子

目前，我国自主设计的620℃百万等级超超临界机组异种金属中压转子已经完成制造，如图 7-28 所示。正在开发 700℃高超超临界火电镍基焊接转子技术，试验件如图 7-29 所示。

图 7-28　超超临界 620℃中压 10%Cr 钢焊接转子

图 7-29　700℃镍基高温转子焊接模拟试验件及焊缝表面形态

7.9　航天运载器大型关键构件数字化弧焊系统装备

清华大学研制成功的 THWS 系列数字控制的多自由度焊接系统装备已直接用于我国长征系列运载火箭贮箱构件的生产制造，为满足高频次航天发射需求做出了贡献。主要工作内容包括：

1）对制造过程温度场、应力场和焊接变形进行建模分析，如图 7-30 所示，为生产时的焊接参数优化提供了依据。

2）提出了强镜面反射工件细隙坡口智能视觉识别技术方案，解决了航天构件复杂空间曲线焊缝自动跟踪的难题，如图 7-31 所示。

3）针对航天运载器大型关键构件特定曲线的焊接轨迹及多目标函数控制要求，建立非线性数学模型并进行分析计算，完成了制造装备机构的优化设计，如图 7-32 所示；通过建立多闭环系统实现了对焊接过程的精确控制，如图 7-33 所示。

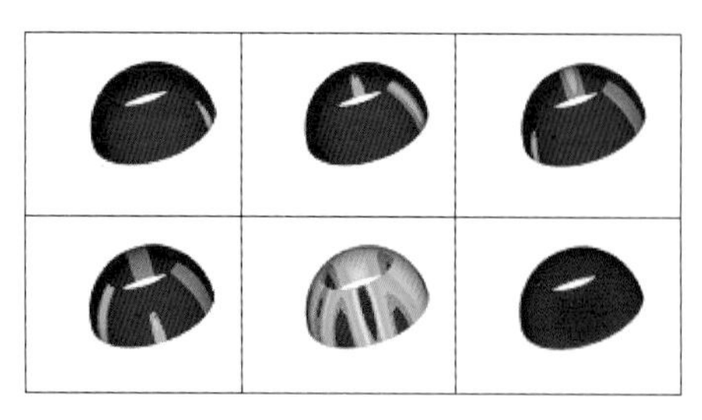

图 7-30　焊接温度场和应力场分析

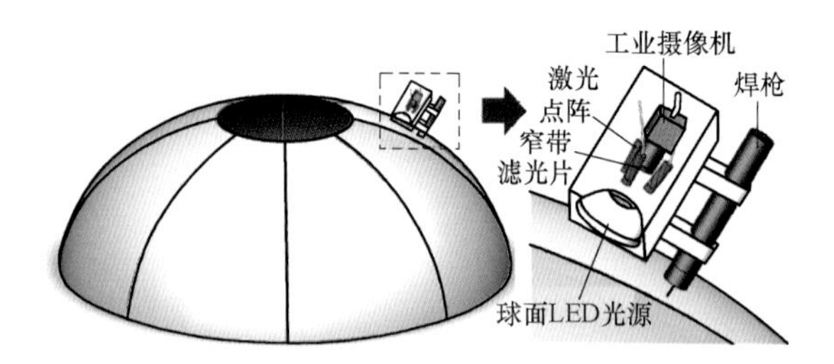

图 7-31　焊道轨迹实时自动跟踪系统

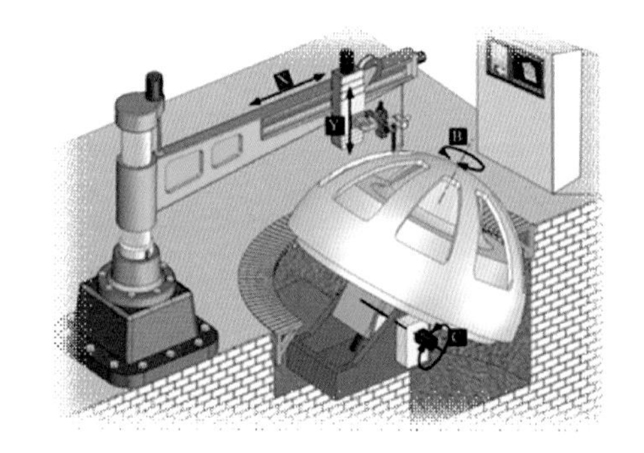

图 7-32　多自由度焊接系统机构设计

图 7-33　航天运载器大型关键构件数字化弧焊系统装备

7.10　海底管道干式高气压环境焊接技术及装备

北京石油化工学院针对海底管道（水深 60m 以内）开展了高压焊接维修技术研究（见图

7-34)，以压缩空气作为舱内气体，通过焊接机器人的遥操作，实现了海底管道的全位置高压焊接维修，从根本上解决了水对焊接质量的影响问题，确保了管道的完整性。本研究的三项主要技术成果是：①压缩空气环境爆炸燃烧试验；②高压焊接试验装置（见图 7-35)；③海底管道维修焊接机器人（见图 7-36)。

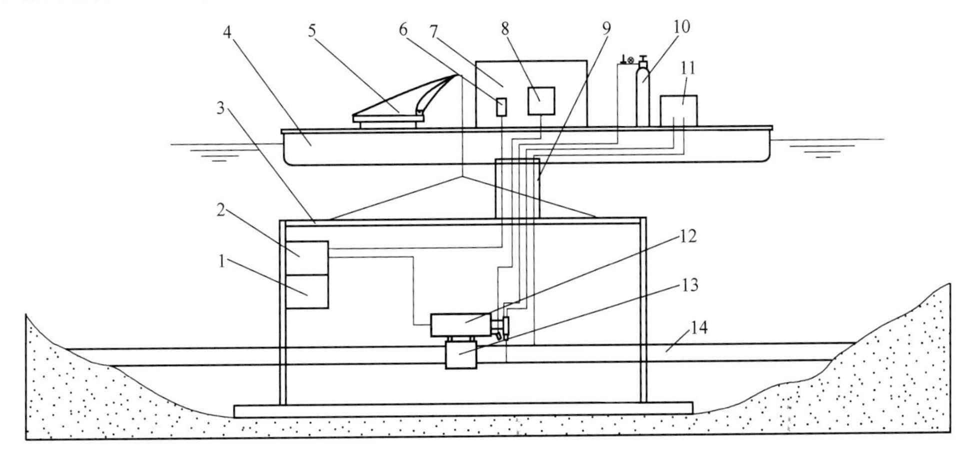

图 7-34 海底管道干式高气压环境焊接工作原理图

1—水箱 2—控制箱 3—水下干式舱 4—母船 5—起重机 6—手控盒 7—水下干式舱控制室
8—监视器 9—脐带 10—气瓶 11—焊接电源 12—焊接机器人 13—导轨 14—管道

图 7-35 高压焊接试验装置

图 7-36 海底管道维修焊接机器人

利用该高压焊接维修技术，可以在 60m 以内的水深安全地进行焊接作业，焊缝质量与陆上焊接水平相当。将该技术的思想应用到渤海湾海底管道维修焊接工作中，取得了良好的焊接效果，如图 7-37、图 7-38 所示。

图 7-37 水下干式舱下潜

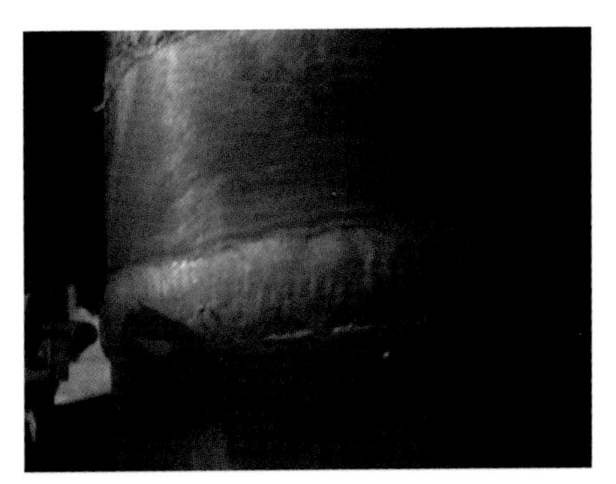

图 7-38 海底管道维修全位置环焊缝

7.11 核电导流环复杂曲面异种材料自动堆焊技术及设备

导流环是核电汽轮机的重要组成部分，如图 7-39 所示，为了防止内部蒸汽对导流环的腐蚀，要求在其内表面堆焊耐腐蚀的不锈钢防腐层。由于导流环的断面复杂，作业空间狭小，实现自动堆焊难度极大，如图 7-40 所示。目前国内外的导流环堆焊均为手工完成。

图 7-39 导流环外形图

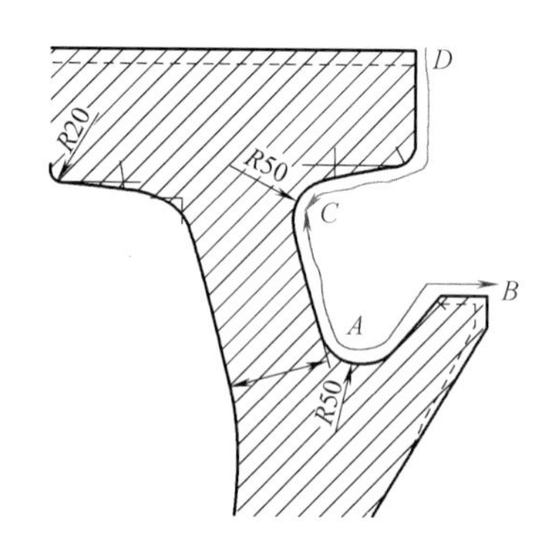

图 7-40 导流环复杂堆焊断面

根据导流环的结构特点，焊接工艺将异形曲面分三个区域，如图 7-40 所示，第一区域：由 *A* 点向 *B* 点方向逐道堆焊，直至到达 *B* 点；第二区域：由 *A* 点向 *C* 点方向逐道堆焊，直至到达 *C* 点；第三区域：将导流环倒置，由 *D* 点向 *C* 点方向逐道堆焊，直至到达 *C* 点。焊接过程中，由于堆焊区域的空间狭小，焊接的可达性成为整个异形曲面表面堆焊的关键技术问题。

基于上述特点和要求，北京石油化工学院开展了导流环复杂曲面异种材料自动堆焊设备及技术研究，研制出异形截面焊枪夹持仿形机构，如图 7-41 所示，焊枪采用特制分体式微型水冷推拉丝焊枪，最终开发出异形曲面自动堆焊机器人，如图 7-42 所示，焊接执行机构依托大尺寸环形轨道，采用特殊断面仿形机构夹持焊枪，配置自主开发的堆焊参数智能管理系统，实现了堆焊过程参数自动控制以及焊接过程状态的动态监控。

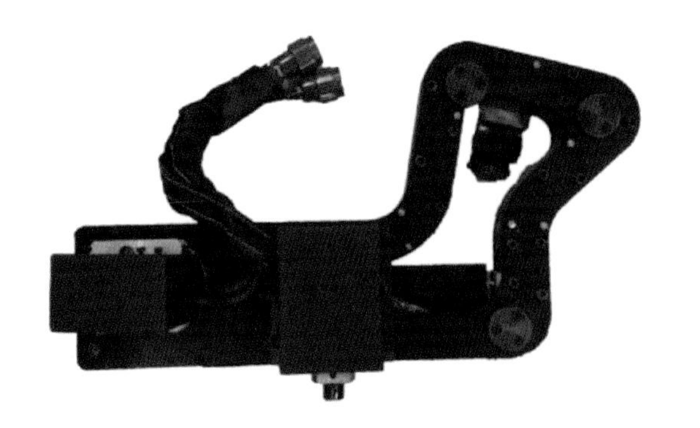

图 7-41 特殊断面仿形焊枪夹持机构

图 7-42 异形曲面自动堆焊机器人

该异形曲面自动堆焊机器人已应用于东方汽轮机有限公司的核电导流环焊接生产中，大幅度提高了导流环的堆焊质量和效率，取得了良好的焊接效果，图 7-43 所示为导流环曲面自动堆焊成形。

a)

b)

图 7-43　导流环曲面自动堆焊成形
a）工件正置　b）工件倒置

7.12　油气输送钢管数字化焊接成套技术装备

机械科学研究院哈尔滨焊接研究所针对我国油气钢管优质高效关键焊接技术缺失、先进预精焊系列成套关键技术装备受制于人，相继研制出系列成套直/螺旋缝钢管预精焊技术装备（见图 7-44～图 7-47）。

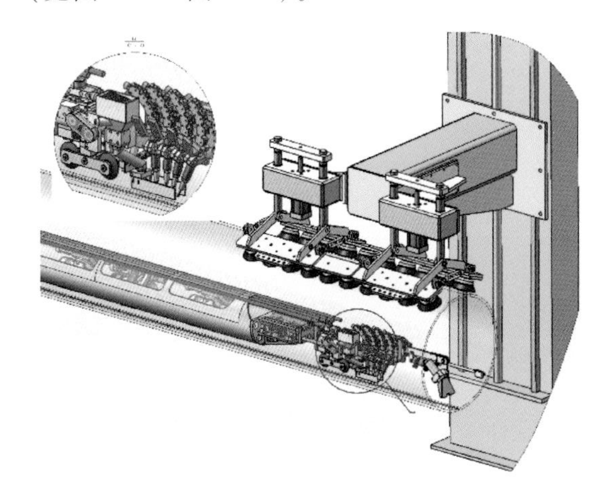
图 7-44　直缝钢管内焊装备原理示意图

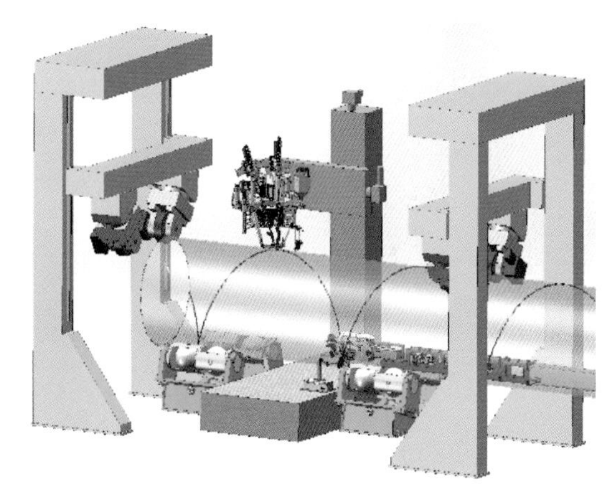
图 7-45　螺旋缝钢管精焊装备原理示意图

图 7-46　直缝钢管五丝外焊装备焊接过程

图 7-47　螺旋缝钢管精焊装备生产过程

螺旋缝钢管数字化精焊装备，基于整线 30 多项传感信息的提取与融合，开发出了钢管精焊全过程“一键式”智能化操控系统，实现了“无人值守”焊接，如图 7-48、图 7-49 所示。

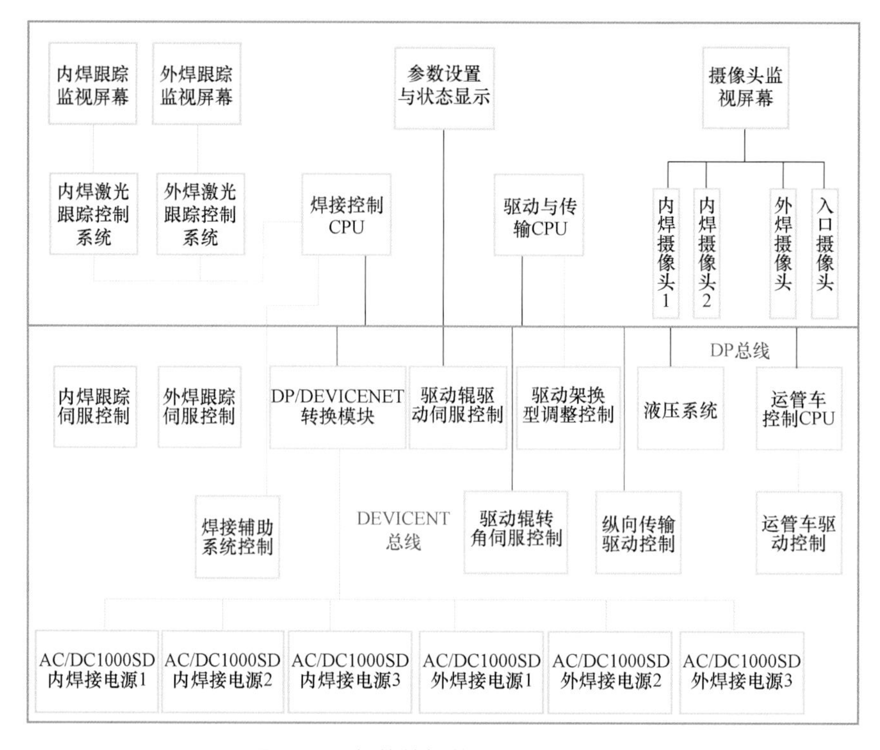

图 7-48　螺旋精焊装备电气控制框图

图 7-49　螺旋精焊装备“无人值守”焊接过程

7.13　水下湿法焊接熔滴过渡 X 射线高速成像系统及特征信息获取方法

稳定、高效、优质的焊接技术是焊接研究者不懈追求的目标。然而，因为缺乏有效的检测手段，水下湿法焊接熔滴过渡特性的研究受到了很大的制约，对于其过渡形式以及与焊接质量的关系尚不清晰，并且由于缺少有力的试验及理论支撑，在水下湿法焊接熔滴过渡控制方面也缺少统一的控制策略及方法。

针对这一问题，哈尔滨工业大学（威海）构建并提出了一种水下湿法焊接熔滴过渡X射线高速成像系统及特征信息获取方法。该系统是由X射线源、图像增强器、高速摄像机、光学镜头及电信号采集单元组成的独立系统，依据X射线透射原理，将对可见光有影响的水下环境低密度干扰因素充分排除，锁定高密度工作对象进行专向观测，从而获得可见光所无法获取的纯净影像。通过优化X射线源管电压、电流、焦距尺寸、辐射角等成像参数，以达到实时检测成像效果要求。采用薄铝输入屏提高X射线的透过性，从而减少散射线来实现高对比度，输出屏镀有防反射膜层以确保高对比度时输出高亮度画面。选取合适的FOD，确定最佳的X摄像微区放大倍数，降低放大影像对检测对象X射线图像形成的干扰。采用数学形态学和动态阈值分割相结合的方法，同时结合检测对象的灰度特征，实现快速、准确提取。

X射线高速成像系统参数指标见表7-1，X射线高速成像系统如图7-50所示。通过该系统及方法获得的水下湿法焊接熔滴过渡图像如图7-51所示。

图7-50　X射线高速成像系统

表7-1　X射线高速成像系统参数指标

参数	管电压	管电流	焦点尺寸	分辨率	采集频率	位深
指标	120kV	1mA	0.4mm	30cm/lp	3000f/s	36bit

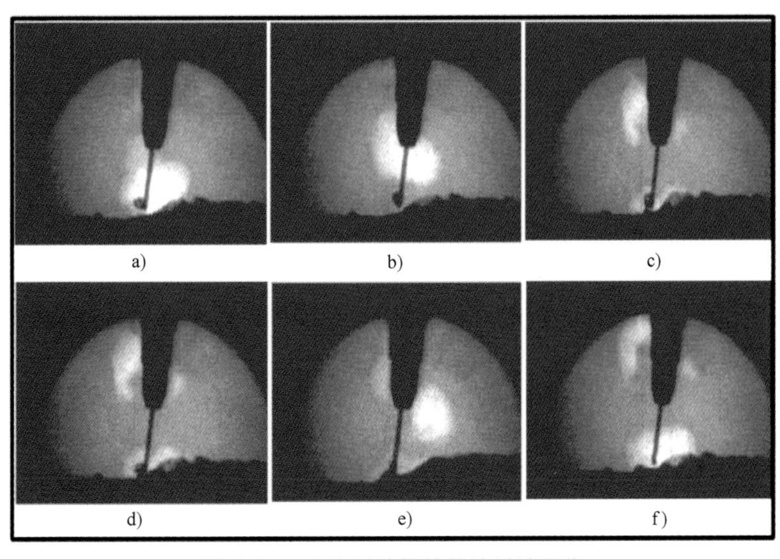

图7-51　水下湿法焊接熔滴过渡图像

a）$t=0.2730$s　b）$t=0.3340$s　c）$t=0.3495$s　d）$t=0.3785$s　e）$t=0.3885$s　f）$t=0.4250$s

参考文献

[1]　秦浩，雷正龙，陈彦宾，等. 低合金高强钢激光-MAG复合多层焊接头力学性能［J］. 中国激光，2011，38（10）：61-66.

[2] 王威，林尚扬，王旭友，等. 激光-熔化极脉冲电弧复合焊接的双重导电机制［J］. 中国激光，2012，39（2）：50-59.
[3] 雷振，王旭友，滕彬，等. 低合金高强钢无预热或低温预热激光-电弧复合热源焊接技术［J］. 机械制造文摘-焊接分册，2011（1）：8-11.
[4] 陈彦宾，陈杰，李俐群，等. 激光与电弧相互作用时的电弧形态及焊缝特征［J］. 焊接学报，2003，24（1）：55-56.
[5] 高明. CO 激光-电弧复合焊接工艺、机理及质量控制规律研究［D］. 华中科技大学，2007.
[6] 宋秋平. 船用 Q235 钢 T 型结构件的激光-电弧复合高效焊接技术研究［D］. 大连理工大学，2015.
[7] 雷振，王旭友，滕彬，等. JFE980S 高强钢焊接接头软化分析［J］. 焊接学报，2010，31（11）：33-37.
[8] Sun Q, Xie F, Wang B, Feng J. Arc pressure of ultrasonic assisted TIG welding [J]. China Welding (English Edition), 2012, 21 (4): 65-69.
[9] Sun Q J, Lin S B, Yang C L, Zhao G Q. Penetration increase of AISI 304 using ultrasonic assisted tungsten inert gas welding [J]. Sci Technol Weld Joi, 2009, 14 (8): 765-767.
[10] Sun Q J, Cheng W Q, Liu Y B, Wang J F, Cai C W, Feng J C. Microstructure and mechanical properties of ultrasonic assisted underwater wet welding joints [J]. Mater Design, 2016, 103: 63-70.
[11] 齐铂金，许海鹰，黄松涛. 超音频方波直流脉冲弧焊电源装置：CN101125388［P］. 2008.
[12] 齐铂金，从保强. 超快变换方波复合脉冲电流变极性弧焊电源装置：CN101125390［P］. 2008.
[13] Cong B, Yang M, Qi B, et al. Effects of pulse parameters on arc characteristics and weld penetration in hybrid pulse VP-GTAW of aluminum alloy [J]. China Welding, 2010, 19 (4): 68-73.
[14] Yang M, Qi B, Cong B, et al. Effect of pulse frequency on microstructure and properties of Ti-6Al-4V by ultrahigh-frequency pulse gas tungsten arc welding [J]. The International Journal of Advanced Manufacturing Technology, 2013, 68 (1): 19-31.
[15] Qi B J, Yang M X, Cong B Q, et al. The effect of arc behavior on weld geometry by high-frequency pulse GTAW process with 0Cr18Ni9Ti stainless steel [J]. The International Journal of Advanced Manufacturing Technology, 2013, 66 (9): 1545-1553.
[16] 杨明轩，齐铂金，从保强，等. 钛合金超音频直流脉冲 GTAW 焊缝组织性能［J］. 焊接学报，2012，33（6）：39-42.
[17] 从保强，齐铂金，周兴国，等. 高强铝合金复合脉冲 VPTIG 焊缝组织和性能［J］. 北京航空航天大学学报，2010，36（1）：1-5.
[18] Yang Z, Qi B, Cong B, et al. Microstructure, tensile properties of Ti-6Al-4V by ultra high pulse frequency GTAW with low duty cycle [J]. Journal of Materials Processing Technology, 2015, 216: 37-47.
[19] 赵博，范成磊，杨春利，孙清洁. 窄间隙 GMAW 的研究进展［J］. 焊接，2008（2）：11-5.
[20] 项烽，姚舜. 窄间隙焊接的应用现状和前景［J］. 焊接技术，2001，30（5）：17-18.
[21] Hidehiko O. Study on one-side narrow-gap MAG welding [J]. Quarterly Journal of the Japan Welding Society, 1985, 3 (2): 25-32.
[22] Ando S, Okubo M. Narrow gap automatic gas shielded arc welding of high carbon steel [J]. Welding International, 1997, 11 (8): 621-627.
[23] Li W, Gao K, Wu J, et al. Groove sidewall penetration modeling for rotating arc narrow gap MAG welding [J]. The International Journal of Advanced Manufacturing Technology, 2015, 78 (1-4): 573-581.

[24] Wang J, Zhu J, Fu P, et al. A swing arc system for narrow gap GMA welding [J]. ISIJ International, 2012, 52 (1): 110-114.

[25] Wang J, Zhu J, Zhang C, et al. Development of Swing Arc Narrow Gap Vertical Welding Process [J]. ISIJ International, 2015, 55 (5): 1076-1082.

[26] Xu W H, Lin S B, Fan C L, Yang C L. Evaluation on microstructure and mechanical properties of high-strength low-alloy steel joints with oscillating arc narrow gap GMA welding [J]. The International Journal of Advanced Manufacturing Technology, 2014, 75 (9-12): 1439-1446.

[27] 孙清洁，李文杰，胡海峰，梁迎春，冯吉才. 厚板 Ti-6Al-4V 磁控窄间隙 TIG 焊接头性能 [J]. 焊接学报，2013 (02): 9-12.

[28] Sun Q, Wang J, Cai C, et al. Optimization of magnetic arc oscillation system by using double magnetic pole to TIG narrow gap welding [J]. The International Journal of Advanced Manufacturing Technology, 2016, 86 (1): 761-767.

[29] 孙清洁，郭宁，胡海峰，冯吉才. 磁场对厚板 Ti-6Al-4V 合金窄间隙 TIG 焊缝组织的影响 [J]. 中国有色金属学报，2013 (10): 2833-2839.

[30] Li K, Cai Z, Li Y, et al. Constitutional Liquation of the Laves Phase in Virgin FB2 Steel [J]. Welding Journal, 2016, 95 (7): 257-263.

[31] 李克俭，蔡志鹏，李铁非，等. FB2 马氏体耐热钢中 Laves 相在焊接过程中演化行为的研究 [J]. 金属学报，2016, 52 (6): 641-648.

[32] 李铁非，蔡志鹏，潘际銮，等. NiCrMoV 耐热钢汽轮机转子焊缝韧性薄弱区的成因 [J]. 焊接学报，2014 (10): 73-76.

[33] 张伯奇，蔡志鹏，李克俭，等. 过渡层 Cr 元素梯度对异种钢接头高温持久性能的影响 [J]. 清华大学学报（自然科学版），2014, 54 (6): 828-833.

[34] 孙林根，蔡志鹏，潘际銮，等. 核电汽轮机焊接低压转子 1∶1 模拟件接头高周疲劳性能及门槛值预测 [J]. 焊接学报，2015 (5): 99-103.

[35] 蔡志鹏，王梁，潘际銮，等. 回火冷却速度对贝氏体焊缝韧性的影响 [J]. 清华大学学报（自然科学版），2015, 55 (10): 1045-1050.

[36] 蔡志鹏，吴健栋，汤之南，等. 汽轮机焊接转子接头低周疲劳过程损伤变量的复合分析法 [J]. 清华大学学报（自然科学版），2015, 54 (2): 178-184.

[37] 吴健栋，蔡志鹏，汤之南，等. 低周疲劳过程损伤变量的复合分析法和三阶段损伤演化模型 [J]. 机械工程学报，2015, 51 (10): 86-95.

[38] 汤之南，蔡志鹏，吴健栋. 热影响区元素晶界偏聚对焊接构件低周疲劳性能的影响 [J]. 机械工程学报，2015, 51 (14): 78-85.

[39] 张伯奇，蔡志鹏，李克俭，等. 异种钢焊接接头蠕变过程的有限元模拟 [J]. 中国机械工程，2015, 26 (2): 266-271.

[40] Zou Y R, Chang B H, Wang L, et al. Key technologies and automation system for large-scale aerospace component welding [J]. Advances in Intelligent Systems and Computing, 2015, 363: 581-594.

[41] Chang Baohua, Allen Chris, Jon Blackburn, Hilton Paul, Du Dong. Fluid Flow Characteristics and Porosity Behavior in Full Penetration Laser Welding of a Titanium Alloy [J]. Metallurgical and Materials Transactions B, 2015, 46B (2): 906-918.

[42] 都东，曾锦乐，邹怡蓉，等. 基于球面光源的强镜面反射工件细窄坡口检测装置及方法 [P]: PCT/CN2014/086847, WO/2015/172485, 2017-2-21.

[43] Zeng J L, Chang B H, Du D, et al. A precise visual method for narrow butt detection in specular reflection workpiece welding [J]. Sensors, 2016, 16 (9): 1-25.

[44] Zeng J L, Chang B H, Du D, et al. A visual weld edge recognition method based on light and shadow feature construction using directional lighting [J]. Journal of Manufacturing Processes, 2016, 24: 19-30.

[45] 王力，王鹏，曾凯，等. 基于运动学建模仿真的大型构件自动焊接系统设计方法 [J]. 焊接, 2010 (9): 26-29.

[46] 焦向东，周灿丰，薛龙，等. 遥操作干式高压海底管道维修焊接机器人系统 [J]. 焊接学报, 2009, 30 (11): 1-4.

[47] Zhou Canfeng, Jiao Xiangdong, Xue Long, Chen Jiaqing. Study on automatic hyperbaric welding applied in sub-sea pipelines repair [C] // ISOPE. Proceedings of the Twentieth (2010) International Offshore and Polar Engineering Conference. Beijing, China: ISOPE, 2010: 20-25.

[48] Du Dong, Hou Runshi, Shao Jiaxin, et al. Registration of real-time X-ray image sequences for weld inspection [J]. Nondestructive Testing and Evaluation, 2010, 25 (2): 153-159

[49] Shao Jiaxin, Du Dong, Chang Baohua, et al. Automatic weld defect detection based on potential defect tracking in real-time radiographic image sequence [J]. NDT&E International, 2012 (46): 14-21.

[50] Zou Yirong, Du Dong, Chang Baohua, Ji Linhong, Pan Jiluan. Automatic weld defect detection method based on Kalman filtering for real-time radiographic inspection of spiral pipe [J]. NDT & E International, 2015 (72): 1-9.

[51] Guo N, Wang M, Du Y, et al. Metal transfer in underwater flux-cored wire wet welding at shallow water depth [J]. Materials Letters, 2015, 144: 90-92.

[52] Guo N, Guo W, Du Y, et al. Effect of boric acid on metal transfer mode of underwater flux-cored wire wet welding [J]. Journal of Materials Processing Technology, 2015, 223: 124-128.

第8章　计算机辅助焊接工程

武传松　魏艳红　罗震　邓德安

8.1 概　　述

随着计算机技术、信息和网络技术的飞速发展，焊接科学技术与工程领域正发生着翻天覆地的变化。数字化、网络化、智能化技术与焊接工程高度融合，显著缩短了产品研发周期，降低了产品生产费用，并大幅度提高了焊接质量，保证了焊接结构的安全、可靠性。焊接过程的数字化、网络化、智能化已经成为21世纪焊接技术发展的重要方向。中国焊接科技工作者在这些方面开展了大量的研发工作，取得了显著的成绩。

8.2 焊接物理与工艺过程的数值模拟

焊接是涉及传热传质、流体流动、电磁作用、熔化凝固、组织演变、塑性变形等一系列复杂的热学、冶金学和力学现象的过程。对焊接物理现象本质的深刻了解，有助于优化焊接工艺、控制焊接质量、提高焊接效率。在焊接物理现象的研究中，数值分析和计算机模拟是一个强有力的工具。针对某一具体焊接工艺过程的特点，通过一组描述焊接基本物理过程的偏微分方程及其定解条件来模拟焊接过程，采用数值方法（如数值积分、差分法、有限元法等）求解以获得对焊接过程的定量认识，这就是数值模拟（或计算机模拟）。

8.2.1 电弧物理

山东大学建立了轴对称等离子弧的数值模型，计算区域包括钨极、喷嘴及弧柱区。利用软件 Fluent 6.3 及其二次开发功能，耦合求解电磁场、温度场和流体力学守恒方程，分析了等离子弧的热-力特性。考查了离子气流量和喷嘴直径对等离子弧温度、速度及电流密度等热-力特性的影响规律。图8-1所示为等离子弧温度和速度分布。离子气从入口流入两电极之间，电离后变为等离子体。等离子体从阴极尖端开始在电磁力作用下加速，在阴极尖端前方2mm处流速达到最大值564m/s。然后，等离子体基本保持较高的速度冲向阳极工件。等离子体流动过程中因焦耳热、电子迁移传热、热传导与辐射等物理过程具有较高温度。等离子弧形态为钟罩型，靠近阴极处的等离子弧由于受喷嘴的机械拘束作用，被高度压缩；温度最大值为24837K，出现在轴线处；随着距阴极距离的增加等离子弧温度逐渐减小，弧柱中心区域到达阳极表面时温度值约为14000K。

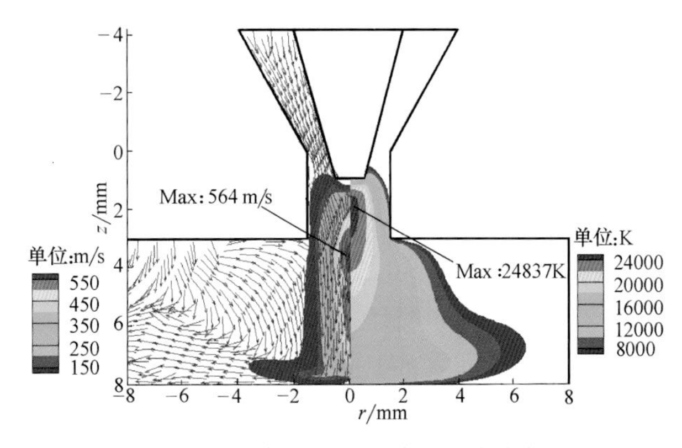

图8-1　等离子弧温度和速度分布

兰州理工大学考虑金属蒸气的作用，建立了TIG焊电弧与熔池交互作用的数学模型，得到了金属蒸气在电弧中的空间分布、电弧和熔池的温度场、速度场和电流密度分布等重要结果，如图 8-2 所示。

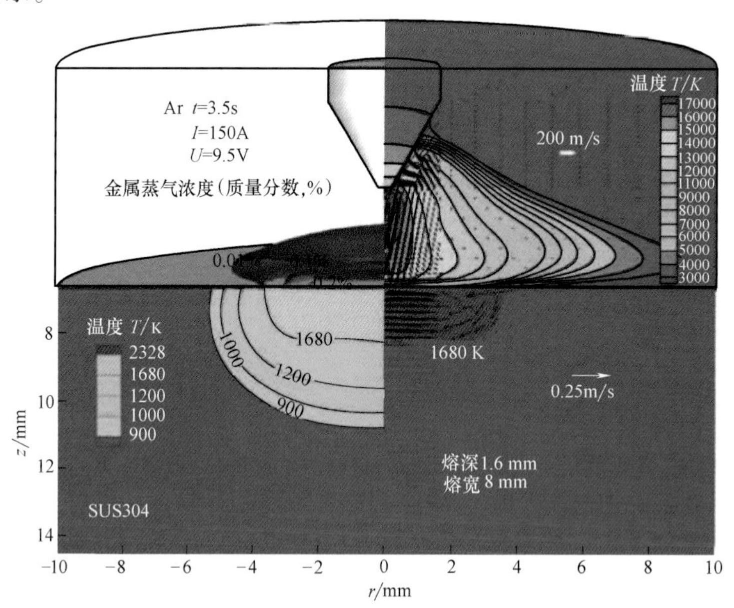

图 8-2　TIG 焊电弧和熔池的温度场、流场以及金属蒸气的分布

8.2.2　等离子弧-熔池-小孔的一体化模型

山东大学建立了运动等离子弧作用下等离子弧-熔池-小孔耦合的三维瞬态一体化模型。图 8-3

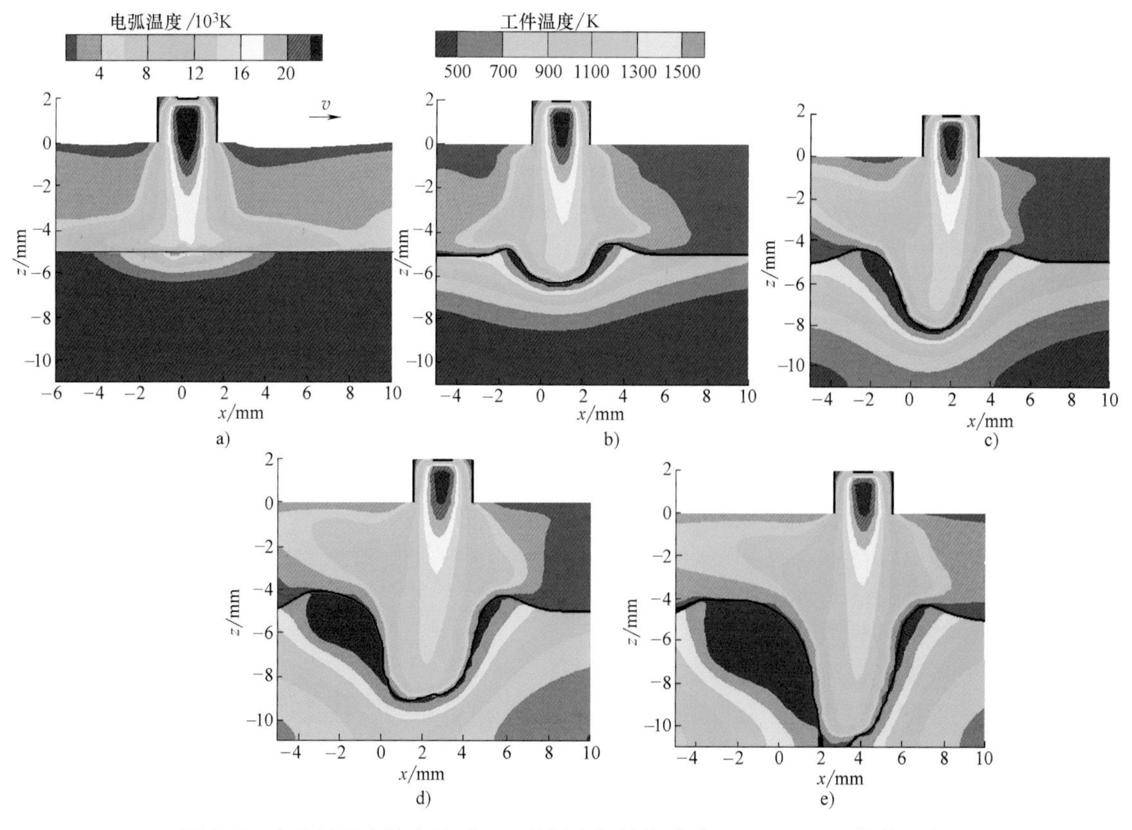

图 8-3　穿孔过程中等离子弧及工件温度场的演变（Test 4，y=0 纵截面）

a）t=0.1s　b）t=0.5s　c）t=1.0s　d）t=1.5s　e）t=2.0s

所示为某一工艺条件下工件穿孔过程中不同时刻等离子弧与熔池的温度场。图中横坐标为固定坐标，原点为焊接时间 $t=0$s 时刻，焊枪轴线对应的位置。在等离子弧的综合热-力作用下，熔池中出现小孔；当等离子弧的热-力作用足够大时，小孔贯穿整个工件厚度形成穿孔。随着焊枪与工件之间以焊接速度做相对运动，等离子弧、熔池和小孔沿焊接方向移动；液态金属环绕小孔流动，在熔池尾部汇合，凝固后形成焊缝。以 Test 4 为例进行分析。由图 8-3 中 a~d 可以看出，整个焊接过程中，等离子弧温度最大值基本稳定，靠近钨极处等离子弧的温度场几乎不发生变化；但是在接近工件表面处，随着熔池形状改变，等离子弧温度场分布发生变化。在 $t=$ 0.1s 时刻（见图 8-3a），工件尚未熔化形成熔池，表面（$z=-5$mm）为平面状态，等离子弧在工件表面上均匀铺展，整个等离子弧呈现钟罩形态。随着熔池表面的凹陷，等离子弧深入熔池内部，在上表面的铺展半径减小。在 $t=1.0$s 时刻（见图 8-3c），沿焊接方向等离子弧开始显现前、后不对称的形态，前方略微收缩，后方略微扩展。1.0s 后等离子弧形态基本稳定。

8.2.3 等离子弧焊接熔池的穿孔过程

山东大学数值模拟了穿孔等离子弧焊接过程的瞬时演变行为。考虑由于等离子弧的挖掘作用而形成的倒喇叭状焊缝形貌，并考虑由于焊枪运动造成的热源不对称性，采用“双椭球体+锥体”的组合式体积热源模式。在每个时间步内，根据小孔深度的变化，既调整锥体热源的作用高度，也调整双椭球体和锥体两个体热源所占的热量比例；同时根据小孔深度来修正等离子弧压力分布。采用基于有限体积法的 FLUENT 软件进行数值分析，采用 PISO 压力速度耦合算法计算速度场，使用焓空隙度法模拟凝固熔化问题，小孔界面的追踪采用流体体积函数法（VOF）。

图 8-4 所示为计算得到的小孔形状与熔池中流场和热场的纵截面、横截面瞬态变化过程。在此焊接工艺条件下，工件被熔透并且形成穿孔，穿透小孔的形成时间为 0.47s。

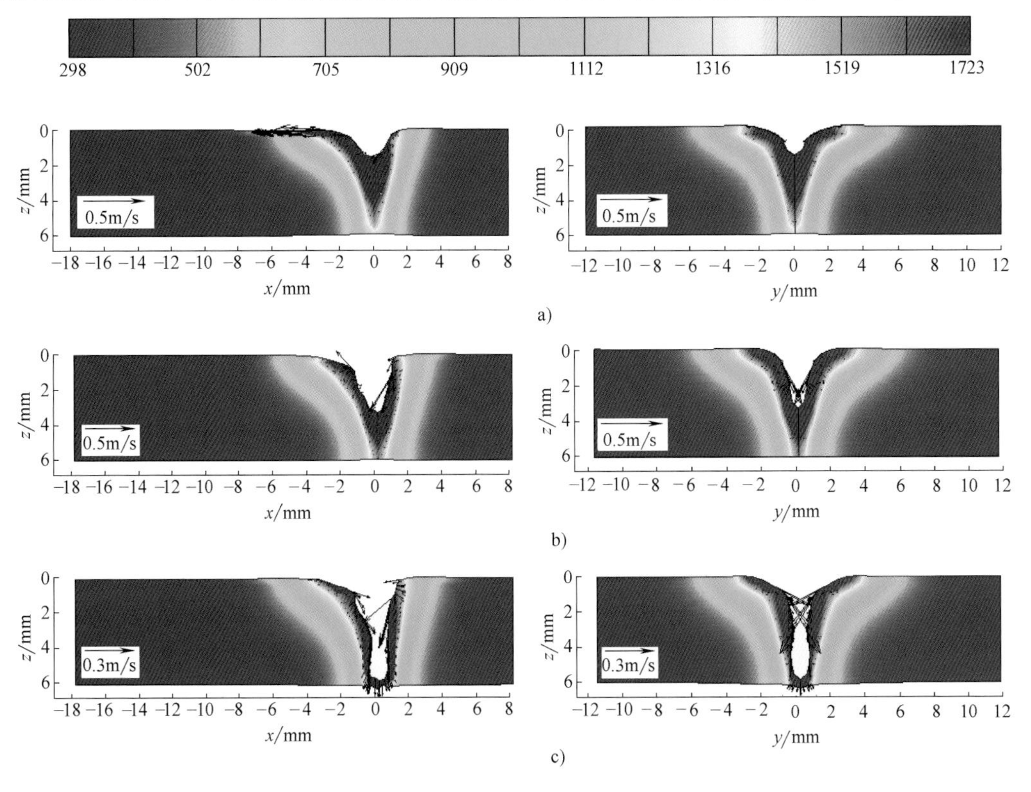

图 8-4 熔池中小孔形状、温度场及流场的演变过程（Test 8-3）

（左：纵截面；右：横截面）

a）0.36s b）0.43s c）0.47s

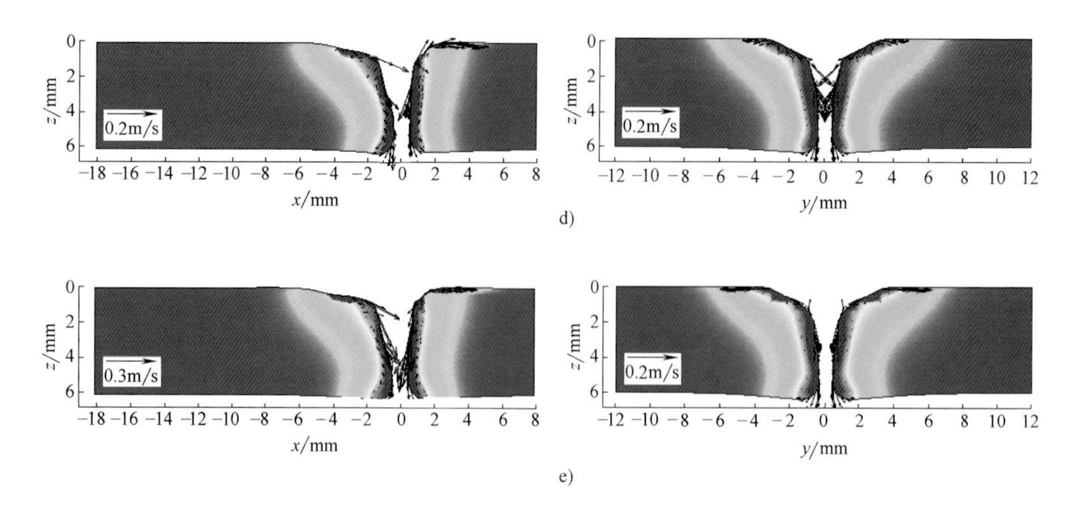

图 8-4 熔池中小孔形状、 温度场及流场的演变过程 （Test 8-3）(续）

（左：纵截面；右：横截面）

d）0.56s e）0.61s

8.2.4 激光焊接过程

华中科技大学建立了光纤激光焊接过程中熔池-小孔动态演变的数学模型，考虑了小孔壁局部蒸发、金属蒸气羽、周围气体捕获等因素的影响。某一算例条件下的模拟结果如图 8-5 所示。结果表明，小孔壁面上各点的蒸发方向不同，导致了小孔内蒸气羽的流动方向也不同；小孔出口排出的蒸气羽以高频率摆动；蒸气羽摆动角的频率与小孔深度的振荡频率接近。图 8-6 说明，计算出的焊缝横断面形状尺寸与测试结果吻合。

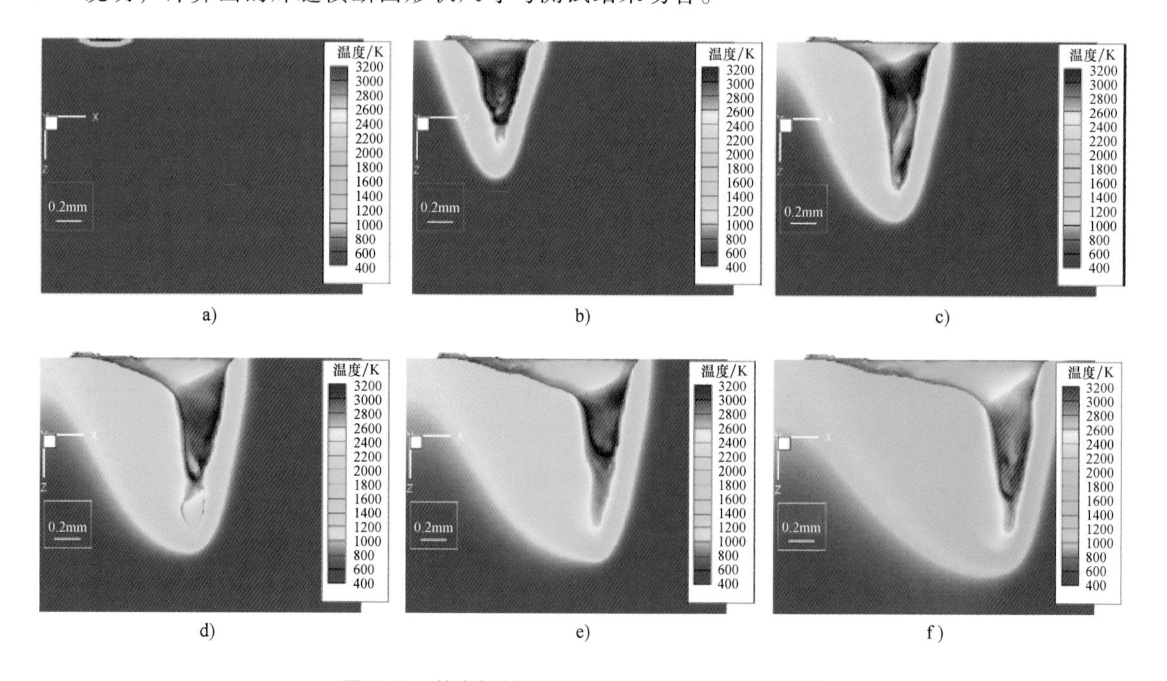

图 8-5 激光焊接小孔形状与温度场的演变过程

8.2.5 激光-GMAW 复合热源焊接

山东大学基于激光-GMAW 复合热源焊接过程中的热-力作用特点，通过考虑激光热源、电弧热源、熔滴热焓以及蒸发反力、表面张力、电弧压力、熔滴冲击力、电磁力、浮力、重力等多重因素的影响，分别建立了激光小孔模型、电弧模型和熔滴模型，并通过分析激光对电弧的压缩作用，建立了激光-GMAW复合热源焊接热过程的数学模型。采用有限体积法对微分方程进行离散，并通过VOF法追踪焊接过程中小孔熔池的边界，数值计算了小孔形成、长大、维持的动态行为以及熔池流场与温度场的分布特征。

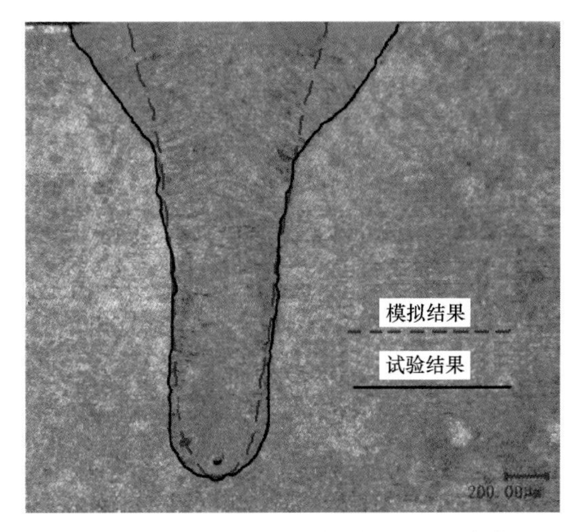

图8-6　激光焊缝计算与测试结果的比较

图8-7所示为不同时刻工件纵截面（*xoz*）上的温度场、熔池流场以及小孔形状的演变过程。可以看出，激光-GMAW复合焊接熔池内的流向十分复杂，但是整体上大体呈现出两个闭合的流动趋势：①电弧中心的熔融金属沿着熔池表面向熔池尾部流动，然后沿着熔池熔合线附近流回小孔附近，这主要是由表面张力梯度引起的玛兰格尼（Marangoni）效应；②熔池下部的熔融金属沿着小孔后壁向下运动，到达熔池底部后改变方向沿着熔池熔合线向熔池尾部运动，遇到玛兰格尼流后折返回到小孔附近，这主要是由蒸发反力、表面张力、电磁力以及浮力等共同作用的结果。此外，在熔池上表面形成了数个小型的涡流，这主要是由于熔滴的周期性冲击以及小孔的周期性塌陷造成熔池表面呈现出波浪式振动状态，从而出现了图中熔池上表面的小型涡流。

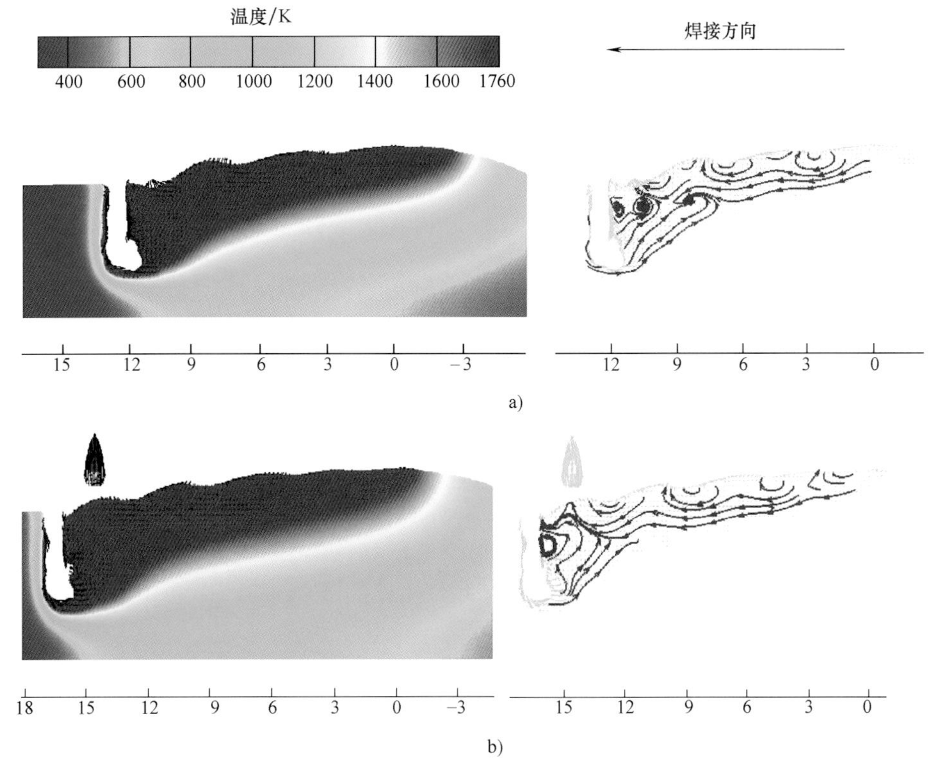

图8-7　不同时刻熔池纵截面温度场、流场动态演变图（Test 4）

a）0.97s　b）1.18s

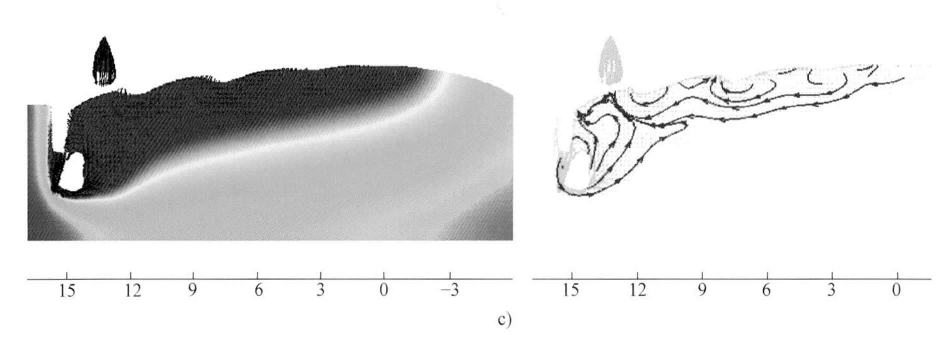

图 8-7　不同时刻熔池纵截面温度场、流场动态演变图（Test 4）（续）
c）1.28s

图 8-8 所示为焊缝横断面的计算结果与测试结果。通过对比，可以发现模型模拟所得到的结果与试验结果基本吻合。

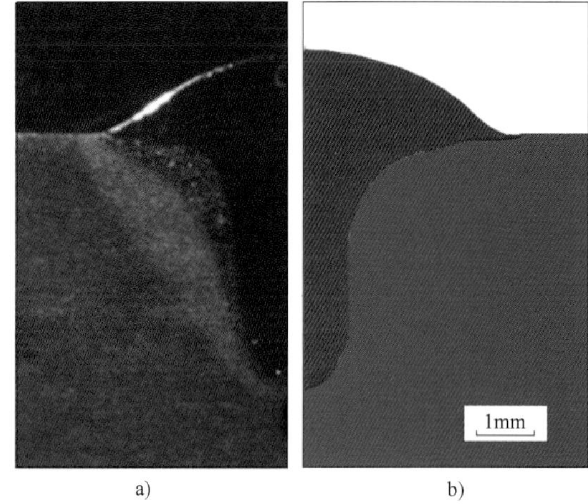

图 8-8　复合热源焊接焊缝横断面的测试结果与计算结果
a）测试结果　b）计算结果

8.2.6　搅拌摩擦焊的产热、传热与材料流动

搅拌头的形状会对焊缝的宏观形貌、微观组织以及接头力学性能等产生很大的影响。山东大学根据搅拌头-工件界面上的受力特点，推导出了滑移系数和摩擦因数的表达式，该表达式中的搅拌头扭矩和轴向压力通过试验测得；轴肩/搅拌针底面与搅拌针侧面上的切应力比值，通过某些点的温度测量值与计算值的逼近而获得。基于这种测试-计算法，获得了不同焊接参数下的滑移系数和摩擦因数，避免了其取值的随意性。

综合考虑复杂截面形状搅拌针 ST（有 4 个平面的圆台形搅拌针）和 TT（有 3 个平面的圆台形搅拌针）的特点，建立了三维“准稳态动参考系”+“瞬态滑移网格”模型，该模型更接近实际的搅拌摩擦焊过程，且能兼顾计算时间和计算的准确性。重点讨论和分析了 ST 和 TT 在搅拌针侧面平面区域的产热、材料流动速度及受力状态，并采用测试-计算法研究了搅拌针形状对滑移系数和摩擦因数的影响规律。

基于建立的针对复杂截面形状搅拌针的 FSW 焊接过程数学模型，计算了 CT、ST 和 TT 三种搅拌头情况下焊接过程中的产热、温度分布和塑性流动行为，定量分析了不同时刻 ST 和 TT 搅拌针周围材料塑性流动的特点。研究发现，搅拌针形状对 FSW 焊接过程的总产热量和轴肩处的产热分布规律的影响很小，而对搅拌针侧面产热分布规律影响较大；搅拌针形状对最高温度的影响小于 30K，ST 和 TT 搅拌针旋转过程中，搅拌针周围温度的波动振幅小于 10K；ST 和 TT 搅拌针剪切层内的最大材料流动速度是 CT 搅拌针的 2~3 倍，ST 和 TT 搅拌针对被焊材料的“搅拌作用”明显强于 CT 搅拌针。

图 8-9 所示为 Case 9 条件下三种搅拌头在不同截面上的热流密度分布。可以看出，剪切层内的最大热流密度超过了 $6.0\times10^9\ W/m^3$。

图 8-10 所示为三种搅拌头在工件中部水平截面上的材料流动方向及流线分布。可以看出，三种搅拌头的材料流动的基本规律是一致的，即搅拌头前部的金属经后退侧绕过搅拌针并从搅拌头后部流出，且材料在后退侧经历了强烈的挤压作用。

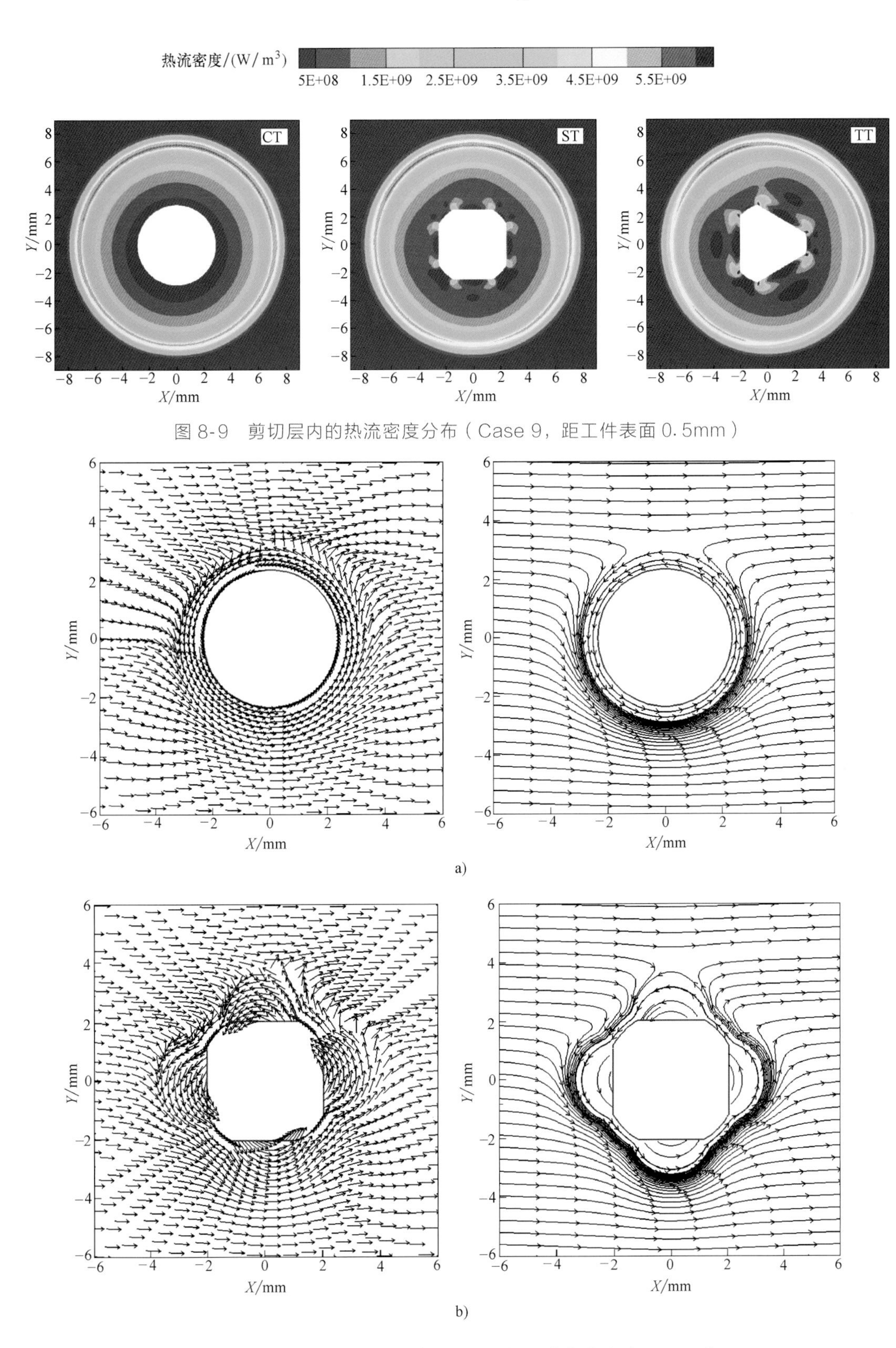

图 8-9 剪切层内的热流密度分布（Case 9，距工件表面 0.5mm）

图 8-10 工件z=-3mm 截面上的流场和流线分布（Case 7）

a）CT b）ST

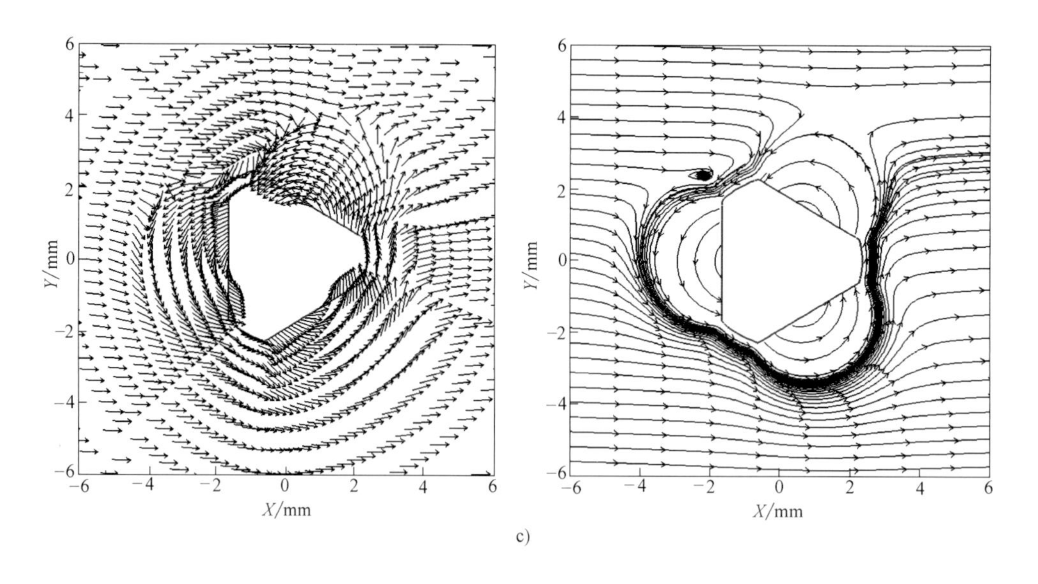

图 8-10　工件 $z=-3$mm 截面上的流场和流线分布（Case 7）（续）

c）TT

清华大学提出了一种描述搅拌头与工件界面瞬态滑移与黏着状态的边界条件，考虑了界面上接触状态非均匀分布对产热的影响。搅拌摩擦焊过程的产热如图 8-11 所示，在轴肩边缘，因界面滑动产生大量摩擦热；在剪切层内，主要是塑性变形产热。两者在总产热量中所占比例分别为 54.5%和 45.5%。图 8-12 比较了焊接热循环的计算结果与测试结果，可见，两者吻合良好。

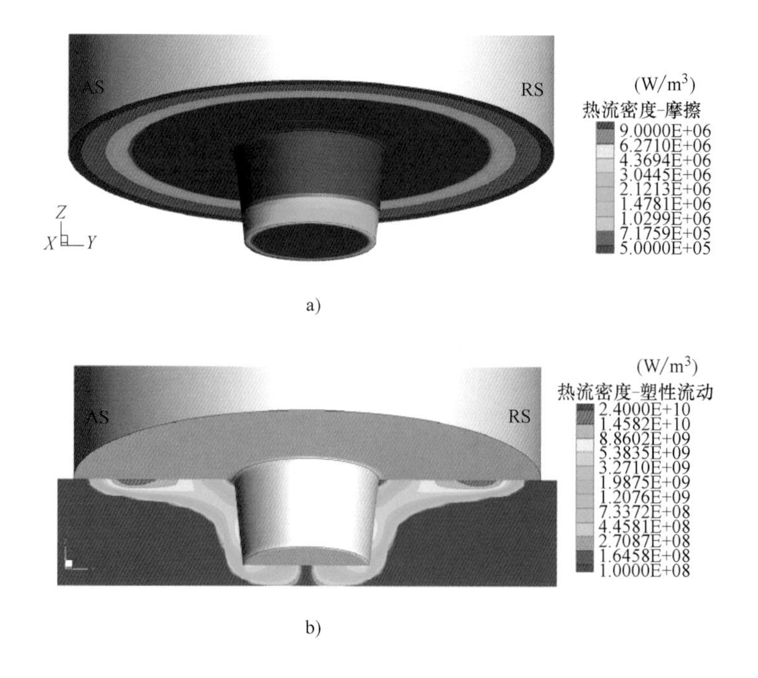

图 8-11　搅拌摩擦焊过程的产热

a）摩擦产热　b）塑性变形产热

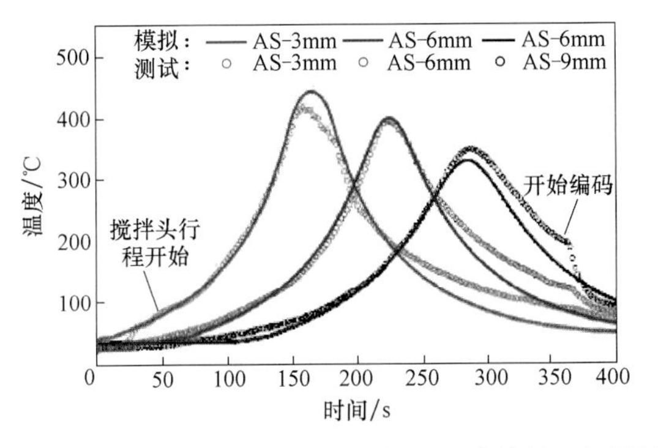

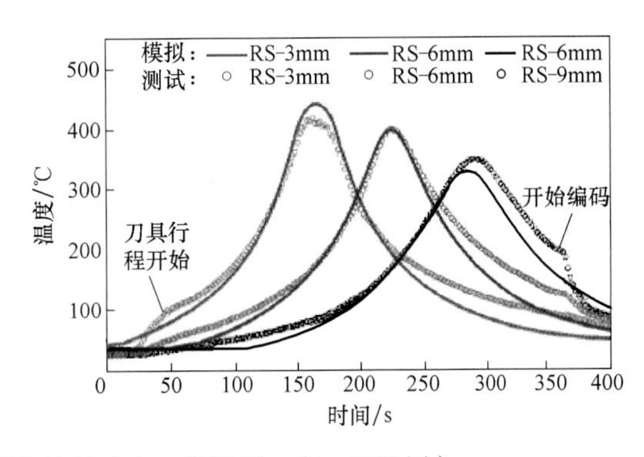

图 8-12 焊接热循环计算结果与测试结果的比较（左：前进侧，右：后退侧）

8.3 焊接接头的组织模拟与预测

焊接接头组织模拟，可以再现焊接熔池凝固过程的动态演变，预测焊缝及热影响区的晶粒生长、固态相变组织，进一步达到预测焊接接头力学性能的目的，是未来材料热加工基因工程的基础。焊接熔池物理化学冶金机理、焊缝及热影响区组织转变机制及建立不同尺度的组织模型等是焊接组织模拟基础和研究重点，但因篇幅所限，这里仅介绍焊接组织模拟常用算法和模拟结果。

8.3.1 焊接熔池凝固过程模拟

焊接接头经历加热-熔化-凝固等一系列复杂过程，其熔池凝固组织的变化一直是学者们研究的热点。熔池凝固过程模拟主要采用蒙特卡罗方法、元胞自动机方法及相场法。

图 8-13 所示为北京工业大学利用蒙特卡罗（MC）方法预测的晶粒生长过程。兰州理工大学基于 MC 方法，对铝钢异种金属熔钎焊界面物相组织形态的影响规律进行了研究，如图 8-14 所示。

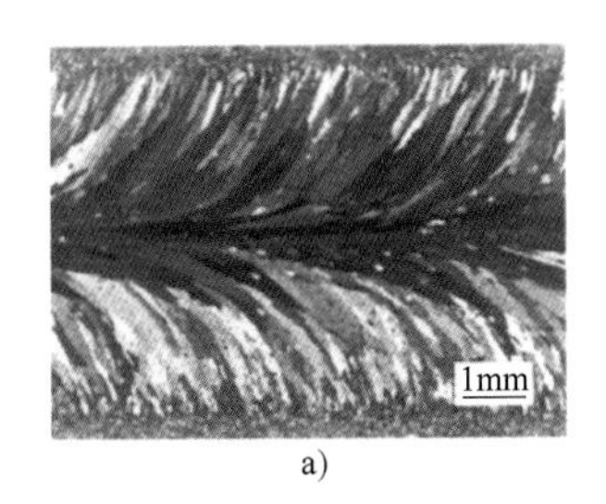

a)

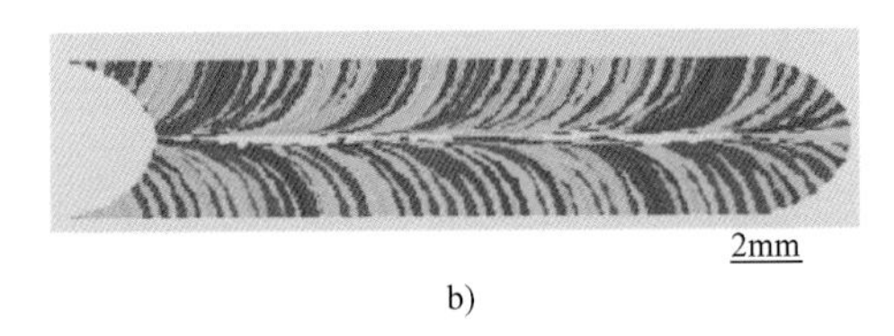

b)

图 8-13 铝合金焊接熔池柱状晶生长蒙特卡罗模拟
a）试验结果 b）模拟结果

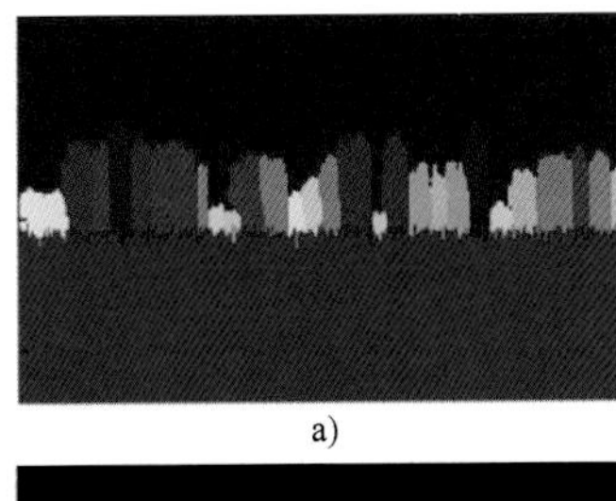

a)

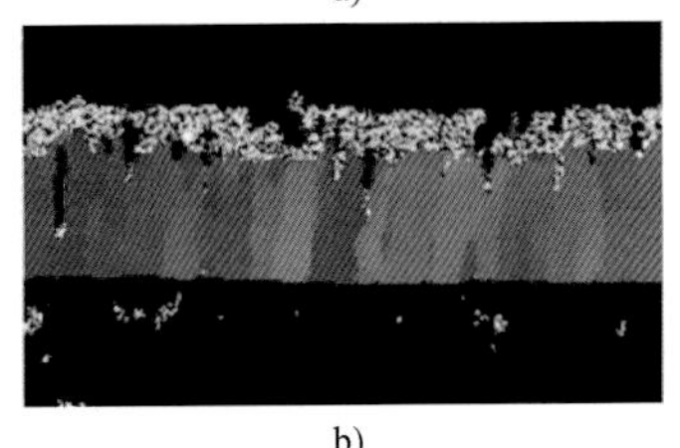

b)

图 8-14 铝钢熔钎焊界面晶粒生长取向
a）试验结果 b）模拟结果

华中科技大学和哈尔滨工业大学采用元胞自动方法模拟了焊接熔池枝晶生长过程，如图 8-15 所示。大连理工大学耦合元胞（CA）和蒙特卡罗（MC）方法模拟研究了 17Cr-Ti-N 不锈钢的焊缝凝固过程，预测了 TiN 作为形核孕育剂条件下焊缝凝固组织的柱状晶向等轴晶转变，如图 8-16 所示。

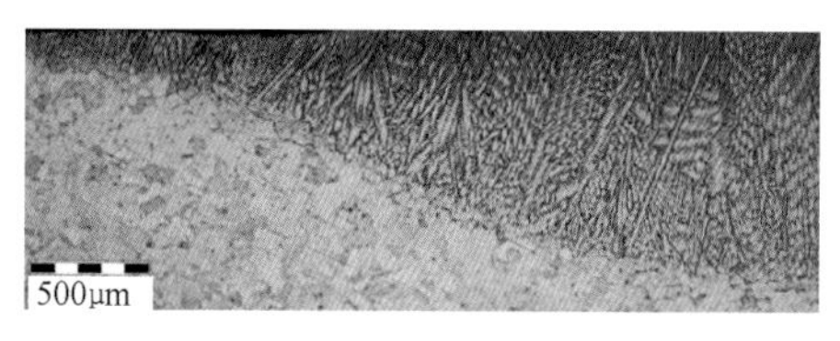

图 8-15 有限差分-元胞自动机耦合模拟镍基合金熔池凝固组织

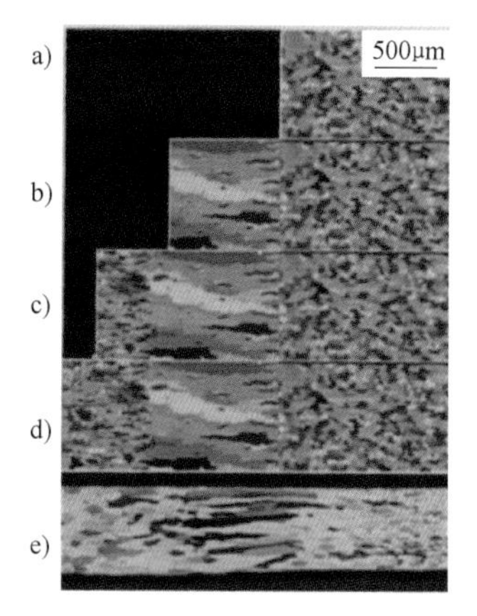

图 8-16 流场作用下柱状晶及等轴晶生长形貌

a）3.07s b）7.08s c）7.79s d）凝固结束 e）实际焊缝组织

哈尔滨工业大学及南京航空航天大学利用相场法完成了 Al-Cu 合金熔池凝固过程中各种形态枝晶的动态生长机制研究（见图 8-17）。

a)

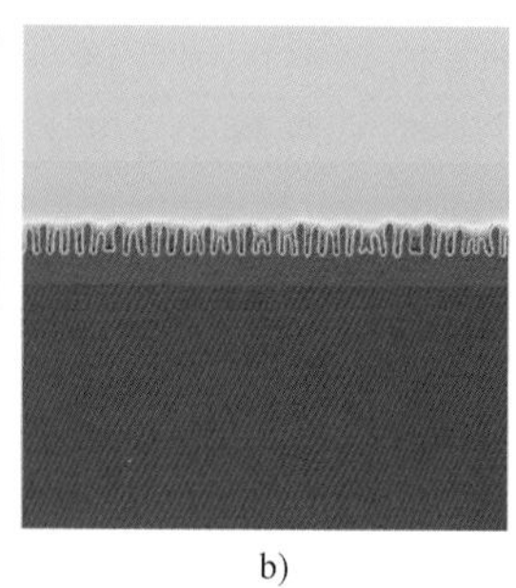

b)

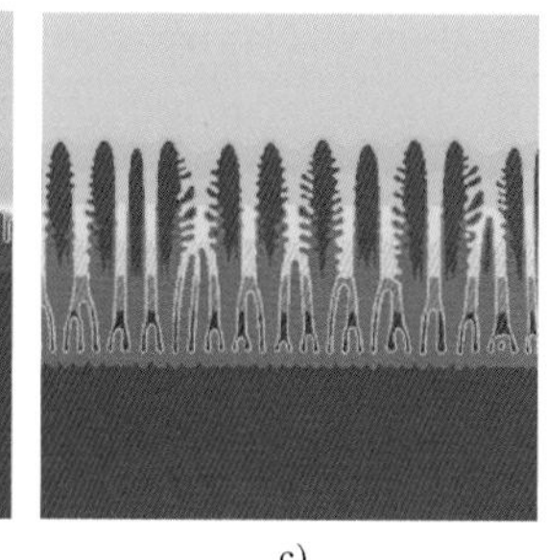

c)

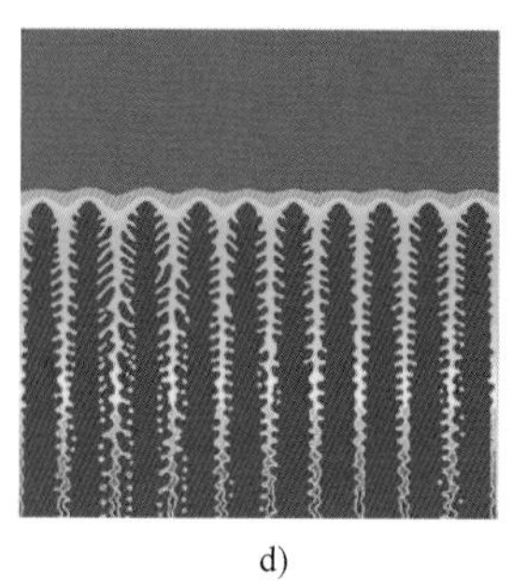

d)

图 8-17 相场法模拟焊接熔池一次枝晶及二次枝晶生长过程

a）线性生长阶段 b）非线性生长阶段 c）竞争生长阶段 d）相对稳定阶段

8.3.2 焊接热影响区晶粒生长计算

焊接热影响区是焊接接头最为薄弱的部分，晶粒尺度对固态相变组织和力学性能有较大的影响，计算晶粒生长过程和分布状态受到广泛关注。山东大学将基于小孔形状的复合焊热场模型应用于 TCS 不锈钢复合焊准稳态温度场的数值分析，计算了不同工艺条件下 TCS 不锈钢焊接 HAZ 形状尺寸以及 HAZ 内不同位置处的热循环曲线。根据计算出的 HAZ 形状尺寸和焊接热循环，采用三维蒙特卡洛（MC）技术，建立了 TCS 不锈钢复合焊 HAZ 晶粒长大模型，模拟了 TCS 不锈钢复合焊 HAZ 组织结构的演变。图 8-18 所示为三维 HAZ 组织模拟的最后结果。从图中可以清楚地观察到上表面、对称面及侧面上晶粒尺寸的空间分布。正如预期的一样，靠近熔合线的是粗晶粒，细晶粒位于远离熔合线的位置。然而，沿着熔合线方向不同位置处晶粒长大的趋势大不相同。组

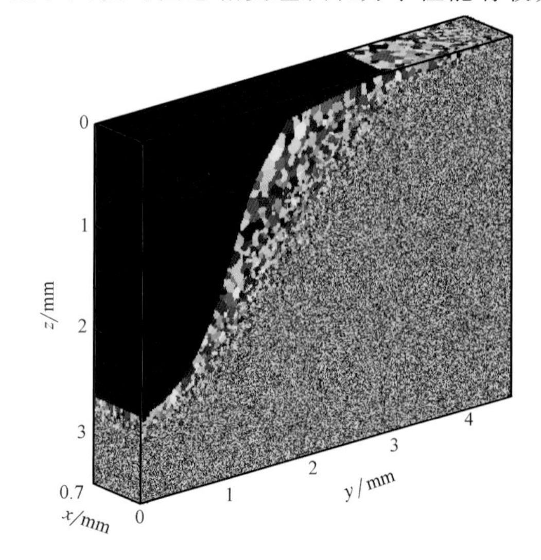

图 8-18 热影响区三维组织结构（Test 5）

织结构和粗晶区的宽度沿着熔合线方向变化。不同工艺条件下焊缝形状和平均晶粒尺寸的预测结果与相应的试验结果一致。

8.4 焊接残余应力与变形的数值分析

焊接是一个局部快速加热和冷却的过程。在焊接过程中，焊接构件中的应力和应变一直在发生变化。在焊接完成和完全冷却后，焊接构件中存在着残余的应力和变形。焊接残余应力可能降低承载结构的能力和使用寿命，也是导致产生开裂的重要原因。焊接变形则造成构件的尺寸变化，增加了矫形工作量和生产成本，变形严重时甚至直接造成产品报废。因此了解焊接残余应力和变形的产生原因，预测其规律，在焊接过程中以及焊后掌握控制与消除方法，尽可能减少焊接残余应力与变形的危害，一直是焊接生产和研究中的重要课题。

8.4.1 核电设备典型焊接接头中的残余应力

近年在核电设备中的焊接接头部位相继检测到了应力腐蚀裂纹。焊接产生的残余拉应力是导致应力腐蚀裂纹的重要原因之一。重庆大学以核电设备中压力容器的控制棒导管与壳体之间的 CRDM 焊接接头为例，采用试验手段和数值模拟方法对焊接残余应力进行了研究。图 8-19 的结果表明：焊接后焊缝及其附近的区域产生了很高的周向和轴向残余拉应力，而且数值模拟结果与试验结果十分吻合。

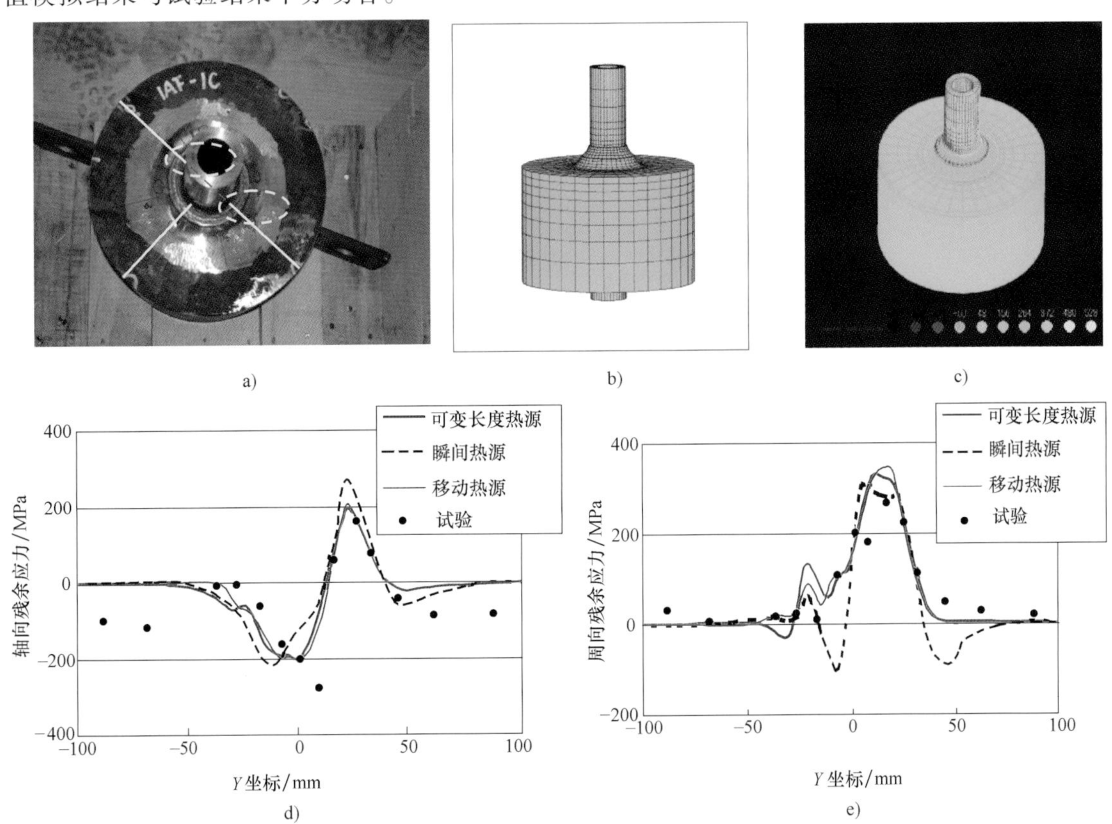

图 8-19 核电压力容器中焊接接头的残余应力

a）焊接接头试验模型 b）三维有限元模型 c）焊接残余应力计算结果

d）导管内部轴向残余应力分布 e）导管内部周向残余应力分布

8.4.2 异种钢焊接接头的残余应力数值模拟

由于材料选用和成本控制的需要，在核电和火电设备中经常使用异种钢焊接接头。由于材料性能上的差异，异种钢焊接接头的残余应力更为复杂。重庆大学以核电设备中常用的低合金高强度结构钢与奥氏体不锈钢管的对接接头为例，采用热-弹-塑性有限元方法计算了在多层多道焊情况下的焊接残余应力，并重点关注了焊接起始位置的残余应力分布特征。图8-20展示了异种钢管对接接头多层多道焊情况下的焊接残余应力的计算结果。

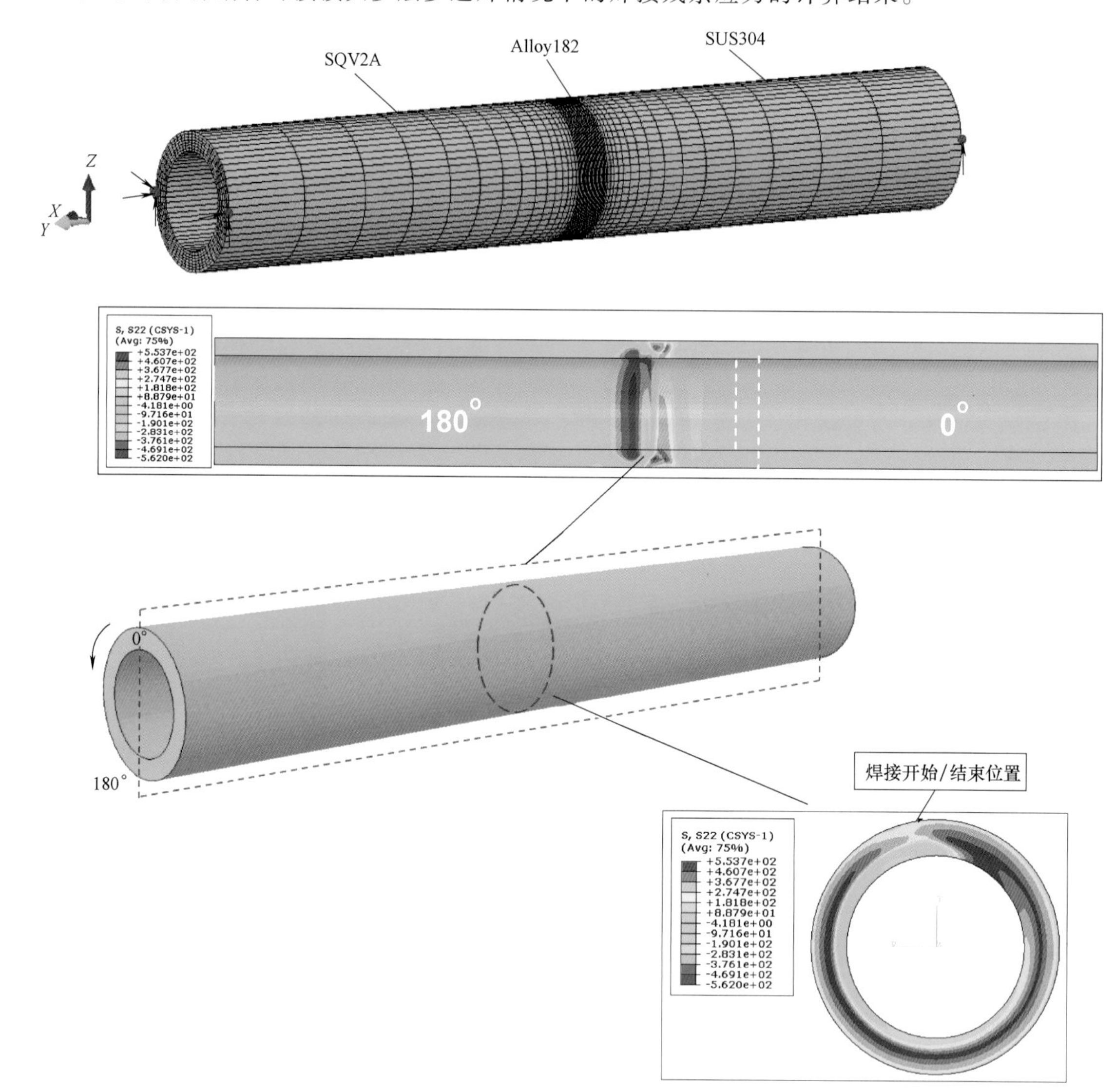

图 8-20 异种钢管对接接头多层多道焊情况下的焊接残余应力

8.4.3 建筑钢结构中箱型梁结构的焊接残余应力理论预测

近 10 多年来，我国建筑钢结构取得了长足的发展。在焊接钢结构中，一个值得关注的问题是焊接残余应力，高的焊接残余应力不仅直接影响结构的低周疲劳寿命而且也是导致结构发生脆性断裂的重要因素。如图 8-21 所示，重庆大学以钢结构中的典型箱型梁为例，采用热弹塑性有限元方法计算了箱型梁在焊接装配过程中产生的焊接残余应力。在计算中分别详细考虑埋弧焊和电渣焊的焊接过程。计算得到的残余应力分布对评价结构完整性和安全性有重要的参考价值。

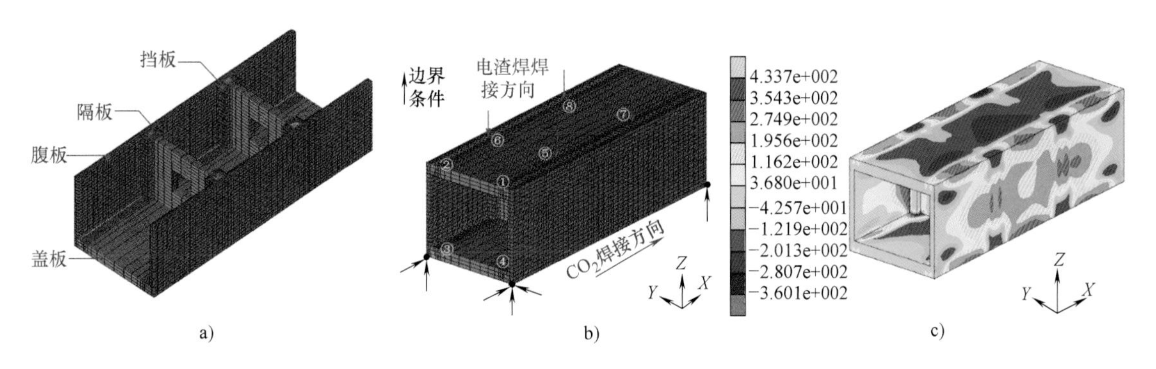

图 8-21　建筑钢结构中箱型梁结构的焊接残余应力预测

a）有限元模型　b）焊接位置及拘束条件　c）焊接残余应力分布

8.4.4　核电转子焊接残余应力的数值模拟

重庆大学、上海交通大学和上海电气集团对核电低压转子的焊接残余应力进行了数值模拟，如图 8-22 所示。数值模拟中采用了 2D 轴对称模型，同时分别考虑了焊缝金属和母材的力学性能。计算得到的结果有助于宏观把握转子在多条焊缝情况下的残余应力分布情况，为合理控制焊接残余应力和制定相应的焊后热处理工艺提供理论依据。

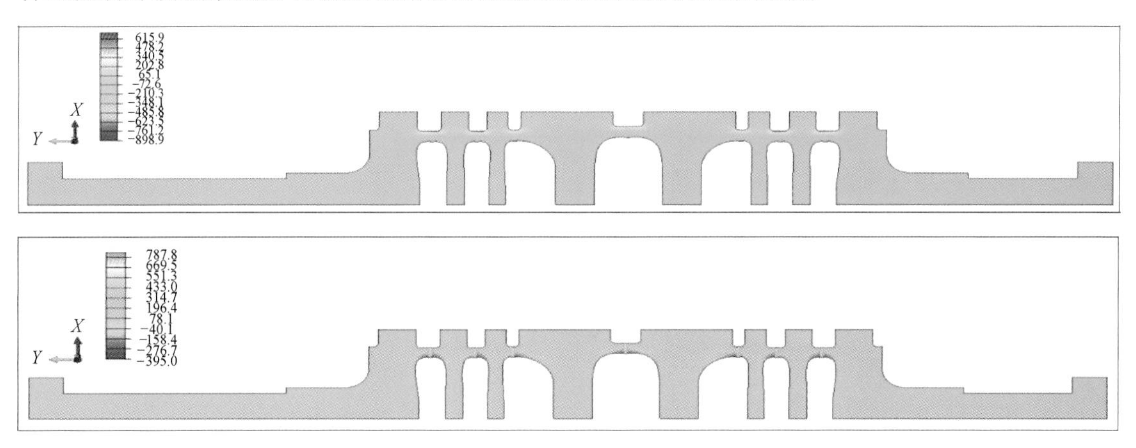

图 8-22　核电转子轴向（上）和周向（下）残余应力分布

8.4.5　固有应变法预测焊接变形

重庆大学采用固有应变法对船舶中的典型结构板-骨结焊接结构的变形进行了理论预测，同时采用试验手段验证了固有应变法的预测精度，如图 8-23 所示。结果表明：固有应变法可

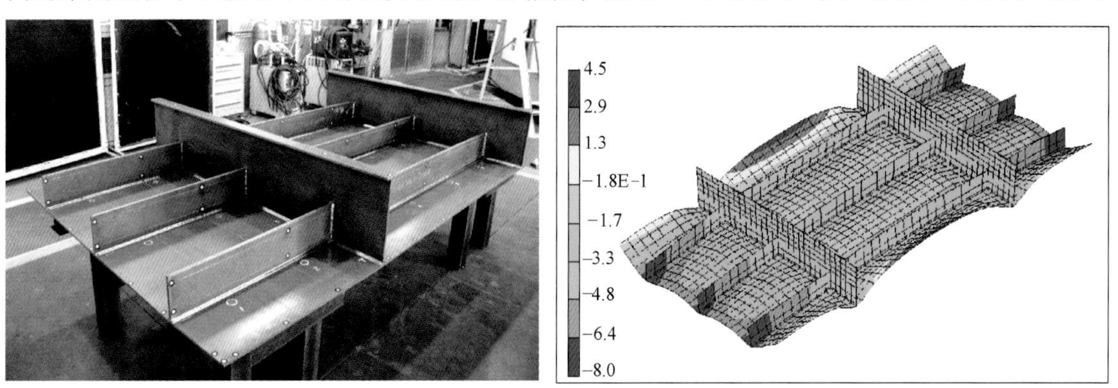

图 8-23　固有应变法预测得到的板-骨焊接结构的面外变形

以高效、高精度地预测大型结构的焊接变形。

8.4.6 薄板结构中因焊接引起的屈曲变形（波浪变形）

重庆大学采用固有应变法对船舶中典型的高强度钢薄板结构的焊接变形进行了理论预测，并重点考虑焊接过程中出现的失稳变形（见图8-24）。研究表明：对于薄板结构而言，如果焊接方法和焊接热输入控制不当，很容易出现波浪变形。数值模拟结果有助于通过改进薄板焊接结构的设计和优化焊接参数来主动控制焊接变形。

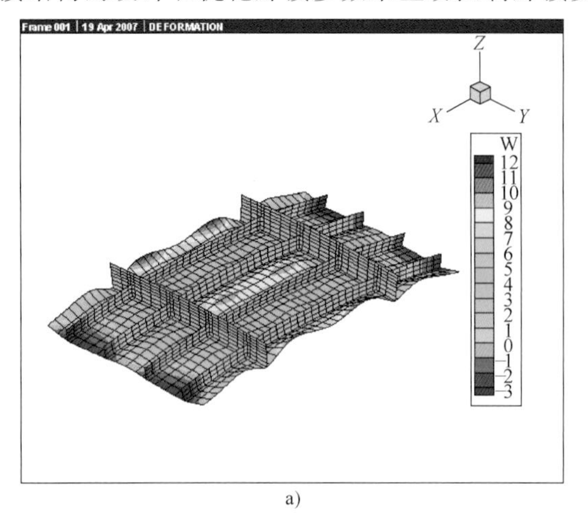

a)

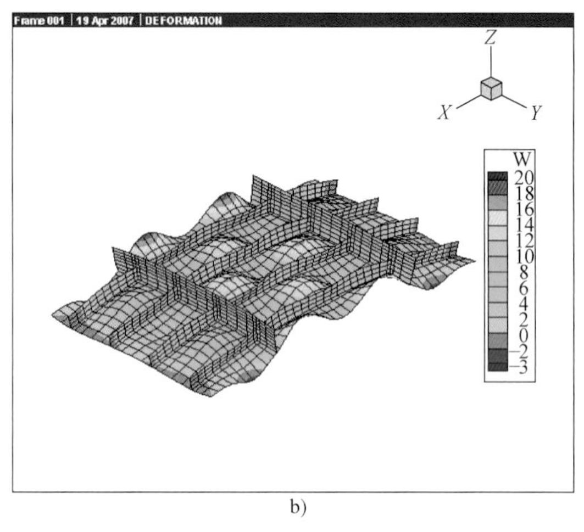

b)

图8-24 薄板结构中因焊接引起的屈曲变形

a）较小热输入 b）较大热输入

8.4.7 固有应变法预测非对称曲面结构的焊接变形

在船舶制造中，船首和船尾部分大量采用非对称的曲面结构。当采用焊接方法组装曲面结构时不可避免要产生显著的扭转变形。这种变形一方面很难矫正，另一方面会给后续的装配带来很大的困难。如果事前能够预测这种变形，预测结果可以用于设计和制造阶段采取对策主动控制焊接变形。重庆大学基于固有应变理论，开发了弹性有限元计算方法来模拟曲面结构的焊接变形，如图8-25所示。

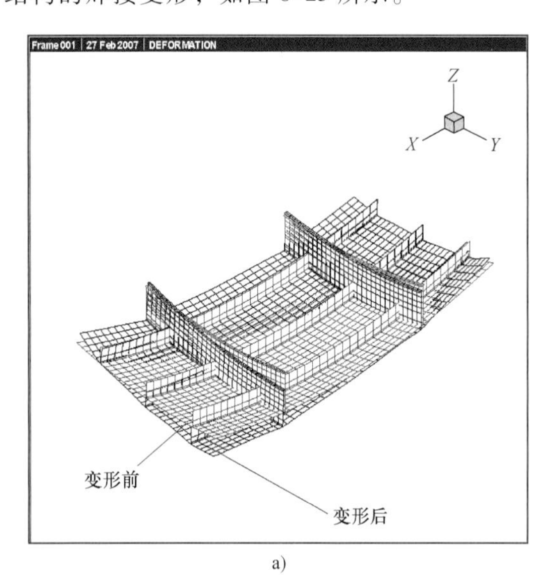

a)

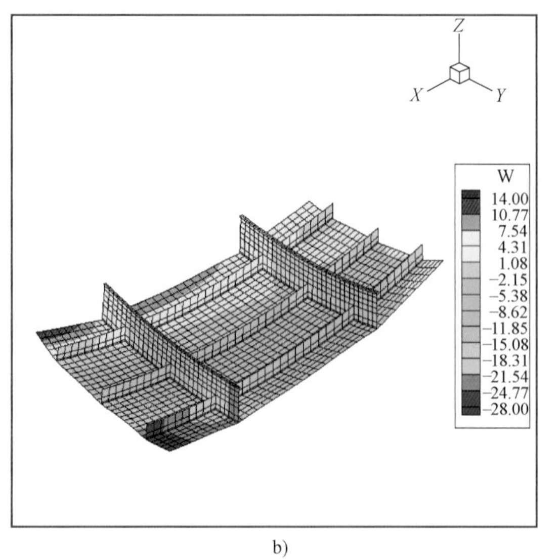

b)

图8-25 非对称曲面结构的焊接变形有限元分析

a）焊接前与焊接后的形状比较 b）焊接变形的计算结果

8.4.8 汽车车门的焊接变形数值模拟

重庆大学采用热-弹-塑性有限元方法对汽车车门在 CMT 焊接条件下的变形进行了数值模拟。如图 8-26 所示，模拟得到的结果与实际生产中车门产生的焊接变形倾向和趋势一致。

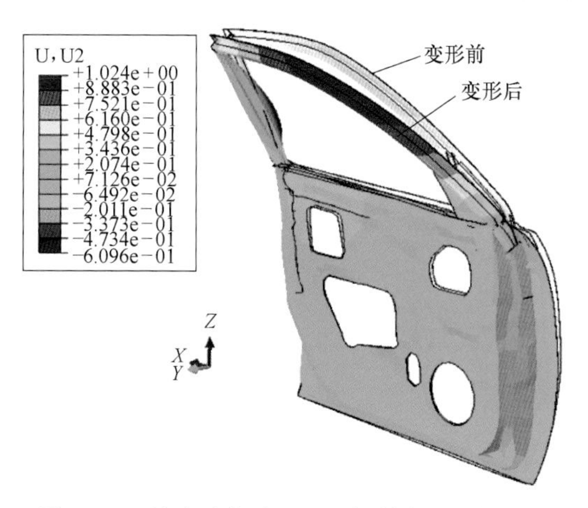

图 8-26 汽车车门在 CMT 焊接条件下的变形

8.5 计算机辅助焊接应用软件

随着互联网、物联网、数据挖掘及知识工程技术的广泛渗透，计算机辅助焊接应用软件逐步受到关注。我国焊接科技工作者经过 30 多年不间断的设计和开发，将数据库、专家系统、人工神经元网络等技术成功应用到焊接工程中。以往被认为锦上添花的焊接应用软件，不断创新发展。智能化焊接办公、数字化焊接平台已经成为打通焊接产品制造数据链和知识链的必备手段。

8.5.1 焊接基础数据共享

从 1986 年起，天津大学、哈尔滨工业大学、清华大学、兰州理工大学等单位相继开始了焊接工程数据库研究。目前，焊接数据库作为焊接数字化的支撑技术，已经成为企业焊接数据共享平台（见图 8-27）。

8.5.2 焊接性分析与预测

材料焊接性分析软件充分利用模型计算、数据库、专家系统、人工神经元网络及有限元等各种技术，完成材料的裂纹及气孔敏感性分析、力学性能预测等。图 8-28 所示为利用数据

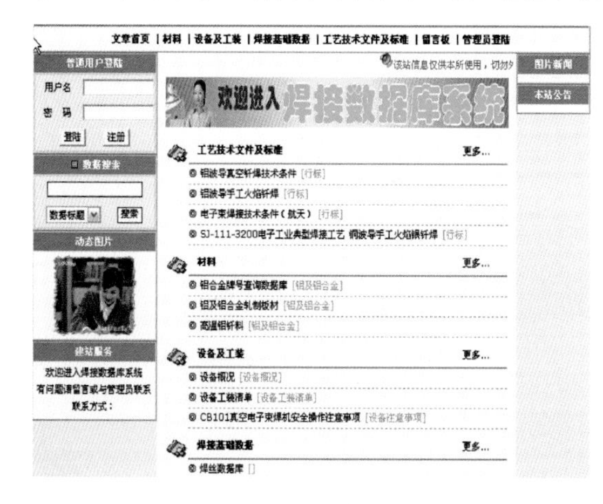

图 8-27 焊接数据共享平台

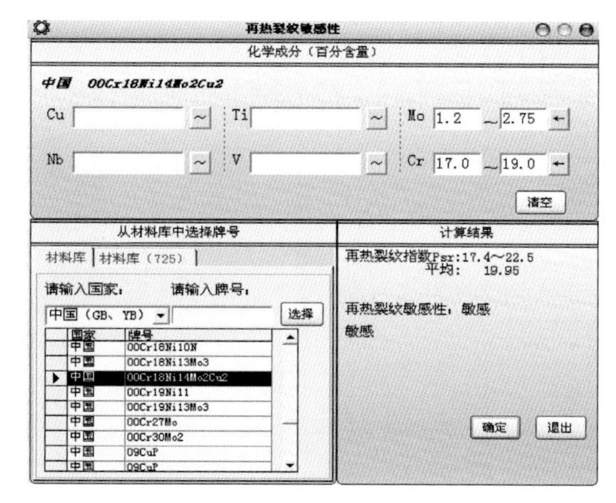

图 8-28 焊接性分析系统

库和模型计算实现的焊接性分析。

8.5.3 焊接专家系统与知识工程

焊接专家系统作为焊接知识（理论知识、经验知识）共享载体，和国际上发达国家几乎同时起步。哈尔滨工业大学和清华大学率先开展了这方面的研究。随着知识工程的推进，焊接知识共享平台的发展和完善，知识贡献者由以开发者为主体转向使用者本人，在企业范围内，用户可根据产品工艺规范、标准和积累的经验等不断更新知识库，满足焊接工艺设计、焊接工艺评定、焊工技能评定、焊接缺陷诊断等实际应用需求，图 8-29 所示为焊接工艺评定系统示例。

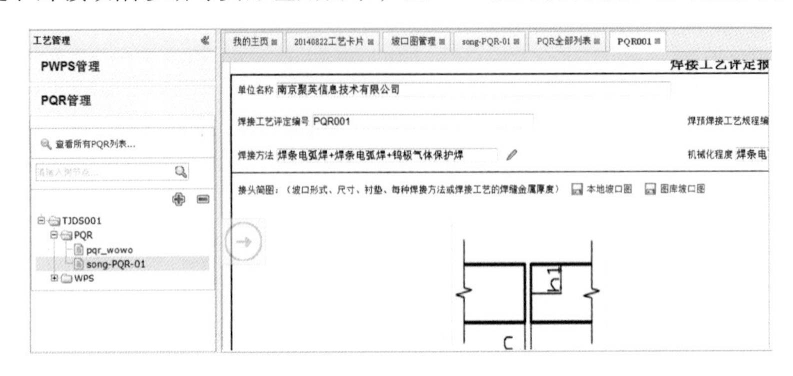

图 8-29 焊接工艺评定系统

8.5.4 智能化焊接办公系统

以焊接数据库、知识库和模型库为支撑，以焊接工程师日常工作为主线，智能化焊接办公系统近年来得到长足发展，连续五年出现在北京 ESSEN 国际焊接展览会上，并在航空、航天、军事电子、重型机械、机车车辆、船舶重工等领域得到应用，标志着计算机辅助焊接软件业已商品化。图 8-30 所示的系统囊括了焊接性分析、焊接工艺设计、焊接工艺评定、焊工技能评定、焊接工艺规程编制、焊接流程编制等焊接基本业务的同时，将任务分派、任务跟踪和流程定制与焊接工艺准备相结合，充分利用焊接数据、标准、知识和模型，焊接工程师可以高质量、高效率完成焊接工艺文件准备。

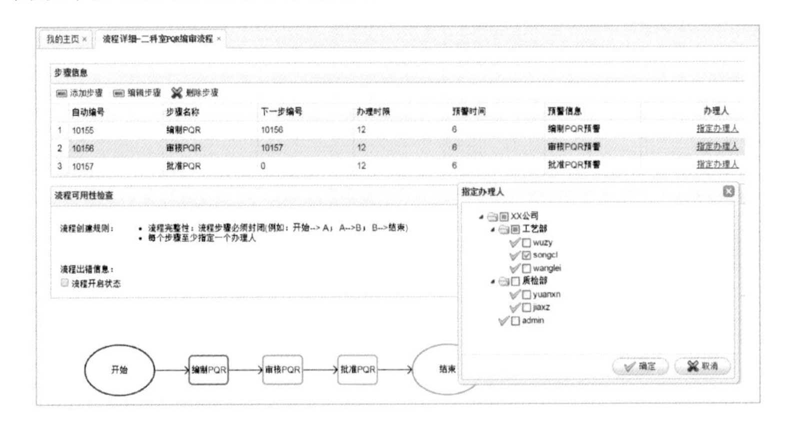

图 8-30 焊接办公流程定制

8.6 焊接过程计算机检测

焊接过程是一种复杂的物理化学动态变化过程，焊接区域的动态变化行为决定了焊接过程的稳定性以及焊缝质量。设计传感器、开发合适的测量系统、检测焊接过程中的物理特征信号的变化，为认识焊接动态行为及其机理、控制焊接过程以及改善焊缝质量提供基础数据。随着计算机的微型化和大量普及，以及各种先进传感器的开发，极大地推动了焊接过程计算机检测技术的发展，中国的焊接科研工作者设计了很多检测系统，这里列举几个典型的研究案例。

8.6.1 基于单一传感器的背面小孔与熔池同步检测

穿孔等离子弧焊接时，工件背面小孔和熔池是耦合在一起的。为了更好地实施受控脉冲穿孔等离子弧焊接的控制策略，需要同时对熔池和小孔进行视觉检测。山东大学采用视觉传感方法同步获取工件背面的小孔和熔池图像，同时观测不同工艺条件下熔池和小孔的动态变化过程。如图 8-31 所示，基于等离子弧光谱分析和 CCD 相机成像原理，选取合适的近红外窄带滤光片，只用单一 CCD 相机同时拍摄出工件背面的熔池和小孔图像。该传感系统可以在不加背光的情况下，对受控脉冲等离子弧焊接一个完整脉冲周期内的工件背面小孔和熔池图像进行采集：在脉冲电流峰值阶段，小孔形成，同时测试工件背面熔池与小孔的尺寸与位置信息；在基值电流阶段，小孔闭合，也可清晰地检测熔池尺寸与位置的动态变化信息。

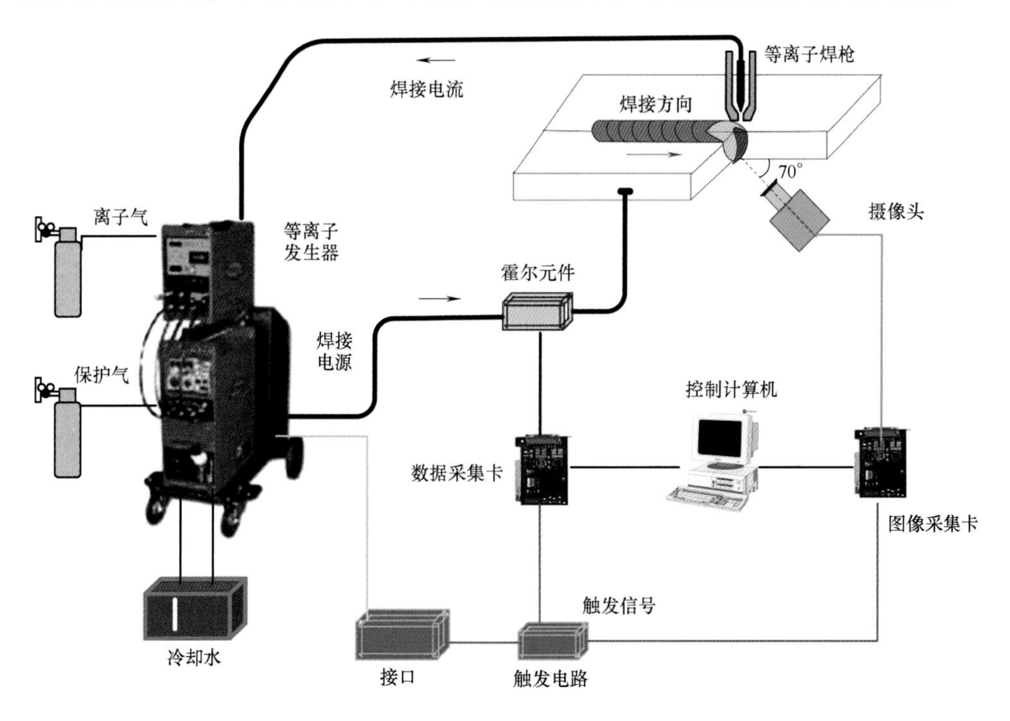

图 8-31　试验系统示意图

在等离子弧焊接过程中，小孔和熔池的形状尺寸是在不断变化的。如图 8-32 所示，根据熔池和小孔的状态，等离子弧焊接可以被定义为以下六个阶段：未穿孔阶段（6.03s 之前）、不稳定小孔阶段（6.03～7.70s）、小孔长大阶段（7.73～8.20s）、熔池长大阶段（8.30～10.23s）、准稳态阶段（10.23～18.9s）和熄弧后的凝固与冷却阶段（18.9～19s）。在等离子弧焊接过程中，小孔位于熔池前部，小孔前壁处的液态金属层非常薄，小孔所处的位置决定了熔池的位置。小孔和熔池的热状态在时间上存在差异，小孔状态稳定之后，熔池才进入准稳态。在工件背面，相对于焊枪轴线，存在小孔位置偏移和背面熔池热场偏移。当焊接热输入恒定时，小孔的初始产生位置决定了熔池最宽处的位置。小孔及其周围熔池的图像被采集并且处理。通过使用合理的标定参数，可以确定小孔及其周围熔池的实际尺寸。

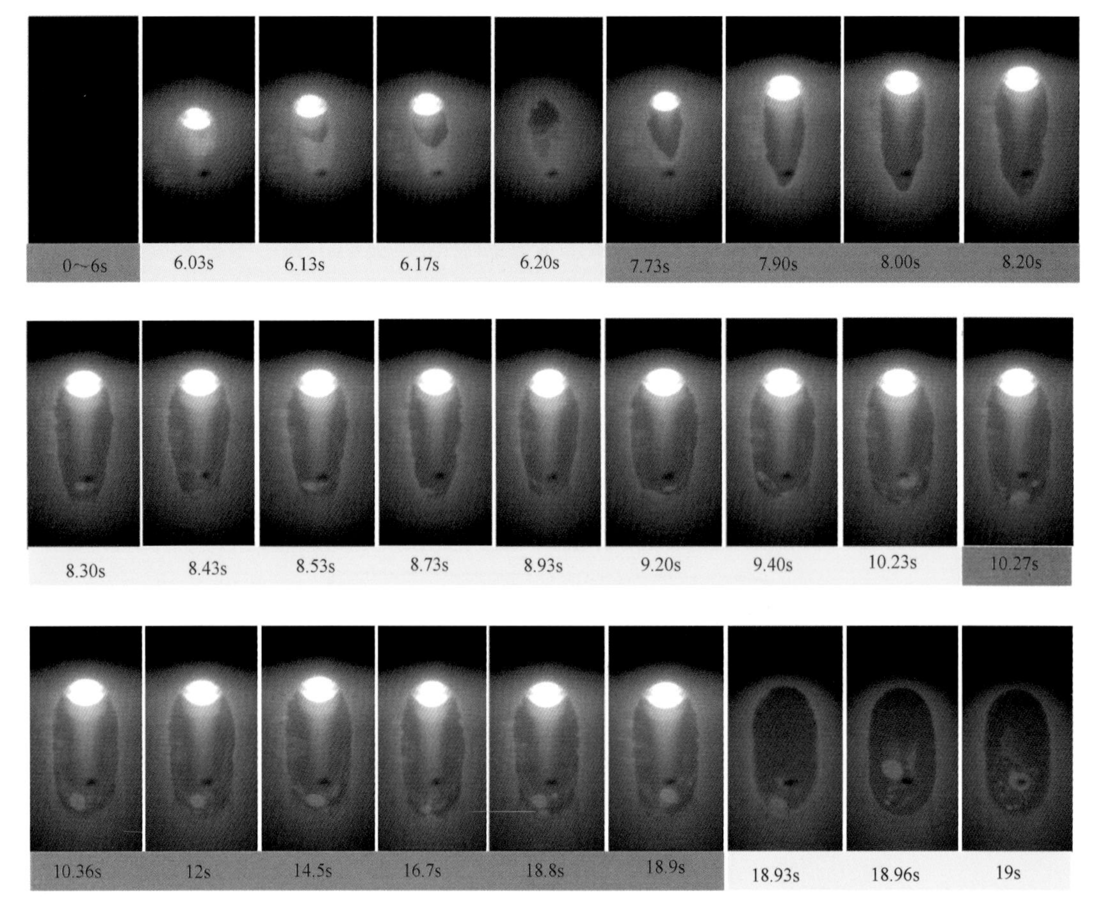

图 8-32 小孔和熔池的图像（Test case 4-20）

8.6.2 激光焊接过程的视觉检测

山东大学确定了激光焊接熔池-小孔和等离子云图像采集光谱窗口，采用双视觉传感器，采集到了清晰的熔池-小孔图像和等离子云图像（见图 8-33、图 8-34）。设计了基于边缘预测的图像处理算法，有效提取了熔池、小孔边缘，定义并计算了熔池、小孔和等离子云几何参数。提出了双视觉传感器融合算法，在特征层上实现了双视觉传感器信息的融合。

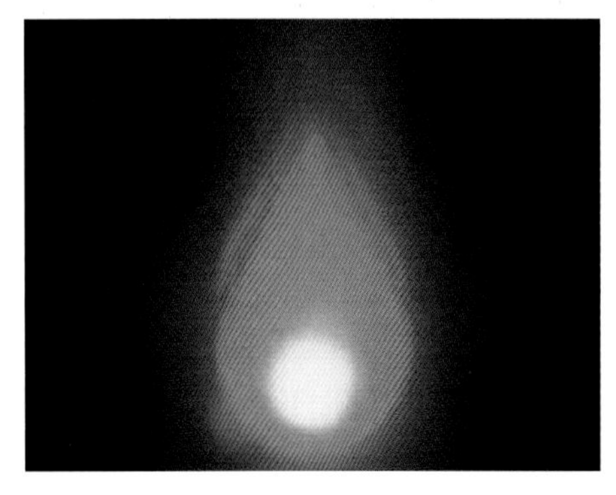

图 8-33 激光深熔焊熔池图像（P=0.8kW）

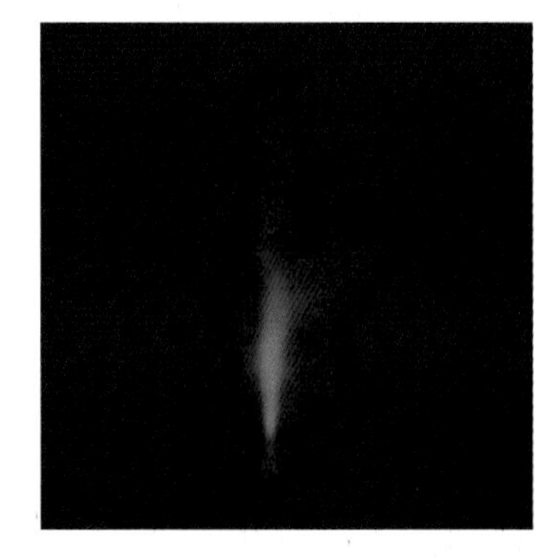

图 8-34 激光深熔焊等离子云图像（P=2kW）

中国工程物理研究院机械制造工艺研究所开发了一套高速摄像观测系统（见图 8-35），研究激光焊接中的熔池小孔、等离子体的动态行为。采用基于粒子图像测速（Particle Image Ve-

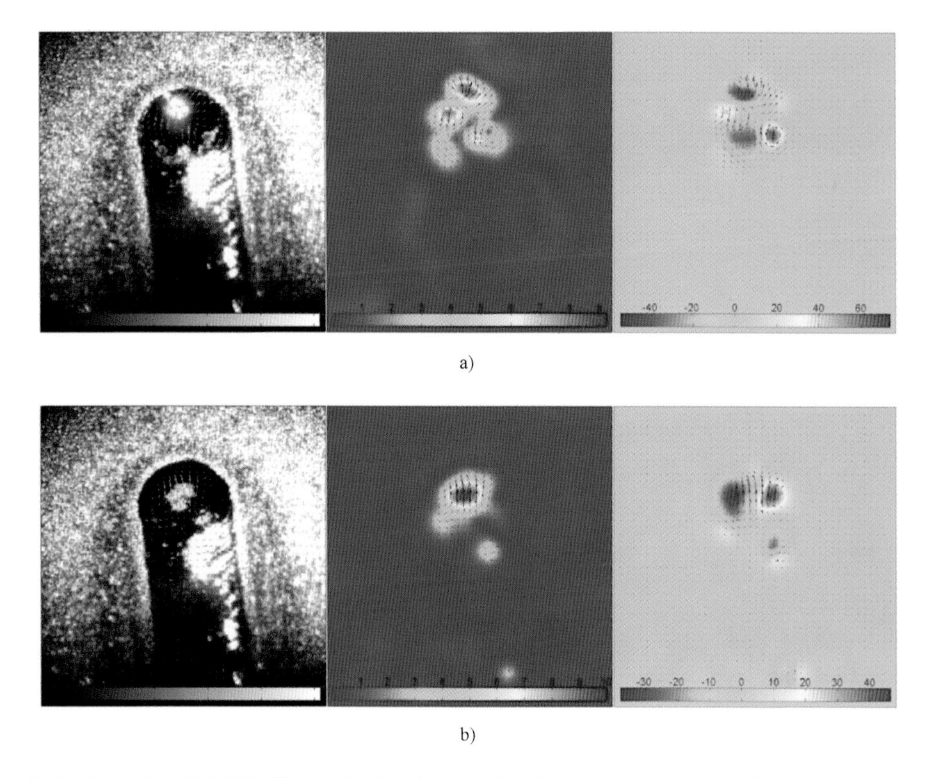

a)

b)

图 8-35 脉冲激光焊不同时刻的速度矢量图（左）、速度云图（中）、涡量云图（右）
a）峰值脉冲 b）脉冲间隙

locimetry）方法处理高速摄像拍摄的脉冲激光焊接熔池监测图像序列，定量分析了熔池流动的速度和涡量。证明了脉冲激光的冲击作用有助于减少焊缝气孔。

8.6.3 GMAW 熔池流动速度的实时检测

山东大学研发了一套 GMAW 熔池视觉检测系统（见图 8-36），实现了对 GMAW 熔池形态和示踪粒子的同步观测。采用结构激光辅助的几何算法，二维熔池图像恢复为三维熔池形貌。通过观测熔池上表面示踪粒子流态，获得了熔池液态金属流动特征，如图 8-37 所示。基于示踪粒子的运动特征，研究了电弧力、重力、表面张力、电磁力、熔滴冲击力和黏滞力等对咬边缺陷的影响。

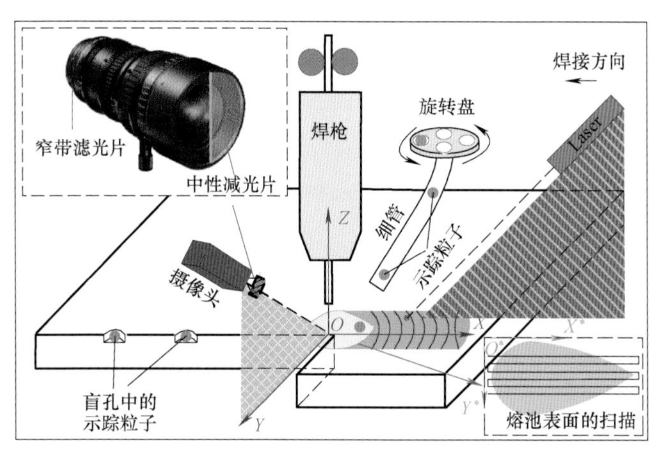

图 8-36 熔池流态的视觉检测系统

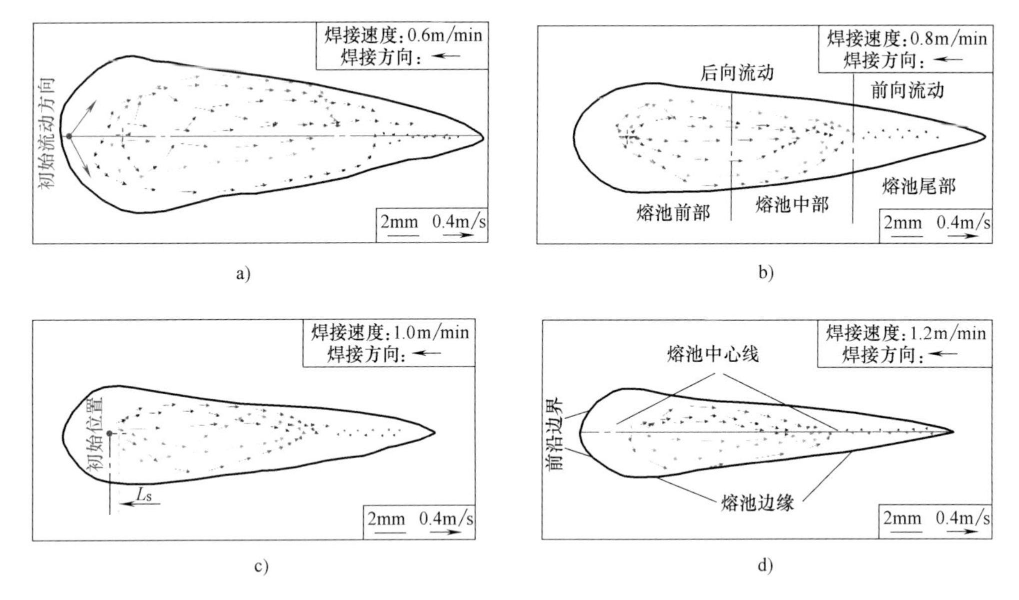

图 8-37　熔池表面的示踪粒子流动模式

8.6.4　GTAW 熔池表面三维恢复及熔透状态预测

如图 8-38 所示，兰州理工大学基于激光视觉测量原理，采用 2 台同规格的 CCD 摄像机实时同步采集了钨极惰性气体保护电弧焊熔池自由表面和背面熔宽动态变化视频图像（见图 8-39），利用熔池自由表面三维恢复算法获得熔池三维自由表面形貌（见图 8-40），并对不同熔透状态的熔池三维自由表面高度变化与同步采集的背面熔宽变化间的相关性进行了定性分析试验。通过建立理想熔池自由表面，入、反射激光束光学变换及成像屏数学模型，逆向仿真研究了不同熔透状态的熔池表面对反射激光点阵形态的影响规律。结果表明，基于激光视觉法获得的熔池三维自由表面动态变化与焊缝熔透之间具有相关性，当焊缝由未熔透过渡到熔透时，熔池表面由凸形逐渐变为凹形，且塌陷量随背面熔宽的增加而缓慢增大，反射激光

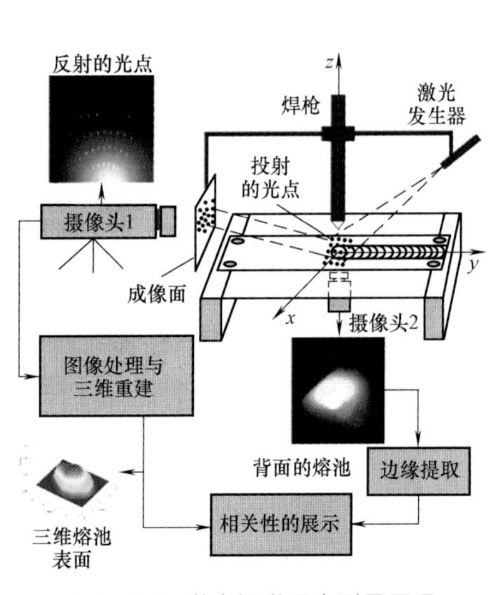

图 8-38　激光视觉同步测量原理

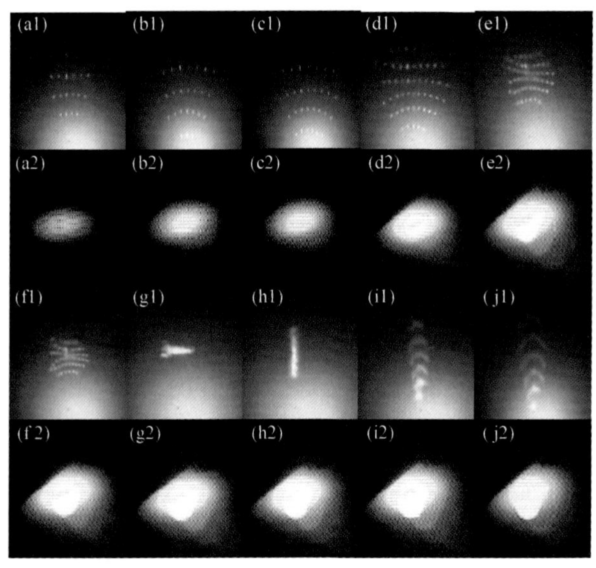

图 8-39　焊接速度变化时典型的反射激光点阵（a1-j1）和背面熔宽图像（a2-j2）

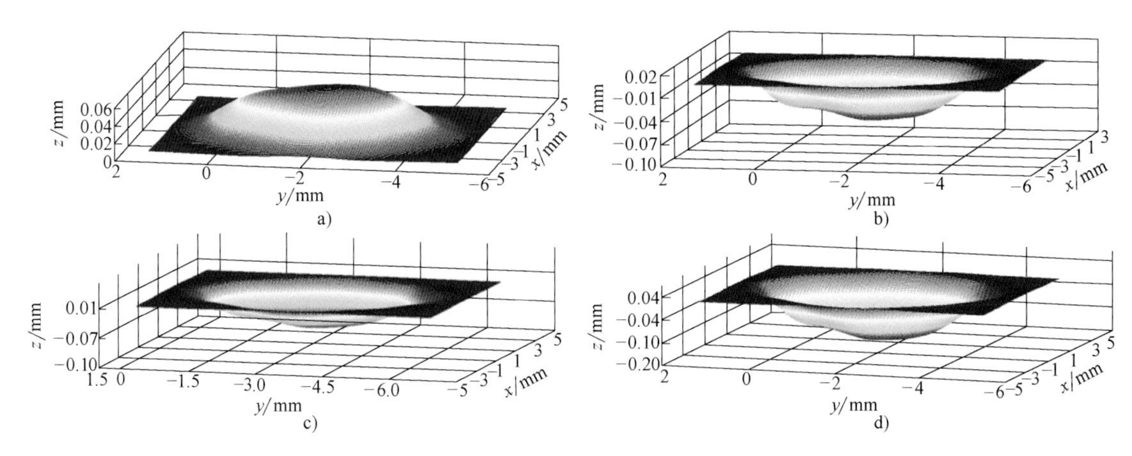

图 8-40　三维重建的 GTAW 熔池形貌

点阵行曲率变小，激光点逐渐聚为一点。当过熔透时，背面熔宽增加，熔池表面塌陷量迅速增加，反射激光点阵行曲率反而变大，聚集的激光点阵纵向逐渐被拉开。熔池表面逆向建模仿真结果与实际测量结果基本一致，利用反射激光点阵的形态变化可以表征熔透变化。

8.7　数字化焊接制造

在新一轮工业革命的迅猛发展情形下，中国推出“中国制造 2025”，实现对制造业结构调整和转型与升级。计算机控制技术、电力电子技术、集成电路技术、大数据技术等的快速发展为焊接设备数字化提供了技术平台。焊接制造数字化主要体现在以下两个方面：①焊接电源系统的数字化；②焊接制造生产系统的数字化。中国多家焊机制造厂商和焊接制造系统公司提出了许多方案。

8.7.1　面向“互联网+”的智慧焊接系统

山东奥太电气有限公司以互联网与嵌入式智能化操作系统为基础，将传统焊接车间提升为智能化互联型焊接车间，针对焊接过程中的各个环节进行管理控制，实现“互联网+”时代的智慧焊接（见图 8-41）。焊接工艺服务器提供最优的焊接参数，焊接工艺是保证焊接质量的重要措施，它能够确认为各种焊接接头编制的焊接工艺指导书的正确性和合理性。焊接工艺制定人员在制定焊接工艺时，可在网络终端计算机上输入工件的相应参数，这样即可通过互联网获取该系统中相应的或相似的焊接工艺，将获取的焊接工艺进行相应的调整后即可通过现场物联网传输给响应的焊机终端，加入无线传感网络的嵌入式焊机可自动接收、保存焊接参数，嵌入式焊机获取相应的焊接工艺后会及时调整当前的焊接参数及相应的工作模式继续焊接，焊接完毕后，数字射线焊接质量检测系统部分可自动对焊缝进行拍照检测生成图片供参考。这种智慧焊机系统已经应用到船厂、集装箱生产厂、煤机行业、客车制造、汽车配件、压力容器、锅炉厂等。

8.7.2　数字化焊接车间

针对焊接产业招工难、用工贵、产能过剩的局面，企业必须提高焊接产品质量和生产效率。随着焊接机器人价格大幅降低、焊接机器人技术水平较大提高，制造业提出了机器换人、智能化焊接制造车间的概念。为了满足产品质量和成本的前提下实现产品的快速小批量多批次的柔性生产，沈阳新松机器人自动化股份有限公司针对重型结构件设计了数字化焊接车间，通过工业机器人、智能物流、自动化生产线及 MES 制造执行系统实现价值链过程、生

图 8-41　基于“互联网+”的智慧焊机系统

命周期过程、产品制造过程全面集成。数字化焊接车间设备（见图 8-42）主要由四部分组成：①钢板数控下料及存储系统；②精确拼装系统；③高效物流系统；④自动焊接系统。数字化生产车间能显著提高产品质量、提高生产效率、降低工人的劳动强度和改善工作环境等。

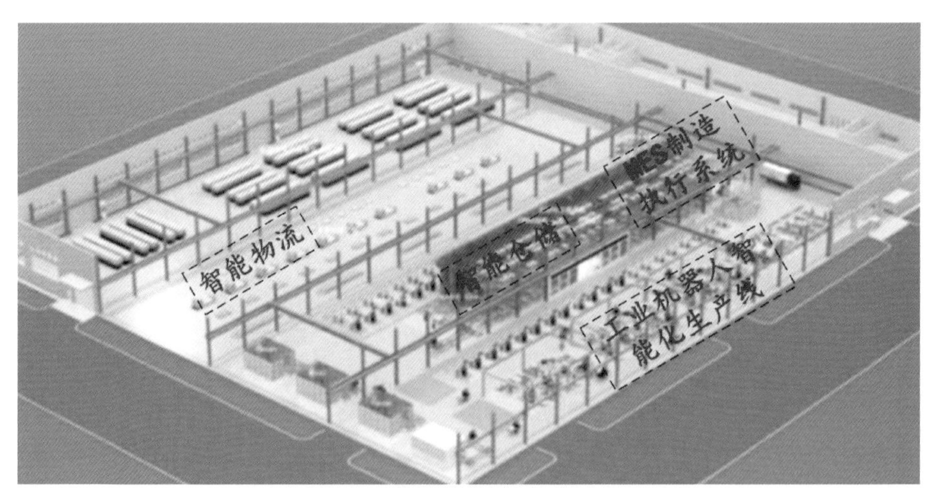

图 8-42　数字化焊接制造车间

华恒公司对数字化厂房的工艺布局进行了创新设计，采用数字化物流仿真和生产工艺仿真，模拟再现了未来的厂房及生产线全景，验证物流路线及节拍，进行数字化设计、优化及改进。基于物联网技术的“信息化车间”系统，使整个工厂生产制造过程的各种信息相互协调、统一控制、合理调度生产要素，高效完成各项任务。智能焊接车间的智能信息系统如图 8-43 所示。

图 8-43　智能焊接车间的智能信息系统

参考文献

[1]　武传松，魏艳红，陆皓．焊接多物理场耦合数值模拟的研究进展与发展动向［J］．焊接，2012（1）：1-10.

[2]　Jian X X，Wu C S，Zhang G K，Chen J. A unified three-dimensional model for interaction mechanism of the plasma arc，weld pool and keyhole in plasma arc welding［J］. *Journal of Physics D：Applied Physics*，2015，48（46）：465504.

[3]　Wu C S，Zhang T，Feng Y H. Numerical analysis of the heat and fluid flow in a weld pool with a dynamic keyhole［J］. *International Journal of Heat and Fluid Flow*，2013，40：186-197.

[4]　Pang S Y，Chen X，Zhou J X，et al. 3D transient multiphase model for keyhole，vapor plume，and weld pool dynamics in laser welding including the ambient pressure effect［J］. *Optics and Lasers in Engineering*，2015，74：47-58.

[5]　Xu G X，Wu C S，Qin G L，Wang X Y，Lin Y S. Adaptive volumetric heat source models for laser beam and laser+pulsed GMAW hybrid welding processes［J］. *International Journal of Advanced Manufacturing Technology*，2011，57（1）：245-255.

[6]　Su H，Wu C S，Bachmann M，Rethmeier M. Numerical modeling for the effect of pin profiles on thermal and material flow characteristics in friction stir welding［J］. *Materials & Design*，2015，77：114-125.

[7]　Chen G，Feng Z，Zhu Y，Shi Q Y. An Alternative frictional boundary condition for computational fluid dynamics simulation of friction stir welding［J］. *Journal of Materials Engineering and Performance*，2016，doi：10. 1007/s11665-016-2219-9.

[8]　Wei Y H，Zhan X H，Dong Z B，et al. Numerical simulation of columnar dendritic grain growth during weld solidification process［J］. *Science & Technology of Welding & Joining*，2007，12（2）：138-146.

[9]　Wang L，Wei Y，Zhan X，et al. A phase field investigation of dendrite morphology and solute distributions under transient conditions in an Al-Cu welding molten pool［J］. *Science and Technology of*

Welding & Joining, 2016: 1-6.

[10] Zhang Z Z, Wu C S. Monte Carlo simulation of grain growth in heat-affected zone of 12 wt.% Cr ferritic stainless steel hybrid welds [J]. *Computational Materials Science*, 2012, 65: 442-449.

[11] Deng D, Zhang Y, Li S, Tong Y. Influence of solid-state phase transformation on welding residual stress in P92 steel welded joint [J]. *Acta Metallurgica Sinica*, 2016, 52 (4): 394-402.

[12] Deng D, Murukawa H, Liang W. Prediction of welding distortion in a curved plate structure by means of elastic finite element method [J]. *Journal of Materials Processing Technology*, 2008, 203 (1-3): 252 - 266.

[13] 魏艳红，申刚，付学义. 钢材焊接基础数据库及焊接性分析系统设计 [J]. 焊接，2013 (03): 8-12.

[14] Zhang G K, Wu C S. Single vision system for simultaneous observation of keyhole and weld pool in plasma arc welding [J]. *Journal of Materials Processing Technology*, 2015, 215: 71-78.

[15] Liu Z M, Liu Y K, Wu C S, Luo Z. Control of keyhole exit position in plasma arc welding process [J]. *Welding Journal*, 2015, 94 (6): 196-202.

[16] Gao J Q, Qin G L, Yang J L, He J G, Zhang T, Wu C S. Image processing of weld pool and keyhole in Nd: YAG laser welding of stainless steel based on visual sensing [J]. *Trans. Nonferrous Met. Soc. China*, 2011, 21 (2): 423-428.

[17] Zong R, Chen J, Wu C S, Chen M A. Undercutting formation mechanism in gas metal arc welding [J]. *Welding Journal*, 2016, 95 (5): 174-184.

[18] 张刚，石玗，李春凯，黄健康，樊丁. 熔池三维自由表面与 TIG 焊熔透的相关性研究 [J]. 金属学报，2014, 50 (8): 995-1002.

第 9 章　智能化焊接机器人技术

陈善本　陈华斌

9.1 概　述

制造业是国民经济的主体，是立国之本、兴国之器、强国之基。焊接作为制造业的一道关键产业链，正面临着转型升级。特别是在核电设备高端制造、海洋重工、航空航天及船舶等领域产业升级的驱动下，传统的焊接制造正朝自动化、智能化和信息化等模式转变，并搭载着“机器换人”大平台转型升级的发展思路阔步前进。“数字化、信息化、网络化及智能化”为关键技术特征的焊接智能车间/工厂是未来焊接工程建设和专业学术发展的主流方向，利用成熟的网络技术把自动化焊接设备列入车间/工厂管理网络，实现焊接车间/工厂各智能体单元自动化及过程控制智能化，以提高生产效率、管理效率和故障追溯等信息化、自主化和智能化。焊接智能制造是以焊接智能车间/工厂为核心，将人（立体层面岗位涉及管理、技术和操作）、机（智能化设备：焊机、机器人、传感器及辅助设备柔性化、故障信息诊断知识库及状态监测）、料（AGV、RGV 自动配送模块）、法（焊接工艺数字化、信息化设计及自适应控制）、环（现代化工厂）等连接起来，进行多维度信息、特征和决策的融合过程，为最终用户打通焊接制造顶层工艺设计—底层设备执行—跟踪的“信息孤岛”，以焊接车间/工厂网络化、信息化监控为载体，保障智能焊接制造信息感知、敏捷决策和准确执行。

作为焊接智能制造车间/工厂，显然有许多共性基础问题和关键技术需要突破。焊接智能制造系统（Welding Intelligent Manufacturing System，WIMS）涵盖智能化焊接技术（Intelligentized Welding Technology，IWT）、智能化机器人焊接技术（Intelligentized Robotic Welding Technology，IRWT）和智能化机器人焊接系统（Intelligentized Robotic Welding System，IRWS），是基于智能科学基础理论支撑，以智能机构为载体来实现焊接制造智能化的多学科探索研究。图 9-1 所示为以机器人焊接为核心的智能化焊接关键技术构成。智能化焊接技术

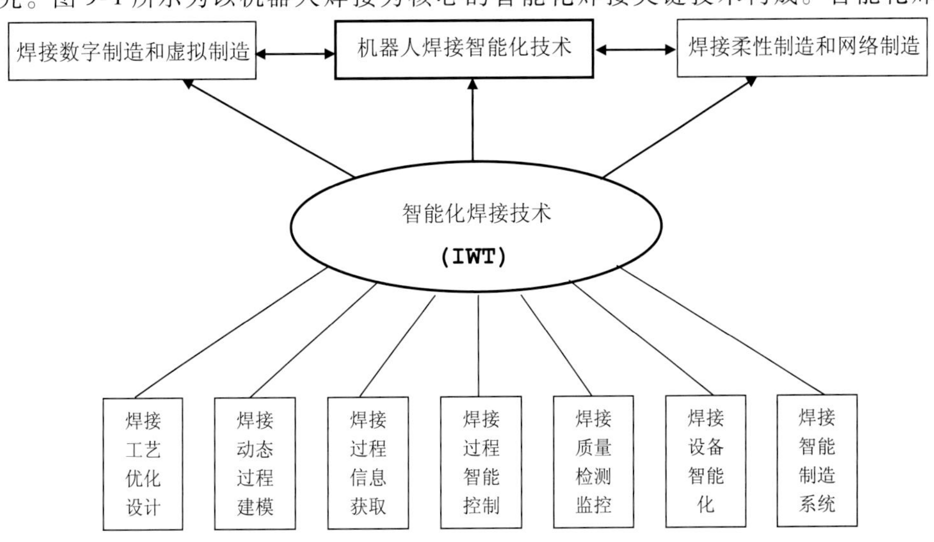

图 9-1　智能化焊接关键技术构成

依托焊接工艺、过程、设备与系统的智能化实现技术支撑，形成以机器人焊接智能化技术为核心的焊接数字制造（D）、虚拟制造（V）、柔性制造（F）与网络制造（N）等构成新兴焊接智造领域，适应于“智能制造”的大趋势而发展。

智能化焊接技术和智能化机器人焊接系统又是涉及焊接过程信息获取、融合、运动控制及智能化控制和焊接大数据等学科交叉的问题，具体到微观层面如焊接任务规划、轨迹跟踪控制、信息传感、过程模型、智能控制等衍生出的焊接制造系统的物料流、信息流的管理与控制、多智能体焊接单元与复杂系统控制以及焊接机器人的网络监控与远程控制等科学基础问题和技术融合的交集研究问题。机器人焊接智能化关键技术、焊接过程的多信息融合、故障诊断、知识建模及智能控制技术以及焊接柔性制造系统的多智能体系统（Multi-Agent System，MAS）理论方法基本构成了焊接智能制造系统科学问题和关键技术的研究主体，也是推动“中国智能制造”跻身国际先进制造业前沿引导地位的重要驱动力。

9.2 焊接智能化及机器人焊接研究现状

我国机器人焊接技术研究始于20世纪80年代初期，以哈尔滨工业大学、上海交通大学等为代表的高校和研究机构先后研制成功我国第一代焊接机器人，标志着我国具有了自主研制焊接机器人的能力，同时也掀开了我国焊接机器人应用的新篇章。在焊接机器人研制、应用和发展的过程中，高校和研究所发挥了主要作用，特别在与机器人相关的新技术开发、机器人应用推广和人才培养等方面起到了主导作用。20世纪90年代中期以后，我国机器人应用逐步进入快速发展期，机器人应用领域越来越广泛，对新技术的需求也越来越强烈，在国家、地方政府及企业等支持下，高校和科研机构开展了大量的研究工作，取得了一批成果，对推动焊接机器人的应用发展发挥了重要作用。这其中具有代表性的高校和科研机构主要包括清华大学、上海交通大学、哈尔滨工业大学、北京石油化工学院、北京航空航天大学、华南理工大学等。

9.2.1 智能化焊接技术

上海交通大学机器人焊接智能化技术实验室研究人员在电弧焊接熔池动态过程视觉、声音、电弧、光谱等多信息获取与融合处理，焊接过程的知识提取与建模，焊接动态过程及焊缝成形质量智能控制等领域持续了多年的研究工作，取得了较为系统性的研究成果。

利用视觉正面直接观察焊接熔池，以反映焊接过程熔化金属的动态变化行为，通过图像处理获取熔池的几何形状信息实现焊缝成形以及焊接缺陷等实时控制及预测方面的研究成果已较为丰富。近年来对于焊接过程声、光、电等多信息特征提取与融合技术也取得了一定进展，如图9-2和图9-3所示。

采用智能化方法直接提取焊接过程可测量数据中隐含的知识模型，以便实现对焊接过程的理解、经验知识的推理与控制策略的有效运用。目前采用神经网络学习算法建立GTAW过程的稳态和动态模型以及基于粗糙集理论、支持向量机等软计算方法提取铝合金脉冲GTAW熔池变化的知识模型已有较多的研究结果。实现焊接动态过程的实时智能控制是智能化焊接制造过程的关键技术与难点所在。由于焊接过程是一个多参数相互耦合的时变的非线性系统，影响焊缝成形质量的不确定因素众多，这使得基于精确数学模型的经典和现性控制理论方法的有效应用受到限制和挑战。而模拟焊工决策操作功能的智能控制则有可能在大范围的不确定性条件下实现较为满意焊接质量。研究表明：在焊接过程控制中引入智能控制，如模糊控制、人工神经网络学习控制和专家系统及其相互结合等具有自学习、自适应功能的智能控制方法是适宜的。

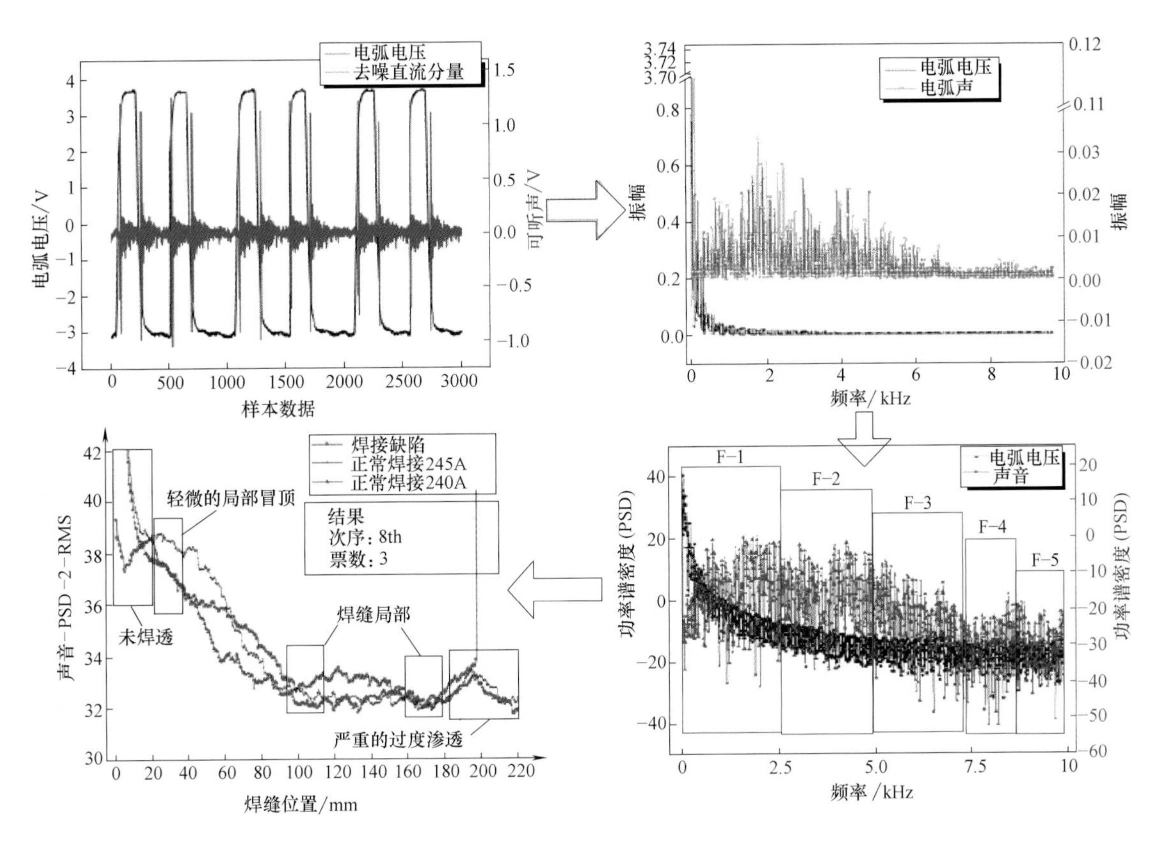

图 9-2 焊接声音及电弧信号特征

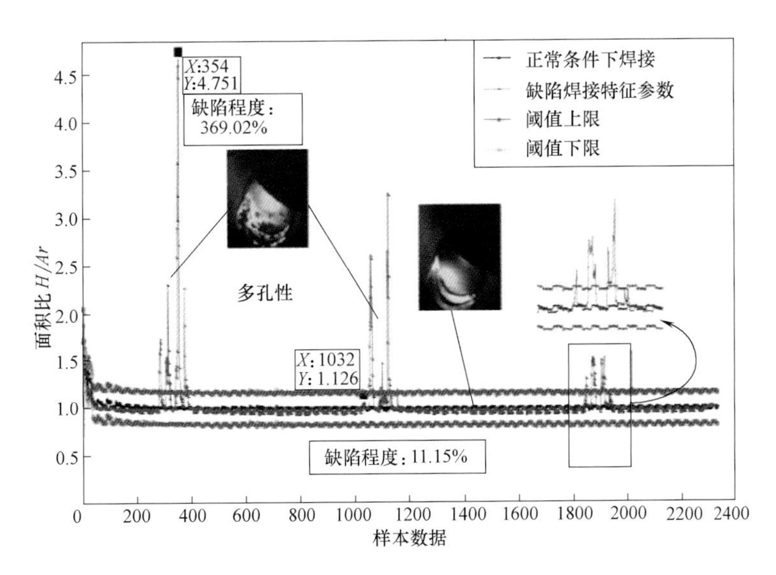

图 9-3 基于电弧光谱谱线特征的缺陷实时监测

9.2.2 智能化机器人焊接技术及系统

传统的焊接工艺操作主要靠人工经验和手工作业，产品质量、生产效率和劳动强度难以改善，迫切需要新技术的引进推动。现代焊接技术自诞生的半个世纪以来，一直受到诸学科最新发展的直接引导，由于其具有多学科综合技术的特点，使得焊接技术相对更多更快地融入最新技术的成就而具有时代发展的特征。受控制和信息学科新技术的影响，焊接工艺操作正经历着手工焊到自动焊的过渡，焊接自动化、机器人化以及智能化已成为必然的发展趋势。

1996—2000年，哈尔滨工业大学吴林教授和陈善本教授承担国防预研项目“特种焊接技术—自动化焊接技术研究”、国家自然科学基金重点项目“机器人焊接空间焊缝质量智能控制技术及其系统研究”。首次提出了焊接柔性加工单元（WFMC）的概念，将机器人系统、焊接过程质量控制系统和焊接离线编程系统集成为一个焊接柔性加工单元，它能自动焊接较复杂的空间曲线焊缝、离线自动生成焊枪轨迹、自动确定焊枪姿态和自动设置焊接参数、在线自动调整焊缝对中与焊枪高度和自动保证焊缝成形与熔透，是新一代的焊接自动化系统，如图9-4所示。拓展了焊接结构特征建模及焊接参数规划技术，发展了无碰路径规划和机器人标定理论及算法，开发了具有全自主产权的、具有动态图形仿真功能的焊接机器人离线编程软件系统，已达到实用化水平。获2002年度国防科学技术进步一等奖和2004年度国家科学技术进步二等奖。

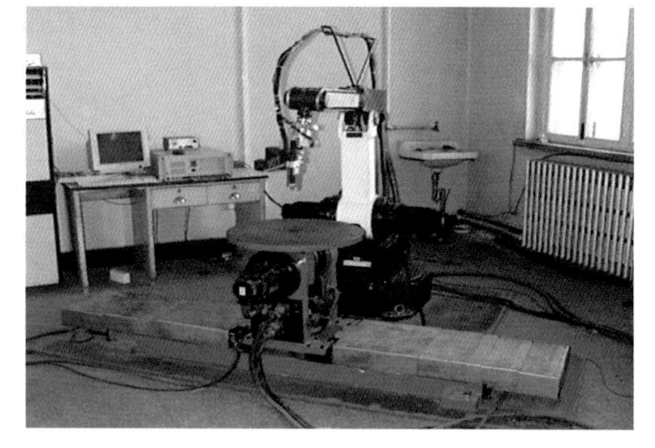

图9-4　自主研制的九自由度弧焊机器人系统

近年来，上海交通大学机器人焊接智能化技术实验室基于多年的研究工作，提出了“智能化焊接技术”（IWT）、“机器人焊接智能化技术”（IRWT）、“焊接智能制造工程”（WIME）等焊接智能化领域的概念、多学科组成及其研究框架。并从焊接智能制造工程的“智能基础支撑”“智能机构载体”和“智能技术实现”三方面较为系统性地探讨了开展焊接智能制造领域的科学基础研究和关键技术应用问题。机器人焊接智能化技术与智能化机器人焊接系统是目前机器人和焊接领域研究中的热门课题，主要涉及焊接过程多信息获取与融合技术、机器人运动控制技术、智能控制技术和计算机技术等多学科交叉研究领域。图9-5所示的智能化机器人焊接系统所涉及的机器人焊接智能化技术主要包括焊接环境识别及任务自主规划、

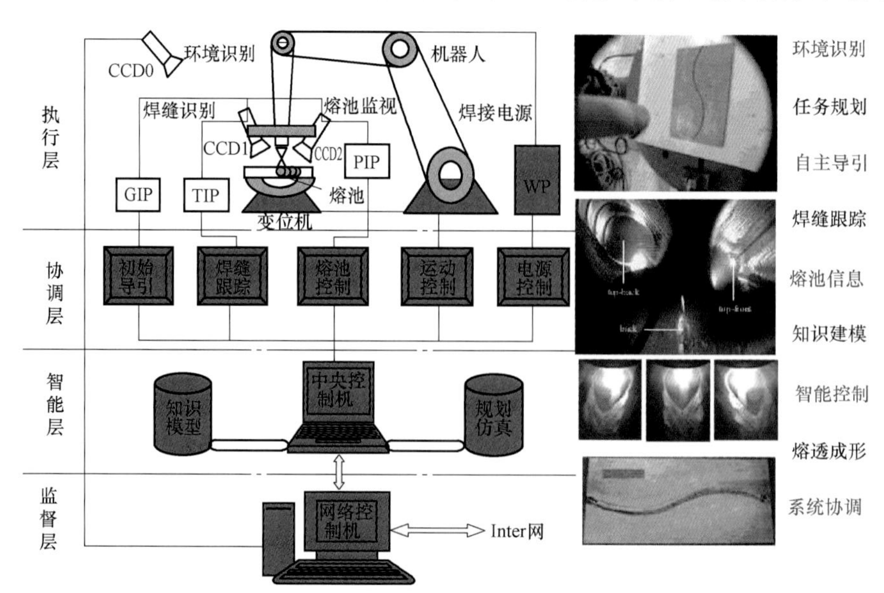

图9-5　智能化机器人焊接系统的技术构成

机器人运动导引与轨迹跟踪、焊接过程中运动、视觉和声光电等多信息传感与处理、焊接动态过程知识建模、焊缝成形和焊接质量的智能控制，以及智能化机器人焊接系统的优化与协调控制技术等。将上述焊接任务规划、轨迹跟踪控制、信息传感、过程模型、智能控制等子系统软硬件集成设计、实现全局的优化调度与控制，涉及焊接制造系统的物料流、信息流的管理和控制，多机器人与传感器、控制器的多智能单元与复杂系统的控制以及焊接机器人的网络监控与远程控制等，所有这些过程中都无不体现智能化机器人焊接系统的高度复杂性以及对智能化技术运用的典型特点。

2004—2011 年，哈尔滨工业大学为首都航天机械公司开发了四套火箭发动机喷管延伸段机器人焊接系统，突破空间螺旋密排薄壁方管焊接的焊缝跟踪、变形控制及工艺优化等关键技术，如图 9-6 所示，解决了几十年来该产品的自动化焊接问题。该项目获得 2011 年度国防科学技术进步一等奖及 2012 年度国家科学技术进步二等奖。

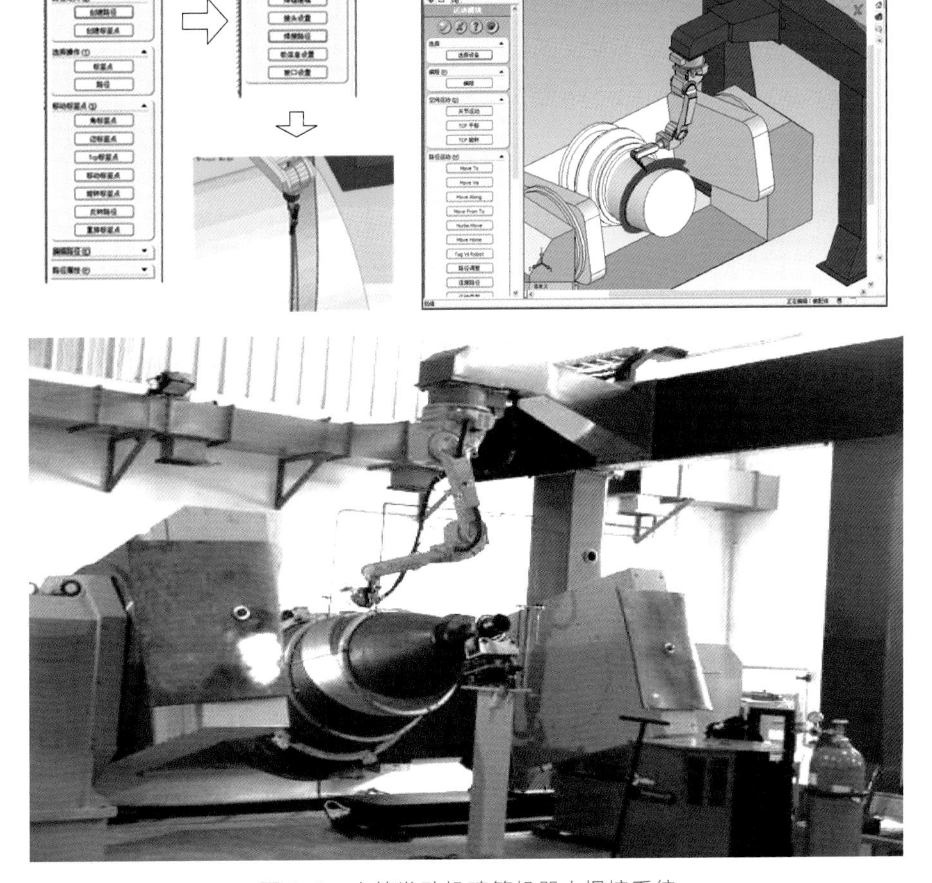

图 9-6 火箭发动机喷管机器人焊接系统

2009—2011 年，上海交通大学承担了国家高技术研究发展计划（863 计划）“轮足组合越障全位置自主焊接机器人系统”，研制了一套非接触永磁吸附轮足组合式行走全位置智能焊接机器人系统实用样机，包括非接触永磁吸附轮足式全位置智能焊接机器人本体、4 自由度焊接作业机械手、视觉驱动控制系统、遥控通信系统、监控系统、焊接辅助作业系统等，可以完成大型装备长距离和自然装配制造全位置角焊缝等复杂结构工位焊接，以满足焊接工艺要求，如图 9-7 所示。

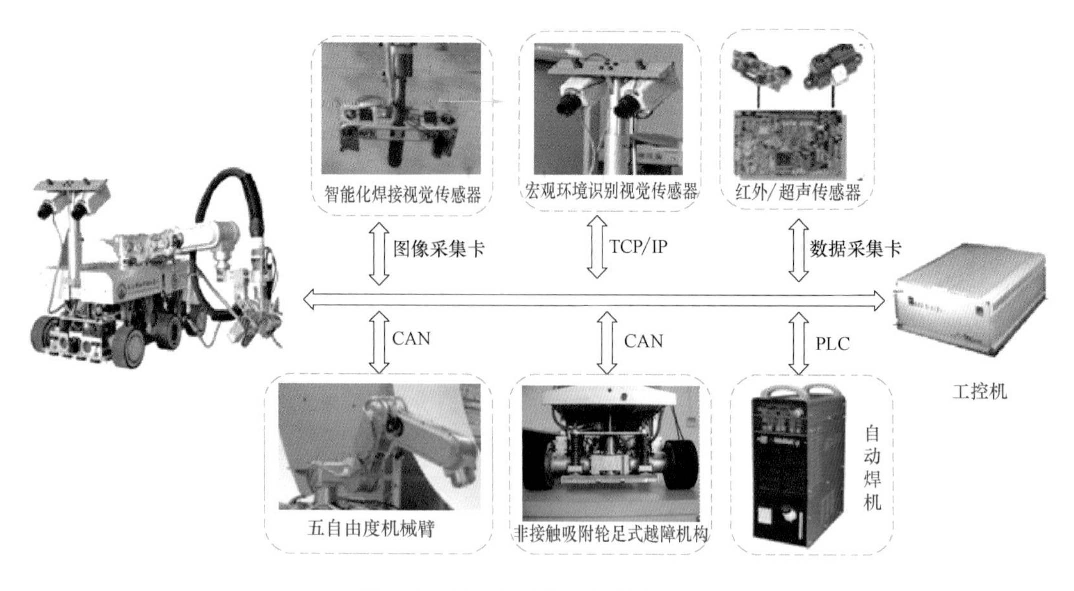

图 9-7　轮足组合越障焊接机器人

2001—2010 年，哈尔滨工业大学在国防预研项目的支持下开展了遥控焊接相关技术研究，针对水下、核环境、危险狭小空间等极限条件下的焊接应用，提供了极限环境下操作者难以进入到现场进行焊接的解决方案。提出了“宏观遥控、局部自主”的控制策略，开发了双向力反馈的机器人遥操作技术。研究了时空立体视觉实现了远端环境三维重建和信息传感，实现了高精度的工件三维重建。开发了结构光传感器和 GTAW 电弧传感器。提出了增强现实的焊接过程遥操作方法。针对核环境下管道修复任务，提出了核环境下管道修复方案，研制出了适用于遥控操作的管道全位置焊接装置，开发出了管道遥控焊接样机，如图 9-8 所示，实现了在冷态条件下的管道遥控焊接，为遥控焊接在其他领域的推广应用积累了丰富的实践经验。

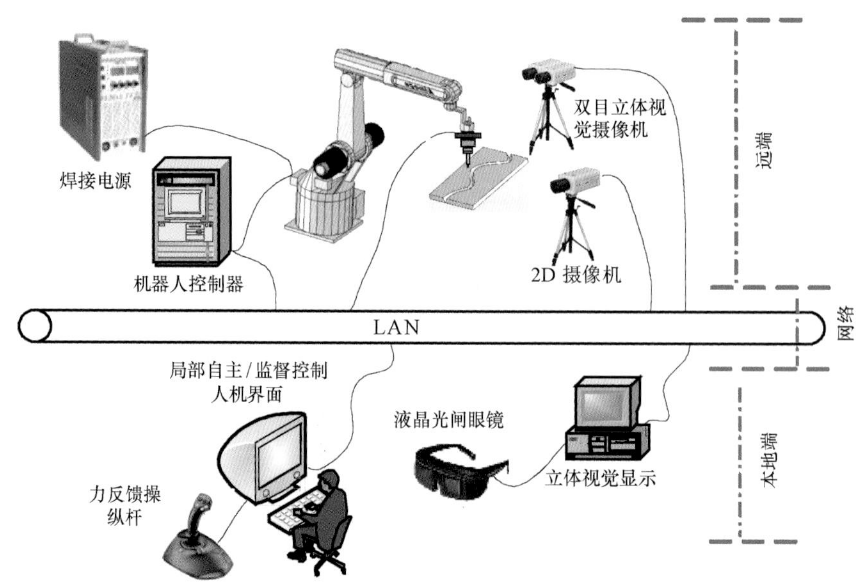

图 9-8　遥操作焊接机器人系统

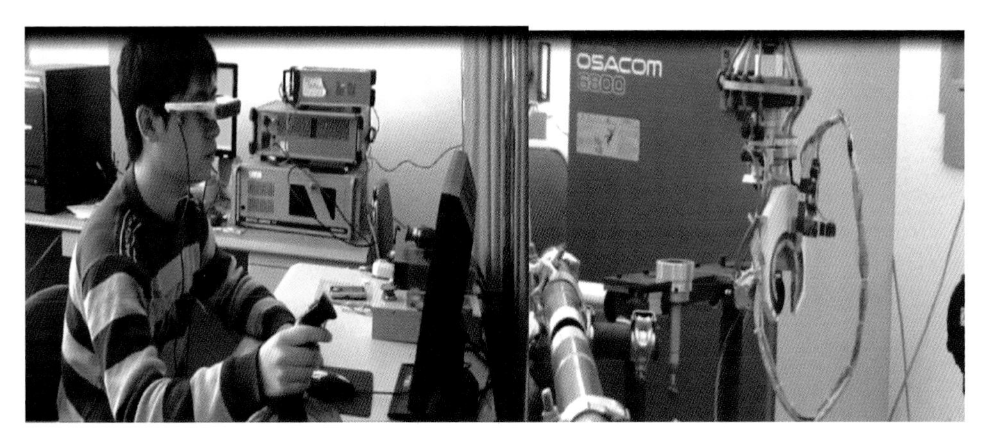

图 9-8　遥操作焊接机器人系统（续）

9.3　焊接多智能体及焊接智能车间

焊接柔性制造系统（WFMS）具有高度的复杂性，焊接过程中的物料流与信息流具有序贯性、并发性、异步性、同步性、冲突等特点。焊接柔性制造系统需要对系统过程状态、各子系统设备等基本数据的管理、完成焊接加工传感信息的处理、作业过程数据与控制信号在各个子系统之间的静态调度与动态调度。

研究了具有智能化的焊接机器人、变位传递机构、传感与信息交互、运行时间、智能决策功能的焊接柔性加工单元的 Petri 网模型 TCPN（Timed Color Petri Net），针对具有多传感信息的多焊接机器人柔性加工系统的信息建模、模型分析、系统仿真以及协调控制技术进行了系统化研究；根据多机器人焊接过程信息流特点设计了模糊 PN 模型信息优化算法（FPIOA）；实现了基于多台机器人焊接系统 PN 建模（见图 9-9）的系统全局调度，并完成了 3 台机器人铝合金交流脉冲 GTAW 的悬空角焊高难度协调作业工艺试验，实现了多焊接机器人复杂系统作业的协同控制，拓展了 PN 理论在机器人焊接领域的应用尝试。

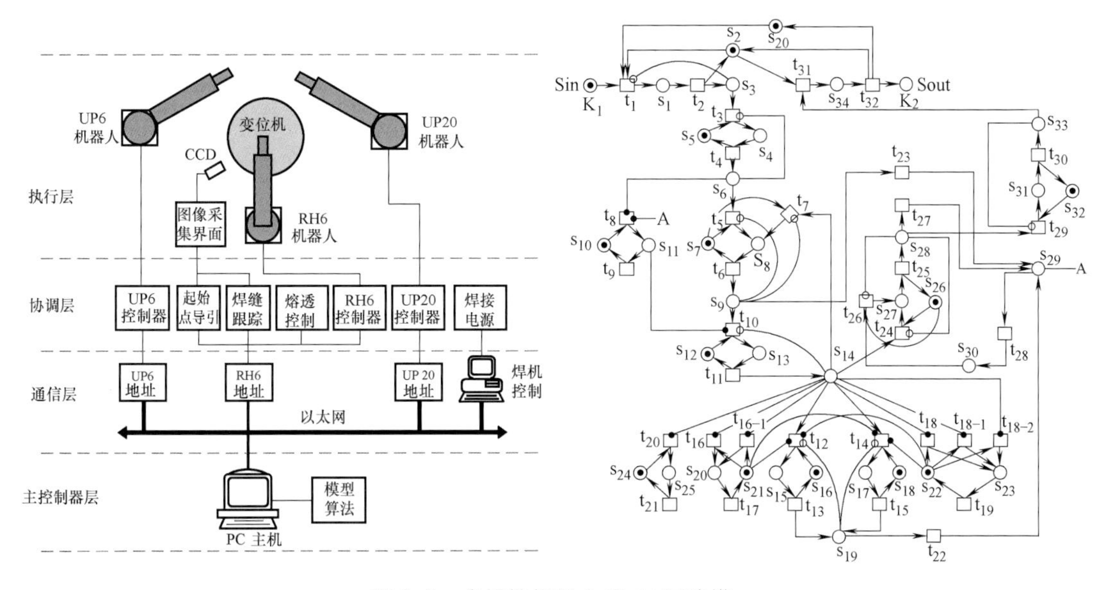

图 9-9　多焊接机器人 Petri 网建模

2012 年，上海交通大学作为技术支撑和合作单位，参与了国家发展和改革委员会、工业和信息化部、财政部等三部委联合资助的 2012 智能制造装备发展专项《海上钻井平台装备制造智能化焊接车间》项目，以大型海洋能源工程装备自升式桩腿分段建造为对象，研究大型厚壁高强度钢结构件高效智能化焊接工艺技术，研制桩腿分段制造流水线关键工艺装备，提升大厚壁构件制造过程自动化、精益化、高效及智能化，如图 9-10 所示。

图 9-10　桩腿数字化设计及智能焊接制造系统

基于所承担的国家自然科学基金、863 计划、发展和改革委员会和上海市科委等一系列焊接智能化科学基础与关键技术研究项目研究成果，形成了焊接智能制造工程、机器人焊接智能化技术与系统、特种智能焊接机器人研制以及焊接智能制造车间等多项特色应用性成果。

9.4　焊接机器人系统工程

企业作为焊接机器人应用的主体，为推动机器人的应用发展起到了第一推手作用。自 2009 年以来，焊接机器人在中国市场的销售量一直处于中国市场工业机器人销售的前列，且逐年以 30%多复合增长率稳步增长。截止到 2015 年，在中国保有的 13 万多台机器人中，焊接机器人保有量超过 6 万多台，占有率近 50%左右，是应用最多的机器人类型。在汽车制造、摩托车、工程机械、造船、航天、铁路机车等行业起着卓越的作用，关于这部分内容在应用篇中会有详细介绍。本节将重点介绍我国高校、科研院所在特种弧焊机器人——移动机器人领域所开展的工作。

与传统的关节式工业机器人相比，移动机器人焊接空间可达性及焊枪运动的灵活性都非常好，在石油化工、核电、水下、工程机械及建筑等行业领域，特别是恶劣（如辐射、有毒）环境、人所不及（如水下）环境以及野外现场大型结构件的自动化作业中应用更为广泛。

1. 石油化工行业移动焊接机器人

石油化工行业中的大型储油罐、球罐、管道的焊接，多在现场作业，焊接位置手工作业难以达到，恶劣的工作环境不仅增大了工人的劳动强度，而且影响焊接质量，采用移动焊接机器人进行现场作业有着得天独厚的优势。通过引进和开发研究，我国球罐自动焊接设备的研制自 20 世纪 90 年代以来也取得了显著的成果。1999 年北京石油化工学院获得国家“九五”863 计划项目“全位置智能焊接机器人研制”资助，研制成功无导轨球罐焊接机器人（见图 9-11）。

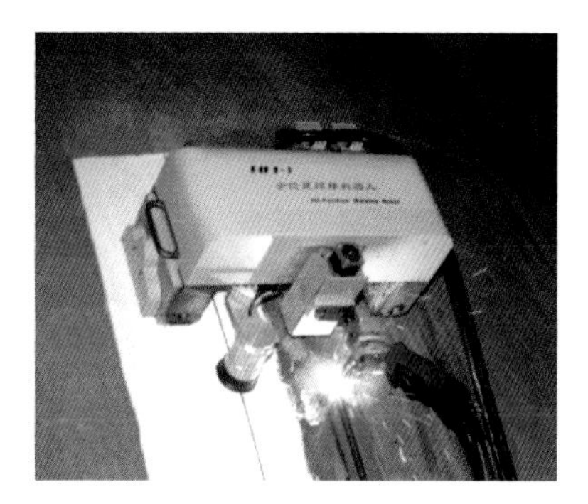

图 9-11　无导轨球罐焊接机器人

采用 CCD 光电测控技术解决了多层多道焊的实时跟踪难题，并采用柔性磁轮式机构解决了焊车无导轨全位置自由行走的难题。研究成果适用于大型球罐、储罐的全位置多道多层实时跟踪焊接。2002 年南昌大学研制成功了履带式爬壁机器人。整个系统由爬行机构、图像传感系统、控制电路及计算机信息处理控制系统组成，可用于大型球罐焊接。一些企业也开展了球罐焊接机器人的研发工作，如中石化南京工程公司自主研发的球罐全位置自动焊接机器人，2015 年成功应用于江苏斯尔邦石化空压站 $400m^3$ 球罐施工。

北京石油化工学院基于所承担的“十一五”863 项目“基于自学习功能的管道全位置焊接机器人技术研究”研制出移动式管道焊接机器人，如图 9-12 所示，突破管道单面焊双面成形的打底焊接的关键技术，开发出全位置焊接参数数据库管理系统和焊缝示教跟踪软件，建立全位置焊接参数管理规范，解决焊接机器人管道全自动打底焊单面焊双面成形问题及管道全位置焊接现场作业相关技术问题。

图 9-12　管道全位置焊接机器人

大型构件相贯线焊接结构在石油化工静设备中应用十分广泛，北京航空航天大学在研究大型相贯线埋弧焊理论的基础上，自行研制了具有自主知识产权、能用于大型相贯线焊缝埋弧焊的 BHWR-I 型机器人，并从轨迹规划、机器人控制算法和误差补偿等方面进行了深入研究。根据大型相贯线埋弧焊的特殊要求，提出了一种圆柱坐标系和两垂直相交虚轴相结合的新型机器人结构，如图 9-13a 所示。采用了一种正交同心双圆弧导轨机构，将焊枪端点（电弧作用点）置于导轨的圆心处，这样通过焊枪在双圆弧导轨上的滑动，可以改变焊枪的姿态但不改变焊枪端点的位置。将双圆弧导轨机构以合适的方式组合于三轴圆柱坐标式机械结构上，便可满足焊枪端点对相贯线轨迹的跟踪和焊枪姿态的实时调整。

在焊接过程中，影响焊枪工作角的因素除了焊缝的直倾角和侧倾角外，还包括很多其他因素，其中主要是坡口的大小和焊接材料的厚度。因此该系统是一个多输入（焊缝侧倾角、倾角、坡口大小、焊接材料厚度）系统，可以采用模糊推理的方法来实现。输入为焊缝的侧倾角、直倾角、坡口大小、被贯筒体厚度和相贯筒体厚度，输出为焊接行走角和工作角，即可得到优化后的焊枪姿态。工作角模糊专家控制系统的结构如图 9-13b 所示，行走角的模糊控制结构与此类似。

2. 水下焊接移动机器人

目前世界各国日益重视海洋资源开发，水下工程也在不断发展壮大，水下焊接是水下工程建设及维护的一种重要工艺方法。水下焊接方法主要包括湿法焊接、高压干法焊接以及局部干法焊接，在兼顾水下焊接装备的成本、便捷性和焊接质量等因素的情况下，自动化的水

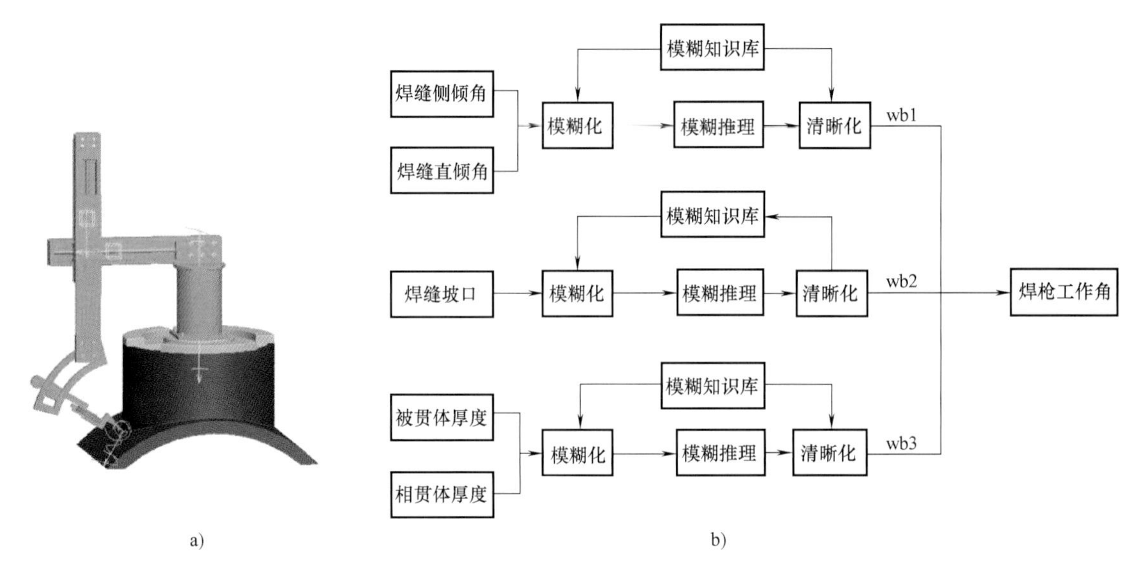

图 9-13 五轴相贯线焊接机器人及焊枪角度控制

下局部干法焊接装备逐步受到关注，采用此种方法和设备既可以获得较高的焊接质量，又可以大幅降低水下焊接装备的成本。

2012 年北京石油化工学院承担北京市科委重大项目“水下焊接及切割智能装备工程样机研制”，研制了水下局部干法焊接机器人。机器人采用双磁轮防水电动机驱动，能在水下吸附在焊件上自由行走全自动焊接；轮组采用越障平衡缓冲机构，能在一定程度上适应工件表面的变化；局部干法排水罩形成局部干式空间，实现干法气保焊；排水罩内有焊枪角摆机构，能够实现多种摆动方式的全自动焊接；配置的微型视觉监测系统能够监控水下焊接环境和电弧情况。机器人设计作业水深 200m，适合于水下管道、船体、桥梁、大坝、核装置等安装与修复的焊接作业。该设备已在长江中成功进行了水下 20m 焊接及裂纹修补试验，如图 9-14 所示。

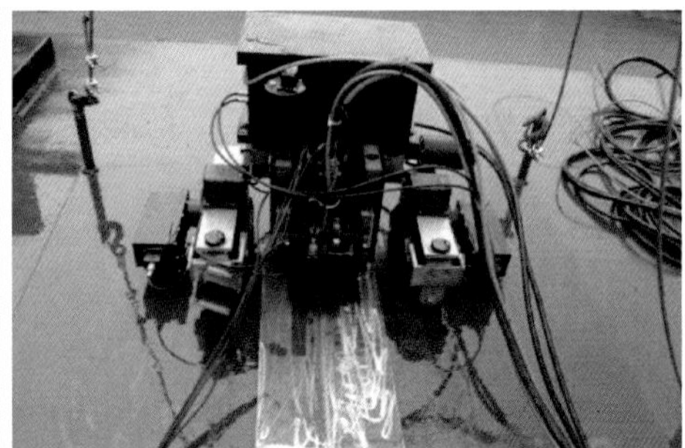

图 9-14 局部干法水下焊接试验

3. 建筑行业移动焊接机器人

近年来全球气候不断恶化，地震灾害频发，建筑节能环保及抗震的要求引起普遍重视。由于钢结构的延展性、塑性、韧性好，具有优良的抗震和承受荷载能力，且能够满足超高度和超跨度的要求，在建筑行业获得了快速发展。焊接是建筑钢结构生产的主要工艺，钢结构的焊接包括工厂车间的预制焊接和施工现场安装制作焊接。对于现场安装作业的焊接机器人，考虑到现场的复杂性及环境条件的恶劣性，钢结构现场作业机器人应该力求体积小巧、质量轻、安装方便、操控简单，采用移动机器人焊接方式是最佳选择。

建筑钢结构的焊缝多为厚壁、长焊缝，这就要求焊接机器人具有自动排道焊接的功能，可以省去焊工反复的引弧、停机、调整焊枪的繁复工作；焊缝在现场加工组对，坡口偏差大，机器人还需在往复的多层多道焊接中具备对中跟踪焊接技术。北京石油化工学院基于上述需求研制了柔性轨道式及刚性轨道式建筑钢结构移动焊接机器人。钢结构移动焊接机器人具有焊接过程多焊接参数自动规划、多层多道焊接坡口排道自动规划、焊缝轨迹自动跟踪及焊接参数数据库等功能，适用于最大板厚 80mm 的现场钢结构全位置自动拼装焊接，已在“鸟巢”“港珠澳大桥”及“上海中心”等标志性钢结构建筑中使用，如图 9-15 所示。

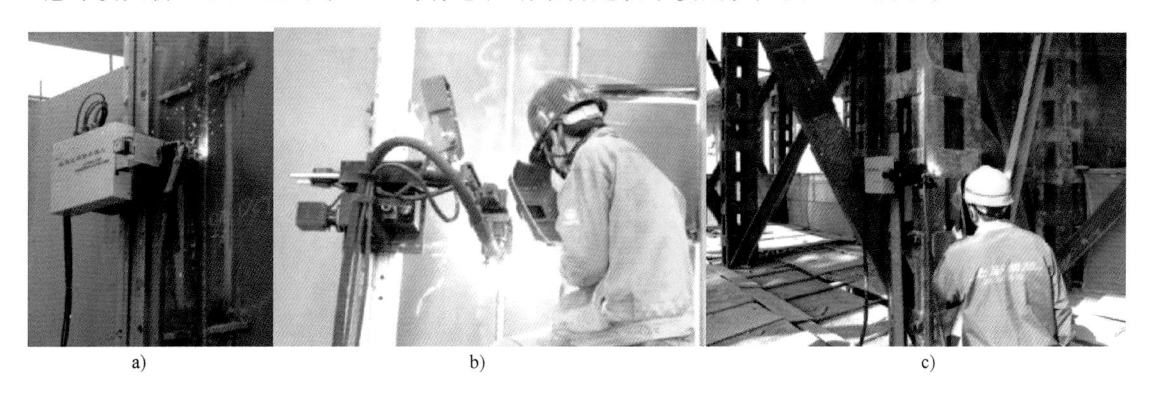

图 9-15　钢结构移动焊接机器人

a）“鸟巢”现场立焊　b）“港珠澳大桥”钢主梁腹板焊接　c）“上海中心”项目现场焊接

4. 核电行业移动焊接机器人

焊接技术是核电建造的关键技术之一，自动化焊接技术在国外核电工程中应用相当普遍。法国 POLYSOUDE，美国 AMI、MAGNATECH，加拿大 LIBURDY，德国 ORBIMATIC，日本 AICHI、HITACHI 等公司制造的焊接机器人在核电建设中均有成功应用，其中法国 POLYSOUDE 公司与日本 AICHI 公司的产品在核电市场占有较大的份额，这些焊接机器人产品主要用于核电站中管道的全位置自动焊接。国内外对比可知，国内同类产品研发生产和应用尚处于起步阶段，在质量、性能、技术方面与国外还有较大差距。

北京石油化工学院光机电重点实验室研制出了一种能够实现隔板外环水平内外环缝不锈钢自动堆焊的堆焊移动机器人成套设备，如图 9-16 所示，是由 2 套外环缝堆焊机器人和 2 套内环缝堆焊机器人构成内外双联、四机器人协同作业的成套自动化焊接装备，采用熔化极气体保护焊接（MIG/MAG）方法，具有大范围工作空间，可实现一机多用，满足三种不同规格的百万核电低压末三级环式隔板外环水平内外环缝的不锈钢自动堆焊。

导流环是核电汽轮机的重要组成部分，为了防止内部蒸汽对导流环的腐蚀，要求在其内

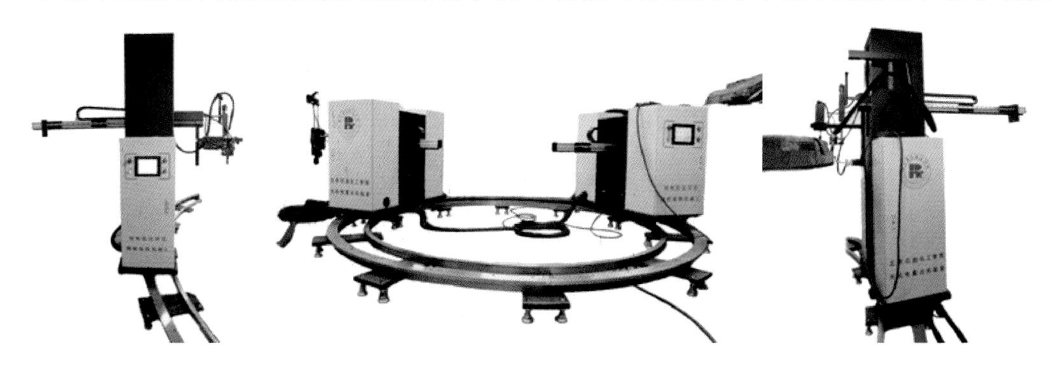

图 9-16　核电环式隔板堆焊机器人成套设备

表面堆焊耐磨、耐腐蚀的不锈钢防腐层。由于导流环的断面复杂，作业空间狭小，实现自动堆焊难度极大，国外主要核电国家的导流环堆焊仍为手工焊。北京石油化工学院针对核电汽轮机导流环复杂断面自动化焊接需求研发了一种异形曲面自动堆焊机器人，如图 9-17a 所示。其焊接执行机构依托大尺寸环形轨道，自动堆焊采用特殊断面焊枪夹持仿形机构，焊枪为特制分体式微型水冷推拉丝焊枪，配置堆焊参数智能管理系统，实现堆焊过程参数自动控制以及焊接过程状态的动态监控。导流环曲面自动堆焊如图 9-17b 所示。可见曲面堆焊成形良好，能够满足核电汽轮机导流环的性能要求。

a)　　　　b)

图 9-17　异形曲面自动堆焊机器人

9.5　机器人与自动化专业委员会发展概况

为了有效地推动我国焊接自动化技术的发展，中国机械工程学会焊接学会于 1991 年设立了“焊接机器人专业组”，1995 年成立了“焊接机器人专业委员会”，1999 年更名为“机器人与自动化专业委员会”，建立了较为健全的专委会机构与运作机制，定期组织机器人焊接领域的全国以及国际学术活动，发起并主办了自 1996 年以来每两年一届的“中国机器人焊接会议（CCRW）”系列共 10 届会议；发起并主办了每四年一届的国际机器人焊接、智能化与自动化会议（International Conference on Robotic Welding，Intelligence and Automation，RWIA’2002、RWIA’2006、RWIA’2010 和 RWIA’2014）。这一系列会议扩大了中国在机器人焊接及焊接自动化等有关技术领域的国际影响，为推动机器人焊接及焊接自动化等有关技术在中国的发展作出了重要贡献。

自 1996 年以来每两年一届的“中国机器人焊接学术与技术交流会议（CCRW）”的论文集均以正式期刊增刊出版，具体刊物包括：《机器人》《焊接学报》《哈尔滨工业大学学报》《材料科学与工艺》《上海交通大学学报》等，使得会议论文质量得到保证。

自 2002 年以来的每四年一届的“国际机器人焊接、智能化与自动化会议（RWIA）”会议论文集分别于 2004 年、2007 年及 2011 年在英文丛书 special issue of Lecture Notes in Control and Information Sciences，Robotic Welding，Intelligence and Automation，LNCIS 299，LNCIS 362 及 Lecture Notes in Electrical Engineering，Robotic Welding，Intelligence and Automation，LEE 88 上刊出。2014 国际机器人焊接、智能化与自动化会议暨第十届中国机器人焊接会议［The 4th International Conference on Robotic Welding，Intelligence and Automation（RWIA2014）The 10th Chinese Conference on Robotic Welding（CCRW2014）］被中国机械工程学会评为 2014 年度最具影响力学术会议（见图 9-18）。

2010 年专委会申办成立了“CWS-RAC 焊接机器人技术培训中心”。鉴于目前中国制造业服役中的工业机器人品种和数量繁多的状况，为进一步推动品牌机器人在生产中的有效应用，同时也为了满足国内外机器人公司和应用企业的共同需求，机器人与自动化专业委员会已获得学会主管部门批准成立 CWS-RAC 焊接机器人技术培训中心。“中心”依托上海交通大学机器人焊接智能化技术实验室及其已有培训基地“KUKA-SJTU 机器人技术培训中心”运作，已将目前培训机器人的型号扩展到已在中国大陆经营生产并投入企业应用的主要品牌机型，为国内外机器人公司、机器人应用企业以及各类技术人员提供更具视野的技术交流平台，推动中国机器人焊接技术稳健发展。

随着我国制造业的发展和转型，以及我国人口优势的逐步消失，对先进焊接机器人的需求将进一步加大。在新的形势下，机器人与自动化专业委员会将协同国内外高校、研究机构以及企业同仁们共同努力，进一步推动我国焊接机器人技术研究与应用事业的繁荣发展。

图 9-18　2014 年度最具影响力学术会议

参考文献

[1]　吴林，陈善本. 智能化焊接技术［M］. 北京：国防工业出版社，2000.

[2]　中国机械工程学会焊接学会. 焊接手册：第 1 卷焊接方法及设备卷［M］. 北京：机械工业出版社，2007.

[3]　林尚扬，陈善本. 焊接机器人及其应用［M］. 北京：机械工业出版社，2006.

[4]　陈善本. 焊接过程现代控制方法［M］. 哈尔滨：哈尔滨工业大学出版社，2001.

[5]　Chen S B. Intelligentized Technology for Arc Welding Dynamic Process［M］. Berlin：Springer-Verlag Heidelberg，2009.

[6]　Tarn T J，Chen S B. Robotic Welding，Intelligence and Automation［M］. Berlin：Springer-Verlag Heidelberg，2004.

[7]　Tarn T J，Chen S B. Robotic Welding，Intelligence and Automation［M］. Berlin：Springer-Verlag Heidelberg，2007.

[8]　Tarn T J，Chen S B. Robotic Welding，Intelligence and Automation［M］. Berlin：Springer-Verlag Heidelberg，2011.

[9]　Tarn T J，Chen S B，Chen X Q. Robotic Welding，Intelligence and Automation［M］. Berlin：Springer-Verlag Heidelberg，2015.

[10]　李晓辉，汪苏. 骑座相贯线焊接机器人运动学分析及仿真［J］. 北京航空航天大学学报，2008，34（8）：964-968.

[11]　黄继强，薛龙，黄军芬. 高压环境下 CMT 焊接电弧行为及焊缝性能［J］. 金属学报，2016，52（1）：93-99.

[12]　刘剑，薛龙，黄继强. 水下高压干式环境下压力及焊接参数对 GMAW 焊缝成形的影响［J］. 焊接学报，2016，37（2）：1-5.

[13]　薛龙，王德国，邹勇，黄继强. 钢结构数字化全功能焊接机器人研制［J］. 焊接技术，2013，42（8）：41-45.

[14]　梁亚军，薛龙，邹勇. 柔性轨道全位置焊接机器人研究［J］. 电焊机，2008，38（6）：23-26.

第10章　电子工业中的焊接技术

田艳红

微纳连接技术是焊接在电子工业中应用的一个特殊而重要的分支，在集成电路（IC）封装、电子组装、微电子机械系统制造（MEMS）、医疗器械制造、仪器仪表制造、精密机械制造、柔性电子等领域具有广泛的应用并发挥着关键的作用。

随着微电子系统、MEMS、精密仪器及机械、电力电子及功率器件等向着更加微型化、多功能方向的发展，微连接技术成为其发展的核心技术，在近二十几年来受到了广泛的关注并取得了长足的发展。根据莫尔定律，随着IC的特征尺寸不断减小、引脚（I/O）数目不断增多、元件密度不断增大，芯片上元件互连的尺度、引线互连的尺度与密度也随之增加，微电子互连技术必需先于IC技术进行开发，以保证IC的研发与制造，因此进行微纳连接技术研究对于推动电子工业的进步具有重要的意义，也面临着严峻的挑战。

本章将针对芯片尺度的超声键合技术、晶圆尺度的键合技术、电子器件组装的激光软钎焊技术、医疗器械及精密仪器中的熔化微连接技术、功率器件及柔性电子器件中纳米连接技术的研究进展进行归纳和总结，并给出微电子互连焊点在可靠性和失效方面取得的研究进展。

10.1　芯片超声引线键合技术

引线键合是集成电路芯片中形成电气互连最普遍的技术，电子行业每年会进行超过3万亿次引线互连。引线键合技术在工艺上分为三种形式：热压键合，超声键合以及热压超声键合。其中，热压键合是利用加压和加热，使金属丝与焊区接触面原子间达到原子引力范围，实现键合；超声键合不需要施加压力，在超声的作用下使引线和金属膜之间产生超声频率的摩擦，产生塑性变形，引发吸附层和氧化膜的破碎，纯净金属表面发生原子扩散，实现冶金结合；热压超声键合就是将以上两种工艺进行综合，同时输入超声和热能两种能量，实现引线和金属表面的冶金结合。

超声楔形键合采用楔形劈刀，引线两端的键合点都呈现楔形。超声楔形键合一般被应用于直径超过500μm的大功率器件中的键合，并且楔形键合是可以在x，y，z，θ角四个方向上变换的，即可以倾斜布线。超声球形键合中，采用毛细管劈刀，形成的第一键合点呈现球形，第二键合点呈现楔形。通常球形键合会配备加热平台对器件整体进行加热，再通过超声和压力的共同作用完成键合，即热压超声键合。在实际行业应用中球形键合因其高效快速而被更广泛的应用。球形键合的引线一般为金线或铜线，楔形键合的引线一般为铝线。图10-1所示为超声楔形和球形键合示意图。表10-1为球形键合和楔形键合两种技术的不同特点及适用范围。

从导电性、导热性以及键合性出发，金、铜、铝是芯片互连的优良材料。丝球焊中使用的金属引线最多、最成功的是金丝。金具有电导率大、耐腐蚀、韧性好等优点，而且技术成熟，工艺稳定性好。金丝球焊技术也具有一定的局限性：金不适用于高密度封装，材料成本非常昂贵；在高温条件下金键合点与芯片铝电极之间容易产生金属间化合物导致键合点键合失效。铝丝球焊技术也曾一度小范围内使用。但由于铝易氧化，很容易在表面形成致密的氧化膜，烧球过程中形球非常困难。另外铝熔点较低，受热后易软化，强度下降较为严重，因此铝丝球焊技术逐渐淡出人们的视线。目前铝丝键合以楔键合为主。

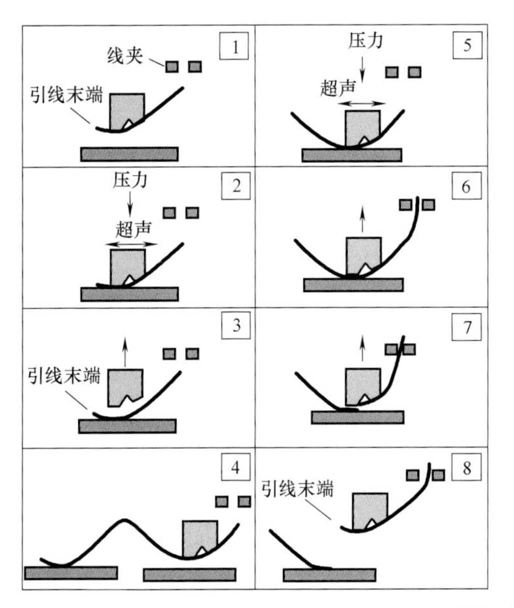

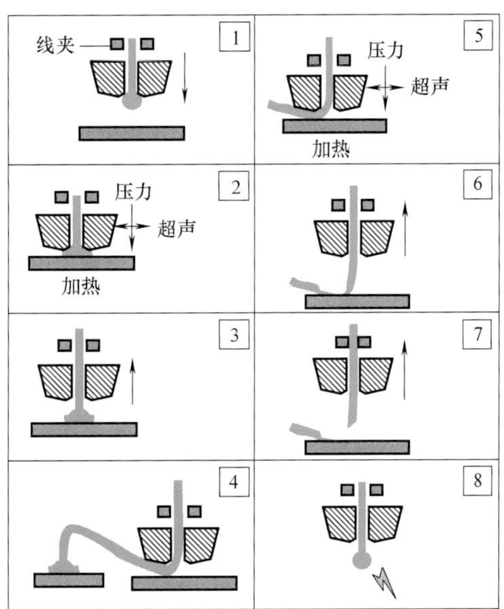

图 10-1 超声楔形引线键合和超声球形引线键合步骤

表 10-1 球形键合和楔形键合两种技术的不同特点及适用范围

键合形式	球形键合	楔形键合
键合技术	热压键合/热压超声键合	热压超声键合/超声键合
键合温度	热压键合：≥300℃ 热压超声键合：120~220℃	铝线超声键合：室温 金线热压超声键合：120~220℃
引线尺寸	小(<75μm)	任意尺寸甚至扁带
焊盘尺寸	大(引线直径3~5倍)	较小(引线直径2~3倍即可，扁带楔形键合可以更小，1.2倍带宽即可)
焊盘材料	金、铝	金、铝
引线材料	金、铜	金、铝
键合速度	快(10线/s)	相对较慢(4线/s)

与金丝相比铜丝具有以下优势：①价格优势：引线键合中的铜丝成本只有金丝的1/10左右且市场价格比较稳定；②电学性能和热学性能：常温下铜的电阻率为1.7μΩ/cm，大约比金的电阻率（2.7μΩ/cm）小37%左右，铜的热导率（398.0W/m·K）要比金（317.9W/m·K）高25%左右，在直径相同的条件下铜丝可以承载更大电流；③力学性能：铜的刚性比金好，抗丝摆、坍塌能力更强，更适合超细间隙引线键合；④界面金属间化合物：Cu/Al金属间化合物的生长速率比Au/Al金属间化合物的生长速率慢很多，由金属间化合物生长引起的键合点失效等可靠性问题相对较轻。铜所拥有的以上优点使得用铜丝替代传统金丝用于引线键合成为半导体封装工艺发展的新方向。

铜丝氧化是在生产、存储、使用过程中不可避免的问题，也是影响铜丝超声键合的关键问题。一般铜丝球键合需要在保护气氛中进行，尤其是在对尾丝烧球形成自由空气球（Free-Air Ball，FAB）的过程中，形球过程中铜球的氧化会明显降低键合点的连接性能，过高烧球电流会引起温度升高，引发气场紊乱而卷入空气，也会使铜球发生氧化，发生氧化的铜球呈现尖头球形状。

哈尔滨工业大学对 Cu 丝超声键合技术进行了研究，获得了铜丝烧球形貌、界面微观组织以及可靠性相关的结果。图 10-2a 为铜球 SEM 照片，铜球具有很好的圆度及对称度。图 10-2b 中为铜球剖面 SEM 照片。组织结构显示铜球主要由几个大尺寸柱状晶粒组成。照片显示两个柱状晶粒具有不同的晶粒指向。在靠近铜球表面的柱状晶里还有大量的亚晶粒生成，每个柱状晶粒里的亚晶晶向相同，由于柱状晶晶向不同，因而分属于不同柱状晶内的亚晶晶向也不同。在靠近丝-球结合处的铜球表面没有观察到亚晶组织。

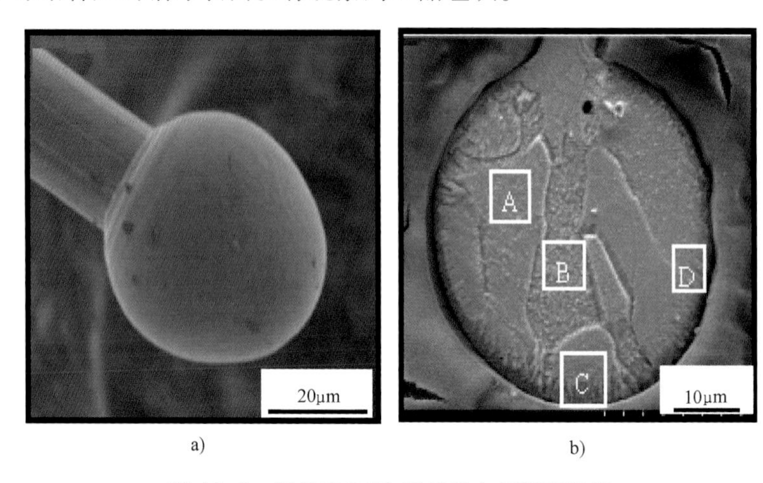

图 10-2 铜丝球 FAB 形貌及内部微观组织

图 10-3a 中为铜球键合点剖面图。在键合点中部一个柱状晶粒从丝-球界面上方穿越界面后向下延伸直至键合界面处。该柱状晶轮廓如图 10-3b 中所示。丝-球界面上方的铜丝在铜球形成过程中一直保持未熔化状态，在铜球形成并冷却凝固后，未熔铜丝中的晶粒与铜球中新形成的晶粒融为一体。这表明新生成的柱状晶是以未熔铜丝中的部分晶粒为核朝着铜球的自由端同质外延生长。与其他晶体生长模式不同，晶体外延生长并不需要形核过程，凝固过程刚刚开始时与金属液相连的固态金属中的晶体组织被迅速采纳为新晶核并以此为基础不断生长，因此新生成的柱状晶中将包含固态铜丝中的部分晶粒。

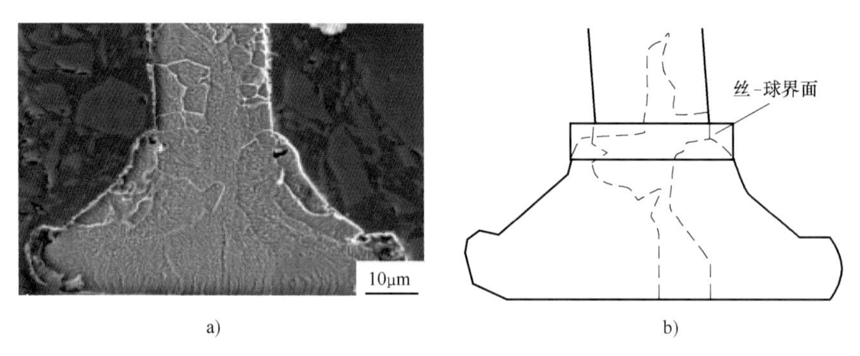

图 10-3 Cu 球超声键合焊点剖面 SEM 照片

a）铜球键合点剖面腐蚀后的 SEM 照片 b）图 a 中柱状晶轮廓示意图

图 10-4 所示为老化 64h 后铜球键合点的剖面。从 IMC 层中 A、B 和 C 区域的不同明暗度可以发现该 IMC 层由三种不同的 IMC 相组成，EDX 结果表明铜原子与铝原子的比例分别为 1∶2、1∶1 和 9∶4。采用 Micro-XRD 对界面化合物进行分析，可以确定 Cu_9Al_4 和 $CuAl_2$ 为铜球键合界面处 IMC 层中的主要 IMC 相。

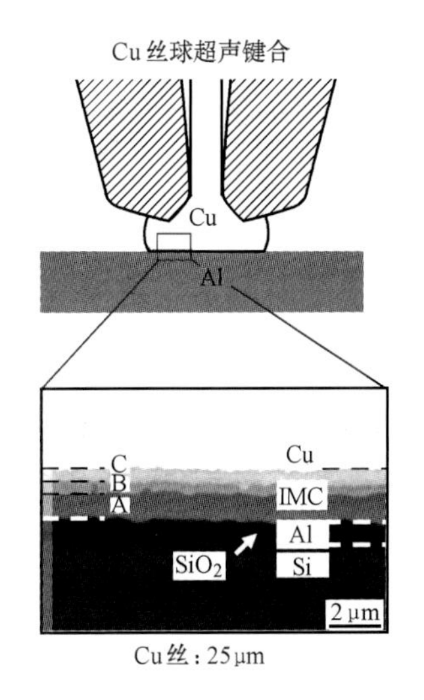

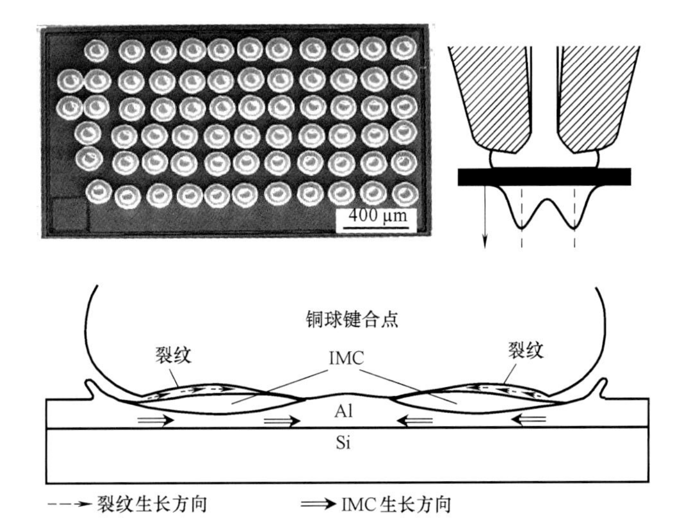

图 10-4　Cu 球超声键合界面金属间化合物表征

10.2　晶圆键合技术

硅晶圆片直接键合（Silicon Wafer Direct Bonding，SDB）技术是 20 世纪 80 年代提出的，该技术是把两片镜面抛光硅片（氧化或未氧化均可）经表面清洗和活化处理，在室温下直接贴合，再经过退火处理增加结合强度而成为一个整体的技术。该技术不需要任何粘合剂，两键合晶圆片的电阻率和导电类型可以自由选择，工艺简单，所获得的材料在结构和电学性能方面都显示出优良性能。

硅-硅直接键合工艺不仅可以实现 Si-Si、Si-SiO_2 和 SiO_2-SiO_2 键合，而且还可以实现 Si-石英、Si-GaAs 或 InP、Ti-Ti 和 Ti-SiO_2 键合。从批量生产的角度看，目前晶圆直接键合应用范围涵盖功率器件、微波元件、光电器件、先进模拟 IC（Integrated Circuit）、抗辐射强的 ASIC（Application Specific Integrated Circuit）以及高速微处理器。

晶圆键合按照有无中间介质层可以分为中间介质层键合技术和无中间介质层键合技术，有中间介质层键合技术又分为黏着键合、共晶键合和玻璃介质键合，无中间介质层键合方法包括阳极键合和直接键合，键合方法的比较见表 10-2。其中典型键合方法技术指标见表 10-3。

中国科学院在传感器晶圆级键合封装技术研发领域取得新进展，其针对三轴加速度传感器所开发的 8in（1in=0.0254m）Al-Ge 共晶圆片级封装技术以及配套的减薄和划片技术已通过苏州明皜传感科技有限公司的质量体系考核，采用该系列技术的 T4 型三轴加速度产品已上市销售。

表 10-2　键合方法的比较

键合方法	有中间介质层			无中间介质层	
	黏着键合	共晶键合	玻璃介质键合	阳极键合	直接键合
过程参数	RT-200℃	≈400℃	≈400℃	≈400℃/<2000V	≈1000℃
密封性	低	高	高	高	高
表面粗糙度	<1μm	<1μm	<1μm	<2nm	<0.5~2nm
光学对准精度	<5μm	<1μm	<10μm	0.5~1μm	0.5~1μm
洁净室级数	1000	100	1000	100	1
颗粒敏感度	低	中	低	中	高

表 10-3 典型键合方法技术指标

键合工艺	材料	键合原理	键合温度	工艺要求及优缺点
直接键合	Si-Si SiO_2-SiO_2	机械结合	室温预键合， <600℃退火 （等离子体处理）	① 表面粗糙度<2nm ② 高表面平整度、洁净度 ③ 表面活性处理 ④ 对表面颗粒敏感 ⑤ 对位精度较高，机械结合力较高 ⑥ 温度高
共晶键合	Al/Si Al/Ge Au/Si Au/Ge Au/Sn Cu/Sn Sn/Ag Pb/Sn	电+机械结合	>577℃ >419℃ >363℃ >356℃ >278℃ >231℃ >221℃ >183℃	① 惰性气体保护，防止氧化 ② 表面形貌要求低 ③ 表面无氧化 ④ 对位精度要求不高 ⑤ 利于散热 ⑥ 工艺简单
黏着键合	BCB、聚酰亚胺、环氧树脂等	机械结合	150~320℃	① 表面平面度/粗糙度要求低 ② 对表面颗粒不敏感 ③ 温度低，工艺简单 ④ 机械强度低，高温稳定性差 ⑤ 聚合物固化时，易产生对位不准

北京交通大学通过 Au 共晶键合技术，将 LED 发光层转移到硅衬底上，有效地提高了 LED 器件的传热效率，降低发光温度，提高了发光效率。共晶键合方面，华中科技大学针对一种特定的 MEMS 器件真空封装要求，设计并实现了一种在晶圆上电镀环形焊料层的工艺，然后将晶圆与晶圆进行共晶键合。通过测试发现，晶圆级真空封装腔体剪切强度和气密性均达到 MIL-STD-883 标准。华中科技大学采用 Ti/Ni/Au 多层复合钎料实现了低熔点软钎料共晶键合。在保证高晶圆级真空封装的要求下，也保证了较高的强度。该晶圆封装工艺可望为 MEMS 器件提供一个低成本、微型化的气密封装方案。

玻璃介质键合采用玻璃作为中间介质层，该技术是在预键合晶圆上利用丝网印刷（Screen Print）将低熔点、胶糊状的玻璃介质印刷在晶圆上，经过预烘除去溶剂，再加压（1Bar），经过烘烤（400~500℃）键合晶圆。常用于封装及密封用途，也可用在 GaAs 与硅晶圆片的键合。南京理工大学将玻璃中间介质层印刷在晶圆上，实现了低温下对多个芯片的密封，研究结果表明器件气密性好、成本低，同时满足键合强度高、可靠性好的要求。

华中科技大学在已有的硅片直接键合理论研究基础之上，提出了一种基于硅硅多层直接键合工艺的三维微模具制造方法，该方法能够有效解决多层键合中的缺陷控制问题，从而实现多层晶圆直接键合。此外，华中科技大学还首先研究了晶圆清洗工艺对于晶圆表面粗糙度的影响，同时对比了粗糙度对于晶圆键合效果的影响。随后，将低温直接键合技术引入到图形化晶圆键合中，利用光刻技术和反应离子刻蚀技术制作了三种不同特征的空腔结构。

中北大学设计了一种基于晶圆直接键合工艺的电容式超声传感器，该传感器特点在于具有一体化全振膜、无需表面分立电极，同时下电极互联非常巧妙。华北电力大学根据直接键合工艺的要求，设计了晶圆键合机的控制方案。所设计的键合机控制系统包括顺序控制系统、过程控制系统、运动控制系统以及监控系统。涉及通信技术、人机界面技术、计算机技术、测控技术。晶圆键合机分为充气系统、真空系统、高压系统、加热系统、晶圆传送系统五个子系统，这五个子系统可为键合提供压力、环境、电压和温度等外部条件。经过研究发现，采用 PC-BASED 的 DA&C 系统能够对各个子系统实现协调控制，晶圆键合机运行稳定，能够达到设计要求。

目前，硅通孔（Through Silicon Via，TSV）互连技术主要应用于图像传感器、转接板、存储器、逻辑处理器+存储器、移动电话 RF 模组、MEMS 晶圆级三维封装。天津大学通过在对 MEMS 圆片级封装理论与圆片级封装工艺进行了深入分析和研究，将 TSV 技术应用于圆片级封装中。针对 TSV 技术的特点，对 TSV 互连关键工艺进行优化。通过单步工艺试验优化，对深孔刻蚀和深孔电镀的工艺方法和参数进行调整，完成了 TSV 的制作。

10.3 电子组装软钎焊技术

1. 软钎料合金

长期以来，电子钎焊所用的钎料主要是软钎料，其成分主要是 Sn。按钎料合金的化学成分，可以分为 Sn-Pb 系列、Sn-Pb-Ag 系列、无铅系列等。近年来，随着电子工业的发展，人们对环境保护的要求越来越高，电子工业中的传统 SnPb 钎料因为 Pb 的毒性逐渐被剔出电子工业，取而代之的是无铅钎料。SnAgCu、SnAg、SnCu 和 SnZn 4 种无铅钎料是目前研究最为广泛的无铅钎料，但是这些无铅钎料仍有其自身的缺陷，例如抗氧化性较差、润湿性较差、熔点较高、抗蠕变性能较差等。为了解决无铅钎料的系列问题，诸多研究者采取在系列无铅钎料基础上开发新型的无铅钎料。

目前研发新型无铅钎料主要有两种方式。一是无铅钎料合金化，主要是通过添加合金元素提高钎料的性能和改善钎料的组织。目前添加的合金元素有稀土、Ga、In、Ge、Zn、Co、Ni、Mn、Fe 等。合金化可以在一定程度上改善钎料的性能，例如稀土元素可以明显提高钎料的润湿性能，Bi 元素可以显著降低钎料的熔点。二是无铅钎料的颗粒增强，颗粒增强主要是添加微米级和纳米级的金属/非金属以及相关的氧化物等。例如微米 Ni 颗粒、微米 Cu_6Sn_5 颗粒、纳米 ZrO_2、纳米 $SrTiO_3$ 颗粒、碳纳米管、纳米 SiC 颗粒、纳米 POSS 颗粒等。颗粒的添加可以提高钎料和焊点的力学性能，抑制界面层的生长。

北京工业大学研究了混合稀土（La 和 Ce）对 Sn3.8Ag0.7Cu 钎料的组织和性能的影响，发现适量地添加稀土元素，钎料基体组织得到明显的细化，性能得到大幅度的提高，但是过量的稀土元素会因为稀土相的生成导致性能恶化。该课题组还有关于含稀土元素 Y 和 Er 的新型钎料的系列成果，Y、Er 具有与混合稀土（La 和 Ce）相类似的效果。南京航空航天大学研究了稀土元素 Ce、Pr、Nd 对 Sn3.8Ag0.7Cu 钎料及焊点的影响，研究成果的稀土最佳添加量一般是在 0.03%~0.05%（质量分数）范围之内。香港科技大学选择在 SnAg、SnZn、SnCu、SnAgCu 4 种钎料中添加稀土元素，并针对不同的基板材料进行分析，发现稀土元素可以提高钎料的性能，抑制界面层的生长，稀土元素的含量控制为 0.5%（质量分数）。

2. 再流焊技术

再流焊（Reflow Soldering）又称回流焊，是通过重新熔化预先分配到印制板焊盘上的膏状软钎焊料，实现表面组装元器件焊端或引脚与印制板焊盘之间电气与机械连接的软钎焊技术。常用的再流焊热源有红外辐射、热风、热板传导和激光等，工业上应用比较成熟的再流焊方法为热风再流焊和红外再流焊，各种再流焊方法的优缺点见表 10-4。

表 10-4 各种再流焊方法的优缺点

加热方式	原理	优点	缺点	适用范围
红外	吸收红外线热辐射加热	可精确控制再流焊温度曲线，主要设备成本适中	材料不同，热吸收不同，温度控制困难	双面板，中档产品

（续）

加热方式	原理	优点	缺点	适用范围
气相	利用惰性溶剂的蒸气凝聚时放出的气体潜热加热	加热均匀，热冲击小，升温快，温度控制准确，同时成组焊接；可在无氧环境下焊接	设备和介质费用高，容易出现吊桥和芯吸现象	军用、航天、电子产品的焊接和复杂电子产品的焊接
热风	高温加热的空气在炉内循环加热	可精确控制再流焊温度曲线，适合于大批量生产。采用氮气保护，可进行无钎剂再流焊	易产生氧化，强风使元件有移位的危险	中高档产品大批量生产
激光	利用激光的热能加热	激光加热高度集中，热量限定在焊点区，对温度敏感元件没有热冲击；加热速度快，可使焊点内部组织细化	每一焊点必须单独进行再流焊，产量受到限制；设备成本高	特种产品焊接
热板	利用热板的热传导加热	由于基板的热传导可缓解急剧的热冲击，设备结构简单、价格便宜	与有机印刷电路板不兼容，最大电路板的尺寸较小	单面板，低档贴片产品

再流焊设备可分为两大类：

1）对 PCB 整体加热。对 PCB 整体加热再流焊可分为热板再流焊、红外再流焊、全热风再流焊、热风加红外再流焊、气相再流焊。

2）对 PCB 局部加热。对 PCB 局部加热再流焊可分为激光再流焊、聚焦红外再流焊、光束再流焊、热气流再流焊。

表 10-5 介绍了典型的再流焊设备。

表 10-5　再流焊设备

再流焊设备	加热方法	应用	再流焊机
红外再流焊设备	红外辐射+自然空气对流	仅适用于中等复杂的组件	劲拓 NS-800 再流焊机 P18-J200 型红外再流焊机
热风再流焊设备	热风	中高档产品大批量生产	GSD-M8N 八温区电脑热风无铅回流焊接机 伟达科 V-FC8810 无铅热风回流焊机

3. 激光软钎焊技术

相对于传统的钎焊方法如红外再流焊、热风再流焊、气相或热板等整体加热再流焊方法，激光软钎焊方法具有明显的优点：①非接触和局部加热；②可靠的软钎焊焊点；③精确和可控的焊接参数；④灵活且易于实现自动化。鉴于以上优点，激光软钎焊方法在组装高可靠、热敏感和静电敏感的元件方面具有潜在的优势，而且已经在表面组装件（SMD）如电阻、电容和小外形尺寸封装（SOP）和四边引脚封装（QFP）等元件上得到了应用。目前，激光软钎焊技术在塑料球栅阵列封装（PBGA）和倒装芯片封装、载带自动焊（TAB）的内引线封装、通孔组装的选择性激光软钎焊、无铅软钎焊、光电子封装中的光纤自对准、返修或不同封装类型的解焊、微传感器制造中的互连和 MEMS 封装中的局部激光辅助共晶键合上吸引了更多的注意并成为解决方案。

哈尔滨工业大学早在 20 世纪 90 年代初就开始了激光软钎焊的研究工作，实现了表面贴装器件的激光软钎焊组装和质量的实时监测、激光超声无钎剂软钎焊技术、BGA 的激光植球技术、硬盘磁头的激光植球组装技术以及 MEMS 三维微结构激光植球自组装技术等。

图 10-5 所示为装有红外检测器的 Nd：YAG 激光软钎焊系统示意图。波长为 1.06μm 的 YAG 激光属于红外谱区对于人眼不可见。为了对激光的扫描路径进行编程，在 YAG 激光器上耦合了波长为 0.63μm 的可见激光，HeNe 激光的光学路径与 YAG 激光相同，以便使 YAG 激光能够准确跟踪可见激光的路径。CCD 摄像头用来观察激光和待焊部位的对准，也用来进行激光软钎焊过程的检查。激光输入功率通过可编程计算机进行控制，并提供准确的激光能量输入。特殊设计的光镜具有多重功能，包括：①全部反射 Nd：YAG 激光（波长 1.06μm）然后将其聚焦在待焊部位；②将焊点由于温度上升产生的红外辐射信号（波长 3~81μm）聚焦到红外检测器中；③彻底隔断 Nd：YAG 激光在焊点表面的反射以避免干扰温度检测。

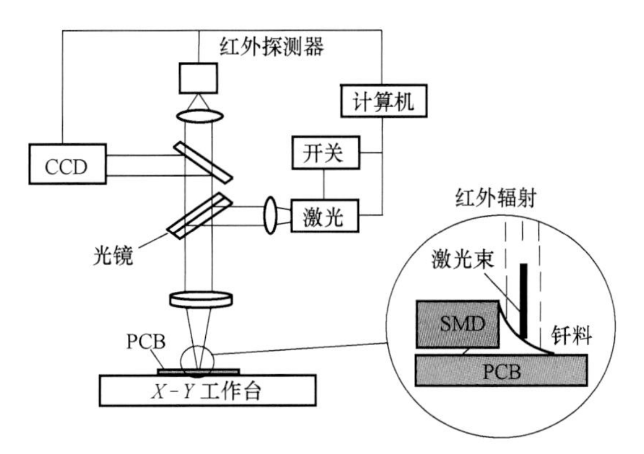

图 10-5 采用红外检测器进行过程控制的 Nd：YAG 激光软钎焊系统

哈尔滨工业大学开发了一种新型的激光调制超声无钎剂软钎焊方法。激光调制超声无钎剂软钎焊方法是指把连续激光调制成 20kHz 高频脉冲激光，使脉冲激光具备超声功能。调制后激光加热的钎料液滴表面产生超声频率温度振荡，使钎料液滴表面产生超声频率的机械振荡。超声频率的机械振荡从液滴表面传播到钎焊界面，在超声空化的作用下促进了钎料润湿行为。

图 10-6 给出了激光调制超声无钎剂软钎焊方法示意图。钎焊在低真空环境下进行。将聚焦直径为 0.7mm 的连续 Nd：YAG 激光调制成频率 20kHz，占空比 0.5 的调制超声激光。

图 10-7 所示为钎料液滴表面幅值为 3℃ 的超声振荡温度曲线，温度振荡与调制激光频率同步。同时在钎料液滴表面发现了幅值 6μm 的机械振荡，机械振荡频率约为 20kHz，与调制激光频率相吻合，也与温度振荡频率同步。根据热力学理论，钎料液滴超声机械振荡是由于熔融液滴在振荡温度场作用下产生的热膨胀造成的。

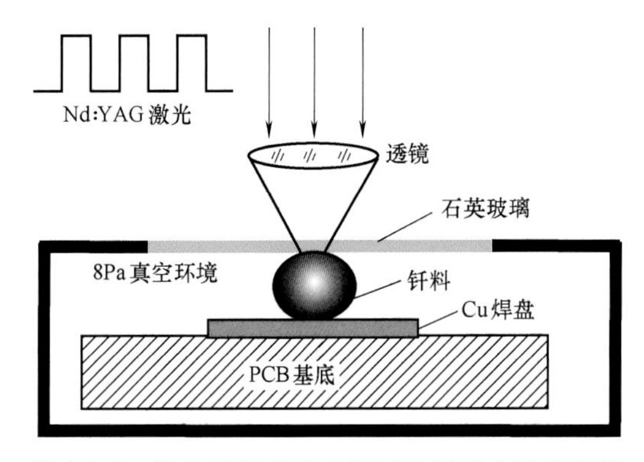

图 10-6 激光调制超声无钎剂软钎焊方法示意图

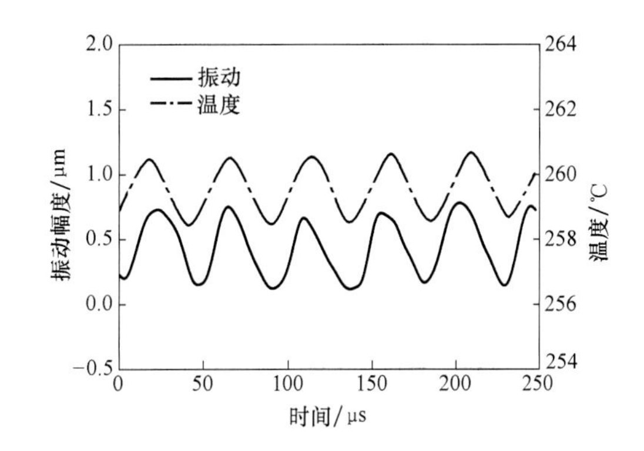

图 10-7 钎料液滴在调制激光加热作用下的振荡曲线（激光功率为 14W，占空比为 0.5，频率为 20kHz）

利用激光的高相干性获得极小的加热范围，哈尔滨工业大学采用激光重熔的方法实现了尺寸范围 100~1000μm 的钎料凸点的植球键合，该方法避免了整体加热方式造成内部芯片温升过高以及封装器件变形过大而导致后期组装和服役过程中的失效。在此研究基础上，开发了超细锡球激光键合技术（Solder Ball Bonding，SBB）制备微磁头焊点，实现磁头传感器与基板的连接，锡球直径范围 80~100μm，见图 10-8。

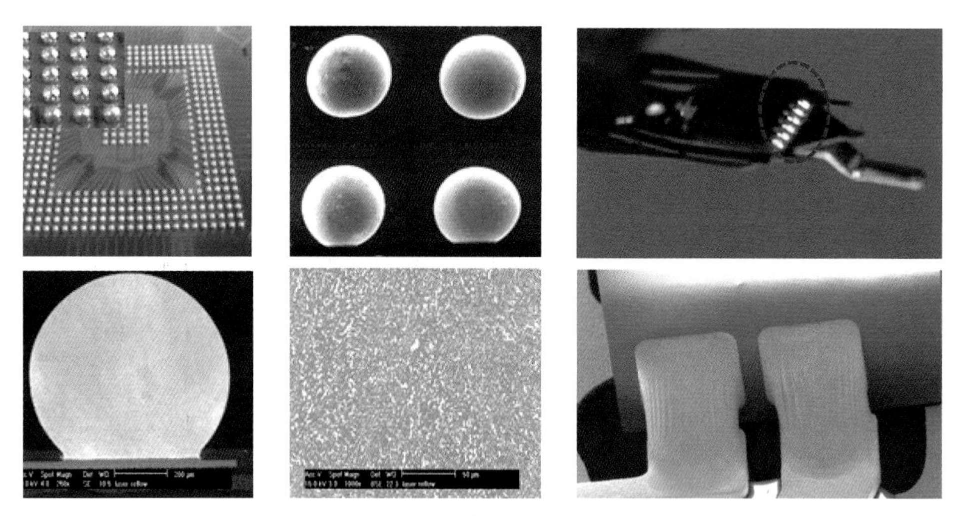

图 10-8 激光植球技术实现 BGA 凸点制备和磁头组装

基于激光重熔技术实现了 MEMS 的自组装过程，该方法由于激光的局部加热特性不仅能够适用于对热敏感的 MEMS 微器件的三维自组装，而且能依据设计需求进行具有编程特性的多次组合自组装过程；同时激光的快速加热特性保证了组装的高效率。突破了激光植球工艺与自组装驱动理论，开发出了面向 MEMS 组装的激光植球-键合-自组装一体化工艺，见图 10-9 和图 10-10。

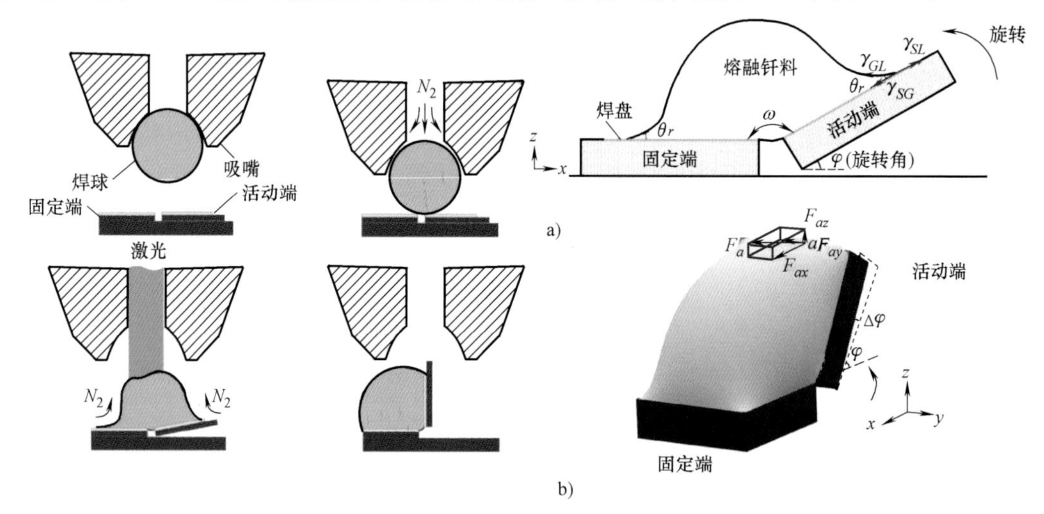

图 10-9 MEMS 三维微结构激光植球自组装驱动原理

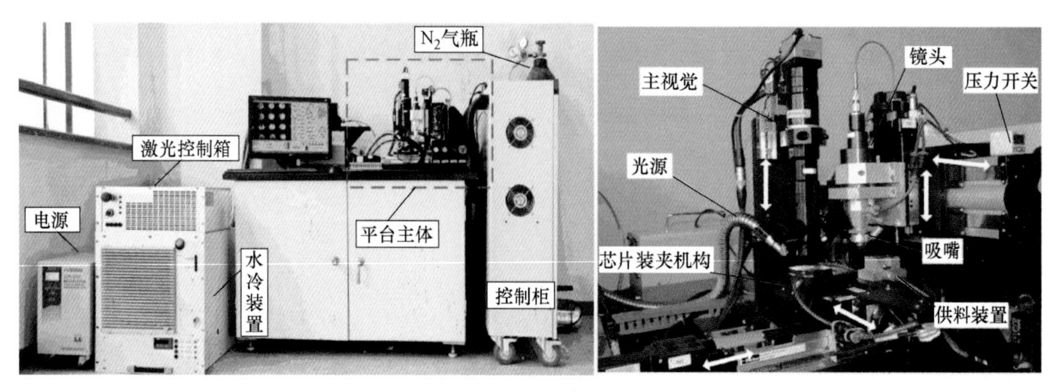

图 10-10 MEMS 立体封装和组装的锡球凸点键合设备样机

10.4 熔化微连接技术

作为精密电阻点焊的替代方案，激光微焊接具有连接强度高、精度高、灵活、非接触、热影响区和热畸变极小、工件形状限制少以及单步操作等优点，已在电子、汽车和医学等领域的微元件焊接中发挥了重要作用，并在工业领域中得到了迅速发展。例如激光微焊接已应用于CD机微型电动机的组装、硬盘驱动器悬架中的不锈钢薄层、光纤连接器、汽车元件聚合物的透射焊接等。

清华大学采用激光点焊实现了Pt/Ir合金与316 LVM不锈钢细丝的连接。图10-11左图为焊前母材丝装配示意图，随激光点焊输入能量增加，接头强度先迅速提高后处于平稳阶段，之后迅速下降；界面结合方式由纯瞬间钎焊过渡到部分钎焊与部分熔化焊相结合、熔化焊，最后过烧而融断于SS丝中。

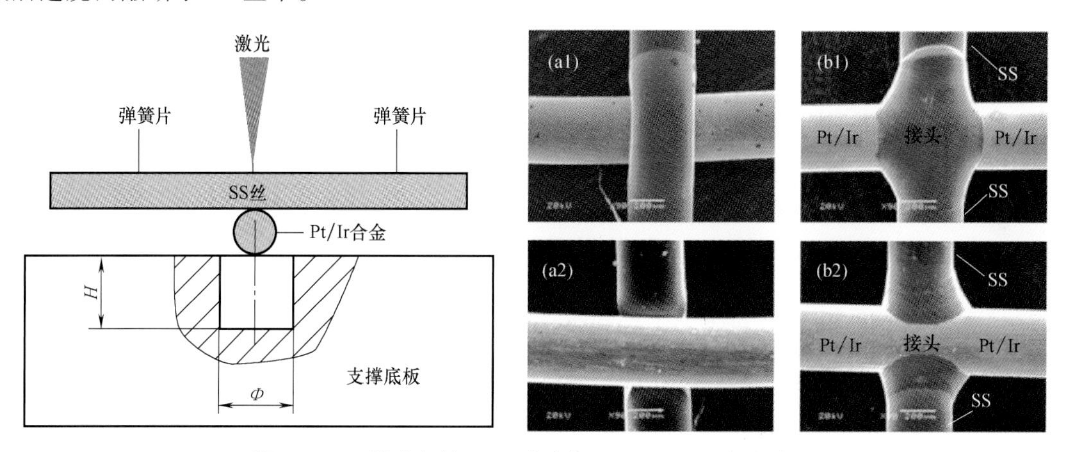

图10-11 激光焊接Pt/Ir合金与316 LVM不锈钢细丝

北京航空航天大学采用飞秒激光对石英玻璃和硅进行了连接。焊前利用装夹装置，通过力的作用使玻璃与硅之间形成一个暗斑作为连接区域。如图10-12左图为装卡后试样中的暗区，右图为氢氟酸腐蚀前后接头横截面。激光平均功率为6~10mW，扫描速度为25~100μm/s，NA=0.4时，可以达到大于40MPa的名义剪切强度，最高强度约为50MPa。

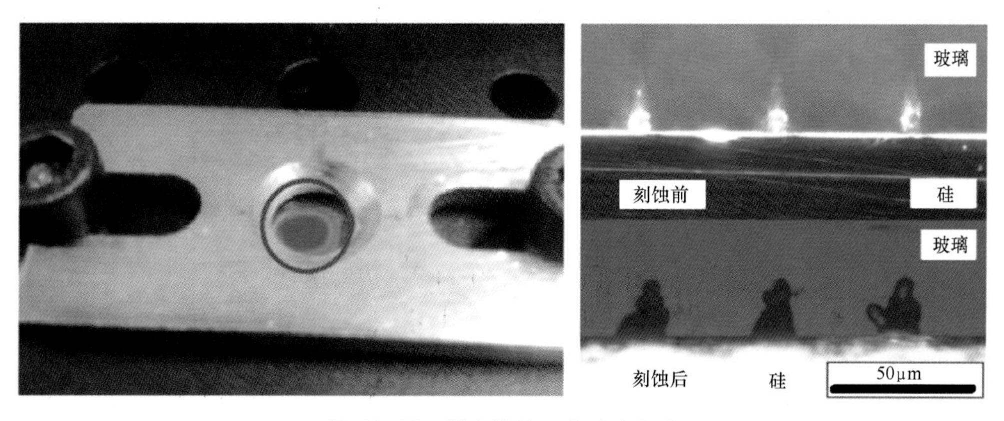

图10-12 激光焊接石英玻璃和硅

电阻微连接越来越多地用于电子器件和设备（如电池、移动电话、印刷电路板上的互连、继电器、传感器、空气过滤屏、医疗设备）的制造。为获得牢固可靠的焊点，需要精确控制若干个焊接参数，其中关键变量为焊接电流（焊接电压）、电极压力和焊接时间。实际焊接时还应考虑材料表面条件、电极材料与端面形状对焊接结果的影响。

电阻微连接也是用常规电阻焊的一些工艺，如点焊、交叉丝焊、缝焊、闪光焊、对焊、凸焊及平行间隙焊等。按照互连工件的形貌，电阻微连接可分为三类：板对板、交叉丝及丝对板。

哈尔滨工业大学采用平行间隙电阻焊对 100μm/140μm/190μm 铜丝及 100μm/200μm/300μm 镍丝与三维组装电路板上的铜焊盘进行了连接，见图 10-13。当使用 200μm 铜丝时，焊点剪切强度可达 50MPa。

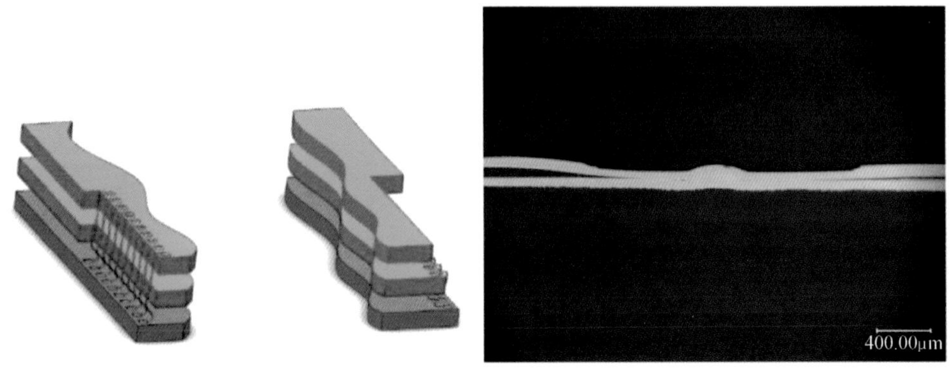

图 10-13　平行间隙电阻焊铜丝与电路板上的铜焊盘

10.5　纳米连接技术

器件的小型化（从微米到纳米尺度）和高集成化（从二维到三维）使器件中相关部件尺寸减小到 100nm 以下（0.1~100nm），连接结构更加复杂，传统连接方法难以满足纳米尺度的工作需求，开发适用于纳米材料及部件的可靠的新型连接方法将直接影响器件的相关性能，纳米连接已经在逻辑电路、纳米发电机、透明电极制造等领域初露头角，并已经应用在太阳能电池、显示屏、触摸屏、光电器件等多个领域，正在逐步拓展到柔性电子和可穿戴设备等更多的新兴领域。

目前，纳米连接的研究主要集中在新材料、新方法、工艺的开发方面，包括如何实现在能量纳米尺度界面上的控制；纳连接结构与宏观连接结构物理化学性质的异同，如石墨烯的光、电特性；纳米尺度测试手段，如模拟、纳尺度测试标准；连接结构与纳米器件的实际应用等。

传统的 Sn 基钎料的耐受温度太低，无法满足大功率器件工作时芯片的温度要求，因而纳米焊膏将要成为备选材料之一，烧结后纳米焊膏的导热性能良好，满足器件热管理要求。结合适用于工业化的打印技术，纳米焊膏将有希望成为未来器件中导线以及电极的主要材料之一，主要原因为成本低、效率高、无浪费等。目前，纳米银焊膏由于具备易加工、高连接强度以及优异的导热、导电性能等优点，已经广泛用于微电子领域，比如喷墨印刷技术（制备导线和电极）和低温连接技术。纳米焊膏的主要应用可以分为两种，一种作为芯片粘接材料用于大功率半导体器件，比如 SiC、GaN 等，可以广泛应用于汽车、石油开采、航空航天、医疗等电子器件中；另一种作为配线或者电极用于柔性器件中，可以用于电子产品、医疗以及能源等领域。

近十几年国内的一些研究机构也开始关注纳米焊膏的研究，天津大学自 2005 年开展纳米焊膏的研究，并与美国弗吉尼亚理工大学合作，首次采取电流脉冲烧结的方法，用银纳米焊膏在 1000ms 的短时间键合铜基板，电流值为 8.25kA，焊点的强度为 100MPa，见图 10-14。

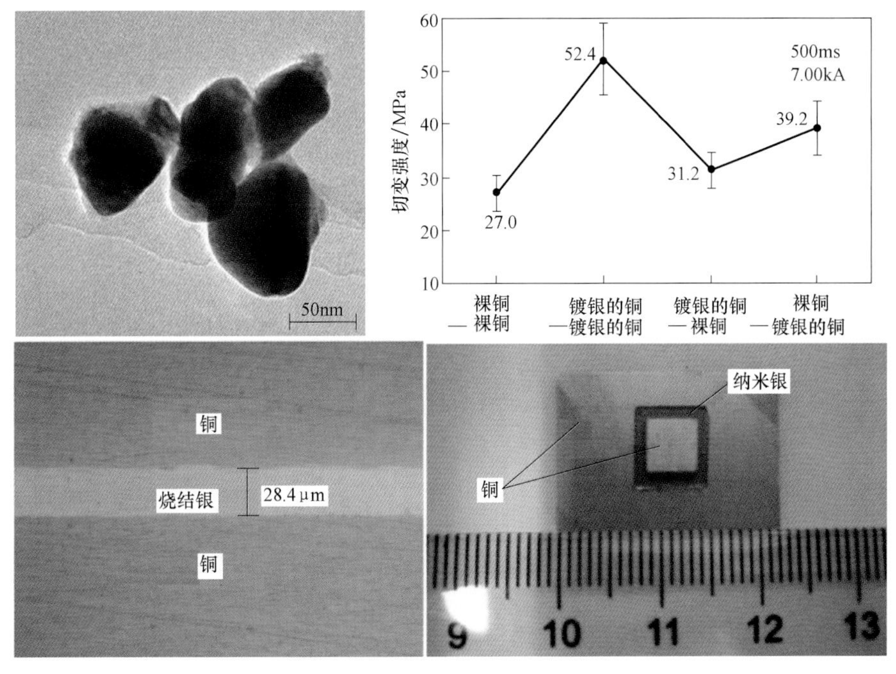

图 10-14　脉冲电流烧结银纳米焊膏键合铜基板

哈尔滨工业大学提出以纳米铜锡化合物为连接材料，在低温（180℃下）下实现连接，而获得的接头可承受远高于连接工艺的温度（350℃），接头并具备超塑性和超高一致性的微观组织。实现了 10nm 以下铜锡化合物纳米颗粒尺度的调控；通过原位高分辨透射电镜实时观测了铜锡化合物纳米颗粒间的动态融合过程，见图 10-15。

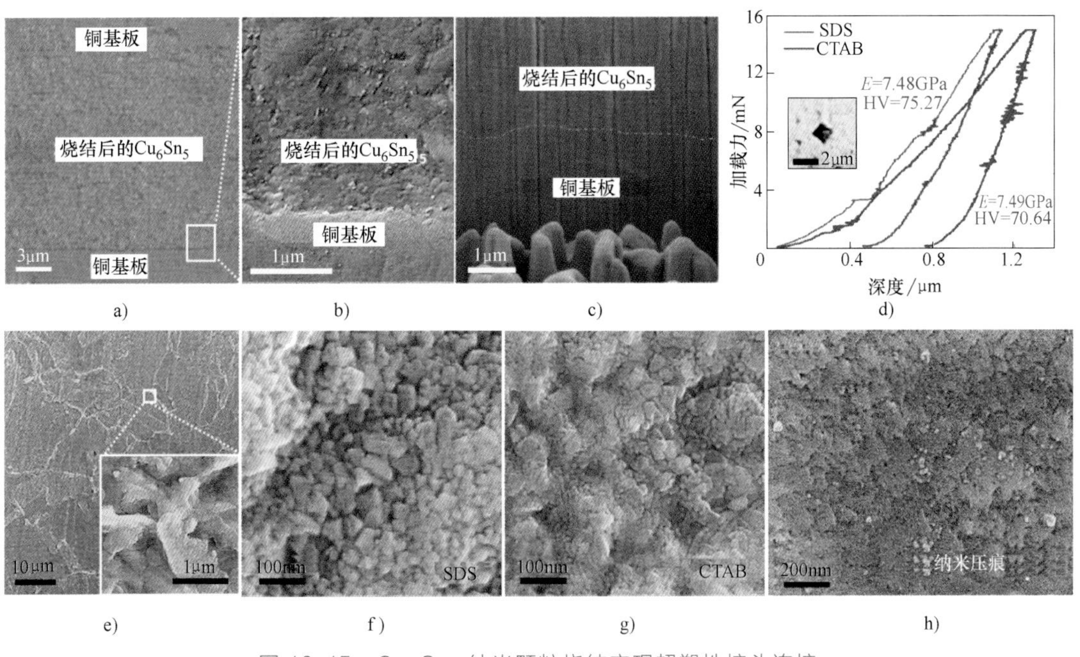

图 10-15　Cu_6Sn_5 纳米颗粒烧结实现超塑性接头连接

哈尔滨工业大学首次采用两种尺寸分布的纳米银颗粒的混合焊膏，尺寸分别为 10nm 和 50nm，通过两种颗粒的混合，能够降低烧结后纳米焊膏的孔隙率，同时增强导热性能，获得高强度焊点，在 250℃ 时无压烧结 30min 后得到剪切强度为 28.75MPa 的焊点，热导率可达 278.5W/(m · K)，见图 10-16。

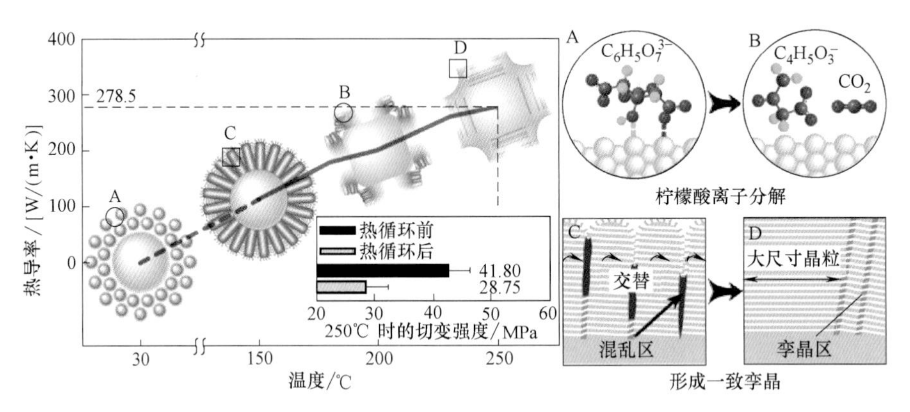

图 10-16 Ag 纳米颗粒无压烧结原理

复旦大学开展纳米银焊膏的研究，采用热烧结方法制备出性能优异的纳米银与聚合物混合而成的烧结型导电胶，以直径为 50~60nm、长度为 2~3μm 的银纳米线作为导电掺杂，在 300℃烧结后导电率可以达到 $5.8\times10^{-6}\Omega/cm$，见图 10-17。

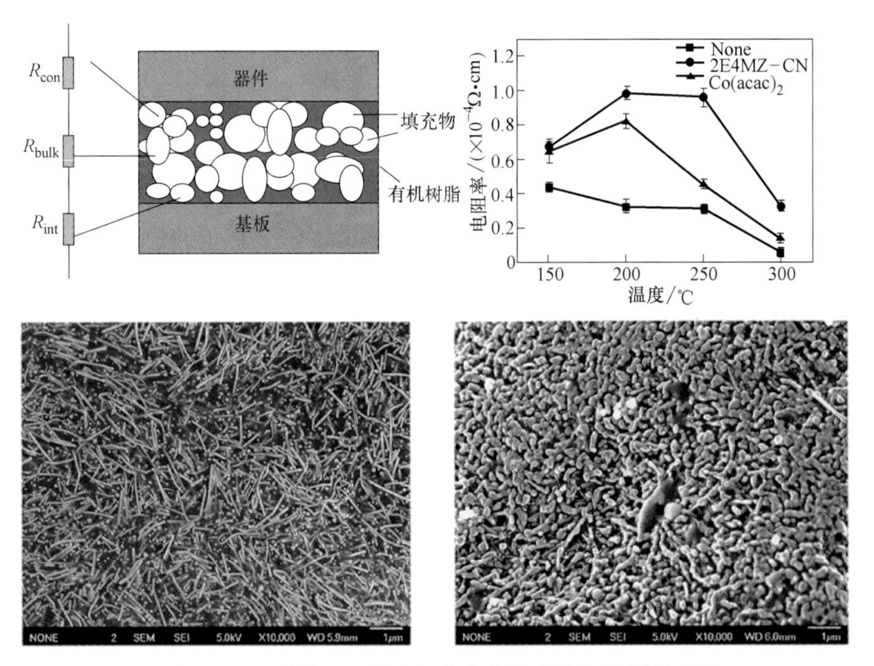

图 10-17 纳米 Ag 焊膏与结合物混合的烧结型导电胶

清华大学与美国佐治亚理工大学合作研究纳米焊膏，使用花状纳米银制作导电浆料，结合激光加工技术，通过激光对导电胶的溶蚀作用，制作触屏的电容布线线路，线宽可以最小到 20μm，见图 10-18。

清华大学与加拿大滑铁卢大学合作，使用小尺寸银纳米颗粒制作焊膏，在 200℃ 无压下得到焊点强度为 20MPa 的焊点，在 200℃、5MPa 下得到焊点强度为 50MPa 的焊点，并成功实现芯片与柔性基板的键合，见图 10-19。

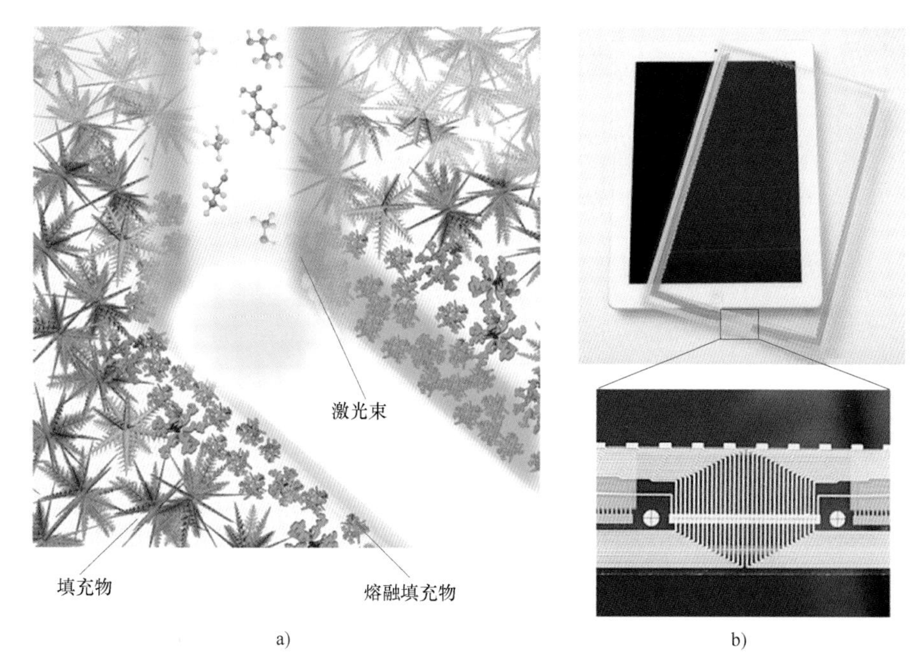

图 10-18　花状纳米银制作导电浆料

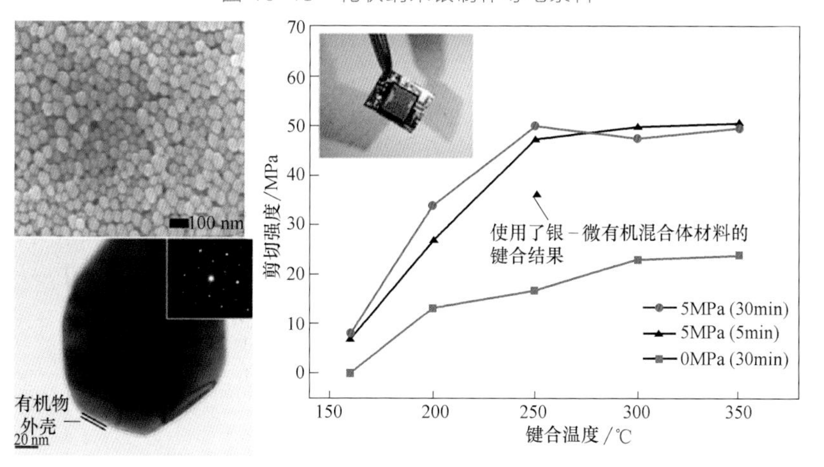

图 10-19　纳米 Ag 实现芯片与柔性基板键合

为了进一步降低纳米焊膏的成本，哈尔滨工业大学开展铜银核壳纳米颗粒焊膏，利用自身具有防氧化性质的铜银核壳纳米焊膏制备出极其致密、强度极高的焊点，在 250℃、5MPa 下得到剪切强度为 26.5MPa 的焊点，满足目前工业的强度要求。

纳米材料有优异的光、电、热性能，近几十年科学家通过化学或者物理方法成功制备了多种多样的纳米材料，在纳米科学领域取得了巨大的进展。为了探索纳米材料在各个领域的应用，先决条件是在纳米材料之间以及纳米材料与外接电路的可靠连接，但是如何将纳米线的优异特性完全发挥出来仍然存在很多挑战，比如纳米线组装获得的连接松散，电极和基底之间不能产生有效的互连，接触电阻过大严重阻碍了电子器件功能的实现。因此实现纳米线之间可靠的连接是至关重要的。在纳米连接过程中涉及纳米线的可控合成、操控、自组装等其他的纳米科技，并且连接技术与纳米材料本身的热性能、光性能和电性能密切相关，不同材料体系的连接方法也有所差异。根据连接原理的不同，目前现存的纳米连接技术分为以下几类：加热法、电子束辐照、焦耳热法、光/激光辐照法、冷压焊法、超声键合、钎焊法。纳米 Cu 和 Ag 核壳焊膏烧结如图 10-20 所示。

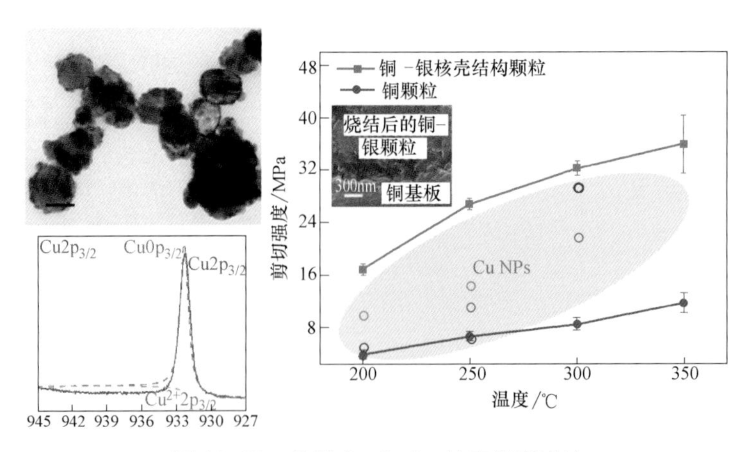

图 10-20 纳米 Cu 和 Ag 核壳焊膏烧结

哈尔滨工业大学与大阪大学合作，采用快速光烧结法成功在聚对苯二甲酸乙二酯（Polyethylene terephthalate，PET）基底上制备了铜纳米线透明导电薄膜，揭示了铜纳米线导电薄膜的光烧结制备机制是光-热转换效应、表面等离激元共振效应和光致去氧化效应的共同作用。最终获得了透光率为 85%的铜纳米线透明导电薄膜，见图 10-21 和图 10-22。使用该快速光烧结技术制备了可传递摩斯密码的应力传感器以及可穿戴的加热器，为铜纳米线可拉伸导电薄膜在柔性电子器件中的应用奠定了基础。

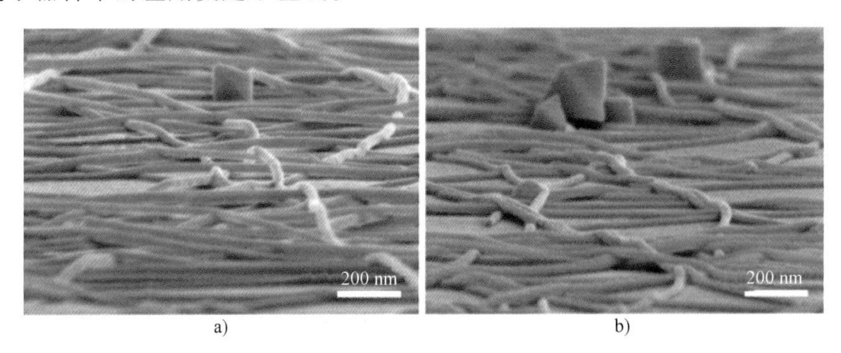

图 10-21 快速光辐射法连接 Cu 纳米线 SEM 照片

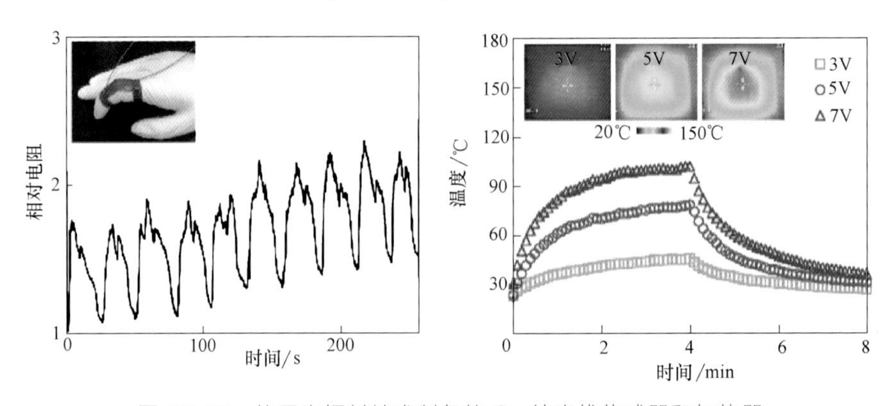

图 10-22 使用光辐射技术制备的 Cu 纳米线传感器和加热器

综上所述，作为近年来蓬勃发展的新兴领域，纳米连接技术还处于探索阶段。在纳米尺度下，使用传统方法连接的机理都与宏观的连接方式有着巨大差异。开发新的连接技术与手段，从而快捷高效地实现纳米连接是目前这一领域需要研究与探索的问题。总之，纳米制造是实现各种纳米结构、纳米器件，甚至是纳米微系统的基础，而纳米连接是纳米制造的关键技术。纳米材料和基于纳米材料的制造技术将成为世界发达国家高技术竞争的制高点。

10.6 微互连焊点可靠性及失效

电子封装器件中的焊点承担着机械支撑和电气连接的功能，位置至关重要，然而由于器件中不同材料的热胀系数失配等原因，导致各种形式的失效成为制约其使用和发展的短板。如果忽略器件焊接过程中的故障，仅考虑在服役过程中的失效，仍存在如疲劳失效、冷热冲击失效、跌落碰撞等失效形式。

哈尔滨工业大学起步较早，2000年以来哈尔滨工业大学对BGA和CGA等封装器件进行了模拟研究。通过对焊点形态的模拟，优化了焊点形态，并分析了焊盘尺寸对焊点可靠性的影响，通过理论计算对焊点的疲劳寿命进行预测。目前哈尔滨工业大学已成功实现BGA、PGA、CGA和QFP器件以及复杂板级封装形式建模并进行可靠性分析。表10-6给出了一些采用Sn63Pb37钎料典型器件的热疲劳可靠性计算数据。

表10-6 典型Sn63Pb37组装器件寿命预测

模型	有限元网格	局部细节	模拟条件	寿命/周期
BGA			-180~150℃，转换时间为5s，循环周期1810s	1500
PGA			-55~125℃，转换时间为4.5min，循环周期为129min	32567（超出预测范围，在循环周期内几乎不发生失效）
CGA			-55~125℃，转换时间为4.5min，循环周期为129min	1832
QFP			-180~150℃，转换时间为5s，一个循环周期为1810s	937
板级封装			-55~125℃，转换时间为5s，一个循环周期为1810s	2828（BGA焊点）

随着三维封装技术的日益成熟，TSV 芯片的通孔间距已经小至 1.6~3.0μm，意味着微互连焊点尺寸将由原来的 100μm 减小至 1μm。通过金属布线、微互连焊点的电流密度将高达 10^6~10^8A/cm²，给电子器件带来极大的电迁移可靠性隐患。

哈尔滨工业大学微连接课题组对混合组装 BGA 焊点的电迁移失效机制进行了研究。结果表明，在热-电耦合老化条件下，因电流塞积部位的 Cu、Ni UBM 过度溶解，导致断路失效，如图 10-23 所示。结果表明，在电流塞积部位电流密度较平均值大一个数量级，同时，因材料热失配，较大的残余应力在 Ni 镀层中产生。因此 Ni 镀层的过度溶解主要由电迁移和应力迁移主导。而铜布线中残余应力较小，电迁移作用下 Cu 布线的进一步溶解，最终导致焊点断路失效。在电流作用下，金属 UBM 的过度溶解、金属间化合物生长的极性效应、不同相的分离均可导致微互连焊点可靠性退化。

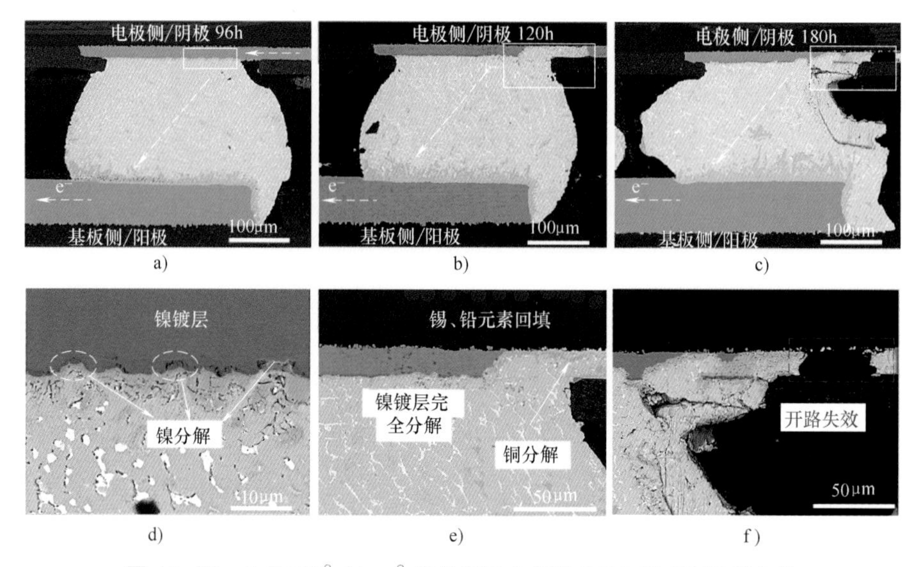

图 10-23　1.0×10³ A/cm² 条件下混合组装 BGA 焊点电迁移失效

大连理工大学对比了在 250℃ 下 Cu-Sn-Ni 焊点分别在 5×10³A/cm² 通电条件下和不通电条件下，不同通电方向对焊点中金属间化合物的生长的影响，不通电条件下，Cu、Ni 界面金属间化合物的生长速度分别正比于 $t^{0.29}$ 和 $t^{0.60}$，生长机制为扩散控制型；而在通电条件下，Cu、Ni 界面金属间化合物的生长速度正比于时间 t，为反应控制型，见图 10-24。

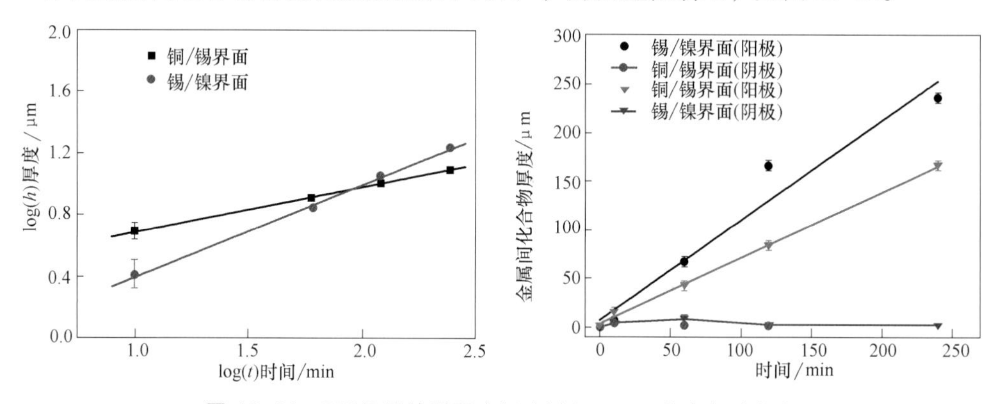

图 10-24　250℃固液界面电迁移过程 IMCs 的生长动力学

哈尔滨工业大学分析了单晶 Sn 的晶粒取向对焊点电迁移的影响，如图 10-25 所示。可以发现在电子流方向与 c 轴夹角较小时，化合物迁移的方向并没有严格沿着电子流动的方向，而是沿着 β-Sn 晶格 c 轴方向进行迁移，这说明虽然电子风力影响了化合物迁移的大致方向，而在单晶结构焊点内化合物迁移的具体方向主要由 β-Sn 晶格 c 轴方向决定。在与电子流方向近乎垂直时，焊点内没有出现大面积的化合物迁移，这表明 Sn 晶粒 c 轴垂直电流方向对化合物电迁移的抑制作用。

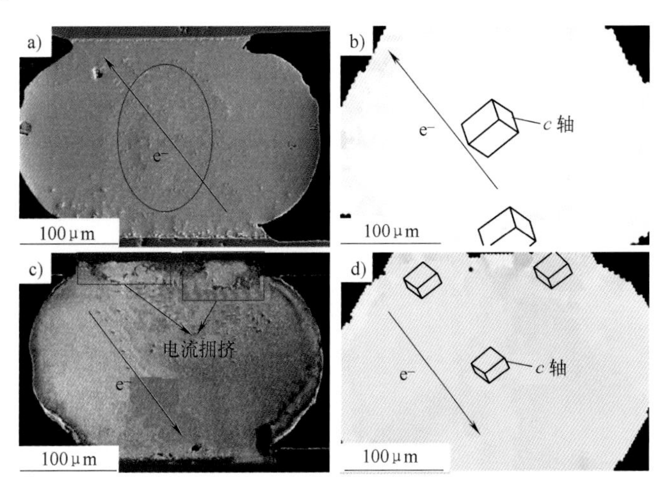

图 10-25　Sn3.0Ag0.5Cu 钎料凸点在 5A 电流下加载 163.5h 的截面形貌

通过以上分析，我国电子工业中的焊接技术已经取得了长足的进展，随着集成电路集成度的进一步提高，不断催生新的微纳连接技术，并对微互连焊点的可靠性也带来了极大挑战，因此开发新的互连材料、互连技术及设备，并不断提高连接性能和可靠性，实现系统集成和智能制造，将成为进一步的研究目标和方向。

参考文献

[1] LIU P, TONG L, WANG J, et al. Challenges and developments of copper wire bonding technology [J]. Microelectronics Reliability, 2012, 52 (6): 1092-1098.

[2] HANG C J, WANG C Q, MAYER M, et al. Growth behavior of Cu/Al intermetallic compounds and cracks in copper ball bonds during isothermal aging [J]. Microelectronics Reliability, 2008, 48 (3): 416-424.

[3] YU A, LEE C, YAN L L, et al. Development of wafer level packaged scanning micromirrors [C] //MOEMS-MEMS 2008 Micro and Nanofabrication. International Society for Optics and Photonics, 2008: 688707-688707-9.

[4] YAN Yingqiang, JI Yong, MING Xuefei. 3D-TSV package technology [J]. Electronics and Packaging, 2014 (7): 1-5.

[5] TIAN Y H, LIU W, AN R, et a1. Effect of intermetallic compounds on fracture behaviors of Sn3.0Ag0.5Cu lead-free solder joints during insitu tensile test [J]. Journal of Materials Science: Materials in Electronics, 2012, 23 (1): 136 -147.

[6] GAO L L, XUE S B, ZHANG L, et a1. Effect of praseodymium on the microstructure and properties of Sn3.8Ag0.7Cu solder [J]. Journal of Materials Science: Materials in Electronics, 2010, 21 (9): 910-916.

[7] ZHANG X, WANG C, TIAN Y. Design of laser scanning solder bumping system [C] //Electronic

Packaging Technology Proceedings, 2003. ICEPT 2003. Fifth International Conference on. IEEE, 2003：141-144.

[8] ZHONG Y, AN R, WANG C, et al. Low Temperature Sintering Cu6Sn5 Nanoparticles for Superplastic and Super-uniform High Temperature Circuit Interconnections [J]. Small, 2015, 11 (33): 4097-4103.

[9] Yang C, Cui X, Zhang Z, et al. Fractal dendrite-based electrically conductive composites for laser-scribed flexible circuits [J]. Nature communications, 2015, 6: 8150-8159.

[10] YAN J, ZOU G, WU A, et al. Pressureless bonding process using Ag nanoparticle paste for flexible electronics packaging [J]. Scripta Materialia, 2012, 66 (8): 582-585.

[11] TIAN Y, JIANG Z, WANG C, et al. Sintering mechanism of the Cu-Ag core-shell nanoparticle paste at low temperature in ambient air [J]. RSC Advances, 2016, 6 (94): 91783-91790.

[12] LIU L, PENG P, HU A, et al. Highly localized heat generation by femtosecond laser induced plasmon excitation in Ag nanowires [J]. Applied Physics Letters, 2013, 102 (7): 73107-73111.

[13] LU Y, HUANG J Y, WANG C, et al. Cold welding of ultrathin gold nanowires [J]. Nature Nanotechnology, 2010, 5 (3): 218-224.

[14] CHEN C, YAN L, KONG E S, et al. Ultrasonic nanowelding of carbon nanotubes to metal electrodes [J]. nanotechnology, 2006 (17): 2192-2197.

[15] DING S, JIU J, TIAN Y, et al. Fast fabrication of copper nanowire transparent electrodes by a high intensity pulsed light sintering technique in air [J]. Physical Chemistry Chemical Physics, 2015, 17 (46): 31110-31116.

[16] DING S, JIU J, GAO Y, et al. One-Step Fabrication of Stretchable Copper Nanowire Conductors by a Fast Photonic Sintering Technique and Its Application in Wearable Devices [J]. ACS applied materials & interfaces, 2016, 8 (9): 6190-6199.

[17] 周文凡，田艳红，王春青. BGA 焊点的形态预测及可靠性优化设计 [J]. 电子工艺技术，2005，26 (4)：187-191.

[18] 田艳红，贺晓斌，杭春进. 残余应力对混合组装 BGA 热循环可靠性影响 [J]. 机械工程学报，2014，50 (2)：86-91.

[19] 王尚，田艳红，韩春，等. CBGA 器件温度场分布对焊点疲劳寿命影响的有限元分析 [J]. 焊接学报，2016，37 (11)：113-118.

[20] Liu B, Tian Y, Qin J, et al. Degradation behaviors of micro ball grid array (μBGA) solder joints under the coupled effects of electromigration and thermal stress [J]. Journal of Materials Science: Materials in Electronics, 2016, 27 (11): 11583-11592.

第11章　焊接环境、健康与安全

栗卓新　李红　张天理

焊接过程产生的烟尘、废气、残渣等会带来严重的环境污染问题，产生的高温、弧光、噪声、电磁辐射、有害气体等对人体健康和安全有害。因此，全球针对焊接过程中的环境改善和焊接人员的健康与安全开展了大量研究。我国目前焊接环境、健康与安全（Environment Health and Safety，EHS）问题依然突出，正在积极推行清洁生产和绿色制造，推进工业升级与绿色化转型。通过开发无害化焊接产品与绿色焊接技术，从源头上有效避免有毒有害物质进入环境，减少焊接烟尘、有害气体等污染物的产生，降低能源消耗，改善操作环境。

11.1　焊接 EHS 的发展

11.1.1　现状

目前，我国绿色焊接材料、焊接整体防护、局部防护产品发展不平衡，但大多实现了从无到有的发展，形成了较全面系统化的产品。但整体产品普遍水平不高，大多数仍处在引进阶段，自主研发少，缺乏有效创新。首先，对焊接职业危害和有效防护措施研究欠缺，对焊工行为习惯研究不足；其次，部分企业对法律、法规与标准不了解，缺乏对人体参数标准的深入研究，造成现有产品的人机工效性能差；再次，缺乏对防护装备的系统性研究，造成防护用品之间的兼容性差，影响实际防护效能。

就绿色焊接材料而言，整体焊接工业发展水平、关键技术的突破和数据积累较少等限制和影响了绿色焊接材料的研发和工程化应用。发达国家由于法律、法规与标准的要求，进入研究较早，形成了原材料控制、生产工艺改进、配方体系调整、客户体验等一系列整体的产品模式。而我国目前大多数厂家只处在配方调整和小试阶段，仅从原材料控制方面，就需要行业进行大量工作。

低尘低毒电弧焊接材料的研发，用含铬焊接材料焊接时对产生的六价铬（Cr^{6+}）的控制，环境协调型焊接材料的研发，环境负荷评价，制定和实施严格的焊接作业场所环境标准及焊接材料发尘量标准等具有挑战性的关键性问题需要重点解决。

11.1.2　趋势

1. 绿色焊接材料及装备技术

1）通过调整焊接材料结构，降低传统焊条比例，提高实心焊丝和药芯焊丝比例，发展高端高效焊接材料及低尘、低毒、无镀铜、无铅钎料和免清洗钎剂等新一代焊接材料，并实现其绿色制造，开发具有环境协调性和可持续性的新产品。

2）分析气体保护药芯焊丝发尘机制和规律，降低奥氏体不锈钢焊接材料中的 Na、K 含量，抑制焊接烟尘中 Cr^{6+} 的形成。同时，优化焊接方法，调节焊接工艺参数，将 Cr^{6+} 降低到焊接烟尘总排放量的 1/5 或 1/10，形成一套整体的烟尘控制方案，实现无害化排放。

3）通过焊接机器人的应用、焊接自动化专机以及数字化焊接电源等设备及其软件技术的研发，将重点制造领域的机械化、自动化率提高到近 70%。

2. 焊接烟尘整体治理技术

1）焊接烟尘危害和评估。结合国家相关标准对焊接烟尘浓度的规定，研究不同工况条件下焊接烟尘浓度分布规律及其对焊接作业的危害。

2）整体治理方式。采用厂房整体治理方式，在功能不断完善的基础上，重点在节能方面不断突破。

3）顶吸罩捕捉方式。优化吸风口的形式，设计顶吸罩，达到风量小、能耗小、吸尘效率高的目的。

4）整体治理一体机。将送风和回风系统集中在一台设备上，省去风管的布置，安装方便，实现大型结构件焊接车间烟尘的有效净化。优化送风和回风气流组织设计，提高烟尘的捕捉效率和治理的空间范围。

5）对滤筒的研究方向集中在滤材、结构、反吹等，以提高滤筒使用寿命，减少滤筒阻力。阻燃等特殊要求的滤材也是今后研究的重点。

6）对多工位焊接采用风机变频方式，以适应焊接工位数变化时自动调节风量。优化除尘器内部流场设计、通风管路系统设计、提高烟尘捕捉效率均是节能研究方向。

7）开展焊接切割、烟尘净化的防火防爆设计，在火星侦测、快速灭火、成本控制等方面的技术研究还需有所突破。

3. 焊接局部防护技术

1）基于人体参数研发符合人机工效的高舒适度焊接防护用品。

2）研发高可靠性的焊接眼面防护具。自动变光滤光镜应轻巧，变光响应可靠、迅速，抗干扰性能强，适合在高热环境中稳定工作，具有更低的亮态遮光号，能提供清晰的视野，光学性能优异，适合长时间使用。以聚碳酸酯（Polycarbonate，PC）为基材的新型焊接滤光片具有重量轻、抗冲击性能和光学性能良好的优点。具备超强耐热抗变形的保护片能够降低使用成本。

3）研发可反映真实市场需求、具备良好性价比的防护用品。包括大容尘量的焊接防护口罩；耐用、透气，且手指不易疲劳，便于长时间佩戴的焊接防护手套；透气性好、穿着更加舒适的焊接防护服；耐磨耐刮擦且防雾的防护眼镜等。

4）操作便捷、功能多样化。一款焊接面罩既可用于焊接防护，又可用于打磨作业的防护，同时提供呼吸防护（连接送风装置）、头部防护（组合安全帽）和听力保护（可安装耳罩或者具备无线通信功能），同时满足轻量化的要求。

11.2 焊接 EHS 法律、法规与标准

11.2.1 现状

我国相关法律、法规与标准比较陈旧，有待完善，对各种法规、标准及规章制度的执行不够严格，焊接 EHS 问题依然突出。因此有必要制定和完善焊接 EHS 方面的法律、法规与标准，以有效控制焊接 EHS 方面的潜在危害因素。随着我国焊接技术的发展，正逐步建立和完善相关的法律、法规与标准，主要包含以下方面：

1）1996 年发布的 GB 16194—1996《车间空气中电焊烟尘卫生标准》，规定了车间空气中电焊烟尘的最高容许浓度及其监测检验方法，其中焊接烟尘的最高允许浓度为 $6mg/m^3$，在施焊过程中产生的其他有害物质按现行规定的卫生标准执行。

2）1999 年国家对 GB 9448—1988《焊接与切割安全》进行了修订，并作为强制性国家标准再次发布实施（GB 9448—1999），规定了在实施焊接、切割操作过程中避免人身伤害及财产损失所必须遵循的基本原则。

3）2000 年发布的 GB 10235—2000《弧焊变压器防触电装置》，规定了弧焊变压器防触电装置的产品形式、基本参数、安全要求、试验方法、检验规则、标志包装和运输储存等，以降低触电危险。

4）2003年发布的GB/T 8196—2003《机械安全 防护装置 固定式和活动式防护装置设计与制造一般要求》，规定了用于保护人员免受机械性危险伤害的防护装置设计和制造的要求。

5）2005年6月，中国机械工程学会焊接学会，在得到全体理事赞同后，正式批准“焊接环境、健康与安全专业委员会”成立。

6）2009年发布的GB 8965.2—2009《防护服装 阻燃防护 第2部分：焊接服》，规定了焊接及相关作业场所用防护服装的要求，使相关作业人员免遭熔融金属飞溅及其热伤害。

7）2010年发布的《特种作业人员安全技术培训考核管理规定》中明确指出焊接与热切割作业属于特种作业。2014年新修订的《中华人民共和国安全生产法》第二十七条规定：“生产经营单位的特种作业人员必须按照国家有关规定经专门的安全作业培训，取得特种作业操作资格证书，方可上岗作业。特种作业人员的范围由国务院负责安全生产监督管理的部门会同国务院有关部门确定。”对焊接作业安全从人员技能方面进行控制。

8）2011年发布的GB 28001—2011《职业健康安全管理体系 要求》和GB 28002—2011《职业健康安全管理体系 实施指南》，规定了对职业健康安全管理体系的要求，旨在使组织能够控制其职业健康安全风险，并改进其职业健康安全绩效。

9）2016年发布的GB/T 24001—2016《环境管理体系 要求及使用指南》（征求意见稿），对焊接过程中的环境因素、识别范围、评价方法、因素评价、控制情况起指导作用，使焊接过程所涉及的环境因素通过相应的管理措施加以预防，以减轻或消除对环境的不良影响。

11.2.2 差距

我国与发达国家在焊接EHS的差距主要集中在以下方面：

1）我国焊接作业场所的环境标准、防护标准及焊接材料发尘量标准均低于国外。我国焊接行业采用的标准是GB 9448—1999《焊接与切割安全》，美国采用美国焊接协会标准AWS Z49.1：2012《Safety in Welding，Cutting and Allied Processes》（焊接、切割及相关工艺过程的安全），涵盖范围比我国标准要宽泛，具体要求也更加细致。在焊接材料发尘量标准方面，我国采用“最高容许浓度”，美国和日本采用的是“容许浓度”，又称“阈限值”。在GB 16194—1996《车间空气中电焊烟尘卫生标准》中规定焊接烟尘的最高允许浓度为6mg/m^3；欧美、日本等国的焊接烟尘最高允许浓度为5mg/m^3，北欧的一些国家，如丹麦已经在2003年将最高允许浓度降低为3.5mg/m^3，降低了约30%。

2）对于普通焊接材料外包装上发尘量标识的要求程度不同，国外的焊材外包装必须注明发尘量，即施焊时每分钟的发尘量（mg/min）或者每千克焊接材料的发尘量（g/kg），我国焊材企业对此无强制实施要求。

3）焊接材料的生命周期评价可用于指导焊接材料的设计开发，但该技术在我国起步较晚，由于数据所具有的地域性，国际上的数据难以借鉴。

4）对于焊接烟尘净化治理的研究，国外开展得较早，处理技术相对先进、成熟，从单一性、固定式、大型化向成套化、组合化、小型化以及节能高效、以局部净化治理为主，全面通风为辅的综合治理方向发展，我国目前在焊接作业场所尚未全面推进高效的作业场所通风吸尘系统和焊工操作空间局部新风系统。

5）在低尘、低毒、高效、低能耗焊接材料的开发与应用方面，国外有系统明确的开发标准计划和体系，而我国开发主动性较差。

6）在重金属六价铬的控制方面，美国职业安全与健康管理局（Occupational Safety and Health Administration，OSHA）在2010年颁布的焊接烟尘中Cr^{6+}的8h允许暴露极限值已从52μg/m^{3}降低到0.2μg/m^3，我国目前参考了美国标准。

7）国外在焊接行业中已全面推行职业健康管理体系（ISO 18001）和环境管理体系（ISO 14000）认证，我国焊接行业的这两个管理体系尚在建设中。

8）国外从20世纪80年代开始，就建立了焊工职业病防控体系及数据系统分析，我国目前还没有系统建立。

9）在焊接材料制造和焊接工程中，国外较好地实施了清洁生产（包括焊接废弃物的管理和回收），如瑞典伊萨（ESAB）公司独创的八角形硬纸桶包装专利，使用后可直接折叠存放，节省空间并可以100%回收利用，我国在此方面重视程度严重不够。

11.3 焊接整体防护新产品与新成果

11.3.1 厂房整体防护新产品

1. 分层送风气流组织

利用空气密度差在室内形成自下而上的通风气流。新鲜空气在车间两侧下部送入，受热源上升气流的卷吸作用、后续新风的推动作用以及排风口的抽吸作用，将热浊的焊接污染物从顶部排出。

2. 径向喷射式送风筒

低风速、低风量可实现分层送风及末端空气的合理分布，送风速度0.2~0.5m/s，不影响气体保护焊。

3. 高效覆膜聚酯滤筒

焊接烟尘的粒径微小，其中0.10~0.28μm的占到78%，是“可呼吸”的烟雾，一般的过滤材质无法将其过滤。采用聚四氟乙烯（Polytetrafluoroethylene，PTFE）覆膜聚酯滤筒式过滤器，脉冲喷吹清灰，过滤效率达99.99%。臭氧等有害气体通过引进新风稀释排放。

4. 组合式通风除尘空调机组及冷（热）源

对于需要除尘、除湿、除异味的空调焊接厂房（如铝合金车体焊接厂房），可将各功能段组合，增加冷（热）源，实现焊接车间的烟尘净化，去味治理及温度湿度控制。

5. 送风、回风管道

含尘气体的收集处理、新鲜空气及冷（热）量的输送循环，可实现供暖（制冷），大部分含尘空气净化后回流，实现全新风运行，节能环保。

6. 电气动力与控制系统

人机界面，实现系统的自动控制和节能运行。

厂房整体分层送风治理焊接车间污染，如图11-1~图11-3所示。主要优势表现在：①烟尘的捕捉不是针对焊接部位，所以除尘系统不受焊接工件大小和焊接工位变化影响；②采用高效覆膜过滤器补充新风，有效排除焊接烟雾中的气态和颗粒状有害物质；③低风速送风，

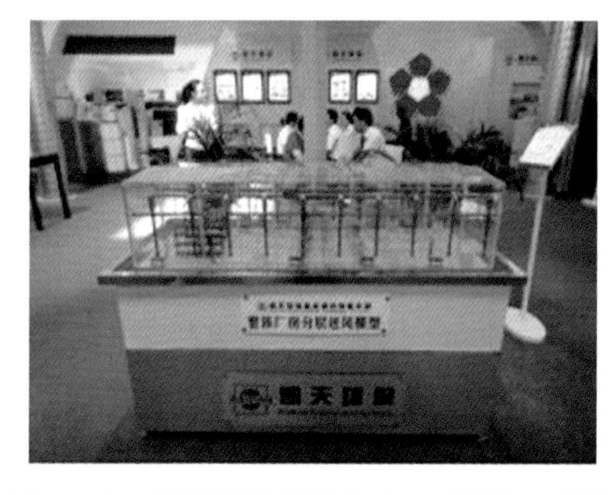

图11-1 厂房整体通风除尘、控温、控湿

图11-2 厂房整体送风、回风系统

不影响气体保护焊；④送风量是传统混合通风量的一半，运行能耗降低；⑤实现焊接车间除尘、温度、湿度控制等一体化；⑥自动化程度高，节能环保。可广泛应用于机车制造、工程机械、煤矿机械、石油装备、航空航天、军工等设备制造厂的焊接污染物净化项目。在改善劳动环境、保护职工健康、满足工艺要求、提高产品质量、节能环保等方面取得了良好效果。

图 11-3　厂房整体组合式通风除尘空调机组

11.3.2　焊接整体防护新成果

厂房整体治理以凯天环保科技股份有限公司为代表，从碳钢、不锈钢焊接车间到铝合金焊接车间治理，现在已发展到机械加工车间油污治理、铸造车间烟尘治理等，如东风汽车有限公司、中航工业西安飞机工业（集团）有限责任公司、张家口煤矿机械有限责任公司等机械加工厂房的综合治理。

1. 塑烧管（SINBRAN）过滤元件

以烧结多孔的聚乙烯材料为基料，并在其表面碾压 PTFE 覆膜的结合物，同时具有膜过滤和刚性机体过滤的特点。坚固的刚性过滤膜体能承受较高的工作压力，不需要任何骨架支撑，并能承受一定的机械冲击力，反吹时滤板不变形。安装和更换滤板极为方便。性能特点：

1）粉尘捕集效率高。通常对 0.2μm 以上超细粉尘的捕集效率可达 99.99%，特别适合金属焊接烟尘的过滤。

2）压力损失稳定，清灰效果好。其光滑的表面使粉尘很难透过或停留在滤板上，表层气流托付的粉层在清灰瞬间即被清去。母体层中不会发生堵塞现象，阻力损失仅与过滤风速有关，而不会随时间上升。

3）使用寿命长，兼容性强。烧结板的刚性结构消除了纤维织物滤袋因骨架磨损引起的寿命问题，使用寿命一般在 10 年以上。滤器的结构设计保证了其与已有过滤系统的兼容，适用于现有的过滤系统。

2. KTLG 系列滤管式净化器

污浊的空气通过净化器吸入口，进入净化器，首先由导流板改变气流方向，使气流向上流动，进入净化器室体内经过滤管过滤分离。过滤后的干净空气通过风机消声段排出净化器室体外，完成过滤分离全过程。被分离的粉尘颗粒通过自动清灰装置吹扫，落入粉尘收集器内，如图 11-4 所示。采用高效滤管过滤，净化效率达 99.99%，满足室内排放标准。滤管耐破性好，使用寿命长，粉尘不易板结，易清理，风阻小，透气性好，运行成本低，适用于各种干式粉尘及烟尘净化。

3. AirVent 组合式吸气罩

采用模块化设计，通过标准部件，可以方便地实现不同尺寸组合及调节吸风量，适用于手工操作、机械手和加工中心区域的烟尘和油雾净化。采用双层中空弯板，四周缝隙吸风的结构设计，吸风罩风量分配均匀，排气迅速，可有效防止烟尘从罩口逃逸。吸气罩结构设计

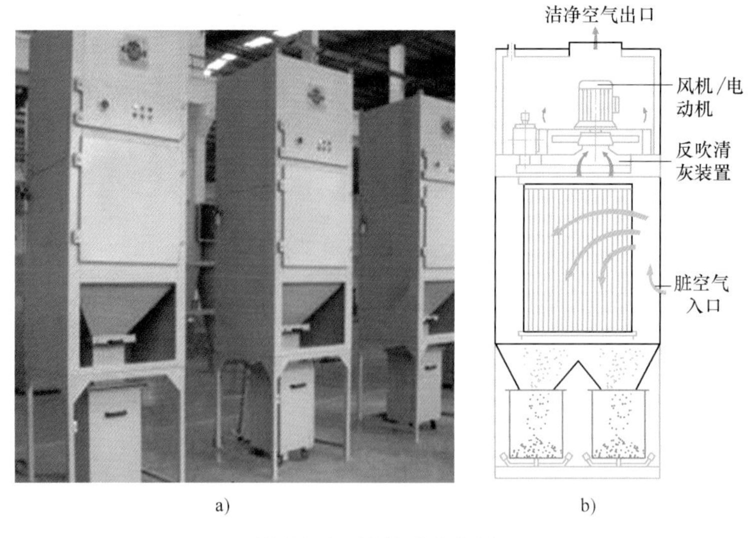

a) b)

图 11-4 滤管式净化器

a）实物图 b）原理图

充分利用了钢板折弯的强度特点及巧妙的铆接技术，结构稳定，质地轻巧。组合式吸气罩跨度可达 6000mm，仅需一个支撑点固定，安装简捷迅速。

4. 整体通风净化一体机

经高效覆膜聚酯滤筒净化的空气大量从设备顶部的远程喷口送下，和设备底部的两个吸气口形成上送下回的气流组织方式，特别适合于大型结构件车间焊接烟尘治理。其优势在于没有任何管道，主机位置可根据现场灵活选择，如图 11-5 所示。采用高效过滤材料，除尘效率高，过滤后空气达欧洲室内排放标准。系统采用室内循环，在夏季和冬季可以大幅度减少冷暖空调成本支出，一台主机可覆盖 300~400m^2。

图 11-5 整体通风净化一体机

11.4 焊接局部防护新产品与新成果

焊接局部防护用品数量和种类都呈现持续上升趋势。其中，焊接面罩尤为突出，其他如防尘口罩、呼吸面具、防护手套、防护服、防噪声耳塞耳罩及防护鞋等产品在质量上均有所提升。在保证防护性能的基础上，轻量化、使用和维护便捷化、功能多样化、穿戴舒适成为焊接防护用品的发展趋势。

11.4.1 焊接面罩

1. 自动变光焊接面罩

自动变光滤光镜作为焊接面罩的核心部件，在电弧焊过程中能够对弧光自动响应，在极短时间内从亮态转入暗态遮光号，在暂停焊接时及时回到亮态遮光号，焊接工人可通过自动变光滤光镜查看焊接工位。无论在亮态还是暗态遮光号情形下，均提供全时的紫外和红外辐射防护，从而可避免强射线伤害。自动变光滤光镜通常分为旋钮式和按键式两种，其中旋钮式滤光镜使用简单，但易磨损且易受到粉尘影响；按键式滤光镜直观、耐用，且具备一定的防尘、防水性能，但制造成本稍高。自动变光滤光镜的参数依厂商的不同略有差异，见表 11-1。

表 11-1　部分厂商自动变光滤光镜的主要参数

厂商	3M 9100X	米连娜 Clean Air CA-22	欧博瑞 Optrel 680	威和 WH912	讯安 AS2000F
变光响应时间/(+23°,ms)	0.10	0.15	0.18	0.05	0.10
亮态遮光号	3	4	4	4	4
暗态遮光号	5、8、9~13	9~13	5~9、9~13	9~13	9~13
延迟时间设置/ms	40~1300	200~800	100~600	150~800	100~900
光学性能(EN379)	1/1/1/2	1/1/1/2	1/1/1/2	1/1/1/2	—
有效视窗/mm^2	54×107	46.5×95	50×100	67×100	42×92
UV/IR 防护	13	15/14	14	13	15
电源	锂电池+ 太阳能电池	太阳能电池	锂电池+ 太阳能电池	锂电池+ 太阳能电池	太阳能电池
打磨模式	有 3 号遮光号	—	有 4 号遮光号	—	—

有效防护弧光危害的同时提升功能和效能是自动变光滤光镜发展的方向。自动变光焊接滤光镜从之前单一防护焊接所产生的有害光，到能够用于打磨作业，再到现在兼具智能管理的焊接面罩，可以依据作业特点预先设定两组暗态遮光号，分别用于不同的焊接操作，仅需通过帽壳外侧按钮即可切换；即使在焊接防护状态下，按动外部按钮，也可以轻松切换到打磨状态而无须掀起面罩，极其便利。此外，由于女性的生理和心理差别，某些个体防护装备并不适合其身材、使用习惯和审美特点，为女性生产焊接防护用品一直是众多厂商研究的热点。女式焊接面罩趋于多样化，如图 11-6 所示。

图 11-6　女式焊接面罩

尽管自动变光焊接面罩的价格较高，但作业时不用频繁掀起和放下，而被广泛应用，普及率超过 50%。此外，自动变光焊接面罩大面积推广使用将极大地改善职业危害状况，降低安全与健康风险，降低事故成本和费用。

2. PC 焊接面罩

PC 焊接面罩中的滤光片具有与玻璃滤光片相同的过滤紫外线、红外线的性能。同时，具有质量轻、耐冲击性能优异等特点。普通玻璃滤光片在国家标准落球试验中（45g 钢球在距离滤光片 1.3m 的高度自由下落）就已破碎，而 PC 滤光片丝毫没有损伤，甚至可以防高速粒子的冲击，安全系数和耐冲击等级是普通玻璃片无法比拟的。

3. 组合式焊接面罩

在重工企业，通常要求使用焊接面罩的同时佩戴安全帽。多家企业开发了安全帽与焊接面罩的组合装置，其连接方式有快扣式、插片式、卡箍式等。快扣式连接可以迅速把焊接面罩卡在安全帽顶部的滑轨上，焊接面罩亦可推到安全帽顶部；插片式连接是传统方式，利用安全帽的附件插槽将两者连接，适合部分类型安全帽；卡箍式连接是一种新型方式，无需插槽紧固，适合大多数类型的安全帽。新型焊接面罩除与安全帽组合成一体，集成头部和眼面部防护功能外，且能与电动送风装置或长管供气装置配合使用，提供舒适的呼吸保护，还可集成耳罩以保护听力，提供更全面的防护功能。

1）电动送风式焊接面罩由电动送风装置、空气软管和送风式焊接面罩组成。依据欧洲标准，最小供气流量应不低于160L/min。电动送风式焊接面罩将过滤后可供呼吸的空气由呼吸软管输送到焊接面罩内，一方面可供呼吸，另一方面可降低面罩内的温度，改善长时间作业的佩戴舒适度。讯安科技股份有限公司生产的电动送风装置采用液晶显示屏，如图11-7所示，外观精美，运行状态和所选流量直观易读，调节简单，易用性强，高效滤棉的使用则会有效过滤焊接烟尘。

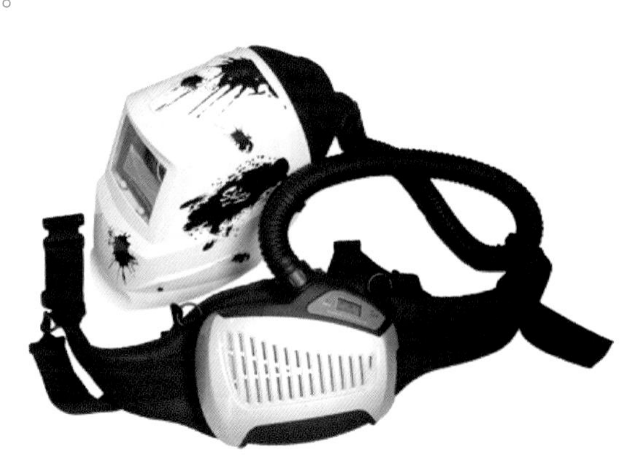

图 11-7　数字显示电动送风式焊接面罩

2）长管供气式焊接面罩由压缩空气或独立的便携式压缩机作为气源，经调压、油水分离、过滤和加湿后，送到作业者腰间的微调阀，经呼吸软管再送到焊接面罩内。可大量应用于舱室、罐体、地下等有限空间的焊接作业。此外需同时配合整体通风和局部排尘措施，并设立监护人员和必要救援。

送风式焊接面罩与非送风式焊接面罩的区别在于面罩内增加了送风管路和脸部密封衬。部分厂商还为焊接面罩配置了使用阻燃材料制成的小头罩，以进一步加强面罩内的气密性，同时保护焊工头部免受高温熔滴伤害的风险。送风软管用阻燃材料制成，通常紧贴头部，防止在狭小空间被其他物体干涉。

11.4.2　焊接防护口罩

依据不同的标准，焊接防护口罩的规格和过滤效率见表11-2。高毒、放射性、高致病性的颗粒物应当使用高过滤效率的口罩。对于焊接烟尘，建议使用国家标准KN95、美国标准N95或欧洲标准FFP2及以上过滤效率的口罩。考虑到焊接的热影响，使用带呼气阀的口罩可将呼出的湿热空气迅速排出到口罩外，降低口罩内的湿度和CO_2含量，大幅提升佩戴舒适度，降低焊工疲劳。但目前符合GB 2626—2006《呼吸防护用品　自吸过滤式防颗粒物呼吸器》标准要求的产品较少。

表 11-2　焊接防护口罩的规格和过滤效率

规格	KN90	KN95	—	KN100
GB 2626—2006 国家标准口罩	90%	95%	—	99.97%
规格	—	N95(P95)	N99(P99)	N100(P100)
NIOSH 美国标准口罩	—	95%	99%	99.97%
规格	FFP1	FFP2	—	FFP3
欧洲标准口罩	80%	94%	—	99%

11.4.3 焊接防护服

焊接防护服用于保护焊工的身体，降低热伤害、机械伤害的风险，其结构应安全、卫生，有利于人体正常生理要求和健康。防护服及配套使用的防护用品对焊工作业的影响应尽可能的小，并能完整覆盖暴露区域。同时，在不影响功能、设计强度和防护效果的情况下，应尽量减轻防护服的重量。由于焊接会产生大量的热，防护服的透气性能非常重要。不同的作业内容应当选择与之相适应的焊接防护服，见表 11-3。

表 11-3 焊接及相关作业防护服防护级别

防护级别	应用环境描述	使用场合
A	操作者头部及躯干局部或整体暴露于焊接及相关作业过程产生的自上而下坠落的熔融飞溅中，或操作人员因操作位置或空间的限制，无法有效躲避熔滴飞溅及弧光辐射	各种仰焊、高空或有限空间的明弧作业（自动焊除外）、火焰切割、碳弧气刨等接触高辐射热、明火及熔融金属飞溅的场所
B	操作者身体局部暴露于焊接及相关作业过程产生的熔滴飞溅或弧光辐射中	除 A 级规定的操作位置及环境以外的明弧作业（自动焊除外）、火焰切割、碳弧气刨等
C	焊接过程很少或没有火焰或弧光辐射，金属熔滴飞溅也很少	除 A、B 级规定以外的各种焊接及相关作业

皮质、阻燃布是制作焊接防护服、防护头罩、围裙等产品的主要材料。以威特仕、文禧利、任丘焊卫等为代表的生产厂家在防护服的穿着舒适度上进行了改进，在保证良好防护性能的基础上，防护服的背部改为透气式，对焊工长时间作业的舒适度有明显提升。

11.4.4 焊接防护手套

焊接防护手套是作业必不可少的工具，在满足 GB 24541—2009《手部防护　机械性危害防护手套》标准要求的耐磨、抗切割、抗撕裂、耐穿刺等性能外，还需要满足 GB/T 29512—2013《手部防护　防护手套的选择、使用和维护指南》标准要求的防护性能、耐高温性能和抗小颗粒熔融金属性能等。此外，手套佩戴灵活度和舒适度是焊接防护手套需要关注的因素。灵活度直接影响焊工的操作质量，灵活度差的手套易导致焊工手部疲劳。梧州市友盟焊接防护用品有限公司新开发的焊接防护手套和防护袖套，如图 11-8 所示，耐用透气且手指不易疲劳，便于长时间佩戴。

皮质材料手套仍旧占据主要地位，这与其耐用性、耐热性有关。手套厂家进行了大量投入使皮质手套在兼顾耐用的同时，强化手套佩戴的灵活度，提高了作业的精细度，降低了手

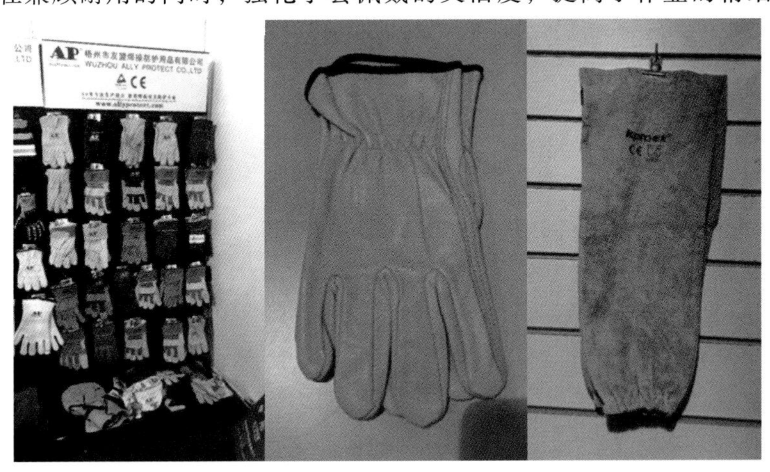

图 11-8 焊接防护手套和防护袖套

部疲劳。掌心部分使用皮质，其他部分为纤维材质的手套既具有皮质材料的耐磨性能和隔热性能，又具有纤维材质良好的透气性，非常适合焊接环境。采用羊皮制造的手套具有较高的灵活度，适合 TIG 焊的精细操作和防护要求。

11.4.5 其他防护用品

在焊接及相关作业中，除焊接弧光、热熔滴等直接风险因素外，听觉伤害、眼面部冲击伤害在一定程度上仍然不被重视，尤其是听力保护。选择合适的耳塞或耳罩可以很好地保护听力。颈戴式耳罩避免了与焊接面罩的干涉，手柄式耳塞便于使用。焊接防护眼罩，如图 11-9所示，仅限于眼睛的保护，不能用于电弧焊操作，只能用于某些不存在强紫外线和强热辐射的焊接操作，如氧乙炔焰焊割作业或者作为弧焊作业者的焊接助手使用。某些自动变光焊接防护眼罩，如图 11-10 所示，可依据焊工个体差异，调节到合适的暗态遮光号。考虑到机械伤害因素，进行焊接作业时，除佩戴焊接面罩外，还应同时佩戴安全防护眼镜（或矫视安全眼镜），保护作业者在未佩戴焊接面罩或掀起焊接面罩后可能遭受的眼部伤害。

图 11-9 焊接防护眼罩

图 11-10 自动变光焊接防护眼罩

11.5 焊接 EHS 学术研究进展

11.5.1 电弧焊烟尘研究

20 世纪 80 年代以来，兰州理工大学、北京工业大学、天津大学、武汉大学、武汉科技大学等国内多家研究机构就焊接烟尘的产生机理开展了研究。在高温热源的作用下，焊接区的金属和熔渣由于过热而蒸发，高温蒸气一旦脱离焊接区后就迅速氧化和凝结。首先在焊接区附近先凝结成一次粒子，基本呈球形，粒径在 0.01~0.4μm 范围内，以 0.1μm 左右的居多，如图 11-11 所示；一次粒子均带有静电和磁性，在其本身引力的作用下，随着温度的降低，迅速由几十个或几百个聚合在一起形成二次粒子，如图 11-12 所示；二次粒子按一定方式向外扩散，在空气中悬浮，形成焊接烟尘。

焊接烟尘形成过程复杂，形核机制有均质和非均质形核，焊后烟尘以聚集型或融合型的凝并形式长大，然后以湍流方式向外扩散。湍流扩散系数与焊条药皮种类及电弧特性有关，如焊条药皮中含有造气物质或采用交流焊接均会使湍流扩散系数增加。焊态下焊接烟尘的扩散浓度分布是一双正态分布函数，其分布特征参数随湍流扩散系数以及距电弧发尘点正上方距离的增大而增大，随烟尘气流上升平均速度的增大而减小，烟尘在上升过程中逐渐呈发散状态的喇叭口形。

此外，焊接烟尘静电采样技术可在焊态或焊后、施焊环境的不同位置、不同时间采集焊接烟尘样品，无需中间处理即可直接提供电镜观察，具有效率高、重复性好、适应性强等优点，为揭示焊接烟尘结构特征，进而探讨控制途径提供了重要手段。

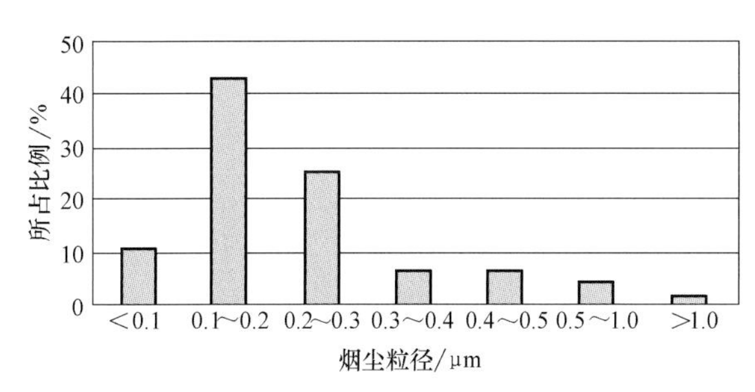

图 11-11　铝合金焊接烟尘粒径分布

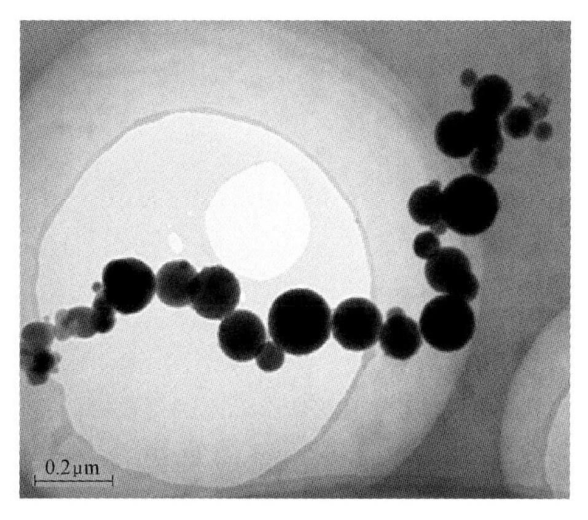

图 11-12　碳钢 MIG 焊烟尘形貌

11.5.2　电弧焊有害气体研究

在焊接过程中除了产生焊接烟尘等颗粒状有害物质外，还会产生大量的气态有害物质，主要包括一氧化碳、氧化氮、臭氧和光气等，它们都会影响人体呼吸系统健康，其中臭氧被列为第三类致癌物质。

CO_2 气体保护焊与氩弧焊在我国现代制造业中的应用越来越广泛，分别是现代常规焊接方法中高效率低成本和高质量的代表。上海沪东中华造船集团有限公司的研究表明：在不通风的条件下，不但 CO_2 气体保护焊烟尘浓度超标，而且 CO 浓度超过 $60mg/m^3$，达到卫生标准规定的最高容许浓度（$30mg/m^3$）的一倍以上。而且随着工作时间的延长，CO 浓度可能上升到 $100mg/m^3$ 以上，检查电焊工血液中“碳氧血红蛋白”已接近 CO 轻度中毒的范围。针对国内五个工厂进行调查研究发现：采用手工钨极氩弧焊焊铝和铝镁合金时，工作地点空气中臭氧浓度为 $1.48 \sim 12.42mg/m^3$，等离子弧堆焊和等离子弧喷焊时，工作地点臭氧浓度为 $7.5 \sim 65mg/m^3$，均远高于卫生标准规定的最高容许浓度（$0.3mg/m^3$）。另外，在通风条件不好的狭窄空间进行氩弧焊，当空气中氩气浓度超过 33%时，出现的由于缺氧导致的窒息性“氩中毒”现象，也引起了人们的重视。

通风是消除焊接有毒气体危害的有效途径，必须要加强这方面的工作。近年来，江苏科技大学等单位还开展了利用无线数字技术检测焊接环境中有害气体及其控制的研究。

11.5.3　电弧焊弧光研究

电弧焊弧光光谱中包含了红外线、可见光线、紫外线三个部分。据测定，电弧功率 7000kW 左右的焊条电弧焊弧光光谱中，约含波长大于 1300μm 的红外线 38%，波长为 780~1300μm 的近红外线 31%，波长为 400~780μm 的可见光线 26%，波长为 200~400μm 的紫外线 5%。氩弧焊所产生的紫外线强度是一般焊条电弧焊的 10~30 倍，等离子弧焊的紫外线强度比焊条电弧焊大 30~50 倍。

焊接电弧的可见光线的光强度，比人眼能正常承受的光强度大一万倍。这样强烈的可见光，将对视网膜产生烧灼，造成眩辉性视网膜炎。此时将感觉眼睛疼痛，视觉模糊，有中心暗点，一段时间后才能恢复。如长期反复作用，将逐渐使视力减退。

焊接电弧中红外线对眼睛的损伤是一个慢性过程。眼睛晶状体长期吸收过量红外线后，将使其弹性变差，调节困难，视力减退。严重者还将出现晶状体混浊，损害视力。焊工工作一天后如自觉双眼发热，大多是吸收了过量红外线所致。

焊接电弧中紫外线照射人眼后，导致角膜和结膜发炎，产生“电光性眼炎”。这属于急性病症，会产生两眼刺痛、眼睑红肿痉挛、流泪、怕见亮光，症状可持续 1~2 天，休息和治疗后，将逐渐好转。

以往针对电弧焊弧光对眼睛损伤的研究，多偏重于电光性眼炎，而对可见光，特别是对红外线慢性损伤视力关注不够。近年来不少地区和企业都已发现一些技术熟练的中年电焊工，因视力减退，正当壮年而不能充分发挥相应技能，这对个人和社会都是损失。为了消除电弧焊弧光对人眼的伤害，我国在 1994 年发布了《焊接眼面防护具》（现行为 GB/T 3609.1—2008）标准，具体规定了焊接滤光片的“紫外线透射比”“可见光透射比”和“红外线透射比”，对滤光片的屈光度偏差和平行度有明确规定。操作人员应佩戴完全符合国家标准的焊接滤光片，并采用防护屏等进行焊接工位隔离，防止对其他人员的伤害。

11.5.4 重金属污染研究

在焊接过程中，存在着重金属污染，会对人体造成伤害。以前关注较多的是氧化锰渣系焊条焊接与高锰钢焊接中存在的锰中毒和不锈钢焊接中存在的 Cr^{6+} 中毒。当人体内氧化锰（MnO、MnO_2、Mn_2O_3、Mn_3O_4）含量高时会对呼吸道有刺激作用并导致肺炎，长期接触能损害神经系统从而导致麻痹症。1960 年后，我国已淘汰了高氧化锰渣系焊条，焊工中的锰中毒患者已经极少。铬酸盐形式的 Cr^{6+} 化合物和 CrO_3 对人体有致癌作用，尤其对呼吸器官有严重损害。人体接触有可能会患恶性肿瘤。另外，Cr^{6+} 化合物对黏膜也有刺激和腐蚀作用，所以在不锈钢焊接中应加强个人防护。

目前，对重金属污染的关注主要集中在钎焊过程及废弃电子产品对个人和环境的危害，尤其是铅污染。钎焊生产中，铅通过烟雾进入呼吸道和消化道，废旧电子产品中的铅则会污染土壤和地下水。铅经呼吸道吸收较快，大约有 20%~30%进入血液循环，经消化道吸收的约 5%~10%。铅吸收后即进入肝脏，一部分由胆汁排到肠内，随粪便排出体外；另一部分进入血液。血液中的铅初期分布在各组织里，以肝肾含量最高，最后以不溶的磷酸铅形式沉积在骨头和头发等处。急性铅中毒临床表现为恶心、呕吐、腹绞痛和便秘等胃肠道症征。慢性铅中毒患者早期症状是乏力，口中有金属味，肌肉和关节酸痛，接着发生腹痛和神经衰弱综合征。随着病情发展，还可出现运动和感觉神经传导速度减慢、贫血、腹绞痛、腕下垂、尿蛋白和肾功能改变等。更为严重的是，它还会影响婴幼儿的生长和智力发育，损伤认知功能、神经行为和学习记忆等，严重者将造成痴呆。

鉴于铅对人体的严重危害和对环境的污染，电子产品和钎料的无铅化已成为发展趋势。我国是全球重要的电子信息产品制造基地，面对焊接过程无铅化趋势，工业和信息化部、国家发展和改革委员会、商务部、海关总署、国家工商行政管理总局、国家质量监督检验检疫总局和环境保护部已于 2006 年 2 月 28 日公布了《电子信息产品污染防治管理办法》，自 2007 年 3 月 1 日起实施。无铅钎料的发展趋势和相关国家法律法规要求也已引起了相关研究机构和工业界的高度重视，国内众多研究单位都开展了无铅钎料的研究。目前，无铅钎料主要是添加 Ag、Cu、Sb、Zn、In、Bi 等元素所形成的锡基钎料。从发展趋势来看，短期内能在生产中实现无铅替代的将是 Sn-Cu、Sn-Ag 和 Sn-Zn 二元合金系及 Sn-Ag-Cu 三元合金系或以此为基础的更多元合金钎料。Sn-Cu 钎料将主要用于波峰焊，Sn-Ag-Cu 系钎料将主要用于再流焊。Sn-Ag-Cu 系钎料合金具有优良的润湿性能、力学性能和工艺性能，被认为是最具潜力的传统 Sn-Pb 钎料的替代品。凯天环保科技股份有限公司研发了多种废旧电子电器产品的机械处理技术及生产线，兰州理工大学进行了基于减量化、再利用、再循环、再制造（Reduce Reuse Recycle Remanufacture，4R）的铜铝钎焊接头的分离技术研究，这都为减少含铅电子产品的资源浪费与污染提供了解决方案。

11.5.5 碳弧气刨污染研究

碳弧气刨时将产生大量的混合烟尘（四氧化三铁、锰、铜、炭黑等）以及有毒气体（臭氧和氮氧化物），其中因为碳弧气刨所用碳棒都采用沥青作为粘结剂，作业时产生的有毒气体中含有毒性较大、有致癌作用的苯并（a）芘，这将造成严重的环境污染。目前，碳弧气刨仍广泛应用于铲焊根和修补工作，所以必须进行有效的通风除尘。

11.5.6 电磁污染研究

电磁污染以前的关注重点在于高次谐波对电网的污染、高频对其他用电设备的干扰、电磁场对焊工的影响。开发高效率、低谐波、少电磁污染、自动控制的智能型绿色焊接设备成为现代焊接主要的发展方向。IGBT逆变电源、PWM脉宽调制技术、三相功率因素校正、带相间变压器的多相焊接电源、电路仿真研究、软开关技术、自适应等现代控制方法在焊接设备中得到应用，这都为降低电磁污染起到了重要作用。在国际上，未经电磁兼容性（Electro Magnetic Compatibility，EMC）检测的电子电器产品已禁止在欧盟市场销售，我国也已将产品的电磁兼容性纳入了国家强制性产品认证范围。虽然我国的EMC标准起步较晚，但发展较快。成都电气检验所与北京工业大学还联合开展了电焊机电磁兼容性测试设备的研究。

除了关注电网和其他用电设备的电磁污染外，还应特别关注电磁场对焊工健康的影响。无论是大电流的电阻焊还是中小电流的电弧焊，电磁场都会危害焊工健康。近年来，关注的重点集中在低频和极低频的电磁场对人体健康的影响。所谓低频和极低频的范围是0~300Hz，包括了大量使用50Hz交流电的电器设备，如交流电焊机、电炉、感应加热装置，焊丝镀铜生产线，焊条和焊剂的烘干炉等。另外，焊工由于未采取防护措施，或者习惯性操作方法不当，长期工作在电磁污染环境下都将造成操作者受干扰部位神经受损，影响正常的工作和生活。所以在生产过程中一方面要从设备出发，另一方面要从正确的操作姿势和防护出发，减少和避免电磁对环境和操作者的影响。

11.5.7 焊接材料与环境协调性研究

兰州理工大学研究了低尘低毒焊条，以及有关焊接EHS的课题，将我国焊接材料发展与绿色焊接生产有机地结合起来。近年来，对焊接材料与环境协调性的研究受到更多重视。北京工业大学建立了“北京市生态环境材料及其评价工程技术研究中心”，于2004—2007年开展了焊接材料的环境协调性研究，提出焊接材料的环境协调性应包括生产过程的环境协调性和使用过程中的环境协调性。指出我国应尽早开展焊接材料评估标准、评价方法及数据库建立工作，以应对未来国际上可能的市场准入。并应从焊接材料的整个生命周期中去考虑焊接材料的环境协调性和环境负荷，从总体上降低排放以及对环境的压力。北京工业大学、天津大学等多家研究机构重点关注了药芯焊丝的环境协调性，努力通过调整药芯成分、调节阴极斑点的析热、改变熔滴过热程度等途径达到减少焊接烟尘的目的。

11.6 焊接EHS总结与展望

11.6.1 现状和存在的问题

“十二五”期间，我国在焊接EHS方面的工作取得了一定进展，主要表现在以下方面：

（1）焊接生产环境保护的专业化　焊接过程的整体防护、局部防护方面形成了系列化、标准化的产品，产品的整体水平接近国际先进水平。在焊接产品生产制造企业和用户的焊接环境意识和理念方面取得了重大的进步。整体焊工队伍和焊接工作者对个体的健康安全意识增长明显。保护焊接环境和健康的产品使用量大幅度增加。

（2）焊接材料的绿色化　通过调整焊接材料结构，降低传统焊条比例，提高实心焊丝和药芯焊丝比例，发展高端高效焊接材料及低尘、低毒、无镀铜、无铅钎料和免清洗钎剂等新一代焊接材料，并实现其绿色制造，开发出具有环境协调性的新产品。

（3）焊接生产的自动化　通过焊接机器人技术的应用、焊接自动化专机以及数字化焊接电源等设备及其软件技术的研发，将重点制造领域的机械化、自动化率提高到近70%。

但是，由于我国经济发展水平不均衡、安全工作基础薄弱等原因，焊接 EHS 工作远远滞后于理论研究，在很长一段时间内没有良好发展。国外企业的局部防护用品普遍水准较高，而国内大多数企业仍处在引进阶段，自主研发少。首先，部分企业因为对标准法规不了解，从想象出发，开发的焊接面罩虽然也选用自动变光滤光镜，但面屏部分却采用相当于 5 号遮光号的高透光材料，操作时会造成眼睛被强光干扰，进而影响焊接作业；其次，部分企业的焊接面罩材料使用 ABS，虽然具有较好的加工性能，但耐热性能较差，在焊接电弧的强紫外线照射和热辐射下迅速老化，帽壳的抗冲击性能明显下降，同时耐焊接热颗粒的性能较差，容易被炙热熔滴穿透，进而造成焊工灼伤事故。

必要的安全投入有利于降低企业风险。为降低职业危害风险，企业必须依据国家法律法规和相关标准制定和完善安全生产制度；制定作业安全技术措施；强化焊接安全教育，提升安全意识，变被动安全为主动要求安全；建立企业安全文化，把作业安全落到实处，从根本上降低企业的安全风险和焊工罹患职业病的风险，为企业的长远发展、提高经济效益和社会效益服务。

11.6.2 对未来发展的建议

1）国家有关部门及行业协会、学会加强引导，修订相关标准。根据国际相关法规，向国家相关部门建议，修改涉及焊接 EHS 的法规。

2）建议焊接协会成立专门的焊接 EHS 分会，更好地服务于焊接行业。加大在协会、学会和相关行业的交流，提高对制造业焊接 EHS 的认识。焊接 EHS 专业委员会将进一步联合国家职业健康卫生协会开展活动，并积极参与到国际焊接 EHS 的交流与合作中。

3）加大科研机构和企业联合，研发质优价廉易于推广应用的好产品，组织参加国际焊接 EHS 展览会，促进焊接健康安全产品进入国际市场。

4）加大 GB 9448—1999《焊接与切割安全》等标准宣传，促进对相关法规标准的了解；加大对协会、学会、企业、高校、职业技术学院等机构强化职业安全与健康教育的影响，促进焊接职业安全与健康意识的提升，降低焊接职业伤害事故的发生概率，降低职业伤害风险。

5）应在满足性能要求的前提下，降低绿色焊接材料的成本。

11.6.3 展望

为了更好地实现经济转型升级、加强生态环境保护，“十三五”规划对机械制造行业提出了高端、智能、环保的要求。焊接生产环境与危害预防问题也将继续从源头减排、过程监控和技术创新等方面进行综合治理，将重点推进以下工作：

1）加强对智能焊接制造模式的研发，利用互联网对焊接危害物质进行远程在线监控。利用大数据手段，对历史数据进行分析，优化产品设计。

2）研发新一代焊接烟尘整体治理和局部防护设备，升级厂房整体除尘系统，促进自动变光焊接面罩等装置的普及应用。

3）升级和推广职业健康安全标准，在焊接生产中贯彻落实高效、清洁、节能、节材的绿色制造理念、政策、新方法和新技术；加强对相关基础共性技术研究的支持力度，提升绿色焊接材料质量，开发高端产品，降低成本；通过环保立法手段限期禁用含有毒有害元素的焊接材料，并严格执行。

我国制造业焊接 EHS 研究机构及高校应在此基础上，再接再厉，厚积薄发，强化合作，以应对中长期内市场对绿色焊接日益增长的需求。

参考文献

[1] Jane Blunt，Nigel C Balchin. 焊接环境中的职业健康与安全［M］. 李红，李国栋，栗卓新，译. 北京：机械工业出版社，2011.

[2] 北京·埃森焊接与切割展览会组委会. 第20届北京·埃森焊接与切割展览会展会综合技术报告［R］. 北京：中国机械工程学会，2015.
[3] 陈剑虹，张德邻，李启业，等. 碱性焊条发尘致毒影响因素的研究［J］. 焊接学报，1980，1（2）：53-65.
[4] 栗卓新，高丽脂，李国栋. 不锈钢焊接烟尘中 Cr（VI）及环保型焊材的研究进展［J］. 中国材料进展，2013，32（4）：249-253.
[5] 栗卓新，王英杰，蒋旻. 焊接烟尘的影响因素及净化措施［J］. 机械工人：热加工，2006（8）：37-38.
[6] 李现兵. 环境协调型结构钢药芯焊丝的研究［D］. 北京：北京工业大学材料科学与工程学院，2006.
[7] 左铁镛，聂祚仁. 环境材料基础［M］. 北京：科学出版社，2003.
[8] 王智慧，李强，蒋建敏，等. 药芯焊丝生命周期评价［J］. 北京工业大学学报，2007，33（11）：1212-1217.

应用篇

Application

Application

第 12 章　发电设备制造安装中的焊接结构与技术

杨松　王莉　徐祥久　田井成

12.1　我国发电行业的发展

经过 20 年的发展，特别是进入新世纪以来，我国电力行业持续高速发展，用电量持续增长，电力规模不断增大，目前已成为全球第一大电力生产和消费国。截止到 2015 年底，全国发电装机总量达 14.7 亿 kW（见图 12-1）。

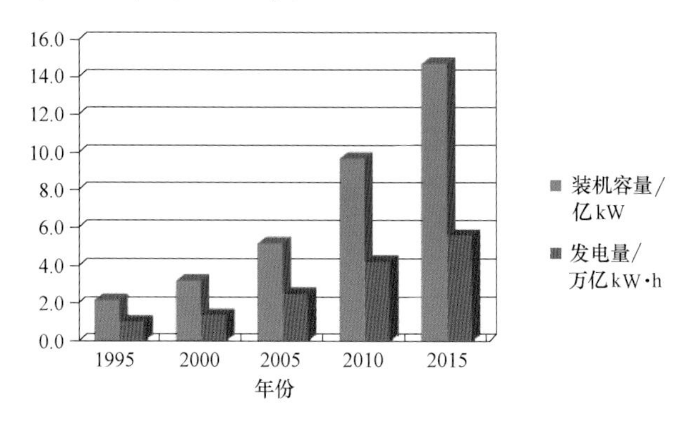

图 12-1　中国发电装机容量及发电量

我国各种能源发电构成并不平衡，丰富的煤炭资源支撑着火电行业的绝对优势，表 12-1 为近 20 年各种能源发电装机容量及比重。随着清洁能源、可再生能源的蓬勃发展，火电在发电装机构成中已开始呈现逐渐下降趋势，图 12-2 所示为 2015 年我国发电装机容量构成。

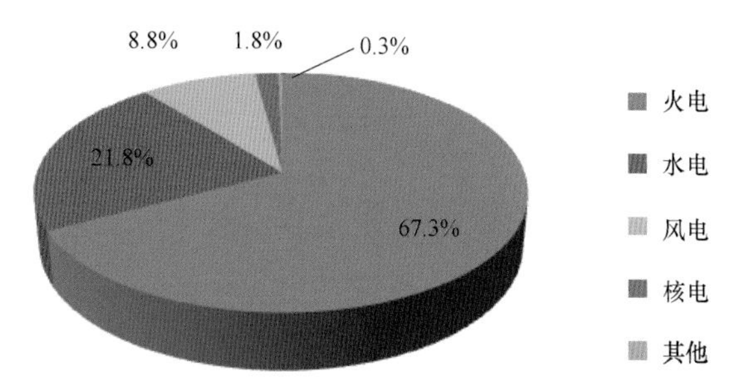

图 12-2　2015 年我国发电装机容量构成

我国的发电设备制造业是建国以来，特别是改革开放以来发展最快的行业之一，发电设备制造业的规模、生产能力、装备水平和成套供货能力等均达到了国际先进水平。

表 12-1　水电、火电及其他能源发电装机容量及比重

年份	水电		火电		其他	
	容量/万 kW	比重(%)	容量/万 kW	比重(%)	容量/万 kW	比重(%)
1995	5218	24.0	16294	75.0	210	1.0
2000	7935	24.8	23754	74.4	243	0.8
2005	11739	22.7	39138	75.7	841	1.6
2010	21606	22.4	70967	73.4	4068	4.2
2015	31937	21.8	99021	67.3	16176	10.9

12.2 发电设备制造技术发展

12.2.1 火电设备技术发展

近20年间，我国火电行业持续高速发展，以高效清洁为主要目标的火力发电机组不断升级换代、技术创新突飞猛进、生产能力连续攀升、企业素质和市场竞争力全面提高，中国火电发展实现了与国际接轨。电站机组产品实现了大容量、高参数和产品系列多元化。火电锅炉已从20世纪90年代的300MW、600MW等级亚临界锅炉主导炉型，发展到21世纪初的300MW、600MW等级超临界，再到600MW、1000MW等级超超临界锅炉和二次再热超超临界锅炉机组。我国现已建造完成并投入运行的1000MW等级机组已超过80台。

不同等级火电锅炉机组主要参数情况见表12-2。

表12-2 不同等级火电锅炉机组主要参数

机组类型	蒸汽温度 T/℃	蒸汽压力 p/MPa	机组效率 (%)	发电煤耗 /[g/(kW·h)]
亚临界	540/540	16.7	39	324
超临界	566/566	24.2	42	300
超超临界	600/600	25.0	45	284
高效超超临界	600/620	28.0	45.7	267
二次再热超超临界	600/620/620	31.0	47.7	256

12.2.2 水电设备技术发展

近20年，水电设备制造实现了大幅跨越式发展。混流式水轮机组单机容量从300WM提升至800MW。700m以上水头的大容量高水头抽水蓄能机组、大容量高水头冲击式机组、大型低水头贯流机组、潮流能机组等成功研发并应用。

12.2.3 核电设备技术发展

我国核电产业起步于20世纪80年代，我国首次建立的秦山一期工程，为我国自行设计、自行建造，其后通过引进、消化、研发、创新，陆续建造了大亚湾核电站、岭澳核电站等其他多座核电站，经历了CNP300（30万kW）、CPR1000（100万kW）等主要机型，目前在建的商用核电机组主要采用百万千瓦的三代核电制造技术，该技术主要有ASME体系和RCC-M体系两大类。

1. AP1000技术和CAP1400技术

AP1000是美国西屋电气公司设计的“非能动型压水堆核电技术”，由3回路减为2回路，循环系统大量采用依靠自然循环的非能动设计，我国通过消化和吸收美国西屋电气公司的AP1000设计技术后，通过再创新开发出具有我国自主知识产权的CAP1000和CAP1400非能动大型先进压水堆核电机组。这两种技术建造标准是ASME规范。

2. 华龙一号技术

华龙一号核电技术，是我国自主研发的先进压水堆核电技术。华龙一号建造标准主要是法国RCC-M规范。

除此之外，为满足今后更长期的能源需求，我国对高温气冷堆、钠快冷堆等也正在积极开展科研工作，目前正在山东石岛湾建设高温气冷堆示范电站，该技术也主要依据ASME规范进行建造。

12.3 发电设备材料发展

12.3.1 火电设备材料发展

火电机组参数提高最直接的作用就是提高锅炉热效率和降低煤耗，同时也降低了污染物排放，这些大容量、高参数机组已成为我国火力发电站的主力炉型。然而，这些机组参数的提高全部基于新型耐热钢材料的发展与应用。不同等级火电锅炉过热器、再热器及主蒸汽管道等受压力元件主要材料选用情况见表 12-3。

表 12-3 火电锅炉受压力元件主要材料选用情况

		亚临界	超临界	超超临界	高效 超超临界	二次再热 超超临界
过热器、再热器	低合金高强度钢	12Cr1MoVG SA-213T22 SA-213T91	SA-213T91 12Cr1MoVG SA-213T22	SA-213T91	SA-213T91 SA-213T92	SA-213T91 SA-213T92
	不锈钢	SA-213TP304H SA-213TP347H	SA-213TP347H SA-213347HFG	SA-213S30432 SA-213TP310HCbN SA-213TP347HFG	SA-213S30432 SA-213TP310HCbN SA-213TP347HFG	SA-213S30432 SA-213TP310HCbN SA-213TP347HFG
主蒸汽管道		12Cr1MoVG SA-335P22 SA-335P91	SA-335P91	SA-335P92 SA-335P122	SA-335P92	SA-335P92

随着锅炉参数的提高，材料等级随之提高，SA-213T91、SA-213T92、SA-335P91、SA-335P92、SA-335P122 等马氏体耐热钢和 SA-213S30432、SA-213TP347HFG、SA-213TP310HCbN 等奥氏体耐热钢被大量使用，电站锅炉制造的焊接技术随之进步，以保证锅炉部件在高温、高压条件下稳定运行。

12.3.2 水轮机、水轮发电机、汽轮发电机材料发展

1. 水轮机转轮（叶片）材料

水轮机转轮是水力发电机的心脏，且要求具有较高的抗气蚀和抗磨损能力，同时，必须具有优良的焊接性。通过结合电炉+VOD 精炼控制，降低碳、磷、硫等有害元素含量，减少脆硬二次相等技术措施，0Cr13Ni5Mo、0Cr13Ni4Mo、0Cr16Ni5Mo 等转轮用不锈钢材料的抗冲击性能已达到 $KV_2 \geq 100$J，在多泥沙电站得以应用。

2. 水轮机蜗壳材料

大容量高水头水轮机的设计要求，屈服极限为 490MPa 级的低合金高强度钢板，已不能满足高水头机组的安全使用要求。2014 年 80kg 级 B780 钢板在仙居项目钢岔管首先得到应用。

12.3.3 核电设备材料发展

1. 主壳体材料

核电站中“中子辐照”会引起材料无延性转变温度 RTNDT 迅速升高，延性下降（脆化），因此，普遍选用 SA-508Gr. 3Cl. 1 （16MND5）、SA-508Gr. 3Cl. 2 （18MND5） 等 Mn-Mo-Ni 系钢，要求材料 RTNDT 低、上平台能量高、冲击韧性好。AP1000 技术中由于设计寿命长达 60 年，因此对 RTNDT、Cu 元素要求最为严格。

除了材料成分和性能要求更为严格外，设备功率的提高带来了设备的结构尺寸大幅度增加，对大型锻件的淬透性、化学均匀性和性能稳定性提出了更严格的要求。

2. 传热管材料

我国早期设计的核电蒸汽发生器，如秦山一期核电站选用的是 Incoloy 800 合金管作为换热管材料，随后大亚湾核电站、秦山二期和岭澳核电站均选择了 Inconel 690 合金管。Inconel 690 合金是一种具有优异抗多种水性介质和高温气氛侵蚀能力的镍基合金，在纯水和低浓度碱溶液中具有较好的抗应力腐蚀开裂性能，因而成为压水堆核蒸发器的重要材料。

Incoloy 800H 材料的抗蠕变和断裂性能更高，在 600℃ 以上具有很好的抗拉强度，在高温气冷堆蒸汽发生器中得以应用。

3. 核电焊接材料

在核电设备中，焊接材料主要有壳体焊接用低合金钢材料、不锈钢和镍基合金堆焊用焊接材料，以及接管安全端焊接用镍基焊接材料等，随着设计寿命的增加，对焊接材料同样提出了更加严格的要求，表现为成分控制更严、力学性能指标要求更高、模拟焊后热处理时间更长、韧性更好。

12.4 焊接结构与技术

12.4.1 火电设备焊接结构与技术

1. 小口径管焊接技术

大容量、高参数电站锅炉受热面大量采用 SA-213T91、SA-213T92、SA-213S30432、SA-213TP347HFG、SA-213TP310HCbN 等小口径管，且存在各种不同形式的同种钢和异种钢对接焊缝。例如每台 1000MW 等级超超临界锅炉机组，仅制造厂就约有 80000 个小口径管对接焊缝。

为了解决 MIG 焊起弧处易出现未熔合和冷丝 TIG 焊的生产效率偏低问题。目前，我国电站锅炉小口径管对接焊大部分采用热丝 TIG 焊接技术，如图 12-3 所示。热丝 TIG 焊过程中工件焊接与焊丝预热分别独立控制，送丝速度不受焊接电流限制，在不增加焊接热输入的条件下比传统冷丝 TIG 焊熔敷效率提高一倍以上。而且热丝 TIG 焊过程连续、稳定，焊缝成形美观、内在品质优良，可同时满足电站锅炉新型耐热钢小口径管焊缝性能和生产周期要求。

a)

b)

图 12-3 小口径管对接焊热丝 TIG 焊接设备

a）热丝 TIG 焊接系统 b）小口径管全位置热丝 TIG 焊接

2. 大口径管焊接技术

（1）环缝埋弧焊技术 我国电站锅炉集箱，管道 SA-335P91、SA-335P92 等大口径管环缝的焊接，普遍采用的是手工氩弧焊打底+焊条电弧焊过渡+埋弧焊填充并盖面的组合焊接工艺，焊缝质量优良，生产效率较高，如图 12-4 所示。为防止冷裂纹产生，焊前须对工件进行较高温度的预热，同时为了保证焊缝具有良好的韧性和防止焊接热裂纹的产生，又必须控制层间温度在合理范围内。对于大口径管环缝埋弧焊，由于钢管外径一般不超过 800mm，为了防止熔池过大，一般选用直径为 3.2mm 的较小直径的焊丝，但对于 SA-335P92 钢环缝焊接来说，为保证焊缝金属的韧性，避免热裂纹的产生，须进一步降低焊接热输入，一般采用直径为 ϕ2.4mm 或 ϕ1.6mm 的细丝埋弧焊。

a)

b)

图 12-4　大口径管环缝埋弧焊

a）环缝埋弧焊　b）P91 钢焊缝

（2）环缝窄间隙热丝 TIG 焊接技术　相同规格的大口径管环缝焊接，采用窄间隙热丝 TIG 焊可将坡口宽度控制在 10~12mm 范围内，显著减少了焊缝金属填充量。焊接过程中每层只需焊接一道，焊接热输入小，通过控制层间温度，直径为 ϕ219mm 的大口径管也可实现多层不停弧的连续焊接。由于窄间隙热丝 TIG 焊具有热输入小，电弧精确可控，焊接接头强度高、韧性好等特点。近年来，窄间隙热丝 TIG 焊接技术在大口径管环缝焊接中也逐渐得到推广应用，主要包括两种方式，一种是依靠卡盘带动工件连续转动，采用窄间隙焊接机头在平焊位置进行焊接（见图 12-5）；另一种是采用全位置自动 TIG 焊机，由行走小车搭载焊接机头沿轨道绕工件旋转实现环缝焊接（见图 12-6）。

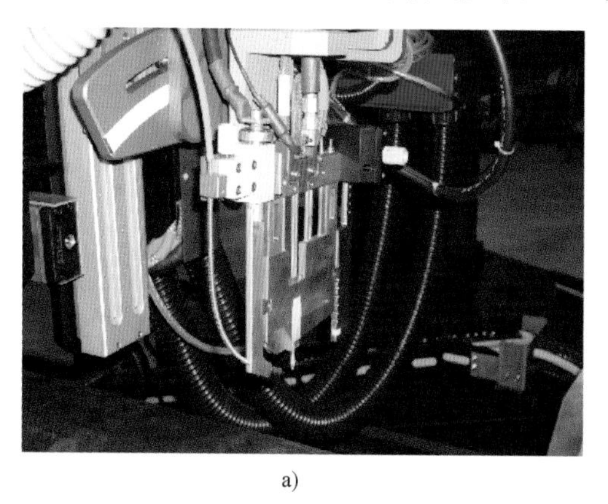
a)

b)

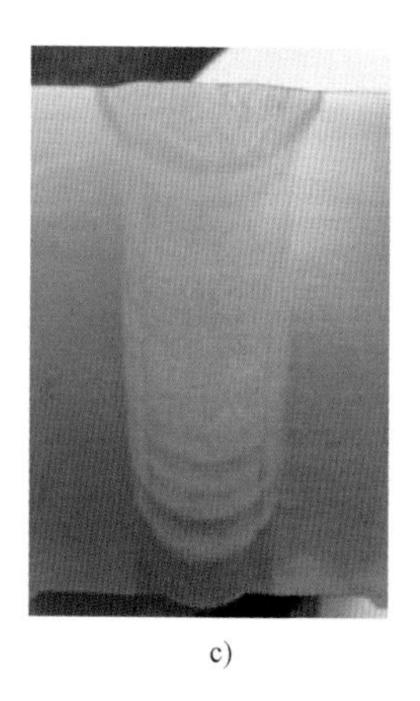
c)

图 12-5　窄间隙热丝 TIG 焊接机头、焊接坡口及焊缝

a）窄间隙热丝 TIG 焊接机头　b）窄间隙热丝 TIG 焊接坡口　c）窄间隙热丝 TIG 焊缝

3. 集箱管接头焊接技术

（1）短管接头焊接技术　短管接头在集箱筒身上呈密排分布，相邻管接头间距小，机械化、自动化焊接难度大，一般采用焊条电弧焊方法进行焊接。对于塔式结构锅炉集箱中的密

排短管接头，采用内孔氩弧焊+埋弧焊的工艺，既可保证焊缝全焊透，又能充分利用埋弧焊高效率进行焊接生产。焊接过程中，首先采用内孔氩弧焊设备在短管接头内部进行打底焊接（见图 12-7），然后采用专用埋弧焊设备在管接头外侧进行焊接（见图 12-8）。可极大地提高焊接效率，降低工人劳动强度。

图 12-6　大口径管全位置窄间隙热丝 TIG 焊

图 12-7　集箱短管接头内孔氩弧焊

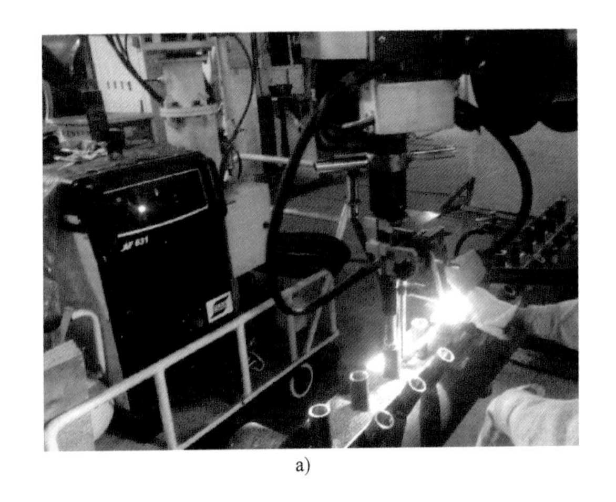

a)

b)

图 12-8　集箱短管接头埋弧焊

a）短管接头埋弧焊系统　b）焊缝形貌

（2）大管接头的焊接技术　集箱大管接头与筒体之间的焊缝为全焊透座式马鞍形结构，支管与主管外径差较小，焊接难度较大。近几年马鞍形埋弧焊机被应用于集箱大管接头的焊接，并可实现半数以上的集箱大管接头焊接（见图 12-9）。

我国的锅炉制造厂以及焊接设备厂家正在进行机器人焊接设备的开发，以用于这种马鞍形结构的焊接，并已取得初步成果，目前已可采用机器人实现单支管集箱大管接头的多层多道焊接。

图 12-9　集箱大管接头马鞍形埋弧焊接

4. 膜式壁管屏焊接技术

锅炉的炉膛和烟道通常采用管子+扁钢焊接而成的膜式壁结构（包括水冷壁和过热器包墙），达到封闭的设计和使用要求。随着锅炉不断向大容量、高参数发展，Cr-Mo 钢材料管屏成为主流，15CrMoG、12Cr1MoVG 已成为超超临界锅炉膜式壁管屏的主要材料，SA-213T91 钢管以及奥氏体不锈钢材料的膜式壁管屏也在一些电站锅炉中得到应用。另外，管子直径和扁钢宽度也随机组参数的提高而不断变小，进一步增加了膜式壁管屏的焊接难度。

膜式壁管屏管子+扁钢的机械化焊接生产主要采用多头熔化极气体保护焊和埋弧焊两种方式。其中多头熔化极气体保护焊可实现 20 把焊枪同时焊接，生产过程中 20 把焊枪分为 4 组，分别在管屏上下两侧同时焊接，管屏一次焊接成形，焊接质量稳定，生产效率高，焊接变形小，如图 12-10 所示。采用埋弧焊方法焊接膜式壁管屏，所获焊缝熔深大，生产作业环境优良，无弧光和烟尘，能焊接目前各种类型锅炉常用材料的膜式壁管屏，如图 12-11 所示。我国现有膜式壁管屏多头熔化极气体保护焊生产线已超过 200 条，埋弧焊生产线近 100 条。

a)

b)

c)

图 12-10　多头熔化极气体保护焊

a）多头熔化极气体保护焊系统　b）管屏焊接　c）膜式壁管屏

12.4.2　水电设备焊接结构与技术

1. 巨型水轮机及水轮发电机关键焊接结构件特点及焊接技术

（1）水轮机转轮焊接结构特点及焊接技术　三峡水电站水轮机转轮是国内制造，乃至世

a)

b)

图 12-11　膜式壁管屏埋弧焊

a）管屏埋弧焊系统　b）管屏焊接

界制造的最大转轮，其最大直径 10.44m，高度 5.244m，共 15 个叶片，总重量为 450t，单个叶片重约 9.6t。上冠、下环及叶片均为 ZG04Cr13Ni4Mo 铸件，采用铸焊结构。叶片采用数控加工，叶片最大厚度为 205mm。单台转轮焊接材料用量约为 12t。

1）实现自动焊制造。瑞典 ESAB 公司针对三峡水电站转轮结构特点有针对性地研发出了焊接专机。此专机可对六个轴以示教的方式进行编程，编程系统使用的是 PLC 应用程序。在程序运行过程中除了机头的行走轨迹外，焊接起弧、收弧，焊剂的供给、回收等都由 CNC 通过编程来实现控制。如图 12-12 所示，应用此埋弧自动集成系统完成叶片与上冠侧正、背面坡口的焊接，约占单台总焊接材料用量的 1/3。其余部分仍依靠半自动气体保护焊完成。

a)

b)

图 12-12　三峡水电站水轮机转轮的焊接制造

a）转轮三维图　b）转轮的机器人焊接

2）首台三峡水电站转轮的焊接为优化选取与高合金钢相配套的焊接材料，选择了瑞典制造的 PZ6166 双保护药芯焊丝。它的焊接工艺性及接头力学性能均能满足设计要求，达到等强、耐磨耐气蚀等技术要求，焊接工艺基本与混合气体保护焊相当，并达到了当今与水轮机转轮 ZG06Cr13Ni5Mo 高合金钢相匹配的最佳焊接材料水平。国内自行研制了 HS13/5 型马氏体不锈钢焊丝用于后续项目。

（2）水轮机座环焊接结构特点及焊接技术　三峡水电站水轮机座环采用平行式上、下环板及固定导叶、过渡段、尾部蜗壳等为主要部件构成的焊接结构件。分 6 瓣单独制造，其最大直径 15800mm，高度 4590mm，座环整体重量 411t。上、下环板之间开口距离为 3000mm。上、下环板采用 230mm 厚度优质 S355J2G3 抗撕裂钢板，固定导叶采用日本进口的最大厚度为 200mm 的 SM490B 钢板，过渡段和尾部蜗壳采用最大厚度为 90mm 的 610U 低合金高强度钢板制造。24 个固定导叶中有 4 个导叶设有排水孔。蜗壳尾部、大舌板及过渡段均在制造厂内焊在座环上，并与座环一起在厂内进行退火。座环尾部蜗壳与座环在厂内进行整体预装。焊接制造过程如图 12-13 所示。

1）采用特殊的气割设备及特制工装，切割导叶的初步型线，其切割有效长度不低于 550mm，再使用刨床加工出导叶的精确型线，并用样板检查确认尺寸精度，从而提高导叶瓣体的生产效率，减少加工量，缩短生产周期。

2）采用两台可移式埋弧焊工作站对 1/6 瓣座环导叶与环板两端的坡口焊缝同时进行焊接，并在三峡水电站右岸座环焊接中配合使用富氩气体保护焊，提高焊接质量。

a)　b)　c)　d)

图 12-13　座环的焊接、安装

a）座环焊接前预热　b）座环焊接　c）座环厂内预装　d）座环工地安装

（3）三峡水电站地下厂房机组水轮机主轴钢板卷制轴身的焊接制造　三峡水电站水轮机主轴的结构为内法兰结构，主轴长度为5960mm，直径ϕ4020mm。主轴轴身壁厚127.5mm（加工后）。主轴在轴身的内圆处装焊120mm的加强法兰。主轴毛坯件重量112t。两端的法兰材质为（ASTM）A668 CLASS E Level B 。主轴轴身采用的钢板材质为（EN）S355J2G3-Z35，钢板的厚度为150mm。轴身在长度方向分成两节，在圆周方向分成两瓣成型。每节轴身长度2395mm，轴身总长度4790mm。

轴身的纵向焊缝采用埋弧焊。焊接后，对单节轴身进行一次消除应力热处理。加工坡口后两节轴身之间采用窄间隙埋弧焊方法进行焊接。焊接后，将轴身的内圆加工到图样要求的尺寸。轴身与法兰之间的焊缝采用窄间隙埋弧焊。完成焊接后，对主轴进行最终的消除应力热处理。在对主轴进行必要的质量检查后，完成主轴的最终加工，如图12-14所示。

a)

b)

图12-14　主轴焊接制造

a）主轴轴身分瓣热成型　b）主轴焊接

（4）抽水蓄能钢岔管焊接结构特点及焊接技术　仙居钢岔管采用800MPa级钢板进行制作，是国内水电设备制造商完成的第一个大型抽水蓄能钢岔管。仙居钢岔管管壁厚均为60mm，月牙筋厚120mm，主管直径为ϕ5000mm，岔管直径为ϕ3501mm，整体重量58t。由于钢岔管尺寸较大（见图12-15），考虑到制造和运输的问题，将其分为若干个瓦片或管节，选择使用油压机压弯成型，各瓦片和管节焊接制造后，在制造厂内整体进行预装，并在工地装配及焊接成整体。

仙居钢岔管母材选用中国宝钢集团有限公司生产的B780CF，此级别的母材，具有较高的强度及较高的冷裂纹敏感倾向，配套使用的焊接材料为HS-80A实心焊丝。焊接方法选择富氩气保护半自动焊。

2. 巨型水轮发电机关键焊接结构件特点及焊接技术

（1）转子支架　三峡水电站转子支架的结构是斜立筋圆盘式转子支架，由1个转子中心体和6瓣转子支架外环组件组成，在厂内进行预装，在工地组焊成整体。转子中心体由上、下圆盘，中心圆筒和立筋焊接而成。转子中心体和外环组件在加工车间加工后进行整体预装，调整错边和间隙符合图样要求，装焊带有把合螺栓和定位销钉的工艺法兰，如图12-16所示。

在三峡水电站右岸机组国产化过程中，由于工件尺寸较大（直径16.7m），其尺寸公差要求对于焊接件来讲是非常严格的，最终采用火焰切割代替机械加工进行和缝面配割，大幅度降低和缩短了三峡水电站转子支架的制造成本及生产周期。在降低生产成本，提高经济效益、缓解关键设备负荷过重等方面的效果十分显著。

a)

b)

图 12-15 主轴焊接制造

a）仙居钢岔管制造厂内焊接 b）仙居钢岔管工地装配

a)

b)

图 12-16 转子支架中心体及与外环组件预装

a）三峡水电站发电机转子支架中心体 b）发电机转子支架厂内预装

（2）三峡水电站水冷定子线圈水盒焊接技术 三峡水电站发电机制造过程中制造难度较大的部件是水冷定子线圈。一台发电机的定子线棒为1080根，每根线棒上有2个水盒焊口、2个水接头焊口、12个不锈钢空心导线焊口。其中，不锈钢空心导线（壁厚为1mm）排列密集，操作空间狭小，焊接难度很大。而空心导线的焊口最终是被封焊在水盒里面的，如果焊缝出现质量问题就很难修复，甚至会导致整根线棒报废。

因此为Ni300与18/8奥氏体进行焊接，国外采用焊接机器人进行焊接，但返修率达30%。引进并采用了微束等离子弧焊接方法后，接头质量优良且外观成形美观，如图12-17所示。

图 12-17 三峡水电站发电机水盒微束等离子弧焊接

12.4.3 核电设备焊接结构与技术

核岛主设备主要的焊接工艺包括低合金钢主环缝焊接、不锈钢堆焊、镍基合金堆焊、接头与安全端异种金属焊接等。具体见表 12-4。

表 12-4 核岛主设备主要焊接工艺

焊接工艺	反应堆压力容器	堆内构件	蒸汽发生器	稳压器	主管道	其他设备（PRHR/CMT 等）
不锈钢堆焊	√		√	√		√
低合金钢主环缝焊接	√		√	√		√
接管安全端异种钢焊接	√		√	√		√
接管与筒体马鞍形焊接	√	√	√	√		√
贯穿件与封头焊接（J 形坡口）	√					
镍基合金堆焊			√			√
管子管板焊			√			√
小直径管对接			√	√	√	
水室隔板的焊接			√			
奥氏体不锈钢部件焊接		√			√	√
真空电子束焊		√				
钴基耐磨堆焊		√				√
不锈钢复合板焊接						√

1. 不锈钢堆焊

不锈钢堆焊工艺普遍应用于反应堆压力容器、蒸汽发生器、稳压器及其他主要核电设备制造，目前普遍应用的工艺见表 12-5。

20 世纪 80 年代，日本首次研制成功 CO_2 焊接用细直径药芯焊丝，大大提高了生产效率，但需要添加 Bi_2O_3 来改善工艺性，而 Bi 是低熔点金属元素，在核电上严禁添加此元素，Bi 含量要求≤0.002%（质量分数），这严重恶化了其焊接工艺性。2012 年国内核电制造企业与日本神钢公司合作研发了核级无铋不锈钢药芯焊丝 DW-309LH、DW-308LH，焊接工艺性及性能数据能完全满足核岛主设备的制造要求，并成功在 AP1000 蒸汽发生器设备制造中应用，开创了世界核电界一回路蒸发器一次侧应用无铋不锈钢药芯焊丝堆焊工艺的先河。

2. 镍基合金堆焊

在核电设备制造中，镍基合金堆焊主要集中在蒸汽发生器管板及一次侧接管安全端过渡区的堆焊。主要采用的堆焊方法有带极电渣堆焊（ESW）、带极埋弧堆焊（SAW）和丝极自动氩弧焊（GTAW），见表 12-6。

为避免堆焊基体出现裂纹，堆焊过程中需将产品控制在一定的温度范围内，制造企业多采用炉内长时间加热，出炉后配合火焰加热方式对温度进行控制，近年来，也有制造企业发明了电磁感应加热设备对大型管板进行温度控制，效果良好，既节约能源消耗，更利于保证温度均匀性。

表 12-5　不锈钢堆焊工艺

焊接工艺	自动化水平	焊接位置	应用范围	应用图片
SAW	机械	平焊	反应堆压力容器筒体内壁；稳压器筒体内壁、封头内壁；蒸汽发生器下封头堆焊；蒸汽发生器出口接管内壁等	
TIG	手工或机械	平焊、横焊、立焊等	接管内壁及拐角	
FCAW（无铋不锈钢药芯焊丝堆焊）	半自动	平焊、横焊	接管内壁及拐角（蒸发器一次侧接管内壁堆焊）	

表 12-6　管板镍基合金堆焊工艺

焊接工艺	特　　点	焊接材料及规格	应用图片
带极电渣堆焊（ESW）	堆焊效率高、稀释率低	焊带 EQNiCrFe-7A 60×0.5mm 及相应焊剂	
带极埋弧堆焊（SAW）	堆焊效率高，稀释率较电渣堆焊高	焊带 EQNiCrFe-7A 60×0.5mm 及相应焊剂	
丝极自动氩弧焊（GTAW）	无熔渣，堆焊质量容易控制，效率较低，采用双热丝工艺，效率能够提高	焊丝 ERNiCrFe-7A ϕ1.0/ϕ1.2mm	

3. 低合金钢主环缝的焊接

核设备环焊缝厚度一般超过 70mm，对于反应堆压力容器，厚度可达 213.5mm，蒸汽发生器下封头与管板焊缝厚度可达 256mm。对于这些焊缝，制造企业普遍采用窄间隙埋弧焊（NG-SAW）工艺。随着填充金属、焊剂取得的发展，焊接时使用的焊丝直径为 $\phi 2 \sim \phi 5$mm。

窄间隙埋弧焊坡口角度一般在 1°~3°。对于厚度在 100mm 左右的接头，坡口角度通常为 2°左右，厚度更大时，可适当减小坡口角度。在焊接过程中，一般采用每层 2 道的焊接工艺，保证坡口侧壁熔合良好、无夹渣等缺陷，如图 12-18 所示。

图 12-18　筒体环缝窄间隙埋弧焊

4. 接管与安全端异种钢焊接

由于低合金钢和不锈钢线膨胀系数差异较大，而镍基材料线膨胀系数介于二者之间，能够起到过渡缓冲作用，因此核设备普遍采用接管预堆焊镍基材料，再与不锈钢安全端焊接的结构形式。

接管端部早期堆焊镍基 600 合金或不锈钢，目前接管端部主要堆焊 690 镍基合金隔离层，热处理后与不锈钢安全端接管进行对接。在 EPR 压水堆核电站蒸汽发生器中，下封头进出口接管与安全端焊接采用无隔离层镍基合金自动 TIG 对接技术，对接后进行整体消应力热处理。

对于接管与安全端焊接（见图 12-19），早期采用 SMAW、SAW 工艺焊接隔离层或者对接焊缝，焊接质量不易保证。近年来热丝脉冲自动 TIG 焊方法得到广泛应用，电流值、电流作用时间、送丝量均可实现峰基值调整，并可实现弧长精确控制和调整，焊接过程实现自动、精确控制，有效保证了接管与安全端的焊接质量。

5. 贯穿件与封头焊接

反应堆压力容器顶盖需堆焊镍基隔离层后焊接贯穿件管座，用于安装控制棒驱动机构和中子测量率装置。因顶盖上开有坡口，其截面形状像 J 形，俗称 J 形坡口。如图 12-20 所示。

J 形坡口镍基隔离层堆焊及其与贯穿件管座焊缝普遍采用 SMAW 方法，根部可采用手工 GTAW 方法进行焊接，以保证根部熔透。该接头拘束度大，根部应力水平较高，焊接过程中，制造企业均严格控制施焊顺序及清洁度，以保证焊接质量。近年来，针对 J 形坡口的焊接，开发了 J 形坡口自动 TIG 焊接系统，通过多轴控制系统解决了复杂行走轨迹的生成、修正和简单化操作问题，通过双层保护气体解决了焊缝保护问题。

6. 小直径管对接

核设备制造中典型的换热管对接焊出现在高温气冷堆蒸汽发生器的换热管对接焊（见

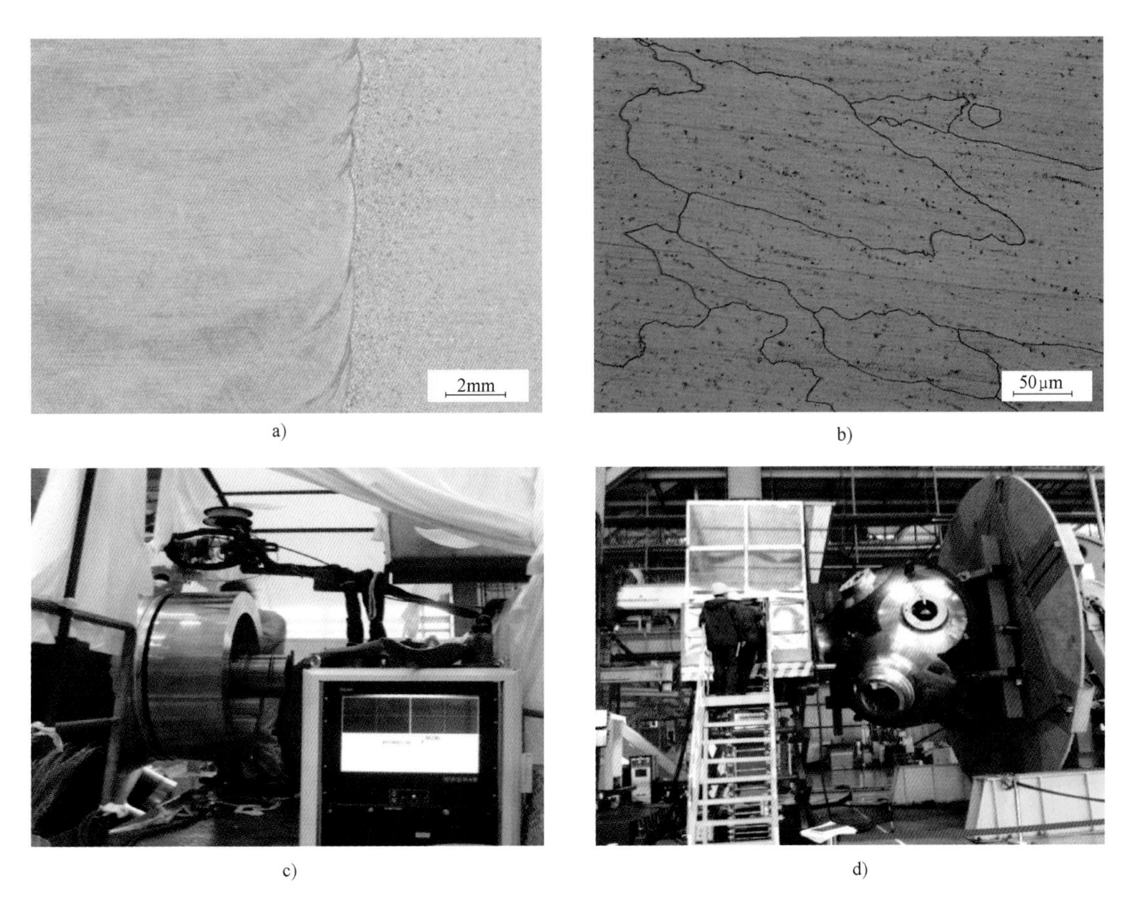

图 12-19 接管与安全端焊接

a）、b）焊缝金相图片 c）、d）产品安全端焊接

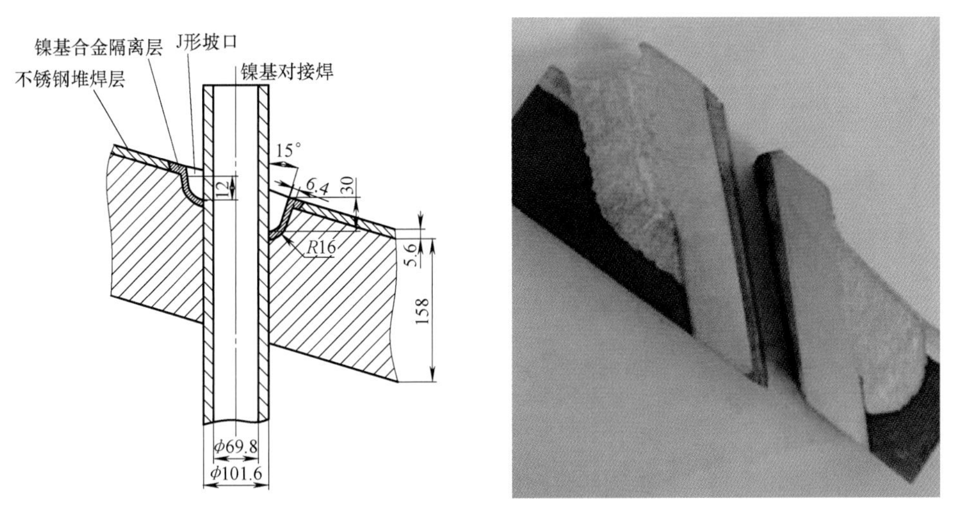

图 12-20 贯穿件管座 J 形接头

图 12-21）和压水堆稳压器电加热元件套管与电加热元件连接件的焊接。

高温气冷堆蒸汽发生器换热管材料包括 SA-213 T22（T22）和 SB-163 UNS N08810（800H），对接焊接接头包括 800H+800H、800H+T22 和 T22+T22 三种。因对管内介质流量要求严格，焊接接头成形及性能指标要求极为严格（见表12-7），加之换热管管壁间距小（最小间距为39mm），焊接难度极大。设备制造企业采用熔化环形式，精确控制熔化环尺寸，设计合适的接头形式，并与世界知名焊接设备制造商共同研发了狭小空间专用焊接机头，采用自动TIG焊实现全焊透，焊接接头尺寸控制达到了世界领先水平。

稳压器电加热元件套管与电加热元件连接件焊接同为小尺寸换热管对接焊，但空间尺寸、焊接接头成形要求与高温气冷堆蒸汽发生器换热管对接焊相比都较简单，目前国内各制造企业普遍使用自动TIG焊设备，通过添加熔化环，保证了稳定可靠的焊接质量。

图12-21　高温气冷堆蒸汽发生器换热管对接焊

表12-7　换热管对接焊焊接接头技术要求

检测要求	合　格　标　准
VT	换热管对接焊缝(双侧)不允许有凹陷,内壁凸起不超过换热管表面0.45mm
PT、RT	按ASME III NB检测合格
通球	需通过ϕ12.1mm的球
性能检测	满足ASME IX评定要求外,高温瞬时强度和持久强度不得低于母材

7. 管子管板焊接

对于核岛主设备蒸汽发生器，管子管板焊缝是分隔一次侧和二次侧的重要屏障，其焊接质量直接影响着蒸汽发生器设备的安全稳定运行。

不同堆型蒸汽发生器管板与换热管材质因流体介质和使用温度的不同而存在较大差异，见表12-8。目前国内制造的蒸汽发生器主要采用690镍基合金材料，各制造厂均采用自动GTAW工艺进行焊接（见图12-22），工艺较为成熟，稳定性好；焊接保护气体有100%Ar、95%Ar+5%H_2等，也有企业采用以He为主的保护气体，达到增加熔深以保证最小泄漏通道的目的。

表12-8　蒸汽发生器管板与换热管材质

堆　　型	管板(或堆焊层)材质	换热管材质
AP1000、CAP1400 ACP1000、ACPR1000+	690镍基合金	690镍基合金
CPR1000	600镍基合金	690镍基合金
高温堆	主给水:F22 主蒸汽:800H	主给水:T22 主蒸汽:800H

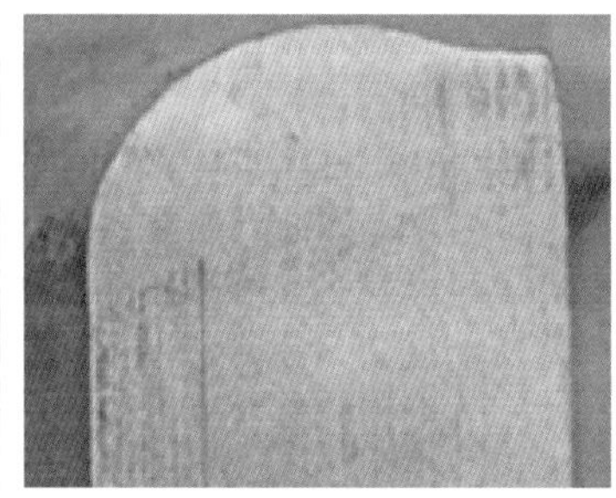

图 12-22　管子管板焊设备及焊缝

8. 水室隔板焊接

蒸汽发生器的下封头由镍基合金板（水室隔板）分隔为两个腔室，该隔板普遍选用 690 镍基合金，与封头不锈钢堆焊层进行焊接。在三回路核电技术中，隔板厚度 62mm，到 AP1000 的二回路核电技术中，隔板厚度增加至 76mm，焊缝长度超过 6m。通过有限元分析结合工程实践，制造企业设计合适的坡口形式，采用分段焊、对称焊以及合理预热的方式，以减小残余应力和变形。图 12-23 所示为水室隔板与下封头焊接等效残余应力结果。焊接过程中应严格控制清洁度，采用专用清洁工具配合吸尘器等设施及时清理焊渣。

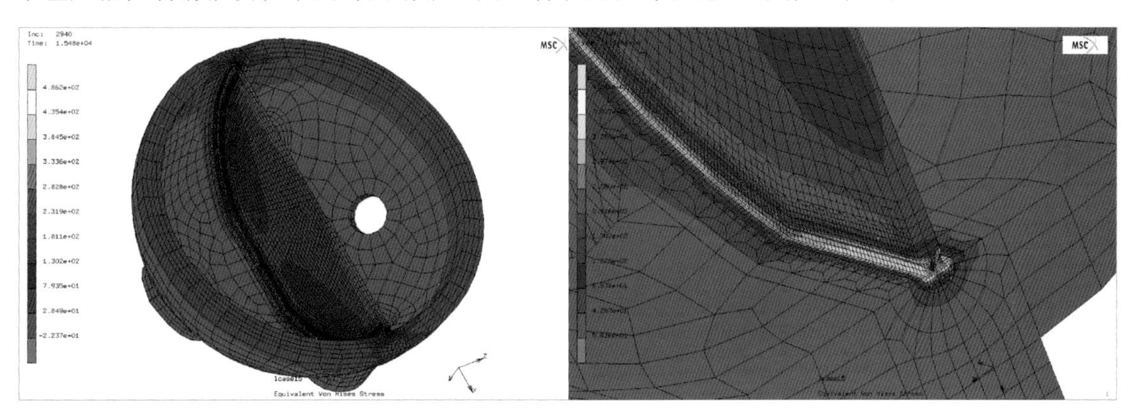

图 12-23　水室隔板与下封头焊接等效残余应力结果

9. 真空电子束焊

控制棒导向筒组件中半方管焊缝（厚度 4~5mm）、双联管焊缝（1~1.5mm）、上部筒体与盖板间的环焊缝、上部筒体与上法兰间环焊缝（厚度 10~13.2mm）一般采用真空电子束焊接。电子束焊属于高能焊，利用高能密集的电子束作为焊接电源，加热集中，热输入小，焊缝质量高。

图 12-24 所示为半方管。由于电子束能量高，焊接熔深大，工件坡口为 I 形。焊接过程在真空室进行，不需要预热，不需要填充材料。

图 12-24　半方管

10. 奥氏体不锈钢框架焊接

不锈钢框架焊接主要是 PRHR 设备支架部分制造，该支架由全奥氏体不锈钢材料（SA-240Type304）焊接而成（见图 12-25）。为控制焊接变形，保证设备尺寸精度，制造企业通过设计专用装焊平台、支撑及锁紧装置等，对支架进行装配和刚性固定后采用对称焊、交替焊、分段退焊等措施，使用较小的焊接工艺参数。焊接方法为手工钨极氩弧焊和焊条电弧焊。

图 12-25　不锈钢框架焊接

不锈钢框架的制造过程应特别注意清洁度的控制，焊接环境不允许存在油污、灰尘等污染源，奥氏体不锈钢表面应防止附着和接触卤化物，不宜直接放置在混凝土地面以及碳钢板上。焊后应及时去除焊渣及焊接飞溅。

11. 通风槽板激光焊接

AP1000 百万核电汽轮发电机通风槽板采用 0.7mm 厚的通风槽片与 2.5mm 宽、3.5mm 高的小型方钢利用专用夹具装配，激光焊接而成，且产品焊接质量及结构尺寸精度要求极高，如图 12-26 所示。

由于电阻焊时熔核尺寸及剪切强度无法满足要求，焊点表面熔塌严重，且通风槽板平面度严重超差，优化采用二氧化碳激光焊接。

经过定位胎具精心设计，采用数控加工控制工件定位精度，合理优化焊接工艺参数及焊接顺序，有效控制焊接输入量等工艺措施，此创新的工艺方法使该部件国产化得以实现，大幅降低了制造成本，焊接质量优良。

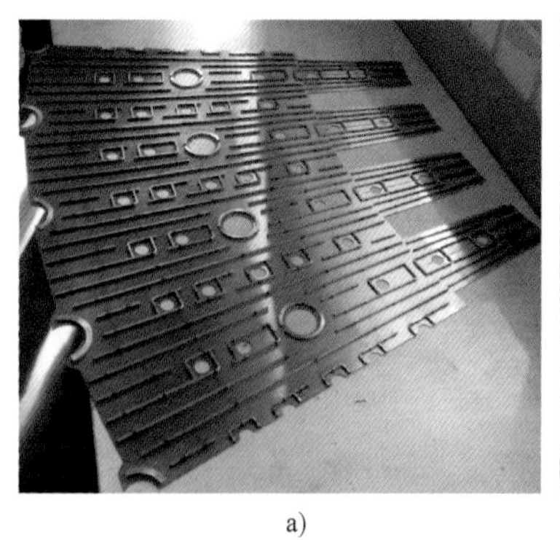

a)

b)

c)

图 12-26　通风槽板激光焊接制造

a）通风槽片　b）通风槽片与小方钢工具定位　c）激光焊接

12. 硅钢板压圈焊接

核电发电机定子压圈采用硅钢板焊接制造，Si 含量约为 2.4%～2.9%（质量分数），焊接性较差，且价格昂贵。

硅钢板主要用于核电机组定子压圈，板厚及拼焊拘束度相对较大，且焊接时多采用多层多道焊，易于产生氢的积累及聚集，不仅容易产生冷裂纹，而且易于出现层状撕裂。通过合理预热、控制热输入的方式，可有效避免焊接冷裂纹，且接头满足产品要求，在实际生产中成功应用。图 12-27 所示为硅钢板焊接接头各部位微观组织。

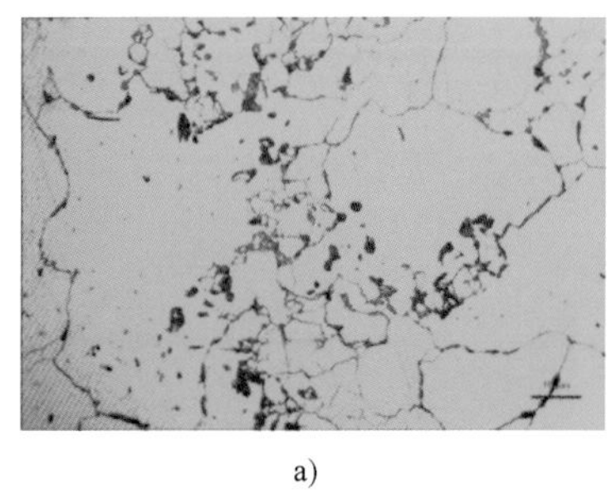

a)

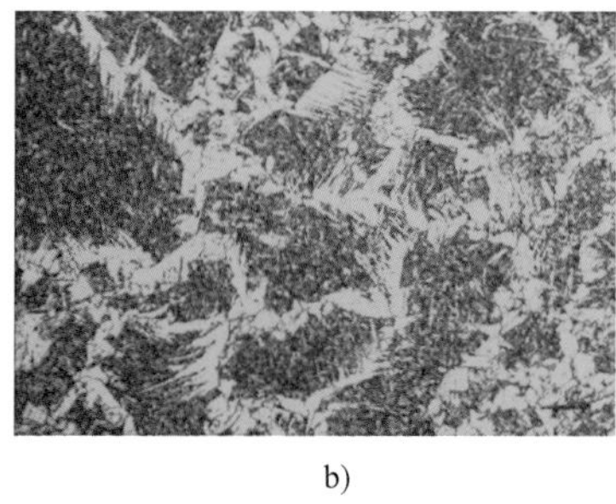

b)

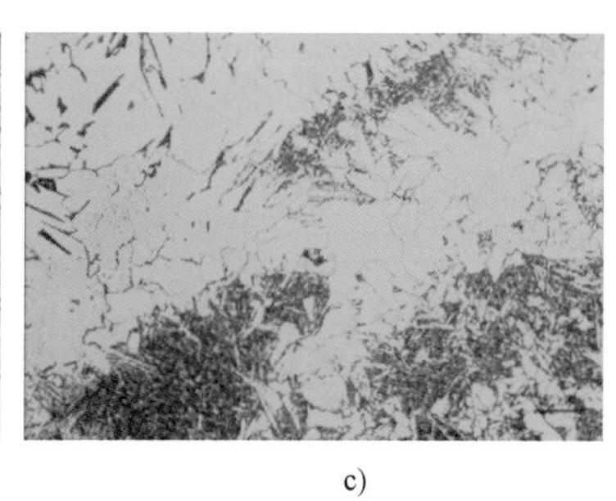

c)

图 12-27　硅钢板焊接接头各部位微观组织

a）母材　b）焊缝　c）热影响区

13. 发电机定子线棒钎焊

AP1000 核电发电机定子线棒为水冷结构，涉及的钎焊工艺过程包括水盒盖-水接头 BAg72Cu 真空钎焊、股线-水盒 BCu80AgP 中频感应钎焊、水盒-水盒盖 BAg56CuZnSn 中频感应钎焊。其局部剖面如图 12-28 所示。

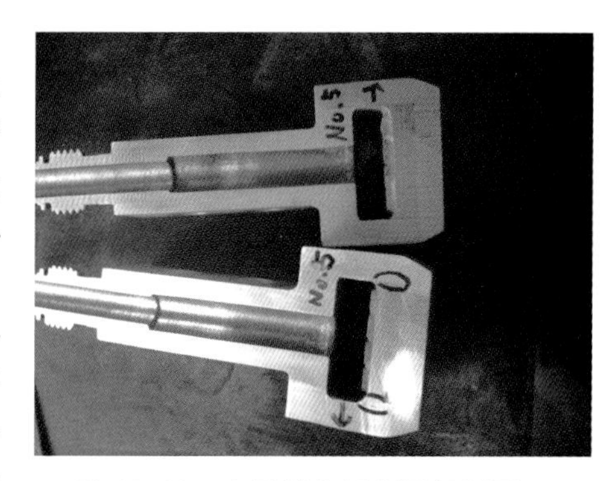

图 12-28　定子线棒钎焊局部剖面

（1）水盒盖与水接头真空钎焊　采用型号为 VH-100PB 的单室内循环风冷真空钎焊炉，主要由真空钎焊炉和真空系统两部分组成。BAg72Cu 钎料的熔点为 779℃，钎焊温度为 770～900℃，这种钎料对不锈钢的润湿能力较差，不锈钢表面必须镀镍，才能取得较好的钎焊效果。钎料形式为 ϕ1.0mm 圆环状，圆环直径与水接头根部焊缝直径相同。钎焊工艺要点：

1）焊前预处理。为了保证钎料在不锈钢表面的润湿性，焊前要对不锈钢水接头的钎焊部位实施电镀镍。焊前要用百洁布及丙酮彻底清除水盒盖和水接头表面的氧化物、油污及其他杂质。

2）严格控制焊接工艺参数，如装配间隙、升降温速度、保温时间及保温温度、冷却出炉温度等。

3）焊后，采用水浸 UT 无损检测方法进行检测，确认钎着率需达到 70%以上。

（2）股线与水盒中频感应钎焊　将所有股线压紧并锯断，清除空心股线断面毛刺，并将铜屑清理干净。将空心股线自端部 12mm 处剪断，并对所有股线进行打磨，打磨范围为距离股线端面 75mm 内。将股线复原，而后将铜屑清理干净，以防止堵塞空心线。在水盒内侧预置钎料片，而后将水盒套入股线端部并后推就位，设置冷却水夹，布设热电偶监控温度，按照拟定的钎焊工艺参数进行中频感应钎焊操作，钎焊操作时，一端通氩气保护。

（3）水盒与水盒盖中频感应钎焊　常规 600MW 及 660MW 汽轮发电机定子线棒水盒-水盒盖钎焊均采用 BCu80AgP 钎料，不需要使用钎剂。百万千瓦级核电定子线棒水盒与水盒盖钎焊需使用 BAg56CuZnSn 钎料，需要配合钎剂使用。钎剂的使用增加了过程控制的难度，加之该焊缝需进行 UT 无损检测，故对该焊缝的钎焊工艺及过程提出了较高的要求。试验证明，钎焊的间隙、钎焊温度控制、填料的速度均为关键工艺参数。线棒钎焊及拉伸试验如图 12-29 所示。

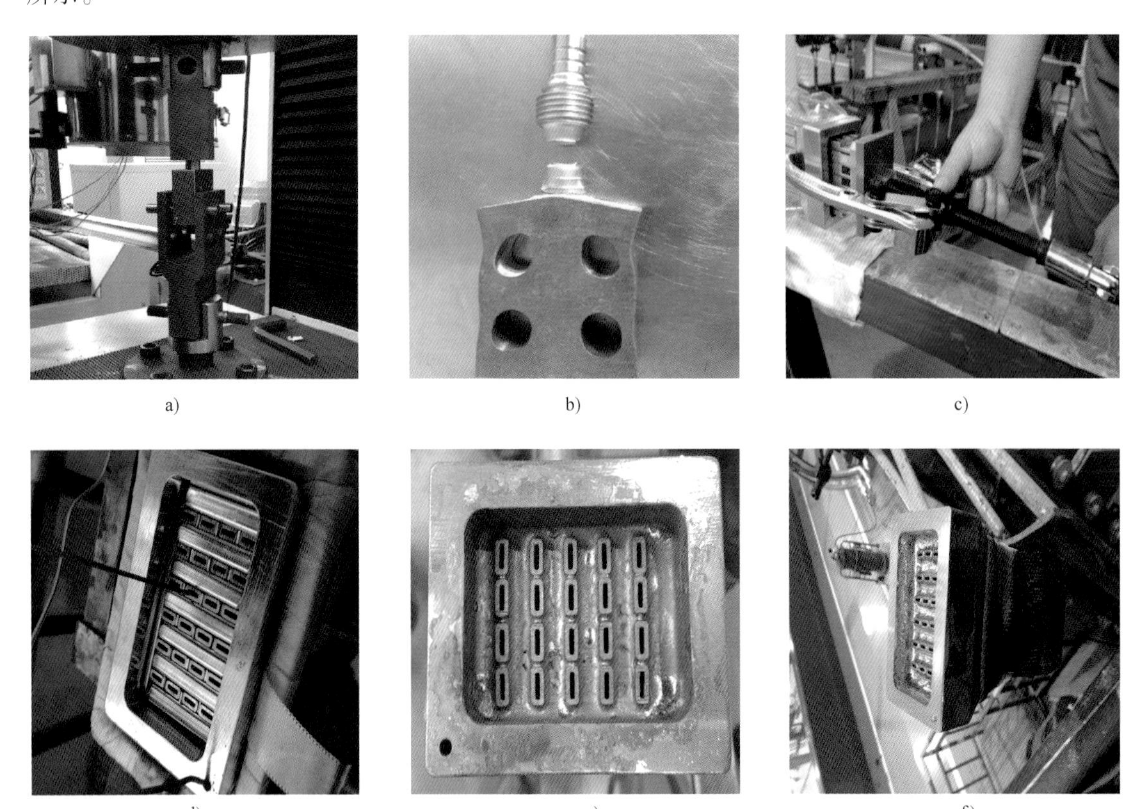

图 12-29 线棒钎焊及拉伸试验

a）、b）定子线棒钎焊接头抗拉强度试验 c）水盒牵引定位

d）装配完成待钎焊 e）、f）股线与水盒中频感应钎焊外观

参考文献

[1] 杨松，李宜男. 锅炉压力容器焊接技术培训教材［M］. 2 版. 北京：机械工业出版社. 2014.

[2] 徐祥久，王莉，杜玉华，等. SA-508Gr. 3Cl. 1 厚板焊接工艺及焊接接头性能研究［J］. 电焊机，2013，43（9）：87-90.

[3] 孙伟，王萍. 超超临界奥氏体钢热丝 TIG 焊水冷焊接工艺研究［J］. 锅炉制造，2013（2）：48-50.

[4] 邹小平，孙玉梅. 热丝 TIG 管管对接焊机在电站锅炉上的应用［J］. 锅炉技术，2012，43（4）：55-58.

[5] 李宜男，杨松，丁冶. 超超临界锅炉用 SA-335P92 钢的焊接工艺性能研究［J］. 焊接，2007（6）：44-46.

[6] 傅育文，王炯祥，卢征然，等. SA-335P92 钢的焊接［J］. 动力工程，2008，28（5）：807-811.

[7] 黄超，徐祥久. 小直径 SA-335P92 钢管细丝埋弧焊工艺及性能［J］. 电焊机，2016，46

(8)：109-113.
[8] 徐祥久，李宜男. 窄间隙热丝 TIG 焊接工艺研究及缺陷分析 [J]. 电焊机，2010，40 (2)：27-29.
[9] 刘自军，潘乾刚. 窄间隙脉冲热丝 TIG 焊在集箱环缝焊接中的应用 [J]. 东方电气评论，2007，21 (1)：35-40.
[10] 武云龙，徐祥久，黄超，等. 集箱短管接头内孔氩弧焊工艺及接头性能 [J]. 机械制造文摘：焊接分册，2015 (4)：35-37.
[11] 李忠杰，姜传海，卢征然，等. 集箱短管接头角焊缝埋弧焊工艺试验研究 [J]. 锅炉技术，2014，45 (1)：58-61.
[12] 蔡东. 马鞍型埋弧焊在集箱大管接头焊接中的应用 [J]. 锅炉制造，2014 (1)：42-43.
[13] 邱瑞斌. MPM 焊接飞溅的影响因素及其防止措施 [J]. 电焊机，2013，43 (11)：150-152.
[14] 傅育文，王炯祥，亓安芳，等. 脉冲埋弧焊技术在膜式水冷壁管屏拼接中的试验及应用 [J]. 锅炉技术，2007，38 (1)：56-58.
[15] 闫海滨，魏方锴. 三峡电站右岸水轮发电机转子支架装焊工艺改进 [J]. 大电机技术，2011 (3)：31-32.
[16] 王莉，杜玉华. 无铋不锈钢药芯焊丝堆焊技术在核岛主设备中的应用 [J]. 焊接，2014 (10)：48~50.
[17] 孙国辉，王晓辉. 电磁感应加热在核电蒸汽发生器管板堆焊预热和后热中的应用 [J]. 电焊机，2014，44 (3)：31-34.
[18] 林金平，吴崇志. 窄间隙焊技术在核电建设中的应用 [J]. 电焊机，2011，41 (9)：16-20.
[19] 李汉宏. 核电压力容器 J 型坡口自动焊接 [J]. 电焊机，2010，40 (2)：84-87.
[20] 孙国辉，邹迪婧，谢彦武，等. 镍基 690 合金管子与管板焊接技术 [J]. 动力工程学报，2016，36 (5)：411-415.
[21] 孙国辉，张立德. 水室隔板焊接的数值模拟及工艺措施 [J]. 发电设备，2016，30 (1)：35-39.

第 13 章　重型机械装备制造中的焊接结构与技术

陈清阳　刘献峰

13.1　重型机械装备发展概述

重型机械装备制造是国民经济的基础，承担着为国家经济建设提供各种制造装备和生产工具的重要任务，是国民经济的脊梁。重型机械装备制造行业包括重矿行业和工程机械行业等金属结构生产企业，随着近 20 年国内外经济发展爆发式的需求，重型机械行业的发展取得了长足的进步。焊接结构在产品的设计中逐渐取代铸锻结构，实现了以焊代铸、以焊代锻的飞跃发展，并伴随结构向大型化方向发展、产品向多样化和智能化方向发展的趋势，焊接金属结构的优势必将越来越明显。

重型机械装备产品主要包括起重机械、矿山机械、压力机械、轧钢机械、煤矿机械、工程机械等，广泛用于冶金、铁路、水电、矿山、煤炭、建筑、核电和港口等国民经济支柱产业领域，对中国经济的快速发展起到了决定性的作用。

特别是近年来，“围绕结构调整和发展方式转变，运用高新技术改造提升传统装备制造业”已成为重型机械装备制造行业的发展方向，各企业单位的自主创新能力都有了重大突破，形成了一批具有自主知识产权的国际知名品牌，产品质量和数量有了明显提高，许多产品的技术和质量都达到了国际先进水平。

13.2　重型机械装备的发展

13.2.1　起重机的发展

1. 冶金用铸造起重机

为了适应钢铁行业产能向大型化发展的要求，20 世纪 90 年代中叶，我国与德国合作为宝钢集团有限公司和武汉钢铁（集团）公司生产制造了 450t 冶金铸造起重机，产品使用的钢板为欧洲进口的 St355；经过多年的应用、完善和创新，从 2003—2011 年，自主开发了适应中国市场需要的具有知识产权的 450t、480t 和 500t 冶金系列铸造起重机，并出口至韩国浦项制铁公司，2015 年又为宝钢湛江钢铁有限公司设计制造了迄今为止世界上最大的 520t 冶金铸造起重机，如图 13-1～图 13-6 所示。产品属于钢结构类型，使用的主体钢板为国产 Q345 系列，焊接主要以富氩气体保护焊和埋弧焊为主。

图 13-1　1996 年为宝钢有限集团公司、武汉钢铁（集团）公司制造的 450/80t 冶金铸造起重机

2. 水电站用起重机

水电站用起重机分为桥式起重机和门式起重机。水电站用桥式起重机主要用于电站

设备的安装和维修；水电站用门式起重机主要用于吊运和启闭闸门，也可进行安装和维修作业。随着近20年来，国家大力建设水利工程，长江、金沙江、澜沧江等水利工程的大力建设，带动了水电站桥、门式起重机向大型化发展，举世瞩目的长江三峡水利枢纽工程中，应用了当时全世界单钩最大起重量为1200t的桥式起重机。目前水电站用桥式起重机单钩最大起重量为1300t，坝顶门式起重机最大起重量为800t。该类产品全部属于钢结构类型，使用的主体材料是Q345系列，焊接方法以气体保护焊和埋弧焊为主，具体产品如图13-7~图13-17所示。

图13-2　2003年为宝钢有限集团公司自主设计制造的450/80t冶金铸造起重机

图13-3　2006年为马钢（集团）控股有限公司制造的480/100t冶金铸造起重机

图13-4　2009年为韩国浦项制铁公司制造的480/100t冶金铸造起重机

图13-5　2011年为马钢（集团）控股有限公司制造的500/100t冶金铸造起重机

图13-6　2014年为宝钢湛江钢铁有限公司制造的世界上最大的520t冶金铸造起重机

图13-7　1995年为宝珠寺水电站制造的300/80/10t桥式起重机

图 13-8　1997 年为天生桥水电站制造的 420t+420t 双小车桥式起重机

图 13-9　2004 年为龙滩水电站制造的 500t+500t 双小车桥式起重机

图 13-10　2000 年为三峡水电站制造的 1200t 桥式起重机

图 13-11　2015 年为乌东德水电站制造的世界上最大的 1300t 桥式起重机的联合验收

图 13-12　1995 年为宝珠寺水电站制造的 400t+400t 坝顶门式起重机

图 13-13　1997 年为二滩水电站制造的 500t 双向门式起重机

图 13-14　2002 年为三峡水电站制造的 500t 门式起重机集群

图 13-15　2011 年为锦屏水电站制造的 320t 双向坝顶门式起重机

图 13-16　2013 年为金沙江溪洛渡水电站制造的 800t 双向坝顶门式起重机

图 13-17　2013 年为锦屏水电站制造的 630t 双向坝顶门式起重机

3. 港口起重机

港口起重机主要用于港口的货物搬运、集装箱吊装等操作，常见的港口起重机包括：移动式门座起重机、固定式门座起重机、船用起重机/浮式起重机和岸桥等。我国港口门座起重机经过70多年和集装箱起重机经过50多年的努力发展，特别是近20多年的快速发展，已逐渐成为制造大国，以适应向大型化、国际化、集群化发展的需求。目前世界上最大的港口移动式门座起重机是营口港的600t门座起重机，最大的固定式回转门座起重机是泰山造船厂使用的1900/2000t回转门座起重机，最先进的岸边集装箱起重机是自主创新的一次可以起吊三只40ft集装箱的岸桥。该类产品属于钢结构类型，使用的主体材料是Q345系列，焊接方法以气体保护焊和埋弧焊为主，具体产品如图13-18~图13-41所示。

图13-18　1996年为锦州港制造的16t门座起重机

图13-19　2003年为大重临港基地制造的260t门座起重机

图13-20　2005年为董家口港制造的40t门座起重机

图13-21　2008年为罗源湾码头制造的40t门座起重机

图 13-22　2008 年为营口港制造的 350t 门座起重机

图 13-23　2009 年为黄骅港制造的 40t 门座起重机集群

图 13-24　2013 年为营口港制造的 600t 门座起重机

图 13-25　2015 年为马来西亚制造的 SMQG4006 门座起重机

图 13-26　2000 年为烟台中集来福士海洋工程有限公司制造的 1900/2000t 固定式回转门座起重机

图 13-27　2010 年为武汉港务集团有限公司金口码头制造的 500t 固定式回转门座起重机

图 13-28　2005 年为重庆国际集装箱码头有限责任公司制造的 50t-60m 轨道式集装箱门式起重机

图 13-29　2010 年为长沙集星港制造的 35t 轨道式集装箱门式起重机

图 13-30　2014 年为泰国港务局制造的 35t-17.25m 轮胎式集装箱门式起重机

图 13-31　2015 年为丹东港制造的 SRTG5501 轮胎式集装箱门式起重机

图 13-32　2004 年为伊朗制造的 45t 岸桥

图 13-33　2004 年为德国汉堡港制造的双小车超巴拿马型岸桥

图 13-34　2006 年为青岛港制造的双 40ft 双小车岸桥

图 13-35　2007 年为新加坡制造的自主创新的一次可吊三只 40ft 集装箱的岸桥

图 13-36　2008 年为天津港制造的最大起重量为 65t 的岸桥

图 13-37　2011 年为印度尼西亚制造的最大起重量为 61t 的岸桥

图 13-38　2012 年为广州建翔码头有限公司制造的起重量为 50t 的 STS5001 岸桥

图 13-39　2014 年为香港国际货柜码头制造的起重量为 45t 的 STS4101 岸桥

图 13-40　2015 年为湛江港制造的 65t-65m 岸桥

图 13-41　2016 年为沙特延布制造的 STS6001 岸桥

4. 核电环形起重机

面对新的历史使命，核电产业的钢结构制造（包括材料）通过引进、消化、吸收和创新，逐步实现了核电关键设备的国产自主制造。核电关键设备之一的环形起重机，是用于核电环岛内设备安装和机组大修的关键设备，经过十余年的不断创新，已基本实现国产化制造，如为秦山核电站二期扩建而自主设计制造的第一台 190t+190t 环形起重机；为连云港田湾核电站制造的 360t 环形起重机是目前国际上运行小车起重量最大、功能最多、安全措施最齐全的环行起重机；为海阳核电站制造的在桥架下具有 726t 承载能力的核电环形起重机，是目前国际上承载能力最大的 AP1000 核电环形起重机。该类钢结构主体材料是 Q345，焊接主要采用气体保护焊和埋弧焊。产品具体如图 13-42～图 13-46 所示。

图 13-42　2007 年为秦山核电站制造的 190t+190t/20t+5t 环形起重机

图 13-43　2007 年为岭澳核电站制造的最大起吊重量 407t 的环形起重机

图 13-44　2011 年为台山核电站制造的国内首台最大起重量为 320t 的第三代 EPR 环形起重机

图 13-45　2014 年为田湾核电站制造的目前国际上最先进的 360t 环形起重机

5. 大型履带式起重机

履带式起重机是一种可以进行物料起重、运输、装卸和安装等作业的自行式起重机。因履带接地面积大，通过性好，适应性强，可带载行走，广泛适用于建筑、核电、水利水电、石油化工及风电等行业的吊装作业。进入 21 世纪以来，我国经济的突飞猛进，高层建筑、风电、核电等行业的快速发展，推动了我国 500t 以上大型履带式起重机研发制造的步伐，到目前为止，我国制造的具有自主知识产权的最大的履带式起重机是 XGC88000 履带式起重机，其最大起重力矩 88000t · m，是目前国际上起重能力最大的起重机。该类钢结构材料主要以 60kg 级及以上的低合金高强度钢为主，焊接难度大，焊接方法以富氩气体保护焊和埋弧焊为主。具体见图 13-47 ~ 图 13-54。

图 13-46　2012 年为海阳核电站制造的国内首台桥架下承载能力为 726t 的 AP1000 环形起重机

图 13-47　2006 年制造的 400t SCC4000 履带式起重机在浙江火电宁海施工现场

图 13-48　2006 年制造的 600t QUY600 履带式起重机参与福清核电站的建设

图 13-49　2007 年制造的 900t SCC9000 履带式起重机在福建宁德核电站吊装核电机组穹顶

图 13-50　2010 年制造的 1250t QUY1250 履带式起重机下线

图 13-51　2011 年制造的 3200t ZCC3200NP 大吨位的履带式起重机下线

图 13-52　2011 年制造的 3600t SCC86000TM 大吨位的履带式起重机下线

图 13-53　2012 年制造的 4000t XGC88000 履带式起重机在吊装化工容器

图 13-54　2013 年制造的 1250t XGC16000 履带式起重机吊装风电设备

6. 其他专用起重机

在冶金、港口、能源及化工等行业还有一些为特殊工序制造的专用起重机，包括为18500t 大型锻压设备锻造配套使用的锻造起重机；大型化工容器安装使用的专用起重机；港口使用的大型造船门式起重机以及海上作业使用的大型浮吊等，具体如图 13-55~图 13-59 所示。

图 13-55　2007 年为中信重工机械股份有限公司制造的国内最大的 550t 锻造起重机

图 13-56　2013 年为中化二建集团有限公司制造的 6400t 液压复式起重机

图 13-57　2011 年为熔盛重工有限公司制造的最大起重量为 1600t 的世界最大造船门式起重机

图 13-58　2013 年制造的起重能力世界第一的 7500t 全回转巨型浮吊船

图 13-59　2008 年自主研发的起重能力世界第一的 8000t 非旋转双臂架浮吊

13.2.2　大型矿用挖掘机的发展

大型矿用挖掘机的研制，经历了引进国外先进技术合作制造、完全自主创新等几个阶段，走出了一条大型露天矿设备国产化的新路子。自 1961 年引进苏联挖掘机，成功制造了我国第一台 $4m^3$ 挖掘机后，在 1995 年以后随着合资企业的建立，挖掘机市场取得了较大的发展。在进入 21 世纪后，紧随中国经济的快速发展，国内自主研发的系列大型挖掘机取得了突飞猛进的大发展，先后自主开发研制出了世界上最大的机械式 $75m^3$ WK-75 履带式挖掘机和最大的 XE4000 超大型液压履带式挖掘机，并在实际使用中取得了显著的效益。该类产品钢结构材料主要以 Q345 系列和 A633D 为主，焊接以气体保护焊和埋弧焊为主。产品具体如图 13-60～图 13-67 所示。

图 13-60　1994 年制造的 WK-10B 在矿山工作情况

图 13-61　2005 年为神华准格尔能源有限责任公司制造的我国第一台 WK-20 大型矿用挖掘机

13.2.3　架桥机的发展

架桥机就是将预制好的梁片放置到预制好的桥墩上去的设备。架桥机一般分为公路架桥机、铁路架桥机和公铁两用架桥机。我国铁路架桥机的制造最早始于 1948 年的 80t 板梁式双悬臂架桥机和 1953 年制造的 65t 构架式双悬臂架桥机，在 20 世纪 70 年代至 90 年代又陆续开发制造了 160t 和 300t 两种类型的双梁架桥机；我国的公路架桥机起步于 20 世纪 80 年代末生产制造的双桁梁 3 支点架 JQJ-A 型架桥机。随着我国高速铁路和高速公路的建设力度加大，特别是近十年来，架桥机的自主研发也得以加快，陆续开发出了 450t 以上的大型架桥机，目前

图 13-62　2007 年为神华准格尔能源有限责任公司制造的我国第一台 WK-35 大型矿用挖掘机

图 13-63　2008 年为平朔安家岭露天煤矿制造的我国第一台 WK-55 矿用挖掘机

图 13-64　2012 年为锡林浩特矿业有限公司制造的世界最大的 WK-75 型矿用挖掘机

图 13-65　2012 年自主制造的 ZE3000ELS 液压履带式挖掘机下线

图 13-66　2014 年制造的 XE4000 是国内最大吨位最先进的超大型液压履带式挖掘机

图 13-67　2014 年制造的 WYD390 液压履带式挖掘机下线

国内最大的架桥机是为建设科威特跨海大桥生产制造的最大载荷为 2250t 的 SDI1800 架桥机。国内生产制造的最大的公路架桥机是为国外制造的 TLJ1700 步履式架桥机。此类产品钢结构主体材料为 Q345 系列及 Q390 和 Q460 等。产品具体如图 13-68～图 13-75 所示。

图 13-68　1997 年通过部级验收的 JQ160 型架桥机曾服役在京九、朔黄和宇松等工程

图 13-69　2003 年制造的 JQ140G 型架桥机服役于国家重点工程青藏铁路线

图 13-70　2006 年制造的 JQ900A 型架桥机在国家重点工程合宁客运专线中铁二局工地

图 13-71　2007 年制造的 HJ900A 型架桥机曾服役于石太、京沪、兰新客运专线

图 13-72　2012 年制造的 DYJ900 型运架一体机服役于沪昆客运专线贵州段

图 13-73　2014 年制造的 SPJ900 型架桥机服役于太原至青岛客运专线

图 13-74　2014 年制造的世界上最大的 SDI1800 架桥机用于科威特跨海大桥的建设

图 13-75　2015 年为国外制造的 TLJ1700 型步履式公路架桥机

13.2.4　盾构机的发展

盾构隧道掘进机简称盾构机，是一种隧道掘进的专用工程机械，现代盾构机集光、机、电、液、传感、信息技术于一体，具有开挖切削土体、输送土碴、拼装隧道衬砌、测量导向纠偏等功能，涉及地质、土木、机械、力学、液压、电气、控制、测量等多门学科技术，而且要按照不同的地质进行“量体裁衣”式的设计制造，可靠性要求极高。盾构机已广泛用于地铁、铁路、公路、市政、水电等隧道工程。我国制造盾构机的历史已有 20 多年，经历了合作制造和自主创新，完全掌握了盾构机的核心制造技术。2008 年 4 月，中国第一台自主研发的复合式盾构机“中铁一号”下线，这标志着我国盾构机的研发制造实现了从关键技术突破到整机制造的跨越。到目前为止，制造了具有自主知识产权的横断面为 11.83m×7.27m 的世界最大矩形盾构机；制造了全球首台马蹄形盾构机，标志着世界异形隧道掘进机研制技术迈向新阶段；制造的直径 14.1m 的土压平衡盾构机是目前亚洲最大的土压平衡盾构机；合作制造的直径为 15.76m 的盾构机是世界第三大盾构机。此类产品钢结构主要采用 Q345 系列材料，焊接以气体保护焊和埋弧焊为主。具体产品见图 13-76~图 13-86。

图 13-76　2008 年制造的首台具有完全自主知识产权的“中国中铁 1 号”复合式盾构机

图 13-77　2010 年为兰渝铁路西秦岭隧道制造的直径为 10.23m 的全断面硬岩掘进机

图 13-78　2011 年制造的直径为 14.93m 的超大型泥水气压平衡复合式隧道掘进机

图 13-79　2013 年为郑州地铁建设自主制造的横断面为 10.122m×7.27m 的矩形盾构机

图 13-80　2015 年自主研发制造的直径为 8.8m 的铁路大直径盾构机在长沙下线

图 13-81　2015 年为武汉第三条越江隧道合作制造的直径为 15.76m 的世界第三大盾构机

图 13-82　2015 年为香港莲塘隧道制造的直径为 14.1m 的土压平衡盾构机

图 13-83　2015 年为兰州水源地项目制造的具有自主知识产权的国内首台双护盾硬岩盾构机

图 13-84　2015 年为宁波制造的世界最大断面类矩形土压平衡盾构机“阳明号”

图 13-85　2016 年为武汉地铁越江隧道制造的国内直径最大单洞双线地铁盾构机“楚天号”

图 13-86　2016 年为蒙华铁路专线自主研发的全球首台马蹄形盾构机

13.3　重型机械装备制造中材料的发展

13.3.1　钢结构新材料的研发

我国结构钢的发展与重型机械装备的大型化发展密切相关，经历了碳素结构钢和低合金高强度结构钢向高强度结构用调质钢的发展过程。特别是大型履带式起重机和煤机等产品向大型化发展，使得产品在保证结构强度满足使用工况的基础上，还需要控制产品的重量，因而也就促使了高强度结构用调质钢的不断开发应用。目前我国已研发出 1000MPa 及以下的高强度结构用调质钢并应用于产品中。

起重机、架桥机和盾构机等产品的主体材料，由旧标准的 A3 和 16Mn 变更为新标准的 Q235B 和 Q345B；核电环形起重机等要求低温冲击性能的产品中重要结构件材料基本使用 Q345C 或 Q345D。

矿山大型挖掘机、履带式起重机等钢结构使用的主要材料包括 Q345（D）E、A633D、Q460E、Q620E、Q690E、Q890E 和 Q960E 以及屈服强度 1000MPa 及以上的材料。

钢结构产品常用材料的力学性能见表 13-1、表 13-2。

13.3.2　焊接材料的研发

1. 埋弧焊用焊接材料的研发

结构钢焊接材料的选用一般按照等强匹配的原则进行，同时要考虑塑韧性指标的特殊要求。相同焊丝与不同焊剂的组合决定着焊接接头力学性能的不同，所以正确合理地选用焊丝与焊剂的匹配，按合适的工艺规范进行操作，是保证产品质量的前提。例如以前通常采用 Q345B 钢埋弧焊 H08MnA+HJ431 组合，随着产品对低温冲击吸收能量要求的提高，原来的组合已不能满足焊缝接头性能的低温冲击要求，必须选用 Q345C、Q345D 或 Q345E 等钢板材料，配合工艺使用 H08MnA+SJ101 组合才能满足要求。新型低合金高强度钢埋弧焊用焊接材料的化学成分和力学性能见表 13-3、表 13-4。

表 13-1　低合金高强度结构钢

牌号	力学性能									
	屈服强度 R_{eL}/MPa 不小于					抗拉强度 R_m/MPa 不小于	断后伸长率 A(%) 不小于			冲击吸收能量（纵向）KV_2/J
	厚度/mm					厚度/mm	厚度/mm			
	≤16	>16~40	>40~63	>63~80	>80~100	≤100	≤40	>40~63	>63~100	
Q345B	345	335	325	315	305	470~630	20	19		≥34(20℃)
Q345C							21	20		≥34(0℃)
Q345D										≥34(−20℃)
Q345E										≥34(−40℃)
Q460D	460	440	420	400		550~720	17	16		≥34(−20℃)
Q460E										≥34(−40℃)
Q690E	690	670	660	640	—	770~940（厚度≤40）	14			≥31(−40℃)

表 13-2　高强度结构用调质钢

牌　号	力学性能							
	上屈服强度 R_{eU}/MPa 不小于			抗拉强度 R_m/MPa 不小于			断后伸长率 A(%) 不小于	冲击吸收能量（纵向）KV_2/J 试验温度（−40℃）
	厚度/mm			厚度/mm				
	≤50	>50~100	>100~150	≤50	>50~100	>100~150		
Q460D/E	460	440	400	550~720		500~670	17	34
Q690E	690	650	630	770~940	760~930	710~900	14	34
Q890E	890	830	—	940~1100	880~1100	—	11	27
Q960E	960	—	—	980~1150	—	—	10	27

表 13-3　常用低合金高强度钢埋弧焊焊丝化学成分（%）

焊丝牌号	C	Si	Mn	Cr	Ni	Cu	Mo	Ti	P	S
H08MnA	≤0.10	≤0.07	0.80~1.10	≤0.20	≤0.30	≤0.20	—	—	≤0.030	≤0.030
H10Mn2	≤0.12	≤0.07	1.50~1.90	≤0.20	≤0.30	≤0.20	—	—	≤0.035	≤0.035
H08MnMoA	≤0.10	≤0.25	1.20~1.60	≤0.20	≤0.30	≤0.20	0.30~0.50	0.15	≤0.030	≤0.030
H08Mn2MoA	0.06~0.11	≤0.25	1.60~1.90	≤0.20	≤0.30	≤0.20	0.50~0.70	0.15	≤0.030	≤0.030

2. 气体保护焊用焊接材料的研发

气体保护焊适用于所有的钢结构产品，其焊丝在国内推广之初是以 50kg 级系列焊丝为主，目前 ER50-6 焊丝得到了广泛的应用。随着高强度调质钢的研发和推广应用，我国焊材生产厂家也逐步研发出了与 Q460、Q620、Q690 和 Q890 高强度调质钢匹配的焊丝，Q960 级别以上的焊丝尚未大规模推广应用，具体见表 13-5、表 13-6。

表 13-4　常用低合金高强度钢埋弧焊熔敷金属力学性能

焊剂牌号	配合焊丝	熔敷金属力学性能			
		R_{eL}/MPa	R_m/MPa	A(%)	KV_2/J -20℃
SJ101	H08MnA	≥330	415~550	≥22	≥27
	典型值	370	470	30	120(焊态)
	H10Mn2	≥400	480~650	≥22	≥27
	典型值	430	525	30	120(焊态)
	H08MnMoA	≥470	550~700	≥20	≥27
	典型值	560	650	24	85(焊态)
	H08Mn2MoA	≥540	620~760	≥16	≥27
	典型值	600	690	23	70(焊态)

表 13-5　高强度调质钢气体保护焊实心焊丝化学成分

母材名称	焊丝牌号	焊丝化学成分(%)										
		C	Si	Mn	P	S	Cr	Ni	Cu	Mo	Ti	V
Q460D	CHW-60C	≤0.10	0.40~0.80	1.60~2.00	≤0.025	≤0.020	≤0.30	≤0.30	≤0.50	≤0.50	≤0.30	—
Q460E	CHW-55C1	≤0.12	0.40~0.80	≤1.25	≤0.025	≤0.025	≤0.15	0.80~1.10	≤0.50	≤0.35	—	≤0.50
Q690E	GQA-1	≤0.12	0.40~0.70	1.30~1.80	≤0.015	≤0.018	—	1.20~1.60	—	0.20~0.30	—	—
	CHW-80CF	≤0.12	0.30~0.80	1.40~2.00	≤0.015	≤0.015	0.10~0.50	1.80~3.00	≤0.35	0.30~0.80	—	—
Q890E	HS-90	≤0.12	0.60~0.90	1.60~2.10	≤0.015	≤0.018	—	1.80~2.30	—	0.45~0.70	—	—
	CHW-95C	≤0.15	0.40~0.90	1.50~2.20	≤0.015	≤0.015	0.10~0.65	2.00~4.00	≤0.35	0.40~0.85	—	—

表 13-6　高强度调质钢气体保护焊实心焊丝熔敷金属力学性能

母材名称	焊丝牌号	熔敷金属力学性能			
		R_{El}/MPa	R_m/MPa	A(%)	KV_2/J -40℃
Q460D	CHW-60C	≥470	≥550	≥20	≥27(-30℃)
		533	625	21	76(-30℃)
Q460E	CHW-55C1	≥470	≥550	≥24	≥34
		500	600	26.5	93
Q690E	GQA-1	≥690	770~940	≥17	≥47
		782	850	17.0	55
	CHW-80CF	≥690	780~940	≥18	≥69
		762	831	21.0	94
Q890E	HS-90	≥890	940~1180	≥15	≥47
		933	992	19.0	65
	CHW-95C	≥890	≥940	≥14	≥27
		890	957	18.5	81

13.4 重型机械装备制造中焊接新设备的应用

面对国家“十三五”规划和《中国制造 2025》关于装备制造业发展规划的要求，国有大型企业和一些有竞争实力的民营企业都在加紧自主创新的步伐，开发大型化、自动化程度高的具有国际竞争力的产品，以使企业能够在激烈竞争的环境中不断发展。好的产品需要先进的制造技术来保证，作为先进制造技术之一的焊接，只有不断按照产品的质量需求，推广应用新技术、新装备才能不断提高焊接质量水平，使得焊接技术不断向自动化程度高、质量水平优异的可持续、绿色环保方向发展。

13.4.1 焊接备料装备的应用

好的钢结构产品制造质量，首先要从钢结构的备料开始，产品零件的制造精度决定了产品装配和焊接的最终质量。因此，为了提高钢结构产品的制造质量，焊接装备制造厂家为了更好地适应市场的要求，加大了数控切割设备的开发力度，推出了异型零件切割专机；推出了新一代的精细等离子数控切割设备、激光切割设备、水射流切割设备和机器人切割等自动化程度高的装备，并具备了激光跟踪和一次切割坡口的能力，零件切割精度高达±0.2mm，对于薄板类精密切割甚至可达到±0.02mm。

1. 异形零件切割专机

包括马鞍形切割机、相贯线切割机和曲面切割机等。其中曲面板坡口切割机器人采用了非接触自动测量曲面钢板压制精度的技术，还可以自动跟踪曲面钢板切割时的热变形实现自动切割，进而保证零件的互换性，本产品成功应用于中国第三代核电站 AP1000 钢制安全壳大型椭球封头板的测量、划线及坡口精确切割；磁力爬行视觉跟踪切割机器人采用了轮式磁力爬行方式、并带有转弯功能，可无线遥控，能够完成在钢板上弧线行走，具有自动跟踪坡口划线位置，双枪切割直接切出双面坡口的功能。具体产品如图 13-87 所示。

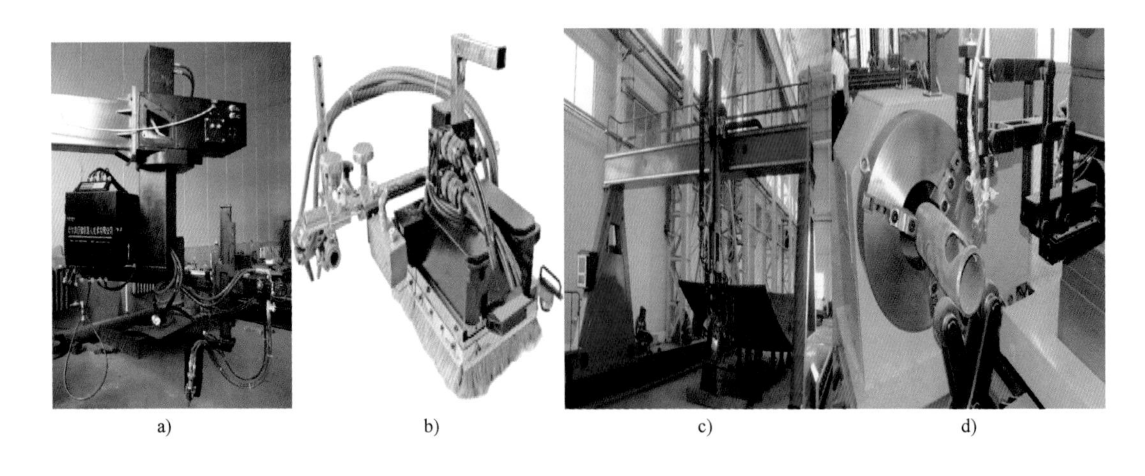

a) b) c) d)

图 13-87 异形零件切割专机

a）悬挂式马鞍形数控开孔机 b）磁力爬行视觉跟踪切割机器人

c）曲面板坡口切割机器人 d）相贯线切割机

2. 数控切割设备

包括数控精细等离子切割机、数控激光切割机、数控水射流切割机等。这些设备具有能提高材料利用率、切割速度快、零件热变形小及坡口一次切割等特点，能极大地提高零件质量与生产加工效率。具体产品如图 13-88～图 13-90 所示。

图 13-88　数控精细等离子切割机及切割的零件

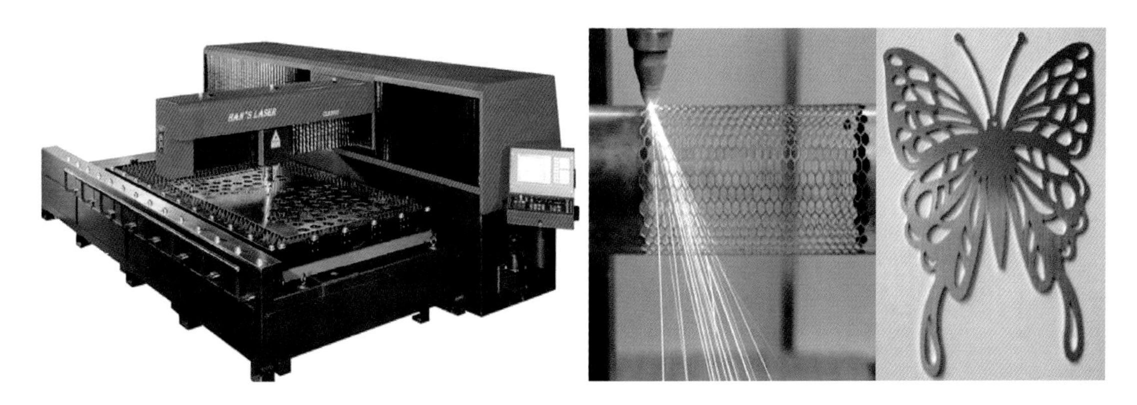

图 13-89　数控激光切割机及切割的零件

图 13-90　数控水射流切割机及切割的零件

13.4.2　焊接新设备的推广应用

钢结构产品的焊接质量，除了要求焊接操作工具有较高的焊接技能外，更重要的是需要有先进的自动化设备作为保障，它不仅能减轻焊接操作工的劳动强度、改善劳动环境、提高劳动效率，还能极大地保证产品焊接质量的优异性和同一性。在重型机械装备行业，对于单件小批量的大型结构件或小型零件的焊接制造来说，一般推广工序自动化焊接设备；对于批量化焊接制造的小型结构件来说，一般推广机器人焊接自动化制造。产品焊接新设备的使用情况如图 13-91 所示。

1. 龙门直缝自动焊接机

企业根据自身产品的技术要求，研制了龙门直缝自动焊接机，通过实际试用，收到了良好的效果，并通过验收，投入了生产使用。

该套设备采用控制系统与焊接电源一体控制，从而实现了专机动作与焊接过程的无缝连接，可更好地完成引弧及收弧的完美控制，获得理想的焊接质量。控制柜操作面板考虑人性化设计，使专机操作更方便、快捷。该设备主要用于零部件长直纵向焊缝的多枪 CO_2 气体保护焊，可同时对两条焊缝进行焊接，每条焊缝可使用单焊枪或双焊枪施焊，并配有自动焊枪摆动器，焊接效率高，焊缝质量优异，并有效减轻了职工劳动强度，此台设备也可用于单丝或多丝埋弧焊。图 13-91 所示为该套设备的整机结构和生产应用情况。

图 13-91　龙门直缝自动焊接机及生产应用情况

2. 齿轮自动焊接专机

企业为提高企业竞争力，自主开发研制了齿轮自动焊接专机。根据齿轮焊接工艺特点，通过分析齿轮焊接特殊过程控制工艺，使焊接时齿轮施焊位置处于平焊位置，又通过特制的辅助焊接回转机构，实现了焊接的自动化；为保证齿轮焊接时运转平稳，设计采用了双辊轮驱动方式，保证了齿轮的平稳运转，同时驱动旋转采用交流变频器调速，可实现无级调速；为在保证焊缝质量的基础上提高焊接生产效率，在设备横梁端部安装了十字溜板，并增加了焊枪摆动机构，以适应不同直径焊接齿轮、不同焊接尺寸要求的焊接工艺焊接参数的设定。具体如图 13-92 所示。

3. 超大厚度缸体环缝热丝 TIG 焊设备

为确保万吨压机用主油缸（厚度为 500mm）环缝的焊接质量，选用了自动化程度高的热丝 TIG 焊设备。按照工艺评定的要求，在 300mm 厚的试板上进行了工艺评定，实践证明该设备自动化程度高、焊缝质量优异，焊接试验收到了良好的效果。

图 13-92　齿轮自动焊接专机施焊现场

该套设备采用数字脉冲电源，通过控制弧

压实现了侧壁和高度的跟踪，控制精度高，配合十字操作架和回转机构，既可以实现水平方向焊接，又能进行横向焊接。具体如图 13-93 所示。

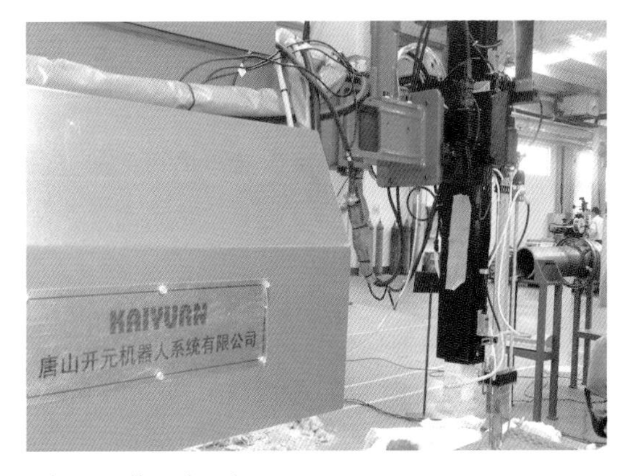

图 13-93　热丝 TIG 焊设备及工艺评定现场

4. 焊接生产机器人工作站

进入 21 世纪后，随着科技水平的迅猛发展，促进了工业制造自动化水平的日益提高，人们对钢结构产品焊接质量的要求也越来越高，自动化生产不但能提高生产效率，保证产品质量，保证产品的一致性，更重要的是适合批量化生产，可降低生产成本，提高企业的综合效益。因此，在重型机械装备行业中批量化生产的工程机械、煤机及化工压力容器等行业产品的生产制造中得到快速推广，并且随着激光视觉跟踪、大型回转机构和专用工装等新技术的不断开发应用，在单件小批量大型结构件的焊接上推广应用机器人也为时不远。机器人在钢结构件焊接上的具体应用如图 13-94~图 13-97 所示。

图 13-94　工程机械车架机器人焊接工作站

图 13-95　工程机械转台机器人焊接工作站

图 13-96　工程机械车架座圈机器人焊接工作站

图 13-97　大型筒体现场施工的气体保护焊药芯焊丝环缝全位置焊接机器人系统

参考文献

[1] 陈清阳. 金属结构行业综述报告［J］. 机械制造文摘：焊接分册，2012（1）：14-22.
[2] 万斌. 高效窄间隙热丝 TIG 焊［J］. 金属加工：热加工，2013（20）：23-24.
[3] 太重系列高强钢焊接性能试验研究研究科研报告［R］. 太原：太原重工股份有限公司. 2015.

第 14 章　油田与管道建设中的焊接技术

曾惠林　王鲁君

14.1　长输管道焊接技术

14.1.1　焊条电弧焊技术

长输管道焊条电弧焊有传统低氢型焊条上向电弧焊、纤维素焊条上向电弧焊、纤维素焊条下向电弧焊和铁粉低氢型焊条下向电弧焊。

传统低氢型焊条上向电弧焊，主要应用于长输管道工程站场小口径钢管、管件的焊接和干线连头与返修填充及盖面焊接中。

纤维素焊条下向电弧焊，主要应用于 X70（L485）钢级及以下长输管道环焊缝的根焊和热焊。纤维素焊条上向电弧焊，主要应用于 X70（L485）钢级及以下长输管道连头及返修焊接中。

铁粉低氢型焊条下向电弧焊，主要应用于小口径和特殊地段长输管道的环焊缝填充焊及盖面焊，与纤维素焊条相比，其脱渣性稍差，操作难度较大。

14.1.2　手工半自动焊技术

1. 表面张力过渡技术

表面张力过渡（Surface Tension Transfer，STT）技术特指熔滴的表面张力过渡技术，它是美国林肯电气公司针对薄壁管焊接而开发研制的一种技术，其熔滴过渡属于短路过渡的一种特殊形式。实现该技术需要一种特殊的焊接电源，该电源是利用逆变焊机的高速可控性，采用波形控制技术而实现的一种新型逆变电源。STT 技术焊接电源电流、电压波形如图 14-1 所示。

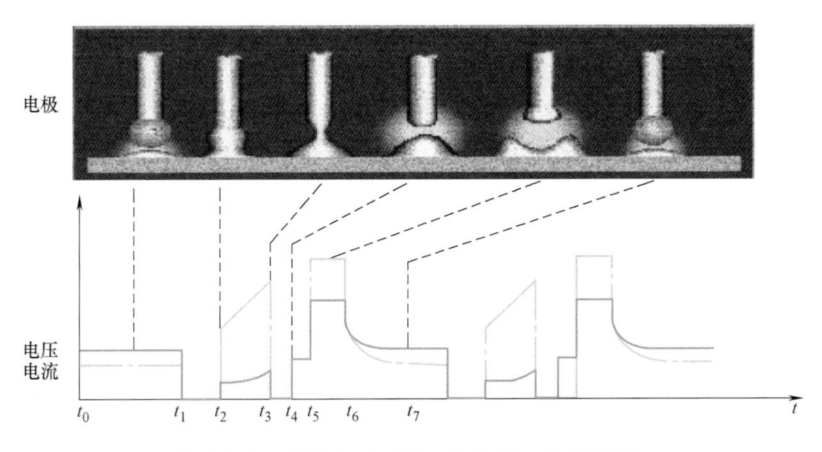

图 14-1　STT 技术焊接电源电流、电压波形

我国在长输管道焊接施工当中，STT 技术主要用于根焊焊接，选用实心焊丝，采用 100% CO_2 或（15%~20%）CO_2+(85%~80%）Ar 作为保护气体。

2. 短弧控制技术

短弧控制（Regulated Metal Deposition，RMD）技术是美国米勒电气公司开发的一种技术，可实现管道焊接所有工艺，且极为适合野外环境下的施工作业。RMD 技术由软件控制，能够对短路过渡做出精确控制。RMD 技术电流波形图如图 14-2 所示。

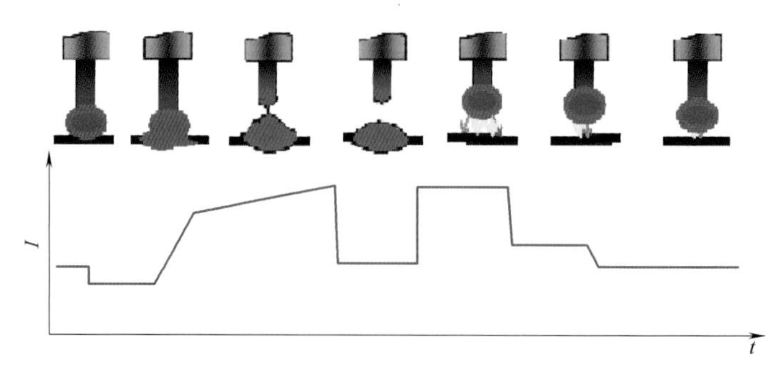

图 14-2　RMD 技术电流波形图

在西气东输二线、三线工程干线管道焊接根焊当中，应用了 RMD 气体保护金属粉芯焊丝半自动焊技术，采用 80%Ar+20%CO_2 作为保护气体。

3. 自保护药芯焊丝半自动焊技术

我国的自保护药芯焊丝半自动焊技术在长输管道建设中的应用是 20 世纪 90 年代逐步引进、发展起来的。自 1996 年在库善线应用成功后，自保护药芯焊丝半自动焊技术在中国管道焊接施工中被广泛地推广使用，如西气东输一线、二线工程，陕京复线，以及中哈原油管道，印度东气西送管道，中亚气管道等国际著名管道工程。多年的使用情况证明，自保护药芯焊丝半自动焊抗风能力强（风速≤8m/s 不使用防风棚）、焊接效率高、焊缝质量好、成形美观，其完成的焊接接头未熔合缺欠的概率几乎为零，其他缺欠也基本不产生，焊口一次合格率在 95%以上。

随着管线钢级的不断提高，自保护药芯焊丝半自动焊焊接接头冲击韧性不足的情况就限制了其使用。而且由于环保标准等级的不同，从 HSE（Health，Safety and Environment）的角度考虑，自保护药芯焊丝焊接时电弧气氛中 HF 浓度较大，欧美一些国家不推荐采用。

14.1.3　管道全位置自动焊技术与装备

1. 长输管道自动焊技术简介

自动焊是指焊接过程借助于设备完成，焊接操作工只起引导作用，对焊接操作工的技能不作过高的要求。长输管道环焊缝全位置自动焊技术的关键在于提高管道施工质量和效率，降低工人劳动强度，同时减少焊接过程对人员技术水平的依赖性。管道自动焊技术具有焊接效率高、焊缝成形美观、工人劳动强度降低等优点。目前，在全球范围内使用的管道自动焊方法有自动埋弧焊、电阻闪光焊、钨极氩弧焊和全位置熔化极气体保护自动焊。目前，在实际管道工程中大量使用的是全位置熔化极气体保护自动焊方法。

2. 长输管道自动焊装备

长输管道自动焊工序如图 14-3 所示。

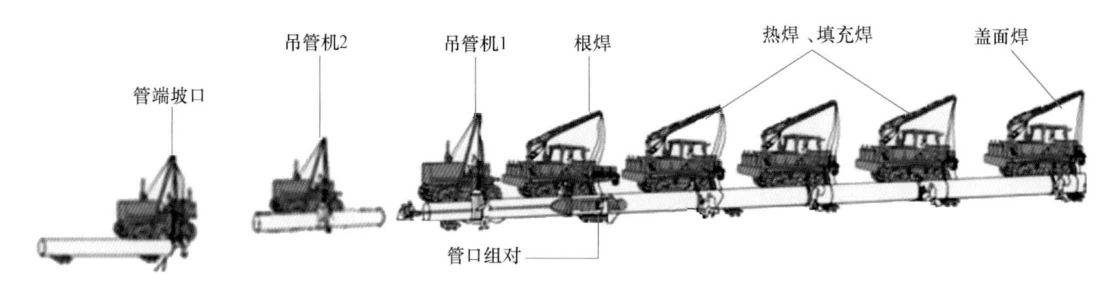

图 14-3　长输管道自动焊工序示意图

长输管道自动焊一般采用实心焊丝（或金属粉芯）气体保护、薄层多道、窄间隙焊接工艺，使用的核心施工装备包括管端坡口整形机、内焊机（带铜衬垫管道气动内对口器）、外焊机等。

（1）管端坡口整形机　管端坡口整形机（以下简称坡口机）主要用于长输油气管道焊接时现场坡口的加工。整机分为主机和液压站两大部分，主机完成定位和切削，液压站提供动力，可加工 V 形、U 形、X 形以及各种复合型坡口，还可对超标管口、损坏管口进行整形加工。主机旋转刀盘上的跟踪仿形机构可确保加工坡口的形状、尺寸、钝边厚度均匀一致。图 14-4 所示为国产坡口机及液压站。

图 14-4　国产坡口机及液压站

在现场施工中，可以采用吊管机运载液压站并吊起坡口机实施坡口加工。也可以经改装，采用吊管机和挖掘机自身的动力源为坡口机提供动力，后者效率更高。国产坡口机现场应用施工图如图 14-5 所示。

图 14-5　国产坡口机现场应用施工图

（2）带铜衬垫管道气动内对口器　带铜衬垫管道气动内对口器（以下简称带铜衬垫内对口器）整机结构与普通气动内对口器一样，采用卧式构架布局形式，由扩胀装置、行走装置、导向保护栏操纵装置、气动系统等部件组成。与普通的气动内对口器唯一的不同点就是，在两排胀靴之间安装了一排随胀靴一起升降的铜衬垫。铜衬垫的材质为铬锆铜，熔点较高（高于 1600℃），起衬托铁水的作用，确保焊缝的背面成形。带铜衬垫内对口器如图 14-6 所示。

图 14-6　带铜衬垫内对口器

（3）管道内环缝自动内焊机　管道内环缝自动内焊机（以下简称内焊机）整机采用卧式长构架结构，主要由胀紧机构、扩胀导向保护装置、焊枪自动定位对中机构、多焊枪同步焊接驱动机构、专用焊接单元、行走及制动机构、气动系统、自动控制系统等组成。6~8 个专用焊接单元（小口径内焊机也可以布局 4 个焊接单元）均匀分布在多焊枪同步焊接驱动机构的旋转滑环上，焊枪自动定位对中机构确保焊接单元的中心与被焊管口处于同一平面。内焊机结构示意图如图 14-7 所示。

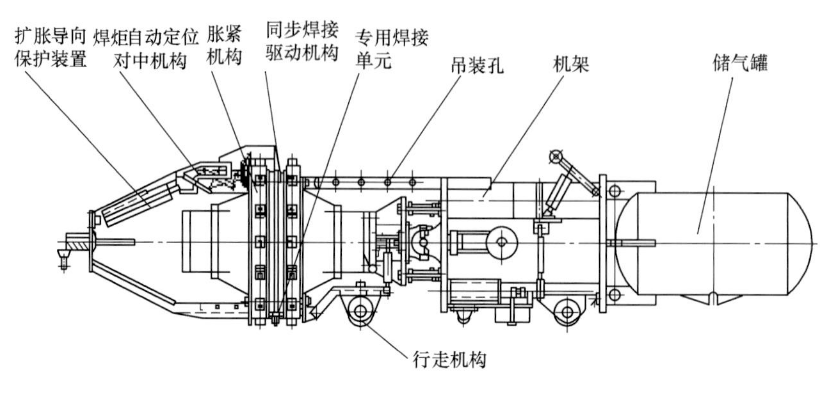

图 14-7　内焊机结构示意图

由于使用实心焊丝气体保护下向焊工艺，焊接时，内焊机（以适应 1219mm 管径为例）单侧焊接单元 1、2、3、4 同时起弧，沿管道内环缝逆时针方向焊接，如图 14-8a 所示。每个焊接单元完成焊接 45°中心角对应的圆弧长度，焊到相应位置时，停止焊接，此时各个焊接单元所处位置如图 14-8b 所示，搭接区长度 10~30mm。之后，焊接单元 5、6、7、8 同时起弧，沿管道右侧的内环缝顺时针方向焊接，焊到相应位置时，停止焊接。此时，管道环焊缝根焊完毕，八个焊接单元重新回到初始位置。国产八焊枪内焊机如图 14-9 所示。

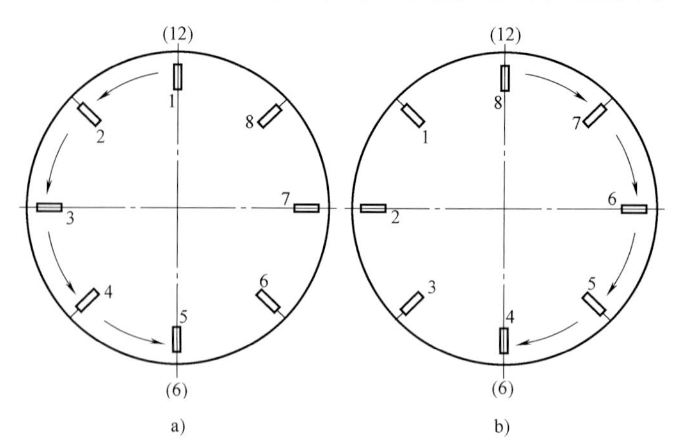

图 14-8　内焊机焊接方式示意图

a）焊接方向　b）停止焊接时各焊接单元所处位置

（4）全位置自动外焊机

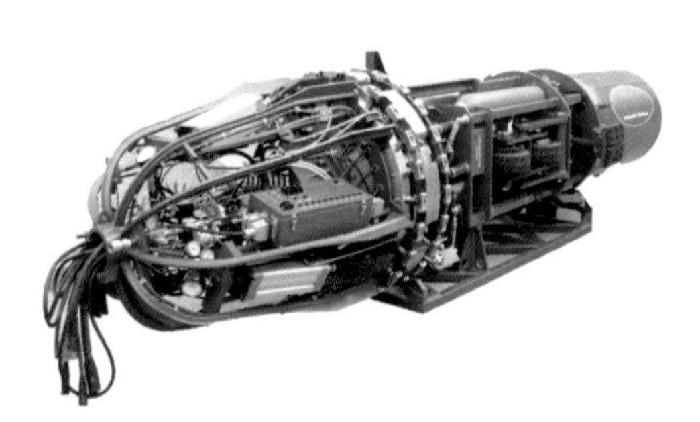

图 14-9　国产八焊枪内焊机

1）单焊枪全位置自动外焊机：由两台各装一支焊枪的焊接小车沿环形轨道从管道的顶部分别相向向下焊接，采用实心焊丝熔化极混合气体保护焊。焊接过程中的参数全部预设在控制系统中，焊接过程由焊接小车在电弧跟踪系统的引导下自动完成。中国石油天然气管道局开发的单焊枪全位置自动外焊机分根焊机和填充盖面焊机两种，如图 14-10 所示。

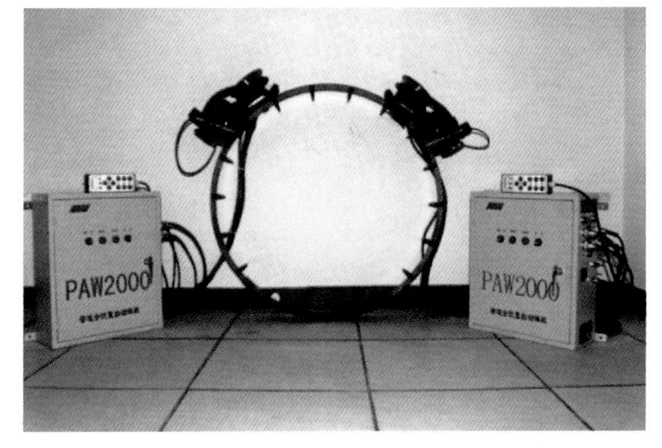

图 14-10　PAW2000 单焊枪管道全位置自动外焊机

2）双焊枪全位置自动外焊机：由两台各装两支焊枪的焊接小车沿环形轨道从管道的顶部在电弧跟踪系统的引导下分别相向向下焊接，采用熔化极混合气体保护焊。主要用于焊缝的填充和盖面，工效较单焊枪全位置自动外焊机更高。图 14-11 所示为中国石油天然气管道局开发的双焊枪管道全位置自动外焊机，是目前双焊枪全位置自动外焊机的主流机型。

3. 常用管道自动焊工艺

（1）单面焊双面成形根焊+外自动焊填盖工艺　与内焊机根焊相比，外焊机根焊克服了内焊机仅适用于固定管径的缺点。针对不同的管径，可使用同一焊接机头和控制系统进行焊接，仅需更换轨道，并且，其行走轨道与后续工序中的自动热焊、填充焊、盖面焊通用。根焊完成后，使用外焊机填充、盖面。

图 14-11　CPP900-W2 双焊枪管道全位置自动外焊机

（2）带铜衬垫内对口器+外自动焊根焊+外自动焊填盖工艺　“带铜衬垫内对口器+自动焊单面焊双面强制成形焊接工艺”技术是以带铜衬垫内对口器和全自动外焊机配合的根焊焊接工艺，焊接材料为实心焊丝，整个焊接过程由程序控制，实现全自动化焊接过程及单面焊双面强制成形。该工艺由于效率问题，在陆上管道尤其是高钢级管道施工中应用较少，大量应用于海洋管道焊接。

（3）内焊机根焊+单焊枪自动焊填盖工艺　“内焊机根焊+单焊枪外焊填充及盖面焊焊接工艺”是以管道内环缝自动焊机打底和单焊枪全自动外焊机热焊、填充焊、盖面焊为基础的焊接工艺。根焊焊接材料可选择实心焊丝；填充、盖面焊接材料可选择实心焊丝或气体保护药芯焊丝，焊接时应根据坡口宽度调节摆动宽度、摆动频率、边缘停留时间等参数。

（4）内焊机根焊+单焊枪热焊+双焊枪自动焊填盖工艺　“内焊机根焊+双焊枪外焊填充及盖面焊焊接工艺”是以管道内环缝自动焊机和双焊枪全自动外焊机为基础的焊接工艺。该工艺利用了世界上根焊最快的焊接设备——内焊机和现有最快的外焊设备——双焊枪全自动外焊机，自动化程度高，是内外自动焊完美结合的高效、低成本的焊接方法。根焊焊接材料可选择实心焊丝；填充、盖面焊接材料可选择实心焊丝或气体保护药芯焊丝。

4. 工程应用

中国石油天然气管道局开发的长输管道全位置自动焊成套设备（坡口机、多焊枪自动内焊机和单/双焊枪自动外焊机）已规模应用于西气东输二线、三线管道工程的实际焊接施工中。CPP-900 自动焊成套设备在西气东输现场的应用如图 14-12 所示。

图 14-12　CPP-900 自动焊成套设备在西气东输现场的应用

5. 新型管道自动焊技术

（1）管道全位置自保护药芯焊丝自动焊系统　管道全位置自保护药芯焊丝自动焊系统主要由安装焊枪的焊接小车、导向轨道、自动控制系统、焊接电源及送丝机等组成（见图 14-13）。顺序完成环焊缝的热焊、填充焊、盖面焊。自保护药芯焊丝自动焊具有抗风能力强（风速≤8m/s 不使用防风棚）、焊接效率高、焊缝质量好、成形美观、焊接缺欠少、工人劳动强度低等优点。

目前，只有中国石油天然气管道局和俄罗斯开展了管道全位置自保护药芯焊丝自动焊研究。

图 14-13　中国石油天然气管道局研制的管道全位置自保护药芯焊丝自动焊系统

（2）单弧双丝自动焊技术　中国石油天然气管道局于 2009 年开始管道全位置单弧双丝自动焊系统的研究工作，目前已成功生产出样机（见图 14-14）。

管道全位置单弧双丝自动焊系统主要由焊接小车（焊枪的运动载体）、嵌入式摩擦轨道、智能控制系统、焊接电源及送丝机等组成。焊接工艺为内焊机根焊+单弧双丝全位置自动焊热焊、填充焊、盖面焊。焊接效率可比现有单焊枪管道全位置自动焊提高约 15%；焊接电流密度高、熔池自然熔宽大、焊接参数适应范围宽、电弧稳定、焊缝成形美观。

（3）激光电弧复合焊技术　纵观世界管道焊接技术的发展，一些知名管道公司正在与众多焊接权威机构合作，将提高管道焊接技术研究的重点由常规电弧焊转向激光焊和激光/电弧复合焊。如英国焊接研究所 TWI、奥地利福尼斯（Fronius）公司、德国菲茨（Vietz）公司、美国爱迪生焊接研究所（EWI）等，但截至目前，国际上没有实现管道激光/电弧复合焊技术的现场应用，激光焊技术多集中应用于薄板焊接，如汽车制造业。

激光/电弧复合焊技术中，激光的引入提高了电弧的稳定性，从而可以获得更高的速度和更大的熔深。纯激光焊应用中一个突出的难题是，工艺上对接头对口精度要求高。激光焊在电弧的辅助作用下，桥接能力得到提高，使上述难题得到了解决。

a)　　　　b)　　　　c)

图 14-14　中国石油天然气管道局研制的管道全位置单弧双丝自动焊系统

a）管道全位置单弧双丝自动焊焊接小车　b）焊接过程　c）盖面焊焊缝成形

将激光用于管线钢焊接的另一个比较突出的问题是，其焊缝的微观结构易碎，且其耐冲击性也很差。激光/电弧复合焊技术可以克服这个问题。电弧具有预热作用，同时由于电弧的热影响区较大，复合焊焊缝的降温速度低于纯激光焊焊缝的降温速度，从而降低了焊缝硬度，增加了韧性；来自电弧焊的焊丝填充物能控制焊缝金属的特性，也能起到降低热裂纹敏感性和提高焊缝金属韧性的作用。

中国石油天然气管道局于 2007 年开始管道全位置激光/电弧复合焊装备及焊接工艺的研究，通过开展焊接机理研究，完成了样机研制，在大量试验的基础上，解决了大钝边厚度情况下管道底部焊缝内凹的问题，X70、X80 钢焊接试验表明，焊缝成形美观，无损检测基本上没有焊接缺欠，理化性能满足相关标准的要求，下一步将在海洋管道焊接中推广应用。中国石油天然气管道局研制的管道全位置激光/电弧复合焊系统如图 14-15 所示。

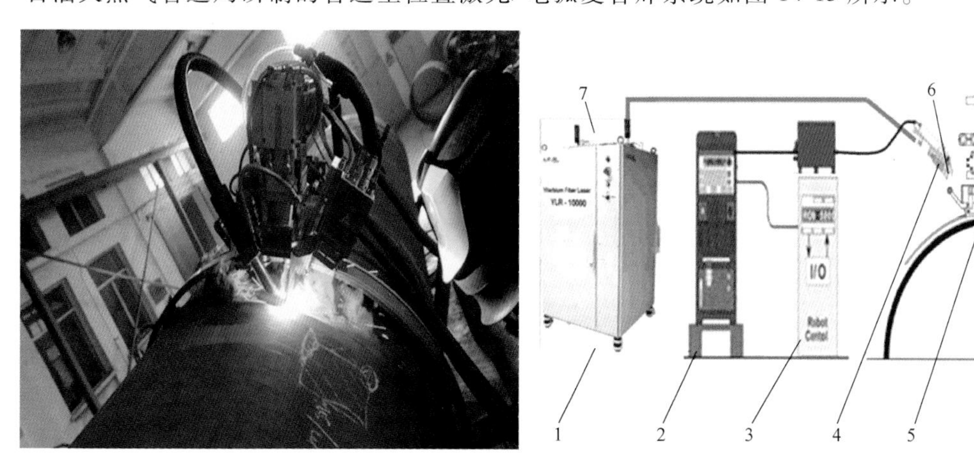

图 14-15　中国石油天然气管道局研制的管道全位置激光/电弧复合焊系统

1—激光器　2—电弧焊机　3—控制箱　4—激光焊枪　5—焊接小车　6—电弧焊枪　7—光纤

（4）多焊枪自动焊技术　2012 年，中国石油天然气管道局开展了对管道多焊枪自动焊机的研究工作。多焊枪自动焊机设计样图如图 14-16 所示。

多焊枪自动焊机是管道全位置自动焊技术的发展趋势。多焊枪气体保护自动焊机，由于焊枪多，焊接速度快，焊接效率高，可实现管道全位置的高效焊接。这种设备的主要特点是焊机位置固定，用于海洋管道铺设。由于设备体积较大，且轨道装卡定位相当困难，不适合于长输管道的现场流水作业。

图 14-16　多焊枪自动焊机设计样图

14.2　石油化工工艺管道焊接技术

在20世纪70年代以前，工艺管道焊接基本采用焊条电弧焊技术，随着焊接技术的快速发展，气体保护焊等高效优质的自动焊接方法在工艺管道安装施工中所占比重也越来越大。

14.2.1　焊条电弧焊技术

（1）根焊技术　工艺管道安装中普遍采用钨极氩弧焊根焊技术，其具有电弧稳定，焊接接头质量高，管内无需清渣等优势，可用于几乎所有钢种、各种厚度和各种位置焊件的焊接。同时，钨极氩弧焊技术具有熔深浅、焊接效率低、气体成本高等缺点，因此一般只适于焊接厚度小于6mm的焊件或管道的打底焊接。

（2）填充盖面技术　焊条电弧焊作为传统的焊接技术，因其具有工艺灵活、适应性强的优势，在工艺管道施工中的应用仍然是比较广泛的。

焊条电弧焊技术可用于碳钢、低合金钢、耐热钢、低温钢和不锈钢等各种管材的平、立、横、仰各种位置以及不同厚度、结构形状的焊接，焊工可通过工艺措施调整来控制变形和改善应力。

这种采用钨极氩弧焊根焊，焊条电弧焊填充盖面的组合工艺，俗称为“氩电联焊”技术，既能提高工艺管道根焊焊接质量，同时也可解决小口径管道内部清渣问题，是目前工艺管道焊接施工中应用最广泛的焊接技术。

14.2.2　半自动焊技术

目前在工艺管道安装中使用的半自动焊技术，主要有CO_2气体保护焊、药芯焊丝半自动焊、混合气体保护焊等。半自动操作方式可实现连续送丝，减少焊接接头，提高焊接效率。

CO_2气体保护焊是一种节能、高效、优质的焊接工艺，具有明弧、无渣、焊接质量好、焊接生产率高以及能进行全位置焊接等特点，而且焊接成本要比熔化极氩弧焊低。这些特点使得CO_2气体保护焊可以被广泛用于多种材料的焊接，不仅可以焊接低碳钢、低合金钢和低合金高强度钢，在某种情况下还可以焊接耐热钢及不锈钢，在工艺管道的焊接中得到了推广应用。

药芯焊丝CO_2气体保护焊是在20世纪70年代以后发展起来的，可以通过药芯过渡合金元素，调整药芯配方中的合金成分，以适应被焊钢材的要求，使得药芯焊丝CO_2气体保护焊具有优良的工艺性能，可避免实心焊丝焊缝金属氧化、焊缝成形差、电弧较硬及飞溅等问题。

富氩混合气体保护焊是一种先进高效的新型气体保护焊，与 CO_2 气体保护焊相比，具有焊缝成形好、飞溅小、电弧柔和、噪声小等优点，与钨极氩弧焊相比，又具有熔深大、焊接效率高等优点，因此混合气体保护焊是未来气体保护焊的发展趋势。

14.2.3 自动焊技术

1. 工厂化预制

工厂化预制就是现场外的工厂内进行管道预制管理、喷砂除锈、切下料、坡口加工、组对焊接、防腐、探伤等工作，最终以预制件为产品，供应到施工现场的一种生产模式（见图14-17）。因其在固定工厂内制造，便于质量、进度、管理的协调和控制，从而使整个工程的安装、质量、进度有极大的提高。

为了适应野外生产情况，可使用移动式预制工作站，预制工作站是将带锯部分、管道坡口加工部分、组对工作台部分、自动焊接设备部分等四部分装入集装箱内，便于运输（见图14-18）。

图 14-17 工厂化预制

图 14-18 野外移动式自动焊工作

2. 根焊技术

在工厂化预制技术中一般采用手工或者自动钨极氩弧焊、STT 或者 RMD 技术根焊。自动氩弧焊打底焊焊接速度约是手工钨极氩弧焊根焊速度的 10 倍，综合效率的 4~6 倍。STT 根焊技术，在焊接中采用 CO_2 气体作为保护气，既解决了钨极氩弧焊效率低的缺点，也弥补了传统 CO_2 气体保护焊根焊质量不高，焊接飞溅大的技术难题。RMD 技术是用于改进 MIG 焊性能的技术，可避免钨极氩弧焊焊接效率低和工人劳动强度大的缺点。

3. 填充盖面技术

工厂化预制可使用六种填充盖面技术，即自动氩弧焊、自动气体保护焊（药芯焊丝气体保护焊/MIG 焊/MAG 焊/脉冲焊）、自动埋弧焊的多功能一体化焊接系统，满足碳钢、不锈钢、合金钢各种材质的各种焊接工艺组合需要。CO_2 气体保护自动填充盖面焊如图 14-19 所示。

焊接时焊枪位置固定，通过旋转焊口完成焊接，此方式避免了固定焊口焊接时各角度焊接参数不同，焊接质量难以控制的问题。更因为焊枪位置固定，可以实施高效率的焊接，从而在保证质量的同时，大幅度提高焊接效率。

4. 工程应用

新加坡罗德里工程公司采用中国南京奥特电气股份有限公司的 NAEC 精益预制整体解决方案（见图 14-20），包含精益预制管理系统和精益预制生产执行系统（生产线）；厂房规模：132m（长）×24m（宽）；年产能：66 万 D.I［D.I 表示焊接当量，是计算焊接工作量的单位。

国外叫达因，是指直径 1in 的一个焊口为 1 个焊接当量（1 个达因）]。10 个 1in 的焊口就是 10 个达因，2 个 5in 的焊口也是 10 个达因，这种统计方法只考虑了焊口直径没有考虑壁厚的影响，所以只适用于壁厚在 8mm 以下的焊口；超过 8mm 每增加 2mm 加乘一个 0.1 的系数]；用工数量：67 人（包括管理人员、技术人员和辅助工人 24 名），最终实现人工时成本为 0.25 人工小时/D.I，仅为手工预制的 10%。

图 14-19　CO_2 气体保护自动填充盖面焊

图 14-20　新加坡罗德里工程公司厂内预制现场

14.3　海洋管道工程焊接技术

14.3.1　海洋管道工程焊接技术特点

海底管道的焊接根据管线的材质、管径和管线的里程不同选择不同的焊接方法和焊接工艺，因此海底管道的焊接方法和技术非常广泛，有手工电弧焊、半自动下向焊、熔化极自动焊、钨极氩弧焊和钨极氩弧自动焊。由于海洋管道施工船队、人员成本高，安全风险大，因此海洋管道工程对焊接施工进度和质量要求较高。

14.3.2　海洋管道施工工艺流程

海洋管道采用铺管船进行施工，施工流程如图 14-21 所示，铺管船如图 14-22 所示。

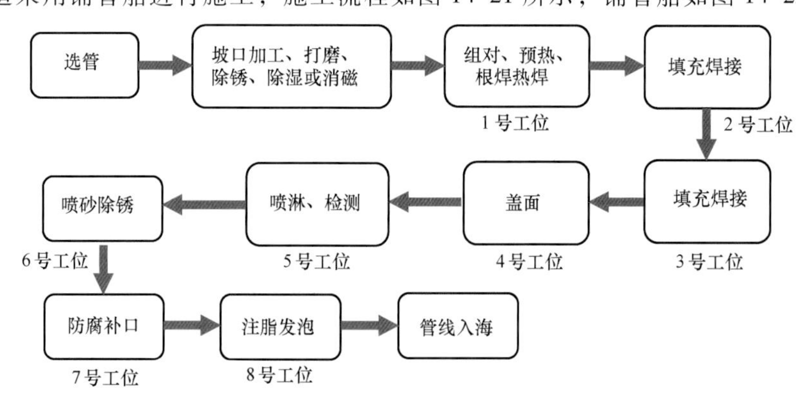

图 14-21　海底管道铺设施工流程

14.3.3　焊接工艺方法

1. 带铜衬垫内对口器+全位置自动外焊机焊接技术

采用带铜衬垫的内对口器进行管道组对（见图 14-23），然后用单焊枪外焊机进行根焊和热焊，再用单焊枪或双焊枪外焊机进行填充和盖面焊。焊材采用实心焊丝，保护气体采用 Ar+CO_2 混合气体。此方法简单、实用。适用于中小管径的管道焊接。

图 14-22　中海油“蓝鲸号” 铺管船

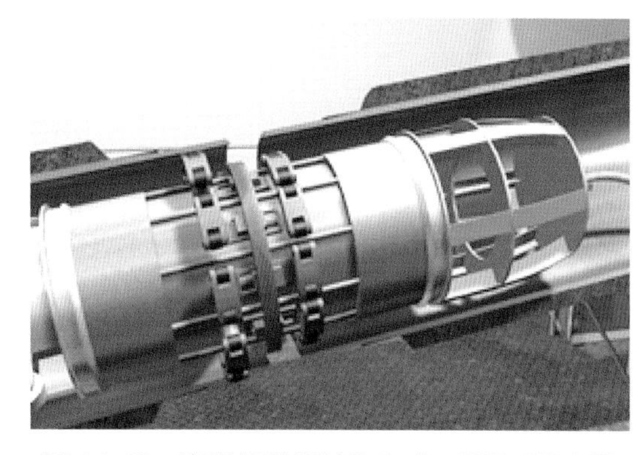

图 14-23　海洋管道铜衬垫内对口器组对示意图

2. 多焊枪内焊机+全位置自动外焊机焊接技术

采用多焊枪内焊机进行管道组对并进行根焊，单焊枪自动焊进行热焊，单焊枪或双焊枪外焊机进行填充和盖面焊。焊材采用实心焊丝，保护气体采用 $Ar+CO_2$ 混合气体。此工艺效率高，适用于较大管径的海洋管道焊接。海洋管道外焊机焊接示意图如图 14-24 所示。

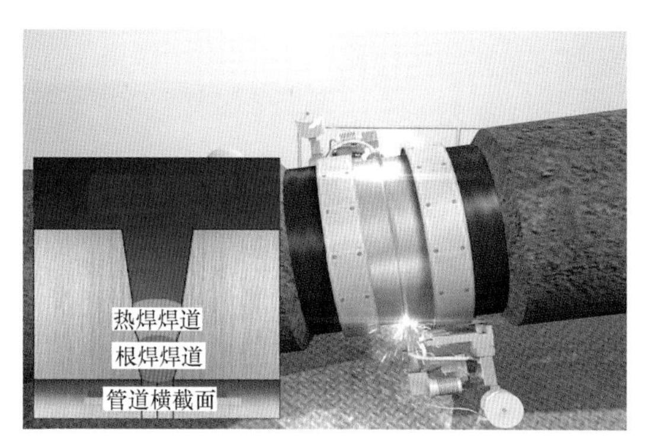

图 14-24　海洋管道外焊机焊接示意图

14.3.4　工程应用

2015 年 10 月，中国石油天然气管道局承担的惠州海洋管道项目开工，该项目位于广东省惠州市大亚湾，管道路由沿线水深 0～24.6m，总长 37.55km，设计压力 1.6MPa。管道采用无配重单壁螺旋缝埋弧焊钢管，直径 1016mm，壁厚 15.9mm，钢级 X52。施工采用中石油 CPP601 铺管船，有效工期 60 天，共计焊接 3052 道焊口，最高日焊接 95 道焊口。

2013 年 7 月，海洋石油工程股份有限公司承担南海番禺 35-1/-2 双金属复合管焊接项目，该项目海洋管道铺设水深约 350m，6in 和 10in 复合管共 50km。采用 TIP TIG 全自动焊工艺装备（见图 14-25)。创造了日铺设 6in 复合管（壁厚 15.7mm）83 道口的纪录。

图 14-25　双金属复合管自动 TIG 焊

参考文献

[1]　张振永，赵海宴，时效众，等. 长输油气管道的焊接技术 [J]. 油气储运，2004，23 (2)：29-32.

[2] 鲍云杰，郭爱东. STT 型 CO_2 半自动焊在管道焊接中的应用 [J]. 焊接技术，2000，29（3）：16-17.

[3] 陈朋超，闫政，梁君直. PAW2000 管道全位置自动焊机的研制与应用 [J]. 油气储运，2002，21（11）：51-55.

[4] 王恩浩. 全位置管道自动焊接设备的研究 [J]. 中国机械，2014（8）：251-252.

[5] 李铜，钱莉，王文杰. 管道焊接技术 [J]. 电焊机，2007，37（12）：32-35.

[6] 刘晓昀. 我国海底管道及焊接技术 [J]. 中国造船，2003，44（Z1）：65-70.

[7] 孙有辉，刘永贞，彭清华，等. 海底管道铺设全自动焊技术开发 [J]. 电焊机，2014，44（3）：14-17.

[8] 熊腊森. 焊接工程基础 [M]. 北京：机械工业出版社，2002.

第15章　汽车制造中的焊接技术

林涛　唐国宝　檀财旺

焊接作为汽车制造中的重要工艺，直接影响着汽车制造的质量和生产效率。随着我国汽车工业的发展，新材料的不断使用，对焊接技术提出了越来越高的要求，机器人和焊接工艺的完美结合是汽车制造的特点，以下分车身焊装、零部件焊接及激光焊技术在汽车制造中的应用三部分来介绍我国汽车制造中焊接技术的应用情况。

15.1　车身焊装

15.1.1　车身结构与材料

汽车焊装生产线及焊装设备，就是要把各个部件焊接成一部合格的车身，汽车车身在乘用车生产领域也通俗地称为白车身。

白车身通常指已经装焊好但尚未喷漆的白皮车身（body in white），包括翼子板、发动机盖、车门、行李箱盖或背门等装配件。

汽车车身的主要材料为金属，约占车身总重量的99%，目前市场上的乘用车仍以钢材为主，用量最多的是普通低碳钢。低碳钢具有很好的塑性加工性能，强度和刚度也能满足汽车车身的要求。镀锌钢材具有良好的耐大气腐蚀性能，主要应用在汽车底盘、车身覆盖件、发动机舱、行李箱、车门上。

汽车轻量化是汽车发展的战略性课题之一。采用热成形钢可以大大降低白车身重量，热成形钢材的抗拉强度可达1500MPa，是普通钢材的3~5倍，使用这种材料可以在保证强度的前提下，降低板材的厚度，进而大大降低白车身的重量。采用铝、镁等轻质材料制造汽车能有效降低汽车重量，目前个别中高级轿车个别覆盖件采用了铝合金材料。随着材料技术的不断发展，高分子材料、复合材料、异种材料和特种材料会在白车身上得到更为广泛的应用。

15.1.2　车身焊装生产线

车身焊装都采用生产线自动化生产，焊装生产线由车身总成线和许多分总成线组成，每条总成线或分总成线又由许多焊装工位组成。每个工位都由定位系统、焊接系统、搬运系统、检测系统，以及供水、供电、供气等装置组成。各生产线间、各工位间通过人工或自动搬运设备实现焊件的输送。典型车身焊装总成生产线及其各分总成生产线的关系如图15-1所示。

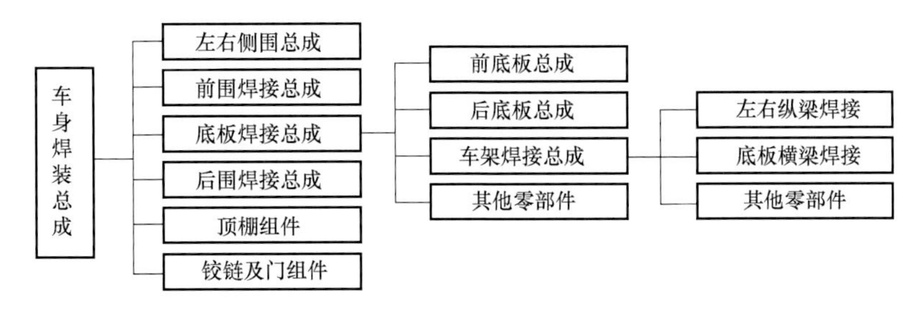

图15-1　车身焊装总成生产线及其各分总成生产线

目前，国内汽车装备集成商的国产化装备技术已达到国际先进水平，能实现汽车主线、侧围总成、底板总成等的数字化、柔性化的机器人自动化生产，有效克服了进口生产线维护保养流程复杂、生产周期长、成本高等问题。

1. 焊装主线生产线

汽车焊装主线是把由侧围分总成线、底板分总成线、顶棚及由小件焊接而成的车体钣金件，通过传输装置、夹具等定位后进行合装，完成白车身组焊的总成线。我国的汽车焊接技术已经与世界先进国家同步，大量使用机器人焊接，包括机器人点焊、弧焊、激光焊，激光钎焊等先进焊接技术。

图 15-2a 所示为广州瑞松北斗汽车装备有限公司为广州某车厂第三工厂完全自主设计制造的焊装主线，2014 年建成。该项目使用 37 台机器人焊装，其中涂胶工位 4 台、入料工序 18 台、总拼点焊工序 15 台。地板分总成件从入料工位导入，进行内骨架的拼接，然后进入涂胶工位，再流入总拼工位。根据生产线规划，节拍为 43s/台，年产能达 24 万台。该项目运用自主创新技术，通过伺服电动机、高精度齿轮、高精度齿条、滚珠丝杠、直线导轨等的组合来实现工装夹具在有效范围内的无级柔性切换，实现多车型切换，生产线共用。图15-2b所示为广州某车厂的焊装主线，可实现 C60F、C61X 两车型的切换，使用 37 台机器人，生产节拍为 34JPH。

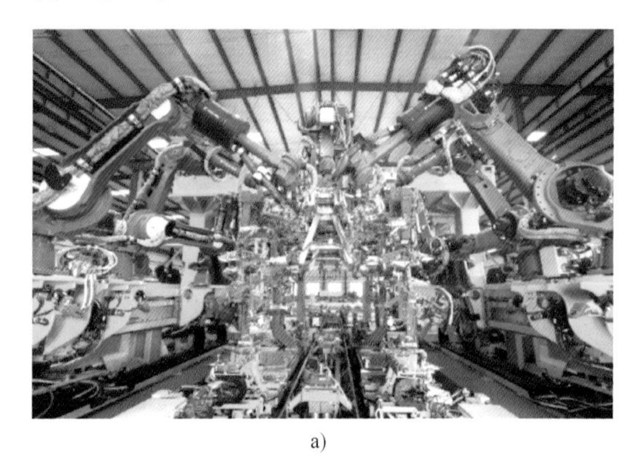
a)

b)

图 15-2　焊接主线

a）广州某车厂第三工厂焊装主线　b）广州某车厂焊装主线

2. 侧围焊装生产线

侧围分总成由侧围外板、侧围内部及其他结构件连接而成，是 4 个车门安装的支撑基础。侧围要留出乘员出入车身的门洞，为确保在既定的车身尺寸内预留尽量大的乘员空间，侧围结构以细、长、薄为主。一般侧围外板用 0.6~0.8mm 厚的镀锌钢加工，侧围内部用 1~2mm 厚的钢板进行加强。

图 15-3a 所示为广州瑞松北斗汽车装备有限公司为广州某车厂自主设计制造的产能扩展侧围分总成焊装生产线。使用了 34 台机器人，采用新型定位夹具（NC Locator），建设全工位的传送机构及 A 柱内板自动上线夹具，采用 NC Locator 对多车型定位切换。自动生产线生产节拍达 52s/台，可实现多车型间自由切换生产，切换时间 6min 以内，大大提高了汽车生产厂家的生产效率，降低了车体成本。图 15-3b 所示为广州某车厂侧围分总成焊装生产线，该项目已投入使用，生产线包括点焊、涂胶、搬运等各式柔性六关节机器人 46 台，项目从 APC 入料工位导入内板总成，然后进行内外板拼接组成侧围总成件；二期可实现多车型切换，共用生产线。规范了汽车生产线的物流布局，减少了生产过程中的空间占地及工件搬运次数，降低了汽车生产成本，提高了生产节拍，整体上极大提高了整车厂的生产效率。

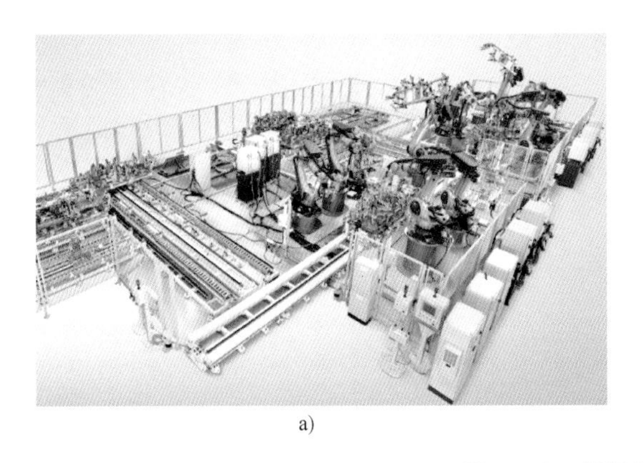
a)

b)

图 15-3 侧围分总成焊装生产线
a）广州某车厂产能扩展侧围分总成焊装生产线 b）广州某车厂侧围分总成焊装生产线

3. 底板焊接生产线

汽车底板总成又叫作白车身下部总成，在整个车身结构安全性、承载能力中起关键作用，汽车底板总成一般由发动机舱分总成、后底板分总成、前底板分总成及一些散件拼焊而成。发动机舱分总成由左右前纵梁与前围板组合而成；后底板分总成由左右后纵梁和后底板面组合而成；前底板分总成由前底板面板与车身座椅横梁连接而成。典型的底板分总成生产线如图15-4所示，其中广州某车厂底板分总成生产线可实现 6 种车型的柔性切换，实现共线焊接生产，可实现生产节拍 52 台/s，年产能达 20 万件。

a)

b)

图 15-4 底板分总成生产线
a）上海某车厂底板分总成生产线 b）广州某车厂底板分总成生产线

15.1.3 车身制造中的焊接技术

1. 车身制造中的点焊

电阻点焊技术是汽车车身连接的一种最常用且最重要的焊接技术，点焊的质量对汽车的质量起着关键的作用，随着汽车购买者对汽车质量要求的不断提高，点焊技术也越来越受到了汽车生产厂家的重视。

（1）汽车车身常用点焊工艺设备

1）交流焊接。交流点焊机是将单相频率为 50Hz 的交流电，输入给单相降压变压器，经变压器输出低电压、大电流的正弦波，以满足接触焊点的需求。优点是设备成本低，结构简单，焊接时间、压力和电流等焊接规范易调节；缺点是功率因数较低，且热影响区大，耗电大，焊接质量不稳定，已经是逐步淘汰的产品。

2）中频焊接。中频焊接控制器在汽车工业中的应用越来越广泛，焊接变压器体积小而输出能量大，其优越性能是因其焊接变压器频率由 50/60Hz 提升至了 1000Hz，极大地减少了铁心材料的重量，再加上变压器次级回路中的整流二极管把电能转为直流电源供给焊接使用，这样可以大大改善次级回路感应系数值，这是一个导致能量损失的重要因素，在直流焊接回路中几乎是可以不予考虑的，从而将生产成本降至最低，同时直流焊接电源的优良特性，保证了焊接质量的提高又减少了飞溅。

3）动态电阻的中频自适应焊接。动态电阻中频自适应焊接技术，不但继承了中频焊接控制器的全部优点，又额外增加了自适应技术的模块，要求增加测量次级电流信号和次级电压信号，动态调整焊接时间和焊接电流，从而根本上保证了电阻点焊的焊接质量。目前国内主流汽车厂已经开始大量使用该技术。

动态电阻中频自适应焊接技术在控制过程中需要采集两个重要的信号，即次级电流信号和次级电压信号。次级电流信号从集成在变压器中的电流传感器测量得到，电压信号则是通过安装在焊钳上下电极之间的电压测量传感电缆测量得到。然后再根据欧姆定律计算出焊接过程中的动态电阻。其工作原理如图 15-5 所示。

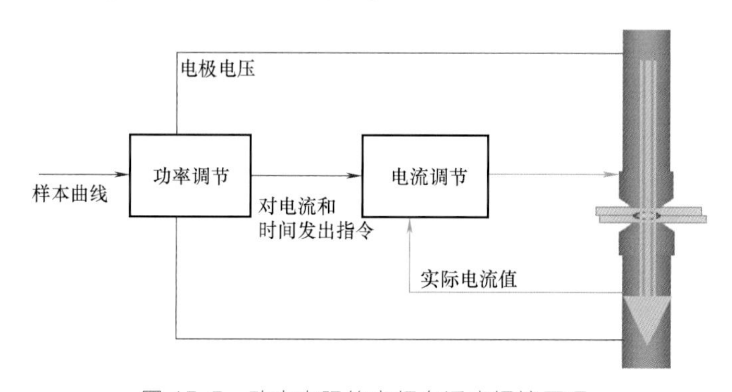

图 15-5　动态电阻的中频自适应焊接原理

（2）车身特殊和最新焊接材料与点焊工艺和设备选择

1）镀层钢板。随着汽车工业的发展，新材料、新产品的应用与开发日新月异，在汽车车身制造中大量采用了镀锌钢板，为保证焊接质量，研究镀锌钢板等新材料的电阻点焊性能已成了非常迫切的任务。

根据图 15-6 中钢和锌的物理特性，研究发现其电阻点焊特点：①适用的焊接参数范围较小，由于接触面上存在低电阻率、低硬度、低熔点的锌层，使接触电阻减小，电流场分布不均匀，影响了熔核的形成和大小。②电极寿命缩短，由于锌层熔点较低，表面易烧损，沾污电极后在电极表面形成合金，易过热变形，降低电极寿命。③容易产生焊接喷溅，影响焊点质量的稳定性。④熔核内易出现裂纹、气孔或软化组织。在镀锌钢板点焊过程中，由于焊接规范不合理，接头中残留的部分锌及锌铁合金在熔核结晶过程中，可能会形成细小裂纹或气孔，残留锌较多时还会形成软化组织。

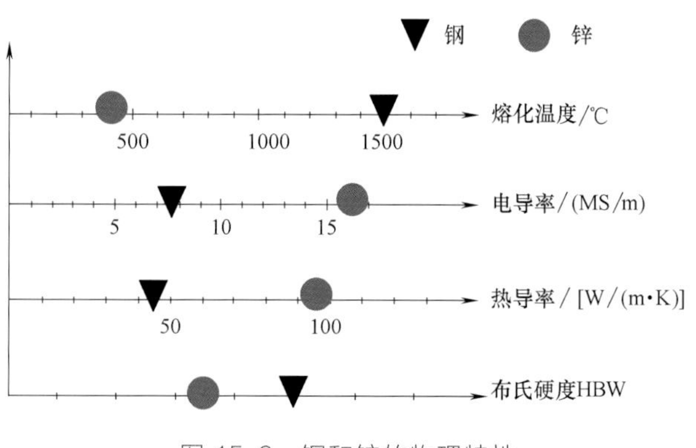

图 15-6　钢和锌的物理特性

根据对镀锌钢板焊接特点的研究，提高其点焊质量的途径有：①选择并严格控制焊接工艺参数。镀锌钢板点焊质量的评估是指单个焊点的强度，耐腐蚀性的高低，更重要的是指在大生产条件下焊点的合格率。在实际生产中影响焊接质量的因素相当多，例如网路电压的波动、分流、电极的磨损，以及装配质量等。②采用合理的电极材料、电极形状和尺寸，并及时修整或更换电极，电极良好的冷却对保证焊接质量是很重要的。③采用多脉冲等电流方法来焊接镀锌钢板。一种是增加预热和后热电流，另一种是增加缓升和缓降电流。通过用高速摄影机拍摄焊核的形成过程，研究了改变电流的作用，认为：a）电流的改变能够促进焊核的形成；b）焊前的电流改变有助于焊核的均匀形成；c）焊后的电流改变有助于约束熔核，防止飞溅；d）焊后和焊前的电流同时使用可以综合两者的优点。这种电流改变已经被用于镀锌钢板的焊接生产。④增加控制功能，提高控制精度，进行焊接参数实时监测。

中频逆变电源输出穿透性极强的直流电，焊接时没有电流峰值，焊接过程中热量增加稳定，基本没有波动，使得功率因素从交流电的 0.6 提高到 0.9。因此在焊接过程中所需的压力也相应地减少，电极利用率也得到了提高。

2）高强度钢。随着车身安全性要求的不断提高，以热镀锌双相高强度钢为代表的先进高强度钢，以其强度高、成形性能好、能量吸收率高、初始加工硬化速率高和防撞凹性能好等综合优势，迅速发展为汽车制造中应用前景最为看好的轻量化材料之一，在车身的应用比例近年来大幅提升。

相比传统普通低碳钢板，由于高强度钢的特殊物理化学属性，其焊接工艺性能较难控制，焊接窗口狭窄、电极磨损剧烈、飞溅严重等问题相对突出，通常需要更高的焊接电流、电极压力与焊接时间。由于高强度钢的物理属性决定了焊接过程中的电极压力要比冷轧钢板的压力高20%~30%。从图 15-7 可以看出：当电极端面直径磨损到约 6.8mm 时，拉剪强度开始明显下降，则认为电极失效。

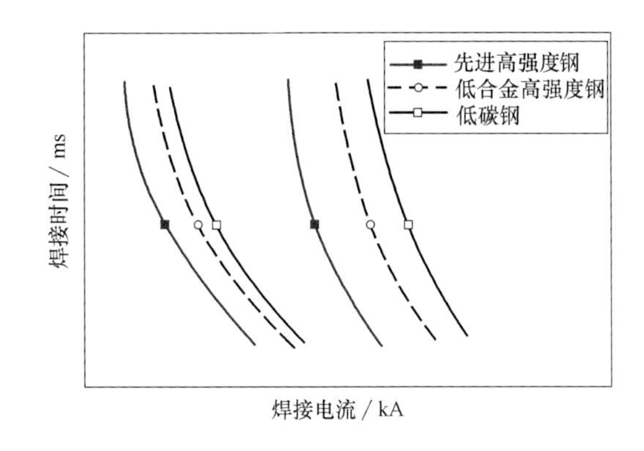

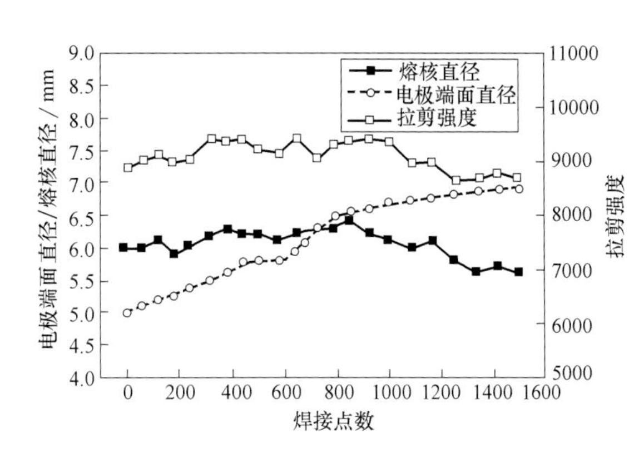

图 15-7　高强度钢点焊特性

2. 车身制造中的熔化极气体保护焊

熔化极气体保护焊具有效率高，生产成本低，容易实现机器人自动化等优点，是现代焊接技术的主要焊接方式。

车身焊接都是薄板钢的焊接，使用弧焊容易烧穿并且容易变形，所以弧焊在车身焊接中应用较少，主要用于车身的点焊和激光焊难以焊接的部位。但在座椅、排气系统、仪表板支架、底盘、轮毂等零部件焊接中弧焊应用较多。

汽车焊接技术要求焊接热输入低，焊接变形小，焊缝质量高，焊道均匀一致，焊接速度快，而且金属飞溅少。

汽车焊接生产中的熔化极气体保护焊主要也分半自动气体保护焊和机器人气体保护焊，现代的汽车生产中，机器人弧焊的应用越来越多。

（1）汽车行业镀锌板的焊接　近 10 年来，我国汽车工业发展迅速，随之而来的汽车车体防蚀问题也日渐突出。有关调查表明，一般国产新车运行一年即会出现腐蚀斑点，3~4 年即出现腐蚀穿透，为此全国年维修费用达数十亿元人民币。因此，为了提高车体使用寿命和增强车体材料的抗腐蚀性能，表面带镀层的低碳钢板被广泛使用。但目前用得最多的是镀锌钢板，欧美国家汽车用镀锌钢板占整个车体材料的 60% 左右，日本则更多。我国也早就制定了相关政策鼓励汽车制造业推广使用国产镀锌钢板，还曾把镀锌薄板的焊接列入国家基金项目。

（2）镀锌钢板的焊接性分析　镀锌钢板虽然具有较好的抗腐蚀性能，但由于锌熔点只有 419℃，其沸点也只有 906℃，在电弧高温（≥2600℃）的作用下，锌的蒸发量很大，造成的烟尘也很大。

由于镀锌层的影响，焊接最容易出现的主要问题有气孔多、飞溅大、焊缝成形差、发生焊接裂纹的倾向高。

镀锌钢板焊接产生气孔的原因：一是锌的蒸发造成保护气体紊乱，有害气体（氢、氮、氧）侵入熔池中；二是锌熔入焊缝中，无法逸出，造成锌气孔。

解决方法：选择合适的保护气体（如 90% Ar+10% CO_2）；优化焊接参数（如大电流配合低电压和较快的焊接速度）；合理选择焊枪行走角度、装配间隙、接头形式及焊接位置等工艺规范，防止锌熔入焊缝中。

例如：焊接电流比无镀锌钢板规范稍大些，不容易出现气孔；焊接速度比无镀锌钢板焊接速度高 10%~20%，不容易出现气孔；焊枪行走角度 60°~70°（焊枪与焊缝的夹角），利用电弧前端的高温烧掉镀锌层，不容易出现气孔；焊接位置在向下立焊时出现气孔的倾向大于其他焊接位置；CO_2 气体保护出气孔的倾向低于混合气体，但是飞溅较多，成形较差。镀锌钢板弧焊比较如图 15-8 所示。

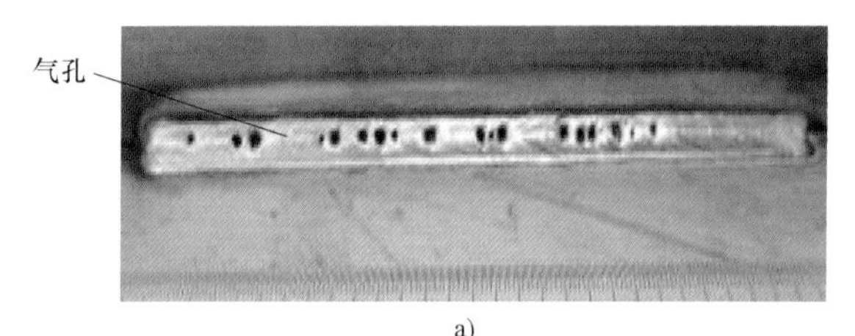

a)

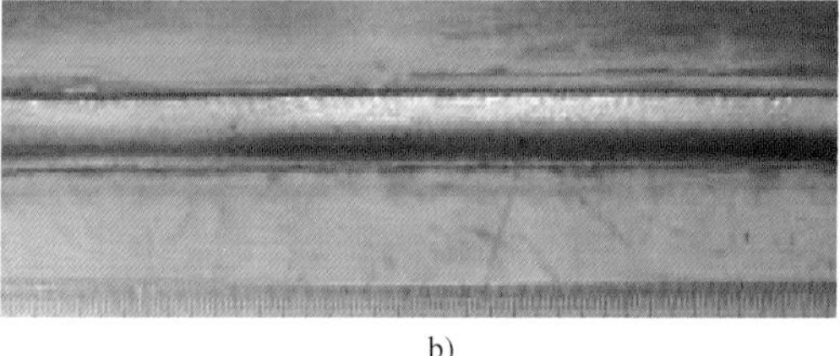

b)

图 15-8　镀锌钢板弧焊比较

a）焊接速度慢有气孔　b）焊接速度快无气孔

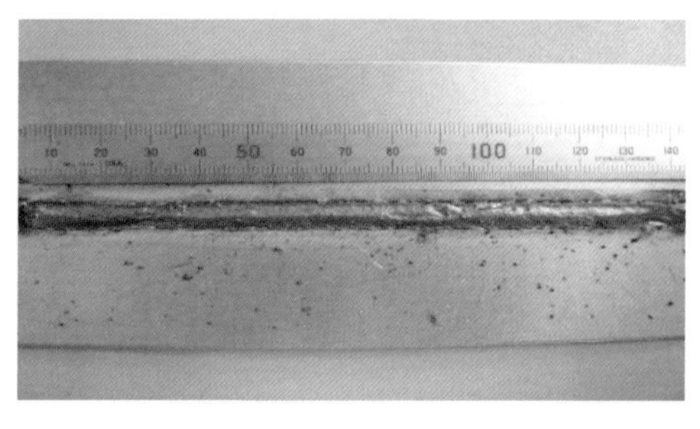

a)

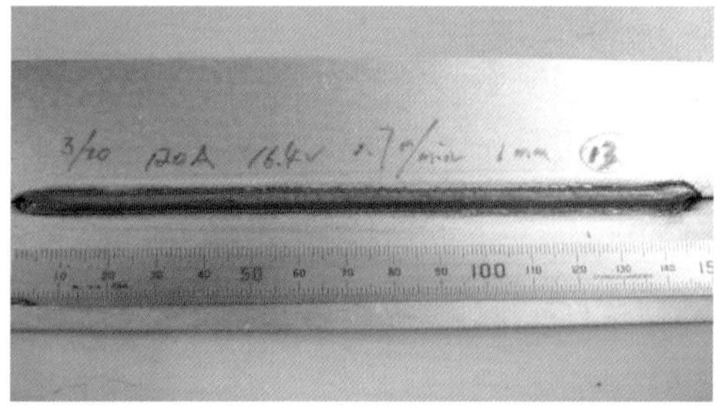

b)

图 15-9　普通电源和带有波形控制电源焊接效果对比

a）普通焊接电源飞溅较多　b）波形控制焊接电源飞溅很小

造成飞溅大的原因：锌的蒸发阻碍了焊丝熔滴的过渡，锌层又隔离了熔滴与钢板的结合力，造成高温熔滴的爆断，形成较多的飞溅物。

解决方法：选择性能优良的焊接电源和波形控制（见图 15-9），或选择脉冲 MAG 电源；清除焊缝处的锌层影响；优化选择适合的保护气体和焊接参数及焊枪角度，也能减少飞溅。

15.2 汽车零部件焊接

汽车零部件主要包括车身件（如轮罩、四门、A/B 柱等）、内外饰件（座椅、仪表盘支架等）、底盘件（如副车架、控制臂、后桥等）等，采用的焊接方法主要有点焊、弧焊、螺柱焊、激光焊等。随着汽车轻量化的发展，传统的钢板（无镀层）逐步被镀锌钢板及轻质、高强材料所取代，如铝合金、高强度钢，新材料的使用对焊接也提出了更高的要求。

15.2.1 汽车车身件焊接

1. 四门自动焊接生产线

在通用汽车公司某车型的四门自动焊接项目中，江苏北人机器人系统股份有限公司提供了完整的系统解决方案（见图 15-10），该方案涉及点焊、涂胶、滚边的工艺，用 7 台机器人组成了系统集成工作站。

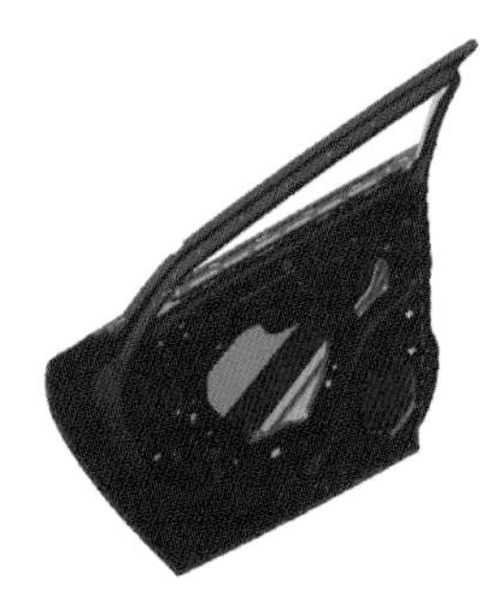

图 15-10 右前门、左前门、左后门、右后门 3D 模型

（1）工艺流程

1）点焊工位：四工位的转台，完成左前门、左后门部分打点，人工完成上下料。

2）涂胶工位：从转台抓取件，到打标工位打标；将工件放到凸包工位作业（后门不需要），再进行补焊、涂胶，最后到外板上料台，同外板一起安装到滚边工装上。

3）滚边工位：完成左侧前后门滚边工装，抓具抓起工件，放置到总成下料输送带上输出，右侧作业流程相同。

（2）工艺特点及解决方案

1）集成化程度高：将多工艺融合到一个线体中，布局紧凑，节省占地面积，减少人工（见图 15-11、图 15-12）。

2）工艺流程优化：

① 运用机器人滚边工艺，解决了传统的包边工艺投入成本大、柔性差的问题。

② 机器人抓取滚边头在胎膜上对工件进行滚边，若更换车型，仅需更换胎膜、机器人轨迹即可，减少了切换时间段。

2. 后地板、后围板自动焊接生产线

在雪佛兰科帕奇后地板、后围板焊接项目中，江苏北人机器人系统股份有限公司提供了

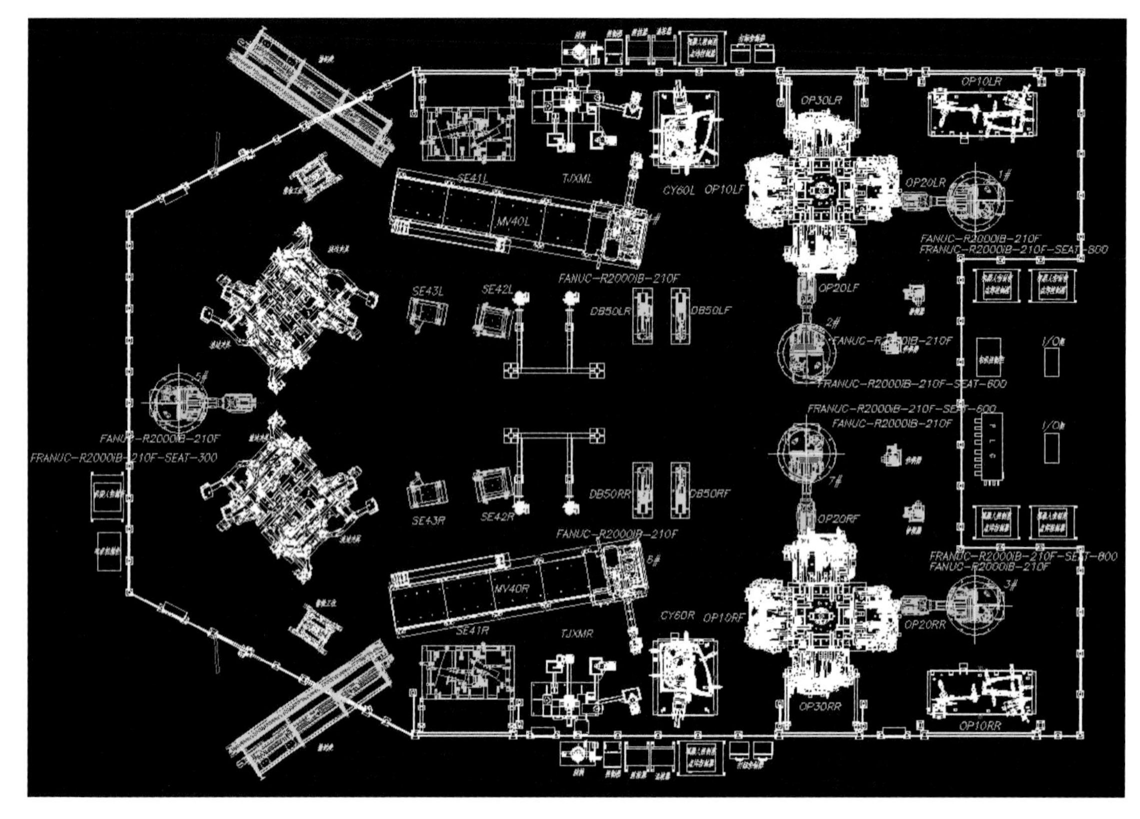

图 15-11　四门生产线平面布局图

图 15-12　四门焊接生产线

完整的系统和工艺解决方案，该方案涉及点焊、涂胶、凸焊、螺柱焊的工艺，用 4 台机器人实现了 4 种复杂工艺高难度集成（见图 15-13）。

（1）工艺流程

1）Dash01 点焊：工件自动滑入，点焊 2 机器人完成 21 个焊点焊接。

2）Dash01 螺柱焊：植钉机器人完成 15 个植钉和 2 个凸焊的工作，完毕后有机器人将工件放至 Dash02 工位。

3）Floor01 螺柱焊工位：植钉机器人完成 6 个植钉工作后，进行人工涂胶工作。

4）Floor02 点焊工位：点焊 1 机器人完成 Floor03 的工作后，开始 Floor02 工位的焊接，完成 12 个焊点工作。

5）Floor03 点焊工位：滑台滑入，点焊 1 机器人完成 Floor02 的工作后开始该工位的焊接，完成七座 35 个焊点，五座 31 个焊点工作。

6）Floor04 补焊工位：将 Floor03 工件运至 Floor04 位置的夹具上，点焊 2 机器人完成七座 33 个焊点，五座 27 个焊点工作。

7）Floor05 补焊工位：将 Floor04 工件运至该位置的夹具上，点焊 3 机器人完成七座 52 个焊点，五座 10 个焊点，完毕后由空中抓具运至外围置台，人工下件。

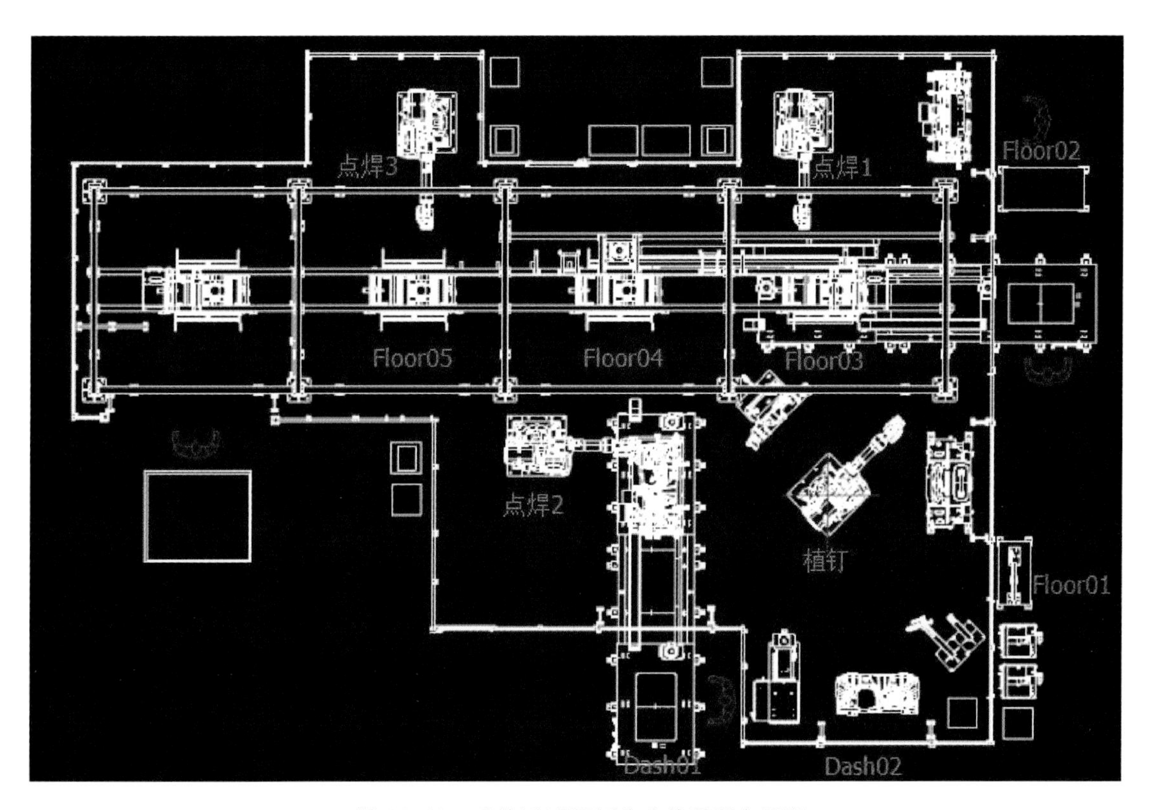

图 15-13 后地板/后围板生产线平面布局图

（2）工艺特点及解决方案

1）车型转换：后地板分五座和七座两种车型，系统设计满足了从单一车型到多车型的共线生产（五车型、七车型），车型之间相互切换，简单可靠（见图 15-14）。

2）合理安排工时：该方案将 4 种工艺融合到了 1 条生产线体中，将几种产品融合到 1 条线体中，充分利用了机器人的柔性，解决了机器人因产量不大出现的分工不均，以及传统工艺布置方式会带来的物料成本增加等问题。

3）搬运难度：该方案采用了空中抓手、导轨输送的形式，解决了大件产品搬运难度较大的问题，减少工人数量的同时也减少了工人的工作量。

3. 轮罩自动焊接生产线

在别克昂科威后轮罩（见图 15-15）自动焊接项目中，江苏北人机器人系统股份有限公司提供了完整的系统和工艺解决方案，该方案涉及运用点焊、涂胶、螺柱焊的工艺，用 10 台机器人组成了 1 条高度自动化的左右轮罩自动焊接生产线。

（1）工艺流程 系统布局及工艺流程参见图 15-16 和表 15-1。

图 15-14　后地板、后围板自动焊接生产线

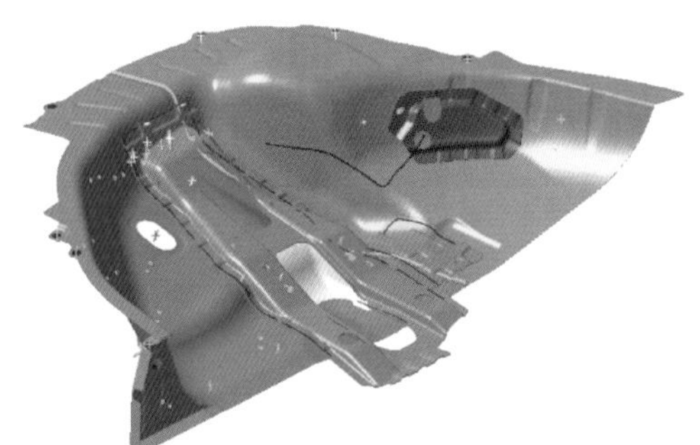

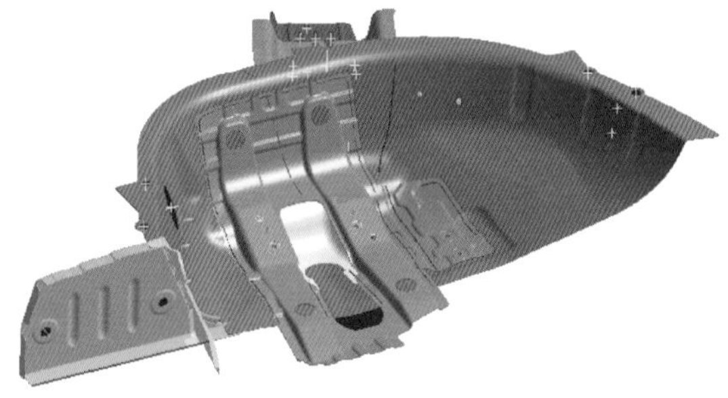

图 15-15　左后、右后轮罩 3D 模型

表 15-1　工艺流程

工位	工位定义	零件数	焊点	螺柱焊	涂胶	机器人	操作工
OP10	点焊	9/10	14/17	—	—	1/1	1/1
OP20	补焊+涂胶	3/3	12/16	—	4 点/1327mm	1/1	—
OP30	点焊	4/5	26/33	—	—	1/1	1/1
OP40	点焊+植钉	1/1	10/16	11/11	—	1/1	—
OP50	植钉	1/1	—	3/3	—	1/1	0.5/0.5

（2）工艺特点及解决方案

1）将点焊、涂胶、螺柱焊三个不同工艺融合到一个区域，所有物流在该区域由机器人自动完成，既节省了人力，也减少了工厂占地面积（见图 15-17）。

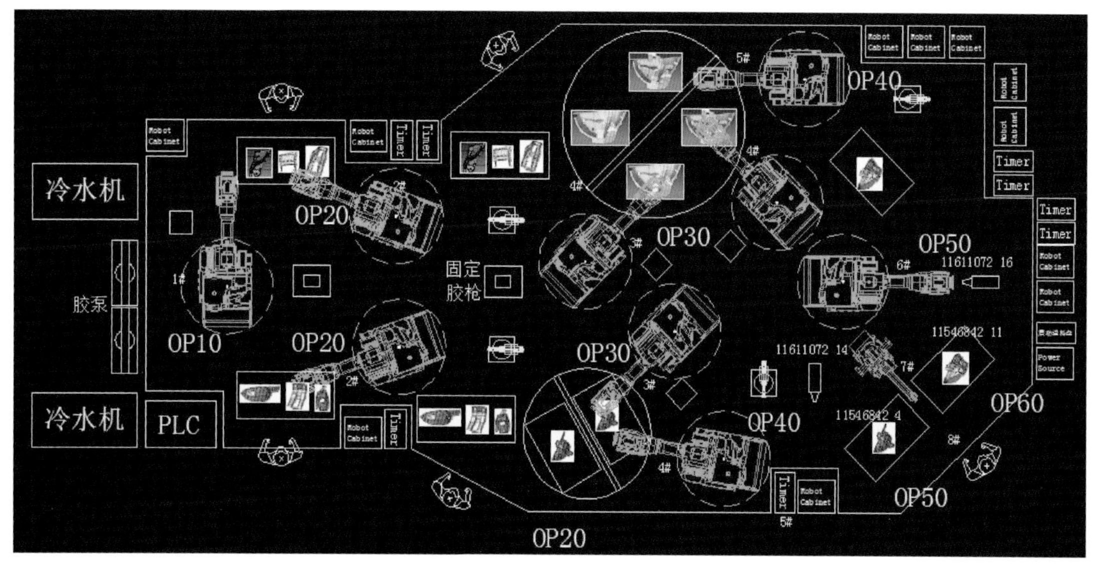

图 15-16　轮罩自动焊接生产线平面布局图

2）工位之间安装自动检测传感器，对胶条及螺钉进行复检，避免不良品进入下一道工序。

3）减少人工投入，工人的工作仅是前期进行单个散件的上下料工序，不参与中间环节，降低成本的同时也减少了人为因素造成的不确定性。

图 15-17　轮罩自动焊接生产线

15.2.2　汽车内饰件焊接

如今在汽车制造业中，采用铝合金作结构材料已成为豪华型轿车车门、车身蒙皮，乃至整体结构变革的一种趋势。凯迪拉克 ATS-L 轿车全铝合金仪表盘支架项目，是通用汽车公司在国内首款全铝仪表盘支架（见图 15-18），与北美同步开发，技术难度非常高。江苏北人机器人系统股份有限公司提供了完整的系统及工艺解决方案，包括焊前处

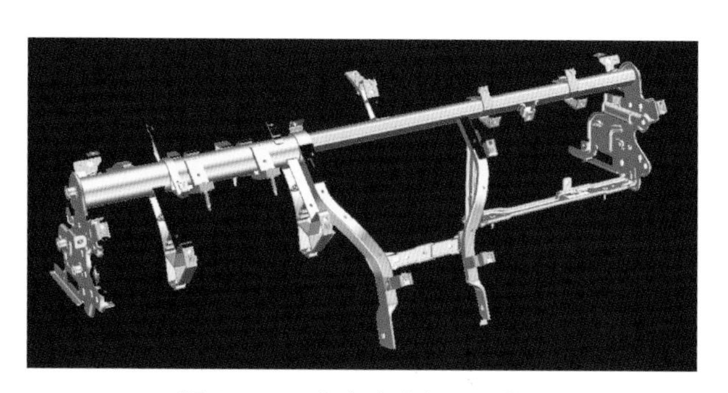

图 15-18　仪表盘支架 3D 模型

理的自动清洗线、机器人自动焊接线、铆接站，以及下线视觉检测线。

（1）工艺流程（见图 15-19）

1）焊前处理（清洗）：采用铝合金专用清洗抛光液，清洗所用工件。

2）焊接：分为 4 个工位，4 台机器人，机器人装在移动滑轨上，完成一个工位的焊接后移到另一个工位进行焊接。具有较好的扩展性，可在机器人另一侧加其他焊接工位或放置其他产品焊接生产线。

3）卡扣装配及检测：需装配 40 个左右规格不同的卡扣，系统采用机器人在线自动检测，能精确地识别出错装或漏装的卡扣，并标示出位置，人工进行修正。并成品 100% 检测。

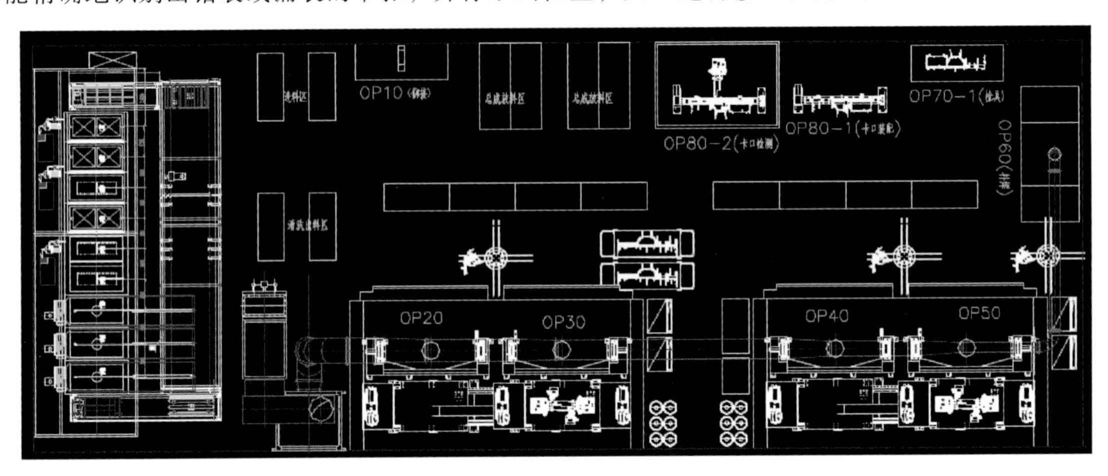

图 15-19　仪表盘支架生产线平面布局图

（2）工艺特点及解决方案（见图 15-20）

图 15-20　仪表盘支架生产线

1）铝合金工艺的焊接：采用自动清洗线，解决了铝合金表面的水分、油渍、氧化膜等影响焊接质量的问题，若采用传统的人工处理，效率低且容易形成二次污染，表面处理是否彻底也无法保证稳定。采用抗变形设计的工装，低线能量的焊接工艺，及基于模拟优化的焊接顺序等技术手段，有效保证了焊缝质量和工件尺寸，达到效率高、质量稳定、变形小等目标。

2）柔性检测系统：

① 仪表盘支架上有 40 个左右规格不同的卡扣需要装配，易出现装错或者漏装现象，人工肉眼进行检验很难识别，本项目采用机器人在线自动检测，能精确识别出错装或漏装的卡扣，并标示出位置，人工进行修正，大大提高了卡扣装配的正确率。

② 该在线自动检测系统，能保证成品 100% 检测，突破了传统的抽检方式，能确保每一个成品都合格满意。

15.2.3 汽车底盘件焊接

该焊接生产线是安川首钢机器人有限公司为某型后桥产品、副车架开发的柔性自动化机器人焊接生产线，该产品共有两种类型。

1. 产品

产品 3D 模型如图 15-21 所示。

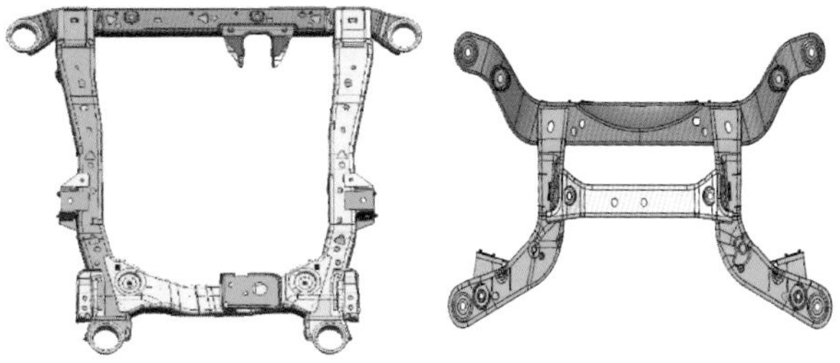

图 15-21 产品 3D 模型

2. 焊接机器人自动化生产线

后桥主线示意图如图 15-22 所示，副车架平面布局如图 15-23 所示。

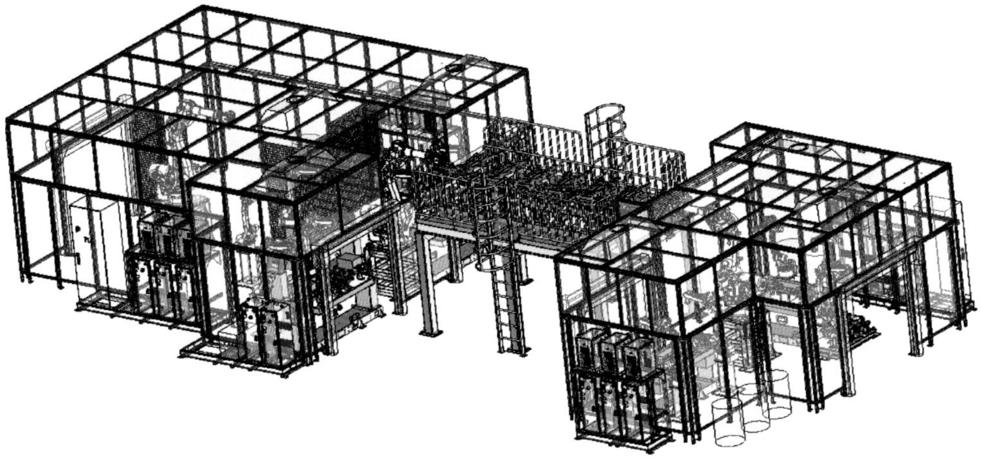

图 15-22 后桥主线示意图

3. 研发分析

采用柔性自动化机器人焊接生产线的主要目的就是为了提高生产效率和降低人工劳动强度。该技术方案除了考虑设备工装的实用性、可靠性外，为提高生产效率进行了全面的设计优化。通过自动化机器人焊接生产线和传统手工线技术方案对比，节拍、物流方式对比及经济性分析，决定使用自动化机器人焊接生产线。

通过对比分析，柔性自动化机器人焊接生产线在占地面积、操作人员数量上远远少于传统手动生产线，而且生产效率更高。在人员方面，副车架、后桥柔性自动化生产线的主线人数为 2 人和 3 人，手工生产线的人数分别为 12 人和 6 人，按照每天两班制生产共可节省 26 人，并且由于工件搬运采用搬运机器人，故操作人员的劳动强度远低于传统手工生产线。在设备投入成本方面，柔性自动化生产线和传统手工生产线基本相同，柔性自动化生产线共多

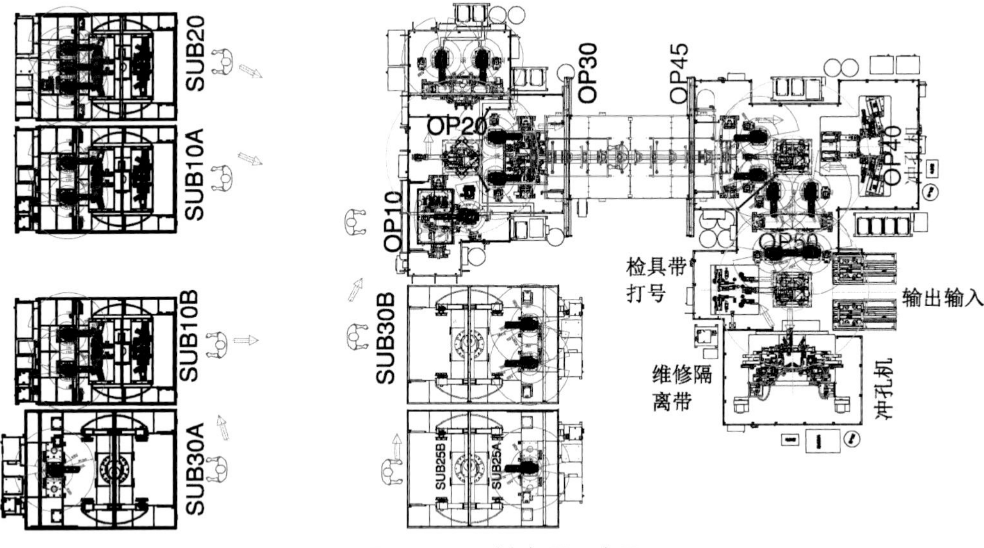

图 15-23　副车架平面布局

投入 6 台搬运机器人（代替人工），但在变位机和 PLC 模块数量上比传统手工生产线有所减少。柔性自动化生产线中投入了自动检具和自动打标设备，使得产品的可追溯性大大增强。而且柔性自动化生产线由搬运机器人和积放式输送链进行各工位间料的输送，生产更高效可控。因此，综合分析，采用柔性自动化机器人焊接生产线在经济效益及今后的发展趋势上更适用于未来高效、可控、稳定的生产需要。

该技术方案同时考虑到两种副车架的焊接生产，因此，工装夹具及输送机的定位夹紧具有快速互换性，使得该焊接生产线具有柔性化。

15.3　激光焊技术在汽车制造中的应用

15.3.1　激光拼焊板技术

2006 年 9 月，沈阳自动化研究所研制出了我国首条全自动激光拼焊生产线零号样机。该技术的成功研制打破了国内板材激光拼焊生产线市场被国外公司垄断的局面，实现了激光拼焊成套设备的国产化，填补了国内空白。图 15-24 所示为沈阳自动化研究所研制的激光拼焊系统。该项目开发的全自动激光拼焊生产线焊接板材厚度为 0.5～3mm，最大焊接速度达 9m/min，最大焊接效率 5 件/min，多组同时拼焊数≥3，满足 250～2200mm 焊缝长度焊接要求，目前已为汽车用户实际加工 20 万件以上。

昆山宝锦激光拼焊有限公司在引进德国通快公司激光拼焊生产技术和 Samtech630T 自动开卷落料线的基础上，自行研制出激光自动拼焊生产线，完全可替代进口，大大降低了企业成本，现有一条汽车用激光拼焊板自动落料线，配套两条激光拼焊线，如图 15-25 所示。年产能达 130 万片汽车用激光拼焊板及材料加工量 10 万 t。昆山宝锦激光拼焊有限公司成为国内第一家涉足汽车激光拼焊领域的民营企业。

大族激光钣金装备事业部自主研发的数控激光拼焊设备，配置双工位焊接，采用专业焊接工装夹具，焊接精度高，防止被焊钢板变形能力强，焊接速度快，效率高，一次性完成焊缝长，适用于汽车不等厚钢板拼焊。该设备性能已达国际先进水平，完全可替代进口产品。其开发的设备如图 15-26a 所示。2011 年，新松机器人自动化股份有限公司为鞍钢集团公司提供了国内首套激光拼焊设备，如图 15-26b 所示。通过鞍钢项目的延伸，增大了新松激光拼焊和切割装备在钢铁行业市场应用的影响力。

图 15-24　沈阳自动化研究所研发的激光拼焊系统

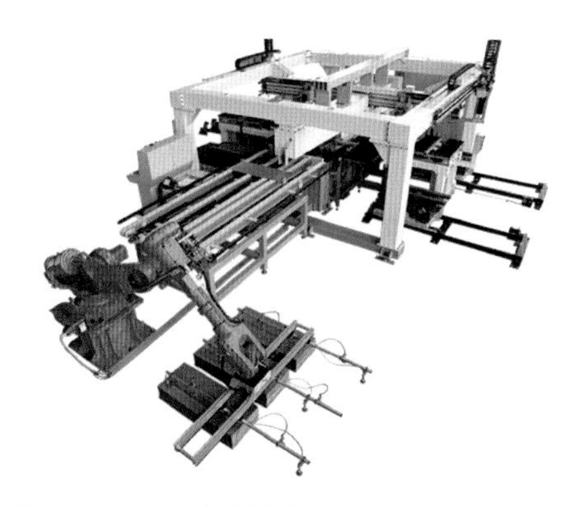

图 15-25　昆山宝锦激光拼焊有限公司设备

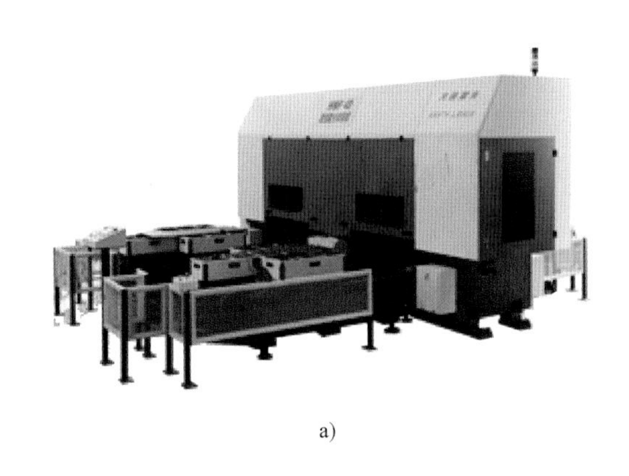

a)

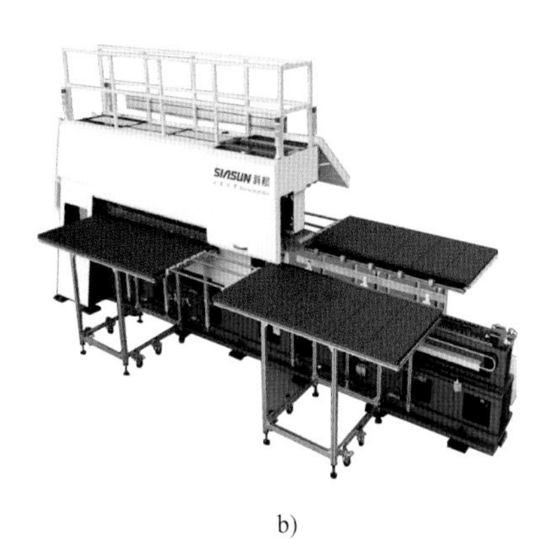

b)

图 15-26　激光拼焊设备
a）大族激光钣金装备事业部研发的激光拼焊设备　b）新松机器人自动化股份有限公司研发的激光拼焊设备

15.3.2　汽车车身激光焊

2010 年，由华工科技武汉法利莱切焊系统工程有限公司承接的神龙汽车有限公司顶盖激光焊接项目顺利验收，实现了全自动化生产。这也意味着国内激光焊接设备厂家打破国外技术垄断，成功进入国内汽车白车身激光焊接工装设备领域。该工厂在国内首次应用国际领先的航空激光焊（Aviation Laser Welding，ALW）技术，使焊接强度提高 30%，耗能降低 25%。标致 3008 的车门内板，已量产的雪铁龙 C5 的行李箱及标致 508 的顶盖用的都是激光填丝焊接。顶盖浮动激光焊接工序是标志 508 独有的生产环节，也是标志 508 项目的关键控制性工序。其顶盖及行李箱的激光焊接情况如图 15-27 和图 15-28 所示。标志 508 的顶盖激光焊在速度上达到了国内最快的 4.2m/min。

华工科技武汉法利莱切焊系统工程有限公司承担的江淮汽车商务车顶盖的激光焊接项目，成为国产车中最早应用激光焊接的厂商，如图 15-29 所示。激光焊接头配备了自适应滚压轮单元，滚压轮最大压力为 400N，滚压轮压力可调，通过采用压轮结构灵活调整压力，在减少焊接变形的同时可增大板件搭接间隙的容忍性。

15.3.3　新能源汽车动力电池的激光焊

动力电池是电动汽车的关键技术，决定着汽车的运行里程和成本，而电池壳体的激光焊接又成为动力电池制作的重要工序，焊接质量的好坏直接决定着电池的密封性和耐压程度，从而影响电池的使用寿命和安全性能。

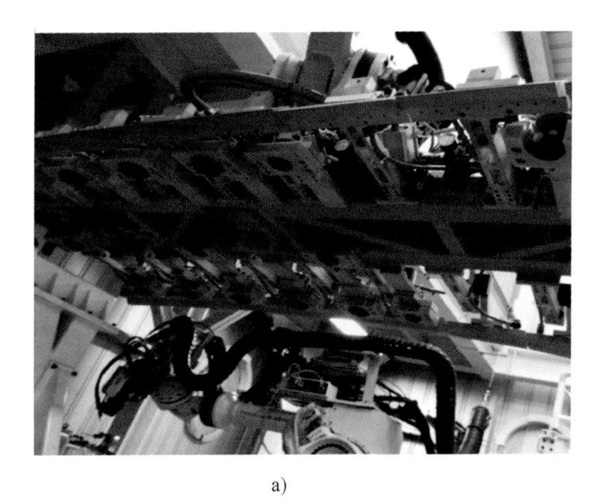

a)

b)

图 15-27　标致 508 汽车顶盖激光焊接

a）顶盖琴键焊接工装　b）焊接工位

a)

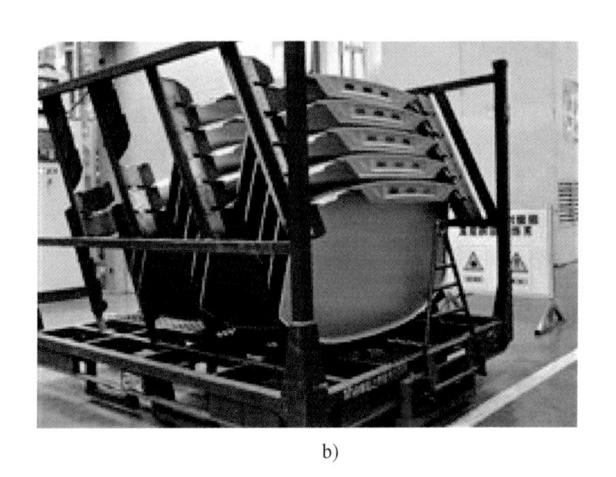

b)

图 15-28　雪铁龙 C5 和标致 508 行李箱盖激光焊接

a）激光焊缝　b）后箱盖

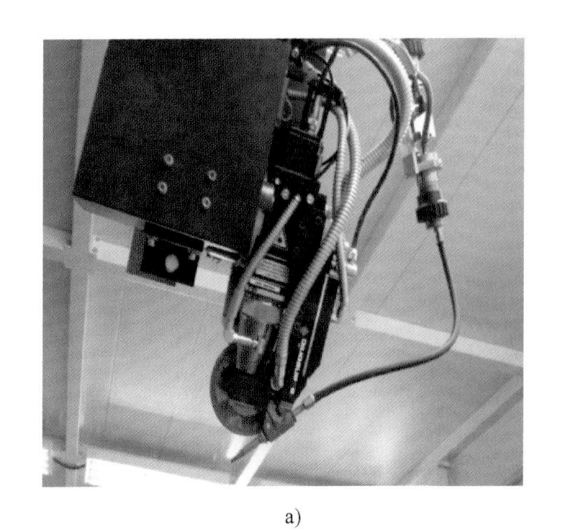

a)

b)

图 15-29　江淮汽车顶盖激光焊接

a）压轮结构　b）车顶盖焊接现场

动力电池的电芯按其外形可分为三种，分别是方形、圆柱形以及软包电芯。壳体的材料主要有铝材和不锈钢，但以铝材为主，其中以 1000 系和 3000 系较多。

目前，在国内生产的电动汽车当中，这三种电池都有应用：例如比亚迪 E6 和 K9 电动车使用的是方形电池；浙江万向亿能动力电池有限公司为一些电动车厂家提供软包电池；上汽系某些电动车车型则使用的是美国 A123 公司的圆柱形电池。这三种电池的自动化激光焊接系统及工艺也各不相同，整体而言，以方形电池居多。

各种电池的激光焊接部位主要有四种，根据位置的不同分为顶盖、底盖和侧面的焊接，顶盖防爆片及安全盖的焊接，密封钉（也叫注液口）的焊接，电芯极耳与顶盖的焊接。另外，超级电容的焊接以连接片和负极封口焊接为主。各种动力电池及超级电容的激光焊接部位如图 15-30 所示。

图 15-30　各种电池及超级电容的激光焊接部位

一般壳体厚度都要求达到 1.0mm 以下，主流厂家目前根据电池容量的不同，壳体材料厚度以 0.6mm 和 0.8mm 两种为主。

由武汉逸飞激光设备有限公司自主研发的，国内首条圆柱形动力电池智能自动化生产线受到行业关注。该设备为全智能模块化设计，涵盖卷绕完毕到注液前的全自动化工序，其中汇流板激光焊接单元、折弯激光焊接单元、极耳激光焊接单元、合盖激光焊接单元、壳盖激光焊接单元5大模块化单元，既能通过计算机控制整条生产线联动高效率工作，也可各单元独立启动，如图15-31所示。

该自动线将圆柱形动力电池短路检测，汇流盘激光焊接、正负极包胶、极耳折弯和激光焊接、合盖激光焊接、壳盖激光焊接7大工艺一气呵成，其中有27道自动化分解步骤，共配置有36套联动系统，整线布局完成后，良品率在98%以上，全产线装卸料和巡视只需配备3人/班次，同比原来减少15~20人。

图15-31　动力电池生产线

第16章 机车车辆制造及铁道建设中的焊接技术

史春元　杨志斌　王春生　张欣盟　陈增有　陶传琦　路浩　李加良
刘春宁　戴忠晨　刘静　吕纯洁　王振伟　李英男

16.1 概　述

16.1.1 机车车辆制造中焊接技术的发展概况

中国铁路在高速、重载、便捷等方面取得了一系列重大成就。客运列车最高运营速度可达350km/h，最高试验速度达486.1km/h，最高轮轨试验速度达605km/h；货运机车单机牵引达5000t或双机牵引10000t以上，运营速度达120km/h以上，载重80t运煤敞车已批量应用，轴重40t、载重120t的矿石车也已批量出口，这标志着中国铁路已进入客运高速、货运重载快捷的重要发展阶段。

为适应铁路运输高速、重载的发展需要，机车车辆的制造必须更加安全可靠，这对焊接工艺、焊接装备和焊接质量控制等方面提出了更高的要求。随着铝合金、不锈钢、耐候钢以及其他新材料在车体和转向架焊接结构中的大量使用，搅拌摩擦焊、激光焊及激光-电弧复合焊、等离子弧焊及等离子弧-电弧复合焊等先进焊接技术也正逐步得到推广应用。为提高焊接质量和生产效率，焊接装备正向着自动化、柔性化、规模化以及智能化的方向发展，并需要建立有效的质量检测方式、科学的管理体系与完善的评价系统。先进焊接技术与装备的开发、应用与推广也促进了机车车辆制造在新材料、新结构、新技术、新工艺等方面的快速发展，现阶段中国机车车辆的焊接技术及应用已达国际先进水平。

16.1.2 铁道建设中钢轨焊接技术的发展概况

在铁道建设方面，无论是新建线路还是既有线路改造，基本都实现了无缝线路。在铺设无缝线路时，钢轨的焊接方式主要采用闪光焊、气压焊、铝热焊等焊接技术。客运专线用的长钢轨一般先在焊接基地采用固定式闪光焊机进行焊接，然后在铺设现场采用移动式闪光焊工艺进行长轨焊接，道岔与钢轨之间的焊接一般采用铝热焊技术；货运线路长钢轨由固定式闪光焊在基地进行焊接，在铺设现场采用移动式闪光焊或移动式气压焊进行焊接；运营线路伤轨的焊接修复主要采用铝热焊和移动式气压焊技术。

道岔焊接技术的发展主要经历了有缝线路和跨区间无缝线路两个阶段，有缝线路的连接主要采用接头夹板连接，无缝线路的连接主要采用闪光焊连接。为解决钢轨与高锰钢辙叉焊接的难题，采用添加中间介质的闪光焊工艺，实现了钢轨与辙叉的跨区间无缝线路连接，目前已应用于提速道岔、高速道岔以及出口铁路道岔的可靠焊接。

16.2 机车制造中的焊接技术

16.2.1 内燃机车制造中的焊接技术

内燃机车由车体走行部（包括车架、车体、转向架等）、柴油机、传动装置、辅助装置、制动装置和控制设备等组成，其中车体走行部作为内燃机车的关键部件，其焊接质量的优劣直接影响机车运行的安全。目前车体走行部关键部件的焊接已采用机械手自动焊接技术及工艺装备，显著提高了生产效率和焊接质量及其稳定性，改善了工人的劳动条件，降低了劳动强度。该项技术主要用于内燃机车的车体结构和转向架构架的焊接生产，如图 16-1 所示，其主要车型包括东风 4D 型、HXN3 型、HXN3B 型等。

a)

b)

图 16-1　内燃机车车体结构及转向架机器人焊接生产线

a）车体底架端部　b）转向架构架

16.2.2　电力机车制造中的焊接技术

电力机车车体由底架、司机室、侧墙和车顶等部分组成，是机车的重要承载部件，也是电力机车主要的焊接结构部件。车体结构设计是保证产品制造和应用的前提条件。在电力机车的车体结构设计过程中，通过引入 IDEAS 和 CATIA 三维设计软件实现了车体结构的三维设计，同时可分析整车的应力分布，并在有限元分析的基础上采用 Fe-safe 或者 nCode DesignLife 进行抗疲劳设计，如图 16-2 所示。通过车体静强度及疲劳强度的计算校核和疲劳寿命分析，预测车体及零部件结构（包括焊接结构）的疲劳寿命，使车体焊接结构设计更加精细化和标准化，保证产品质量。

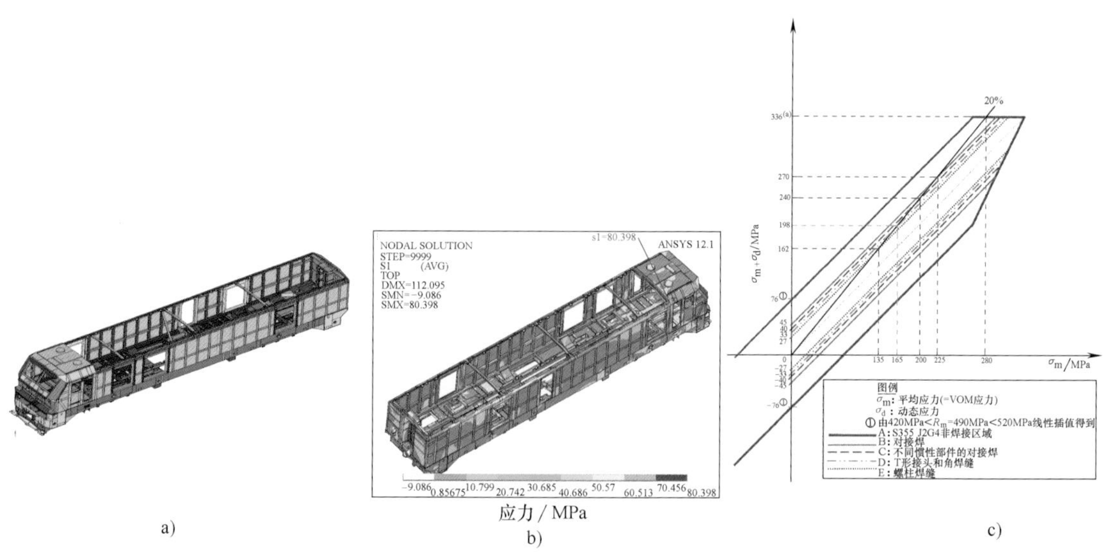

a)　b)　c)

图 16-2　HXD2F 电力机车车体结构及设计

a）车体结构三维实体模型　b）整车最大主应力云图

c）车体结构抗疲劳设计（Goodman 疲劳极限线图）

转向架是电力机车的走行部分，除支承车体上部重量和传递牵引力、制动力外，它对机车动力学性能、牵引性能和安全性能起着重要的作用，是保证机车运行平稳性、稳定性和安全性的关键部件。转向架是由多组梁体及各种支撑座、安装座组成的焊接结构件，梁体结构为盖板、立板以及支撑筋板组成的箱型结构，支撑座和安装座多由铸件、锻件或者小的焊接结构件组成。转向架构架、底架大部件焊缝采用机械手自动电弧焊，可实现 10 余米长度的底架侧梁等部件及复杂结构和形状部件的全位置焊接，如图 16-3 所示。其中单、双丝切换机械手配备 L 型变位器，可实现 360°全方位旋转、焊接，通过单、双丝切换功能可克服双丝焊枪可达性差和单丝焊枪效率低的缺点。目前该技术已在和谐型系列电力机车构架焊接过程中广泛应用。

图 16-3 底架焊接生产线

在 HXD2 电力机车生产中也引入了拉弧式磁环保护螺柱焊技术，如图 16-4a 所示，用于不锈钢、碳钢螺柱的焊接，每根螺柱的焊接时间仅需 200ms，大幅度提高了焊接效率，缩短了制造周期。在 200km/h 大功率快速电力机车制造中，成功将搅拌摩擦焊技术应用于铝合金顶盖的制造中，减少了焊接变形，提高了产品质量，如图 16-4b 所示。

a)

b)

图 16-4 电力机车车体先进焊接技术

a) 拉弧式磁环保护螺柱焊 b) 铝合金顶盖搅拌摩擦焊

16.3 客运车辆制造中的焊接技术

16.3.1 高速动车组制造中的焊接技术

1. 铝合金车体自动电弧焊技术

高速动车组铝合金车体底架、侧墙、端墙、车顶和总组装等大部件在机械手自动化焊接生产中，车体结构采用大型中空铝合金型材以及不同厚度的铝合金板材，主要为 Al-Mg-Si 系和 Al-Zn-Mg 系铝合金，采用机械手自动 MIG 焊，包括单丝 MIG 焊和双丝 MIG 焊技术，焊接过程稳定，焊接效率较高，尤其是双丝 MIG 焊机械手的焊接速度可达 3~5m/min，焊后焊缝外形美观，焊接气孔少，焊接变形较小。

CRH2A 型和 CRH5 型高速动车组铝合金车体自动化焊接生产线配有机械手焊接设备、数控加工设备（焊前、焊后）、焊接过程监控设备、大型组焊工装及检测设备等，如图 16-5 和图 16-6 所示。焊接生产线兼容性强，具备柔性化生产的特点，可适用于不同型号高速动车组车体的生产，工装实现自动装夹，辅助时间减少、生产效率高、质量稳定，可在多个车型间实现快速交替生产。

a)

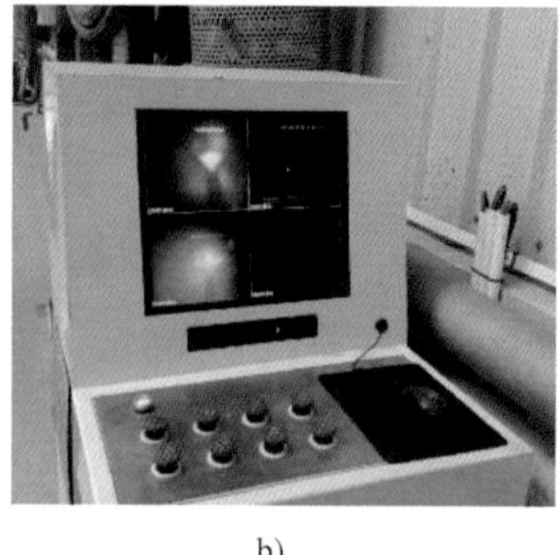
b)

c)

图 16-5　CRH2A 型高速动车组铝合金车体自动化焊接生产线

a）焊接机器人系统　b）电弧视频监控系统　c）柔性化焊接工装

a)

b)

c)

图 16-6　CRH5 型高速动车组铝合金车体自动化焊接生产线

a）车体双枪双丝龙门自动焊设备　b）车体总组成合成工装　c）大部件五轴加工设备

CRH6 型城际高速动车组车体也常采用大型铝合金 6000 或 7000 系列 T5 或 T6 状态的复杂断面空心型材和实心板材。在制造过程中，由于结构多为型材，便于拼接，接口通长且规则，易于实现自动化操作，所以自动焊接技术被广泛应用。城际高速动车组车体自动化焊接技术主要应用于生产 CRH6A 和 CRH6F 型城际高速动车组车体及大部件，包括底架、侧墙、车顶和总成等。2012 年建成的城际高速动车组车体自动化焊接生产线如图 16-7 所示，用于生产 CRH6A 和 CRH6F 型城际高速动车组车体及大部件的自动化焊接。

2. 转向架构架自动电弧焊技术

高速动车组转向架对行车安全起着至关重要的作用，而构架作为转向架的承载和传力构件，它不仅要支撑车体、电动机和各种零部件，还要传递车体与轮对之间的横向、垂向和纵向等各种载荷。

为保证焊接质量，提高焊接生产效率，动车组转向架构架及侧梁、电动机吊架等部件的焊接，主要采用机械手自动弧焊技术，图 16-8 所示为 CRH3 型动车组转向架构架等部件的焊接。构架组成、侧梁组成、横梁组成、电动机吊架等部件的组对工装均为电动液压自动夹紧方式，定位精准、压紧可靠。

a)

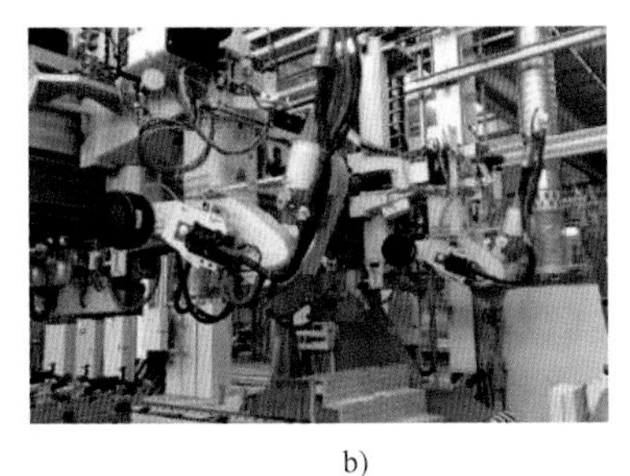

b)

c)

d)

图 16-7　CRH6 型城际高速动车组车体自动化焊接生产线

a）城际高速动车组　b）侧墙自动焊　c）车顶自动焊　d）地板自动焊

a)

b)

c)

图 16-8　CRH3 型动车组转向架构架自动化电弧焊技术

a）CRH3 型动车组转向架　b）侧梁立板组对工装　c）横梁焊接机器人系统

高速动车组转向架构架焊接的柔性制造生产线总体布置如图 16-9 所示，通过对机械手自动弧焊技术、PLC 系统应用技术、安全信息监控技术等技术进行集成，在实现自动化焊接的

图 16-9　高速动车组转向架构架焊接的柔性制造生产线总体布置

同时，也实现了自动装夹、随行夹具设计、自动上下料、全自动物流、现场监控系统、节拍式生产模式。开发了多层多道、不规则、多坡口角度、狭小空间内规则焊缝的自动焊接工艺，提高了焊接质量稳定性和焊接生产率。

在构架焊接过程中，由于不均匀的加热和冷却，焊缝及近缝区附近会产生较大的焊接残余应力。采用数值仿真计算方法可准确预测焊接残余应力及分布，如图 16-10 所示，并通过对残余应力的有效消除，提高了车体结构的尺寸精度、疲劳强度及疲劳可靠性，有效提高了产品服役的性能，提升了产品质量和制造工艺过程的控制水平。

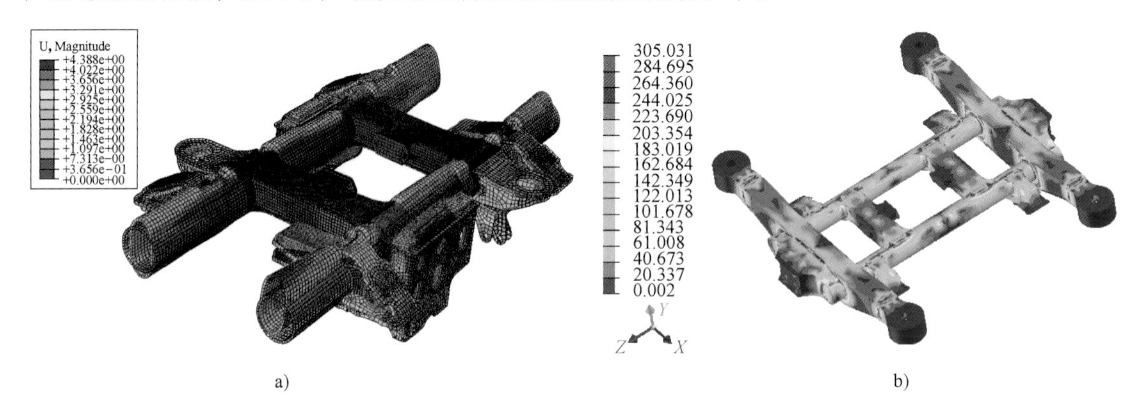

图 16-10　转向架构架焊接应力及变形数值仿真

a）焊接变形　b）等效应力

16.3.2　城市轨道客车制造中的焊接技术

1. 铝合金城市轨道客车车体自动电弧焊技术

城市轨道客车车体结构主要由底架、车顶、侧墙、端墙等组成，需要有足够的强度来承受自重、载重、牵引力、横向力、制动力等载荷及作用力。城轨客车用铝合金材料主要为 Al-Mg 系、Al-Mg-Si 系铝和 Al-Zn-Mg 系铝合金，其焊接主要采用自动 MIG 焊方法。

为满足铝合金车体工艺要求，铝合金车体生产线配套了龙门自动焊机、悬臂自动焊机、总组成自动焊机等大型焊接设备，如图 16-11 所示。其中，龙门自动焊机的组成主要由一套龙门架系统（立柱、横梁、底座等）、两套焊接机头、焊枪左右/前后调节机构、焊接系统及冷却水循环装置、两套接触传感系统（可以使用激光传感系统）、控制系统、轨道供电滑线等部分组成。两个独立的焊接机头可以同时或各自独立完成焊接工作，主要用于焊接铝合金车体部件的长直焊缝，焊缝可以是对接或搭接类型。双焊接机头可以在一次焊接过程中同时完成两条焊缝，龙门焊机目前最大工作长度为 120m，在此范围内可以布置不同的工装，保证龙门焊机最大的使用效率。

a)

b)

c)

d)

图 16-11　城市轨道客车铝合金车体自动化焊接生产

a）铝合金车体　b）龙门自动焊　c）悬臂自动焊　d）总组成自动焊

2. 不锈钢城市轨道客车车体自动电阻焊技术

不锈钢车体主要由底架、侧墙、端墙、顶盖及司机室组成，采用板梁组成薄板筒体结构整体承载。根据不锈钢车体结构及材料特点，车体结构中不锈钢板材搭接主要采用电阻点焊工艺，根据产品的结构特点及要求又分为单面双点、单面单点、双面单点以及迂回焊等。不锈钢车体自动电阻点焊生产线如图 16-12 所示。不锈钢车体电阻点焊自动化焊接具有如下优点：①焊接机械化和自动化程度高，操作简单方便；②焊接成形规整美观、焊接变形小，质量稳定可靠；③利用电阻热形成焊接熔核，不锈钢焊接热裂纹倾向小，热影响区小，对材料力学性能影响很小，焊后车辆整体强度能够得到保障；④焊接过程几乎无烟尘，保证操作者人身健康；⑤不锈钢车体具有高耐蚀性，车体表面采用拉丝处理，外观靓丽，无需进行油漆涂装，产品绿色环保不污染环境。

a)

b)

c)

d)

图 16-12　不锈钢车体自动电阻点焊生产线

a）免涂装不锈钢车体　b）智能点焊机　c）智能缝焊机　d）点焊机器人

16.3.3　先进焊接与检测技术在客车车辆制造中的应用

1. 铝合金车体搅拌摩擦焊技术

随着轨道车辆车体轻量化的快速发展，铝合金车体大量采用中空型材结构，搅拌摩擦焊作为一种绿色、高效的焊接方法，在轨道车辆车体制造中被越来越多地应用。例如，在 350km/h 标准动车组铝合金车体结构中，牵引梁、枕梁、车钩座板等关键部件的焊都成功采用了搅拌摩擦焊技术，如图 16-13 所示。建立了企业技术标准体系，形成了完整的搅拌摩擦焊工艺评价体系、制造工艺体系和质量标准体系。

利用搅拌摩擦焊技术成功实现了高速车、城市轨道客车的样车制造，实现了包括车顶、侧墙、端墙、顶板、车钩座板、枕梁等部件十余个产品项目的搅拌摩擦焊生产应用，如图 16-14所示。

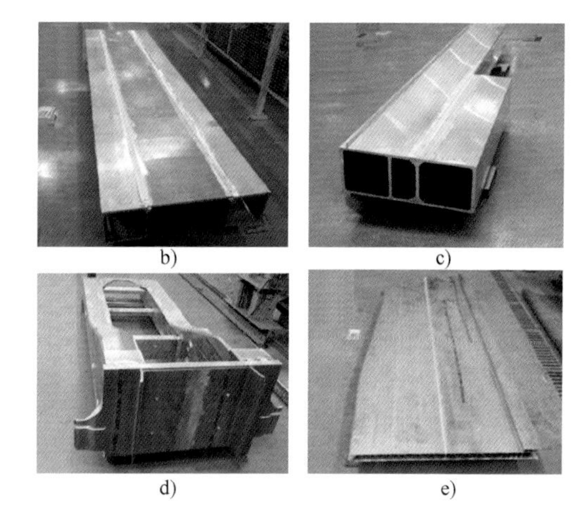

图 16-13　标准动车组车体结构的搅拌摩擦焊
a）标准动车组车体　b）枕梁　c）牵引梁　d）车钩座板　e）端墙板

图 16-14　高速车和城市轨道客车车体的搅拌摩擦焊
a）高速车铝合金车体　b）城市轨道客车铝合金车体

在铝合金地铁车体关键部件生产中也采用了搅拌摩擦焊技术，包括侧墙、地板、平顶等各大部件。侧墙柔性化生产线可满足铝合金 A 型、B 型（含 T 型、鼓型）等不同车型的生产，焊接速度达到 2m/min，焊后平面度和轮廓度均优于传统弧焊。地铁车体的搅拌摩擦焊如图 16-15 所示。2014—2015 年研制的南京河西低地板有轨电车、苏州低地板有轨电车 2 号线等车体的地板、车顶、侧墙、端墙等大部件均采用的是搅拌摩擦焊技术，焊缝长度占整车焊缝长度的 80%左右。

a)　b)　c)

图 16-15　地铁车体的搅拌摩擦焊
a）地铁样车　b）侧墙生产线　c）地板生产线

2. 不锈钢车体先进焊接技术

（1）车体激光焊技术　激光焊具有热输入小、热影响区小、焊接变形小、污染小，易于实现自动化高速焊接，生产效率非常高、焊缝成形良好等诸多优点。

中车长春轨道客车股份有限公司采用激光叠焊技术完成了200km/h不锈钢样车、城市轨道客车不锈钢样车的试制，验证了激光叠焊工艺及装备的可行性和激光焊车体结构的可靠性，成功完成了北京地铁6号线产品车的激光焊接生产，并将在美国波士顿地铁车辆制造项目中采用激光焊技术，如图16-16所示。激光焊技术也成功应用到了A型不锈钢车体和不锈钢地铁侧墙等部件的焊接生产过程中。

a)

b)

c)

d)

图16-16　不锈钢车体激光焊

a）200km/h不锈钢动车组激光焊样车　b）城市轨道客车车辆不锈钢车体激光焊样车

c）北京地铁6号线激光焊车体　d）车体侧墙激光焊设备

（2）车体等离子弧焊技术　等离子弧焊具有能量密度大、电弧方向性强、熔透能力强、热影响区较窄等优点，2013年开始用等离子弧焊技术代替传统的夹胶点焊技术，焊接不锈钢地铁车辆的车顶与侧墙、侧墙与底架的外蒙皮焊缝，大幅度提高了不锈钢车体的密封性。不锈钢车体等离子弧焊设备及焊缝如图16-17所示。

a)

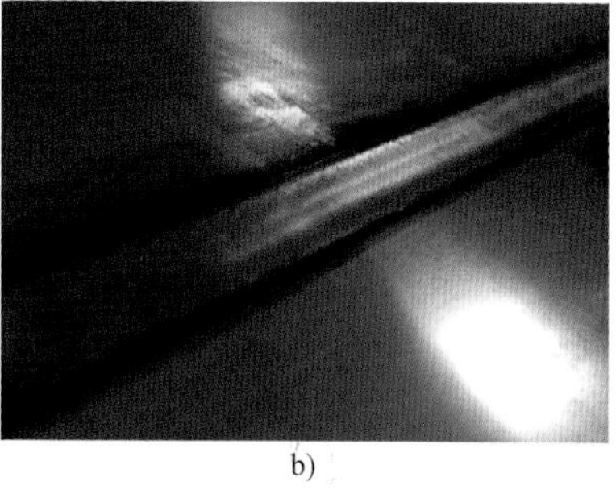

b)

图16-17　不锈钢车体等离子弧焊设备及焊缝

a）不锈钢车体等离子弧焊焊接设备　b）不锈钢车体焊缝

（3）不锈钢车体 CMT 焊接技术　CMT 技术即冷金属过渡焊接技术，这种焊接技术具有优良的搭桥能力，焊接变形小，焊缝质量高，焊道均匀一致，焊接速度快，没有金属飞溅，焊接设备投资较等离子弧焊及激光焊低很多，特别适用于不锈钢车体薄壁部件的焊接。

针对地铁客车不锈钢车体薄板的焊接，中车唐山机车车辆有限公司采用 CMT 焊接技术很好地解决了易烧穿、焊接变形大和金属飞溅等问题。目前 CMT 焊接技术已经应用在了地铁客车很多部件的焊接上，如底架与车顶的 0.6mm 波纹板、1.5mm 端墙骨架的角焊缝与搭接角焊缝焊接；端墙与侧墙 1.0mm 骨架、1.5mm 墙板的对接焊缝和角焊缝的焊接；车体 3mm 连接板与 1mm 侧墙立柱孔内环角焊的焊接等，如图 16-18 所示。

a)

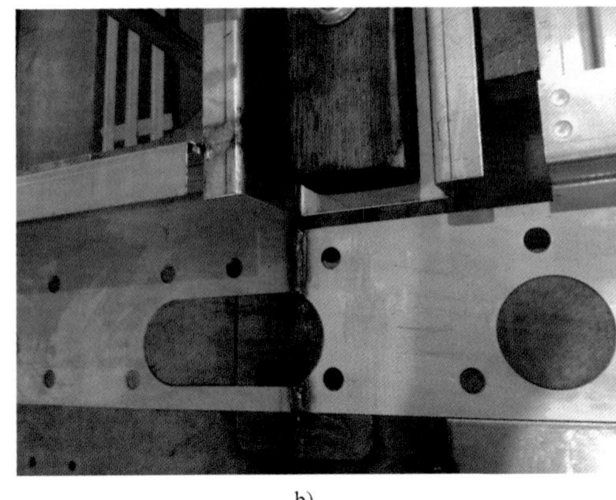
b)

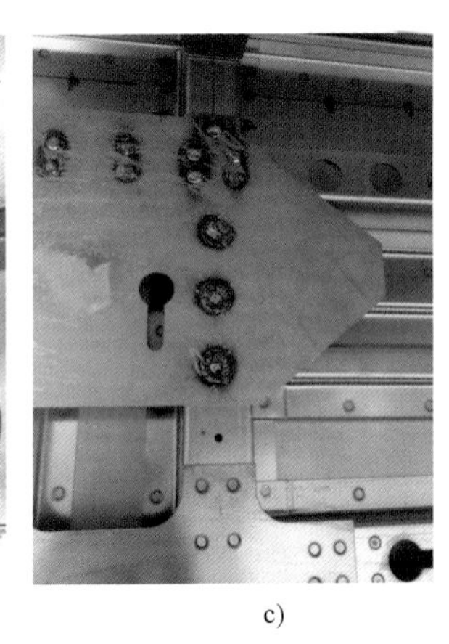
c)

图 16-18　不锈钢薄板 CMT 焊接

a）地铁 0.6mm 波纹板角焊缝　b）地铁 1.5mm 端墙骨架搭接角焊缝　c）地铁 3mm 连接板与 1mm 侧墙立柱孔内角焊

3. 高速动车组转向架构架先进焊接技术

激光-电弧复合焊充分利用了激光与电弧各自的优势，提高了激光能量利用率，在相同焊接熔深条件下，热输入减小、热影响区变窄、焊后变形减小，同时对间隙、错边、对中的适应性更强，有利于转向架构架的厚板焊接，并提高了动车组转向架的制造水平和安全系数。

结合高速动车组转向架焊接构架的结构特点和接头形式，中车青岛四方机车车辆股份有限公司系统研究了构架侧梁激光-MAG 复合焊接机器人系统，如图 16-19 所示，为激光-MAG 复合焊工艺在高速动车组转向架焊接构架中的应用提供了焊接工艺基础。

a)

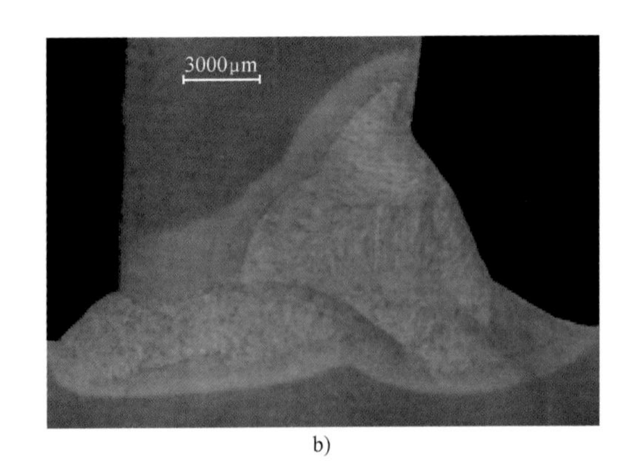

b)

图 16-19　转向架构架侧梁激光-MAG 复合焊接机器人系统

a）侧梁焊接过程　b）复合焊缝断面

等离子弧-电弧复合焊是将两种成熟的标准焊接工艺——等离子弧焊和 MIG/MAG 电弧焊有机结合在一起的一种优质高效焊接新技术。它能够有效提高焊接接头的质量，易于实现中、厚板单面焊双面成形，且具有生产效率高、焊后残余应力及变形较小等优点。转向架车间等离子弧-MAG 复合焊接机器人系统和焊缝断面如图 16-20 所示。等离子弧-MAG 复合焊在焊缝根部完全熔透的前提下热输入更低、焊接效率更高，焊接应力及变形明显降低。

a)

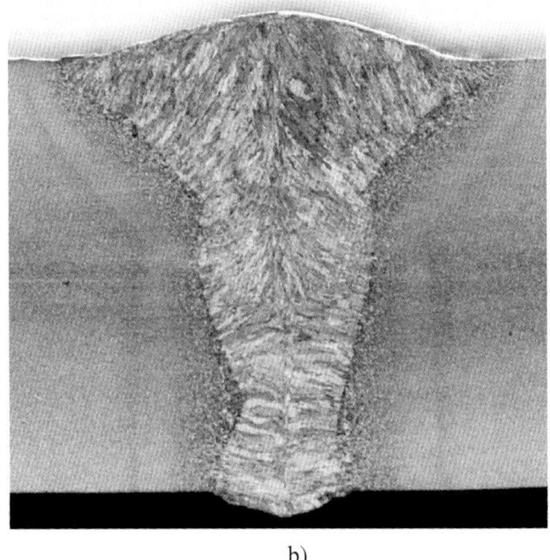

b)

图 16-20　转向架车间等离子弧-MAG 复合焊接机器人系统和焊缝断面

a）复合焊接过程　b）复合焊缝断面

4. 车体焊接质量的先进检测技术

(1) 高频超声波检测技术在不锈钢车体激光焊中的应用　在高频超声波检测技术方面，利用高频超声波信号幅度和相位特征进行成像，实现了峰值成像、时间飞跃法（time of flight, TOF）成像、频域成像等，开发了完善的成像软件系统，可进行超声波 A 信号、B 扫描和 C 扫描图像联动显示，实现了缺陷定性标识和定量分析。激光焊焊缝的检测如图 16-21 所示。

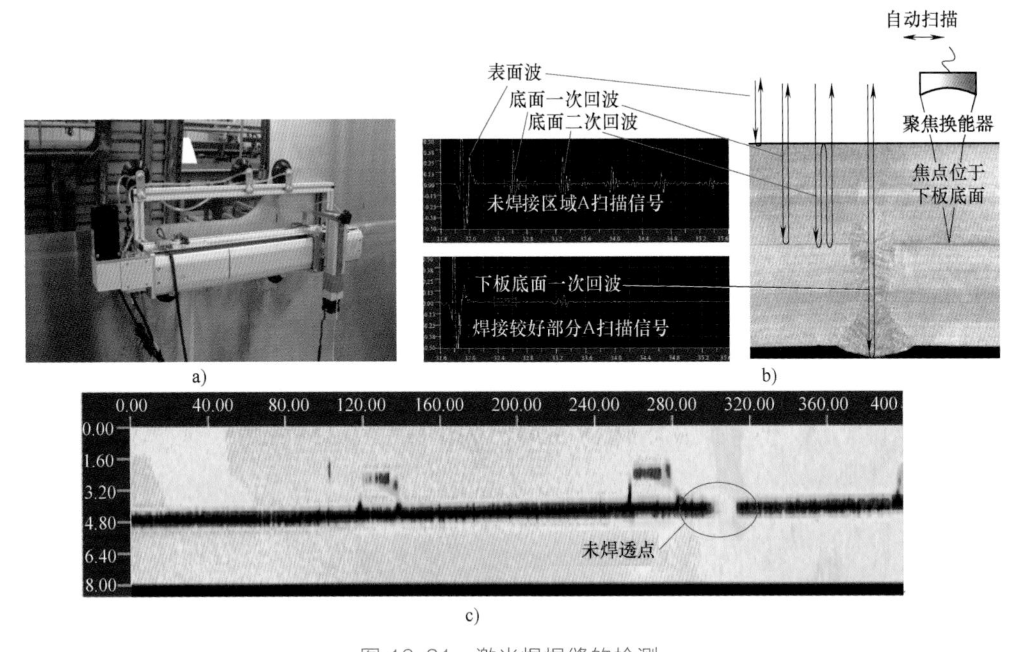

图 16-21　激光焊焊缝的检测

a）激光车体检测　b）高频超声波检测原理　c）未焊透检测结果

该技术已经在不锈钢车体激光焊中得到了实际应用，与传统的射线检测、金相检测结果对比，可直观发现焊缝气孔等微小缺陷，能够发现射线难以检测的未熔合缺陷，也可对缺陷埋藏深度进行准确定量分析。

（2）相控阵超声波检测技术在铝合金车体搅拌摩擦焊中的应用　针对铝合金车体部件搅拌摩擦焊焊缝内部缺陷的检测需求，中车青岛四方机车车辆股份有限公司研制了超声波相控阵检测设备，制定了超声波相控阵检测工艺，使焊缝缺陷检出率和检测效率显著提高。超声波相控阵检测技术的应用如图 16-22 所示。利用超声波相控阵技术解决了特定焊缝结构的缺陷检测问题，对检测结果可视化成像，可检测出当量尺寸 ϕ1mm 平底孔缺陷和 0.2mm 宽的人工裂纹缺陷。

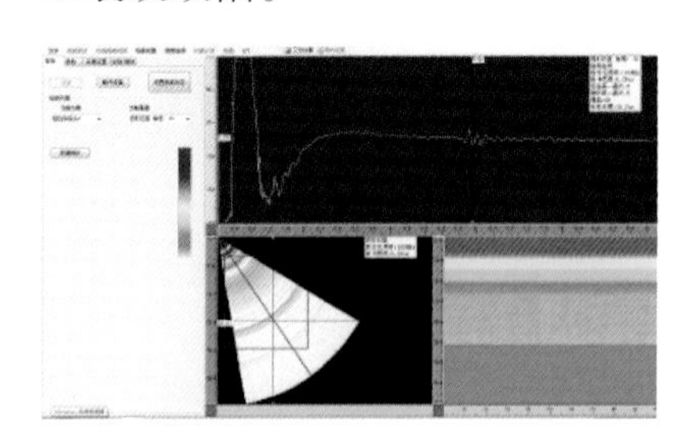
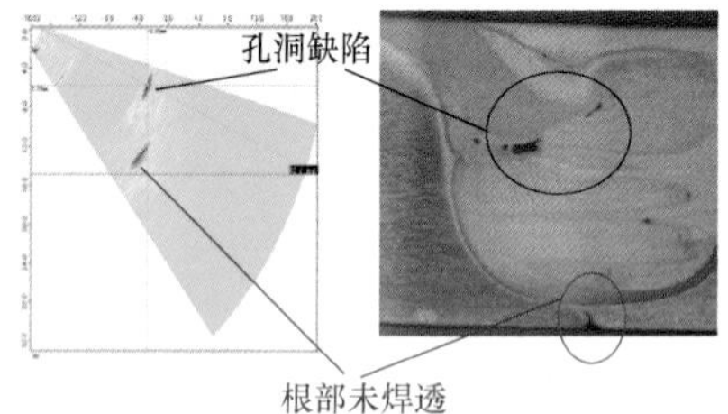

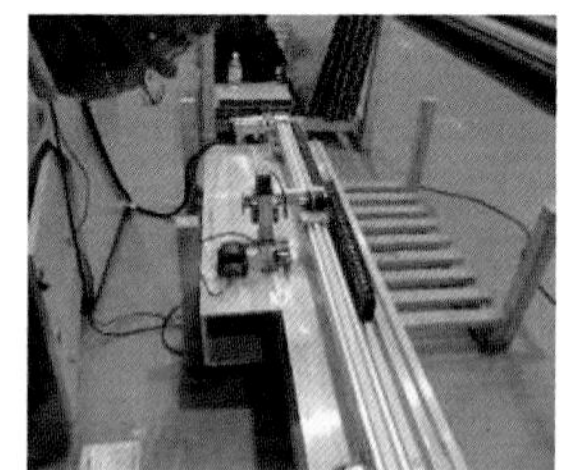

图 16-22　超声波相控阵检测技术的应用

中车青岛四方机车车辆股份有限公司开发了铝合金搅拌摩擦焊的焊缝缺陷检测和工艺优化专用软件，制定了搅拌摩擦焊缺陷超声波检测工艺规范。超声波相控阵智能化检测软件应用于焊缝检测模拟仿真的多功能软件，主要用来辅助检测工作者制定检测工艺，包括如何进行参数选择、位置设定和楔块选择等，让检测工作更加高效顺畅。软件可以对各种焊缝结构进行可视化的结构模拟、声线模拟、声场分析，工作人员根据自己的意愿和经验自由设定各种参数，就可以在模拟仿真的场景中看到相应的变化，而这些变化反馈的信息对工作人员实际操作有很实用的指导作用；另一方面，软件可以对已存在的工件检测数据进行回放、分析和处理，为数据的利用提供了一条便捷的途径。

使用该项无损检测技术对动车组铝合金搅拌摩擦焊构件进行检测和实验分析，与射线检测进行对比，结果表明，超声波成像可直观发现焊缝气孔、裂纹微小缺陷，还能够发现射线难以检测的未熔合缺陷，也可对缺陷埋藏深度进行准确定量分析。

（3）焊接制造信息化、智能化提升　针对在焊接制造信息化、智能化的提升方面，我国研发了铝合金自动焊监控系统和国内首套高速列车焊缝射线检测智能化评定系统等。铝合金自动焊监控系统在侧墙自动焊实际应用中取得了良好的效果，操作人员由 4 名减为 2 名，每年节省 76 万元左右。系统应用后，焊接操作人员不须近距离实时观察电弧，降低了焊接过程中弧光、高温、烟尘、飞溅对人体的伤害，改善了工作环境，系统是数字化工厂建设的重要组成部分，取得了较高的经济效益和社会效益。

国内研发的首套高速动车焊缝射线检测数字化评定系统（见图 16-23），实现了评定结果的信息化管理，焊缝底片的数字化扫描、底片缺陷自动搜寻、测量与自动化评定，企业射线检测的数据库管理，提升了 X 射线检测技术的信息化、自动化水平。建立的高速动车焊缝底片数据库管理系统，包含检验项目、焊缝底片、焊接缺陷三级数据库，实现了包含车辆产品、焊接工件、检验人员、检验条件、焊缝底片图像、底片评定、缺陷尺寸和特征等信息在内的数据库管理。根据 EN14096 及 GB/T 28266—2012 等标准的规定进行测试，研发的系统底片密度对比灵敏度小于 0.02，超过了国外同类专用底片数字化系统的技术水平，达到国际先进水平。

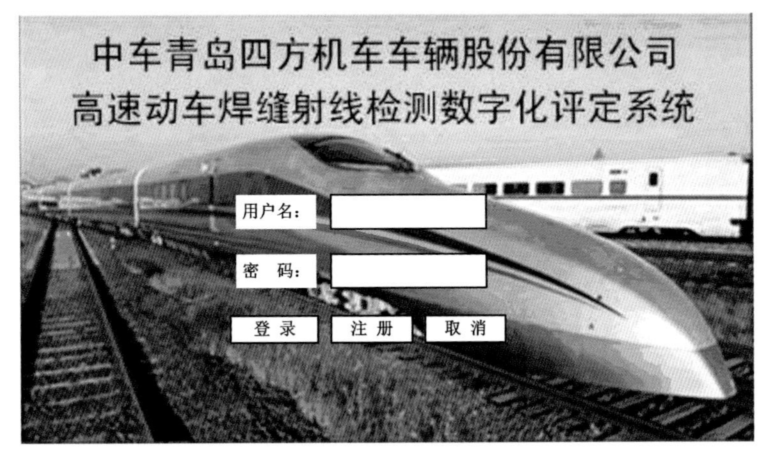

图 16-23　高速动车焊缝射线检测数字化评定系统

16.4　货运车辆制造中的焊接技术

16.4.1　重载提速货车制造中的焊接技术

1. 80t 级系列通用货车制造中的焊接技术

80t 级系列通用货车主要包括敞车、平车、棚车、罐车和保温车等。以运煤敞车为例，为了满足其重载并提高耐大气腐蚀性能的要求，车体制造主要采用耐候钢、铝合金和经济型铁素体不锈钢等结构材料。经济型铁素体不锈钢电弧焊在生产应用中的焊接性难题已被成功解决，其中具有代表性的是 25t 轴重 C80B 型不锈钢运煤敞车，实现了中国铁路货车采用经济型铁素体不锈钢的批量生产制造，开创了铁路货车采用不锈钢制造的先例，实现了货车制造钢种的升级，提高了铁路货车的使用寿命和降低了寿命期内的检修成本，为中国铁路运输事业带来了巨大的经济和社会效益，并成功应用于出口到澳大利亚等发达国家的车辆上，其技术达到国际先进水平，它的开发和应用为中国铁路重载运输提供了一种现代新型、适用装备。现阶段，不锈钢 C80B 型运煤专用敞车累计生产 2.9 万辆，单车无修理运行里程近 100 万 km，车辆状况良好，满足了大秦线曲线多、坡道大、2 万 t 编组高效周转的运用要求。

C80B 型不锈钢运煤敞车的焊接自动化程度有较大的提高，尤其是端墙、侧墙、地板等大部件的焊接，逐步由手工焊接向专机焊接生产线及自动焊接方向发展，焊缝总长度的 85% 以上采用了自动焊接。C80B 型不锈钢运煤敞车的焊接如图 16-24 所示。大多数新造厂家生产的车体长直焊缝全部采用自动化焊接专机焊接，车辆关键承载部件和结构复杂部件采用焊接机器人焊接。

2. 120km/h 提速车辆转向架制造中的焊接技术

转向架技术是货车提速的关键，根据市场对铁路货车提速的需求，我国引进了交叉支撑技术、侧架摆动技术，将中国货车运行速度由 70～80km/h 提高到了 120km/h。焊接机器人的优势之一是适合焊接形状较复杂、焊缝短而多的结构，典型的转向架（三大件铸造转向架和焊接构架式转向架）的结构特点非常符合这个特点，因此弧焊机器人在货车转向架上得到普遍应用，如图 16-25 所示，如焊接转 K4、转 K5 型转向架的弹簧托板；转 K2、转 K6 型转向架的侧架支承座；转 K3 型转向架的侧梁、横梁和构架等，焊缝表面成形良好，提高了构件的抗疲劳性能。采用焊接机器人焊接货车转向架，充分发挥了机器人焊接质量稳定、焊缝空间位置最佳、焊接效率高的特点，有效保证了货车转向架的焊接质量，使转向架的焊接制造、质量水平上升到了一个更高的台阶。

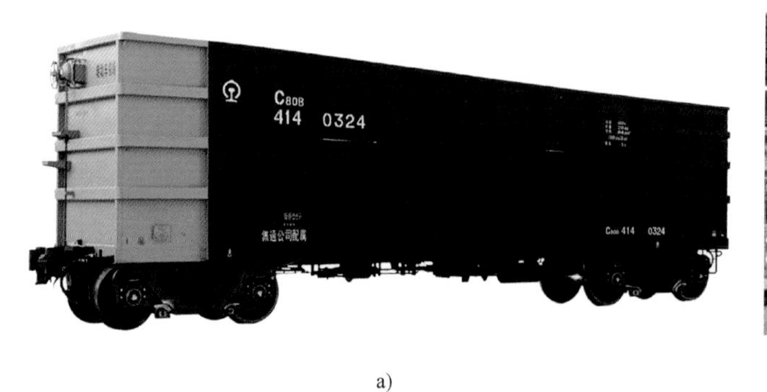

a)

b)

d)

e)

图 16-24　C80B 型不锈钢运煤敞车的焊接

a）C80B 经济型铁素体不锈钢运煤敞车　b）地板焊接专机　c）端墙焊接专机生产线
d）侧墙焊接专机生产线　e）枕梁焊接专机生产线

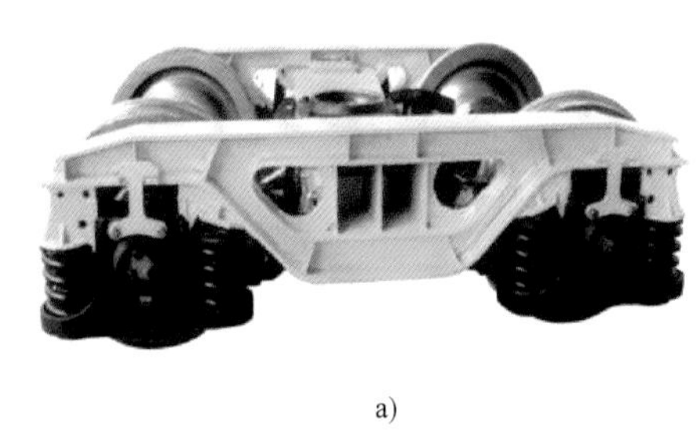

a)

b)

c)

图 16-25　铁路货车转向架焊接

a）转 K3 型整体构架式焊接转向架　b）转 K6 型转向架侧
架支承座焊接　c）转向架弹簧托板组成焊接

16.4.2　先进焊接技术在货车车辆制造中的应用

铝合金货车具有耐腐蚀且车辆自重减轻的优势，逐渐被应用到运煤货车车辆的制造中，货车车辆采用的铝合金板材与型材一般采用拉铆连接和熔焊方法。在生产制造及服役过程中，为克服拉铆连接面临增加车辆自重、易出现电偶腐蚀斑点和铝合金熔焊接容易出现气孔、裂纹等缺陷的问题，逐步将搅拌摩擦焊这一先进的固相连接技术应用到货车车辆的制造中。2013 年在铁路货车上首次应用搅拌摩擦焊技术，如图 16-26 所示，实现了铝合金煤炭漏斗车端墙、侧墙长直焊缝的搅拌摩擦焊技术的工程化应用，生产了 120 辆 KM98AH 型煤炭漏斗车。

a)

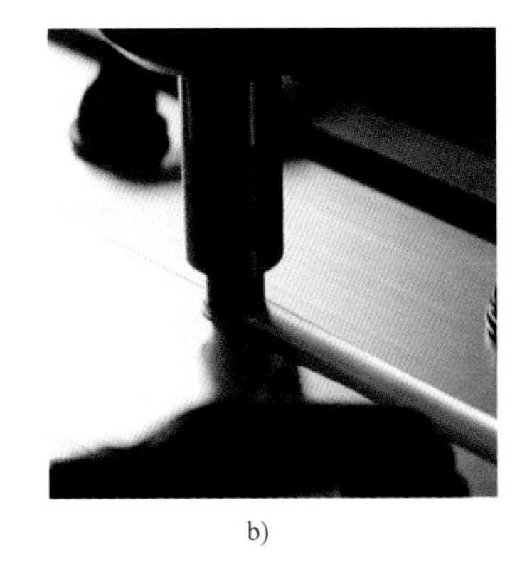
b)

图 16-26　铁路货车长直焊缝搅拌摩擦焊

a）KM98AH 煤炭漏斗车　b）搅拌摩擦焊过程

16.5　铁道建设中的钢轨焊接技术

16.5.1　无缝线路钢轨焊接技术

1. 客运高速铁路钢轨的焊接技术

新建客运高速铁路正线一般采用符合相应技术标准的 60kg/m，强度等级为 880MPa 的热轧百米定尺钢轨铺设（如 U71MnG 热轧钢轨），兼顾货运的线路采用强度等级为 980MPa 的热轧钢轨（如 U75VG 热轧钢轨）。长轨条一般由固定式闪光焊机在基地焊接完成，焊连后轨条长度一般为 500m，由专用长轨车运送到铺设现场。现场长轨条焊接一般采用移动式闪光焊线上焊接技术，如图 16-27 所示，道岔与正线的焊接采用铝热焊技术。移动式闪光焊焊机及其配套设备采用独立车载式发电机组供电，可在工地上焊接钢轨，以国产 LR1200 型焊机为主流焊机。该焊机机头为悬挂式，采用可编程序控制器和液压系统实施对焊接过程进行自动控制，焊接过程中通过调节烧化速度来控制焊接电流，闪光过程连续稳定，可实现连续闪光焊和脉动闪光焊两种焊接工艺。

a)

b)

图 16-27　客运高速铁路钢轨的焊接

a）自行式 YHG-1200 型移动闪光焊轨车　b）沈丹高铁线上焊施工现场

2. 货运重载铁路钢轨的焊接技术

既有货运重载运营无缝线路的换轨施工作业，长轨条是由固定式闪光焊机在基地焊接完成，现场长轨条与长轨条的焊接，是利用封锁时间采用移动式闪光焊轨或移动式气压焊轨线下焊接技术，如图 16-28 所示。其中移动式气压焊轨机及其配套设备采用独立车载式发电机组供电，可在工地上焊接钢轨，以国产 GPW-1200 型焊机为主流焊机。焊接系统为全自动数控气压焊轨机，具有工作边对齐、焊接、保压推凸、保压正火、强制风冷等一机化作业功能。单元节间的连接采用铝热焊或移动式气压焊线上焊接技术。

a)

b)

图 16-28　货运重载铁路钢轨的焊接

a）运营线移动式气压焊轨线下焊　b）运营线移动式闪光焊轨线下焊

3. 运营线路伤轨焊接修复技术

铝热焊修复技术和移动式气压焊修复技术是常用的两种运营线路伤轨的焊接修复技术。铝热焊修复是对线路上的伤轨进行紧急处理或临时处理以恢复无缝线路轨道结构的修复方法，在天窗内采用原位修复或插入短轨修复方法，焊接采用具有拉伸、保压功能的焊接设备，如图 16-29a 所示。移动式气压焊修复技术是一种永久性修复线路焊接技术，焊机利用机头自身拉力，在应力焊顶锻时能够很好地恢复无缝线路轨道结构，高质量地完成高铁线路修复作业，如图 16-29b 所示。焊接修复前通过计算锁定轨温，预留插入轨长度，使焊接修复后能精确恢复无缝线路锁定轨温，且接头质量不受应力影响，外观质量优良。移动式气压焊修复技术分为两部分，一是线下无应力焊接，二是线上无应力焊接。

a)

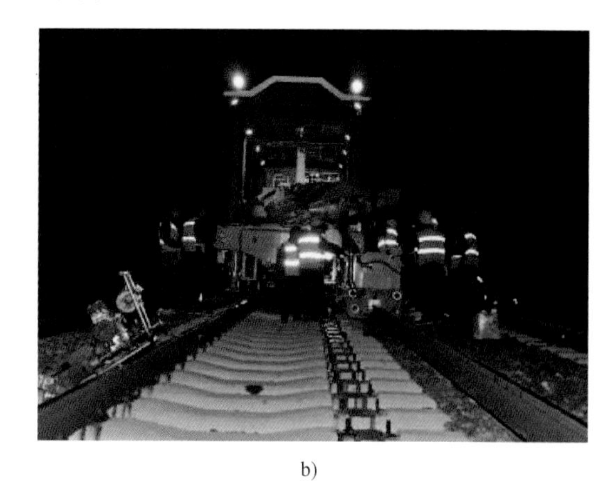

b)

图 16-29　运营线路伤轨焊接修复技术

a）铝热焊线上插入轨焊联　b）移动式气压焊轨车

16.5.2　铁路道岔中钢轨与辙叉焊接技术

我国在 20 世纪 60 年代开始铺设无缝线路，鉴于当时钢轨与高锰钢的焊接技术难题制约，大量线路采用胶接或冻接的接头方式连接。这种接头形式会在会车前后钢轨间产生凹槽而造成巨大冲击，该动力冲击对高锰钢辙叉的服役寿命具有一定影响。随着全路提速，开展了钢轨与高锰钢辙叉闪光焊技术的研究工作，辙叉包括固定式辙叉和摇篮式辙叉，闪光焊技术实现了跨区间无缝线路连接，现已成熟应用于国内提速道岔、高速道岔以及出口国外的铁路道岔。钢轨与辙叉闪光焊技术如图 16-30 所示。钢轨与辙叉的焊接采用添加中间介质的焊接工艺，其工艺流程如图 16-30a 所示。到目前为止，已向丹麦、澳大利亚、中国香港、新加坡、新西兰、马来西亚等多个国家和地区出口了焊接高锰钢辙叉，其中丹麦、澳大利亚等国家将道岔应用于重载和高速铁路的线路中。

图 16-30 钢轨与辙叉闪光焊技术

a）闪光焊工艺流程 b）接头形式 c）焊接过程 d）固定式辙叉单开道岔闪光焊接 e）摇篮式辙叉闪光焊接 f）出口中国香港的焊接锰钢辙叉 g）出口丹麦的焊接锰钢辙叉

参考文献

［1］ 王元良，骆德阳，王一戎．我国高速列车焊接技术及其新发展［J］．电焊机，2008，38（8）：8-12.

［2］ 朱志明，范开果，潘际銮．高速铁路钢轨焊接技术的发展与应用［J］．焊接，2013（5）：5-10.

［3］ 大连机车车辆有限公司年鉴编委会．中国北车集团大连机车车辆有限公司年鉴 2007~2015［M］．北京：中国铁道出版社，2007~2015.

［4］ 李幸人，邹涛，张江田，等．钢制车体疲劳强度校核方法［J］．铁道车辆，2012，50（4）：21-24.

［5］ 王秀义，邬瑞峰，尹晓亮，等．冷金属过渡焊在不锈钢车体焊接中的应用研究［J］．焊接技术，2014（3）：67-69.

［6］ 胡文浩，刘春宁，王广英．高速动车组铝合金车体长大型材关键焊接技术研究［J］．焊接技术 2013（5）：31-36.
［7］ 李刚卿，邢立伟，郑浩敏，等．高速列车制造焊接技术应用展望［J］．焊接，2011（5）：14-19.
［8］ 韩晓辉，陶传琦，张铁浩，等．搅拌摩擦焊技术在轨道车辆铝合金车体制造中的应用与展望［J］．现代焊接，2016（6）：16-20.
［9］ 王春生，刘庆祝．焊接技术在轨道客车制造行业的推广应用［J］．焊接，2015（1）：1-6.
［10］ 张欣盟，杨景宏，王春生，等．搅拌摩擦焊技术及其应用发展［J］．焊接，2015（1）：29-32.
［11］ 付宁宁，戴忠晨．铝合金车体侧墙搅拌摩擦焊工业化生产应用研究［J］．金属加工：热加工，2016（16）：18-19.
［12］ 王洪潇，史春元，王春生，等．基于响应面法的不锈钢车体激光焊接工艺参数优化［J］．焊接学报，2010（10）：69-72.
［13］ 田仁勇，史春元，吴向阳，等．基于等离子-MAG 复合焊的 SMA490BW 焊接接头残余应力与变形测量［J］．热加工工艺，2016，45（3）：45-48.
［14］ 杨涛，陈勇，陈卫林，等．激光-MAG 复合焊能量配比对 SMA490BW 耐候钢焊缝的影响［J］．电焊机，2016，46（5）：19-24.
［15］ 路浩，张铁浩，邢立伟，等．搅拌摩擦焊缺陷相控阵探测技术研究［J］．焊接，2014（4）：39-42.
［16］ 李加良．铁路货车焊接技术 60 年［J］．金属加工：热加工，2009（16）：12-14.
［17］ 杜兵，孙静涛，徐玉君，等．铁路车辆用 00Cr12 型不锈钢及其焊接［J］．焊接，2009（1）：1-6.
［18］ 陈增有．Q450NQR1 高强度耐候钢的焊接［J］．焊接，2004（10）：37-39.
［19］ 李英男．60 kg/m 贝氏体钢轨接触焊性能研究［J］．铁道建筑，2008（6）：99-101.
［20］ 王振伟，姜志昆，刘振刚．高锰钢与钢轨的闪光焊接环状缺陷研究［J］．金属加工：热加工，2015（12）：64-66.
［21］ 戴虹，吕其兵，谭克利，等．YJ-720/440TB-ZS 型数控式小型气压焊轨机［J］．铁道建筑，2005（8）：84-86.
［22］ 陈增有，罗春龙．德国 4003 不锈钢焊接工艺研究［J］．机车车辆工艺，2007（5）：19-21.
［23］ 孙静涛，屈朝霞，聂友明，等．S450EW 新型耐候钢焊接工艺与低温韧性研究［J］．机械制造文摘：焊接分册，2012（2）：30-32.
［24］ 周清跃，张银花，杨来顺，等．轨道的材质性能及相关工艺［M］．北京：中国铁道出版社，2005.
［25］ 李加良．铁路货车焊接技术的应用与发展［J］．金属加工：冷加工，2014（Z2）：135-138.
［26］ 王春山，陈雷．铁路重载提速货车技术［M］．北京：中国铁道出版社，2010.

第 17 章　造船与海洋工程建设中的焊接技术

郑惠锦　阎璐　宋金英　陈绍全　于训达　朱洪宇
刘秋亮　夏晓萍　薛卫中　兰玲　甘露　赵琼

焊接技术是造船与海洋工程建设中的关键工艺技术，焊接技术的发展和进步对船舶与海洋工程建设具有特别重要的意义。船舶与海洋工程结构复杂，服役条件苛刻，且为全焊接结构。船体建造中，焊接工作量约占 30%~40%，焊接成本约占船体建造总成本的 30%~50%。因此，先进、高效的焊接技术，在提高船舶与海洋工程建造效率、降低建造成本、提高建造质量等方面具有重要的作用，也是企业提高经济效益的有效途径。

随着技术的发展及行业的逐步成熟，我国建造的船舶越来越大，建造的海洋工程种类越来越多，技术含量越来越高，建造周期越来越短。中国在造船和海洋工程方面的能力和市场份额有明显增长，已成为世界造船格局演变的重要推动力量。而在船舶与海洋工程建造业的发展过程中，焊接技术的演变尤为突出。

17.1　概　　述

17.1.1　主要运输船舶概述

1. 散货船

散货船是当今世界的三大主流船型之一，散货船通常是指货舱长度区域具有单层甲板、双层底、底边舱和顶边舱，舷侧为单壳或双壳结构，且主要用于运输干的散装货（如谷物、煤和矿砂等）的海上自航船舶。散货船的尺度范围很大，载重量从几千吨到二十几万吨。按载重吨（Dead Weight Tonnage，DWT）大小可将散货船分为五种代表船型，即 2.7 万~3.4 万 DWT 大湖型、4 万~4.8 万 DWT 灵便型、6.4 万~7.5 万 DWT 巴拿马型、13 万~17 万 DWT 好望角型和 20 万 DWT 以上超大型散货船（见图 17-1）。

a)

b)

图 17-1　散货船
a）灵便型散货船　b）好望角型散货船

船体结构应尽可能使用高强度钢来减轻空船重量。甲板区域多采用 H36 高强度钢，船底和中和轴区域采用 H32 高强度钢。通常大型散货船的高强度钢用量占结构总用钢的比例可达到 80%以上。如果全焊透焊缝位于可能在板厚方向承受局部高应力部位处，则应根据具体情况采用 Z 向钢。按照船级社材料规范的适用要求，用于制造首柱、尾柱、舵、舵机部件和甲板机械的铸钢件一般可以采用规定的最低抗拉强度 R_m 等于 400MPa 或 440MPa 的可焊接碳钢和碳锰钢。

2. 油船

油船是液货船的一种。按装载油品可分为原油船和成品油船两类。按载重吨位可分为六类：超过 20 万 DWT 的超大型（Very Large Crude Carrier，VLCC）（见图 17-2）、12 万~20 万 DWT 的苏伊士型、8 万~12 万 DWT 的阿芙拉型、6 万~8 万 DWT 的巴拿马型、1 万~5 万 DWT 的灵便型和 1 万 DWT 以下的通用型。

油船船体结构采用船级社认可的一般强度和高强度船体结构钢，其中高强度钢使用量约占全船的 60%，船体结构中使用最大板厚不超过 30mm。对于不同结构和建造阶段采用不同焊接方法，其中高效焊接方法约占全船比例的 80%，自动焊方法约占全船比例的 40%。

3. 集装箱船

集装箱船是专门运输集装箱的船舶，按船型分为全集装箱船、半集装箱船和多用途集装箱船。目前，我国建造的最大集装箱船为 21000 TEU（Twenty foot Equivalent Unit，20 英尺标准集装箱），如图 17-3 所示。

图 17-2 我国首艘自行设计建造的“伊朗德尔瓦”号 VLCC（30 万 DWT 级）

图 17-3 上海外高桥造船有限公司建造的世界最大集装箱船（21000TEU）

集装箱船船体结构采用船级社认可的一般强度和高强度船体结构钢，目前采用的最高强度级别为 EH47，最大厚度为 85mm。全船高效焊接方法约占 80%，各种高效焊接方法的比率分别为：埋弧焊 6%、CO_2 气体保护焊（包括垂直气电焊）60%、衬垫单面焊 6%、铁粉焊（CJ501FeZ）8%。

4. 滚装船

滚装船是利用运货车辆来载运货物的专用船舶，是在汽车轮渡的基础上发展演变而来的。滚装船和其他运输船舶相比，无论是船的外形、内部结构、舱室布置及装置设备都独具一格。滚装船船型高大，有几层甲板，便于载运集装箱的车辆上、下船。由于滚装船的货舱容积利用率比一般货船低，要装运一定重量的货物，就得增加船的长度、宽度和高度。所以，滚装船要比同吨位的一般货船高大。图 17-4 及图 17-5 所示是我国建造的两种类型的滚装船。

为了减轻自重，整条船的板厚都要有所控制，尤其甲板大量采用了薄板，为此带来了薄板焊接变形等问题。为了控制焊接变形，拼板可使用单电双细丝埋弧焊，对于连续角焊缝 >1.5mm的尽量使用自动角焊机施焊，在施焊过程中，要严格控制焊接电流。

5. 化学品船

化学品船属于液货船，用于运载各种有毒的、易燃的、易发挥的或有腐蚀性液体化学物质的货船，多为双层底和双重舷侧。化学品船液货舱一般采用不锈钢。江苏新世纪造船股份有限公司为挪威船东建造的7.45万DWT化学品船“杰欧壹”号是目前国内已建成的最大化学品船。

图17-4 厦门船舶重工股份有限公司建造的世界最大汽车滚装船“礼诺·目标”号（8500卡）

图17-5 沪东中华造船（集团）有限公司建造的全球首艘G4型45000DWT集装箱滚装船“大西洋之星”号（3800TEU）

双相不锈钢具有高强度和优良的耐腐蚀性能，采用该种材料能有效减轻船舶重量，降低燃料消耗，所以，双相不锈钢化学品船被视为化学品船界的“新贵”，是未来发展的方向。2016年6月，全球最先进的化学品船——38000 DWT双相不锈钢化学品船“荣耀”号在沪建成命名（见图17-6）。“荣耀”号建造难度可以比肩液化天然气（Liquefied Natural Gas，LNG）船。这艘船的管系多达2万余根，涉及不锈钢、碳钢、铜、镍、锌、钼等几十种材料，集造船界管系材料之大全。一种材料就需要一套焊接工艺，建造人员必须具备高技术能力，建造难度之大可见一斑。

6. 半潜船

半潜船也称半潜式母船，是专门从事运输大型海上石油钻井平台、大型舰船、潜艇、龙门吊、预制桥梁构件等超长超重，但又无法分割吊运的超大型设备的特种海运船舶。广州广船国际股份有限公司与广州中船黄埔造船有限公司联手打造了亚洲最大、世界领先的大型海上工程装备专业运输船——5万DWT半潜船“祥云口”号（见图17-7）。目前中国最大吨位的半潜船是10万DWT级“新光华”号，由广州广船国际股份有限公司为中远海运特种运输股份有限公司建造。

为减轻整船的自重、提高船体结构强度，半潜船主要结构材料大多采用高强度钢。承载货物的举升甲板上经常要装卸焊接件，一般选用普通低碳钢，有时会在规范要求的基础上加

图17-6 沪东中华造船（集团）有限公司建造的38000DWT双相不锈钢化学品船

图17-7 被誉为“海上叉车大力神”的5万DWT半潜船“祥云口”号

厚，并且有些船会为该甲板的制造选用Z向普通钢。

7. 极地甲板运输船

全球首艘极地重载甲板运输船“AUDAX”（奥达克斯）号由广州广船国际股份有限公司建造完成，如图17-8所示。该船是一艘约28500DWT、双桨、双柴油机推进的运输船，主要用于运输大型海工模块，达到DNV polar 3级和极地冰级符号“PC-3”的相关要求，冰区等级达到俄罗斯规范中的最高冰区等级Arc7，可常年在极地冰区航行，能在1.5m冰厚的海况下保持2kn的航速，性能超过“雪龙”号。具有低油耗、绿色环保、高性能等特性，且技术含量高、建造难度大，是名副其实的海工重载运输领域皇冠上的明珠。该船是目前唯一可以在北冰洋冬春冰冻季节连续运输LNG大型设备模块至YamalLNG项目基地塞贝塔港的船舶。

作为极地冰区工程船，该型船的板材与型材大量采用了高强度钢，其中艏部锚穴、艏侧推、冰刀以及艏部均采用超厚外板设计。为满足冰区航行要求，船体结构都进行了加强设计，涉及的肋骨、纵骨等型材尺寸大且分布密集，导致产生大量狭小空间的作业，给装配、焊接、打磨等作业带来了很大难度。

8. 液化气船

液化气船是专门装运液化气的液货船。可分为液化石油气（Liquefied Petroleum Gas，LPG）船和液化天然气（LNG）船。

（1）LPG船　LPG船主要运输以丙烷和丁烷为主要成分的石油碳氢化合物或两者混合气。按货物运输方式分为全压式、半冷半压式（冷压式）和全冷式三种船型。LPG船逐渐由小型的全压式向低温、大容量运输为主的半冷半压式和全冷式发展。随着液化气海运量的增加，出于航运经济性的考虑，中长距离干线运输的液化气船正朝大型化方向发展，全冷式超大型LPG船（Very Large Gas Carrier，VLGC）的增加速度快于大中型和小型液化气船。我国自行研发、设计、建造的8.3万m^3VLGC已于2014年11月由上海江南长兴重工有限责任公司完工交付（见图17-9），正在建造的世界最大容量全冷式VLGC——8.5万m^3VLGC首制船计划于2017年上半年交付。

图17-8　广州广船国际股份有限公司建造的全球首艘极地重载甲板运输船

图17-9　上海江南长兴重工有限责任公司建造的8.3万m^3VLGC

VLGC液货系统和部分船体结构采用FH32高强度船体结构钢，板厚为8~34mm，采用焊条电弧焊、气体保护焊和埋弧焊等焊接工艺。

（2）LNG船　LNG船是在-163℃低温下运输液化气的专用船舶，是高技术、高难度、高附加值的“三高”产品。LNG船的储罐是独立于船体的特殊构造，有自撑式和薄膜式两种。

自撑式液舱的形状分为A（菱形）、B（球形）和C（卧式圆筒形）三种形式。其中，A型应用较少，B型应用广泛，C型被广泛用于小型LNG船中。自撑式液舱材料主要采用9%Ni钢，也有少量采用5083铝合金。

薄膜式LNG船包括MKIII型和No.96型两种，其货舱围护系统采用的均为法国GTT公司的专利技术。MKIII 型 LNG 船的液货舱主层薄膜采用的是 1.2mm 厚的压筋型不锈钢薄板。No.96 型 LNG 船的货舱围护系统主次薄膜均为 0.7mm Invar 钢（含 36%镍的钢），由于该种钢材的热膨胀系数极小，从 20~-163℃几乎无变形，故被称之为不变钢。船体除内底板、斜傍板为一般强度 D 级钢外，其他五面体如纵舱壁板、顶斜傍板和内甲板均采用一般强度 E 级钢。此外，主甲板和舷顶列板也采用了一般强度 E 级钢。其余船体结构部位多采用一般强度 A 级钢。钢板厚度为 13~24mm。船体结构中约有 20 多个分段涉及不锈钢（316L、304L）嵌入板的同种钢或异种钢焊接。殷瓦列板采用电阻缝焊，该工艺约占总焊接工作量的 80%，其余焊缝采用自动 TIG 焊或手工 TIG 焊。图 17-10 所示是我国建造的“泛亚”号船外观照片，图 17-11 所示是 No.96 型 LNG 舱内全景。

图 17-10 沪东中华造船（集团）有限公司建造的“泛亚”号 LNG 船（17.4 万 m^3）

图 17-11 No.96 型 LNG 舱内全景

17.1.2 海洋工程装备发展概述

海洋工程装备按结构形式可分为带底部支撑结构物（如导管架平台、自升式平台等）和浮式结构物［如半潜式平台和浮式生产储油装备（Floating Production Storage and Offloading, FPSO）等］两大类。

1. 导管架平台

导管架平台又称桩基式平台，由打入海底的桩柱来支承整个平台，能经受风、浪、流等外力作用。结构由三个主要部分组成，即上部结构、导管架和桩。上部结构的建造和造船类似，导管架管节点的焊接是其建造的关键技术。

管节点分为 T、K 和 Y，或 X（交叉型）管节点，一般都是全熔透接头，无法进行双面焊接，焊接衬垫不适用。因此，在焊接 T、K、Y 管节点时，根部焊道的焊接尤其重要，需要焊工具备根部焊道单面焊双面成形和小角度焊接面的焊接技能，需要焊工达到 6GR 最高等级。图17-12所示是“荔湾 3-1”号油气生产平台。

2. 自升式平台

自升式钻井平台又称为桩脚式钻井平台，是目前国内外应用最为广泛的钻井平台（见图 17-13）。自升式钻井平台可分为三大部分：船体、桩靴和升降机构。通常具有 3~4 条桩腿，借助升降机构，平台结构可以沿桩腿上下移动，从而满足不同水深（通常为 40~160mm）的作业要求。多数自升式钻井平台的桩腿采用三角或四边桁架式结构，也有采用筒式结构桩腿的。大连船舶重工集团海洋工程有限公司在建的“DSJ400-01”，是目前我国建造的最大作业水深自升式平台，作业水深达到 121.9m（400ft）。

自升式钻井平台的桩腿、桩靴、桩靴与桩腿链接处、升降基础、悬臂梁及其相关结构等部位在规范中通常被定义为主要结构，必须采用韧性等级较高的高强度、超高强度钢材。

自升式钻井平台结构由于作业条件比较恶劣，结构设计不同于普通钢结构，对焊缝力学

图 17-12　中国海油石油总公司自主设计建造的亚洲最大油气生产平台“荔湾 3-1” 号

图 17-13　大连中远船务工程有限公司建造的“N611”自升式钻井平台［作业水深 106.7m (350ft)，钻井深度 9144m (30000ft)］

性能要求比较高。因此，不但要求母材具有良好的焊接性，而且要根据不同级别钢材的冶金特性制定合理的焊接工艺。对于屈服强度在 355～400MPa 的高强度钢通常以热轧或热机械控制工艺（Thermo Mechanieal Control Process，TMCP）状态供货，具有较好的塑性和韧性，焊接性较好，一般不需采取特殊的焊接工艺措施，焊接时要根据结构形式和母材厚度，确定热输入和预热温度，以控制热影响区的冷却速度，即能保证焊接接头具有良好的力学性能指标。对于屈服强度在 420～690MPa 的超高强度钢，通常以 TMCP、TMCP+低温回火或调制状态供货，由于碳含量多控制在 0.21%以下，因此不仅具有高强度和高塑性、韧性，而且具有良好的焊接性。焊接的基本原则是控制奥氏体化的热影响区的冷却速度，以便获得低碳马氏体或下贝氏体组织；为避免产生冷裂纹，必须严格保持低氢条件。

3. 半潜式平台

半潜式钻井平台由于其自身特有的小水线面运动性能佳、排水量大及甲板面积大等优点，已逐渐成为深海石油开发的主流装备之一。2011 年 5 月，我国建成世界上最先进的第六代深水半潜式钻井平台“海洋石油 981”（见图 17-14）。981 是我国首座自主设计、建造的深水半潜式钻井平台，最大作业水深 3000m，钻井深度可达 12000m，平台自重超过 3 万 t，从船底到钻井架顶高度为 136m，相当于 45 层楼高。2015 年 6 月，我国建成最大作业水深 3658m 的超深水半潜式钻井平台“福瑞斯泰阿尔法”号（见图 17-15），其最大钻井深度 15240m，也超过了此前世界同类产品的最大钻井深度。

图 17-14　上海外高桥造船有限公司建造的半潜式钻井平台“海洋石油 981”

图 17-15　中集来福士海洋工程有限公司建造的全球作业水深和钻井深度最深的超深水半潜式钻井平台“福瑞斯泰阿尔法” 号

半潜式钻井平台大量采用高强度钢和超高强度钢。高强度、大厚度、复杂节点的钢结构焊接技术是建造平台的关键技术，包括高强度和超高强度大厚度钢材的焊接工艺、不同钢材连接焊接工艺、高强度钢/重要管节点结构焊接工艺、大厚度钢板焊接无损检测和重要局部结构焊接残余应力控制技术等。

4. FPSO

FPSO 可对原油进行初步加工并储存，被称为“海上石油工厂”（见图 17-16）。

图 17-16 上海外高桥造船有限公司建造的 30 万 DWT FPSO“海洋石油 117”号（日加工原油 19 万桶、储油量 200 万桶）

17.2 造船与海洋工程建造中焊接技术的发展

20 世纪 40 年代以来，造船焊接技术发展很快，埋弧焊、气体保护焊、重力焊等多种高效焊接方法相继被开发出来并得到应用；尤其是 20 世纪 50 年代以后，造船焊接技术取得了全方面的快速发展，形成了以节能、高效为特征的造船焊接技术体系，20 世纪 50 年代开始应用埋弧焊和气电立焊技术，20 世纪 70 年代又大力开发 CO_2 气体保护焊技术、各种单面焊和高效焊接术，20 世纪 80 年代开始开发应用各种专用机械化设备，20 世纪 90 年代开始研究应用焊接机器人技术，且技术日臻完善，并达到实用化。

目前，我国船舶建造所采用的高效焊接方法主要有 CO_2 气体保护焊、单丝埋弧焊、双丝埋弧焊、焊剂铜衬垫（Flux Copper Backing，FCB）埋弧单面焊、垂直气电焊、各种衬垫单面焊等。在此基础上，各大焊接设备厂家纷纷推出数字控制系统。从部分数字控制到全数字化，包括晶闸管整流和 IGBT 逆变。目的是提高焊接稳定性、减少飞溅，实现高速焊接和精确控制。机器人焊接适用于船舶构件批量化、小型化焊接生产以及狭窄舱室短焊缝全位置焊接，其中，小组立机器人焊接系统已在中国造船业中成功得到应用。随着现代造船模式的推行，国内各船厂都加大投入力度，不断增加焊接机械化、自动化的设备，从而实现减员增效。在大力提高焊接机械化、自动化的进程中，除了平面分段流水线、管子装焊生产线、T 排自动焊接生产线、型材切割生产线等大型装焊机械设备外，各种小型、低成本焊接自动化装置（专机）也是十分必要和有效的。

17.2.1 焊接材料及其应用

目前，国内造船采用的各种焊接方法主要涉及焊条、气体保护焊焊丝、埋弧焊丝-焊剂等焊材。随着我国在船舶建造中引进、开发、应用的焊接工艺增多，船用焊材呈现出品种多样化、使用专一化、焊接高效化的特点。

1. 焊条

按照熔敷效率、焊接工艺不同，船体建造主要采用普通手工焊条、高效铁粉焊条。其中普通手工焊条多为低氢碱性焊条，如 E4315、E5015 系列，分别适用一般强度和高强度船体结构钢。高效铁粉焊条通过在焊条药皮中添加铁粉来增加熔敷效率，提高焊接速度，主要用于较短的角焊缝。

2. 气体保护焊焊丝

船用气体保护焊焊丝按制造工艺的不同，分为实心焊丝和药芯焊丝。从世界民用船舶建造整体格局来看，CO_2 气体保护药芯焊丝用量最大，目前国内大中型船厂使用率一般都达到了 80%以上。CO_2 气体保护药芯焊丝按生产用途分为普通药芯焊丝、金属粉芯药芯焊丝、垂直气电焊药芯焊丝及其他专用焊丝。

普通药芯焊丝多为碳钢有缝钛型焊丝，适用于强度 490MPa 级船用钢，此类焊丝熔滴过渡稳定、电弧柔和、飞溅少、易脱渣、焊缝外形光滑，有良好的焊接工艺性能和焊缝力学性能。金属粉芯药芯焊丝具有扩散氢含量低、熔渣量少，熔敷速度比实心焊丝高 10%~30%及电流适用范围较大等特点，因此，特别适合于机械化和自动化焊接。

由于金属粉芯药芯焊丝耐油漆性好、有优异的耐气孔性，可以实现高速平角焊，而且有良好的抗裂性，所以船厂为了追求焊接效率和质量，已经在越来越多地推广使用该种焊丝。垂直气电焊药芯焊丝主要用于船舶建造大合拢阶段船体外板的中厚板对接焊缝，由于采用水冷强迫成形单道焊，焊接热输入大，因此对焊材韧性要求高，国内已有多家焊材制造企业能够生产满足大热输入气电焊药芯焊丝。此外，双丝 MAG 焊及特殊高强度钢等专用药芯焊丝已实船应用。

3. 埋弧焊材

埋弧焊由于作业环境好，焊接过程稳定，焊缝质量容易保证，一直以来都得到了船厂焊工的青睐。但由于受焊接位置限制，故仅适合在较长、平直对接焊缝中应用，因此埋弧焊材用量基本维持在船用焊材总量的 10%~15%。

船厂使用的埋弧焊方法包括普通单丝埋弧焊、双丝埋弧焊、焊剂石棉衬垫（Flux Asbesto Backing，FAB）单面埋弧焊、热固化焊剂衬垫单面焊（Refractory Flux Backing，RF）或 FCB 多丝埋弧焊。从埋弧焊材生产技术分析，焊丝的制造工艺相对简单，焊丝质量主要由钢材原料的化学成分和 S、P、O、N 等杂质元素含量的控制来保证，而埋弧焊缝的质量和性能更多是由焊剂来决定。船用焊剂有熔炼型、烧结型，焊剂实船焊接应用同样需要与相应焊丝配对进行船检认可后才能使用。

4. 焊材应用情况

焊材应用比例变化取决于船舶焊接工艺、设备的应用状况和水平。由国内两大造船集团公司（中国船舶工业集团公司和中国船舶重工集团公司）有关专家组成的高效焊接技术指导组对集团下属企业上报的焊接设备、材料、工艺等应用情况和数据进行了统计，统计情况见表 17-1。统计结果表明，船厂药芯焊丝用量大。所以，CO_2 半自动焊在国内船厂依旧占有主导地位，普通 CO_2 药芯焊丝成为船厂最主要的焊材。

国内骨干船厂，特别是近年来新建的大型造船基地，注重采用先进的造船技术和高效焊接方法。FCB 单面焊、T 形纵骨多电极 CO_2 气体保护自动角焊是船体平直分段装焊流水线的重要焊接工艺，其应用的埋弧焊材和高速角焊专用金属粉芯药芯焊丝大多依赖进口，主要是为了保证在大热输入焊接条件下有良好的电弧稳定性和焊缝外形，减少焊接裂纹的产生，同时确保低温韧性钢板的焊缝性能能达到船舶标准的要求。在双丝埋弧焊方面，国产焊材已经开始逐步替代进口焊材。与普通 CO_2 自动角焊配套的金属粉芯药芯焊丝不仅实现了国产化，并且已经在生产中得到应用。垂直气电焊丝目前依然主要采用进口焊材，国产焊丝尚处于研制试用和小范围应用阶段。

经过船舶市场前几年的高速发展和焊接应用技术的不断突破，手工焊条在骨干船厂常规船舶焊接中的用量急剧减少，目前，仅用于一些特殊船舶和特殊船板焊接。

表 17-1　2014 年国内大型船厂的焊材使用情况　（单位：t）

船厂	A	B	C	D	E	F	G
手工焊条	650	831.54	304.03	399.83	363.37	382.78	843.22
埋弧焊丝	290	273.98	65.28	94.7	237.56	378.25	206.14
埋弧焊剂	377	460.98	73.3	115.42	700.17	371.68	277.2
实心焊丝	50	113.4	3	0	0	27	39.84
药芯焊丝	4400	4852.63	1727.86	1622.95	6038.66	2542.23	4179.02
衬垫	0	330.41	283.17	83.32	674.47	168.65	147.8
其他焊材	92	0	0	0	0	0.51	8.39
合计	5859	6862.94	2456.64	2316.22	8014.23	3871.1	5701.61

17.2.2　焊接新工艺和新装备的应用

进入 20 世纪 90 年代以后，船舶焊接工艺的发展速度较快，船舶建造中应用的高效焊接方法从 20 世纪 70 年代末期的 3~5 种发展到目前的 40 多种，基本满足了造船的需要。

在船舶焊接设备方面，船厂的焊接设备构成逐渐趋向合理，旋转式直流弧焊机已几乎被全部淘汰，取而代之的是整流弧焊机、CO_2 气体保护焊机、交流焊机、逆变焊机以及船用机械自动化平角焊机、垂直气电焊机等。

在船舶焊接新工艺、新技术的应用与推广方面，其中比较突出的特点是一些国内船厂先后引进了国外先进的平面分段装焊流水线，采用了拼板工位多丝埋弧自动单面焊双面成形新工艺、新设备。其焊接范围可用于 5~35mm 的船用板材对接拼板，同时在按区域造船理论的指导下，对船体的平面分段构架装焊也采用了半自动或自动气体保护角焊工艺，使焊接效率大大提高。此外，对于船台大合拢时的垂直对接缝（长达 15~30m）的焊接，由原来的焊条电弧立焊工艺转为采用垂直气电立焊工艺，极大提高了焊接生产效率，降低了工人的劳动强度，并且焊接质量稳定可靠。在薄板结构的焊接方面，开始应用激光焊接；在铝合金船体结构上应用了搅拌摩擦焊。

1. 埋弧焊工艺及装备的推广应用

埋弧焊工艺及装备主要应用于拼板对接焊，也有少量应用于肋骨角焊缝焊接和船体舷侧及液罐横向对接缝的焊接。应用的工艺种类有单丝埋弧焊、双丝埋弧焊和三丝埋弧焊。

（1）FCB 法　FCB 法是采用焊剂铜衬垫及压缩空气加压，单面焊双面成形。通常用双丝或三丝埋弧焊，第一丝常用直流。大型平面分段流水线的第一个焊接工位即采用此法。如图 17-17 所示。

图 17-17　平面分段流水线上的 FCB 工位

（2）FAB/FGB 法　FAB 法利用柔性衬垫材料装在坡口背面一侧，并用铝板和磁性压紧装置将其固定。主要用于曲面钢板的拼接及船台合拢阶段甲板大口的焊接。此种工艺方法目前已有改进方法，采用玻璃纤维衬垫，称之为 FGB 法。

（3）RF 法　RF 法是采用一种特制的含有热硬化性树脂的衬垫焊剂，它的下部是装有底层焊剂的焊剂袋。此种工艺方法曾有一段时间停止应用，目前又有开始应用的迹象。

（4）门式双丝埋弧焊　双丝埋弧焊焊接实况如图 17-18 所示，采用钢制的可移动（半/全）龙门架结构，将焊接电源、自动埋弧焊接小车、行走轨道、焊接电缆及全部辅助装置等均安装在可移动龙门架的相关结构上。该系统在完成一条焊缝的自动焊接后，可方便而高速平稳地移动整个系统到下一处焊接位置进行焊接，实现焊接生产的相对连续性，免去了行走轨道敷设、埋弧焊接小车的吊运就位、焊接电缆的放置等焊前、焊后的辅助作业及占用吊机的时间，从而达到高效生产的目的。对于钢板厚度≤20mm 的拼板焊接，无需开坡口，正、反面各焊一次就可完成整个焊接，反面焊接前也无需清根。

图 17-18　外高桥造船有限公司双丝埋弧焊焊接实况

（5）横向埋弧焊　在船体分段和总段合拢阶段，传统 CO_2 气体保护焊半自动焊工艺方法，由于受船体装配间隙、精度、环境、气候等因素的影响，焊接后返修工作量大，建造效率很难再提高。而埋弧焊采用机械化焊接，施焊质量、效率、稳定性都有了极大提高，且焊材价格大幅降低，满足“提质增效降本”要求。从 2012 年开始，沪东中华造船（集团）有限公司与上海船舶工艺研究所共同开展了埋弧自动焊横对接设备及焊接工艺技术研究。2016 年，沪东中华造船（集团）有限公司在 3.8 万 DWT 化学品船 FB02 分段上采用横向埋弧焊试焊成功，一举攻克了国内船舶建造中横向大接缝自动焊接的难题。这种焊接工艺，噪声小，无光辐射，不仅减少了环境污染，还减轻了劳动强度，有利于保护焊工的身体健康。经过不断优化改进，横向埋弧焊小车重量由原来的 1t 多变为 20kg 左右，一个工人便能轻松提起，使得横向埋弧焊具备了推广应用的条件（见图 17-19）。

图 17-19　沪东中华造船（集团）有限公司采用横向埋弧焊试焊化学品船

2. 气体保护焊工艺及装备的推广应用

（1）多电极纵骨装焊　纵骨焊接是平面分段生产线的第二个焊接工位，如图 17-20 所示。配备多电极 CO_2 自动角焊，每根纵骨焊接由 4 个电极完成，一般有 16 电极和 32 电极两种配置，可同时完成4根或8根纵骨的自动角焊，焊接速度可达100cm/min。

图 17-20　多电极纵骨装焊生产线

（2）快速搭载焊接　船厂在内场制造各种分段后，将分段运至外场合拢成总段，总段完成后进入船台（坞）进行搭载，搭载的快慢就决定了船台周期。快速搭载是先进造船工法中的一个重要环节，其中搭载阶段各种形式接头的焊接施工是搭载阶段的主要工作之一。采用先进焊接工艺、实施自动化焊接施工是实现搭载快速化的重要途径。

搭载阶段各种形式的焊接接头主要包括船体结构内部和舷部外侧各个部位的五种焊缝类型（垂直面的立向对接焊、横向对接焊、垂直立角焊、水平面对接焊、水平角焊）。自“九五”以来，我国专业从事船舶焊接工艺研究的单位针对这五种类型焊缝开展了相应的机械自动化焊接工艺和设备的开发和应用研究，已可实现搭载阶段五种类型焊缝焊接接头的自动、快速焊接，各种自动化焊接工艺及装备在搭载阶段的应用位置如图17-21所示。至今，已有一千多台套车型机械自动化焊接设备在国内30多家大中型船厂获得应用，实现船体平直部建造的自动化焊接率达到70%以上，有力地促进了我国船台（坞）总段大合拢装焊作业的机械自动化技术总体水平的提高。这些焊接工艺及装备包括：

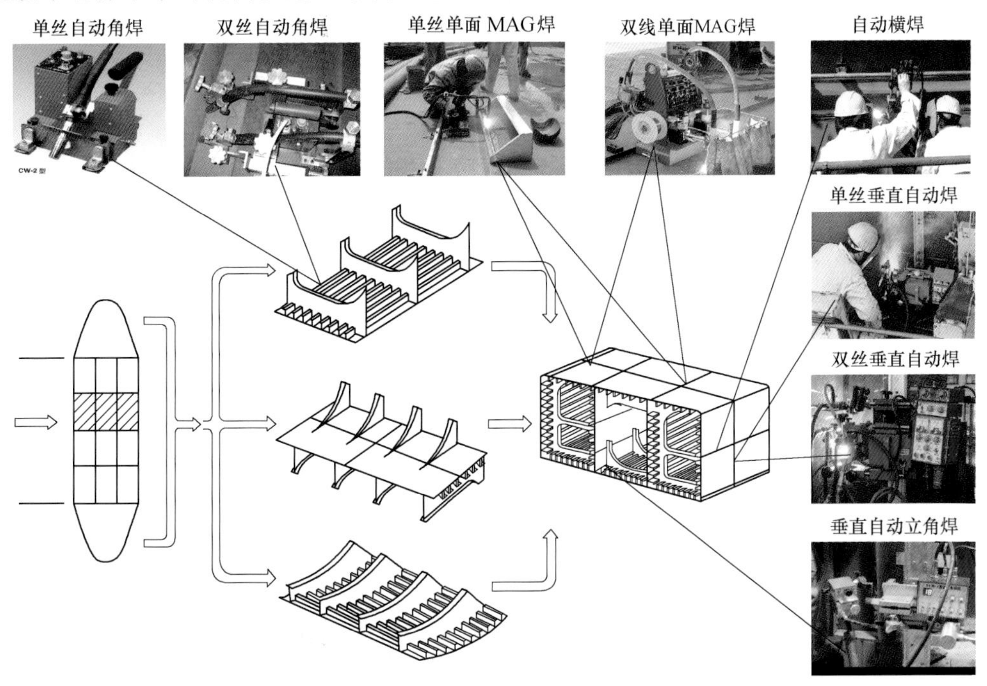

图 17-21　自动化焊接工艺及装备在搭载阶段的应用位置

1）垂直面的立向对接焊自动化焊接工艺及设备。垂直面的立向对接焊自动化焊接采用 CO_2 气体保护单面焊双面成形焊接工艺，正面采用水冷铜滑块，背面贴陶瓷衬垫，一次焊接成形（见图 17-22）。垂直面的立向对接焊自动化设备（垂直自动焊机）是一种可靠、自动化程度高的专用焊接设备。该设备采用模块式结构，使用灵活方便。小车自动行走进行连续自动焊，从而避免了传统工艺中的焊接断点，提高了焊缝的可靠性。垂直自动焊机分为多种形式，单电极通用型适用于板厚 9～32mm 的焊接；单电极厚板型适用于板厚 9～45mm 的焊接；双电极适用于板厚 30～70mm 的焊接；无论采用单电极还是双电极焊接，均为一次焊接双面成形，可大幅度提高焊接效率和质量。

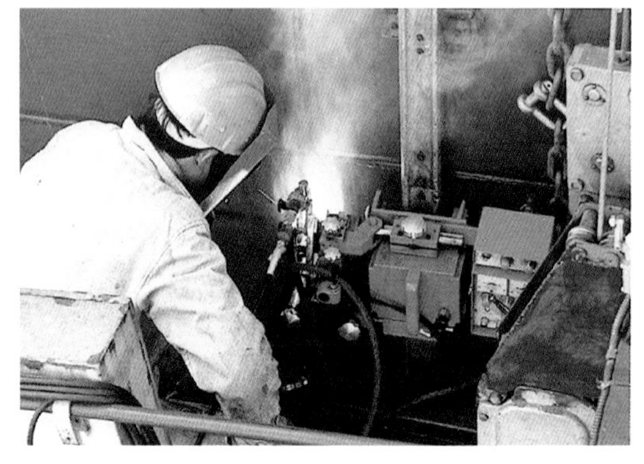

图 17-22　沪东中华造船（集团）有限公司垂直自动焊接实况

2）横向对接焊自动焊工艺及装备。针对船体建造中舷侧板横向对接焊缝的焊接而专门设计的焊枪摆动机构（见图 17-23），解决了垂直位置横向焊接工艺复杂以至难以实现自动化焊接的难题。焊速与焊枪摆动参数可无级调整控制以满足各种板厚的焊接要求。车体小型轻巧，良好的搬运性适合船台、船坞焊接作业。

3）垂直立角自动焊工艺及装备。垂直自动角焊机是具有自动行走功能、带有焊枪摆动机构的轻便型自动焊接小车，如图 17-24 所示。工作时，该小车骑在专用磁性轨道上，由小车上的动力齿轮与轨道上的齿口啮合而平稳行走。针对船体建造中 T 形接头立角焊位置的焊接而专门设计的焊枪摆动机构特别适合船体垂直位置角焊缝的自动化焊接，为垂直位置角焊缝的焊接施工提供了一种高效、高质量的自动化焊接手段和方法。

图 17-23　沪东中华造船（集团）有限公司 LNG 船横向对接自动焊实况

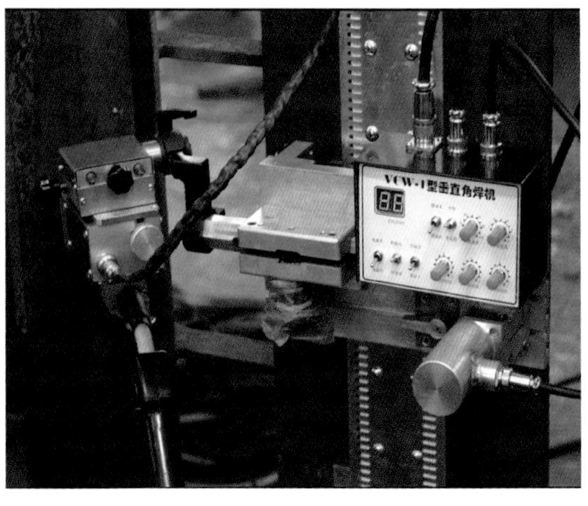

图 17-24　垂直立角自动焊设备

4）水平面对接焊自动焊接工艺及装备。双丝单面 MAG 焊机（见图 17-25）采用摆动双电极 CO_2 气体保护单面焊双面成形焊接工艺，适用于船底外板、双层底分段顶板、上甲板等大合拢分段的平对接焊。板厚 22mm 以下的焊缝可一次焊接完成，焊接一条 12m 长、22mm 厚的焊缝仅需要 0.8~0.9h。采用 CO_2 气体保护双丝单面 MAG 焊工艺与传统的半自动 CO_2 气体保护焊打底+埋弧焊盖面工艺方法相比，焊接效率提高了 8 倍以上，焊丝的消耗量则减少了 35%以上，焊后几乎不变形。

与双丝单面 MAG 焊机相比，单丝单面 MAG 焊机（见图 17-26）具有小型轻便、便于携带的特点，适合作业空间较小、需经常搬移的施工环境，如船体舱室内结构、底板等的焊接。这类平对接焊在造船的焊接工作中占有较大的比重。

图 17-25 沪东中华造船（集团）有限公司双丝单面 MAG 焊焊接实况

图 17-26 沪东中华造船（集团）有限公司单丝单面 MAG 焊焊接实况

5）水平角焊自动焊接工艺及装备。自动平角焊机体积小、重量轻、搬移方便、无需轨道自动双向行走，操作性能极佳，只需按下按钮，不用监视即可自动稳定地焊接，到达终点时通过限位开关自动停止，一人可操作多台，且操作人员无需具备专门技能。图 17-27 所示为水平角焊双电极自动焊接设备。

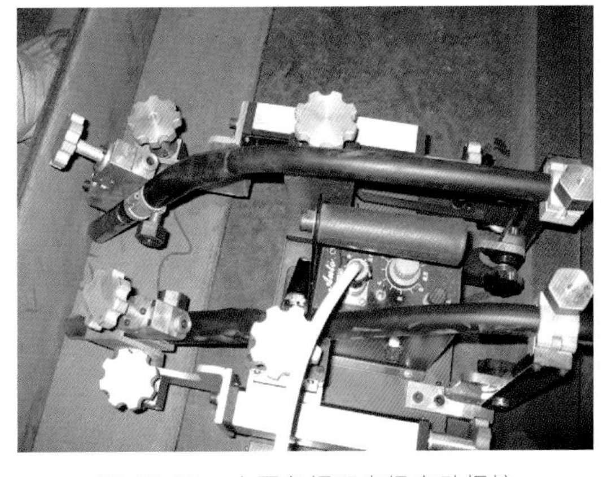

图 17-27 水平角焊双电极自动焊接

双电极平角焊机主要适用于 90°~120°的倾斜横角焊缝。在船体结构中主要用于 8~12mm 大焊脚的直角焊缝和槽型隔舱拼板接缝的角焊缝。采用一次两道焊接的焊接方法，根据不同的板厚和焊脚尺寸进行多层多道焊。

水平角焊自动焊接工艺的推广应用对于提高我国造船业平角焊缝的焊接工艺水平具有特别重要的意义，它使平角焊缝的焊接由手工半自动 CO_2 气体保护焊的方法转变为全自动焊接，提高了焊接效率和焊接质量，为缩短船舶建造周期提供了技术支持和设备保障。

3. 机器人焊接

近年来，国内造船行业开展了机器人焊接系统在船舶与海洋工程建设中的应用研究，并取得了一些研究成果，如机器人管子-法兰焊接生产线、小组立机器人焊接系统等。

（1）机器人管子-法兰焊接生产线　该生产线的功能是将预先堆放在料架平台上的原料管子经过自动进料、长度测量、自动套料、定长切割、标签标识、管子法兰装配、焊接机器人实时进行焊缝自动识别和跟踪，并依据专家数据库内容自动确定最佳焊接工艺参数和焊接层数自动完成单层或多层焊（1~6 层），焊接完成后按生产要求归类下料，加工过程中产生的余料管和废料管也得到适当收集。

该生产线实现了数字化、自动化作业，替代了人工操作，具有加工精度与效率高、场地利用率高，以及生产安全、节能减耗、环保等特点。机器人自动焊接质量远远超过人的手工焊接，机器人焊接后人工表面打磨工作大大减少，工场空气中有害粉尘大幅度降低。图 17-28 所示为机器人管子-法兰焊接生产线在船厂的典型应用，图 17-29 所示为管子-法兰机器人焊接。

a)

b)

图 17-28 机器人管子-法兰焊接生产线
a）上海江南船舶管业有限公司 b）江苏新时代造船有限公司

图 17-29 管子-法兰机器人焊接

（2）小组立机器人焊接系统 截至 2015 年 12 月，南通中远川崎船舶工程有限公司已投产型钢、条材、先行小组立和小组立焊接等 4 条机器人自动化生产线（见图 17-30），生产效率提高 2~4 倍。最新投产的第 4 条机器人自动化生产线，共设 4 个机器人焊接装置，与前 3 条相比，自动化程度更高，机器人和焊接部材都能灵活调整，效率提高 40%以上，能全程 24h 作业，无需休息。

4. 搅拌摩擦焊

中航工业北京赛福斯特技术有限公司研发的新型宽幅铝合金型材拼接搅拌摩擦焊设备，可实现最长 28m、最宽 6m 铝合金带筋板的搅拌摩擦焊（见图 17-31）。搅拌摩擦焊宽幅铝合金船舶壁板已经在我国大连、上海、武汉、广西及广州等多家主力船舶制造厂推广，并且在我国新研制的双体穿浪导弹快艇上得到了应用。2014 年，广东江龙船舶制造有限公司中山分公司采用搅拌摩擦焊技术成功打造了大型 300 座铝合金双体高速客船。

图 17-30　船舶小组立机器人焊接系统

图 17-31　搅拌摩擦焊宽幅铝合金船舶壁板

参考文献

[1]　倪慧锋. 船舶焊接材料应用与发展［J］. 金属加工：热加工，2011（20）：11-14.

[2]　赵伯楗，曹凌源，郑惠锦，等. 船舶高效焊接工艺及装备［J］. 国防制造技术，2010（3）：5-11.

[3]　中国船舶工业高效焊接技术指导组 2015 年工作总结报告。

[4]　南通中远川崎开通第 4 条机器人生产线［EB/OL］.［2015-12-23］. http：//uzone. univs. cn/news2_ 2008_ 759278. html.

第18章　建筑工程建设中的焊接结构与技术

段斌　苏平　谢琦　张迪

18.1　概　　述

近30年来，我国钢材产量从4000多万t增加至7、8亿t，产能超过10亿t，从而带动了建筑钢结构行业的发展和技术进步。目前，每年用于建筑结构的钢材（不包括钢筋）已经超过4000万t，建筑结构中大量采用钢材也带动了相关技术，特别是焊接技术的发展。这些技术进步和发展主要体现在以下几个方面。

1. 建筑结构用钢及深加工产品的应用开发

建筑钢结构用钢材以钢板、钢管、型钢为主。现代建筑发展超高层、大跨度、大空间工程建设，对钢材的综合性能提出了更高的要求。近年来，我国钢铁工业的整体水平不断提高，国产钢材基本能满足工程建设的使用要求，并能提供合格产品。开发出了具有低屈强比、焊接性好、抗层状撕裂的高层建筑用高强度钢和宽厚钢板，满足了我国高端大跨度、高耸建筑建设需要。为满足特殊建筑结构的制造、安装及使用寿命要求，大量铸钢和耐候钢材被采用。为提高生产效率和降低生产成本，生产的型钢种类越来越多，尺寸越来越大。

2. 焊接技术的应用和发展

为解决建筑钢结构焊接工程量大、工期短的难题，许多高效焊接工艺技术被采用和推广，如实心和药芯焊丝气体保护焊，单电单丝、单电双丝和双电双丝埋弧焊，熔嘴和熔丝电渣焊，气电立焊及栓钉焊等焊接方法。与之相配套的并适于各类高强度钢、铸钢和耐候钢的焊接材料形成系列，并逐步完善。涉及的人员资质、培训、考核及焊接工艺规程、检验和验收的相关标准规范在不断创新与修订的过程中得到完善并形成体系。

18.2　建筑钢结构的发展历程

由于钢材相比混凝土具有综合性能优良、绿色环保、可再生等特点，在建筑结构领域被广泛采用。钢结构从设计、制造、安装、材料等均与传统混凝土结构有诸多不同，由此引发了建筑领域革命性的变化。而焊接作为钢结构必不可少的连接方式，也在这一发展过程中发挥了巨大的作用。

近30年来，国内许多大型公共、民用建筑，如超高层大厦、体育场馆、机场航站楼与机库、火车站等均采用以钢材为主材的结构形式，且造型奇特新颖。但从专业的角度大至可归纳为特殊结构、超高层结构、大跨度结构、高耸结构等，下面逐一介绍我国近30年来建设的各结构类型建筑物中典型建筑物的特点和与焊接相关的技术难点。

18.2.1　特殊结构

建筑钢结构领域对何为特殊结构并无权威定义，在此我们以结构造型奇特，功能独特，且具有较大影响力的建构筑物为对象进行介绍。

1. 国家体育场“鸟巢”

（1）工程概况　工期为2003—2006年。国家体育场主体建筑造型呈椭圆马鞍形，长轴最大尺寸为 332.3m、短轴最大尺寸为 297.3m，最高点高度为 68.5m，最低点高度为 40.1m。屋盖中部的洞口长度为 185.3m，宽度为 127.5m。内部为三层碗状混凝土结构看台，外部则是由 4.2 万 t 钢编织的鸟巢状结构主体支撑的膜结构组成。国家体育场“鸟巢”钢结构施工全景如图 18-1 所示。

（2）焊接难点　被焊钢强度高，在国内建筑结构中首次采用 Q460E-Z35 高强度结构钢，且大多为厚板、箱型、空间三维弯扭结构，其最大板厚达 110mm。

国家体育场“鸟巢”荣获了 2010 国际焊接最高奖乌戈-格雷拉奖，是我国首次获得国际焊接最高奖。乌戈-格雷拉奖由 IIW 颁发，是对当代杰出焊接结构的设计者、制造者给予的表彰与奖励。

2. 中央电视台新总部大楼

（1）工程概况　工期为 2004—2009 年。建筑物总高度为 234m，总建筑面积 55 万 m^2，总用钢量达 12 万 t。大楼主楼的两座塔楼双向内倾斜 6°，在 163m 以上由 L 形悬臂结构连为一体，造型独特、结构新颖，现场安装技术要求高，在国内外均属“高、难、精、尖”的特大型项目，如图 18-2 所示。

图 18-1　国家体育场“鸟巢”钢结构施工全景

图 18-2　中央电视台新总部大楼工程施工现场

（2）焊接难点　涉及钢材种类多，钢材强度等级高，且中厚板多，现场焊接工作量巨大，在保证焊接质量的同时，要保证安装精度，其中最大的难点为板厚 100mm、长度达 15m 的组合柱的现场安装焊接。

3. 其他

（1）国家游泳中心“水立方”　国家游泳中心“水立方”如图 18-3 所示。

（2）国家大剧院　国家大剧院如图 18-4 所示。

（3）银河 SOHO　银河 SOHO 如图 18-5 所示。

（4）日出东方凯宾斯基酒店　日出东方凯宾斯基酒店如图 18-6 所示。

图 18-3　国家游泳中心“水立方”

图 18-4　国家大剧院

图 18-5 银河 SOHO

图 18-6 日出东方凯宾斯基酒店

18.2.2 超高层建筑

我国 GB 50352—2005《民用建筑设计通则》规定：建筑高度大于 100m 的民用建筑为超高层建筑。据统计，目前中国（含台湾地区，香港、澳门特别行政区）共有超高层建筑 3124 座，其中绝大部分为钢结构建筑。这其中于 1994 年以后建成的为 3034 座，占总数的 97%。设计高度超过 300m 建成或已封顶的 63 座，另外设计高度超过 300m 尚在建设中的有 33 座，计划建造的 136 座，共计 232 座。详情见表 18-1～表 18-3。

表 18-1 超高层建筑统计数据

设计高度/m	建成+封顶/座	在建/座	预备/座	合计/座
100～200	2638（79 座建成于 1994 年以前）	493	485	3616
200～300	423（9 座建成于 1994 年以前）	107	233	763
300～400	50（2 座建成于 1994 年以前）	28	94	172
400 以上	13	5	42	60
合计	3124	633	854	4611

表 18-2 设计高度超过 300m 建成或已封顶超高层建筑（1994 年以后建成）

排名	楼　名	设计高度/m	楼层数/层	所在城市	建成时间	用　途
1	深圳平安金融中心大厦	660.00	118	深圳	2016	写字楼、酒店、商业
2	上海中心大厦	632.00	125	上海	2016	写字楼、酒店、商业
3	天津高银 117 大厦	597.00	117	天津	2014	写字楼、酒店
4	广州周大福金融中心	539.20	112	广州	2014	写字楼、酒店
5	台北 101 大厦	509.00	101	台北	2004	写字楼、酒店、商业
6	环球金融中心	492.00	101	上海	2008	写字楼、酒店、商业
7	环球贸易广场	484.00	108	香港	2010	写字楼、酒店
8	绿地广场紫峰大厦	450.00	88	南京	2009	写字楼、酒店、商业
9	京基金融中心	441.80	100	深圳	2011	写字楼、酒店、商业
10	国际金融中心	440.75	103	广州	2010	写字楼、酒店
11	武汉中心大厦	438.00	88	武汉	2016	写字楼、酒店、商业
12	金茂大厦	420.53	88	上海	1999	写字楼、酒店、商业
13	国际金融中心二期	412.00	88	香港	2003	写字楼
14	中信广场	391.10	80	广州	1997	写字楼
15	信兴广场大厦	383.95	69	深圳	1996	写字楼
16	裕景中心 1 号楼	383.45	80	大连	2014	写字楼
17	高雄 85 大楼	378.00	85	高雄	1997	写字楼、酒店、商业

（续）

排名	楼　名	设计高度/m	楼层数/层	所在城市	建成时间	用　途
18	广晟国际大厦	360.00	60	广州	2012	写字楼
19	赛格广场大厦	355.80	72	深圳	2000	写字楼、酒店、商业
20	恒隆市府广场西塔	350.60	68	沈阳	2012	写字楼、酒店
21	中环中心	346.00	73	香港	1998	写字楼
22	现代城(二期)A座	339.60	68	天津	2013	写字楼
23	九龙仓国际金融中心	339.00	67	无锡	2014	写字楼、酒店
24	环球金融中心	338.90	70	重庆	2014	写字楼、酒店、住宅、商业
25	德基广场二期	337.50	62	南京	2013	写字楼、酒店、商业
26	环球金融中心	336.90	75	天津	2011	写字楼、酒店
27	花果园D区双子塔东塔	335.00	67	贵阳	2016	写字楼
28	花果园D区双子塔西塔	335.00	67	贵阳	2016	写字楼、酒店
29	世茂国际广场	333.30	60	上海	2006	酒店、商业
30	世界贸易中心	333.00	68	温州	2009	写字楼
31	现代传媒中心	333.00	58	常州	2013	写字楼、酒店
32	民生银行大厦	331.30	68	武汉	2006	写字楼、商业
33	国际贸易中心三期	330.00	74	北京	2009	写字楼、酒店
34	越秀财富中心	330.00	67	武汉	2015	写字楼
35	汉国城市商业中心	329.40	80	深圳	2016	写字楼、酒店、住宅、商业
36	苏宁广场主楼	328.00	68	无锡	2013	写字楼、酒店
37	江阴空中华西村	328.00	72	无锡	2011	写字楼、酒店、住宅
38	广西金融广场	325.45	68	南宁	2015	写字楼、商业
39	世茂海湾1号	323.00	62	烟台	2014	写字楼、商业
40	北外滩白玉兰广场	319.50	66	上海	2015	写字楼、酒店、商业
41	如心广场	318.90	80	香港	2007	写字楼、酒店
42	环球都会广场	318.85	67	广州	2014	写字楼
43	侨鸿滨江世纪广场	318.00	69	芜湖	2015	写字楼、酒店、商业
44	泛亚国际金融大厦1号楼	316.00	67	昆明	2015	写字楼
45	泛亚国际金融大厦2号楼	316.00	66	昆明	2015	写字楼、酒店
46	河西青奥中心2号楼	314.50	68	南京	2014	写字楼
47	茂业中心A塔	310.95	75	沈阳	2014	写字楼、酒店
48	珠江城大厦	309.65	71	广州	2011	写字楼
49	越秀金融大厦	309.40	68	广州	2014	写字楼
50	东海国际中心E座	308.60	82	深圳	2013	住宅
51	港岛东中心	308.00	69	香港	2008	写字楼
52	茂业城二期	303.80	72	无锡	2014	写字楼、酒店
53	长富金茂大厦	303.60	68	深圳	2015	写字楼、商业
54	绿地中心B塔	303.00	63	南昌	2014	写字楼、酒店、商业
55	绿地中心A塔	303.00	63	南昌	2014	写字楼、酒店、商业
56	地王国际财富中心	303.00	75	柳州	2014	写字楼、酒店、商业
57	深长城金融中心	302.95	61	深圳	2014	写字楼、酒店、商业
58	利通广场大厦	302.90	64	广州	2011	写字楼
59	东方之门	301.80	77	苏州	2015	写字楼、酒店、住宅、商业
60	安徽省广电新中心	301.00	46	合肥	2012	写字楼、商业
61	绿地普利中心	301.00	60	济南	2009	写字楼、酒店

表 18-3 设计高度超过 300m 在建超高层建筑（共计 33 座）

排名	楼　名	设计高度/m	楼层数/层	所在城市	用　途
1	绿地中心	606.00	125	武汉	写字楼、酒店、商业
2	中信大厦(中国尊)	528.00	108	北京	写字楼、酒店、商业
3	富力广东大厦 A 座	480.00	91	天津	写字楼
4	嘉陵帆影国际经贸中心二期	468.00	98	重庆	写字楼、酒店
5	国际金融中心 1 号楼	452.00	95	长沙	写字楼、酒店
6	华润总部大楼	400.00	—	深圳	写字楼
7	科之谷 A 塔	388.00	79	深圳	写字楼、酒店
8	恒隆市府广场东塔	384.20	76	沈阳	写字楼、酒店
9	龙光世纪	383.00	81	南宁	写字楼、酒店
10	深圳中心	380.00	—	深圳	写字楼
11	国贸中心	370.00	86	大连	写字楼
12	汉京中心	350.00	65	深圳	写字楼
13	花果园 N11 号楼	347.40	74	贵阳	写字楼、酒店
14	深圳湾壹号 T7	342.00	—	深圳	写字楼
15	世茂广场	341.80	75	长沙	写字楼、酒店、商业
16	厦门国际中心	339.88	81	厦门	写字楼、酒店
17	富顿世界贸易中心	328.00	65	南京	写字楼、酒店
18	天和国际大厦	327.85	65	重庆	写字楼
19	深圳宝能中心	327.00	69	深圳	写字楼、商业
20	华强商业金融中心 1 号楼	326.70	66	沈阳	写字楼、酒店、商业
21	双子星大楼	322.20	76	台北	写字楼、酒店、商业
22	广晟数码产业总部基地	320.00	—	广州	写字楼
23	九龙仓国际金融中心	319.50	64	重庆	写字楼
24	润华环球中心	318.00	72	常州	写字楼、酒店、商业
25	九州国际大厦	317.60	71	南宁	写字楼、酒店、商业
26	保利长岛 C2	317.60	62	广州	写字楼、酒店
27	国际金融中心 2 号楼	315.00	65	长沙	写字楼
28	花果园 N12 号楼	312.95	74	贵阳	写字楼
29	广发证券总部大厦	308.00	62	广州	写字楼
30	新世界国际会展中心 1 号楼	307.93	60	沈阳	写字楼、酒店
31	新世界国际会展中心 2 号楼	307.93	60	沈阳	写字楼、酒店
32	新楚擎天广场东塔	302.70	57	长沙	写字楼、酒店、商业
33	朗豪东港 A 座	302.00	74	大连	写字楼、酒店

1. 深圳平安金融中心大厦

（1）工程概况　工期为 2009—2016 年，是目前已建成的国内第一高楼，总高度达 660m，总建筑面积 460665.0m^2，如图 18-7 所示。用钢量约 10 万 t。

（2）焊接难点　高强度钢焊接，最高强度等级为 Q460GJC；焊接工作量大，控制焊接变形、防止层状撕裂对焊接工艺技术要求高；超厚铸钢件焊接，厚度达 220mm。

2. 上海中心大厦

（1）工程概况　工期为 2008—2016 年，总建筑面积约 58 万 m^2，主体建筑结构高度 580m，塔冠最高点 632m，用钢量约 12 万 t，如图 18-8 所示。

（2）焊接难点　超大截面厚板巨型柱的现场焊接，控制变形及残余应力难度高。

3. 天津高银 117 大厦

（1）工程概况　工期为 2009—2015 年，总建筑面积约 37 万 m^2，建筑高度约为 597m，如图 18-9 所示。

（2）焊接难点　结构四角四根巨型钢柱为多腔体现场组装单元，钢板剪力墙尺寸和板厚均较大，且焊缝密集，焊接工作量大，控制焊接应力及应变难度高。

18.2.3　大跨度结构

目前对于大跨度结构并没有统一的定义，随着技术的发展，这一定义的限定条件也在发生变化。20 世纪 80 年代之前，由于国家钢材短缺，对于结构跨度小于 36m 的构件禁用钢材制造，但随着国民经济的发展，情况发生了根本性的变化，钢材由于其优良的综合力学性能和可再生性，越来越广泛地在建筑结构中被采用，特别是在大跨度空间结构中。现阶段通常将横向跨越 60m 以上的各类空间结构形式的建筑归入大跨度空间结构，此类结构主要用于体育场馆、航空港候机大厅、火车站候车大厅、影剧院、展览馆及其他大型公共建筑，工业建筑中的大跨度厂房、飞机装配车间和大型仓库等。

图 18-7　深圳平安金融中心大厦

图 18-8　上海中心大厦

图 18-9　天津高银 117 大厦

大跨度钢结构主要有以下几种形式：空间桁架、空间网架结构和张弦梁结构。

1. 空间桁架

钢结构空间桁架的结构形式主要有：管桁架、箱型梁桁架、型钢桁架等。

（1）管桁架　桁架结构全部由管件组成，节点一般为管管相贯焊接节点，是目前大跨度钢结构中采用的最广泛的一种结构形式。国内大型的体育场馆、火车站候车楼、机场候机楼等，此类结构居多。

1）首都机场 T2 航站楼：

① 工程概况：工期为 1995—1997 年。建筑整体为南北向工字形平面，南北长 747.5m，东西宽 342.9m。总建筑面积为 27 万 m^2，结构主体为钢结构，如图 18-10 所示。

② 焊接特点：焊缝主要为管管拼接焊缝及管管相贯焊缝，即 T、K、Y 管接头。焊接难度大，且此工程之前，国内没有 T、K、Y 管焊接接头超声波检测方法及质量分级标准。为此原冶金部建筑研究总院开展了薄壁大曲率管节点焊缝超声波检测技术研究，并成功将该项技术应用到了工程上。

2）浙江省轻纺城体育中心：

① 工程概况：工期为 2011—2014 年，是目前国内可开启面积最大的开闭式体育场，总建筑面积 77640m^2，如图 18-11 所示。主体建筑由现浇钢筋混凝土看台、钢结构固定屋盖和活动屋盖组成。固定屋盖投影呈椭圆形，长轴 267m，短轴 206m，屋盖外边缘为四心圆，顶部高度 47.107m；活动屋盖长 120m、宽 93.6m，顶部标高为 57.456m。

图 18-10　首都机场 T2 航站楼

图 18-11　浙江省轻纺城体育中心

② 焊接特点：为满足活动屋盖的开闭自如，对焊接变形的控制要求很高。

3）其他工程：上海体育场如图 18-12 所示，广州白云国际机场如图 18-13 所示。

图 18-12　上海体育场

图 18-13　广州白云国际机场

（2）箱型梁桁架　组成桁架杆件部分或全部采用箱型梁的桁架称为箱型梁桁架。

北京中国银行总行大厦：

① 工程概况：工期为 1995—2000 年，是北京市 20 世纪 90 年代新十大建筑之一，如图 18-14所示。大厦东、南两方向主入口处各有两榀大跨度承重钢桁架，其上面承载有八层钢筋混凝土楼房，此种结构在国内属首例。

② 焊接难点：上、下弦杆为厚板箱型结构，纵缝坡口角度大，控制焊接变形的难度很大，且一旦发生变形，矫正相当困难。

（3）型钢桁架　组成桁架杆件部分或全部采用型钢的桁架称为型钢桁架。

奥林匹克国家会议中心：

① 工程概况：工期为2004—2007年，总建筑面积约27万m^2，其中地上约15万m^2，地下约12万m^2，建筑高度43m，如图18-15所示。

图18-14　北京中国银行总行大厦

图18-15　国家会议中心

② 焊接难点：弦杆节点部位及周围500mm范围为全熔透，其他部位为部分熔透，不均匀焊接的变形控制是焊接的重点。

2. 空间网架（网壳）结构

通常将平板型的空间网格结构称为网架，将曲面型的空间网格结构称为网壳。网架（网壳）结构节点一般采用空心焊接球或螺栓球作为连接点。

北京首都国际机场Ameco-A380六机位机库：

1）工程概况：工期为2006—2008年，建筑面积约40670m^2，跨度352m，进深110m，钢架结构下弦高度30m，屋面建筑轮廓最大高度不超过40m，机库屋盖长352.6m，宽114.5m，屋盖重8770t，采用整体提升工艺，提升高度为30m，如图18-16所示。屋盖下弦吊挂数台10t行车，以满足飞机维修功能的要求。

2）焊接难点：网架整体承受疲劳载荷，对管-球相贯节点的坡口设计及焊接质量提出了特殊要求。Ameco-A380六机位机库屋盖三层平板网架如图18-17所示。

图18-16　北京首都国际机场
Ameco-A380六机位机库

图18-17　Ameco-A380
六机位机库屋盖三层平板网架

3）其他工程：首都机场四机位机库如图18-18所示。

3. 张弦梁结构

张弦梁结构是近10余年发展起来的一种大跨度预应力空间结构体系，属于一种新型的杂交结构。张弦梁结构最早的得名来自于该结构体系的受力特点，即张弦通过撑杆对梁进行张拉，但是随着张弦梁结构的不断发展，其结构形式逐渐多样化。

（1）国家体育馆

1）工程概况：工期为2006—2007年，由比赛区域和热身区域两部分组成。两个区域的屋顶平面投影均为矩形，其整个屋顶投影面积约为23225m^2。钢屋盖上表面由南北方向不同的柱面组合形成，柱面南高北低，斜向放置，结构最高点标高为42.297m，当时是国内外同类结构中跨度最大的双向张弦桁架结构。国家体育馆效果图如图18-19所示。

图18-18　首都机场四机位机库

图18-19　国家体育馆效果图

2）焊接难点：张拉节点附近焊缝的焊接应力、应变控制及铸钢节点的焊接是焊接技术难点。

（2）其他工程　张弦梁结构在我国的工程应用始于20世纪90年代后期，迄今为止，主要的代表性工程还有上海浦东国际机场（见图18-20）、广州国际会展中心（见图18-21）。

图18-20　上海浦东国际机场

图18-21　广州国际会展中心

18.2.4　高耸结构

GB 50135—2006《高耸结构设计规范》对高耸结构给出了定义：高耸结构是相对高而细的结构，包括钢塔、钢桅杆及钢筋混凝土杆塔等。

1. 广州新电视塔

（1）工程概况　工期为2005—2009年，是为2010年广州亚运会建设的广播电视塔，如图18-22所示。电视塔由一座454m的塔身和156m的钢结构桅杆组成，总高610m。总建筑面积约11万m^2，钢结构总量5.5万t。

（2）焊接难点　本工程中首次采用了屈服强度为420MPa的耐候钢。耐候钢的焊接工艺评定及焊接工艺规程的制定是重点。

2. 其他工程

上海东方明珠电视塔如图 18-23 所示。

图 18-22　广州新电视塔

图 18-23　上海东方明珠电视塔

18.3　建筑钢结构焊接技术

18.3.1　焊接方法

CO_2 气体保护焊在建筑钢结构中的应用，极大提高了焊接生产效率，缩短了施工周期，已逐步取代手工电弧焊。CO_2 气体保护焊，按焊丝可分为实心焊丝和药芯焊丝两种。实心焊丝 CO_2 或混合气体保护焊按熔滴过渡形式，又可分为喷射过渡、脉冲过渡、熔滴过渡和短路过渡四种。对直径一定的焊丝，这四种过渡形式对应的电流是从大到小变化；其施工效率、热输入和变形也是从大到小变化。在建筑钢结构的制作中，可根据板厚和坡口、裂纹敏感性来选择相应过渡形式的气体保护焊。药芯焊丝 CO_2 气体保护焊与等直径实心焊丝相比，飞溅小、清理方便且焊缝成形良好，在一定程度上弥补了成本高、效率低的不足。应特别指出的是，实心 CO_2 气体保护焊所得熔敷金属的含氢量极低，具有较好的抗氢裂性。与实心焊丝相反，由于烘干困难，含氢量难以控制，在一些重要工程中应谨慎使用。

为适应建筑钢结构行业，特别是超高层建筑中越来越多地采用中厚板和箱型及组合结构的需求，提高焊接效率和可操作性，双丝、多丝埋弧焊和电渣焊被普遍采用。在钢结构构件的工厂制造过程中，采用双丝或多丝埋弧焊不仅具有更高的生产效率，降低了对被焊材料的预热温度和层间温度控制要求，同时对减少焊接变形和残余应力，最终避免冷裂纹的产生都有一定的好处。而在箱型或由其构成的组合构件的生产中，由于焊接位置受限，不得不采用具有更高焊接效率和热输入的电渣焊焊接方法。

需要注意的是，上述高效的焊接方法均以提高热输入为前提条件，而试验表明，过高的热输入会造成焊缝金属的力学性能，特别是冲击性能的降低。因此，对于有等韧等强要求，或 D、E 级钢材的焊接应谨慎使用大热输入的焊接方法。

18.3.2 焊接设备

建筑钢结构应用的焊接设备主要有手工焊机、MIG 和 MAG 焊机、埋弧焊机、电渣焊机等，随着电子技术和微电子技术的发展，电焊机正朝着优质、高效、节能、可控性强等方向发展，而焊机体积更小、质量更轻，更适于现场操作，尤其是逆变电源的普及已极大促进了钢结构焊接设备的发展。与传统弧焊电源相比，其整机质量仅为前者的 1/10~1/5，体积可降至传统弧焊电源的 1/3。此外，一种新的控制技术——双零开关谐振电路在逆变焊机上开始使用，既可避免电力电子元器件在高电压下开通、大电流下关断时产生的开关损耗，也不会产生严重的电磁干扰，焊机更环保、节能、高效。

18.3.3 高强度钢焊接技术

从 2004 年低合金高强度钢 ASTM A913 Gr60（相当于 Q420）在北京新保利大厦工程成功使用后，越来越多的建筑工程项目开始采用国产高强度钢。如国家体育场“鸟巢”、中央电视台新总部大楼等工程都使用了国产 Q460E-Z35 高强度钢。与其他行业相比，460MPa 的屈服强度并不算高，但为了满足 GB 50011—2003《建筑抗震设计规范》的相关要求，建筑高强度钢的焊接在强调焊接性的同时，更加关注焊接接头冲击韧性、屈强比、低温环境下焊接、厚板焊接等。

为获得好的焊接质量，建筑用高强度钢的焊接主要应关注以下几个方面的技术要求：

1. 钢材的强化方式

目前建筑用高强度钢的强化方式主要有：合金强化、组织强化（如淬火+回火）、TMCP 工艺等，应针对钢材不同强化方法和生产工艺制定与之相匹配的焊接工艺措施。

2. 焊材选配原则

在考虑强度的同时，兼顾焊接接头的韧塑性，对有抗震设计要求的还要考虑屈强比的影响因素。

3. 低温环境下的焊接

目前，建筑钢结构的冬季施工越来越普遍，由于焊接作业环境对钢结构的焊接质量影响很大，冬季低温焊接技术对焊接质量的控制尤为重要。GB 50661—2011《钢结构焊接规范》规定：焊接作业区环境温度低于 0℃但不低于-10℃时，应根据钢材、焊材制定适当的加热或防护措施；而当环境温度低于-10℃时，则应进行相应环境温度下的焊接工艺评定试验。

4. 厚钢板焊接

建筑钢结构中厚钢板得到大量的使用，如北京新保利大厦工程使用的轧制 H 型钢翼板厚度达到 125mm（ASTM A913 Gr60），国家体育场“鸟巢”工程用钢最大板厚达 110 mm（Q460E-Z35）。大量钢结构工程采用厚钢板，促进了厚钢板焊接技术的发展，同时也拓展了建筑用钢的范围。目前在 YB 4104—2000《高层建筑结构用钢板》中钢板厚度最大仅为 100mm，因此超厚钢板的使用也为相应标准的修订奠定了基础。厚钢板焊接的关键是防止由于焊接而产生的裂纹，特别是层状撕裂，应主要考虑选用合理的坡口形式、合理的预热和层间温度及后热和保温处理。

18.3.4 铸钢和铸钢节点的焊接技术

铸钢节点因其特有的性能，如良好的加工性能、复杂多样的建筑造型，在一些大跨度空间管桁架钢结构中开始逐步得到推广使用，特别是在处理复杂的交汇节点上。然而，由于铸钢一般碳当量较高，杂质，尤其是 S、P 含量难以控制，同时铸态组织晶粒粗大，导致铸钢的焊接性较差，对焊接工艺的要求很高。目前铸钢节点已在一些钢结构工程中成功使用，如广州国际会展中心巨型桁架铸钢支座、国家体育场“鸟巢”桁架柱铸钢节点等。

18.3.5 标准规范的编制与修订

从 20 世纪 90 年代初期，我国第一部涉及建筑钢结构焊接技术要求的行业标准 JGJ 81—1991《建筑钢结构焊接规程》颁布起，已发布的相关标准规范见表 18-4，已初步形成了具有行业特色的标准体系构架。

表 18-4 已发布的钢结构及焊接相关标准规范

序号	标准名称	标准类别	标准号	批准年度
1	钢结构检测评定及加固技术规程	行业标准	YB 9257—1996	1996
2	钢筋焊接接头试验方法标准	行业标准	JGJ/T 27—2014	2014
3	冶金工程建设焊工考试规程	行业标准	YB/T 9259—1998	1998
4	钢结构工程施工质量验收规范	国家标准	GB 50205—2001	2001
5	建筑钢结构焊接技术规程	行业标准	JGJ 81—2002	2002
6	焊接 H 型钢	行业标准	YB 3301—2005	2005
7	钢结构超声波探伤及质量分级法	行业标准	JG/T 203—2007	2007
8	栓钉焊接技术规程	协会标准	CECS 226:2007	2007
9	防护服装　阻燃防护　第 2 部分:焊接服	国家标准	GB 8965.2—2009	2009
10	钢结构现场检测技术标准	国家标准	GB/T 50621—2010	2010
11	炼铁工艺炉壳体结构技术规范	国家标准	GB 50567—2010	2010
12	现场设备、工业管道焊接工程施工规范	国家标准	GB 50236—2011	2011
13	钢结构焊接规范	国家标准	GB 50661—2011	2011
14	钢筋焊接及验收规程	行业标准	JGJ 18—2012	2012
15	闭口型压型金属板	行业标准	JG/T 363—2012	2012
16	钢结构焊接从业人员资格认证标准	协会标准	CECS 331:2013	2013
17	钢结构焊接热处理技术规程	协会标准	CECS 330:2013	2013
18	建筑钢结构十字接头试验方法	行业标准	JG/T 288—2013	2013
19	栓钉焊机技术规程	行业标准	YB 4353—2013	2013

目前国际流行的焊接技术标准体系主要由四部分组成，即通用要求标准、材料标准、工艺评定标准和试验检验标准。建筑钢结构领域的焊接技术相关标准规范在上述框架内，在补充完善国内焊接标准体系的同时，形成了自有特点，即以 GB 50661—2011《钢结构焊接规范》为主，结合建筑钢结构焊接工程的特点，从基本要求、人员资质、设备材料、检测检验和质量控制及安全防护等方面进行补充完善并形成一个有机的整体。

参考文献

[1] 黄明鑫，刘子祥，戴为志，等. 国家体育场（鸟巢）钢结构工程加工与安装关键技术[J]. 工业建筑，2007，37（5）：73-76.

[2] 戴立先，陈韬，欧阳超，等. 中央电视台新台址钢结构工程现场焊接技术[J]. 焊接技术，2007（S1）：7-11.

[3] 陆建新，胡攀，王川，等. 深圳平安金融中心钢结构工程施工关键技术[J]. 施工技术，2014(14)：61-65.

[4] 贾宝荣，陈晓明. 上海中心大厦钢结构工程施工创新技术[J]. 施工技术，2015(20)：11-17.

[5] 陈钧，范道红，季书培，等. 天津高银117大厦大截面多箱体组合型巨柱制作技术[J]. 施工技术，2015(20)：28-31.

[6] 刘景凤，段斌，马德志. 新技术在国内建筑钢结构焊接中的应用[J]. 电焊机，2007，37(4)：38-44.

[7] 修龙，诸火生. 北京中国银行总部大厦结构设计[J]. 建筑结构学报，2002，23(4)：75-79.

[8] 姚建忠，于飞. 国家会议中心大跨度钢桁架制作技术[J]. 施工技术，2009(7)：24-26.

[9] 朱丹，裴永忠，徐瑞，等. 北京A380机库大跨度结构设计研究[J]. 土木工程学报，2008，41(2)：1-8.

[10] 崔嵬，马文韧，张伟，等. 国家体育馆钢结构屋盖焊接工程施工技术（上）[J]. 焊接技术，2012，41(11)：68-73.

[11] 谢琦，付彦清，刘景凤，等. 高性能耐候建筑用钢BRA520C焊接性研究[J]. 焊接技术，2011，40(9)：17-20.

第19章　航天器制造中的焊接技术及应用

王国庆　刘欣　杜岩峰　刘琦

焊接技术在航天运输系统研制过程中起着举足轻重的作用，是保证航天产品质量、提高航天运输系统性能的关键技术之一。焊接技术在航天器制造中的对象主要包括弹、箭、星、船、器的结构系统、发动机及增压输送系统等。涉及的焊接工艺包括变极性TIG焊、变极性等离子弧焊（VPPA）、搅拌摩擦焊、钎焊、扩散焊、微束等离子弧焊、电阻点焊、焊条电弧焊等。

航天器焊接具有以下特点。

1）质量高：载人航天、探月工程、新一代战略导弹、新型空间武器等提出了高可靠性要求。

2）材料多：材料包括铝合金、钛合金、高温合金、不锈钢、铜合金、镁合金。

3）结构广：直径2~5000mm，厚度0.3~150mm，对接、搭接、角接、T型接头、锁底结构、多层结构并存。

4）焊接方法多，先进与传统并存：搅拌摩擦焊、电子束焊、激光焊、TIG自动焊、钎焊，同一产品存在多种焊接方式。

19.1　运载火箭贮箱焊接技术及应用

19.1.1　运载火箭贮箱简介

运载火箭贮箱用于燃料存贮，主要由箱底、筒段等部组件拼焊而成。分为筒段纵缝、箱底纵环缝以及贮箱环缝等主要焊缝。其焊接结构如图19-1所示。

运载火箭贮箱主体制造材料包括铝镁合金（5A06铝合金）、铝铜合金（2A14铝合金、2219铝合金）、铝锂合金（2195铝合金）、钛合金、复合材料等。ϕ2250mm贮箱主体材料为5A06铝镁系铝合金，ϕ3350mm芯级贮箱主体材料为2A14铝铜系铝合金；在研的新一代运载火箭采用了2219铝铜系铝合金，是我国新一代运载火箭应用的主体材料。高比强度的金属材料内胆加复合材料外壳是未来贮箱的发展方向，目前这一方向的应用研究还处于实验室阶段，没有在型号产品中推广应用。

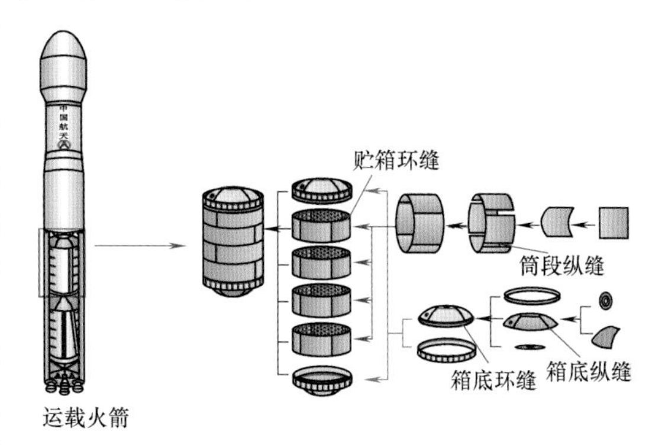

图19-1　运载火箭贮箱结构示意图

19.1.2　运载火箭贮箱焊接技术研究及应用

运载火箭贮箱焊接技术经历了手工焊、半自动焊、自动焊的发展历程，制造技术由常规熔焊向悬空焊、变极性等离子弧焊以及搅拌摩擦焊升级发展。贮箱结构焊接技术的发展历程如图19-2所示。

1. 变极性 TIG 自动焊技术及应用

（1）变极性 TIG 单面自动焊技术及应用　变极性 TIG 焊是在常规 TIG 焊方法上的改进工艺，这种焊接工艺方法适合于铝合金焊接，采用氦弧或者氩弧进行打底焊，然后采用变极性 TIG 焊工艺进行盖面，焊接工艺如图 19-3 所示。单面两层自动焊工艺主要应用于 ϕ3350mm 芯级贮箱箱底和箱体环缝的焊接制造，是该类产品最主要的焊接工艺方法。箱底纵缝、环缝的焊接分别如图 19-4、图 19-5 所示。变极性单面自动焊工艺的焊接成本低，焊后缺陷少，对装配间隙要求较低。采用变极性 TIG 焊，2219 铝合金焊后抗拉强度可以达到 300MPa 以上，断后伸长率可以达到 4%以上。

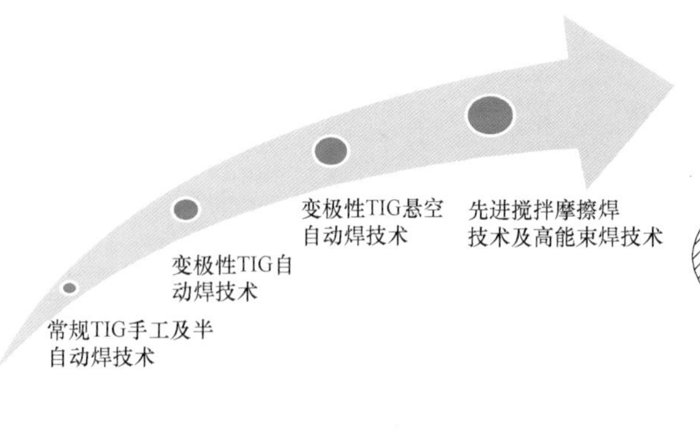

图 19-2　贮箱结构焊接技术的发展历程

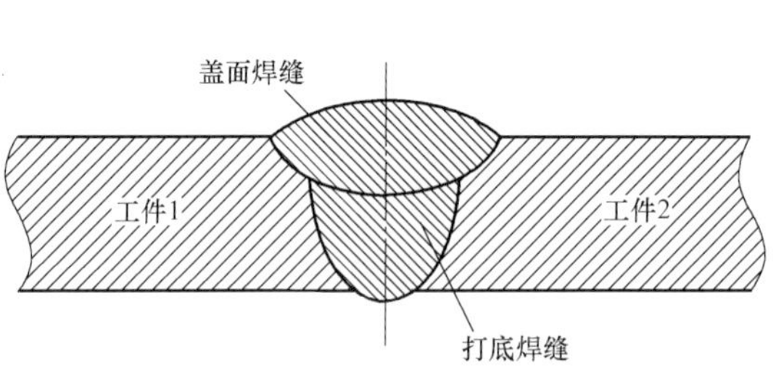

图 19-3　单面两层自动焊工艺示意图

图 19-4　箱底纵缝焊接

图 19-5　箱底环缝焊接

（2）变极性 TIG 悬空自动焊技术及应用　悬空焊是指没有焊接衬垫的焊接工艺，如图 19-6、图 19-7 所示。铝合金被焊金属在电弧吹力、自身重力、表面张力及焊缝周边约束力

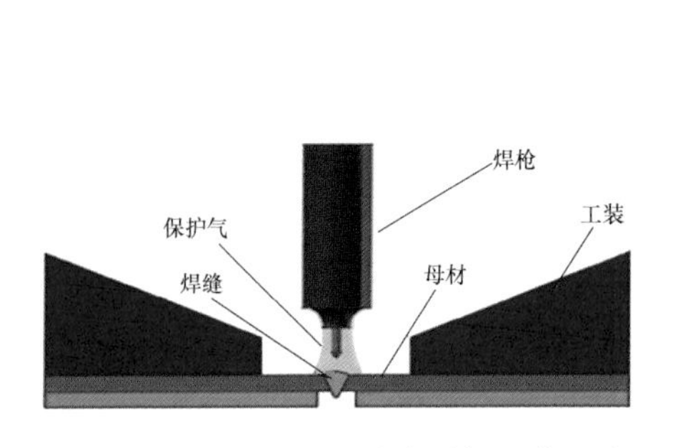

图 19-6　变极性 TIG 悬空自动焊工艺示意图

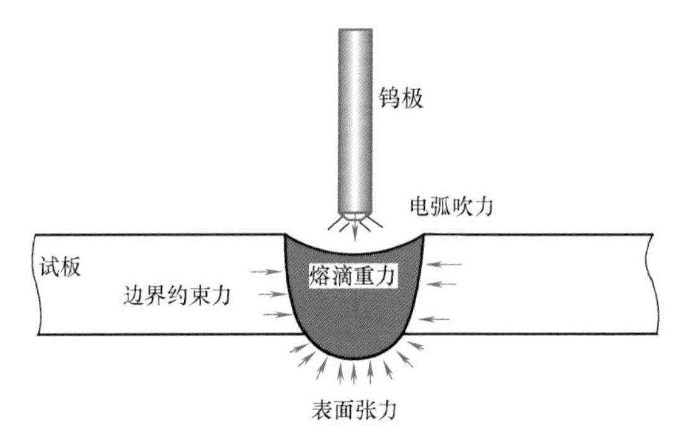

图 19-7　变极性 TIG 悬空自动焊熔池受力状态示意图

的相互作用下，不断形成背面焊缝和正面打底焊缝，进而形成悬空焊焊缝。控制成形的关键在于作用于熔滴上的各种力保持平衡，既要有足够向下的力量形成背面焊缝，又要保证向上托起的力量足够大，防止熔滴焊穿。由于这几种力均与熔滴的状态有关，而熔滴的形成又与焊接热输入有关，因此确保悬空焊的关键在于控制输入其中的热量多少，进而控制形成焊缝的质量。

悬空焊技术主要应用于 ϕ3000mm 低温箱底的纵环缝焊接，图 19-8 和图 19-9 分别显示了瓜瓣纵缝和箱底环缝的焊接过程。

图 19-8　瓜瓣纵缝焊接

图 19-9　箱底环缝焊接状态

利用悬空自动焊技术焊接的试板抗拉强度可达 310MPa 以上，断后伸长率达到 4.5%以上，焊接完成的箱底变形小，整体焊缝成形美观，焊接缺陷少，焊接完成的贮箱达到近无缺陷的水平，是未来贮箱焊接的主力焊接工艺。

2. 搅拌摩擦焊技术及应用

搅拌摩擦焊技术是英国焊接研究所（TWI）于 1991 年发明的固相连接技术，具有焊接接头性能高、缺陷少、变形小、焊接过程绿色无污染等特点，是铝合金焊接的升级换代技术。航天领域系统开展了航天器搅拌摩擦焊技术的研究工作，突破了航天工程用系列搅拌头的研制，空间曲线焊缝搅拌摩擦焊技术、封闭环缝无匙孔搅拌摩擦焊技术及缺陷塞补焊等关键技术，研制了运载火箭贮箱筒段、箱底及箱体焊缝搅拌摩擦焊系列装备，编制航天系统首批搅拌摩擦焊系列化行业标准 5 项。

搅拌头是整个搅拌摩擦焊技术体系的核心技术，其核心是搅拌头材料的选用和搅拌头形貌的设计。表 19-1 列出了搅拌头制造常用材料的工作温度和主要性能。

表 19-1　搅拌头制造常用材料工作温度和主要性能

材料	正常最高工作温度/℃	实用性	机械加工性能	与工件反应	热稳定性
模具钢	540	很好	好	低	一般
高温合金	800	较好	一般	低	好
硬质合金	1000	很差	很差	低	很好

不同种类的搅拌头包括双轴肩搅拌头、固定搅拌头、可回抽搅拌头、修补焊搅拌头、大厚度搅拌头、锁底焊搅拌头、薄板搅拌头、低阻力搅拌头等，如图 19-10 所示。

采用搅拌摩擦焊技术焊接的运载火箭产品如图 19-11 和图 19-12 所示，焊接产品的接头强度系数可达 0.8 以上，远超熔焊接头强度系数。经过 X 射线和超声波相控阵无损检测，焊缝内部质量良好，符合 QJ 2698A—2011 和 QJ 20045—2011 技术条件对 I 级接头的标准要求。

搅拌摩擦焊技术已经应用于现役及新一代运载火箭的生产制造，搅拌摩擦焊制造的贮箱

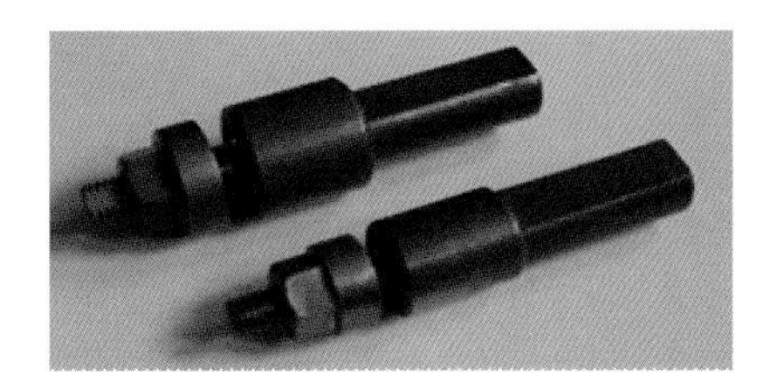
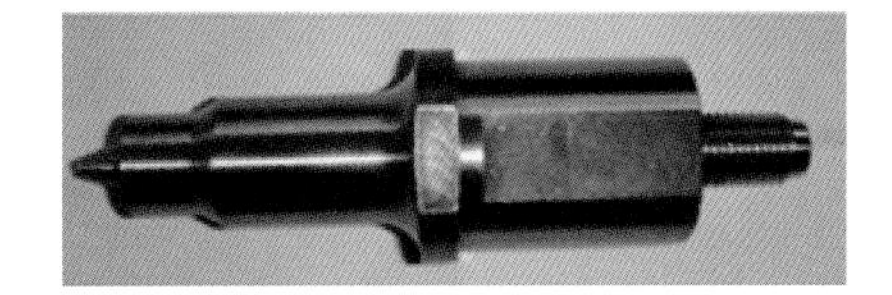

图 19-10　不同类型的工程用搅拌头

于 2009 年 4 月份在国内首次通过了飞行试验考核，是继美国之后第二个实现搅拌摩擦焊技术在运载火箭贮箱上飞行验证的国家，目前已经在运载火箭生产中全面推广应用。

图 19-11　搅拌摩擦焊生产的椭球箱底

图 19-12　搅拌摩擦焊生产的箱体

19.2　发动机焊接技术及应用

19.2.1　发动机简介

发动机是运载火箭动力系统的关键组成部分，涵盖推力室、喷管延伸段、氢涡轮泵、氧涡轮泵、燃气发生器等关键部组件（见图 19-13），所涉及材料有高温合金、钛合金、电铸镍等。在实际生产过程中主要以异种金属焊接和难焊金属的焊接为主，焊接工艺包括钎焊、氩弧焊及电子束焊等方法。

a)

b)

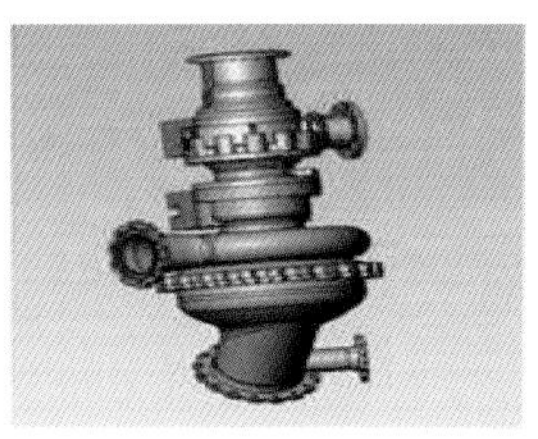
c)

图 19-13　发动机典型产品

a）推力室　b）喷管延伸段　c）涡轮泵产品

19.2.2 发动机焊接技术研究及应用

1. 钎焊技术及应用

真空钎焊、气体保护钎焊以及正压钎焊充分利用了单次完成数千条焊缝焊接、整体不变形等优势。真空钎焊和气体保护钎焊解决了钛合金、钢/钢、钢/高温合金等异种金属的钎焊，实现了喷注器组件（见图 19-14）、推力室等发动机关键部组件的生产。目前，已全面掌握了真空钎焊、气体保护钎焊工艺的表面预处理、装配间隙优化、钎料选配、钎料的预置以及钎焊工艺参数，为成熟技术。

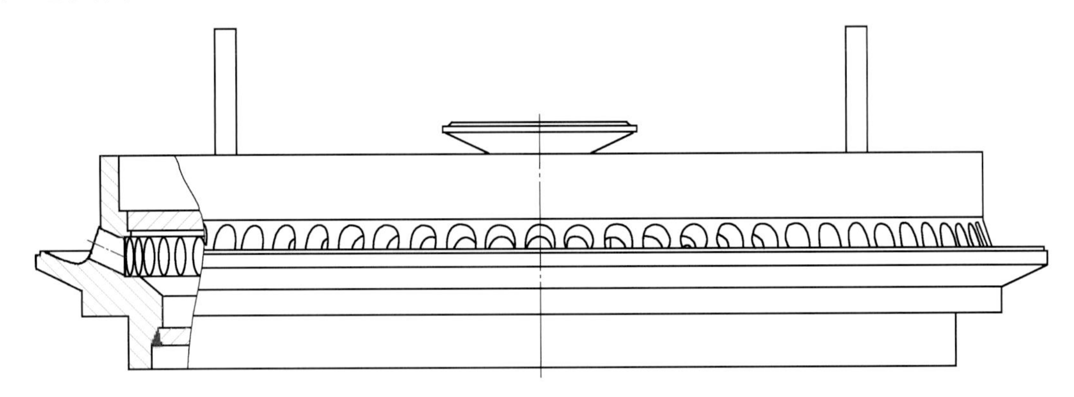

图 19-14 喷注器组件

正压钎焊和普通钎焊相比，在钎焊过程中施加一定压力，不仅可以调整局部区域装配间隙较大问题，还可加速钎焊过程中的原子扩散，最终实现焊缝的较高连接强度，甚至达到母材强度的 90%。目前已解决了钛合金、钢/钢、钢/铜钎焊技术问题，掌握了钎料选配、装配间隙、压力、焊接温度、电镀层厚度、钎焊压力等工艺参数，实现了在该发动机推力室上的应用，如图 19-15 所示。

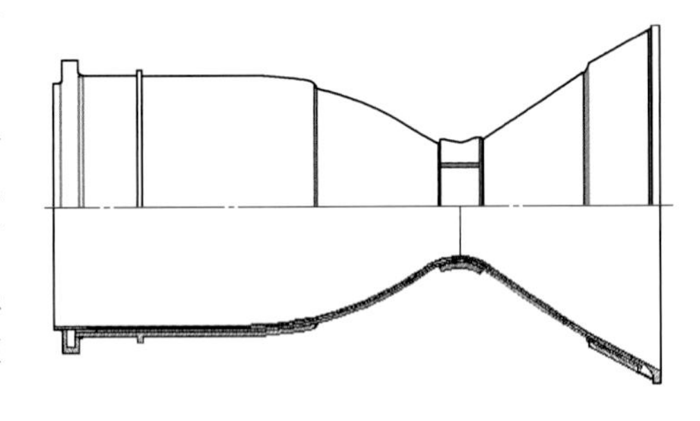

图 19-15 发动机推力室

高频感应钎焊是一种高效率、高质量的钎焊方法，感应加热具有加热区域集中、加热速度快等优点，易于实现热量的集中，温度易控制，因此焊接时工件变形小，可以使焊件的修正工作量大幅度减少。结合某型号氦换热器特点，如图 19-16 所示，系统研究了高频感应钎焊的结构、钎焊工艺参数等，已实现了钢/钢、钛合金/钢等接头的高频感应钎焊，并已部分实现了工程化应用，如图 19-17 所示。

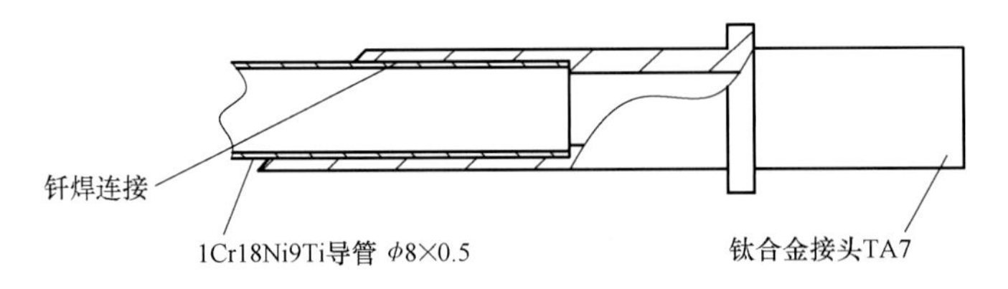

图 19-16 某型号氦换热器结构

2. 自动焊技术及应用

相比手工焊，自动焊具有工艺稳定、降低人员技能需求、可靠性高、焊缝一致性强等特点，尤其对典型的环焊缝或纵焊缝。为推动自动焊技术的工程化应用，研究人员系统研究了

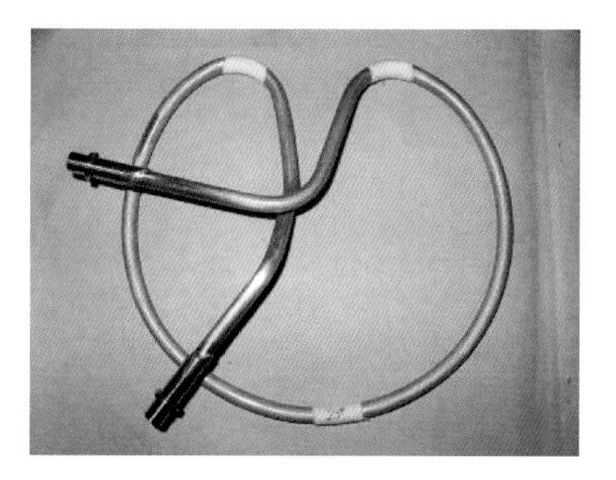
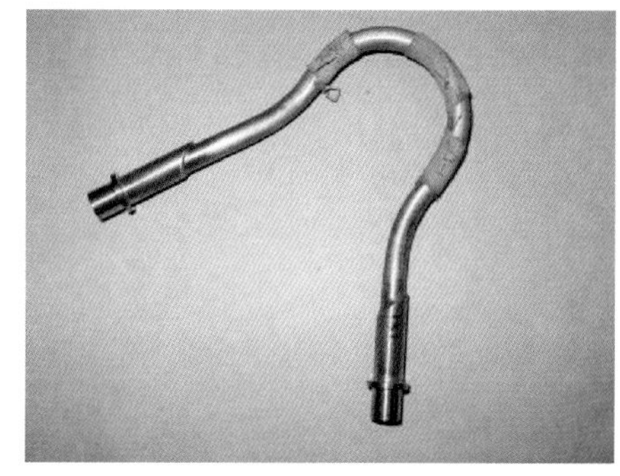

图 19-17　发动机蛇形管

焊缝结构特征和自动焊工艺，并依据焊缝接头特征开展了焊接工装的设计及应用工作；同时结合产品材料特征，开展了高导热材料的自动焊工艺，不等厚、非对称传热结构等复杂结构的自动焊，并充分研究了自动焊防止电铸镍/铜界面脱粘措施，为自动焊技术在发动机典型产品上的应用奠定了基础。

目前已解决了上述焊接接头自动焊产生的角顶未焊透、熔深不足、未熔合等质量缺陷问题，解决了非对称传热结构的精确热输入问题，掌握了高温合金/不锈钢、高温合金/电铸镍、电铸镍/不锈钢等接头的自动焊关键工艺技术，并已在产品上实现了工程化应用，如图 19-18 所示。

图 19-18　推力室自动焊

3. 机器人焊接技术及应用

喷管延伸段是发动机的关键部组件，为复杂空间曲面薄壁焊接结构，单台喷管的焊缝长 1000m 左右，待焊接管的壁厚不到 0.5mm，手工焊存在焊接周期长、对操作人员水平要求高、质量稳定性差，尤其焊接技能人员的劳动强度极大。通过对焊接过程中的焊缝跟踪、焊接过程中的操作、焊接工装，以及焊枪与焊件机器人协调进行全方面研究，掌握了复杂空间曲面薄壁焊接结构的机器人焊接关键技术，实现了机器人的示教编程焊接。

目前焊接技术已成功应用于发动机管束式喷管的生产制造过程。管束焊接组件焊接完成后，熔深、熔宽一致性好，极大降低了焊接技能人员劳动强度，焊缝符合 I 级焊缝要求。而且喷管延伸段焊接内型面光滑，符合设计的型面要求与强度要求。自动焊生产的喷管已通过飞行试验考核，如图 19-19 所示。

近期，结合喷管型面和焊缝曲线一致性好等特征，开展了离线编程机器人技术研究，通过对离线编程模型、离线编程在设备上的适用性等系统研究，掌握了复杂空间曲面薄壁结构件的离线编程技术，实现了工程化应用，大幅度降低了焊接技能人员劳动强度，提高了焊接质量的可控性和可靠性。

图 19-19　喷管延伸段焊接及焊后产品

4. 电子束焊接技术及应用

电子束焊接技术主要应用于推力室的焊接，如图 19-20 所示。推力室主要由头部、身部、喷管延伸段等部分组成，主要焊接工艺如下。

（1）身部组合件焊接工艺　一台身部组合件上面密集了 16 条空间曲线筋条焊缝，喷管在高压、高温等苛刻条件下工作，对焊接结合面的连接质量有严格要求。由于夹套包裹在喷管外侧，焊接时目视看不见肋筋，这些焊缝属于对筋盲焊，对中性要求高，通过对焊缝的示教数控编程跟踪，解决了焊缝对中问题。由于是空间曲线焊缝且焊缝密集，焊缝相互之间必定有影响，焊接时，需要考虑适合的焊接工艺，以便在截面变化的情况下，确保焊缝全长充分焊透且焊缝成形良好，焊缝质量达到 I 级。

（2）身部组合件与喷管延伸段焊接工艺　喷管延伸段材料与身部组合件材料为不同的钛合金材料，两种材料的焊接属于异种金属焊接。异种金属间的焊接由于材料的物理化学性能各不相同，焊接问题要多于同种材料焊接，且由于设计需要，该处接头结构为无锁底对接，对装夹要求高，焊后同轴度要求极高，焊缝要求熔透，正反面焊缝均匀、光滑，焊接中需要解决零件对中装夹及异种金属焊接难题。

（3）头部焊接工艺　头部的旋流器焊缝为关键焊缝，需要焊前保证旋流器与喷嘴壳体紧密贴合，焊后变形较小。工艺堵盖为不规则焊缝，要求焊透，堵孔距离喷嘴壳体边缘仅 1mm，极容易焊豁边缘，导致无法进行后续钎焊，造成产品报废，因此需要精密焊接控制。

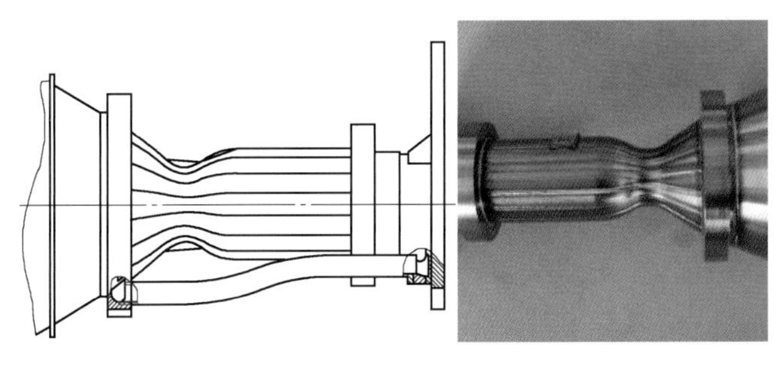
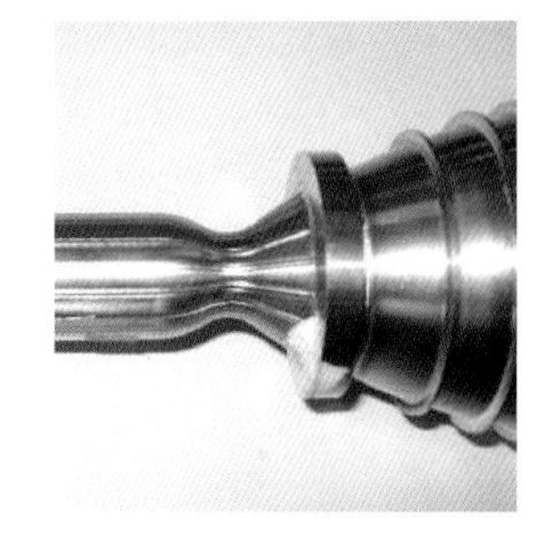

图 19-20　电子束焊接推力室产品

电子束焊在精密零件的加工方面具有明显优势，由于其具有热输入集中，焊接热输入小，焊接变形小，焊接参数可精确控制等优点，在航天器发动机零部件的制造中得到了广泛应用。

图 19-21 所示为电子束焊接的姿态控制发动机壳体，焊缝直径小，约为 2mm，采用电子束扫描的方法焊接。

图 19-21　电子束焊接的姿态控制发动机壳体

19.3　增压输送系统焊接技术及应用

19.3.1　增压输送系统简介

增压输送系统是航空航天领域中各种飞行器的重要组成部分，被誉为航空航天飞行器的血管，其可靠性直接决定了航空航天飞行器试验和飞行过程中的服役性能，尤其是管路的焊接质量可靠性。

在运载火箭中，增压输送系统主要起燃料输送、增压、测压和吹除等作用，其作用的不同使其具有不同的规格和尺寸以及空间结构。涉及的主要材料包括不锈钢、铝合金、高温合金以及钛合金等。图 19-22 所示是增压输送系统中的典型产品。

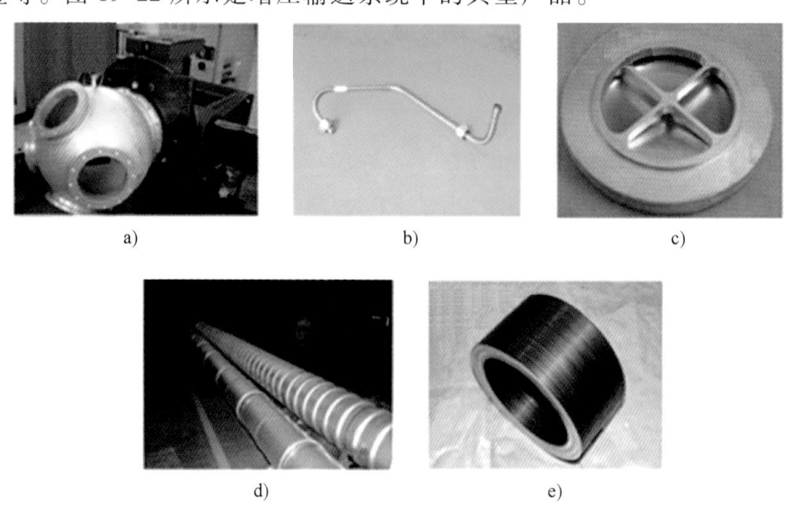

图 19-22　增压输送系统中的典型产品

a）多通　b）导管　c）膜片　d）隧道管　e）膜盒

增压输送系统产品的焊接技术主要包括 TIG 焊技术、微束等离子弧焊技术、导管全位置焊接技术、变极性等离子弧焊技术以及电阻焊技术。其中，TIG 焊因焊接过程稳定、焊接质量可靠，在增压输送系统产品焊接中的应用最为广泛；微束等离子弧焊技术具有焊接热输入小、焊接变形小、焊接残余应力小等特点，主要适用于薄壁结构的焊接；导管全位置焊技术具有焊接工件不动而焊枪旋转的特点，主要用于导管及管系的焊接，以其焊接操作的方便性而得到普遍应用；变极性等离子弧焊技术具有焊接正反极性电流大小可独立调节的特点，是专门针对铝合金焊接而发展起来的一种先进焊接方法，主要用于铝合金输送管和隧道管等产品的焊接；电阻焊技术主要包括电阻点焊、电阻缝焊和电阻对焊，主要适用于波纹管组件以及金属密封圈等产品的焊接。

19.3.2 增压系统焊接技术研究及应用

1. TIG 焊技术及应用

在运载火箭产品中，增压输送系统管路产品的结构和规格多样，多数为弯管甚至空间复杂导管，此类管路产品的焊接采用适应性较强的手工 TIG 焊技术，如图 19-23 所示。

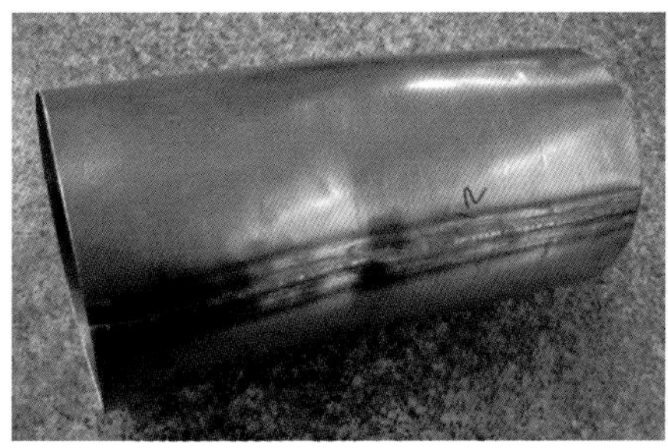

图 19-23 典型的中等直径导管采用手工 TIG 焊

双层真空管结构比较复杂，焊接部位均为薄壁结构，通常也采用手工 TIG 焊的方式生产，如图 19-24 所示。

图 19-24 采用手工 TIG 焊焊接的双层真空管

随着自动焊接技术的不断成熟以及新产品焊接质量要求的提高，自动 TIG 焊技术得到应用。目前，自动 TIG 焊技术应用最为广泛的是中等直径导管直管段纵缝的焊接、补偿器波纹管管坯纵缝的焊接，以及输送管和隧道管等产品的焊接，如图 19-25~图 19-27 所示。

机器人焊接技术具有柔性焊接的特点，在焊接复杂结构的产品时具有灵活方便的优势。目前，机器人 TIG 焊技术主要用于焊接铝合金五通组件等复杂结构产品，如图 19-28 所示。图 19-29 展示的是 KUKA 机器人自动 TIG 焊接钢制五通组件的过程。

2. 微束等离子弧焊技术及应用

微束等离子弧焊技术在增压输送系统管路产品的焊接生产中主要用于蓄压器、阀门的膜盒类产品的焊接以及摇摆软管等重要结构中。膜盒类产品是蓄压器以及各种阀门等产品的关键元件，具有刚度小、抗疲劳性能好和行程大等优点，在减振和补偿方面起着关键作用。根据不同型号的性能要求，膜片厚度和直径包括多种规格并且具有单层和三层等不同结构形式。膜盒的材料，主要包括不锈钢和高温合金等。由于膜片的厚度较薄且膜片焊接对熔深和熔宽以及最终膜盒的漏率要求都具有严格的规定，因而采用了精密微束等离子弧焊技术。图 19-30 展示了采用微束等离子弧焊获得的典型的膜盒产品。

图 19-25　采用自动 TIG 焊获得的直管段及补偿器波纹管

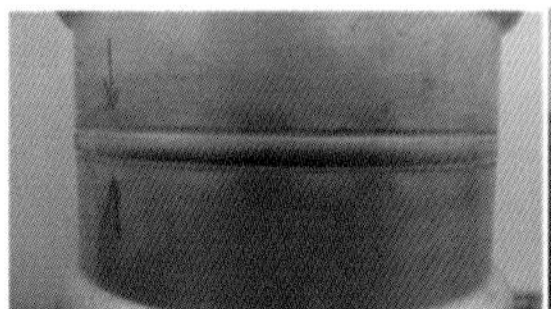

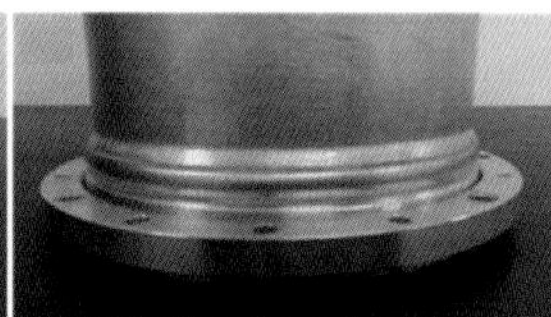

图 19-26　铝合金隧道管的自动 TIG 焊焊缝成形特征

图 19-27　钢制输送管的自动 TIG 焊过程

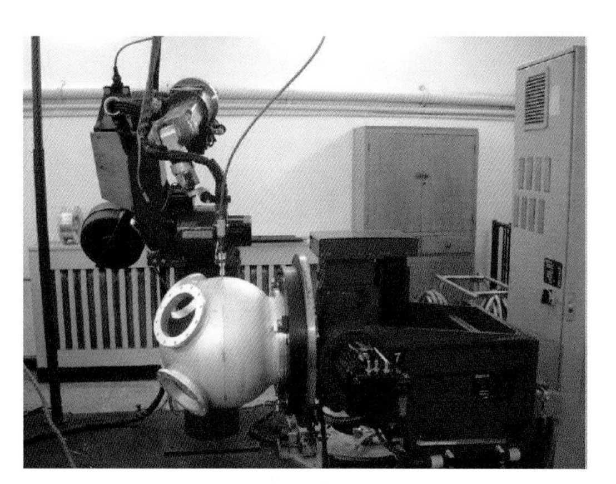

图 19-28　SRV 机器人自动 TIG 焊接系统及其用于铝合金五通组件焊接的过程

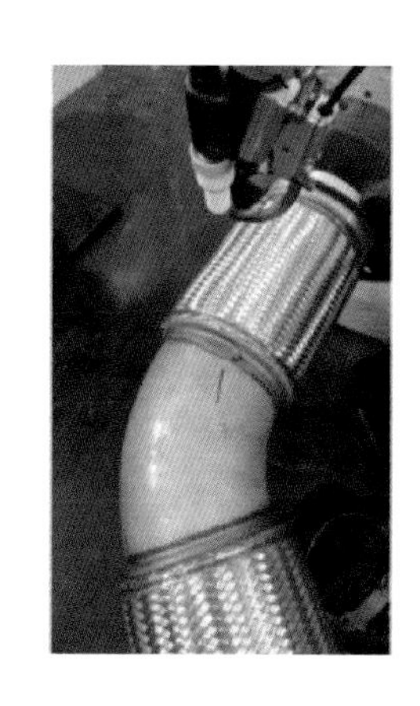
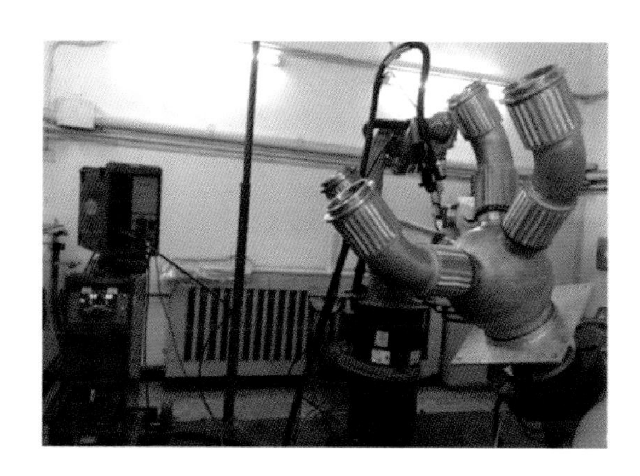

图 19-29 KUKA 机器人自动 TIG 焊接系统及其用于钢制五通组件焊接的过程

此外，在液体发动机的摇摆软管焊接中，也主要采用微束等离子弧焊技术。由于摇摆软管是由波纹管和法兰组件等部分组成，薄壁的波纹管焊接难度较大，因而采用热量集中的微束等离子弧焊技术，实现波纹管连接部位端接结构的焊接。

图 19-30 微束等离子弧焊获得的膜盒产品

3. 全位置焊接技术及应用

全位置焊接技术是针对导管焊接的一种先进焊接技术，在焊接过程中采取被焊接导管不动而焊钳或焊枪旋转的方式实现焊接，根据焊接的形式可以分为闭式全位置焊接技术和开式全位置焊接技术两种。其中，闭式全位置焊接技术是针对直径在 ϕ150mm 以内的导管，开式全位置焊接是针对直径 ϕ150mm 以上的导管。在导管全位置焊接过程中，涉及平焊、立向下焊、仰焊和立向上焊等不同的焊接姿态，在这些不同位置保持焊接熔池稳定和焊缝质量一致的焊接条件是不断变化的，需要根据不同的焊接位置姿态对焊接过程进行分区，对每个焊接程序区间分别进行焊接参数的设定和优化，最终保证整圈焊缝成形和焊缝质量的均匀一致。

目前，闭式全位置焊已广泛应用于铝合金、不锈钢、钛合金和高温合金等材料的导管焊接中，并且已经实现了箭上焊接。图 19-31 展示了采用闭式全位置焊接技术获得的全焊接管系结构，目前已经经过了飞行考核。

对于直径超过 ϕ150mm 的中大直径导管，闭式焊钳的设计难度较大且稳定性较差，故采用开式全位置焊接技术较为合适。在焊接过程中，焊接导轨装卡在被焊接导管上，焊接小车装卡在焊接导轨上带动焊枪沿着焊接导轨旋转，实现导管整圈环焊缝的焊接，尤其适合于导管无法旋转的大组件的焊接。图 19-32 所示是大直径导管的开式全位置焊接过程。

图 19-31 采用闭式全位置焊接技术获得的全焊接管系结构

4. 变极性等离子弧焊技术及应用

变极性等离子弧焊技术主要针对中等壁厚

铝合金产品焊接，焊接质量可靠、焊缝成形良好。在焊接过程中，可以利用“小孔效应”有效去除气孔和夹渣等焊接缺陷，因而被称为无缺陷焊接技术。图 19-33 所示是运载火箭增压输送系统中的输送管和隧道管常用材料铝合金 5A06 采用变极性等离子弧焊技术获得的焊缝成形，焊接过程稳定、焊缝美观且一致性良好。

5. 电阻焊技术及应用

电阻焊主要应用于补偿器波纹管与法兰或转接头的焊接、补偿器封网套及金属 O 形环密封圈的焊接。在增压输送系统管路产品中，常涉及不同壁厚的对接，如直管段与补偿器的对接以及补偿器中波纹管与补偿器接头的对接等。

补偿器中波纹管与补偿器接头的焊接，因波纹管为双层结构容易造成直接对接时出现夹层气体膨胀导致焊接过程不稳定和烧穿现象，因而焊接前需要对双层结构的波纹管端部进行缝焊并车切至焊核中心。图 19-34 所示是端部通过电阻缝焊工艺边条后的波纹管，图 19-35 所示是通过电阻缝焊实现波纹管与端部法兰盘焊接的补偿器，图 19-36 所示是通过电阻缝焊封完网套的补偿器。

图 19-32　大直径导管的开式全位置焊接过程

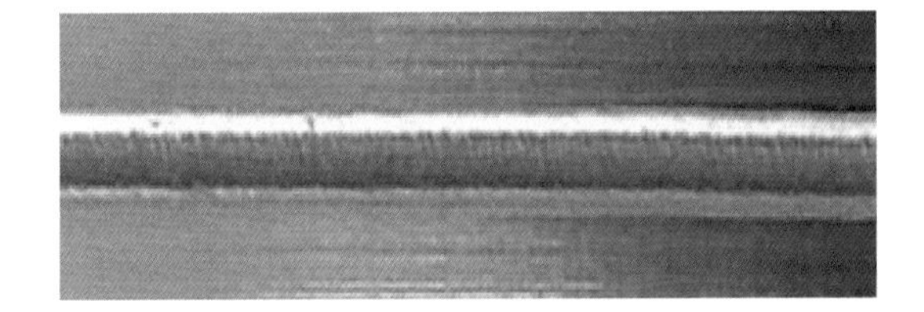

图 19-33　铝合金 5A06 变极性等离子弧焊焊缝正背面成形

图 19-34　通过电阻缝焊工艺边条后的波纹管

图 19-35　通过电阻缝焊实现波纹管与端部法兰盘焊接的补偿器

金属 O 形环密封圈是实现增压输送系统管路可靠连接的有效形式之一，具有耐蚀性强等诸多优点。根据结构形式，金属 O 形环密封圈可以分为实心和空心两种形式，均通过电阻对焊的方式实现焊接。图 19-37 所示是通过电阻对焊实现焊接的典型的金属 O 形环密封圈。

图 19-36　通过电阻缝焊封完网套的补偿器

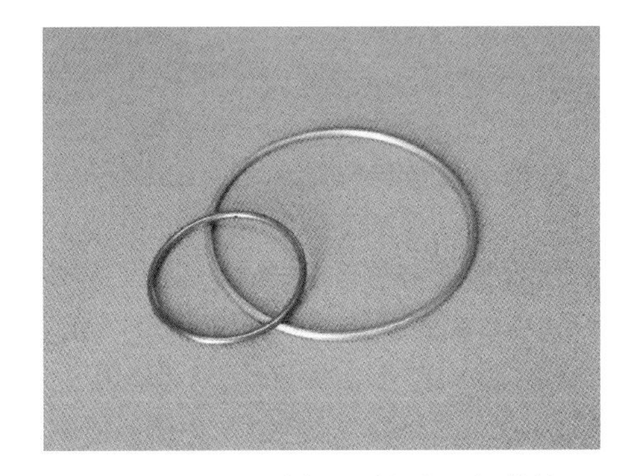

图 19-37　通过电阻对焊实现焊接的典型的金属 O 形环密封圈

19.4　载人航天系统焊接技术及应用

19.4.1　载人航天系统产品介绍

目前，载人航天系统中主要的焊接结构包括半硬壳式密封舱体结构和整体壁板式密封舱体结构。根据结构密封性要求，材料选用焊接性较好的 5A06 或 5B70 铝合金，涉及的焊接工艺主要有氩弧焊、冷金属过渡焊、变极性等离子弧焊、电阻点焊等。

19.4.2　载人航天系统焊接技术研究及应用

1. 复杂薄壁密封舱体自动氩弧焊和变形控制技术及应用

(1) 自动钨极氩弧焊技术及应用　手工氩弧焊操作工人劳动强度大、焊缝质量不稳定、生产效率低。近年来，为提高焊缝质量和生产效率，在神舟系列飞船返回舱与轨道舱等复杂薄壁密封舱体结构中，自动钨极氩弧焊技术获得普遍应用。

“神舟”系列飞船舱体的结构为多孔薄壁弱刚性铝合金密封舱体结构，由于涉及宇航员出舱活动、返回着陆和部分留轨工作等多项重大航天任务，因此舱体除焊缝性能、密封要求较高外，结构精度指标要求也较高，需满足焊后组合加工和其他部件的安装要求，尤其是某些舱体薄弱的侧壁金属壳体的焊接质量和变形要求严格控制。

在薄壁密封舱体自动钨极氩弧焊工艺中，采用自动焊接工艺装备，可实现弧长自调节，焊接参数计算机控制，远程进行监控，保证焊缝质量。焊接过程及焊后的产品如图 19-38、图 19-39 所示。自动钨极氩弧焊方法已应用于飞船返回舱、轨道舱、密封大底的纵环缝及法兰焊缝的焊接中。

(2) 预变形和逐点碾压变形控制技术及应用　为了减小薄壁结构在焊接过程中由于受热严重不均匀所产生的残余应力和变形，提高焊件的加工精度，采用预变形（或称预应力）的焊接方法，如图 19-40 所示。在焊接开始前，预先给焊件施加一个沿焊缝方向的拉应力，可以减小焊接加热过程中由于构件局部热膨胀而产生的压缩变形。现有的研究成果显示，在弹性范围内预拉应力越大，其对焊接后的残余应变削减就越明显。

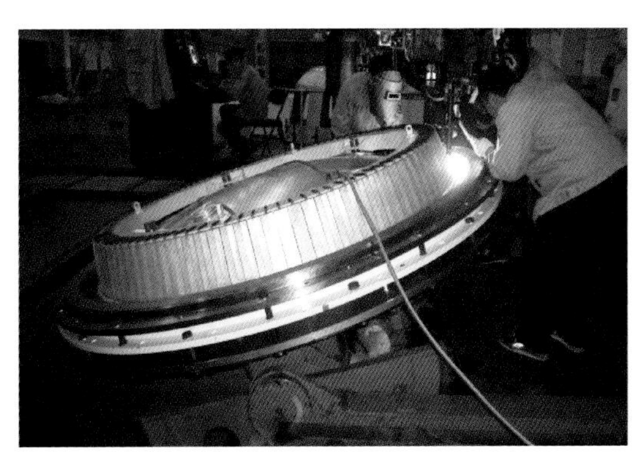

图 19-38　飞船密封大底纵环缝自动焊接

近年来，该技术应用于飞船返回舱复杂

图 19-39　焊接完成的飞船返回舱和密封大底

薄壁球状壳体结构，飞船返回舱焊接质量与蒙皮轮廓度变形得到有效控制。

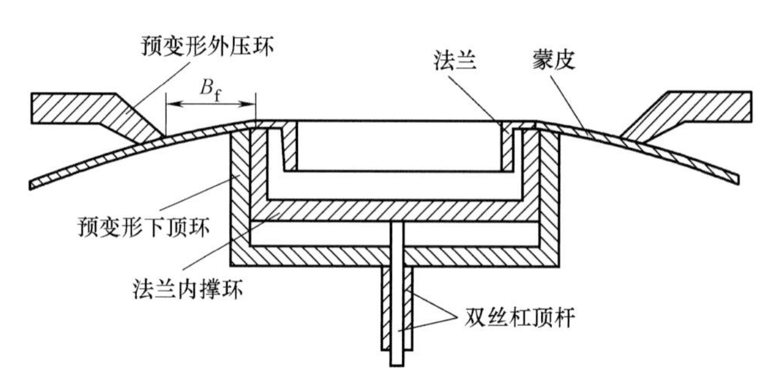

图 19-40　壳体法兰预变形自动焊原理

此外，焊后零件工装同时进炉进行消除应力热处理和逐点挤压机械矫形等方法也广泛用于焊后的变形控制措施。针对部分多孔弱刚性舱体结构，研制了逐点挤压机，完成了焊缝逐点挤压矫形的应用工艺研究，达到了消除焊接变形的目的。

2. 大尺寸弱刚性筒体结构冷金属过渡自动焊接技术及应用

冷金属过渡（cold metal transfer，CMT）是在 MIG/MAG 基础上开发的一种适合超薄板和薄板的无飞溅、低热输入的新型焊接技术，如图 19-41 所示。CMT 技术热输入小，焊接变形较低，适用于薄板镀锌板、碳钢、铝合金、镁合金、钛合金等同种和异种材料的连接，在合理的焊接参数下，熔敷及搭接接头焊接过程稳定，焊缝成形美观，力学性能优良。

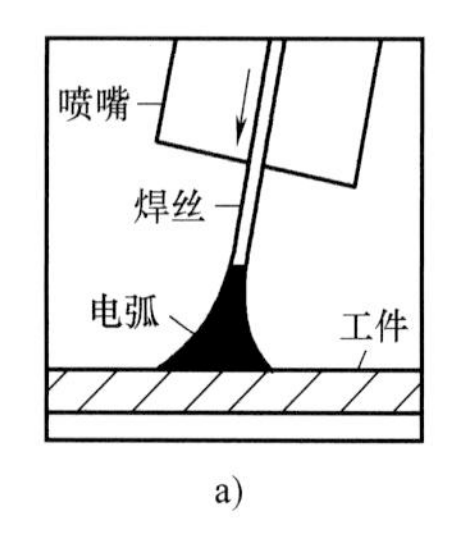

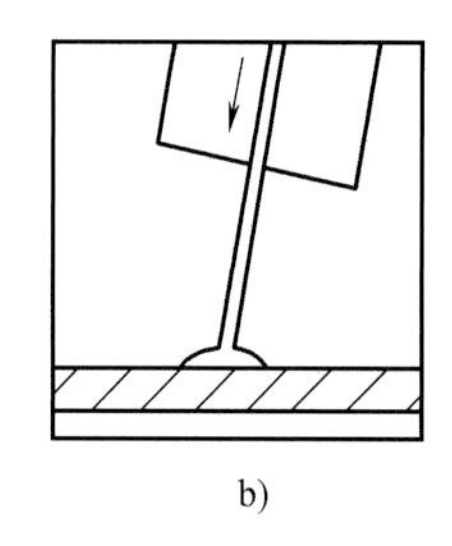

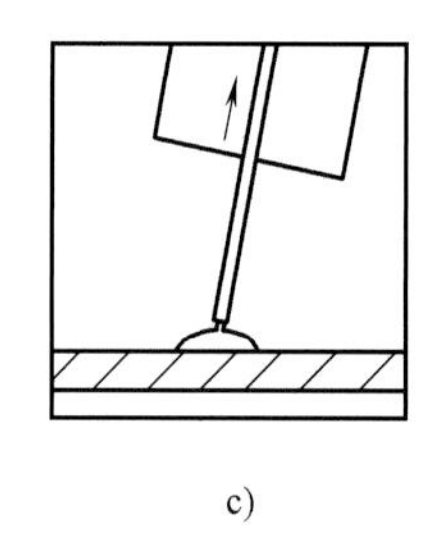

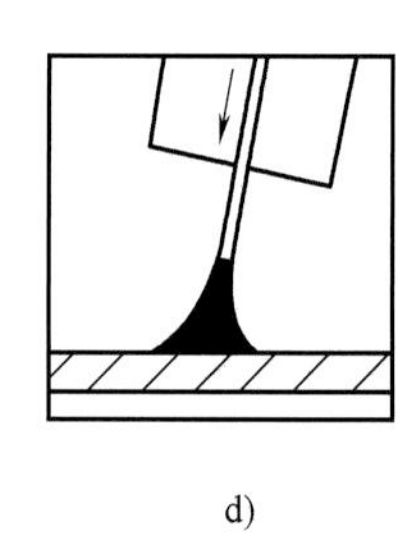

图 19-41　冷金属过渡焊接原理

a）电弧引燃，熔滴向熔池过渡　b）熔滴进入熔池，电弧熄灭，电流减小
c）电流短路，焊丝回抽，熔滴脱落，短路电流保持极小　d）焊丝运动方向改变，重复熔滴过渡过程

近年来，针对载人航天器中大尺寸弱刚性辐射器筒体结构（见图 19-42）采用 CMT 自动焊接技术进行焊接，实现了铝合金辐射器筒体翼型管翅片与薄板、薄板与薄板之间的三维空间曲线焊缝的自动化焊接，焊缝成形均匀美观，减少了熔敷金属填充量，实现了辐射器筒体的整体脱胎，有效控制了薄壁筒体结构的焊接变形，解决了大尺寸、弱刚性管-板筒体焊接变形问题。

为提高大尺寸复杂结构的自动化与智能化焊接水平，研究人员进行了可移动自动智能焊接机器人系统的集成与开发，如图 19-43 所示。该装备基于 KUKA 公司的 KR-30 机器人与福尼斯的冷金属过渡焊机，搭载全向智能移动平台车，并配置激光跟踪系统，通过激光照射焊缝，可根据反射回来的激光信号与测量系统光轴的偏离角，实时纠正由于焊接变形等造成的焊枪轨迹偏差，操作者可通过焊接视频监测系统获取实时焊缝熔池信息，实现自动焊接。

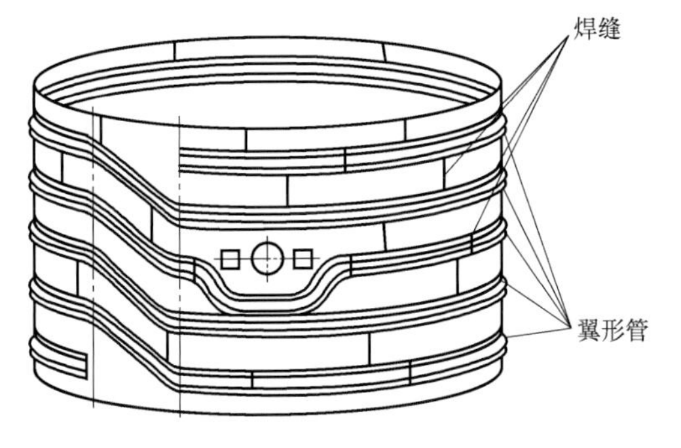

图 19-42 管-板结合的薄壁结构

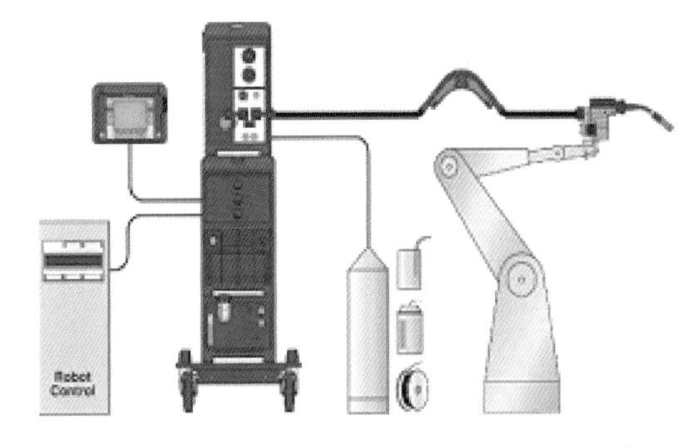

图 19-43 可移动自动智能焊接机器人系统

通过改变工装压板方式解决了薄板对接焊缝中的板变形问题；通过增加机器人末端焊枪自动摆动焊接功能，解决了焊缝间隙不均匀问题，目前在某载人航天器辐射器结构上实现了首次应用，并已交付型号产品。

另外，针对管-管的深 V 形焊缝，在普通冷金属过渡焊接参数的基础上增加了高频脉冲，增加了电弧的挺度，减小了焊缝的热输入，焊缝成形饱满，并且有效抑制了焊漏缺陷，产品质量可靠性和合格率大幅度增加。

3. 中厚度铝合金大型密封舱体变极性等离子弧焊技术及应用

(1) 变极性等离子弧纵环缝焊技术及应用 针对大直径中厚度铝合金筒体纵缝与环缝的焊接，采用了 VPPA 自动焊接技术及变形控制技术。图 19-44 所示为变极性等离子弧的穿孔过程示意图，与钨极氩弧焊相比，在焊缝质量和变形等方面具有明显优势，如图 19-45 所示。通过 VPPA 纵、环缝自动焊接工艺装备系统配置设计、VPPA 焊接工艺技术研究、VPPA 双丝焊技术等方面的深入研究，突破了 VPPA 焊在大型壁板密封结构焊接中的起收弧控制、立式穿孔焊的焊缝成形控制等关键技术，使焊缝质量满足了标准中 I 级焊缝的要求，一次合格率达到 100%，已应用于长寿命大型铝合金密封结构的焊接中，如图 19-46 所示。

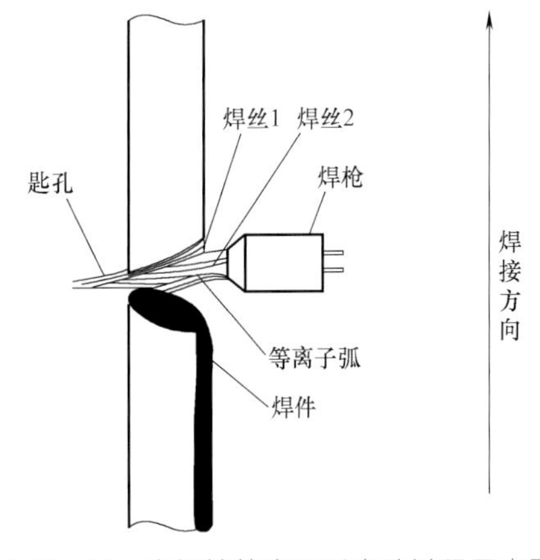

图 19-44 变极性等离子弧穿孔过程示意图

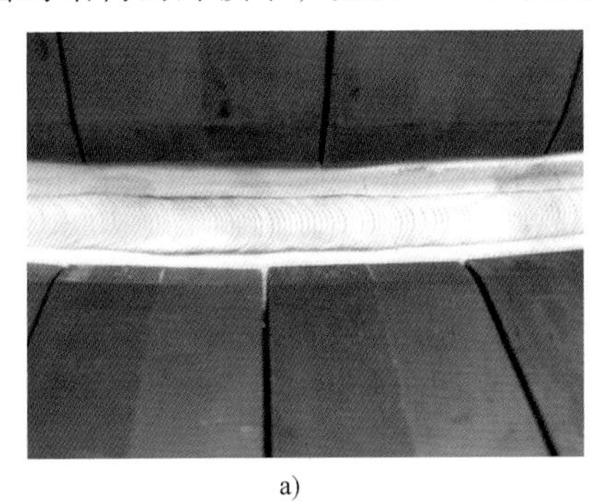

a)

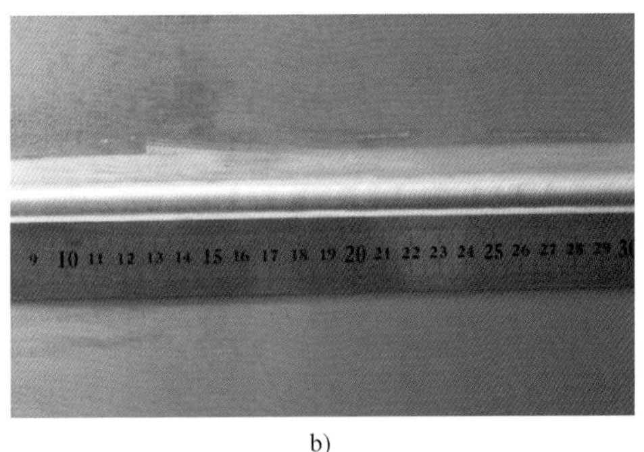

b)

图 19-45 变极性等离子弧焊与钨极氩弧焊焊缝成形

a) 钨极氩弧焊的焊缝成形 b) 变极性等离子弧焊的焊缝成形

（2）空间曲线焊缝变极性等离子弧焊技术及应用　针对舱体法兰盘复杂空间曲线焊缝，开发了全数字变极性等离子弧专用焊接电源，开展了变极性等离子弧穿孔熔池稳定性控制技术研究，建立了铝合金变极性等离子弧焊接工艺评价体系，研制了多轴联动变极性等离子弧大型自动化焊接装备，实现了空间曲线焊缝变极性等离子弧自动化焊接装备在大型航天器密封舱焊接中的应用，如图 19-47 所示。

图 19-46　变极性等离子弧焊焊接过程

图 19-47　空间曲线焊缝 VPPA 焊接在舱体焊接中的应用

在中厚度铝合金变极性等离子弧焊接技术方面，突破了变极性等离子弧焊在大型壁板密封结构焊接中的多项关键技术，该技术已成功应用于天宫系列实验舱、载人三期大型整体壁板密封舱体结构的生产。到 2015 年 12 月为止，变极性等离子弧焊接方法已累计在各种型号产品中焊接了 2000m 以上的焊缝，其中 99.8%的焊缝长度实现了无缺陷焊接。

4. 薄壁结构电阻点焊技术及应用

薄壁舱体结构电阻点焊技术在载人航天器结构中的应用主要为飞船轨道舱和返回舱。

轨道舱为薄壁大型密封焊接结构，材料为 5A06，由于舱体蒙皮较薄，需要在舱内表面点焊若干长短不一的桁条和隔框用来增加舱体刚度。同时在舱体内外表面还点焊部分支架部件和大量盒形件。

返回舱侧壁金属壳体是有密封要求的大型薄壁焊接舱体，其型面复杂、尺寸精度高。侧壁上横向分布有隔框，纵向分布有桁条，是一种典型的薄壁壳体结构，焊后极易产生变形。在返回舱结构研制中，除蒙皮与框类零件采用氩弧焊技术外，蒙皮与桁条、隔框的连接采用电阻点焊技术，同时舱体内壁各种仪器的安装支架也采用点焊工艺。返回舱点焊焊点如图 19-48所示。

5. 载人航天器管路全位置自动钨极氩弧焊技术及应用

载人航天器系统管路焊接主要涉及铝合金、钛合金、不锈钢等薄壁小直径管路。常用的规格有 ϕ12mm×1mm、ϕ8mm×1mm、ϕ8mm×0.8mm、ϕ18mm×2mm 等。管路焊接的主要特点是导管形状复杂、接口关系多、制造精度要求高、焊点数量多、质量要求高，均为航天标准Ⅰ级焊缝要求，如图 19-49 所示。

载人航天器管路焊接主要采用全位置自动氩弧焊技术。管路焊接中较为困难的是小直径薄壁铝管的焊接。小直径铝合金管路焊接的主要问题是容易出现超标气孔，且补焊困难，一旦管路组件中出现一个不合格焊缝将导致整个组件报废。因此在设计时要尽量避免手工焊焊缝，通过严格的工艺控制，目前小直径铝合金管路的焊缝一次合格率已提高到了 93%以上。

图 19-48　返回舱点焊焊点

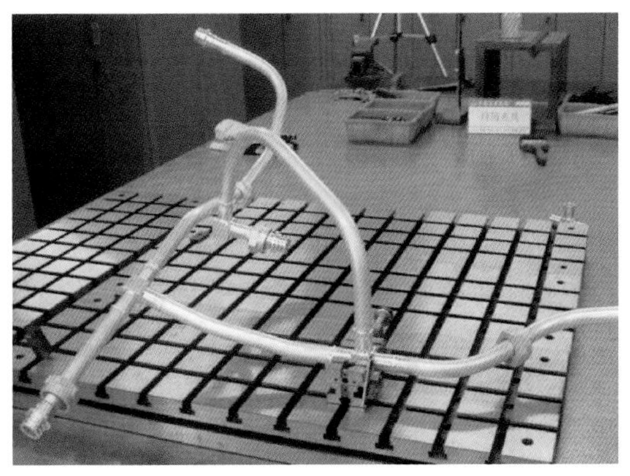
图 19-49　载人航天器铝合金管路组件

19.5　卫星系统焊接技术及应用

19.5.1　卫星系统简介

卫星根据功能分为有效载荷和卫星平台两部分，有效载荷中包括天线分系统和转发器分系统；卫星平台部分包括测控分系统、数管分系统、供配电分系统、控制分系统、推进分系统、热控分系统和结构分系统。

焊接是卫星热控、推进等分系统研制的主要工艺技术。卫星的许多构件采用焊接结构，如卫星气瓶、贮箱、管路、热控部件等，其焊接质量直接影响卫星的寿命和可靠性。

19.5.2　卫星焊接技术研究及应用

1. 卫星推进分系统管路的全位置自动钨极氩弧焊接技术及应用

卫星推进分系统是承担轨道注入、轨道控制、姿态控制、离轨与返回控制及位置保持等各种功能的重要分系统，直接影响卫星的控制精度、寿命与可靠性。推进分系统的燃料贮箱、各种阀门、发动机（推力器）等零部件由管路连接成高气密系统。各部件在星上与管路连接的方式有两种：一种为焊接结构形式，由钛合金导管采用焊接的方式将零部件连接成一高气密系统；另一种为螺纹联接方式，螺纹联接方式的球形接头也通过焊接方式与钛合金导管连接。管路局部布局如图 19-50 所示。焊接为推进系统管路的主要连接方式。

推进系统主要采用的是钛合金管路，管路直径有 ϕ4mm × 0.8mm、ϕ6mm × 1mm、ϕ8mm×0.8mm 等规格，管-管间采用的是全位置自动脉冲氩弧焊方法。其焊机为计算机控制的全位置脉冲 TIG 焊接系统，系统中配置了一套精密焊接电源、焊管钳、遥控器等，电源的焊接电流输出为 1～150A。该焊机具有可编程功能，可任意分段切换焊接电流，焊接电源具有直流、方波、电流爬升与衰减、脉冲频率及占空比可调节等技术特性。

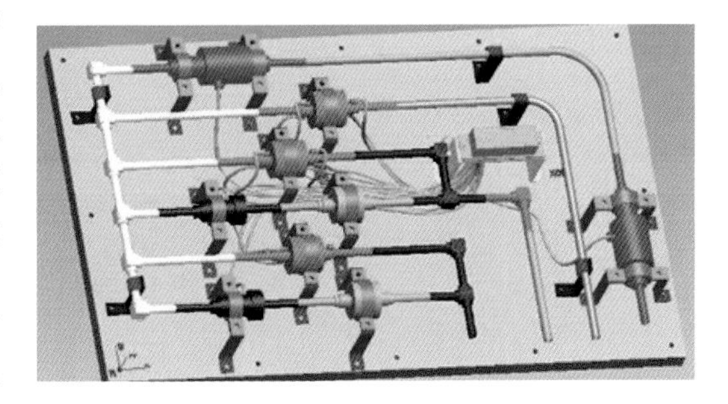
图 19-50　卫星推进分系统管路局部布局

针对卫星管路的规格设计了多种专用焊接工装与夹具，开发了多种不同规格管路的自动焊接程序，形成了稳定的工艺过程。焊接过程如图 19-51 所示。钛合金管路环焊缝焊接一次合格率可达 98%以上。

目前，钛合金管路全位置自动焊接技术已成功应用于通信、导航、遥感、小卫星、返回式卫星等多个平台近百颗卫星的推进系统管路的焊接中。

2. 卫星高温隔热屏多层箔材缝焊技术及应用

卫星高温隔热屏上部与安装仪器盘相连接，下部与太阳电池壳体相连接，其作用是防止远地点发动机工作时的高温火焰对星体内仪器产生不利影响。

高温隔热屏由三层金属箔材（其中一层为 0.05mm 的不锈钢箔、两层为 0.015mm 的镍箔）及 16 层非金属箔材（其中一层为高硅氧玻璃布，15 层为双面镀铝聚酯薄膜）组成。由于产品自身特点，原材料较薄，且许多材料需要拼焊在一起才能满足产品使用要求，用一般焊接方法是难以实现的，目前只能采用电阻缝焊的焊接方法。采用卷边搭接接头的形式（见图 19-52），焊缝产生的热量足以使焊接区金属加热到局部熔化或塑性状态，从而使焊点具有足够的强度。采用手提式点缝焊机，可焊接 0.01~1mm 厚度的箔材，满足设计要求。

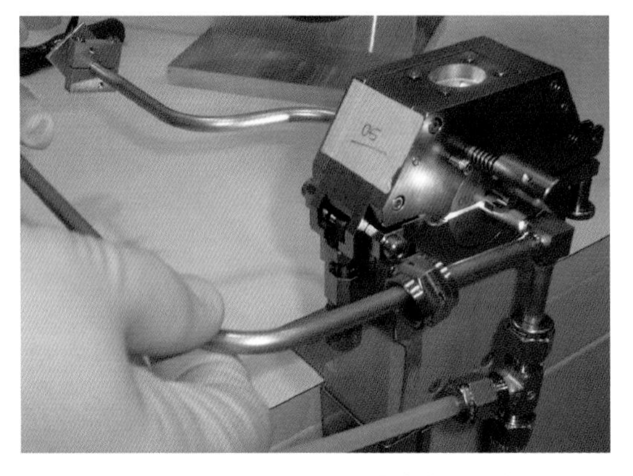

图 19-51　卫星推进分系统钛合金管路的焊接过程

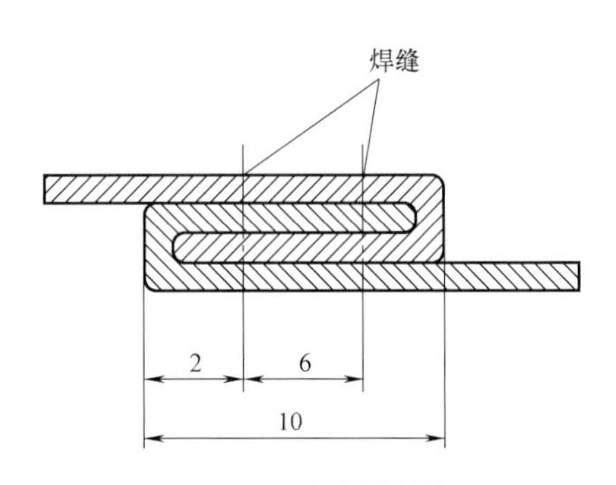

图 19-52　卷边搭接接头

高温隔热屏星下焊接时，由于设计的专用胎具和焊接工装，使得焊机与工件之间通电良好，焊接参数稳定，同时也保证了焊接时隔热层与胎具不发生相对移动，可有效保护涂层不被磨损。

目前，高温隔热屏多层箔材缝焊技术已成功应用于通信、导航等多个平台卫星的高温隔热屏焊接中，经过了几十颗卫星的飞行验证。

3. 卫星包带点焊技术及应用

钛合金包带是包带弹簧式星箭连接分离装置的核心部件。钛合金包带选用 1.2~2.2mm 的 TB2 高强度钛合金板材，在包带弯头处采用电阻点焊的方法进行连接，其结构形式如图 19-53 所示，电阻点焊是包带制造过程的关键工序。

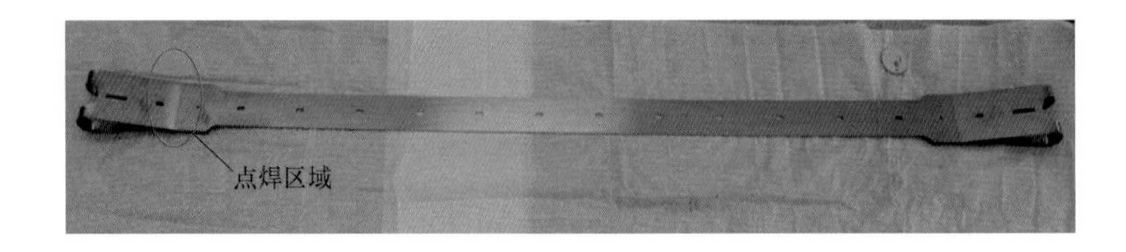

图 19-53　钛合金包带的结构形式

目前，钛合金包带点焊工艺方面拥有成熟技术，形成了包括焊接电流 I、电极压力 p、焊接时间 t、点焊的电极头、表面状态、装配间隙等参数的工艺规范，具备焊点质量在线评估监测系统（见图 19-54），在此规范下点焊的焊点合格率达 99%，工艺稳定性好。钛合金包带点焊技术已应用到多种规格的星箭分离装置的包带研制中，并均得到了飞行验证。

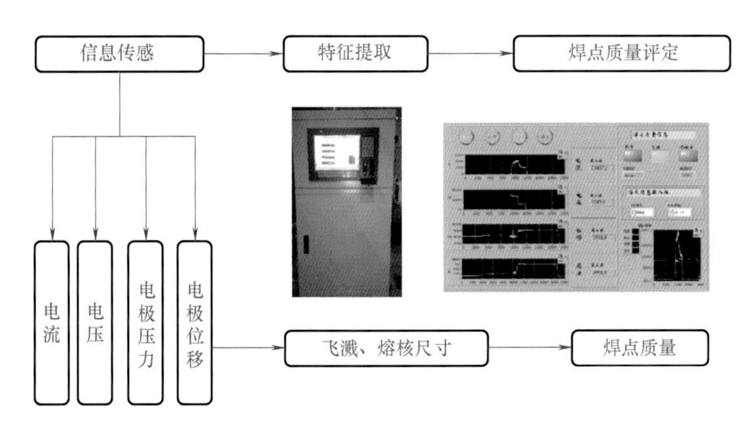

图 19-54 包带点焊过程的监测和焊点质量在线评估监测系统

4. 卫星热管焊接技术及应用

(1) 槽道热管自动钨极氩弧焊技术 热管作为一种利用管内工质的相变和循环流动而工作的器件，其在航天器上的应用，主要是通过热量的传递来实现对星内仪器设备的温度控制和星内局部或整体的等温化，结构形式如图 19-55 所示。

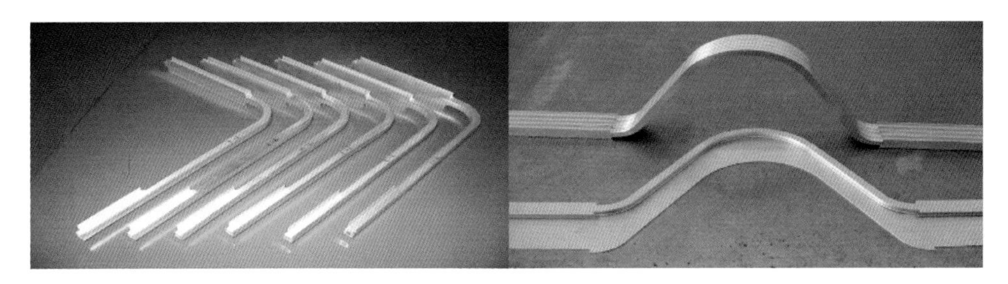

图 19-55 槽道热管的结构形式

槽道热管管体与毛细管的焊接形式如图 19-56 所示，由于毛细管壁厚比较小，采用手工焊接容易导致毛细管堵塞，通过改进焊接机头形状、改进焊接接头形式等方法，实现了管体与毛细管的自动焊接，如图 19-57 所示，焊缝一次合格率提高到了 95%以上。

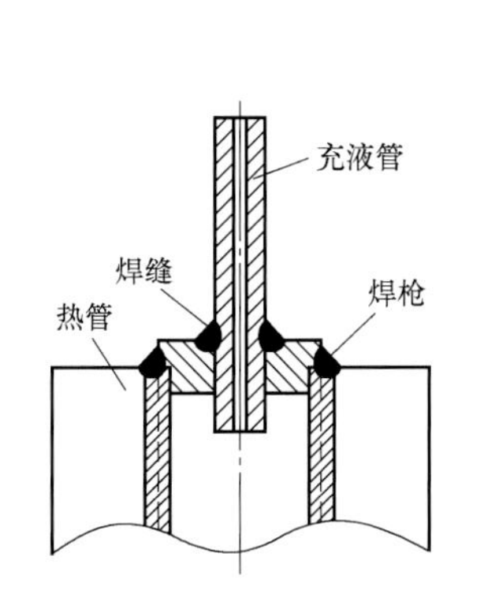

图 19-56 槽道热管管体与毛细管的焊接形式

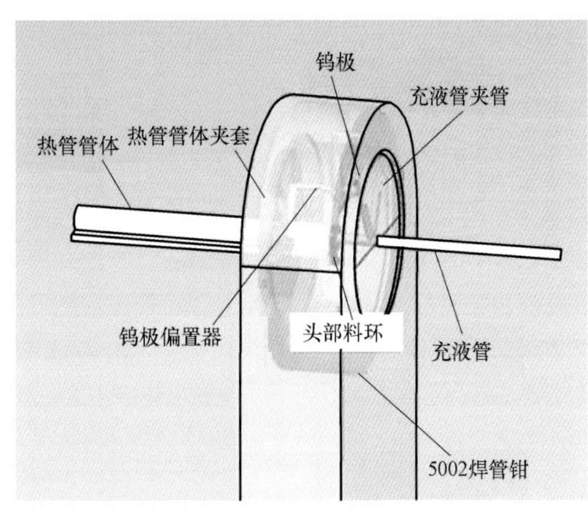

图 19-57 槽道热管管体与毛细管的自动焊接

(2) 环路热管钎焊技术 环路热管（Loop Heat Pipe，LHP），是一种新型的依靠工质汽化时气液界面产生的毛细力来驱动两相流体循环的传热工具，具有传热功率大，传输距离远，反重力能力强，管线易弯折等特点，是高效热控制的有效手段。其中的管路采用不锈钢材料以保证其耐蚀性，而蒸发器的集热座和冷凝器的散热翅片作为换热器件则采用铝合金，两者之间采用搭接接头的方式进行钎焊。热控系统最关键的性能就是高热流密度排散能力，因此铝合金与不锈钢之间的钎焊连接就是关乎热控系统热传输能力的关键技术之一，如图 19-58 所示。

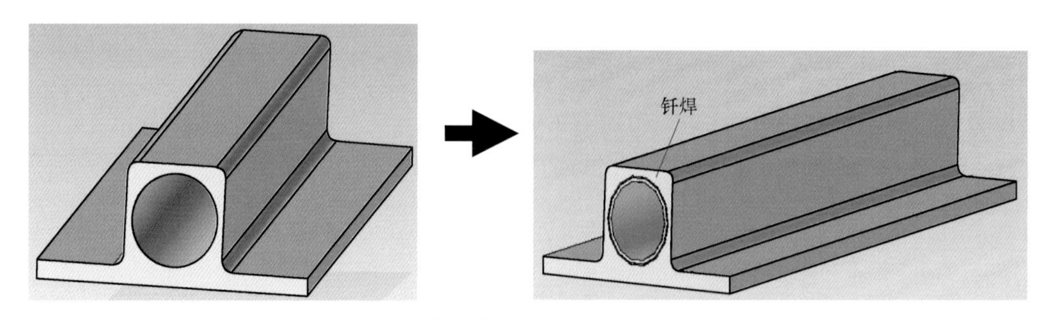

图 19-58　铝合金鞍座与不锈钢管之间的钎焊结构形式

为控制焊接变形及不影响不锈钢管内毛细芯性能和环路热管的工作性能，采用低温钎焊的方法，突破了低温软钎焊材料的筛选、焊接夹杂和变形控制、焊接缺陷的识别和统计等关键技术，研发了专用的低温钎料和钎剂，设计了专用的钎焊设备，实现了环路热管结构在低于 220℃ 温度条件下的软钎焊，并且钎焊质量检测和结构热测试均满足技术指标要求。X 射线检测结果表明，环路热管钎焊接头钎着率大于 90%，钎焊过程对不锈钢管内毛细芯性能和环路热管的工作性能均无影响。

目前，环路热管蒸发器钎焊技术已应用于实践九号卫星、嫦娥三号、嫦娥五号、东方红五号卫星平台环路热管研制中。

参考文献

[1] 王国庆，赵衍华. 铝合金的搅拌摩擦焊接 [M]. 北京：中国宇航出版社，2010.

[2] 夏德顺. 航天运载器贮箱结构材料工艺研究 [J]. 导弹与航天运载技术，1999 (3)：32-41.

[3] 郝云飞，王国庆，厉晓笑，等. 焊透深度和前进侧位置对 FSW 贮箱锁底接头性能的影响 [J]. 宇航材料工艺，2014，44 (6)：14-19.

[4] 王国庆，赵刚，郝云飞，等. 2219 铝合金搅拌摩擦焊缝匙孔形缺陷修补技术 [J]. 宇航材料工艺，2012，42 (3)：24-28.

[5] 傅懋鸿，崔可浚. 运载火箭贮箱箱底自动焊接系统 [J]. 导弹与航天运载技术，1994 (2)：52-57.

[6] 赵衍华，李延民，郝云飞，等. 2219 铝合金双轴肩搅拌摩擦焊接头组织与性能分析 [J]. 宇航材料工艺，2012，42 (6)：70-75.

[7] 王国庆，林忠钦. 航天结构产品精确高效制造工程展望 [J]. 工业工程与管理，2016，21 (4)：1-5.

[8] 李小宇，杜兵，徐良，等. 2219-T87 铝合金变极性等离子弧焊工艺工程适应性研究 [J]. 焊接，2013 (10)：45-47.

[9] 孔兆财，李京民，马广超，等. TA7/1Cr18Ni9Ti 管接头高频钎焊工艺 [J]. 焊接技术，2012，41 (8)：32-34.

[10] 王国庆，杜岩峰，冯秀云，等. 搅拌摩擦焊在 2219 铝合金 VPPA 熔焊接头缺陷补焊中的应用 [J]. 航天制造技术，2010 (2)：4-9.

[11] 田志杰，白景彬，杜岩峰，等. 5A06铝合金薄板VPPA焊接工艺研究［J］. 焊接，2012（11）：52-55.

[12] 孙忠绍，刘宪力. 大型贮箱箱底自动焊工艺方法研究［J］. 航天工艺，1997（4）：5-9.

[13] 赵长喜，王中阳. 大型薄壁焊接密封舱体工艺技术研究［J］. 航天器工程，2004，13（3）：32-36.

[14] 陈树君，卢振洋，杨颂华，等. 航天器舱体结构变极性等离子弧穿孔立焊关键技术与应用［J］. 中国科技成果，2016，17（16）：49-50.

[15] 王奇娟，薛忠明，杨颂华，等. 钛合金、不锈钢和铝合金异材管路结构钎焊工艺［J］. 航天制造技术，2007（6）：25-27.

[16] 高凤林，李雪飞，孔兆财，等. 氢氧火箭发动机推力室头部非对称结构焊接工艺研究［J］. 航天制造技术，2014（4）：23-27.

第 20 章　航空制造工程中的焊接技术

郭德伦　张田仓　陈俐　李菊　岳喜山　付鹏飞　赵华夏　倪家强

20.1 概　　述

焊接，作为航空制造工程中的一种主导工艺方法，在飞机、发动机两大系统的制造中得到了越来越广泛的应用。在每一大系统中，均拥有数百乃至上千个焊接结构件。这些焊接结构件的制造采用了当今世界已出现的几乎所有焊接方法。本章将以航空器中典型的焊接构件（见图 20-1和图 20-2）为实例，描述焊接技术在我国航空制造工程中的应用和相关焊接技术的进展。

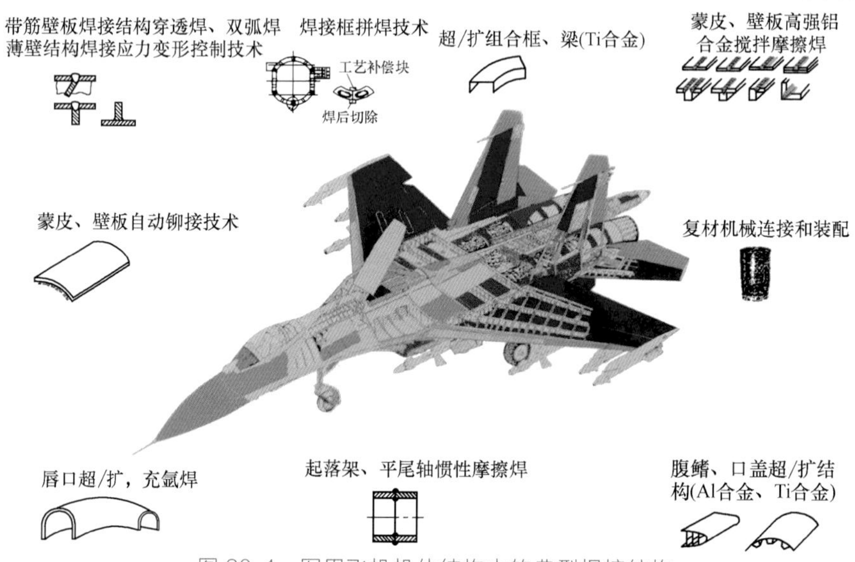

图 20-1　军用飞机机体结构中的典型焊接结构

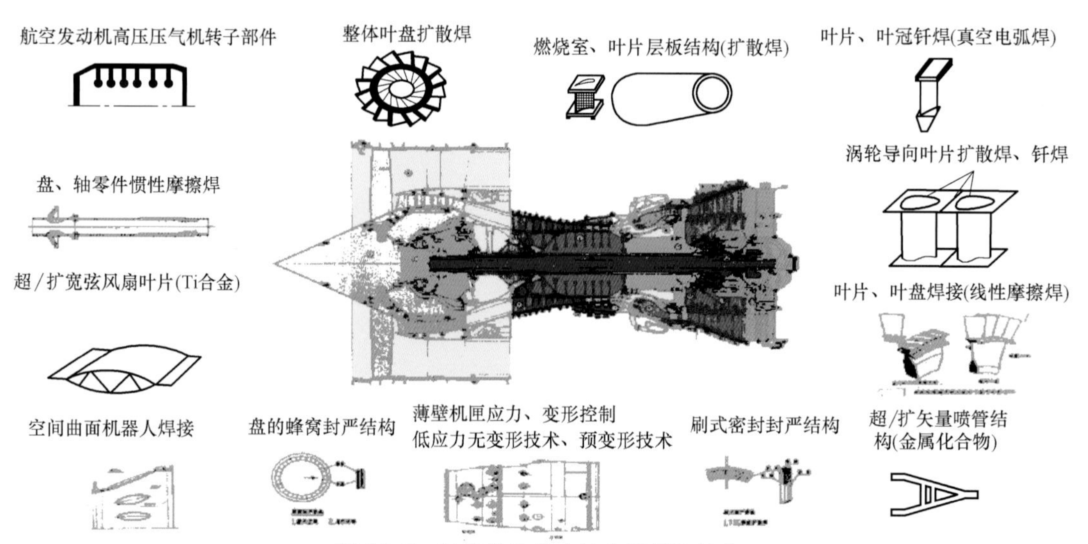

图 20-2　航空发动机中的典型焊接结构

20.2 飞机典型构件的焊接

20.2.1 起落架的焊接

1. 结构特点及技术要求

起落架是飞机重要的受力部件，要求采用比强度高、抗裂纹扩展能力强、加工性能好的优质材料，如高强度钢（30CrMnSiA、40CrNiMoA）、超高强度钢（30CrMnSiNi2A、40CrMnSiNi2A、40CrNi2Si2MoVA、30CrMnSiNiVMo、Amete100、300M 等）、高强度铝合金（7A09）、钛合金（BT14、TC4），其中以高强度钢与超高强度钢应用最为普遍（见图 20-3～图 20-6）。

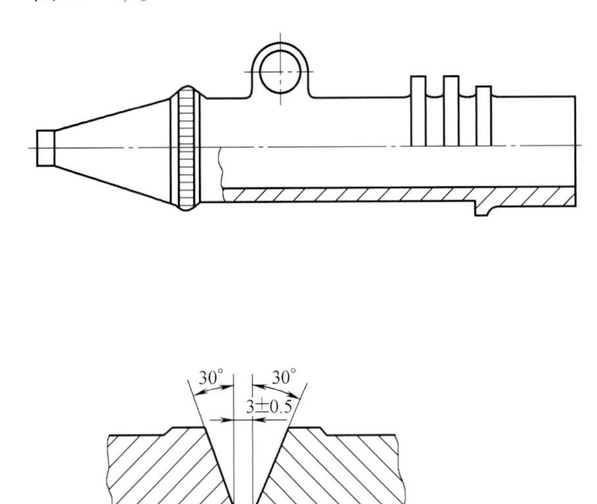

图 20-3 某型歼击机起落架外筒

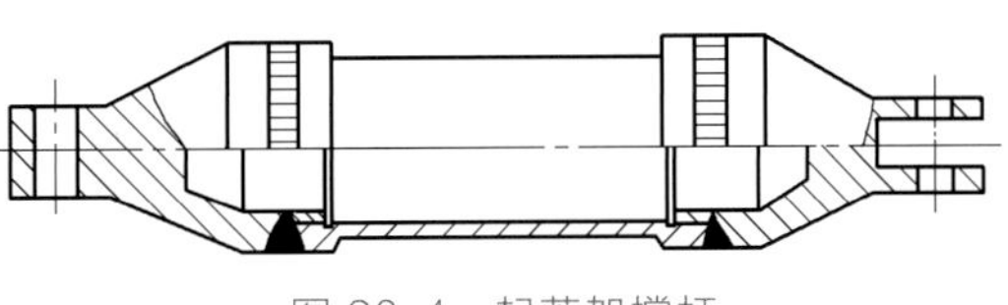

图 20-4 起落架撑杆

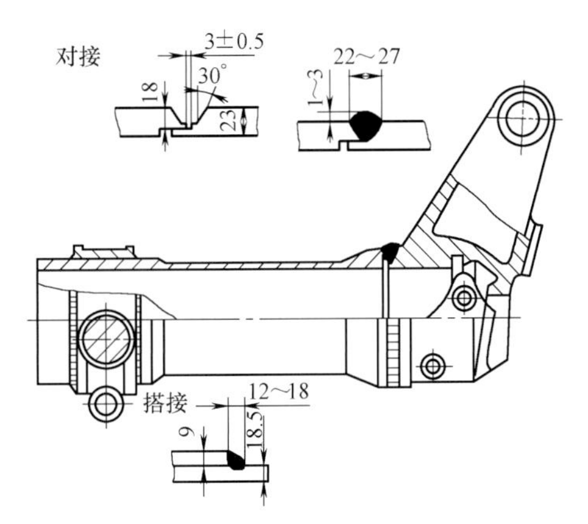

图 20-5 运 8 主起落架外筒

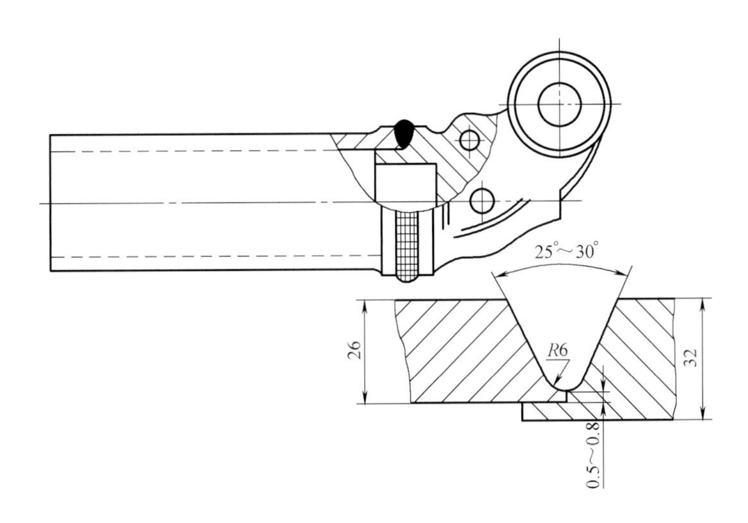

图 20-6 某型轰炸机主起落架活塞杆

2. 工艺措施

高强度钢和超高强度钢的焊接裂纹敏感性较大，加工困难。这类材料的起落架最合理的制造工艺是在退火状态下焊接，焊后进行最终热处理。

起落架用材料强度高、硬度大、难加工，所以零件设计的加工余量小，零件的相对位置、尺寸要求严格，需采用热量集中、变形小的焊接方法，不允许采用氧乙炔焊。

起落架的工作状态有急速的相对运动，承受复杂的动、静载荷，要求焊缝光滑，减少应力集中，提高疲劳寿命，自动焊焊缝成形优于焊条电弧焊。针对新型材料和结构，目前新型飞机起落架的焊接，大多采用高能束流焊技术。

大部分零件焊后需要进行精加工，然后进行镀层处理，因而对焊缝内外表面要求高，不允许有表面缺陷存在，也不允许在焊缝加工后有露出表面的内部缺陷，如气孔等。

高强度材料的裂纹倾向性大，所用焊接方法必须有相适应的防止裂纹的措施，如预热、后热等。

20.2.2 油箱焊接

1. 结构特点

飞机油箱按储存油料的种类分为燃油箱（存储燃油，供飞机发动机燃烧用）、液压油箱（存储液压油，为飞机液压操纵系统提供液压油，给助力器供压）、润滑油油箱（存储润滑油，为飞机发动机提供润滑冷却用）和蓄压油箱（飞机在倒立飞行时提供动力油）。飞机上各类金属油箱的技术要求、材料牌号及结构特点见表20-1。

表20-1　金属油箱的技术要求、材料牌号及结构特点

类别	名称	简图	技术要求	材料牌号、厚度/mm	结构特点
燃油箱	机翼油箱		按产品图样和油箱技术条件规定	3A21 δ=0.8、1.0、1.2	1）外壳、隔板、底盖由钣金成形件构成，外壳、底盖上制有加强筋或窝，隔板上制有减轻孔和弯边 2）隔板与外壳连接采用铆接后堆焊 3）外壳与底盖、接嘴、法兰盘连接为卷边焊 4）油箱外形剖面为翼剖面的一部分
燃油箱	机身油箱	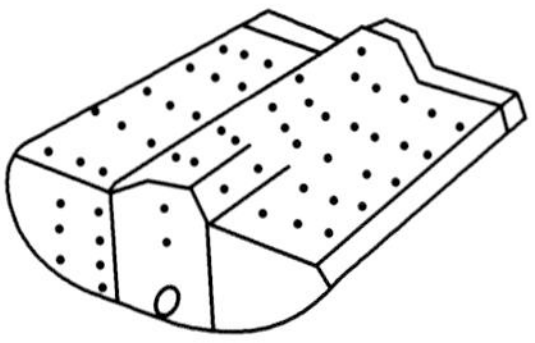	按产品图样和油箱技术条件规定	3A21 δ=0.8、1.2	1）油箱外形与机身油箱槽内形相似 2）其他结构与机翼油箱相同
燃油箱	副油箱 整体式	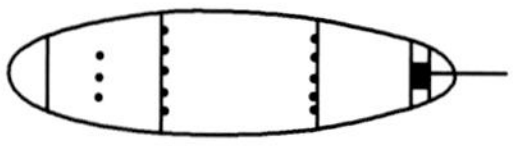	按产品图样和油箱技术条件规定	3A21 δ=1.0、1.2、1.5、1.8、2.0 5A03 5A06 δ=1.5、1.8、2.0	1）结构分前、中、尾三段或更多段，外形为梭形回转体 2）外壳、隔板和水平安定面为钣金成形件 3）各段、各接嘴与外壳连接采用卷边焊
燃油箱	副油箱 分解式	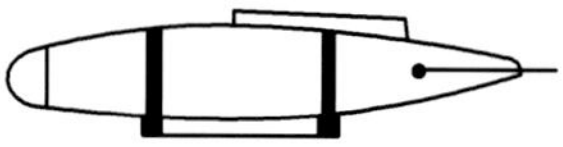	按产品图样和油箱技术条件规定	5A03 5A06 δ=1.5、1.8、2.0	1）油箱分段连接采用卡箍连接，橡胶密封圈密封 2）中段制成开口式筒形件，开口处有安装边，两端焊有对接圈 3）其他与整体式相同

（续）

类别	名称	简图	技术要求	材料牌号、厚度/mm	结构特点
液压油箱	主液压油箱		按产品图样和油箱技术条件规定	5A03 5A06 δ=1.8、2.0 3A21 δ=1.0	1）油箱分内外两层：内层耐液压，并装有倒飞活门的隔板；外层为散热罩，用于通风散热 2）隔板与内壁为插接焊，接嘴与内壁采用卷边焊
	助力液压油箱		按产品图样和油箱技术条件规定	5A03 5A06 δ=1.5、1.8、2.0 3A21 δ=1.0	同主液压油箱
蓄压油箱	—		按产品图样和油箱技术条件规定	3A21 δ=1.0、1.2	1）外壳、底盖为钣金成形件 2）底盖与外壳、接嘴与外壳卷边焊，隔板与外壳接后堆焊

2. 工艺措施

油箱装配焊接工艺流程根据油箱的结构不同而有所差异，但其共同点有：外壳与隔板、底盖铆接，外壳与底盖焊接，接嘴与外壳或底盖焊接，试验，表面处理，清洗，油封包扎等。

油箱结构材料多为防锈铝，焊接时容易氧化而生成高熔点 Al_2O_3 氧化膜，在焊接过程中不易浮出熔池，会造成焊接夹渣并降低强度。氧化膜易吸附水分使焊缝形成气孔，同时氢气在液态铝中的溶解度远大于固态中的溶解度。铝合金的导热系数和比热容较大，焊接时要使用较大功率、热量集中的焊接热源。铝合金的线膨胀系数比较大，焊接易产生应力变形。

由于油箱结构的特点，铝合金薄板成形件在焊接时，因焊接应力，外壳产生波浪式的凹凸变形。隔板与外壳连接采用铆钉头堆焊，若焊接顺序掌握不好，容易引起油箱翘曲变形。油箱接嘴、法兰盘与外壳厚度不等，给焊接操作带来困难。

鉴于油箱有气密要求，在选用焊接方法时多采用熔焊，一般为钨极氩弧焊。为了有效控制焊接应力和变形，越来越多地开始选用激光焊接技术。

在夹具上进行自动钨极氩弧焊时，两端头应分别装引弧板和引出板。焊环形焊缝时，焊枪喷嘴应在最高点垂直位置向焊件旋转方向的反方向偏转10°~20°，焊接结束时，焊缝应重叠20~30mm。

20.2.3 大厚度承力隔框的焊接

1. 结构特点

第三代战斗机后机身的几个主承力隔框，是连接起落架、中央翼、平尾和垂尾的重要承力构件，材料为TA15钛合金或TC4-DT钛合金。这些框都采用了焊接装配式结构，由若干个模锻件经组装焊接后加工成整体框（见图20-7）。

国外第四代飞机普遍为双发动机形式的战机，后机身主承力框主要采用“眼镜”框双孔形式，如F-22等飞机的承力框（见图20-8），局部含有接头、筋板、孔座等，主要承载了机身、机翼、发动机等结构重量及飞行动载荷等。

随着航空制造技术的发展，国内飞机后机身主承力框也逐渐采用了“眼镜”框结构形式。根据国内外飞机的结构形式分析，大型、重要承力框结构主要结构特点和制造难点如下：

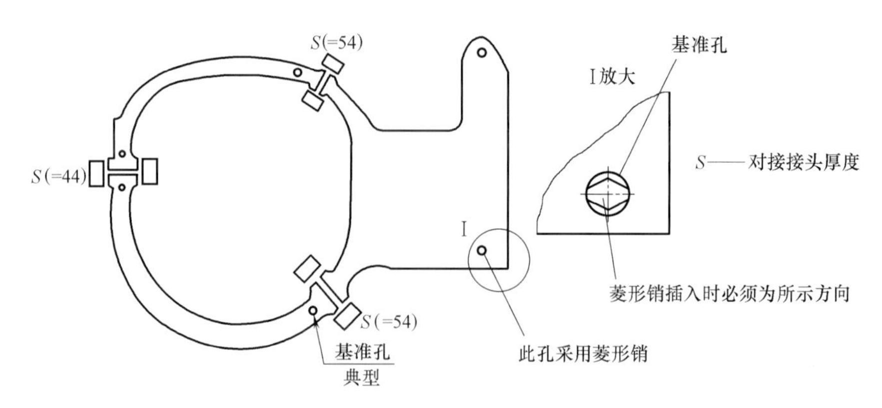

图 20-7 某型飞机隔框外形简图

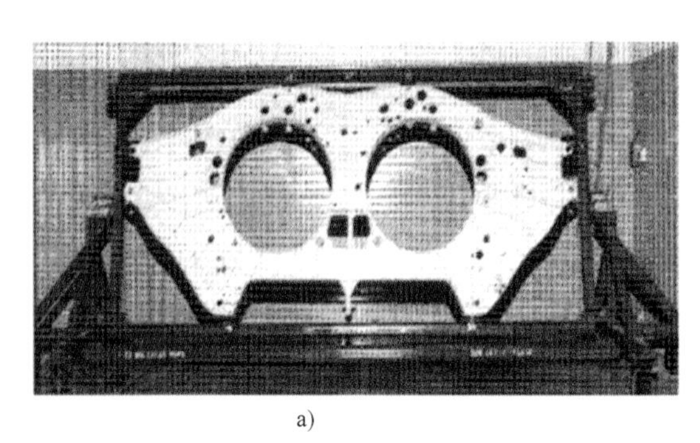

a)

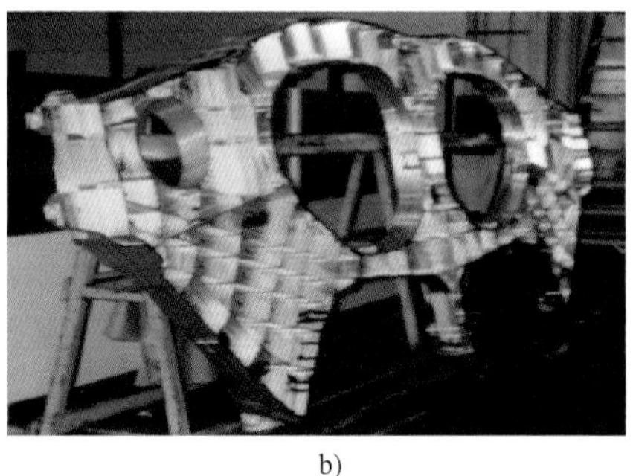

b)

图 20-8 国外军用飞机承力框

a）F-22 飞机 b）某型军用飞机

1）框的厚度不断加大，净厚度达到了 30~80mm。

2）尺寸趋向大型化，投影面积甚至达到了 $5m^2$ 以上。

3）结构趋向复杂化，除了强度设计外，还包括与发动机、机翼等连接部位的设计。

4）质量、性能要求也越来越高，特别是强度、疲劳寿命。

为了达到减重、增效的目的，轻量化、整体化制造已经成为国内外飞机大型承力框梁等构件制造的关键技术和发展趋势，将提高我国飞机的制造技术水平和设计能力，大幅度提升飞机的使用性能及可靠性。对于飞机大型承力框构件，基于国内外制造技术水平（成熟度）、制造周期以及成本的考虑分析，拼焊仍然是一种不可或缺的轻量化、整体化制造技术方案。大型承力框的焊接拼焊制造方法是采用锻造小组件、粗加工后，以小组件拼焊连接为大部件，再完成零件的加工制造。这种制造方法不仅降低了大型承力框的设计难度，降低了材料损耗，缩短了制造周期，而且提高了零件的制造质量和使用性能。

2. 工艺措施

第三代战斗机各框的制造过程均为将若干零件组装成整体框的过程。焊接接头的厚度范围一般为 24~64mm。由于焊件的外形尺寸大，协调关系复杂，需要采用相应的机械加工与焊接的工艺，形成机械加工与焊接交替进行的特殊工艺流程。

在隔框的制造过程中，焊接接头的制备、预装配、装配、定位焊、焊接、热处理、机械加工、无损检测等工序在制造组装件的过程中循环实施。隔框组装件在定位焊前和潜弧焊前都要进行预装配与装配两个过程。

组成焊接接头的零件除了待焊模锻件外，还包括用于调整金属化学成分的镶板，以及引弧板、收弧板等。组成焊接接头的零件装配情况如图 20-9 所示。镶板的厚度为 4mm，而两块引弧板的厚度要与待焊接头的厚度相等，其大小为 80mm×60mm。在起弧处的引弧板上，为防止过热加工出 5mm 深的槽，用于正反两面焊接的引弧板要两面制槽，如图 20-10 所示。整个焊接接头的横向焊接收缩余量要靠样件的焊接过程确定。组装件焊接时使用专用的装配工装，要把预装结束的工装连同固定在其上的工件一起吊装到潜弧焊机的转台上进行焊前调整。无论在定位焊前、正面焊接或反面焊接前，都要用金属刷、打磨器等将距离接头中心线 40mm 范围内的全部接头表面清理干净，然后用丙酮清洗、汽油擦拭除油。与此同时，在夹具上与工件相接触的工作表面也要严格除油。

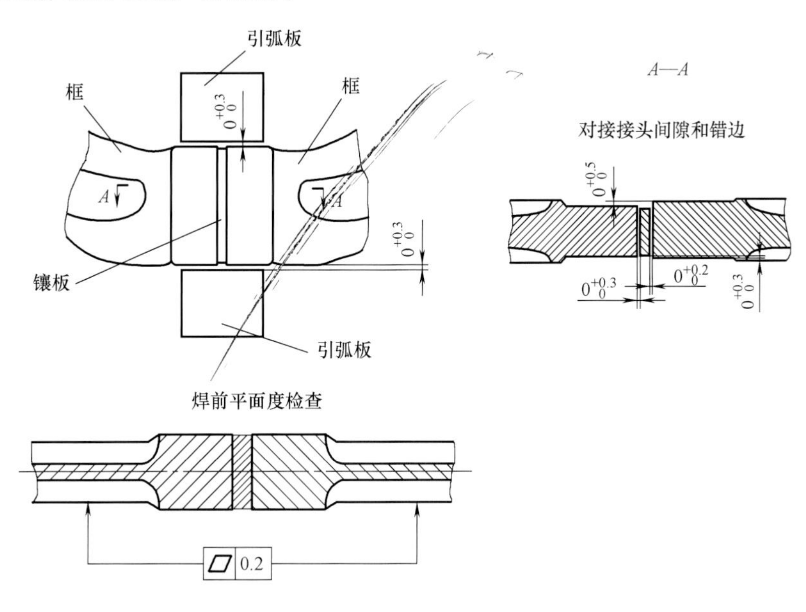

图 20-9　组成焊接接头的零件装配情况

在进行定位焊前，要确定焊接接头的表面粗糙度、接头间隙、错边、接缝贴合度等是否符合要求，以及与框外形样板的相符性等。按照图 20-10 所示把镶板和引弧板定位到框构件上。

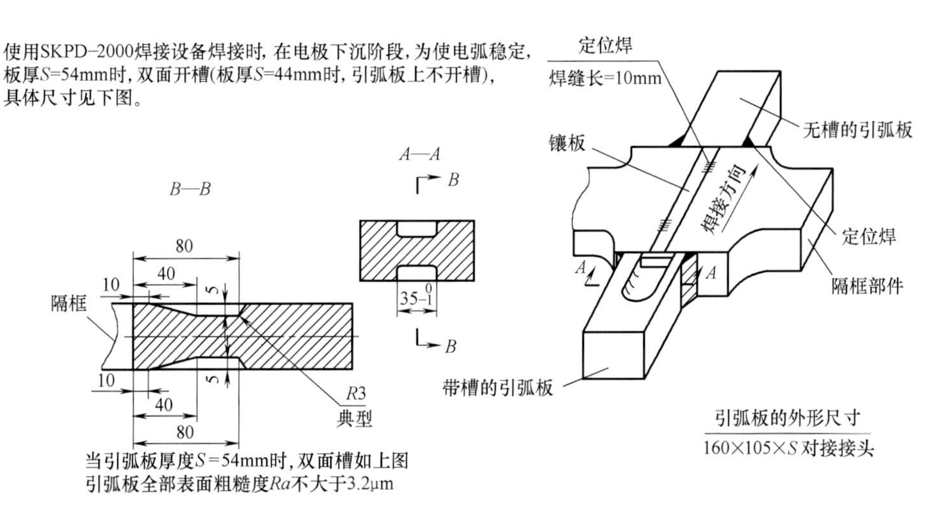

图 20-10　潜弧焊接头定位焊示意图

隔框的焊接是在潜弧焊机上完成的。潜弧焊是一种用于中等厚度和大厚度材料焊接的极为独特的工艺方法。潜弧焊示意图如图 20-11 所示。潜弧焊时，焊接过程分为电极下沉、潜弧式焊接、电极上升 3 个阶段，如图 20-12 所示。

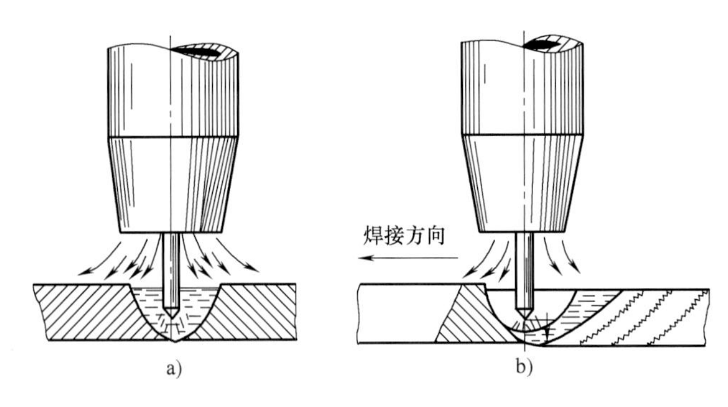

图 20-11　潜弧焊示意图
a）前视图　b）侧视图

接头厚度小于 40mm 时，采用单面焊接法；接头厚度大于 40mm 时，则要进行正反两面焊接。保护气体通过焊枪、拖罩和背面衬垫分 3 个通道进入焊接区，对焊接接头进行全方位的保护。焊枪上使用的保护气体为高纯氦，在拖罩和背面衬垫上使用的保护气体为高纯氩。焊枪使用直径为 10mm 的钇钨电极，在使用前采用车削方法加工。

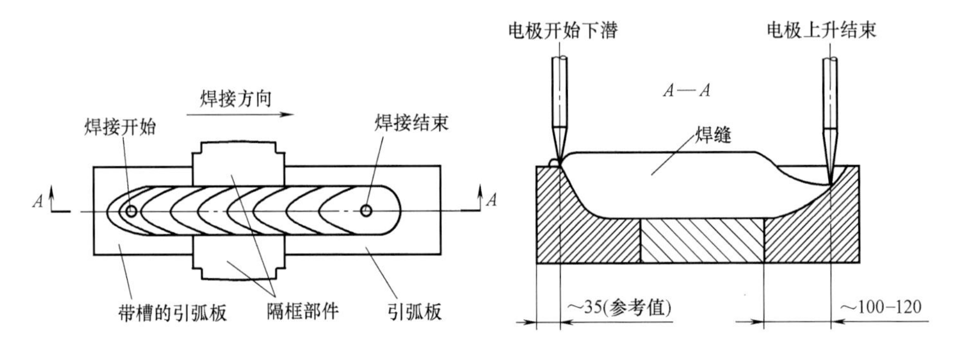

图 20-12　潜弧焊过程示意图

第四代飞机承力框梁尺寸、厚度、结构等更趋大型化和复杂化，电子束焊接在其拼焊制造中得到了大量的应用。为了达到飞机结构的轻量化，承力框梁普遍采用钛合金材料，如 TC4 钛合金、TC4-DT 钛合金及 TA15 钛合金等。

根据钛合金电子束焊接特点、承力框的使用性能要求，通常将承力框设计为 3 段：左、右侧框段和中部框段，如图 20-13 所示，采用Ⅰ、Ⅱ、Ⅲ及Ⅳ等 4 条电子束焊缝将 3 部分组件拼焊成整框。承力框接头形式为对接，焊接厚度范围为 30~80mm。焊接接头位置采用机械加工，使焊接面平整和光洁，保证焊接装配间隙不超过 0.15mm，错边不超过 0.15mm。

为了保证承力框焊接质量，通常在焊缝背面采用同种钛合金材料的垫条辅助结构，垫条厚度为 15~25mm。电子束焊接深度穿透对接框段，而不完全熔透垫条，将可能存在的根部缺陷引入垫条中，焊接完成后将垫条辅助结构机械加工去除。为了避免束流开启、关闭阶段的波动而引起的裂纹、弧坑等焊接缺陷，在承力框焊接中设计了引束流、收束流辅助工艺块，选用与框段同种材料、同种厚度的工艺块，其尺寸为（30~60）mm×（30~60）mm，如图 20-14 所示，通过焊接夹具或氩弧焊与焊接主体结构连接。

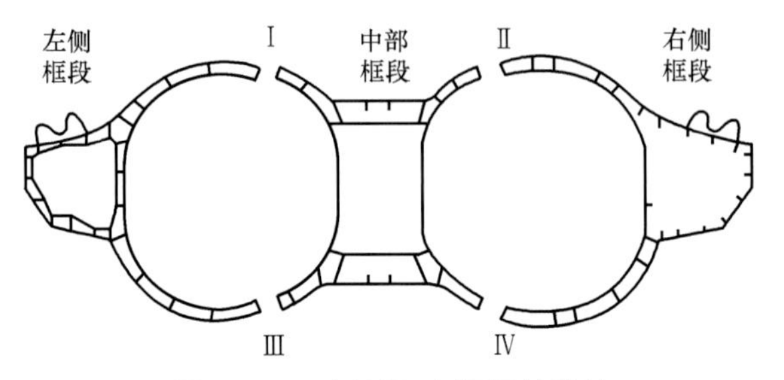

图 20-13　新型承力框组件设计

根据电子束焊接的特点，电子束在磁场的作用下极易产生偏摆。因此焊接工装夹具应采用磁性较弱的不锈钢、钛合金制造，使其磁通量密度不大于 2×10^{-4}T，避免焊接过程中外界磁场的作用使电子束产生偏斜。由于电子束焊接是在真空环境下进行焊接，不推荐采用管材和封闭元件制造工装，表面不宜涂敷易挥发的涂层，工装不允许存在锈痕、氧化皮、沙子和其他污染物，避免焊接中释放有害气体等进入焊缝影响焊接质量。根据零件尺寸结构，考虑焊接变形的约束和控制，设计制造刚性固定的焊接工装夹具。

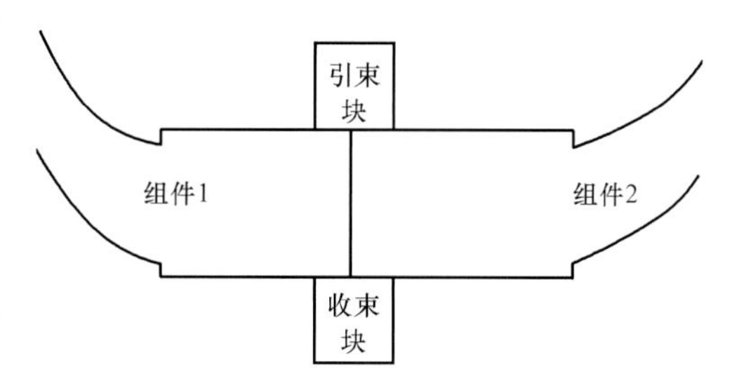

图 20-14 辅助工艺块设计

为了避免焊接气孔等缺陷，钛合金承力框、垫条及引/收束流工艺块焊前均需进行清理，用干净的纱布擦净表面的油污和异物。表面不得有油污、油漆、氧化物、外来杂质等影响焊接质量或焊接过程的污染物质。对于材料表面的氧化皮，采用酸洗或钢丝刷机械打磨的方式去除。焊前再用绸布蘸丙酮擦拭待焊处的表面，进行补充清理。通过焊接工装夹具将承力框、辅助垫条结构以及引/收束流工艺块装配，使接头焊接位置紧密贴合和对齐，满足局部间隙不超过 0.15mm，错位不大于 0.15mm。

为了提高焊接质量和焊缝成形，对于大厚度钛合金承力框，通常采用电子束点焊、封焊等工艺流程进行焊接，同时可降低焊接变形。在焊接过程中采用偏摆扫描电子束焊接是消除焊缝根部缺陷的有效手段。偏摆扫描焊接是施加高速偏转磁场使电子束以一定的波形偏摆扫描运动（见图 20-15），增加了电子束对熔池的扫描搅拌作用，减弱了金属蒸气的遮蔽作用，延长了液态金属回流和填充时间，增强了焊接匙孔效应，加速了熔池金属中气体逸出，减少了焊缝气孔、空洞等缺陷的产生。另外，偏摆扫描电子束焊接有利于焊缝形状的均匀化，以及焊缝组织性能的改善。在承力框结构偏摆扫描焊接中，选取圆波形，扫描频率、扫描幅值分别控制在 200~800Hz、0.2~1mm，有效降低了焊接气孔等缺陷，改善了焊缝成形。

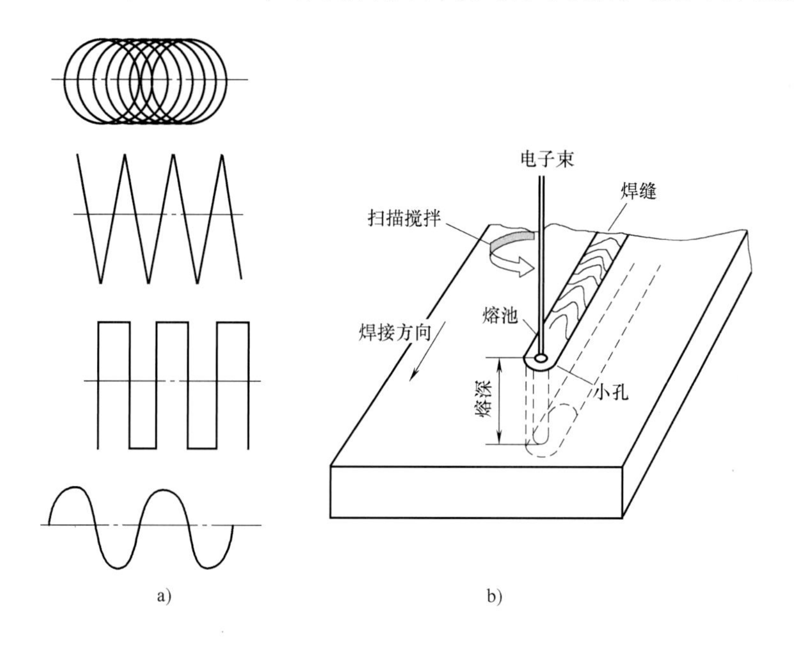

图 20-15 偏摆扫描焊接原理

a）扫描波形 b）焊接示意

大量工艺试验研究表明，形状均匀的平行电子束焊缝（见图 20-16），焊缝区柱状晶、马氏体组织等沿熔深及熔宽方向的分布较为均匀，焊缝上下部的显微硬度、拉伸性能基本相当，接头的疲劳性能也相应得到了提高。因此对于钛合金承力框焊接，优化焊接参数获得平行焊缝，是一种有效调控焊缝/接头力学性能的工艺措施。对于焊缝形状的调控，除了采用偏摆扫描焊接工艺外，焊接速度、焦点位置的调控也是非常重要的。工艺研究表明，大厚度钛合金承力框采用下焦点偏摆扫描焊接，焊接速度在 480~800mm/min 条件下，可获得成形良好的平行焊缝。

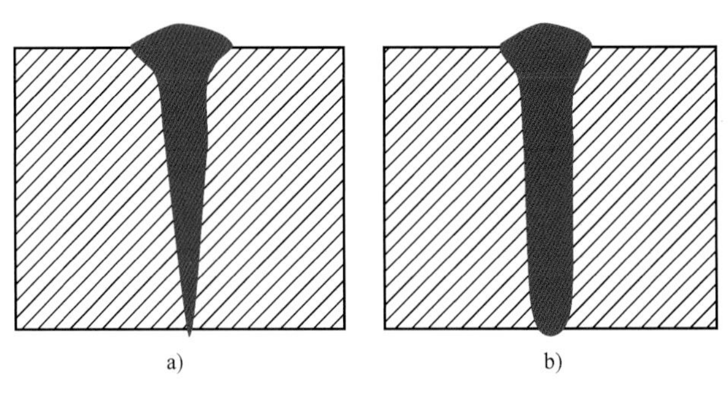

a)　　b)

图 20-16　电子束焊缝形状

a）常规钉形焊缝　b）平行焊缝

采用偏摆扫描焊接以及焊缝形状控制工艺措施，承力框电子束焊接的典型接头形貌照片如图 20-17 所示，焊缝成形均匀稳定，圆滑过渡，满足结构设计要求。50mm、70mm 厚度 TA15 钛合金电子束焊平行焊缝形貌，如图 20-18 所示。

图 20-17　典型接头形貌

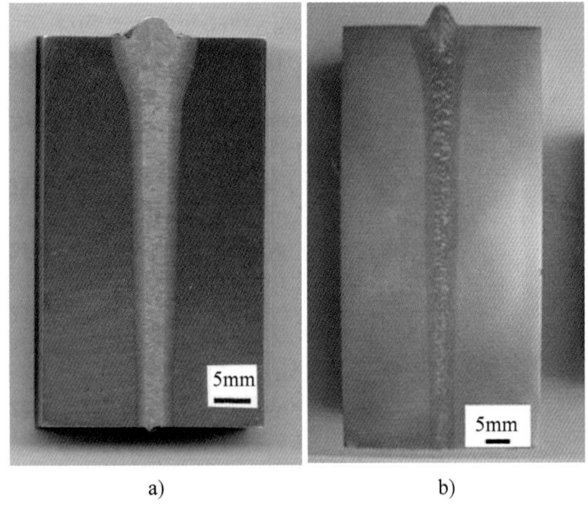

a)　　b)

图 20-18　TA15 钛合金电子束焊平行焊缝形貌

a）50mm 厚度　b）70mm 厚度

20.2.4　后机身带筋壁板穿透焊及双弧焊

1. 结构特点

第三代歼斗机上钛合金带筋焊接壁板基本上都采用了穿透焊技术，个别组件由于结构的特殊性也采用了双弧焊。穿透焊是指焊接 T 形接头时从蒙皮一侧施焊，使蒙皮和筋条同时熔化形成共同的熔池与焊缝，并在筋条两侧形成均匀焊脚的焊接技术。双弧焊是指焊接 T 形接头时采用两把焊枪同时从筋条两侧施焊，在筋条两侧形成均匀角焊缝的焊接技术。采用穿透焊或双弧焊的壁板筋条均较高，筋条截面呈 I 形、L 形和 T 形，其中一些壁板的筋条为单向垂直筋条（如中央翼下壁板）；而有的壁板（如防护格栅）采用纵向、横向交叉筋条，并且横向筋条与蒙皮成60°；尾梁上、下壁板的筋条也与蒙皮成一定角度。因此采用穿透焊技术或双弧焊技术代替厚板加工制造带筋壁板，一方面可改善飞机带筋壁板制造的工艺性，大幅度减少机械加工量；另一方面可使机体减重。尾梁上壁板的结构如图 20-19 所示。

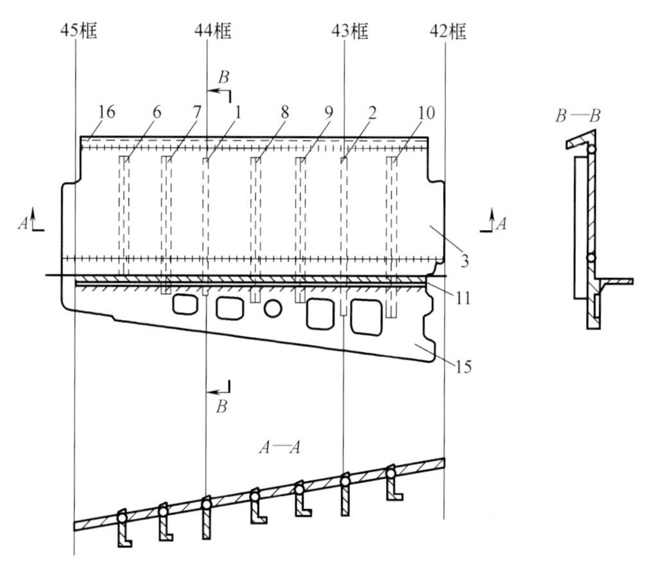

图 20-19　尾梁上壁板的结构

2. 工艺措施

尾梁上壁板是在 280mm×970mm×2.5mm 的板材 3 与 240mm×1048mm×4mm 的机械加工壁板 15 拼焊成蒙皮后采用穿透焊焊接筋条 1、2 和型材 6~10，然后再反面采用双弧焊焊接筋条 11，最后与型材 16 对接而形成。其中，零件 6、7、8、9、10、16 材料为 BT20，其余为 TA15。蒙皮拼焊部位的厚度为 2.5mm。筋条 1 和 2 为 I 形，型材 6~10 为 L 形，接头部位厚度为 2mm。筋条 11 为 I 形，与上述筋条方向垂直，厚度为 5mm，接头部位的焊接坡口角度为 60°，钝边厚 1.8mm，采用双弧焊焊接后，再机械加工成厚度为 2mm 的 L 形。

20.2.5　金属蜂窝夹层结构

1. 结构特性

金属蜂窝夹层结构薄的上下面板及中间蜂窝芯体通过钎焊而成，如图 20-20 所示。金属蜂窝夹层结构具有重量轻，比强度、比刚度高，耐高温、耐腐蚀，消声、隔热等优异性能，在航空航天领域应用广泛，如飞机机身、机翼、发动机舱门、发动机短舱等。采用金属蜂窝夹层结构可以有效减轻飞机结构重量，提高结构效率，提高飞机机动性、灵活性。与传统的加筋壁板结构相比，在承受相同载荷的情况下，可减重 15%~20%以上，是一种新型的轻质高强度结构，在制造上可大幅度减少零件数量及零部件间的连接件数量，降低零部件的制造成本，提高结构的疲劳寿命。由于在蜂窝夹层内形成了无数个密闭的六角柱形空间，是一种高效的隔热结构，对降低飞机的红外特征有积极意义。

常采用的蜂窝芯格形状有正六角形、菱形、四边形、正弦波形等，如图 20-21 所示。在这些蜂窝形式中，从力学角度分析，封闭的六角等边蜂窝结构相比其他结构能以最少的材料获得最大的受力，正六角形蜂窝结构效率最高，制造简单，应用最为广泛。

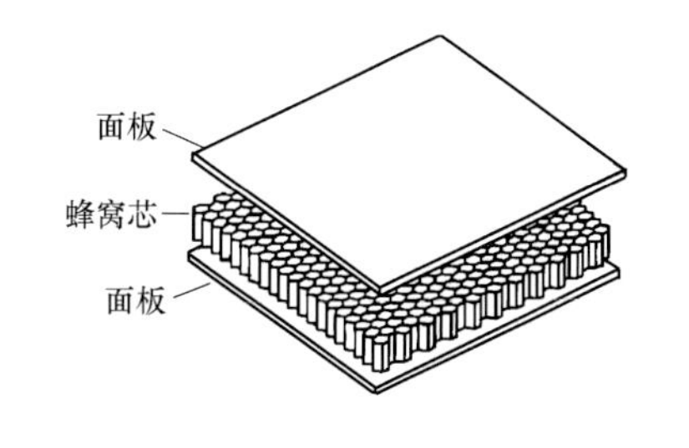

图 20-20　典型蜂窝夹层结构示意图

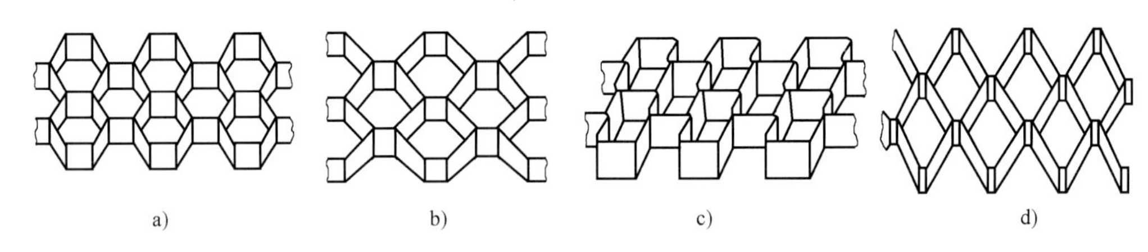

图 20-21　蜂窝芯格类型

a）正六角形　b）菱形　c）四边形　d）正弦波形

根据飞机不同部位、不同功能要求，采用不同形式的金属蜂窝夹层结构，目前常用的金属蜂窝夹层结构形式见表 20-2。

表 20-2　常用金属蜂窝夹层结构形式

序号	零件类型	结构形式	应用部位
1	机身壁板类	板板区、蜂窝等高区、转角区、斜角区	飞机机身壁板、口盖、防火墙等
2	全高度蜂窝舵翼面	边框、边框、蜂窝芯体	高速飞机副翼、方向舵、操纵面等
3	筒体类		导弹壳体、排气导管等
4	消声蜂窝	穿孔板、蜂窝芯体、实体板	发动机短舱、辅助动力（APU）消声器消声声衬、发动机尾喷口等

2. 金属蜂窝夹层结构应用

国外对金属蜂窝夹层结构制造技术的研究工作开展较早，技术比较成熟，如美国国家航空航天局、Goodrich 公司等对金属蜂窝夹层结构连接技术、性能测试、无损检测等方面的研究工作比较深入，并在实际航空领域中有着广泛的应用。对于金属蜂窝夹层结构应用主要有以下几个方面。

（1）热结构　由于质轻，比强度、比刚度高及耐高温等特点，蜂窝夹层结构被用于承力热结构。采用钛合金蜂窝夹层结构的防火隔墙使整个结构重量降低 30%，减少机械加工与装配工时 40%，材料利用率提高到了 0.7。

（2）热防护结构　在金属热防护结构中，金属蜂窝夹层结构主要起防热、承载作用，也承担一部分隔热功能。

（3）消声蜂窝结构　消声蜂窝结构是发动机短舱上用来消除噪声的首选结构，其不但重量轻、机械强度高，而且具有非常好的消声效果。

我国自从 20 世纪 70 年代起，就开始针对高刚度、轻质蜂窝壁板结构工程应用开展了探索研究。近年来开展了不同规格钛合金、不锈钢及高温合金等材料蜂窝壁板结构的性能测试，积累了大量的数据，并针对各种金属蜂窝芯体制造、加工，蜂窝壁板结构钎焊，无损检测，大面积变截面、变曲率蜂窝壁板结构制造等开展了系统研究，在以下几个方面已非常成熟：

1）钛合金、不锈钢及高温合金蜂窝夹层结构钎焊技术。

2）各种大型异形金属蜂窝芯体型面加工技术。

3）各种大型异形金属蜂窝夹层结构钎焊质量控制技术。

4）异形金属蜂窝夹层结构钎焊质量无损检测技术。

5）不锈钢消声蜂窝结构钎焊质量及堵孔率控制技术。

目前金属蜂窝夹层结构已在多个型号中获得了应用，如某新型战斗机用钛合金蜂窝机身腹部口盖，某型无人机用钛合金蜂窝副翼、方向舵，某型超高速无人机用高温合金蜂窝副翼、方向舵，某型超高声速巡航导弹用高温合金蜂窝舵翼面结构及某型大型运输机 APU 进气消声器消声声衬等。

图 20-22 所示为某飞机用钛合金蜂窝腹部口盖结构试验件，为等截面、变曲率结构，面积较大，达到 2600mm×1200mm，零件整个结构材料为 TC4，外蒙皮厚度为 0.8mm，内蒙皮厚度为 1.2mm，整体化铣至 0.6mm，蜂窝芯体材料为 TC4，蜂窝芯格尺寸为 11.2mm，芯格壁厚为 0.1mm，芯格高度为 15mm，四周过渡区为 30mm，采用 30°斜角过渡，整个结构由 20 个零件组成。通过钛合金蜂窝腹部口盖结构试验件的研制，突破了钛合金蜂窝壁板钎焊、蜂窝芯体型面加工、大面积复杂型面蜂窝壁板结构焊接质量控制等关键技术，目前已完成了多架份钛合金蜂窝腹部口盖装机件的研制，并已装机应用。

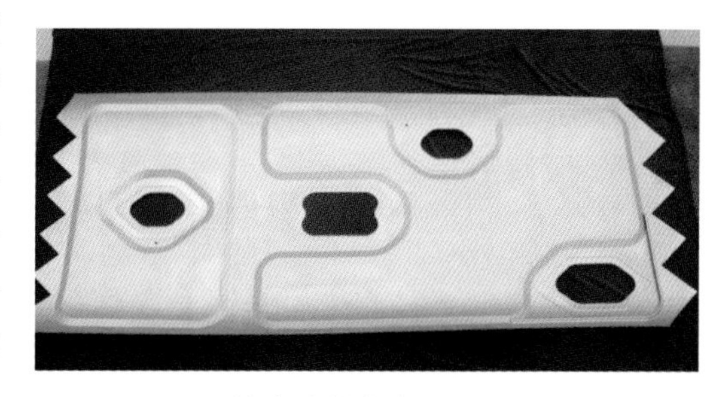

图 20-22　钛合金蜂窝腹部口盖结构试验件

图 20-23 所示为某型高速无人机的全高度钛合金蜂窝夹层结构副翼试验件，副翼试验件蒙皮、骨架采用材料为 TC4，蜂窝芯体材料为 TC1，整个结构为变截面、变曲率结构，尺寸约为 970mm×750mm×120mm，零件最大高度为 120mm，最小高度为 5mm，采用蜂窝芯体芯格尺寸为 12.8mm，芯格壁厚为 0.05mm，采用蒙皮厚度为 0.6mm，通过对全高度钛合金蜂窝夹层副翼试验件的研制，解决了大面积全高度变截面、变曲率复杂型面钛合金蜂窝芯体型面加工技术，上下蒙皮、蜂窝芯体、骨架及钎焊工装装配协调技术，成功完成了全高度钛合金蜂窝夹层结构副翼、方向舵装机件的研制，并成功装机试飞。

图 20-24 所示为某运输机 APU 进气消声器消声声衬结构，主要由直段消声蜂窝夹层结构组件和弯段消声蜂窝夹层结构组件组成，直段组件由四块高度为 30mm 的消声蜂窝夹层平板通过整体钎焊组成，弯段主要由高度为 5mm 的弧形消声蜂窝夹层板通过电阻点焊连接而成。消声蜂窝夹层结构采用的外蒙皮规格为 06Cr19Ni10-δ0.5mm 实体板，内蒙皮为 06Cr19Ni10-δ0.2mm 穿孔板，穿孔率为 95%，消声孔直径为 ϕ0.8mm，消声孔间距为 2.5mm，呈等边三角形排列。直段组件采用蜂窝规格为 06Cr19Ni10-11.2mm-0.05mm-30mm，弯段组件采用蜂窝规

图 20-23　全高度钛合金蜂窝夹层副翼试验件

格为06Cr19Ni10-8.0mm-0.05mm-5mm，并对制造的试验件进行了发动机噪声测试及加速度、冲击和振动等力学性能试验，如图20-25所示。发动机噪声测试表明：制造的消声器消声声衬在发动机噪声测试环境下，降噪效果达到8dB，与国外消声器消声效果相当。

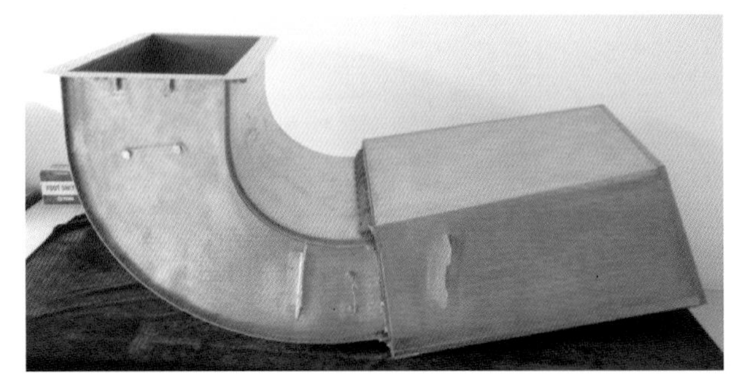
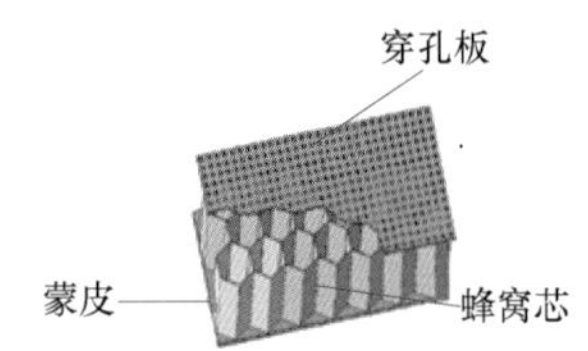

图 20-24　APU进气消声器消声声衬结构

图20-26所示为某型空天飞机用高温合金蜂窝1∶1全尺寸副翼试验件，试验件尺寸为1300mm×640mm×165mm，蜂窝芯体及上下面板材料均为GH536，蒙皮厚度0.6mm，蜂窝芯格尺寸9.6mm，壁厚0.075mm。试验表明，可以满足在900℃高温下使用，具有良好的高温力学性能及隔热性能，完成了1架份内外侧副翼、方向舵装机件研制并装机成功首飞。

图 20-25　进气消声器消声声衬发动机噪声测试

20.2.6　钛合金后机身带筋壁板激光焊接

激光焊接具有能量密度高、热输入小、单道熔深大、焊接速度高、非接触且无需真空等特点，比常规熔焊方法变形小，有利于产品结构紧凑化设计，结构重量和生产成本减少，特别适合新材料以及大型复杂结构制造。正因如此，铝合金带筋壁板激光焊结构成为空客A380机身结构制造的标志性技术，其典型焊接结构如图20-27所示。北京航空制造工程研究所从2000年就开始针对钛合金壁板的拼接、蒙皮与长桁和隔框的连接开展了激光自熔性对接、激光填丝焊接和双光束激光焊接技术的探索研究，已形成了不同规格钛合金、不同尺度钛合金壁板结构激光焊接工艺，以及性能测试，积累了大量的数据，并针对壁板结构开展了焊接装备系统研究。

图 20-26　高温合金蜂窝 1 ：1 全尺寸副翼试验件

1. 钛合金机身壁板焊接结构特点

激光焊接为钛合金机身壁板整体化、轻量化制造提供了可靠的技术手段。典型的壁板结构如图 20-28 所示，长桁方向（航向方向）长度 1500~2500mm，隔框方向（垂直于航向方向）直线长度 1000~3000mm，曲线长度最大约 4500mm，壁板蒙皮、长桁与隔框壁厚均小于 2.0mm，长桁与隔框纵横交错分布，不仅要求壁板部件对接拼接，而且要求蒙皮和长桁 T 形接头焊接。对于此类尺寸大、焊缝纵横交错分布、焊缝轨迹为空间分布、焊缝数量多的多筋薄壁结构，要保证结构的焊接精度和焊缝质量，激光焊接工艺稳定性控制是重点，其中焊接应力与变形控制是激光焊接技术的关键。

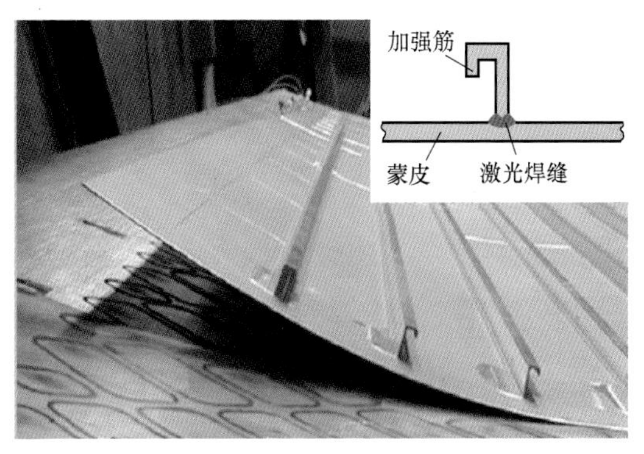

图 20-27　A380 机身下壁板激光焊接结构

针对空间曲面的钛合金机身壁板焊接结构，北京航空制造工程研究所采用蒙皮塑性成形-蒙皮边缘激光切割拼对装配-蒙皮激光拼接焊接-蒙皮与长桁双光束激光焊接-蒙皮与隔框双光束激光焊接流程制造。通过合理运用塑性成形、激光切割和激光焊接各环节的结构变形、结构变形回弹、各工序间残余应力的协调，实现了空间曲面的钛合金机身壁板焊接，如图 20-29 所示。

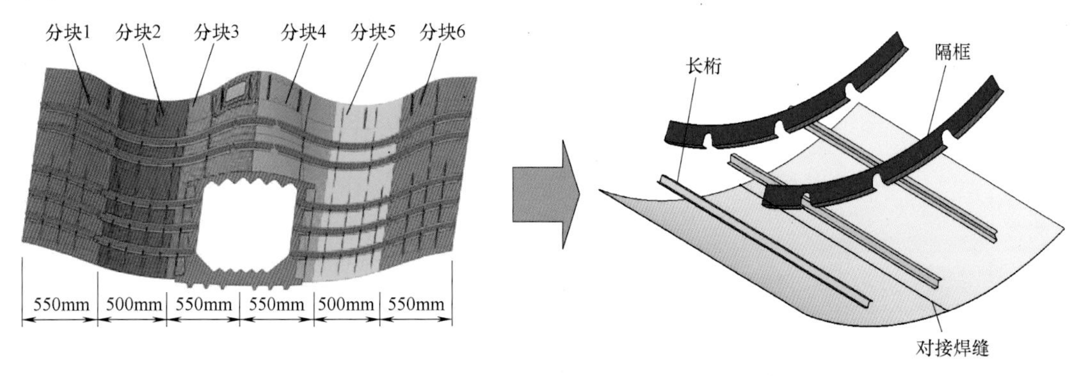

图 20-28　钛合金后机身上壁板结构激光焊接布局及过程示意图

2. 激光焊接工艺措施

（1）焊接过程气体保护　在薄壁结构激光高速焊接过程中，钛合金高温区及熔池的保护是防止焊缝气孔的主要工艺因素，通常要求焊接夹具和激光焊接加工头组配实现激光焊过程多路气体保护，包括同轴保护气、拖罩气体保护、焊缝背面气体保护。图 20-30 所示为可与激光焊接加工头集成的钛合金激光焊气体保护拖罩，实现焊接过程气体保护。针对多种薄壁结构激光焊接气体保护的需求，北京航空制造工程研究所先后开发了各种气体保护装置，图 20-31 所示为对接接头激光填丝焊接气体保护装置，图 20-32 所示为 T 形接头激光填丝焊接气体保护装置。

图 20-29　钛合金后机身上壁板激光焊接结构件实例

（2）薄板激光焊接参数优化　钛合金薄板激光焊过程稳定条件之一是合理选择焊接参数，影响激光焊焊缝成形质量的因素如图 20-33 所示。根据薄板激光熔透焊接过程物理特征，北京航空制造工程研究所基于焊缝背宽比对焊接参数进行了优化分析，通过钛合金激光焊缺陷评定工艺试验，提出了钛合金薄板激光焊焊接参数优化方法。

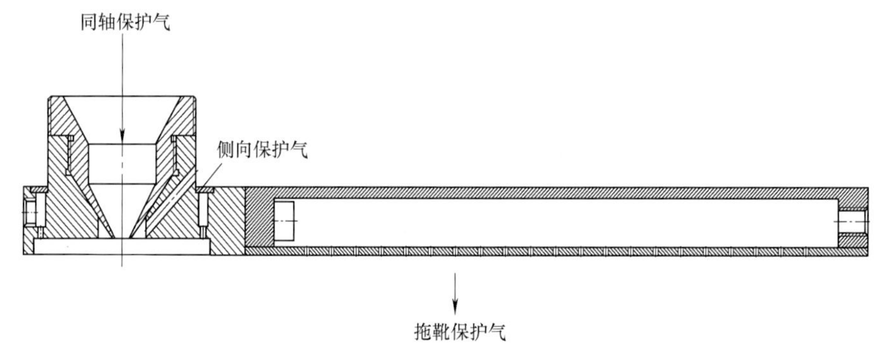

图 20-30　钛合金激光焊气体保护托罩

图 20-31　对接接头激光填丝焊接气体保护装置

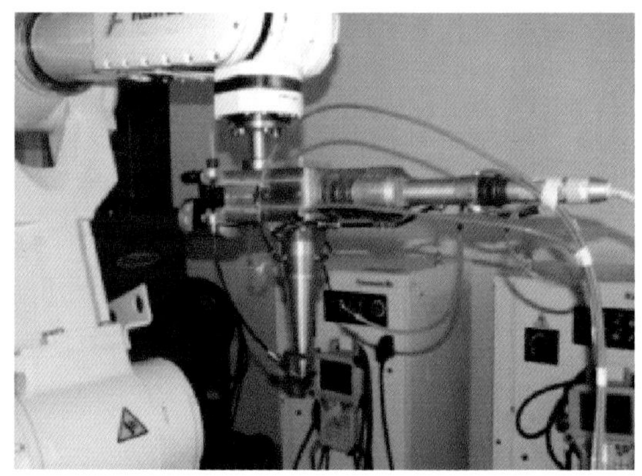

图 20-32　T 形接头激光填丝焊接气体保护装置

（3）薄板激光焊接变形　薄板结构焊接的动态变形直接影响焊接过程的稳定性和焊接结构精度，通常此类结构焊接变形控制是利用焊接工装，而焊接工装的定位和压紧位置的确定是关键。北京航空制造工程研究所针对壁板激光焊，通过数值模拟分析焊接过程的拘束效应，

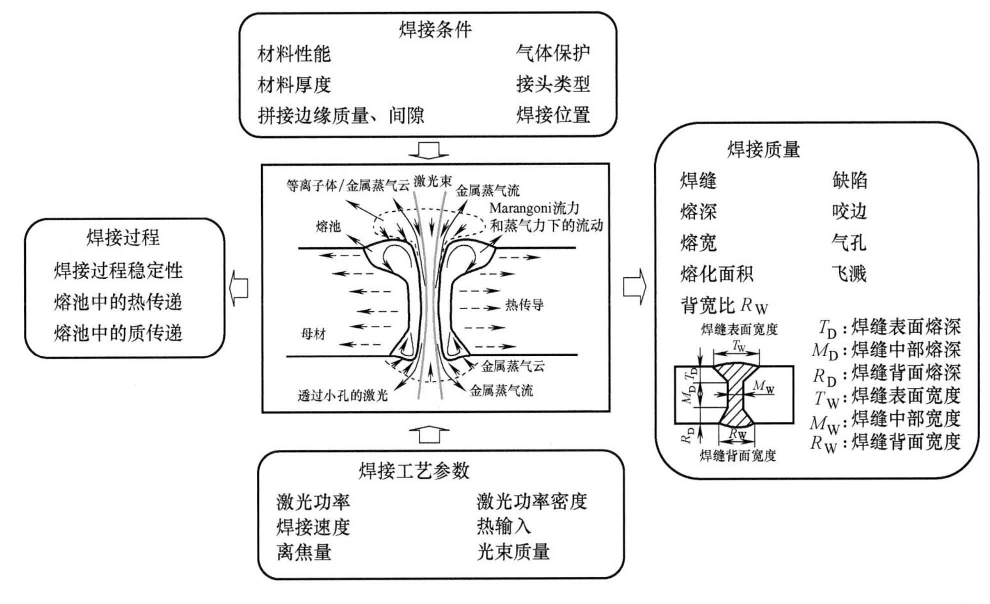

图 20-33 影响激光焊缝成形质量的因素

获得动态焊接变形规律，如图 20-34 所示，指导焊接工装的设计。

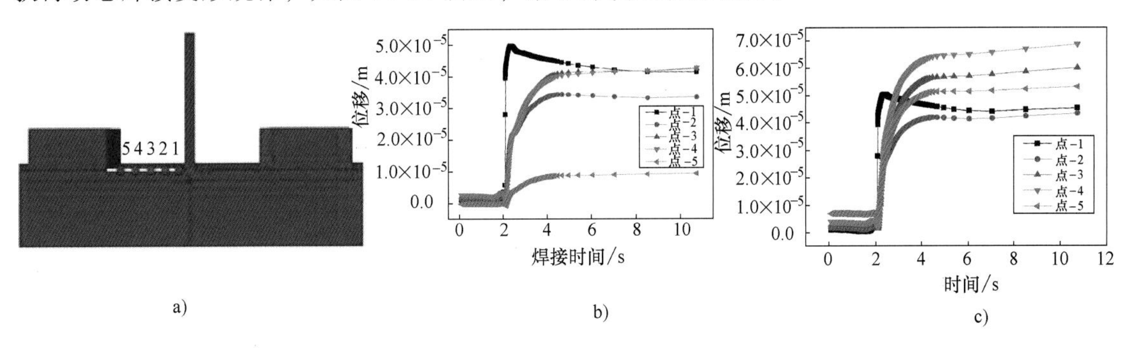

图 20-34 焊接拘束对焊接变形的影响

a）T 形接头焊接拘束示意图 b）压点距焊缝 20mm 的动态变形 c）压点距焊缝 30mm 的动态变形

20.3 发动机典型构件的焊接

20.3.1 燃烧室的焊接

图 20-35 所示是现役涡轮喷气发动机的火焰筒，每台发动机的燃烧室由 10 个火焰筒组成，图 20-36 所示是该火焰筒的剖视简图。燃气导管 9 用 1.5mm 的 GH3044 板材焊接而成，连焰管 3 和涡流器 2 是冲压成形后用钨极氩弧焊方法完成的小组合件。

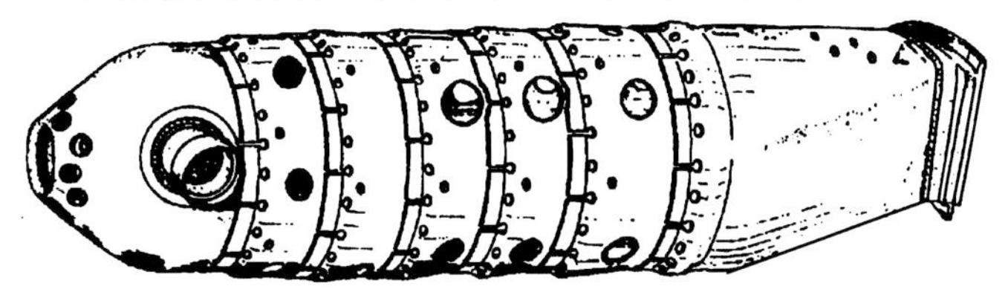

图 20-35 现役涡轮喷气发动机的火焰筒

保证燃烧室工作稳定性的重要组件是安装在火焰筒上的涡流器。它是由12个冲压成形的叶片嵌镶焊接到半球形冲压件上，对叶片相互旋转角度和组合后的圆锥角都有严格要求，手工钨极氩弧焊必须在精心设计和制作的特殊充氩夹具上进行。

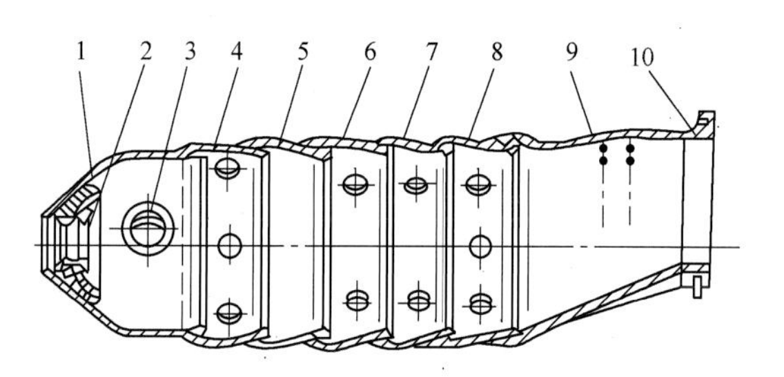

图 20-36　火焰筒剖视简图

1—头部　2—涡流器　3—连焰管

4~8—中间圆筒　9—燃气导管　10—安装边

内涡流板由钴基合金GH188板材冲压成形，锥形筒由镍基高温合金GH625板材冲压成形。GH625合金是以钼、铌为主要强化元素的固溶强化镍基变形合金。GH188、GH625和GH605一样都具有良好的焊接性能，手工钨极氩弧焊时接头强度系数达90%以上，自动钨极氩弧焊时接头强度系数可达85%以上，可接受两次返修焊。

连接内涡流板与锥形筒的接头为对接环形焊缝，采用手工钨极氩弧焊定位，自动钨极脉冲氩弧焊焊接。后安装边的材料是焊接性很好的镍基高温合金GH3030，接头处材料厚度为0.9mm。与其相焊的锥形筒材料厚度为0.8mm。装配时以内孔对平，在夹具上定位焊（手工钨极氩弧焊）。

环形火焰筒主要由内壁、外壁、带文氏管的头部组件、外整流罩及内整流罩等部件组成，结构简图如图20-37所示，上百条焊缝采用电子束焊、真空钎焊和氩弧焊焊接而成，主要采用的材料包括GH188、GH536等，环形火焰筒的制造涉及焊接、机械加工、钣金成形及热处理等加工方法，加工工艺较为复杂。

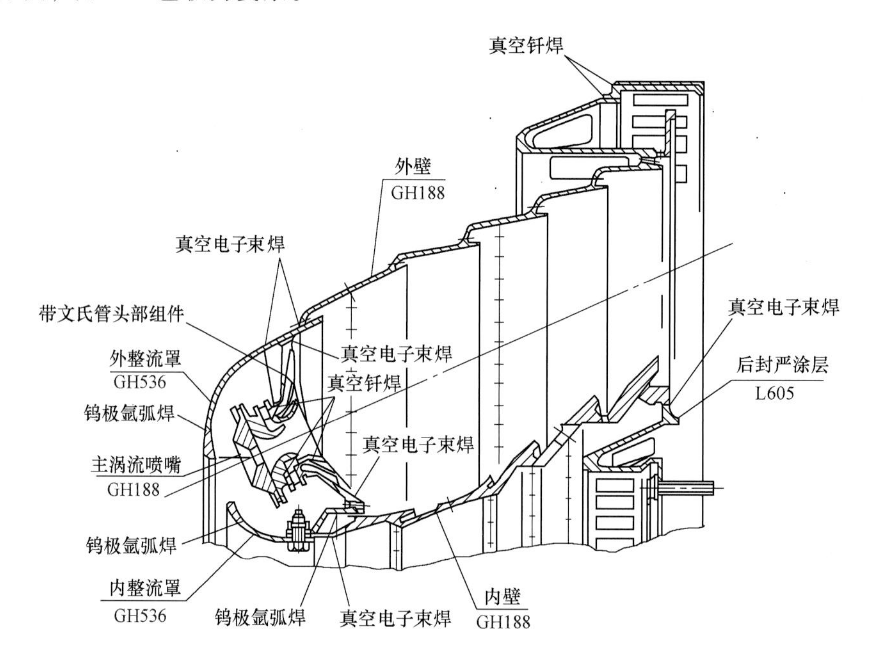

图 20-37　环形火焰筒结构简图

如图20-37所示，该组件电子束焊缝主要包括两条头部转接段焊缝，外壁与头部转接段焊缝，材料均为钴基高温合金GH188；带头部的外壁与外罩之间的电子束焊缝，其中外罩材料为GH536，属钣金成形件；以及火焰筒内环及内支撑环之间的电子束焊缝，该焊缝为端面焊缝，涉及GH188与GH536材料的焊接，该焊缝焊后易产生裂纹，要求焊前采取过盈装配，过盈量为0.02~0.06mm。

火焰筒组件电子束焊接主要工艺流程包括焊前清理、装配、电子束焊接、目视检查、X射线检查、荧光检查、真空消除焊接应力等工序。

以头部转接段组件为例，该组件由冷却环、头部转接段和外环等零件经电子束焊接而成，材料均为GH188，焊前状态均为固溶态，其中，头部转接段为1.2mm厚的钣金成形件，其余两件为锻件，焊前要求装配间隙≤0.05mm。

火焰筒组件氩弧焊焊缝较多，主要涉及同种或异种高温合金之间的焊接。

20.3.2 机匣类组合件的焊接

机匣类组合件包括压气机机匣、燃烧室机匣、涡轮导向器外壳以及加力燃烧室外壁。它们多是承力构件，形状的共同特点是外形呈圆锥、圆柱状或其他符合气动特性的回转结构，两端是安装边，中间为一段或几段钣金壳体，钣金壳体上对接或搭接焊有不同用途的安装座。

图20-38所示为一种涡轴发动机压气机机匣焊接组合示意图，其中与飞机进气道相连的前部环1是锻件，整流器2是带双排整流叶片的整体精铸件，中段3是带支板的双层结构整体精铸件，安装放气活门的凸座4也是冲压焊接件，锥形段5是冲压焊接组件。

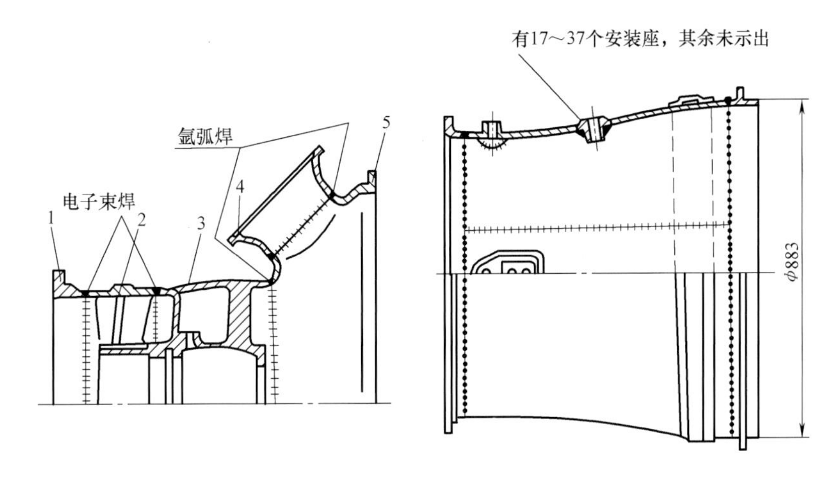

图20-38 涡轴发动机压气机机匣焊接组合示意图

1—前部环 2—整流器 3—中段 4—凸座 5—锥形段

扩散器外壁是一个壁厚1.2~1.5mm的大型薄板焊接壳体件，其上焊接各种安装座17~37个，装配、焊接应保证曲母线型面达到设计要求精度。

扩散器是高温部件，组装焊接扩散器外壁时，首先将外壁与安装边对接，完成两个环形焊缝的焊接，如图20-39所示。其次在外壁上焊接17~30多个圆形和非圆形安装座（见图20-40、图20-41），安装座与外壁形成的对接接头焊缝轨迹是封闭的空间曲线，且焊接时易出现裂纹。

压气机机匣组件的焊缝均在机匣外壁上，组焊顺序是先通过自动钨极氩弧焊焊接中段与锥形段形成的环形焊缝，后采用真空电子束焊连接中段与整流器后端，最后采用手工钨极氩

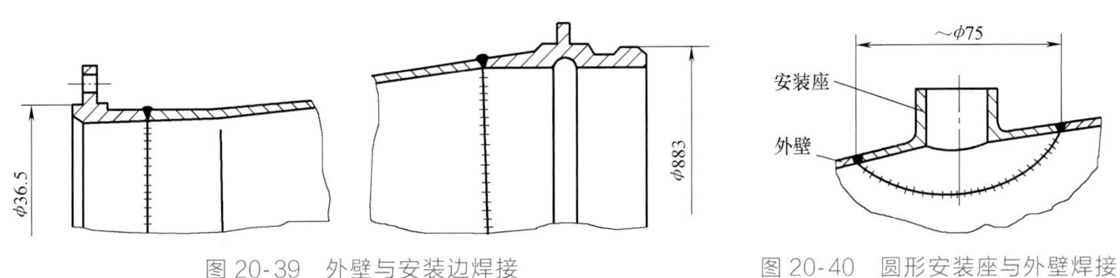

图20-39 外壁与安装边焊接

图20-40 圆形安装座与外壁焊接

弧焊将凸座焊在锥形段上。

该组合件的焊接关键是焊接变形控制。变形主要有两种形式，一种是周向相邻的两安装座之间的局部凹陷变形，另一种是两组密集分布的安装座之间发生大面积拉平下陷变形。薄壁机匣应力与变形控制技术是采用预变形补偿焊缝收缩原理，通过相关技术的实施有效解决了薄壁机匣焊接变形问题。机匣壁越薄或安装座封闭焊缝直径越大，需要的预变形值越大；不同材料制成的同种壳体结构，在焊接收缩量相同的条件下，可以采用相同的预变形参数。焊前采用弹塑性预变形技术，可以有效地控制外壁焊后残余变形量。

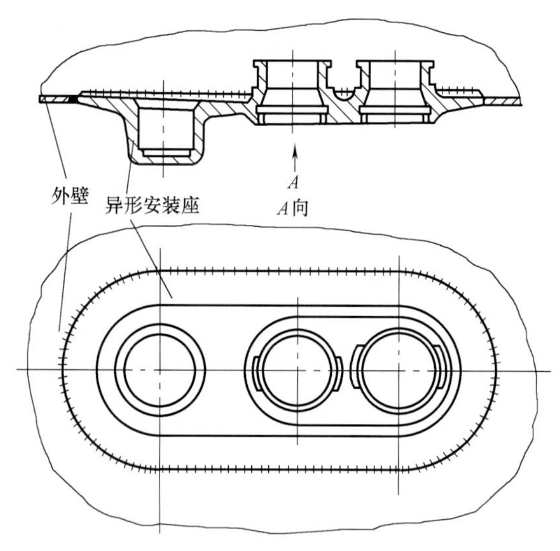

图 20-41　非圆形安装座与外壁焊接

20.3.3　加力燃烧室的焊接

1. 结构特点

加力燃烧室主要由加力扩散器和带可调喷口的加力筒体两大部分组成，如图 20-42 所示。它是由千余个零组件组成的大型薄壁焊接组合件，该类组合件最大直径 906mm，总长 2820~3600mm 不等，壁厚 1.0~2.5mm。

图 20-43 所示为外廓尺寸 ϕ906mm×2296mm、带全长隔热屏 8、2~6 段壁、前后安装边 1 和 7 焊成一个整体的加力筒体。筒体 2~6 段壁用厚 1.2mm 的 GH99 沉淀硬化镍基合金板材制造，由三段组成的隔热屏及加力筒头部内衬的防振屏用 1.0mm 的 GH3128 板材冲压成形后拼焊而成，防振屏和隔热屏上有八万多个 ϕ1.0mm 小孔，用作发散冷却。

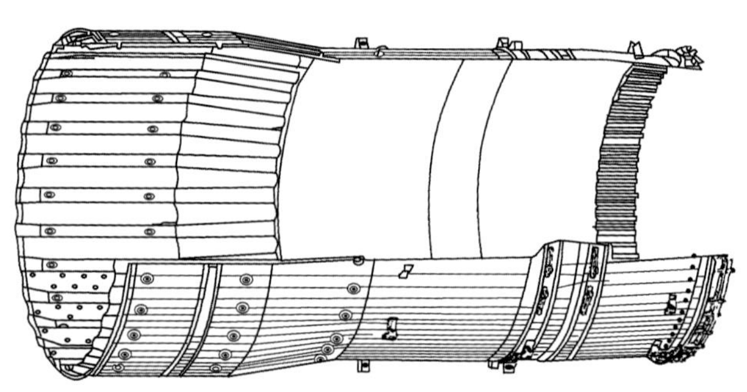
图 20-42　加力筒体立体剖视图

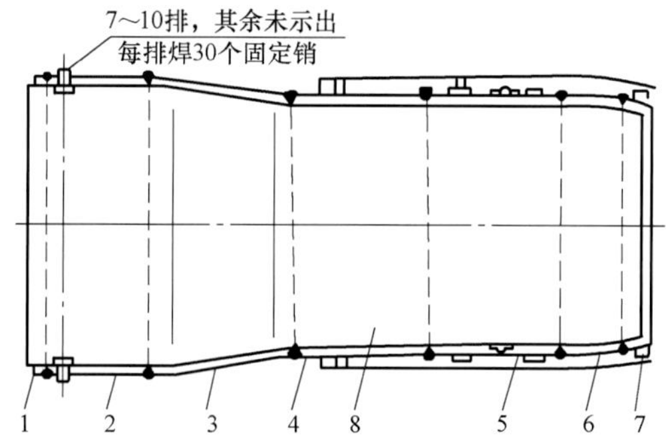

图 20-43　加力筒体示意图

1—前安装边　2~6—筒体　7—后安装边　8—隔热屏

加力筒体主要材料是厚度为 1.2mm 的沉淀硬化镍基合金 GH99 板材，用 Co、W、Mo、Al、Ti 等元素综合强化，使合金具有较高的热强性，900℃以下可以长期使用，最高工作温度可达 1000℃。若为了满足 HB5332 的强度要求，合金冶炼时合金元素含量偏于上限，ΣAl、Ti >3%（质量分数），则会给焊接带来困难，钨极氩弧焊的焊接参数适用范围窄，会出现焊接接头早期失效，产生裂纹。

2. 焊接工艺要点

1）按 HB/Z164 高温合金钨极氩弧焊工艺标准，采用化学方法进行焊前准备。

2）由于 GH99 中含有较高的 Mo、Al、Ti 元素，且 Cr、Ni 总含量低于焊件常用材料 GH3039、GH3128 等，其抗氧化性能及熔池流动性差，故应加强焊缝正反面保护，焊枪喷嘴内径应≥16mm。

3）为了减少焊后残余变形，焊接应在无间隙胀大夹具上进行。

4）为了保证错边量和对接间隙尽量小，且最大不超过 0.3mm，各段壁周长误差不得超过 2mm；两端必须车削加工，且两端面平行度在±0.1mm 范围内；对于椭圆与正圆相交的二、三段壁间的焊缝（即大组合焊缝），采取组合前预变形、组合时边定位边校正的加工方法。

5）对于这类用 GH99 制作的加力筒体，推荐用自动脉冲钨极氩弧焊。若用钨极氩弧焊，应严格控制焊接参数。必须采用高精度的焊接电源，焊接电流的波动应控制在±1A，采用自动钨极氩弧焊时，弧长变化应控制在±0.1mm 范围内。

6）焊后进行热处理，热处理制度是在（1100±10）℃下保温 10～15min，以使构件残余应力减小到最低程度。

7）加力筒体结构十分复杂，筒体壁布有不同用途的支架、支座和安装座，上面纵向和环形焊缝交错，防振屏和隔热屏上有许多孔。它们的相对位置都有一定要求。因此加力筒体装配定位焊时，应满足上述相对位置要求。鉴于筒体壁直径较大，各段壁纵向焊缝沿圆周相互错开距离应≥90mm。

20.3.4 火焰稳定器的焊接

1. 结构特点

火焰稳定器是保证加力燃烧室正常工作的重要组件，其焊接结构形式多样，有 V 形槽式火焰稳定器结构，它从单一 V 形环形稳定器发展到两圈大小不同的环形稳定器，进而发展到径向和多个环形稳定器相结合的 V 形槽火焰稳定器系统。该系统由中心稳定器、径向稳定器和环形稳定器等组成。由于它在高温燃烧区工作，背对着高速燃气流的冲击，V 形槽宽度易缩小，并经常产生裂纹。沙丘驻涡火焰稳定器一般由图 20-44 所示的 20 个单独沙丘驻涡焊接而成，沙丘驻涡火焰稳定器目前已在我国航空发动机上广泛采用。由于它们的工作温度高达 900℃以上，材料多使用高温合金，内外表面还需烧结高温珐琅隔热涂层。现役的 V 形槽式环形稳定器如图 20-45 所示。它们都是用加焊

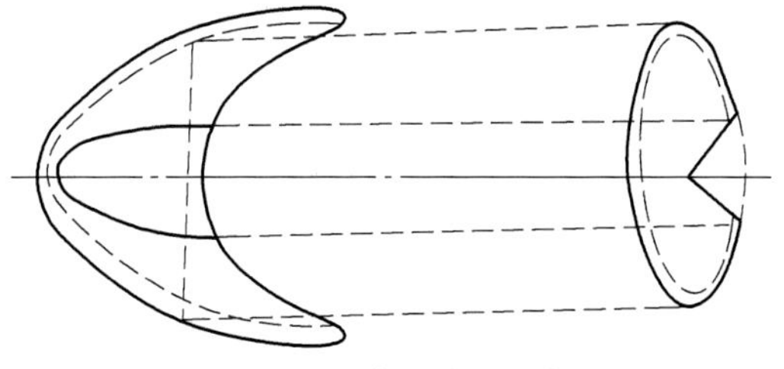
图 20-44 沙丘驻涡示意图

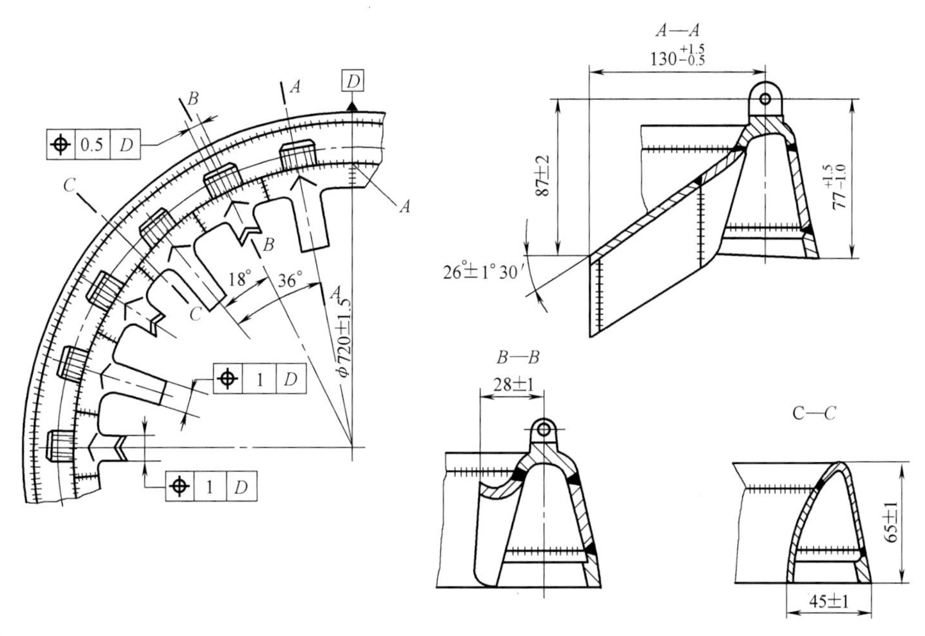

图 20-45 V 形槽式环形稳定器简图

丝的钨极氩弧焊焊接而成的。沙丘驻涡式稳定器的单个沙丘驻涡型面比较复杂，冲压成形模具加工难度大，但整体结构简单，制造周期短。

2. 工艺措施

由于结构特点，火焰稳定器焊接的主要问题是焊接变形。V形槽式环形稳定器由于相关尺寸多，组合焊接时要控制焊接次序，在预先放大尺寸、留有收缩余量的情况下，一般是在全部定位焊后，先焊内圈，后焊外圈；焊接叉形接头时也是遵循此原则，叉形接头两端肩部最后焊。稳定器壳体与袖套、传焰肋之间的纵向焊缝，每条预留0.5mm左右的横向收缩补偿量。

影响加力扩散器所要求的装配尺寸的因素很多，其一是焊接变形，其二是焊后热处理，因此编制工艺规程时，必须综合考虑。V形槽式环形稳定器是一种刚性较大的焊接件，是42条纵横焊缝交错、用手工钨极氩弧焊焊接而成的组件，板厚2.0~2.5mm，开V形坡口并预留0.6mm左右的对接间隙，因此尺寸ϕ720mm的变化主要是各焊缝横向收缩所致。当然该组件横向收缩涉及的因素很多，诸如焊缝分布状况、焊接顺序、坡口及对接间隙大小、反面衬垫的散热条件、热输入等，焊前的具体数值只能近似估算，然后试验验证。

20.3.5 盘轴类零件的焊接

压气机转子部件由帽罩、轮盘、轴篦齿环等组成。三个风扇盘均为大孔盘，材料为TC4钛合金。各级盘轮缘两侧都有与篦齿环、隔圈等相连的定位止口。三个盘由电子束焊接成为一个整体。焊前榫槽、盘的尺寸及大多数型面尺寸已精加工到最终尺寸精度，各盘的平衡精度达5g·cm，零件的平行度和同心度为0.03mm，焊接接头处粗糙度Ra应低于1.6μm，考虑到焊接收缩量，焊前应预留轴向收缩余量，以保证焊后达到设计尺寸。因此该转子属无余量或少余量加工的焊接结构。

接头形式如图20-46所示，图20-46a、c分别为一、二级盘和二、三级盘的接头形式，图20-46b为二级盘毛坯拼焊的接头形式。止口定位，过盈配合量为0~0.4mm。

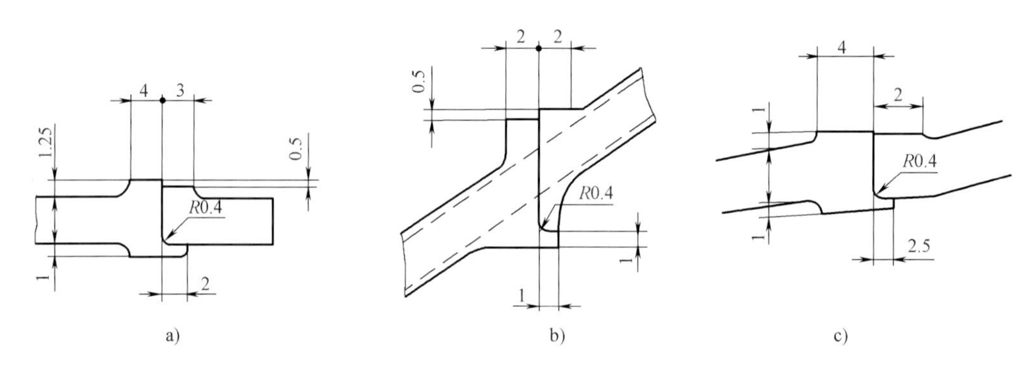

图20-46 转子部件焊接接头形式

a）一级盘和二级盘的接头形式 b）二级盘毛坯拼焊的接头形式 c）二级盘和三级盘的接头形式

装配焊接夹具定位基准的确定：零件的制造工艺基准与设计基准是一致的，故装配焊接夹具的设计基准也应与零件制造工艺基准协调一致，即选三级盘端面为定位面，夹具定位面与轴线的不垂直度为0.01mm。

材料的选择：在保证一定强度、刚性、硬度的条件下，简化结构，减轻重量。例如夹具的心轴在大批量生产时，可选用40Cr钢，小批量时可用45钢，而定位盘则采用铝合金ZA12非磁性材料，重量轻。夹紧力由弹簧装置提供，设计压力0~19600N。

采用验证过的焊接参数进行电子束焊接。采用斜率上升和下降的束流控制法，使焊缝表面达到良好的起焊和收尾。

20.3.6 导管的焊接

在飞机和发动机的燃油、滑油、氧气、空气、液压、漏油、空调、防冰、给排水等各系统中布有各种形状的金属导管。航空金属导管由管子和可拆或不可拆的管接头组成，而不可拆接头是由焊接方法连接而成的。航空金属导管壁厚一般为1.0~2.0mm。

钢、高温合金、钛合金焊接的薄壁导管都采用对接或搭接接头；焊接铝合金的导管时，一般只能用对接接头。航空金属导管品种繁多，图20-47所示为涡喷发动机加力扩散器中的加力输油圈。由于它需在800℃承受4MPa油压条件下工作，所用管件材料为GH1140高温合金，管接头为GH3030高温合金，全部接头采用钨极氩弧焊搭接接头。采用喷杆式结构，ϕ4mm的喷杆4套入ϕ6mm的喷杆5上，带耳接头8套于ϕ14mm的输油圈6上，1为进油弯管组件，2及3为马鞍座，7为起动弯管组件，9为喷杆堵头，所有管件壁厚为1.0mm。

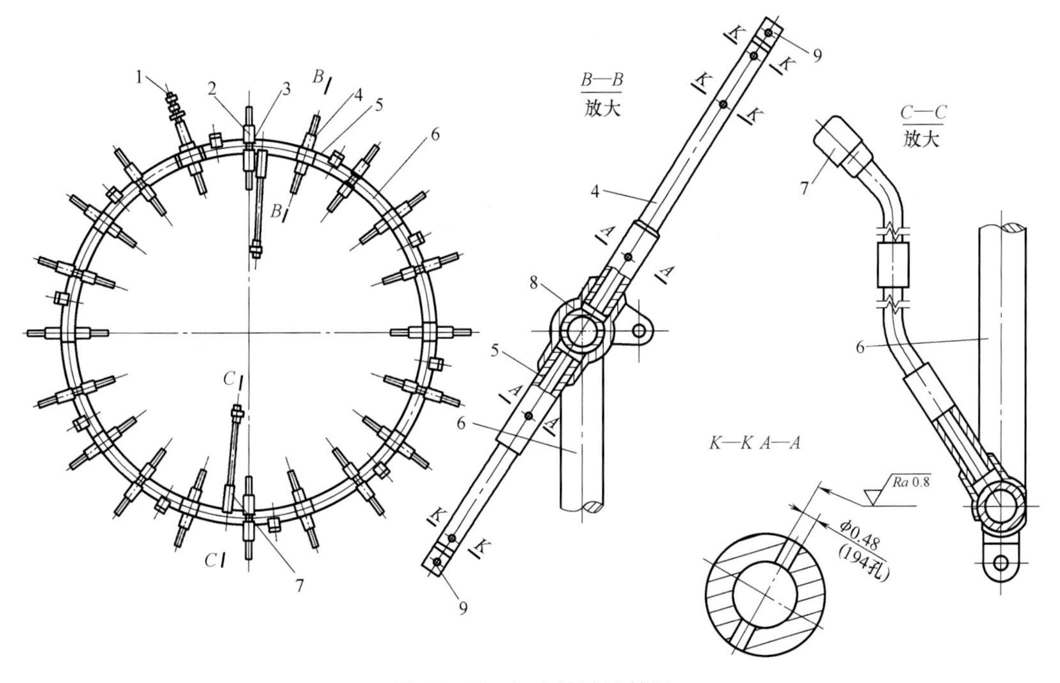

图20-47 加力输油圈简图

1—进油弯管组件 2、3—马鞍座 4、5—喷杆 6—输油圈 7—起动弯管组件 8—带耳接头 9—喷杆堵头

轨迹焊实际上是一种自动钨极圆周氩弧焊，在焊接时使用一种特制焊机，管子在夹具上固定不动，由焊枪绕着管子的对接焊缝旋转。焊机有立式和卧式两种，它的结构复杂，但焊枪的可达性好，便于调整，对管壁厚的或直径大的管子也较适宜。

管子轨迹焊的工艺特点是：

1）采用整体填料。所谓整体填料就是在管接头待焊处加工出一个凸台，焊接时管子夹紧对正，利用凸台作填料。管子与整体填料的管接头配合精度要求很高，要保证二者同心，而且管子端面要与轴线垂直；管子外径与整体填料的装配间隙一般为0~0.075mm；管子端头飞边需去除干净，以避免错位。

2）采用小电流、慢速度、多圈焊接。焊枪一般旋转焊接3圈，即起弧预热一圈，焊接一圈，收弧一圈。为了防止管子在高温状态下氧化，熄弧后通氩延滞再空转两圈。

3）严格控制焊接参数。它包括焊接电流、衰减速度、焊枪旋转速度、焊接时间、正面与反面氩气流量以及起弧收弧等，均由焊机自动控制，还要在控制器上调出焊接圈数。为了保证导管装配稳固，直径大的导管要先定位2~3点，但焊点要小，以免影响自动焊的进行。要严格控制焊枪与工件的距离，一般小直径导管为0.75~0.9mm，大直径导管为1.25~1.5mm。焊枪旋转面与导管表面的同轴度为0.125mm。

全位置自动氩弧焊机主要由电源、封闭式焊接机头（焊钳）、水冷系统三大部分组成，其中水冷系统集成在一体化焊接电源内。图20-48所示为一体化焊接电源及焊机接头。

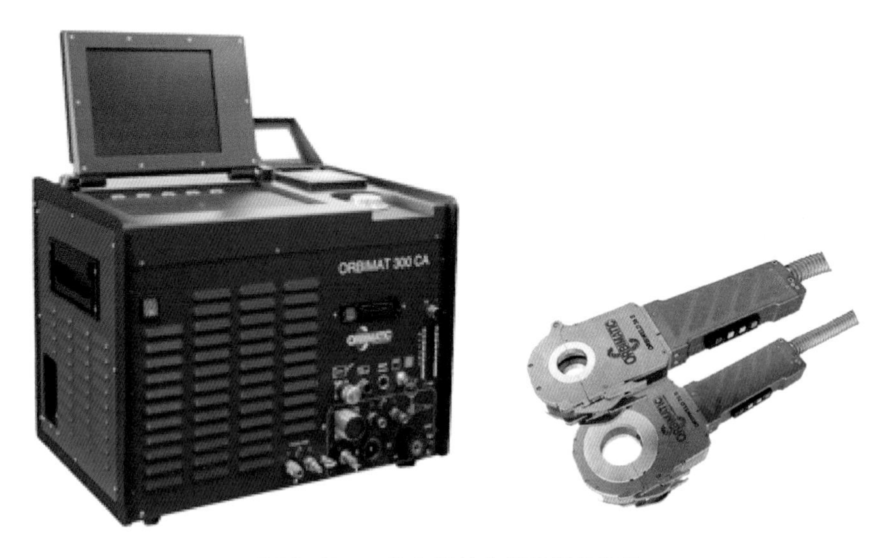

图20-48　一体化焊接电源及焊接机头

20.4　航空结构中的新型焊接技术

20.4.1　真空电子束钎焊技术

真空电子束钎焊是利用专用扫描系统对电子束施加一定的函数扫描，使电子束对钎焊结构进行面热源局部加热，形成钎缝的钎焊方法。

真空电子束钎焊的主要特点是真空环境的局部快速加热，这可以很好地保护非加热区域材料的性能，同时可以大幅度缩短钎焊的过程，减小母材晶粒长大，减少零件的变形，提高生产效率。

真空电子束钎焊工艺流程与电子束焊接一样，其焊接参数主要有电子枪加速电压、工作距离、电子束流、聚焦电流、扫描参数以及真空度等。扫描参数主要包括扫描波形、扫描频率、扫描点数。

真空电子束钎焊设备与真空电子束焊设备在原理和结构上基本类似，不同之处在于，电子束钎焊机的电子枪功率要求高（一般在20kW以上），工作时间更长（有时40min以上），电子束束斑要求较低，通常较大电子束束斑直径有利于钎焊温度场均匀化。为此，真空电子束钎焊机电子枪的阴极灯丝宽度一般较普通焊机的电子枪灯丝宽。图20-49和图20-50所示分别为某型多功能电子束钎焊机及钎焊专用电子枪。

适用于真空钎焊的结构都可采用真空电子束钎焊，材料范围广，主要是不锈钢和钛合金。目前真空电子束钎焊技术已经在航空、航天等构件的制造中得到应用。图20-51所示是采用真空电子束钎焊生产的某型飞机的典型构件。

20.4.2　真空电弧钎焊技术

空心阴极电弧焊是在真空环境中，在空心阴极中通以微小流量惰性气体，利用空心阴极

图 20-49　中压电子束钎焊机（60kW，$16m^3$）

图 20-50　电子束钎焊专用电子枪

图 20-51　某型飞机的真空电子束钎焊构件

金属热发射引弧，使空心阴极与工件间建立稳定的自持电弧放电，形成稳定的电弧加热热源。调节电流大小可实现熔焊、钎焊、堆焊及表面改性等工艺。

与常规真空钎焊相比，真空电弧钎焊可实现局部钎焊，抽真空时间短、生产效率高，改变焊接电流可实现熔焊、堆焊及表面改性等工艺。

空心阴极电弧焊既可充分利用真空保护，又可减少焊接热输入与氩气用量，是一种高效、节能、环保的新型焊接技术。

真空电弧钎焊时，主要工艺流程为：清洗──→将钎料点焊在待焊接面──→装夹──→焊接──→保温──→检测。

需要注意的是，为避免焊件在空气中氧化，真空电弧焊后，应继续通以微量氩气对工件进行冷却，建议冷却时间不低于15min。

空心阴极真空电弧焊接设备主要由五部分组成：空心阴极焊枪、焊接电源、气体流量控制系统、真空室和真空机组等，其原理示意图及设备如图 20-52 所示，空心阴极可以用钽箔卷制而成，也可以采用空心钽管或钨管，阴极内径一般在 2~6mm；通过空心阴极的氩气流量在 3~100mL/min 的范围内进行调节；焊接前，真空室预抽真空至 10^{-3}~10^{-4}Pa，通入 5~100mL/min 的微流量氩气后，焊接过程中真空室真空度一般维持在 10^{-2}~10Pa。工作过程中，真空泵不断地将真空室内的气体抽走，从而维持真空度在一定数值。在这一动态真空环境中，电弧在空心阴极和阳极工件之间稳定燃烧。

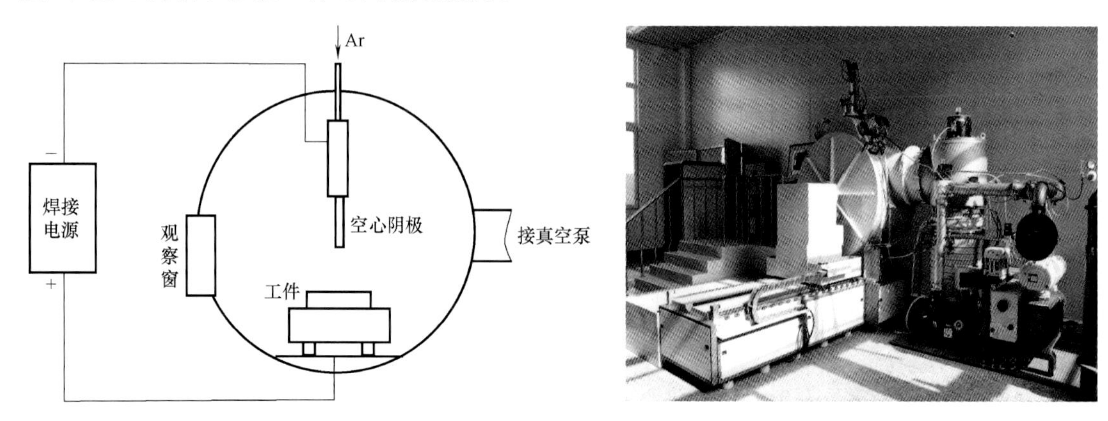

图 20-52　空心阴极真空电弧焊接原理示意及设备

真空电弧局部加热钎焊技术可作为涡轮叶片修复中的一项新型工艺技术。在俄罗斯工业中，为了提高叶片的可靠性和寿命，广泛采用了真空电弧钎焊技术，将耐磨镶片钎焊在易磨损面上，显著地提高了叶片的工作寿命。在修复中可以多次更换新的镶片，也可以采用真空电弧局部加热对磨损部位实现钎焊堆覆或钎镀。

20.4.3　过渡液相扩散焊技术

过渡液相（Transient Liquid Phase，TLP）扩散焊，TLP 扩散焊是在待焊材料间预先放置中间层，该中间层中除含有熔点较高的主组元外，还含有降熔元素，在中间层熔化以后的保温过程中，依靠降熔元素向母材中的持续扩散，使液态中间层中降熔元素的浓度减小，液态中间层的熔点随之升高，出现所谓“等温凝固”现象（液态中间层在焊接保温过程中自行凝固）。随着保温时间的延长使降熔元素扩散，以实现焊接区成分与组织的进一步均匀化，从而获得高性能焊接接头。

（1）镍铝金属间化合物的 TLP 扩散焊　镍铝金属间化合物材料主要用于高性能航空发动机高压涡轮工作叶片与导向叶片的制造。镍铝金属间化合物材料主要有 Ni_3Al 与 NiAl。目前，以 Ni_3Al 为基的材料已达到较高的性能水平。它是一种具有 LI2 型晶体结构的长程有序金属间化合物，具有熔点高、抗氧化性好、有较高的高温强度和蠕变抗力、比强度大等特点。我国研制的 Ni_3Al 基合金 IC6、IC6A 合金，具有密度低、强度高、成本较低、综合性能好等优点，已用于某型号航空发动机二级导向叶片的制造。IC10 合金是我国目前为某涡轮导向叶片研制的一种新型定向凝固金属间化合物 Ni_3Al 基高温合金，密度为 6.0g/cm^3。该合金具有足够的持久强度和良好的热疲劳性能，以及高的抗氧化和耐蚀能力，同时铸造性能突出，它在航空领域中有着广阔的应用前景。此外，长程有序金属间化合物 NiAl 是 β 相电子化合物，熔点为 1638℃，密度为 5.86g/cm^3，弹性模量为 294GPa，在 20～1100℃内热导率为 70～80 W/(m·K)，是镍基高温合金的 4～8 倍。NiAl 合金具有较好的高温抗氧化性，但其室温塑性差、断裂抗力及高温强度低等制约了其应用。

采用三维定位装配夹具和加压焊接夹具，叶片扇形组件焊后变形小，缘板径向跳动量和轴向跳动量都不大于 0.05mm；TLP 扩散焊的 IC10 合金导向叶片双联组件，在叶片热疲劳试验平台上进行发动机模拟工况的热疲劳试验，经 2500 循环周次后 TLP 焊缝完整无缺陷，并通过发动机试车考核。目前已用于某型号发动机 IC10 定向凝固合金高压涡轮导向叶片双联组件与低压涡轮导向叶片三联组件的研制，如图 20-53 所示。

（2）单晶材料的 TLP 扩散焊　单晶高温合金已成为先进航空发动机涡轮叶片的首选材料之一。已经服役或正在研制的新型发动机都采用单晶高温合金制造涡轮叶片。目前，镍基单

a)

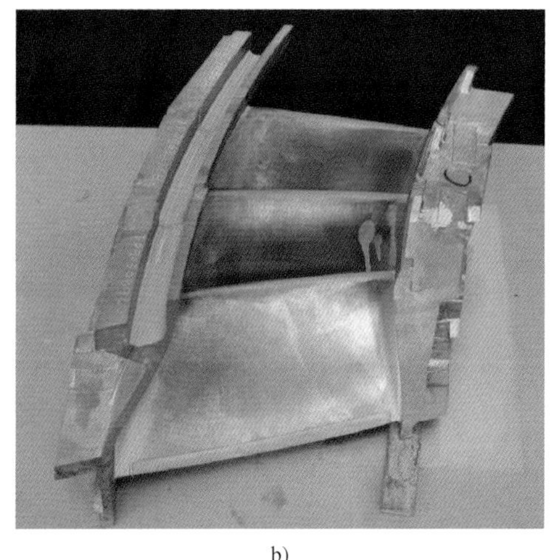

b)

图 20-53 IC10 定向凝固合金高压涡轮导向叶片组件
a）高压涡轮导向叶片双联组件 b）低压涡轮导向叶片三联组件

晶高温合金已由 20 世纪 80 年代初的第一代发展到现在的第四代，无 Re、3% Re、6% Re 和 4%Re+4%Ru（质量分数）基本上是第一代、第二代、第三代和第四代合金化学成分的主要特征。在通常情况下，常规制造涡轮叶片的合金工作温度为 880℃，采用了定向凝固或单晶技术后工作温度可达 940~980℃，定向凝固共晶制成的涡轮叶片的工作温度为 1040℃。第一代单晶比定向凝固合金的使用温度高 25~50℃，第二代单晶合金（PWA1484、CMSX-4、ReneN4）比第一代单晶合金使用温度又提高 28℃，第三代单晶合金（CMSX-10）可使耐温能力再提高 28~56℃，达到 1100℃。

为了进一步提高涡轮叶片的使用温度，需要在叶片设计上采用具有复杂冷却通道的空心结构，因此如何实现高性能的单晶高温合金的焊接成为亟待解决的关键技术问题。TLP 扩散焊结合了钎焊和扩散焊二者的技术优点，使实现单晶高温合金的优质连接成为可能，并且可以实现单晶高温合金接头的单晶化，图 20-54 所示为 IC10 单晶复合倾斜高压涡轮导向叶片双联组件。

图 20-54 IC10 单晶复合倾斜高压涡轮导向叶片双联组件

（3）氧化物弥散强化高温合金的 TLP 扩散焊 氧化物弥散强化（Oxide Dispersion Strengthened，ODS）高温合金是采用机械合金化工艺制造的一种先进高温合金，强化相 Y_2O_3 氧化物微粒在高温下不溶解于基体且呈弥散分布，使得 ODS 合金具有高温力学性能好、高温抗氧化和耐蚀性能好的综合优势，特别适合于航空发动机要求耐高温、耐蚀、抗氧化、抗热疲劳的使用工况。由于强化相 Y_2O_3 氧化物微粒在高温下不溶解于基体，ODS 合金高温时难以发生塑性流变而使直接扩散焊变得非常困难。LTP 扩散焊借助于过渡液相可以降低连接压力，缩短连接时间，使连接过程中母材的损伤减到最少，因此非常适合于 ODS 高温合金的连接。

采用 TLP 扩散焊技术制造的 ODS 合金 MGH956 合金多孔层板浮动壁瓦片和多孔层结构燃

烧室如图 20-55 所示。试验结果表明，MGH956 合金 TLP 扩散焊接头 1000℃拉伸强度大于 83MPa，1100℃拉伸强度大于 56MPa。多孔层板结构的冷却效率达到 0.85，多孔层板燃烧室壁面温度较同样工况条件下的常规气膜冷却结构降低 70℃以上。

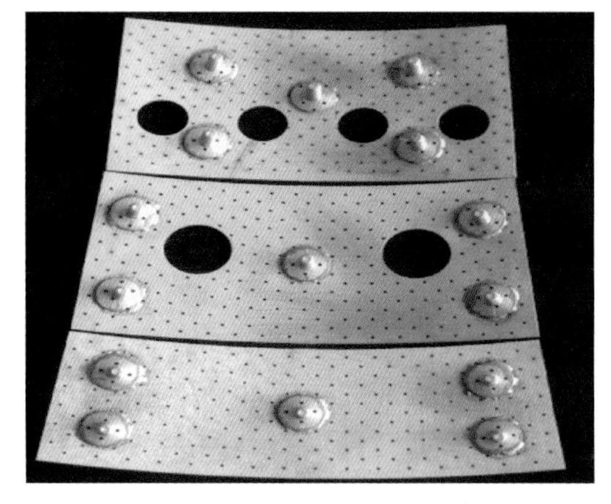

图 20-55　多孔层板浮动壁瓦片和多孔层板结构燃烧室

20.4.4　放电等离子弧扩散焊技术

放电等离子弧扩散焊技术（Spark Plasma Diffusion Bonding Technology，SPDBT），又称脉冲电流扩散焊技术（Pulsed Electric Current Diffusion Bonding Technology，PECDBT），是一种高效、节能、环保的新型扩散焊技术。该技术将等离子活化、热压和电阻加热融为一体，在加压试样间直接通入高频脉冲电流进行加热，因而具有升降温速度快，焊接温度低、时间短，焊缝组织细小，对基体性能影响小，更易获得具有可控显微组织的高焊合率扩散焊接头等优点。放电等离子扩散焊系统的装置主要有轴向压力装置、水冷冲头电极、真空腔体、气氛控制系统、直流脉冲电源、水冷控制系统、温度控制系统、位移测量系统和安全控制单元等，如图 20-56 所示。

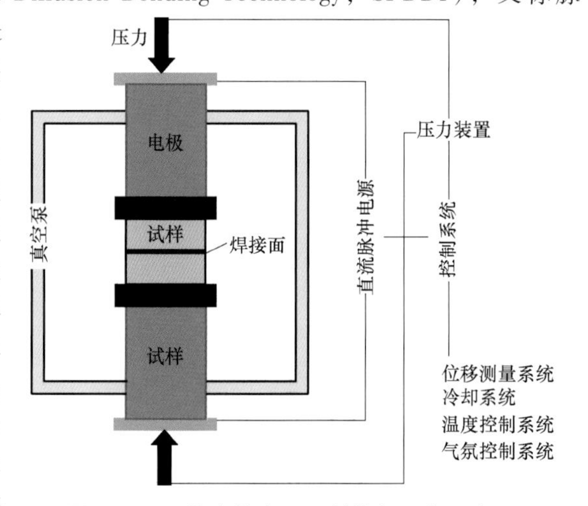

图 20-56　放电等离子弧扩散焊设备示意图

对放电等离子弧扩散焊的研究工作处于刚刚起步阶段，目前开展了粉末高温合金/单晶、TC4/TC4、Cu/Ni、SiC/W 等材料放电等离子弧扩散焊探索性研究，如图 20-57、图 20-58 所示。

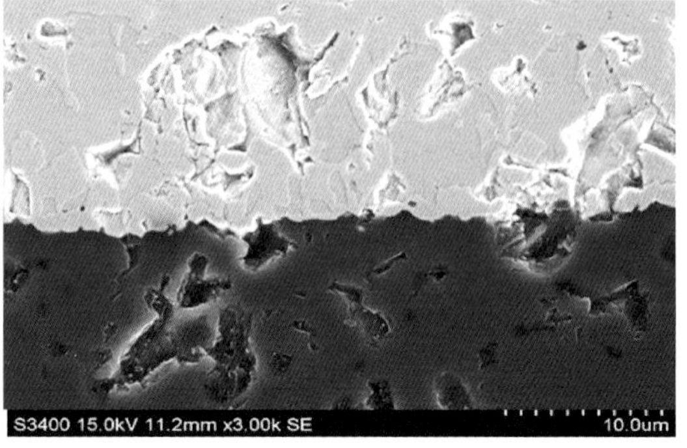

图 20-57　SiC/W 放电离子扩散焊接头

图 20-58 单晶与粉末高温合金放电离子扩散焊接头

20.4.5 线性摩擦焊技术

1. 概述

整体叶盘是新型航空发动机设计中采用的新结构，代表了第四代、第五代高推重比航空发动机技术的发展方向，具有减重、简化结构、增效等优点，已用于我国第四代战斗机的发动机风扇和压气机盘的制造。目前，制造整体叶盘有以下几种技术途径：线性摩擦焊、五坐标数控加工、电解加工、扩散焊和电子束焊。与其他技术相比较，线性摩擦焊在整体叶盘的制造上具有独特的优势，具体表现如下：

1）可以实现宽弦空心叶片与轮盘的连接。

2）可以实现异种材料连接。

3）可以对已损坏的单个叶片进行修理。

4）线性摩擦焊属于固相连接，焊缝为细小的锻造组织，接头质量优良。

5）与整体机械加工制造整体叶盘相比，线性摩擦焊可节省大量贵重金属材料，并大量减少加工工时。

与真空扩散焊、电子束焊制造整体叶盘的方法相比，线性摩擦焊技术以其焊缝质量高、无烟尘和飞溅、无需填充材料和气体保护、材料损耗少、焊缝缺陷少等优点，已成为航空发动机材料整体叶盘制造和修复的关键技术，在航空制造业受到了广泛的青睐。

2. 线性摩擦焊接头典型组织

（1）钛合金线性摩擦焊接头组织

1）同种钛合金线性摩擦焊接头组织。以航空发动机用典型的 TC11 钛合金线性摩擦焊接头进行组织分析，图 20-59 所示为接头的宏观组织。TC11 钛合金的线性摩擦焊接头均明显地分为三个区域：母材区、热力影响区、焊缝区。焊缝的形状均为材料两侧区域宽，中间部分较窄。

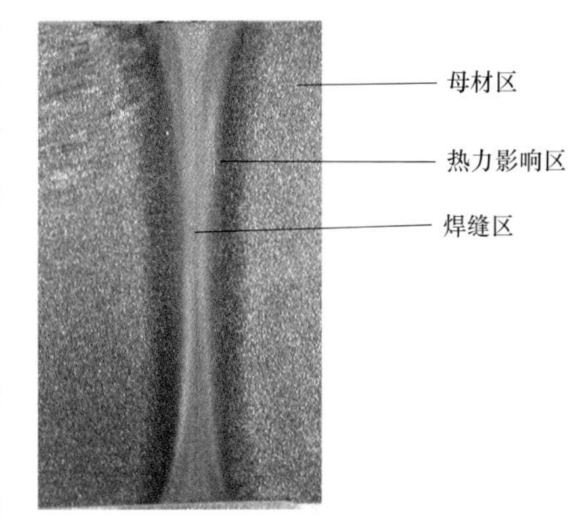

图 20-59 钛合金线性摩擦焊接头宏观组织

微观组织：

➢ 热力影响区组织。图 20-60 所示为 TC11 线性摩擦焊接头的热力影响区显微组织。热力影响区的组织由高度变形的 α 相和 β 相晶粒组成，这表明该区的焊接温度并未超过 β 转变温度，而只发生了 α 相和 β 相晶粒沿受力方向的重新排列。

➢ 焊缝区组织。图 20-61 所示为 TC11 线性摩擦焊接头焊缝区组织。焊缝区的组织为细小的针状 α 和 β 组织，母材组织与焊缝组织的差异说明焊接过程中摩擦界面温度已经超过了钛合金的 β 转变温度，焊缝材料已发生了完全的 β 转变。

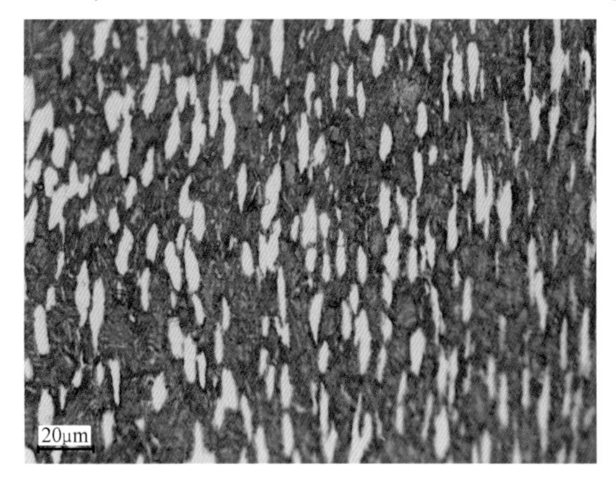

图 20-60　TC11 线性摩擦焊接头的热力影响区显微组织

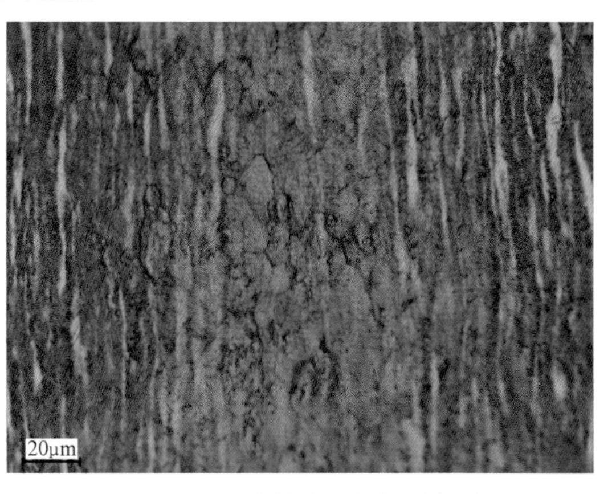

图 20-61　TC11 线性摩擦焊接头焊缝区组织

2）异种钛合金线性摩擦焊接头组织。选用的材料是航空发动机常用的双态组织的 TC11 钛合金以及网篮组织的 TC17 钛合金，经过线性摩擦焊焊接后，其接头的宏观组织如图 20-62 所示，由母材区（BM）、焊合区（W）和热力影响区（TMAZ）组成，但并未发现明显的热影响区（HAZ）。这主要是由于钛合金的热导率较小，在线性摩擦焊条件下，变形对 TC11 和 TC17 钛合金的影响范围远大于温度，因此在接头中只观察到了热力影响区，而并未发现明显的热影响区。

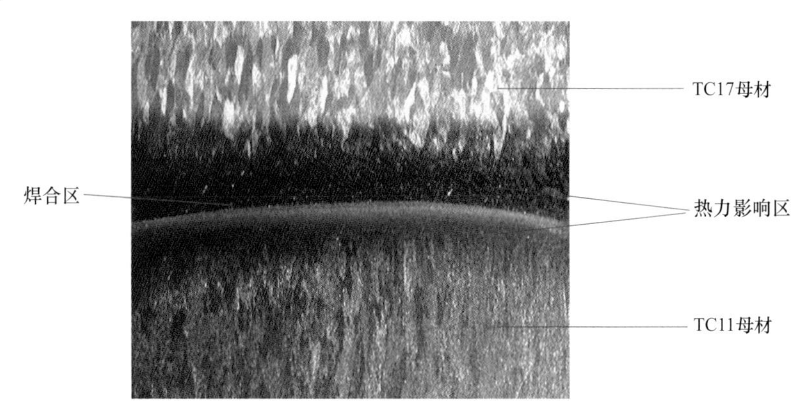

图 20-62　异种钛合金线性摩擦焊接头宏观组织

接头微观组织：

➢ TC17 侧组织。与图 20-63 所示的 TC17 母材组织相比，对于 TC17 侧热力影响区初生 α 相沿着受力方向被拉长，原始母材的 β 转变组织的片层宽度大幅度减薄，但是该区组织特征与原始母材类似，如图 20-64 所示，说明该区的焊接温度并未达到相变温度。

➢ TC11 侧组织。TC11 母材组织为等轴 α+β 转变组织，如图 20-65 所示。而 TC11 侧热力影响区由高度变形的 α 相和 β 转变组织组成，如图 20-66 所示，与母材组织相似，但是 α 相由原来母材的等轴状变化为沿着受力方向被拉长，这表明 TC11 侧热力影响区的温度并未超过 β 转变温度，而只发生了 α 相和 β 相晶粒沿受力方向重新排列。

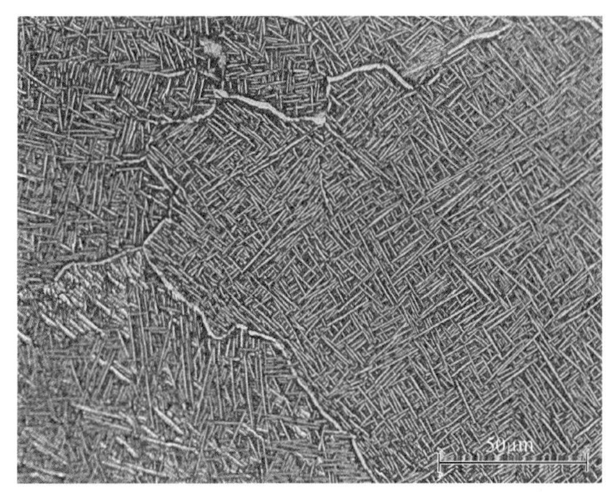

图 20-63　TC17 母材组织

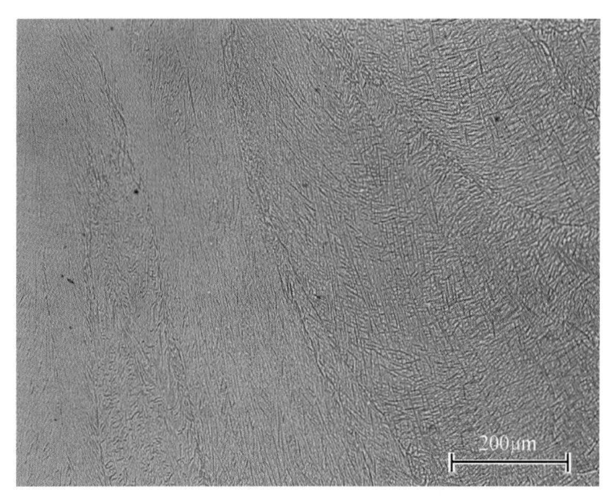

图 20-64　TC17 侧热力影响区组织

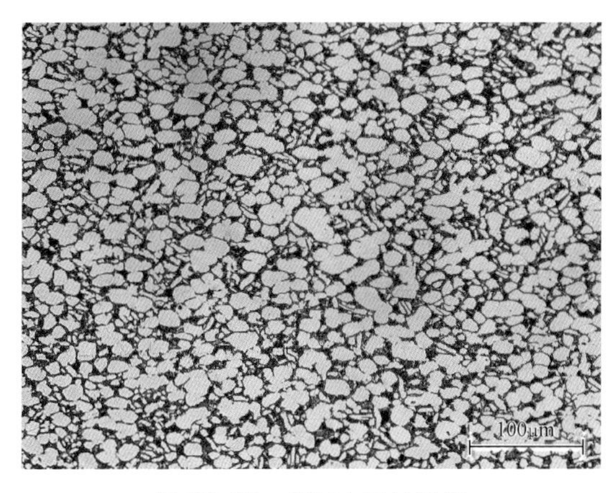

图 20-65　TC11 母材组织

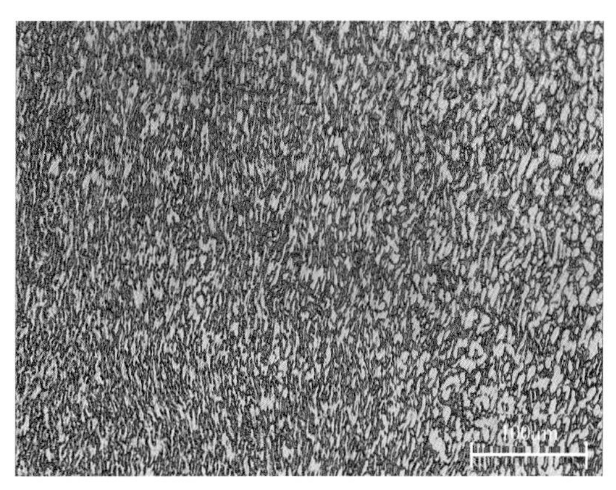

图 20-66　TC11 侧热力影响区组织

➢ 焊合线附近组织特征。从图 20-67 可以看出，与两种原始母材相比，焊合线两侧的 TC11 和 TC17 的焊合区组织有很大不同，均发生了再结晶，再结晶晶粒内部均为细小的 α+β 片层组织。这是因为线性摩擦焊过程中，摩擦界面上的材料是在高温、高应变速率下变形，发生组织的转变说明线性摩擦焊过程中界面的温度超过了两种材料的 β 转变温度，通过对焊合线两侧的组织进行透射电镜分析，发现焊缝内部存在大量位错，如图 20-68 和图 20-69 所示。

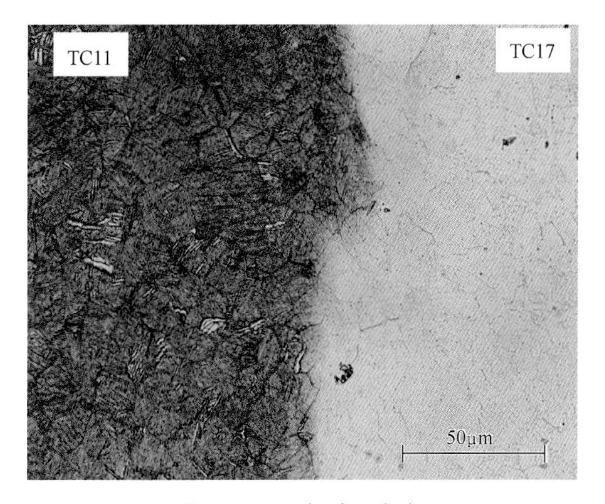

图 20-67　焊合区组织

（2）镍基材料线性摩擦焊接头组织　以航空发动机涡轮盘典型材料 DD6 单晶和 FGH96 粉末合金的线性摩擦接头为分析对象，从图 20-70 所示接头宏观组织可以看出，接头分为三个区域，即母材、热力影响区和焊缝区。焊接界面处组织致密无缺陷，单晶侧组织为树枝晶。为了进一步分析单晶/粉末合金接头的组织特征，分别对 DD6 单晶母材、FGH96 粉末合金母材、热力影响区及焊缝区的组织进行了场发射扫描电镜观察。

图 20-68 TC11 侧透射电子显微镜下的组织

图 20-69 TC17 侧透射电子显微镜下的组织

图 20-70 接头宏观组织

DD6 单晶母材的组织特征为立方 γ′相较整齐地排列在 γ 基体上，如图 20-71 所示，γ′相的尺寸为 0.3~1μm。从母材到焊缝区，组织变化情况如图 20-72~图 20-74 所示，γ′相的尺寸逐渐减小，由母材的 0.3~1μm 变化到 0.2~0.8μm 再到 0.1~0.5μm 直至焊合线附近 γ′相完全溶解，而且立方 γ′相的角部发生钝化并逐渐球化，这些现象的产生是由于焊接过程中，该区域的温度超

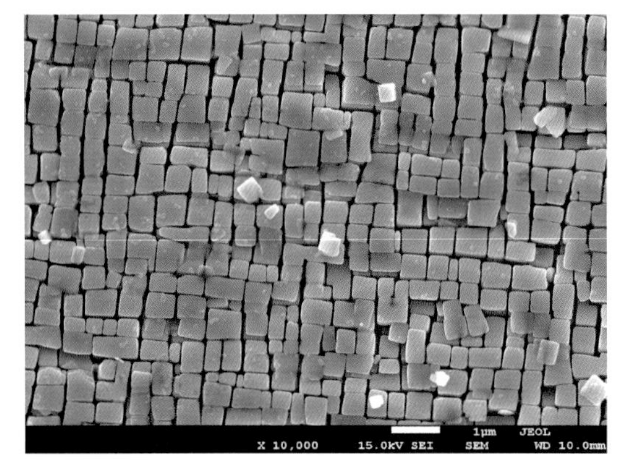

图 20-71 DD6 单晶母材

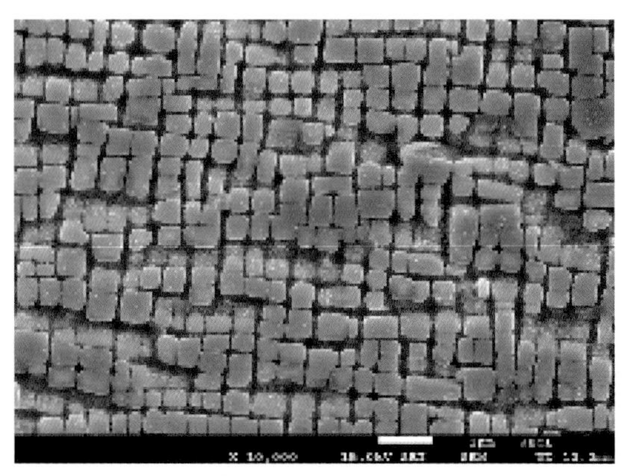

图 20-72 DD6 单晶热力影响区（近母材）

过了 γ′相的固溶温度，发生了 γ′相的溶解，在焊后冷却过程中，由于冷却速度快，析出的 γ′相来不及长大，表现为细小的球形 γ′相，尺寸约为 0.1μm。在焊合线附近，形成了致密接头，两侧组织均为细小的球形 γ′相，FGH96 侧 γ′相尺寸约为单晶侧的 1/3，即 0.03μm。

图 20-73　DD6 单晶热力影响区（近焊缝区）

图 20-74　焊缝

图 20-75 所示为 FGH96 的母材组织，从图中可以看出，母材由 γ′相和基体 γ 相组成，γ′相基本上有三种形态，即球形、多边形（尺寸约为 0.125μm）及细小 γ′相，γ′相所占比例约为 50%以上。进行线性摩擦焊时，其焊接温度一般可达到 0.8T_m（T_m 为金属的熔化温度），超过了 FGH96γ′相的固溶温度，因此热力影响区中 γ′相发生溶解，并发生球化，其尺寸也减小，约为原来的 1/2 或更小，所占比例也大幅度减小，只占 30%左右，如图 20-76 所示。

图 20-75　FGH96 母材

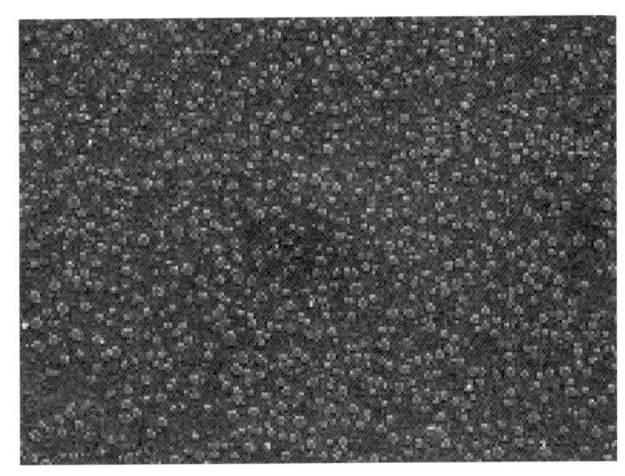

图 20-76　FGH96 热力影响区

3. 典型材料的线性摩擦焊接头性能

典型材料的线性摩擦焊接头性能见表 20-3。

表 20-3　典型材料的线性摩擦焊接头性能

材料		拉伸强度/MPa	持久强度/MPa	冲击吸收能量/J	疲劳强度/MPa
TC4	母材	933	580	—	440
	接头	944	570	—	462
TC11	母材	1100	987	790	503
	接头	1085	983	780	459
TA15	母材	968	—	30.4	423
	接头	985	—	25.5	463

（续）

材料		拉伸强度/MPa	持久强度/MPa	冲击吸收能量/J	疲劳强度/MPa
TC17	母材	1180	870	—	552
	接头	1196	880	—	602
TC11/TC17	TC11 母材	1022	735	—	512
	接头	1037	735	—	512
TC4/TC17	TC4 母材	933	460	—	375
	接头	939	460	—	375

在线性摩擦焊技术领域，在国外技术封锁、自身技术基础薄弱的情况下，通过刻苦钻研，先后研制成功了 20t 和 60t 的线性摩擦焊试验设备。开展了碳钢、不锈钢、高温合金、钛合金、单晶、粉末高温合金等材料的线性摩擦焊工艺研究，针对压气机一级盘、风扇一级盘、风扇三级盘及核心机驱动风扇盘用典型钛合金进行了不同材料组合，包括 TC4/TC17、TC11/TC17、TC17（α+β）/TC17（β）的线性摩擦焊工艺、热处理制度、接头组织分析和力学性能测试等方面的系统研究，积累了大量的性能数据，为线性摩擦焊整体叶盘的研制奠定了坚实的基础。通过研究走通了线性摩擦焊整体叶盘的制造路线，成功研制了压气机一级盘、风扇一级盘、风扇三级盘及核心机驱动风扇盘，并交付设计所进行了相应的试验考核。同时开展了线性摩擦焊技术在飞机构件上的应用，针对飞机典型材料 TC4-DT、TA15 开展了线性摩擦焊工艺、热处理工艺等的研究，线性摩擦焊接头的性能满足设计要求，焊接了典型的飞机构件，并实现了应用。

20.4.6 搅拌摩擦焊技术

搅拌摩擦焊的工艺过程和外观及接头如图 20-77、图 20-78 所示，它是利用旋转着的焊接工具——搅拌头与被焊材料的摩擦生热和塑性形变能，使焊接区金属热塑软化，并在搅拌头的旋转和移动作用下实现金属由前向后的转移过渡，通过焊接作用力的施加最终形成致密细晶的固相连接接头。由于在整个焊接过程中被焊材料没有熔化，搅拌摩擦焊可以实现所有牌号铝合金（包括常规熔焊方法难以焊接的 2×××、7×××系列以及铝锂合金）、镁合金、钛合金以及异种金属的高质量连接，具有一系列突出的优点。

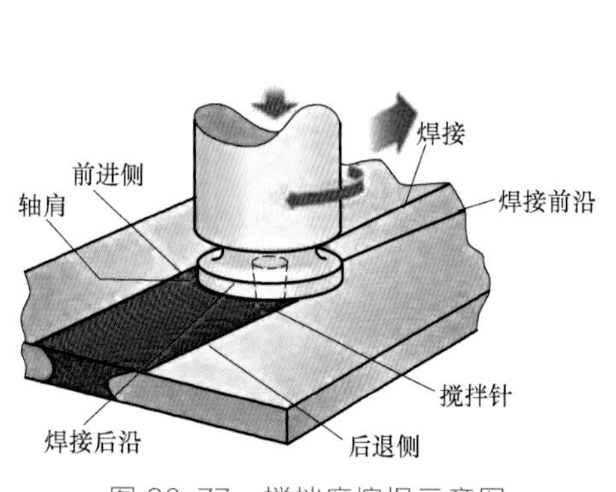

图 20-77　搅拌摩擦焊示意图

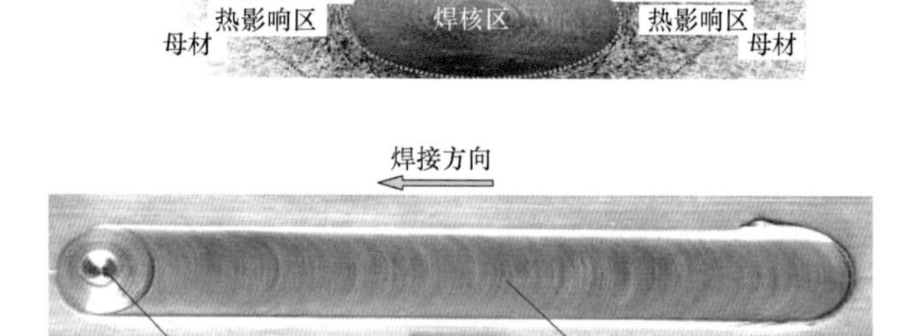

图 20-78　搅拌摩擦焊焊缝外观和接头组织

1）搅拌摩擦焊是一种固相焊接方法，搅拌摩擦焊焊接过程中没有合金元素的烧损，由于其焊接温度低于材料熔点，从根本上杜绝了因为熔化凝固而导致的气孔、夹杂、元素偏析、凝固裂纹等焊接缺陷，使得该焊接方法本身固有的焊接缺陷很少。焊缝为致密的锻造细晶组织。

2）搅拌摩擦焊是高工艺稳定性的焊接方法，搅拌摩擦焊焊接过程是借助专用的高刚性精密焊接设备来实现的，焊接参数少、焊接过程为机械化、全自动控制，避免了人为因素的影响，焊接质量稳定可靠，再现性好。

3）搅拌摩擦焊是工程适用性强的焊接方法，搅拌摩擦焊的焊缝轨迹可以为平直焊缝、环形焊缝、二维曲线甚至空间曲线焊缝；搅拌摩擦焊可用于全位置的焊接；焊接作业环境不受限制；可实现各种接头的焊接（见图 20-79）；目前铝合金搅拌摩擦焊的最薄焊接厚度为 0.8mm、单道最大焊接厚度已达到 100mm。

4）搅拌摩擦焊是低成本绿色连接技术，搅拌摩擦焊待焊零件表面焊前不需化学处理，焊接过程中无辐射、烟尘等；焊件不需要开坡口，不需要填充焊丝和外加保护气，焊接变形小，制造效率高。

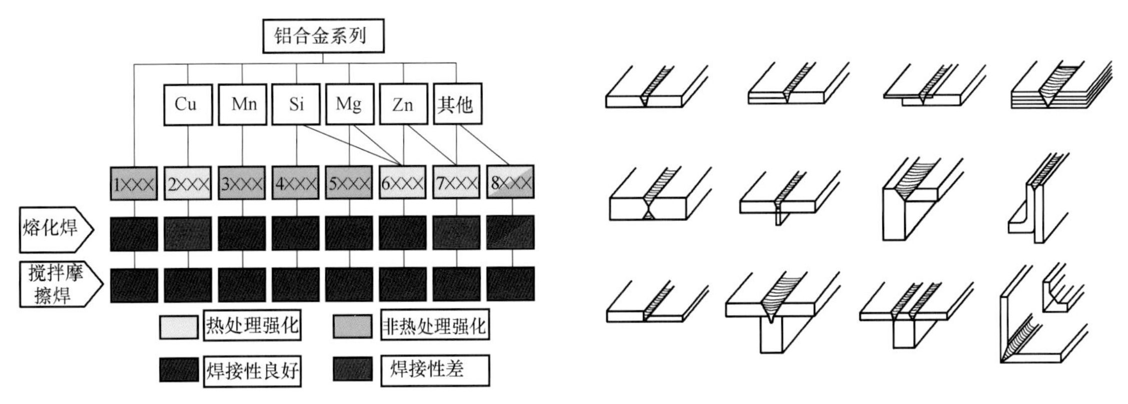

图 20-79　搅拌摩擦焊可焊的铝合金材料和接头形式

目前已经成功地将搅拌摩擦焊技术应用于我国大型飞机地板的生产制造。该产品的研制是我国搅拌摩擦焊技术首次在大型铝合金飞机地板结构中的应用，与传统机械连接方法相比，搅拌摩擦焊飞机地板可以减重 200kg 以上；同时，在该典型产品的制造中，采用搅拌摩擦焊技术将窄幅挤压型材拼接成为大型整体壁板，避免了整体机械加工带来的材料利用率低、成本昂贵、制造周期长等诸多问题，为飞机地板零部件的结构设计和制造优化提供了更大的空间。

1. 结构特点

大飞机的地板一般由货舱地板和斜台地板组成。作为与货运系统直接相关的功能部件，地板是货运重量的直接承载体，运输物品和人员的重量以及飞行附加载荷通过地板上的轨棒、导轨、滑轨、地板板面以及系留环等来支撑和传递。

货舱地板总体结构如图 20-80 所示，沿飞机展向分为左侧辅助地板、左侧地板、中央地板、右侧地板和右侧辅助地板共 5 大组件。5 大组件沿机身对称中心线呈镜像对称分布。中间部分（指左侧地板、中央地板和右侧地板）为主承力区地板。

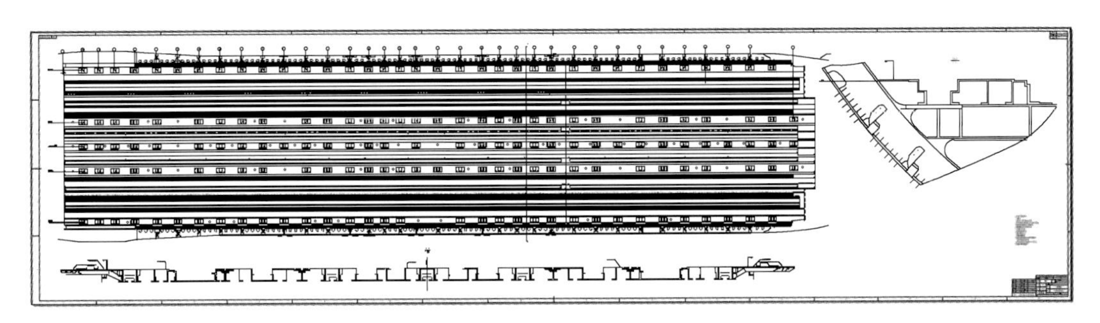

图 20-80　货舱地板结构示意图

2. 工艺措施

由于地板组件最大结构宽度达1708mm、最大长度达18637mm，高度为76mm，结构尺寸超出了现有铝合金毛坯的制造能力；加之局部结构几近封闭、加工可达性差，地板组件的制造难以采用整体加工来实现。按照传统的飞机结构和制造工艺，一般采用分体式结构设计和机械连接的方式来制造货舱和斜台地板组件，但由此带来的是结构增重、电化学腐蚀和密封泄漏隐患、零件数量多、制造周期长等一系列问题。

搅拌摩擦焊是铝合金材料与结构的先进焊接方法，采用搅拌摩擦焊将小块零件焊接成大块组件，是实现货运飞机地板组件结构高性能和低成本制造的理想方法。

货舱地板中央地板组件由3种共5件零件组成，以货舱地板中央导轨轨道为中心左右对称，共有4条焊缝，均为典型的等厚度对接接头，其中中间两条焊缝焊接厚度为3.5mm，两侧焊缝焊接厚度为2.8mm。

货舱地板左侧地板和右侧地板为对称结构，均由3种共3件零件组成，共有两条焊缝，均为等厚对接接头，其中内侧焊缝焊接厚度为3mm，外侧焊缝焊接厚度2.5mm。

完成了新一代战斗机左右口盖、维护口盖的搅拌摩擦焊工艺研究和验证件研制（见图20-81），进一步拓宽了搅拌摩擦焊技术在航空构件上的应用。

图20-81　新一代战斗机左右口盖搅拌摩擦焊工艺验证

第21章　压力容器制造中的焊接技术

雷万庆　张建晓　李金梅

21.1 概　　述

压力容器是一个涉及多行业、多学科的综合性产品，在炼油及石油化工、化肥、煤化工以及核工业等领域有着广泛的应用。同时，随着一大批压力容器制造企业陆续取得美国ASME"U"和"U2"制造许可证，以及按国外标准制造了大批的压力容器产品，中国的压力容器制造能力和水平有了一个飞跃的发展，不但在技术水平和能力上缩短了与先进国家的差距，在某些方面已经达到甚至超过了国外同类产品的水平。截至2016年，中国达到一定规模的压力容器生产企业近700家。近5年期间，煤化工行业对压力容器新增需求量约为2500亿元，石化行业新增需求近千亿元，按照煤化工及石化行业需求占行业总需求的55%计算，行业总体需求高达7000亿元。如此广阔的市场前景，使得压力容器的产品类型不断更新，产品规模不断增大，产品制造水平不断提高，产品正在向高参数、大型化方向发展。

1. 炼油、石油化工工业

这是使用压力容器数量最多的行业之一。炼油、石化行业的压力容器大多具有高温、高压、临氢和硫腐蚀的特点，在结构设计、材料选用和制造工艺等方面对焊接技术提出了更高的要求。我国的压力容器主要有板焊容器、锻焊容器、铸造容器、锻造容器、热套容器、多层包扎式容器和绕带式容器等。例如，加氢工艺装置核心设备——加氢反应器（厚壁）采用单层板热卷，容器内部堆焊不锈钢材料；尿素合成塔装备采用不锈钢衬里，多层包扎等。目前，中国第一重型机械集团公司已生产的锻焊加氢反应器，其单台总质量为2044t，最大规格为ϕ4800mm×334mm×34500mm（内径×壁厚×长度）；图21-1所示为兰州兰石重型装备股份有限公司生产的板焊式加氢反应器，最大单台质量为835t，最大壁厚为（186.5+6.5）mm，最大直径为ϕ4800mm；图21-2所示为兰州兰石重型装备股份有限公司利用专利技术制造的国内市场占有率达100%的"四合一连续重整反应器"；图21-3所示为兰州兰石重型装备股份有限公司为抚顺石化公司制造的国内首台打ASME"U"钢印的丙烯腈冷却器；图21-4所示为兰州兰石重型装备股份有限公司出口俄罗斯的LAO反应器。

图21-1　板焊式加氢反应器

图21-2　四合一连续重整反应器

图 21-3　丙烯腈冷却器

图 21-4　LAO 反应器

2. 液化石油气、化工原料储运容器

近年来，大型、特大型的各种储运容器发展异常迅速，采用高强度钢、低温钢制造容器也越来越普遍。在卧式储运制造方面，中国石化集团南化公司化工机械厂已制造了规格为7400mm×38mm×74000mm（内径×厚度×长度），单台总质量达 600t 的特大型储罐，地埋储罐如图 21-5 所示。在球形储罐制造方面，我国已经能自行设计、制造容积为 8000~10000m^3 的大型球罐。在球罐用材上已由原来单一的 Q345R 钢发展到抗拉强度为 610MPa 的高强度调质钢。用于储运液氮的低温罐体，一般内罐采用低温性能优异的奥氏体不锈钢，外罐采用低合金结构钢；图 21-6~图 21-8 所示为甘肃蓝科石化高新装备股份有限公司制造的亚洲最大的LPG 8000m^3 球罐、国内首台 8000m^3 钢制蛋形消化槽、中国最大的 3000m^{3}LNG 双层球罐。

图 21-5　地埋储罐

图 21-6　亚洲最大的 LPG 8000m^3 球罐

图 21-7　国内首台 8000m^3 钢制蛋形消化槽

图 21-8　中国最大的 3000m^{3}LNG 双层球罐

3. 煤化工行业中的压力容器

近年来，根据我国经济结构多煤少油的状况和液体燃料的需求不断增加的现状，煤化工行业利用煤做原料，通过直接或间接液化使之转化为液体燃料。煤化工行业已由传统的煤焦化、煤电石、煤合成氨等领域，发展到以生产洁净能源和可替代石油化工的产品为主，其所用装备具有高参数、大型化特点，制造难度极大，有别于其他行业的压力容器产品。我国拥有目前世界上最大的煤制油装置，例如，图21-9所示为兰州兰石重型装备股份有限公司为伊泰新疆能源有限公司煤制油项目制造的超大型费托合成反应器，直径达9860mm，重量超过2000t。中国第一重型机械集团公司制造的煤液化加氢稳定（T-STAR）装置，反应器直径5.486m，高度57.776m，单台重达2044t，设备壁厚334mm，规格居世界之最。图21-10所示为宁夏英力特化工股份有限公司BYD反应器，图21-11所示为神华宁夏煤业集团有限责任公司烯烃项目热再生塔。

图21-9 伊泰新疆能源有限公司煤制油项目超大型费托合成反应器

图21-10 宁夏英力特化工股份有限公司BYD反应器

图21-11 神华宁夏煤业集团有限责任公司烯烃项目热再生塔

4. 化肥工业

化肥工业使用的压力容器主要是各种合成塔，如氨合成塔、尿素合成塔、氯化氢合成塔和甲醛合成塔等。它们的结构、材料和工艺随反应物和反应条件不同而不同。以氨合成塔为例，它是在高压、高温下使氢气和氮气发生催化反应合成氨的设备，近年来主要采用三套管、单管并流和两次合成等新型合成氨塔，其中的换热器结构也从单一到多样化，达到高效传热；氨合成器的直径达到2500mm，最长筒体21000mm，壁厚达200mm，年合成氨总量40万t以上；尿素合成塔最大规格为ϕ2800mm×212mm×36118mm，单台总重量达321t。图21-12所示为氨合成塔，图21-13所示为尿素合成塔，图21-14所示为年产15万t双层热套氨合成塔。

图21-12 氨合成塔

图 21-13 尿素合成塔

图 21-14 年产 15 万 t 双层热套氨合成塔

21.2 压力容器行业中焊接技术的发展概况

随着焊接制造技术的发展，焊接产品制造的自动化、智能化、柔性化对焊接装备的要求也越来越高，焊条电弧焊的比例在逐步缩小，埋弧焊、氩弧焊、CO_2 气体保护焊、混合气体保护焊、等离子弧焊、真空电子束焊、激光焊等先进的焊接技术已大量或逐步得到应用；带极堆焊、窄间隙埋弧焊、药芯焊丝气体保护焊等高效的焊接技术成为中国大型压力容器制造企业必备的工艺技术；小管径管内径堆焊、弯管内壁堆焊、管子-管板自动旋转氩弧焊、马鞍形接管自动焊等一系列新型焊机也在不少企业中得以应用。近年来，焊接机器人已成为焊接自动化技术的主要标志，焊接机器人不但可以提高效率，改善劳动条件，还可以稳定和保证焊接质量，实现批量化产品的焊接自动化。

近 20 年来，我国在压力容器用钢上步入了一个新的阶段，从低合金钢、耐热钢、耐腐蚀钢、不锈钢发展到低温钢、高强度钢和特殊合金钢，压力容器用材品种越来越多，所要求的钢材品质也越来越严。以临氢设备中的压力容器用钢——临氢钢为例，最早用来做加氢反应器用的“王牌”抗氢钢 2.25Cr1Mo 钢已被抗氢性能、抗蠕变性能更高，使用温度更高，抗拉强度范围更广的新型 Cr-Mo-V 抗氢钢代替。

近年来，压力容器焊接制造过程中，常采用数据库系统、专家系统以及焊接数值模拟等技术来提高工作效率和分析准确性。数据库系统主要用于焊接工艺工程数据的管理和处理；专家系统能够模拟人类专家思维方式去解决那些以往只有人类专家才能解决的专门性问题；焊接数值模拟技术是用模型代替实际系统，在计算机上进行试验研究的一种方法，近年来，已被广泛用于焊接温度场、热循环和应力应变场的计算，焊机的可靠性仿真设计、焊接变形和应力的数值分析及模拟等。

21.2.1 压力容器制造中的窄间隙自动焊技术

1. 窄间隙埋弧焊技术

近 20 年来，压力容器向着大型化和高参数方向发展，压力容器的壁厚不断增加，最厚壁厚已超过 300mm。窄间隙埋弧焊作为一种优质、高效、低消耗的焊接技术，已在大型压力容器产品制造中得到越来越广泛的应用。与一般的埋弧焊相比，窄间隙埋弧焊具有焊缝坡口角度小（一般为 1.5°~3°），节约焊材，可缩短制造周期，在同样的焊接热输入下，焊接热影响区窄，焊接接头的力学性能，尤其是冲击性能优异等优点。

近五年来，窄间隙埋弧焊技术向着使用可靠、系统配套和精度高、功能先进的方向发展，已从传统的单丝单弧焊发展到串列双弧焊和带有智能化系统的超窄间隙焊。目前，国内哈尔滨焊接研究所、成都焊研威达科技股份有限公司、唐山开元自动焊接装备有限公司生产的窄间隙焊机已能完全满足厚壁压力容器的制造。图 21-15 所示为窄间隙埋弧焊焊机的施焊现场。

2. 窄间隙热丝 TIG 焊技术

传统 TIG 焊对厚度较大的焊接结构（板厚>10mm）进行焊接时，需要开坡口和多层焊，电极载流能力有限，电弧功率受到限制，焊缝熔深浅，焊接效率极低，不能满足实际生产需求。近年来，随着窄间隙热丝 TIG 焊技术的发展，国内焊接装备的成功研发，窄间隙热丝 TIG 焊技术在核电等行业得到了广泛应用。

图 21-16 所示为哈尔滨焊接研究所研发的窄间隙热丝 TIG 焊机，正在施焊管与管最小间距 30mm、接管直径 30mm 的核电稳压器上的电加热管。

图 21-15　窄间隙埋弧焊焊机的施焊现场

图 21-16　窄间隙热丝 TIG 焊机施焊现场

21.2.2　压力容器制造中的堆焊技术

1. 带极自动堆焊技术

在石化行业的一些加氢设备、核容器及尿素设备中，内壁往往要求堆焊奥氏体不锈钢、镍基合金或哈氏合金等具有耐蚀性的材料。对于大面积堆焊，焊条电弧焊和丝极自动堆焊效率低，且焊条电弧焊堆焊层内部和表面质量差，在堆焊层和基层母材结合处易产生缺陷。带极堆焊由于具有堆焊效率高、堆焊层内部质量均匀、堆焊表面平整光滑、稀释率较低、堆焊金属与母材之间的结合面处不易产生焊接缺陷和发生质量问题，因而被广泛用于压力容器内壁大面积堆焊中。

带极堆焊可以分为埋弧堆焊和电渣堆焊两种。电渣堆焊具有焊接熔深浅、稀释率低、堆焊层表面更加平整光滑等优点。若焊带尺寸超过 50mm 时必须加磁控头，否则焊带成形较差。另外，由于其焊接熔深浅，热输入大，在焊接容器时，堆焊层产生氢剥离的概率也较大（一般焊带尺寸大于 4mm×75mm 时，电渣堆焊层开始产生氢剥离）。因此为确保堆焊层质量及容器在运行过程中不出现问题，当采用大尺寸焊带堆焊时，推荐过渡层采用熔深较大的埋弧焊进行施焊，而对堆焊层表面平整度要求较高时，建议采用电渣堆焊。

容器内壁堆焊一般采用过渡层加表层的双层堆焊技术。通常过渡层采用熔深较大的埋弧堆焊，表层采用熔深浅、表面成形平整的电渣堆焊。有特殊要求的容器也可采用单层浅熔深的埋弧堆焊技术。图 21-17a、b 所示为封头及筒体内壁带极堆焊装置。

a)

b)

图 21-17　封头及筒体内壁带极堆焊装置

a）封头带极堆焊　b）筒体内壁带极堆焊

2. 丝极自动堆焊技术

小口径接管的内壁堆焊，是加氢反应器生产制造中的一项难题，过去采用焊条电弧焊，不但效率低、堆焊质量不易保证，而且对于直径小、焊道较长的接管无法实现内壁堆焊。20世纪 80 年代中期，兰州兰石重型装备股份有限公司首先从日本爱知公司购置了一台小接管内壁丝极氩弧焊设备，丝极自动堆焊这一先进技术得以广泛应用，近 20 年来，哈尔滨焊接研究所和唐山开元自动焊接装备有限公司先后开发了小口径接管内壁堆焊设备，彻底解决了细长的接管内壁无法进行不锈钢堆焊的难题，其堆焊效率高、质量好、堆焊层表面平整美观。

丝极堆焊根据焊接方法不同可分为氩弧焊和药芯焊丝气体保护焊两类。采用氩弧焊进行堆焊时，电弧稳定、热量集中、无飞溅，易得到表面平整、性能优异的堆焊表面。药芯焊丝气体保护焊采用价格低廉的 CO_2 气体作为保护气体，再加上芯部焊剂的保护作用，使得堆焊表面光滑平整，而且药芯焊丝焊接时，电流通过药芯周围的薄层铁皮导电，电流密度大，熔敷效率比实心焊丝高。此外药芯焊丝焊接可以连续送丝不断弧，无飞溅，无需特殊清理，适合多道、自动和半自动焊接作业，因此近年来已被广泛应用于不锈钢堆焊，特别是接管内壁及法兰密封面不锈钢堆焊结构。

哈尔滨焊接研究所研制出了可分别实现双层气流保护 TIG 填丝堆焊工艺和 CO_2 气体保护药芯焊丝堆焊工艺的设备，如图 21-18a 所示，可满足内径 ϕ50 ~ ϕ500mm，管长 2400mm，最大重量

a)

b)

图 21-18　小直径直管内壁自动堆焊机

a）直管内壁 TIG/CO_2 自动堆焊机　b）接管内壁立式自动堆焊机

2500kg 管的堆焊。另外，针对先将接管焊接在筒体上以后，再进行接管内壁自动堆焊的特殊制造工艺要求，哈尔滨焊接研究所开发了接管内壁立式自动堆焊机，如图 21-18b 所示。

3. 弯管内壁堆焊技术

压力容器弯管内壁堆焊，传统采用焊条电弧焊方法，效率低，堆焊质量差，并且对弯管需要分段切割、拼焊，再堆焊，堆焊工序复杂、生产周期长。近年来国内先后开发出 30°和 90°弯管内壁自动堆焊机。

30°弯管内壁堆焊虽然解决了弯管内壁自动堆焊的问题，但它必须先将 90°弯管分解成三段进行内壁堆焊，堆焊后再重新组焊成 90°弯管，工艺烦琐，生产效率低，组焊过程中易出现质量问题。因此针对内径 200~500mm，曲率半径 *R*400~800mm 的弯管又开发出 90°弯管内壁整体耐蚀层自动堆焊焊机。90°弯管内壁堆焊采用纵向方式堆焊，工艺方法为药芯焊丝堆焊。适用于加氢反应器料口及卸料口 90°弯管内壁的整体自动堆焊，图 21-19a 所示为哈尔滨焊接研究所自行研制开发的 90°弯管内壁整体自动堆焊焊机，图 21-19b 所示为 90°弯管内壁自动堆焊现场。

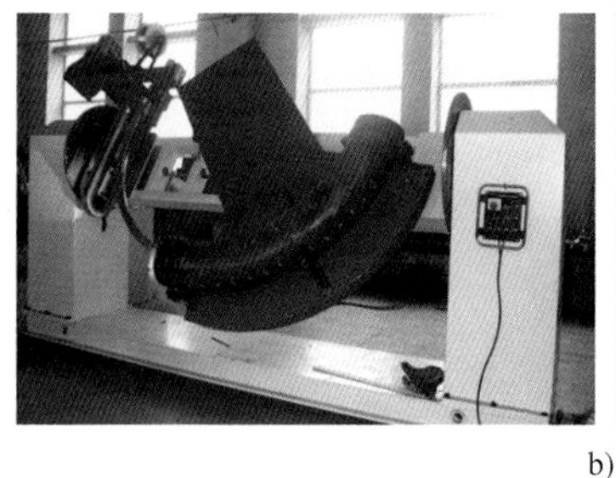

a)

b)

图 21-19　90° 弯管内壁自动堆焊

a）90°弯管内壁整体自动堆焊焊机　b）90°弯管内壁自动堆焊现场

21.2.3　接管马鞍形焊缝的自动焊接技术

厚壁锅炉锅筒、核电站压力壳体及其他压力容器上的大直径厚壁接管的焊接，也是厚壁容器制造技术关键之一。这种大直径管及管座的焊接不仅工作量大，劳动条件差，技术难度高，而且质量要求也十分严格。对于大直径、厚壁马鞍形接管焊件若采用焊条电弧焊，焊缝合格率一次性很难达到 100%。近年来，国内研制出的大直径厚壁接管马鞍形焊缝专用埋弧焊机，已在厚壁锅炉的锅管下降管和热壁加氢反应器等化工高压容器接管管座焊接中得到实际应用，焊接质量优良。接管马鞍形焊缝自动焊接时，对焊接坡口的均匀性和表面加工质量要求很高，为保证焊接质量，又配置开发出了接管马鞍形专用切割设备，与马鞍形埋弧焊机相配套。该项技术可大幅度提高生产效率和产品焊接质量。

图 21-20a 所示为哈尔滨焊接研究所研发的数控马鞍形接管埋弧焊焊机，图 21-20b 所示为工作现场，其可焊接的接管直径最大 1800mm，坡口最大深度 300mm。

21.2.4　管子-管板全位置焊接技术

对于换热器、反应器等产品，换热管与管板间的焊缝质量是一个至关重要的因素，它直接影响着产品的质量和使用寿命。传统管端角焊缝采用焊条电弧焊和手工钨极氩弧焊，焊接效率低且易泄漏。随着管子-管板全位置自动旋转氩弧焊和管子-管板自动脉冲钨极氩弧焊设备的开发应用，极大地提高了焊接工作效率，实现了焊接自动化，与焊条电弧焊相比，管接头泄漏率下降 90%以上，不仅可以保证换热管与管板焊接、连接接头（强度焊+贴胀）具有足够的强度和良好的成形性，同时也满足用户对产品质量提出的更高要求。图 21-21 所示为昆山华恒焊接股份有限公司研发的管子-管板全自动氩弧焊焊机施焊现场。

a)　　b)

图 21-20　马鞍形窄坡口埋弧焊
a）马鞍形接管埋弧焊自动焊机　b）焊接现场

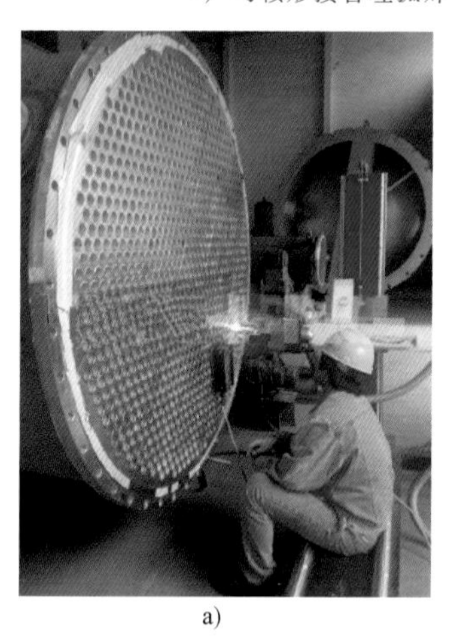

a)　　b)

图 21-21　管子-管板全自动氩弧焊焊机施焊现场
a）产品焊接宏观形貌　b）产品焊接近景

21.2.5　大型容器现场焊接技术

近年来随着炼油化工装置、煤化工装置的大型化，作为其核心设备的压力容器，其外形尺寸、重量结构不断趋于大型化、复杂化、需要现场焊接的压力容器越来越多。由于现场焊接受环境气候、施工条件的制约，现场组焊准备工作难度大，增加了现场焊接的难度。且由于我国南北方气候差别大，南方施焊时对除锈防腐工序要求高；北方施工时焊接预热、焊后保温工序要求高。现场焊接技术必须对现场环境因素影响焊接质量考虑周全，最常用的是焊条电弧焊。近年来，现场厚板焊接采用窄间隙埋弧焊、CO_2 气体保护焊等高效的焊接方法比例越来越大，特别是为保证一些超大型设备的现场焊接质量，建立压力容器移动工厂也是趋势。图 21-22 所示为 5000m^3 的大型球罐组焊安装现场，图 21-23

图 21-22　5000m^3 大型球罐组焊安装现场

所示为地埋储罐的安装现场，图 21-24、图 21-25 所示为兰州兰石重型装备有限公司在新疆建成的移动工厂外观全景和生产现场。

图 21-23　地埋储罐的安装现场

图 21-24　移动工厂外观全景

a)

b)

c)

图 21-25　移动工厂生产现场

a）全景图　b）板材成形　c）生产现场

21.2.6　其他焊接技术

近 20 年来，各种高效先进的焊接技术不断涌现，压力容器制造中除了窄间隙焊接之外，还用到了电渣焊技术、等离子弧焊技术、爆炸焊技术、热喷涂技术、高频焊技术、激光-电弧复合焊技术、电子束焊接技术、搅拌摩擦焊技术和冷喷涂技术。图 21-26 所示为利用电子束焊技术焊接的 TC4 高压气瓶，图 21-27 所示为利用搅拌摩擦焊技术焊接的厚壁铝合金压力容器。

图 21-26　用电子束焊技术焊接的 TC4 高压气瓶

图 21-27　用搅拌摩擦焊技术焊接的厚壁铝合金压力容器

21.3　典型的压力容器产品

21.3.1　尿素合成塔

尿素合成塔是尿素生产装置中的关键设备之一，尿素塔的生产能力与塔容积成正比，世界上第一套尿素合成装置的能力为 6.5t/天，反应器的直径是 ϕ320mm，高度 4m。目前，我国生产的尿素合成塔的最大直径已达 ϕ2800mm，高度 36000mm，容积达 200m^3，生产能力达到 1740t/天。尿素合成塔内筒采用 316L 和 25-21-2 铬镍钼氮型为主的奥氏体不锈钢。以前的尿素合成塔结构多为双套筒式，容器的有效反应空间较小，后来发展了衬里结构，于是大幅度提高了高压容器的有效利用率。图 21-28 所示为年产 11 万 t 的尿素合成塔吊装图。

图 21-28　年产 11 万 t 的尿素合成塔吊装图

21.3.2　四合一连续重整反应器

四合一连续重整反应器采用了四合一重叠式结构，使其具有反应效率高、节省能源、缩小占地面积、减少系统阻力、提高效率、操作稳定、节省投资等优点。但其内部结构复杂，装配精度高，公差要求严，是迄今国内设计、制造结构最为复杂、要求最高的反应器。

兰州兰石重型装备股份有限公司四合一连续重整反应器的生产能力为 20~40 台/年，吨位为 2000~3000t/年。采用美国 UOP 公司专利技术和采用法国 IFP 公司专利技术国产化生产的首台设备均由兰州兰石重型装备股份有限公司制造。其中 2008 年为大连石化装备有限公司研制生产的 210 万 t/年连续重整反应器加工能力为目前亚洲第一、世界第二，该设备是目前国内连续重整反应器中直径最大、重量最重、总体高度最高、板料最厚的产品。迄今为止，国内各炼油石化企业使用的四合一连续重整反应器设备本体及安装内件均由兰州兰石重型装备股份有限公司独家生产。近年来兰州兰石重型装备股份有限公司完成了近 40 台四合一连续重整反应器的制造，其制造和安装质量均经过了美国 UOP 专家监检。图 21-29 所示为兰州兰石重型装备股份有限公司为北京燕山石油化工有限公司生产的国内首台四合一连续重整反应器。

21.3.3 加氢反应器

加氢反应器是加氢装置的核心设备，长期在高温、高压、临氢及硫化氢腐蚀等极其苛刻的工况下运行。因此，反应器对材料、设计、制造的要求也极严格。2008 年兰州兰石重型装备股份有限公司为中国石化洛阳分公司成功生产了目前国内直径最大（4000mm），单体产品质量最重，壁厚最厚（182mm）的板焊式加氢反应器。到目前为止，加氢反应器的关键制造技术，如厚板（210~187mm）的卷制工艺、加氢弯管直管堆焊后成形技术、小管径堆焊技术、马鞍形接管埋弧焊技术和封头喷淋热处理等技术，均已达到国际水平。图 21-30 所示为板焊式加氢反应器。

图 21-29 北京燕山石油化工有限公司四合一连续重整反应器

图 21-30 板焊式加氢反应器

21.3.4 大型球形储罐

储罐在石油炼制工业和石油化工中用于储存和运输液态或气态物料。操作温度一般为 -50~50℃，操作压力一般在 3MPa 以下。球罐与圆筒容器（即一般储罐）相比，在相同直径和压力下，壳壁厚度仅为圆筒容器的一半，钢材用量省，且占地较小，基础工程简单，因此储罐多制成球形。但球罐的制造、焊接和组装要求很严，检验工作量大，制造费用较高。

球罐的形状有圆球形和椭球形。绝大多数为单层球壳。低温低压下储存液化气体时则采用双层球壳，两层球壳间填以绝热材料。采用最广泛的为单层圆球形球罐。球壳是由多块压制成球面的球瓣以橘瓣式分瓣法、足球式分瓣法或足球橘瓣混合式分瓣法组焊而成。最常见的球罐支撑结构为赤道正切式，其次为对称式、裙座式、半埋地式和盆式。制造球罐的材料要求强度高，塑性特别是冲韧性要好，焊接性及加工工艺性能优良。球罐的焊接、热处理及质量检验技术是保证质量的关键。

石油化工行业的高速发展，需要将液化天然气及液化石油气进行大规模的运输和储存，球罐的应用得到了进一步发展（见图21-31），不仅数量迅速增加，日趋大型化，而且在向超高压、极低温发展。国际上目前最大液态介质球罐直径 27.4m，容积 10770m^3；最大城市煤气球罐直径 72.55m，容积 200000m^3。中国目前大多数球罐容积为 200~1000m^3，最大容积 8250m^3，直径 25.1m。

图 21-31 神华宁夏煤业集团有限责任公司球罐

21.3.5 螺纹锁紧式高压换热器

螺纹锁紧式高压换热器是当前世界先进水平的热交换设备，国内外大型炼油企业在加氢裂化和重油加氢脱硫装置中一般采用此种形式换热器。它具有结构紧凑，泄漏点少，密封可靠，占地面积小，节省材料等特点，一旦运行过程中出现泄漏点，也不必停车，紧固内、外圈压紧螺栓即可达到密封要求，但结构复杂，机械加工量大，拆卸需要借助专用工装。2007 年，国内首台最大直径 1700mm 螺纹锁紧式换热器通过国家技术成果鉴定，并在青岛大炼油项目正常运行。图21-32所示为国内首台最大直径（ϕ1700mm）的螺纹锁紧式高压换热器。

图 21-32　国内首台最大直径（ ϕ1700mm ）的螺纹锁紧式高压换热器

21.3.6 费托合成反应器

费托合成反应器是煤间接液化项目的核心设备，煤间接液化工艺中的费托合成技术是将合成气（CO+H_2）在催化剂上转化成烃类化合物的反应过程，是由德国科学家 Frans Fischer 和 Hans Tropsch 于 1923 年发现的，简称费托（FT）合成。经过近年来的研究发展，费托合成技术在国内煤间接液化工艺中已经成熟应用，并随着工程项目产能的提高，费托合成反应设备的结构也大型化，设备直径达到 ϕ9600~ϕ9800mm，壳体壁厚超过 130mm，壳体的总重量达到 2000t 以上，对于这样的超大型设备，受运输、吊装、内件安装等因素影响，大多数制造工作都需要在现场完成，产品如图 21-9 所示。

21.3.7 气化炉

煤气化是一个热化学过程。它以煤或煤焦为原料，以氧气（空气、富氧或纯氧）、水蒸气或氢气等作气化剂，在高温条件下通过化学反应将煤或煤焦中的可燃部分转化为气体燃料。进行气化的设备称为煤气发生炉或煤气化炉。气化炉按照形式可分为三大类：固定床、流化床和气流床。其中，固定床气化的特性是简单、可靠。同时由于气化剂与煤逆流接触，气化过程进行得比较完全，且使热量得到合理利用，因而具有较高的热效率；流化床气化炉，生产强度较固定床大，直接使用小颗粒碎煤为原料，对煤种煤质的适应性强，可利用如褐煤等高灰劣质煤作原料；气流床气化具有多种不同的气化技术，国内有多喷嘴对置式水煤浆气化、国产新型四喷嘴干煤粉加压气化、多元料浆气化技术（MCSG）和 HT-L 航天炉等。图 21-33 所示为神华宁夏煤业集团有限责任公司气化炉。

图 21-33　神华宁夏煤业集团有限责任公司气化炉

21.3.8 其他产品

除上面介绍的典型压力容器外，本节将对其他代表国内行业先进水平的压力容器进行简要介绍。

图 21-34 所示为甘肃蓝科石化高新装备股份有限公司生产的板壳式换热器，图 21-34a 所示为年产 40 万 t 的重整装置混合进料/反应产物换热器，图 21-34b 所示为年产 100 万 t 的对二甲苯装置中 330 万 t/年异构化单元混合进料/反应产物换热器。图 21-35 所示为兰州兰石换热设

a)

b)

图 21-34　板壳式换热器

a）年产 40 万 t 的重整装置混合进料/反应产物换热器　b）330 万 t/年异构化单元混合进料/反应产物换热器

图 21-35　全焊式板式换热器

备有限责任公司研制开发的全焊式板式换热器。图 21-36 所示为兰州兰石重型装备股份有限公司为广西石化公司研制的隔膜换热器。

图 21-37 所示为甘肃蓝科石化高新装备股份有限公司为中国石油化工股份有限公司西安分公司和四川泸天化股份有限公司设计并生产的 10680m^2 板式空气预热器。

图 21-38 所示为甘肃蓝科石化高新装备股份有限公司制造的 800 万 t 常减压装置减顶板式空冷器。图 21-39 所示为甘肃蓝科石化高新装备股份有限公司为中国空气动力研究与发

图 21-36　隔膜换热器

展中心研发生产的4000K超高温气体冷却器，是应用国内最先进技术的高参数管壳式换热器。

图 21-37　板式空气预热器

图 21-38　板式空冷器

图 21-39　超高温气体冷却器

图21-40a所示为兰州兰石重型装备股份有限公司生产的三氯氢硅反应器，图21-40b所示为多晶硅行业核心设备——精馏塔。

a)

b)

图 21-40　反应器

a）三氯氢硅反应器　b）精馏塔

图 21-41a 所示为兰州兰石重型装备股份有限公司出口法国德西尼布公司的脱水塔回流罐，图 21-41b 所示为该公司出口哈萨克斯坦阿特劳炼厂的重整反应器再生器。

a)

b)

图 21-41 兰州兰石重型装备股份有限公司出口国外产品
a）脱水塔回流罐 b）重整反应器再生器

图 21-42a）、b）、c）所示分别为兰州真空设备有限责任公司研发的 ZRS-21/ZGS-21 专用系列真空钎焊炉（用于不锈钢、镍基合金及铜合金等火箭发动机喷管充氩气体保护钎焊工艺

a)

b)

c)

图 21-42 兰州真空设备有限责任公司新型压力容器产品
a）真空钎焊炉 b）高压真空气淬炉 c）高压真空热压烧结炉

的专用设备）、ZRCD6/10-13系列高压真空气淬炉（主要用于工具钢、模具钢、高速钢的光亮淬火热处理）和RY630-560-21W型高压真空热压烧结炉（用于新一代国防军工多层金属丝网膜构型的特种扩散焊板材和高品质ITO靶材真空热压烧结及真空扩散焊热处理工艺）。

21.4 发展趋势

当前，压力容器的大型化、轻量化和智能化迫使焊接技术不断向前发展。压力容器用材料向着纯净化、多样化发展，焊接设备向着自动化和智能化发展；而且焊接机器人、计算机模拟技术、数据库系统等新兴的技术逐渐在压力容器的焊接制造中得到应用。主要体现在以下几个方面。

1. 压力容器用材料多样化

压力容器用钢材将具有更高纯净度，材料的介质适用性更强（针对各种腐蚀性介质和操作工况，研究开发超级不锈钢、双相钢、特种合金等金属材料），使之适合各种应用条件；材料的应用界限更广（针对高温蠕变、回火脆化、低温脆断所进行的研究，准确地给出材料的应用范围）；值得注意的是，新世纪采用纳米技术试制出轻质、高强度、热稳定的新型材料，甚至能自动修复磨损或裂纹等缺陷的智能材料，将在压力容器设备中得以应用。

2. 压力容器焊接智能化

智能化焊接是今后压力容器焊接的主要发展方向。智能化焊接突破了焊接刚性自动化的传统方式，开拓了柔性自动化新方式，可在有害环境下长期工作，改善工人劳动条件，降低对工人操作技术要求，可实现批量产品焊接自动化，为焊接柔性生产线提供技术基础。虽然目前智能化还处在初级阶段，但有着广阔前景，是一个重要的发展方向。

3. 焊接工程的专家系统

焊接专家系统是具有相当于专家的知识和经验水平，以及具有解决焊接专门问题能力范围的计算机软件系统。在此基础上发展起来的焊接质量计算机综合管理系统（包括对产品的初始试验资料和数据的分析、产品质量检验、销售监督等）在压力容器焊接制造中得以广泛应用。

4. 新型复合焊接技术的应用

压力容器制造用材的多样化，市场对质量更严格的要求，生产过程对效率、节能、环保的需要，传统技术在制造中的局限等都促使新的焊接技术在压力容器制造中不断应用。

冷喷-激光复合焊接技术、冷喷-钎焊技术，都可以用冷喷涂方法制备中间层，然后将异质金属变成同质金属予以焊接，接头强度可以通过后续热处理以及局部增强实现。也可以分别在两种母材表面制备第三种金属，然后通过第三种金属的熔焊技术实现连接。

激光-电弧复合焊新技术，可以充分利用激光对金属焊接的选择性及电弧非选择性的特点，可以快速焊接复合钢板压力容器。

搅拌摩擦-钎焊技术，利用搅拌摩擦生热作为热源，熔化接头的钎料，从而达到钎焊的效果。也可以利用搅拌摩擦轴肩作用，熔化轴肩下面的钎料，达到搅拌头处搅拌摩擦连接，轴肩处钎焊连接的特殊焊缝。

参考文献

[1] 王增新. 压力容器制造和修理［M］. 北京：化学工业出版社，2016.
[2] 李世玉. 压力容器设计工程师培训教程［M］. 北京：新华出版社，2005.
[3] 戈兆文. 压力容器焊接工程师培训教程［M］. 昆明：云南科技出版社，2011.

[4] 杨松，李宜男. 锅炉压力容器焊接技术培训教材 [M]. 北京：机械工业出版社，2014.
[5] 全国锅炉压力容器标准化技术委员会. GB150—2011（所有部分） 压力容器 [S]. 北京：中国标准出版社，2011.
[6] 林尚扬，于丹，于静伟. 压力容器焊接新技术及其应用 [J]. 压力容器，2009，26（11）：1-6.
[7] 陈裕川. 我国锅炉压力容器焊接技术的发展水平（一）[J]. 现代焊接，2009（10）：1-5.
[8] 陈裕川. 我国锅炉压力容器焊接技术的发展水平（三）[J]. 现代焊接，2009（12）：1-5.
[9] 雷万庆，杨松，杨文健. 压力容器制造行业焊接、热处理技术的发展 [J]. 大型铸锻件，2004（2）：44-50.
[10] 刘自军，潘乾刚. 压水堆核电站核岛主设备焊接制造工艺及窄间隙焊接技术 [J]. 电焊机，2010，40（2）：10-15.
[11] 倪昱，王顺花. 我国高压换热器管板（12Cr2Mo1R）堆焊技术发展现状 [J]. 装备制造技术，2014（12）：17-21.
[12] 李双燕. 1000MW 级压水堆核岛主设备蒸气发生器管板堆焊技术 [J]. 焊接，2011（10）：36-41.
[13] 杨旭东，柴永忠，俱伟. 多丝堆焊技术及其应用 [J]. 电焊机，2016，46（3）：1-6.
[14] 范灵利. 低合金钢表面耐腐蚀层自动堆焊工艺试验研究 [J]. 焊接，2014（5）：60-62.
[15] 王雪骄. 2.25Cr-1Mo 钢加氢反应器弯管堆焊工艺及性能的研究 [D]. 重庆：重庆大学材料科学与工程学院，2007.
[16] 张晓健. 二重职工成功掌握 90°弯管内壁自动堆焊技术 [J]. 机械制造，2010，48（11）：29.
[17] 任艳艳，张国赏，魏世忠. 我国堆焊技术的发展及展望 [J]. 焊接技术，2012，41（6）：1-4.
[18] 顶峰，姚舜. 窄间隙焊接的应用现状和前景 [J]，焊接技术，2001，30（5）：17-18.
[19] 刘肇鑫. 马鞍型细丝埋弧摆动焊接技术研究 [J]. 科技与企业，2015（8）：244.
[20] 谭一炯，周方明，王江超. 焊接机器人技术现状与发展趋势 [J]. 电焊机. 2006，36（3）：6-10.
[21] 许燕玲，林涛，陈善本. 焊接机器人应用现状与研究发展趋势 [J]. 金属加工：热加工，2010（8）：32-36.

第 22 章　桥梁建造中的焊接技术

徐向军　刘恩国

22.1　钢桥发展概述

近 20 多年来，中国经济持续稳定发展促进了公路、铁路和城市交通体系的建设和完备，带动了桥梁建设快速发展和进步，建成了许多有特色的拱桥、斜拉桥和悬索桥。尤其是进入 21 世纪后，随着我国经济的飞速发展，高速公路和高速铁路建设日新月异，桥梁建设不仅满足于功能性，还向高速、大跨度、重载、环保和美观方向发展，我国桥梁建设无论是在数量上、建造速度上还是在建造规模上，都是其他国家在同一时期无法比拟的。这表明这一时期，中国在钢桥设计、建造和架设等方面的技术水平有了大幅度提高，拉近了与发达国家之间的差距，步入了世界钢桥建造的先进行列。

22.1.1　铁路钢桥的发展

1994 年建成的九江长江大桥（见图 22-1），主跨 216m，是三跨柔性拱钢桁梁公铁大桥，标志着我国钢桥由铆接发展为栓焊桥，采用 15MnVNq 钢，是继武汉长江大桥、南京长江大桥后建造的我国第三座里程碑式钢桥。

2000 年，我国建成了芜湖长江大桥（见图 22-2），主跨 312m，是世界上首座低塔斜拉公铁两用桥。为满足高速铁路运输，其荷载设计为铁路与公路荷载比 6：1，创国内公铁两用桥荷载比差之最。钢梁首次采用了中国第四代桥梁钢——14MnNbq 钢，是继武汉长江大桥、南京长江大桥和九江长江大桥后建造的我国第四座里程碑式钢桥。

图 22-1　九江长江大桥

图 22-2　芜湖长江大桥

进入 21 世纪后，2007 年我国建成了重庆菜园坝长江大桥（见图 22-3），主跨 420m，是钢箱提篮拱特大桥，公路和轨道交通两用。2010 年，该桥荣获中国土木工程詹天佑奖。

2008 年，我国建成了重庆朝天门长江大桥（见图 22-4），主跨 552m，是中承式钢桁连续系杆拱桥，公铁两用，被誉为“世界第一拱桥”。2011 年，该桥荣获中国土木工程詹天佑奖。

2009 年建成了我国第五座里程碑式钢桥——武汉天兴洲长江大桥（见图 22-5），主跨 504m，是我国首座双塔三索面公铁两用斜拉桥。2010 年，在第 26 届国际桥梁大会上，该桥获乔治·理查德森奖；2014 年，该桥“三索面三主桁公铁两用斜拉桥建造技术”荣获国家科学技术进步一等奖。

2010 年，我国建成了京广铁路客运专线上的郑州黄河大桥（见图 22-6），跨度 1680（=120+5×168+120+5×120）m 的六塔连续钢桁梁斜拉桥，是目前世界上最长的公铁两用

图 22-3　重庆菜园坝长江大桥

图 22-4　重庆朝天门长江大桥

图 22-5　武汉天兴洲长江大桥

图 22-6　郑州黄河大桥

桥，合建部分长 9177m，该桥结构形式新颖，为满足上层公路桥面宽，下层铁路桥面窄的要求，三主桁、斜边桁的平行四边形主梁设计为世界首次采用。

2011 年建成了我国第六座里程碑式钢桥——京沪高速铁路南京大胜关长江大桥（见图 22-7），主跨 2×336m，是连续钢桁拱桥，三桁片设计。南京大胜关长江大桥具有体量大、跨度大、荷载大、速度高“三大一高”的显著特点，创造了四项桥梁建设“世界第一”，即第一座六线铁路大桥；钢结构和混凝土体量第一，钢结构总量高达 36 万 t，混凝土总量达到了 122 万 m^3，仅一个桥墩就有七个篮球场大；主跨 336m，双跨连拱为世界同类桥梁最大跨度，为世界同类级别跨度最大的高速铁路大桥，能够确保万吨级船舶顺利过江；设计活载为六线轨道交通，支座最大反力达 1.8 万 t，是目前世界上设计荷载最大的高速铁路大桥。大桥设计通过速度 300km/h，处于高速铁路大跨度桥梁世界领先水平。钢梁采用了中国第五代桥梁钢——Q420qE 超低碳贝氏体钢。2013 年，在第 29 届国际桥梁大会上，该桥荣获乔治·理查德森奖。

2011 年建成的南广铁路肇庆西江特大桥（见图 22-8），主跨 450m，是我国首座也是目前世界最大跨度的中承式铁路钢箱提篮拱桥，被誉为“世界第一铁路拱桥”。

图 22-7　南京大胜关长江大桥

图 22-8　肇庆西江特大桥

2014 年建成的郑焦城际铁路黄河大桥（见图 22-9），为 11 联 2×100m 的下承式变高度连续钢桁梁铁路桥，是郑焦城际铁路与改建京广铁路跨越黄河的共用桥梁，两条线路都有上行、下行，是目前黄河上唯一一座四线铁路特大桥。

图 22-9　郑焦城际铁路黄河大桥

2015 年，我国建成了铜陵长江大桥（见图 22-10），主跨 630m，是双塔五跨公铁两用斜拉桥，三桁片设计，每两个节间为一个桁片式单元，单桁片长 30m，重约 330t，单桁片内采用全焊接，这是国内首次应用的全焊接整体桁片式结构设计。

图 22-10　铜陵长江大桥

另外，我国还建造了京沪高速铁路济南黄河大桥、安庆长江大桥等大跨度铁路钢桥。目前正在建造的有蒙西华中铁路公安长江大桥、重庆新白沙沱长江大桥、荆岳铁路洞庭湖大桥、同江中俄铁路大桥、哈尔滨滨北线松花江特大桥、沪通长江大桥等铁路桥。在建的沪通长江大桥（见图 22-11）为四线铁路六车道公路合建桥，公铁合建段总长 6.993km，其中主航道桥（见图 22-11a）为跨度 2296(＝140+462+1092+462+140)m 的双塔五跨斜拉桥，主跨 1092m 为目前世界首座跨度超过千米的公铁两用斜拉桥，跨天生港航道桥（见图 22-11b）为跨度 616(＝140+336+140)m 的钢桁梁柔性拱桥。沪通长江大桥将成为我国第七座里程碑式钢桥，首次应用了新研发的我国第六代桥梁用钢——Q500qE 高强度桥梁结构钢。

a)

b)

图 22-11　沪通长江大桥

a）沪通长江大桥主航道桥　b）沪通长江大桥跨天生港航道桥

22.1.2　公路钢桥的发展

随着中国高速公路网的建设，公路钢桥的建设也飞速发展，1999 年建成我国首座主跨超千米的钢箱梁悬索桥——江阴长江大桥（见图 22-12），主跨 1385m。

2003 年建成上海卢浦大桥（见图 22-13），采用一跨过江，主跨径达 550m，当年居世界同类桥梁之首，被誉为“世界第一钢拱桥”，是世界上首座完全采用焊接工艺连接的大型拱桥（除合拢接口采用栓接外），也是世界跨度第二长的中承式系杆拱桥。

2005 年建成润扬长江公路大桥（见图 22-14），其中南汊桥采用单孔双塔钢箱梁悬索桥，主跨 1490m，为目前中国第二跨度悬索桥；北汊桥采用跨度 758(＝176+406+176)m 的三跨双塔双索面钢箱梁斜拉桥。2010 年，润扬长江公路大桥荣获中国优质工程金奖。

2005 年建成南京长江三桥（见图 22-15），主跨 648m，为三跨连续钢箱梁斜拉桥，南京长

图 22-12　江阴长江大桥

图 22-13　上海卢浦大桥

图 22-14　润扬长江公路大桥

图 22-15　南京长江三桥

江三桥是国内第一座钢塔斜拉桥，也是世界上第一座弧线形钢塔斜拉桥。2009 年南京长江三桥获得中国优质工程金奖。

2007 年建成杭州湾跨海大桥（见图 22-16），设南、北两个航道，其中北航道桥为主跨 448m 的钻石型双塔双索面钢箱梁斜拉桥，南航道桥为主跨 318m 的 A 型单塔双索面钢箱梁斜拉桥，全长 36km，是目前世界上已建或在建的第三长的跨海大桥。

2008 年建成舟山西堠门大桥（见图 22-17），主跨 1650m，位居悬索桥世界第二、中国第一，其中钢箱梁全长 2588m，在悬索桥中居世界第一。西堠门大桥新型分体式钢箱梁关键技术研究成果达到国际领先水平，获 2008 年度中国公路学会科学技术一等奖。

图 22-16　杭州湾跨海大桥

图 22-17　舟山西堠门大桥

2008 年建成我国跨度最大的钢箱梁斜拉大桥——苏通长江大桥（见图 22-18），主跨 1088m，是目前世界跨度第二大的斜拉桥。2012 年该桥荣获中国优质工程金奖，2011 年获得中国建设鲁班奖。

2009 年建成香港昂船洲大桥（见图 22-19），主跨 1018m，位居斜拉桥世界第三、中国第二，为分幅式钢箱梁斜拉桥，连接沙田及大屿山机场。

图 22-18　苏通长江大桥

图 22-19　香港昂船洲大桥

2010 年建成湖北鄂东长江公路大桥（见图 22-20），主跨 926m，为跨度 1476（=3×67.5+72.5+926+72.5+3×67.5）m 的九跨连续半漂浮双塔钢箱梁斜拉桥，目前主跨位居中国斜拉桥第三。

图 22-20　鄂东长江公路大桥

2010 年建成哈尔滨松浦大桥（见图 22-21），为独塔双索面斜拉桥，主跨 268m，边跨 208m，于 2011 年荣获中国建设鲁班奖。

2011 年建成辽宁省滨海公路辽河特大桥（见图 22-22），主跨 436m，为跨度 866（=62.3+152.7+436+152.7+62.3）m 的五跨连续钢箱梁斜拉桥。

2011 年建成青岛海湾大桥（见图 22-23），全长 36.48km，是世界上已建成的最长的跨海大桥，包括红岛、沧口和大沽河三个航道桥。红岛航道桥为跨度 240（=120+120）m 的两跨连续双幅分离的独塔双索面稀索钢箱梁斜拉桥，沧口航道桥为跨度 600（=80+90+260+90+80）m 的五跨连续双幅分离的双塔双索面稀索钢箱梁斜拉桥，大沽河航道桥为独塔自锚式悬索桥，主跨 260m，边跨 190m。青岛海湾大桥是我国自行设计、施工、建造的特大跨海大桥，2011 年上榜吉尼斯世界纪录和美国《福布斯》杂志，荣膺“全球最棒桥梁”荣誉称号。

图 22-21　哈尔滨松浦大桥

图 22-22　辽河特大桥

2012 年建成了波司登长江大桥（见图 22-24），为跨径 530m 的中承式钢管混凝土拱桥，是目前世界上最大跨度的钢管混凝土拱桥，被誉为同类型桥梁“世界第一跨”。

图 22-23 青岛海湾大桥

图 22-24 波司登长江大桥

2012 年建成湖南省吉茶高速公路矮寨特大悬索桥（见图 22-25），主跨 1176m，桥面距谷底垂直高差 330 余米，是目前世界上跨径最大的穿越峡谷钢桁梁悬索桥，也是首座塔梁分离式悬索桥。

2013 年建成厦漳跨海大桥，其中北汊桥（见图 22-26）为主跨 780m 的五跨连续半漂浮体系双塔双索面钢箱梁斜拉桥，南汊桥（见图 22-27）为主跨 300m 的组合梁斜拉桥。

图 22-25 矮寨特大悬索桥

图 22-26 厦漳跨海大桥北汊桥

2013 年建成嘉绍大桥（见图 22-28），跨度 2680（=70+200+5×428+200+70）m，为世界上首座六塔柱四索面分幅式钢箱梁斜拉桥，桥面全宽 55.6m，也是世界上最长最宽的多塔斜拉桥。

图 22-27 厦漳跨海大桥南汊桥

图 22-28 嘉绍大桥

2013 年建成武陟至西峡高速公路跨越黄河的郑州桃花峪黄河大桥（见图 22-29），为跨度 726（=160+406+160）m 的双塔三跨自锚式悬索桥，主跨 406m，是目前世界上跨度最大的三跨双塔全钢梁自锚式悬索桥。

2014 年建成中朝鸭绿江公路大桥（见图 22-30），主跨 636m，为跨度 1266（=86+229+636+229+86）m 的五跨连续钢箱梁斜拉桥。本桥是构建“东京-首尔-平壤-北京-莫斯科-伦敦”欧亚国际大通道的重要组成部分，对促进欧亚经济合作具有重要意义。

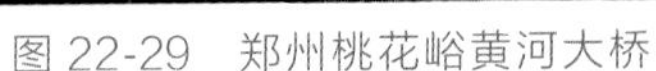

图 22-29　郑州桃花峪黄河大桥

图 22-30　中朝鸭绿江公路大桥

正在建设中的港珠澳大桥，它连接香港大屿山、澳门半岛和广东省珠海市，集隧、岛、桥为一体，全长 35.6km，其中钢箱梁全长 22.9km，包括三座通航孔桥（九州航道桥、江海直达航道桥和青州航道桥）、浅水区非通航孔桥和深水区非通航孔桥三大部分，工程规模宏大、条件复杂、技术先进，备受瞩目，120 年使用寿命要求，建造标准高。其中九州航道桥（见图 22-31）为跨度 693（=85+127.5+268+127.5+85）m 的双塔（风帆塔）钢箱梁斜拉桥；江海直达航道桥（见图 22-32）为跨度 774（=129+258+258+129）m 的三塔（独柱塔）钢箱梁斜拉桥；青州航道桥（见图 22-33）为跨度 1150（=110+236+458+236+110）m 的双塔（中国结造型）钢箱斜拉桥。

图 22-31　九州航道桥

图 22-32　江海直达航道桥

正在建设中的虎门二桥（见图 22-34）采用主跨 2346（=658+1688）m 的双塔双跨钢箱

图 22-33　青州航道桥

图 22-34　虎门二桥

梁悬索桥，建成后将成为世界第一跨度钢箱梁悬索桥，所有类型桥梁中主跨位居世界第二，中国第一。

22.1.3 我国承建的国外钢桥

近十几年，随着我国制造业的发展，桥梁钢结构市场由国内向海外延伸，我国建造的桥梁钢结构先后进入东南亚、非洲、欧洲、美洲等地区。目前借助“一带一路”的区域合作平台，我国还将建造更多的国外钢桥，连接世界各国合作发展的友谊之路。

2008年建成了安哥拉库内内河大桥（见图22-35），该桥位于安哥拉共和国库内内省夏刚果市东侧的库内内河上，桥梁跨径组合为880（=40+16×50+40）m，为钢砼结合梁桥。

图22-35 安哥拉库内内河大桥

2008年建成了德国多瑙河上的单线铁路桥（见图22-36）和双线铁路桥（见图22-37），其中单线铁路桥为跨度466（=84+95.5+2×106+74.5）m的下承全焊整体节点连续桁梁；双线铁路桥为跨度212.6（=41.3+91.3+80）m的下承全焊整体节点连续桁梁。

图22-36 德国多瑙河上的单线铁路桥

图22-37 德国多瑙河上的双线铁路桥

2008年建成了挪威尼德瓦公路桥（见图22-38），为长度131.8m的全焊开启式公路桥。

2010年建成了塞尔维亚萨瓦河桥（见图22-39），为主跨376m的单塔全焊钢箱梁斜拉桥。

图22-38 挪威尼德瓦公路桥

图22-39 塞尔维亚萨瓦河桥

2012年建成的挪威Hardanger桥（见图22-40），主跨1310m，为长度1375m的钢箱梁悬索桥，是目前挪威第一长度悬索桥，也是世界最大跨双车道窄幅桥面悬索桥，位于哈当厄尔峡湾，是挪威的地标性建筑之一。

图22-40　挪威Hardanger桥

2013年通车的美国旧金山新海湾大桥（见图22-41）也由中国建造，主跨565（=180+385）m，是目前世界上跨度最大的单塔自锚抗震悬索钢桥。

2014年建造了美国阿拉斯加塔纳纳河铁路桥（见图22-42），为全裸露免涂装使用的耐候钢桥，采用栓焊简支上承式钢板梁结构，全桥共20跨，单跨跨度50.2m，每跨由4根工形主梁组成，全桥共有80根工形主梁，总重6775t。

图22-41　美国旧金山新海湾大桥

图22-42　美国阿拉斯加塔纳纳河铁路桥

2015年建造了伊拉克Emarah桥（见图22-43），主跨143（=2×71.5）m，为跨度167.5（=12.25+2×71.5+12.25）m的钢塔斜拉桥。

2015年建造完成了委内瑞拉迪阿铁路桥（见图22-44），为跨度31.5m和39.5m的钢砼结合梁桥，这是南美第一条高速铁路上的桥梁，整个迪阿铁路线路工程中包含约400孔钢箱梁，全部由中国制造。

图22-43　伊拉克Emarah桥

图22-44　委内瑞拉迪阿铁路桥

2016年完成了美国韦拉扎诺海峡大桥（见图22-45）的公路桥面更换工程，该桥于1964年通车，现将混凝土桥面更换为正交异性钢桥面板结构，桥面总长2039m，正交异性桥面板总重量1.5万t。

2016年建造完成了挪威Halogaland大桥（见图22-46），主跨1141.4m，为跨度1571.4（=240+1141.4+190）m的钢箱梁悬索桥。

图22-45　美国韦拉扎诺海峡大桥

目前正在建造的孟加拉帕德玛大桥（见图 22-47），为 41 孔跨度 150m 的全焊钢桁梁大桥，公铁两用，全长 6150m，钢梁总重 13 万 t，桥墩钢管桩重 13 万 t。该桥是孟加拉国内最大的桥梁，被誉为“梦想之桥”，为泛亚铁路的重要通道之一，对促进中国与东南亚深化合作和“一带一路”建设具有重要作用。

图 22-46　挪威 Halogaland 大桥

图 22-47　孟加拉帕德玛大桥

22.2　钢桥建造中焊接技术的发展

22.2.1　新材料的研发

1. 桥梁钢的研发

我国桥梁钢的发展与铁路钢桥的建造密切联系，经历了“低碳钢→低合金钢→高强度钢→高性能钢”的发展过程。到目前为止，我国桥梁用结构钢经历了六个发展阶段，发展过程如图 22-48 所示。第一代桥梁钢只有 A3q 和 16q 两个钢号，屈服强度≥240MPa，抗拉强度≥380MPa。为了建造南京长江大桥，1962 年研制成功了低合金钢 16Mnq 钢，屈服强度≥345MPa，抗拉强度≥520MPa，最大板厚为 32mm，这是我国第二代桥梁钢，即目前被广泛采用的 Q345q 钢。为了修建九江长江大桥研究开发了 15MnVNq 钢，屈服强度≥420MPa，抗拉强度≥540MPa，这是我国第三代桥梁钢。

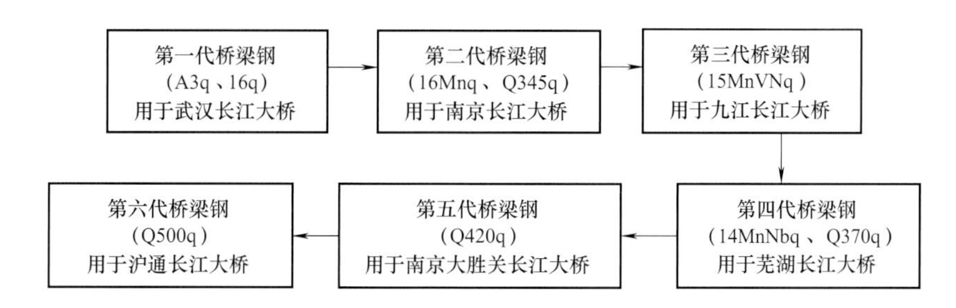

图 22-48　我国桥梁用结构钢发展过程

近 20 年来，我国先后研发了第四、五、六代桥梁钢，20 世纪末，为了修建芜湖长江大桥，在 16Mnq 钢基础上降碳加铌微合金化，研究开发了 14MnNbq 钢，屈服强度≥370MPa，抗拉强度≥530MPa，弥补了 16Mnq 钢厚度效应的缺点，保证了厚板的强度，具有良好的焊接性，这是我国第四代桥梁钢，即目前被广泛采用的 Q370q 钢。为了建造重庆朝天门长江大桥和京沪高速铁路南京大胜关长江大桥，针对部分受力大的构件开发了超低碳贝氏体 Q420q 钢板，这是我国第五代桥梁钢。近期，为了满足主跨 1092m 的沪通长江大桥的设计需要，研发了更高强度的低碳贝氏体 Q500q 钢板，这将是我国第六代桥梁钢。我国新型桥梁钢力学性能指标见表 22-1。

表 22-1　我国新型桥梁钢力学性能

序号	钢板牌号	R_{eL}/MPa	R_m/MPa	A/%	-40℃ KV_2/J
第四代桥梁钢	14MnNbq (Q370q)	≥370	≥530	≥21	板厚≤24mm 时，≥100；板厚>24mm 时，≥120
第五代桥梁钢	Q420q	≥420	≥570	≥20	≥120
第六代桥梁钢	Q500q	≥500	≥630	≥18	≥120

2. 焊接材料的研发

新型桥梁钢的发展带动了新型焊接材料的研发，伴随第四代桥梁钢 14MnNbq（Q370q）钢的出现，配套的 H08Mn2E 和 H08MnE 埋弧焊丝、SJ101q 焊剂、HTW-58 实心气体保护焊丝、E501T-1L/-9L 药芯气体保护焊丝和 J507Q 焊条研发成功；伴随第五代桥梁钢超低碳贝氏体 Q420q 钢的问世，配套的 MCJH60Q 埋弧焊丝、SJ105q 焊剂和 J607Q 焊条研发成功；伴随第六代桥梁钢 Q500q 高强度钢的应用，配套的 MCJH65Q 埋弧焊丝、WH70Q 实心气体保护焊丝和 YCJ651Ni-QL、JQ. YJ621K2-1、GFR-91K2 药芯气体保护焊丝研发成功。新型焊接材料的化学成分和力学性能见表 22-2～表 22-6。

表 22-2　埋弧焊丝化学成分（质量分数，%）

焊丝牌号	C	Si	Mn	P	S	Ni	Mo
MCJH65Q	≤0. 12	≤0. 10	1. 50～2. 10	≤0. 020	≤0. 015	0. 20～0. 70	0. 15～0. 50
MCJH60Q	≤0. 11	≤0. 07	1. 50～2. 00	≤0. 020	≤0. 015	0. 15～0. 50	0. 15～0. 40
H08Mn2E	≤0. 10	≤0. 07	1. 30～1. 90	≤0. 015	≤0. 010	0. 20～0. 50	—
H08MnE	≤0. 10	≤0. 07	0. 80～1. 10	≤0. 015	≤0. 010	—	—

表 22-3　埋弧焊剂化学成分和力学性能

焊剂牌号	熔敷金属力学性能				焊剂化学成分（质量分数，%）	
	R_{eL}/MPa	R_m/MPa	A(%)	-40℃ KV_2/J	P	S
SJ101q	≥400	≥500	≥24	≥54	≤0. 060	≤0. 030
SJ105q	≥500	≥630	≥20	≥60	≤0. 060	≤0. 030

注：1. SJ101q 焊剂熔敷金属力学性能是配 H08Mn2E 焊丝的结果；SJ105q 焊剂熔敷金属力学性能是配 MCJH65Q 焊丝的结果。
2. 焊剂熔敷金属扩散氢含量≤5mL/100g（水银法或热导法）。

表 22-4　焊条化学成分和力学性能

焊条牌号	熔敷金属化学成分（质量分数，%）						
	C	Si	Mn	P	S	Ni	Mo
CJ607Q	≤0. 10	≤0. 60	1. 00～1. 60	≤0. 020	≤0. 015	0. 80～1. 70	0. 10～0. 40
J507Q	0. 02～0. 10	0. 15～0. 55	0. 95～1. 45	≤0. 030	≤0. 020	≥0. 50	—

焊条牌号	熔敷金属力学性能			
	R_{eL}/MPa	R_m/MPa	A(%)	-40℃ KV_2/J
CJ607Q	≥500	≥610	≥20	≥60
J507Q	≥390	≥510	≥24	≥47

注：焊条熔敷金属扩散氢含量≤5mL/100g（水银法或热导法）。

表 22-5　气体保护焊实心焊丝化学成分和力学性能

焊丝牌号	焊丝化学成分(质量分数,%)					
	C	Si	Mn	P	S	Ni
WH70Q	≤0.12	0.40~0.90	1.50~2.0	≤0.020	≤0.015	0.50~1.50
HTW-58	≤0.10	0.20~1.00	1.00~1.80	≤0.020	≤0.015	0.50~1.40

焊丝牌号	熔敷金属力学性能			
	R_{eL}/MPa	R_m/MPa	A(%)	-40℃ KV_2/J
WH70Q	≥500	≥630	≥18	≥60
HTW-58	≥420	≥500	≥22	≥34

注：1. WH70Q 焊丝采用富氩气（80%Ar+20%CO_2）保护，HTW-58 焊丝采用 CO_2 气体保护。

2. 熔敷金属扩散氢含量≤5mL/100g（水银法或热导法）。

表 22-6　气体保护焊药芯焊丝

焊丝牌号	熔敷金属化学成分(质量分数,%)					
	C	Si	Mn	P	S	Ni
YCJ651Ni-QL JQ. YJ621K2-1 GFR-91K2	≤0.10	≤0.80	1.00~1.80	≤0.020	≤0.015	0.80~2.00
E501T-1L/-9L	≤0.10	≤0.90	≤1.75	≤0.030	≤0.030	≤0.50

焊丝牌号	熔敷金属力学性能(CO_2 气体保护焊)			
	R_{eL}/MPa	R_m/MPa	A(%)	-40℃ KV_2/J
YCJ651Ni-QL JQ. YJ621K2-1 GFR-91K2	≥500	≥630	≥20	≥60
E501T-1L/-9L	≥400	≥480	≥22	≥34

注：熔敷金属扩散氢含量≤5mL/100g（水银法或热导法）。

22.2.2　焊接新工艺和新装备的应用

1. 气体保护焊工艺的推广应用

20 世纪末，由于熔化极气体保护焊工艺具有焊接效率高、焊接变形小、质量稳定、成本低等优点，随着熔化极气体保护焊设备功能的提高和焊接材料制造质量的提升，在钢结构建造领域被逐渐推广应用，公路钢桥建造首先采用了 CO_2 气体保护焊工艺，并与陶质衬垫完美结合，实现了钢箱梁板单元间对接焊缝的单面焊双面成形技术，操作简便，避免了仰位焊接，方便了焊接生产，板单元间对接焊缝见图 22-49。气体保护焊工艺在公路钢桥建造上的应用取得成功后，在铁路钢桥建造上逐渐得到推广应用，并逐步取代了埋弧半自动焊工艺。可以说，气体保护焊工艺的推广应用促进了桥梁钢结构建造技术的发展和生产能力的提升。

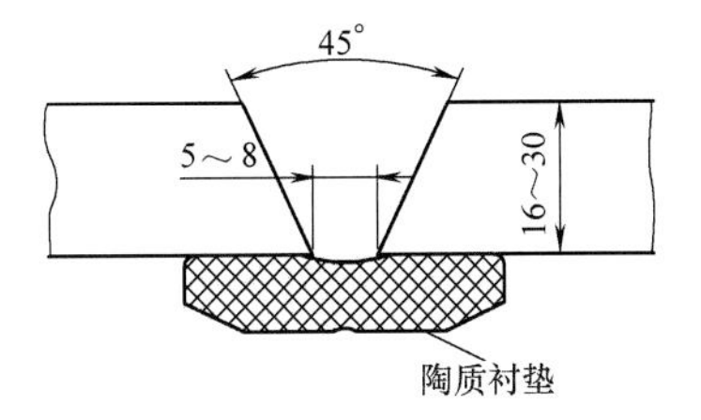

图 22-49　板单元间对接焊缝

2. 双细丝埋弧焊工艺的应用

在港珠澳大桥钢箱梁建造中，大量采用了双细丝埋弧焊工艺（见图 22-50），与单粗丝埋弧焊工艺相比，在相同电流下细焊丝比粗焊丝的电流密度大，焊接时焊丝干伸长部分所产生的电阻热多，焊接时更容易熔化焊丝，所以细焊丝比粗焊丝在焊接时具有更高的熔敷速度。通过在相同焊接电流和焊接电压下，单位时间熔化的双细丝（直径 1.6mm 或 2mm）与单粗丝（直径 4mm 或 5mm）质量对比，前者比后者熔敷效率高 15%~23%。

a)

b)

c)

图 22-50　单电源双细丝埋弧焊设备

a）ZD5-1250E 电源　b）MZC-1250N 焊车　c）双丝导电嘴

3. 机器人焊接在钢桥建造中的应用

2012 年中铁山桥集团有限公司中标港珠澳大桥 CB01 合同段钢箱梁的建造，为了实现“大型化、工厂化、标准化、装配化”的制作要求，全面提高港珠澳大桥钢箱梁的建造质量，中铁山桥集团有限公司率先开展了相关课题研究，承担了港珠澳大桥钢箱梁板单元自动化制造专题研究工作，并取得了显著的成果，推动了钢桥建造行业的技术进步。

（1）新型 U 形肋板单元自动组装机床和板肋板单元自动组装机床　研发的新型 U 形肋板单元自动组装机床和板肋板单元自动组装机床（见图 22-51 和图 22-52）集自动行走、打磨、除尘、定位、压紧和机器人定位焊于一体，极大地提高了组装效率和定位焊质量，应用后减少了 70% 的人工工作量，组装的效率提高 20% 以上，合格率 100%。

图 22-51　U 形肋板单元自动组装机床

图 22-52　板肋板单元自动组装机床

（2）U 形肋、板肋板单元自动化焊接系统　研发的 U 形肋、板肋板单元自动化焊接系统（见图 22-53）采用焊接机器人配合反变形翻转胎焊接 U 形肋、板肋板单元，消除了人为因素对焊接质量的影响，焊缝质量好，焊接效率高，开创了桥梁钢结构焊接的新模式，提高了港珠澳大桥钢箱梁的焊接质量。并且板单元焊接用工量减少了 50% 以上，焊后返修和修整工作量减少 80% 以上，生产效率提高 1 倍以上，降低了工人劳动强度，改善了劳动条件。

图 22-53　U 形肋、板肋板单元自动化焊接系统

图 22-54　横隔板单元自动化焊接系统

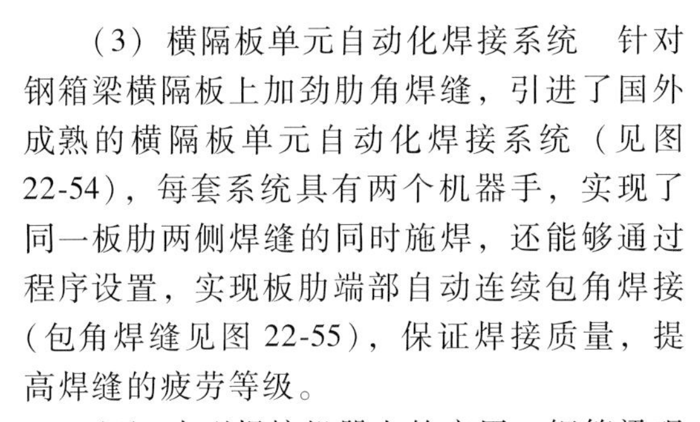

（3）横隔板单元自动化焊接系统　针对钢箱梁横隔板上加劲肋角焊缝，引进了国外成熟的横隔板单元自动化焊接系统（见图 22-54），每套系统具有两个机器手，实现了同一板肋两侧焊缝的同时施焊，还能够通过程序设置，实现板肋端部自动连续包角焊接（包角焊缝见图 22-55），保证焊接质量，提高焊缝的疲劳等级。

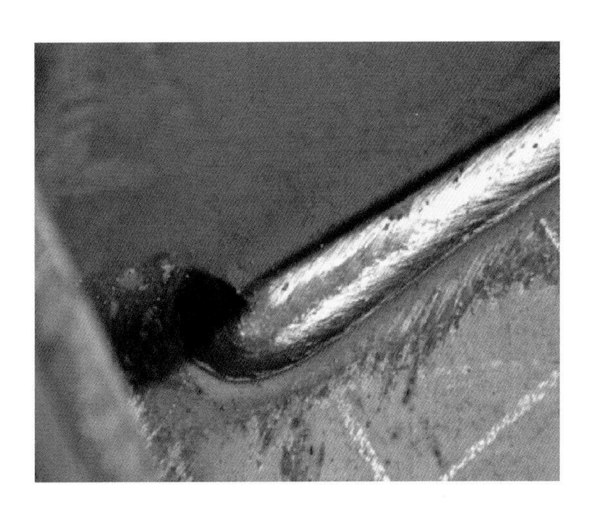

图 22-55　包角焊缝

（4）小型焊接机器人的应用　钢箱梁现场焊接时的板单元间对接焊缝、节段间斜底板对接焊缝、腹板立位对接焊缝以及钢锚箱焊接时的熔透角焊缝等数量多，焊缝质量要求高，焊接难度大。为了提高此类焊缝的焊接质量和效率，研究应用了小型焊接机器人（见图 22-56），焊缝的质量 100%合格，焊接效率均比以往提高 20%以上。小型焊接机器人可全自动进行检测和焊接，设备体积小、重量轻、方便灵活、适用性强，焊接位置包括平焊、横焊、立焊等，可以进行对接焊缝和角焊缝的焊接。

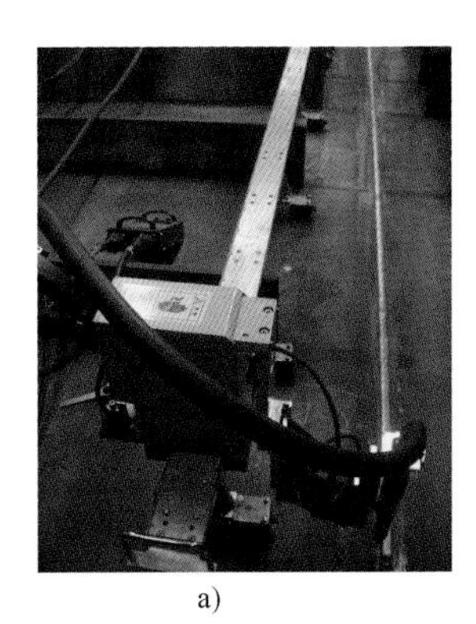

a)

b)

c)

d)

图 22-56　小型焊接机器人应用

a）钢箱梁斜底板爬坡对接　b）对接焊缝外观　c）钢锚箱角焊缝焊接　d）角焊缝外观

4. 双粗丝埋弧焊在钢桥建造中的应用

2014年中铁山桥集团有限公司中标孟加拉帕德玛大桥和沪通长江大桥主航道桥建造，为了提高钢桁梁桥箱型和工形杆件的焊接效率，采用双粗丝埋弧焊工艺进行试验研究并取得了显著的成果，与有关设备厂联合研制了适用于钢桥焊接的双粗丝埋弧焊系统（见图22-57），率先将双粗丝埋弧焊技术应用于钢桥建造领域，推动了钢桥建造行业的技术进步。

图22-57 双粗丝埋弧焊应用

参考文献

［1］ 徐向军，单亚庭．新型高性能桥梁用Q500q钢板焊接试验研究（一）［J］．金属加工：热加工，2015（14）：70-73.

［2］ 徐向军，贝玉成，常国光．新型高性能桥梁用Q500q钢板焊接试验研究（二）［J］．金属加工：热加工，2015（16）：64-67.

［3］ 徐向军．桥梁钢结构焊接材料的应用与发展［J］．金属加工：热加工，2016（8）：23-24.

［4］ 徐向军．钢结构自动化焊接专题：聚焦港珠澳大桥——桥梁钢结构焊接自动化技术的应用与发展［J］．金属加工：热加工，2015（22）：13-17.

第 23 章 堆焊及再制造

张平 黄智泉 王清宝 徐锴 赵昆 刘剑威

近 20 年来，循环经济可持续发展的理念与模式，已成为世界各国的共识和中国的基本国策，再制造产业得到了高度的重视，发展迅猛。作为再制造的重要基础技术之一，堆焊再制造技术有了长足的发展。

23.1 堆焊技术发展历程及现状

23.1.1 堆焊材料的发展

1. 堆焊药芯焊丝

20 世纪 90 年代后期，我国现代工业技术进入迅猛发展时期，如水泥生产、火力发电、钢铁冶金等行业开始大量投资建设并采用新的生产工艺技术，使得堆焊技术开始在这些工业领域得到大规模应用。随着国外堆焊药芯焊丝大量进入国内市场，带动了国内堆焊药芯焊丝应用的迅速发展，国家也开始立项支持堆焊药芯焊丝的研发，如 1996—1999 年原机械工业部的攻关项目，立项支持了哈尔滨焊接研究所开展的“大型冷压成形部件堆焊新材料的合金化及堆焊工艺研究”堆焊药芯焊丝开发，开发出的堆焊药芯焊丝，达到国外同类产品水平。

2000—2006 年期间，哈尔滨焊接研究所先后承担了“高性能堆焊药芯焊丝新材料研制及系列化研究”“高锰钢堆焊自保护药芯焊丝研制开发”等多项国家部委攻关及国际合作项目。2000—2015 年期间，除政府立项支持外，各高校、科研院所、企业也开展了大量自主研究开发工作，如北京工业大学、郑州机械研究所、中冶焊接科技有限公司、北京嘉克新兴科技有限公司、天津雷公焊接材料有限公司、无锡哈德瑞焊接技术有限公司等开发的多种堆焊药芯焊丝都取得了良好的应用业绩。2005—2013 年是我国堆焊药芯焊丝发展最快的时期，主要体现在以下几个方面：

1）广泛开展了堆焊药芯焊丝的基础性、深入性研究，研发的药芯焊丝品种呈多样性，其中用于磨煤辊、水泥立磨、辊压机、复合耐磨钢板等堆焊的药芯焊丝性能及工艺技术已达到国际先进水平，并有自己的特点。

2）国产堆焊药芯焊丝应用领域不断扩大，由火电、水泥、轧钢等主要领域扩展到隧道工程、石油钻井、热锻造模具、工程机械、农机具等，取代了多种传统手工堆焊工艺方法，提高了生产效率、降低了工人劳动强度。

3）国内堆焊药芯焊丝的产能及生产企业快速增长。据统计，截至 2013 年，我国药芯焊丝总产量已达到 52 万 t，居世界首位。综合国内产销及应用情况判断，堆焊药芯焊丝产销量在 3~4 万 t，占药芯焊丝总产量 5%~8%左右，产能超过 5 万 t。

2. 不锈钢带极堆焊

（1）带极堆焊的发展节点　我国从 20 世纪 60 年代开始，哈尔滨焊接研究所、北京钢铁研究总院等单位开展了压力容器内壁不锈钢耐蚀层的堆焊研究。

20 世纪 70 年代，中国第一重型机械集团公司、上海锅炉厂等单位应用带极堆焊方法制造了 300MW 核电站压水堆。在这些工作中，采用的都是带极埋弧堆焊方法。

20 世纪 80 年代以后，将带极电渣堆焊技术引入压力容器内壁不锈钢堆焊研究并取得了一定成果。

20 世纪 90 年代中期，哈尔滨焊接研究所、抚顺机械设备制造有限公司联合开发了低 Cr、Ni 含量的 22-11 型带极堆焊材料，应用于高速带极堆焊。

20 世纪 90 年代中后期，主要科研单位，如哈尔滨焊接研究所、北京钢铁研究总院开发的国产不锈钢焊带及焊剂，在国内石化领域逐步获得应用。

2000—2010 年为带极堆焊高速发展时期，带极堆焊技术在石化领域取得高速发展，堆焊材料品种明显增多，如马氏体不锈钢、奥氏体、双相钢、超级奥氏体不锈钢等。焊带的规格也开始呈现多样化，焊带宽度从 30mm 到 60mm、90mm 等。

近 10 年是我国不锈钢焊带、焊剂国产化的全面发展阶段，随着国内装备制造业的迅猛发展，国内不锈钢内壁带极堆焊技术应用越来越成熟，堆焊材料国产化趋势明显。随着压力容器趋向大型化、厚壁化、高参数化，促使带极堆焊方法、堆焊工艺、堆焊材料也朝着更高效、更优质的方向发展。2011 年，以哈尔滨焊接研究所和北京钢铁研究总院为主要起草单位起草了国内第一项带极堆焊标准 NB/T 47018.5—2011《承压设备用焊接材料订货技术条件 第 5 部分：堆焊用不锈钢焊带和焊剂》，为带极堆焊的国产化推广提供了技术依据。各钢带生产企业对焊带的制造越来越重视，无论是国有大型钢厂，还是民营钢带制造企业，高品质钢带生产共同的特点是冶炼控制手段大幅提高，成分的控制更均匀，杂质控制更严格。钢带的精密加工手段齐全，钢带的外观质量大幅提高，产品不仅用于国内，有的已出口国外。同时，带极堆焊焊剂改进很大，对参数的适应范围很宽，如带极埋弧堆焊从过去的 130mm/min 到现在的 240mm/min 都可焊接。2007 年以来，生产带极堆焊材料的厂家，如哈尔滨焊接研究所、北京钢铁研究总院都相继建设了年产 3000t 左右的自动化烧结焊剂生产线，增强了焊剂批量供货的稳定性。这些厂家提供的带极堆焊材料已在国内大部分重型压力容器制造厂得到应用。焊材企业更注重产品的配套性，为用户提供成套的焊带与焊剂以及堆焊技术已成为必须。国内带极堆焊材料取得了明显的进步，无论在品种、技术性能和质量稳定上，都正在逐步缩小与进口材料的差距，有些产品已经达到或接近进口焊材的水平，可以满足大部分压力容器制造的要求。带极堆焊产品的改进和提高从来没有停止过。

（2）不锈钢带极堆焊的应用领域　2001 年，哈尔滨威尔焊接有限责任公司开发的不锈钢带极堆焊材料率先完成国产化，其中 EQ347LF 单层带极堆焊材料在中国石化集团南化有限公司化工机械厂、北京燕华工程建设有限公司通过了焊接工艺评定并获得成功应用，其耐蚀层为 347 合金，采用单层电渣堆焊工艺并选用国产强化铬、镍元素的焊带，单层堆焊获得了与双层堆焊相当的堆焊金属成分，达到加氢设备耐蚀层的使用要求。堆焊过程稳定，脱渣容易，焊道表面平整光滑，熔合良好（见图 23-1），堆焊工艺性能优良，堆焊金属杂质含量低，铁素体含量可稳定控制在 FN：3~8 之间。其各项性能指标均满足标准要求，生产成本比进口产品降低 30%，取得了较大的经济效益和社会效益，当年《中国化工报》给予高度评价。150 万 t/年 S Zorb 催化汽油吸附脱硫装置脱硫反应器，主体材质 2Cr2Mo1R（H）+TP347 堆焊，ϕ3962mm/ϕ2164mm×84/46mm×44436mm，重量 195t。

2006 年，抚顺机械设备制造有限公司采用国产带极堆焊材料进行了螺纹环锁紧式换热器的制造（见图 23-2）。

2009 年，2209 型双相不锈钢带极堆焊焊材成功实现国产化，应用于广州重型机器厂的冷凝设备。

2010 年至今，带极堆焊走向稳定和成熟时期。

近几年，不锈钢带极堆焊材料的产品稳定性和技术成熟度得到明显提高，哈尔滨焊接研究所、北京钢铁研究总院等生产的产品开始应用于国外项目，不锈钢带极堆焊的用量大幅度提高。国产不锈钢带极堆焊材料已经开始用于对堆焊层强度和腐蚀性能有特殊要求的场合。

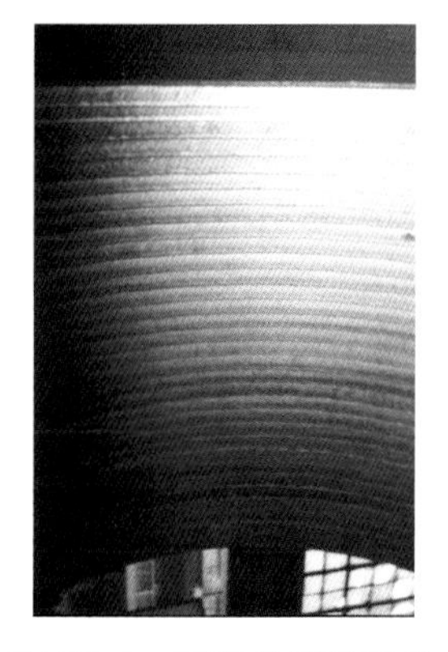

图 23-1 国产单层带极堆焊产品外观

图 23-2 抚顺机械设备制造有限公司换热器筒体不锈钢带极堆焊

如核二、三级设备，复合管道行业等。随着压力容器趋向大型化、厚壁化、高参数化，促使带极堆焊方法、堆焊工艺、堆焊材料也朝着更高效、更优质的方向发展。

2013 年，哈尔滨焊接研究所针对双金属冶金复合管制造的关键焊接技术难题，在国内首次研制了以带极焊接设备为核心的复合管纵缝焊接生产线、专用带极焊接材料（见表 23-1）和配套的内外焊工艺（见图 23-3）。该焊接技术已成功应用于不锈钢复合管的制造，提高了焊接效率，实现了我国冶金双金属不锈钢复合管焊接的国产化，并实现了工程应用。带极堆焊材料采用的电渣型焊剂，需要焊剂具有较高的导电性，减少断弧几率，避免二次返修，为此焊剂采用新型渣系，同时为了提高管线钢焊接效率，焊剂也具有高速焊接特性，并具有良好的工艺性能，焊道表面光亮平整，无咬边、夹杂缺陷。焊剂的润湿性较好，主要取决于焊剂熔渣的高温物理特性，在焊剂中加入了微合金化元素，使焊剂的熔点、黏度处于比较合适的状态，焊剂的氧化性能处于较低水平，避免了氧化造成熔敷金属成分的波动，从而影响覆层抗晶间腐蚀性能，保证了产品质量。

图 23-3 冶金双金属复合管堆焊设备

随着国内装备制造业的迅猛发展，国内不锈钢内壁带极堆焊技术应用越来越成熟。带极堆焊技术已经向宽带极、高焊速的方向发展，在国外已有 150mm 宽焊带应用的实例，250mm 宽焊带的磁控电渣堆焊也有研究报道，国内焊带最大应用宽度为 90mm。近几年，单层电渣堆焊工艺在某些容器制造中得到了应用。2015 年，由中国石化工程建设公司设计、中国第一重型机械集团公司和兰州兰石重型装备股份有限公司制造的武汉加氢反应器在国内首次实现单层电渣堆焊。

表 23-1 双金属复合管用带极焊接材料

种类	焊带/焊丝牌号	焊剂牌号	规格
不锈钢	H316LF	H15F	0.5×30mm 0.5×25mm
镍基合金	H625F	SJ15F	0.5×30mm 0.5×25mm
	ERNiCrMo-3	—	ϕ0.8mm ϕ1.0mm

23.1.2 堆焊工艺的发展

1. 锅炉流化床水冷壁表面保护由电弧喷涂向熔化极电弧堆焊发展

循环流化床锅炉保证连续运行的最大障碍是锅炉水冷壁的磨损问题，2010 年前国内主要采用电弧喷涂防磨工艺，涂层材料主要是镍铬碳化铬合金及硼合金材料。

2010 年前后，国内开始普及应用水冷壁表面堆焊，并采用全自动熔化极 MAG 焊技术，堆焊设备为进口高精度数字脉冲熔敷电源及全自动数控行走机构，结合高速摆动器及电弧控制器，使熔敷层厚度均匀，厚度差不超过 0.5mm，熔敷表面平滑，堆焊材料为镍基实心焊丝及铁基药芯焊丝，药芯焊丝堆焊金属硬度 50HRC 左右，一般最低厚度可以保证 1.5mm 以上，厚度根据磨损要求年限最高可以达到 4mm，堆焊稀释率低于 5%。

水冷壁全自动表面堆焊可以保证锅炉连续运行 3 年以上，大大降低了运行检修周期。目前哈尔滨锅炉厂有限责任公司的水冷壁新品堆焊制造、哈尔滨科能熔敷科技有限公司的水冷壁现场修复已全部采用堆焊技术。水冷壁表面堆焊如图 23-4 所示。

图 23-4 水冷壁表面堆焊

a）表面堆焊后的水冷壁 b）堆焊后的水冷壁断面

c）90t/h 炉运行前的堆焊水冷壁 d）90t/h 炉运行两年后的堆焊水冷壁

2. 水泥立磨辊、挤压辊、中速磨煤机磨煤辊在线堆焊修复工艺

在线堆焊已成为水泥立磨辊、挤压辊、中速磨煤机磨煤辊修复的重要手段，可以避免部件的拆装、缩短检修时间、降低企业生产运行成本。

水泥立磨辊、中速磨煤机磨煤辊、磨盘的在线修复工艺基本相同，所用的焊接材料均为高碳高铬合金系自保护药芯焊丝。由于水泥立磨辊磨损更为严重，一般焊丝中额外添加些 Nb、Mo 等高硬度碳化物形成元素以提高耐磨性。在线堆焊修复是利用立磨自身运行的驱动装置，通过适当的控制调整使其按堆焊工艺要求的速度匀速转动，在立磨内装卡上焊接机头实施自动堆焊。堆焊过程注意工件温度不易过高，一般不超过 150℃，以及时产生应力释放裂纹，避免应力集中。

挤压辊在线大修主要工艺步骤是：

1）用碳弧气刨去除辊面疲劳层及裂纹，修整辊子表面外圆。

2）在线将辊身预热至 100~300℃。

3）连续自动堆焊打底层、中间层、硬面层、表面横纹或网格。

4）具备条件的可以进行 550℃回火消应力处理。

打底层一般采用低碳钢或低合金钢类药芯焊丝，中间层用强度较高的中碳合金钢类药芯焊丝，硬度在 40~50HRC，硬面层及表面横纹或网格要求硬度大于 56HRC，可以用气体保护或自保护药芯焊丝。

3. 大型热锻模自动（智能）堆焊技术研发

随着国内热锻模堆焊工艺及材料的快速发展，近年国内企业开始开发并尝试推广热锻模自动（智能）堆焊技术，以改善工人作业环境、降低劳动强度。图 23-5 所示为济南万模焊接技术有限公司设计制造的用于热锻模堆焊的智能数控焊接中心。

图 23-5　济南万模焊接技术有限公司用于热锻模堆焊的智能数控焊接中心

该热锻模自动堆焊设备通过触摸屏设定焊接参数，控制系统可以实现离线及在线焊接参数预编程，遥控焊枪三维运动，具有自动敲击、清渣控制，根据模具型腔不同形状实现仿形堆焊的功能。封闭式的焊接单元，可保护操作人员免受工件预热高温、紫外线辐射和烟尘的侵袭。

4. 激光等高能束表面熔敷技术研究进展

激光熔覆技术是 20 世纪 70 年代随着大功率激光器的发展而兴起的一种新型表面改性技术，具有适用的材料体系广泛、熔覆层稀释率可控、熔覆层与基体为冶金结合、基体热变形小、工艺易于实现自动化等优点，因此在航空航天、汽车制造、石油、煤炭、模具、冶金、汽轮机、生物医用等众多领域的制造和再制造中得到了广泛的应用。

激光熔覆材料主要是自熔性合金粉末、陶瓷粉末、复合粉末等，Cu、Al、Ti、Mg 基粉末在航空航天等领域也有广泛应用。近年来利用激光熔覆技术制备高熵合金、非晶、纳米晶也取得了一定的成果。

5. 电弧增材制造技术

电弧增材制造技术是基于离散/堆积原理，在计算机控制下，根据零件 CAD 模型，采用电弧熔敷手段生成二维层面并叠加成三维实体的一种绿色制造技术。

目前，该技术研究在国内主要集中在一些高校，如哈尔滨工业大学、天津大学、华中科技大学、西安交通大学、南昌大学以及中国人民解放军装甲兵工程学院等，主要研究内容是减少成形热输入，提高成形精度，以及适宜于电弧熔敷工艺特点的分层数据处理。

23.2　堆焊技术在制造和再制造中的应用

23.2.1　钢铁行业

我国轧辊堆焊技术开始于 20 世纪 50 年代，伴随着我国堆焊技术的应用和飞速发展，堆焊方法与智能控制技术和精密磨削技术相结合形成先进近净成形技术，引起了制造业的广泛关注，这也是堆焊技术从技艺走向科学的重要标志，促使我国轧辊堆焊复合（再）制造技术得到质的提升。

1. 轧辊堆焊

（1）轧辊堆焊材料及设备

1）堆焊材料。轧辊堆焊材料起步阶段主要借鉴堆焊焊条及国外进口焊材，90年代以来，随着我国堆焊药芯焊丝、焊带生产线的发展，相继开发了堆焊焊条、堆焊实心焊丝、堆焊药芯焊丝（按操作方法分埋弧堆焊、气体保护堆焊和自保护堆焊；按合金粉处理分常用混合型合金药芯焊丝和中间预制合金药芯焊丝）、堆焊焊带（分实心和药芯两种，后一种目前尚不成熟）、堆焊合金粉末、埋弧焊剂（分熔炼和烧结等）以及保护气体（气体保护堆焊用），合金体系涉及铁基合金、钴基合金、镍基合金、碳化物硬质合金、铜基合金五大类。合金材料采用的堆焊法主要为电焊条电弧堆焊、钨极氩弧堆焊、熔化极气体保护电弧堆焊、自保护电弧堆焊、埋弧堆焊（单丝、双丝、串联电弧、单带极、多带极）、等离子弧堆焊（自动送粉、手工送粉、自动送丝、双热丝）、电渣堆焊、激光堆焊等。

目前常用的冶金轧辊堆焊材料及方法主要以铁基的埋弧堆焊药芯焊丝、自保护堆焊药芯焊丝以及埋弧堆焊实心焊带为主。堆焊材料及方法是一项高弹性的技术，它可以应用于较大的范围、较广的产品和较宽的环境，表23-2为国内冶金行业轧辊典型的使用工况、修复采用的合金体系及焊材形式。

表23-2 冶金行业轧辊典型的使用工况、修复采用的合金体系及焊材形式

流程	钢厂部位	主要工况	典型轧辊	主要合金体系	主要焊材形式
炼铁	烧结，高炉	耐磨、冲击、高温、氧化、腐蚀	耐热挡板、衬板、溜槽、备件、磨煤辊	合金铸铁类堆焊合金及陶瓷	自保护药芯焊丝、陶瓷粘贴
炼钢	转炉，连铸	高温、腐蚀、氧化、热疲劳、冲蚀	足辊	Ni基、Co基、1Cr18Ni19N	药芯焊丝、喷焊粉
			足辊、弯曲弧形段辊、水平段辊	0~3Cr13NiMo、0Cr13Ni4N、0Cr17Ni14Cu4Nb、4Cr17Mo1等马氏体不锈钢C-Cr合金系	（埋弧、自保护、气体保护）堆焊药芯焊丝、实心焊带、实心焊丝
压延系统	热连轧	中轧制力、高温、磨损、疲劳、氧化	开坯辊、夹送辊、助卷辊、半钢辊、剪刃、导卫板、型钢轧机锻钢辊	2.5Cr3MoMnV、2Cr2MnMo、4Cr3W8、2.5Cr5VMoSi、3(Cr+W)8~15Ni3Mn2Si、4Cr5MoSiV1、Cr5NbMo、Cr5WMoNb、Cr3W-MoV、Cr8WMo等合金工具钢	埋弧堆焊药芯焊丝、部分实心焊丝
			助卷辊	镍基喷焊粉末	喷焊粉
			开坯辊、夹送辊、滚轮、型钢轧机锻钢辊	1~30Cr13等马氏体不锈钢C-Cr合金系	埋弧堆焊药芯焊丝、实心焊丝
		高温、磨损、疲劳、氧化	炉底辊等	Cr25Ni20、3Cr24Ni7SiNRE	埋弧堆焊药芯焊丝、实心焊丝、喷焊粉
			层流辊、输送辊道	镍基合金粉末	喷焊粉
	冷轧	大轧制力、磨损、接触疲劳	卷曲、夹送、矫直、轧道辊、支撑辊	Cr12Mo1V、5Cr6Mo2Mn2、Cr4W2MoV等冷轧工具钢	埋弧堆焊药芯焊丝（中间预制合金）、实心焊丝
	中厚板	大轧制力、磨损、接触疲劳、高温磨损、高温腐蚀	支承辊、中间辊、矫直辊、剪刃、张力辊、矫直辊	2.5Cr5VMoSi、4Cr5MoSiV1、Cr5WMoNb、Cr12Mo1V等	埋弧堆焊药芯焊丝
			活套辊、炉辊、锌锅辊等	316L、Cr25Ni20、Co基粉末、Ni基粉末、碳化钨粉末、金属陶瓷粉末等	药芯焊丝、合金粉末

（续）

流程	钢厂部位	主要工况	典型轧辊	主要合金体系	主要焊材形式
压延系统	型钢	中轧制力、高温、磨损、疲劳、氧化疲劳	型钢轧机锻钢辊、矫直辊、剪刃	2.5Cr5VMoSi、3（Cr+W）8～15Ni3Mn2Si、4Cr5MoSiV1等工具钢	埋弧堆焊药芯焊丝、实心焊丝
	钢管	冲击、疲劳、氧化、磨损	芯棒	0～1Cr13NiMo、0Cr13NiMoN等Cr13系马氏体不锈钢	埋弧堆焊药芯焊丝
			定径辊、矫直辊、剪刃、顶头	2.5Cr5VMoSi、3（Cr+W）8～15Ni3Mn2Si、4Cr5MoSiV1、钴基合金等	埋弧堆焊药芯焊丝及钴基合金
铸管厂	铸管	高温、疲劳、氧化、磨损	管模	Cr12Mo1V、Cr1～3Mo1～2.5等马氏体或耐热钢等	埋弧堆焊药芯焊丝
其他	—	—	各种破碎机辊、柱塞，各种允许修复的轮类（吊车轮、火车轮等）、轴类	Cr13系马氏体不锈钢、合金钢等	埋弧堆焊药芯焊丝、气体保护焊丝

2）堆焊焊剂。随着堆焊技术的进步和产业范围的扩大，堆焊焊剂的种类更趋向多元化和专用性，国内堆焊厂家对焊剂纯净度和稳定性提出了更高的要求。目前，国内堆焊焊剂主要有熔炼焊剂HJ431、HJ150、HJ260、HJ107以及烧结焊剂SJ101、SJ102、SJ604、SF20、SF60、SF80等，焊剂的选择应由堆焊焊材厂推荐，一般与相应的埋弧堆焊焊丝相匹配。

由于带极堆焊具有能减少焊缝中的气孔和结晶裂纹，熔池不易过热，熔滴过渡是在电弧之前产生的，热影响区很少出现过热组织，熔化率和熔化系数比丝极高2～3倍等优点，带极埋弧堆焊、带极电渣堆焊越来越多地成为耐磨堆焊的优先选择堆焊方法。国内已成功开发了与06Cr13、1Cr13NiMoVNb、0Cr13Ni4MoN等合金系相匹配的带极堆焊焊剂，与Cr13Ni4Mo1、410NiMoNbV等马氏体不锈钢材料相匹配的带极电渣堆焊焊剂。

3）堆焊设备。20世纪90年代末、21世纪初，冶金工业在我国呈爆发式发展，催生了堆焊设备向模块化、集成化、规模化和自动化的方向发展，堆焊专机的转速控制、机头行走装置和机头上下移动装置逐步由变频电动机向伺服电动机发展，堆焊焊道成形的美观性和可靠性大幅提高，三位一体的立体控制集成于PLC控制系统，从而增加了熔敷金属的效率，此期间堆焊轧辊承重能力达到120t左右。2010年后，随着冶金工业大量的产能过剩，已经规模化的批量堆焊设备工作不饱和现象日益突出，堆焊设备逐步向高效化及单机头多丝方向发展，自动化、集成化、多丝成为主流。

（2）典型应用案例　根据冶金钢厂轧辊等备件的不同应用工况及不同状态，我国相继研制开发出了与之匹配的埋弧、自保护、气体保护堆焊药芯焊丝及与焊带匹配的焊剂，形成了成套的堆焊工艺，实现了废旧备件或新备件的表面修复再制造，提高了堆焊材料的强韧性及力学性能，解决了高性能备件堆焊层裂纹、强韧性差、磨损、疲劳等失效问题。目前，国内冶金轧辊的堆焊修复和中小型普通钢质轧辊的复合制造，如水平段的连铸辊、输送辊等拥有比较成熟的工艺、材料及设备，在某些产品品种、性能及应用方面已达到或超过国外水平，并积累了丰富的经验。近些年来，随着技术的不断发展，轧辊堆焊已开始逐步应用于一些合金化程度高（60CrMnMo、70Cr3Mo、92CrMo向着Cr4、Cr5及铬含量更高的方向发展）且质量大的轧辊（冷热轧支承辊、立辊等）。

1）连铸辊堆焊复合再制造应用案例。连铸辊是硬面堆焊的典型产品。连铸辊的工况条件十分苛刻，一方面要承受上千摄氏度高温钢坯的鼓肚力和静压力；另一方面要承受喷淋冷却水的交变热循环作用，其破坏形式为磨损、腐蚀和弯曲及龟裂状热疲劳裂纹。我国科研工作者结合连铸辊恶劣的工作环境，开发出碳强化和氮强化的系列 Cr13 马氏体不锈钢合金，具有 700℃高温下屈服点高，高温下断面收缩率大，线膨胀系数小，Ac_1 相变点在 700℃以上等特点。分别用于连铸辊配套形成整体辊、多节辊、小方坯连铸辊和无磁足辊，其中铁基材料修复的足辊一般超过 10 万 t 过钢量；扇形段一般超过 30 万 t；连铸弧形段超过 60 万 t，水平段超过 120 万 t，以上指标均达到世界先进水平。推荐堆焊材料合金体系参见表 23-3，常用的堆焊方式如图 23-6 所示。

表 23-3　过渡层及工作层的合金体系

项目	过渡层体系	工作层合金体系			
堆焊药芯焊丝	0Cr18NiMo	00Cr13NiMoN	0Cr17Ni4Cu4Nb	Ni 基、Co 基、1Cr18Ni19N	1Cr13NiMo
推荐应用部位	各部位连铸辊打底	连铸机弯曲段、扇形段、足辊、小板坯及方坯水平段	连铸机弯曲段、足辊	足辊	板坯连铸机扇形段、厚板坯水平段

a)

b)

c)

d)

e)

图 23-6　常用的堆焊方式

a）明弧自保护焊　b）埋弧摆动焊　c）埋弧螺旋焊　d）埋弧焊带焊　e）气体保护焊

在此基础上，中冶建筑研究总院有限公司主编的 YB/T 4326—2013《连铸辊焊接复合制造技术规范》，结束了国内无轧辊堆焊标准的现状。

2）卷曲机夹送辊，助卷辊堆焊复合再制造应用案例。高硬度、高性能堆焊轧辊的堆焊复合（再）制造是一个国家堆焊水平提高的重要标志。卷取机的工作条件在整个连轧机组中最为恶劣，夹送辊和助卷辊等高性能轧辊是卷取机的关键部件。夹送辊辊面硬度要求为（69±5）HSW，助卷辊硬度要求为（72±5）HSW，高硬度导致材料韧性变差，加上堆焊工艺控制不完善使得辊面容易产生裂纹。

国内的科研工作者研发出了数量众多、性能稳定的热作模具钢和 Cr13 型马氏体-铁素体型不锈钢材料，现场堆焊如图 23-7 所示。

中冶建筑研究总院有限公司目前正在编制行业标准《夹送、助卷辊堆焊复合制造技术规程》，有利于国内高性能轧辊堆焊复合制造行业的规范。

a)

b)

图 23-7　夹送辊、助卷辊堆焊现场
a）上夹送辊堆焊　b）助卷辊堆焊

2. 连铸辊明弧焊制造及再制造应用

自保护药芯焊丝堆焊是一种新型表面强化技术，堆焊修复各种轧辊时易实现摆动焊，具有线能量低、冷却速度快、辊身变形小等优点，适合各种直径辊的堆焊，是目前较经济、方便的焊接技术之一。连铸辊明弧堆焊合金体系多采用 00Cr13Ni4MoN 系，我国在 2005 年后通过采用特殊固氮及抑制气孔方法，研制开发出超低碳氮强化自保护药芯焊丝，常用自保护堆焊材料熔敷金属化学成分见表 23-4。

表 23-4　常用自保护堆焊材料熔敷金属化学成分（典型分析例值）

材料牌号	化学成分(质量分数,%)						
	C	Si	Mn	Cr	Mo	Ni	N
打底丝	0.046	0.56	1.04	18.10	0.24	0.58	—
盖面丝	0.020	0.98	1.12	12.86	0.42	4.02	0.106

明弧堆焊设备跟埋弧堆焊设备相差不大，主要是导电嘴附加了水冷系统及除烟系统，如图 23-8 所示。

日照京华管业有限公司、鞍钢实业集团冶金机械有限公司、上海宝钢工业技术服务有限公司湛江分公司再制造中心、梅山公司技术中心等多家厂家的自保护堆焊药芯焊丝堆焊修复连铸辊工艺性能及使用寿命与国外同类产品无差异，并且售价相对较低，从而为企业创造了更多效益。

图 23-8　明弧堆焊设备

3. 耐磨板堆焊再制造

（1）我国明弧堆焊复合耐磨钢板介绍　明弧堆焊复合耐磨钢板是在自动堆焊装备上，用高碳高铬合金体系的自保护药芯焊丝，熔敷在整张钢板（低碳、低合金钢或不锈钢）上，形成一定厚度耐磨合金层的堆焊制品。

20 世纪 90 年代初，哈尔滨焊接研究所在国内首先掌握了粉末填充金属埋弧堆焊工艺及合金体系，堆焊整张的复合耐磨钢板。同时，采用 Fe-05 耐磨合金粉块及无缝药芯焊带堆焊制造了复合耐磨钢板，用于矿山井下装载机铲斗，火力发电厂风机，磨煤机内、外周圈及衬板，泥浆泵衬板，挖泥船的铰刀齿，金矿筛板，制砖厂粉碎炉渣的摆锤，以及电厂排风机，水泥厂风机叶片、外壳及风扇磨打击板等产品（见图 23-9）。

a) b) c) d)

图 23-9　堆焊制造复合耐磨钢板
a）风机衬板　b）风机叶片　c）风扇磨打击板　d）筛板

20 世纪 90 年代是中国堆焊药芯焊丝应用和发展的重要时期。国内开发出了多种堆焊自保护药芯焊丝，达到国外同类产品水平。药芯焊丝的应用和发展使得一些高合金含量、高硬度的堆焊材料能够制成自动化生产用焊丝，取代了手工堆焊方法，极大地提高了堆焊自动化水平。同时药芯焊丝也由传统的埋弧焊、气体保护焊向自保护焊发展。

天津大学、北京工业大学等成为我国首批研究自保护药芯焊丝的单位，为我国自保护药芯焊丝的发展打开了全新的局面。进入 21 世纪，我国的自保护药芯焊丝得到了快速发展。数十家相关大学、院、所及企业对高碳高铬明弧自保护药芯焊丝合金体系、渣系、堆焊工艺及外添加合金粉堆焊工艺进行了多方位的研究，结合现代化的药芯焊丝制造装备、复合耐磨钢板堆焊装备，使得高耐磨性明弧自保护药芯焊丝从焊材形态、合金体系、保护方式及性能上进一步显示出优越性，实现了明弧堆焊耐磨复合钢板的成套技术。图 23-10 所示为四焊枪明弧自保护药芯焊丝堆焊设备及复合耐磨钢板。

（2）明弧堆焊复合耐磨钢板主要性能　采用高碳高铬基的合金体系及微量渣的明弧自保护药芯焊丝，制造堆焊耐磨复合钢板是高效、优质、方便、经济的先进技术。高碳高铬基合金以及加入 B、V、Ti、W、Mo、Nb 等合金元素，能使堆焊耐磨复合钢板具有优秀的抗磨粒磨损、抗腐蚀、抗冲击等使用性能；以脱氧反应后的产物为主，形成微渣进行保护，可以保证耐磨复合钢板形成良好的熔敷层表面及内在的冶金质量。

国内典型的堆焊复合耐磨钢板型号、规格、耐磨层成分、性能见表 23-5。

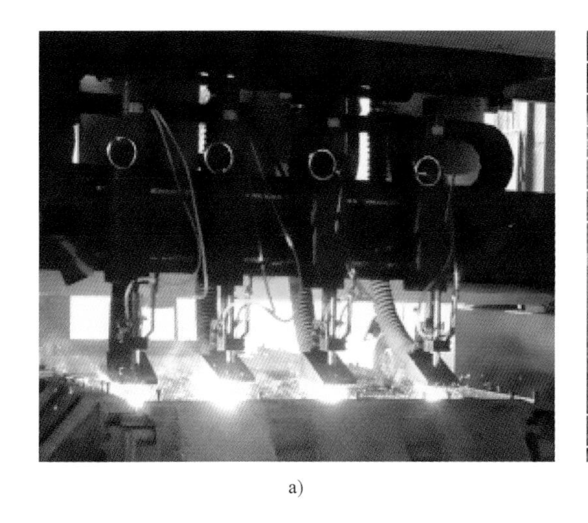

a)

b)

图 23-10　四焊枪明弧自保护药芯焊丝堆焊设备及复合耐磨钢板
a）四焊枪明弧自保护药芯焊丝堆焊设备　b）堆焊的复合耐磨钢板

表 23-5　堆焊复合耐磨钢板

型号	规格(底板+耐磨层)	焊丝熔敷金属成分(质量分数,%)							硬度 HRC	耐温/℃
		C	Mn	Si	Cr	Mo	B	其他		
NB100	6+4,6+6,8+4,8+6	4.5~5.5	1.8	1.0	22~27	—	0.2~1.0	≤1.0	55~63	≤300
NB110	6+4,6+6,8+4,8+6	4.5~5.5	1.8	1.0	22~27	—	1~2	≤1.0	58~65	≤300
NB120	6+4,6+6,8+4,8+6	4.5~5.5	1.8	1.0	22~27	1.0	1~2	V0.5,W0.5	62~65	≤600
NB130	6+4,6+6,8+4,8+6	5~6	1.2	0.8	25~35	—	—	≤1.0	60~63	≤300
NB135	6+4,6+6,8+4,8+6	5~6	1.2	0.8	25~35	1.0	0.3	≤1.0	61~65	≤500
NB140	6+4,6+6,8+4,8+6	5~6	1.8	0.8	25~35	—	—	Nb7	60~63	≤600
NB145	6+4,6+6,8+4,8+6	5~6	1.8	0.8	20~30	7	—	Nb7 W1.5 V1.0	62~66	≤900

（3）明弧堆焊复合耐磨钢板的应用　我国明弧堆焊复合耐磨钢板技术研究与开发至今有20多年的历程，达到了世界先进水平。堆焊的复合耐磨钢板作为堆焊制品，经切割、成形、拼焊及镶焊，被广泛应用（见表 23-6~表 23-11，图 23-11~图 23-13）。

表 23-6　复合耐磨钢板在火力发电中的应用

零部件名称	零部件名称	零部件名称
排粉机叶片、风机叶轮窝壳	破碎机气锤	灰渣导管
除尘器入口烟道	破碎机部件	分选机部件
出灰管	粉碎机轧辊衬套	分选锥
进风导管	煤斗衬板	料仓衬板
煤粉分配器格板	中速磨煤机筒体衬板	斗轮机和各种衬板
煤粉输送管	分离器及连接管	输料槽和料斗内衬
输煤系统耐磨部件	燃烧器前端	滑槽内衬
空气处理系统和运输机	燃烧器管线	格栅栏杆
卸煤设备衬板	燃料落煤筒和漏斗衬板	—
磨煤机衬板	分离器叶片和导向叶片	—
原煤斗破碎机内衬	空预器支架护瓦	—

表 23-7　复合耐磨钢板在钢厂中的应用

零部件名称	零部件名称	零部件名称
鼓风机叶片衬套	布料器及底座	轧钢设备磨损部件
送料槽、料斗内衬及衬套	螺旋加料器	废钢破断机
球磨机铲斗内衬	旋风收尘器	打包机
揉捏机铲斗内衬	钻头稳定器	拨料机闸门
焦炭导向器磨损板	环行送料器	格栅栏杆
铁矿石烧结机衬板	炼铁厂水渣输送系统耐磨部件	振动筛
推料机地板	铁矿烧结输送弯头	喉管
翻斗车极板	高炉煤气文丘里管洗涤塔	管道
刮板机衬板	高炉炉顶料斗	泵壳
料仓、料车、料斗衬板	高炉排渣管道、渣池及出渣槽	—
烧结料装卸输送槽和衬板	螺旋加料器料钟及基座	—
风机叶片、风机叶轮窝壳	破碎机磨损部件	—

表 23-8　复合耐磨钢板在水泥厂中的应用

零部件名称	零部件名称	零部件名称
风机叶片、风机叶轮窝壳	螺旋输送器	管道及组件
熔块冷却盘内衬	阻尼器	振动给料机
沟槽内衬	溜槽	各种底盘
回收斗内衬	输送槽	天圆地方接头
磨机内衬	出渣槽	水泥推料机齿板
末端衬套	振动筛	传送机突起
混凝土搅拌机衬板	冲击盘	矿料、石料破碎机衬板
搅拌楼衬板	泵壳	双腔回转颚式破碎机中的破碎辊
除尘器衬板	辊压机	—
水泥选粉机	除尘机	—

表 23-9　复合耐磨钢板在煤矿中的应用

零部件名称	零部件名称	零部件名称
风机叶片、风机叶轮窝壳	沟槽内衬	旋风收尘器
运煤车底衬板	输料槽内衬	选粉机
螺旋输送器	回收斗内衬	破碎机部件
溜槽	料仓内衬	盖板
耐磨棒和耐磨板	末端衬套	管道组件

表 23-10　复合耐磨钢板在工程机械中的应用

零部件名称	零部件名称	零部件名称
装载机械卸轧机链板	料斗衬板	中型自动翻斗车翻斗板
推土机推土板、平地机刮板	抓斗刃板	隧道施工设备
挖掘机、装载机铲斗刃板	混凝土、沥青搅拌站衬板及叶片	卸船机、物料输送机
各种港口机械耐磨部件	路面摊铺机熨平板和输送板	各类抓斗

（4）堆焊复合耐磨钢板的发展　目前，堆焊复合耐磨钢板普遍采用明弧自保护药芯焊丝多丝摆动堆焊。根据不同的使用要求，还可采用其他工艺方法，如轧制复合法、爆炸焊接复合法、爆炸+轧制复合法、扩散焊接法、超声波焊接复合法、反向凝固法、浇铸轧制复合法、钎焊热轧复合法、喷射沉积法、电磁连铸复合法、离心铸造复合法、激光熔覆复合法、自蔓延高温合成焊接复合法、电阻缝焊技术等。

表 23-11　复合耐磨钢板在矿山中的应用

零部件名称	零部件名称	零部件名称
电铲、铲运机、斗轮挖掘机铲刃板	提升机和气力输送管线	磨机
采矿机	矿料斗衬板	筛板
粉碎机衬板	料仓	喂料机
掘进机	溜槽、滑槽内衬	堆取料机
刮板输送机	灰渣导管	进风导管
粉碎机轧辊衬套	破碎机气锤	分选锥
风机叶片、风机叶轮窝壳	矿山自卸车耐磨衬板	—

图 23-11　装煤站称重仓内壁衬板

图 23-12　采煤机滚筒螺旋叶片

图 23-13　立磨轴承护套

23.2.2　水泥行业

1. 辊压机堆焊及再制造应用

辊压机自 20 世纪 80 年代中期问世以来，已广泛应用于各种粉磨作业。辊压机辊面在工作过程中承受剧烈的高应力磨粒磨损、冲击磨损和疲劳破坏，极其恶劣的工作条件造成辊面磨损严重。由于辊体重量较大，承受的应力情况复杂，目前，在挤压辊表面采用堆焊方法对辊面进行耐磨保护是公认的最有效、最简便的方法。

(1) 堆焊材料及设备　辊压机辊面在工作中承受着高应力磨料磨损，辊体材料为合金锻件。解决高应力磨料磨损不但需要堆焊材料有足够高的硬度（>60HRC），而且需要材料有良好的抗裂性能（辊面不能有超过 180mm 长的连续裂纹，裂纹间距不得小于 250mm）。

根据辊压机的工况及辊面磨损机理分析，一般选用系列药芯焊丝，从基体材料开始，依次是过渡层、缓冲层、硬面层和花纹层，花纹层的形式主要有短棒、一字纹、圆硬质点、菱形、菱形加硬质点、锯齿形、人字形等。花纹层材料一般是明弧药芯焊丝，其他均为埋弧药芯焊丝。通过这几种材料的合理搭配，形成辊面硬度梯度，提高了辊体堆焊层的结合性和耐磨性，有效保证了辊面的使用寿命。

辊压机常用堆焊材料成分及硬度见表 23-12。

表 23-12　辊压机常用堆焊材料成分（质量分数，%）及硬度

	C	Si	Mn	P	S	Cr	Ni	其他	硬度
过渡层材料	<0.10	<2.0	<2.0	<0.03	<0.03	<2.0	<2.0	<5.0	200~300HBW
缓冲层材料	<0.35	<2.0	<2.0	<0.03	<0.03	<6.0	<2.0	<8.0	35~45HRC
硬面层材料	0.3~0.6	<2.0	<2.0	<0.03	<0.03	6.0~15.0	<2.0	<10.0	50~58HRC
花纹层材料 1	1.0~2.0	<2.0	<2.0	<0.03	<0.03	6.0~15.0	<5.0	<10.0	58~64HRC
花纹层材料 2	4.0~6.0	<2.0	<2.0	<0.03	<0.03	20~28	—	<10.0	60~66HRC

埋弧堆焊设备多采用额定电流在 1000A 的埋弧焊机，可适用 ϕ3.2、ϕ4.0 药芯焊丝，明弧堆焊设备多采用额定电流在 600A 的气体保护焊机，可适用 ϕ1.6、ϕ2.8、ϕ3.2 药芯焊丝。

（2）埋弧焊堆焊工艺　埋弧焊堆焊工艺的合理制定，是保证辊压机挤压辊辊面堆焊及再制造的前提保证，其工艺过程有辊面清理、无损检测、预热、堆焊、层间消除应力处理、焊后热处理、外形尺寸检验、硬度测量等。

辊压机用药芯焊丝推荐焊接规范见表23-13。

表23-13　辊压机用药芯焊丝推荐焊接规范

焊丝类型	焊丝规格/mm	焊接电流/A	电压/V	焊接速度/(mm/min)	层间温度/℃
过渡层	ϕ4.0	500～580	26～36	300～500	150～300
缓冲层					200～300
硬面层					
花纹层	ϕ1.6	260～320	26～36	180～220	300～350
	ϕ2.8	340～450	26～36	180～300	

（3）典型应用案例　据不完全统计，按目前国内水泥市场保有量预估，辊压机有3500多台，其易耗部件挤压辊大约有7000多只。出现的问题有局部剥落，异物进入导致辊面破坏，花纹层磨薄、磨细等。

1）新辊制造。我国目前是辊压机生产和应用的第一大国，辊面耐磨堆焊水平也代表了国际先进水平。2007年采用国产埋弧药芯焊丝和工艺，在德国知名品牌KHD公司提供的辊体上堆焊辊面，堆焊好的辊子如图23-14所示。该辊子在国内某台资水泥企业运行。在此之前，多只原装辊体因发生轴向水平裂纹贯穿而报废。在与进口辊体运行对比中，表现出色，连续运行三年辊面基本良好，如图23-15所示。而进口辊体运行一年后的辊面如图23-16所示，堆焊技术得到客户和市场的高度认可。

图23-14　采用国产材料及工艺堆焊好的辊压机辊面情况

图23-15　国内材料及工艺堆焊的辊体运行三年后辊面的磨损情况

2）旧辊修复。旧辊修复时首先采用自动、半自动或手工方式去除疲劳硬层，如图23-17所示。

其次，采用车床对过渡层或母体疲劳层进行清理，对处理好的辊面进行超声波检测，确认辊面具备堆焊条件后，移至相应工位，根据具体工况和物料选择相应材料和工艺进行再生性大修，如图23-18所示。

图 23-16　进口辊体运行一年后辊面的磨损情况

图 23-17　短电弧气刨去除辊面疲劳硬层

按目前国内堆焊水平，再生性修复后的辊体稳定运行 8000h 是有保证的。

3）深裂纹辊面的再生性大修。某台资水泥企业由于长期在线局部维修，辊面焊接残余应力不断叠加累积，辊子运行两年后即出现沿辊子轴向长 900mm 的裂纹，且该裂纹沿径向已贯穿辊套（即 300mm 深），如图 23-19 所示。

图 23-18　辊子堆焊

图 23-19　辊套上一条轴向长 900mm 的大深度裂纹

修复时，首先对每条裂纹分别进行处理：小于 30mm 深的裂纹，彻底清理；超过 30mm 深的裂纹，清理到 30mm 后，开坡口采用不锈钢焊条打底，高强焊丝盖面。对已经贯穿辊套（深 300mm）的裂纹，刨到 120mm 深后即进行焊补。焊补采用不锈钢焊条打底，用高强度焊丝盖面。

在焊补裂纹的过程中，对每一道焊缝进行超声波消应力处理，在对所有的裂纹处理过程中，还要进行 2~3 次回火处理。

补完所有裂纹后，开始按工艺实施整层堆焊，在堆焊过程中进行两次消应力热处理。所有堆焊工作完成以后，对辊子进行保温、缓冷。待冷却到室温后发运，如图 23-14 所示。

辊子连续使用 5000h 后，辊面花纹层仍有 3mm 高，中途未经过一次堆焊，说明其修复后的耐磨性能非常优良。

4）用于高炉矿渣的辊面再生性修复。为了降低水泥生产成本，在水泥粉末中可添加混合材，少用熟料，高炉矿渣就是经常用到的易磨性非常差的一种混合材，对辊面破坏非常严重。

为适应该物料工况需要，采用花纹层材料对辊面进行了整层预保护后再堆焊花纹层，取得了良好的使用效果。图 23-20 所示为现场使用 9 个月后的辊面。

2. 立磨堆焊及再制造应用

立磨又称辊盘磨，是现代水泥行业广泛应用的一种研磨设备，集破碎、烘干、粉磨、选粉于一体。立磨的核心部分是磨辊、磨盘，两者都是关键的易损件，其质量好坏将直接影响其产量、质量和运行成本。

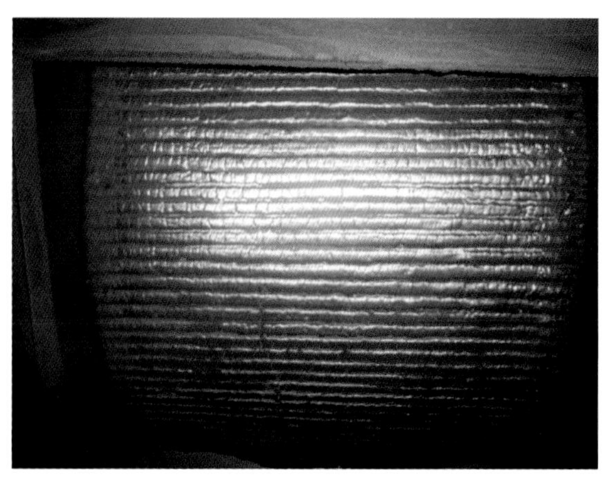

图 23-20 现场使用 9 个月后的辊面

立磨磨辊辊套及磨盘一般采用整体耐磨合金铸造（高铬铸铁或镍硬铸铁）或复合耐磨堆焊的方法制造，以期提高辊体及磨盘的耐磨性和使用寿命。整体铸造的磨辊及磨盘虽然有着较好的耐磨性，但存在两个问题：①辊体成本较高，磨损到一定尺寸后整个辊体就要报废，虽然可采用堆焊方式修复，但只可修复 1~2 次；②辊体本身脆性大，容易出现辊体断裂、开裂现象，一旦出现这种情况，会严重影响设备的运行安全。

因此，国内外多家公司在制造大型立磨磨辊及磨盘时已开始采用复合耐磨堆焊的方法，即辊体基体采用韧性良好的低碳钢和低合金钢，表面堆焊耐磨材料进行有效防护。这样既可以保证工件表面具有优良的耐磨性，又可使辊体具有良好的综合力学性能，不存在开裂或断裂的危险。另外，这种钢机体的工件可进行多次堆焊，大大降低了设备的备件成本。因此，复合制造是目前的一种发展趋势。

（1）堆焊材料及设备　从磨损失效机理分析可知，立磨为犁削磨损、变形疲劳磨损和材料脆性相的断裂，其中以犁削磨损为主，因此要求堆焊材料必须具有高硬度，以抵抗物料的犁削。

目前用于立磨堆焊的焊接材料均为高铬合金铸铁类自保护药芯焊丝，根据不同的工况，以及对耐磨性能的不同要求，常用的堆焊药芯焊丝合金类型及其化学成分见表 23-14。

表 23-14　常用的堆焊药芯焊丝合金类型及其化学成分（质量分数,%）及用途

	C	Si	Mn	Cr	Ni	Nb	Mo	V	其他	用途
打底用	<1.0	1~2	6~8	18~22	8~12	—	—	—	<5.0	新辊制造或大修时打底用
类型一	4.0~5.0	<2.0	<2.0	20~30	—	—	—	—	<5.0	用于煤立磨磨辊的堆焊
类型二	4.5~6.0	<2.0	<2.0	25~35	—	—	—	—	<5.0	用于原料立磨磨辊的堆焊
类型三	4.5~6.0	<2.0	<2.0	22~28	—	—	<2.0	<5.0	<5.0	用于水泥立磨磨辊的堆焊
类型四	4.5~6.0	<2.0	<2.0	22~28	—	<6.0	—	—	<5.0	
类型五	4.5~6.0	<2.0	<2.0	22~28	—	<6.0	<2.0	<5.0	<5.0	用于矿渣立磨磨辊的堆焊
类型六	4.5~6.0	<2.0	<2.0	22~28	<2.0	<5.0	<5.0	<5.0	<5.0	用于复杂工况立磨堆焊

明弧自保护焊丝主要规格为 ϕ1.6、ϕ2.8 和 ϕ3.2。

（2）明弧焊堆焊工艺　明弧焊堆焊工艺的合理制定和实施是保证磨辊磨盘制造和修复的必要条件，具体工艺如下：

1）辊面清理：堆焊辊体采用自动清理或手工碳弧气刨，对辊面疲劳硬层进行全面清理，通过敲击方式判定区域层裂位置，并及时清理干净；对于新辊或整体铸造辊，修复前还需要进行辊体的无损检测，确保辊体堆焊的可靠性。

2）堆焊打底层：打底层的目的是，对铸件表面进行重熔，消除工件表面的铸造缺陷影响，提高辊体的抗裂性和韧性，为硬层堆焊打好基础。辊体预热 150℃左右，层间温度控制在

100~150℃，打底层推荐堆焊4~6mm；对于堆焊旧辊（清理后还有硬层）以及铸铁类整体辊，可以省掉堆焊打底层。

3）硬层堆焊：硬层焊丝推荐堆焊规范见表23-15。堆焊过程中，应严格控制堆焊层层间温度，适当采用冷却措施，如在刚凝固的焊道上喷洒水雾，以快速冷却的方式，使堆焊层表面均匀分布“应力释放裂纹”，达到释放应力、减少层间应力聚集、防止堆焊层大面积掉块和剥落的目的。

表23-15　硬层焊丝推荐堆焊规范

焊接电流/A		电压/V	焊接速度/(mm/min)	层间温度/℃	焊后热处理
ϕ2.8mm	ϕ3.2mm				
350~420	380~450	26~36	600~1200	<100	自然冷却至室温

4）辊面测试：进行外形尺寸、表面硬度测试。

目前辊子堆焊主要分三种情况，不同的情况采用的工艺有所不同。复合辊制造的典型制造过程为采用低合金铸钢作为母体，根据实际辊体磨损曲线，加工出辊子外形尺寸，堆焊打底层，根据使用工况选择相应的硬层焊丝，按工艺和磨损曲线堆焊到合格的尺寸，如图23-21所示。

a)

b)

图23-21　磨辊堆焊
a）堆焊　b）堆焊后的构件

（3）典型应用案例

1）水泥厂矿渣立磨堆焊修复。某水泥厂使用立磨粉磨矿渣，新品使用国外焊丝进行堆焊，效果不太理想。由于是矿渣磨，磨损20mm以上必须堆焊，属于正常磨损后补焊，原堆焊层未产生松动层裂等，只需要选择一种抗磨损效果好的材料来解决辊子磨损问题即可，后来采用了国产焊丝进行在线堆焊修复。修复后其磨损数据见表23-16。图23-22所示为国产与进口焊丝堆焊修复运行一定时间后的测量照片。

表23-16　国外焊丝与国产焊丝堆焊修复后耐磨性对比

焊丝牌号	产量/万t	运行时间/h	距大端45mm处磨损深度/mm	距大端150mm处磨损深度/mm
国外	11	768	15	14
国产	13	900	7	10

2）立磨在线堆焊修复。某水泥厂立磨，以往堆焊的磨辊，辊面磨损情况非常严重，常常使用不到6个月磨损已非常严重，最后一次测量，最深处达到100~110mm，平均堆焊厚度75mm，同时，侧边掉块也非常严重，已影响生产。

a)

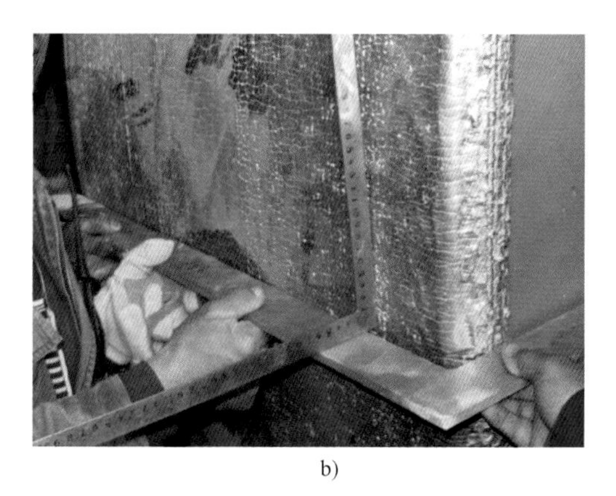

b)

图 23-22　国产与进口焊丝堆焊修复后磨损测量

a）进口焊丝堆焊修复后磨矿渣 11 万 t 时，磨损 15mm　b）国产焊丝堆焊修复后磨矿渣 13 万 t 时，仅磨损 7mm

为此，选择在线堆焊维修，减少侧边掉块的风险，并选用了耐磨性较好的明弧焊丝作为修复材料。

该套磨辊为 2015 年 2 月堆焊，2015 年 3 月中旬开始使用，8 月份进行磨损测量，现场测量磨损量不超过 15mm。目前该套磨辊运行状况良好，无掉块现象。

3）某水泥厂立磨堆焊修复。某水泥厂 LM56.4 生料立磨磨辊，在过去的几年间，每年都进行多次在线堆焊修复，堆焊的厂家及所用焊接材料众多，磨辊的情况非常复杂。

在线维修，由于停机时间短，一般只有 48h，只来得及将材料堆焊到辊面上，辊面是否有松动、层裂，均来不及检查确定，结果使用不到 7 天，其中 3 只大端掉块非常严重，其中一只辊面堆焊层也掉得很厉害，导致使用 2 个月后磨损非常严重，母材磨损 30~40mm。

对这种情况，在线维修时对辊子大端进行气刨清理，刨到母材，将肉眼可见裂纹刨干净。使用抗裂性好的材料补焊母材，并使用该种材料堆焊出包角，用于防止大端出现掉块。现场堆焊中，使用样板对磨辊的大端圆弧面进行堆焊约束，使堆焊后的大端圆角半径增大，减少了大端端面以及圆弧面的耐磨层厚度，降低了大端部位掉块的风险。修复后，这两只磨辊已经使用超过 3 个月，未有大端大面积剥落的信息反馈。

参考文献

[1] 任艳艳，张国赏，魏世忠，等．我国堆焊技术的发展及展望［J］．焊接技术，2012，41（6）：1-4.

[2] 何实，李家宇，赵昆．我国堆焊技术发展历程回顾与展望［J］．金属加工：热加工，2009（22）：24-27.

[3] 魏建军，潘健，黄智泉，等．耐磨堆焊材料在我国水泥工业中的应用［J］．中国表面工程，2006，19（3）：9-13.

[4] 单继国，董祖珏，徐滨士．我国堆焊技术的发展及其在基础工业中的应用现状［J］．中国表面工程，2002，15（4）：19-22.

[5] 董祖珏，黄庆云．国内外堆焊发展现状［C］//王守业，王麟书．第八次全国焊接会议论文集（第 1 册）．北京：机械工业出版社，1997：157-164.

综合篇

Integration

Integration

第24章 焊接专业教育

闫久春 李桓 邹贵生 常云龙

24.1 概 述

24.1.1 焊接专业的创建

1949年新中国成立以后，国家工业化建设需要大量专业人才。结合当时的历史背景，中国政府制定了全面学习前苏联、建设社会主义高等教育体系的方针，并于1951年9月发布了全国高等院校调整方案。

1952年，鉴于国家国民经济建设中急需大量的焊接专业人才，在前苏联专家的协助下，哈尔滨工业大学创建焊接专业；同时，天津大学自主创建焊接专业。

我国高等教育中的焊接专业在专业创建之初就开始招收研究生，目的是为焊接专业的发展培养师资。1952年，哈尔滨工业大学从本校1950年入学的研究生以及清华大学等院校青年教师中选拔6名学员，进入第一届焊接师资研究班学习，学员情况见表24-1。聘请前苏联莫斯科包曼工学院焊接专家普罗霍洛夫教授负责焊接师资研究班学员的教学和论文指导工作。第一届焊接师资班于1953年7月毕业。

表24-1 第一届焊接师资研究班的六名学员情况（按姓氏笔画顺序）

姓名	本科毕业院校、系	毕业时间	研究方向	毕业去向
田锡唐	浙江大学机械系	1950年	焊接结构	哈尔滨工业大学
陈定华	中央大学(现为东南大学)机械系	1946年	焊接原理	哈尔滨工业大学
周振丰	唐山铁道学院(现为西南交通大学)机械系	1950年	气焊与切割	吉林工业大学(现为吉林大学)
骆鼎昌	交通大学(现为上海交通大学和西安交通大学)管理系	1949年	焊接生产与焊接车间设计	—
徐子才	浙江大学机械系	1950年	电弧焊	哈尔滨工业大学
潘际銮	清华大学机械系	1948年	电阻焊	清华大学

1953年9月，哈尔滨工业大学举办了第二届焊接师资研究班，聘请前苏联莫斯科航空工艺学院Г. Ф. 斯卡昆副教授和基辅工学院焊接专家M. H. 卡布钦柯副教授负责教学和论文指导工作。12名学员于1955年7月毕业。

北京航空学院（现为北京航空航天大学）与清华大学联合聘请了前苏联莫斯科航空工艺学院Г. Ф. 斯卡昆教授以及A. A. 阿洛夫教授，负责第三批焊接研究生的教学和论文指导工作。为进一步提高我国焊接专业教师和科研人员的技术水平，我国从1955年开始，又陆续选派优秀焊接教师和焊接科研人员10余人去前苏联基辅工学院、莫斯科包曼工学院等攻读焊接副博士学位。

1952年以后，我国十余所大学陆续开设了焊接工艺及设备专业，成立了焊接教研室。

哈尔滨工业大学于1952年9月成立了焊接教研室，潘际銮担任代理主任。同年，从1950年入学的本科生中，抽调两个班转入焊接专业学习，开始焊接专业本科生的培养工作。第一批焊接专业本科生于1956年毕业。1953年潘际銮调回清华大学，之后田锡唐担任教研室主任。

天津大学于1952年也创建了焊接教研室，美国普渡大学机械工程专业硕士研究生毕业的孟广喆任教研室主任，教师还有李佩昆、齐树华、阎毓禾。当年招收焊接专业大专生，1955年开始招收焊接专业本科生。

清华大学于1953年开始招收焊接专业本科生，之后于1955年正式成立焊接教研室。交通大学（现为上海交通大学和西安交通大学）于1955年成立焊接教研室，同年招收焊接专业本科生。西北工业大学、大连铁道学院（现为大连交通大学）、吉林工业大学（现为吉林大学）分别于1956、1959、1960年成立焊接教研室，同年招收焊接专业本科生。

沈阳机器制造学校（现为沈阳工业大学）和上海船舶学校（现为江苏科技大学）于1953年成立焊接教研室，同年开始培养焊接专业中专生。沈阳工业大学于1958年开始招收焊接专业本科生。

24.1.2 焊接专业发展初期

20世纪50至60年代，我国焊接专业的本科学制大部分学校都是五年制，其中，哈尔滨工业大学是六年制，包括一年预科专学俄语、五年本科。五年本科期间，多数院校规定前三年学习基础课和专业基础课，后两年学习专业课和进行毕业论文设计。

焊接专业课主要有以下8门课程：焊接原理、焊接结构、熔化焊工艺及设备（又称“自动焊”）、焊接电源、接触焊、钎焊、气焊与气割、焊接检验。

焊接专业本科生采用的教材或教学参考书基本上都是俄文原版或翻译本，代表性的参考书有：《焊接原理》（阿洛夫著）、《焊接结构》（尼古拉耶夫著）、《焊接应力与变形》（奥凯尔布洛姆著）、《钎焊》（拉施科著）、《焊接热过程计算》（雷卡林著）、《自动电弧焊》（老巴顿著）、《熔化焊工艺》（小巴顿著）、《接触焊工艺与设备》（奥尔洛夫著）。

另外，在20世纪50年代焊接专业人才培养期间，天津大学的教材与其他院校略有不同。早期借鉴欧美国家的文献资料，自行编写了《焊接学》等英文讲义进行教学；逐步选用前苏联教材，翻译出版了《焊接结构》《焊接金属结构的制造》《接触电焊学》《金属气焊与气割》《接触焊接工艺的选择》等。

20世纪60年代初，成立了全国高等工科院校焊接工艺及设备专业教材编审委员会，田锡唐和陈定华教授分别任编审委员会主任和副主任，编审委员会负责焊接工艺及设备专业教学大纲和教学计划的制定工作。

1961年以后，国内陆续出版自编教科书，包括：《焊接冶金基础》《熔化焊工艺学》（包括上、中、下三册，内容分别为熔焊方法、金属材料的焊接和钎焊）、《熔化电焊设备》《焊接检验》等。

建国初期，我国仅有3所大学培养焊接专业研究生。具体情况为：1955年，哈尔滨工业大学在前苏联焊接专家指导下开始培养首批研究生，1961年，哈尔滨工业大学正式招收焊接专业研究生；1959年，清华大学开始招收焊接专业研究生；1961年，天津大学也开始招收焊接专业研究生。

24.1.3 焊接专业的蓬勃发展期

1977年以后，我国高等教育进入了全面恢复阶段，原来有焊接专业的高校大部分恢复了招生。此前我国设立焊接专业的高等学校有17所，此后焊接专业进入了快速发展阶段。截至1998年，我国设有焊接专业的学校发展到50余所。

1978年，在黄山召开了全国高等工科院校“焊接工艺及设备专业”教材编审委员会会议，会议决定重新出版一套自己的专业教材，并由机械工业出版社出版。

1980年以后，机械工业出版社陆续出版了5套（9本）焊接专业教材，它们是：《焊接结构》（田锡唐主编）、《金属熔焊原理及工艺》（上、下册，周振丰、张文钺主编）、《焊接方法及设备》（1~4分册，分别由姜焕中、毕惠琴、沈世瑶、邹僖、魏月贞主编）、《弧焊电源》（郑宜庭、黄石生主编）、《焊接检验》（梁启涵主编）。

1984 年教材编审委员会确定的焊接专业核心课程共有 4 门，即焊接冶金学、电弧焊、弧焊电源和焊接结构。

1978 年我国恢复研究生招生工作，招收研究生的院校由原来的 3 所扩大到 7 所，即在哈尔滨工业大学、清华大学、天津大学的基础上，又增加了西安交通大学、上海交通大学、大连铁道学院（现为大连交通大学）和北京航空航天大学。

1982 年国家对大学本科和研究生实行学位制，一些院校陆续取得了焊接硕士学位和博士学位的授予权，首批获得国务院学位委员会批准的焊接专业硕士学位授予权的院校有：哈尔滨工业大学、清华大学、天津大学、西安交通大学、上海交通大学。首次获得焊接博士学位授予权的院校有：哈尔滨工业大学、清华大学、天津大学。到 1996 年，西安交通大学、吉林工业大学（现为吉林大学)、华南理工大学、中国科学院沈阳金属研究所也获得了焊接博士学位授予权。

24.1.4 焊接专业的转型发展期

1998 年，教育部按照“科学、规范、拓宽”的原则进行了学科专业目录调整，并颁布了专业目录修订实施方案。按照这个方案，焊接专业（本科）被并入到机械类的“材料成型及控制工程”这一新的专业。1999 年，大多数学校按国家专业目录修订实施方案中的“材料成型及控制工程”专业招生，并在专业培养方案中设置了“焊接专业方向（模块）”。

2000 年，哈尔滨工业大学向教育部提出申请恢复焊接专业，并将专业名称由原来的“焊接工艺及设备”调整为“焊接技术与工程”，同年，该申请获教育部批准，被列为专业目录外特色专业。此后，几所院校相继恢复了焊接专业，将材料成型及控制工程中的焊接方向调整为独立的焊接专业招生，如江苏科技大学、大连交通大学、内蒙古工业大学、沈阳工业大学、沈阳大学、辽宁工程技术大学等。此后，焊接专业的发展重新有了朝气，进入了一个新的发展历史时期。

恢复后的焊接专业核心课程有焊接工艺及设备、焊接冶金及焊接性、焊接结构，专业选修课程包括钎焊、焊接电源、电阻焊、无损检测等。

2006 年，由焊接专业教学委员会与机械工业出版社共同组织出版了焊接专业的普通高等教育“十一五”重点规划教材，这是我国比较系统地出版的第二套满足焊接专业本科生教学需要的教材。

目前已经通过中国工程教育专业认证的院校有天津大学、太原理工大学、山东大学、沈阳工业大学等。

焊接专业研究生教育被归入材料领域的材料加工工程二级学科。各学校按照国家学位条例和自身特色，自主制订了研究生培养目标及培养方案。

24.2 焊接专业本科生的培养

24.2.1 培养目标及模式

为了满足国家对焊接专业人才的需求，中国从 1952 年开始在工科大学中创建焊接专业。从 1999 年开始，按新颁布的国家专业目录修订实施方案，将焊接专业合并到“材料成型及控制工程”专业，大多数学校在该专业培养方案中设置了“焊接专业方向（模块)”，继续培养焊接专业本科生。从 2000 年开始，一些大学将焊接专业作为普通高等学校专业的“目录外特色专业”招生；2012 年教育部颁布新修订的《普通高等学校本科专业目录》，将“焊接技术与工程”专业正式列入专业目录，从 2013 年起，一批大学开始以“焊接技术与工程”专业招生。据不完全统计，截至 2016 年，不同类型培养模式的大学见表 24-2，其中，以“焊接技术与工程”专业招生的大学共计 16 所，以“材料成型及控制工程”专业焊接专业方向（模块）

招生的大学共计 12 所。到目前为止，中国焊接专业人才培养模式可分为两种类型：材料类焊接专业和机械类焊接专业。

表 24-2 不同类型培养模式的大学目录

类　型	院　校　名　称		专业建立时间
材料类：①焊接技术与工程专业；②材料科学与工程专业（焊接方向）	①	哈尔滨工业大学	1952
		哈尔滨工业大学（威海）	2002
		南昌航空大学	1952
		江苏科技大学	1953
		佳木斯大学	1958
		内蒙古工业大学	1989
		沈阳工业大学	1953
		太原科技大学	1985
		重庆理工大学	2001
		重庆科技学院	2006
		沈阳航空航天大学	2007
		西华大学	1991
		山东建筑大学	2000
		沈阳大学	2006
		长春工程学院	1999
		兰州理工大学	1963
	②	西安交通大学	1955
		大连理工大学	1998
		北京工业大学	1960
		燕山大学	1991
机械类：①材料成型及控制工程专业（焊接方向）；②机械工程及自动化	①	天津大学	1952
		北京航空航天大学	1958
		吉林大学	1961
		山东大学	1960
		西北工业大学	1956
		西南交通大学	1985
		太原理工大学	1958
		沈阳理工大学	1992
		哈尔滨理工大学	1990
		河南科技大学	1987
		中国石油大学（华东）	1985
		河北工业大学	1988
	②	清华大学	1953
		华南理工大学	1958

1. 材料类焊接专业培养模式

按照 2012 年教育部颁布的新修订的《普通高等学校本科专业目录》，“焊接技术与工程”专业从 2013 起正式进入专业目录，属于材料科学与工程学科中的一个专业，一般设在材料科学与工程学院，目前已有 16 所大学按此专业招生。代表性的院校有哈尔滨工业大学、南昌航空大学、兰州理工大学等。还有些院校的焊接专业以焊接方向的模式设在“材料科学与工程”专业中，如西安交通大学、大连理工大学、北京工业大学等。在全国设有焊接专业的所有院校中，按此模式培养焊接专业本科生的院校约占 60%。

专业培养目标是培养具有优良的思想品质、科学素养和人文素质，宽厚的基础理论和先进合理的专业知识，良好的表达、分析和解决工程技术问题能力，较强的自学、实践、创新、组织协调能力的高级专业人才，毕业后可在焊接技术与工程领域从事科学研究、技术开发、设计、生产及经营管理等工作。

培养模式的特点：

1）厚基础、窄口径培养。

2）专业基础厚实，焊接专业知识与理论系统。

3）侧重于从材料特性出发，分析材料焊接性，探索新型材料焊接问题。

4）从材料力学角度和焊接热源特性，分析焊接接头及结构应力与变形，选择并设计相应焊接工艺。

2. 机械类焊接专业培养模式

《普通高等学校本科专业目录》在“机械工程学科”设有“材料成型及控制工程”专业，其专业内涵是材料的铸造、锻压、焊接等热加工技术，焊接专业是该专业中的一个方向或模块，通常称为“材料成型及控制工程专业（焊接方向）”，一般设在机械工程学院或材料科学与工程学院。代表性的院校有天津大学、北京航空航天大学等。有些特殊的情况，如清华大学、华南理工大学的焊接专业包含于“机械工程及自动化”专业中。在全国设有焊接专业的所有院校中，按此模式培养焊接专业本科生的院校约占40%。

专业培养目标是培养具有良好的工程素质、职业道德和人文科学素养，掌握机械、材料、电气控制等学科基础知识，能够在材料成型原理、工艺、结构、质量控制及装备设计等领域从事科学研究、技术开发、设计制造、生产组织与管理，具有实践能力和创新意识的复合型高级工程技术人才。

培养模式的特点：

1）“宽口径，厚基础”培养。

2）不是完全的通才教育，在材料成型方面具有较宽的专业基础。

3）按此模式招收的焊接专业本科生，其所修专业基础课与该专业的铸造、锻压方向是相同的，但是，专业课中部分相同，部分按专业方向模块选修。

24.2.2 课程体系

除了大学公共基础课程和人文教育课程以外，焊接专业的课程体系主要包括数理自然基础课程、专业基础课程、专业核心课程及专业选修课程。上述两种培养模式的课程体系设置及学分要求见表24-3。

表24-3 焊接专业两种培养模式课程体系设置及学分要求

培养类别	材料类焊接专业（焊接技术与工程）		机械类焊接专业［材料成型及控制工程专业（焊接方向）］	
课程类别	课程名称	学分要求	课程名称	学分要求
数理自然基础	高等数学 代数与几何 概率论与数理统计 大学物理 大学化学	≥36.0	高等数学 代数与几何 概率论与数理统计 大学物理 大学化学	≥34.0
专业基础	计算机基础 机械制图 机械设计基础 机械加工工艺基础 电工技术 电子技术 工程力学 物理化学 金属学及热处理 金属力学性能 材料分析测试方法 热加工过程传输原理	≥36.0	计算机基础 机械制图 机械设计基础 金属工艺学 电工技术 电子技术 工程力学 物理化学 材料科学基础 自动控制原理	≥34.0

（续）

培养类别	材料类焊接专业 （焊接技术与工程）		机械类焊接专业 ［材料成型及控制工程专业（焊接方向）］	
课程类别	课程名称	学分要求	课程名称	学分要求
专业核心	焊接冶金学 焊接结构学 电弧焊基础	≥7.0	材料成型原理 材料成型技术 材料成型设备 材料成型检测技术	≥13.0
专业选修	焊接质量检测与评价 钎焊 高能束焊接 电阻焊 弧焊电源 固相连接 先进材料的连接 焊接应力与变形控制 3D 打印 焊接工程缺欠分析 焊接生产及管理 焊接国际标准讲座	≥ 24.0	材料加工自动化 现代弧焊电源 焊接物理 焊接结构 材料焊接性 焊接过程自动控制	≥ 22.0

24.2.3 教材

2005 年教育部高等学校材料成型及控制工程专业教学指导委员会和机械工业出版社联合组织焊接专业领域的知名专家、学者，成立了“普通高校焊接专业‘十一五’重点规划教材编审委员会”，已出版 12 本焊接专业教材，大部分教材已被培养焊接专业本科生的院校所采用。中国焊接专业授课用主要教材目录见表 24-4。

表 24-4 中国焊接专业授课用主要教材目录

序号	教材名称	主编	出版社	出版时间
1	电弧焊基础	杨春利、林三宝	哈尔滨工业大学出版社	2003
2	熔焊方法及设备	王宗杰	机械工业出版社	2007
3	焊接冶金与焊接性	刘会杰	机械工业出版社	2007
4	焊接冶金学—材料焊接性	李亚江	机械工业出版社	2007
5	压焊方法及设备	赵熹华、冯吉才	机械工业出版社	2005
6	弧焊电源及其数字化控制	黄石生	机械工业出版社	2007
7	焊接结构学	方洪渊	机械工业出版社	2008
8	材料连接设备及工艺	杨立军	机械工业出版社	2009
9	连接工艺	李桓	高等教育出版社	2010
10	弧焊电源及控制	胡绳荪	化学工业出版社	2010
11	材料连接原理	杜则裕	机械工业出版社	2011
12	焊接科学基础—材料焊接科学基础	杜则裕	机械工业出版社	2012
13	焊接科学基础—焊接方法与过程控制基础	黄石生	机械工业出版社	2014
14	现代弧焊电源及其控制	胡绳荪	机械工业出版社	2015
15	焊接自动化技术及其应用	胡绳荪	机械工业出版社	2015
16	焊接冶金原理	黄继华	机械工业出版社	2015

24.2.4 毕业生

1994—2016 年期间，焊接专业本科生每年毕业生人数的统计结果及变化情况，如图 24-1 所示。材料类、机械类焊接专业毕业生统计结果及变化情况，如图 24-2 和图 24-3 所示。从图 24-4 中的数据可以发现，近 10 年，中国焊接专业本科生平均每年毕业生人数已达 2143 人，其中材料类焊接专业平均每年毕业生人数为 1404 人，机械类焊接专业平均每年毕业生人数为 739 人。

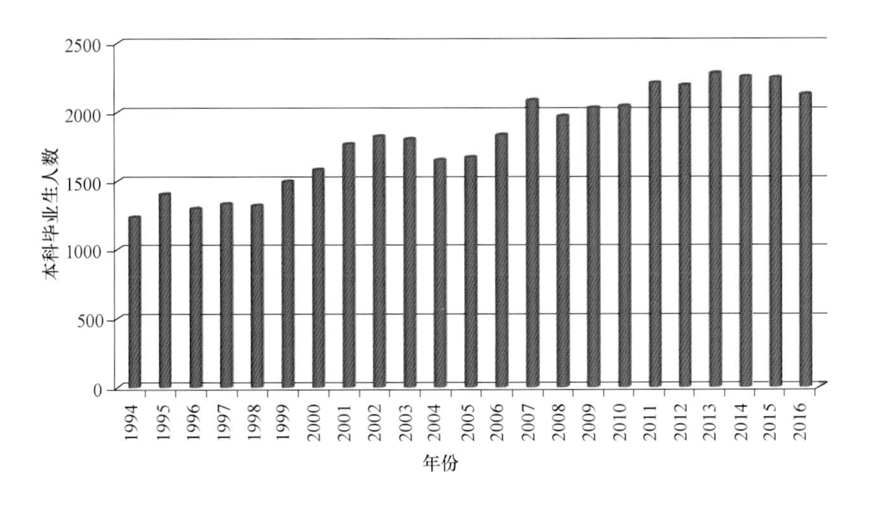

图 24-1 1994—2016 年全部焊接专业本科毕业生人数年度统计

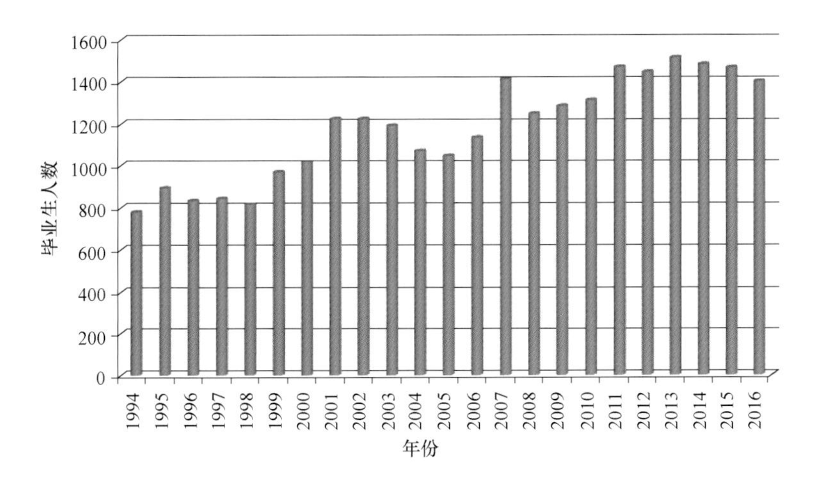

图 24-2 材料类焊接专业毕业生人数年度统计

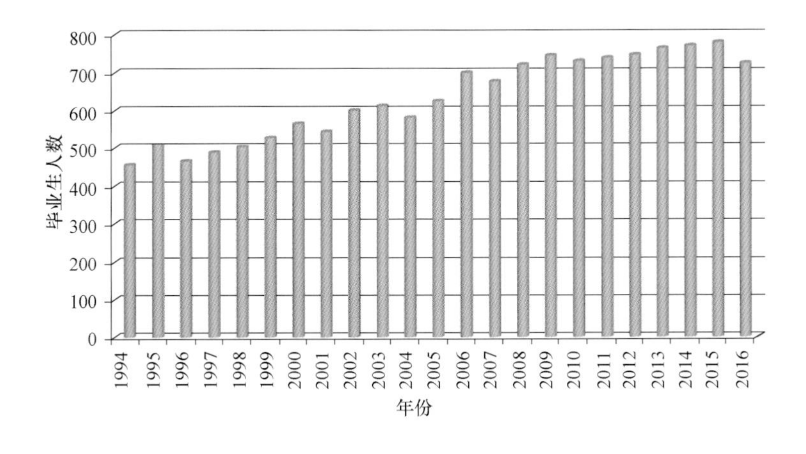

图 24-3 机械类焊接专业毕业生人数年度统计

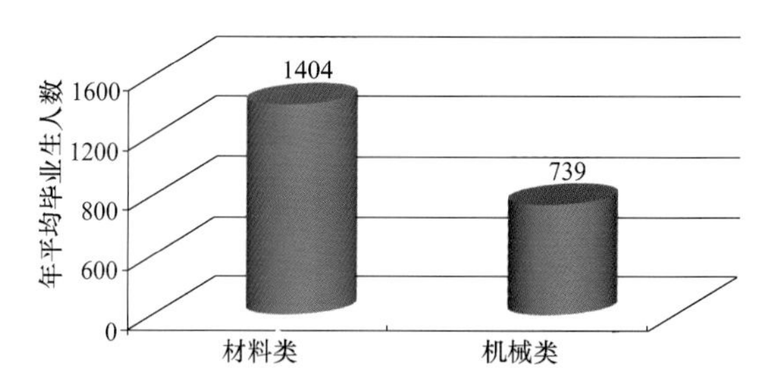

图 24-4　材料类、机械类焊接专业近 10 年年平均毕业生人数统计

24.2.5　就业去向

具有明显行业背景的院校，比较多的毕业生在本行业就业。如哈尔滨工业大学的毕业生，70%就业于航天、国防类企事业单位；大连交通大学的毕业生，90%就业于轨道交通类企业；江苏科技大学的毕业生多就业于船舶类企业。

行业背景不明显的院校，毕业生就业面比较广，如汽车、锅炉、化工等企业。

24.3　焊接专业研究生的培养

24.3.1　硕士研究生的培养

1. 培养目标

培养硕士研究生掌握本学科坚实宽广的基础理论和系统深入的专门知识，以及先进材料科学实验方法和技能；熟练地掌握一门外国语，具有从事科学研究的能力；具有严谨的科研作风和良好的合作精神，具有较强的学术交流能力；能够在本学科领域科学研究或专门技术上做出创造性成果，成为从事材料加工工程学科领域科研、教学、技术开发及相关管理工作的高层次研究型综合人才。

硕士研究生培养类型分学术型硕士和专业型硕士。

学术型硕士的课程学习时间一般不超过一年，其他时间用于学位论文和课题研究。实行导师负责制或以导师为主的指导小组制，全日制培养。采用课程学习和科学研究相结合的培养方式。通过完成一定学分的课程学习，系统深入地掌握本学科的理论知识。同时，重点培养其独立从事科学研究的能力。

专业型硕士的培养实行双导师制，采用课程学习、专业实践和论文写作相结合的培养方式。以专业实践支撑实践创新力和职业胜任力的培养，促进专业实践与论文写作的紧密结合。

2. 课程体系及学分要求

（1）学术型硕士生学分要求　所修学分的总和为 33~36 学分，其中：

学位课 19 学分，思想政治理论课 3 学分；第一外国语 2 学分；数学基础课 4 学分；学科基础课 6 学分；专业核心课 4 学分。

专业核心课程合计 4 学分，专业选修课合计 8 学分，学校根据自身特点设置不同。

其他包括专题课程和创新实践课 3~4 学分；学术交流 3 学分。

（2）专业型硕士生学分要求　所修学分的总和为 32~34 学分，其中：

学位课 17 学分，含思想政治理论课 3 学分；第一外国语 2 学分；数学基础课 4 学分；应用基础课 4 学分；专业核心课程 4 学分。

专业核心课程合计 4 学分，专业选修课合计 8 学分，学校根据自身特点设置不同。

其他包括实践环节 2 学分，专题课 2 学分，学术交流 3 学分。

3. 培养要求

学位论文工作的主要目的是培养硕士研究生独立思考、勇于创新的精神和从事科学研究或担负专门技术工作的能力，使研究生的综合业务素质在系统的科学研究或工程实际训练中得到全面提高。学位论文工作阶段的开题、中期检查和论文答辩是硕士研究生培养过程中的必要环节，硕士研究生应在导师指导下独立完成硕士学位论文工作。

（1）题目确定　学位论文的选题一般应结合本学科的研究方向和科研项目，鼓励面向国民经济和社会发展的需要选择具有理论意义或应用价值的课题。确定学位论文的内容和工作量时应考虑硕士研究生的类型、知识结构、工作能力和培养年限等方面的特点。学位论文的题目一般应于第一学期结束前确定。

（2）开题报告　硕士研究生学位论文的开题工作一般应于第二学年秋季学期开学后三周内完成。开题报告的主要内容为：课题来源及研究目的和意义；国内外在该方向的研究和发展情况及分析；论文的主要研究内容及研究方案；预期达到的目标；已完成的研究工作与进度安排；为完成课题已具备和所需的条件和经费；预计研究过程中可能遇到的困难和问题以及解决的措施；主要参考文献。

（3）中期检查　硕士研究生学位论文的中期检查一般应于第二学年春季学期开学后三周内完成。中期检查的主要内容为：论文工作是否按开题报告预定的内容及进度进行；已完成的研究内容及结果；目前存在的或预期可能会出现的问题；论文按时完成的可能性。

（4）学位论文撰写　硕士学位论文是硕士研究生科学研究工作的全面总结，是描述其研究成果、反映其研究水平的重要学术文献资料，是申请和授予硕士学位的基本依据。学位论文撰写是硕士研究生培养过程的基本训练之一，必须按照规范认真执行。

（5）论文答辩　硕士研究生学制一般2~3年，学位论文答辩在硕士研究生最后一个学期进行。在申请答辩前，应在核心及以上期刊或ISTP、EI或SCI刊源的国际、国内学术会议论文集上发表1篇以上学术论文。

4. 毕业生规模及去向

1994—2016年期间，焊接专业硕士研究生毕业生人数年度统计结果及变化情况，如图24-5所示。近10年，每年毕业硕士研究生规模在500~700人，比20年前增加了近3倍，大多数毕业生就业于航天、航空、汽车、锅炉、化工、轨道交通等企业和研究机构。

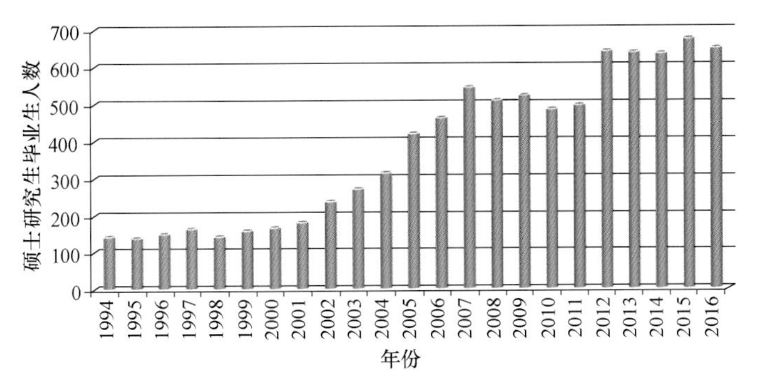

图24-5　1994—2016年焊接专业硕士研究生毕业生人数年度统计

24.3.2　博士研究生的培养

1. 培养目标

培养博士研究生掌握辩证唯物主义和历史唯物主义的基本原理，树立科学的世界观与方法论。掌握材料加工工程学科坚实宽广的基础理论和系统深入的专门知识；掌握材料加工工程学科的现代实验方法和技能；熟练地掌握一门外国语，并具有一定的国际学术交流能力；

具有独立地、创造性地从事科学研究的能力；能够在科学研究或专门技术上做出创造性的成果。具有严谨的科研作风，良好的合作精神和较强的交流能力。

2. 课程体系及毕业要求

博士研究生在学期间课程学习的总学分应不少于 16 学分。其中，学位课不少于 6 学分，必修环节不少于 3 学分，选修课不少于 7 学分，应至少选修 1 门跨一级学科的课程。

学位课：政治理论课、科技发展史、外国语。

必修课：学校根据自身特点设置不同。

选修课：学校根据自身特点设置不同。

博士研究生学制一般 3~5 年，在申请答辩前，发表的学术论文至少应满足以下条件之一：

1）在 EI 检索源期刊上发表论文若干篇（如 3 篇以上，含 3 篇），或在 SCI 或 EI 检索源期刊上发表论文若干篇（如 2 篇以上，其中必须有 1 篇为 SCI 检索源论文）。

2）发表 SCI 检索论文影响因子总和大于 N（如 $N=3.0$）。

3. 毕业生规模及去向

目前中国有 20 余所学校培养焊接专业博士研究生，各学校培养博士研究生的总数和年均毕业人数见表 24-5，毕业生人数年度统计结果及变化情况如图 24-6 所示。

近 10 年，每年毕业博士研究生规模在 50~100 人，就业于高等院校的博士研究生毕业生大约占三分之一，大多数毕业生就业于科研院所，少数人就业于企事业单位。

表 24-5　2007—2016 年焊接专业博士研究生毕业生人数统计结果

院校名称	博士研究生毕业总数(2007—2016)	年平均毕业人数
哈尔滨工业大学	190	19
山东大学	77	8
天津大学	76	8
西安交通大学	60	6
清华大学	60	6
兰州理工大学	49	5
吉林大学	38	4
华南理工大学	35	4
北京工业大学	34	3
沈阳工业大学	33	3
燕山大学	26	3
江苏科技大学	21	2
北京航空航天大学	19	2
太原理工大学	19	2
中国石油大学(华东)	17	2
西北工业大学	14	1
内蒙古工业大学	12	1
哈尔滨理工大学	8	1
太原科技大学	5	—
大连理工大学	5	—
哈尔滨工业大学(威海)	3	—

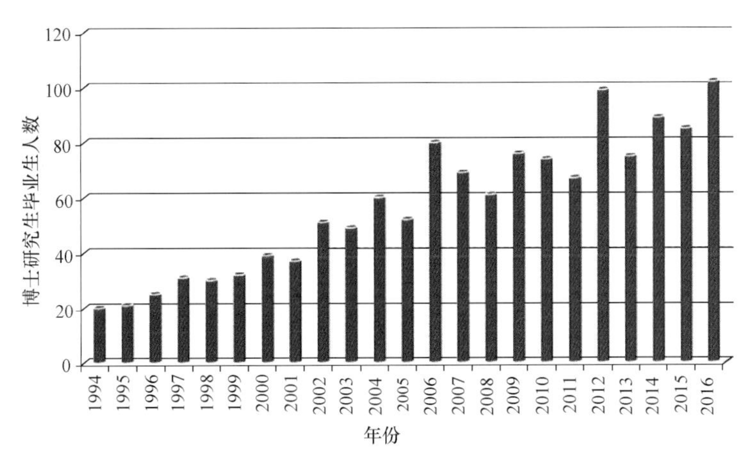

图 24-6　1994—2016 年焊接专业博士研究生毕业生人数年度统计

参 考 文 献

［1］ 中国焊接事业发展历程［J］. 金属加工：热加工，2010（10）：16-21.

［2］ 史耀武. 我国高等焊接专业人才培养状况与培养模式的发展［J］. 焊接，2002（12）：5-9.

［3］ 哈尔滨工业大学. 材料科学与工程学院本科生培养方案［EB/OL］. http：//mse. hit. edu. cn/1702/list. htm.

［4］ 天津大学. 材料科学与工程学院各专业培养方案［EB/OL］. http：//mse. tju. edu. cn/content/37.

［5］ 清华大学. 材料科学与工程专业本科培养方案［EB/OL］. http：//www. tsinghua. edu. cn/publish/newthu/newthu_ cnt/education/edu-1-1. html.

［6］ 山东大学. 材料科学与工程学院本科生教育［EB/OL］. http：//www. cmse. sdu. edu. cn/rcpy/bksjy/pyfa. htm.

［7］ 哈尔滨工业大学. 材料科学与工程学院研究生培养方案［EB/OL］. http：//mse. hit. edu. cn/1710/list. htm.

［8］ 天津大学. 材料科学与工程学院研究生培养［EB/OL］. http：//mse. tju. edu. cn/content/50.

第 25 章　IIW 焊接培训与资格认证体系在中国的建立与发展

解应龙

25.1　中德合作与 CANB 的建立

25.1.1　中德合作项目简要回顾

在 1984—1999 年中德政府技术合作项目中，我国首次全面引入先进焊接培训体系，也是中德政府合作项目中合作时间最长，合作层次最高，最具创新成果和行业关注度，参与度最高的项目，被称为中德合作项目的成功范例。

1984 年，由原机械工业部组织的中德合作焊工培训班在哈尔滨焊接技术培训中心举办，四位德国焊接技师为来自全国机械行业的百余位焊接人员进行了焊接技术培训（见图 25-1），开始了全面引入德国焊接人员培训体系的中德技术合作项目，该项目不断深入并连续取得阶段性成果，得到了双方政府的高度重视与持续支持。1996 年 11 月，当时的德国总统赫尔佐克访华期间与中国国家主席江泽民出席了双方政府包括此项目在内的 3 项技术合作项目的签字仪式。中德焊接技术培训合作项目历时 15 年，共经历了一、二、三期项目合作和扶植期，在中德合作项目中合作时间之长是极不多见的。

图 25-1　1984 年中德合作在哈尔滨首次举办焊接技术人员培训班

25.1.2　中德合作项目主要成果

在中德政府合作项目期间（1984—1999 年），共有 32 位中国专业人员陆续赴德国进行深造，并获得欧洲焊接工程师等专业资格证书，为日后中德合作办班培养了师资与专业翻译人才。在 1987—1997 年间，德方分别派 Karl Million 博士和 Einick 工程师为项目长期专家，多批短期专家来华教学。中德双方教师与专家分别到全国各个地区、油田、大型企业现场举办欧洲焊接工程师、欧洲焊接质检师、欧洲高级无损检测人员、焊工教师、焊工等各类培训班与考试认证，服务于诸如陕京管线安装，大庆油田建设，哈尔滨、上海、四川电力设备制造等重大工程与大型企业，且为西门子公司、上海振华港机（集团）公司等外资与出口加工企业培养了大批取得国际资质的焊接专业骨干人才和众多持国际证书的焊工。双方共同合作完成培训与认证欧洲焊接工程师（EWE）、欧洲焊接技师（EWS）、欧洲焊接质检师（EWI）、德国焊接学会（DVS）焊工教师等共计1200多名，欧洲及德国焊工数千名，并于1999年举办了世界首个欧洲焊接工程师过渡国际焊接工程师培训班，一次培训108人，开展焊接结构师等专项培训百余人次、欧洲Ⅲ级超声检测人员、欧洲Ⅱ级无损检测人员近百人。

为全面将德国焊接培训体系引入到中国，不仅将几十种共计超百万字的德文培训教材与欧洲/德国标准翻译成中文，供培训中使用，还在项目进行过程中将德国培训规程与培训方法引入到中国，并且逐步将德方专家讲授的课程过渡转由中方教师独立授课，为中国日后焊接培训与资格认证的国际接轨打下了良好基础。

中德合作项目中非常具有纪念意义的是两个在世界上首次举办的培训班：1996年3月中德合作在哈尔滨举办的“欧洲焊接质检师培训班”，有31人参加并获得证书；1999年中德合作在哈尔滨举办的首期欧洲焊接工程师转化为国际焊接工程师的“国际焊接工程师资格转化班”（见图25-2），共有108人参加并获得证书。

图25-2　1999年中德合作在哈尔滨举办的首期国际焊接工程师资格转化班

25.1.3　中国成为欧洲以外首批获IIW授权的国家

1996年，IIW正式提出了建立国际统一焊接人员培训与资格认证的计划，1999年成立了国际焊接资格认证委员会（International Authorization Board，IAB）来管理培训和资格认证工作，在全世界推广实施国际统一的焊接培训资格认证体系。

为了使我国的焊接培训与资格认证体系和培训机构通过IIW的评审和验收，从而实现中国焊接培训认证体系与国际的接轨，1998年8月在哈尔滨由中国焊接学会与中国焊接协会联合组织的全国焊接培训工作会议上，推选产生了中国焊接培训与资格认证委员会（Chinese Welding Training and Qualification Committee，CANB），并按IIW要求成立了完整的组织机构，CANB下设培训工作委员会、考试委员会、验收工作组、申诉与投诉工作委员会。CANB大会由全国焊接行业和相关的影响较大的企事业单位所派代表组成，执行委员会由中国焊接学会、中国焊接协会、全国焊接标准化委员会及其他不同行业的代表组成。同时，选举宋天虎教授为 CANB 主席（现任中国机械工程学会监事长），副主席为张彦敏（现任中国机械工程学会常务副理事长及中国焊接学会副理事长）、林尚扬（中国工程院院士）、吴林（原焊接国家重点实验室主任）、何实（现任全国焊接标准化技术委员会主任、哈尔滨焊接研究所所长）、吴毅雄（现任中国焊接学会副理事长、上海交通大学焊接工程研究所所长）、副主席兼秘书长解应龙（现任哈尔滨焊接技术培训中心主任）、副秘书长朴东光（现任全国焊接标准化技术委员会秘书长）。

1999 年春季，德国 SLV Duisburg 的 Ahrens 先生（时任 IIW-VII 委主席）来到哈尔滨，对 CANB 准备向 IIW 提交的书面申请文件进行了咨询性的审阅并提出有益的建议，中方随即将修改完善后的申请文件报 IIW 审核并顺利通过文件评审，确定于 1999 年 9 月在哈尔滨焊接技术培训中心进行现场评审。

为使现场评审工作能够顺利通过，在 CANB 和哈尔滨焊接技术培训中心（WTI Harbin，中德哈尔滨焊接培训中心）全面准备验收时，当时担任中国机械工业部副部长的陆燕荪先生、CANB 执委会主席宋天虎先生、中国科学院潘际銮院士等专程来到哈尔滨与中国工程院林尚扬院士等行业领导和专家（见图 25-3）现场指导验收工作，时任中国焊接学会理事长吴林教授（时任 IIW 执委）与 CANB 执委会副主席张彦敏先生先期来到哈尔滨焊接技术培训中心了解迎检准备情况并提出指导意见。

图 25-3　指导验收工作的中方行业领导、专家及 WTI Harbin 领导

同年 9 月 7~9 日，IIW 主任评审员（英国 TWI 的 Timothy James Jessop 先生）和助理评审员（德国曼海姆焊接培训研究所的 Wolf-Dieter Strippelmann 教授）在哈尔滨进行了现场评审，重点检查了 CANB 的质量程序文件、档案管理、CANB 考试题库、组织机构等，并审查了我国首家授权的培训机构（Authorized Training Body，ATB）——哈尔滨焊接技术培训中心。此间中国焊接界的领导与专家会见了 IIW 评审员，并进行了座谈与交流。CANB、WTI Harbin 科学规范、认真细致的工作给两位 IIW 评审专家留下了深刻的印象，在现场总结时对 CANB 和 WTI Harbin 的工作给予了积极的评价和充分肯定。

IIW 专家评审报告于 2000 年 1 月在巴黎召开的 IIW 培训工作会议上表决通过，中国焊接培训与资格认证委员会（CANB）正式获得 IIW 授权，图 25-4 所示为授权书及授权范围。授权项目为当时 IIW 在世界开展的全部项目：国际焊接工程师（IWE）、国际焊接技术员（IWT）、国际焊接技师（IWS）、国际焊接技士（IWP）四类人员培训与资格认证。中国的许多媒体报刊都给予了及时报道和高度评价，《哈尔滨日报》在头版头条重要位置以“我先于美日获国际准入——哈尔滨焊接技术培训中心通过国际验收”为题对此进行了报道。

2004 年 11 月 8~10 日，CANB 和 WTI Harbin 迎来了 IIW 评审组的复审和增项课程审查。通过审查，IIW 评审专家 Timothy Jams Jessop 和 Henk J. M Bodt 先生对我国的国际焊接培训与资格认证工作给予了高度的评价，在审查报告中建议对原有四个项目继续授权，并对新申请项目给予正式授权，同意中国开展国际焊工（IW）和国际焊接质检人员（IWIP）的培训。2005 年 1 月，IIW 批准了增项与复审授权，使我国成为亚洲第一个获得全部授权的国家。图 25-5 所示为中国机械工业联合会前会长于珍会见 IIW 评审团的照片。

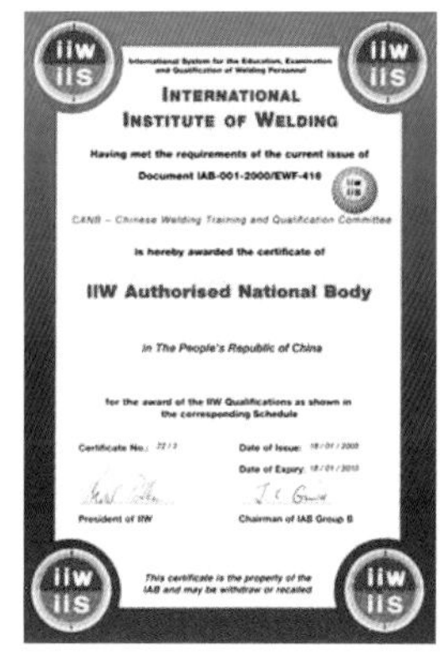
International System for the Education, Examination and Qualification of Welding Personnel

INTERNATIONAL INSTITUTE OF WELDING

Having met the requirements of the current issue of Document IAB-001-2000/EWF-416

CANB – Chinese Welding Training and Qualification Committee

is hereby awarded the certificate of

IIW Authorised National Body

in The People's Republic of China

for the award of the IIW Qualifications as shown in the corresponding Schedule

Certificate No.:

Date of Issue:

Date of Expiry:

President of IIW

Chairman of IAB Group B

This certificate is the property of the IAB and may be withdraw or recalled

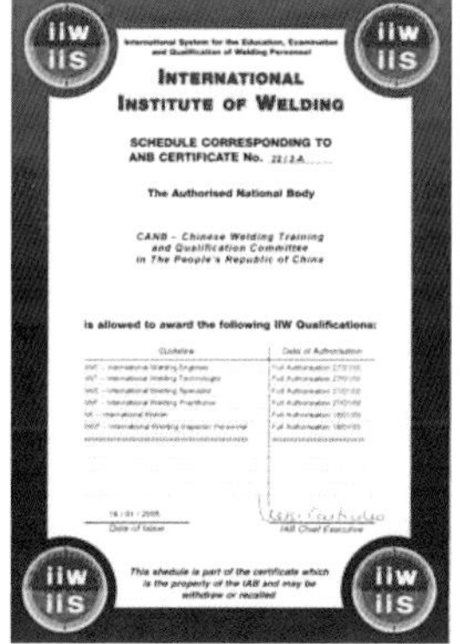
International System for the Education, Examination and Qualification of Welding Personnel

INTERNATIONAL INSTITUTE OF WELDING

SCHEDULE CORRESPONDING TO ANB CERTIFICATE No.

The Authorised National Body

CANB – Chinese Welding Training and Qualification Committee in The People's Republic of China

is allowed to award the following IIW Qualifications:

Date of Issue

IAB Chief Executive

This schedule is part of the certificate which is the property of the IAB and may be withdraw or recalled

图 25-4　IIW 授权书及授权范围

图 25-5　中国机械工业联合会前会长于珍会见 IIW 评审员

25.2　CANB 的发展与国际化焊接人才培养

自 2000 年获得 IIW 授权以来，CANB 在培训与国际焊接人员认证总数方面始终位列世界第二。良好的业绩得到了国际上的广泛赞誉，同时也成为 IIW 国际授权委员会（IAB）推荐各成员国学习的典范，而成功的重要条件是全行业的支持与广泛参与。各省市地区的行业组织，数十所高校与职业学院和数百家企业通过与 WTI 的合作为焊接培训国际认证做出了巨大贡献。

25.2.1　地方焊接学会积极参与 IIW 体系推广

CANB 与授权培训机构 WTI 本着广泛联合、多方参与的原则，先后与江苏省焊接学会、上海市焊接学会、上海市焊接协会、湖南省焊接学会、广东省焊接学会、山西省焊接学会、湖北省暨武汉市焊接学会、辽宁省焊接学会、浙江省焊接学会等地方学（协）会携手，在招生宣传、交流推广、联合办班等方面友好合作，在全国各地举办多期国际焊接人员培训班，一方面提高了各地方学（协）会在当地的影响力，通过广泛宣传扩大招生，给学员提供了就近学习的机会，同时也在各地方及行业培养了解国际标准及规程的技术骨干和师资队伍。

这种合作方式在开展过渡期工程师资格转化培训期间，发挥了关键作用。目前国际焊接工程师（IWE）培训与认证在全国 20 多个省市开展了百余期，培训学员遍布全国各地（包括台湾地区，香港、澳门特别行政区）。IIW 的培训与认证体系得到了大力宣传和迅速推广。

25.2.2　高校合作创新国际化工程化人才培养途径

在 2000 年 IIW 授权之初，CANB 授权的培训机构 WTI Harbin 就与哈尔滨工业大学联合举办国际焊接工程师班，把国际统一的工程化人才培养模式引入到高校培养机制中，这种高校、培训机构联合授课的形式创新了焊接专业人才培养的模式，目前已在吉林大学、南京理工大学、佳木斯大学、西南交通大学、华中科技大学等全国 30 多所高校成功推广。

这种模式的独特优势在于使高校焊接专业教学与国际职业培训相互结合、相互促进，增强了学生理论知识与工程实践相结合的能力，促进了高校工程化人才的培养，为行业培养了国际化人才，为焊接专业毕业生提供了取得毕业证和学位证的同时取得国际焊接工程师证书的机会，拓宽了学生的就业渠道，受到了各用人单位的普遍欢迎。同时得到了 IIW 评审专家的高度认可，并成为推广 IIW 培训体系的主要途径之一。

25.2.3　国际焊接工程师培训与认证位列全球第一

自 2000 年获得 IIW 授权已历经 16 年，我国 CANB 在培训与国际焊接人员认证总数方面始终位列世界第二（见图 25-6）。2011 年开始我国 CANB 培训认证国际焊接工程师（IWE）数量位列世界第一（见图 25-7），在全球占比 30%以上。良好的业绩得到了国际上的广泛赞誉，同时也成为 IIW 国际授权委员会（IAB）推荐各成员国学习的典范。

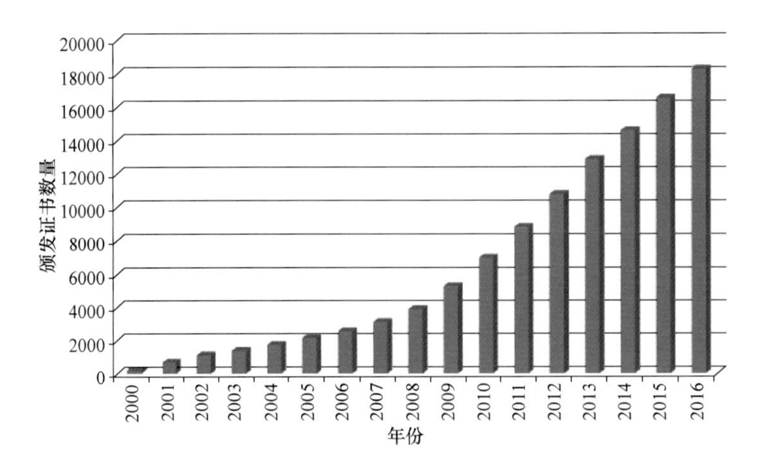

图 25-6　CANB 累计证书颁发数量

截至 2016 年年底，CANB 共计为国内各行各业培养了 13424 名国际焊接工程师、117 名国际焊接技术员、3001 名国际焊接技师、479 名国际焊接技士、1239 名国际焊接质检人员。根据 2016 年发布的 IAB 年度工作报告，截至 2015 年年底，全世界共颁发 113486 份国际焊接证书，CANB 培训颁发的各类资格证书总数为 14564 份，占全球颁证总数的 12.8%，位居世界第二位。

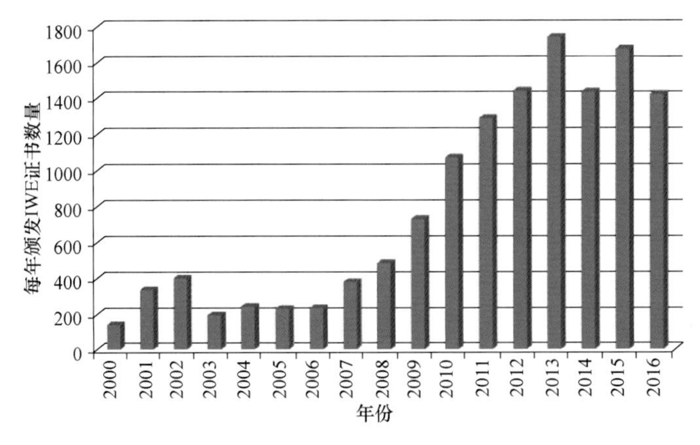

图 25-7　CANB 历年 IWE 证书颁发数量

25.2.4　WTI 的发展成果介绍

CANB 积极推动国际焊接人员培训体系在中国的发展，广泛搭建资源共享平台并发挥积极作用与各地方焊接学（协）会、各行业培训机构、大型企业及高校合作，共同推广国际焊接培训与资格认证体系，经常性地举办 IIW 培训体系推广论坛报告会、专题研讨会、行业工作会等，并与《焊接》《电焊机》杂志社合作出版专刊，开办焊接培训国际认证推广专栏，联合专业媒体推广 IIW 培训体系。图 25-8 所示为 2004 年在哈尔滨举办“焊接制造国际认证”论坛报告会，图 25-9 所示为 2014 年在北京举办中德合作 30 周年纪念活动，图 25-10 所示为 2014 年在哈尔滨举办“中德合作 30 年与国际化焊接专业人才培养”论坛报告会。

广泛联合与资源共享：充分发挥高校、科研、企业、培训等机构各自的特色资源，以合

图 25-8　2004 年在哈尔滨举办“焊接制造国际认证”论坛报告会

图 25-9　2014 年在北京举办中德合作 30 周年纪念活动

图 25-10　2014 年在哈尔滨举办“中德合作 30 年与国际化焊接专业人才培养”论坛报告会

作求共赢，以合作促发展，构建了国际标准信息平台、新技术新成果推广平台、品牌设备材料展示平台、国际资质培训与认证推广平台等资源共享平台。企业的需求与行业的目标是我们发展的动力，通过信息互动，促进建立焊接人才培训新机制，促进焊接产业向前发展。

CANB 积极推动授权的培训机构（ATB）的发展，目前，在中国获得 CANB 授权的 ATB 共有三家，正式授权的 ATB 有两家，分别为 WTI Harbin 与 WTI Beijing，获得预授权的 ATB 有一家，为上海焊接学会培训中心。

25.3　CANBCC 服务企业国际化发展

焊接生产企业的广泛参与已成为 IIW 培训体系推广的主要动力，国际焊接技术人才培训与认证增加了企业参与国际市场的竞争能力，给企业带来了巨大的经济效益，企业认证是企业自身发展的重要手段与途径，已被越来越多的企业实践所证实。

1999 年中德政府合作项目结束前，哈尔滨焊接技术培训中心与德国 SLV Duisburg 签订了双方继续合作协议，双方将合作重点确定在企业国际认证与咨询这一焊接生产制造质量保证的新拓展合作领域。通过双方共同努力，已陆续在中国开展了 ISO 38349（EN 729）、EN 15085（DIN 6700）、DIN 18800、DIN 4113 等各类焊接企业认证。行业内知名认证企业包括上海振华港机（集团）公司、唐山轨道客车有限责任公司、长春轨道客车股份有限公司、株洲电力机车有限公司、纳西姆工业（中国）有限公司等国内外大型焊接生产制造企业。通过认证，企业提高了国际化管理水平，提高了专业技术人员素质，获取了更多国际市场订单，促进了企业的快速发展。

以上海振华港机（集团）公司（ZPMC）为例，于 1999 年成功取得了 DIN 18800-7“钢结构——焊接生产制造和企业资格认证”。通过认证后，进入了亚洲企业从未进入过的、以要求严格著称的欧洲市场，保持连续几年欧洲市场销售额超亿美元，目前全球市场份额超过同类产品50%以上，被誉为民族工业的骄傲。通过中德合作企业认证，不仅扩大了德方在中国企业认证领域的知名度与市场，同时也为中国培养了企业认证与咨询的人才队伍，更为中国建立焊接生产企业资格认证体系并实现与国际接轨提供了重要的经验。

IIW 在 2006 年加拿大魁北克召开的 IAB 会议中确定引入欧洲认证体系实施多年的成功经验，并于 2007 年启动企业认证体系，同时工作组制订了 IIW 企业认证体系推进计划。CANB、WTI Harbin 紧跟国际发展动态，积极筹备并建立 IIW IAB 企业焊接质量认证体系在中国的实施，建立了我国的焊接企业认证构架。通过全行业的共同努力，国际授权（中国）焊接企业认证委员会（CANBCC）在哈尔滨焊接研究所林尚扬院士等专家的关怀指导下，2011 年获得 IIW 正式授权，2015 年 CANBCC 接受并通过 IIW 复审（见图 25-11），并在中国实施 ISO3834 体系认证并且发展迅速，至 2016 年底已按 ISO 3834 标准认证企业 436 家。目前，我国企业国际认证总数位列 IIW 授权国家第二，得到了各方面的高度赞誉。

图 25-11　2015 年 CANBCC 接受 IIW 复审

企业资格认证国际接轨工作的顺利完成，为我国企业在焊接生产制造及其相关领域，参与国际竞争并扫清障碍，消除原有的技术壁垒，直接获得进入国际市场的有效资质，从而在国际市场中争取更大的份额，为国家经济增长做出了积极的贡献。推广焊接生产制造企业认证，不仅为企业参与国际市场竞争创造了有利条件，也将积极推进焊接培训国际认证事业规范健康地发展。

参考文献

[1] 宋天虎，张彦敏，解应龙，等. 中德合作 20 年与中国焊接培训国际认证事业的发展 [J]. 焊接，2004（9）：6-9.

[2] 解应龙，钱强，刘大伟，等. 国际合作与中国焊接培训国际认证体系的建立与发展 [J]. 电焊机，2009，39（3）：1-5.

[3] 解应龙. 焊接培训　国际认证　联接世界　共创未来 [J]. 焊接，2010（1）：2-4.

[4] 解应龙，钱强，刘大伟，等. 焊接培训、国际认证、服务行业、走向世界 [J]. 电焊机，2009，39（3）：27-30.

[5] 解应龙. “焊接培训·国际认证”共同的事业　共同的荣誉 [J]. 焊接，2006（4）：6-8.

[6] 解应龙，钱强，杨桂茹. 资源共享促发展合作创新求共赢——企业与行业的广泛支持促进焊接培训国际认证事业发展 [J]. 焊接，2007（7）：10-11.

第 26 章　中国焊接职业培训与认证

陈树君　肖珺

26.1　我国焊接职业培训与认证发展历程和现状简介

我国的焊接技术教育分为科学研究、工程技术、综合技能和操作技能四个层面，其中前两个层面属于学历教育，后两个层面属于职业教育。科学研究层面一般指的是高等院校和科研院所的博士研究生和学术型硕士研究生教育；工程技术层面一般指的是高等院校的本科生和专业型硕士研究生教育；综合技能层面是高职高专和中职中专的专科生教育；操作技能层面是各个行业培训学校的焊工培训。1998 年国家实施通才教育制度，大面积撤销了焊接专业，而我国的制造业却正处在全面高速发展的启动阶段，焊接技术人才需求急速膨胀。在这一背景下，我国焊接技能职业培训与认证迎来一段持续蓬勃发展的时期。

在初级焊接技能人才培养方面，全国各省市的大中专职业学校是主力。目前在全国高职高专和中职中专学校中，开设焊接专业的学校有近 80 所。虽然这些学校的焊接专业毕业生就业情况良好，但是社会上对焊接工种工作环境差、劳动强度大的片面认识和国家宣传舆论对白领工作的过多导向，这类学校普遍存在生源不足、师资匮乏等问题。可喜的是，近年来舆论宣传已经开始重视这一问题，引导社会对高端技术产业能手的认可和赞誉，通过国家媒体平台发起的“大国工匠”系列报道，中央电视台举办的“大国能手”竞技电视节目，高级蓝领技能工人的社会声誉得到大幅提高。

在中高级焊接职业培训方面，中国焊接学会和中国焊接协会于 1998 年 8 月，联合成立了中国焊接培训与资格认证委员会，全面负责我国的焊接培训和认证工作。中国焊接协会、中国工程建设焊接协会、中国职工焊接技术协会等单位联合行业龙头企业，主导成立了一批专业的大型焊接培训认证机构，进行焊接技能培训和认证工作。我国现有总计 200 多家各类职业培训机构可以进行焊接从业人员的职业培训，但是由于缺乏统一的焊接职业培训规程，各家的课程设置、教学水平参差不齐，我国焊接职业教育培训与认证的标准化工作还有很长一段路要走。另一方面，由于我国焊接制造产品的大量出口，在国内对符合国际标准的焊接技能认证提出了广泛的要求，我国焊接职业培训与认证不可回避地走上了国际化进程。通过开展国际合作，引入欧洲和美国焊接资格培训和认证标准。目前，在中国焊接协会努力推进下，我国职业焊接培训与认证体系建设正在逐步由“单向引入式”国际合作，走向“共同认证、双边互认”的全新模式。

26.2　我国焊接职业培训与认证管理机构

目前，我国领导组织焊接职业培训与认证的主要官方机构有：中国焊接协会、中国工程建设焊接协会以及中国职工焊接技术协会。中国焊接协会着眼全国，全方位服务于我国焊接制造的行业交流、技术推广、人才培训的方方面面，在全国焊接制造业有着广泛的影响力和号召力。中国职工焊接技术协会和中国工程建设焊接协会则更侧重焊接技能人才的培训和认证工作，并且表现出较强烈的行业领域特色，如大量涉及焊接结构的石油系统和钢构工程建设系统。以下对这三个焊接协会予以简要介绍。

中国焊接协会（China Welding Association，CWA），于1987年5月在北京成立，为国家民政部批准和注册的国家一级协会。中国焊接协会会员单位830个，遍布于全国28个省、自治区、直辖市。行业范围涉及锅炉、压力容器、造船、重型机械、焊接材料、焊接设备、焊割机具、机床、工程机械、农业机械、林业机械、煤矿机械、纺织机械以及家电、轻工等机电行业。在会员单位组成结构方面，生产企业会员占会员总数的85.68%，科研单位、大专院校和其他事业单位占14.32%，贯彻了协会以企业为主导的方针。中国焊接协会专门成立了教育与培训工作委员会，现有企业和高校会员单位50余家，兼顾焊接专业教育和职业教育工作，通过组织大型全国焊接教育培训研讨会，主导制定、修订相关焊工技能标准，建设培训认证基地，引入国际合作等工作形式，偏向于我国焊接培训与认证标准及体系的宏观建设和指导。

中国工程建设焊接协会（China Engineering Construction Welding Association，CECWA）成立于1984年，是国家民政部批准和注册的国家一级协会，受国家建设部直接领导。会员单位涵盖了冶金、电力、石油、化工等行业。中国工程建设焊接协会钢结构焊工技术考试委员会已认证的基层焊工考试委员会有27个，涵盖冶金、建筑、铁路、石油、机械等工程建设领域，年认证焊工4000余人，在册持证焊工1万余人。同时，协会承担了连续三届（第41、42、43届）世界技能大赛焊接比赛项目的组织筹备工作。

中国职工焊接技术协会（China Staff Welding Technology Association，CSWTA）成立于1986年8月。中国职工焊接技术协会是全国总工会领导的、在民政部注册登记的国家一级协会。中国职工焊接技术协会现有企业团体会员（理事）155人；团体会员90家，覆盖电力、造船、石油、化工、燃气、煤炭、交通、航天、国防等行业。中国职工焊接技术协会自成立以来，以建设焊接培训基地，承办全国乃至行业的技术比赛为主要工作任务。

多年来，三家焊接协会在焊接人才培训与认证方面各有侧重，各有特色，但一直缺乏有效的沟通合作机制促进形成合力，这种分散机制对于构建一套适宜全国推行的独立第三方、标准化、国际化的焊接培训体系是不利的。因此2015年10月9日，由中国焊接协会教育与培训工作委员会组织发起，中国焊接协会、中国工程建设焊接协会、中国职工焊接技术协会主要领导共聚一堂，并特别邀请到加拿大焊接局代表团一行，齐商三家合力、共建我国焊接培训认证国际化新体系的大计，确定了以后三家协会定期研讨和合作的初步框架（见图26-1）。

图26-1 2015年10月两国四方焊接培训认证研讨会代表合影

26.3 我国主要大型焊接职业培训基地建设与发展回顾

在中国焊接协会和中国工程建设焊接协会的共同推动下，20余年来我国建立了一批重要的焊接技能人才专门培训机构，本节选择其中的典型代表进行主要介绍。

26.3.1 中国石油国际焊接技术培训中心

中国石油国际焊接技术培训中心，又名大庆油田工程建设有限公司培训中心，是1983年成立的石油系统第一家焊接研究培训中心，是中国人力资源和社会保障部确定的首批全国高技能人才培训示范基地，该中心先后与哈尔滨工业大学焊接国家重点试验室、东北石油大学以及德国哈勒焊接技术培训与研究所、南德TUV认证检测（中国）有限公司签订合作协议，开展焊接培训、技术合作、人才交流与培养等方面的工作。同时作为中国职工焊接技术协会培训工作委员会以及中国石油工程建设协会焊接专委会所在地，可面向社会，面向企业开展高技能人才培养、技术攻关、技术服务、技术合作和技术交流等方面的工作。

经过30多年的发展，中国石油国际焊接技术培训中心的资质、能力和规模在国内焊接技术培训领域已处于领先水平。累计完成科研和技术推广项目100多项，获得省部级以上奖项13项，局级以上奖项62项；累计培训各类焊接人才5万余人，培养出“国际焊王”6人，国家及省部级技能大赛冠军50多人，其中3人获全国五一劳动奖章。

中国石油国际焊接技术培训中心拥有3座焊接实训厂房，配备国际标准焊接工位200个，能够满足国内及国际大赛焊工的培训、国际焊工的培训，以及石油石化技师和技能专家的培训。历年来，中心培养了各类大赛选手323人，有9人在国内省级以上大赛中获得第一名，7人在国际焊工大赛中取得第一名，其中10人获得中央企业技术能手，6人获得全国技术能手，14人获得中石油技术能手。涌现出了以王召军、冯东波等国家五一劳动奖章获得者为代表的一大批技能专家，为行业发展做出了重要贡献。

26.3.2 中国焊接协会机器人焊接培训基地建设

中国正向制造强国的目标进发，制造强国更要向“智造强国”迈进。在“中国制造”向“中国智造”的转变过程中，焊接机器人的应用呈现出快速增长的趋势。“机器换人”浪潮正向全国扩展，据中国机器人产业联盟统计数据显示，2009—2014年，我国工业机器人销量平均增速达到了58.9%，2014年国内市场销售的机器人达到5.7万台，增长达51%。我国目前已经是全球最大的机器人消费国。但是从另一方面我们也看到机器人应用人才的缺乏。按照工信部的发展规划，到2020年，机器人装机量将达到100万台，大概需要20万机器人应用人员。这就意味着，从2015年开始到2020年，平均每年需要培养4万名左右的机器人应用人才，缺口很大。而焊接用机器人占全部机器人的45%以上。每年至少需新增焊接机器人操作员约1.8万人。

中国焊接协会及相关行业企业很早就意识到了焊接机器人的发展前景，自2009年开始连续7年以论坛模式助推焊接机器人在行业中的应用，并在2012年率先启动机器人焊接操作人员的资格认证工作。“中国焊接协会弧焊机器人从业人员资格认证证书”是证书持有人通过中国焊接协会弧焊机器人培训考试，具备相应机器人操作资格的凭证，该资格证书分为CRAW-O（弧焊机器人操作员）和CRAW-T（弧焊机器人操作技师）两个级别。此证书可以作为企业录用员工和资格评定的一种重要的指导性文件。2016年国家焊工职业技能标准修订工作中，机器人焊接操作已经被列入专项考核范畴。

2012—2016年间，协会先后在全国挂牌成立了唐山、昆山、南宁、厦门、株洲、济南、上海、昆明、杭州、珠海10家机器人培训基地（见图26-2和表26-1）。基地建设各具特色，布局覆盖全国主要区域，其中唐山、济南、上海和杭州基地设立在焊接设备生产企业，昆山基地设立在以生产焊接集成设备为主的企业，南宁和厦门两个基地设立在高、中职院校，株洲基地设立在政、校、企三方联合组成的企业，昆明基地则设立在大学。中国焊接协会经过审慎考虑，在不同区域、不同领域布局培训基地网点，这些培训网点将随着装备制造业的发展壮大展现出其商业价值及社会意义。

图26-2 中国焊接协会教育与培训委员会主任委员卢振洋（左）与唐山开元集团董事长柳宝诚（右）签订基地授权协议

表 26-1　中国焊接协会机器人焊接培训基地汇总

序号	基　地　名　称	成立时间	地点	承建单位
1	中国焊接协会机器人焊接（唐山）培训基地	2012 年 4 月 9 日	唐山	唐山开元集团
2	中国焊接协会机器人焊接（昆山）培训基地	2012 年 12 月 8 日	昆山	昆山华恒焊接股份有限公司
3	中国焊接协会机器人焊接（南宁）培训基地	2013 年 1 月 8 日	南宁	广西机电职业技术学院
4	中国焊接协会机器人焊接（厦门）培训基地	2013 年 1 月 18 日	厦门	厦门集美职业技术学校
5	中国焊接协会机器人焊接（株洲）培训基地	2014 年 9 月 16 日	株洲	湖南智谷焊接技术培训有限公司
6	中国焊接协会机器人焊接（济南）培训基地	2015 年 4 月 18 日	济南	新时代科技股份有限公司
7	中国焊接协会机器人焊接（上海）培训基地	2015 年 6 月 18 日	上海	欧地希机电（上海）有限公司
8	中国焊接协会机器人焊接（昆明）培训基地	2015 年 9 月 8 日	昆明	昆明理工大学
9	中国焊接协会机器人焊接（杭州）培训基地	2015 年 9 月 22 日	杭州	杭州凯尔达电焊机有限公司
10	中国焊接协会机器人焊接（珠海）培训基地	2016 年 8 月 29 日	珠海	珠海市科盈焊接器材有限公司

到目前为止，唐山基地已开展了 15 期培训班，昆山开展了 1 期培训班，厦门开展了 10 期培训班，株洲开展了 6 期培训班、济南开展了 2 期培训班，共有 575 人获得了由中国焊接协会颁发的资格认证证书。随着产业界对高效、高品质焊接的需求不断增长，机器人焊接的应用日益广泛，因此也带来对能安全和熟练使用机器人焊接的人员的大量需求。

26.4　焊接人才培养成就缩影——大国工匠绽放国际风采

多年来，我国诸多焊接培训中心和职业院校为我国的焊接制造事业源源不断地输送了大量优秀焊接技师，活跃在全国各地的焊接舞台上，为我国高铁、石油化工、航空航天、大型钢构工程的建设发展做出了不可磨灭的贡献。各大培训基地和职业学校都加强了国际交流合作，积极选派选手参加国际焊接技能大赛，取得了辉煌的战绩，大国工匠绽放国际风采。以下简要列举了近年我国各地培训机构选手参加国际焊接技能大赛的获奖情况。

2009 年德国 DVS 国际青工焊接比赛，中国广西机电职业技术学院代表队获团体银奖。

2010 年北京“嘉克杯”国际焊接技能大赛，广西机电职业技术学院在校生黄锦获熔化极气体保护焊二等奖。

2011 年捷克“尤斯曼杯”国际青工焊接大赛，广西机电职业技术学院在校生易强、蓝韦东、蒋秋发和邓春荣四人获团体第三名和两个单项（SMAW 和 MAG）第一名。

2011 年德国“嘉克-LVM 杯”国际焊接大赛，中国代表队获团体冠军。中国石油国际焊接培训中心选手王召军获技师组氩弧焊方法第一名，中国石油天然气集团公司获团体第二名。

2011 年第 41 届世界技能大赛，中国首次参加世界技能大赛，中国工程焊接协会焊接选手裴先锋获得了焊接项目的银牌，是此次竞赛中国代表团取得的唯一奖牌，也是中国在世界技能大赛上的第一块奖牌。

2012 年北京“嘉克杯”国际焊接技能大赛，中国选手侯立民获焊条电弧焊组第一名，宋泽铭获氩弧焊组第二名。

2013 年第 42 届世界技能大赛，中国焊接选手王晨宇、建筑金属构造项目选手庄学宇双双获得优胜奖（见图 26-3）。

图 26-3　第 42 届世界技能大赛焊接选手王晨宇在训练中

2013 年“尤斯曼杯”国际焊接技术大赛暨 2013 中欧国际焊接技能对抗赛，中国队获得团体第二名（见图 26-4）。王天明获钨极氩弧焊第一名，蒋浩浩获二氧化碳焊组第一名，臧立欢获焊条电弧焊组第二名，郅梦阳获焊条电弧焊组第三名，姚晨获气焊组第三名。

图 26-4　2013 年中国队获“尤斯曼杯”国际焊接技术大赛获团体第二名

2013 捷克“林德金杯”国际青工焊接大赛，梁翔、韦旭、龙尧、赵振明四人获团体第二名以及 TIG 焊单项第一名和焊条电弧焊单项第二名。

2014 北京“嘉克杯”国际焊接技能大赛，中国海油石油总公司代表队获得团体金奖，中国中车股份有限公司代表队、中国电力电建集团代表队获得团体银奖。

2015 年捷克“林德金杯”国际青工焊接大赛，中国代表队获团体第一名以及两个单项（TIG 焊、氧乙炔气焊）第一名和两个单项（SMAW、GMAW）第二名（见图 26-5）。

2015 年第 43 届世界技能大赛，焊接选手曾正超取得了该项目的金牌，并被赛会授予“国家最佳选手”荣誉称号（见图 26-6）。

图 26-5　中国代表队在 2015 年捷克“林德金杯”国际青工焊接大赛获奖

图 26-6　第 43 届世界技能大赛金牌选手曾正超载誉归来

2016 年捷克“林德金杯”国际青工焊接大赛，广西贺州职业技术学校在校生钟结浪、毛雨两人获熔化极气体保护焊第一名。

26.5　中国焊接职业培训与认证展望

纵观 1994—2016，20 余年间中国焊接职业教育培训事业取得了长足的发展，为国家建设输送了大批的优秀产业工人，成为中国制造崛起全球不可或缺的中坚力量。然后，在当前全球经济低迷，我国经济增速放缓的新常态下，中国改革开放前期的人口红利优势已经消失，焊接制造行业经过前 20 年的过度膨胀式发展已经进入了平台发展期，各大企业普遍开工不足，产能过剩。另外，人工成本的提升、劳动保护政策的完善，使各焊接制造行业对焊接自动化提出了迫切的需求。焊接人才需求结构必将发生深刻变化，我国焊接培训认证体系和认证工作也将迎来新一轮的变革。

未来中国焊接协会将继续推进机器人焊接培训基地的建设工作，致力于开展机器人焊接操作人员的培训和资格认证工作，旨在建立机器人焊接操作人员的资格标准和培训体系，培养安全和熟练使用机器人焊接的人才，为产业界的发展服务。

在中国焊接协会多年的积极推进下，“注册焊接工程师”已在2015年正式列入新修订的《中华人民共和国职业分类大典》，填补了我国焊接职业培训认证在“工程师”级别高级焊接专业人才培训领域的空白，目前焊接协会已经在积极推进“注册焊接工程师”的认证标准和培训体系的建设工作。

此外，我国焊接职业培训将扩大，加强国际合作，促进焊接职业培训认证迈向国际化、标准化。随着全球一体化进程的加快，国外的设备、产品、技术和管理不断进入中国，而中国的人才等也步入了世界。然而，我国受过高等教育的学生在外国各大学继续学习或企业工作时，有的却遭遇到了尴尬，他们在国内取得的学历、工程师资格不被承认。究其原因，既不是我国的教学质量差，也不是我国的工程师水平不高，而在于我国没有推行学历教育、工程师资格的国际化互认工作。接下来的五年，中国焊接协会教育与培训工作委员会，将大力加强与美国焊接学会、德国焊接学会和国际焊接学会相关部门的交流与合作，学习先进国家焊接职业技术培训的经验，在国内推广国际认可的焊接从业人员的技术培训认证体系，争取尽快实现焊接工程教育和焊接工程师资格国际互认。

参考文献

[1] 吴林，闫久春. 加入WTO以后中国高等学校焊接技术人才培养的新模式［J］. 焊接，2004（9）：13-14.

[2] 李桓，朱艳丽，罗震，等. 抢抓机遇，迎接挑战——展望新时期我国焊接专业职业教育的发展［J］. 电焊机，2014，44（8）：1-5.

[3] 王元良，陈辉. 论焊接人才的需求和培养［J］. 现代焊接，2008（11）：19-22.

[4] 刘伟. 焊接机器人职业技术教育探索与实践［J］. 现代焊接，2016（8）：22-27.

[5] 国家职业分类大典修订工作委员会. 中华人民共和国职业分类大典［M］. 北京：中国劳动社会保障出版社，2015.

第 27 章　焊接设备与装备

吴九澎　李新松

27.1 概　　述

“九五”到“十二五”是我国经济快速发展的 20 年，也是我国焊接行业实现跨越式迈进的 20 年，20 年前我国焊接设备与装备制造业（以下简称电焊机）小而散、同质化等行业弊端在经济大潮的碰撞下催生变革，一批具有一定影响力的行业龙头企业应运而生。可以说经过 20 年的发展，行业在完成规模化发展的同时也更加注重产品品质的提升，目前，我国电焊机行业产品从主机到辅机具已形成了完整的产业链，在数量和质量上满足了国内市场对焊接设备，尤其是中、低端设备的需求，并成为世界上最大的电焊机生产国和出口国。如今，电焊机作为工业制造业不可或缺的加工设备，我们的产品已广泛应用于造船、化工、建筑、机械、汽车、轻工、国防工业等国内外各行各业。

电焊机行业是受国内外经济环境与政策调控影响很大的行业。近年来，面对国内宏观经济转型调控和国际经济形势复苏乏力的不利影响，企业家们在平稳运行中也在寻求突围。新形势下，紧跟《中国制造 2025》步伐，创新驱动、智能转型、强化基础、绿色发展必将推动电焊机制造业的新发展，从制造大国走向制造强国的动车已经出发。

27.2 我国成为焊接装备产能大国和出口大国

27.2.1 焊接装备产量

20 年来，我国电焊机行业发展迅速，一段时期以来，各项经济指标都出现成百倍增长态势。据不完全统计，2014 年全国（含在华外资）电焊机的年产量已达到 740 万台，即使扣除误差部分这个数量也相当可观。以占行业近半产量的 51 家主要企业年产量为例，1996—2002 年年均产量在 18~23 万台之间徘徊，而从 2003 年生产量开始迅猛发展，2014 年的年产量更是高达 350 万台。图 27-1 所示为我国 51 家电焊机主要生产企业 2002—2014 年的产能发展态势（不含辅机具）。

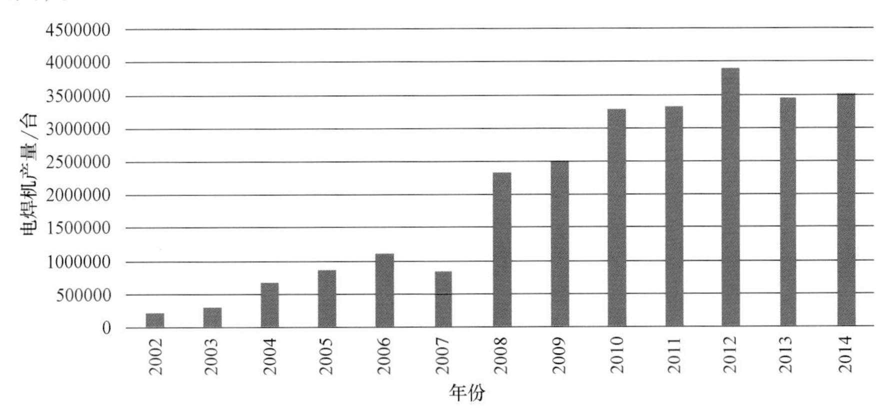

图 27-1　我国 51 家电焊机主要生产企业 2002—2014 年的产能发展趋势（不含辅机具）

27.2.2 品质的提升促进产品出口

近年来，随着我国电焊机产品品质的提升，我们的电焊机产品已逐步被国外用户广泛接受，尤其在性价比优势明显的中低端产品，出口量稳中有升，欧洲、美洲、亚洲已经成为出口的主要地区。图 27-2 所示为 1996—2014 年 51 家我国主要生产企业出口量（近似值），图 27-3 所示为 2011—2014 年行业 51 家主要生产企业产品销往各大洲的情况。

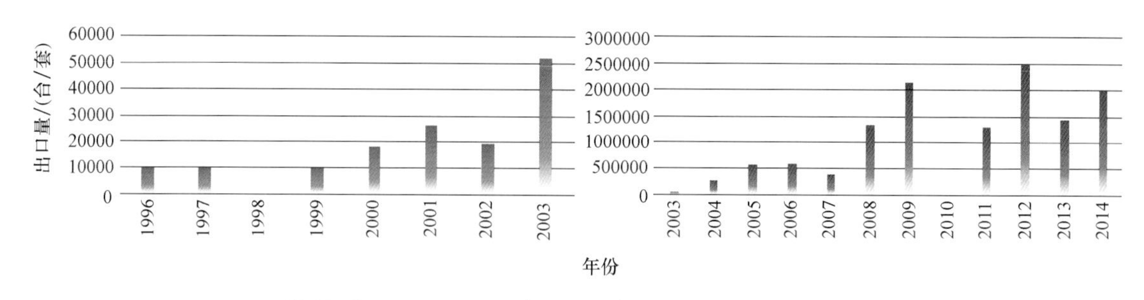

图 27-2 1996—2014 年 51 家我国主要生产企业出口量

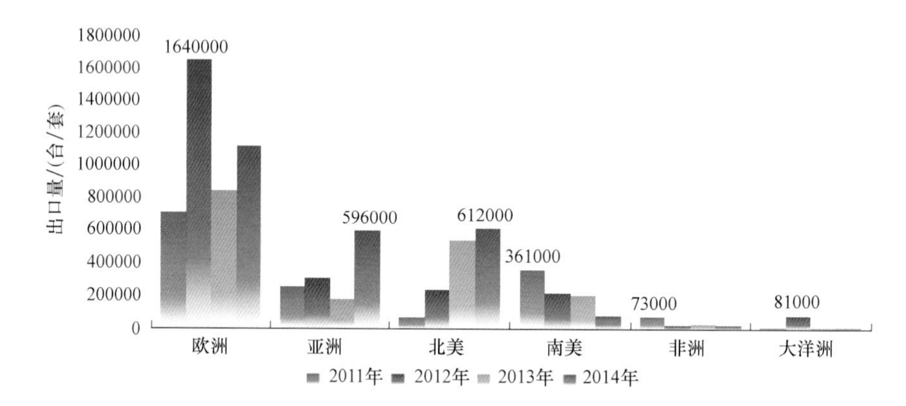

图 27-3 2011—2014 年行业 51 家主要生产企业产品销往各大洲的情况

27.3 产业结构及地区分布

改革开放以来，伴随着我国市场经济的推进，尤其加入 WTO 更是给我国电焊机行业，无论从电焊机生产企业数量、企业主体、地区分布还是产业结构都带来了翻天覆地的变化。1996 年我国电焊机生产企业总数增加并保持在 900 家左右的规模，2015 年我国焊接设备制造企业在 750 家左右，其中年产值超过 1 亿元的企业有 30 多家。

27.3.1 企业背景

20 年前以国营企业为主体的电焊机行业一去不复返，目前，我国焊接设备及装备生产企业主要由多种经济成分的企业构成，中外合资企业、外商独资企业、民营企业、股份制企业已经成为我国电焊机行业的重要组成部分。我国电焊机企业背景构成比例情况如图 27-4 所示。

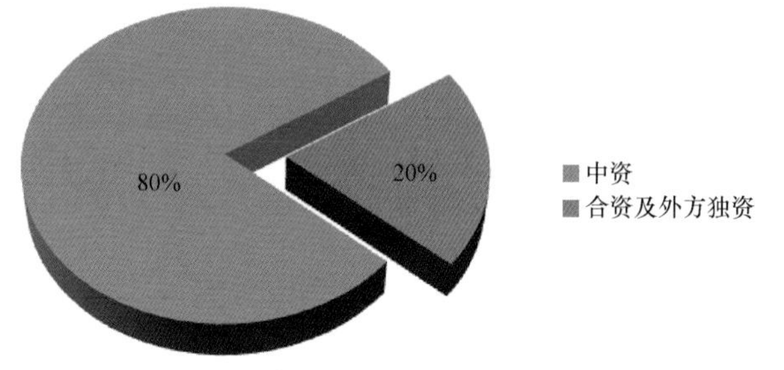

图 27-4 我国电焊机企业背景构成比例

27.3.2 企业地区分布情况

自 1996 年开始，我国逐渐形成了环渤海、长三角、珠三角这三个电焊机产业聚集地。我国电焊机制造业地区分布情况如图 27-5 所示。

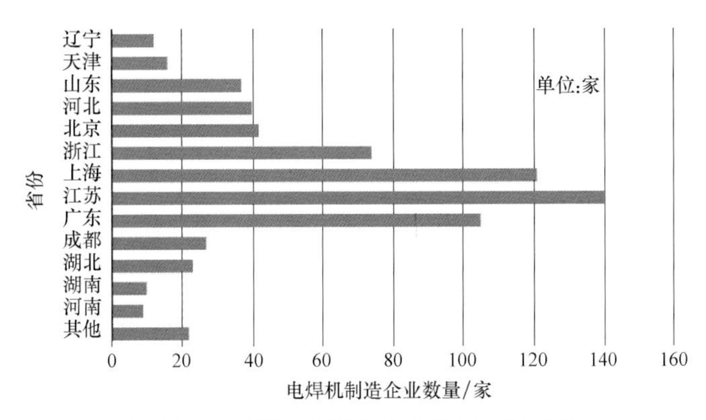

图 27-5　我国电焊机制造业地区分布情况

27.3.3　产品分布概况

图 27-6 所示为各焊接装备产品的生产企业数量，图 27-7 所示为产品细分后的生产企业数量。

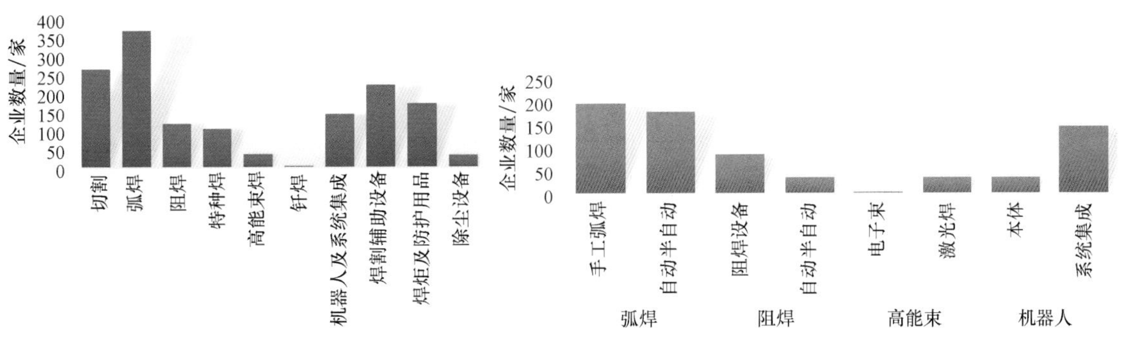

图 27-6　各焊接装备产品的生产企业数量

图 27-7　产品细分后的生产企业数量

27.4　技术进步推动产品结构转型升级

回顾焊接电源的技术发展，可归结为“变压器-整流器-逆变器”这一不断进步的过程。自电焊机面世以来电焊机长期属于变压器的天下，装备属于机械传动的世界。直至 20 世纪 80 年代左右，包括我国在内，国际上开始大力研发逆变电源技术在焊接领域的应用。逆变焊接电源不仅具有体积小、重量轻、节能环保的突出优点，而且其控制方式易于实现数字化，数字化的介入进一步使焊接过程可以实时控制，也为焊接自动化和未来焊接智能化方向发展提供了可能，可以说逆变技术给焊接电源技术带来了全新的变革，逆变技术的出现也成为弧焊技术发展的分水岭。

27.4.1　产品结构变化情况

随着焊接电源逆变技术研究的深入，在其可靠性、耐候性等方面有了很大进步。目前，欧美日等工业发达国家的电焊机制造厂商已全部进入逆变时代，且焊接结构自动化焊接比率达 70%以上。而我国直流焊机也基本实现了逆变化，自动半自动焊及成套装备的使用比例也由 20 年前的 12%提高到如今的 40%。总体来说，我国焊接在机械化、自动化及数字化方面有了长足的进步，但与欧美日焊接发达国家相比仍有差距，未来我国高端焊接设备及装备还有很大的发展空间。图 27-8 所示为 1996—2014 年我国电焊机制造业的产品结构变化情况。

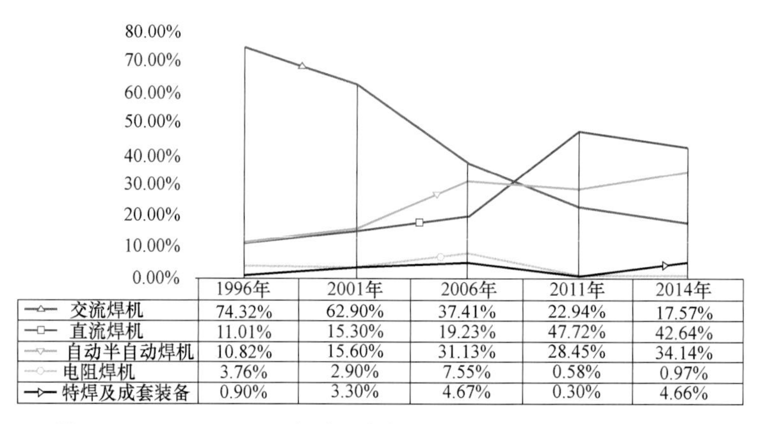

	1996年	2001年	2006年	2011年	2014年
交流焊机	74.32%	62.90%	37.41%	22.94%	17.57%
直流焊机	11.01%	15.30%	19.23%	47.72%	42.64%
自动半自动焊机	10.82%	15.60%	31.13%	28.45%	34.14%
电阻焊机	3.76%	2.90%	7.55%	0.58%	0.97%
特焊及成套装备	0.90%	3.30%	4.67%	0.30%	4.66%

图 27-8　1996—2014 年我国电焊机制造业的产品结构变化情况

27.4.2　技术发展带动产品结构的变化情况

由图 27-8 可以看出，焊接市场产品结构在逐步调整，高技术含量、高附加值产品所占比例在日益加大。20 年的发展，我国焊接行业已实现了手工直流弧焊机的逆变化，同时逆变技术在 CO_2、TIG、MIG/MAG、埋弧焊、等离子弧焊等焊接产品上得到进一步的普及推广。表 27-1 是我国 1996—2016 年这 20 年来电焊机产品技术的发展趋势（图片仅供参考，并不代表某个企业及其产品）。

表 27-1　我国电焊机产品技术的发展趋势

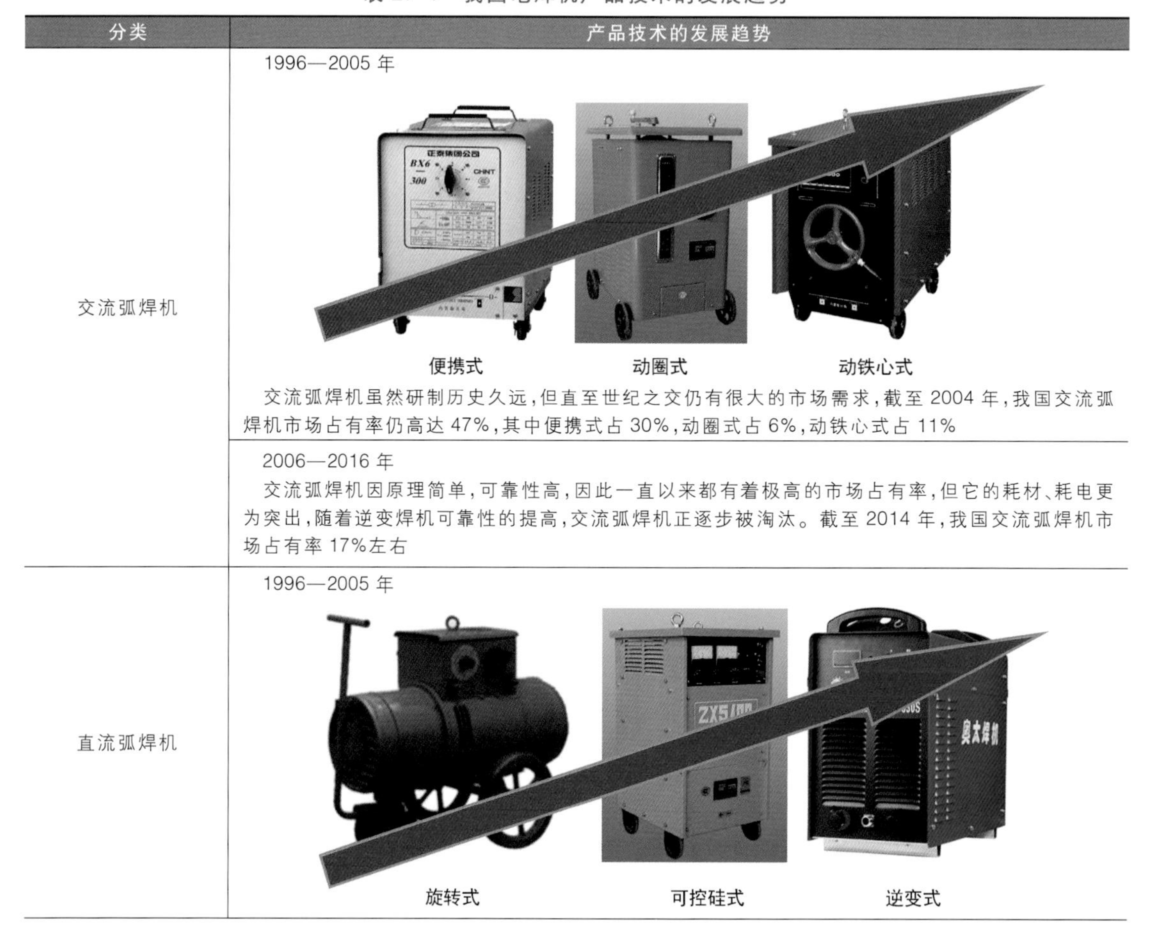

分类	产品技术的发展趋势
交流弧焊机	1996—2005 年 便携式　动圈式　动铁心式 交流弧焊机虽然研制历史久远，但直至世纪之交仍有很大的市场需求，截至 2004 年，我国交流弧焊机市场占有率仍高达 47%，其中便携式占 30%，动圈式占 6%，动铁心式占 11%
	2006—2016 年 交流弧焊机因原理简单，可靠性高，因此一直以来都有着极高的市场占有率，但它的耗材、耗电更为突出，随着逆变焊机可靠性的提高，交流弧焊机正逐步被淘汰。截至 2014 年，我国交流弧焊机市场占有率 17%左右
直流弧焊机	1996—2005 年 旋转式　可控硅式　逆变式

（续）

<table>
<tr><th>分类</th><th>产品技术的发展趋势</th></tr>
<tr><td rowspan="2">直流弧焊机</td><td>逆变焊机于 20 世纪 70 年开始研发，2000 年左右技术越发趋于成熟，并逐步得到客户认可，至此我国逆变焊割设备产量每年以大约 20%的速度增长，其发展速度大大高于传统焊割设备，替代传统焊割设备的趋势逐渐明朗化。
截至 2004 年，我国直流弧焊机市场占有率在 10%左右，逆变式直流弧焊机市场份额约占直流弧焊机的 60%，可控硅式占 19%，硅整流式等约占 21%</td></tr>
<tr><td>1996—2005 年
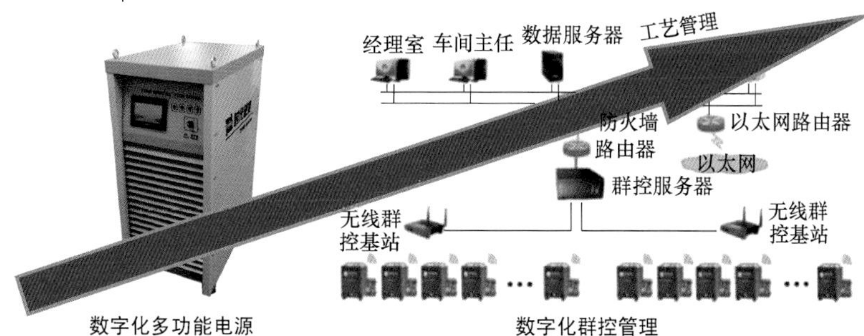

数字化多功能电源　　数字化群控管理
数字化焊机就是在逆变焊机的基础上，以 MCU、DSP 以及 CPLD、FPGA 等大规模集成电路作为数字控制技术核心来部分实现或全部实现数字化控制的电子式新型焊接电源，为电焊机的多功能控制网络化监控和焊接自动化发展提供了技术基础。
逆变焊机是市场供需主体，数字化逆变焊机是自动装备所需，是实现焊接过程精细化控制的必然选择。截至 2014 年，我国直流弧焊机市场占有率在 44%左右，逆变式直流弧焊机市场份额约占直流弧焊机的 98%（其中≤250A 的占 75%）</td></tr>
<tr><td rowspan="2">自动半自动焊机</td><td>1996—2005 年
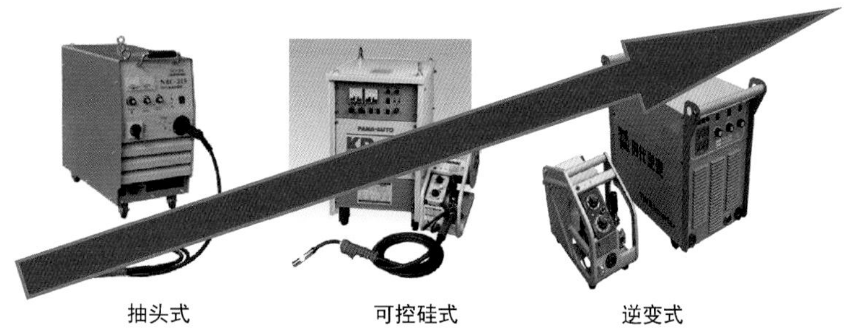
抽头式　　可控硅式　　逆变式
自动半自动焊机由于生产效率高等显著特点，因此自动化程度已成为衡量现代国家科学技术和经济发展水平的重要标志之一。此期间，我国 MIG/MAG、TIG（含手工）、埋弧焊机等市场需求迅猛。截至 2004 年，我国该类设备市场占有率已达 29%，MIG/MAG 焊机市场份额约占该类焊机的 80%，TIG 占 15%，埋弧焊等约占 5%</td></tr>
<tr><td>2006—2016 年
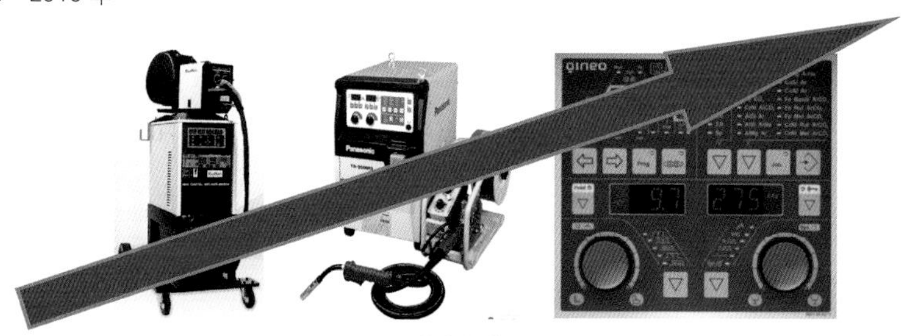
数字化产品
逆变式自动半自动焊机成为供需主体，约占该类设备的 60%。截至 2014 年，我国该类设备市场占有率已达 33%，MIG/MAG 焊机市场份额约占该类焊机的 70%，TIG 占 26%，埋弧焊等约占 4%</td></tr>
</table>

27.5 市场需求加速我国焊接装备更新换代

焊接是用电大户，因此探索节能、高效和环保的焊接设备自然成为行业发展的方向和目标。现阶段除少数高端焊接设备外，国产设备已基本满足行业生产需求。差距就是动力，我国电焊机制造业的技术进步步伐从未停歇。

27.5.1 逆变技术的普及与数字化焊接电源的发展

逆变焊机可大幅节省原材料（铜、硅钢片），减少电耗和明显改善焊接性能。在工业发达国家的焊机制造厂商全部进入逆变焊机时代的今天，因需求不同，我国变压器式交流电源的退出虽还没有结束，但相较交流而言，可控硅等传统直流焊接电源的退出却在提速，尤其是2000年以后这一趋势来得更快也更为彻底。未来数字化产品及自动化设备以及基于逆变及数字化技术的各类焊接装备的需求会越来越多，这也必然是国内电焊机产品发展的方向和希望。下面就逆变及数字化技术在相关产品中的发展做简单介绍。

1. 数字化焊机

数字化技术可以提高系统的控制精度，从而提高焊机的焊接精度、可靠性和稳定性以及整机性能。当前，国际上将数字化作为一个技术平台的技术已经相当成熟。可以说，逆变电源产品的普及和数字化研发基本以2000年为分水岭，2000年之后国内各企业和科研机构开展了大量的研究工作，并在中高端焊接电源研发生产方面也取得了不小的进步。到2008年，国内的数字化焊接电源产品如雨后春笋般涌现，数十家电焊机厂商争先推出了各自的数字化焊接电源设备。没有焊接工艺技术支持的数字化焊机是不完整的产品，国内企业掌握和创新高端焊机的核心技术、工艺技术的努力已经起步，我们的产品必将越来越有内涵。图27-9所示为目前我国部分企业相继推出的自己的数字化电源产品。

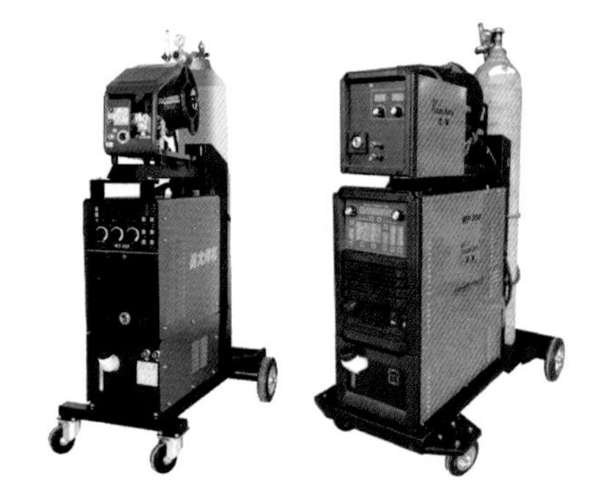
图27-9 国内数字化焊接电源外观

2. 机器人及自动焊适用焊接电源

纵观国外知名机器人制造企业最新研发生产的焊接机器人系统可以发现，焊接电源数字化程度很高，工艺参数化完整，开放式接口与外设的连接灵活，不需专门知识，整个焊接系统高度集成化。但相比于国外，国内企业在对机器人焊接设备的关键技术的掌握和生产应用方面，与国际先进水平相比还存在差距，机器人和焊接电源系统相对独立，集成度偏低，随着国内智能传感系统等技术的普遍应用，这方面的差距正在逐步减小，不断有数字化及自动化电源产品的陆续推出也能说明这一点，图27-10所示为某国产机器人专用数字脉冲焊接电源。

27.5.2 电阻焊设备

现代装备制造业，出于环保节能及高性能的要求，铝合金材料被广泛地应用于航空航天、国防工业以及造船和汽车制造等领域，电阻焊也在高端领域得到广泛应用。目前国内电阻焊行业的高端设备基本上是被德国、日本、法国、美国的产品包揽，他们在机器人伺服焊钳、自适应焊接

图27-10 机器人专用数字脉冲焊接电源

控制系统、焊接质量在线智能评估系统、铝合金以及超高强板及其他新材料的电阻焊接工艺专家系统等方面走在了前面。

国内外电阻焊历来是工频电源的天下，20 世纪 90 年代后，我国中频电阻焊电源及焊钳技术有了飞跃式发展，目前已接近或达到国际先进水平，但多数为单机工作，但总体来说，我国电阻焊行业已经有了长足的进步。

27.5.3 高技术焊接方法的研究及应用

1. 激光焊接技术

激光不仅在切割方面表现突出，其焊接性能也同样优秀。我国直到 20 世纪 90 年代末才开始逐渐将激光技术与传统焊接应用相结合。目前，国内涉足激光焊割制造的企业有 50 家左右，其中不乏一批具有国际影响力的企业，如华工科技、大族激光、大恒科技、深圳华强等。近年来，国内尤其是科研院所在进一步拓宽和研发新的激光器、激光焊接种类及设备之外，也在紧跟激光业国际前沿技术动向，不断寻求大功率激光焊接技术的突破与发展，并成功克服了国内大型构件的焊接难题，这无疑标志着我国在激光焊接技术领域的重大突破，也为未来大型工程重大应用奠定了基础。

除此之外，国内的激光焊接技术研究还集中在激光热丝焊、异种金属焊等领域，国外在相关研究领域已经取得了突破，特别是德国已经初步掌握了异种金属焊的技巧和方法。与光纤激光器相比，脉冲 Nd:YAG 激光具有峰值能量密度高，装备制造成本低，装备维护简单等特点，更符合中小企业的需求，因此国内在低功率 Nd:YAG 激光制造企业也取得快速进步，尤其是在低功率精密激光焊接制造领域，国内制造的 Nd:YAG 激光器具有较强的市场竞争力。目前，该类激光焊接装备已被广泛应用于锂电池、传感器以及电子零件的焊接制造中。

2. 激光电弧复合焊技术

激光电弧复合焊技术的复合方式主要包括激光与 TIG 电弧复合、激光与 MIG/MAG 复合、激光与等离子复合等。目前，激光电弧复合焊接工艺在汽车行业中的应用越来越广泛，在船体结构件、航空航天新材料制造业中，激光电弧复合焊技术也得到了应用。

国外企业，针对船体结构件的高强度钢材料，航空航天耐高温、高强轻质铝锂合金等材料的加工制造，已研发生产出了适用激光电弧复合焊接技术进行再加工的焊接电源设备及焊接质量控制系统等成套装置，并为实现批量生产，同时也设计制造出了一定智能化的焊接机器人专机成套系统。目前，国内高校和科研院所，如哈尔滨焊接研究所、哈尔滨工业大学、大连理工大学、北京工业大学、天津大学、兰州理工大学等高校对激光电弧复合焊接技术进行了大量基础理论研究，并取得了不少成果。

3. 多电极电弧焊技术及应用

多电极电弧焊接技术是采用两个及以上的电极和工件以不同形式放电，可以大幅突破传统的单电极电弧在热量输入、焊材填充和熔池受力等方面所受到的局限，为实现优质高效电弧焊接提供了新的技术手段。目前，比较实用的优质高效多电极电弧焊接技术有双丝焊接技术、双面双弧焊接技术、双钨极焊接技术、等离子-MIG 复合焊接技术、铝合金变极性穿孔等离子弧焊接（见图 27-11）、动态双丝三电弧焊接技术（原理见图 27-12）、旁路耦合电弧焊技术等。

4. 电子束焊接技术

与传统焊接技术相比，电子束焊接功率密度高、焊缝深宽比高、焊接速度快、焊接热变形小、焊缝性能好、焊缝纯洁度高、焊接参数易于调节、工艺适应性强、可焊接多种及难焊材料。电子束焊接因其具有不用焊条、不易氧化、工艺重复性好及热变形量小的优点而广泛应用于航空航天、原子能、国防及军工、汽车和仪表等众多行业。例如，特厚板、汽轮机涡轮、原子能装置大型构件的焊接等都需要大功率电子束焊机实现。

图 27-11　“天宫一号”变极性穿孔等离子弧焊

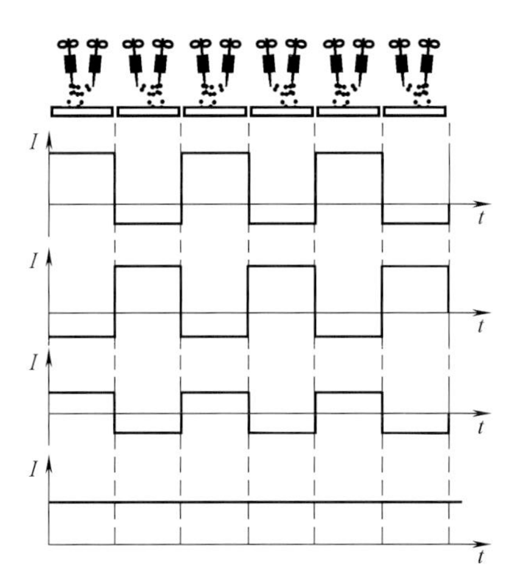

图 27-12　瑞凌动态双丝三电弧焊接原理

我国在电子光学优化、电子枪加工精度、电子束合轴系统的应用等方面取得了成功，缩小了与西方的差距。图 27-13 所示为 2008 年某企业研发的第三代新型电子枪。

图 27-13　新型电子枪

（1）中小厚度工件的电子束焊接　我国自行研制电子束焊机始于 20 世纪 60 年代，至今国内电子束制造企业自有知识产权的电子束焊接设备和技术逐渐走向成熟，中小功率电子束焊机已接近或赶上了国外同类产品的先进水平。

（2）厚度工件电子束焊接　国内外对 80mm 深度以上的大厚度电子束焊接市场需求越来越大。2009 年左右，我国成功开发出 150kV/60kW 高压电子束焊机，并投入市场，填补了国内大厚度工件电子束焊接的空白。图 27-14 所示为我国中型数控电子束焊机，图 27-15 所示为铝合金大厚度焊件试样。

图 27-14　我国中型数控电子束焊机

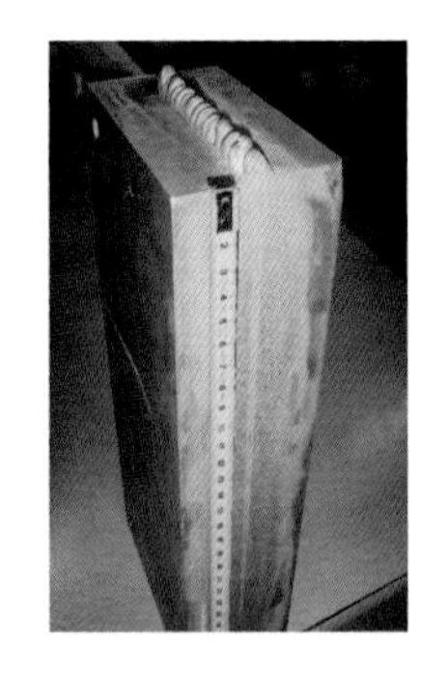

图 27-15　铝合金大厚度焊件试样

27.5.4　焊接机器人本体技术的发展

近 10 年来，随着我国制造业的迅速发展，高端焊接技术的应用也越来越广泛。焊接作业环境的恶劣，使新一代产业工人不愿从事焊接职业；焊接产品的质量要求提升和产品升级速度加快；培训一名成熟焊工的成本越来越高，这些都使传统手工焊接作业方式已经难以满足焊接产品制造的自动化、柔性化和品质要求。焊接制造业用工难、用工贵和提高产品质量的现实需求使得“机器换人”成为焊接制造行业转型升级的必然发展思路。2009年开始，我国对工业机器人的需求开始迅速增长，同时也掀起了我国焊接机器人的研发热潮。

1. 焊接机器人的需求分析

随着机器人制造技术的成熟，购置与维护成本的相对降低，焊接机器人应用已从知识密集型企业、产品附加值较高的领域以及对产品质量要求高的行业逐渐延伸到劳动密集型的低附加值产业中。5年来高速增长的中国焊接机器人市场，吸引了更多的外资企业进入中国，目前外资和中国本土机器人供应商之间的竞争已经越来越激烈。未来中国市场各种机器人的增长潜力巨大。

（1）国际机器人学联合会的数据　2015年全球工业机器人销量为24.8万台左右，其中在亚洲的销量几乎占到了三分之二，中国市场的销量为7.5万台。中国已经在2015年连续第三次荣膺全球最大产业机器人市场的头衔。图27-16所示为1996—2015年国内外工业机器人的年销量。

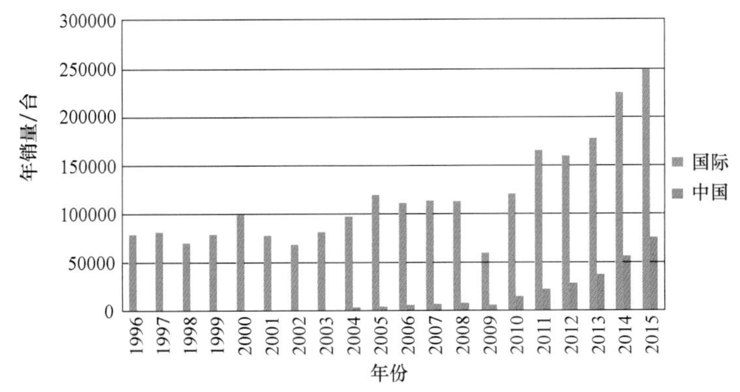

图27-16　1996—2015年国内外工业机器人年销量

（2）我国工业机器人的市场份额　2015年中国市场调查网的数据显示，国产工业机器人已占国内8%的市场份额（见图27-17）。六轴工业机器人国产化率占全国工业机器人新装机量的10%，其中焊接领域占16%。

（3）机器人行业需求　机器人行业需求如图27-18所示。

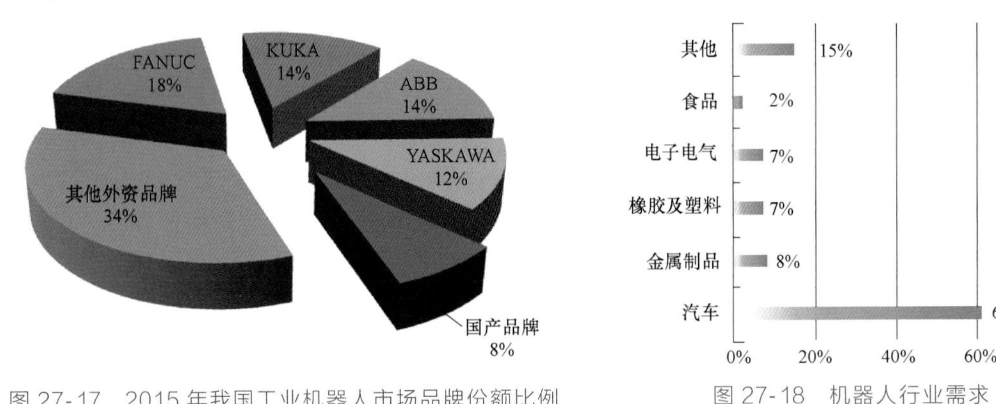

图27-17　2015年我国工业机器人市场品牌份额比例

图27-18　机器人行业需求

（4）焊接机器人在中国的发展空间　相对1万名企业工人，中国所拥有的机器人数量约为30台，而韩国为437台，美国为152台，全球平均水平为55台。中国希望这一数字到2020年增加至100台。图27-19所示为2014年各国工业机器人使用密度情况。焊接机器人在中国仍有巨大的发展空间。

2. 国产焊接机器人本体技术的发展

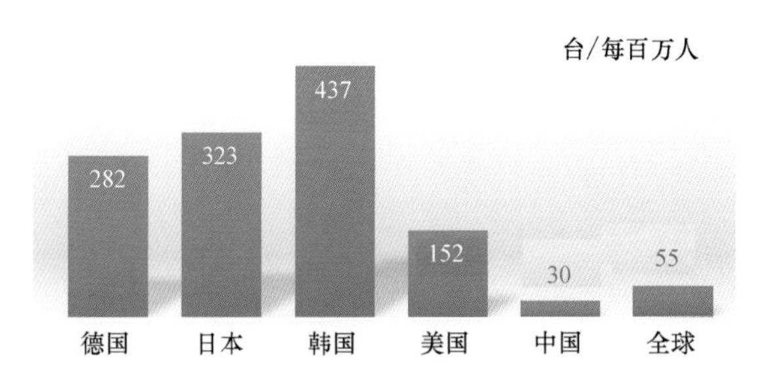

图 27-19　2014 年各国工业机器人使用密度

经过近半个世纪的发展，国外发达国家工业机器人在本体制造、关键零部件技术水平等方面已远远走在前面，并在弧焊和点焊机器人应用上有着广泛的市场占有率。面对如此严峻的产业形式，我国各大生产厂家也不甘落后。据报道，2007 年 10 月，我国民营企业自主研发的第一台 6 关节焊接机器人“昆山 1 号”在昆山华恒焊接股份有限公司诞生，也掀起了自主焊接机器人本体的开发热潮。截至目前，我国焊接机器人自主品牌包括新松、广州数控、时代、佳士、新时达、埃斯顿、熊猫、华恒、凯尔达、中强华强、纳尔捷等（见图 27-20）。产品涵括不同负载及作业半径的 6 轴独立关节工业机器人，可应用于焊接、切割、码垛、喷涂、搬运及自动上下料等众多行业及领域。

图 27-20　部分国产焊接机器人样例

3. 国产焊接机器人本体主要技术指标

焊接机器人本体主要技术指标包括工作范围、负载、重复性精度、响应速度、自身重量、功耗等。部分国产焊接机器人产品的技术指标见表 27-2。

表 27-2　部分国产焊接机器人产品技术指标

品牌	自由度	负载能力	最大工作半径	重复定位精度
新松	4 轴、6 轴	6kg、20kg、120kg、500kg 等	2.5m	±0.06mm(6kg) ±0.08mm(20kg) ±0.5mm(500kg)
广州数控	4 轴、6 轴	3kg、20kg、120kg、200kg 等	2.3m	±0.05mm(3kg) ±0.07mm(50kg) ±0.1mm(200kg)
新时达	6 轴	6kg、25kg、50kg、165kg 等	2.6m	±0.05mm(6kg 25kg) ±0.25mm(165kg)
时代集团	6 轴	3kg、6kg、20kg、80kg	2.1m	±0.05mm(3kg) ±0.08mm(6kg、20kg) ±0.1mm(80kg)

4. 焊接机器人的应用领域

焊接机器人的应用领域不断扩展。除了常规气体保护焊和点焊机器人外，国内外厂商也非常注重采用激光、激光-电弧复合、搅拌摩擦、多丝焊接等先进焊接工艺与机器人实现整合与集成（见图 27-21），机器人的介入既提高了焊接机器人自身的技术水平也提高了焊接柔性化的发展，机器人已成为先进焊接工艺应用的载体之一。

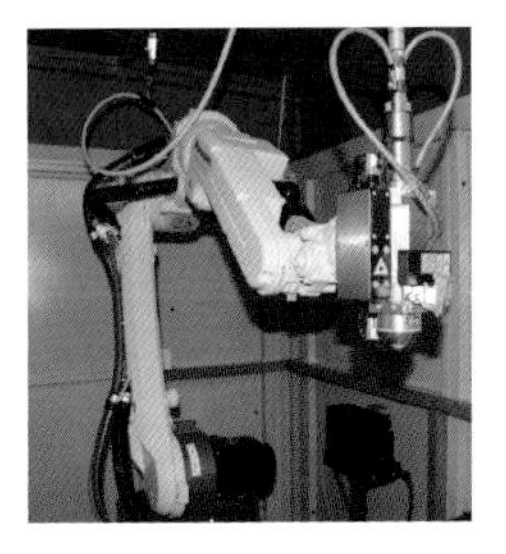

图 27-21 机器人螺柱焊、搅拌摩擦焊与激光焊应用案例

27.6 辅机具助推焊接自动化水平飞跃发展

27.6.1 机器人关键零部件 RV 减速器发展情况

1. 市场与成本

技术和质量影响着焊接机器人的市场占用率，同时成本的影响也同样巨大。减速器、伺服电动机、控制器是工业机器人的三大关键零部件，它们分别占机器人整机成本的 35%、25%、15%，目前很多情况下这些产品我们还需要进口，这也是导致中国机器人企业生产成本奇高的原因。图 27-22 所示为我国对三大关键零部件的进口情况和占整机成本的情况。

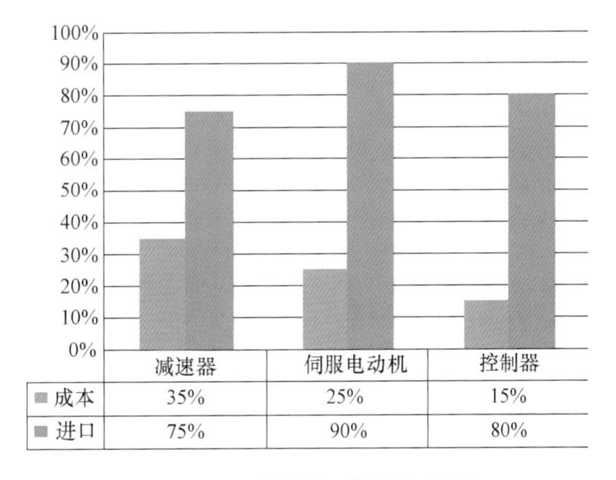

图 27-22 减速器、伺服电动机、控制器进口和占整机成本比例

2. 国产 RV 情况

近年来，国内在机器人关键功能部件研究与生产方面有了可喜的发展，一批企业逐步发展起来。国内 RV 减速器主力生产企业包括南通振康焊接机电有限公司（见图 27-23）、秦川机器人减速器厂、昆山光腾智能机械有限公司（见图 27-24）、山东帅克机械制造股份有限公司等；伺服电动机及机器人运动控制主力生产企业包括广州数控设备有

图 27-23 南通振康焊接机电有限公司 RV 产品及其应用关节部位

图 27-24 昆山光腾智能机械有限公司 RV 样品

限公司、上海新时达电气股份有限公司、深圳市汇川技术股份有限公司、武汉华中数控股份有限公司、深圳市英威腾电气股份有限公司、南京埃斯顿机器人工程有限公司等。目前，国产机器人关键功能部件的使用寿命与国外同类产品相比差距较大，但已完全能够满足中低端市场的需求，在高端市场也已经可以做到一定程度的替代。

以南通振康焊接机电有限公司为例，该公司自 2009 年开始研制机器人 RV 减速装置，并在 2013 年北京·埃森焊接与切割展览会上进行过展示，通过近 7 年的潜心努力，累计投入超过 1 亿元，终于率先实现了 RV 减速器的批量生产。2012 年至今已投放市场近 3000 台 RV 减速器，拥有超过 100 家制造商客户。ZKRV 全系产品包括 20E、40E、80E、110E、160E、320E、450E、10C、27C、50C、100C、120C、200C、320CA，可广泛应用于机器人本体及机器人周边设备上。

27.6.2 AGV 小车研发

AGV 是无人物料搬运的关键，应用广泛，图 27-25 所示为我国部分企业生产的产品。

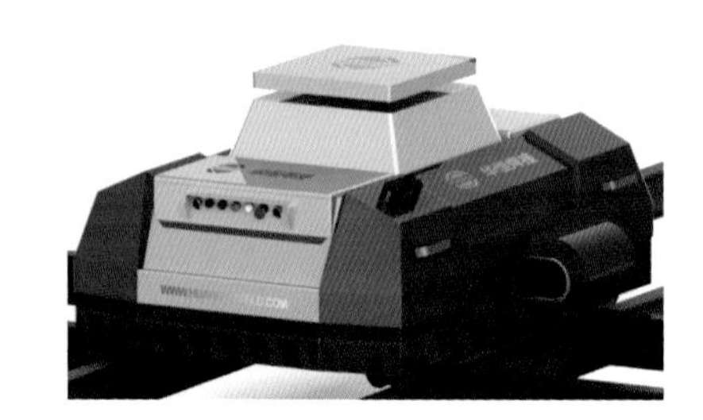

图 27-25 部分企业生产的国产 AGV 小车

27.6.3 结构件全自动焊接机器人

MICROBO 是一款全自动焊接机器人（见图 27-26），主要用在建筑钢结构、桥梁等行业的结构件厂内制造及现场安装。具有磁性导轨，可完成平焊、横焊和立焊操作。设备体积小、便于携带搬运、易安装，导轨为可连接式，适用于长、短不同工件，配备圆形导轨亦适用于圆形工件。MICROBO 机器人具有全自动传感等功能，无需示教和繁琐的数据输入，接触传感器自动识别焊缝起止点、母材板厚、坡口角度、根部间隙等相关信息，并生成焊接条件，焊接自动完成。

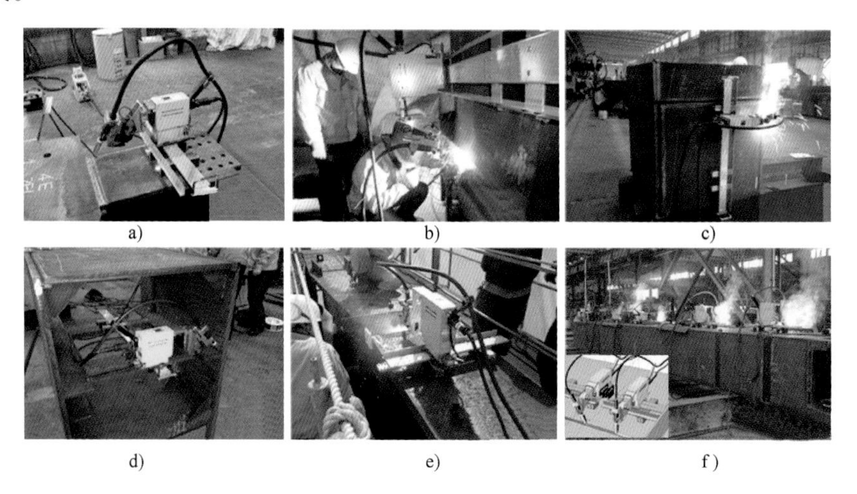

图 27-26 MICROBO 全自动焊接机器人施焊现场组图

a）平位焊接 b）横位焊接 c）立位焊接 d）水平角焊 e）工地现场 f）多台应用

27.6.4 单电源双细丝埋弧焊小车

随着近年用工成本和厂房建设成本的增加，传统单电源单丝埋弧焊的焊接效率已无法满足生产需要。单电源双细丝高效埋弧焊设备应运而生，图 27-27 所示某企业的双细丝埋弧焊小车在国家重点工程港珠澳大桥得到使用。设备采用的双驱送丝机构已获国家专利，很好地解决了传统单驱送丝机两焊丝不易同步的技术难题。

27.6.5 超厚壁双丝（单丝）窄间隙自动埋弧焊设备

窄间隙焊接技术因具有极高的焊接生产率，更优良的接头力学性能，更小的焊接残余应力和残余变形，更低的焊接生产成本等显著技术与经济优势，而被许多大型钢结构、桥梁、舰船以及核反应堆工件要求采用大厚度、高强度钢板连接的领域所青睐。我国首台套 600mm 超大厚壁的全数字化窄间隙自动埋弧焊设备及 3500mm 超大厚度钢锭自动化火焰切割设备的研制成功，实现了“焊、切”两项极限尺寸制造工艺装备的双突破。超大厚壁全数字化双丝（单丝）窄间隙自动埋弧焊设备主要技术指标达到国际先进水平。设备主要用于厚壁及超厚壁（300~600mm）压力容器的焊接，是国内首台超大厚壁全数字化窄间隙自动埋弧焊设备（见图27-28），有效解决了厚壁压力容器焊接质量与效率的矛盾。

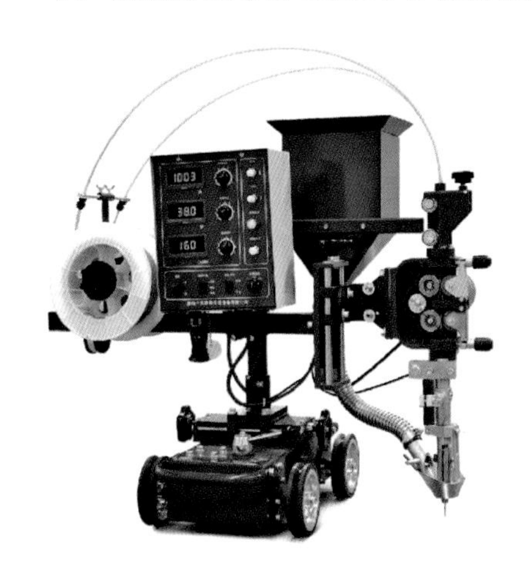

图 27-27 双细丝埋弧焊小车

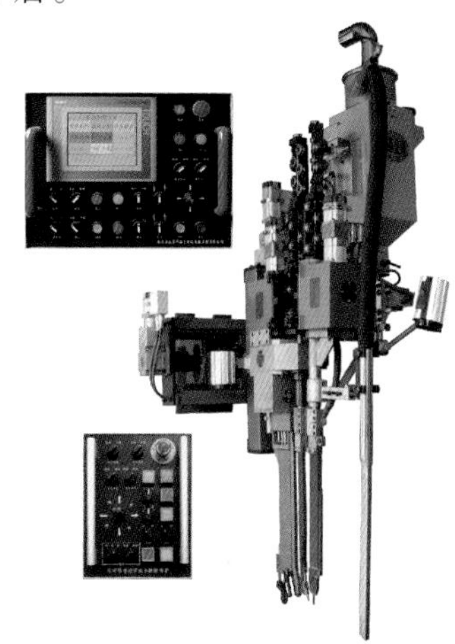

图 27-28 窄间隙埋弧焊设备

27.7 自动化装备设计水平显著提升，带动工业制造业换代升级

27.7.1 焊接机器人与自动化焊接

机器人焊接系统集成技术是利用机器人本体和附属设备实现特定应用功能的设备集成，是一种典型的机电一体化设备，具有高质量、快速响应、柔性化等特点，非常适合批量化焊接场合，尤其在汽车工业中的应用更是得到了充分展示。点焊机器人、弧焊机器人、激光焊接机器人、搅拌摩擦焊机器人和螺柱焊的系统集成技术都很成熟，其中以点焊机器人和弧焊机器人系统应用更为量大面广。

此外，随着机器人配套的基于视觉感知的焊缝位置信息、坡口信息和焊缝表面质量信息的技术体系的产品已经成熟，并能够实现与机器人系统的无缝集成，极大地提高了机器人的技术水平，有效地拓展了机器人的应用领域和机器人的概念界定。下面对部分应用案例情况做简单介绍。

1. 悬臂式机器人自动焊接工作站

悬臂式机器人自动焊接工作站如图 27-29 所示。主要应用于汽车、铁道车辆的车厢、驾驶室、车架等工件的全位置焊接。工件通过各种形式的定位工装夹具或专用变位器定位装配，远程指导机器人完成各焊缝的全位置焊接。设备采用6轴设计，最高可扩展至16轴控制系统，3D或者6D示教，可轻松实现现场编程，具有开放式通信系统。设备具有弧焊功能包、接触传感、电弧跟踪、激光焊缝跟踪、多层多道焊等功能模块，可实现机器人焊接自动化。

2. 横梁焊接生产线——双机器人自动焊接专机

随着我国造桥、港口机械工业的快速发展，人工拼焊作业模式已远远跟不上高效率、高精度横梁制造要求，越发凸显出该行业箱型横梁焊接制造技术的相对滞后。图27-30所示为桥梁行业的双机器人定位焊接工作站，主要用于U肋板单元件、横隔板单元件的自动定位焊和焊缝的全位置焊接。以应用于三一重工的双机器人自动焊接专机为例，横梁最大尺寸26000mm×3000mm×2000mm，重量约53t。该生产线装备为国内首创，其突出优点是可自动化、高质量焊接。

图27-29　悬臂式机器人自动焊接工作站

图27-30　双机器人定位焊接工作站

3. 耳板全自动焊接机器人

耳板全自动焊接机器人设备（见图27-31）是专为具有大量吊耳焊接工作（如海工、造船、港机等）开发设计的。被焊接工件（厚度可不同）可随意摆放在焊接工作平台上，无需图样、无需精确摆放和装卡定位，即可焊接直径$\phi100\sim\phi600$mm的吊耳，提高工作效率。

4. 螺旋板换热器视觉跟踪焊接机器人

图27-32所示为螺旋板换热器视觉跟踪焊接机器人。设备主要用于直径2.5m的螺旋线焊缝焊接。设备采用激光视觉实时跟踪技术及三轴联动数控系统，完成螺旋板焊缝的高精度稳定跟踪，采用气体保护焊机无限回转连续焊接。

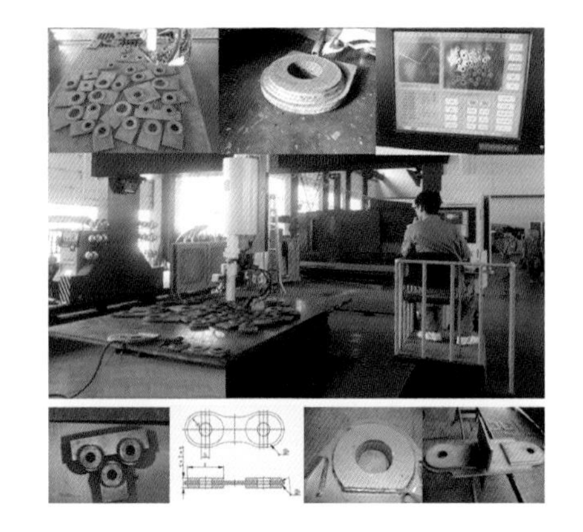

图27-31　耳板全自动焊接机器人生产现场

图27-32　螺旋板换热器视觉跟踪焊接机器人

5. 桥梁板单元多机器人焊接系统

港珠澳大桥管理局提出钢箱梁制造“大型化、工厂化、自动化、信息化”的制造方案，有助于提高生产效率，确保工程质量和结构耐久性，降低安全、环保风险。

国内某企业研发的桥梁板单元多机器人焊接系统及焊接管理系统，以该工程的大型钢桥主要部件——U肋板、横隔板机器人柔性焊接，焊缝跟踪，多台焊接机器人协调控制，焊接新工艺技术，离线编程，生产信息管理技术等为应用目标，成功开发出了U肋板组装定位焊接系统、U肋板单元机器人焊接系统、横隔板单元机器人焊接系统，突破大型结构件智能焊接关键技术，使我国桥梁制造智能焊接装备技术达到世界领先水平。

图 27-33　U肋板单元机器人焊接系统

U肋板单元机器人焊接系统采用4台机器人同时作业（见图27-33），可保证U肋板单元焊缝的成形和强度，保证焊缝熔深大于80%的质量稳定性。

27.7.2　自动化焊接装备

1. 管-板自动焊接

图27-34所示为某企业专为锅炉和压力容器行业开发设计的管-板自动焊接机器人，主要应用于管壳式换热器的管板自动焊接。管-板自动焊接机器人采用先进的视觉传感技术，可实现非接触式定位，避免机械定位中的人工移位和拔插方式，快速精确；采用激光视觉系统自动提取焊接位置的三维信息，可解决实际生产中遇到的管子外形和壁厚不标准、焊枪与工件定位误差影响焊接位置精度等问题，同一台设备可以焊接$\phi8 \sim \phi89$mm不同管径的管子。机器人可自动读取整个管板上管子布置的CAD图样，根据焊接工艺设定多个管子的焊接顺序。控制系统可设置焊接参数，全自动运行，实现了无人工操作全自动智能焊接。

2. 拼焊矫一体机

作为钢结构建筑主要支撑构件的H型钢，其焊接需求量也越来越大。图27-35所示为国内某企业生产的拼焊矫一体机，2010年获得国家专利。该产品是将H型钢生产线中主要的三个工艺过程，即拼装、焊接和矫正集中在一台设备上完成的专用设备。它借鉴国内外各种拼焊矫一体机的优缺点，使H型钢的制作速度得以提高。

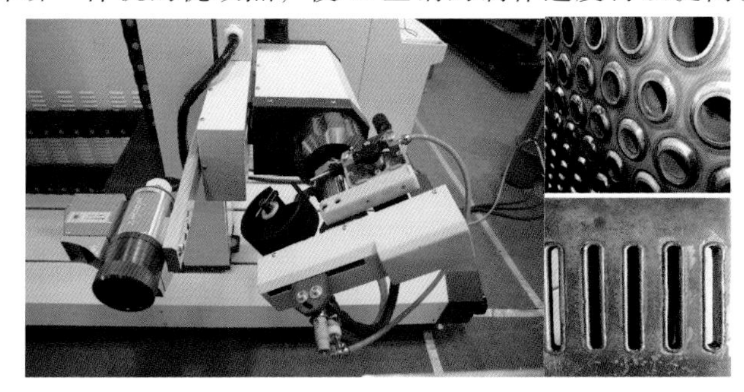

图 27-34　管-板自动焊接机器人

图 27-35　拼焊矫一体机

3. 钢管数字化焊接生产线

图27-36所示为目前我国先进的螺旋焊管生产技术，主要用于$\phi559 \sim \phi1626$mm螺旋焊管的生产。钢管在成形的同时先利用高速MAG焊进行预焊接，对预焊后的钢管同时进行内外多

丝埋弧精焊。与传统螺旋焊管生产线相比，生产效率成倍提高。由于预焊后的钢管坡口两侧相对静止以及跟踪和控制技术的提高，钢管的焊接质量更易得到保证，钢管一次焊接合格率达到95%以上。螺旋钢管预精生产实现钢管成材率、焊缝一次通过率、焊缝形貌、力学性能和能源消耗均超过一步法生产的5个超越，工艺技术达到国际先进水平。

4. 直缝焊管数字化生产线

直缝焊管数字化生产线用于直缝焊管（ϕ406~ϕ1422mm）的生产。主要包括高速MAG预焊、四丝内焊和六丝外焊生产线（见图27-37），成功将多丝埋弧焊接技术、电气控制技术、机械制造技术、激光跟踪技术等有机融合，实现直缝焊管一键式操作，在提高焊接质量的同时，焊接生产效率得到大幅提高。

图27-36　一键式操作螺旋管精焊设备

图27-37　直缝焊管预焊设备

（1）预焊技术方面　预焊设备实现全数字化控制，配套开发的焊接工艺可以实现6m/min高速焊接。能够同时配套3条内焊和2条外焊生产线。

（2）内焊技术方面　经过机头小型化和整体结构紧凑化设计，实现了ϕ406mm小口径钢管焊接。通过对磁场闭合回路进行深入探究，分析小口径钢管焊接过程不稳定的内在机理；通过优化设备结构，成功解决了小口径钢管焊接质量不稳定的共性难题。

（3）外焊技术方面　在国内率先进行了全数字化6丝埋弧焊接试验，并设计制造出全数字化6丝直缝外焊设备。

27.8　数字化设备到数字化车间

27.8.1　焊接群控系统

近年来，“数字化焊接车间”的概念被引入焊接领域，自2005年始，国内外设备制造商基于数字焊接设备（数字焊机、机器人等）硬件平台的焊接管理软件，相继推出了信息化焊接管理系统。多年来，类似系统不断推陈出新，图27-38所示的iWeld 4.2，其每台服务器能同时接入300台焊接设备，具有可以保证焊接数据完整性的断网续传技术，即在焊接设备与服务器通信失败的情况下，焊接设备会将数据本地存储，待通信恢复后继续传送。

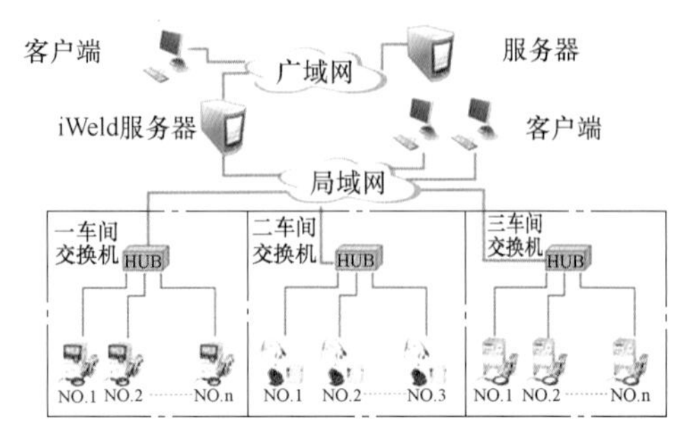

图27-38　群控系统框架图

27.8.2　自动化管理系统应用案例

图27-39所示为某企业的群控管理、视觉识

别与跟踪系统在集装箱焊接应用案例的现场应用。设备利用图像识别跟踪系统整合于拼板直缝自动焊接专机上，用于薄板拼接无坡口直焊缝自动化焊接。该系统基于图像处理的焊缝跟踪系统，解决了机械探头及激光跟踪在 0.5mm 以下焊缝宽度时不能有效跟踪的问题，并无需进行扫描的实时跟踪。系统适用于 MAG、MIG、TIG、SAW 等焊接方式，易与各种自动化焊接设备配套使用，实现高质量自动化焊接。

图 27-39　群控管理、视觉识别与跟踪系统集装箱焊接应用案例

图 27-40 所示为深圳南方中集集装箱制造有限公司应用群控系统自动化焊接生产集装箱的车间，车间实现所有焊机实时监控，为工厂流水线式焊接生产提供了有力的数据支持与协调。群控系统在顶板拼板、侧板拼板、顶板纵向自动焊、上波自动焊等自动焊场合可以根据需要在焊机之间相互复制焊接规范，实时监控焊接参数，保证了焊接规范的高度一致。

27.8.3　工程机械结构件智能焊接车间

图 27-41 所示为 2008 年国内某企业成功实施了多个智能焊接车间及智能化柔性焊接生产线。生产线由机器人智能焊接系统、物料自动搬运系统、焊接制造信息管理系统、生产线智能控制系统集成，实现了机器人的均衡化自动混流生产。

图 27-40　自动化焊接生产集装箱车间

图 27-41　机器人智能焊接车间和智能化柔性焊接生产线

2015 年 5 月，国家正式发布了《中国制造 2025》，对我国制造业转型升级和跨越发展进行了整体部署，提出了我国制造业由大变强“三步走”战略目标，明确了建设制造强国的战略任务和重点，是我国实施制造强国战略的第一个 10 年行动纲领。电焊机制造业的机遇与挑战已经揭开了新的篇章。

参 考 文 献

［1］　中国机械工程学会焊接分会. 焊接技术路线图［M］. 北京：中国科学技术出版社，2016.

［2］　中国电器工业协会电焊机分会. 电焊机行业“十三五”发展指导意见［R］. 北京，2015.

第28章 焊接材料

储继君　齐万利　杨咏梅　崔伟　蒋勇　龙伟民　张智
吕奎清　徐锴　李振华　关常勇　明廷泽　肖辉英
高盛平　吴宝鑫　边境　夏育文　周铁梅

1994—2016年，中国焊接材料的发展取得了巨大的进步，已经成为世界上焊接材料第一生产和消耗大国，焊接材料的生产和消耗量都已超过世界总量的50%。目前，中国正逐渐由焊接材料大国向焊接材料强国迈进，焊接材料行业更加关注优质高效和资源环境友好，在核电、造船、海洋工程、轨道交通、压力容器等应用领域，焊接材料的研发都取得了很大的进展。

28.1 中国焊接材料产量、出口量和进口量

28.1.1 1994—2016年中国焊接材料产量

1994—2016年，中国焊接材料总产量快速增长，见表28-1，其中适用于半自动化和自动化焊接的气体保护实心焊丝、药芯焊丝和埋弧焊材等增长幅度较大。

表28-1 1994—2016年中国焊接材料产量

年度	焊条/万t	气体保护实心焊丝/万t	药芯焊丝/万t	埋弧焊材/万t	总产量/万t
1994	57	4.5	—	6.4	67.9
1995	56	5.6	—	6.6	68.2
1996	55	5.6	0.06	7.8	68.5
1997	72	5.6	0.13	8.3	86
1998	87	7.0	0.20	9	103.2
1999	90	10.9	0.36	10.3	111.6
2000	90	11.7	0.70	11.8	114.2
2001	100	14	1.2	12	127.2
2002	110	25	2	14	151
2003	150	30	4	15	199
2004	160	35	5	25	225
2005	170	60	7	35	272
2006	175	80	12	40	307
2007	180	112	26	42	360
2008	185	116	34	40	375
2009	231	125	41	41	438
2010	220	128	51	46	445
2011	226	150	50	49	475
2012	220	160	42	52	474
2013	205	165	39	51	460
2014	195	160	40	50	445
2015	175	158	35	47	415
2016	165	160	30	45	400

28.1.2 中国焊接材料出口量

中国焊接材料的产能已达到750万t左右，产能达产率基本维持在50%~60%。由于焊接材料产能过剩和焊接材料产品质量的提升，中国近些年来焊接材料的出口保持了持续增长，见表28-2。

表28-2 2000—2016年中国焊接材料出口统计 （单位：万t/亿美元）

年度	焊条		实心焊丝		药芯焊丝		焊剂		合计	
	数量	金额	数量	金额	数量	金额	数量	金额	总数量	总金额
2000	7.89	0.39	0.02	0.002	0.62	0.05	0.46	0.03	8.99	0.47
2001	9.54	0.46	0.007	0.0008	0.59	0.06	0.45	0.02	10.59	0.54
2002	10.42	0.49	0.02	0.002	1.10	0.11	0.68	0.04	12.22	0.64
2003	10.87	0.52	0.006	0.0006	1.28	0.19	0.73	0.05	12.89	0.76
2004	14.20	0.85	0.09	0.004	3.05	0.41	0.85	0.06	18.19	1.32
2005	15.83	1.05	0.43	0.05	4.95	0.62	1.07	0.08	22.28	1.80
2006	19.06	1.16	0.59	0.06	9.34	1.00	1.28	0.10	30.27	2.32
2007	19.42	1.24	9.91	0.81	7.24	0.98	1.62	0.13	38.19	3.16
2008	19.19	1.74	31.22	3.61	4.35	1.02	1.96	0.18	56.72	6.55
2009	24.75	1.91	22.51	1.98	4.16	0.78	1.75	0.15	53.17	4.82
2010	23.97	1.87	27.53	2.76	4.58	0.81	1.60	0.14	57.68	5.58
2011	26.05	2.36	25.32	3.16	5.37	1.02	2.15	0.20	58.89	6.74
2012	28.83	2.79	25.46	3.00	5.54	1.10	2.65	0.26	62.48	7.15
2013	30.60	2.92	26.80	2.98	5.35	1.04	2.59	0.25	65.34	7.19
2014	30.40	3.04	28.70	3.09	5.50	1.01	2.91	0.30	67.51	7.44
2015	30.76	2.50	27.02	2.41	5.66	0.95	2.98	0.26	66.42	6.12
2016	35.93	2.62	28.73	2.31	6.26	0.89	3.50	0.30	74.42	6.12

由表28-2可知，虽然中国焊接材料的出口量很大，但平均单价仅为1000美元/t左右，反映出中国焊接材料出口总体上仍是以中低端产品为主。

28.1.3 中国焊接材料进口量

中国一些重点工程和重大装备，诸如核电、超超临界机组、大型加氢反应器、海洋工程和管道工程等，需要的一些高端优质焊接材料，还在一定程度上依赖于从欧美、日本等工业发达国家和地区进口。2000—2016年中国焊接材料进口统计见表28-3。

表28-3 2000—2016年中国焊接材料进口统计单位 （单位：万t/亿美元）

年度	焊条		实心焊丝		药芯焊丝		焊剂		合计	
	数量	金额	数量	金额	数量	金额	数量	金额	总数量	总金额
2000	0.15	0.04	0.17	0.03	1.12	0.21	0.61	0.19	2.05	0.47
2001	0.12	0.04	0.63	0.09	1.31	0.27	0.63	0.21	2.69	0.61
2002	0.17	0.05	0.94	0.13	1.77	0.37	0.74	0.24	3.62	0.79
2003	0.17	0.07	1.60	0.25	2.06	0.44	0.82	0.27	4.65	1.03
2004	0.21	0.13	0.89	0.15	1.97	0.62	1.13	0.37	4.2	1.27
2005	0.34	0.19	0.71	0.15	1.57	0.72	1.34	0.51	3.96	1.57
2006	0.39	0.27	0.76	0.19	1.81	0.96	1.69	0.69	4.65	2.11
2007	0.52	0.41	0.73	0.21	1.95	0.95	1.88	0.74	5.08	2.31
2008	0.69	0.53	0.91	0.25	2.74	1.23	2.31	0.93	6.65	2.94
2009	0.42	0.35	0.68	0.21	2.81	1.04	1.96	0.85	5.87	2.45
2010	0.61	0.51	1.07	0.33	2.87	1.23	2.36	1.08	6.91	3.15
2011	0.81	0.80	0.86	0.27	2.51	1.27	2.33	1.16	6.51	3.50
2012	0.66	0.60	1.02	0.29	2.33	1.28	2.23	1.05	6.24	3.22
2013	0.67	0.70	1.75	0.41	2.07	1.07	2.07	1.02	6.56	3.20
2014	0.85	0.96	1.85	0.41	2.35	1.12	2.05	1.11	7.10	3.60
2015	0.61	0.60	1.96	0.38	2.40	0.97	1.53	0.85	6.50	2.80
2016	0.46	0.45	2.26	0.43	1.86	0.79	1.38	0.79	5.96	2.46

28.2 中国焊接材料发展趋势分析

28.2.1 中国焊接材料总产量变化态势

自 1994 年始，中国焊接材料保持了 10 余年的高速增长，在 2011 年总产量达到历史性的峰值 475 万 t。近些年来随着产品结构的不断调整，整体增长速度已放缓，呈现出稳中趋降的态势，如图 28-1 所示。

28.2.2 中国焊接材料产业布局调整的趋势

随着人力成本、能源成本和物流成本的提高，中国焊接材料行业已经开始进行深入的产业结构调整，不具备技术优势、市场优势及管理优势，仅仅依靠低端产品的企业越发难以生存。目前中国年产 10 万 t 以上焊接材料的企业约有 10 家，这 10 家企业产量占总产量的比例已经达到了 80%左右，行业前三家产量之和已超过行业总产量的 50%，中国整个焊接材料行业已呈现出较为明显的产业集中趋势。

28.2.3 中国焊接材料产品结构的变化

近 20 余年来，中国各类焊接材料占总产量的比例发生了显著变化。1994 年，焊条占比超过 80%，气体保护实心焊丝和药芯焊丝尚处于起步阶段，到 2016 年发展为焊条和气体保护实心焊丝各占 40%左右，药芯焊丝约占 8%，埋弧焊材约占 11%，总体形成了以焊条和气体保护实心焊丝为主体，药芯焊丝和埋弧焊材基本相当的格局，如图 28-2 所示。今后中国的焊接材料产品结构将继续进行调整，焊条在总产量中的占比将逐渐减少至 30%以下。

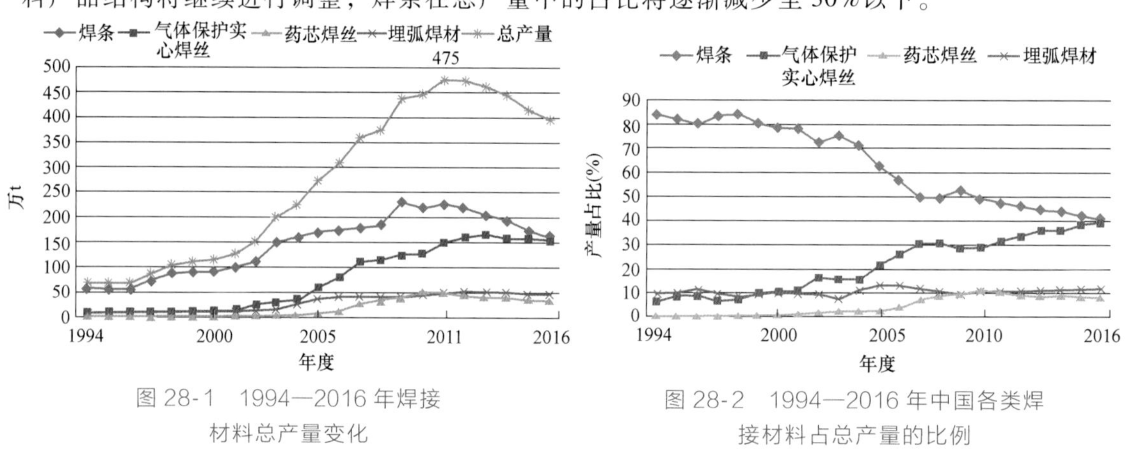

图 28-1 1994—2016 年焊接材料总产量变化

图 28-2 1994—2016 年中国各类焊接材料占总产量的比例

28.2.4 中国焊接材料高端化发展趋势

中国焊接材料制造企业已经意识到在高端焊接材料的技术水平上与国外产品还存在较大差距，目前正在不断提高产品的研发能力和制备技术，以及加强上下游产业链的结合，提高原材料品质的控制能力，以增强产品的稳定性。中国焊接材料制造企业正在适应焊接高效、优质、性能稳定的需求，加大高强度、高韧性、高效率等焊接材料的研发，适用于特种耐热、耐低温、耐腐蚀、高强度等焊接。

28.3 中国焊接材料制备技术的进步

随着钢材品质和原材料产品质量的不断提高，焊材制备技术的不断改进，研发和检验仪器设备的不断完善，中国焊接材料的生产效率大幅度提高，工人的作业环境和劳动强度得以明显改善，产品质量有了很大程度的提升。

28.3.1 检验与开发能力不断提升

中国焊接材料制造企业对焊接材料的检验，已逐步实现由原有手工分析为主的检验模式，向以先进仪器检验为主的检验与监控模式转变。配备的主要检测仪器设备有直读光谱仪、荧光光谱仪、金相显微镜、N/H/O分析仪、高低温力学性能试验机、扩散氢测定仪等，保证了原材料和产品质量的检验能力，有效提升了对产品质量的控制，提高了检验效率，同时对于产品研发工作更是提供了快速、可靠的数据支持和保证。先进的检测仪器设备如图28-3所示。

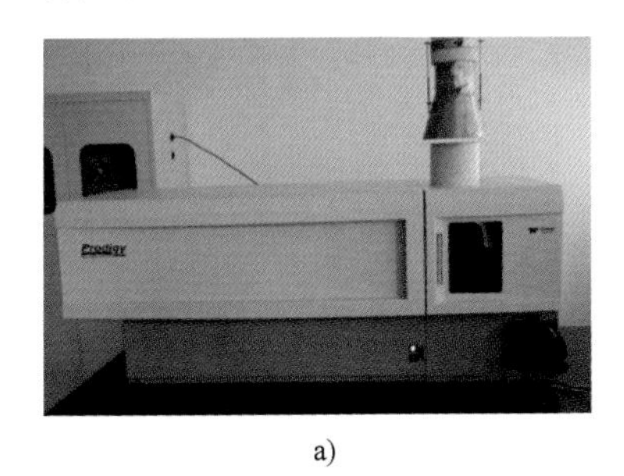

a)

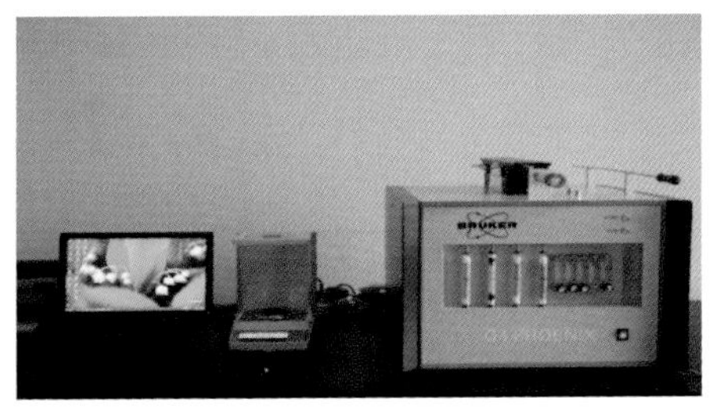

b)

c)

d)

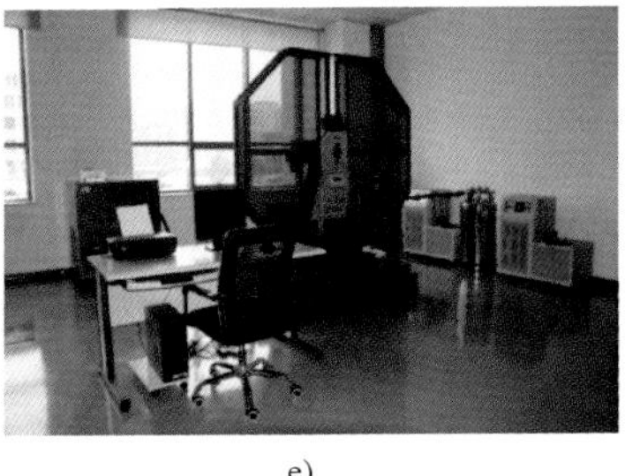

e)

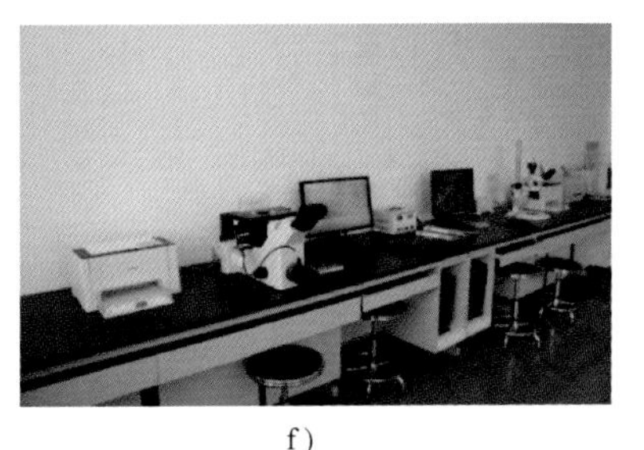

f)

图28-3 先进的检测仪器设备

a) ICP光谱仪 b) 扩散氢测定仪 c) 荧光光谱仪 d) 氧氮氢分析仪 e) 冲击试验机 f) 金相显微镜

28.3.2 原材料品质提升与控制保证了焊接材料产品质量的稳定

20多年来，中国钢铁生产技术取得了巨大进步，建立了现代化的炼钢生产流程和现代化的轧钢生产流程，使各类重要焊接结构用钢向洁净化、低碳、超低碳和微合金化、组织细晶化的方向发展，各种强度级别钢材的韧性都有显著提升。原材料方面，采取辅料集中预处理制备，加大原材料的检验频次，保证了批次的稳定性。生产过程辅助材料及镀液成分均采用仪器分析，逐步配备在线监测系统和自动配液系统，构建制造执行系统（MES），实现在线控制。钢材等原材料品质的提升，以及对原材料采取的控制手段，有效保证了焊接材料产品质量的稳定。

28.3.3 焊接材料制备技术不断升级完善

随着中国大力实施低碳、环保政策，依靠大量消耗能源、污染环境的低效方式已不适应新的发展要求。焊接材料制造过程中更加关注高自动化、环保、节能，以实现可持续健康发展。20多年以来，中国焊接材料行业通过自主创新和技术引进消化吸收，一直没有停止对制备技术的改进。

焊条制造已经采用高速连线拉切焊芯、自动配粉、压涂自动塞粉、增大螺旋机缸径和油压机压力等，焊条的烘焙和包装也加大了半自动和自动化程度。通过提高自动化程度减少单位产品用工数量，提高劳动生产率，降低人力资源成本已经成为趋势。焊条制备技术的改进如图28-4所示。

a)

b)

c)

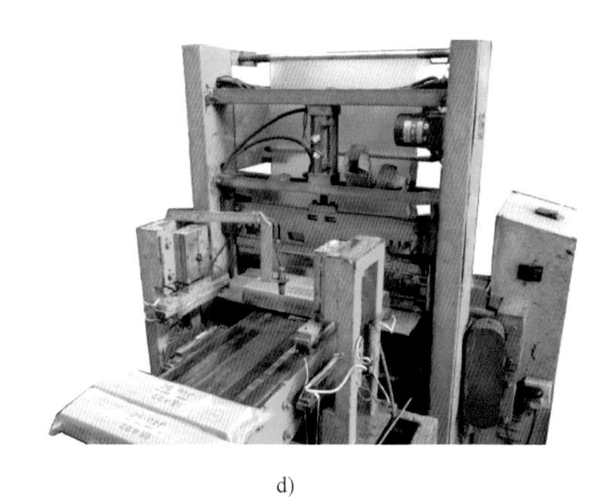

d)

图 28-4　焊条制备技术的改进

a）高速切丝机　b）自动配粉设备　c）螺旋机自动续粉装置　d）自动包装机

气体保护实心焊丝已逐步采用节能高效的高速辊模拉丝机，其他诸如超声波清洗技术、感应烘干、涂层模具等新技术也正逐步被焊丝制造企业推广使用。焊丝的制备更加关注动态监测产品的品质稳定性，而不是只依靠在成批产品中抽样做最终检测。根据应用领域的需求，逐步提高了桶装药芯焊丝的缠绕质量和稳定性，以及无镀铜焊丝和高强焊丝的制备技术等。焊丝制备技术的改进如图 28-5 所示。

a)

b)

图 28-5　焊丝制备技术的改进

a）直线拉丝机　b）高速辊模拉丝机

c)

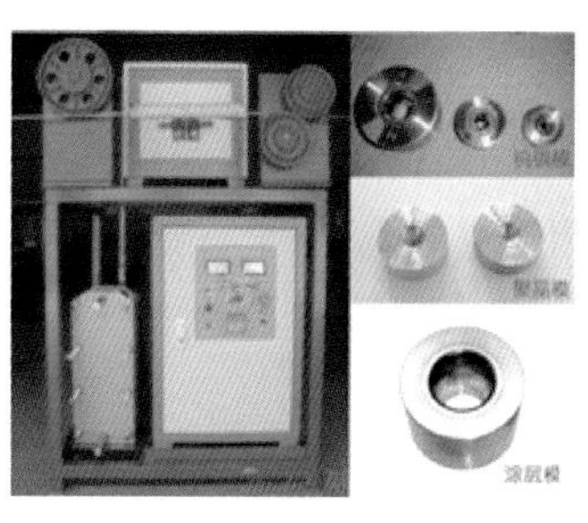

d)

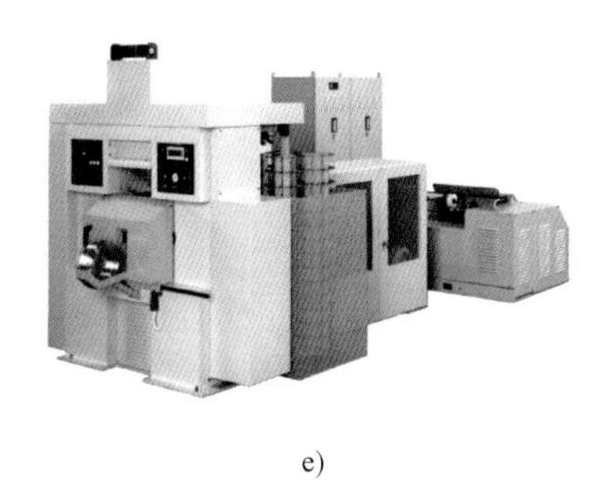

e)

f)

g)

图 28-5 焊丝制备技术的改进（续）

c）多丝展开式镀线 d）超声波清洗等新技术应用 e）全自动层绕机 f）桶装层绕机 g）自动包装线

28.4 中国焊接材料在重点工程上的应用

中国焊接材料随着产品质量的不断提升，以及在耐低温、耐热、高强、镍基合金等方面的深入研究，在能源、压力容器、石化装备、化工装备、海洋工程等领域得到了广泛的应用。

28.4.1 电力工程

随着中国经济的发展，对电力需求越来越大，除火电外，水电、核电作为一种清洁能源对解决能源短缺发挥着重要的作用。目前，中国焊接材料生产企业已经研发了核 2、核 3 级设备所用的多种焊接材料，应用于核电工程建设中，并且已经具备了研制开发核 1 级设备用焊接材料的基础。中国在建项目 AP1000 的安全壳上，已经使用了中国企业提供的低合金钢焊条。

1. 水电工程

三峡水电站是世界上规模最大的水电站，也是中国有史以来建设的最大型工程项目，如图 28-6a 所示。三峡水电站马氏体不锈钢转轮单台重达 450t，最大焊接坡口深度近 300 mm，是三峡项目中焊接难度最大的部件，三峡左岸机组全部采用进口焊接材料，哈尔滨焊接研究所开发的 HS13/5L 焊丝、HT13/5 焊条、SAW13/5L 焊丝及 SJ609 焊剂成功应用在三峡右岸机组中，替代了同类进口焊接材料，各项技术指标和焊接质量都达到国外同类焊接材料水平。三峡水电站还应用了天津市金桥焊材集团有限公司的超低氢高韧性 J607RH 焊条、J507 焊条、A042 焊条、JQ. MG50-6 焊丝；四川大西洋焊接材料股份有限公司的 CHE422 焊条、CHE507 焊条、CHE62CFLH 焊条、CHW-65 焊丝；宜昌猴王焊丝有限公司的 MK. J607RH、MK. J807R 焊条、MK. H08MnA 埋弧焊丝等焊材。

溪洛渡水电站（见图 28-6b）、向家坝水电站（见图 28-6c）等工程应用了四川大西洋焊接材料股份有限公司和宜昌猴王焊丝有限公司的焊材。北京金威焊材有限公司生产的 410NiMo 型焊带及配套焊剂，在某水电设备制造厂进行了水轮机转子顶盖堆焊，如图 28-6d 所示。

a)

b)

c)

d)

图 28-6　水电工程

a）三峡水电站　b）溪洛渡水利工程　c）向家坝水电站　d）水轮机

2. 核电工程

三门核电 1 号机组主设备——安注箱，如图 28-7a 所示，为全球首台 AP-1000 安注箱，该设备大量使用了哈尔滨威尔焊接有限责任公司的焊材。2014 年 12 月，哈尔滨焊接研究所研制的核一级焊接材料 J557HR 焊条、HS09MnNiMoHR/SJ16HR 埋弧焊丝及焊剂、不锈钢系列产品等焊材，成功应用于×××蒸汽发生器和稳压器。同时还为东方电气（广州）重型机器有限公司、哈电集团（秦皇岛）重型装备有限公司、上海电站辅机厂有限公司、上海森松压力容器有限公司、大连宝原核设备有限公司、中核动力设备有限公司等核电制造企业提供了 J427HR 焊条、J557HR 焊条、HS09MnNiMoHR/SJ16HR 埋弧焊丝及焊剂、ER50-6 焊丝、ER90S-D2 焊丝、不锈钢系列产品等核级焊材。

秦山（见图 28-7b）、三门等核电站大量使用了中国企业提供的焊接材料，四川大西洋焊接材料股份有限公司的 CHE9018-G-H4 焊条、CHE507HR 焊条、CHE58-1HR 焊条、CHT711HR 焊丝；天津市金桥焊材集团有限公司的 J507 焊条、A022 焊条、JQ. MG50-6 焊丝、ER316L 焊丝、JQ. YJ501-1 焊丝和宜昌猴王焊丝有限公司的 MK. E4316 焊条等。

武汉铁锚焊接材料股份有限公司生产的 AP-1000 中安全壳（见图 28-7c）配套核级 ER70S-6 实心焊丝产品，已在山东核电设备制造有限公司、中国核工业第五建设有限公司应用。该公司还为武汉重工铸锻有限责任公司提供了核级主蒸汽管道的焊接材料，为安徽应流集团提供了 E7018 核级焊条，为山东核电设备制造有限公司提供了 E7018 焊条、E12018-G-H4 焊条等焊材。

岭澳核电站二期建设（见图 28-7d）、红沿河核电站（见图 28-7e）建设中应用了中国电建集团上海能源装备有限公司的 PP-J427 焊条、PP-J607CrNiMo 焊条。

a)

b)

c)

d)

e)

图 28-7 核电工程

a）AP1000 安注箱 b）秦山核电站 c）AP-1000 中安全壳

d）岭澳核电站项目 e）红沿河核电站

3. 火电工程

中国电力目前仍以火力发电为主，提高火电机组效率既节约能源又减少排放，是改善环境质量的最佳途径。中国从 1990 年引进超临界机组，21 世纪初，进行超超临界机组的设计与制造，至今已取得很大进展，目前新建造的大型火电基本都为超临界、超超临界机组。超临界、超超临界发电机组是中国未来大型火电发电机组的发展目标和方向。

中国焊接材料制造企业顺应中国火电建设的发展需要，研究开发了相应的焊接材料，如江苏国华徐州发电有限公司 2×1000MW 火电机组（见图 28-8）建设中应用了中国电建集团上海能源装备有限公司的 PP-317 焊条、PP-R717 焊条

图 28-8 江苏国华徐州发电有限公司 2×1000MW 机组

和 PP-R71 焊丝等焊材。

28.4.2 工程机械

中国工程机械行业顺应钢材优质、高强、轻量化的发展要求，60~90kg 级工程机械用钢板已经实现批量生产，为满足工程机械行业钢材高强度化的发展趋势，中国焊接材料制造企业开发了与相应钢材配套的高强度焊丝，实现了自主供应。

全球最大吨位履带式起重机 XGC88000 起重臂（见图 28-9a）的焊接，以及郑州煤矿机械集团生产的目前世界上支护高度最高、工作阻力最大的 ZY16800/32/70D 两柱掩护式液压支架（见图 28-9b）的焊接，使用了山东索力得焊材股份有限公司生产的 SLD-70 实心焊丝、SLD-80 实心焊丝。

天津市金桥焊材集团有限公司生产的 JQ. MG90-G 焊丝替代进口产品，应用在三一集团 75t 以上起重机整机上。

宜昌猴王焊丝有限公司研制的 MK. GHS70、MK. GHS76、MK. GHS80 等系列实心焊丝应用于郑州煤矿机械集团生产的国内高端液压支架上，如 ZY10580/12.7/24.4D 液压支架（见图28-9c），该套液压支架出口到美国，是中国自主研发、生产和出口的国际高端液压支架的代表。

a)

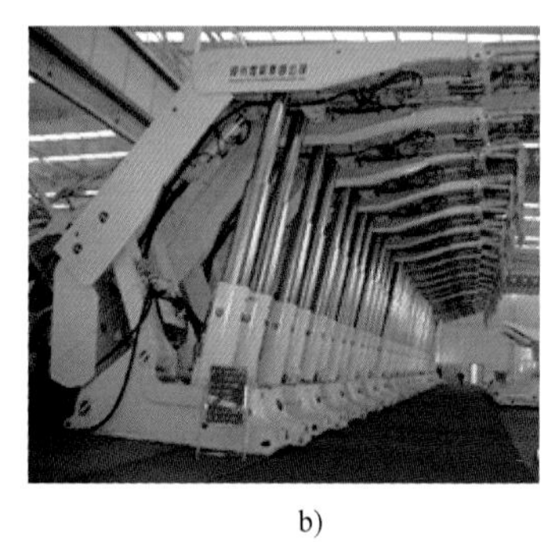
b)

c)

图 28-9 工程机械

a）XGC88000 起重臂 b）ZY16800 液压支架 c）ZY10580 液压支架

28.4.3 管道工程

自 1995 年开始，中国的管道工程建设进入了快速发展时期，输送压力从 4MPa 以下提高到 10MPa 以上，管径从 500mm 以下提高到 1000mm 以上，钢材从 C-Mn 系的 A、B 级碳钢发展到微合金化的 X70、X80 钢等。目前，中国管道建设中传统的手工焊方法已逐渐地被自保护药芯焊丝半自动焊和熔化极气体保护自动焊方法所取代，其中以自保护药芯焊丝半自动焊的应用发展最为迅速。

2002 年 7 月开工至 2004 年 10 月建成的西气东输一线主管线工程（见图 28-10），应用了四川大西洋焊接材料股份有限公司生产的 CHE425GX 焊条、CHE507GX 焊条、CHE607GX 焊条、CHF101GX 埋弧焊焊剂，锦州天鹅焊材股份有限公司生产的烧结焊剂，宜昌猴王焊丝有限公司生产的 MK. E8010 焊条等焊材得到了大量的应用。

在西气东输二线工程中（见图 28-11），天津市金桥焊材集团有限公司自主研发的管道半自动焊用 JC-29Ni1、JC-30 系列自保护药芯焊丝成功中标上线使用，打破了国外产品长期垄断该行业的局面，该系列自保护药芯焊丝还在中缅、中贵等 1 万多公里管道工程中得到应用，实现了中国自保护药芯焊丝在管线工程中的自主应用。西气东输二线工程还应用了天津大桥焊材集团有限公司的 THG-80 管线钢用自动焊实心焊丝，锦州天鹅焊材股份有限公司的埋弧焊用烧结焊剂，该焊剂还在澳大利亚昆士兰管线工程、土耳其管线工程得到了广泛应用。

图 28-10　西气东输一线主管线工程

图 28-11　西气东输二线工程

宜昌猴王焊丝有限公司研制的 MK. GX70、MK. GX80 等管线钢埋弧焊丝分别在川东北—川西联络线天然气管道工程、中国石化济青二线工程、中石化广西 LNG 工程、中石化江汉仪征—长岭原油管道复线工程等中国重点工程得到了广泛应用。

28.4.4　轨道交通

中国轨道车辆经过 20 多年的快速发展，整车制造技术已达到国际先进水平，部分制造技术已领先全球，取得了举世瞩目的成绩。目前，全铝结构铝合金车辆已经广泛用于中国铁路高铁、动车组制造和城市轨道车辆制造。

2005 年，C70 型敞车等载重 70t 级货车研制成功，标志着中国铁路货车实现了载重由 60t 级向 70t 级、速度由 70~80km/h 向 120km/h 的第三次大的升级换代。C70 型通用敞车采用了天津市金桥焊材集团有限公司提供的 JQ. TH550-NQ-Ⅱ高强度耐候焊丝、J556NiCrCu 焊条。C70C 型大轴重载货车使用的是新一代 S450EW 高耐蚀型耐候钢，多家车辆厂选用了天津市金桥焊材集团有限公司研制开发的高耐蚀 JQ. TH650-EW-Ⅱ气体保护实心焊丝和 J656CrNiL 焊条。C70 型通用敞车和 C70C 型焦炭运输专用敞车如图 28-12 所示。

天津市金桥焊材集团有限公司和哈焊所华通（常州）焊业股份有限公司的 ER308LSi-G 焊丝、ER309LSi-G 焊丝在不锈钢铁路货车上已批量使用。哈焊所华通（常州）焊业股份有限公司的 ER5087 铝镁合金焊丝已经开始用于动车车体的制造。不锈钢铁路货车和动车车体如图 28-13 所示。

图 28-12　C70 型通用敞车和 C70C 型焦炭运输专用敞车

图 28-13　不锈钢铁路货车和动车车体

宜昌猴王焊丝有限公司的机车焊接专用焊丝 MK. G4Si1、MK. ER50-6 应用于中车资阳机车有限公司制造的世界功率最大的 2206. 5kW（3000 马力）油电混合动力机车（见图 28-14）和 3677. 5kW（5000 马力）双燃料内燃机车。

图 28-14　2206. 5kW（3000 马力）油电混合动力机车

28. 4. 5　海洋工程及船舶制造

海洋工程装备由于其恶劣的服役环境，对产品的可靠性和安全性要求很高，近年来已成为各国政府重点扶持发展的战略产业和造船企业竞争的高端领域。中国海洋工程用焊接材料近年来紧跟海洋装备生产发展的需求，在材料种类和质量等方面有了很大提高。

上海外高桥造船有限公司建造的海洋石油 981 半潜式钻井平台、自升式钻井平台，如图 28-15a 所示，广泛使用了武汉铁锚焊接材料股份有限公司的高强度高韧性 MCJGNH-1/YS. SJ105G 埋弧焊丝及焊剂等焊材；武汉船用机械厂承建的德赛 1301/1302/1303 自升式钻井平台及其配套的起重设备、甲板机械等部件，在 DH36、EH36 钢板焊接中使用了该公司的 YCJ501-1 和 YCJ501Ni-DHL 药芯焊丝，这两种药芯焊丝还应用于中船黄埔文冲船舶有限公司承建的 R-550D 自升式钻井平台，如图 28-15b 所示）。

天津三英焊业股份有限公司的 E501T-1 药芯焊丝应用于出口伊朗的 30 万 t 级 VLCC 油轮，如图 28-15c 所示；E501T-9 药芯焊丝在大连船舶重工集团有限公司应用于国内首制 FPSO 的建设。

a)

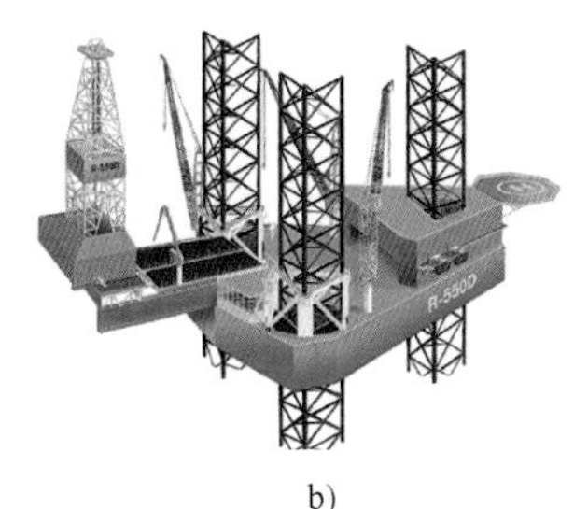

b)

c)

图 28-15 海洋工程及船舶制造

a）钻井平台 b）R-550D 自升式钻井平台 c）VLCC 油轮

28.4.6 建筑及桥梁工程

中国建筑行业及桥梁用钢的比例十多年来一直占据钢材消费总量的 50%以上。桥梁钢结构经过多年的发展，现已主要采用高强度钢，取得了以南京大胜关长江大桥为标志的主要成就，实现了全面国产化。近年来，中国企业开发了适用于桥梁工程的焊接材料，并且已经得到了很好的应用，基本满足了桥梁工程焊接的市场需求。

1. 建筑工程

北京奥运会“鸟巢”体育场项目（见图 28-16a）使用了天津大桥焊材集团有限公司的焊条、药芯焊丝、实心焊丝，以及四川大西洋焊接材料股份有限公司的 CHE427RH 焊条、CHE507 焊条、CHE607RH 焊条、CHT711 焊丝等焊材。

中央电视台新总部大楼（见图 28-16b）和首都机场 T3 航站楼（见图 28-16c）使用了四川大西洋焊接材料股份有限公司生产的 CHE507 焊条、CHE607 焊条、CHT711 焊丝、CHW-50C8 焊丝等焊材。

a)

b)

c)

图 28-16 大型建筑

a）“鸟巢”体育场 b）中央电视台新总部大楼 c）首都机场 T3 航站楼

上海环球金融中心大厦（见图 28-17a）使用了天津市金桥焊材集团有限公司生产的 J507 焊条、JQ. YJ501-1 药芯焊丝和四川大西洋焊接材料股份有限公司的 CHW-S3A/CHF101 埋弧焊丝及焊剂、CHT711 药芯焊丝等焊材。

深圳平安金融中心大厦（见图 28-17b）使用了四川大西洋焊接材料股份有限公司的 CHW-S3A/CHF101 埋弧焊丝及焊剂、CHT711 焊丝等焊材。

天津 117 大厦（见图 28-17c）、广州新电视塔、国家大剧院、上海世博会等工程应用了天津大桥焊材集团有限公司的 THQ-50C 气保焊丝、THM-43B 埋弧焊丝、THSJ101 埋弧焊剂、THQ-60D 气保焊丝和天津市金桥焊材集团有限公司的 JQ. YJ501-1 药芯焊丝、JQ. CE71T-1 药芯焊丝、JQ. MG50-6 气保焊丝、JQ. H08MnA/JQ. SJ101 埋弧焊材。

a)　　b)　　c)

图 28-17　超高建筑

a）上海环球金融中心　b）深圳平安金融中心大厦　c）天津 117 大厦

2. 桥梁工程

青岛海湾大桥（胶州湾跨海大桥，如图 28-18a 所示）为跨越胶州湾、衔接青兰高速公路的一座公路跨海大桥，全长 41.58km，是当时世界上已建成的最长的跨海大桥，使用了天津市金桥焊材集团有限公司生产的焊条、焊丝。沪通长江大桥（见图 28-18b）为国内重大桥梁工程，该工程使用了 Q500QE 新型桥梁钢，配套使用了天津市金桥焊材集团有限公司研制开发的 JQ · YJ621K2-1 桥梁专用气体保护药芯焊丝及 JQ. YJ621K2-1Q 金属粉型药芯焊丝。苏通大桥（见图 28-18c）使用了天津市金桥焊材集团有限公司生产的焊条、焊丝。

a)　　b)　　c)

图 28-18　金桥焊材在部分桥梁上的应用

a）青岛海湾大桥　b）沪通长江大桥　c）苏通大桥

泰州长江大桥（见图 28-19a）采用主跨 2×1080m 的三塔双跨钢箱梁，是世界首创，使用了哈焊所华通（常州）焊业股份有限公司的 HTW-58 焊丝、H08Mn2E 高韧性桥梁钢焊丝等专用焊材。

杭州湾跨海大桥（见图 28-19b）使用了天津市金桥焊材集团有限公司的焊条、焊丝；四川大西洋焊接材料股份有限公司的 CHE507 焊条、CHE557Q 焊条、CHT711 焊丝等焊材。

武汉铁锚焊接材料股份有限公司和武汉钢铁股份有限公司合作开发出一系列桥梁钢用焊条，其中 CJ507Q 焊条已成功应用于南京大胜关长江大桥以及武汉天兴洲长江大桥，如图 28-19c和 28-19d 所示。

港珠澳大桥（见图 28-19e）使用了四川大西洋焊接材料股份有限公司的 CHW-S3/CHF101 埋弧焊丝及焊剂、CHE507 焊条，天津市金桥焊材集团有限公司的 JQ. YJ501-1、JQ · H08Mn2E、J507Q 及 JQ. MG50-6 高韧性桥梁钢专用焊材，武汉铁锚焊接材料股份有限公司桥梁用焊材，哈焊所华通（常州）焊业股份有限公司的 HTW-711、HTW-711Ni 高韧性桥梁钢专用焊材，天津三英焊业有限公司的 SQJ501L 药芯焊丝，锦州天鹅焊材股份有限公司的埋弧焊用烧结焊剂。

a)

b)

c)

d)

e)

图 28-19　中国桥梁工程

a）泰州长江大桥　b）杭州湾跨海大桥　c）南京大胜关长江大桥

d）武汉天兴洲长江大桥　e）港珠澳大桥

天津大桥焊材集团有限公司的 THJ506Fe-1 焊条已应用于可抗 8 级地震的世界第一大单塔自锚抗震悬索钢结构桥梁——横跨美国旧金山与奥克兰之间的新海湾大桥，如图 28-20a 所示。

哈焊所华通（常州）焊业股份有限公司的 HTW-58、H08Mn2E 高韧性桥梁钢专用焊材已应用于印度德里瓦吉拉巴德大桥主体工程桥梁钢，如图 28-20b 所示。

a)

b)

图 28-20　国外桥梁工程
a）新海湾大桥　b）德里瓦吉拉巴德大桥

28.4.7　大型石化工程

大型石化设备很多采用不锈钢材料，以满足其耐高温强腐蚀的需要。有些装备采用复合材料，基层采用铬钼钢，堆焊一层不锈钢，以满足其耐高温耐腐蚀的需要。

2001 年，哈尔滨威尔焊接有限责任公司开发的不锈钢带极堆焊材料率先完成了国产化，并在中石化南化公司、北京燕山石油化工公司建筑安装工程公司等企业的脱硫反应器（见图 28-21a）的

a)

b)

c)

d)

图 28-21　哈尔滨威尔焊材在部分石化工程中的应用
a）脱硫反应器　b）高压分离器　c）焦炭塔　d）09MnNiDR 钢制球罐

制造中成功应用，2002年，该公司开发的超低硫磷抗氢钢焊材在国内率先通过了HIC、SSC试验，在兰州石油化工机械厂高压分离器（见图28-21b）上获得成功应用。2005年，该公司开发的新型焦炭塔专用耐热钢焊材，应用于“青岛大炼油1000万t/年原油加工”项目四台焦炭塔的焊接，此项目是国产焊材首次采用ASME SA387 Class Ⅰ标准设计制造的单体最大焦炭塔（见图28-21c）。2013年，该公司开发了09MnNiDR钢制球罐（见图28-21d）用W707DRQ全位置焊条，应用在了青海盐湖MTO项目的4台国内首次采用的09MnNiDR钢制2000m^3乙烯球罐上。该焊条还应用于蒲城清洁能源化工有限责任公司、山东神达化工有限公司、浙江平湖、银川、常州、滕州、宝丰等项目20多台乙烯球罐的制造。

四川石化工程项目（见图28-22a）应用了四川大西洋焊接材料股份有限公司的CHE507RH焊条、CHE607RH焊条、CHS042R焊条、CHS102R焊条、CHS132R焊条等焊材。

巴布亚新几内亚罐区和加纳TEMA罐区（见图28-22b）等项目中使用了天津大桥焊材集团有限公司的THJ422焊条、THJ427焊条、THJ507焊条，THT50-6氩弧焊丝，THQ-50A气保焊丝，THM-43A、THM-43B埋弧焊丝，TH·HJ431、TH·HJ101H焊剂，THY-J507L气电焊药芯焊丝等焊材。

陕西化建工程有限责任公司的常州（富德）DMTO 100万t/年甲醇制烯烃工程（见图28-22c）中使用了中国电建集团上海能源装备有限公司的PP-R307焊条、PP-R317焊条等热强钢焊材。中石油云南石化有限公司1000万t/年炼油项目（见图28-22d）的球罐建设中，大量使用了PP-J607RH高强度高韧性超低氢焊条。

a)

b)

c)

d)

图28-22　石化项目

a）四川石化工程项目　b）罐区　c）常州（富德）DMTO项目　d）中石油云南石化有限公司炼油项目

28.4.8 输变电工程

世界首个商业化运行的1000kV同塔回路特高压交流输电工程“皖电东送”淮南至上海特高压交流输电示范工程，如图28-23a所示，应用了天津大桥焊材集团有限公司的THQ-50C气体保护焊实心焊丝。

武汉铁锚焊接材料股份有限公司的MCJNi1K、EH14埋弧焊丝，ER70S-6、ER80S-Ni1气体保护实心焊丝，TMC-80Ni1和YCJ81Ni1药芯焊丝成功应用于维蒙特工业公司（Valmont Industries Ltd.）的电力建设，如图28-23b所示。

世界上运行电压最高、最先进的交流输变电工程，国家电网1000kV晋东南-荆门特高压交流输电线路（见图28-23c）示范工程采用了宜昌猴王焊丝有限公司研制的MK.ER55-G气体保护实心焊丝。

a)

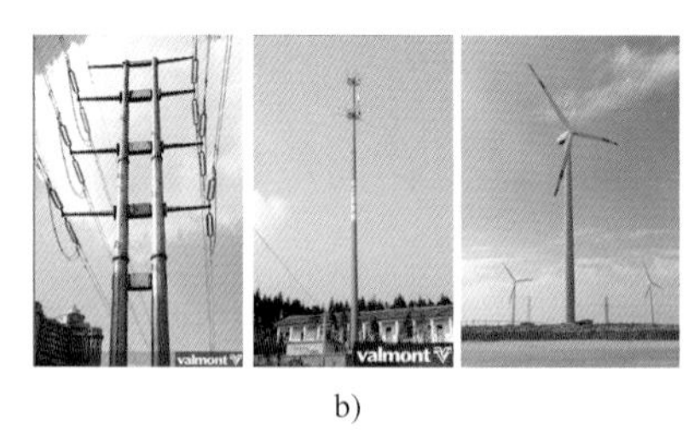

b)

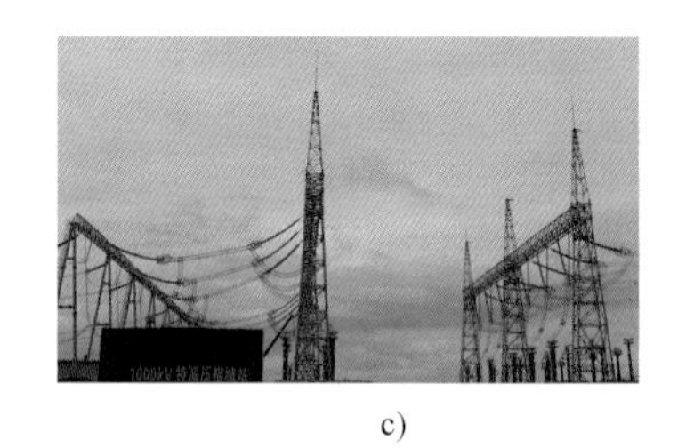

c)

图28-23 输变电工程
a）特高压交流输电线 b）电力建设 c）晋东南-荆门特高压交流输电线

28.4.9 焊接材料的其他研究应用

中国焊接材料制造企业还研究开发了很多高端优质焊接材料，应用于航天航空、汽车制造、轻工与电子等领域。近年来，中国焊接材料的制造积极响应中国政府生态文明建设要求，加大了无镀铜焊丝、无铅钎料、低烟尘焊接材料等多品种绿色焊接材料的研发工作，以适应环保与健康要求。

无镀铜焊丝作为典型的绿色制造产品，将成为气体保护实心焊丝未来几年发展的一个重要方向。无镀铜焊丝采用特殊的表面处理工艺，在焊接过程中没有铜烟，有利于焊工健康。中国无镀铜焊丝在从根本上解决了导电嘴磨损、焊丝表面涂层导电性、焊接飞溅和电弧稳定性等问题后，将得到更快发展。

郑州机械研究所原创性地构建了无镉钎料成分设计体系，发明了速流性无镉钎料和高强韧无镉钎料，如图28-24所示。创制了无缝药芯钎料、自粘结药皮钎料等钎料/钎剂一体化的减排型复合钎料，减排钎剂的有害物50%以上，实现了清洁钎焊，减轻了环境压力。率先提出了原位合成钎料的方法，独创了表层覆锡钎料、金属颗粒芯钎料，解决了盾构机大型刀具强冲击、变间隙、大面积异种材料连接难题。构筑了钎焊过程传热传质新途径，创新开发了多种新型复合钎焊技术。

郑州机械研究所生产的钛基带状钎料，采用液相加热、固相扩散焊的方法焊接不锈钢及钛合金板翅式散热器芯体，该技术解决了不锈钢及钛合金板翅式散热器的真空钎焊难题，用于“神舟”载人飞船、“天宫”空间实验室等，为载人航天工程的实施提供了支撑，如图28-25a所示。还开发出了满足超低温（-200℃）使用要求的钎料，解决了先进超导托卡马克（EAST）实验堆（见图28-25b）冷却装置的钎焊难题，该线圈盒在-269℃、10^{-9} Pa的极端环境中运行8年，支撑了热核聚变研究。

航空列管散热器是航空发动机上的关键部件。郑州机械研究所使用膏状或带状钎料，利用自主开发的列管散热器真空钎焊技术，不仅很好地满足了产品各项技术指标，而且衍生出

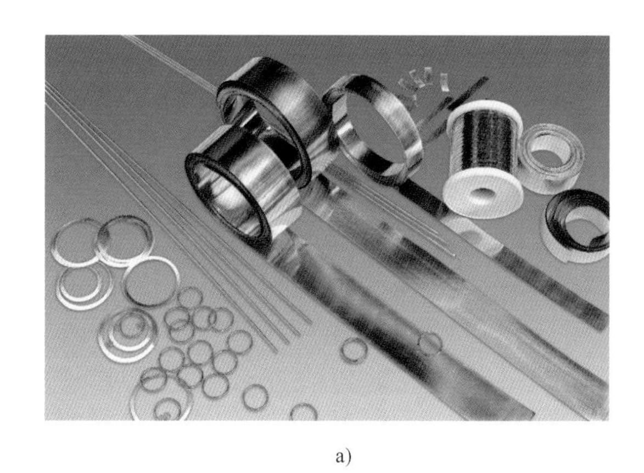

a)

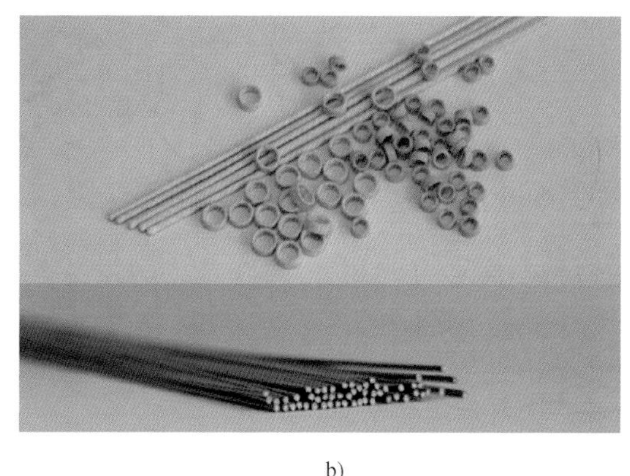

b)

图 28-24 系列无害化钎料及高效钎焊技术产品
a）高性能无镉钎料 b）减排型复合钎料

10 余种新型散热器型号，支撑了我国主力战机和新型战机等装备研发项目的顺利进行，如图 28-25c 所示。

a)

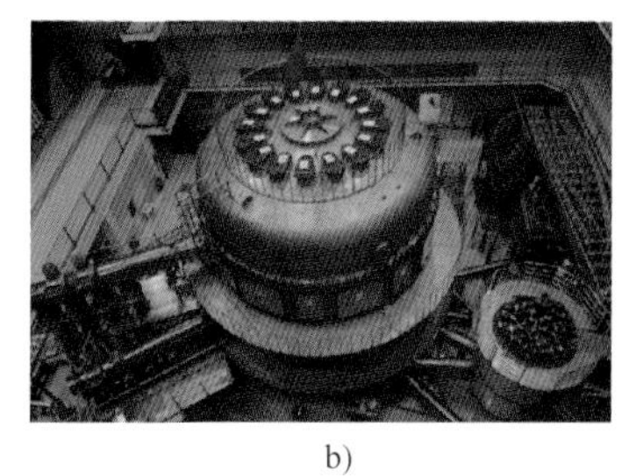

b)

c)

图 28-25 郑州机械研究所钎焊材料应用
a）航天器 b）EAST 实验堆 c）战机

28.5 中国焊接材料的发展展望

28.5.1 积极发展低碳环保的焊接材料生产方式和焊接材料产品

资源和环境友好已经为人们普遍接受，改善焊工的工作条件，减少烟尘已经成为焊接工作者所面临的重要课题。焊接材料生产同样是污染较高的行业之一，焊接材料企业一直致力于解决生产过程中的粉尘、噪声等环境污染问题。今后，中国焊接材料企业将顺应时代发展要求，着力发展低碳、环保的焊接材料生产方式和产品，努力推动环保焊接技术的发展，将焊接材料生产企业建设成为现代化绿色工厂。

28.5.2 高端高效焊接材料将成为今后发展的重点

近年来，随着中国劳动力成本持续上升、熟练焊工短缺以及焊接效率的提高，焊接自动化进程已明显加快。今后中国焊接自动化水平将稳步提升，适用于半自动化、自动化焊接材料的比例也将逐步提高，焊条产品的比例将逐步下降到 30%以下。今后中国高端装备制造业占全部装备制造业的销售产值将达到 30%以上，因此高端焊材成为焊接材料市场竞争的新热点，各类高端焊材包括高性能的各种焊条、实心焊丝、药芯焊丝和埋弧焊材等，目前虽在焊材销售总量中不足 10%，预计今后将逐步增长到总量的 20%~30%。

28.5.3 由生产型制造向服务型制造转变

中国为了引领产业向价值链高端提升，积极推动装备制造业从“生产型制造”向“服务型制造”转型升级。中国焊接材料制造企业更加加大了为重点行业、重点用户提供整体服务的开发工作，建立相应的服务网络，注重焊接的协同发展，推进焊接解决方案的开发，形成集焊接工艺、焊接设备、焊接材料于一体，为高端制造业和重大工程提供焊接技术整体性解决方案。

28.5.4 加强品牌建设，实现差异化发展

中国焊接材料制造企业在几十年高速发展过程中已经意识到，应通过采取自主创新、完善品种、优化品质、降低成本、向国外先进企业学习等多种方法，逐步使中国的焊接材料由世界最大向世界最强迈进，在世界上树立中国自己的焊材品牌。同时根据自身的技术优势，找准市场中的定位，形成自己的产品特色，实现差异化发展，未来形成几个龙头企业和若干有自身特色的中小企业共存，全面满足中国工业发展需要的中国焊接材料行业格局。

参考文献

[1] 宋天虎．转型升级——现代焊接制造的发展趋势［J］．焊接，2013（7）：2-6.

[2] 何实，储继君，齐万利．中国焊接材料的发展现状与未来趋势［J］．焊接，2015（12）：1-5.

[3] 储继君．扎实做好行业工作 推动行业平稳转型升级［J］．焊接，2014（8）：13-18.

[4] 唐伯钢．相对钢材进展的焊接“三落后”问题及对策［J］．焊接技术，2009，38（9）：1-10.

第29章　焊接标准化

朴东光　苏金花

29.1 概　　述

我国焊接标准化的发展在很大程度上依赖于焊接行业的客观环境，而我国焊接行业基本由两部分构成。

1）焊接器材供应商及提供相关服务的企业、机构，其产品及服务包括：焊接设备、切割机具、工艺装备及相关零部件、焊接材料、辅助材料、焊接安全防护用品、通风除尘、焊接咨询、检测、安全性评估、修复、教育、培训、认证、销售、储运等。

2）使用焊接及相关工艺技术作为主要加工手段制造各类产品的应用企业，这类企业几乎遍及制造业所有工业部门的各个行业，如海洋工程、汽车、能源、轨道交通、航空航天、工程机械、建筑、桥梁、钢结构、石油化工、采矿、农机、电子、通信、医疗器械等。

我国现有焊接材料生产企业400多家，焊接设备制造企业800多家、切割设备生产企业上百家，从事焊接安全防护用品生产的企业达数十家之多。这些企业的年产值达600亿元以上。

焊接应用企业数量达7000家以上，遍布制造业的各个领域。据不完全统计，我国焊接行业的从业人员数量在1000万人以上。从产能、企业规模和劳动力队伍而言，我国都堪称“世界第一焊接大国”。

焊接作为组装工序，通常位于制造流程的后期，因此对最终的产品质量具有决定性作用。根据工业发达国家的经验，即使按保守的方法估算，我国焊接技术应用部分企业的焊接附加值至少在上万亿元以上，对占我国国民经济总产值三分之一的制造业产值具有重要的影响。其突出的特点之一就是焊接成本占整个制造成本很低，但对产值的贡献率却很高，体现出极高的技术附加值。因此，焊接标准化对经济建设具有极其重要的影响，长期以来得到了政府及工业界的高度重视。

在计划经济时期，标准化工作由政府主导，各专业领域的标准化工作具体由归口科研院所分工负责。标准分国家标准、行业标准、地方标准和企业标准等几级，前三级标准由政府主导制定，所以这部分标准化工作具有浓郁的行政色彩。我国焊接领域的标准化最初由哈尔滨焊接研究所归口负责，随着标准化的不断发展，哈尔滨焊接研究所负责标准的机构由一个工作组扩大为标准化室，后来随着改革形势的变化，这些标准化业务工作由国家统一筹划成立的专业标准化技术委员会承担。

中国的标准化工作目前由国务院授权的专门机构——国家标准化管理委员会（SAC）统一负责。国家标准化管理委员会下设500多个技术委员会及分委会，全国焊接标准化技术委员会就是其中之一。该机构成立于1985年，委员会的机构代号为SAC/TC55，专门负责焊接领域内的标准化活动，是专门从事焊接标准化技术管理的全国性技术工作组织。

全国焊接标准化技术委员会秘书处由哈尔滨焊接研究所承担，该技术委员会下设三个分技术委员会，分别分工管理焊接材料、钎焊、焊缝试验及检验领域的标准化工作，具体见表29-1。

表 29-1 焊接标准化机构现状

机构编号	机构名称	成立时间	对应机构
SAC/TC 55	全国焊接标准化技术委员会	1985 年 7 月	ISO/TC44
SAC/TC 55/SC 1	焊接材料分技术委员会	1987 年 7 月	ISO/TC44/SC3
SAC/TC 55/SC 2	钎焊分技术委员会	1989 年 9 月	ISO/TC44/SC12 和 SC13
SAC/TC 55/SC 3	焊缝试验和检验分技术委员会	2008 年 7 月	ISO/TC44/SC5

焊接标准化技术委员会由来自机械、冶金、电子、船舶、汽车、航空航天、水电、能源、石化、核能、建筑、劳动安全监察等部门及行业的代表组成。

全国焊接标准化技术委员会的组建按照《全国专业标准化技术委员会章程》的规定，由委员单位提出申请及委员推荐意见报有关标准化管理部门审核。委员会的组成方案最终由国家质量监督检验检疫总局核准、聘任并统一颁发聘书。每届委员会委员的任期一般为 5 年。

根据国务院标准化行政主管部门的分工，全国焊接标准化技术委员会的主要工作任务包括：

1）负责焊接专业的标准化技术归口工作。

2）负责组织制定焊接标准体系。

3）提出焊接标准制定、修订规划和计划。

4）组织标准计划项目的实施。

5）负责焊接标准的宣传、贯彻及实施。

6）提出焊接专业标准化成果评定意见和奖励建议。

7）代表我国承担与国际标准化组织对口的技术业务工作，对国际标准文件进行表态处理，审查我国提案，提出开展对外标准化交流的议案。

8）在产品质量监督检验、认证过程中，承担有关的标准化评估工作。

9）为行业提供相关的标准化信息服务。

全国焊接标准化技术委员会保持工作联络的国内外团体及组织有：ISO/TC44、中国焊接学会、中国焊接协会、全国无损检测标准化技术委员会、全国电焊机标准化技术委员会、全国金属与非金属覆盖层标准化技术委员会、全国气体标准化技术委员会等。

29.2 焊接标准体系建设

我国的焊接标准起步于 20 世纪 60 年代，第一项焊接标准 GB 324《焊缝代号》发布于 1964 年，在 1967 年又有 7 项焊接标准问世，这些标准包括 GB 980《焊条分类及型号编制方法》、GB 981《低碳钢及低合金高强钢焊条》、GB 982《钼及铬钼耐热钢焊条》、GB 983《不锈钢焊条》、GB 984《堆焊焊条》、GB 985《手工焊接头基本形式和尺寸》和 GB 986《埋弧焊接头基本形式和尺寸》。

上述五项焊条标准在 1976 年做了修订，同时又增加了 GB 1225—1976《焊条检验　包装和标记》。20 世纪 80 年代初，在修订焊缝代号和焊接坡口三项基础标准的同时，我国又制定了若干焊缝的破坏性试验方法标准，这些标准包括：

GB 2649《焊接接头机械性能试验取样法》

GB 2650《焊接接头冲击试验法》

GB 2651《焊接接头拉伸试验法》

GB 2652《焊缝（及堆焊）金属拉伸试验法》

GB 2653《焊接接头弯曲及压扁试验法》

GB 2654《焊接接头及堆焊金属硬度试验法》

GB 2655《焊接接头冷作时效敏感性试验法》

GB 2656《焊缝金属和焊接接头的疲劳试验法》

我国焊接标准以最基础的焊缝代号标准起步，然后在焊条、焊接坡口、接头破坏性试验方面逐步完善。从 20 世纪 60 年代到 80 年代的发展历程看，这个时期标准化需求有限，标准数量较少，范围仅局限于基础类标准和主要的产品及试验标准。

20 世纪 80 年代中期以后，焊接领域的标准化有了较大发展，最主要的标志就是通过体系建设促进标准的数量增加，标准水平和质量的提升。自 20 世纪 90 年代以来，随着 ISO 9000 系列标准风行全球，焊接质量保证也成为热点。与焊接质量密切相关的各个质量保证环节的标准化需求日益增长，与之密切相关的合格评定体制也得到不断推广。我国的焊接标准体系建设工作从此走上了正轨。

我国焊接标准体系建设始于 20 世纪 80 年代末，最初的体系参照国外先进工业国家同类标准结构，并结合我国焊接标准化的实际状况而形成。经过几年的运行，90 年代中期又按照国家管理部门的统一部署做了必要调整。2000 年以后，随着中国融入全球化经济步伐的加快，国际接轨的需求增大，在 2004 年“国家标准体系工程建设”的推动下，又对焊接标准体系进行了修订。2013 年，我国有关管理部门又开展了“机械工业技术标准体系建设方案（大纲）”工作。焊接标准体系作为其中的组成部分，也经过了修改和调整。

依据 GB/T 4754《国民经济行业分类》的规定，焊接属于“金属加工机械制造”类目（体系类目代码为 202-23-02）。但焊接材料、钎焊材料和切割、气焊机具等产品类标准则按照《国民经济行业分类注释》的细化原则分属不同的类目。我国现行焊接标准体系为了更好地适应国民经济发展的管理需要，参照了国际/区域标准化组织和工业发达国家焊接标准的分类方法和体系建设的有益经验，结合我国焊接制造业的实际情况，将体系结构分为焊接基础、焊接管理、焊接器材和焊接方法四大类，每个大类下分四个小类，具体如图 29-1所示。

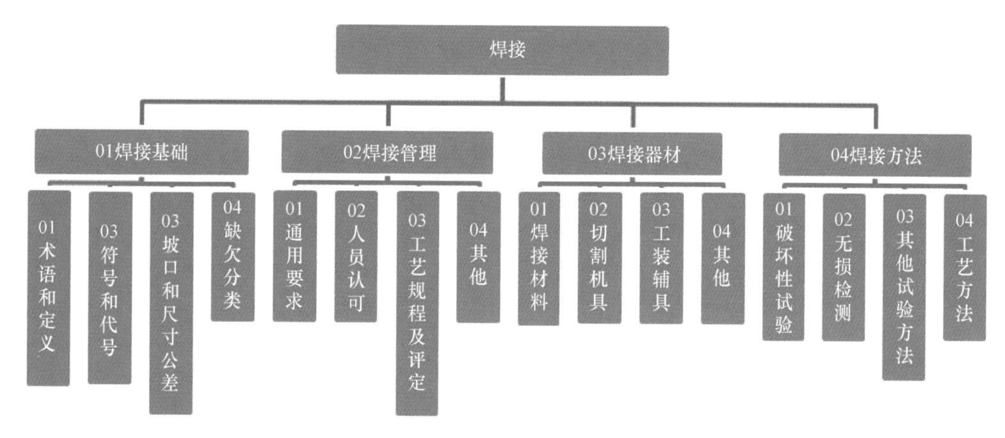

图 29-1　焊接标准体系框图

我国现行通用性焊接标准体系包含标准 168 项（其中包括国家标准 109 项、行业标准 59 项）。

焊接基础标准包括术语、定义、符号、代号、坡口形式和尺寸、各种焊接缺欠质量分级指南等标准，主要对应 ISO/TC44/SC7 和 SC10 的部分标准。

焊接管理标准主要涉及通用的焊接质量保证要求、人员资质认可、工艺评定和工艺规程标准，主要对应 ISO/TC44/SC10 和 SC11 归口的主要标准。

焊接器材标准主要包括焊接材料、焊接及切割设备、工装辅机具和零部件等，其中焊接材料标准主要对应 ISO/TC44/SC3；钎焊材料标准则对应 ISO/TC44/SC12 和 SC13；切割机具标准主要对应 ISO/TC44/SC8。

焊接方法标准包括焊接接头的破坏性试验和无损检测标准、其他各类试验标准，工艺方法标准则针对不同焊接工艺方法。破坏性试验和无损检测标准主要对应 ISO/TC44/SC5，其他试验和工艺标准主要对应 ISO/TC44/SC10。

截止到 2016 年年底，SAC/TC55 归口负责的焊接标准共计 168 项（其中国家标准 109 项、行业标准 59 项）。97 项标准采用了 ISO 标准，37 项标准采用了对应的国外先进标准，31 项标准没有采标，具体采标情况如图 29-2 所示。

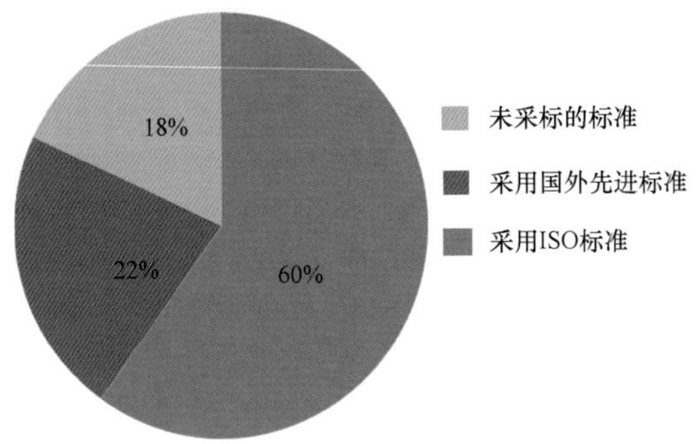

图 29-2　现行焊接标准采标情况

我国焊接标准化工作在“十二五”期间，通过标准体系建设、国际标准的跟踪转化、采标、标准制定和修订及应用实施等项工作的开展，成果显著，取得了很好的社会效益，我国焊接标准化工作充满活力，成效明显，具体表现在如下几方面。

1）焊接标准体系得到了进一步完善。标准体系集中反映了“系统管理、重点突破、整体提升”的要求。为促进经济发展方式转变，推动产业结构调整，在规范生产和管理，提升质量和水平，规避风险和保障秩序方面发挥了支撑作用。

2）标准水平明显提高。“十二五”期间，焊接标准的制定、修订起点增高、领域突破、技术内容贴合实际需求，标准水平得到明显提升。

3）参与国际标准化工作有新的突破。在“十二五”规划纲要（草案）的指导下，我们稳步推进了国际标准化工作，在积极参与国际活动、ISO 标准起草等方面有了新的成果。特别是在积极参与国际标准制定的同时，我们及时启动了新型焊接技术领域内的国家标准的制定工作，为制造业的转型升级和能力提升提供了有利的保障。

我国现行的焊接标准体系基本上满足了当前的实际需求，并在经济建设和社会发展中发挥着重要作用。

29.3　焊接领域内 ISO 标准的转化

受整个工业环境的影响，我国焊接标准自 20 世纪 60 年代起步之初受前苏联标准的影响较深。从 20 世纪 70 年代后期，随着我国的改革开放，我国标准更注重采用国际标准和国外先进标准，这时期政府鼓励积极参照国际标准和国外先进标准，结合我国国情制定国家标准。1988 年《中华人民共和国标准化法》颁布实施，其法律条文明确规定：“国家鼓励积极采用国际标准”。20 世纪 90 年代初，我国政府又出台了一系列采标政策，强调以“等同”“等效”的方式采用国际标准和国外先进标准。2000 年以后，为了适应中国加入 WTO 的形势需要，采标政策又呈现了新的变化，其最主要的特点就是强调优先采用国际标准，采用的方式为“等同采用”和“修改采用”。

我国焊接标准受国家不同时期采标政策的影响，主要经历了如下几个阶段：

1）60 年代~70 年代末：基本采标前苏联标准。

2）80 年代：参照采用国际标准和国外先进标准。

3）90 年代：等同/等效采用国际标准和国外先进标准。

4）2000 年以后：等同/修改采用国际标准。

需要说明的是，“等同采用”一般指国家标准和国际标准技术内容和文本结构相同，仅有编辑性差异；“等效采用”意味着国家标准和国际标准主要技术内容相同，技术上只有很小差异，编写方法不完全相对应；“修改采用”表示国家标准和国际标准之间存在一定技术差异，并对这些差异有明确的表述说明。

29.3.1 基础标准的转化

1. 术语及符号/代号标准

焊接术语及符号的主要目的在于沟通和交流，特别是在不同国家、不同地区和不同行业之间搭建专业沟通的桥梁。由于语言、文化、习俗等方面的差异，国际标准的作用和影响往往是决定性的。

我国焊接基础类标准主要采用了相应的国际标准，同时也尽可能地借鉴了相应的国外先进标准，如 GB/T 3375《焊接术语》在很大程度上受 ISO 857-1 和 ANSI/AWS A3.0 的影响。而新制定的《钎焊术语》标准则主要修改采用了 ISO 857-2。

在焊接制造过程中，焊接符号是不可或缺的一种技术语言。这种专门的技术语言被广泛用于焊接图样和技术文件中。而 ISO 2553 则规定了这种技术语言的使用规则。长期以来，国际上在技术图样的表示方面存在着不同的投影方法。受此影响，不同国家的焊接符号在具体标注形式上经常会产生不同的理解。ISO 2553 则通过双基准线的使用，很好地解决了这个问题。我国现行的 GB/T 324 标准基本与 ISO 2553 等效一致，但在具体标注方面（如符号的种类、尺寸等）做了更细致的规定。

为了简化图样，采用数字代号表示不同的焊接方法是国际上通行的做法。ISO 4063 规定了各类焊接方法的表示代号，这些焊接方法代号在其他 ISO 标准和技术文件中被广泛引用。为了确保我国在这方面与国际上保持一致，GB/T 5185 在修订过程中，等同采用了 ISO 4063。

ISO 6947 标准专门规定了焊接位置的定义，我国标准 GB/T 16672 则等同转化了该国际标准。我国焊接术语及符号/代号标准的采标情况见表 29-2。

表 29-2 焊接术语及符号/代号标准的采标情况

序号	标准编号	标准名称	对应的国外标准
1	GB/T 3375	焊接术语	ISO 857-1
2	GB/T 33148	钎焊术语	ISO 857-2
3	GB/T 324	焊缝符号表示法	ISO 2553
4	GB/T 5185	焊接及相关工艺方法代号	ISO 4063
5	GB/T 16672	焊缝——工作位置——倾角和转角的定义	ISO 6947

2. 焊接坡口及尺寸公差标准

合理的接头设计既可以保证焊接质量，也可以极大地提高焊接生产效率。

ISO 9692 系列标准针对不同焊接方法、材料种类、厚度和结构形式，推荐了相应的坡口形式和尺寸。其中，ISO 9692-1 适用于钢的焊条电弧焊、气焊、气体保护焊和高能束焊；ISO 9692-2 适用于钢的埋弧焊；ISO 9692-3 适用于铝及铝合金的惰性气体保护焊；ISO 9692-4 规定了复合钢的焊接坡口形式和尺寸。我国过去仅有两项焊接坡口形式和尺寸的标准（GB/T 985 和 GB/T 986），分别针对气焊、手工焊和埋弧焊。2008 年，按照等同采用国际标准的原则，我国成功转化了 ISO 6520 系列标准，在焊接接头设计方面实现了与国际的接轨。

GB/T 19804 标准针对焊接结构的一般尺寸公差和形位公差做出了规定，这些要求和规定与国际标准 ISO 13920 是等同一致的。我国焊接坡口及尺寸公差方面标准的采标情况见表 29-3。

3. 焊接缺欠分类及质量分级标准

鉴于现有的焊接技术尚无法完全避免焊接制造过程中焊接缺欠的产生，因此只能采取一定措施将焊接缺欠控制在允许的范围内。而实践证明，通过制定焊接缺欠质量要求标准进行约束是一种有效的手段。

表 29-3 焊接坡口及尺寸公差方面标准的采标情况

序号	标准编号	标准名称	对应的国外标准
1	GB/T 19804	焊接结构的一般尺寸公差和形位公差	ISO 13920
2	GB/T 985.1	气焊、焊条电弧焊、气体保护焊和高能束焊的推荐坡口	ISO 9692-1
3	GB/T 985.2	埋弧焊的推荐坡口	ISO 9692-2
4	GB/T 985.3	铝及铝合金气体保护焊的推荐坡口	ISO 9692-3
5	GB/T 985.4	复合钢的推荐坡口	ISO 9692-4

GB/T 6417 系列标准规定了焊接缺欠的类别和说明。其中，GB/T 6417.1 等同采用 ISO 6520-1，规定了熔化焊焊缝缺欠的分类及说明；而 GB/T 6417.2 则给出了压力焊的缺欠分类规定，该部分与 ISO 6520-2 等同一致。

GB/T 19418 和 GB/T 22087 规定了钢和铝合金弧焊接头的缺欠质量分级，这两项标准分别对应 ISO 5817 和 ISO 10042；GB/T 22085 系列标准由两部分组成，专门规定了钢和铝合金高能束焊接头的缺欠质量分级，与 ISO 13919 系列标准等同。

此外，正在制定的激光复合焊接头缺欠质量分级标准参照了 ISO 12932，主要适用于钢、镍及镍合金材料的复合焊接头。

缺欠分类的基本出发点是保证制造企业在进行焊接制造时，采取合理、有效的质量控制手段。在获得合格焊接质量的同时，取得最佳的经济效益。因此，这些标准均采用了较为通用的三级分等（B、C、D 三个质量等级）。具体的标准采标情况见表 29-4。

表 29-4 焊接缺欠分类及质量分级标准的采标情况

序号	标准编号	标准名称	对应的国外标准
1	GB/T 6417.1	金属熔化焊接头缺欠分类及说明	ISO 6520-1
2	GB/T 6417.2	金属压力焊接头缺欠分类及说明	ISO 6520-2
3	GB/T 19418	钢的弧焊接头 缺陷质量分级指南	ISO 5817
4	GB/T 22087	铝及铝合金的弧焊接头 缺欠质量分级指南	ISO 10042
5	GB/T 22085.1	电子束及激光焊接接头 缺欠质量分级指南 第 1 部分：钢	ISO 13919-1
6	GB/T 22085.2	电子束及激光焊接接头 缺欠质量分级指南 第 2 部分：铝及铝合金	ISO 13919-2
7	GB/T 33214	钢、镍及镍合金的激光-电弧复合焊接接头 缺欠质量分级指南	ISO 12932
8	GB/T 33219	硬钎焊接头缺欠	ISO 18279

29.3.2 管理标准的转化

1. 通用性焊接质量管理标准

我国焊接质量管理要求系列标准由五部分组成，在技术内容方面与 ISO 3834 系列标准的前五部分是等同一致的。

这套标准前四部分基本保持了原来的结构，整套标准的设计更多地考虑了不同层次上的质量保证需求和实际应用需要。该系列标准依据质量保证的基本原则，对焊接质量保证的各方面质量要素提出了要求。这些要求既与 ISO 9000 系列标准有一定的对应关系，又结合焊接的实际特点加以具体化。第五部分则给出了相关标准文件指南。

作为成套的管理标准，其适用范围可从三方面界定：标准的应用主体可以是以焊接为一种加工工艺的制造企业或与之有关联的各方（如用户、第三方认证机构或管理机构）；标准针对的产品是各类熔化焊金属结构；涉及的内容包括那些对产品质量有影响、又与焊接相关的质量因素。

GB 9448《焊接与切割安全》是我国焊接行业唯一的强制性标准，ISO 目前尚无焊接安全方面的通用性统一标准，故该标准在技术内容方面上主要参照了相应的国外先进标准（ANSI/AWS Z 49.1），具体通用性焊接质量管理标准的采标情况见表 29-5。

表 29-5　通用性焊接质量管理标准的采标情况

序号	标准编号	标准名称	对应的国外标准
1	GB/T 12467.1	金属材料熔焊质量要求　第 1 部分：质量要求相应等级的选择原则	ISO 3834-1
2	GB/T 12467.2	金属材料熔焊质量要求　第 2 部分：完整质量要求	ISO 3834-2
3	GB/T 12467.3	金属材料熔焊质量要求　第 3 部分：一般质量要求	ISO 3834-3
4	GB/T 12467.4	金属材料熔焊质量要求　第 4 部分：基本质量要求	ISO 3834-4
5	GB/T 12467.5	金属材料熔焊质量要求　第 5 部分：满足质量要求应依据的标准文件	ISO 3834-5
6	GB 9448	焊接与切割安全	ANSI/AWS Z49.1

2. 焊接人员资质及技能评定标准

现代焊接制造的主要特征之一就是焊接正在融合更多的学科知识和技术，从事焊接的人员必须具备一定的专业知识和技能，才可能确保焊接的有效实施。因此，焊接人员的资质就成为焊接质量保证的重要环节之一。

GB/T 19419 在技术内容方面与 ISO 14731 等同，该标准针对焊接人员的管理职责和任务提出了总体要求，其基本出发点就是根据质量保证的原理，明确对产品质量可能带来影响的人员要素，并规定相应的条件。

除此之外，对焊接作业人员的操作技能进行必要的考试和认可，是实际焊接生产的有效控制措施。焊接人员技能评定标准的主要目的就是：通过一系列专门设计的程序、试验，对焊接作业人员在限定条件下焊制出符合规定要求焊缝的能力进行确认。

ISO 9606 系列标准正为了迎合这种需求，以不同产品或结构的共性条件为基础，设计、确定了焊工考试的基本要求。该系列标准包括五部分，适用于不同材料（钢、铝及铝合金、铜及铜合金、镍及镍合金、钛及钛合金、镁及镁合金）的熔化焊焊工考试。目前，我们已经完成了该系列标准前四部分的转化，第五部分的转化工作正在准备启动。

GB/T 19805 与 ISO 14732 等同一致，该标准规定了焊接操作工的考试要求，适用对象具体包括从事自动焊、机械化焊接的焊接操作工。

我国焊接人员资质及技能评定标准的总体要求已经与国际基本一致，具体采标情况见表 29-6。

表 29-6　焊接人员资质及技能评定方面标准的采标情况

序号	标准编号	标准名称	对应的国外标准
1	GB/T 19419	焊接管理　任务与职责	ISO 14731
2	GB/T 15169	钢熔化焊焊工技能评定	ISO 9606-1
3	GB/T 24598	铝及铝合金熔化焊焊工技能评定	ISO 9606-2
4	GB/T 30563	铜及铜合金熔化焊焊工技能评定	ISO 9606-3
5	GB/T 32257	镍及镍合金熔化焊焊工技能评定	ISO 9606-4
6	GB/T ×××××①	钛及钛合金、锆及锆合金熔化焊焊工技能评定	ISO 9606-5
7	GB/T 19805	焊接操作工　技能评定	ISO 14732

① 该标准正在制定。

3. 焊接工艺规程及评定标准

选择合适的焊接工艺参数是确保焊接质量的前提，而焊接工艺规程的确定则离不开工艺评定这一关键环节。我国通用性焊接工艺规程及评定标准体系主要参照 ISO 标准制定。这方面的标准化主要包括以下两方面：焊接工艺规程系列标准（目前由六部分组成，针对不同的焊接工艺方法）；焊接工艺评定方面的标准（主要包括通过试验进行评定及其他变通方法进行评定）。具体标准采标情况见表 29-7。

表 29-7 焊接工艺规程及评定标准的采标情况

序号	标准编号	标准名称	对应的国外标准
1	GB/T 19866	焊接工艺规程及评定的一般原则	ISO 15607
2	GB/T 19867.1	电弧焊焊接工艺规程	ISO 15609-1
3	GB/T 19867.2	气焊焊接工艺规程	ISO 15609-2
4	GB/T 19867.3	电子束焊接工艺规程	ISO 15609-3
5	GB/T 19867.4	激光焊接工艺规程	ISO 15609-4
6	GB/T 19867.5	电阻焊焊接工艺规程	ISO 15609-5
7	GB/T 19867.6	激光-电弧复合焊接工艺规程	ISO 15609-6
8	GB/T 19868.1	基于试验焊接材料的工艺评定	ISO 15610
9	GB/T 19868.2	基于焊接经验的工艺评定	ISO 15611
10	GB/T 19868.3	基于标准焊接规程的工艺评定	ISO 15612
11	GB/T 19868.4	基于预生产焊接试验的工艺评定	ISO 15613
12	GB/T 19869.1	钢、镍及镍合金的焊接工艺评定试验	ISO 15614-1
13	GB/T 19869.2	铝及铝合金的弧焊工艺评定试验	ISO 15614-2
14	GB/T 29710	电子束及激光焊接工艺评定试验	ISO 15614-11
15	GB/T ×××××①	钢、镍及镍合金的激光-电弧复合焊接工艺评定试验	ISO 15614-14

① 该标准即将发布。

29.3.3 产品标准的转化

1. 焊接材料标准

在焊接过程中，焊接材料由于熔入焊缝而对接头质量产生重要影响。因此，焊接材料标准一直是焊接质量控制的关键环节之一。这方面的标准化工作具体由焊接材料分技术委员会（SAC/TC55/SC1）负责。

长期以来，国际上存在着两种不同的黑色金属焊接材料型号划分方法，即对焊接材料型号划分时，欧洲国家一般采用屈服强度和 47J 冲击值；而环太平洋地区各国则以抗拉强度和 27J 冲击值为准。ISO 焊接材料标准在协调这种技术差异方面，做了各种努力和探索，并最终形成了 A/B 不同的两种型号分类体系。

我国焊接材料标准过去主要参照美国、日本等环太平洋地区国家标准，目前正在向国际标准中的 B 体系转化，这方面的标准化工作正在积极进行，具体情况见表 29-8。

2. 钎焊材料及相关标准

我国的钎焊标准化工作由钎焊分技术委员会（SAC/TC55/SC2）具体负责。这部分标准包括各种钎料、钎剂及相关的试验方法标准。与国外标准差别较为显著的一点是：我国针对不同材料制定了若干个钎料标准，而国际标准和美国标准则将这些技术内容归纳在了一个统一的钎料标准中。表 29-9 列出了钎焊方面国内外标准的对应情况。

3. 切割标准

切割属于焊接的相关工艺技术之一，按照国际惯例，切割标准通常与气焊归属同一类别。我国切割领域的国家标准在国家进行标准体系调整时统一调整为行业标准。由于专业特点和行业技术发展的缘故，这部分标准的采标与国家标准相比具有一定的差距（具体见表 29-10），这也是今后需要进一步改进和调整之处。

表 29-8　我国焊接材料及相关标准采标情况

材料种类	非合金钢和细晶粒钢	热强钢	高强度钢	不锈钢	镍及镍合金	铝合金	铸铁	铜合金	钛合金
焊条	GB/T 5117 ISO 2560	GB/T 5117 ISO 3580	GB/T 32533 ISO 18275	GB/T 983 ISO 3581	GB/T13814 ISO 14172	GB/T 3669 AWS A5. 3	GB/T 10044 ISO 1071	GB/T 3670 ISO 17777	—
实心焊丝 填充丝	GB/T 8110 ISO 14341	GB/T 8110 ISO 21952	GB/T 8110 ISO 16834	GB/T 29713 ISO 14343	GB/T 15620 ISO 18274	GB/T 10858 ISO 18273		GB/T 9440 ISO 24373	GB/T 30562 ISO 24034
药芯焊丝	GB/T 10045 ISO 17632	GB/T 17493 ISO 17634	GB/T 17493 ISO 18276	GB/T 17853 ISO 17633	—	—	—	—	—
埋弧焊焊丝/ 焊剂组合	GB/T 5293 ISO 14171	GB/T 12470 ISO 24598	GB/T 12470 ISO 26304	GB/T 17854	—	—	—	—	—
焊剂	GB/T ×××××[1] ISO 14174					—	—	—	—
钨极	GB/T 32532 ISO 6848								
采购指南	GB/T 25778 ISO 14344								
供货技术 条件	GB/T 25775 ISO 544								
扩散氢测定	GB/T 3965 ISO 3690								
铁素体测定	GB/T 1954 ISO 8249								
熔敷金属 化学分析	GB/T 25777 ISO 6847								
焊接材料的 检验	GB/T 25774. 1、GB/T 25774. 2、GB/T 25774. 3 ISO 15792-1、ISO 15792-2、ISO 15792-3								

① 该标准正在制定。

表 29-9 钎焊领域国内外标准的对应情况

序号	标准编号	标准名称	对应的国外标准
1	GB/T 10046	银钎料	ISO 17672 AWS A5.8 EN 1044
2	GB/T 6418	铜基钎料	
3	GB/T 10859	镍基钎料	
4	GB/T 13815	铝基钎料	
5	GB/T 13679	锰基钎料	
6	GB/T 20422	无铅钎料	ISO 9453
7	GB/T 15829	软钎剂　分类与性能要求	ISO 9454-1 和 ISO 9454-2
8	JB/T 6045	硬钎焊用钎剂	ISO 3677
9	GB/T 11363	钎焊接头强度试验方法	ISO 5187
10	GB/T 11364	钎料润湿性试验方法	ISO 5179
11	GB/T 28770	软钎料试验方法	JIS Z 3198

表 29-10　切割领域国内外标准对应情况

序号	标准编号	标准名称	对应的国外标准
1	JB/T 10045.1	热切割　方法和分类	ISO 17658
2	JB/T 10045.2	热切割　术语和定义	
3	JB/T 10045.3	热切割　气割质量和尺寸偏差	ISO 9013
4	JB/T 10045.4	热切割　等离子弧切割质量和尺寸偏差	
5	JB/T 5101	气割机用割炬	ISO 5186
6	JB/T 5102	坐标式切割机	ISO 8206
7	JB/T 6969	射吸式焊炬	ISO 9012
8	JB/T 6970	射吸式割炬	
9	JB/T 7437	干式回火保险器	ISO 5175
10	JB/T 7947	等压式焊炬、割炬	ISO 5172

29.3.4　方法标准的转化

1. 焊缝的破坏性试验标准

这部分标准主要包括焊接接头的力学性能试验和焊接性试验两个板块构成。如前所述，焊接接头的力学性能试验方法（拉伸、弯曲、冲击和硬度）标准在我国属于起步较早的标准，最初这些标准参照前苏联标准。后来在修订时，等同采用了相关的 ISO 标准。

我国焊接性试验方法标准制定于 20 世纪 80 年代，当时主要参照了日本工业标准。现在的冷裂纹试验方法系列标准主要修改采用了相关的 ISO 标准，见表 29-11。

表 29-11　焊缝破坏性试验标准的采标情况

序号	标准编号	标准名称	对应的国外标准
1	GB/T 2650	焊接接头冲击试验方法	ISO 9016
2	GB/T 2651	焊接接头拉伸试验方法	ISO 4136
3	GB/T 2652	焊缝及熔敷金属拉伸试验方法	ISO 5178
4	GB/T 2653	焊接接头弯曲试验方法	ISO 5173
5	GB/T 2654	焊接接头硬度试验方法	ISO 9015-1
6	GB/T 27552	金属材料焊缝破坏性试验 焊接接头显微硬度试验	ISO 9015-2
7	GB/T 27551	金属材料焊缝破坏性试验 断裂试验	ISO 9017
8	GB/T 26955	金属材料焊缝破坏性试验　焊缝宏观和微观检验	ISO 17639
9	GB/T 26956	金属材料焊缝破坏性试验　宏观和微观检验用侵蚀剂	ISO/TR 16060

（续）

序号	标准编号	标准名称	对应的国外标准
10	GB/T 26957	金属材料焊缝破坏性试验　十字形接头和搭接接头拉伸试验方法	ISO 9018
11	GB/T 32260.1	金属材料焊缝的破坏性试验　焊件的冷裂纹试验　弧焊方法　第1部分：总则	ISO 17642-1
12	GB/T 32260.2	金属材料焊缝的破坏性试验　焊件的冷裂纹试验　弧焊方法　第2部分：自拘束试验	ISO 17642-2
13	GB/T 32260.3	金属材料焊缝的破坏性试验　焊件的冷裂纹试验　弧焊方法　第3部分：外载荷试验	ISO 17642-3

2. 焊缝的无损检测标准

焊缝无损检测方法包括目视、射线、超声波、磁粉、渗透和涡流方法。我国这部分标准化起步相对较晚，但起点较高，基本采用的都是相应的国际标准。堆焊层的超声波检测比较特殊，国际标准处于空白状态，故参照采用了相应的 ASME 规程。此外，塑料焊缝的无损检测也是国际标准的空白，故参照了相应的欧洲标准。焊缝无损检验标准的采标情况见表29-12。

表 29-12　焊缝无损检测标准的采标情况

序号	标准编号	标准名称	对应的国外标准
1	GB/T 32259	焊缝无损检测　熔焊接头的目视检测	ISO 17637
2	GB/T 3323	金属熔化焊焊接接头射线照相	ISO 17636
3	GB/T 11345	焊缝无损检测　超声检测　技术、检测等级和评定	ISO 17640
4	GB/T 29711	焊缝无损检测　超声检测　焊缝中的显示特性	ISO 23279
5	GB/T 29712	焊缝无损检测　超声检测　验收等级	ISO 11666
6	GB/T 26951	焊缝无损检测　磁粉检测	ISO 17638
7	GB/T 26952	焊缝无损检测　焊缝磁粉检测　验收等级	ISO 23278
8	GB/T 26953	焊缝无损检测　焊缝渗透检测　验收等级	ISO 23277
9	GB/T 26954	焊缝无损检测　基于复平面分析的焊缝涡流检测	ISO 17643
10	JB/T 8931	堆焊层超声波探伤方法	ASME V 卷
11	JB/T 12530.1	塑料焊缝无损检测方法　第1部分：通用要求	ISO 17635
12	JB/T 12530.2	塑料焊缝无损检测方法　第2部分：目视检测	EN 13100-1
13	JB/T 12530.3	塑料焊缝无损检测方法　第3部分：射线检测	EN 13100-2
14	JB/T 12530.4	塑料焊缝无损检测方法　第4部分：超声检测	EN 13100-3

3. 焊接工艺方法标准

焊接工艺方法标准在 ISO 焊接标准体系中相对而言是一个薄弱环节，但最近几年这方面的情况正在逐步改善。我国常规的焊接工艺方法标准基本参照 AWS 和 JIS 标准，而新兴领域焊接工艺标准（特别是激光、搅拌摩擦焊工艺标准）则主要参照 ISO 相应的标准，具体见表29-13。

表 29-13　国内外焊接工艺方法标准的对应情况

序号	标准编号	标准名称	对应的国外标准
1	GB/T 22086	铝及铝合金弧焊推荐工艺	ISO/TR 17671-4
2	GB/T 25773	燃气机熔化焊技术规范	AWS D17.1
3	JB/T 11062	电子束焊接工艺指南	ISO/TR 17671-6
4	JB/T 11063	激光焊接工艺指南	ISO/TR 17671-7

（续）

序号	标准编号	标准名称	对应的国外标准
5	JB/T 9186	二氧化碳气体保护焊工艺规程	JIS Z 3605
6	JB/T 9185	钨极惰性气体保护焊工艺方法	AWS C5. 5
7	JB/T 4251	摩擦焊　通用技术条件	AWS C6. 1
8	JB/T 6046	碳钢、低合金钢焊接构件　焊后热处理方法	ISO 17663
9	GB/T ×××××. 1①	铝及铝合金搅拌摩擦焊　术语及定义	ISO 25239-1
10	GB/T ×××××. 2①	铝及铝合金搅拌摩擦焊　接头设计	ISO 25239-2
11	GB/T ×××××. 3①	铝及铝合金搅拌摩擦焊　焊工资格评定	ISO 25239-3
12	GB/T ×××××. 4①	铝及铝合金搅拌摩擦焊　工艺规程与评定	ISO 25239-4
13	GB/T ×××××. 5①	铝及铝合金搅拌摩擦焊　质量与检验要求	ISO 25239-5

① 该标准正在制定过程中。

29.4 结　语

我国焊接标准化经过几代人的辛勤努力，经历了从无到有，从小到大，从封闭到开放的发展历程。随着中国工业化进程的不断发展，焊接技术在制造业的作用日益突出，相应的标准化也得到了更多的关注。我国焊接标准体系在整体上与ISO及工业发达国家基本保持一致，主要标准的技术内容和国际同步一致，较好地满足了焊接行业的实际需求。

随着焊接技术的发展和进步，焊接标准化领域正在不断拓展、延伸，特别是对整个制造业具有关联和牵动效应的新兴焊接技术的标准化，今后将成为我国焊接标准化工作的重点，也可能对国际标准产生一定影响。

第30章 中国机械工程学会焊接学会及其开展的学术与国际交流活动

黄彩艳 陈强

中国机械工程学会焊接学会（以下简称焊接学会）成立于1962年，是全国性的焊接专业学科及其相关技术工作者的学术性团体，是中国机械工程学会下属的专业分会。伴随着国家六十余年的建设发展历程，焊接学会自身也经历了艰苦创业、成长壮大、团结奋进、努力贡献的过程。

多年来焊接学会各项工作和活动始终秉承“团结广大焊接及相关技术工作者，为提高学术水平，促进先进焊接技术与生产的结合，繁荣和发展我国焊接事业，为我国社会主义现代化建设贡献力量”的宗旨，坚持引领学术方向与推动生产应用并重的指导方针，开展多种形式的学术交流活动与国际交往，促进了焊接学科发展，充分发挥焊接学会的综合优势，推动新技术应用，提升了我国的焊接生产水平与竞争力。

30.1 中国机械工程学会焊接学会组织机构

20世纪60年代初，我国的焊接科学技术还处于起步阶段。1962年9月17日，中国机械工程学会与黑龙江省机械工程学会在哈尔滨工业大学举办了“第一届全国焊接学术会议”，并在此次会议上正式成立了中国机械工程学会焊接学会。目前焊接学会下设12个专业委员会和9个工作委员会（见图30-1），共同推进学会活动的开展，为促进我国焊接事业的发展、接轨国际焊接舞台做出了应有的贡献。

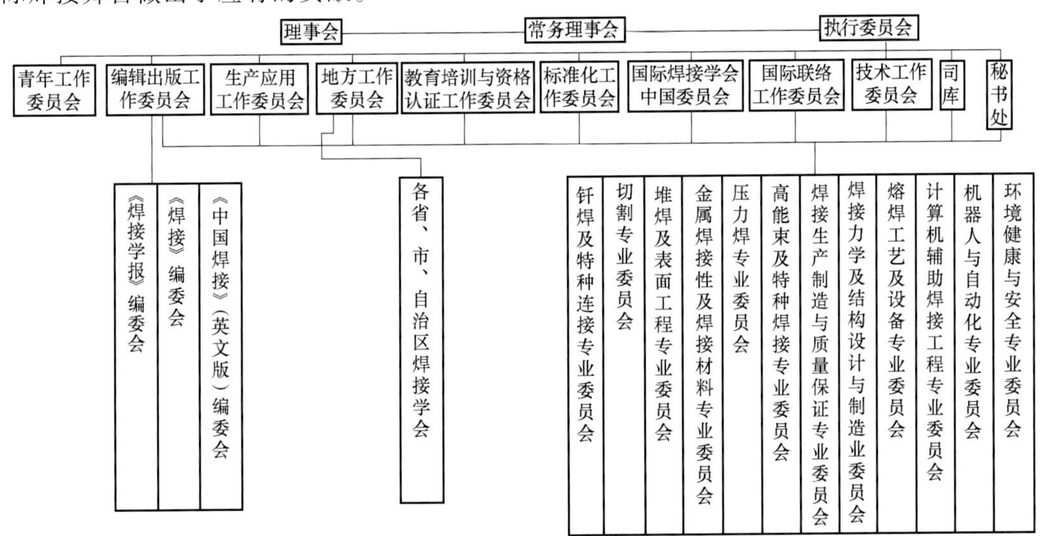

图30-1 中国机械工程学会焊接学会组织结构

自1962年9月成立至今，焊接学会共选举产生了九届理事会。第九届理事会共有理事89人，专业委员会及工作委员会委员900余人，学会会员万余人。通过焊接界前辈们的关心帮助和广大焊接科技工作者的共同努力，焊接学会已经发展成为一个相对成熟的学术性群众团体，在全国焊接界同行心目中具有较大威望，在国际交往中也具有了一定的影响。焊接学会历届理事会组成见表 30-1。

表 30-1 焊接学会历届理事会组成

届别	任期	理事会人数		执委会成员			
		理事	常务理事	理事长	副理事长	司库	秘书长
1	1962~1981	理事 30 人 1979 年重选为 46 人		孟广喆	潘际銮、孙鲁、徐子才、斯重遥、黄文哲	—	苏毅
2	1981~1985	39	19	潘际銮	斯重遥、田锡唐、曾乐、黄文哲	—	苏毅
3	1985~1989	49	23	斯重遥	周振丰、田锡唐、关桥、陈楚、黄文哲	黄雷鸣	翟海寰
4	1989~1995	52	19	关桥	陈丙森、王其隆、徐松英、安 珣、宋天虎	宋天虎	王敏（1989~1992） 林尚扬（1992~1995）
5	1995~1999	93	39	宋天虎（1995~1997） 吴林（1997~1999）	陈丙森、吴林（1995~1997）、陈剑虹、王顺祥、李建国、蔡宏彬	蔡宏彬	李严（1995~1997） 张彦敏（1997~1999）
6	1999~2003	108	36	陈剑虹	张彦敏、李建国、王顺祥、史耀武、单平	张彦敏	张彦敏
7	2003~2007	89	37	单平	张彦敏、李建国、陈强、吴毅雄、侯永泰	张彦敏	张彦敏（2003~2006） 王麟书（2006~2007）
8	2007~2011	79	35	单平	张彦敏、陈强、吴毅雄、侯永泰、何实、冯吉才	薛振奎	王麟书
9	2011~2017	89	34	陈强	张彦敏、吴毅雄、何实、冯吉才、薛振奎、田志凌、王麟书	李宪政	王麟书

30.2 异彩纷呈的学术活动

全国焊接学术会议是由焊接学会发起并组织、历史最悠久的焊接会议之一。五十多年来，焊接学会充分发挥了有效组织各行业专业科技人才的优势，成功举办了 21 次全国焊接学术会议，共征集论文近 7500 篇、交流论文 2300 余篇、听取大会报告近 100 篇，参加会议的代表超过 9000 人次，交流了大量的科研成果，编出了一批论文集或电子资料，有效地推动了我国焊接科技事业的发展。全国焊接学术会议已成为广大焊接工作者交流科学创新、推动技术进步与传播生产经验的大平台。历次全国焊接学术会议概况见表 30-2。

表 30-2 历次全国焊接学术会议概况

次别	年份	地点	论文数		出版情况	主题报告（篇）	参会人数
			应征	宣读			
1	1962	哈尔滨	133	48	论文集 1 册	—	177
2	1964	广州	—	—	—	—	180
3	1979	成都	430	173	—	—	275
4	1981	厦门	787	—	摘要集 1 册	—	392
5	1986	哈尔滨	670	233	论文集 4 册	6	538
6	1990	西安	801	280	论文集 7 册	6	565
7	1993	青岛	782	282	论文集 7 册	6	600

（续）

次别	年份	地点	论文数		出版情况	主题报告(篇)	参会人数
			应征	宣读			
8	1997	北京	533	227	论文集 3 册	11	1000
9	1999	天津	409	150	论文集 2 册	12	800
10	2001	天津	339	—	论文集 2 册	7	400
11	2005	上海	360	100	论文集 2 册	5	210
12	2007	合肥	229	62	光盘 1 张	4	500
13	2008	南宁	282	50	光盘 1 张	6	380
14	2009	哈尔滨	161	40	光盘 1 张	4	220
15	2010	西宁	162	60	光盘 1 张	9	260
16	2011	镇江	215	100	光盘 1 张	6	350
17	2012	长沙	273	105	光盘 1 张	10	510
18	2013	南昌	233	126	光盘 1 张	8	320
19	2014	天津	187	75	光盘 1 张	4	420
20	2015	兰州	212	110	光盘 1 张	3	430
21	2016	郑州	245	105	光盘 1 张	3	480

为了结合国家经济建设，提高我国某些领域的设备生产制造水平、推动焊接技术的发展，历次全国焊接学术会议都提出了明确的主题或专题。如第一、二次全国焊接学术会议就围绕 20 世纪 60 年代初我国大型化肥设备生产所需不锈钢焊接、焊条研制与生产、切割和农机制造的需求，分别提出了“不锈钢焊接与切割及焊条的制造、堆焊在农机维修中的应用、水轮机抗泥砂磨损堆焊和我国低碳钢焊条的发展问题”和“不锈钢焊接、耐磨耐蚀合金堆焊”的主题。此后的学术会议又陆续提出了“重大及关键产品焊接质量与工艺的改进”“我国焊接技术发展战略的探讨”“焊接先进技术与自动化”等主题。其中部分主题以当时工业生产中存在的关键问题或具有发展前景的新技术为内容，如针对我国压力容器焊接质量问题，事故分析和防止措施，以及球形容器、锅炉、管道、水轮机的焊接接头设计，焊接工艺制定，焊接材料的选用，焊工考核和全面质量管理等，对实际焊接生产和工程建设提出指导；也有联系焊接科技在经济建设中的重要地位和焊接技术的新发展，全面分析了我国焊接材料、焊接设备、切割设备的现状和存在的问题，介绍了国际焊接科技新趋势和我国的发展方向，为政府、地区与企业提供了具有重要参考价值的建议。

全国焊接学术会议突出了焊接学科前沿创新范围的会议主题，但就具体专门焊接技术革新、改造以及推广等则是通过各种专题研讨会实现的，其中专业委员会的学术交流会议是重要表现形式之一。多年来，焊接学会下设的专业委员会和专题工作组定期和不定期地召开了数以百计的学术会议，就各类焊接技术专题进行了广泛深入的研讨，产生了很多优秀论文与报告。各类专题学术研讨会见表 30-3。

表 30-3　各类专题学术研讨会

时间	地点	会议名称	人数	论文
1995. 5	合肥	全国机械行业焊接自动化研讨会	96	—
1996. 10	太原	计算机在焊接中的应用学术与技术交流会	63	—
1996. 11	北京	全国逆变焊机学术交流会与研讨会	42	—
1997. 1	哈尔滨	1997 中国机器人焊接学术与技术交流会	80	60
1998. 8	哈尔滨	全国热切割会议	30	5
1998. 8	哈尔滨	1998 哈尔滨焊接实用技术交流会	24	31

（续）

时间	地点	会议名称	人数	论文
1998.10	北京	1998 中国机器人焊接学术与技术交流会	70	62
1998.10	无锡	第十届全国钎焊与扩散焊技术交流会	140	83
2000.5	唐山	第二届全国 CO_2 焊接技术推广应用交流会	300	63
2000.11	上海	计算机在焊接中的应用技术交流会	58	68
2001.10	天津	IT 与焊接学术会议	100	5
2001.10	扬州	2001 国际钎焊会议	135	48
2002.7	广州	压力焊工艺及设备现状与发展技术研讨会	50	20
2003.8	—	高温钎焊及扩散焊技术研讨会	94	26
2004.9	北京	计算机在焊接中的应用技术交流会	70	61
2004.7	常州	全国气体保护焊实心焊丝生产及应用研讨会	222	—
2004.10	南昌	第五届中国机器人焊接会议	100	9
2005.4	兰州	焊接及相关制造工程中的健康与安全学术与技术交流会	53	9
2006.4	杭州	自动化焊接设备技术开发及设备制造专题研讨会	30	6
2006.5	郑州	制造与再制造中的堆焊技术学术会议	50	9
2006.5	北京	2006 中国切割技术论坛	53	8
2006.8	上海	全国钎焊新技术研讨会	60	10
2006.10	成都	全国压力焊工艺及设备现状与发展技术研讨会	40	8
2006.11	桂林	2006 全国高能束流加工技术研讨会	50	7
2008.7	乌鲁木齐	金属焊接性及焊接材料学术会	120	30
2009.5	上海	2009 中国焊接产业论坛	200	13
2009.7	大连	建设两型社会中的轧辊堆焊技术交流会	90	34
2010.5	北京	中国焊接产业论坛暨 2010 焊接自动化及智能化会议	300	15
2010.9	上海	2010 全国计算机辅助焊接工程学术研讨会	50	23
2010.10	上海	2010 年压力焊新技术现状和发展技术交流会	60	11
2010.10	长沙	2010 年焊接环境、健康与安全论坛	70	24
2010.12	深圳	第 18 届全国钎焊及特种连接技术交流会暨 2010 年度全国钎焊及标准化分技术委员会交流会	155	100
2011.5	上海	2011 中国焊接产业论坛	192	15
2011.7	大连	2011 全国计算机辅助焊接工程学术研讨会	90	75
2011.8	贵阳	“十二五”堆焊、热喷涂及表面工程技术发展前瞻学术会议	150	40
2012.6	北京	2012 中国·机器人焊接技术推广演示会	100	—
2012.7	大连	第八届中国北方焊接学术会议	120	38
2012.10	北京	2012 年中国机器人焊接学术与技术交流会议	150	37
2013.7	佳木斯	推动堆焊事业发展、促进循环经济建设主题学术会议	65	26
2013.9	西安	第二十届全国钎焊及特种连接技术交流会议	135	30
2014.7	哈尔滨	2014 年全国计算机辅助焊接工程学术研讨会	120	40
2014.10	长春	2014 压力焊新技术及发展技术交流会	50	22
2015.7	呼和浩特	焊接力学及结构设计与制造专业委员会	80	31
2015.8	太原	2015 年全国堆焊再制造技术学术会议	150	35
2015.10	常熟	第 21 届全国钎焊及特种连接技术交流会	218	106
2016.9	天津	2016 年全国计算机辅助焊接工程学术研讨会	140	58
2016.11	北京	首届中国焊接青年学者论坛	140	41
2016.11	广州	2016 压力焊新技术与发展技术交流会	50	19

专业委员会举办的专题技术交流会规模相对较小，会议时间、地点的安排也比较灵活，参会人员多为活跃在教学、科研、生产一线的小范围专业分支学科的专家学者和工程技术人员。这类学术交流使焊接学会活动更加丰富多彩，有力地推进了我国焊接科学基础研究、技术应用的繁荣与发展。

焊接学会还通过多种形式（如以生产应用工作委员会及某个专业委员会为主或与兄弟学会、中国焊接协会或与地方学术组织联合举办）的新技术交流及推广会来推动先进技术生产应用。针对焊接生产中影响重大且应用面广的技术，分别在切割、钎焊、CO_2 气体保护焊、计算机辅助焊接工程、焊接机器人、焊接安全健康、焊接标准、培训等方面组织了不同形式的专题推广交流会议，为充分交流国内外焊接科技发展的信息和动向，广泛传播新技术、新工艺、新材料、新产品和新标准信息，解决生产中的难题和技术关键提供了条件。这种密切结合生产应用的学术交流和技术推广活动受到了科研机构、高等院校和生产企业的欢迎，得到了有关部门和社会的重视，体现了焊接学会的学术团体优势。

为了适应我国改革开放的需要，在 20 世纪末 21 世纪初，焊接学会分别在天津、哈尔滨等地举办了形式多样、内容丰富的“中国焊接活动周”，将全国焊接学术会议、焊接与切割展览会、焊工技能表演赛等活动集于一体，充分考虑了各方面的需要，扩展了焊接科技交流的空间，吸引了全国各地大量的焊接界人士前来参加活动，取得了非常好的效果。

30.3 国际交流与合作

国际焊接学会（IIW）是全球规格和权威最高级别的学术团体。1963 年我国以观察员身份派代表团参加了在芬兰赫尔辛基举行的 IIW 第 16 届年会；1964 年在捷克布拉格举行的第 17 届年会上，IIW 正式接纳我会代表中国成为会员学会。1966—1972 年，焊接学会因故中断了与国际焊接界的交流。1972 年 12 月 14 日，由外交部、对外贸易部和第一机械工业部以（72）一机外联字 1189 号文“关于恢复参加国际电工委员会和国际焊接学会有关活动的请示”申报国务院，周恩来总理圈阅，李先念副总理批示同意后，焊接学会恢复了与国际焊接学会的联系。最近几年，焊接学会大力支持参加国际焊接会议，制订了《中国机械工程学会焊接学会出国人员补助条例》，参加 IIW 年会的人数得到大幅增加。

IIW 各届年会参会代表回国后均及时撰写报告，分析总结所获取的大量焊接科学研究前沿信息和焊接技术开发以及工程应用的最新资料，及时向国内同行们传播交流，对引导我国焊接科技界及时把握发展方向、促进新技术的开发应用和焊接设备的更新、提高焊接产品质量等发挥了重要作用；尤其在促进我国焊接科技在高新技术领域中跟踪世界先进水平方面取得了明显效果。

在国内举办国际焊接学术会议可以让我国更多的焊接科技人员参与国际交流，同时也是展示我国焊接事业发展成果，做好对外宣传的机会。改革开放后不久，焊接学会于 1984 年在杭州举办了“多国焊接学术会议”，来自 18 个国家的 300 多名焊接学者、专家、工程技术人员参加了会议。会议共宣读论文 117 篇，以张贴形式展出论文 52 篇，其中我国代表宣读论文 36 篇。会议分 4 个会场按 17 个专题进行，会上宣读的论文全面反映了当时国际焊接技术发展的水平和动向。从此各种多国、多边以及专题焊接国际会议在中国连年举行。

1994 年 9 月 1 日~10 日，焊接学会在北京成功地组织了 IIW 第 47 届年会，对我国焊接界来讲犹如奥林匹克盛会。时任国家副总理邹家华出席了开幕式并代表中国政府致词。北京市市长李其炎主持了招待会并代表市政府致欢迎词。来自 36 个国家的 649 名代表及 120 位陪同人员参加了会议。会议期间，还在大连举行了主题为“先进材料的焊接、连接、涂敷及表面改性技术”的会前会，在北京召开了主题为“先进技术与低成本自动化”的国际会议。

自2011年起，焊接学会与日、韩焊接学会发起并主办了中日韩三边的焊接技术论坛，论坛2011年首次在中国上海召开，随后轮流在日本韩国轮值召开，目前已成功召开了6次，为东亚焊接学者间的交流与往来搭建了良好的平台。

2017年6月25日~30日，由焊接学会承办的国际焊接学会第70届年会将在上海市召开。预计将有800余位来自全球的焊接专家学者参会。

国际学术交流活动为掌握国际焊接前沿动向和信息，实现“引进、消化、吸收、创新”提供了有利条件，有利于在较短时间内取得显著技术经济效益，走出一条具有当代科技发展特征和中国特点的焊接科技发展道路。

通过多年的学术交往，焊接学会逐步提高了国际影响力。1992年3月，焊接学会加入了“泛太平洋地区焊接学会联合会”，2004年6月加入亚洲焊接联合会并先后担任轮值主席职务。此外，焊接学会先后与美国、德国、新加坡等国的焊接学会以及韩国焊接工业协同组合等签订了合作协议，并与日本、韩国、澳大利亚等国的焊接学会签订了“合作理解备忘录”。

焊接学会参加IIW年会的情况见表30-4，焊接学会在国内主办的国际学术会议见表30-5。

表30-4　焊接学会参加IIW年会情况

时间	届别	地　点	焊接学会代表团组成
1996.9	49	匈牙利，布达佩斯	吴林等4人
1997.7	50	美国，旧金山	吴林等4人
1998.9	51	德国，汉堡	吴林等9人
1999.7	52	葡萄牙，里斯本	吴林等10人
2000.7	53	意大利，佛罗伦萨	陈剑虹等20人
2001.7	54	斯洛文尼亚，卢布尔雅那	陈剑虹等3人
2002.6	55	丹麦，哥本哈根	张彦敏带队
2004.7	57	日本，大阪	陈剑虹等18人
2005.6	58	捷克，布拉格	陈剑虹等5人
2006.8	59	加拿大，魁北克	单平等3人
2007.7	60	克罗地亚，杜布罗夫尼克	吴毅雄等3人
2008.7	61	奥地利，格拉茨	吴毅雄等6人
2009.7	62	新加坡	陈强等26人
2010.7	63	土耳其，伊斯坦布尔	陈强等17人
2011.7	64	印度，金奈	田志凌等11人
2012.7	65	美国，丹佛	何实等15人
2013.9	66	德国，埃森	吴毅雄等21人
2014.7	67	韩国，首尔	李晓延等67人
2015.6~7	68	芬兰，赫尔辛基	陈强等38人
2016.7	69	澳大利亚，墨尔本	陈强等70人

表30-5　焊接学会在国内主办的国际学术会议

时间	地点	会议名称	国家	人数	论文	大会报告
2004.8	敦煌	国际焊接学术论坛	—	140	101	—
2004.9	昆明	2004高能束流加工技术国际研讨会	—	74	75	7
2005.10	大连	AWJT'2005先进焊接/连接技术国际研讨会	—	120	80	9
2006.5	哈尔滨	2006中韩焊接技术论坛	2	70	—	9
2006.5	北京	中日青年学者焊接技术交流会	2	30	—	12
2006.5	北京	钢结构焊接国际论坛/IFWT2006	7	100	70	9
2006.10	济南	计算机辅助焊接工程国际学术研讨会CAWE 2006	6	130	120	9

（续）

时间	地点	会议名称	国家	人数	论文	大会报告
2006.12	上海	2006 年国际机器人焊接、智能化与自动化会议	8	200	70	—
2008.10	天津	国际焊接学会第六届亚太地区焊接学术会议	10	120	113	4
2009.7	天津	2009 焊接科学与工程(WSE)国际会议	3	120	38	15
2010.10	北京	ICPBPT2010 高能束流加工技术国际会议	8	150	80	8
2010.10	上海	2010 年国际机器人焊接、智能化与自动化会议(RWIA'2010)	10	200	110	8
2011.6	上海	首届东亚焊接技术研讨会	10	120	30	3
2011.11	济南	中日焊接热物理双边研讨会	2	50	11	4
2012.8	济南	第 2 届计算机辅助焊接工程国际学术研讨会	7	210	93	4
2013.7	北京	“绿色连接材料和再制造”中德双边会议暨 2013 中国机械工程学会焊接学会金属焊接性及焊接材料专业委员会和环境、健康与安全专业委员会年会	2	100	38	—
2013.10	威海	第 5 届焊接科学和工程国际会议	4	140	92	6
2013.11	济南	第三届中日焊接热物理双边研讨会	2	100	20	—
2014.6	北京	2014 钎焊及特种连接技术国际会议	10	185	52	7
2014.10	西安	第四届东亚焊接技术论坛	3	70	39	3
2014.10	上海	2014 年国际机器人焊接、智能化与自动化会议暨第 10 届中国机器人焊接学术与技术交流会议	6	300	130	14
2015.8	海宁	2015 先进焊接技术材料国际论坛	3	56	—	3
2016.7	上海	2016 年先进机器人与社会发展研讨会暨第 11 届中国机器人焊接会议	5	200	105	13
2016.8	海宁	2016 先进制造与焊接国际论坛	3	48	—	3

30.4 持续发展

50 余年来，前一辈专家们精心带领全国焊接科技工作者团结奋斗，创下焊接学会从无到有，从小到大的基业；伴随着我国 20 世纪中期工业化建设、后期的改革开放经济建设、21 世纪的高速增长几个历史阶段，焊接学会也为我国焊接事业的学科发展、科技进步、生产建设和市场繁荣做出了贡献。中国机械工程学会多次授予焊接学会“先进学会”称号和多个“学会先进工作成果奖”，以示认可与表彰。

中国现在已经步入了现代化建设的伟大进程，面临着经济转型、结构调整的发展机遇和严峻挑战。焊接学会需要在新的历史时期继承传统，勇于开拓，求真务实，团结合作，努力实现创新、和谐、务实的可持续发展。

第九届理事会在往届理事会工作成果的基础上，进一步加强组织建设，学术交流，技术推广，国际合作，教育培训和编辑出版等工作，努力提高焊接学会的凝聚力和号召力，并重点围绕“推进焊接技术传承创新、加强接轨国际焊接水平、配合‘十二五’建设发展”等目标积极开展各项工作。

1）众所周知，我国焊接事业是在新中国成立以后白手起家的，为我国发展成为“制造大国”和“钢铁大国”提供了大量的生产与技术支持。但由于在上世纪末的高等教育改革中又普遍取消了焊接学科专业。针对这个社会经济建设强大需求与现行国家行政体制缺失之间的矛盾，焊接学会应责无旁贷承担起传承、发展及创新焊接事业的历史使命。

在焊接学会及中国焊接协会的积极努力下，《中华人民共和国职业分类大典》（2015 年版）首次将“焊接工程技术人员（2-02-07-09）”列入我国的职业大典。这对于焊接行业发展和开展各种焊接技术/技能的教育培训与资格认证工作将产生积极的推进作用。

2）自 2011 年第九届理事会成立以来，焊接学会组织进行了一系列书籍的修订与出版工作，对焊接技术理论传承、新技术的推广起到了积极的推动作用。部分焊接相关图书出版情况见表 30-6。

表 30-6　部分焊接相关图书出版情况（2011—2016）

书名	主编	职称	单位	出版年份
焊接科学基础——材料焊接科学基础	杜则裕	教授	天津大学	2012 年 9 月
焊接科学基础——焊接方法与过程控制基础	黄石生	教授	华南理工大学	2014 年 9 月
焊接手册——材料的焊接（第 3 版修订本）	邹增大	教授	山东大学	2014 年 10 月
焊接手册——焊接结构（第 3 版修订本）	史耀武	教授	北京工业大学	2015 年 6 月
焊接手册——焊接方法及设备（第 3 版修订本）	吴毅雄	教授	上海交通大学	2016 年 3 月
焊接技术路线图	李晓延	教授	北京工业大学	2016 年 11 月

3）尽管经济建设浪潮推动我国焊接科技和生产快速进步，但与世界发达水平相比差距仍然很大。我们还要通过多种形式的科技交流，普及焊接科学知识及生产技能，提升劳动者素质；促进科技成果的生产应用，为企业的焊接生产服务，解决技术关键；提高科研工作的起点和水平，激发创新，形成我国特色的焊接科技体系；接轨国际焊接市场，在世界范围内站稳脚跟，并做出应有的贡献。

4）结合学术活动，焊接学会积极组织专家向政府部门提出建议、决策咨询。在大型工程焊接施工建设，重大项目的焊接技术评估，发展纲要、规划的制定以及在关键技术的攻关中，焊接学会曾经发挥了重要作用，受到政府部门的重视与好评。2004 年，焊接学会与中国焊接协会共同编写了《中国焊接行业 2005—2020 发展战略》，在此基础上，焊接学会于 2011 年组织业内专家撰写了《焊接制造领域技术发展研究（2005—2010）》，并为中国机械工业发展路线图提供了有关焊接的内容，受到国内外业界关注。近两年焊接学会根据中国机械工程学会的要求，组织人员编写了《焊接技术路线图》，并于 2016 年 11 月出版。同时，为配合国家战略发展的需求，焊接学会组织的相关活动在技术交流方面将以核电能源和机器人自动化等为重点，生产应用推广方面将以节能减排、绿色环保等为主题来进行开展。

5）在我国市场经济不断发展，行政体制产生巨大变化的条件下，为了使焊接学会更好地服务社会，又能自我良性循环地持续发展成为名副其实的"公益性、非盈利"社团组织，这就要求学会在机构设置、活动组织、工作重心等方面进行创新和变革，这也是本届理事会不断探索的工作之一。2016 年焊接学会设立了"焊接创新平台"，并首次开展了创新项目评选活动。"焊接创新平台"以鼓励创新、促进人才成长为目标，对具有创新性的项目给予一定额度的资助。今后焊接学会还将努力探索，结合行业、市场、人才与国家的制造业发展战略方向，在产业转型、技术推广、人才培养等方面有重点、全方位地开展相关工作。

焊接科技在振兴我国经济建设事业中有着特殊重要的地位，焊接学会已经在国家发展的各个阶段留下了光辉的篇章。新的时代要求焊接学会站在学科前沿，面向世界、面向未来，引导技术发展，促进经济建设；充分利用好焊接学会的综合优势和有利条件，在科技交流、人才引进、教育培训、成果转让、合作生产和技术咨询等方面，积极为政府部门作好参谋和助手，努力为祖国焊接科技事业的繁荣做出更大的贡献。

第31章　贸易促进与展览展示

刘丹

焊接展览会可以为广大焊接工作者和相关企事业单位提供焊接技术、设备、工艺、产品等直接交流观摩的机会，成为产品交易、贸易往来、学术交流、新技术展示及行业活动的重要平台。20多年来，置身于中国经济高速发展的大环境之中，展览会对推动中国焊接行业的发展产生了深远的影响。每次展览展示，不仅是对中国焊接技术及装备最新成果的一次大检阅，而且使中国焊接企业及广大用户不出国门即可看到最先进的技术和产品；更重要的是，它已成为了解国内外最新技术和产品发展趋势、促进国内外企业相互之间交流与合作的窗口和渠道。

中国焊接学会等行业组织举办了多次国际焊接展览会及学术会议，举办了多届包括展览会、学术交流会、技术讲座等多种交流形式的中国焊接活动周，展现了我国焊接的技术面貌与状况，为我国焊接与国际沟通搭建了桥梁，受到国内外的高度关注。

1985年，中国机械工程学会、德国焊接学会及德国埃森展览公司通过协商，决定将世界上规模最大、影响最广的埃森焊接与切割展览会移植到中国北京，命名为北京·埃森焊接与切割展览会，由中国机械工程学会及其焊接分会、德国焊接学会、德国埃森展览公司等主办。1987年第一届北京·埃森焊接与切割展览会在北京展览馆召开，为期5天的展览会吸引了3万多名观众前来参观。

北京·埃森焊接与切割展览会至今年已成功举办了21届，由最初的四年一届发展到现在每年一届；举办地由北京扩展到北京、上海两地轮流举办。展会的协作单位逐渐扩大，美国、日本、韩国先后加入协作行列。参展厂商从第一届的不足100家增加到现在的1000多家；展会规模逐年扩大，展台净面积已由最初的3000m^{2}左右发展到现在的超过50000m^2；观众最多时超过47000人次。如今展会已发展成为世界两大焊接专业展览之一，极大地促进了国际间的贸易往来。

历届北京·埃森焊接与切割展览会数据统计见表31-1。

表31-1　历届北京·埃森焊接与切割展览会数据统计

时间	展台净面积/m^2	参展国家数	展商总数	国外展商数	参观人次
1987	3139	17	157	89	35000
1991	1014	8	55	18	28000
1994	3872	15	252	76	35000
1996	3600	16	172	56	16492
1998	3700	17	233	80	20000
2000	7500	17	262	61	26968
2002	9847	19	417	77	22868
2003	11000	14	420	43	20000
2004	15687	17	560	65	33452
2005	12024	19	512	42	33360
2006	21281	20	708	91	29570

（续）

时间	展台净面积/m^2	参展国家数	展商总数	国外展商数	参观人次
2007	22581	24	617	158	31144
2008	30276	24	862	189	36744
2009	34677	24	866	179	36900
2010	41022	30	973	225	42852
2011	47520	29	918	213	46765
2012	48249	26	936	202	45491
2013	48303	28	1019	208	46406
2014	36657	27	916	169	41853
2015	42399	28	989	189	44152
2016	38268	28	1008	155	37836

近年来，中国经济的迅速发展，为中国焊接行业创造了巨大的发展空间，中国已经成为世界上最大的焊接器材制造基地。焊接专业展览会为各国焊接业界的同仁们提供了用武之地和展示其才能的大舞台，使世界上著名的制造商找到了稳定的客户群体，建立了完整的销售网络，寻找到了长期合作的伙伴。通过展会搭建的国际合作平台，为其产品推向世界构筑了便捷的通道。许多业界人士也通过这一窗口，了解到了焊接领域最新的技术发展，开阔了视野，启迪了思路，极大地促进了焊接技术整体水平的提高。

第 32 章　焊接专利与科技成果

胡庆贤

经过改革开放 30 余年的飞速发展，中国已经成为世界上最大的焊接器材基地和焊接制造大国，但中国距离成为焊接产业强国仍有一定距离，核心知识产权偏少是主要原因。焊接专利及科研成果是我国焊接自主创新技术的晴雨表，掌握高端焊接核心知识产权是我国由焊接产业大国向焊接产业强国迈进的关键必要条件。

欣喜地看到，近十年来我国焊接行业自主创新能力有了重大突破，形成了一批具有自主知识产权的知名品牌，产品质量有了明显提高，部分产品的技术和质量水平达到了国际先进水平。

32.1　焊接专利

随着我国人口红利的消失，焊接产业进入了产业结构调整、企业转型升级的新常态。高效、绿色、节能、自主创新、智能化、高端制造和“互联网+”成为制造业发展的方向。在此背景下，焊接行业必须开创新的服务模式，提高核心技术的自主创新水平，满足当前焊接产业的发展需要。本部分将围绕焊接设备与技术、焊接材料和切割设备与技术这三个方面介绍我国 1994—2016 年期间的焊接专利布局和发展情况。

32.1.1　焊接设备与技术专利

2000 年后，伴随着中国经济的快速发展，对焊接设备产生了强大的市场需求，焊接行业的生产规模不断扩大，形成了京津冀、长三角、珠三角和成都地区四个焊接设备生产基地，使我国成为世界上最大的焊接设备生产国和出口国。我国焊接具有完整的产业链，在数量和质量上能够满足我国中、低端市场的市场需求，但是高端的高性能、高效化焊接装备仍依赖进口或合资企业。

目前，传统制造技术已被大多数制造企业所掌握，技术屏障不复存在，使得传统焊接设备淡出市场，代之而来的是数字化焊接设备、焊接机器人和自动化设备以及基于逆变电源技术的各类焊接装备，这是我国电焊机产品发展的必由之路。由图 32-1 所示的焊接设备专利申请数量年份分布可看出，2012 年以来，中国焊接行业专利数量迅猛增长，反映我国焊接产业自主创新的新技术有了长足进步。与此同时，一批核心技术获得突破，特别是焊接机器人、搅拌摩擦焊、多源复合焊、3D 打印等重点发展的专利技术取得了可喜成果，提高了我国焊接产业的总体技术水平。

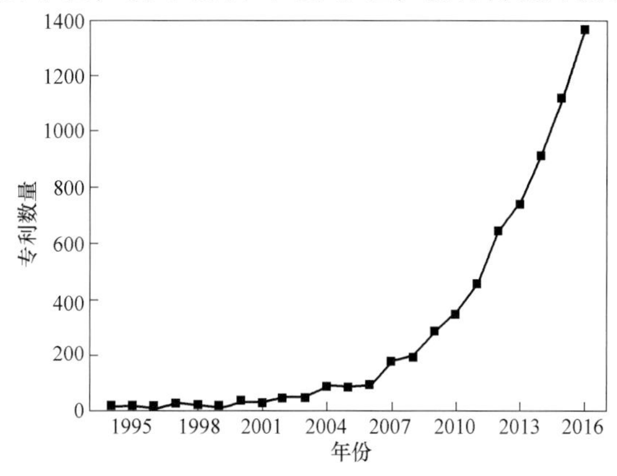

图 32-1　焊接设备专利申请数量年份分布图

1. 焊接机器人

焊接制造业用工难、用工贵和提高产品质量的现实需求使得“机器换人”成为焊接制造行业转型升级的必然发展，传统的焊接生产模式正朝自动化、智能化和信息化等模式转变。

焊接机器人已成为焊接技术自动化的主要标志。2013 年，我国第一次成为全球第一大机器人市场。至今，已连续 4 年荣膺全球最大产业机器人市场头衔。图 32-2 所示为焊接机器人专利申请情况，可见，自 2008 年起我国在焊接机器人专利数量上飞速发展，掀起了焊接机器人的研发高潮，2016 年申请专利数量猛然超过了 300 项。专利数量的高速增长如何形成量产化产品，促进自主品牌的形成，仍有较长的一段路要走。截至目前，我国自主品牌焊接机器人包括新松、广州数控、时代、佳士、新时达、埃斯顿、熊猫、华恒、凯尔达、中强华强、纳尔捷等，产品涵盖不同负载及作业半径的 6 轴独立关节工业机器人。

焊接机器人系统 4 大核心部件的机器人本体、伺服电动机、运动控制系统和 RV 减速器国内均能生产。2013 年，南通振康焊接机电有限公司在上海埃森焊接与切割展览会上率先展示了自主研发的 RV 减速器，打破了核心部件 RV 减速器依赖进口的窘境。目前，已实现 RV 减速器年产近 1 万台的目标。RV 减速器专利申请情况如图 32-3 所示。

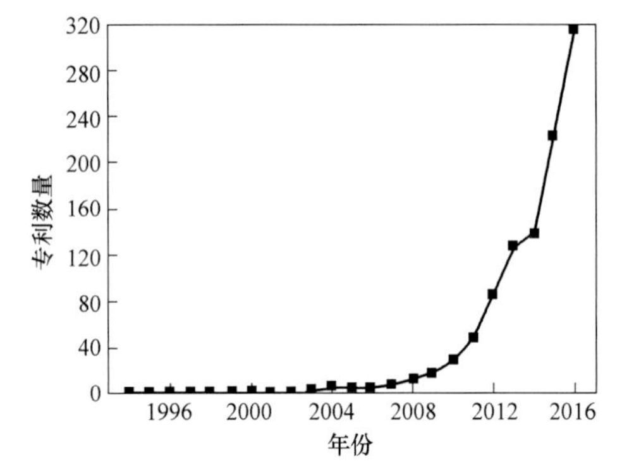

图 32-2　焊接机器人专利申请数量年份分布图

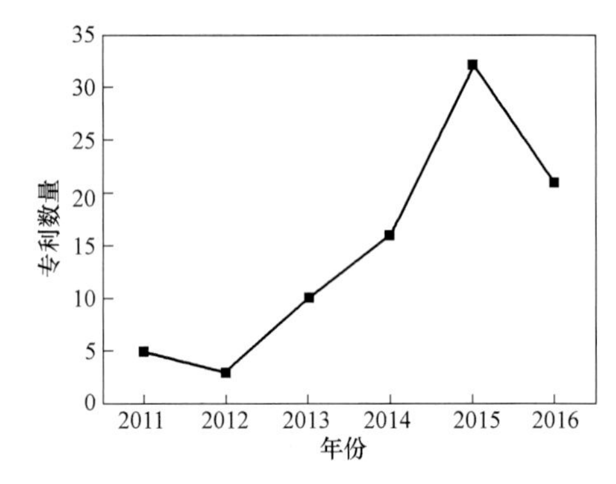

图 32-3　RV 减速器专利申请数量年份分布图

核心技术的缺失、基础材料和制造工艺水平的落后，导致自主品牌焊接机器人在产品质量和性能上仍与国际品牌有较大差距，自主品牌的知名度也不高。当前，我国机器人市场 90%被国外品牌占据。我国焊接机器人产业现状仍以吸收整合国外焊接机器人技术资源进行再开发和系统集成为主。但随着“引进-消化-吸收-再创新”模式的运用，与国外品牌的差距正逐步缩小。

2. 搅拌摩擦焊

搅拌摩擦焊作为一种开创性的固相连接发明技术，已在航空航天、轨道交通、电力电子以及船舶等行业推广应用。搅拌摩擦焊专利 1995 年通过国际申请进入中国，1999 年获得正式授权，我国 2002 年北京航空制造工程研究所获得英国焊接研究所专利许可，2003 年兰州理工大学提出搅拌摩擦焊的专利申请，此后我国搅拌摩擦焊快速跟进发展，截至 2016 年底，共申请专利 817 件（见图 32-4），其中发明专利 552 件，实用新型专利 255 件，外观专利 10 件。特别是 2009 年后申请数量显著增加，表明我国在该领域的技术发展取得了实质性进步。双轴肩搅拌摩擦焊的专利申请则集中于 2012 年以后，落后于国际水平。作为搅拌摩擦焊“心脏”的搅拌头共申请专利 142 件，2015 年达到惊人的 40 件，2016 年 37 件，如图 32-5 所示，说明我国已进入搅拌摩擦焊的研究热潮。

3. 焊接电源

弧焊电源的发展，可简单归结为“变压器—可控硅—逆变器”这一不断进步的过程。逆变技术是弧焊电源技术发展的一个技术高峰，为焊接向智能化发展提供了可能。近年来焊接电源的发展也主要围绕逆变电源而开展，在数字化焊接电源和智能焊接不断取得突破，缩短了与国外高端水平的差距。图 32-6 所示为焊接电源专利申请情况。基于自有知识产权，我国焊接企业也开发了一批优秀的数字化焊接电源，主要有：深圳佳士科技股份有限公司开发的

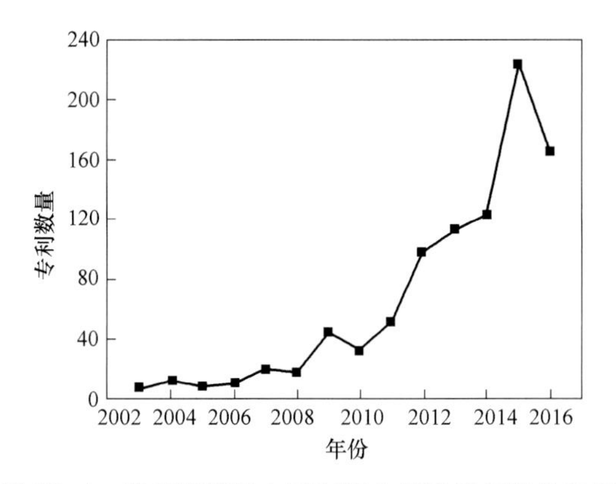

图 32-4　搅拌摩擦焊中国专利申请数量年份分布图

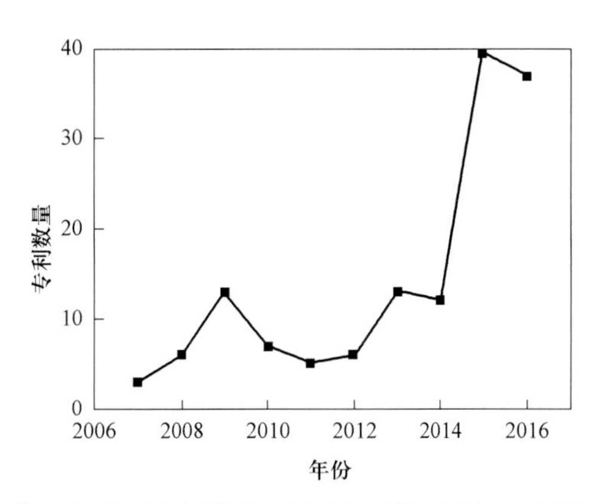

图 32-5　摩擦搅拌头专利申请数量年份分布图

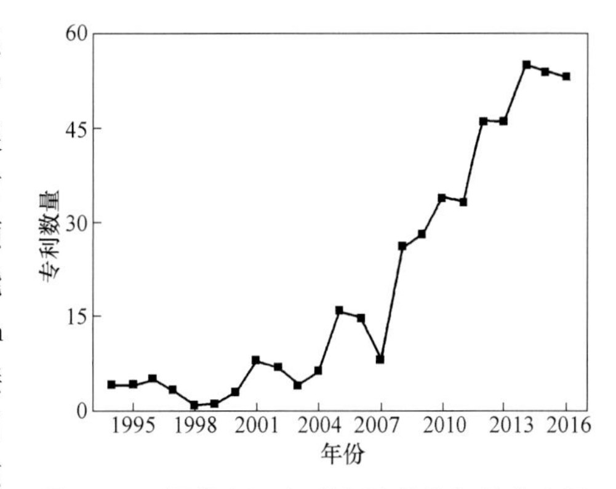

图 32-6　焊接电源专利申请数量年份分布图

数字化控制 IGBT 逆变式交直流双弧双丝埋弧焊系统；北京华巍中兴电气有限公司的基于“互联网+”的数字化脉冲焊接电源；上海通用电焊机股份有限公司的 T7 数字化焊机系列；北京时代科技股份有限公司的 TD 系列全数字模块化焊接电源和超高频脉冲方波氩弧焊机；杭州凯尔达全数字 MD 多功能逆变焊机；深圳瑞凌实业股份有限公司的 QinTron 系列焊机；无锡焊神电气有限公司的 MP 系列焊接机器人电源；上海沪工焊接集团股份有限公司 AMD 系列多功能一体化脉冲气体保护焊机；山东奥太电气有限公司数字化 NBC 系列焊机；深圳华意隆电气股份有限公司 HYL-Master-DP/DPP 全数字焊接机。还有国内其他厂家的优秀产品，这些创新产品有力推动了我国制造业的进步。

数字化智能化焊接车间是未来焊接工程建设的主要方向，焊接信息化管理系统和焊接群控系统是实现数字化智能化焊接车间的关键核心技术。自 2005 年开始，国内外设备制造商基于数字焊接设备（数字焊机、机器人等）硬件平台的焊接管理软件，相继推出了信息化焊接管理系统。国内北京时代科技股份有限公司、山东奥太电气有限公司等企业均推出了自己的焊接信息管理系统，主要推出产品有：北京时代科技股份有限公司的 WPM 一体化管理系统，山东奥太电气有限公司的数字化焊机群控管理系统，南京聚英信息技术有限公司的 WOS 焊接办公系统，南京鼎业电气有限公司的焊接数据网络监控系统，唐山开元机器人系统有限公司的智能化柔性机器人焊接车间管理系统等。

4. 增材制造

以 3D 打印为代表的“增材制造”，将带动工业设计、新材料、精益制造等多个领域产生颠覆性的改变，通过自下而上的制造实现了零件自由制造，成为未来技术发展的新锐力量。3D 打印的专利申请情况如图 32-7 所示，呈现爆炸性增长态势，中国金属零件直接制造技术的研究与应用已达到世界领先水平，推动了我国高端制造技术的发展。3D 打印技术包括打印设备、打印工艺、打印材料和打印软件，其中，打印工艺方面的专利数量最多，打印设备次之，打印材料专利数量位居第三，打印软件方面的专利数量最少。打印软件的数量少，这也限制了打印物品的种类和数量。

金属 3D 打印主要依靠高能束（激光、电子束）或电弧实现增材制造，专利申请情况如图 32-8 所示，可见基于激光束的 3D 制造技术增长迅速，而基于电子束的 3D 制造由于需要真空环境，增长速度较为缓慢。电弧增材制造技术是采用电弧熔敷手段生产产品的。目前，电弧增材制造技术研究在国内主要集中在一些高校，如哈尔滨工业大学、天津大学、华中科技大学、西安交通大学、南昌大学以及中国人民解放军装甲兵工程学院等，主要研究内容是减少成形热输入，提高成形精度，以及适宜于电弧熔敷工艺特点的分层数据处理。

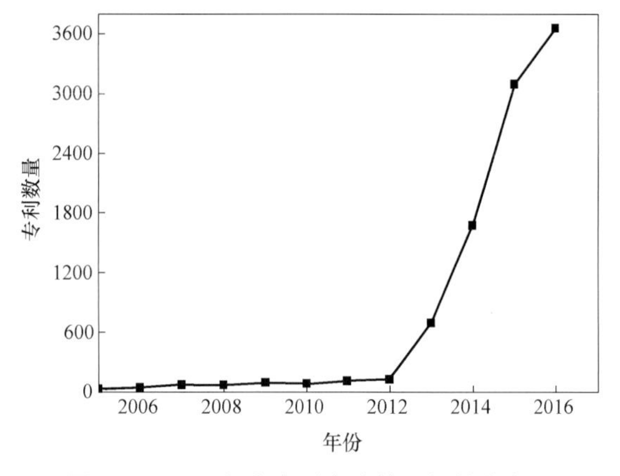

图 32-7　3D 打印专利申请数量年份分布图

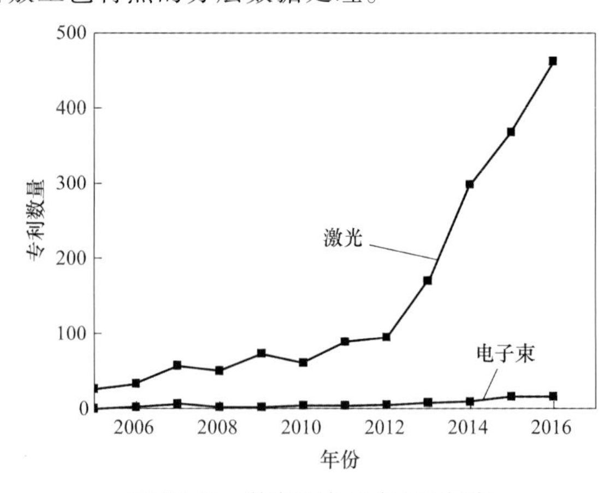

图 32-8　激光及电子束 3D 打印专利申请数量年份分布图

未来，谁掌握 3D 打印的核心知识产权，谁最先打开 3D 打印的应用市场，谁就最有可能引领 3D 打印产业的发展未来。

5. 复合焊接技术

复合焊是指两个或多个同种或异种热源共同施加作用的焊接技术，起到 1+1>2 的效果，包括激光复合焊、等离子弧复合焊、电子束复合焊、TIG 复合焊、MIG 复合焊及复合的摩擦焊等，复合焊专利申请情况如图 32-9 所示。复合焊的专利中，激光电弧复合焊技术是专利最多的一个领域，其专利申请情况如图 32-10 所示，显示出当前研究最热门的领域。激光复合方式又包括激光与激光的复合，激光与 TIG 电弧复合、激光与 MIG/MAG 复合、激光与等离子弧复合等，在汽车、船体结构件、航空航天新材料制造业中得到应用。

当然，还有很多其他形成核心知识产权的新型焊接技术，例如：北京工业大学开发的磁脉冲焊接技术及逆变等离子弧焊接装备，深圳瑞凌实业有限公司开发的 TRI-ARC 双丝三电弧焊接系统，江苏科技大学开发的摇动电弧窄间隙焊接技术等。未来，各种新技术、新工艺将不断涌现，独具创新的个性化产品必将层出不穷。

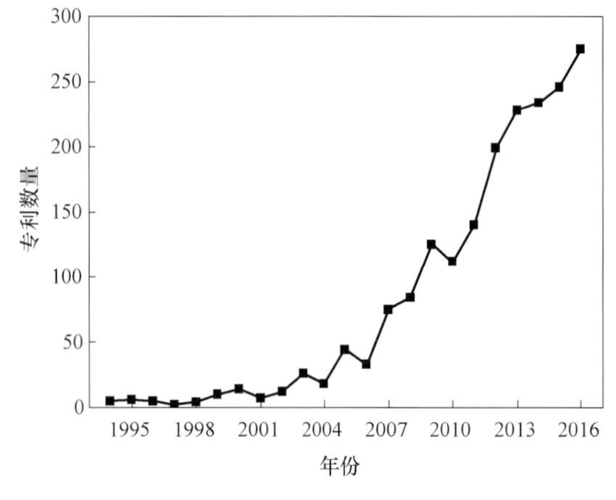

图 32-9　复合焊专利申请数量年份分布图

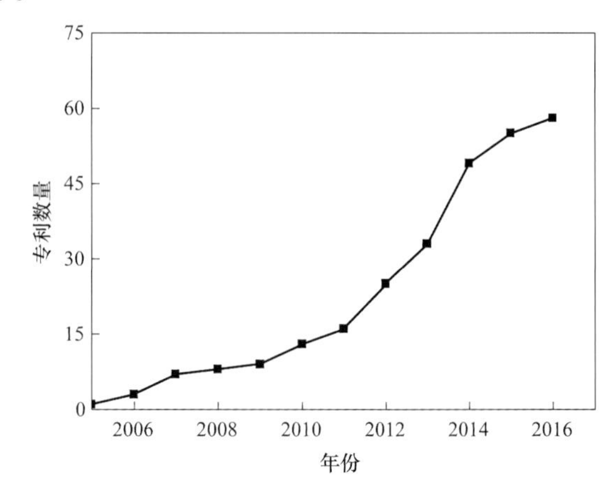

图 32-10　激光复合焊专利申请数量年份分布图

32.1.2 焊接材料专利

21 世纪以来，我国经济快速增长，带动我国焊材行业在酸性碳钢焊条、气体保护实心焊丝及药芯焊丝领域出现了三轮低成本扩张浪潮，适应自动化焊接的气体保护实心焊丝和药芯焊丝增长最快。焊接材料的发展已由粗放型发展向集约化、精细化和专业化发展，焊接材料的产品结构调整主要围绕新材料、新工艺以及焊接设备的发展而进行，高效、节能、环保是高端焊接材料的发展方向。由于自动化焊接技术的发展，如图 32-11 所示，近五年来焊条占焊接材料总量的比例呈现逐年下降趋势，同时气体保护实心焊丝和药芯焊丝比例逐年增加。

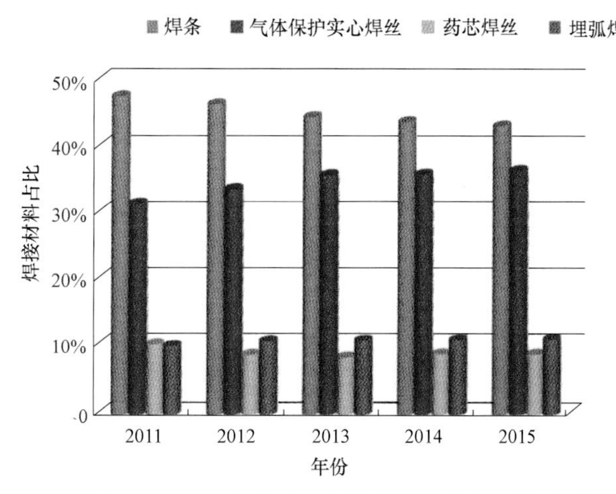

图 32-11　五年来主要焊接材料占总产量的比例

1. 焊条

近 20 年来，焊材用钢铁的生产技术取得了巨大进步，各类重要焊接结构用钢向洁净化、低碳、超低碳和微合金化、组织细晶化的方向发展，我国各类各种强度级别钢材的韧性都有显著提升，对特种焊条的需求也不断上升。焊条专利申请情况如图 32-12 所示。我国在焊接材料制备技术方面进步明显，有不少专利是围绕焊接材料制作过程的自动化、环保、节能的，注重动态监测产品的品质稳定性。其中酸性焊条的专利只有十几件，这与酸性焊条（尤其是 J422 焊条）被焊丝替代率最高密切相关。欧美日等发达国家焊条占焊接材料总产量的比例已下降到 20%以下，而我国焊条占比仍超过 40%，发展道路仍很漫长。

2. 气体保护实心焊丝

我国气体保护实心焊丝的生产制造，随着装备水平的提高、原材料水平的提升、生产工艺的改进，与发达国家的差距正逐步缩小，高强度焊丝、不锈钢焊丝及特种焊丝发展迅速。近年气体保护实心焊丝的专利申请情况如图 32-13 所示。在实际应用中，ER50-6 气体保护实心焊丝仍占主导地位。桶装焊丝的专利有 16 件，无镀铜焊丝有 16 件。无镀铜焊丝作为典型的绿色制造产品，将成为气体保护实心焊丝未来几年发展的重要方向之一。

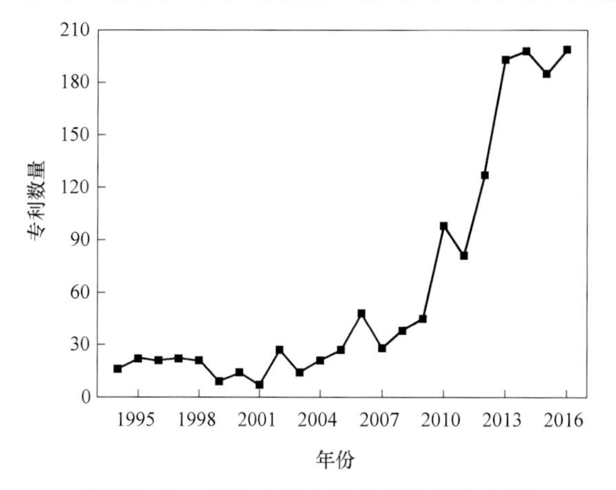

图 32-12　焊条专利申请数量年份分布图

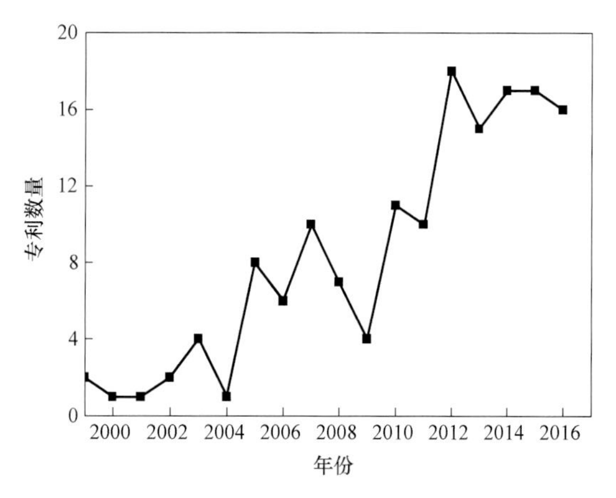

图 32-13　气体保焊实心焊丝专利申请数量年份分布图

同时，我国气体保护实心焊丝自主创新能力不足，在高端焊丝、新型焊丝、质量稳定性等方面与发达国家仍有一定差距，缺乏有国际影响力的品牌。在核电用气体保护实心焊丝、P91/P92 电厂用焊丝、海洋平台用高强度高韧度焊丝、9Ni 钢用镍基焊丝等高端焊丝方面仍主要依赖进口。

3. 药芯焊丝

作为高效焊接材料之一的药芯焊丝，我国从无到有，从进口到自主研发，从有缝药芯焊丝到无缝药芯焊丝，品种和品质都得到了较快发展。药芯焊丝的专利申请情况如图 32-14 所示。高效、自动化的桶装药芯焊丝和金属心药芯焊丝响应了对焊接自动化的需求，特种药芯焊丝新品种层出不穷体现了对产品升级的迫切愿望。核电、海工、化工、油气田、火电等行业逐渐用药芯焊丝替代手工焊条，推动了药芯焊丝向高端化方向的发展。但药芯焊丝在我国占总产品比例仍不足 10%（见图 32-11），仍缺乏与国际知名品牌在高端市场的竞争力。

4. 埋弧焊材

埋弧焊材是一种发展较为成熟的自动化产品，近几年占焊接材料的比例一直稳定在 10% 左右。近年埋弧焊材专利申请情况如图 32-15 所示。我国埋弧焊材企业同质化严重，创新不足，随着核电、海工、超低温工程、超（超）临界火电用钢等新兴高端产业的兴起，我国企业有一定突破，例如四川大西洋焊接材料股份有限公司开发的 800MPa 埋弧焊材及 X100 管线钢埋弧焊材，武汉天高熔接股份有限公司的高效 FCB 焊接材料，昆山京群焊材科技有限公司的超低温埋弧焊材等。但这方面的埋弧焊材技术仍主要集中于国外企业。未来几年，在新兴高端产业的兴起带动下，我国埋弧焊材将以纯净化、合金化、超低氢等为突破口，推动产品技术创新。

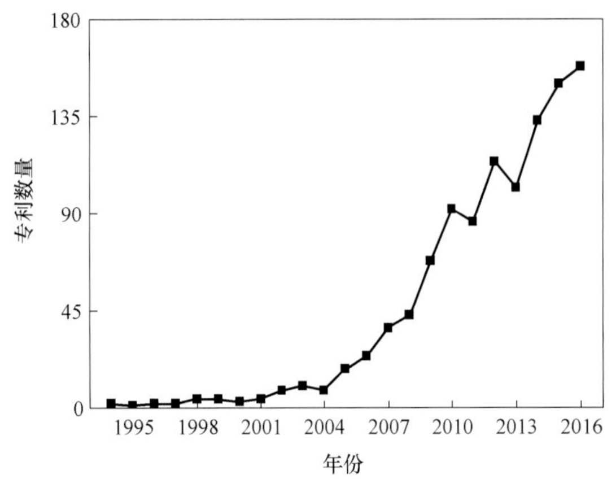

图 32-14 药芯焊丝专利申请数量年份分布图

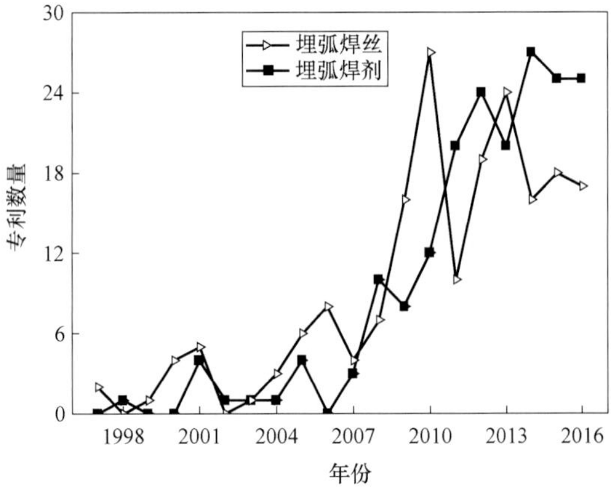

图 32-15 埋弧焊焊剂及焊丝专利申请数量年份分布图

5. 钎焊材料

钎焊材料主要用于有色金属、金属或非金属及异种材料的连接，我国钎料及钎剂的专利申请情况分别如图 32-16 和图 32-17 所示，可见钎剂的发展一直很缓慢，钎料专利申请稳步提升，逐步缩小了同发达国家间的差距。近年来，随着光伏、汽车及航空电子、LED、新材料等新兴产业的兴起，对新型钎焊材料的需求逐年上升。我国在活性钎料、非晶钎料和复合型钎料等方面取得了突破，1994—2016 年间，活性钎料的专利有 12 件，非晶钎料的专利有 24 件，复合型钎料的专利有 46 件。在电子封装行业，无铅钎料已取代了锡铅钎料成为电子封装的常用焊料。

2010 年 12 月，依托郑州机械研究所建设了新型钎焊材料与技术国家重点实验室，这是我国焊接方面第二家国家级科技创新平台，主要开展钎焊材料与技术领域的基础共性技术、关键技术及前沿技术研究，有效促进了我国钎焊材料、钎焊技术和钎焊装备的发展。

同时也应看到，我国一些重点装备和重大工程急需的高端钎料只能依赖进口，电子产业中的软焊膏和 BGA 焊球等高端产品仍缺乏核心技术。

未来钎焊材料的发展应以绿色无害、高效节材、适合自动化为特征，并满足不断涌现的新材料的钎焊需求。

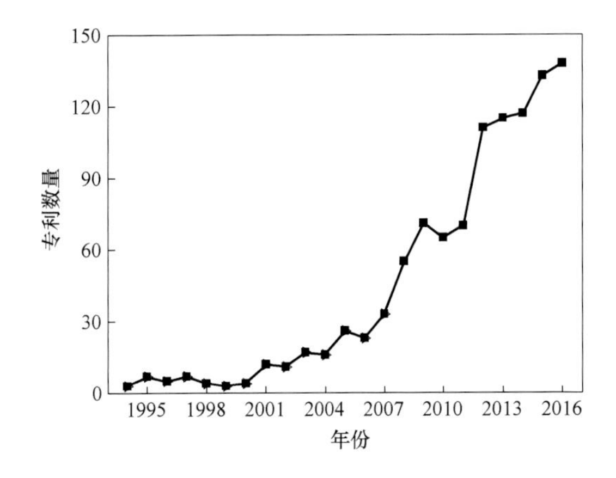

图 32-16　钎料专利申请数量年份分布图

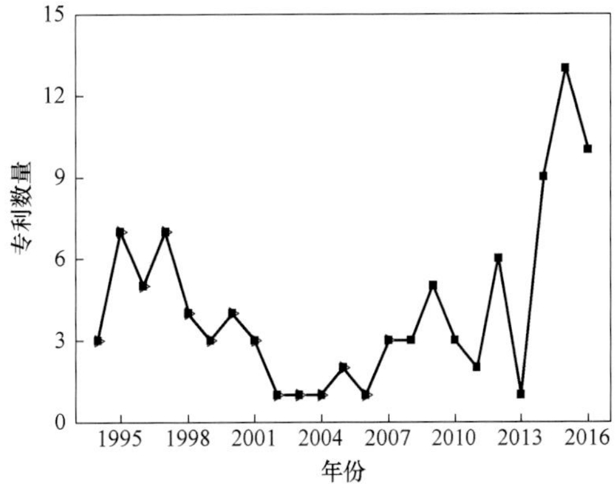

图 32-17　钎剂专利申请数量年份分布图

32.1.3　切割设备与技术专利

切割是现代工业不可或缺的加工手段，是和焊接相辅相成的基础工艺，应用领域十分广泛。我国热切割技术曾落后发达国家几十年，但经过近 30 年的发展，我国自主研发的各类切割设备在切割质量和效率上已接近国际先进水平，很多产品已进入国际市场。

切割主要技术有激光切割、火焰切割、等离子弧切割、复合型切割及水射流技术等，其专利申请数量情况分别如图 32-18～图 32-22 所示。

激光切割是应用最多的激光加工技术，其专利申请数量情况如图 32-18 所示。我国激光切割从无到有，近十年飞速发展，已逐步形成一定产业规模，预计 3～10 年内，我国即将步入“光制造”时代。我国目前已成长起来一批激光切割企业，其中较早开发数控激光设备的有：上海团结普瑞玛激光设备有限公司、深圳大族激光科技股份有限公司、奔腾楚天激光（武汉）有限公司、武汉法利莱切割系统工程有限公司、苏州领创激光科技有限公司。

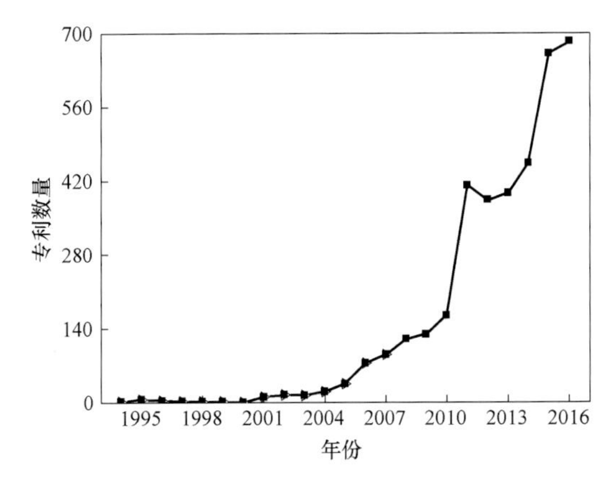

图 32-18　激光切割申请数量年份分布图

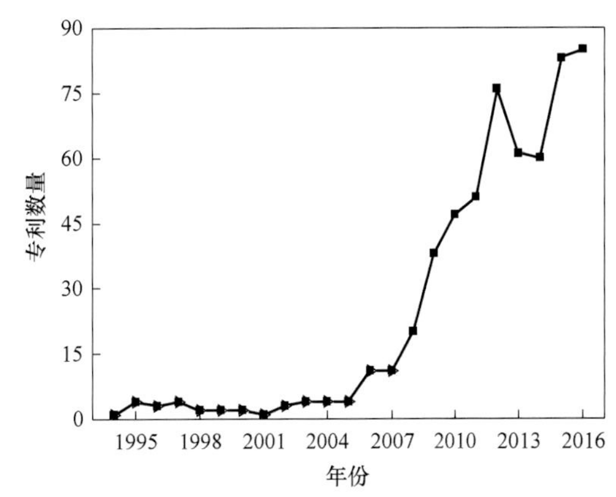

图 32-19　火焰切割申请数量年份分布图

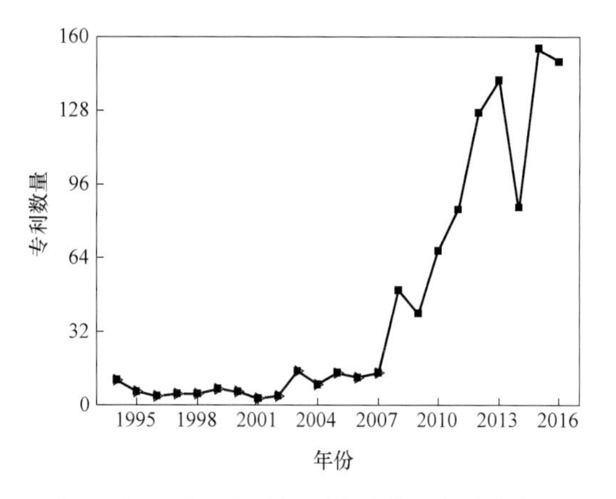

图 32-20　等离子弧切割申请数量年份分布图

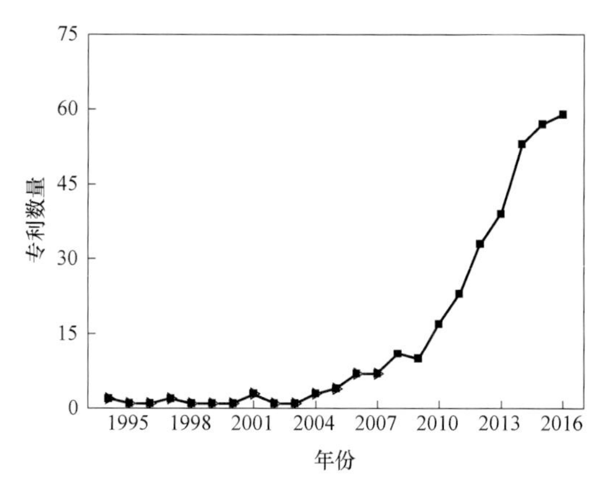

图 32-21　复合式切割申请数量年份分布图

激光切割设备的发展趋势是向高速度、高精度及复合化方向发展，例如激光和等离子弧两种切割工艺集成。宁波金凤焊割机械制造有限公司推出的激光等离子切割一体机，结合激光和等离子弧两种切割方式，拓展了切割机的加工能力和工作范围。

水射流切割是利用高压高能量水流配以不同磨料进行工件切割的一种工艺新技术，其加工精度和表面质量已达到激光加工水平，具有广阔应用前景，其专利情况如图 32-22 所示。

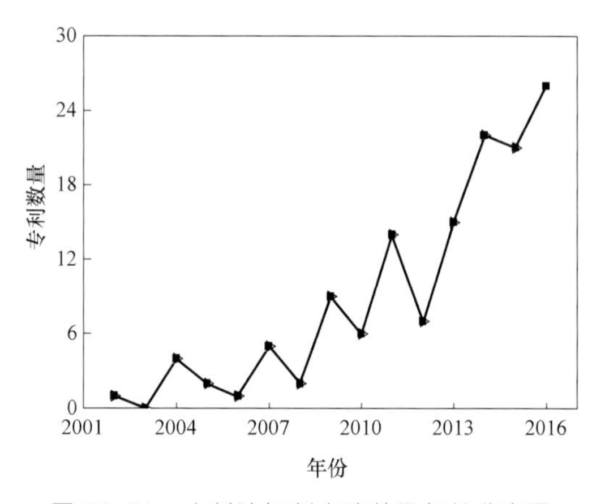

图 32-22　水射流切割申请数量年份分布图

切割技术向优质高效、多样化、专业化、定制化发展是必然趋势。切割企业应该在此趋势下，提升切割质量和切割效率，不断优化发展切割工艺及装备，提高材料利用率，降低成本。

32.2　中国专利奖

“中国专利奖”是我国唯一的专门对授予专利权的发明创造给予奖励的政府部门奖，得到联合国世界知识产权组织（World Intellectual Property Organization，WIPO）的认可，在国际上有一定的影响。中国专利奖由国家知识产权局于 1989 年设立，目前已评选了十八届，1994—2016 年焊接行业获得的奖项见表 32-1，焊接行业仅有 2007 年“制冷系统用铜铝组合管路及其制备方法”和 2009 年“可直接焊漆包线的点电焊机”两项发明专利获得中国专利奖金奖。近三年，焊接行业有 19 个项目入围中国专利奖优秀奖，体现了当今我国焊接行业的飞速发展和在国际上影响力的增加。

表 32-1　1994—2016 年焊接行业获得的中国专利奖一览

获奖年度	专利号	项目名称	获奖类型	专利权人
1997 年	92113223.9	高重频调制多脉冲 YAG 激光刻花系统及加工方法	第五届中国专利奖	中国科学院力学研究所、北京吉普汽车有限公司、首都钢铁总公司、中国大恒公司
2005 年	00115670.5	液力变矩器内部间隙的焊接控制设备及方法	第九届中国专利奖优秀奖	上海交通大学

（续）

获奖年度	专利号	项目名称	获奖类型	专利权人
2005 年	03134368.6	一种抗熔焊性能高的银镍基电触头材料及制备方法	第九届中国专利奖优秀奖	西安交通大学
2007 年	200510042495.5	制冷系统用铜铝组合管路及其制备方法	第十届中国专利奖金奖	左铁军、赵越
2007 年	200410052950.5	区域造船总段合拢对接方法	第十届中国专利奖优秀奖	江南造船（集团）有限责任公司
2007 年	200510011704.X	无铅焊料及制造方法	第十届中国专利奖优秀奖	郴州金箭焊料有限公司、广州有色金属研究院、无锡市群力有色金属材料有限公司、北京达博长城锡焊料有限公司、北京金朝电子材料有限责任公司、亚通电子有限公司、佛山市南海区大沥安臣锡品制造有限公司、昆山成利焊锡制造有限公司、绍兴市天龙锡材有限公司、深圳市亿铖达工业有限公司
2009 年	01114785.7	可直接焊漆包线的点电焊机	第十一届中国专利奖金奖	杨仕桐
2009 年	200610118185.1	液化天然气船用殷瓦三面体的装焊方法	第十一届中国专利奖优秀奖	沪东中华造船（集团）有限公司
2009 年	200410013759.X	汽轮机隔板电子束焊接方法	第十一届中国专利奖优秀奖	哈尔滨汽轮机厂有限责任公司
2009 年	200510019421.X	走行式箱梁架桥机	第十一届中国专利奖优秀奖	中铁工程机械研究设计院
2010 年	200410080295.4	多元复合稀土-钨电极材料的制备方法	第十二届中国专利奖优秀奖	北京矿冶研究总院、北京工业大学
2010 年	200310111101.8	电子软钎焊料合金的制备工艺	第十二届中国专利奖优秀奖	重庆工学院
2010 年	200710069206.X	聚烯烃管道电熔焊接接头冷焊缺陷的超声检测方法	第十二届中国专利奖优秀奖	浙江省特种设备检验中心、浙江大学
2010 年	200630084352.6	移动式钢轨接触焊作业车	第十二届中国专利奖外观设计优秀奖	中国南车集团戚墅堰机车车辆工艺研究所
2011 年	200810139385.4	一种黄金饰品焊接方法	第十三届中国专利奖优秀奖	山东梦金园珠宝首饰有限公司
2011 年	200610010206.8	用电子束焊接的带有坡口面结构的汽轮机喷嘴	第十三届中国专利奖优秀奖	哈尔滨汽轮机厂有限责任公司
2012 年	200310104126.5	大型结构件焊接变形控制方法	第十四届中国专利奖优秀奖	东方汽轮机厂
2012 年	200610161295.6	6063 铝合金 Noclock 无腐蚀钎剂气保护炉钎焊工艺方法	第十四届中国专利奖优秀奖	中国电子科技集团公司第十四研究所
2012 年	200910182212.5	钢轨闪光焊机	第十四届中国专利奖优秀奖	常州市瑞泰工程机械有限公司、南车戚墅堰机车车辆工艺研究所有限公司

（续）

获奖年度	专利号	项目名称	获奖类型	专利权人
2013年	200410100844.X	IC封装用焊锡球“熔融机电整合”一次成型工艺及装置	第十五届中国专利奖优秀奖	云南锡业集团有限责任公司研究设计院
2013年	200710185347.8	一种高强度X80钢螺旋焊管制造方法	第十五届中国专利奖优秀奖	华油钢管有限公司
2014年	201010236686.6	核岛主设备接管安全端异种金属焊接工艺	第十六届中国专利奖优秀奖	上海电气核电设备有限公司
2014年	200910011675.5	百万吨乙烯压缩机机壳的焊接工艺	第十六届中国专利奖优秀奖	沈阳鼓风机集团股份有限公司
2014年	201010620735.6	滑板线摩擦旋转台	第十六届中国专利奖优秀奖	江苏天奇物流系统工程股份有限公司
2014年	200910172415.6	一种高强韧无镉银钎料及其制备方法	第十六届中国专利奖优秀奖	郑州机械研究所
2014年	200810202856.1	搅拌摩擦焊接头未焊透及根部弱连接消除方法	第十六届中国专利奖优秀奖	上海航天设备制造总厂
2014年	200910115628.5	核反应堆压力容器接管安全端焊缝检测设备	第十六届中国专利奖优秀奖	中广核检测技术有限公司、中科华核电技术研究院有限公司
2014年	200810190124.5	钢结构电弧喷涂复合防腐蚀涂层体系的方法及工艺	第十六届中国专利奖优秀奖	江苏中矿大正表面工程技术有限公司
2015年	200410013222.3	电弧熔透焊陶质衬垫材料及其制作方法	第十七届中国专利奖优秀奖	武汉天高熔接材料有限公司
2015年	200910172414.1	一种铜锌镍钴铟合金及其制造方法	第十七届中国专利奖优秀奖	郑州机械研究所
2015年	200910248840.9	一种用于激光拼焊的间隙补偿方法及实施该方法的装置	第十七届中国专利奖优秀奖	中国科学院沈阳自动化研究所
2015年	201110096717.7	SAL8090铝锂合金TIG/MIG焊丝及其制备方法	第十七届中国专利奖优秀奖	兰州威特焊材炉料有限公司
2015年	201110213294.2	用于极细同轴排线连接器的激光焊接装置及其焊接工艺	第十七届中国专利奖优秀奖	武汉凌云光电科技有限责任公司
2015年	201110331711.3	用于液压支架自动焊接的双面装卡工件的变位装置	第十七届中国专利奖优秀奖	山西晋煤集团金鼎煤机矿业有限责任公司
2015年	201110406642.8	焊管纵缝焊接实时跟踪装置	第十七届中国专利奖优秀奖	浙江久立特材科技股份有限公司
2015年	201210085767.X	核电用吊篮上出水口管嘴的焊接方法	第十七届中国专利奖优秀奖	苏州海陆重工股份有限公司
2015年	201310473390.X	镁及镁合金熔剂及制备方法	第十七届中国专利奖优秀奖	青海三工镁业有限公司
2016年	200610116413.1	激光加工成形制造光内送粉工艺与光内送粉喷头	第十八届中国专利奖优秀奖	苏州大学
2016年	200910073628.3	一种激光焊接金刚石圆锯片及制备方法	第十八届中国专利奖优秀奖	博深工具股份有限公司
2016年	201310166341.1	三维激光打印方法与系统	第十八届中国专利奖优秀奖	苏州苏大维格光电科技股份有限公司

32.3 国家科技奖励

科技奖励制度是促进国家科学发展和技术创新的重要机制，是激励科技活动、科研人员、科学共同体的重要手段，对推进我国“国家创新体系”战略任务的建立和发展有着至关重要的意义。1994—2016 年间，涉及焊接的国家级科技奖励见表 32-2。

表 32-2 1994—2016 年中国焊接国家级科技奖励一览

获奖时间	项目名称	获奖等级	第一完成单位
1995 年	大型水轮机转轮异种钢焊接技术研究	国家科学技术进步奖三等奖	哈尔滨焊接研究所
1995 年	台车架弧焊机器人工作站的研制	国家科学技术进步奖三等奖	哈尔滨焊接研究所
1997 年	高碳合金钢局部冷焊	国家技术发明奖三等奖	山东大学
2000 年	高温浓硝用 C8 高纯高硅奥氏体不锈钢及其焊材	国家科学技术进步奖二等奖	钢铁研究总院
2000 年	奥氏体不锈钢焊条	国家科学技术进步奖二等奖	太原理工大学
2000 年	新型热喷涂技术和涂层材料的研究与开发	国家科学技术进步奖二等奖	广州有色金属研究院
2001 年	水轮机转轮制造工艺模拟与质量控制研究	国家科学技术进步奖二等奖	机械科学研究院
2001 年	超音速电弧喷涂技术研究	国家科学技术进步奖二等奖	中国人民解放军第二炮兵后勤科学技术研究所
2002 年	大跨度低塔斜拉桥板桁组合结构建造技术	国家科学技术进步奖一等奖	中铁大桥局集团有限公司
2003 年	高效能超音速等离子喷涂技术的研究与应用	国家科学技术进步奖二等奖	中国人民解放军装甲兵工程学院
2003 年	高功率激光切割、焊接及切焊组合加工技术与设备	国家科学技术进步奖二等奖	华中科技大学
2003 年	逆变式焊接电源技术及系列产品的研究与产业化	国家科学技术进步奖二等奖	山东山大华天科技股份有限公司
2004 年	机器人焊接空间焊缝质量智能控制技术及其系统研究	国家科学技术进步奖二等奖	哈尔滨工业大学
2004 年	西气东输工程用 X70 板卷、螺旋埋弧焊管、涂敷作业线及涂料的研制与应用	国家科学技术进步奖二等奖	宝鸡石油钢管厂
2007 年	基于能源节约型低能耗激光增强电弧高效焊接集成技术	国家技术发明奖二等奖	大连理工大学
2008 年	热喷涂涂层形成机制、结构与性能表征的应用理论研究	国家自然科学奖二等奖	西安交通大学
2009 年	大线能量焊接系列钢技术发明及应用	国家技术发明奖二等奖	武汉钢铁(集团)公司
2010 年	钢轨焊缝双频正火设备及工艺	国家科学技术进步奖二等奖	呼和浩特铁路局焊轨段
2011 年	电阻点焊工艺质量自动监控技术	国家科学技术进步奖二等奖	中国第一汽车集团公司轿车公司
2012 年	变截面薄壁空间曲线螺旋管束式喷管自动化焊接技术及装备	国家科学技术进步奖二等奖	中国航天科技集团公司中国运载火箭技术研究院
2012 年	国家体育场(鸟巢)工程建造技术创新与应用	国家科学技术进步奖二等奖	北京城建集团有限责任公司

（续）

获奖时间	项目名称	获奖等级	第一完成单位
2012 年	激光表面复合强化与再制造关键技术及其应用	国家科学技术进步奖二等奖	浙江工业大学
2013 年	面向再制造的表面工程技术基础	国家自然科学奖二等奖	中国人民解放军装甲兵工程学院
2013 年	三索面三主桁公铁两用斜拉桥建造技术	国家科学技术进步奖一等奖	中铁大桥局集团有限公司
2014 年	异种材料先进连接技术及其在航空航天发动机中的应用	国家技术发明奖二等奖	哈尔滨工业大学
2015 年	汽车制造中的高质高效激光焊接、切割关键工艺及成套装备	国家科学技术进步奖一等奖	华中科技大学
2015 年	航天器舱体结构变极性等离子弧穿孔立焊关键技术与应用	国家科学技术进步奖二等奖	北京工业大学
2016 年	钎料无害化与高效钎焊技术及应用	国家科学技术进步奖二等奖	郑州机械研究所
2016 年	航天大型复杂结构件特种成套制造装备及工艺	国家科学技术进步奖二等奖	上海航天设备制造总厂

32.4 优秀焊接工程

“百年大计，质量第一”，为提升我国工程建设行业焊接质量管理水平，强化企业焊接过程控制和科技创新意识，推动工程质量的提高和焊接技术进步，中国工程建设焊接协会自 1986 年持续开展了“全国优秀焊接工程”的评选活动。30 年来，“创建全国优秀焊接工程活动”紧跟时代发展步伐，始终站在工程建设领域焊接技术发展的最前沿，获奖工程均体现了当时焊接技术和工程管理的最高水平，“全国优秀焊接工程”已经成为我国工程建设焊接领域的最高专项质量奖，每年度审定一次。2002—2015 年“全国优秀焊接工程”获奖数量情况见表 32-3，值得一提的是，2014 年“皖电东送特高压交流输电示范工程”获得全国优秀焊接工程特等奖。

表 32-3　2002—2015 年“全国优秀焊接工程”获奖数量情况

时间	一等奖（项）	优秀奖（项）	时间	一等奖（项）	优秀奖（项）
2002 年	21	71	2009 年	34	69
2003 年	15	48	2010 年	43	68
2004 年	18	62	2011 年	49	83
2005 年	28	69	2012 年	50	99
2006 年	36	68	2013 年	49	99
2007 年	38	69	2014 年	59	118
2008 年	47	60	2015 年	55	111

除了全国优秀焊接工程的评选之外，我国还有其他一些焊接工程项目获得质量大奖，详见表 32-4。

表 32-4　获得的其他质量奖励统计

时间	获奖项目名称	获奖名称
2008 年	西堠门大桥新型分体式钢箱梁关键技术	中国公路学会科学技术一等奖
2009 年	南京长江三桥	中国优质工程金奖
2010 年	国家体育场“鸟巢”	乌戈-格雷拉奖
2010 年	润扬长江公路大桥	中国优质工程金奖

（续）

时间	获奖项目名称	获奖名称
2010 年	武汉天兴洲长江大桥	乔治·理查德森奖
2010 年	重庆菜园坝长江大桥	中国土木工程詹天佑奖
2011 年	重庆朝天门长江大桥	中国土木工程詹天佑奖
2011 年	苏通长江大桥	中国建设鲁班奖
2011 年	哈尔滨松浦大桥	中国建设鲁班奖
2012 年	苏通长江大桥	中国优质工程金奖
2012 年	京沪高速铁路南京大胜关长江大桥	乔治·理查德森奖
2014 年	皖电东送特高压交流输电示范工程钢管塔焊接工程	全国优秀焊接工程特等奖
2016 年	南宁英华大桥	国家优质工程奖

32.5　中国焊接终身成就奖

为了表彰我国焊接工作者的突出成绩，鼓励他们在焊接领域勇于探索、积极创新的精神，2001 年起，中国机械工程学会焊接学会特别设立了“中国焊接终身成就奖”，此奖项是我国焊接学术界的最高荣誉。历年来共有 12 位知名焊接专家获得此荣誉，见表 32-5。

表 32-5　中国焊接终身成就奖一览

时间	姓　名	单　位
2001 年	潘际銮院士	清华大学
2005 年	关桥院士	北京航空制造工程研究所
2005 年	徐滨士院士	中国人民解放军装甲兵工程学院
2005 年	林尚扬院士	哈尔滨焊接研究所
2007 年	宋天虎研究员	中国机械工程学会
2007 年	吴林教授	哈尔滨工业大学
2008 年	陈剑虹教授	兰州理工大学
2009 年	陈丙森教授	清华大学
2009 年	侯立尊董事长	金桥焊材集团有限公司
2010 年	史耀武教授	北京工业大学
2011 年	吴祖乾博士	上海发电设备成套设计研究院
2015 年	单平教授	天津大学

32.6　焊接国际奖项

为鼓励献身焊接事业发展，奖励做出重要贡献的专家学者，在国际上为焊接科研人员设立了一些重要奖项。我国有一批优秀的焊接研究人员，通过自身的努力和对焊接事业的贡献，实现了我国在焊接国际奖项上的突破，为我国焊接事业赢得了荣誉。1994—2016 年期间获得的焊接国际奖项见表 32-6。2017 年中国焊接学会拟向 IIW 推荐提名的国际奖项有：北京航空制造工程研究所关桥院士申报国际焊接学会会士（The Fellow of IIW）；兰州理工大学陈剑虹教授申报荒田吉明奖；天津大学李桓教授及其团队拟组织港珠澳大桥项目申报乌戈-格雷拉奖。

我国作为一个焊接制造大国，获得的国际焊接奖项仍然数量偏少，未来需要积极参加国际焊接活动，宣传中国焊接科研成果，才能实现焊接国际奖项的更大突破。

表 32-6　1994—2016 年期间获得的国际奖项一览

时间	获奖人姓名	获奖人单位	获奖名称
1995 年	冯吉才	哈尔滨工业大学	日本高温学会学术奖
1996 年	杨建华	山东大学	美国焊接学会年度奖
1999 年	关桥	北京航空制造工程研究所	荒田吉明奖
2004 年	王新洪	山东大学	钒奖
2004 年	关桥	北京航空制造工程研究所	布鲁克奖
2005 年	李菊	北京工业大学	亨利·格朗容奖
2009 年	林尚扬	哈尔滨焊接研究所	巴顿终身成就奖
2011 年	张显程	华东理工大学	亨利·格朗容奖
2013 年	巩水利	北京航空制造工程研究所	布鲁克奖

32.7　结　　语

创新是一个民主进步的灵魂，是一个国家兴旺发达的不竭动力，也是中华民族最深沉的民族禀赋。要实现中国的焊接强国梦，必须把科技创新摆在发展的核心位置。展望未来，知识正成为生产力中最活跃、最重要的因素。焊接技术将以知识为基础，在市场和创新的双轮驱动下获得突破和应用，为人类提供丰富的产品和服务。《中国制造 2025》为科研人员指出了我国未来自主创新的方向，《“十三五”国家科技创新规划》规划了未来 5 年的奋斗目标。我国正处在向创新型国家转型的关键时期，“十三五”规划对机械制造行业提出了高端、智能、绿色的要求。作为焊接行业科技人员，需要在新常态下进行行业创新布局，推动中国焊接行业的转型升级和结构调整。掌握和拥有核心技术，对技术精髓深入理解，不断推陈出新，中国焊接事业的发展才能充满活力。

参考文献

[1]　张建升，容淦，谭南，等．搅拌摩擦焊技术专利状况分析［J］．国防制造技术，2013（1）：58-62.

[2]　李爱民，李波，何丽君．2012 年以来焊接行业重点发展的专利技术情况分析［J］．焊接，2016（2）：67-69.